항공정비 기능사 필기 문제 해설

김진우 편저

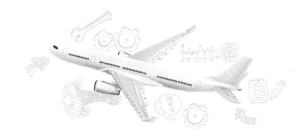

일진사

머리말

항공기는 전 세계를 가장 **빠르게** 연결하는 교통수단으로서 지난 100년간 비약적으로 발전을 거듭하였다. 우리나라 항공 산업도 이에 발맞추어 항공기 제작, 항공기 운항 등의 분야에서 꾸준히 발전함에 따라 항공 관련 종사자가 늘어가고 있다.

특히, 대형 항공사를 주축으로 성장해 오다가 최근 들어 저가 항공사들이 새로 설립되면서 여기에 필요한 항공 관련 직업의 수요도 지속적으로 증가하고 있으며, 많은 젊은이들이 항공 정비 관련 분야에 종사를 희망하고 있다. 이에 따라 항공 정비 관련 인력을 배출하고자 항공 고등학교, 항공 관련 대학의 수도 증가하였으며, 항공직업전문학교에서 지난 20년간 끊임없이 양성, 배출한 기능 인력들이 항공 정비 현장에서 근무를 하고 있다.

본 저자는 다년간의 항공 정비 강의를 통해 가르친 내용을 토대로 가장 초보적인 항공정비 기능사 자격증을 누구나 쉽게 취득할 수 있도록 이 책을 발간하게 되었다.

이 책은 항공정비기능사 자격시험을 준비하는 수험생들의 실력 배양 및 합격에 도움이 되고 자 다음과 같은 부분에 중점을 두어 구성하였다.

첫째, 한국산업인력공단의 새로운 출제 기준에 따른 과목별 핵심 이론을 이해하기 쉽도록 일목 요연하게 정리하였다.

둘째, 지금까지 출제된 과년도 문제를 철저히 분석하여 예상문제를 수록하였으며, 각 문제마다 상세한 해설을 곁들여 이해를 도왔다.

셋째, 효율적으로 학습할 수 있도록 간단명료한 내용과 공식을 다양하게 제시하였으며, 내용에 따른 그림을 풍부하게 실었다.

넷째, 부록으로 「CBT 대비 실전문제」를 수록하여 줌으로써 출제 경향을 스스로 파악하고, 이에 맞춰 실전에 대비할 수 있도록 하였다.

끝으로, 수험생 여러분이 필기시험에 무난히 합격할 수 있을 것으로 확신하며, 나아가 급속 도로 발전하는 항공 산업에서 항공 정비 기술자로서 보람과 긍지를 가지고 종사하기를 기원 한다. 또한 이 책의 출판에 심혈을 기울여준 도서 출판 **일진사** 직원 여러분께 깊은 감사를 드 린다.

저자 씀

항공기관정비기능사 출제기준 (필기)

필기검정방법	객관식	문제수	60	시험시간	1시간

필기과목명	주요항목	세부항목	세세항목
비행원리, 항공기정비, 항공엔진	1. 비행원리	1. 대기	(1) 대기의 성질　　　(2) 공기 흐름의 법칙 (3) 공기 흐름의 성질
		2. 날개 이론	(1) 날개의 모양과 특성　(2) 날개의 공기력 (3) 날개의 공력 보조장치
		3. 비행 성능	(1) 항력과 동력　　　(2) 일반 성능 (3) 특수 성능과 기동 성능
		4. 항공기의 안정과 조종	(1) 조종면　　　　　(2) 세로 안정과 조종 (3) 가로, 방향 안정과 조종
		5. 헬리콥터의 비행 원리	(1) 헬리콥터의 공기역학　(2) 헬리콥터의 안정 및 조종
		6. 프로펠러의 추진 원리	(1) 프로펠러의 추진 원리
	2. 항공기정비	1. 정비의 개요	(1) 정비의 개념　　　(2) 정비 관리 (3) 정비 규정 및 업무　(4) 안전관리(SMS)
		2. 측정기기 및 공구류	(1) 측정기기의 명칭과 사용법 (2) 일반 공구의 명칭과 사용법 (3) 특수 공구의 명칭과 사용법
		3. 정비 작업	(1) 항공기 기계요소(체결) (2) 항공기 기계요소(안전, 고정) (3) 기본 작업　　　(4) 수리 작업 (5) 부식 방지 처리　(6) 중량과 평형
		4. 항공기의 검사	(1) 육안 검사의 정의와 적용 (2) 비파괴 시험 검사의 정의와 적용
		5. 지상 안전 및 지원	(1) 항공기의 지상 안전　(2) 항공기의 지상 취급 (3) 화재 및 예방　　　(4) 안전 표식 (5) 항공기 세척 및 지상 보급
		6. 항공 영어	(1) 기본적인 항공기 용어 (2) 기본적인 항공기 정비에 관한 사항
	3. 항공엔진	1. 항공기 엔진의 분류	(1) 항공기 엔진의 분류
		2. 열역학 및 열역학 사이 클 기초 이론	(1) 열역학 기초 이론 (2) 열역학 사이클 기초 이론
		3. 항공용 왕복엔진의 작 동 원리 및 구조	(1) 작동 원리　　　　(2) 구조 및 성능
		4. 항공용 왕복엔진의 계통	(1) 공기 흡입 계통 (2) 동력 전달 부분 (3) 밸브 기구 (4) 시동 및 점화 계통 (5) 연료 계통 (6) 윤활 계통 (7) 기타(냉각, 과급기, 시동보조) 계통 (8) 기관의 작동 및 지시
		5. 프로펠러	(1) 프로펠러의 구조
		6. 항공용 가스터빈 엔진 의 작동 원리 및 구조	(1) 작동 원리　　　　(2) 구조 및 성능
		7. 항공용 가스터빈 엔진 의 계통	(1) 흡입구, 압축기　(2) 연소실　(3) 터빈, 배기노즐 (4) 연료 계통 (5) 윤활 계통 (6) 시동 및 점화 계통 (7) 엔진의 작동 및 지시 (8) 추력 증가 및 냉각 장치 (9) 역추력 및 소음 감소 장치 (10) 배기가스와 공해 방지

항공기체정비기능사 출제기준 (필기)

필기검정방법	객관식	문제수	60	시험시간	1시간

필기과목명	주요항목	세부항목	세세항목
비행원리, 항공기정비, 항공기체	1. 비행원리	1. 대기	(1) 대기의 성질 　　(2) 공기 흐름의 법칙 (3) 공기 흐름의 성질
		2. 날개 이론	(1) 날개의 모양과 특성 (2) 날개의 공기력 (3) 날개의 공력 보조장치
		3. 비행 성능	(1) 항력과 동력 　　(2) 일반 성능 (3) 특수 성능과 기동 성능
		4. 항공기의 안정과 조종	(1) 조종면 　　(2) 세로 안정과 조종 (3) 가로, 방향 안정과 조종
		5. 헬리콥터의 비행 원리	(1) 헬리콥터의 공기역학 (2) 헬리콥터의 안정 및 조종
		6. 프로펠러의 추진 원리	(1) 프로펠러의 추진 원리
	2. 항공기정비	1. 정비의 개요	(1) 정비의 개념 　　(2) 정비 관리 (3) 정비 규정 및 업무 　(4) 안전관리(SMS)
		2. 측정기기 및 공구류	(1) 측정기기의 명칭과 사용법 (2) 일반 공구의 명칭과 사용법 (3) 특수 공구의 명칭과 사용법
		3. 정비 작업	(1) 항공기 기계요소(체결) (2) 항공기 기계요소(안전, 고정) (3) 기본 작업 　　(4) 수리 작업 (5) 부식 방지 처리 　(6) 중량과 평형
		4. 항공기의 검사	(1) 육안 검사의 정의와 적용 (2) 비파괴 시험 검사의 정의와 적용
		5. 지상 안전 및 지원	(1) 항공기의 지상 안전 (2) 항공기의 지상 취급 (3) 화재 및 예방 　(4) 안전 표식 (5) 항공기 세척 및 지상 보급
		6. 항공 영어	(1) 기본적인 항공기 용어 (2) 기본적인 항공기 정비에 관한 사항
	3. 항공기체	1. 기체 구조	(1) 기체 구조의 일반 　(2) 동체 (3) 날개 　　(4) 꼬리날개 (5) 착륙장치 　　(6) 기관 마운트 및 나셀 (7) 조종 계통 　　(8) 도어 및 윈도우
		2. 헬리콥터 기체 구조	(1) 헬리콥터 구조의 개요 (2) 동체와 착륙장치 (3) 주회전날개 및 꼬리 회전날개 (4) 동력 전달 계통 (5) 조종 계통
		3. 기체 재료	(1) 기체 재료의 개요 　(2) 철강 금속 재료 (3) 비철 금속 재료 　(4) 금속 재료의 열처리 (5) 비금속 재료 　　(6) 복합 재료
		4. 기체의 구조 강도	(1) 구조와 하중 　　(2) 부재의 강도 (3) 안전여유와 극한하중 (4) 강도와 안전성 (5) 구조 시험
		5. 도면 해독	(1) 도면의 기능과 종류 (2) 도면 관련 문서와 읽기

항공장비정비기능사 출제기준 (필기)

필기검정방법	객관식	문제수	60	시험시간	1시간

필기과목명	주요항목	세부항목	세세항목		
비행원리, 항공기정비, 항공장비	1. 비행원리	1. 대기	(1) 대기의 성질 　　　　(2) 공기 흐름의 법칙 (3) 공기 흐름의 성질		
		2. 날개 이론	(1) 날개의 모양과 특성 (2) 날개의 공기력 (3) 날개의 공력 보조장치		
		3. 비행 성능	(1) 항력과 동력 　　　　(2) 일반 성능 (3) 특수 성능과 기동 성능		
		4. 항공기의 안정과 조종	(1) 조종면 　　　　(2) 세로 안정과 조종 (3) 가로, 방향 안정과 조종		
		5. 헬리콥터의 비행 원리	(1) 헬리콥터의 공기역학 (2) 헬리콥터의 안정 및 조종		
		6. 프로펠러의 추진 원리	(1) 프로펠러의 추진 원리		
	2. 항공기정비	1. 정비의 개요	(1) 정비의 개념 　　　　(2) 정비 관리 (3) 정비 규정 및 업무 　(4) 안전관리(SMS)		
		2. 측정기기 및 공구류	(1) 측정기기의 명칭과 사용법 (2) 일반 공구의 명칭과 사용법 (3) 특수 공구의 명칭과 사용법		
		3. 정비 작업	(1) 항공기 기계요소(체결) (2) 항공기 기계요소(안전, 고정) (3) 기본 작업 　　　　(4) 수리 작업 (5) 부식 방지 처리 　(6) 중량과 평형		
		4. 항공기의 검사	(1) 육안 검사의 정의와 적용 (2) 비파괴 시험 검사의 정의와 적용		
		5. 지상 안전 및 지원	(1) 항공기의 지상 안전 (2) 항공기의 지상 취급 (3) 화재 및 예방 　　　(4) 안전 표식 (5) 항공기 세척 및 지상 보급		
		6. 항공 영어	(1) 기본적인 항공기 용어 (2) 기본적인 항공기 정비에 관한 사항		
	3. 항공장비	1. 전기 계통	(1) 전기 회로 (2) 직류 전력 (3) 교류 전력 (4) 전동기 　　　(5) 부하 계통		
		2. 계기 계통	(1) 항공계기 일반 　　　(2) 피토 정압 계통계기 (3) 압력 및 온도계기 　(4) 자기 및 자이로계기 (5) 동조계기 　　　　(6) 회전계기 (7) 액량 및 유량계기 　(8) 경고장치		
		3. 공기 및 유압 계통	(1) 공기 및 유압 계통 일반 (2) 유압 동력 계통 및 장치 (3) 압력 조절, 제한 및 제어장치 (4) 흐름 방향 및 유압 제어장치 (5) 유압 작동기 및 작동 계통		
		4. 연료 계통	(1) 연료탱크 (2) 공급·이송장치 　(3) 지시장치		
		5. 유틸리티 계통	(1) 객실여압 계통 　　　(2) 공기조화 계통 (3) 제빙, 방빙 및 제우 계통 (4) 화재 감지 및 소화 계통		
		6. 보조 장비 및 비상 장비	(1) APU (2) 지상 장비 (3) 비상 장비		

차 례

Part 1   비행 원리

Part 2   항공기 정비

Part 3　　　　　　　　　　항공 기관

Part 4	항공 기체

Part 5	항공 장비

부록 　CBT 대비 실전문제

PART

비행 원리

CHAPTER 01 대기

1-1 대기의 성질

1 대기의 성분

(1) 대기 중의 공기 조성 분포

질소(N) : 78.09 %, 산소(O_2) : 20.95 %, 아르곤(Ar) : 0.93 %, 이산화탄소(CO_2) : 0.03 %

(2) 대기권의 구조

① 대류권 : 구름의 생성, 비, 눈, 안개 등의 기상 현상이 일어나며, 고도가 증가할수록 온도, 압력, 밀도가 감소하고 약 10 km 부근에는 제트 기류가 존재한다. 대류권에서 지표면에서 복사되는 열로 인해 11 km 높이까지 1 km 올라갈 때마다 6.5℃씩 감소한다. 대류권과 성층권의 경계면을 대류권계면이라 한다.

• 대류권계면이 제트기의 비행에 적합한 이유 : 대기가 안정하여 구름이 없고, 기온이 낮으며, 공기가 희박하여 제트기 순항에 적합하다.

② 성층권 : 성층권 아래층의 온도는 고도에 관계없이 −56.5℃로 일정하다. 그러나 고도가 증가할수록 밀도, 압력은 감소한다.

③ 중간권 : 기온이 가장 낮다.

④ 열권 : 공기가 매우 희박하고, 전리층이 전파를 흡수, 반사하여 통신에 영향을 끼치며, 극광이나 유성이 길게 밝은 빛의 꼬리를 남긴다.

⑤ 극외권 : 각 원자, 분자는 지상에서 발사된 탄환과 같이 궤적을 그리며 운동을 한다.

예상문제

1. 대류권을 이루고 있는 공기의 구성 성분을 구성비에 따라 큰 것부터 순서대로 옳게 나열한 것은?

① 질소 – 산소 – 아르곤 – 이산화탄소
② 질소 – 산소 – 이산화탄소 – 아르곤
③ 산소 – 질소 – 아르곤 – 이산화탄소
④ 산소 – 질소 – 이산화탄소 – 아르곤

2. 대기를 이루고 있는 기체 중에서 부피비로 보았을 때 가장 많은 것은?

① 아르곤
② 산소
③ 이산화탄소
④ 질소

정답 ● 1. ① 2. ④

3. 대기 중의 건조 공기 성분에서 질소, 산소, 아르곤, 이산화탄소 이외의 기체를 모두 합쳐서 전체에서 차지하는 부피비로 산정한다면 그 값으로 올바른 것은?

① 0.01 % 이하 　② 1～2 % 정도
③ 4～5 % 정도 　④ 7～8 % 정도

[해설] 대기 중의 공기 조성 분포 : 대기의 성분 중 99.46 %를 차지하는 것이 질소와 산소이다.

4. 대기권의 고도에 따른 구성을 순서대로 옳게 나열한 것은?

① 대류권 – 중간권 – 성층권 – 열권
② 열권 – 성층권 – 중간권 – 대류권
③ 대류권 – 성층권 – 중간권 – 열권
④ 열권 – 대류권 – 성층권 – 중간권

5. 대기권에 대한 설명으로 옳은 것은?

① 중간권과 열권의 경계를 대류권계면이라 한다.
② 성층권에서는 온도, 날씨, 기상 변화가 일어난다.
③ 대기권은 고도에 따라 대류권, 성층권, 중간권, 열권, 극외권으로 구분된다.
④ 중간권에서는 기체가 이온화되어 전리 현상이 일어나는 전리층이 존재한다.

6. 구름의 생성, 비, 눈, 안개 등의 기상 현상이 일어나는 대기권은?

① 성층권 　② 대류권
③ 중간권 　④ 극외권

7. 대류권에서 고도가 높아질 때 일어나는 현상으로 옳은 것은?

① 압력과 밀도가 동시에 증가한다.
② 압력은 증가하고, 밀도는 감소한다.
③ 압력은 감소하고, 밀도는 증가한다.
④ 압력과 밀도가 동시에 감소한다.

[해설] 대류권 : 대류권에서는 고도가 증가함에 따라 압력, 밀도, 온도가 감소한다.

8. 대류권에서 고도가 높아지면 공기의 밀도와 온도, 압력은 어떻게 변하는가?

① 밀도, 온도, 압력이 모두 감소한다.
② 밀도는 증가하고 온도와 압력은 감소한다.
③ 밀도와 압력은 증가하고 온도는 감소한다.
④ 밀도와 온도는 감소하고 압력은 증가한다.

9. 대류권에서의 고도와 기온 관계를 설명한 것이다. A, B에 들어갈 내용을 옳게 짝지은 것은?

> 지표면에서부터 (A)되는 열로 인하여 11 km 높이까지 평균 1 km 올라갈 때마다 기온이 약 (B)℃씩 낮아지고 있다.

① A – 대류, B – 3.5 　② A – 대류, B – 6.5
③ A – 복사, B – 3.5 　④ A – 복사, B – 6.5

10. 대기의 성질에 대한 설명으로 틀린 것은?

① 기상 현상이 있는 곳은 대류권이다.
② 표준 대기에서 2000 m 상공의 온도는 10℃이다.
③ 1기압이란 표준 대기의 해발 0 m 지점의 압력이다.
④ 오존층이 있어 자외선을 흡수하는 곳은 성층권이다.

[해설] 대류권에서 1000 m당 6.5℃씩 감소하므로 2000 m에서는 2℃이다. (해발에서 표준 대기 온도는 15℃이다.)

11. 다음 중 대기가 안정하여 구름이 없고, 기온이 낮으며, 공기가 희박하여 제트기의 순항 고도로 적합한 곳은?

① 열권과 극외권의 경계면 부근
② 중간권과 열권의 경계면 부근
③ 성층권과 중간권의 경계면 부근
④ 대류권과 성층권의 경계면 부근

[정답] ● 3. ① 4. ③ 5. ③ 6. ② 7. ④ 8. ① 9. ④ 10. ② 11. ④

해설 대류권계면 : 대류권과 성층권의 경계면
을 뜻하며, 시속 120~320 km의 편서풍의 제
트기류가 존재하는데 대기가 안정되어 구름
이 없고 기온이 낮으며 공기가 희박하여 제트
기의 순항고도로 적합하다.

12. 대류권과 성층권의 경계면인 대류권계면
의 특징으로 틀린 것은?

① 공기가 희박하다.
② 성층권계면보다 기온이 낮다.
③ 제트기의 순항고도로 적합하다.
④ 구름이 많고 대기가 불안정하다.

13. 다음 중 대류권계면 부근에서 최대 100
km/h 정도로 부는 서풍으로 항공기 순항에
이용되는 것은?

① 계절풍
② 제트 기류(jet stream)
③ 엘니뇨
④ 높새바람

14. 대기권에서 전리층이 존재하며 전파를 흡
수, 반사하는 작용을 하여 통신에 영향을 끼
치는 층은?

① 열권   ② 성층권
③ 대류권   ④ 중간권

해설 열권 : 중간권보다 높은 고도로서 태양이

방출하는 자외선에 의하여 대기가 전리되는
전리층이 전파를 흡수·반사하는 작용을 하여
통신에 영향을 끼친다.

15. 다음 중 대기권에서 전리층이 존재하는 곳
은 어느 것인가?

① 열권   ② 중간권
③ 극외권   ④ 성층권

16. 다음 중 극외권에 대한 설명으로 가장 올
바른 것은?

① 구름의 생성, 비, 눈, 안개 등의 기상현상
이 일어난다.
② 열권 위에 극외권이 있다.
③ 대기권에서는 극외권의 기온이 가장 낮다.
④ 전파를 흡수, 반사하는 작용을 하여 통신
에 영향을 끼친다.

해설 극외권 : 열권 위에 존재하며, 극외권에서
는 분자, 원자가 다른 분자, 원자와 충돌할 수
있는 기회가 아주 적어 각 분자, 원자는 지상
에서 발사된 탄환과 같이 궤적을 그리며 운동
한다.

17. 대기권에서 열권 위에 존재하는 층은 다음
중 어느 것인가?

① 성층권   ② 극외권
③ 중간권   ④ 대류권

정답 ●━● **12.** ④   **13.** ②   **14.** ①   **15.** ①   **16.** ②   **17.** ②

2 국제 표준 대기

항공기의 설계, 운용에 기준이 되는 대기 상태를 표준 대기라 한다.

(1) 표준 대기의 조건

① 공기는 건조 공기로 이상 기체의 상태 방정식을 고도, 장소, 시간 등에 관계없이 만족해
야 한다.

이상 기체의 상태 방정식 : $P = \rho RT$

여기서, P : 압력, ρ : 밀도, R : 공기 기체상수, T : 절대온도

② 표준 해발 고도에서의 압력(P_0), 밀도(ρ_0), 온도(T_0), 중력가속도(g_0), 음속(a_0)은 다음

과 같이 정한다.

⑺ 압력(P_0) = 760 mmHg = 29.92 inHg = 1013.25 hPa

⑻ 밀도(ρ_0) = 0.12492 kgf · s^2/m^4 = $\frac{1}{8}$ kgf · s^2/m^4 = 1.225 kg/m^3

⑼ 온도(T_0) = 15℃ = 288.16 K

⑽ 중력가속도(g_0) = 9.8066 m/s^2

⑾ 음속(a_0) = 340 m/s = 1224 km/h

③ 고도 11 km 까지는 기온이 일정한 비율로 감소(1000 m당 6.5℃ 씩)하고, 그 이상의 고도에서는 −56.5℃로 일정한 기온을 유지한다고 가정한다.

$$T = T_0 - 0.0065h$$

여기서, T : 구하는 고도의 온도, T_0 : 해면의 온도, h : 고도

예상문제

1. 공기에 압력을 가하면 공기의 체적이 감소되고, 체적이 감소되면 밀도는 체적에 반비례하므로 증가되는 성질의 관계식을 무엇이라 하는가?

① 운동 방정식　　② 상태 방정식
③ 연속 방정식　　④ 파스칼 방정식

해설 이상 기체의 상태 방정식
$P = \rho RT$ 또는 $Pv = RT$

2. 압력(P), 밀도(ρ), 비체적(v), 온도(T), 기체상수(R), 형성계수(μ)가 주어질 때, 이상 기체의 상태 방정식으로 가장 올바른 것은?

① $\dfrac{P}{\mu} = RT$　　② $Rv = PT$

③ $\dfrac{R}{\rho} = PT$　　④ $P = \rho RT$

3. 다음 중 동일한 높이의 고도에서 대기 밀도에 대한 설명으로 가장 옳은 것은?

① 대기압과 온도가 낮을수록 커진다.
② 대기압과 온도가 높을수록 커진다.
③ 대기압이 낮을수록, 온도가 높을수록 커진다.

④ 대기압이 높을수록, 온도가 낮을수록 커진다.

해설 이상 기체의 상태 방정식 $P = \rho RT$에 따라 공기 밀도(ρ)는 온도(T)에 반비례하고, 압력(P)에 비례한다.

4. 공기에 대하여 온도가 일정할 때 압력이 증가하면 나타나는 현상으로 옳은 것은?

① 밀도와 체적이 모두 감소한다.
② 밀도와 체적이 모두 증가한다.
③ 체적은 감소하고, 밀도는 증가한다.
④ 체적은 증가하고, 밀도는 감소한다.

해설 이상 기체의 상태 방정식 $P = \rho RT$에 따라 온도(T)가 일정할 때 밀도(ρ)는 압력(P)에 비례한다.

5. 국제민간항공기구(ICAO)에서 정하는 국제 표준 대기에 대한 설명으로 옳은 것은?

① 항공기의 설계, 운용에 기준이 되는 대기 상태로서 지역 및 고도에 관계없이 압력이 750 mmHg, 온도가 15℃인 상태를 말한다.
② 항공기의 비행에 가장 이상적인 대기 상태로서 압력이 750 mmHg, 온도가 15℃인 상

정답 **1.** ②　**2.** ④　**3.** ④　**4.** ③　**5.** ③

태를 말한다.

③ 항공기의 설계, 운용에 기준이 되는 대기 상태로서 같은 고도에 대한 표준 압력, 밀도, 온도 등은 항상 같다.

④ 해면상의 대기 상태를 말하며 항공기의 설계 및 운용의 기준이 된다.

6. 국제민간항공기구(ICAO)에서 규정하고 있는 국제 표준 대기(ISA)의 특성으로 옳은 것은 어느 것인가?

① 밀도 : 1.225 kg/m^3

② 음속 : 760 m/s

③ 중력가속도 : 9.8 ft/s^2

④ 압력 : 1013 mmHg

해설 • 표준 대기 음속 = 340 m/s
• 표준 대기 중력가속도 = 9.8066 m/s^2

7. 국제 표준 대기로 정한 해면 고도의 특성 값이 틀린 것은?

① 온도 15℃

② 압력 1013.25 hPa

③ 해면 고도 0 m

④ 압력 760 inHg

해설 표준 대기 압력 = 1013.25 hPa
= 29.92 inHg = 760 mmHg

8. 국제 표준 대기로 정한 해면 고도의 특성 값이 틀린 것은?

① 온도 20℃

② 압력 1013.25 hPa

③ 해면 고도 0 m

④ 압력 29.92 inHg

해설 표준 대기 온도 = 15℃ = 288.16 K

9. 다음 중 압력을 표시하는 단위에 속하지 않는 것은?

① N/m^2

② mmHg

③ mmAq

④ lb-in

해설 압력의 단위 : N/m^2, mmHg, mmAq, bar, psi, atm, kgf/cm^2, Pa 등

$$1\,Pa = \frac{1}{9.8}\,mmAq$$

10. 해면에서의 대기 온도가 15℃일 때 그 지역의 해면 고도 2000 m에서의 대기 온도는 약 몇 ℃인가?

① 2　　　② 4　　　③ 13　　　④ 15

해설 $T = T_0 - 0.0065h$
$= 15 - 0.0065 \times 2000 = 2℃$

11. 해면 고도의 기온이 15℃, 항공기의 비행 고도가 8000 m일 때 외기 온도는 몇 ℃인가? (단, 대류권에서는 고도가 1000 m씩 증가할 때마다 6.5℃가 감소한다.)

① −37　　　　　　② −15

③ 0　　　　　　　④ 15

해설 $T = T_0 - 0.0065h$
$= 15 - 0.0065 \times 8000 = -37℃$

12. 표준 대기에서 약 10000 m 상공의 대기 온도는 약 몇 ℃인가?

① −50　　　　　　② −40

③ −30　　　　　　④ −20

해설 $T = T_0 - 0.0065h$
$= 15 - 0.0065 \times 10000 = -50℃$

13. 일반적으로 대류권에서 공기 온도는 고도가 1000 m 높아질 때마다 6.5℃ 씩 감소한다. 해발 고도에서의 공기 온도가 30℃일 때 고도 10000 m에서의 온도는 몇 ℃인가?

① −25　　　　　　② −35

③ −45　　　　　　④ −55

해설 $T = T_0 - 0.0065h$
$= 30 - 0.0065 \times 10000 = -35℃$

1-2 공기 흐름의 성질과 법칙

■ 공기의 흐름

① 압축성 유체 : 기체처럼 유체의 밀도 변화를 고려해야 하는 유체
② 비압축성 유체 : 액체처럼 밀도 변화가 아주 작아서 무시될 수 있는 유체
 • 비압축성 유체에서는 밀도는 일정하다고 가정한다.
③ 정상 흐름(steady flow) : 유체에 가하는 압력을 시간이 경과해도 일정하게 유지하면 관 안의 주어진 한 점을 흐르는 유체의 밀도, 압력, 속도 등이 일정한 값을 유지하는 흐름
④ 비정상 흐름(unsteady flow) : 유체에 가하는 압력이 시간의 경과에 따라 계속 변화하면 주어진 한 점에서의 밀도, 압력, 속도 등도 시간에 따라 계속 변하는 흐름
⑤ 실제 흐름(real flow : 점성 흐름) : 점성의 영향을 고려해야 하는 유체의 흐름
⑥ 이상 흐름(ideal flow : 비점성 흐름) : 점성을 무시해도 오차가 적어 점성을 고려하지 않은 유체의 흐름

② 비압축성 일차원 흐름

(1) 연속 방정식

질량보존의 법칙이 성립하며, 압력과 속도는 반비례한다. 또한 일정량의 유체가 흘러갈 때 단면적을 작게 하면 속도는 증가한다.

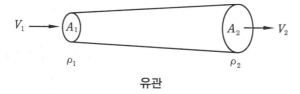

유관

① 압축성 유체의 연속 방정식
$$\rho_1 A_1 V_1 = \rho_2 A_2 V_2 = 일정$$
② 비압축성 유체의 연속 방정식($\rho_1 = \rho_2$)
$$A_1 V_1 = A_2 V_2 = 일정$$

(2) 베르누이 정리

유체가 흐를 때 유체의 성질 중에서 압력과 속도와의 관계를 표현하며 식으로 표면하면 "정압＋동압＝전압(일정)" 관계로 표시된다.
① 정압(static pressure, P) : 유체의 운동 상태와 관계없이 항상 모든 방향으로 작용하는 압력
② 동압(dynamic pressure, q) : 유체가 가진 속도에 의하여 생기는 압력으로 유체의 흐름을 직각되게 막았을 때 판에 작용하는 압력

$$q = \frac{1}{2}\rho V^2$$

여기서, ρ : 공기 밀도, V : 속도

③ 전압(total pressure, P_t) : 정압과 동압의 합으로 항상 일정하다. 즉, 압력(정압)과 속도 (동압)는 서로 반비례 한다는 것이다.

$$P + q = 일정(전압)$$

④ 압력계수(C_P) : 정압과 동압의 비

$$C_P = \frac{P - P_0}{\frac{1}{2}\rho V_0^2} = 1 - \left(\frac{V}{V_0}\right)^2$$

⑤ 양력(lift) : 비행기 날개골에서 날개의 윗면에서는 속도가 증가하여 압력이 낮아지고, 날개의 아랫면에서는 속도가 감소되어 압력이 증가하는 현상이 발생한다. 이때 날개 윗면에서는 압력계수가 음(−)의 값이 되고, 아랫면에서는 양(+)의 값을 가지게 되어 비행기가 공중으로 뜨는 양력이 발생한다.

예상문제

1. 압력 변화에 관계없이 밀도가 일정한 유체를 무엇이라 하는가?

① 항밀도 유체　　② 점성 유체
③ 비점성 유체　　④ 비압축성 유체

2. [보기]에서 설명하는 것은 유체의 어떤 흐름인가?

┤ 보기 ├
관 안에 채워진 유체에 가하는 압력을 시간이 경과하여도 일정하게 유지하면 관 안의 주어진 한 점을 흐르는 유체의 밀도, 압력, 속도 등이 일정한 값을 유지하게 되는 흐름

① 점성 흐름　　② 회전 흐름
③ 정상 흐름　　④ 압축성 흐름

3. 실제 유체와 이상 유체를 구분하는 주된 요인은 어느 것인가?

① 운동에너지　　② 점성
③ 유체의 압력　　④ 유체의 속도

해설 유체의 점성 : 모든 유체는 점성을 가지고 있으며 흐름에서 점성의 영향을 무시할 수 없다. 점성의 영향을 고려하여 흐름을 해석하는 경우의 유체 흐름을 점성 흐름이라 하고, 점성을 고려하지 않은 유체 흐름을 이상 흐름(비점성 흐름)이라 한다.

4. 관 내에서 일정한 유량으로 흐르는 유체의 연속 방정식에 대한 설명으로 옳은 것은?

① 관을 통과하는 유체의 밀도는 연속으로 증가한다.
② 관의 단면적이 증가하면 유체의 속도는 증가한다.
③ 관속 유체의 밀도가 감소하면 속도가 감소한다.
④ 관의 단면적과 유체의 속도는 반비례한다.

5. 비압축성 유체의 연속 방정식을 옳게 나타낸 것은? (단, A_1은 흐름의 입구 면적, V_1은 흐름의 입구 속도, A_2는 흐름의 출구 면적, V_2

정답 ● **1.** ④　**2.** ③　**3.** ②　**4.** ④　**5.** ①

는 흐름의 출구 속도이다.)

① $A_1 \times V_1 = A_2 \times V_2$

② $A_1 \times V_2 = A_2 \times V_1$

③ $A_1 \times V_1{}^2 = A_2 \times V_2{}^2$

④ $A_1 \times V_2{}^2 = A_2 \times V_1{}^2$

6. 그림과 같은 유체 흐름에서 A_1 지점의 단면적은 32 m²이고, A_2 지점의 단면적은 8 m²이다. 이때 A_1 지점의 속도는 10 m/s일 때, A_2 지점의 속도는 몇 m/s인가? (단, 각 지점의 유체 밀도는 같다.)

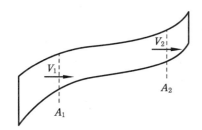

① 8 ② 10

③ 32 ④ 40

【해설】 연속 방정식 $A_1 V_1 = A_2 V_2$ 에서,

$$V_2 = \left(\frac{A_1}{A_2}\right) V_1 = \frac{32}{8} \times 10 = 40 \text{ m/s}$$

7. 관의 입구 지름이 10 cm이고, 출구 지름이 20 cm이다. 이 관의 출구에서의 흐름 속도가 40 cm/s일 때 입구에서의 흐름의 속도는 약 몇 cm/s인가? (단, 유체는 비압축성 유체이다.)

① 20 ② 40

③ 80 ④ 160

【해설】 연속 방정식 $A_1 V_1 = A_2 V_2$에서

$$V_1 = \left(\frac{A_2}{A_1}\right) V_2 = \left(\frac{d_2^2}{d_1^2}\right) V_2$$

$$= \left(\frac{20^2}{10^2}\right) \times 40 = 160 \text{ cm/s}$$

여기서, 원의 면적$(A) = \dfrac{\pi d^2}{4}$

$$\frac{A_2}{A_1} = \frac{\dfrac{\pi d_2^2}{4}}{\dfrac{\pi d_1^2}{4}} = \frac{d_2^2}{d_1^2}$$

8. 입구의 지름이 10 cm이고, 출구의 지름이 20 cm인 원형관에 액체가 흐르고 있다. 지름이 20 cm 되는 단면적에서의 속도가 2.4 m/s 일 때 지름 10 cm 되는 단면적에서의 속도는 약 몇 m/s인가?

① 4.8 ② 9.6 ③ 14.4 ④ 19.2

【해설】 연속 방정식 $A_1 V_1 = A_2 V_2$ 에서,

$$V_1 = \left(\frac{A_2}{A_1}\right) V_2 = \left(\frac{d_2}{d_1}\right)^2 V_2$$

$$= \left(\frac{0.2}{0.1}\right)^2 \times 2.4$$

$$= 9.6 \text{ m/s}$$

9. 입구 단면적 10 cm², 출구 단면적 20 cm²인 관의 입구에서의 속도가 12 m/s인 경우 출구에서의 속도는 몇 m/s인가? (단, 유체는 비압축성 유체이다.)

① 5 ② 6 ③ 7 ④ 8

【해설】 연속 방정식 $A_1 V_1 = A_2 V_2$에서,

$$V_2 = \left(\frac{A_1}{A_2}\right) V_1 = \left(\frac{10}{20}\right) \times 12 = 6 \text{ m/s}$$

10. 어떤 유체관의 입구 단면적은 8 cm², 출구 단면적은 16 cm²이며, 이때 관의 입구 속도가 10 m/s인 경우 출구에서의 속도는 몇 m/s인가? (단, 유체는 비압축성 유체이다.)

① 2 ② 5

③ 8 ④ 10

【해설】 연속 방정식 $A_1 V_1 = A_2 V_2$ 에서

$$V_2 = \left(\frac{A_1}{A_2}\right) V_1 = \left(\frac{8}{16}\right) \times 10 = 5 \text{ m/s}$$

정답 ●━ **6.** ④ **7.** ④ **8.** ② **9.** ② **10.** ②

11. 유관의 입구 지름이 20 cm이고 출구 지름이 40 cm이다. 이때 입구에서의 유체 속도가 4 m/s이면 출구에서의 유체 속도는 약 몇 m/s인가? (단, 유체는 비압축성 유체이다.)

① 1   ② 2   ③ 4   ④ 16

[해설] 연속 방정식 $A_1 V_1 = A_2 V_2$에서,

$$V_2 = \left(\frac{A_1}{A_2}\right) V_1 = \left(\frac{d_1^2}{d_2^2}\right) V_1 = \left(\frac{0.2^2}{0.4^2}\right) \times 4$$
$$= 1 \, \text{m/s}$$

12. 정지된 무한 유체 속에 잠겨 있는 어느 한 점에 작용하는 압력에 대한 설명으로 가장 옳은 것은?

① 위쪽에서 작용하는 압력이 가장 크다.
② 압력은 작용 방향에 관계없이 일정하다.
③ 좌우에서 작용하는 압력을 유체의 동압이라 한다.
④ 아래쪽에서 작용하는 압력을 유체의 정압이라 한다.

13. 유체의 흐름과 관련하여 동압(dynamic pressure)에 대한 설명으로 옳은 것은?

① 속도와 밀도에 반비례한다.
② 속도에 비례하고, 밀도에는 반비례한다.
③ 속도의 제곱에 비례하고, 밀도에 비례한다.
④ 속도에 비례하고, 밀도의 제곱에 비례한다.

[해설] 동압$(q) = \frac{1}{2} \rho V^2$

따라서, 동압은 공기 밀도(ρ)에 비례하고, 속도의 제곱(V^2)에 비례한다.

14. 720 km/h의 속도로 고도 10 km 상공을 비행하는 비행기의 속도 측정 피토관 입구에 작용하는 동압은 몇 kg/m·s²인가? (단, 고도 10 km에서 공기의 밀도는 0.5 kg/m³이다.)

① 10000   ② 20000
③ 40000   ④ 72000

[해설] 동압 $= \frac{1}{2} \rho V^2 = \frac{1}{2} \times 0.5 \times \left(\frac{720}{3.6}\right)^2$
$$= 10000 \, \text{kg·m/s}^2$$

15 고도 1000 m에서 공기의 밀도가 0.1 kgf·s²/m⁴이고, 비행기의 속도가 1018 km/h일 때, 압력을 측정하는 비행기의 피토관 입구에 작용하는 동압은 약 몇 kgf·s²/m⁴인가?

① 1557   ② 2000   ③ 2578   ④ 3998

[해설] 동압$(q) = \frac{1}{2} \rho V^2$
$$= \frac{1}{2} \times 0.1 \times \left(\frac{1018}{3.6}\right)^2$$
$$= 3998 \, \text{kgf·s}^2/\text{m}^4$$

16. 베르누이의 정리에서 일정한 것은?

① 정압   ② 전압
③ 동압   ④ 전압과 동압의 합

[해설] 정압＋동압＝전압(일정)

17. 공기의 흐름과 압력의 관계를 설명한 베르누이 정리를 옳게 설명한 것은?

① 베르누이 정리는 밀도와는 무관하다.
② 유체의 속도가 증가하면 정압이 감소한다.
③ 위치에너지의 변화에 의한 압력이 동압이다.
④ 정상 흐름에서 정압과 동압의 합은 일정하지 않다.

[해설] 베르누이 정리

$$P_t(\text{전압}) = P(\text{정압}) + \frac{1}{2} \rho V^2 (\text{동압})$$

압력(정압)과 속도(동압)는 반비례한다.

18. 흐름이 없는, 즉 정지된 유체에 대한 설명으로 옳은 것은?

① 정압과 동압의 크기가 같다.
② 전압의 크기는 영(0)이 된다.
③ 동압의 크기는 영(0)이 된다.
④ 정압의 크기는 영(0)이 된다.

[해설] 전압＝동압＋정압에 따라 속도가 0인 경우에는 동압이 0이므로 전압과 정압이 같다.

19. 베르누이의 정리에 따른 압력에 대한 설명으로 옳은 것은?

① 전압이 일정하다.
② 정압이 일정하다.
③ 동압이 일정하다.
④ 정압과 동압의 합이 일정하다.

[해설] 정압과 동압의 합인 전압은 항상 일정하다.

20. 베르누이 정리에 대한 설명으로 가장 옳은 것은?

① 전압과 동압의 합은 일정하다.
② 전압과 정압의 합은 일정하다.
③ 동압과 정압의 차는 일정하다.
④ 동압과 정압의 합은 일정하다.

21. 정압과 동압에 대한 설명 중 가장 관계가 먼 내용은?

① 이상 유체의 정상 흐름에서 정압과 동압의 합은 전압이며 일정하다.
② 동압은 유체의 운동에너지가 압력으로 변환된 것이다.
③ 동압의 크기는 속도에 반비례한다.
④ 동압과 정압의 단위는 같다.

[해설] 동압은 공기 밀도(ρ)에 비례하고, 속도의 제곱(V^2)에 비례한다.

22. 베르누이 정리에 따라 관속을 흐르는 유체에서 속도가 빠른 곳의 압력은 속도가 느린 곳과 비교하여 어떠한가?

① 낮다.　　　　② 동일하다.
③ 높다.　　　　④ 일정하지 않다.

[해설] 압력(정압)과 속도(동압)는 반비례하므로 속도가 빨라지면 압력은 낮아진다.

23. 다음 중 베르누이 정리의 가정(假定)으로 옳은 것은?

① 점성 및 압축성 유동
② 비점성 및 압축성 유동
③ 점성 및 비압축성 유동
④ 비점성 및 비압축성 유동

[해설] 베르누이 정리가 적용되는 조건 : 동일 유선상, 정상 흐름, 마찰이 없는 이상 유체 흐름, 비압축성 유체

24. 다음 중 공기 흐름의 법칙에 대한 설명으로 옳은 것은?

① 공기의 흐름 속도가 느려지면 전압은 커진다.
② 공기의 흐름 속도가 빨라지면 전압은 작아진다.
③ 공기의 흐름 속도가 빨라지면 동압은 커지고 정압은 작아진다.
④ 공기의 흐름 속도가 느려지면 동압은 커지고 정압은 작아진다.

25. 다음 중 동압과 정압에 대한 설명으로 옳은 것은?

① 동압과 정압을 이용하여 항공기의 비행 속도를 계산할 수 있다.
② 동압을 이용하여 객실 고도를 계산할 수 있다.
③ 동압을 이용하여 절대 고도를 계산할 수 있다.
④ 동압과 정압을 이용하여 항공기의 절대 고도를 계산할 수 있다.

[해설] P_t(전압)＝P(정압)＋$\dfrac{1}{2}\rho V^2$(동압)

전압과 정압의 차이를 이용하여 비행 속도를 계산한다.

$$V=\sqrt{\frac{2(전압-정압)}{\rho}}=\sqrt{\frac{\gamma h}{\rho}}$$

(γ : 비중량, h : 높이차)

26. 베르누이 정리로 설명할 수 없는 것은?

① 피토관을 이용한 유속 측정 원리
② 유체 중 날개에서의 양력 발생 원리
③ 관의 면적에 따른 속도와 압력의 관계
④ 유체 흐름 중 물체 주변의 난류 유동 원리

27. 비행체 주위의 압력 분포를 나타내는 압력 계수를 옳게 나타낸 것은?

① $\dfrac{정압의\ 차}{동압}$ ② $\dfrac{정압의\ 차}{전압}$

③ $\dfrac{동압}{정압의\ 차}$ ④ $\dfrac{전압}{정압의\ 차}$

28. 날개골 상류의 속도를 V_0, 날개골 상의 임의의 점의 속도를 V라고 할 때 그 점에서의 압력계수를 표현한 식으로 옳은 것은?

① $1 - \left(\dfrac{V}{V_0}\right)$ ② $1 - \left(\dfrac{V}{V_0}\right)^2$

③ $1 - \left(\dfrac{V_0}{V}\right)$ ④ $1 - \left(\dfrac{V_0}{V}\right)^2$

29. 항공기 날개의 공기 흐름에 대한 설명으로 빈칸에 알맞은 말로 옳게 짝지어진 것은 어느 것인가?

> 일정 속도로 진행하는 비행기의 날개에서 윗면에서는 속도가 (A)하여 압력이 (B), 압력계수는 대부분 (C)값이 된다.

① A : 감소, B : 낮아지고, C : 음(-)
② A : 감소, B : 높아지고, C : 양(+)
③ A : 증가, B : 높아지고, C : 양(+)
④ A : 증가, B : 낮아지고, C : 음(-)

해설 비행기 날개골에서 날개의 윗면에서는 속도가 증가하여 압력이 낮아지고, 날개 아랫면에서는 속도가 감소되어 압력이 증가되는 현상이 발생하여, 날개골 윗면에서의 압력계수 값은 음(-)의 값이 되고, 아랫면에서는 양(+)의 값을 가지게 된다.

30. 날개에 양력이 발생하는 이유를 설명한 것으로 옳은 것은?

① 날개 윗면과 아랫면에서의 압력이 같기 때문이다.
② 날개 앞전의 속도가 뒷전보다 빠르기 때문이다.
③ 날개 앞전에서 받는 저항이 추력보다 작기 때문이다.
④ 날개 윗면에서는 속도가 증가하여 압력이 낮아지고, 아랫면에서는 속도가 감소하여 압력이 증가하기 때문이다.

정답   **26.** ④   **27.** ①   **28.** ②   **29.** ④   **30.** ④

1-3   공기의 점성 효과

(1) 점성 흐름

① 동점성계수(ν) : 점성계수(μ)를 밀도(ρ)로 나눈 값으로 단위는 $\mathrm{cm^2/s}$, $\mathrm{m^2/s}$이다.

$$\nu = \frac{\mu}{\rho}$$

② 경계층(boundary layer) : 자유 흐름 속도의 99 %에 해당하는 속도에 도달한 곳을 경계로 하여 점성의 영향이 거의 없는 구역과 점성의 영향이 뚜렷한 구역으로 구분할 수 있는데

점성의 영향이 뚜렷한 벽 가까운 구역의 가상적인 층을 말하며 경계층은 흐름의 속도가 빠를수록 얇아진다.

(2) 레이놀즈수(R_e)

관성력과 점성력의 비로 무차원 수이며, 층류와 난류를 구분하는 척도가 된다.

$$R_e = \frac{\rho VL}{\mu} = \frac{VL}{\nu}$$

여기서, ρ : 밀도, ν : 동점성계수, μ : 절대점성계수
V : 대기속도, L : 시위 길이(관의 지름)

- 임계 레이놀즈수(critical Reynold's number) : 층류에서 난류로 변할 때의 레이놀즈수, 즉 천이가 일어나는 레이놀즈수

(3) 층류와 난류

① 층류 : 유동속도가 느릴 때 유체 입자들이 층을 형성하듯 섞이지 않고 흐르는 흐름
② 난류 : 유동속도가 빠를 때 유체 입자들이 불규칙하게 흐르는 흐름
③ 천이(transition) : 층류에서 난류로 변하는 현상
④ 천이점(transition point) : 층류에서 난류로 변하는 점, 즉 천이가 일어나는 점
⑤ 점성 저층(viscous sublayer) : 난류 경계층에서 벽면 가까운 곳에 층류와 유사한 특성의 흐름이 형성되는 층

(4) 흐름의 떨어짐(flow separation)

경계층 속을 흐르는 유체 입자가 뒤쪽으로 갈수록 점성 마찰력으로 인하여 운동량을 계속 잃게 되고, 압력이 증가하게 되면 유체 입자가 표면을 따라 계속 흐르지 못하고 표면으로부터 떨어져 나가는 현상을 말한다.

① 경계층 속에서 흐름의 떨어짐이 일어나면 후류가 일어나 와류 현상이 발생한다.
② 흐름의 떨어짐으로 후류가 발생하면 압력이 높아지고, 운동량의 손실이 크게 발생하여 날개골에서 양력은 급격히 감소하게 된다.
③ 흐름의 떨어짐은 난류 경계층보다 층류 경계층에서 쉽게 일어난다.
④ 와류 발생장치(vortex generator) : 날개 표면에 난류 경계층이 쉽게 발생하도록 날개 윗면을 거칠게 하여 난류 경계층을 만들어 주는 장치로 흐름의 떨어짐을 방지한다.

(5) 항력계수(C_D) : 단위 면적당 항력과 운동에너지의 비로서 무차원 수이다. 아음속으로 진행하는 물체에서 형상항력은 압력항력과 마찰항력의 합이다.

$$C_D = \frac{항력}{\frac{1}{2}\rho V^2}$$

형상항력계수(C_{DP}) = 압력항력계수($C_{D압력}$) + 마찰항력계수($C_{D마찰}$)

예상문제

1. 동점성계수 ν의 단위로서 옳은 것은?

① kg/m·s
② kg/m³
③ m²/s
④ mm/kg

2. 다음 중 공기의 동점성계수를 구하는 식으로 옳은 것은? (단, ρ는 공기 밀도, μ는 절대점성계수이다.)

① $\rho \cdot \mu$
② $\dfrac{\mu}{\rho}$
③ $\rho + \mu$
④ $\dfrac{\rho}{\mu}$

3. 다음 중 레이놀즈수의 정의를 옳게 나타낸 것은?

① 마찰력과 항력의 비
② 양력과 항력의 비
③ 관성력과 점성력의 비
④ 항력과 관성력의 비

4. 다음 중 원형관 속을 흐르는 유체의 흐름이 층류에서 난류로 변하는 데 관계되는 요소가 아닌 것은?

① 유체의 속도
② 관의 지름
③ 유체의 점성
④ 유체의 마하수

[해설] 천이 현상이 일어나는 레이놀즈수를 임계 레이놀즈수라 하며, 레이놀즈수는 유체의 속도, 점성계수, 관의 지름으로 이루어지는 무차원의 수이다.

5. 다음 중 레이놀즈수에 영향을 미치는 요소가 아닌 것은?

① 유체의 밀도
② 유체의 압력
③ 유체의 흐름 속도
④ 유체의 점성

[해설] 레이놀즈수 $= \dfrac{\rho V L}{\mu}$

6. 유체의 흐름이 층류에서 난류로 변화하는 데 관계되는 요소로 가장 거리가 먼 것은?

① 유체의 속도
② 유체의 양
③ 유체의 점성
④ 물체의 형상

7. 날개의 시위 길이가 2 m, 공기의 흐름 속도가 720 km/h, 공기의 동점성계수가 0.2 cm²/s일 때 레이놀즈수는 약 얼마인가?

① 2×10^6
② 4×10^6
③ 2×10^7
④ 4×10^7

[해설] 레이놀즈수(R_e)

$$R_e = \frac{VL}{\nu} = \frac{20000 \times 200}{0.2} = 2.0 \times 10^7$$

여기서, $V = 720 \text{ km/h} = \left(\dfrac{720}{3.6}\right) \text{m/s}$

$$= 200 \text{ m/s} = 20000 \text{ cm/s}$$
$$L = 2 \text{ m} = 200 \text{ cm}$$

8. 날개의 시위 길이가 3 m, 공기의 흐름 속도가 360 km/h, 공기의 동점성계수가 0.15 cm²/s일 때, 레이놀즈수는 얼마인가?

① 2×10^9
② 2×10^8
③ 2×10^7
④ 2×10^6

[해설] $R_e = \dfrac{VL}{\nu} = \dfrac{10000 \times 300}{0.15} = 2 \times 10^7$

여기서, $V = 360 \text{ km/h} = \left(\dfrac{360}{3.6}\right) \text{m/s}$

$$= 100 \text{ m/s} = 10000 \text{ cm/s}$$
$$L = 3 \text{ m} = 300 \text{ cm}$$

9. 날개의 시위 길이가 4 m, 공기의 흐름 속도가 720 km/h, 공기의 동점성계수가 0.2 cm²/s일 때 레이놀즈수는 약 얼마인가?

[정답] ●—● **1.** ③ **2.** ② **3.** ③ **4.** ④ **5.** ② **6.** ② **7.** ③ **8.** ③ **9.** ④

① 2×10^6 　　② 4×10^6

③ 2×10^7 　　④ 4×10^7

> **해설** $R_e = \dfrac{VL}{\nu} = \dfrac{20000 \times 400}{0.2} = 4 \times 10^7$
>
> 여기서, $V = 720$ km/h $= \left(\dfrac{720}{3.6}\right)$ m/s
>
> 　　　　$= 200$ m/s $= 20000$ cm/s
>
> 　　　　$L = 4$ m $= 400$ cm

10. 항공기의 날개를 지나는 공기의 흐름에서 레이놀즈수와 천이점과의 관계를 가장 올바르게 설명한 것은?

① 레이놀즈수가 커지면 커질수록 천이점은 앞전 부근으로 이동한다.

② 레이놀즈수가 작으면 작을수록 천이점은 앞전 부근으로 이동한다.

③ 레이놀즈수에 상관없이 천이점은 항상 뒷전 부근에 있다.

④ 레이놀즈와 천이점이 같아지는 점에서 최대의 항력이 발생한다.

11. 다음 중 평판 주위를 일정한 속도로 흐를 때 레이놀즈수가 가장 큰 유체는?

① 공기

② 순수한 물

③ 정제된 윤활유

④ 순수한 벌꿀

> **해설** 레이놀즈수 $= \dfrac{\text{관성력}}{\text{점성력}}$
>
> 공기, 물, 윤활유, 꿀 중에서 공기가 점성력이 제일 작다.

12. 균일한 속도로 빠르게 흐르는 공기의 흐름 속에 평판의 앞전으로부터 생기는 경계층의 종류를 순서대로 맞게 배열한 것은?

① 층류 경계층 → 난류 경계층 → 천이 구역

② 난류 경계층 → 천이 구역 → 층류 경계층

③ 층류 경계층 → 천이 구역 → 난류 경계층

④ 천이 구역 → 층류 경계층 → 난류 경계층

13. 다음 ( )에 알맞은 용어들이 순서대로 나열된 것은?

> "레이놀즈수가 증가하면 유체 흐름은 ( )에서 ( )로 전환되는데 이 현상을 ( )라 하며, 이 현상이 일어나는 때의 레이놀즈수를 ( )레이놀즈수라 한다."

① 난류 – 층류 – 박리 – 임계

② 층류 – 난류 – 천이 – 임계

③ 층류 – 난류 – 임계 – 박리

④ 난류 – 층류 – 천이 – 임계

> **해설** 층류 흐름이 난류 흐름으로 변화되는 과정의 사이에 천이 현상이 존재하며, 이러한 천이 현상이 발생되는 레이놀즈수를 임계 레이놀즈수라 한다.

14. 층류 흐름이 난류 흐름으로 변화되는 과정에서 천이 현상이 존재하며, 이러한 천이 현상이 발생되는 수를 무엇이라 하는가?

① 항력계수

② 점성계수

③ 동점성계수

④ 임계 레이놀즈수

15. 항공기 날개 표면에 부착하는 와류 발생장치(vortex generator)의 주목적은 무엇인가?

① 흐름의 떨어짐(박리, separation) 현상을 촉진한다.

② 흐름의 떨어짐 현상을 지연시킨다.

③ 착륙거리 단축에 주목적이 있다.

④ 날개 좌우의 균형을 맞추어 준다.

16. 단위 면적당 항력과 운동에너지의 비를 나타내는 항력계수 단위로 옳은 것은?

① cm²/s 　　② kg/HP

③ kg·m/s 　　④ 단위가 없다.

> ### 1-4 공기의 압축성 효과

1 압축성 흐름

(1) 음속(C)

공기 중에 미소한 교란이 전파되는 속도로서 온도가 증가할수록 빨라진다.

① 온도가 0℃인 공기 중에서 음속은 331.2 m /s이다.

② 공기의 온도가 t [℃]일 때 음속을 구하는 공식은 다음과 같다.

$$C = C_0 \sqrt{\frac{273 + t}{273}} \text{ 또는 } C = \sqrt{\gamma R T}$$

여기서, C_0 : 331.2 m /s, t : 섭씨로 표시된 온도, γ : 공기 비열비

R : 공기 기체상수, T : 절대온도

(2) 마하수(M_a)

물체의 속도(V)와 그 고도에서의 소리의 속도(C)와의 비로 무차원의 수이다.

$$M_a = \frac{물체의 \ 속도(비행기의 \ 속도)}{소리의 \ 속도} = \frac{V}{C}$$

> #### 참고 마하수와 흐름의 특성
>
> • 0.3 이하 : 아음속 흐름, 비압축성 흐름
> • 0.3~0.75 : 아음속 흐름, 압축성 흐름
> • 0.75~1.2 : 천음속 흐름, 압축성 흐름, 부분적 충격파 발생
> • 1.2~5.0 : 초음속 흐름, 압축성 흐름, 충격파 발생
> • 5.0 이상 : 극초음속 흐름, 충격파 발생

(3) 마하파(마하선)

초음속 흐름에서 미소한 교란이 전파되는 면 또는 선을 말하며, 공기 입자가 마하파를 지나면 압력과 밀도는 미소한 변화를 일으킨다.

2 충격파(shock wave)

흐름의 급격한 변화로 인하여 압력이 급격히 증가되고, 밀도와 온도 역시 불연속적으로 증가하게 되는데, 이 불연속면을 충격파라 한다.

① 초음속 흐름에서 통로가 좁아지면 속도는 감소하고, 압력은 증가한다.

② 경사 충격파는 초음속 흐름이 경로가 좁아지게 되면 발생한다.

③ 수직 충격파는 흐름에 대하여 수직인 충격파이다.

④ 충격파를 지난 공기 입자의 압력과 밀도는 증가하고, 속도는 감소한다.

⑤ 충격파의 강도 : 충격파의 앞쪽과 뒤쪽의 압력차
⑥ 팽창파는 초음속 흐름에서 통로가 넓어지는 곳에서 발생한다.

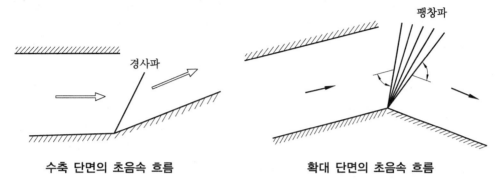

수축 단면의 초음속 흐름   확대 단면의 초음속 흐름

❸ 날개골 위의 초음속 흐름

균일하게 초음속으로 흐르는 공기 흐름 중에 다이아몬드형 날개골을 놓았을 때 날개골에 발생하는 충격파와 팽창파의 위치는 다음 그림과 같이 나타낸다.

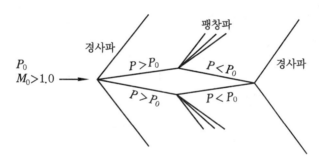

다이아몬드형 날개골 주위의 초음속 흐름

① 임계 마하수(critical Mach number) : 날개 윗면에서 최대속도가 마하수 1이 될 때 날개 앞쪽에서의 흐름의 마하수
② 충격 실속(shock stall) : 충격파 뒤에 압력이 급속히 증가하여 날개골의 경계층 내에 있는 유체 입자들이 압력 상승에 견디지 못하여 떨어져 나가 양력이 감소되고, 항력이 증가하여 실속하는 현상

❹ 충격파에 의한 항력

① 조파항력(wave drag) : 초음속 흐름에서 충격파로 인하여 발생하는 항력
② 초음속 날개의 전체 항력＝마찰항력＋압력항력＋조파항력
③ 조파항력에 영향을 끼치는 요소 : 날개골의 반음각, 캠버선의 모양, 길이에 대한 두께비
④ 조파항력을 최소로 하기 위한 방법 : 날개골의 앞전을 뾰쪽하게 하거나 두께는 가능한 얇게 한다.

예상문제

1. 대기 중 음속의 크기와 가장 밀접한 요소는?

① 대기의 밀도
② 대기의 비열비
③ 대기의 온도
④ 대기의 기체상수

[해설] 음속 $(C) = \sqrt{\gamma RT}$ 에 따라 대기권에서의 음속은 절대온도 (T)의 제곱근에 비례한다.

2. 다음 중 음속에 가장 큰 영향을 미치는 요인은 어느 것인가?

① 압력
② 밀도
③ 공기 성분 구성
④ 온도

3. 마하수에 대한 설명으로 가장 올바른 것은?

① 비행속도가 일정하면 마하수는 온도가 높을수록 비례하여 커진다.
② 비행속도가 일정하면 고도에 관계없이 마하수도 일정하다.
③ 마하수의 단위는 m/s이다.
④ 마하수는 음속에 반비례한다.

[해설] 마하수 $= \dfrac{\text{비행속도}}{\text{음속}} = \dfrac{V}{\sqrt{\gamma RT}}$

① 비행속도가 일정한 상태에서 온도가 높아지면 음속이 증가하게 되어 마하수는 작아지게 된다.
② 비행속도가 일정한 상태에서 고도가 증가할수록 온도가 감소하여 음속은 작아지게 되어, 마하수는 증가한다.
③ 마하수는 단위가 없는 무차원의 수이다.

4. 다음 중 무차원수가 아닌 것은?

① 마하수
② 속도
③ 양력계수
④ 레이놀즈수

[해설] 무차원수는 차원이 없는 수로 마하수, 레이놀즈수, 양력계수, 항력계수 등이 있다. 속도의 단위는 m/s, km/h이다.

5. 다음 중 마하수(mach number)에 대한 설명으로 옳은 것은?

① 항공기의 속도가 같은 경우, 마하수는 항상 같다.
② 항공기의 속도가 같더라도 대기온도가 낮은 경우 마하수가 더 커진다.
③ 항공기의 속도가 같더라도 대기온도가 높은 경우 마하수가 더 커진다.
④ 항공기의 속도가 같은 경우, 마하수는 대기온도의 제곱에 비례한다.

[해설] 마하수 $= \dfrac{V}{C} = \dfrac{\text{항공기 속도}}{\text{음속}(\sqrt{\gamma RT})}$

6. 마하수에 대한 설명으로 옳은 것은?

① 음속이 증가하면 마하수가 증가한다.
② 마하수는 음속과 비행체의 속도에 비례한다.
③ 마하수는 음속을 비행체 속도로 나눈 값이다.
④ 비행체의 속도가 증가하면 마하수도 증가한다.

7. 비행속도 1080 km/h로 비행하는 항공기의 마하수 (M)는 약 얼마인가? (단, 비행고도에서 음속은 320 m/s이다.)

① 0.38
② 0.75
③ 0.85
④ 0.94

[해설] 마하수 $= \dfrac{V}{C} = \dfrac{\left(\dfrac{1080}{3.6}\right)}{320} = 0.94$

8. 720 km/h로 비행하는 비행기의 마하계 눈금이 0.6을 지시했다면 이 고도에서의 음속은 약 몇 m/s인가?

① 322
② 327
③ 333
④ 340

[해설] 음속과 마하수 : $M_a = \dfrac{V}{C}$ 에서

정답 ● 1. ③ 2. ④ 3. ④ 4. ② 5. ② 6. ④ 7. ④ 8. ③

$$C = \frac{V}{M_a} = \frac{\left(\frac{720}{3.6}\right)}{0.6} = 333 \text{ m/s}$$

9. A, B, C 3대의 비행기가 각각 1000 m, 5000 m, 10000 m의 고도에서 동일한 속도로 비행할 때 각 비행기의 마하계가 지시하는 마하수의 크기를 비교한 것으로 옳은 것은?

① A < B < C   ② A > B > C

③ A > C > B   ④ A = B = C

해설 음속(C) = $\sqrt{\gamma RT}$이므로 음속은 절대 온도(T)의 제곱근에 비례한다. 고도가 높아질수록 온도는 낮아지게 되므로 음속도 작아지게 된다. 따라서, 비행속도가 동일하다면 고도가 증가할수록 마하수는 증가를 하게 된다.

· 1000 m에서의 음속 = 336.4 m/s
· 5000 m에서 음속 = 320 m/s
· 10000 m에서의 음속 = 299.4 m/s

10. 다음 중 압축성 흐름이고, 부분적으로 충격파가 발생하는 흐름으로 가장 적절한 것은?

① 아음속   ② 초음속

③ 천음속   ④ 극초음속

11. 다음 중 날개 주위의 흐름 속도에 아음속 흐름과 초음속 흐름이 혼재하고 있는 비행속도 영역은?

① 천음속 영역   ② 아음속 영역

③ 초음속 영역   ④ 극초음속 영역

12. 종을 장착한 항공기가 종을 치면서 아음속 비행 시 항공기의 앞쪽에서는 파장이 점점 짧아져 점차적으로 높은 소리로 들리다가 뒤쪽에서는 파장이 점점 길어져 점차적으로 낮은 소리로 들리게 되는 현상은?

① 마그너스 효과   ② 서지 효과

③ 코리올리스 효과   ④ 도플러 효과

해설 도플러 효과 : 소리를 내는 음원과 소리를 관측하는 관측자의 상대적 운동에 따라 음파의 진동수가 달라지는 현상을 말한다. 즉, 음원과 관측자의 거리가 가까울수록 진동수가 증가하고(크게, 높게, 빠르게 들림), 멀어질수록 진동수가 감소한다(작게, 낮게, 느리게 들림).

13. 공기 흐름 중에 전파되는 파동의 일종으로 음속보다도 빨리 전파되어 압력, 밀도, 온도 등이 급격히 변화하는 파는?

① 전파   ② 충격파

③ 압축파   ④ 대기파

14. 초음속 공기의 흐름에서 통로가 좁아질 때 일어나는 현상을 옳게 설명한 것은?

① 압력과 속도가 동시에 증가한다.

② 압력과 속도가 동시에 감소한다.

③ 속도는 감소하고 압력은 증가한다.

④ 속도는 증가하고 압력은 감소한다.

해설 초음속 공기 흐름은 압축성을 고려해야 하기 때문에 아음속의 공기 흐름과는 정반대로 공기 흐름 통로가 좁아지면 속도는 감소하고 압력은 증가한다.

15. 초음속 흐름에서 통로가 일정 단면적을 유지하다가 급격히 좁아질 때 흐름의 압력, 밀도, 속도의 변화로 옳은 것은?

① 압력과 밀도는 감소하고 속도는 증가한다.

② 압력은 감소하고 밀도와 속도는 증가한다.

③ 압력과 밀도는 증가하고 속도는 감소한다.

④ 압력은 증가하고 밀도와 속도는 감소한다.

16. 다음 (   ) 안에 알맞은 말을 순서대로 나열한 것은?

"초음속 흐름은 통로의 면적이 좁아지면 속도는 (   )하고 압력은 (   )한다. 그리고 통로의 면적이 변화하지 않으면 속도는 (   )"

정답 ● **9.** ①   **10.** ③   **11.** ①   **12.** ④   **13.** ②   **14.** ③   **15.** ③   **16.** ③

① 증가 – 감소 – 감소한다.
② 감소 – 증가 – 증가한다.
③ 감소 – 증가 – 변화하지 않는다.
④ 증가 – 감소 – 변화하지 않는다.

해설 아음속 흐름에서는 통로의 면적이 좁아지면 속도는 증가하고 압력은 감소하지만, 초음속 흐름에서는 아음속 흐름과 정반대의 현상이 생긴다.

17. 충격파의 강도를 가장 옳게 나타낸 것은?
① 충격파 전·후의 속도 차
② 충격파 전·후의 온도 차
③ 충격파 전·후의 압력 차
④ 충격파 전·후의 밀도 차

18. 비행기가 아음속으로 비행할 때 날개에 발생되는 항력이 아닌 것은?
① 압력항력 　　　② 마찰항력
③ 유도항력 　　　④ 조파항력

19. 날개골에서 충격파가 발생할 때 충격파 후면에서의 밀도, 온도, 압력의 변화를 옳게 설명한 것은?
① 밀도, 온도, 압력이 모두 증가한다.
② 밀도, 온도, 압력이 모두 감소한다.
③ 온도와 밀도는 증가하고 압력은 감소한다.
④ 밀도와 압력은 증가하고 온도는 감소한다.

20. 팽창파의 특징으로 가장 거리가 먼 내용은?
① 유체가 통과할 경우 압력이 감소한다.
② 에너지 손실이 생긴다.
③ 초음속 흐름에서만 생긴다.
④ 표면에 항상 경사지게 된다.

해설 팽창파(expansion wave) : 초음속 흐름에서 면적이 넓어지는 곳에서는 팽창파가 발생한다. 팽창파 뒤의 공기 흐름은 속도와 마하수가 커지고 압력과 밀도가 작아진다. 굴곡면에서는 무수히 많은 팽창파가 발생한다.

21. 날개면상에 초음속 흐름이 형성되면 충격파가 발생하게 되는데, 이때 충격파 전·후면에서의 압력, 밀도, 속도의 관계로 옳은 것은?
① 충격파 앞의 압력과 속도는 충격파 뒤보다 크다.
② 충격파 앞의 압력과 밀도는 충격파 뒤보다 작다.
③ 충격파 앞의 밀도와 속도는 충격파 뒤보다 작다.
④ 충격파 앞의 압력, 밀도 및 속도는 충격파 뒤보다 크다.

해설 충격파 흐름 : 충격파가 발생하면 압력은 급격히 증가하게 되고, 밀도, 온도 역시 불연속적으로 증가한다.

22. 조파항력(wave drag)에 대한 설명으로 가장 관계가 먼 것은?
① 일반적으로 아음속 흐름에서도 존재한다.
② 초음속 흐름에서 충격파로 인하여 발생되는 항력이다.
③ 날개골의 받음각, 캠버선의 모양, 그리고 길이에 대한 두께의 비에 따라 결정된다.
④ 조파항력을 최소로 하기 위해서는 초음속 날개골의 앞전을 뾰족하게 하고 두께는 얇게 해야 한다.

23. 그림과 같은 날개골 주위의 초음속 흐름에서 ⓐ와 같이 발생하는 것은?

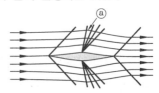

① 경사 충격파 　　② 팽창파
③ 수직 충격파 　　④ 초음파

해설 팽창파는 초음속 흐름에서 통로가 넓어지는 확대 단면에서 발생한다.

CHAPTER 02 날개 이론

2-1 날개골의 모양과 특성

■ 날개골의 특성

(1) 날개골의 명칭

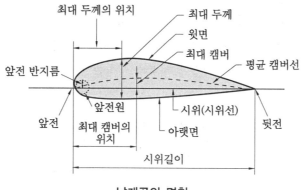

날개골의 명칭

① 앞전(leading edge) : 날개골 앞부분의 끝을 말하며, 둥근 원호나 뾰족한 쐐기 모양이다.

② 뒷전(trailing edge) : 날개골의 뒷부분의 끝을 말하며, 뾰족한 모양이다.

③ 시위(chord) : 날개의 앞전과 뒷전을 이은 직선으로 시위선 길이를 C로 표시한다.

④ 평균 캠버선(mean camber line) : 날개의 전 두께를 이등분한 선으로 날개골의 휘어진 모양을 나타낸다.

⑤ 캠버(camber) : 시위선에서 평균 캠버선까지의 길이를 말하며 시위선과의 비로 나타낸다.

⑥ 최대 캠버의 위치 : 앞전에서부터 최대 캠버까지의 시위선상의 거리를 말하며, 시위선 길이와의 비로 나타낸다.

⑦ 두께 : 시위선에서 수직선을 그었을 때 윗면과 아래면 사이의 수직거리

⑧ 최대 두께의 위치 : 앞전에서부터 최대 두께까지의 시위선상의 거리를 말하며, 시위선 길이와의 비로 나타낸다.

⑨ 앞전 반지름(leading radius) : 앞전에서 평균 캠버선에 접하도록 그은 직선상의 중심을 갖고 날개골 상하면에 접하는 원의 반지름

(2) 날개골의 공력 특성

① 날개골에 작용하는 공기력

(개) 양력(L) : 공기 중에 놓여진 물체를 들어 올리려는 힘

$$L = \frac{1}{2} \rho V^2 C_L S$$

여기서, L : 양력, ρ : 공기 밀도, V : 속도, C_L : 양력계수, S : 날개 면적

(내) 항력(D) : 비행기를 앞으로 전진하지 못하게 하는 힘

$$D = \frac{1}{2} \rho V^2 C_D S$$

여기서, D : 항력, ρ : 공기 밀도, V : 속도, C_D : 항력계수, S : 날개 면적

(대) 압력 중심(center of pressure) : 양력과 항력이 작용하는 점으로 이 힘들에 의해 날개골을 회전시키는 모멘트가 발생한다.

② 양력계수(C_L)와 항력계수(C_D)

(개) 날개골의 형태와 받음각에 관계되는 무차원수

(내) 날개골은 양력계수(C_L)는 크고, 항력계수(C_D)가 작을수록 성능이 좋은 것이다.

③ 받음각 : 공기 흐름의 속도 방향과 날개골의 시위선이 만드는 사이각

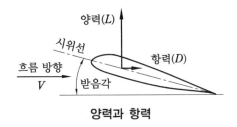

양력과 항력

(3) 받음각과 양력계수(C_L), 항력계수(C_D)와의 관계(클라크 Y형 날개골)

날개골은 C_{Lmax}가 크고, C_{Dmin}이 작을수록 좋다.

① 받음각과 양력계수(C_L)와의 관계

(개) 받음각이 $-5.3°$일 때 C_L은 0이다. 즉, 양력 $L = 0$이다. 이때의 받음각을 0 양력 받음각(zero lift angle of attack)이라 한다.

(내) 받음각이 증가함에 따라 C_L은 거의 직선적으로 증가한다.

(대) 받음각이 $18°$ 근처일 때 C_L은 최대가 되는데, 이때의 양력계수를 최대 양력계수 ($C_{L\max}$)라 한다. 또, 이때의 받음각을 실속각(stalling angle)이라 한다.

(래) 실속각을 넘으면 C_L은 급격히 감소하는데 이를 실속(stall)이라 한다.

② 받음각과 항력계수(C_D)의 관계

(개) 항력계수(C_D)가 0이 되는 점은 없고 받음각 $-5°$일 때 항력계수는 최소가 되는데, 이를 최소 항력계수($C_{D\min}$)라 한다.

㈏ 받음각이 증가함에 따라 항력계수는 증가하고 실속각을 넘으면 항력은 급격히 증가한다.

㈐ 항력계수는 받음각이 − 값을 가져도 항상 + 값을 갖는다.

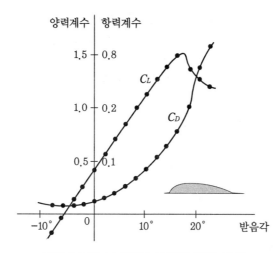

클라크 Y형 날개골의 양력과 항력 곡선

(4) 날개골 모양에 따른 특성

날개골의 공기역학적 특성은 날개골의 모양에 따라 달라지며, 날개골의 모양은 날개골의 두께, 캠버, 시위, 앞전 반지름 등에 의해 결정된다.

(5) 압력 중심과 공기력 중심

① 압력 중심(C.P : center of pressure) : 날개골에 공기력(양력, 항력)이 작용하는 시위선상의 어느 한 점을 말한다. 보통 앞전에서부터 압력 중심까지의 거리(l)와 시위 길이(C)와의 비(%)로 나타낸다. 압력 중심은 받음각이 클 때 앞전 쪽으로 이동하고, 받음각이 작아지거나 급강하 시 후퇴한다.

$$C.P = \frac{l}{C} \times 100(\%)$$

② 공기력 중심(a.c : aerodynamic center) : 받음각이 변하더라도 모멘트 값이 변하지 않는 점을 말하며, 이 점을 중심으로 하는 모멘트 계수를 C_{mac}로 나타낸다. 대칭형 날개골에서는 공기력 중심 모멘트 계수(C_{mac}) 값이 0이다.

캠버가 있는 날개는 받음각이 0일 때에도 양력이 발생하므로 C_{mac}값이 0이 되지 않는다. 대부분 날개골에 있어서 이 공기력 중심은 앞전에서부터 25 % 뒤쪽에 위치한다.

$$M = \frac{1}{2} \rho V^2 C_m S C$$

여기서, M : 공기력 모멘트, C : 시위 길이, C_m : 모멘트 계수, S : 날개 면적

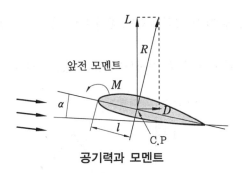

공기력과 모멘트

(6) 날개골의 종류

① 날개골의 호칭

㉮ 4자 계열 : 00XX, 24XX, 44XX로 표시되며 00XX는 대칭형 날개골이다.

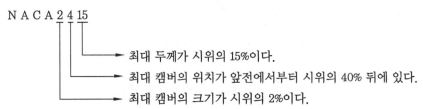

㉯ 5자 계열 : 4자 계열을 개선하여 만든 날개골이다.

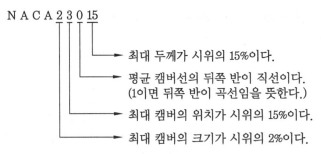

㉰ 6자 계열(층류 날개골) : 최대 두께 위치를 중앙 부근에 놓이도록 설계하여 설계 양력계수 부근에서 항력계수가 작아지도록 하고, 받음각이 작을 때 앞부분의 흐름이 층류를 유지하도록 한 날개골이다.

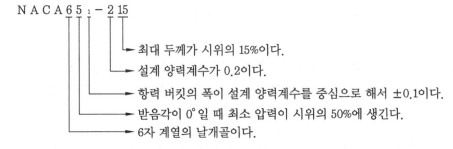

• 항력 버킷(drag bucket) : 양항력 곡선의 어떤 양력계수 부근에서 항력계수가 갑자기 작아지는 부분을 말하며, 이 곡선 중심의 양력계수가 설계 양력계수이다.

㈃ 초음속 날개골 : 조파항력을 줄이기 위해 만들어진 날개골이다.

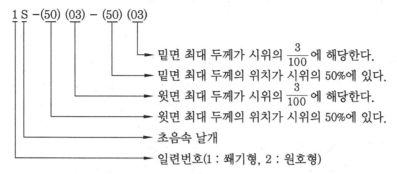

$$1\ S\ -(50)\ (03)\ -\ (50)\ (03)$$

- 밑면 최대 두께가 시위의 $\frac{3}{100}$ 에 해당한다.
- 밑면 최대 두께의 위치가 시위의 50%에 있다.
- 윗면 최대 두께가 시위의 $\frac{3}{100}$ 에 해당한다.
- 윗면 최대 두께의 위치가 시위의 50%에 있다.
- 초음속 날개
- 일련번호(1 : 쐐기형, 2 : 원호형)

② 고속기의 날개골

㈎ 층류 날개골(laminar flow airflow) : 음속에 가까운 속도로 비행하는 비행기에는 양력계수가 크지 않아도 항력계수가 작은 날개골, 즉 속도를 증가시키면서 항력도 감소시키기 위해 만들어진 날개골이다.

㈏ 피키 날개골(peaky airflow) : 음속에 가까운 속도로 비행하는 항공기에서 충격파의 발생으로 인한 항력 증가를 억제하기 위해 시위 앞부분의 압력 분포를 뾰족하게 만든 날개골이다.

㈐ 초임계 날개골(supercritical airfoil) : 종래의 날개골보다 날개 주위의 초음속 영역을 넓혀 충격파를 약하게 하여 항력의 증가를 억제함으로써 비행속도를 음속에 가깝게 한 날개골이다.

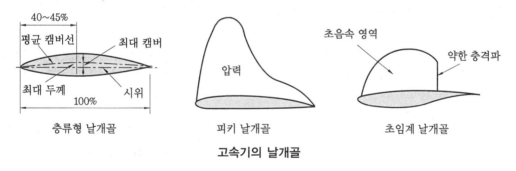

층류형 날개골　　　피키 날개골　　　초임계 날개골

고속기의 날개골

예상문제

1. 날개골(airfoil) 각 부분의 명칭 중 앞전과 뒷전을 연결하는 직선을 무엇이라 하는가?
① 시위 (chord)
② 캠버 (camber)
③ 받음각 (angle of attack)
④ 날개골 두께 (airfoil thickness)

2. 다음 중 시위선에서 평균 캠버선까지의 길이를 의미하는 것은?
① 받음각
② 캠버
③ 앞전 반지름
④ 두께

정답 ➡ ● **1.** ① **2.** ②

3. 평균 캠버선(mean camber line)에 대한 설명으로 옳은 것은?

① 날개골 앞부분의 끝
② 날개골 뒷부분의 끝
③ 앞전과 뒷전을 연결하는 직선
④ 날개 두께의 2등분점을 연결한 선

4. 평균 캠버선으로부터 시위선까지의 거리가 가장 먼 곳을 무엇이라 하는가?

① 캠버
② 최대 캠버
③ 두께
④ 평균 시위

5. 캠버(camber)란 비행기 날개에서 무엇을 의미하는가?

① 시위선에서 최대 캠버선까지의 길이
② 시위선에서 평균 캠버선까지의 길이
③ 평균 캠버선에서 날개 윗면까지의 길이
④ 평균 캠버선에서 최대 캠버선까지의 길이

6. 다음 중 받음각(angle of attack)의 정의로 옳은 것은?

① 날개의 시위선과 상대풍 사이의 각도
② 비행기의 상승 각도와 수평선 사이의 각도
③ 항공기의 종축과 날개의 시위선 사이의 각도
④ 날개의 무양력 시위선과 날개의 시위선 사이의 각도

7. 다음 중 양력(L)을 가장 올바르게 표현한 것은?(단, C_L : 양력계수, ρ : 공기 밀도, S : 날개의 면적, V : 비행기의 속도이다.)

① $L = \dfrac{1}{2} C_L^2 \rho\, V^2 S$

② $L = \dfrac{1}{2} C_L^2 \rho\, V S^2$

③ $L = \dfrac{1}{2} C_L \rho\, V^2 S$

④ $L = \dfrac{1}{2} C_L \rho\, V S^2$

8. 비행기 날개의 양력을 구하는 식 $\dfrac{1}{2}\rho V^2 S C_L$ 에서 S 가 의미하는 것은?(단, ρ : 밀도, V : 속도, C_L : 양력계수이다.)

① 날개의 속도
② 날개의 면적
③ 날개 주변의 공기속도
④ 날개의 형상계수

9. 비행기가 비행 중 속도를 2배로 증가시킨다면 다른 모든 조건이 같을 때 양력과 항력은 어떻게 달라지는가?

① 양력과 항력 모두 2배로 증가한다.
② 양력과 항력 모두 4배로 증가한다.
③ 양력은 2배로 증가하고, 항력은 $\dfrac{1}{2}$ 로 감소한다.
④ 양력은 4배로 증가하고, 항력은 $\dfrac{1}{4}$ 로 감소한다.

[해설] 양력, 항력은 속도의 제곱(V^2)에 비례하므로, 속도가 2배 증가하면, 양력, 항력은 4배로 증가한다.

10. 비행기의 날개에 작용하는 양력의 크기에 대한 설명으로 틀린 것은?

① 양력계수에 비례한다.
② 비행속도에 반비례한다.
③ 날개의 면적에 비례한다.
④ 공기의 밀도의 크기에 비례한다.

[해설] 양력은 비행속도의 제곱에 비례한다.

11. 비행기 날개의 양력에 관한 설명으로 틀린 것은?

① 양력은 날개 면적(S)에 비례한다.

정답 ● 3. ④ 4. ② 5. ② 6. ① 7. ③ 8. ② 9. ② 10. ② 11. ③

② 양력은 유체의 밀도(ρ)에 비례한다.
③ 양력은 날개의 무게(W)에 비례한다.
④ 양력은 비행기 속도(V) 제곱에 비례한다.

12. 날개의 양력계수(C_L) 0.5, 날개 면적(S) 10 m^{2}인 비행기가 밀도(ρ) 0.1 kgf·s^2/m^4 인 공기 중을 50 m/s 로 비행하고 있다. 이때 날개에 발생하는 양력은 약 몇 kgf인가?

① 425　　② 527
③ 625　　④ 728

해설 양력$(L) = \frac{1}{2}\rho V^2 C_L S$

$= \frac{1}{2} \times 0.1 \times 50^2 \times 0.5 \times 10$

$= 625$ kgf

13. 날개의 양력계수(C_L) 0.58, 날개 면적(S) 10 m^{2}인 비행기가 밀도(ρ) 0.1 kgf·s^2/m^{4}인 공기 중을 50 m/s로 비행하고 있다. 이때 날개에 발생하는 양력은 약 몇 kgf인가?

① 425　　② 527
③ 625　　④ 725

해설 양력$(L) = \frac{1}{2}\rho V^2 C_L S$

$= \frac{1}{2} \times 0.1 \times 50^2 \times 0.58 \times 10$

$= 725$ kgf

14. 조종사가 5000 m의 상공을 일정 속도로 낙하산으로 하강하고 있다. 조종사의 무게가 90 kgf, 낙하산 지름이 6 m, 항력계수 C_D가 2.0일 때 속도는 몇 m/s인가? (단, 공기의 밀도는 $\rho = 1.0$ kg/m^{3}이고, g는 중력가속도이다.)

① $\sqrt{\frac{g}{\pi}}$　　② $\sqrt{\frac{10g}{\pi}}$
③ $10\sqrt{\frac{g}{\pi}}$　　④ $10\sqrt{\frac{10g}{\pi}}$

해설 일정 속도로 낙하하기 위해서는 공기력(D)과 조종사의 무게(W)가 같아야 한다.

$W = D$

$W = \frac{1}{2}\rho V^2 C_D S$에서

$V = \sqrt{\frac{2W}{\rho C_D S}}$

$= \sqrt{\frac{2 \times 90g}{1.0 \times 2 \times \frac{\pi \times 6^2}{4}}} = \sqrt{\frac{10g}{\pi}}$

15. 공기 중에서 면적이 8 m^{2}인 물체가 50 kgf 항력을 받으며 일정한 속도 10 m/s로 떨어지고 있을 때 물체가 갖는 항력계수는 얼마인가? (단, 공기의 밀도는 0.1 kgf·s^2/m^4 이다.)

① 1.0　　② 1.15
③ 1.25　　④ 1.75

해설 항력계수$(C_D) = \frac{2D}{\rho V^2 S}$

$= \frac{2 \times 50}{0.1 \times 10^2 \times 8}$

$= \frac{100}{80} = 1.25$

16. 비행기 날개에서 영양력 받음각(zero lift angle of attack)이란 무엇인가? (단, C_D : 항력계수, C_L : 양력계수이다.)

① $C_D = 0$일 때의 받음각
② $C_L = 0$일 때의 받음각
③ $C_D = 0$이고, $C_L \neq 0$일 때의 받음각
④ $C_D \neq 0$이고, $C_L \neq 0$일 때의 받음각

17. 그림과 같은 받음각에 따른 양력계수(C_L)의 변화를 나타낸 그래프에서 (가)와 (나)에 대한 용어로 옳은 것은?

정답 12. ③ 13. ④ 14. ② 15. ③ 16. ② 17. ①

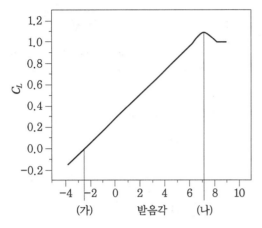

① (가) 영양력 받음각, (나) 실속각
② (가) 최소 항력 받음각, (나) 실속각
③ (가) 유도각, (나) 영양력 받음각
④ (가) 실속각, (나) 영양력 받음각

18. 날개 단면의 받음각이 0°인 경우, 양력계수가 0이 되지 않는 날개 단면은?
① 무양력 날개 단면
② 영양력 날개 단면
③ 대칭 날개 단면
④ 비대칭 날개 단면

해설 비대칭 날개 단면 : 클라크 Y형 날개의 경우 −5.3°에서 양력이 0이 된다. 받음각이 0°가 되더라도 비대칭 날개에 있어서는 양력이 발생하게 된다.

19. 날개골의 받음각이 크게 증가하여 흐름의 떨어짐 현상이 발생하면 양력과 항력의 변화는 어떻게 되는가?
① 양력과 항력 모두 증가한다.
② 양력과 항력 모두 감소한다.
③ 양력은 증가하고 항력은 감소한다.
④ 양력은 감소하고 항력은 증가한다.

해설 날개골이 실속각을 넘어 가게 되면 공기 흐름의 떨어짐으로 인해 양력이 급격히 감소를 하고, 항력이 급격히 증가를 하는 현상이 발생한다.

20. 비행기의 받음각이 일정 각도 이상 되어 최대 양력값을 얻었을 때에 대한 설명 중 틀린 것은?
① 이때의 받음각을 실속 받음각이라 한다.
② 이때의 양력계수 값을 최대 양력계수 (C_{Lmax})라 한다.
③ 이때의 고도를 최고 고도라 한다.
④ 이때의 비행기 속도를 실속 속도라 한다.

21. 날개의 받음각(α) 변화에 따른 항력계수 (C_D) 변화를 옳게 설명한 것은?
① α가 커지면 C_D는 증가하고 실속각을 넘으면 급격히 감소한다.
② α가 커지면 C_D는 감소하고 실속각을 넘으면 급격히 증가한다.
③ α가 커지면 C_D는 증가하고 실속각을 넘으면 급격히 증가한다.
④ α가 커지면 C_D는 감소하고 실속각을 넘으면 급격히 감소한다.

22. 날개의 양력은 받음각이 커지면서 함께 증가하는데 이렇게 증가를 하다가 급격히 감소하게 되는 받음각을 무엇이라 하는가?
① 항력각   ② 실속각
③ 처든각   ④ 받음각

23. 받음각과 양력과의 관계에서 날개의 받음각이 일정 수준을 지나면 양력이 감소하고 항력이 증가하는 현상은?
① 경계층   ② 실속
③ 내리흐름   ④ 와류

해설 실속(stall) : 받음각이 일정 수준을 지나면 양력계수는 최대가 되는데, 이때 각도를 실속각이라 하며, 이 실속각을 지나면 양력계수는 급격히 감소하는데 이를 실속이라 한다.

정답 ▶ **18.** ④ **19.** ④ **20.** ③ **21.** ③ **22.** ② **23.** ②

24. 날개골 윗면에서 흐름의 떨어짐이 발생할 때 나타나는 현상으로 옳은 것은?

① 항력이 증가한다.
② 양력이 증가한다.
③ 비행속도가 증가한다.
④ 유체입자의 운동에너지가 증가한다.

25. 비행기 날개골의 양력과 항력 특성이 좋다는 의미와 같은 것은?

① 최대 양력계수(C_{Lmax})가 크고 최소 항력계수(C_{Dmin})가 작다.
② 최대 양력계수(C_{Lmax})가 크고 최소 항력계수(C_{Dmin})가 크다.
③ 최대 양력계수(C_{Lmax})가 작고 최소 항력계수(C_{Dmin})가 작다.
④ 최대 양력계수(C_{Lmax})가 작고 최소 항력계수(C_{Dmin})가 크다.

26. 날개골(airfoil)의 모양을 결정하는 요소가 아닌 것은?

① 두께
② 받음각
③ 캠버
④ 시위선

27. 비행기 날개에서 실제적으로 총 압력이 작용하는 합력점을 무엇이라 하는가?

① 압력 중심
② 날개 중심
③ 무게 중심
④ 비행기 중심

28. 그림과 같이 시위가 C인 날개의 압력 중심(C.P)이 앞전에서 l의 위치에 있을 때 설명으로 틀린 것은?

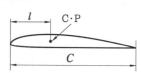

① 압력 중심(C.P) $= \dfrac{C}{l}$ 이다.
② 일반적인 날개에서 받음각이 클 때 압력 중심은 앞으로 이동한다.
③ 압력 중심의 이동이 크다는 것은 비행기의 안정성에 좋지 않다.
④ 압력 중심의 이동이 크다는 것은 비행기 날개의 구조강도상으로 볼 때 좋지 않다.

29. 날개의 압력 중심(center of pressure)에 대한 설명으로 옳은 것은?

① 받음각의 변화에 따라 변화는 없다.
② 받음각을 크게 하면 날개 앞전 쪽으로 이동한다.
③ 받음각을 작게 하면 날개 앞전 쪽으로 이동한다.
④ 날개의 캠버, 두께에 관계없이 항상 일정하다.

30. 실속 이내의 선형 구간에서 받음각이 증가함에 따라 압력 중심(C.P)의 위치 변화로 옳은 것은?

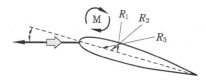

① $R_3 \rightarrow R_1 \rightarrow R_2$
② $R_1 \rightarrow R_3 \rightarrow R_2$
③ $R_3 \rightarrow R_2 \rightarrow R_1$
④ $R_1 \rightarrow R_2 \rightarrow R_3$

해설 받음각이 증가함에 따라 압력 중심은 앞전 쪽으로 이동한다.

31. 비행기 날개에서 압력 중심(center of pressure)에 대한 설명으로 가장 관계가 먼 것은?

① 압력이 작용하는 합력점을 압력 중심이라 한다.

② 받음각이 클수록 압력 중심은 앞으로 이동한다.

③ 비행기가 급강하할 때 압력 중심은 전방으로 이동한다.

④ 압력 중심의 이동과 비행기의 안정성과는 밀접한 관계가 있다.

32. 날개골의 공기력 중심(aerodynamic center)에서 받음각에 대한 공기력 모멘트 계수의 변화율은?

① 정(+)의 값을 갖는다.

② 거의 변하지 않는다.

③ 부(−)의 값을 갖는다.

④ 무한대의 값을 갖는다.

33. 다음 중 윗면과 아랫면이 대칭을 이루는 NACA 표준 날개는?

① NACA 0015　　② NACA 1115

③ NACA 2415　　④ NACA 4415

> 해설 대칭형 날개골 : NACA 0009, NACA 0012처럼 앞에 두 자리가 00인 날개골이다.

34. NACA 2415 날개골에서 최대 두께는 시위의 몇 %인가?

① 1　　　　　　② 2

③ 4　　　　　　④ 15

> 해설 NACA 2415
> • 2 : 최대 캠버의 크기가 시위의 2 %이다.
> • 4 : 최대 캠버의 위치가 앞전에서부터 시위의 40 % 뒤에 있다.
> • 15 : 최대 두께가 시위의 15 %이다.

35. NACA 2415 날개골에서 최대 캠버의 크기는 시위의 몇 %인가?

① 1　　　　　　② 2

③ 4　　　　　　④ 15

36. 다음 중 최대 캠버가 가장 큰 날개골은?

① NACA 0012　　② NACA 4415

③ NACA 0018　　④ NACA 23015

37. 항공기 날개의 단면 형상을 나타낸 NACA 24120에 대한 설명으로 옳은 것은?

① 최대 두께가 시위의 10 %이다.

② 평균 캠버선의 뒤쪽 반이 곡선이다.

③ 마지막 두 자리 숫자가 의미하는 것은 4자 계열의 것과 다르다.

④ 첫째자리 숫자와 셋째자리 숫자가 의미하는 것은 4자 계열의 것과 같다.

> 해설 NACA 24120
> • 2 : 최대 캠버의 크기가 시위의 2 %이다.
> • 4 : 최대 캠버의 위치가 시위의 20 %이다.
> • 1 : 평균 캠버선의 뒤쪽 반이 곡선이다.(0은 직선)
> • 20 : 최대 두께가 시위의 20 %이다.

38. 다음과 같은 5자 계열 날개골에서 각 숫자의 의미를 옳게 설명한 것은?

NACA	2	3	0	15
	ⓐ	ⓑ	ⓒ	ⓓ

① ⓐ항은 최대 캠버의 크기가 시위의 20 %임을 의미한다.

② ⓑ항은 최대 캠버의 위치가 시위의 15 %에 위치함을 의미한다.

③ ⓒ항은 최대 캠버 위치 이후 평균 캠버선이 3차 곡선임을 의미한다.

④ ⓓ항은 최대 두께가 시위의 1.5 %임을 의미한다.

39. 다음과 같은 NACA 5자 계열의 날개골에서 밑줄 친 '18'이 의미하는 것은?

NACA 230<u>18</u>

① 최대 두께가 시위의 18 %이다.

② 최대 캠버의 크기가 시위의 18 %이다.
③ 최대 캠버의 위치가 시위의 18 %이다
④ 평균 캠버선의 뒤쪽 18 %가 직선이다.

40. NACA 65_1-215 날개골에서 설계 양력계수(design lift coefficient)는 얼마인가?

① 0.1　　② 0.2　　③ 0.5　　④ 0.6

해설 6자형 날개골

NACA 65_1-215

6 : 6자 계열 날개골

5 : 받음각이 0° 일 때 최소 압력이 시위의 50%에 생긴다.

1 : 항력 버킷(drag bucket)의 폭이 설계 양력계수를 중심으로 해서 ±0.1 이다.

2 : 설계 양력계수가 0.2 이다.

15 : 최대 두께가 시위의 15% 이다.

41. 층류 날개골(laminar flow airfoil)에 대한 설명으로 옳은 것은?

① 속도 증가에 따라 항력을 감소시키기 위해 만들어졌다.
② 속도 증가에 따라 항력을 증가시키기 위해 만들어졌다.
③ 속도와 항력을 함께 감소시키기 위해 만들어졌다.
④ 양력과 항력을 함께 감소시키기 위해 만들어졌다.

정답 ● **40.** ②　**41.** ①

2 날개의 용어

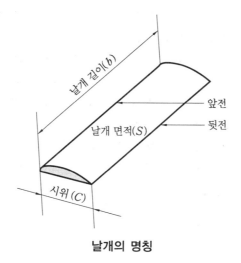

날개의 명칭

① 날개 면적(S) : 날개 윗면의 투영 면적
② 날개 길이(span, b) : 한쪽 날개 끝에서 다른 쪽 날개 끝까지의 투영 길이를 말하며 날개 길이가 길면 활공 성능이 좋아진다.
③ 시위 (chord, C) : 날개골의 앞전과 뒷전을 이은 직선 거리로, 일반적으로 시위라 하면 평균시위를 말한다.
　㈎ 평균 공력 시위(MAC) : 주날개의 항공 역학적 특성을 대표하는 부분의 시위
　㈏ 무게 중심 위치가 평균 공력 시위의 25 %라 함은 무게 중심이 MAC의 앞전에서부터 25 %에 위치함을 말한다.

④ 날개의 가로세로비(종횡비, AR : aspect ratio) : 가로세로비가 크면 유도항력은 작아지고, 활공 성능은 좋아진다.

$$AR = \frac{b}{C_m} = \frac{b^2}{S} = \frac{S}{C_m^2}$$

여기서, C_m : 평균 시위, b : 날개 폭(span), S : 날개 면적

⑤ 테이퍼 비(λ) : 날개 뿌리 시위(C_r)와 날개 끝 시위(C_t)와의 비

$$\lambda = \frac{C_t}{C_r}$$

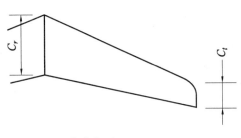

테이퍼 비

⑥ 뒤젖힘각 : 앞전에서 25 % C 되는 점들을 날개 뿌리에서 날개 끝까지 연결한 직선과 가로 축이 이루는 각으로 속도가 빠른 항공기일수록 뒤젖힘각이 크다.

⑦ 쳐든각(상반각) : 기체를 수평으로 놓고 보았을 때 날개가 수평을 기준으로 위로 올라간 각도로 쳐든각을 주게 되면 옆놀이(rolling) 안정성이 좋아진다.

⑧ 붙임각 : 기체의 세로축과 날개 시위선이 이루는 각으로 비행기가 순항비행을 할 때에 기체가 수평이 되도록 날개에 부착시킨다.

⑨ 기하학적 비틀림 : 날개 끝의 붙임각을 날개 뿌리의 붙임각보다 작게 한 것
  • 날개에 기하학적 비틀림을 주는 이유 : 날개 끝 실속을 방지하기 위한 것으로 날개 끝 받음각이 날개 뿌리의 받음각보다 2~3° 작아지게 기하학적 비틀림을 주면 날개 끝에서 실속이 늦게 일어난다.

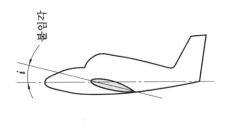

붙임각

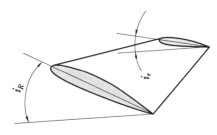

기하학적 비틀림

예상문제

1. 평균 공력 시위(MAC : mean aerodynamic chord)란 무엇인가?

① 한쪽 날개 끝에서 다른 쪽 날개 끝까지의 투영 길이
② 날개의 윗면과 아랫면에 작용하는 압력이 작용하는 점
③ 주날개의 항공 역학적 특성을 대표하는 부분의 시위
④ 날개골의 기준이 되는 점으로 받음각이 변하더라도 모멘트 값이 일정한 점

2. 직사각형 비행기 날개의 가로세로비(AR : aspect ratio)를 옳게 표현한 것은? (단, S : 날개 면적, b : 날개 길이, C : 평균 시위이다.)

① $\dfrac{b}{S}$ ② $\dfrac{bC}{S}$ ③ $\dfrac{b^2}{S}$ ④ $\dfrac{C}{S}$

3. 날개의 길이가 11 m, 평균 시위의 길이가 1.8 m인 타원 날개에서 양력계수가 0.8일 때 가로세로비(AR)는 얼마인가?

① 4.9 ② 6.1 ③ 7.6 ④ 8.8

해설 $AR = \dfrac{b}{C_m} = \dfrac{11}{1.8} = 6.1$

4. 날개의 길이가 11 m, 평균 시위의 길이가 1.44 m인 타원 날개에서 양력계수가 0.8일 때 가로세로비(AR)는 약 얼마인가?

① 4.9 ② 6.1 ③ 7.6 ④ 8.8

해설 $AR = \dfrac{b}{C_m} = \dfrac{11}{1.44} = 7.6$

5. 비행기의 동체 길이가 16 m, 직사각형 날개의 길이가 20 m, 시위 길이가 2 m일 때, 이 비행기 날개의 가로세로비(AR)는?

① 1.2 ② 5 ③ 8 ④ 10

해설 $AR = \dfrac{b}{C_m} = \dfrac{20}{2} = 10$

6. 날개 길이가 10 m, 평균 시위 길이가 1.8 m인 항공기 날개의 가로세로비(aspect ratio)는 약 얼마인가?

① 0.18 ② 2.8 ③ 5.6 ④ 18.0

해설 가로세로비$(AR) = \dfrac{b}{C_m} = \dfrac{10}{1.8} = 5.56$

7. 날개 면적이 80 m²이고 날개 뿌리 시위가 5 m, 평균 공력 시위가 4 m인 테이퍼 날개에서의 가로세로비는 얼마인가?

① 4 ② 5 ③ 16 ④ 20

해설 가로세로비 $= \dfrac{S}{C_m^2} = \dfrac{80}{4^2} = 5$

8. 날개의 길이가 10 m이고 면적이 20 m²일 때 가로세로비(AR)는 얼마인가?

① 1 ② 5 ③ 10 ④ 20

해설 $AR = \dfrac{b^2}{S} = \dfrac{10^2}{20} = 5$

9. 날개 뿌리(wing root) 시위와 날개 끝(wing tip) 시위의 비를 무엇이라 하는가?

① 가로세로비(aspect ratio)
② 테이퍼비(taper ratio)
③ 뒤젖힘각(sweep back angle)
④ 붙임각

10. 다음 중 테이퍼 비(taper ratio)에 대한 식으로 옳은 것은? (단, C_r : 날개 뿌리 시위, C_t : 날개 끝 시위이다.)

① $\dfrac{C_r}{C_t}$ ② $1 - \left(\dfrac{C_t}{C_r}\right)^2$

정답 **1.** ③ **2.** ③ **3.** ② **4.** ③ **5.** ④ **6.** ③ **7.** ② **8.** ② **9.** ② **10.** ③

③ $\dfrac{C_t}{C_r}$

④ $1 - \left(\dfrac{C_r}{C_t} \right)^2$

11. 항공기 날개에서 상반각(쳐든각)에 대한 설명으로 옳은 것은?
① 윗날개와 아랫날개가 이루는 각
② 날개가 수평을 기준으로 위로 올라간 각
③ 기체의 세로축과 날개의 시위선이 이루는 각
④ 앞전에서 25% 되는 점들을 날개 뿌리에서 날개 끝까지 연결한 직선과 기체의 가로축이 이루는 각

12. 그림과 같은 비행기의 날개 단면에서 (가)의 명칭은?

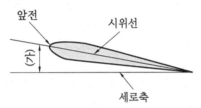

① 붙임각
② 받음각
③ 쳐든각
④ 처진각

13. 기체 세로축과 날개 단면의 시위선이 이루는 각은?
① 받음각
② 붙임각
③ 쳐든각
④ 처진각

14. 날개 끝 실속을 방지하기 위해 날개 끝의 붙임각을 날개 뿌리의 붙임각보다 작게 한 것을 무엇이라 하는가?
① 쳐든각
② 뒤젖힘각
③ 기하학적 비틀림
④ 테이퍼비

15. 날개의 기하학적 변화에 따른 역학적 특성에 대한 설명으로 옳은 것은?
① 날개에 뒤젖힘을 주면 실속 특성이 생기지 않는다.
② 날개 끝에 아래쪽으로 비틀림을 주면 실속 특성이 좋아진다.
③ 날개에 쳐진각을 주면 옆놀이(rolling) 안정성이 좋아진다.
④ 날개에 쳐든각을 주면 옆놀이(rolling) 안정성이 나빠진다.

해설 날개에 쳐든각을 주면 옆놀이 안정성이 좋아진다.

정답 ⬤— **11.** ② **12.** ① **13.** ② **14.** ③ **15.** ②

3 날개의 모양

(1) 직사각형 날개

날개의 평면 형상이 직사각형이다. 제작이 쉬워 소형 비행기에 적합한 날개이며, 날개 뿌리 부근에서 먼저 생기고, 날개 끝 실속 경향이 없어 안정성이 있다.

(2) 테이퍼 날개

날개 끝과 날개 뿌리의 시위 길이가 다른 날개로 날개에 비틀림을 주어서 날개 끝 실속을 방지한다.

(3) 타원 날개

날개의 길이 방향의 유도속도가 일정하고, 유도항력이 최소이다.

(4) 앞젖힘 날개

날개 전체가 뿌리에서부터 날개 끝에 걸쳐서 앞으로 젖혀진 날개로 날개 끝 실속이 생기지 않아 고속 특성이 좋다.

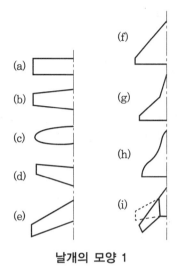

날개의 모양 1

(5) 뒤젖힘 날개

날개 전체가 날개 뿌리에서부터 날개 끝에 걸쳐 뒤로 젖혀진 날개로서 충격파의 발생을 지연시키고, 고속 시 저항을 감소시켜 제트 여객기에 널리 사용한다. 고속 항공기를 설계하는 데 중요한 제한 요건은 항력 발산 마하수이므로 항력 발산 마하수를 크게 하기 위한 방법이 필요하다.

① 항력 발산 마하수 : 임계 마하수보다 조금 큰 마하수로서, 날개의 항력이 갑자기 증가하기 시작할 때의 마하수

② 항력 발산 마하수를 높게 하기 위한 방법

㈎ 날개에 뒤젖힘각을 준다.

㈏ 가로세로비가 작은 날개를 사용한다.

㈐ 경계층을 제어한다.

㈑ 얇은 날개를 사용하여 날개 표면에서의 속도 증가를 줄인다.

③ 임계 마하수 : 날개 윗면에서 최대속도가 마하수 1이 될 때 날개 앞쪽에서의 흐름의 마하수

④ 마하수로 분류한 속도 범위

㈎ 아음속 : 마하수 < 0.75

㈏ 천음속 : 0.75 < 마하수 < 1.2

㈐ 초음속 : 1.2 < 마하수 < 5.0

㈑ 극초음속 : 마하수 > 5.0

(6) 삼각 날개

날개가 삼각형을 이루며, 날개 시위를 길게 할 수 있어 두께비를 작게 할 수 있다. 뒤젖힘각 효과가 있으며, 임계 마하수가 높고, 구조면으로도 강하다. 뒤젖힘 날개 비행기보다 더욱 **빠른** 속도로 비행하는 초음속기에 적합하다.

(7) 이중 삼각 날개

삼각 날개의 뿌리 부분의 시위 길이를 길게 하여 면적을 증가시킨 날개이다.

(8) 오지 날개(반곡선형 날개)

이중 삼각 날개를 완만한 S자형 곡선으로 만든 것으로 양호한 초음속 특성과 저속 시의 안정성을 가지도록 설계한 날개로 콩코드 초음속기에 사용되었다.

(9) 가변 날개

저속 시에는 직선 날개, 고속 시에는 뒤젖힘각을 가지게 하여 고속 특성을 좋도록 설계한 날개이다.

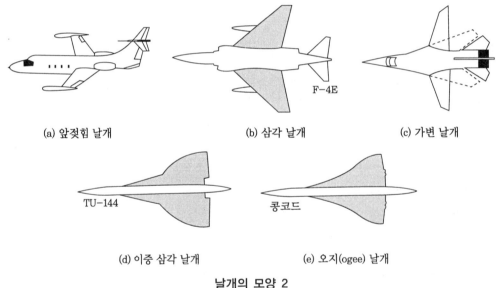

(a) 앞젖힘 날개   (b) 삼각 날개   (c) 가변 날개

(d) 이중 삼각 날개   (e) 오지(ogee) 날개

날개의 모양 2

예상문제

1. 그림과 같은 항공기 날개의 형태는?
① 오지형
② 테이퍼형
③ 삼각형
④ 뒤젖힘형

2. 다음 중 날개 길이 방향의 양력계수 분포가 일률적이고 유도항력이 최소인 날개는 어느 것인가?
① 뒤젖힘 날개   ② 타원 날개
③ 앞젖힘 날개   ④ 테이퍼 날개

정답 ▶ **1.** ② **2.** ②

3. 다음 중 유도항력이 가장 작은 날개의 모양은 어느 것인가?

① 직사각형 날개　　② 타원형 날개
③ 테이퍼형 날개　　④ 앞젖힘형 날개

4. 다음 그림과 같은 비행기에서 주날개의 역학적 특성으로 틀린 것은?

① 고속 특성이 좋다.
② 구조적으로 안정적이다.
③ 날개 끝 실속이 생기지 않는다.
④ 흐름이 날개 뿌리 쪽으로 흐른다.

5. 날개에 충격파를 지연시키고 고속 시에 저항을 감소시킬 수 있으며, 음속으로 비행하는 제트 항공기에 가장 많이 사용되는 날개는 어느 것인가?

① 뒤젖힘 날개
② 타원 날개
③ 테이퍼 날개
④ 직사각형 날개

6. 다음 중 초음속 항공기에 가장 적합한 날개 골의 형태는?

① 유선형　　　　② 삼각형
③ 타원형　　　　④ 직사각형

7. 다음 중 고속 항공기에 적합하지 않은 날개는 어느 것인가?

① 오지 날개　　　② 사각 날개
③ 뒤젖힘 날개　　④ 가변 날개

8. 다음 중 천음속 이상의 속도로 비행하는 항공기의 조파항력을 감소시키기 위한 비행기의 날개로 가장 적합한 것은?

① 직사각형 날개
② 테이퍼 날개
③ 타원 날개
④ 뒤젖힘 날개

9. 다음 중 오지(ogee) 날개에 관한 설명으로 틀린 것은?

① 반곡선 날개라고도 한다.
② 날개를 가변시킬 수 있다.
③ 콩코드 초음속기에 사용되고 있다.
④ 이중 삼각 날개를 완만한 S자 곡선으로 만든 것이다.

10. 타원형 날개의 유도항력을 줄이기 위한 방법으로 옳은 것은?

① 양력을 증가시킨다.
② 스팬 효율을 감소시킨다.
③ 가로세로비를 감소시킨다.
④ 날개의 길이를 증가시킨다.

11. 날개 윗면 흐름 속도가 음속에 도달할 때 비행기의 마하수를 무엇이라 하는가?

① 실속 마하수
② 임계 마하수
③ 항력 발산 마하수
④ 한계 마하수

12. 날개 위에 수직 충격파와 충격 실속이 발생되면 항력이 급증하게 되는 마하수는 어느 것인가?

① 임계 마하수
② 순항 마하수
③ 충격 마하수
④ 항력 발산 마하수

정답 ▶ **3.** ②　**4.** ②　**5.** ①　**6.** ②　**7.** ②　**8.** ④　**9.** ②　**10.** ④　**11.** ②　**12.** ④

13. 고속형 날개에서 항력 발산 마하수를 넘어서면 어떤 항력이 급증하는가?

① 형상항력   ② 압력항력

③ 조파항력   ④ 표면마찰항력

해설 고속 비행기에서 항력이 증가하는 원인은 충격파의 불안정한 형성으로 에너지의 상당한 양이 열과 압력으로 변하기 때문이다.

14. 마하수로 분류한 속도의 명칭과 범위가 잘못 짝지어진 것은?

① 아음속 : 마하수 < 0.75

② 천음속 : 0.5 < 마하수 < 0.99

③ 초음속 : 1.2 < 마하수 < 5.0

④ 극초음속 : 5.0 < 마하수

정답 ●━● **13.** ③ **14.** ②

2-2 날개의 공기력

1 날개의 양력

날개 윗면의 공기 흐름 속도는 빠르고, 아랫면은 느려서 윗면과 아랫면에 흐르는 공기 흐름의 속도 차이에 의해 발생되는 압력 차이로 생기는 힘을 양력이라 한다.

(1) 쿠타-쥬코브스키(Kutta-Joukowsky) 양력

물체 주위의 순환 흐름에 의해 생기는 양력, 즉 흐름에 놓여진 물체에 순환이 있으면 물체는 흐름에 직각 방향으로 양력이 생긴다.

① 출발 와류(starting vortex) : 날개 뒷전에 흐름의 떨어짐이 있게 되어 생기는 와류

② 속박 와류(bound vortex) : 출발 와류가 생기면 날개 주위에 발생하는 크기가 같고 방향이 반대인 와류로 항상 날개에 붙어 다니고, 이 와류에 의해 양력이 발생한다.

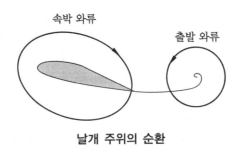

속박 와류   출발 와류

날개 주위의 순환

③ 날개 끝 와류(wing tip vortex) : 날개를 지나는 흐름은 윗면에서는 부압(−), 아랫면에서는 정압(+)이기 때문에 날개 끝에서 안쪽으로 말려드는 흐름

④ 말굽형 와류 : 테이퍼 날개에서는 날개 끝 와류가 날개 길이 중간에도 생겨 말굽 모양으로 형성되는 와류

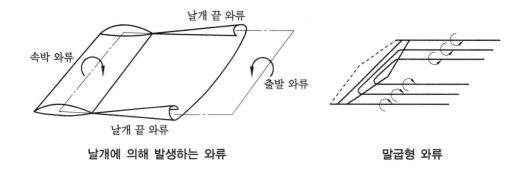

날개에 의해 발생하는 와류   말굽형 와류

⑤ 내리흐름(down wash) : 날개 끝 와류에 의해 날개 뒤쪽 부분의 공기 흐름을 아래로 향하게 하는 흐름

⑥ 겉보기 받음각(기하학적 받음각) : 내리흐름에 의한 영향을 고려하지 않고, 자류 흐름의 방향과 날개골 시위선이 이루는 받음각

⑦ 유효받음각(α_e) : 날개 끝 와류의 내리흐름으로 인해 겉보기 받음각보다 작아지게 되는 받음각

2 날개의 항력

(1) 유도항력(induced drag, D_i)

날개 끝에서 생기는 와류 때문에 발생하는 항력으로 가로세로비가 크면 유도항력계수가 작아지고, 양항비가 커지기 때문에 활공 성능이 좋아진다.

$$D_i = \frac{1}{2}\rho V^2 C_{Di} S, \ \ C_{Di} = \frac{C_L^2}{\pi e AR}$$

여기서, C_{Di} : 유도항력계수, AR : 가로세로비, e : 스팬효율계수

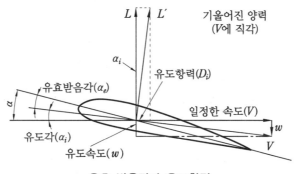

유효 받음각과 유도항력

① 유도속도(induced velocity) : 날개 끝 와류에 의해 날개에 발생하는 내리흐름(down wash)으로 인하여 유도되는 흐름 속도

② 스팬효율계수 : 날개의 평면 형상에 따른 유도항력의 크기를 나타내는 계수로 타원 날개에

서는 e값이 1이 되고, 그 밖의 날개에서는 1보다 작다.

③ 유도항력을 줄이기 위한 장치 : 윙렛(winglet)

(2) 형상항력(profile drag)

물체의 모양에 따라서 다른 값을 가지는 항력으로 공기가 점성을 가지기 때문에 발생하는 항력이다.

형상항력＝마찰항력＋압력항력

① 마찰항력 : 날개 표면 공기의 점성 마찰 때문에 생기는 항력

② 압력항력 : 흐름이 물체 표면에서 떨어져 하류 쪽으로 와류를 발생시키기 때문에 생기는 항력

$$\text{전항력계수}(C_D)=\text{형상항력계수}(C_{DP})+\text{유도항력계수}(C_{Di})=C_{DP}+\frac{C_L^2}{\pi e AR}$$

(3) 조파항력(wave drag)

날개에 초음속 흐름이 형성되면 발생하는 충격파에 의해 생기는 항력이다.

예상문제

1. 날개에 양력이 발생하는 이유를 설명한 것으로 옳은 것은?

① 날개 윗면과 아랫면의 압력이 같기 때문이다.

② 날개 앞전의 속도가 뒷전보다 빠르기 때문이다.

③ 날개 앞전에서 받는 저항이 추력보다 작기 때문이다.

④ 날개 윗면에서는 유속이 빠르고 아랫면에서는 유속이 느리기 때문이다.

2. 날개의 뒷전에 출발 와류가 생기게 되면 앞전 주위에도 이것과 크기가 같고 방향은 반대인 와류가 생기는데, 이러한 흐름을 무엇이라 하는가?

① 말굽형 와류   ② 속박 와류

③ 날개 끝 와류   ④ 유도 와류

3. 날개를 지나는 흐름의 뒷부분에 발생하며 회

전운동에 의하여 소용돌이치는 모양의 흐름은 어느 것인가?

① 유도   ② 와류

③ 분리   ④ 박리

4. 3차원 날개의 양력이 발생하면 날개 끝에서 수직 방향으로 하향 흐름이 만들어지는데, 이 흐름에 의해 발생하는 항력을 무엇이라 하는가?

① 형상항력   ② 간섭항력

③ 조파항력   ④ 유도항력

5. 일반 날개의 유도항력계수에 대한 식은? (단, e : 스팬효율계수, AR : 가로세로비, C_L : 양력계수, C_D : 항력계수이다.)

① $\dfrac{C_D^2}{\pi e AR}$ ② $\dfrac{C_D^3}{\pi AR}$

③ $\dfrac{C_L^2}{\pi e AR}$ ④ $\dfrac{C_L^3}{\pi AR}$

정답 ●━● **1.** ④ **2.** ② **3.** ② **4.** ④ **5.** ③

6. 날개의 가로세로비가 6, 양력계수가 0.8이며, 스팬효율계수가 1일 때 유도항력계수는 얼마 정도인가?

① 0.034

② 0.042

③ 0.054

④ 0.061

해설 유도항력계수(C_{Di})

$$= \frac{C_L^2}{\pi e AR} = \frac{0.8^2}{3.14 \times 1 \times 6} = 0.034$$

7. 양력계수 0.9, 가로세로비 6, 스팬효율계수 1인 날개의 유도항력계수는 약 얼마인가?

① 0.034   ② 0.043

③ 0.054   ④ 0.061

해설 유도항력계수(C_{Di})

$$= \frac{C_L^2}{\pi e AR} = \frac{0.9^2}{3.14 \times 1 \times 6} = 0.043$$

8. 다음 중 항력에 대한 설명으로 틀린 것은 어느 것인가?

① 압력항력의 크기는 물체의 형상에 따라 달라진다.

② 압력항력과 마찰항력을 합쳐서 형상항력이라 한다.

③ 날개 끝 와류와 같은 현상으로 유도항력이 발생한다.

④ 공기와 물체의 마찰력이 클수록 마찰항력은 감소한다.

9. 공기가 점성을 가지기 때문에 발생되는 항력으로 물체의 모양에 따라서 다른 값을 가지는 항력은 무엇인가?

① 형상항력

② 유도항력

③ 조파항력

④ 간섭항력

10. 그림에서 나타내는 항력(drag)의 종류를 각각 옳게 짝지은 것은?

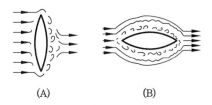

(A)   (B)

① (A) – 유도항력, (B) – 압력항력

② (A) – 표면마찰항력, (B) – 유해항력

③ (A) – 간섭항력, (B) – 유도항력

④ (A) – 압력항력, (B) – 표면마찰항력

해설 항력

• 압력항력 : 공기 흐름이 물체 표면에서 떨어져 하류 쪽으로 와류를 발생시키기 때문에 생기는 항력

• 마찰항력 : 점성이 있는 유체 속을 움직이는 물체 표면과 유체 사이에서 발생되는 점성 마찰에 의한 항력

11. 비행기에서 발생하는 항력 중 충격파가 생기는 초음속 흐름에서만 발생하는 것은?

① 압력항력

② 마찰항력

③ 유도항력

④ 조파항력

12. 조파항력 발생의 주된 원인은?

① 시위선

② 아음속 흐름

③ 충격파

④ 비압축성 흐름

13. 일반적인 경비행기의 아음속 순항비행에서는 발생되지 않는 항력은?

① 유도항력

② 압력항력

③ 조파항력

④ 마찰항력

정답 ◆ **6.** ① **7.** ② **8.** ④ **9.** ① **10.** ④ **11.** ④ **12.** ③ **13.** ③

3 날개의 실속성

(1) 실속(stall)

받음각이 실속각 이상이 되면 날개 표면에서 흐름의 떨어짐이 생겨 양력계수가 감소하고, 항력계수가 증가하여 비행기가 고도를 유지할 수 없는 상태이다.

① 전방 실속형 : 실속각을 넘으면 흐름의 떨어짐이 갑자기 떨어지는 실속으로 두께가 얇고, 앞전 반지름이 작고, 캠버가 작은 고속용 날개, 가로세로비가 큰 날개일수록 전방 실속형 실속 특성을 보인다.

② 후방 실속형 : 실속각을 넘더라도 흐름의 떨어짐이 서서히 진행되는 실속

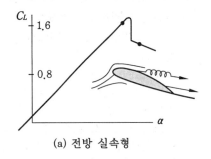

(a) 전방 실속형

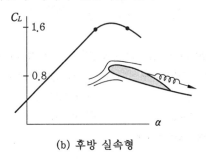

(b) 후방 실속형

실속 특성

③ 날개 끝 실속 방지법

㈎ 날개의 테이퍼비를 너무 작게 하지 않는다.

㈏ 날개 끝으로 감에 따라 받음각이 작아지도록 날개의 앞내림(wash out)을 준다.

㈐ 날개 뿌리에 스트립(strip)을 붙여 받음각이 클 때 흐름을 강제로 떨어지게 하여 날개 끝보다 먼저 실속이 생기도록 한다.

㈑ 날개 끝 부분의 날개 앞전 앞쪽에 슬롯(slot)을 설치하여 흐름의 떨어짐을 방지한다.

예상문제

1. 날개 표면에서 공기 흐름이 박리되어 후류가 발생할 때의 현상으로 옳은 것은?

① 압력, 항력이 감소한다.
② 운동량 손실이 작아진다.
③ 항력이 급속히 감소한다.
④ 양력이 급속히 감소한다.

해설 날개 표면에서 흐름의 떨어짐으로 인하여 후류가 발생하면 압력이 높아지고, 운동량의 손실이 크게 발생하여 날개골의 양력은 급격히 감소하게 된다.

2. 그림과 같은 실속 특성을 갖는 날개골에 속하지 않는 것은?

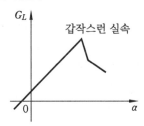

① 두께가 얇은 날개골

② 앞전 반지름이 작은 날개골
③ 캠버가 작은 날개골
④ 가로세로비가 작은 날개골

3. 날개 끝 실속이 일어나는 이유에 대한 설명으로 옳은 것은?

① 날개 뿌리에서 공기의 흐름이 이어지므로
② 날개 끝 부근에서 경계층을 두껍게 형성시켜 에너지를 얻으므로
③ 날개 끝 부근에서 공기의 흐름이 떨어지므로
④ 날개 뿌리 부근에서 경계층을 두껍게 형성시켜 에너지를 얻으므로

4. 비행기의 날개 끝 실속(tip stall)을 방지하기 위한 방법으로 틀린 것은?

① 날개의 테이퍼 비를 작게 한다.
② 날개 끝 받음각이 날개 뿌리 받음각보다 작아지도록 기하학적 비틀림을 준다.

③ 날개 끝 부분의 날개 앞전 안쪽에 슬롯을 설치한다.
④ 날개 끝에 캠버나 두께비가 큰 날개골을 사용한다.

5. 항공기 날개에 앞내림(wash out)을 주는 직접적인 이유는?

① 날개의 방빙을 위하여
② 양력을 증가시키기 위하여
③ 세로 안정성을 좋게 하기 위하여
④ 실속이 날개 뿌리에서부터 시작하도록 하기 위하여

6. 날개 끝 실속을 방지하기 위한 대책이 아닌 것은?

① 실속 펜스를 부착한다.
② 와류 발생장치를 설치한다.
③ 크루거 앞전 형태를 갖춘다.
④ 워시 아웃(wash out) 형상을 갖도록 해준다.

정답 ⟶ **3.** ③ **4.** ① **5.** ④ **6.** ③

2-3 날개의 공력 보조장치

1 고양력 장치(high lift device)

날개의 양력을 크게 증가시켜 주는 장치로 앞전 플랩, 뒷전 플랩, 경계층 제어장치가 있다.

(1) 앞전 플랩

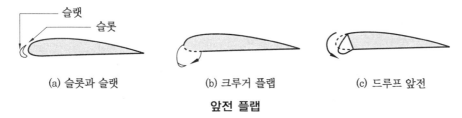

(a) 슬롯과 슬랫   (b) 크루거 플랩   (c) 드루프 앞전

앞전 플랩

① 슬롯(slot)과 슬랫(slat) : 날개 앞전의 약간 안쪽 밑면에서 윗면으로 틈(slot)을 만들어 큰 받음각일 때 밑면의 흐름을 윗면으로 유도하여 흐름의 떨어짐을 방지한다.

② 크루거 플랩(kruger flap) : 날개 밑면에 접혀져 날개의 일부를 구성하고 있으나, 조작하면 앞쪽으로 꺾여 구부러지고, 앞전 반지름을 크게 하여 효과를 얻을 수 있다.

③ 드루프 앞전(drooped leading edge) : 날개 앞전 부분이 밑으로 꺾여서 앞전 반지름과 그 부분의 캠버의 증가 효과를 얻을 수 있는 장치이다.

(2) 뒷전 플랩

① 단순 플랩(plain flap) : 날개 뒷전을 단순히 밑으로 굽힌 것으로 소형 저속기에 많이 사용된다.

② 스플릿 플랩 : 날개 뒷전 밑면의 일부를 내림으로써 날개 윗면의 흐름을 강제적으로 빨아 들여 흐름의 떨어짐을 방지한다.

③ 슬롯(slot) 플랩 : 플랩을 내렸을 때 플랩의 앞에 틈(slot)이 생겨 밑면의 흐름을 윗면으로 올려 뒷전 부근에서 흐름의 떨어짐을 방지한다.

④ 파울러(fowler) 플랩 : 날개 면적을 증가시키고, 틈과 캠버 증가의 효과로 다른 플랩보다 최대 양력계수 값이 가장 크게 증가한다.

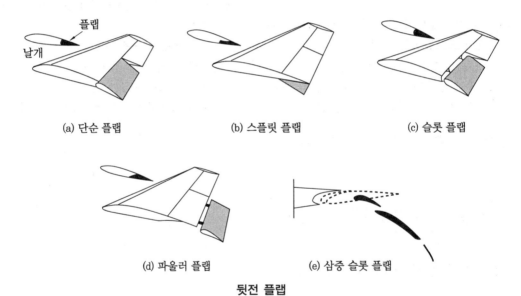

(a) 단순 플랩   (b) 스플릿 플랩   (c) 슬롯 플랩

(d) 파울러 플랩   (e) 삼중 슬롯 플랩

뒷전 플랩

(3) 경계층 제어장치

최대 양력계수를 증가시키는 방법으로, 받음각이 클 때 흐름의 떨어짐을 직접 방지하는 장치이며 빨아들임 방식(suction)과 불어날림 방식(blowing)이 있다.

경계층 제어장치

2 고항력 장치(high drag device)

항력만을 증가시켜 비행기의 속도를 감소시키기 위한 장치이다.

(1) 에어 브레이크(air brake)

날개 윗면 또는 밑면에 평판을 펼침으로써 흐름을 강제로 떨어지게 하여 양력을 감소시키고, 항력을 증가시키는 장치

① 공중 스포일러(flight spoiler) : 고속 비행 중에 좌우 날개에 대칭적으로 스포일러를 펼치면 에어 브레이크 기능을 하고, 보조 날개와 연동하여 좌우 비대칭적으로 작동시키면 보조 날개의 역할을 도와주는 기능을 가진다.

② 지상 스포일러(ground spoiler) : 착륙 접지 후에 펼쳐서 양력을 감소시킴으로써 바퀴 브레이크의 효과를 높여주는 동시에 항력을 증가시킨다.

(2) 역추력 장치(thrust reverser) : 착륙 후 활주거리를 짧게 하는 장치

① 제트기 : 배기가스 흐름을 역류시켜 추력의 방향을 반대로 한다.

② 프로펠러기 : 프로펠러의 피치를 반대로 해서 추력을 반대로 한다.

(3) 드래그 슈트(drag chute)

일종의 낙하산과 같은 것으로 착륙거리를 짧게 하거나 비행 중 스핀에 들어갔을 때 회복 시 이용하는 것으로 기체의 뒷부분으로 펼쳐서 속도를 감소시킨다.

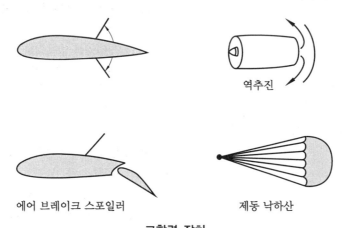

역추진

에어 브레이크 스포일러　　　　　제동 낙하산

고항력 장치

3 항력 감소 장치

항력을 감소시켜 비행기 속도를 증가시키고, 연료를 절약하는 장치로 윙렛(winglet)은 날개 끝에 수직으로 설치하여 날개 끝 와류를 이용함으로써 유도항력을 감소시켜 전체적인 항력을 감소시켜 주는 장치이다.

예상문제

1. 다음 중 고양력 장치가 아닌 것은？
① 드래그 슈트
② 경계층 제어장치
③ 앞전 플랩
④ 슬롯

2. 날개에서 최대 양력계수를 크게 하기 위한 고양력 장치가 아닌 것은？
① 슬롯(slot)
② 크루거 플랩(kruger flap)
③ 에어 스포일러(air spoiler)
④ 드루프 플랩(drooped flap)

3. 플랩의 종류 중 캠버의 증가뿐만 아니라 날개의 면적까지 증가되어 양력의 증가가 가장 큰 그림과 같은 형태의 플랩은？

① 크루거 플랩
② 스플릿 플랩
③ 슬롯 플랩
④ 파울러 플랩

4. 앞전 플랩(flap)의 종류가 아닌 것은？
① 슬롯과 슬랫
② 크루거 플랩
③ 드루프 앞전
④ 파울러 플랩

5. 날개의 앞전 반지름을 크게 하는 것과 같은 효과를 내거나, 날개 앞전에서 흐름의 떨어짐을 지연시키는 것이 아닌 것은？
① 파울러 플랩(fowler flap)
② 크루거 플랩(krueger flap)
③ 슬롯과 슬랫(slot and slat)

④ 드루프 앞전(drooped leading edge)

6. 다음 중 뒷전 플랩(flap)의 종류가 아닌 것은 어느 것인가？
① 단순 플랩
② 스플릿 플랩
③ 슬롯 플랩
④ 크루거 플랩

7. 최대 양력계수를 증가시키는 방법으로 받음각이 클 때 흐름의 떨어짐을 직접 방지하여 실속 현상을 지연시켜 주는 장치는？
① 스포일러
② 경계층 제어장치
③ 파울러 플랩
④ 분할 플랩(split flap)

8. 고양력 발생장치 중 경계층 제어장치의 가장 큰 특성은？
① 영(0)양력 받음각을 감소시킨다.
② 영(0)양력 받음각을 증가시킨다.
③ 최대 양력계수를 증가시킨다.
④ 날개의 캠버를 변경시킨다.

9. 고항력 장치의 종류에 해당되지 않는 것은？
① 윙렛(winglet)
② 제동 낙하산(drag chute)
③ 공기 제동장치(air brake)
④ 역추력 장치(thrust reverser)

> **해설** 윙렛(winglet)：항력을 감소시켜 비행기 속도를 증가시키고, 연료를 절약하는 장치

10. 다음 중 고항력 장치가 아닌 것은？
① 슬롯(slot)
② 드래그 슈트(drag chute)

정답 ● 1. ① 　2. ③ 　3. ④ 　4. ④ 　5. ① 　6. ④ 　7. ② 　8. ③ 　9. ① 　10. ①

③ 에어 브레이크(air brake)

④ 역추력 장치(thrust reverser)

11. 다음 중 고항력 장치가 아닌 것은?

① 제동 낙하산(drag chute)

② 크루거 플랩(kruger flap)

③ 에어 브레이크(air brake)

④ 역추력 장치(thrust reverser)

12. 항력을 증가시킬 목적으로 사용하는 장치가 아닌 것은?

① 슬롯(slot)

② 드래그 슈트(drag chute)

③ 에어 브레이크(air brake)

④ 역추력 장치(thrust reverser)

13. 스포일러(spoiler)의 기능에 대한 설명으로 틀린 것은?

① 착륙 시 항력을 증가시켜 착륙거리를 단축시킨다.

② 고속 비행 중 대칭적으로 작동하여 에어 브레이크의 기능을 한다.

③ 보조 날개와 연동하여 작동하면서 보조 날개의 역할을 보조한다.

④ 항공기 주변의 공기 흐름을 유지하여 양력을 증가시키는 역할을 한다.

14. 대형 제트기에서 착륙 시 스포일러를 사용하는 가장 큰 이유는?

① 항력을 증가시키기 위하여

② 저항을 감소시키기 위하여

③ 버핏(buffet) 현상을 방지하기 위하여

④ 비행기의 착륙 무게를 가볍게 하기 위하여

15. 비행 중에는 도움날개를 도와주는 고항력 장치로 쓰이며, 착륙 시에는 브레이크 효율을 높여주는 장치로 사용되는 것은?

① 플랩

② 스포일러

③ 제동 낙하산

④ 역추력장치

16. 착륙 접지 후 작동하여 양력을 감소시키고 항력을 증가시켜 바퀴 브레이크의 제동 효과를 높여주기 위해 사용하는 것은?

① 플랩

② 역추진 장치

③ 피치 암

④ 지상 스포일러

17. 글라이더와 같이 활공비가 너무 커 속도를 증가시키지 않고 강하하기 곤란할 경우 강하각을 크게 하기 위해 사용하는 것은 다음 중 어느 것인가?

① rudder　　② aileron

③ elevator　　④ spoiler

18. 날개에 발생하는 유도항력을 줄이기 위한 장치는?

① 플랩(flap)　　② 슬롯(slot)

③ 윙렛(winglet)　　④ 슬랫(slat)

정답　11. ②　12. ①　13. ④　14. ①　15. ②　16. ④　17. ④　18. ③

CHAPTER 03 비행 성능

3-1 항력과 동력

■ 비행기에 작용하는 공기력

(1) 등속 수평 비행 시 비행 조건

추력(T) = 항력(D), 양력(L) = 중력(W)

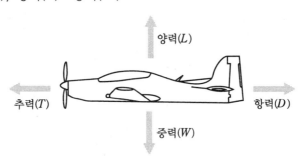

비행기에 작용하는 힘

> **참고 힘의 평형 조건**
> - $T > D$이면 : 가속도 전진 비행
> - $T = D$이면 : 등속도 전진 비행
> - $T < D$이면 : 감속도 전진 비행

(2) 비행 중에 비행기에 작용한 항력

압력항력, 마찰항력, 유도항력, 조파항력, 간섭항력 등이 있다.

① 형상항력 = 마찰항력 + 압력항력

② 아음속으로 비행 시 날개에 발생하는 전체 항력 = 형상항력 + 유도항력

③ 조파항력 : 초음속으로 비행 시 발생하는 항력

④ 유해항력(parasite drag) : 비행기에서 양력에 관계하지 않고 비행기의 운동을 방해하는 모든 항력으로 유도항력을 제외한 모든 항력

⑤ 유도항력 : 날개 끝 와류에 의해 유도되는 항력

예상문제

1. 다음 중 비행기의 수평 등속도 비행 조건으로 옳은 것은?
① 추력>항력, 양력=중력
② 추력=항력, 양력=중력
③ 추력=항력, 양력>중력
④ 추력>항력, 양력>중력

2. 프로펠러 항공기의 감속도 전진 비행의 조건은? (단, T : 추력, D : 항력)
① $T>D$ ② $T=D$
③ $T<D$ ④ $T=2D$

3. 비행기 날개에서 발생하는 항력이 아닌 것은?
① 유도항력   ② 마찰항력
③ 압력항력   ④ 추력항력

4. 비행기에 작용하는 공기력 중에서 압력항력과 마찰항력을 합한 것을 무엇이라 하는가?
① 조파항력   ② 유도항력
③ 형상항력   ④ 와류항력

5. 비압축성 흐름에서의 형상항력, 압력항력 및 마찰항력의 관계를 옳게 나타낸 것은?
① 형상항력 = 압력항력+마찰항력
② 형상항력 = 압력항력−마찰항력
③ 형상항력 = 마찰항력−압력항력
④ 형상항력 = $\dfrac{\text{압력항력}+\text{마찰항력}}{2}$

6. 비행 중 날개 전체에 생기는 항력을 옳게 나타낸 것은?
① 형상항력 + 마찰항력 + 유도항력
② 압력항력 + 마찰항력 + 형상항력
③ 압력항력 + 마찰항력 + 유도항력
④ 형상항력 + 압력항력 + 유해항력

해설 날개 전체에 생기는 항력=형상항력+유도항력=압력항력+마찰항력+유도항력

7. 날개에 발생하는 표면마찰항력이 20 kgf, 압력항력이 50 kgf 이며, 유도항력이 60 kgf 일 때 형상항력 D_P와 전항력 D는 각각 얼마인가?
① $D_P=70$ kgf, $D=110$ kgf
② $D_P=80$ kgf, $D=110$ kgf
③ $D_P=70$ kgf, $D=130$ kgf
④ $D_P=80$ kgf, $D=130$ kgf

해설 형상항력=마찰항력+압력항력
$\qquad =20+50=70\,\text{kgf}$
전항력 = 형상항력+유도항력
$\qquad =70+60=130\,\text{kgf}$

8. 항력의 종류 중에서 유해항력(parasite drag)과 가장 관계가 먼 것은?
① 압력항력   ② 마찰항력
③ 유도항력   ④ 형상항력

9. 비행기에서 양력에 관계하지 않고, 유도항력을 제외한 비행을 방해하는 모든 항력을 통틀어 무엇이라 하는가?
① 압력항력   ② 점성항력
③ 형상항력   ④ 유해항력

10. 다음 중 항력(drag)에 대한 설명으로 가장 관계가 먼 내용은?
① 형상항력은 물체의 모양에 따라 달라진다.
② 유해항력이 클수록 비행 성능이 좋아진다.
③ 압력항력과 점성항력을 합쳐서 형상항력이라 한다.
④ 양력에 관계하지 않고 비행을 방해하는 모든 항력을 통틀어 유해항력이라 한다.

정답 ● **1.** ②   **2.** ③   **3.** ④   **4.** ③   **5.** ①   **6.** ③   **7.** ③   **8.** ③   **9.** ④   **10.** ②

11. 일반적으로 속도가 느린 경비행기의 순항 비행에서는 발생되지 않는 항력은?

① 유도항력　　　② 조파항력
③ 압력항력　　　④ 마찰항력

12. 항력계수가 가장 작은 단면 형상을 표현한 것은?

해설 모양이 유선형일수록, 뒤쪽에서 공기 흐름의 떨어짐이 적을수록 항력계수가 작다.

정답 • **11.** ②　**12.** ③

2 필요마력(P_r)

비행기가 항력을 이기고 앞으로 움직이는 데 필요한 마력으로 비행기가 계속 비행을 하기 위해서 필요한 마력이다.

$$P_r = \frac{DV}{75} = \frac{1}{150}\rho V^3 C_D S$$

여기서, D : 항력, V : 속도, W : 무게, S : 날개 면적, C_D : 항력계수

(1) 추력과 양항비와의 관계식

$$T = W\frac{C_D}{C_L}$$

(2) 필요마력과 양항비와의 관계식

$$P_r = \frac{WV}{75} \cdot \frac{1}{\dfrac{C_L}{C_D}}$$

3 이용마력(P_a)

비행기가 가속 또는 상승시키기 위해 기관으로부터 발생시킬 수 있는 출력이다.

(1) 왕복기관을 이용한 프로펠러 비행기의 이용마력

$$P_a = BHP \times \eta$$

여기서, BHP : 제동마력, η : 프로펠러 효율

(2) 제트기의 이용마력

$$P_a = \frac{TV}{75}$$

(3) 여유마력(잉여마력)

이용마력과 필요마력의 차이를 말하며, 비행기의 상승을 결정하는 중요한 요소이다.

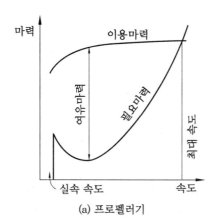
(a) 프로펠러기

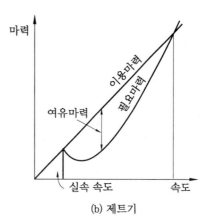
(b) 제트기

비행기의 마력 곡선

예상문제

1. 비행기가 항력을 이기고 전진하는 데 필요한 마력을 무엇이라 하는가?

① 이용마력   ② 여유마력

③ 필요마력   ④ 제동마력

2. 항력 D[kgf]인 비행기가 정상 수평 비행을 할 때 속도 V[m/s]를 내기 위한 필요마력을 구하는 식은 어느 것인가? (단, T는 이용추력(kgf)이다.)

① $\dfrac{TV}{75}$ ② $\dfrac{DV}{75}$

③ $75\,TV$ ④ $75\,DV$

해설 필요마력$=\dfrac{DV}{75}$, 이용마력$=\dfrac{TV}{75}$

3. 속도 75 m/s로 비행하는 비행기의 항력이 1000 kgf라면 이때 비행기의 필요마력은 몇 HP인가?

① 530   ② 660

③ 725   ④ 1000

해설 필요마력(P_r)
$$=\frac{DV}{75}=\frac{1000\times75}{75}=1000\text{ HP}$$

4. 속도 50 m/s로 비행하는 비행기의 항력이 1000 kgf라면 이때 비행기의 필요마력은 약 몇 HP인가?

① 529   ② 667

③ 720   ④ 854

해설 필요마력$=\dfrac{DV}{75}=\dfrac{1000\times50}{75}=667$ HP

5. 항공기가 200 m/s로 비행하고 있다. 이때의 항력이 3500 kgf이라면 필요마력은 약 몇 HP인가? (단, 1 HP는 75 kgf·m/s로 한다.)

① 1313   ② 2625

③ 5250   ④ 9333

해설 $P_r=\dfrac{DV}{75}=\dfrac{3500\times200}{75}$
$$\fallingdotseq 9333\text{ HP}$$

6. 비행기의 성능에 관한 용어 중 이용마력에 대한 설명으로 틀린 것은?

① 비행기를 가속 또는 상승시키기 위해 기관으로부터 발생시킬 수 있는 출력을 말한다.

② 왕복기관의 이용마력은 기관의 제동마력 (BHP)에 프로펠러 효율을 곱한 값이다.

③ 제트기의 이용마력은 속도와 이용추력의
곱으로 나타낸다.
④ 비행기가 계속 비행하기 위해서 필요한 마
력으로 정의된다.

7. 왕복기관을 장착한 프로펠러 비행기에서 프
로펠러 효율 및 모든 조건이 일정한 경우에
제동마력이 커지면 이용마력 또는 필요마력은
각각 어떻게 되는가?
① 이용마력이 증가한다.
② 이용마력이 감소한다.
③ 필요마력이 감소한다.
④ 필요마력이 증가한다.

8. 왕복기관을 장착한 프로펠러 비행기에서 제
동마력에 프로펠러 효율을 곱한 마력은?
① 필요마력   ② 여유마력
③ 이용마력   ④ 실속마력

해설 이용마력 $= \eta \times BHP$

9. 왕복기관을 이용한 프로펠러 비행기의 이용
마력(P_a)을 옳게 나타낸 것은?

① $P_a = \dfrac{\text{항력} \times \text{비행기 속도}}{\text{제동마력}}$

② $P_a = \text{제동마력} \times \text{프로펠러 효율}$

③ $P_a = \dfrac{\text{항력} \times \text{비행기 속도}}{75}$

④ $P_a = \dfrac{\text{비행기 속도} \times \text{이용추력}}{\text{프로펠러 효율}}$

해설 이용마력(P_a) $= \dfrac{TV}{75} = \eta \times BHP$

10. 프로펠러 비행기에서 제동마력(BHP)이
250 PS이고, 프로펠러 효율이 0.78이면 이용
마력은 얼마인가?
① 140 PS   ② 195 PS
③ 200 PS   ④ 320 PS

해설 이용마력(P_a)
$= \eta \times BHP = 0.78 \times 250 = 195\,\text{PS}$

11. 비행기의 제동유효마력이 70 HP이고 프로
펠러의 효율이 0.8일 때 이 비행기의 이용마
력은 몇 HP인가?
① 28   ② 56
③ 70   ④ 87.5

해설 이용마력(P_a)
$= \eta \times BHP = 0.8 \times 70 = 56\,\text{HP}$

정답 **7.** ① **8.** ③ **9.** ② **10.** ② **11.** ②

3-2 일반 성능

■ 상승 비행

(1) 동력 비행

① 프로펠러가 한 일 : 프로펠러의 추력(T)과 비행기의 속도(V)를 곱한 값
② 왕복기관의 이용마력(P_a)

$$P_a = \frac{TV}{75} = \eta \times BHP$$

여기서, η : 프로펠러 효율, BHP : 제동마력(왕복기관이 내는 마력)

③ 제트기관의 이용마력(P_a)

$$P_a = \frac{TV}{75}$$

(2) 상승률(R.C : rate of climb)

여유마력을 비행기 무게로 나눈 값으로 여유마력이 크면 상승률이 커진다.

$$R.C = V\sin\theta = \frac{75}{W}(P_a - P_r) = \frac{75}{W} \times (여유마력)$$

여기서, θ : 상승각

① 상승 비행 시 힘의 작용

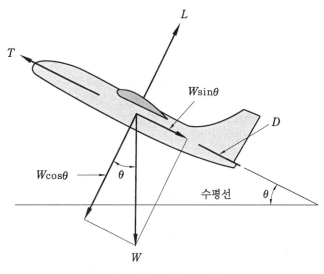

상승 비행 시 힘의 작용

   ⑺ 항공기 진행 방향에 대한 힘의 평형식

      $T = W\sin\theta + D$

   ⑷ 날개의 양력 방향에 대한 힘의 평형식

      $L = W\cos\theta$

② 상승률을 좋게 하기 위해서는 여유마력이 커야 한다. 즉 이용마력과 필요마력의 차이가 커야 한다.

(3) 고도의 영향

고도가 증가하면 공기 밀도가 감소되어 필요마력도 감소한다.

① 해발 고도와 일정 고도에서의 속도와 밀도와의 관계식

$$V = V_0 \sqrt{\frac{\rho_0}{\rho}}$$

여기서, V : 일정 고도에서의 속도, V_0 : 해발 고도에서의 속도

ρ : 일정 고도에서의 공기 밀도, ρ_0 : 해발 고도에서의 공기 밀도

② 해발 고도와 일정 고도에서의 필요마력과 밀도와의 관계식

$$P_r = P_{r0} \sqrt{\frac{\rho_0}{\rho}}$$

여기서, P_r : 일정 고도에서의 필요마력, P_{r0} : 해발 고도에서의 필요마력

ρ : 일정 고도에서의 공기 밀도, ρ_0 : 해발 고도에서의 공기 밀도

③ 해발 고도와 일정 고도에서 동일한 받음각으로 비행하는 비행기에 대해 $\rho_0 > \rho$인 임의

고도에서 속도와 필요마력은 밀도비 $\left(\dfrac{\rho_0}{\rho}\right)$의 제곱근에 비례하여 증가한다.

(4) 상승한계

① 절대 상승한계 : 상승률이 0인 고도

② 실용 상승한계 : 상승률이 0.5 m/s가 되는 고도

③ 운용 상승한계 : 상승률이 2.5 m/s가 되는 고도

(5) 상승시간 : 고도 변화를 평균 상승률로 나눈 값

$$상승시간 = \frac{고도\ 변화}{평균\ 상승률}$$

예상문제

1. 프로펠러 비행기에서 제동마력(BHP)이 300 HP이고, 프로펠러 효율이 0.8이면 이용마력은 몇 HP인가?

① 120   ② 240

③ 360   ④ 480

해설 이용마력 $= \eta \times BHP = 0.8 \times 300$
$= 240\,HP$

2. 프로펠러 항공기 추력이 3000 kgf이고, 360 km/h 비행 속도로 정상 수평 비행 시 이 항공기 제동마력은 몇 HP인가? (단, 프로펠러 효율은 0.8이다.)

① 3000   ② 4000

③ 5000   ④ 6000

해설 이용마력(P_a)과 제동마력(BHP)

$$P_a = \frac{TV}{75} = \eta \times BHP \text{ 에서}$$

$$BHP = \frac{TV}{75\eta} = \frac{3000 \times \left(\dfrac{360}{3.6}\right)}{75 \times 0.8}$$
$$= 5000\,HP$$

3. 왕복기관이 장착된 프로펠러 비행기에서 프로펠러의 추력을 T, 비행기의 속도를 V라고 할 때 프로펠러가 한 일을 가장 올바르게 나타낸 것은?

① $\dfrac{T}{V}$ ② $\dfrac{V}{T}$

③ $T \times V$ ④ $\dfrac{T \times V}{2}$

해설 프로펠러가 한 일은 프로펠러의 추력과 비행기의 속도를 곱한 값이다.

정답 ► **1.** ②   **2.** ③   **3.** ③

4. 비행기가 항력을 이기고 앞으로 움직이기 위한 동력은? (단, T : 추력, V : 비행기 속도이다.)

① $\dfrac{T}{V}$ ② $\dfrac{V}{T}$

③ TV ④ $\dfrac{TV}{2}$

5. 비행기의 상승률이 좋아지게 하는 데 가장 중요한 요소는?

① 이용마력   ② 상승마력
③ 여유마력   ④ 최대마력

6. 그림과 같이 상승 비행 중인 항공기의 진행 방향에 대한 힘의 평형식과 항공기의 날개 양력방향으로 작용하는 힘의 평형식을 옳게 나열한 것은?

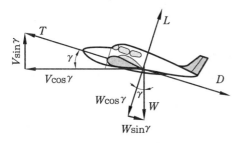

① $T = W\cos\gamma + D,\ L = W\cos\gamma$
② $T = W\sin\gamma + D,\ L = W\sin\gamma$
③ $T = W\cos\gamma + D,\ L = W\sin\gamma$
④ $T = W\sin\gamma + D,\ L = W\cos\gamma$

[해설] 힘의 평형
- 추력이 작용하는 방향으로의 힘의 평형
  $T = D + W\sin\gamma$
- 양력이 작용하는 방향으로의 힘의 평형
  $L = W\cos\gamma$
  여기서, T : 추력, D : 항력, L : 양력

7. 비행기가 그림과 같이 θ 만큼 경사진 직선 비행경로를 따라 등속도로 상승할 때 비행기

에 작용하는 비행 방향의 추력을 옳게 나타낸 것은?

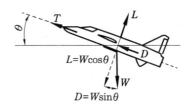

① 직선 비행경로의 수평 중력 성분
② 직선 비행경로의 수직 중력 성분
③ 항력 + 직선 비행경로의 중력 성분
④ 양력 + 직선 비행경로의 중력 성분

[해설] $T = D + W\sin\theta$

8. 다음 그림은 등속도 비행하는 비행기에 작용하는 힘을 나타낸 것이다. 비행 방향, 즉 항공기의 진행 방향에 대한 힘의 평형식으로 옳은 것은?

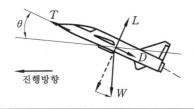

$$L = W\cos\theta \qquad D = W\sin\theta$$

① $T = W\cos\theta + D$
② $T = W\tan\theta + D$
③ $T = W\sin\theta + D$
④ $T = W\cos\theta + D\sin\theta$

9. 비행기의 상승률을 나타낸 식으로 옳은 것은? (단, P_r : 필요마력, P_a : 이용마력, W : 항공기의 무게이다.)

① $\dfrac{P_a - P_r}{W}$ ② $\dfrac{W}{P_a - P_r}$

③ $\dfrac{P_r + P_a}{W}$ ④ $\dfrac{W}{P_r + P_a}$

10. 다음 중 항공기의 상승률에 대한 설명으로 옳은 것은?

① 중량이 적을수록 상승률은 감소한다.

② 이용마력이 클수록 상승률은 감소한다.

③ 필요마력이 클수록 상승률은 감소한다.

④ 프로펠러의 효율이 클수록 상승률은 감소한다.

해설 상승률($R.C$)

$$= \frac{75(\text{이용마력} - \text{필요마력})}{W}$$

상승률은 여유마력이 클수록, 즉 이용마력과 필요마력의 차이가 클수록 좋다.

11. 항공기가 상승 비행을 하기 위한 조건으로 옳은 것은?

① 이용마력 = 필요마력

② 이용마력 > 필요마력

③ 이용마력 < 필요마력

④ 이용마력 ≤ 필요마력

12. 비행기의 상승 비행 시 상승률에 대한 설명으로 옳은 것은?

① 여유마력과 이용마력이 같을 때 상승률은 좋아진다.

② 여유마력이 필요마력과 같을 때 상승률은 좋아진다.

③ 여유마력이 작을수록 상승률은 좋아진다.

④ 여유마력이 클수록 상승률은 좋아진다.

13. 비행기의 무게가 1500 kgf 이고, 여유마력이 150 마력일 경우에 상승률은 얼마인가?

① 0.75 m/s   ② 7.5 m/s

③ 75 m/s   ④ 750 m/s

해설 상승률($R.C$)$= \dfrac{75}{W}$(여유마력)

$$= \frac{75}{1500} \times 150$$

$$= 7.5 \text{ m/s}$$

14. 비행기가 V의 속도를 갖고 수평선에 대해 θ의 각도로 상승하고 있을 때 상승률(rate of climb)을 구하는 식으로 옳은 것은?

① $V\cos\theta$ ② $V\tan\theta$

③ $V^2\cos\theta$ ④ $V\sin\theta$

15. 비행기의 속도가 200 km/h이며 상승각이 6°라면 상승률은 약 몇 m/s 인가?

① 5.8   ② 18.7   ③ 20.9   ④ 60.2

해설 $R.C = V\sin\theta = \left(\dfrac{200}{3.6}\right)\sin 6° = 5.8 \text{ m/s}$

16. 비행기가 3.6 km/h의 속도로 비행하고 있을 때 상승각이 6°라면, 상승률은 몇 m/s인가? (단, $\sin 6° = 0.10$, $\cos 6° = 0.99$, $\tan 6° = 0.11$로 한다.)

① 0.3   ② 0.9   ③ 0.1   ④ 1.1

해설 상승률($R.C$)$= V\sin\gamma = (3.6/3.6)\sin 6°$
$$= 1 \times 0.1 = 0.1 \text{ m/s}$$

17. 비행기가 500 ft/s의 속도로 수평선에 대해 30°의 각도로 상승하고 있을 때 상승률은 몇 ft/s인가?

① 152   ② 171   ③ 234   ④ 250

해설 상승률 ($R.C$)
$$= V\sin\gamma = 500\sin 30° = 250 \text{ ft/s}$$

18. 그래프상에 수평 비행이 가능한 최소 속도를 나타낸 점은?

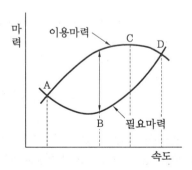

① A   ② B   ③ C   ④ D

해설 이용마력과 필요마력이 같은 지점이 수평 비행이 가능한 속도이다.
A : 최소 수평속도
B : 상승률이 최고인 지점
D : 최대 수평속도

19. 이용마력과 필요마력이 같아져 상승률이 "0"이 되는 고도를 무엇이라 하는가?

① 운용 상승한계   ② 실용 상승한계
③ 실제 상승한계   ④ 절대 상승한계

해설 상승률이 0인 고도를 절대 상승한계, 상승률이 0.5 m/s인 고도를 실용 상승한계, 상승률이 2.5 m/s인 고도를 운용 상승한계라 한다.

20. 비행기 상승률 "0"에 대한 등식으로 가장 올바른 것은?

① 여유마력 = 필요마력
② 여유마력 < 이용마력
③ 이용마력 < 필요마력
④ 이용마력 = 필요마력

해설 상승률
• 이용마력 > 필요마력 : 상승 비행
• 이용마력 = 필요마력 : 상승률이 0 m/s

21. 절대 상승한계는 상승률이 어떠한 고도인가?

① 0 m/s 되는 고도   ② 0.5 m/s 되는 고도
③ 5 m/s 되는 고도   ④ 50 m/s 되는 고도

22. 실용 상승한계에서 비행기의 상승률은 몇 m/s인가?

① 0   ② 0.1   ③ 0.3   ④ 0.5

23. 비행기가 운용 상승한계 고도에서 최대 상승률로 10초 동안 상승 비행을 하였다면 그동안 상승한 고도는 약 몇 m 인가?

① 10   ② 15   ③ 25   ④ 35

해설 운용 상승한도는 상승률이 2.5 m/s인 고도이며, 10초 동안이므로 25 m이다.

24. 비행기의 상승한계의 종류를 고도가 낮은 것에서부터 높은 순서로 나열한 것은?

① 운용 상승한계 → 절대 상승한계 → 실용 상승한계
② 운용 상승한계 → 실용 상승한계 → 절대 상승한계
③ 절대 상승한계 → 운용 상승한계 → 실용 상승한계
④ 절대 상승한계 → 실용 상승한계 → 운용 상승한계

해설 절대 상승한계는 비행기가 상승할 수 있는 최대의 고도이며, 실용 상승한계는 절대 상승한계의 80~90 %가 된다.

25. 상승 비행 시 평균 상승률을 나타낸 것으로 옳은 것은?

① $\dfrac{밀도\ 변화}{상승시간}$ ② $\dfrac{온도\ 변화}{상승시간}$

③ $\dfrac{고도\ 변화}{상승시간}$ ④ $\dfrac{속도\ 변화}{상승시간}$

26. 수평 비행하는 비행기가 받음각이 일정한 상태에서 고도가 높아지면 속도(V)와 필요마력(P_r)은 각각 어떻게 되는가?

① 속도(V)와 필요마력(P_r) 모두 감소
② 속도(V)와 필요마력(P_r) 모두 증가
③ 속도(V)는 증가, 필요마력(P_r)은 감소
④ 속도(V)는 감소, 필요마력(P_r)은 증가

해설 고도의 영향 : 해발 고도와 일정 고도에서 동일한 받음각으로 비행하는 비행기에 대해 $\rho_0 > \rho$인 임의 고도에서 속도와 필요마력은 밀도비$\left(\dfrac{\rho_0}{\rho}\right)$의 제곱근에 비례하여 증가한다.

정답 ● **19.** ④ **20.** ④ **21.** ① **22.** ④ **23.** ③ **24.** ② **25.** ③ **26.** ②

❷ 수평 비행

비행기가 일정한 속도로 수평 직선 비행 시 비행기에는 추력(T), 중력(W), 양력(L), 항력(D)이 작용한다.

(1) 수평 비행

① 등속 수평 비행 시 작용하는 힘 : $T = D$, $L = W$

② 실속속도(V_s) : 받음각이 증가하여 양력계수 값이 최대가 되었을 때의 속도로 실속속도가 작을수록 착륙속도가 작아져서 활주거리가 짧아진다.

$$V_s = \sqrt{\frac{2W}{\rho S C_{Lmax}}} \quad \text{또는} \quad C_{Lmax} = \frac{2W}{\rho V_s^2 S}$$

여기서, W : 비행기 무게, S : 날개 면적, ρ : 공기 밀도, C_{Lmax} : 최대 양력계수

(2) 순항 성능

① 용어의 정의

  ⑺ 순항(cruising) : 이륙, 착륙, 상승, 하강 구간을 제외한 비행 구간에서의 수평 비행

  ⑷ 경제속도 : 필요마력이 최소인 상태로 비행하여 연료 소비가 적은 속도

  ⑸ 순항속도 : 경제속도보다 빠르게 수평 비행으로 순항할 때의 속도

  ⑹ 순항 비행방식의 종류 : 장거리 순항방식, 고속 순항방식

② 항속시간(t) : 비행기가 출발할 때부터 탑재한 연료를 다 사용할 때까지의 시간으로 기관의 연료 소비율(c)과 밀접한 관계가 있다.

$$t = \frac{W_1 - W_2}{\dfrac{c \cdot BHP}{3600}}$$

여기서, W_1 : 연료를 탑재하고 출발 시의 비행기 무게

             W_2 : 연료를 전부 사용했을 때의 비행기 무게

③ 항속거리(R) = 순항속도(V) × 항속시간(t)

  ⑺ 프로펠러 비행기의 항속거리 : 최대 항속거리로 비행하기 위해서는 양항비$\left(\dfrac{C_L}{C_D}\right)$가 최대인 받음각으로 비행을 해야 하고, 프로펠러 효율(η)이 커야 하며, 연료 소비율(c)이 작아야 한다.

$$R = \frac{540\eta}{c} \cdot \frac{C_L}{C_D} \cdot \frac{W_1 - W_2}{W_1 + W_2} [\text{km}]$$

  ⑷ 제트기의 항속거리 : 최대 항속거리로 비행하기 위해서는 $\dfrac{C_L^{\frac{1}{2}}}{C_D}$이 최대가 되는 받음각으로 비행을 해야 하고, 연료 소비율이 작아야 한다.

$$R = 3.6 \cdot \frac{C_L^{\frac{1}{2}}}{C_D} \cdot \sqrt{\frac{2W}{\rho S} \cdot \frac{B}{C_t W}} \, [\text{km}]$$

여기서, C_t : 연료 소비율, B : 연료 탑재량

예상문제

1. 비행기가 공기 중을 수평 등속도 비행할 때 비행기에 작용하는 힘이 아닌 것은?

① 추력　　　　② 항력
③ 중력　　　　④ 가속력

해설 등속 수평 비행 시 작용하는 힘 : T(추력)$=D$(항력), L(양력)$=W$(중력)

2. 비행기의 수평 등속도 비행 조건으로 옳은 것은?(단, T : 추력, D : 항력, L : 양력, W : 항공기 무게이다.)

① $T > D$, $L = W$　　② $T = D$, $L = W$
③ $T = D$, $L > W$　　④ $T > D$, $L > W$

3. 비행기가 공기 중을 수평 등속도로 비행할 때 등속도 비행에 관한 비행기에 작용하는 힘의 관계가 옳은 것은?

① 추력(T)$=$항력(D)
② 추력(T)$>$항력(D)
③ 양력(L)$<$중력(W)
④ 양력(L)$>$중력(W)

4. 비행기가 수평비행을 하기 위한 조건으로 가장 올바른 것은?

① 양력(L)과 무게(W)가 같아야 한다.
② 양력(L)과 항력(D)이 같아야 한다.
③ 항력(D)과 무게(W)가 같아야 한다.
④ 추력(T)과 양력(L)이 같아야 한다.

5. 수평 등속도로 비행하는 항공기에 작용하는 공기력에 대한 설명으로 옳은 것은?

① 추력(T)이 항력(D)보다 크다.
② 추력(T)과 항력(D)은 같다.
③ 양력(L)이 비행기의 무게(W)보다 크다.
④ 양력(L)이 비행기의 무게(W)보다 작다.

해설 힘의 평형
- $T > D$이면 가속도 전진 비행
- $T = D$이면 등속도 전진 비행
- $T < D$이면 감속도 전진 비행

6. 비행기의 실속속도(V_s)를 구하는 식으로 옳은 것은?(단, W : 항공기 무게, ρ : 공기의 밀도, S : 날개의 면적, C_{Lmax} : 최대 양력계수이다.)

① $\sqrt{\dfrac{2W}{\rho S C_{Lmax}}}$　　② $\dfrac{2W}{\rho S C_{Lmax}}$

③ $\sqrt{\dfrac{W}{\rho S C_{Lmax}}}$　　④ $\dfrac{W}{\rho S C_{Lmax}}$

7. 실속속도를 작게 하기 위한 방법으로 옳은 것은?

① 하중을 크게 한다.
② 날개 면적을 크게 한다.
③ 공기의 밀도를 작게 한다.
④ 최대 항력계수를 크게 한다.

8. 비행기의 최소 비행속도($V_{\min}$)는 다음과 같은 식을 이용하여 구할 수 있다. 식에서 S가 의미하는 것은 무엇인가?(단, W : 항공기 중량, ρ : 밀도, C_{Lmax} : 최대 양력계수이다.)

정답 ⟶ **1.** ④ **2.** ② **3.** ① **4.** ① **5.** ② **6.** ① **7.** ② **8.** ②

$$V_{\min} = \sqrt{\frac{2W}{\rho S C_{Lmax}}}$$

① 최대 비행속도   ② 날개의 면적
③ 평균항력계수   ④ 배기가스의 속도

9. 비행기의 무게 8000 kgf, 날개 면적 50 m², 최대 양력계수 1.5일 때, 실속속도는 약 몇 m/s인가? (단, 공기의 밀도는 0.125 kgf · s²/m⁴이다.)

① 29   ② 32   ③ 41   ④ 54

해설 실속속도$(V_s) = \sqrt{\dfrac{2W}{\rho S C_{L\max}}}$

$$= \sqrt{\frac{2 \times 8000}{0.125 \times 50 \times 1.5}}$$

$$= 41 \, \text{m/s}$$

10. 비행기의 무게가 2000 kgf이고, 날개 면적이 50 m²이며, 실속 받음각에서의 양력계수가 1.6일 때 실속속도는? (단, 공기의 밀도는 $\dfrac{1}{8}$ kgf · s²/m⁴이다.)

① 68 km/h   ② 70 km/h
③ 72 km/h   ④ 76 km/h

해설 실속속도$(V_s) = \sqrt{\dfrac{2W}{\rho S C_{L\max}}}$

$$= \sqrt{\frac{2 \times 2000}{\frac{1}{8} \times 50 \times 1.6}} = 20 \, \text{m/s}$$

$$= 20 \times 3.6 \, \text{km/h} = 72 \, \text{km/h}$$

11. 날개 면적이 80 m², 무게가 7500 kgf인 비행기가 밀도 $\dfrac{1}{8}$ kgf · s²/m⁴인 해면 고도를 수평 비행할 때, 비행속도는 몇 m/s인가? (단, 양력계수는 0.150이다.)

① 80   ② 100
③ 120   ④ 150

해설 $V = \sqrt{\dfrac{2W}{\rho C_L S}} = \sqrt{\dfrac{2 \times 7500}{\frac{1}{8} \times 0.15 \times 80}}$

$$= 100 \, \text{m/s}$$

12. 무게가 3000 kgf, 날개 면적 20 m²인 비행기가 해발 고도에서 양력계수 0.96인 상태를 등속 수평 비행을 할 때 비행기의 최소 속도를 구하면 약 얼마인가? (단, 공기의 밀도 $\rho = 0.123$ kgf · s²/m⁴)

① 90 km/h   ② 180 km/h
③ 250 km/h   ④ 360 km/h

해설 실속속도$(V_s) = \sqrt{\dfrac{2W}{\rho \, C_{L\max} S}}$

$$= \sqrt{\frac{2 \times 3000}{0.123 \times 0.96 \times 20}} = 50 \, \text{m/s}$$

$$= 50 \times 3.6 \, \text{km/h} = 180 \, \text{km/h}$$

13. 비행기의 중량이 2650 kgf, 날개의 면적이 80 m², 지상에서의 실속속도가 47.2 m/s일 때 이 비행기의 최대 양력계수는 약 얼마인가? (단, 공기 밀도는 0.125 kgf · s²/m⁴이다.)

① 0.04   ② 0.14   ③ 0.24   ④ 0.34

해설 최대 양력계수$(C_{Lmax}) = \dfrac{2W}{\rho V^2 S}$

$$= \frac{2 \times 2650}{0.125 \times (47.2)^2 \times 80} = 0.24$$

14. 중량이 2500 kgf, 날개 면적 20 m²인 비행기가 120 km/h의 속도로 비행할 때 양력계수는 얼마인가? (단, 공기의 밀도는 0.125 kgf · s²/m⁴이다.)

① 0.17   ② 1.8   ③ 2.0   ④ 7.8

해설 최대 양력계수$(C_{Lmax}) = \dfrac{2W}{\rho V_s^2 S}$

$$= \frac{2 \times 2500}{0.125 \times \left(\dfrac{120}{3.6}\right)^2 \times 20} = 1.8$$

15. 비행기의 중량이 2500 kgf, 날개의 면적이 80 m², 지상에서의 실속속도가 180 km/h이다. 이 비행기의 최대 양력계수는? (단, 공기밀도는 $\frac{1}{8}$ kg·s²/m⁴이다.)

① 0.2 ② 0.4 ③ 0.6 ④ 0.8

해설 최대 양력계수$(C_{L\max}) = \dfrac{2W}{\rho V_s^2 S}$

$$= \frac{2 \times 2500}{\dfrac{1}{8} \times \left(\dfrac{180}{3.6}\right)^2 \times 80} = 0.2$$

16. 비행기가 정상 수평 비행 상태에서 받음각을 증가시킬 때 비행기의 속도에 대한 설명으로 옳은 것은? (단, 받음각은 실속각의 범위 내에서 증가시키는 것으로 한다.)

① 양력이 증가하므로 속도는 증가한다.
② 양력계수가 증가하고, 속도는 감소한다.
③ 속도는 받음각의 증가 여부에 관계없이 일정하게 유지된다.
④ 받음각이 실속각 이내에서 증가하면 속도는 감소하지 않는다.

17. 필요마력이 최소인 상태로 비행할 때의 속도는?

① 경제속도 ② 설계속도
③ 종극속도 ④ 한계속도

18. 프로펠러 비행기가 순항할 때 경제속도란 어떠한 상태로 비행하는 것을 말하는가?

① 필요동력이 최소인 상태
② 필요동력이 최대인 상태
③ 이용동력이 최소인 상태
④ 이용동력이 최대인 상태

19. 항공기의 순항비행에 대한 설명으로 옳은 것은?

① 연료 소비가 적고 소요시간이 길수록 항속성능은 우수하다.
② 필요마력이 최소인 상태로 비행할 때의 비행속도를 수평최고속도라 한다.
③ 항속시간이란 비행기가 출발할 때부터 탑재한 연료를 모두 사용할 때까지의 시간을 말한다.
④ 항속거리란 비행기가 출발할 때부터 탑재한 연료의 $\frac{2}{3}$를 소비할 때까지의 비행할 수 있는 거리이다.

해설 순항 성능
① 비행기가 순항할 때, 연료 소비가 적고, 소요시간이 짧을수록 항속성능이 좋다고 한다.
② 필요마력이 최소인 상태로 비행하는 경우에 연료 소비가 적어지므로 이를 경제속도라 한다.
④ 항속거리는 비행기의 순항속도에 항속시간을 곱하여 구해진다.

20. 프로펠러 항공기의 항속거리를 높이기 위한 방법으로 틀린 것은?

① 프로펠러 효율이 커야 한다.
② 연료 소비율이 작아야 한다.
③ 연료를 많이 실을 수 있어야 한다.
④ 양항비가 최소인 받음각으로 비행한다.

21. 다음 ( ) 안에 알맞은 것은?

( )값이 클수록 프로펠러 비행기는 적은 동력으로 장거리 비행이 가능하다.

① 받음각 ② 양항비
③ 추력 ④ 항력

해설 항속거리를 크게 하기 위해서는 프로펠러 비행기는 양항비$\left(\dfrac{C_L}{C_D}\right)$가 최대인 받음각으로, 제트기는 $\dfrac{C_L^{\frac{1}{2}}}{C_D}$가 최대인 받음각으로 비행을 해야 한다.

22. 다음 ( ) 안에 알맞은 말은?

> 제트 비행기에서 최대 항속거리로 비행하려
> 면 ( )이 최대가 되는 받음각으로 비행하여야
> 한다.

① $\dfrac{(\text{양력계수})^{1/2}}{\text{항력계수}}$

② $\dfrac{\text{양력계수}}{\text{항력계수}}$

③ 양력계수×항력계수

④ (양력계수)$^{1/2}$×항력계수

정답 ─● **22.** ①

❸ 하강 비행

(1) 활공 비행

활공기 또는 비행기가 실속하지 않고 일정 하강률로 침하하는 비행이다.

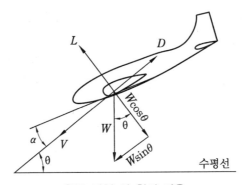

활공 비행 시 힘의 작용

- 비행경로 방향으로의 힘의 평형 : $W\sin\theta = D$
- 양력이 작용 작용하는 방향으로의 힘의 평형 : $W\cos\theta = L$

① 활공각(θ) : 활공각 θ는 양항비 $\left(\dfrac{C_L}{C_D}\right)$에 반비례한다. 즉, 양항비가 클수록 활공각은 작아

진다.

$$\tan\theta = \frac{C_D}{C_L} = \frac{1}{\text{양항비}}$$

② 활공비 : 수평 활공거리(L)를 활공고도(h)로 나눈 값

$$\text{활공비} = \frac{\text{수평 활공거리}}{\text{활공고도}} = \frac{C_L}{C_D} = \frac{1}{\tan\theta}$$

멀리 비행하려면 활공각 θ는 작아야 한다. θ가 작다는 것은 양항비가 크다는 것이다.

③ 하강속도 $= -V\sin\theta$

(2) 급강하(diving)

종극속도(V_D)는 비행기가 급강하할 때 더 이상 속도가 증가하지 않고, 일정 속도로 유지되는 속도이다.

$$V_D = \sqrt{\frac{2W}{\rho SC_D}}$$

여기서, W : 비행기 무게, ρ : 공기 밀도, C_D : 항력계수, S : 날개 면적

예상문제

1. 무게가 W인 활공기 또는 기관이 정지된 비행기가 일정한 속도(V)와 활공각 θ로 활공비행을 하고 있을 때의 양력(L)과 항력(D) 방향으로 힘을 옳게 나타낸 것은?

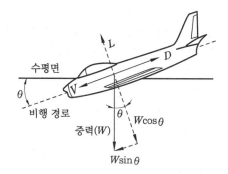

① $L = W\sin\theta,\ D = W\cos\theta$
② $L = W\cos\theta,\ D = W\sin\theta$
③ $L = W\sin\theta,\ D = W\sin\theta$
④ $L = \dfrac{W}{\cos\theta},\ D = \dfrac{W}{\sin\theta}$

해설 활공 시 양항력
• 양력이 작용하는 방향으로의 합력 :
  $L = W\cos\theta$
• 활공기가 진행하는 방향으로 작용하는 합력 : $D = W\sin\theta$

2. 수평면과 θ의 각을 이루며 등속도로 정상 활공비행을 하는 비행기의 힘의 평형 상태를 옳게 나타낸 것은? (단, L : 양력, W : 항공기의 무게이다.)

① $L = W$ ② $L = W\sin\theta$
③ $L = W\cos\theta$ ④ $L = W\tan\theta$

해설 활공기의 힘의 평형 : $W\sin\theta = D$,
  $W\sin\theta = L$

3. 활공기가 활공각 θ로 활공비행할 때 항력계수(C_D)와 양력계수(C_L)와의 관계를 가장 올바르게 표현한 것은?

① $C_D = C_L\sin\theta$ ② $C_D = C_L\cos\theta$
③ $C_D = C_L\tan\theta$ ④ $C_D = C_L\sec\theta$

해설 $\tan\theta = \dfrac{C_D}{C_L}$

4. 활공기가 고도 1000 m에서 20 km의 수평 활공거리를 활공할 때 양항비는?

① 0.05 ② 0.2
③ 20 ④ 50

해설 양항비 $= \dfrac{수평\ 활공거리}{활공고도}$
  $= \dfrac{20000}{1000} = 20$

5. 600 m 상공에서 글라이더가 수평 활공거리 6000 m만큼 활공하였다면 이때 양항비는?

① 0.06 ② 6
③ 10 ④ 100

해설 양항비 $= \dfrac{수평\ 활공거리}{활공고도} = \dfrac{6000}{600} = 10$

정답 ► **1.** ② **2.** ③ **3.** ③ **4.** ③ **5.** ③

6. 활공기가 고도 2400 m 상공에서 활공을 하여 수평 활공거리 36 km 를 비행하였다면, 이때 양항비는 얼마인가?

① $\dfrac{1}{5}$ ② 10 ③ $\dfrac{1}{15}$ ④ 15

해설 활공비(양항비)$= \dfrac{수평 활공거리}{활공고도}$

$= \dfrac{36000}{2400} = 15$

7. 양력이 20이고 항력이 2일 때 이 항공기의 양항비는?

① 0.1 ② 2 ③ 10 ④ 20

해설 양항비 $= \dfrac{양력}{항력} = \dfrac{20}{2} = 10$

8. 활공기가 1000 m 상공에서 양항비 20인 상태로 활공한다면 도달할 수 있는 수평 활공거리는 몇 m인가?

① 50 ② 1000
③ 10000 ④ 20000

해설 활공비(양항비)$= \dfrac{수평 활공거리}{활공고도}$

수평 활공거리 $=$ 양항비 $\times$ 활공고도
$= 20 \times 1000 = 20000$ m

9. 어느 비행기가 활공각 45°로 활공을 하고 있을 때, 현재의 고도가 10 km 라면 도달할 수 있는 수평 활공거리는 얼마인가?

① 5 km ② 7.5 km ③ 10 km ④ 15 km

해설 $\tan\theta = \dfrac{높이}{수평 활공거리}$ 에서

수평 활공거리 $= \dfrac{10000}{\tan 45°} = 10000$ m $= 10$ km

10. 비행 성능에 대한 설명으로 틀린 것은 어느 것인가?

① 고도가 증가하면 상승률이 감소한다.

② 활공각이 크면 활공거리가 길어진다.
③ 고도가 증가하면 비행속도와 필요마력은 증가한다.
④ 정상 등속도 수평비행이란 항력과 추력이 같고 양력과 무게가 같다.

해설 활공각과 활공거리 : 활공각과 양항비는 반비례한다. 멀리 활공하려면 활공각이 작아야 하며, 활공각이 작으려면 양항비가 커야 한다.

11. 비행기의 종극속도(terminal velocity)는 어느 비행 상태에서 주로 나타날 수 있는가?

① 급강하 시 ② 이륙 시
③ 수평비행 시 ④ 착륙 시

12. 다음 중 활공각 90°로 무동력 급강하(diving) 비행 시 비행기의 속도는 어떻게 되는가?

① 계속적으로 속도가 증가한다.
② 점차로 속도가 증가하다가 다시 속도가 줄어든다.
③ 점차로 속도가 증가하다가 일정한 속도로 하강한다.
④ 비행기의 무게에 따라 속도가 증가할 수도 있고 감소할 수도 있다.

13. 무게가 2000 kgf인 비행기가 고도 5000 m 상공에서 급강하하고 있다면 이때 속도는 약 몇 m/s인가? (단, 항력계수(C_D) : 0.03, 날개하중 $\left(\dfrac{W}{S}\right)$: 274 kgf/m², 공기 밀도(ρ) : 0.075 kgf·s²/m⁴이다.)

① 494 ② 1423 ③ 1973 ④ 1777

해설 급강하속도(종극속도 : V_D)

$V_D = \sqrt{\dfrac{2}{\rho} \cdot \dfrac{W}{S} \cdot \dfrac{1}{C_D}}$

$= \sqrt{\dfrac{2}{0.075} \times 274 \times \dfrac{1}{0.03}} = 494$ m/s

정답 ● **6.** ④ **7.** ③ **8.** ④ **9.** ③ **10.** ② **11.** ① **12.** ③ **13.** ①

◢ 이륙과 착륙

(1) 이륙

① 이륙거리 : 지상 활주거리 + 상승거리

㈎ 프로펠러 비행기 : 정지상태에서 이륙하여 지면에서 15 m(50 feet)의 고도에 도달할 때까지의 지상 수평거리

㈏ 제트 비행기 : 정지상태에서 이륙하여 지면에서 10.7 m(35 feet)의 고도에 도달할 때까지의 지상 수평거리

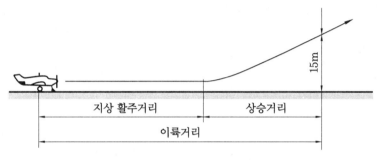

비행기의 이륙과정

② 안전 이륙속도 : 실속속도의 1.2배

③ 이륙거리를 짧게 하는 방법

㈎ 추력(T)을 크게 한다.   ㈏ 비행기 무게(W)를 작게 한다.

㈐ 마찰계수를 작게 한다.   ㈑ 고양력 장치를 사용한다.

㈒ 맞바람으로 이륙을 한다.   ㈓ 항력이 작은 활주 자세로 비행한다.

(2) 착륙

① 착륙거리 : 지상 활주거리 + 착륙 진입거리

• 프로펠러 비행기는 지상 15 m, 제트기는 지상 10.7 m에서 지상에 완전히 정지할 때까지의 지상 수평거리

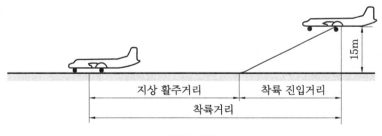

착륙 경로

② 진입속도 : 실속속도의 1.3배로서 지면 부근의 돌풍 교란을 예상하여 30 %의 여유를 준다.

③ 착륙 시 강하각 : 2.5~3°

④ 착륙거리를 짧게 하는 방법
 ㉮ 착륙중량(W)을 가볍게 한다.
 ㉯ 착륙 마찰계수가 커야 한다.
 ㉰ 맞바람을 받고 착륙한다.
 ㉱ 접지속도를 작게 한다.

예상문제

1. 비행기의 이·착륙 성능에서 거리의 관계를 가장 옳게 표현한 것은?
 ① 지상 활주거리 = 이륙거리×상승거리
 ② 이륙거리 = 지상 활주거리 + 상승거리
 ③ 상승거리 = 지상 활주거리 + 이륙거리
 ④ 이륙거리 = 지상 활주거리 − 상승거리

2. 항공기의 이·착륙 시 양력을 증가시키는 방법이 아닌 것은?
 ① 날개 면적을 크게 한다.
 ② 최대 양력계수를 크게 한다.
 ③ 경계층 제어장치를 이용한다.
 ④ 에어 브레이크(air brake)를 사용한다.

 해설 에어 브레이크(air brake) : 날개 중앙부분에 부착하는 일종의 평판으로 날개 윗면 또는 밑면에 펼쳐서 흐름을 강제로 떨어지게 하여 양력을 감소시키고, 항력을 증가시키는 장치이다.

3. 이륙 활주거리를 짧게 하기 위한 바람 방향의 선택으로 옳은 것은?
 ① 맞바람을 받으면서 이륙한다.
 ② 불어오는 바람을 등지고 이륙한다.
 ③ 바람이 불지 않을 경우에 이륙한다.
 ④ 바람 방향과 직각인 방향으로 이륙한다.

4. 다음 중 이륙 활주거리를 짧게 하기 위한 조건으로 가장 관계가 먼 내용은?
 ① 기관의 추력이 크면 이륙성능이 좋아진다.

 ② 비행기의 무게가 가벼우면 이륙거리는 짧다.
 ③ 맞바람을 받으면서 이륙하면 이륙성능이 좋다.
 ④ 고항력 장치를 사용하면 이륙거리를 단축시킬 수 있다.

5. 비행기의 이륙 활주거리를 짧게 하기 위한 조건으로 틀린 것은?
 ① 고양력 장치를 사용한다.
 ② 기관의 추력을 크게 한다.
 ③ 맞바람을 받지 않도록 한다.
 ④ 비행기 무게를 가볍게 한다.

6. 항공기 이륙 성능을 향상시키기 위한 가장 적절한 바람의 방향은?
 ① 정풍(맞바람)
 ② 좌측 측풍(옆바람)
 ③ 배풍(뒷바람)
 ④ 우측 측풍(옆바람)

7. 비행기 실제의 착륙거리에 관한 설명으로 틀린 것은?
 ① 장애물 고도에서부터 정지 시까지의 거리
 ② 지상 활주거리와 착륙 진입거리를 합한 거리
 ③ 비행기 바퀴의 접지 시부터 정지 시까지의 거리
 ④ 착륙 진입거리와 정지 시까지의 거리를 합한 거리

정답 　**1.** ②　**2.** ④　**3.** ①　**4.** ④　**5.** ③　**6.** ①　**7.** ③

8. 다음 중 착륙거리에 속하지 않는 것은?
① 회전거리
② 공중거리
③ 제동거리
④ 자유 활주거리

9. 비행기가 착륙 시 활주로 위의 일정한 높이에서 실속속도 이상의 속도로 강하하는데 그 이유로 옳은 것은?
① 주 날개에서 발생하는 임계항력을 증가시키기 위해
② 꼬리날개에서 발생하는 유도항력을 일정하게 유지하기 위해
③ 더욱 빠른 실속을 유도하여 착륙시간을 단축시키기 위해
④ 지면 부근의 돌풍에 의한 비행기의 자세 교란을 방지하기 위해

10. 비행기의 착륙거리를 짧게 하기 위한 조건으로 틀린 것은?
① 접지속도를 크게 한다.
② 활주 중 비행기의 항력을 크게 한다.
③ 비행기의 착륙 무게가 가벼워야 한다.
④ 그라운드 스포일러(ground spoiler)를 사용한다.

11. 항공기의 착륙성능을 향상시키기 위한 가장 적절한 항공기 무게 중심(C.G)의 위치는?
① 전방에 위치시킨다.
② 후방에 위치시킨다.
③ 중앙에 위치시킨다.
④ 무게 중심의 위치와는 관계없다.

12. 비행기가 정지상태로부터 등가속도 20 m/s²로 20초 동안 지상활주를 하였다면 이 비행기의 지상 활주거리는 몇 km인가?
① 2
② 3.5
③ 4
④ 4.5

해설 지상 활주거리(S)
$$= \frac{1}{2}at^2 = \frac{1}{2} \times 20 \times 20^2 = 4000\,\text{m} = 4\,\text{km}$$

정답 **8.** ① **9.** ④ **10.** ① **11.** ① **12.** ③

3-3 특수 성능

■ 실속 성능

(1) 실속속도(V_s) = $\sqrt{\dfrac{2W}{\rho C_{Lmax}S}}$

(2) 버핏(buffet)

흐름이 날개에서 떨어지면서 발생되는 후류가 날개나 꼬리날개를 진동시켜 발생되는 현상으로 버핏이 시작되면 실속이 일어나는 징조이다.
① 실속 시 발생하는 현상 : 버핏 현상, 승강키의 효율 감소, 조종이 불가능해지는 기수 내림 (nose down) 현상
② 실속 종류 : 부분 실속, 정상 실속, 완전 실속

2 스핀 성능

① 스핀(spin) : 자동회전과 수직강하가 조합된 비행
② 정상 스핀 : 돌풍에 의해 실속하는 경우 기수가 내려가면서 하강하는데 하강속도와 옆놀
  이 각속도가 일정하게 유지되면서 하강하는 상태
③ 스핀 회복 : 조종간을 당겨 실속시킨 후 방향키 페달을 한쪽만 밟는다.

예상문제

1. 다음 중 실속(stall)이 발생하면 나타나는 현상이 아닌 것은?
  ① 기수올림(nose up)과 기수내림(nose down)의 반복 현상
  ② 버핏 현상
  ③ 승강키 효율의 감소 현상
  ④ 기수내림(nose down) 현상

2. 비행기의 실속속도를 작게 하기 위한 방법으로 옳은 것은?
  ① 하중을 크게 한다.
  ② 날개 면적을 작게 한다.
  ③ 공기의 밀도를 작게 한다.
  ④ 최대 양력계수를 크게 한다.

  해설 실속속도$(V_S) = \sqrt{\dfrac{2W}{\rho C_{Lmax}S}}$

3. 비행기의 무게 8000 kg, 날개면적 100 m^2, 최대양력계수 1.5일 때, 실속속도는 약 몇 m/s인가? (단, 공기의 밀도는 0.125 kgf·s^2/m^4이다.)
  ① 29   ② 32
  ③ 41   ④ 54

  해설 실속속도$(V_S) = \sqrt{\dfrac{2W}{\rho S C_{Lmax}}}$
  $= \sqrt{\dfrac{2 \times 8000}{0.125 \times 100 \times 1.5}}$
  $= 29 \, m/s$

4. 다음 중 비행기 실속(stall)의 종류가 아닌 것은?
  ① 부분 실속(partial stall)
  ② 정상 실속(normal stall)
  ③ 완전 실속(complete stall)
  ④ 연속 실속(continuous stall)

5. 다음 중 버핏(buffet) 현상을 가장 옳게 설명한 것은?
  ① 이륙 시 나타나는 비틀림 현상
  ② 착륙 시 활주로 중앙선을 벗어나려는 현상
  ③ 실속속도로 접근 시 비행기 뒷부분의 떨림 현상
  ④ 비행 중 비행기의 앞부분에서 나타나는 떨림 현상

6. 버피팅(buffeting) 현상에 대한 설명으로 옳은 것은?
  ① 가로방향 불안정 상태이다.
  ② 하중계수의 감소 현상이 원인이다.
  ③ 조종력에 역작용이 발생하는 현상이다.
  ④ 압축성 실속 또는 날개의 이상 진동이다.

7. 주날개 및 기체 일부에서 발생한 와류에 의해 날개에 이상 진동이 발생하는 현상은?
  ① 시미(shimmy)
  ② 더치 롤(dutch roll)
  ③ 턱 언더(tuck under)
  ④ 버피팅(buffeting)

정답 ●━━● **1.** ① **2.** ④ **3.** ① **4.** ④ **5.** ③ **6.** ④ **7.** ④

8. 버핏(buffet)에 대한 설명으로 옳은 것은?

① 동체에 작용하여 전진성능을 향상시킨다.

② 주날개에 작용하여 상승 성능을 좋게 한다.

③ 일정한 강하 속도 및 옆놀이 각속도를 유지하면서 강하하는 현상이다.

④ 흐름의 떨어짐에 대한 후류의 영향으로 날개나 꼬리날개를 진동시켜 발생하는 현상이다.

9. 천음속으로 수평 비행하는 비행기가 비행속도를 무리하게 증가시키면 날개가 이상 진동을 하는 현상이 발생되는데 이것을 무엇이라 하는가?

① 버피팅(buffeting)

② 턱 언더(tuck under)

③ 피치 업(pitch up)

④ 트리밍(trimming)

10. 스핀(spin) 현상에 대한 설명으로 가장 올바른 것은?

① 자동회전과 순항이 조합된 비행

② 자동회전과 상승이 조합된 비행

③ 자동회전과 선회가 조합된 비행

④ 자동회전과 수직강하가 조합된 비행

11. 항공기가 자동회전과 수직강하가 조합된 상태로 운동하는 것은?

① 스핀

② 선회

③ 스톨

④ 키놀이

12. 다음 중 정상비행 중인 비행기가 의도하지 않은 스핀(spin) 상태를 만드는 원인은?

① 등속

② 감속

③ 돌풍

④ 급상승

정답 ● **8.** ④ **9.** ① **10.** ④ **11.** ① **12.** ③

3-4 기동 성능

■ 선회 비행

(1) 정상 선회

수평면 내에서 일정한 선회 반지름을 가지고 원운동을 하는 비행을 말하며, 정상 선회 시 원심력과 구심력이 서로 균형을 이룬다.

① 선회 반지름$(R) = \dfrac{V^2}{g\tan\theta}$ (여기서, θ : 경사각, V : 선회속도)

② 선회시 양력$(L) = \dfrac{W}{\cos\theta}$

③ 원심력$(C.F) = \dfrac{W\,V^2}{gR}$

④ 선회 경사각과 원심력과의 관계 : $C.F = W\tan\theta$

⑤ 선회 반지름$(R) = \dfrac{V^2}{g\tan\theta}$

선회 반지름을 작게 하려면 선회속도(V)를 작게 하거나, 경사각(θ)을 크게 한다.

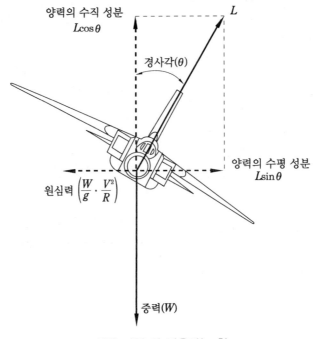

선회 비행 시 작용하는 힘

(2) 선회속도(V_t)

① 직선 비행 시 속도(V)와 선회 비행 시 속도(V_t)의 관계식

$$V_t = \dfrac{V}{\sqrt{\cos\theta}}$$

② 수평 비행 시의 실속속도(V_s)와 선회 비행 시의 실속속도(V_{ts})의 관계식

$$V_{ts} = \dfrac{V_s}{\sqrt{\cos\theta}}$$

선회 시 실속속도는 수평 비행 때의 실속속도보다 커야 한다.

(3) 선회 중의 하중배수(n)

① 하중배수 : 어떤 비행상태에서 양력(L)과 무게(W)의 비

② $n = \dfrac{L}{W} = \dfrac{1}{\cos\theta}$

㉮ 정상 수평 비행 시 하중배수 : 1

㉯ 60° 선회 시 하중배수 : 2

예상문제

1. 비행기가 정상 선회를 할 때 비행기에 작용하는 원심력과 구심력의 관계에 대하여 옳게 설명한 것은?

① 두 힘은 크기가 같고 방향도 같다.
② 두 힘은 크기가 다르고 방향이 같다.
③ 두 힘은 크기가 같고 방향이 반대이다.
④ 두 힘은 크기가 다르고 방향이 반대이다.

해설 정상 선회 : 원심력과 방향이 반대이고, 크기가 같은 구심력이 서로 균형을 이루면서 원운동을 한다.

2. 비행기가 정상 선회를 하기 위해서는 어떻게 하여야 하는가?

① 원심력과 구심력은 크기가 같고 방향도 같아야 한다.
② 원심력과 구심력은 크기가 같고 방향이 반대이어야 한다.
③ 원심력과 구심력은 크기가 다르고 방향이 같아야 한다.
④ 원심력과 구심력은 크기가 다르고 방향이 반대이어야 한다.

3. 정상 선회하는 비행기에 작용하는 힘이 아닌 것은?

① 원심력   ② 양력
③ 구심력   ④ 부력

4. 무게가 2000 kgf인 항공기가 30°로 선회하는 경우 이 항공기에 발생하는 양력은 약 몇 kgf인가?

① 1000   ② 1732
③ 2309   ④ 4000

해설 선회 시 양력$(L) = \dfrac{W}{\cos\theta} = \dfrac{2000}{\cos 30°}$
$= 2309 \text{ kgf}$

5. 무게가 5000 kgf인 비행기가 경사각 30°로 정상 선회를 할 때, 이 비행기의 원심력은 약 몇 kgf인가?

① 1886   ② 2887   ③ 3887   ④ 4887

해설 원심력$(C.F) = W\tan\theta = 5000\tan 30°$
$= 2887 \text{ kgf}$

6. 무게가 9000 kgf인 항공기가 30°의 경사각으로 정상 선회를 할 경우 원심력은 몇 kgf인가? (단, $\sin 30° = 0.5$, $\cos 30° = 0.866$, $\tan 30° = 0.577$이다.)

① 4500   ② 5196
③ 7794   ④ 18000

해설 원심력$(C.F)$
$= W \times \tan\theta = 9000 \times \tan 30°$
$= 9000 \times 0.577 = 5196 \text{ kgf}$

7. 정상 선회하는 항공기의 선회 반지름을 구하는 식은? (단, V : 항공기 속도, ϕ : 선회 경사각이다.)

① $\dfrac{V}{g\tan\phi}$ ② $\dfrac{V^2}{g\tan\phi}$

③ $\dfrac{gV}{\tan\phi}$ ④ $\dfrac{gV^2}{\tan\phi}$

8. 비행기가 선회각 θ로 정상 수평 선회 비행할 때 하중배수는 얼마인가?

① $\cos\theta$ ② $\dfrac{1}{\cos\theta}$

③ $\sin\theta$ ④ $\dfrac{1}{\sin\theta}$

해설 선회 시 하중배수$(n) = \dfrac{1}{\cos\theta}$

9. 비행기가 가속도 없이 등속 수평 비행할 경우 하중배수는 얼마인가?

① 0 ② 0.5 ③ 1.0 ④ 1.5

해설 등속 수평 비행이란 $W=L$인 상태이므로, 하중배수$=\dfrac{L}{W}=1$이다.

10. 정상 수평 선회하는 비행기의 경사각이 45°일 때 하중배수는 얼마인가?

① 1 ② $\sqrt{2}$
③ $\sqrt{3}$ ④ 2

해설 선회 시 하중배수(n)

$$=\frac{1}{\cos\theta}=\frac{1}{\cos 45°}=\frac{1}{\dfrac{1}{\sqrt{2}}}=\sqrt{2}$$

11. 항공기가 선회각 60°로 정상 수평 선회 비행 시 하중배수는? (단, cos60°는 0.50이다.)

① 1 ② 1.5 ③ 2 ④ 2.5

해설 선회 시 하중배수$(n)=\dfrac{1}{\cos\theta}=\dfrac{1}{\cos 60°}$
$$=\frac{1}{0.5}=2$$

정답 ● **10.** ② **11.** ③

2 비행 하중

(1) 비행 중의 가속도

비행 중인 비행기에는 공기력, 중력, 추력, 관성력 등의 힘들이 작용한다.

(2) 하중배수(n) : 비행기 무게(W)와 날개에 작용하는 힘과의 관계

$$하중배수(n) = \frac{날개에\ 작용하는\ 힘}{비행기\ 무게}$$

비행기가 가속도 운동을 할 때 하중배수

$$n = 1 + \frac{관성력}{비행기\ 무게} = 1 + \frac{가속도}{g}$$

(3) 안전계수

① 제한하중(limit load) : 비행 중 생길 수 있는 최대의 하중으로 이 제한하중 이내에서만 운동을 해야 한다.

제한 하중배수

감항류별	제한 하중배수(n)	제한 운동
A류	5	곡예비행에 적합
U류	4.4	실용적으로 제한된 곡예비행만 가능
N류	2.25~3.8	곡예비행 불가능
T류	2.5	수송기로서의 운동 가능, 곡예비행 불가능

② 극한하중(ultimate load) : 비행기에 예기치 않은 과도한 하중이 작용하더라도 최소한 3초 간은 안전하게 견딜 수 있는 하중

극한하중 = 제한하중×안전계수(1.5)

(4) $V-n$ 선도

속도와 하중배수를 두 직교축으로 하여 그 좌표 위에 그려진 하중계수 선도는 구조 역학적으로 안전한 비행 범위를 정해준다.

예상문제

1. 다음 중 비행기의 하중배수를 식으로 옳게 나타낸 것은?

① $\dfrac{\text{비행기 무게}}{\text{비행기에 작용하는 힘}}$

② $\dfrac{\text{비행기에 작용하는 항력}}{\text{비행기 무게}}$

③ $\dfrac{\text{비행기 무게}}{\text{비행기에 작용하는 항력}}$

④ $\dfrac{\text{비행기에 작용하는 힘}}{\text{비행기 무게}}$

2. 항공기 중량이 5000 kg일 때 2G의 하중계수(load factor)가 가해지면 항공기에 미치는 전체 하중은 몇 kg인가?

① 2500 ② 5000 ③ 7500 ④ 10000

[해설] 하중배수 $=\dfrac{\text{비행기에 작용하는 힘}}{\text{비행기 무게}}$ 에서

비행기에 작용하는 하중 $=$ 하중배수 $\times$ 비행기 무게 $=2\times5000=10000$ kg

3. 수평비행을 하던 비행기가 연직 상방향으로 관성력을 받을 때 비행기의 하중배수를 옳게 나타낸 식은?

① $\dfrac{\text{비행기 무게}}{\text{관성력}}$

② $1+\dfrac{\text{관성력}}{\text{비행기 무게}}$

③ $1+\dfrac{\text{비행기 무게}}{\text{관성력}}$

④ $\dfrac{\text{비행기 무게}}{\text{비행기 무게}-\text{관성력}}$

4. 비행기가 가속도 운동을 할 때 하중배수(load factor)를 구하는 식은?

① $1+\dfrac{\text{가속도}}{g}$ ② $1-\dfrac{\text{가속도}}{g}$

③ $1+\dfrac{g}{\text{가속도}}$ ④ $1-\dfrac{g}{\text{가속도}}$

5. 하중배수에 대한 표현식이 아닌 것은?

① $\dfrac{\text{비행기 무게}+\text{관성력}}{\text{비행기 무게}}$

② $1+\dfrac{\text{가속도}}{\text{중력가속도}}$

③ $\dfrac{\text{비행기 무게}}{\text{중력가속도}}\times\text{가속도}$

④ $1+\dfrac{\text{관성력}}{\text{비행기 무게}}$

6. 실용적으로 제한된 곡예비행에만 적합한 항공기의 감항류로 옳은 것은?

① T류   ② A류   ③ N류   ④ U류

7. $V-n$ 선도에 대한 설명으로 가장 올바른 것은?

① 항공기 속도에 대한 양력과 항력의 관계를 표시한다.

② 받음각의 변화에 따른 양력의 증가 또는 감소를 나타낸다.

③ 비행속도와 하중배수와의 관계로서 항공기의 안전비행 한계를 표시한다.

④ 표준 대기상태에서 고도에 따른 압력, 밀도, 온도 등의 변화를 보여 준다.

정답 ➤ **1.** ④ **2.** ④ **3.** ② **4.** ① **5.** ③ **6.** ④ **7.** ③

CHAPTER 04 비행기 안정과 조종

4-1 조종면 이론

(1) 조종면의 효율

① 조종면의 효율변수 : 플랩의 변위에 따른 양력계수의 변화량을 나타내는 값
② 주 조종면(1차 조종면) : 승강키(elevator), 방향키(rudder), 도움날개(aileron)
③ 부 조종면(2차 조종면) : 플랩(flap), 탭(tab), 스포일러(spoiler)

(2) 힌지 모멘트(hinge moment)와 조종력

① 조종면에 발생하는 힌지 모멘트(H)

$$H = \frac{1}{2} C_h \rho\, V^2 b\, \bar{c}^{\,2} = C_h\, qb\, \bar{c}^{\,2} \quad \text{또는} \quad C_h = \frac{H}{qb\, \bar{c}^{\,2}}$$

여기서, H : 힌지 모멘트, C_h : 힌지 모멘트계수,
b : 조종면 폭, $\bar{c}$: 조종면의 평균시위

② 조종력(F_e)과 승강키 힌지 모멘트(H_e) 관계식

$$F_e = KH_e = Kqb\bar{c}^{\,2} C_h$$

여기서, K : 조종계통의 기계적 장치에 의한 이득

힌지 모멘트는 비행속도의 제곱에 비례한다. 즉, 속도가 2배가 되면 조종력은 4배가 필요하고, 조종면의 폭과 시위를 2배로 하면 조종력은 8배가 필요하다.

(3) 공력 평형장치

조종사의 조종력을 감소시키기 위한 장치를 말한다.

① 앞전 밸런스(leading edge balance) : 조종면의 힌지 중심에서 조종면의 앞전을 길게 하여 조종력을 감소시키는 장치
② 혼 밸런스(horn balance) : 밸런스 역할을 하는 조종면을 플랩의 일부분에 집중시킨 밸런스
③ 내부 밸런스(internal balance) : 플랩의 앞전이 밀폐되어 있어서 아래 윗면의 압력차에 의해 앞전 밸런스와 같은 역할을 하도록 설계한 장치
④ 프리즈 밸런스(frise balance) : 도움날개에 발생되는 힌지 모멘트가 서로 상쇄되도록 하여 조종력을 감소시키는 장치

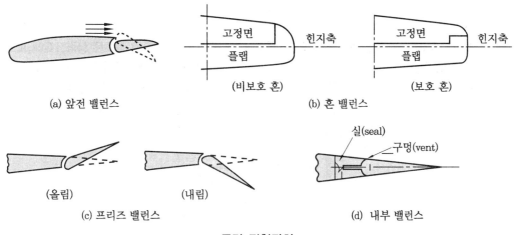

(a) 앞전 밸런스   (b) 혼 밸런스

(c) 프리즈 밸런스   (d) 내부 밸런스

공력 평형장치

(4) 탭(tab)

조종면의 뒷전 부분에 부착시키는 작은 플랩의 일종으로 조종면 뒷전 부분의 압력 분포를 변화시켜 힌지 모멘트에 큰 변화를 생기게 한다.

① 트림 탭(trim tab) : 조종면의 힌지 모멘트를 감소시켜 조종사의 조종력을 0으로 조정해 주는 역할을 한다.

② 평형 탭(balance tab) : 조종면이 움직이는 방향과 반대방향으로 움직이도록 기계적으로 연결되어 있다.

③ 서보 탭(servo tab : 조종 탭) : 조종석의 조종장치와 직접 연결되어 탭만 작동시켜 조종면을 움직이도록 설계되어 있다.

④ 스프링 탭(spring tab) : 혼과 조종면 사이에 스프링을 설치하여 탭 작용을 배가시키도록 한 장치

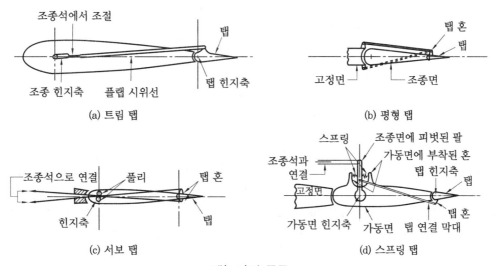

(a) 트림 탭   (b) 평형 탭

(c) 서보 탭   (d) 스프링 탭

탭(tab)의 종류

예상문제

1. 다음 중 항공기의 주날개에 부착되는 주 (1차) 조종면은?

① 탭
② 방향키
③ 도움날개
④ 승강키

해설 비행기의 주날개에는 도움날개, 수평 꼬리날개에는 승강키, 수직 꼬리날개에는 방향키가 부착되어 있는데, 이 세 가지를 비행기의 조종에 필요한 주 조종면(1차 조종면)이라 한다.

2. 다음 중 비행기의 주 조종면(primary control surface)에 속하는 것은?

① 도움날개 (aileron)
② 스포일러 (spoiler)
③ 슬랫 (slat)
④ 플랩 (flap)

3. 다음 중 주 조종면의 종류가 아닌 것은?

① 플랩
② 승강키
③ 도움날개
④ 방향키

4. 다음 중 항공기의 부 조종면은?

① 플랩(flap)
② 승강키(elevator)
③ 방향키(rudder)
④ 도움날개(aileron)

5. 플랩의 변위에 따른 양력계수의 변화량을 나타내는 값은?

① 상승계수
② 날개 효율계수
③ 항력계수
④ 조종면 효율계수

6. 조종력은 조종사에 의해 조종간이나 페달이 작동되어 조종계통을 통하여 힌지 축에 전달 된다. 이때 조종간에서 발생되는 힌지 모멘트(H)를 구하는 식으로 옳은 것은? (단, C_h : 힌지 모멘트 계수, b : 조종면의 폭, q : 동압, $\overline{C}$: 조종면의 평균 시위이다.)

① $\dfrac{\overline{C}^2}{C_h\,qb}$
② $\dfrac{\overline{C}^2 q}{b\,C_h}$
③ $\dfrac{qb\,\overline{C}}{C_h}$
④ $C_h qb\,\overline{C}^2$

해설 힌지 모멘트(H)
$$= \frac{1}{2}\,C_h\,\rho\,V^2\,b\,\,\overline{C}^2 = C_h qb\,\overline{C}^2$$

7. 조종간과 승강기가 기계적으로 연결되어 있을 때 조종력(F_e)과 승강키의 힌지 모멘트(hinge moment)와의 관계식으로 옳은 것은? (단, F_e : 조종력, H_e : 승강기의 힌지 모멘트, K : 조종계통의 기계적 장치에 의한 이득이다.)

① $F_e = K \times H_e$
② $F_e = K \div H_e$
③ $F_e = K^2 \times H_e$
④ $F_e = H_e \div K$

8. 조종면을 조작하기 위한 조종력과 가장 관계가 먼 것은?

① 조종면의 폭
② 조종면의 평균시위
③ 비행기의 속도
④ 조종면의 광도(光度)

해설 조종력(F_e) $= KH_e = Kqb\,\overline{c}^2\,C_h$

9. 다음 중 조종면에 사용하는 앞전 밸런스 (leading edge balance)에 대한 설명으로 옳은 것은?

① 조종면의 앞전을 짧게 하는 것이며, 비행기 전체의 정안정을 얻는 데 주목적이 있다.

정답 ▸ **1.** ③ **2.** ① **3.** ① **4.** ① **5.** ④ **6.** ④ **7.** ① **8.** ④ **9.** ④

② 조종면의 앞전을 길게 하는 것이며, 비행기 전체의 동안정을 얻는 데 주목적이 있다.

③ 조종면의 앞전을 짧게 하는 것이며, 항공기 속도를 증가시키는 데 주목적이 있다.

④ 조종면의 앞전을 길게 하는 것이며, 조종력을 경감시키는 데 주목적이 있다.

10. 프리즈 밸런스(frise balance)가 주로 사용되는 조종면은?

① 방향타

② 플랩

③ 승강타

④ 도움날개

11. 조종면의 뒷전 부분에 부착시키는 작은 플랩의 일종으로 큰 받음각에서 캠버를 증가시켜 수평 꼬리날개의 효율을 증가시키는 역할을 하는 장치는?

① 혼 밸런스

② 탭(tab)

③ 앞전 밸런스

④ 도살 핀(dorsal fin)

12. 항공기 날개의 탭(tab)에 대한 설명으로 틀린 것은?

① 조종력을 변화시키기 위해 사용되기도 한다.

② 조종면의 뒷전 부분에 압력 분포를 변화시킨다.

③ 빠른 속도에서 미세한 조종을 위해 사용되기도 한다.

④ 조종면의 앞전 부분에 부착하는 작은 플랩의 일종이다.

해설 탭은 조종면의 뒷전 부분에 부착하는 작은 플랩의 일종이다.

13. 다음 중 평형 탭(balance tab)에 대한 설

명으로 옳은 것은?

① 자동 비행을 가능하게 한다.

② 조종석의 조종장치와 직접 연결되어 탭만 작동시켜 조종면을 움직인다.

③ 조종사가 조종석에서 임의로 탭의 위치를 조절할 수 있도록 되어 있다.

④ 1차 조종면과 반대 또는 같은 방향으로 움직이도록 기계적으로 연결되어 조타력을 가볍게 한다.

14. 트림 탭(trim tab)에 대한 설명으로 가장 올바른 것은?

① 조종석의 조종장치와 직접 연결되어 탭만 작동시켜 조종면이 움직이도록 설계된 것으로서 주로 대형 비행기에 사용된다.

② 조종면이 움직이는 방향과 반대방향으로 움직이도록 기계적으로 연결되어 있으며, 탭이 위쪽으로 올라가면 탭에 작용하는 공기력 때문에 조종면이 반대방향으로 움직여서 내려오게 된다.

③ 스프링을 설치하여 탭의 작용을 배가시키도록 한 장치이다.

④ 조종면의 힌지 모멘트를 감소시켜서 조종사의 조종력을 0으로 조정해 주는 역할을 하며, 조종석에서 그 위치를 조절할 수 있도록 되어 있다.

15. 다음 중 밸런스 탭(balance tab)에 대한 설명으로 옳은 것은?

① 자동 비행을 가능하게 한다.

② 조종석의 조종장치와 직접 연결되어 탭만 작동시켜 조종면을 움직인다.

③ 조종사가 조종석에서 임의로 탭의 위치를 조절할 수 있도록 되어 있다.

④ 1차 조종면과 반대 또는 같은 방향으로 움직이도록 기계적으로 연결되어 조타력을 가볍게 한다.

정답 ● **10.** ④　**11.** ②　**12.** ④　**13.** ④　**14.** ④　**15.** ④

4-2 안정과 조종

1 정적 안정과 동적 안정

모든 비행기는 정적 안정성이 있어야 하며, 정적 안정이 있다고 해서 동적 안정이 있다고 할 수 없지만, 동적 안정이 있는 경우에는 정적 안정이 있다.

(1) 정적 안정

① 정적 안정(static stability : 양(+)의 정적 안정) : 평형상태에 놓여 있는 어떤 물체가 외부로부터 교란을 받아 평형상태에서 벗어난 후 다시 원래의 상태로 돌아오려는 초기의 경향

② 정적 중립(static neutral) : 평형상태에서 벗어난 물체가 원래의 평형상태로 되돌아오지 않고, 평형상태에서 벗어난 방향으로 이동하지 않는 경우

③ 정적 불안정(static unstability : 음(-)의 정적 안정) : 평형상태에서 벗어난 물체가 처음 평형상태에서 더 멀어지는 경향

(2) 동적 안정

① 동적 안정(dynamic stability : 양(+)의 동적 안정) : 물체가 교란을 받은 후 시간이 지남에 따라 운동의 진폭이 감소하여 원래 평형상태로 되돌아오려는 성질

② 동적 중립(neutral dynamic stability) : 물체가 교란을 받은 후 시간이 지남에 따라 운동의 변화가 없는 상태

③ 동적 불안정(dynamic unstability : 음(-)의 동적 안정) : 어떤 물체가 평형상태에서 이탈된 후 시간이 지남에 따라 운동의 진폭이 증가하려는 성질

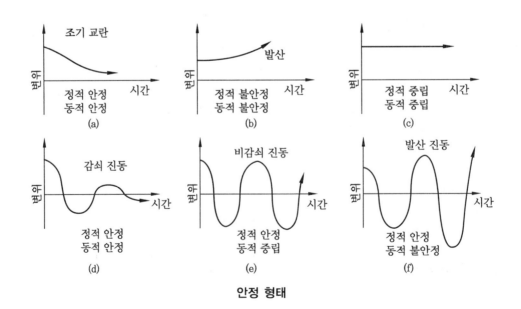

안정 형태

(3) 평형과 조종

① 평형 : 비행기에 작용하는 모든 힘의 합이 0이며, 키놀이, 옆놀이, 빗놀이 모멘트의 합이 0인 경우를 평형이 되었다고 한다.

② 조종 : 조종사가 조종간으로 조종면을 움직여 비행기를 원하는 방향으로 운동시키는 것

③ 안정과 조종 : 서로 상반되는 성질을 가지고 있어서 조종성과 안정성을 동시에 만족시킬 수는 없다.

(4) 비행기의 기준축

① 축

　㈎ 세로축(X축) : 비행기의 앞과 뒤를 연결한 축

　㈏ 가로축(Y축) : 날개길이 방향으로 연결한 축

　㈐ 수직축(Z축) : 세로축과 가로축에 수직하게 연결한 축

② 운동

　㈎ X축 주위의 운동 : 옆놀이 모멘트(rolling moment)

　㈏ Y축 주위의 운동 : 키놀이(pitching moment)

　㈐ Z축 주위의 운동 : 빗놀이(yawing moment)

③ 안정

　㈎ 옆놀이 모멘트에 대한 안정 : 가로 안정

　㈏ 키놀이 모멘트에 대한 안정 : 세로 안정

　㈐ 빗놀이 모멘트에 대한 안정 : 방향 안정

④ 조종면

　㈎ 옆놀이를 일으키는 조종면 : 보조날개(aileron)

　㈏ 키놀이를 일으키는 조종면 : 승강키(elevator)

　㈐ 빗놀이를 일으키는 조종면 : 방향타 (rudder)

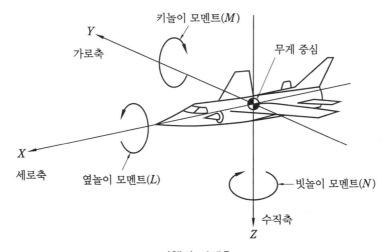

비행기 기체축

예상문제

1. 어떤 물체가 평형상태로부터 벗어난 뒤에 다시 평형상태로 되돌아가려는 경향을 의미하는 것은?

① 가로 안정　　② 세로 안정
③ 정적 안정　　④ 동적 안정

2. 비행기가 평형상태에서 벗어난 뒤에 다시 평형상태로 돌아가려는 초기의 경향을 가장 옳게 설명한 것은?

① 정적 안정성이 있다. (양(+)의 정적 안정)
② 동적 안정성이 있다. (양(+)의 동적 안정)
③ 정적으로 불안정하다. (음(-)의 정적 안정)
④ 동적으로 불안정하다.(음(-)의 동적 안정)

3. 비행기가 정적 중립(static neutral)인 상태일 때 가장 올바르게 설명한 것은?

① 받음각이 변화된 후 원래의 평형상태로 돌아간다.
② 조종에 대해 과도하게 민감하며, 교란을 받게 되면 평형상태로 되돌아오지 않는다.
③ 비행기의 자세와 속도를 변화시켜 평형을 유지시킨다.
④ 반대 방향으로의 조종력이 작용되면 원래의 평형상태로 되돌아간다.

4. 다음 중 양(+)의 동적 안정성(positive dynamic stability)을 옳게 설명한 것은?

① 수평 선회 시 가속도를 일정하게 유지하려는 경향
② 선회 비행 시 가속 방향의 수직 방향으로 미끄러지려 하는 경향
③ 평형상태에서 벗어난 뒤에 다시 평형상태로 되돌아가려는 초기의 경향
④ 비행기가 평형상태에서 이탈된 후, 그 변화의 진폭이 시간의 경과에 따라 감소되는 경향

5. 다음 중 동적 안정상태를 나타낸 그래프는? (단, x축은 시간, y축은 변위이다.)

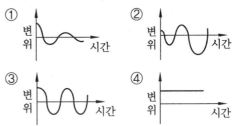

6. 정적 안정과 동적 안정에 대한 설명으로 옳은 것은?

① 동적 안정이 양(+)이면 정적 안정은 반드시 양(+)이다.
② 정적 안정이 음(-)이면 동적 안정은 반드시 양(+)이다.
③ 정적 안정이 양(+)이면 동적 안정은 반드시 양(+)이다.
④ 동적 안정이 음(-)이면 정적 안정은 반드시 음(-)이다.

7. 다음 중 항공기의 평형상태에 대한 설명으로 가장 옳은 것은?

① 모든 힘의 합이 0인 상태
② 모든 모멘트의 합이 0인 상태
③ 모든 힘의 합이 0이고, 모멘트의 합은 1인 상태
④ 모든 힘의 합은 0이고, 모멘트의 합도 0인 상태

8. 비행기가 평형상태를 유지하기 위한 조건으로 옳은 것은?

① 양력이 비행기 무게보다 커야 한다.
② 반드시 지상에 정지하고 있는 상태이어야

정답 ● **1.** ③　**2.** ①　**3.** ②　**4.** ④　**5.** ①　**6.** ①　**7.** ④　**8.** ④

한다.

③ 비행기 진행 방향으로 작용하는 가속도가 일정한 상태이어야 한다.

④ 비행기에 작용하는 모든 힘의 합과 모멘트의 합이 각각 0(zero)이어야 한다.

9. 조종면을 움직여 비행기를 원하는 방향으로 운동시키는 것을 무엇이라 하는가?
① 조종
② 안정
③ 평형
④ 운항

10. 비행기의 안정성 및 조종성의 관계에 대한 설명으로 틀린 것은?
① 안정성이 클수록 조종성은 증가된다.
② 안정성과 조종성은 서로 상반되는 성질을 나타낸다.
③ 안정성과 조종성 사이에는 적절한 조화를 유지하는 것이 필요하다.
④ 안정성이 작아지면 조종성은 증가되나, 평형을 유지시키기 위해 조종사에게 계속적인 주의를 요한다.

11. 비행기의 조종성과 안정성에 대한 설명으로 옳은 것은?
① 조종성과 안정성은 상호 보완 관계이다.
② 조종성과 안정성은 서로 상반 관계이다.
③ 비행기 설계 시 조종성을 위해서는 안정성은 무시해도 좋다.
④ 비행기 설계 시 안정성을 위해서는 조종성은 무시해도 좋다.

12. 비행기의 안정성이 좋다는 의미를 가장 옳게 설명한 것은?
① 전투기와 같이 기동성이 좋다는 것을 말한다.
② 돌풍과 같은 외부의 영향에 대해 곧바로 반응하는 것을 말한다.

③ 비행기가 일정한 비행 상태를 유지하는 것을 말한다.

④ 조종사의 조작에 따라 비행기가 쉽게 움직이는 것을 말한다.

13. 항공기 기체의 기준축을 중심으로 발생하는 모멘트의 종류가 아닌 것은?
① 옆놀이 모멘트
② 빗놀이 모멘트
③ 축놀이 모멘트
④ 키놀이 모멘트

14. 세로축은 비행기의 전후축이라 하며 또한 X축이라고도 하는데, 이 축에 관한 모멘트는 무엇인가?
① 동적 모멘트(dynamic moment)
② 빗놀이 모멘트(yawing moment)
③ 옆놀이 모멘트(rolling moment)
④ 키놀이 모멘트(pitching moment)

15. 옆놀이 모멘트(rolling moment)의 의미는 무엇인가?
① 비행기의 전후축(세로축 : longitudinal axis)을 중심으로 날개를 내리거나 올리는 데 관련된 모멘트이다.
② 비행기의 수직축(vertical axis)을 중심으로 비행기의 진행 방향을 변경하는 데 관련된 모멘트이다.
③ 비행기의 좌우측(가로축 : lateral axis)을 중심으로 기수를 내리거나 올리는 데 관련된 모멘트이다.
④ 동체의 비틀림 모멘트(twisting moment)를 말한다.

16. 가로축은 비행기 주날개 방향의 축을 가리키며 Y축이라 하는데, 이 축에 관한 모멘트를 무엇이라 하는가?
① 선회 모멘트
② 키놀이 모멘트
③ 빗놀이 모멘트
④ 옆놀이 모멘트

정답 ● **9.** ① **10.** ① **11.** ② **12.** ③ **13.** ③ **14.** ③ **15.** ① **16.** ②

17. 비행기의 기준축과 각 축에 대한 회전 각 운동이 옳게 연결된 것은?

① 세로축 – X축 – 키놀이(pitching moment)
② 세로축 – Z축 – 빗놀이(yawing moment)
③ 수직축 – Y축 – 키놀이(pitching moment)
④ 수직축 – Z축 – 빗놀이(yawing moment)

> **해설** 비행기의 기준축
> • 세로축 – X축 – 옆놀이(rolling) 모멘트 – 도움날개(aileron)
> • 가로축 – Y축 – 키놀이(pitching) 모멘트 – 승강키(elevator)
> • 수직축 – Z축 – 빗놀이(yawing) 모멘트 – 방향키(rudder)

18. 비행기의 3축 운동과 관계된 조종면을 옳게 연결한 것은?

① 키놀이(pitch) – 승강키(elevator)
② 옆놀이(roll) – 방향키(rudder)
③ 빗놀이(yaw) – 승강키(elevator)
④ 옆놀이(roll) – 승강키(elevator)

19. 다음 중 항공기가 세로축에 대하여 좌우로 회전하는 동작과 이를 움직이게 하는 장치의 명칭이 옳게 짝지어진 것은?

① 롤(roll) – 도움날개
② 요(yaw) – 도움날개
③ 피치(pitch) – 승강키
④ 스웨이(sway) – 승강키

20. 항공기 조종성 요소와 주된 조종장치의 연결이 틀린 것은?

① 롤링 조종성 : 에일러론(aileron)
② 방향 조종성 : 러더(rudder)
③ 세로 안정성 : 엘리베이터(elevator)
④ 피칭 조종성 : 스로틀(throttle)

21. 비행기의 세로 조종에 주로 사용되는 것은?

① 플랩(flap)

② 도움날개(aileron)
③ 승강키(elevator)
④ 방향키(rudder)

> **해설** • 방향 조종 : 방향키
> • 세로 조종 : 승강키
> • 가로 조종 : 도움날개

22. 비행기의 수직축(vertical axis)을 중심으로 방향을 좌 또는 우로 변경하는 데 관련된 가장 중요한 것은?

① 옆놀이 모멘트(rolling moment)
② 키놀이 모멘트(pitching moment)
③ 빗놀이 모멘트(yawing moment)
④ 비틀림 모멘트(twisting moment)

23. 수직축을 중심으로 빗놀이(yawing) 모멘트를 발생시키기 위해 필요한 조종면은?

① 방향키(rudder)   ② 승강키(elevator)
③ 도움날개(aileron)   ④ 스포일러(spoiler)

24. 다음 중 방향키(rudder)에 대한 설명으로 옳은 것은?

① 좌우 방향 전환의 조종 목적뿐만 아니라 옆바람이나 도움날개의 조종에 따른 빗놀이 모멘트를 상쇄하기 위해서 사용된다.
② 이륙이나 착륙 시 비행기의 양력을 증가시켜 주는 데 목적이 있다.
③ 비행기의 세로축(longitudinal axis)을 중심으로 한 옆놀이 운동(rolling)을 조종하는 데 주로 사용되는 조종면이다.
④ 비행기의 가로축(lateral axis)을 중심으로 한 키놀이 운동(pitching)을 조종하는데 주로 사용되는 조종면이다.

> **해설** 방향키(rudder)는 수직축을 중심으로 한 비행기의 운동을 조종하는 데 사용되며, 좌우 방향 전환의 조종, 옆바람이나 도움날개의 조종에 따른 빗놀이 모멘트를 상쇄하기 위해 사용된다.

25. 좌우 방향 전환의 조종뿐만 아니라, 도움날개의 조종에 따른 빗놀이 모멘트를 상쇄하기 위해 사용되는 장치는?

① 플랩 (flap)
② 승강키 (elevator)
③ 방향키 (rudder)
④ 도움날개 (aileron)

26. 가로축(Y축)을 중심으로 키놀이(pitching) 모멘트를 발생시키기 위해 필요한 조종면은?

① 방향키 (rudder)　② 승강키 (elevator)
③ 도움날개 (aileron)　④ 스포일러 (spoiler)

27. 다음 중 도움날개(aileron)에 대한 설명으로 옳은 것은?

① 정속 비행 시 추진력을 증가시켜 주며 비상사태 시 비상추진날개로 사용된다.
② 비행기의 가로축(lateral axis)을 중심으로 한 운동(pitching)을 조종하는 데 주로 사용되는 조종면이다.
③ 비행기의 세로축(longitudinal axis)을 중심으로 한 운동(rolling)을 조종하는 데 주로 사용되는 조종면이다.
④ 수직축(vertical axis)을 중심으로 한 비행기의 운동(yawing), 즉 좌우 방향 전환에 사용하는 것이다.

정답 ● 25. ③　**26.** ②　**27.** ③

2 세로 안정과 조종

(1) 정적 세로 안정 (static longitudinal stability)

비행기가 돌풍 등의 외부적인 영향을 받거나 인위적인 조종에 의해 승강키가 변위되면 받음각이 변위되고 비행기는 즉시 세로 방향의 운동을 시작하는데, 이때 원래의 상태로 되돌아가려는 성질로 비행기의 받음각과 키놀이 모멘트의 관계에 의존한다.

$$M = C_M q S \bar{c} \text{ 또는 } C_M = \frac{M}{qS\bar{c}}$$

여기서, M : 무게 중심에 관한 키놀이 모멘트, C_M : 중심 주위의 피칭 모멘트계수

q : 동압, S : 날개 면적, $\bar{c}$: 공력 평균 시위

① 날개와 꼬리날개에 의한 무게 중심 주위의 모멘트 $(M_{c.g})$

$$M_{c.g} = M_{c.g \text{ wing}} + M_{c.g \text{ tail}} \text{ 또는 } C_{Mc.g} = C_{Ma.c} + C_L \frac{a}{c} - C_D \frac{b}{c}$$

여기서, $M_{c.g \text{ wing}}$: 주날개 피칭 모멘트, $M_{c.g \text{ tail}}$: 수평 꼬리날개 피칭 모멘트

$C_{Mc.g}$: 비행기 전체의 무게 중심 모멘트 계수

a : 무게 중심에서 양력까지의 거리, b : 무게 중심에서 항력까지의 거리

② 세로 안정성을 좋게 하는 방법

㈎ 무게 중심이 공기역학적 중심보다 앞에 위치할수록 좋다.

㈏ 무게 중심이 공기역학적 중심과의 수직거리 값이 (+)값이 될수록 안정성이 좋다.

㈐ 꼬리날개 부피가 클수록 안정성이 좋다.

㈑ 꼬리날개 효율이 클수록 안정성이 좋다.

(2) 동적 세로 안정

외부 교란에 의해 키놀이 모멘트가 영향을 받는 경우 시간에 따른 진폭의 변위가 감소하는 운동이다. 자유 비행을 하는 비행기는 옆놀이, 키놀이, 빗놀이에 의해 회전하는 3개의 자유도와 수평, 수직, 가로 방향으로 운동하는 3개의 자유도를 합해 6개의 자유도를 가진다.

① 장주기 운동 : 진동 주기가 대개 20초에서 100초 사이로 키놀이 자세, 비행속도, 비행고도에 상당한 변화가 있지만 받음각이 거의 일정하여 변화를 무시할 수 있다. 진동이 아주 미약하여 조종사도 완전히 알아차릴 수 없는 경우가 대부분이다.

② 단주기 운동 : 진동 주기는 0.5초에서 5초 사이로 속도 변화에 거의 무관하다. 단주기 운동 발생 시 가장 좋은 방법은 인위적인 조종이 아닌 조종간을 자유로 하여 필요한 감쇠를 하도록 하는 것이다.

③ 승강키 자유 운동 : 승강키를 자유롭게 하였을 때 발생하는 아주 짧은 주기의 진동으로 진동 주기가 0.3초에서 1.5초 사이이다.

예상문제

1. 다음 중 비행기가 정적 세로 안정(static longitudinal stability)을 갖는 경우는 어느 것인가?

① 받음각의 변화에 의해 발생한 키놀이 모멘트가 비행기를 원래의 평형된 받음각 상태로 돌려보낼 때

② 도움날개의 변화에 의해 발생한 키놀이 모멘트가 비행기를 원래의 평형된 받음각보다 커지는 상태가 될 때

③ 받음각의 변화에 의해 발생한 옆놀이 모멘트가 비행기를 원래의 평형된 받음각보다 커지는 상태가 될 때

④ 받음각의 변화에 의해 발생한 옆놀이 모멘트가 비행기를 원래의 평형된 받음각 상태가 될 때

2. 다음 중 비행기가 정적 세로 안정(static longitudinal stability)을 갖는 경우는 어느 것인가?

① 받음각의 변화에 의해 발생된 키놀이 모멘트가 비행기를 원래의 평형된 받음각 상태로 돌려보낼 때

② 도움날개의 변화에 의해 발생된 키놀이 모멘트가 비행기를 원래의 평형된 받음각보다 커지는 상태로 만들 때

③ 받음각의 변화에 의해 발생된 빗놀이 모멘트가 비행기를 원래의 평형된 받음각 상태로 돌려보낼 때

④ 받음각의 변화에 의해 발생된 옆놀이 모멘트가 비행기를 원래의 평형된 받음각보다 커지는 상태가 될 때

3. 큰 날개와 꼬리날개에 의한 무게 중심 주위의 키놀이 모멘트($M_{c.g}$) 관계식으로 가장 올바른 것은? (단, $M_{c.g\,\text{wing}}$은 큰 날개만에 의한 키놀이 모멘트, $M_{c.g\,\text{tail}}$은 수평 꼬리날개에 의한 키놀이 모멘트이다.)

① $M_{c.g} = M_{c.g\,\text{wing}} - M_{c.g\,\text{tail}}$

② $M_{c.g} = M_{c.g\,\text{wing}} + M_{c.g\,\text{tail}}$

③ $M_{c.g} = M_{c.g\,\text{wing}} \times M_{c.g\,\text{tail}}$

④ $M_{c.g} = M_{c.g\,\text{wing}} \div M_{c.g\,\text{tail}}$

정답 ➡ **1.** ① **2.** ① **3.** ②

4. 다음 중 비행기의 세로 안정을 좋게 하기 위한 방법으로 가장 관계가 먼 내용은?
① 꼬리날개 효율이 커지도록 한다.
② 날개가 무게 중심보다 높은 위치에 있도록 한다.
③ 무게 중심이 날개의 공기역학적 중심보다 뒤에 위치하도록 한다.
④ 무게 중심과 공기역학적 중심과의 수직거리 값이 (+)의 값이 되도록 한다.

5. 다음 중 비행기의 정적 세로 안정을 좋게 하기 위한 설명으로 틀린 것은?
① 꼬리날개 효율이 클수록 좋아진다.
② 꼬리날개 면적을 작게 할 때 좋아진다.
③ 날개가 무게 중심보다 높은 위치에 있을 때 좋아진다.
④ 무게 중심이 날개의 공기역학적 중심보다 앞에 위치할수록 좋아진다.

6. 비행기의 세로 안정성을 향상시키기 위한 방법으로 틀린 것은?
① 꼬리날개 효율이 클수록 안정성에 좋다.
② 꼬리날개 면적을 크게 할수록 안정성에 좋다.
③ 날개가 항공기 무게 중심보다 높은 위치에 있을 때가 안정성이 좋다.
④ 항공기 무게 중심이 날개의 공기역학적 중심보다 뒤에 위치하는 것이 안정성에 좋다.

[해설] 비행기의 세로 안정성 : 무게 중심이 날개의 공기역학적 중심보다 앞에 위치할수록 안정성이 좋아진다.

7. 항공기의 트림 상태(trim condition)란 무게 중심에 관한 피칭 모멘트가 어떤 상태를 의미하는가?
① 감소하는 상태   ② "zero(0)"인 상태
③ 증가하는 상태   ④ "1"인 상태

8. 날개의 공기역학적 중심이 비행기 무게 중심 앞의 $0.2\bar{c}$ 에 있으며, 공기역학적 중심 주위의 키놀이 모멘트계수가 -0.015이다. 만일 양력계수가 0.3이라면 무게 중심 주위의 모멘트계수($C_{Mc.g\,wing}$)는 약 얼마인가?(단, 공기역학적 중심과 무게 중심은 같은 수평선상에 놓여 있다.)
① 0.015   ② -0.015
③ 0.045   ④ -0.045

[해설] $C_{Mac}=-0.015,\ a=0.2\bar{c},\ b=0,$
$C_L=0.3$이므로
$$C_{Mc.g\,wing}=C_{Mac}+C_L\frac{a}{c}-C_D\frac{b}{c}$$
$$=-0.015+0.3(0.2)=0.045$$

9. 날개의 공기역학적 중심이 비행기의 무게 중심 앞 $0.05\bar{c}$ 에 있고, 공기역학적 중심 주위의 키놀이 모멘트계수는 -0.016 이다. 양력계수 C_L이 0.45인 경우 무게 중심 주위의 모멘트계수($C_{Mc.g\,wing}$)는 얼마인가?(단, 공기역학적 중심과 무게 중심은 같은 수평선상에 놓여 있다.)
① 0.45   ② 0.05
③ 0.0065   ④ -0.016

[해설] $C_{Mac}=-0.016,$
$a=0.05\bar{c},\ b=0,\ C_L=0.45$이므로
$$C_{Mc.g\,wing}=C_{Mac}+C_L\frac{a}{c}-C_D\frac{b}{c}$$
$$=-0.016+0.45(0.05)=0.0065$$

10. 다음 ( ) 안에 알맞은 내용은?

"비행기의 동적 세로 안정이란 외부 영향을 받은 비행기의 시간에 따른 ( ) 변위에 관한 것이다."

① 속도   ② 하중
③ 진폭   ④ 양력

정답 4. ③ 5. ② 6. ④ 7. ② 8. ③ 9. ③ 10. ③

11. 다음 (   ) 안에 알맞은 내용은 어느 것인가?

> "비행기의 동적 세로 안정은 일반적으로 장주기 운동, 단주기 운동 및 (   )의 3가지 기본 운동의 형태로 구성된다."

① 선회 자유운동
② 옆놀이 자유운동
③ 승강키 자유운동
④ 빗놀이 자유운동

12. 비행기의 동적 세로 안정에서 받음각이 거의 일정하며 주기가 매우 길고 조종사가 쉽게 느끼지 못하는 운동은?

① 장주기 운동
② 단주기 운동
③ 플래핑 운동
④ 승강키 자유운동

13. 동적 세로 안정의 단주기 운동 발생 시 조종사가 대처해야 하는 방법으로 가장 옳은 것은 어느 것인가?

① 조종간을 자유롭게 놓아야 한다.
② 즉시 조종간을 작동시켜야 한다.
③ 받음각이 작아지도록 조작시켜야 한다.
④ 비행 불능 상태이므로 즉시 탈출해야 한다.

> **해설** 단주기 운동 : 단주기 운동이 발생될 때 가장 좋은 대처 방법은 인위적인 조종이 아닌 조종간을 자유로이 하여 필요한 감쇠를 하는 것이다.

14. 항공기 동안정성 중 세로면에서의 진동에 따라 나타나는 현상은?

① 더치 롤 – 나선 운동
② 단주기 운동 – 롤 운동
③ 장주기 운동 – 나선 운동
④ 단주기 운동 – 장주기 운동

정답 **11.** ③   **12.** ①   **13.** ①   **14.** ④

---

③ 가로 안정과 조종

(1) 정적 가로 안정(static lateral stability)

수평비행 중인 비행기가 가로방향으로 작용하는 외부 교란에 의해 옆미끄럼 상태에 놓이게 될 때 원래의 상태로 되돌리려는 옆놀이 모멘트가 발생하는 경우 양(+) 정적 가로 안정을 가진다고 한다.

$$L = C_L \, q \, Sb \quad \text{또는} \quad C_L = \frac{L}{qSb}$$

여기서, L : 옆놀이 모멘트, C_L : 옆놀이 모멘트계수,

q : 동압, S : 날개 면적, b : 날개 길이

> **참고   가로 안정에 영향을 주는 요소**
>
> • 날개 : 비행기의 가로 안정에 가장 중요한 요소이다. 특히, 기하학적으로 날개의 쳐든각 효과는 가로 안정에 가장 중요한 영향을 끼친다.
> • 동체 : 동체만에 의한 가로 안정에 대한 영향은 상당히 작지만 날개의 동체에 대한 위치가 안정성에 영향을 준다.
> • 수직 꼬리날개 : 가로 안정에 중요한 영향을 끼친다.

(2) 동적 가로 안정

비행기가 자유 비행상태에 놓이게 되면 가로 안정과 방향 안정은 결합되어서 나타난다.

① 방향 불안정(directional divergence) : 비행기가 교란된 후 옆미끄럼이 생기고, 초기의 작은 비행 미끄럼에 대한 반응이 옆미끄럼을 증가시키는 경향

② 나선 불안정(spiral divergence) : 정적 방향 안정성이 정적 가로 안정보다 훨씬 클 때 일어난다.

③ 가로 방향 불안정(dutch roll) : 가로 진동과 방향 진동이 결합된 것으로 대개 동적으로는 안정하지만 진동하는 성질 때문에 문제가 된다. 정적 방향 안정보다 쳐든각 효과가 클 때 일어난다.

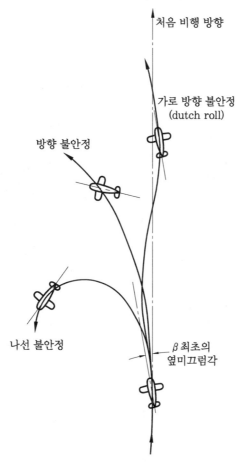

가로 및 방향 불안정

예상문제

1. 비행기의 정적 가로 안정성을 향상시키는 방법으로 가장 좋은 방법은?
① 꼬리날개를 작게 한다.
② 동체를 원형으로 만든다.
③ 날개의 모양을 원형으로 한다.
④ 양쪽 주날개에 상반각을 준다.

2. 다음 중 비행기의 가로 안정에 가장 큰 영향을 미치는 것은?
① 동체의 모양
② 기관의 장착 위치
③ 날개의 쳐든각
④ 플랩(flap)의 장착 위치

3. 다음 중 기하학적으로 날개의 가로 안정에 가장 중요한 영향을 미치는 요소는 어느 것인가?
① 가로세로비
② 상반각
③ 수평안정판
④ 승강키

4. 항공기의 주날개를 상반각으로 하는 주된 목적은?
① 가로 안정성을 증가시키기 위한 것이다.
② 세로 안정성을 증가시키기 위한 것이다.
③ 배기가스의 온도를 높이기 위한 것이다.
④ 배기가스의 온도를 낮추기 위한 것이다.

5. 항공기 날개에 쳐든각을 주는 주된 목적은 무엇인가?
① 선회 성능을 좋게 하기 위해서
② 날개 저항을 적게 하기 위해서
③ 날개 끝 실속을 방지하기 위해서
④ 옆놀이의 안정성 향상을 위해서

6. 비행기의 동적 가로 안정의 특성과 가장 관계가 먼 것은?
① 방향 불안정
② 세로 불안정
③ 나선 불안정
④ 더치 롤(dutch roll)

7. 나선 불안정(spiral divergence)이 발생하는 경우를 가장 올바르게 설명한 것은 어느 것인가?
① 정적 세로 안정성이 쳐든각 효과보다 훨씬 클 때 나타난다.
② 정적 방향 안정성이 쳐든각 효과보다 훨씬 클 때 나타난다.
③ 정적 세로 안정성이 쳐든각 효과보다 훨씬 작을 때 나타난다.
④ 정적 방향 안정성이 쳐든각 효과보다 훨씬 작을 때 나타난다.

8. 다음 중 가로 방향 불안정에 대한 설명으로 틀린 것은?
① 가로 진동과 방향 진동이 결합되어 발생한다.
② 가로 방향 불안정은 더치 롤(dutch roll)이라 한다.
③ 동적으로는 안정하지만 진동하는 성질 때문에 문제가 된다.
④ 정적 방향 안정보다 쳐든각 효과가 작을 때 일어난다.

해설 가로 방향 불안정(dutch roll): 정적 방향 안정보다 쳐든각 효과가 클 때 일어난다.

정답 1. ④ 2. ③ 3. ② 4. ① 5. ④ 6. ② 7. ② 8. ④

4-3 방향 안정과 조종

■1 정적 방향 안정 (static directional stability)

비행기가 외부의 힘에 의해 교란되었을 때 평형상태로 되돌리려는 빗놀이 모멘트가 발생을 하는 경우 양(+)의 정적 방향 안정성을 가졌다고 한다.

$$N = C_N qSb \quad \text{또는} \quad C_N = \frac{N}{qSb}$$

여기서, N : 빗놀이 모멘트, C_N : 빗놀이 모멘트계수, q : 동압, S : 날개 면적, b : 날개 길이

- 빗놀이각 : 기준 방위로부터 비행기의 중심선이 이동한 각도
- 옆미끄럼각 : 상대풍으로 비행기의 중심선이 이동한 각도로서, 빗놀이각과 크기가 같고 부호가 반대인 각도이다.

(1) 방향 안정에 영향을 끼치는 요소

① 수직 꼬리날개 : 방향 안정에 일차적인 영향을 준다.
② 동체, 기관 등의 영향 : 방향 안정에 불안정한 영향을 끼치는 가장 큰 요소이다.
③ 추력 효과 : 프로펠러 회전면이나 제트기 공기 흡입구가 무게 중심의 앞에 위치했을 때 불안정을 유발한다.

(2) 도살 핀(dorsal fin)

수직 꼬리날개가 실속하는 큰 옆미끄럼각에서도 방향 안정을 유지하는 강력한 효과를 준다.
① 큰 옆미끄럼각에서의 동체의 안정성을 증가시킨다.
② 수직 꼬리날개의 유효 가로세로비를 감소시켜 실속각을 증가시킨다.

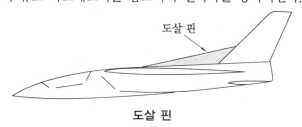

도살 핀

도살 핀

(3) 방향키 부유각 (rudder float angle)

방향키를 자유로이 했을 때 공기력에 의하여 방향키가 자유로이 변위되는 각이다.

■2 현대의 조종계통

(1) 기계적인 조종계통

소형기에 적합한 조종계통으로 조종장치로부터 조종면까지 기계적인 연결장치에 의해 직접 연결된다. 천음속에서 충격파의 형성과 흐름의 떨어짐 현상 때문에 기계적인 조종계통의 사용은 아음속으로 제한된다.

(2) 유압장치를 이용한 조종계통

요구되는 조종력을 작동기를 통해 정해진 배율에 따라 공급함으로써 고속에서 필요한 조종력을 감소시킨다.

(3) 전기신호(fly by wire)를 이용하는 조종계통

항공기의 조종계통에 있는 모든 기계적인 연결을 전기적인 연결로 바꾸어 항공기를 조종하는 계통이다.

(4) 광신호(fly by light)를 이용하는 조종계통

광신호에 의한 문자 전송과 빛을 이용한 감지장치 및 작동기와 컴퓨터 등이 개발되면서 항공기 조종장치에 이를 적용하여 개발한 조종계통이다.

예상문제

1. 비행기의 수직축에 대해서 기수를 오른쪽으로 회전시키는 모멘트가 양(+)의 빗놀이 모멘트이다. 이 빗놀이 모멘트(N)를 식의 계수형으로 나타낸 것은? (단, q : 동압, S : 날개면적, b : 날개 길이, C_N : 빗놀이 모멘트 계수)

① $N = \dfrac{C_N \times q \times b}{S}$

② $N = C_N \times q \times S \times b$

③ $N = \dfrac{q \times S \times b}{C_N}$

④ $N = \dfrac{C_N}{q \times S \times b}$

2. 다음 중 빗놀이각에 대한 설명으로 옳은 것은 어느 것인가?
① 항공기 진행방향과 시위선이 이루는 각
② 옆미끄럼각과 크기가 같고 방향이 반대인 각
③ 비행기의 가로축과 비행기의 중심선이 이루는 각
④ 방향키를 자유로이 했을 때 공기력에 의하여 방향키가 자유로이 변위되는 각

3. 비행기의 방향 안정에 일차적으로 영향을 미치는 것은?
① 큰 날개   ② 수직 꼬리날개
③ 수평 꼬리날개   ④ 기관

4. 다음 중 비행기의 방향 안정성 향상과 가장 관계가 없는 것은?
① 도살 핀
② 날개의 쳐든각
③ 수직 안정판
④ 날개의 뒷젖힘각

5. 수직 꼬리날개와 동체 상부에 장착하여 방향 안정성을 증가시키기 위한 것은?
① 실속 스트립(stall strip)
② 보텍스 발생장치(vortex generator)
③ 슬롯(slot)
④ 도살 핀(dorsal fin)

6. 다음 중 항공기 방향 안정성에 가장 중요한 역할을 하는 장치는?
① 수평 안정판   ② 플랩
③ 수직 안정판   ④ 스포일러

정답 ► **1.** ② **2.** ② **3.** ② **4.** ② **5.** ④ **6.** ③

7. 다음 중 수직 꼬리날개가 실속이 일어나는 큰 옆미끄럼각에서 방향 안정성을 유지하는 데 크게 기여하는 것은?

① 트림 탭   ② 도살 핀
③ 공력 평형장치   ④ 스트레이크

8. 큰 옆미끄럼각에서 동체의 안정성을 증가시키고 수직 꼬리날개의 유효 가로세로비를 감소시켜 실속각을 증가시키는 것은?

① 페더링   ② 뒷젖힘 날개
③ 도살 핀   ④ 앞젖힘 날개

9. 수평 꼬리날개의 기능에 관한 설명으로 틀린 것은?

① 양력의 일부를 담당한다.
② 비행기의 세로 안정을 유지한다.
③ 키놀이 운동에서 감쇠 모멘트를 준다.
④ 승강키의 역할을 하는 경우 받음각을 변화시켜 비행기를 상승 또는 하강시킨다.

10. 방향키 부유각(rudder float angle)에 대한 설명으로 가장 옳은 것은?

① 방향키를 자유로이 하였을 때 공기력에 의해 방향키가 자유로이 변위되는 각
② 방향키를 작동시켰을 때 방향키가 왼쪽으로 변위되는 각
③ 방향키를 작동시켰을 때 방향키가 5초 동안에 변위되는 각
④ 방향키를 작동시켰을 때 방향키가 10초 동안에 변위되는 각

11. 다음 ( ) 안에 가장 알맞은 내용은?

> 비행기에 사용되는 기계적인 조종계통은 조종장치로부터 조종면까지 기계적인 연결장치에 의해 직접 연결되며, (   )으로 사용이 제한된다.

① 아음속   ② 천음속
③ 초음속   ④ 극초음속

정답 • **7.** ②   **8.** ③   **9.** ①   **10.** ①   **11.** ①

4-4   고속기의 비행 불안정

■ 세로 불안정

(1) 턱 언더(tuck under)

비행기가 음속에 가까운 속도로 비행할 때 속도를 증가시킬수록 기수가 내려가 조종간을 당겨야 하는 조종력의 역작용 현상이다.

- 턱 언더를 수정하는 방법 : 마하 트리머(Mach trimmer) 또는 피치 트림 보상기(pitch trim compensator)를 설치한다.

(2) 피치 업(pitch up)

비행기가 하강 비행을 하는 동안 조종간을 당겨 기수를 올리려고 할 때 받음각과 각속도가 특정 값을 넘게 되면 예상한 정도 이상으로 기수가 올라가 이를 회복할 수 없는 현상이다.

[피치 업 원인]

① 뒤젖힘 날개의 날개 끝 실속

② 뒤젖힘 날개의 비틀림
③ 날개의 풍압 중심이 앞으로 이동
④ 승강키 효율의 감소

(3) 디프 실속(deep stall)

T형 꼬리날개를 가지는 비행기가 실속을 할 때 생기는 현상으로 비행기가 실속할 때 후류의
영향을 받는 꼬리날개가 안정성을 상실하고, 조작을 해도 승강키 효율이 떨어져 실속 회복이
불가능한 현상

- 디프 실속 방지책 : 동체 뒤쪽에 기관을 부착하는 경우 실속 트리거(stall trigger) 역할을
  위해 날개 윗면에 판(fence)을 설치하거나 날개 밑에 보틸론(vortilon)이라 부르는 판을 부
  착한다.

② 가로 불안정

(1) 날개 드롭(wing drop)

비행기가 수평비행이나 급강하로 속도를 증가하여 천음속 영역에 도달하게 되면 한쪽 날개
가 충격 실속을 일으켜 갑자기 양력을 상실하여 급격한 옆놀이를 일으키는 현상을 말한다.

[날개 드롭의 원인]
① 비행기가 좌우 대칭이 아닐 때
② 날개 표면이나 흐름의 조건이 좌우가 조금 다를 때
③ 비행기가 수평비행이나 급강하와 같이 받음각이 작을 때 강하게 나타나서 한쪽 날개에만
　충격 실속이 생길 때
④ 두꺼운 날개를 사용한 비행기가 천음속으로 비행 시

(2) 옆놀이 커플링(rolling coupling)

초음속기에서와 같이 날개 길이가 짧고 동체가 가늘고 긴 경우 기체축 주위의 관성 능률은
다른 축 주위보다 대단히 작아지므로 큰 옆놀이 각속도를 가지게 되는데, 이 같은 큰 각속도가
받음각을 가지면 큰 관성 커플링을 일으켜 받음각과 옆미끄럼각을 계속 증가시켜 발산하게 하
는 현상이다.

① 공력 커플링(aerodynamic coupling) : 방향키만 조작하거나 옆미끄럼 운동을 하였을 때 빗
　놀이와 동시에 옆놀이 운동도 생기는 현상
② 관성 커플링(inertia coupling) : 비행기가 고속으로 비행할 때 공기역학적인 힘과 관성력이
　상호 영향을 준 결과로 만들어진 현상

> 🔍 참고 　옆놀이 커플링을 줄이는 방법
> ① 방향 안정성을 증가시킨다.
> ② 쳐든각의 효과를 감소시킨다.
> ③ 정상 비행 상태에서 바람축과의 경사를 최대한 줄인다.

④ 불필요한 공력 커플링을 감소시킨다.
⑤ 옆놀이 운동에서의 옆놀이율이나 받음각, 하중배수 등을 제한한다.
⑥ 수직 꼬리날개의 면적을 크게 하거나 배지느러미(ventral fin)를 붙여서 고속 비행 시 도움
  날개나 방향키의 변위각을 자동적으로 제한한다.

예상문제

1. 고속 비행기의 세로 불안정에 포함되지 않는
것은?
① 턱 언더　　　　② 피치 업
③ 디프 실속　　　④ 날개 드롭

해설 고속기의 비행 불안정
 • 고속 비행기의 세로 불안정 현상 : 턱 언더
  (tuck under), 피치 업(pitch up), 디프
  실속(deep stall)
 • 고속 비행기의 가로 불안정 현상 : 날개 드
  롭(wing drop), 옆놀이 커플링(roll coupling)

2. 고속(high speed)에서 항공기 속도가 점점
증가하면 보편적으로 항공기의 기수가 아래를
향하는(nose down) 현상은?
① mach tuck(tuck under)
② speed trim
③ mach trim
④ turn coordination

3. 마하 트리머(Mach trimmer) 또는 피치 트림
보상기를 설치함으로써 자동적으로 수정할 수
있는 현상은?
① 버피팅(buffeting)
② 피치 업(pitch up)
③ 턱 언더(tuck under)
④ 드래그 슈트(drag chute)

4. 비행기가 고속에서 기수 내림 모멘트가 커질
수록 나타나는 조종력의 역작용은 조종사에
의해 수정하기 어렵기 때문에 이러한 현상을
자동적으로 수정할 수 있도록 제트기 수송기

에 설치되는 것은?
① 플랩(flap)
② 마하 트리머(Mach trimmer)
③ 보조 동력장치
④ 팬 리버서(fan reverser)

5. 음속에 가까운 속도로 수평 비행하는 비행기
의 속도를 증가시킬 경우 기수가 내려가는 경
향으로 조종간을 당겨야 하는 현상을 조정하
기 위한 장치는?
① 요 댐퍼(yow damper)
② 드래그 슈트(drag chute)
③ 마하 트리머(mach trimmer)
④ 오버행 밸런스(overhang balance)

6. 비행기의 턱 언더(tuck under) 현상을 자동
적으로 수정할 수 있게 해주는 장치를 무엇이
라 하는가?
① 마하 트리머(mach trimmer)
② 요 댐퍼(yaw damper)
③ 드래그 슈트(drag chute)
④ 오버행 밸런스(overhang balance)

7. 비행기가 하강 비행을 하는 동안 조종간을
당겨 기수를 올리려 할 때 받음각과 각속도가
특정 값을 넘게 되면 예상한 정도 이상으로
기수가 올라가는 현상은?
① 턱 언더(tuck under)
② 더치 롤(dutch roll)
③ 디프 실속(deep stall)

정답 　1. ④　2. ①　3. ③　4. ②　5. ③　6. ①　7. ④

④ 피치 업(pitch up)

8. 피치 업(pitch up)이 발생될 수 있는 원인으로 가장 관계가 먼 내용은?
① 뒤젖힘 날개의 날개 끝 실속
② 뒤젖힘 날개의 비틀림
③ 승강키 효율의 증가
④ 날개의 풍압 중심이 앞으로 이동

9. 항공기에서 피치 업(pitch up)의 발생 원인으로 틀린 것은?
① 후퇴날개의 비틀림
② 후퇴날개의 날개 끝 실속
③ 승강키(elevator) 효율의 감소
④ 날개의 풍압 중심이 뒤로 이동하기 때문

10. 동체 가까이에 있는 날개의 앞전에 실속 스트립과 같은 장치를 부착하여 받음각이 커서 실속하게 될 때, 날개 뿌리 부분부터 흐름의 떨어짐이 생기도록 하는 장치로서 날개 끝 부분의 실속이 늦어지게 하여 도움날개가 충분한 기능을 발휘할 수 있도록 하는 장치는?
① 앞전 장치　　　② 실속 방지 장치
③ 커플링 장치　　④ 실속 트리거 장치

11. 날개 하부에 부착하는 보틸론(vortilon)의 가장 중요한 역할은?
① 항력 감소
② 옆미끄럼 방지
③ 더치 롤(dutch roll) 감소
④ 디프 실속(deep stall) 방지

12. 비행기의 기수가 회전방향과 반대인 방향으로 틀어져 있는 움직임을 무엇이라 하는가?
① 스핀(spin)
② 역틀림(adverse yaw)
③ 젖힘효과(swept back effect)

④ 가로진동(lateral oscillation)

> **해설** 역틀림(adverse yaw) : 비행기가 선회 비행 시 도움날개를 사용하게 되면, 양 날개의 양력과 항력의 차이로 선회하려는 방향의 반대방향으로 기수가 돌아가는 현상을 말한다.

13. 비행기가 수평비행이나 급강하로 속도가 증가하여 천음속 영역에 도달하게 되면 한쪽 날개가 충격 실속을 일으켜서 갑자기 양력을 상실하여 급격한 옆놀이를 일으키는 현상을 무엇이라 하는가?
① 턱 언더(tuck under)
② 날개 드롭(wing drop)
③ 피치 업(pitch up)
④ 디프 실속(deep stall)

14. 비교적 두꺼운 날개를 사용한 비행기가 천음속 영역에서 비행할 때 발생하는 가로 불안정의 특별한 현상은?
① 커플링(coupling)
② 더치 롤(dutch roll)
③ 디프 스톨(deep stall)
④ 날개 드롭(wing drop)

15. 방향키만 조작하거나 옆미끄럼 운동을 하였을 때 빗놀이와 동시에 옆놀이 운동이 생기는 현상은?
① 날개 드롭(wing drop)
② 슈퍼 실속(super stall)
③ 관성 커플링(inertia coupling)
④ 공력 커플링(aerodynamic coupling)

16. 고속비행 시에 도움날개나 방향키의 변위각을 자동적으로 제한하여 옆놀이 커플링 현상을 방지하기 위해 부착하는 것은?
① 도살 핀　　　② 와류 고리
③ 벤트럴 핀　　④ 실속 스트립

CHAPTER 05 헬리콥터의 비행 원리

5-1 | 헬리콥터의 종류

1 단일 회전날개 헬리콥터

(1) 형식

하나의 주회전날개(main rotor)와 꼬리 회전날개(tail rotor)로 구성된다.

(2) 꼬리 회전날개의 역할

① 주회전날개(main rotor)에 의해 발생한 토크를 상쇄한다.

② 피치각(pitch angle)을 바꾸어 줌으로써 헬리콥터의 방향을 조종한다.

(3) 장점

① 토크를 보상하기 위해 필요한 꼬리날개의 동력은 다른 종류보다 작다.

② 조종계통이 단순하고, 출력 전달계통의 고장이 적다.

③ 조종성과 성능이 양호하고 가격이 싸다.

(4) 단점

① 동력의 일부를 꼬리날개의 구동에 사용해야 한다.

② 꼬리날개는 토크를 보상하는 데만 사용한다.

③ 격납 시 불편하고 꼬리 회전날개의 회전 시 지상 사람들에게 위험을 줄 수 있다.

2 동축 역회전 회전날개 헬리콥터

(1) 특징

동일한 축 위에 2개의 주회전날개를 아래위로 겹쳐서 반대 방향으로 회전한다.

(2) 장점

① 토크가 서로 상쇄되므로 조종성이 좋고 양력 발생도 커지게 된다.

② 구동축이 수직으로 되어 있어 지면과 주회전날개와의 간격이 커서 지상 작업자에게 안전하다.

(3) 단점

① 동일한 축에 2개의 주회전날개를 부착시킴으로써 조종기구가 복잡하다.

② 동일한 축에 2개의 주회전날개의 회전에 의해 발생되는 와류(vortex)의 상호작용에 의해 성능이 저하될 수 있다.

③ 2개의 회전날개가 회전할 때 서로 충돌하지 않도록 하기 위해 간격을 두어야 하므로 기체 의 높이가 높아진다.

❸ 병렬식 회전날개 헬리콥터

(1) 특징

비행 방향에 대해 옆으로 2개의 회전날개가 있다.

(2) 장점

① 가로 안정성이 매우 좋다.

② 동력장치의 동력을 모두 양력 발생에 사용할 수 있다.

③ 꼬리부분에 토크 상쇄용 기구가 필요 없어 기체 길이를 짧게 할 수 있다.

④ 수평 비행 시 유도손실이 적다.

⑤ 고속 수평 비행 시 추가 양력을 발생시켜 준다.

(3) 단점

① 수평 비행 시 유해항력이 크다.

② 세로 안정성이 좋지 않아 꼬리날개가 있다.

③ 무게 중심 위치의 세로 방향으로 이동범위가 제한되어 대형기에 부적합하다.

④ 회전날개 상호간의 충돌을 피하기 위한 장치를 설치해야 한다.

❹ 직렬식 회전날개 헬리콥터

(1) 특징

주회전날개를 비행 방향에 대해 앞뒤에 배열한다.

(2) 장점

① 세로 안정이 좋다.

② 무게 중심 위치의 이동이 커서 무거운 물건의 운반에 적합하다.

③ 구조적으로 간단하다.

(3) 단점

① 동력을 전달하는 기구가 복잡하다.

② 가로 안정성이 나빠 수평 안정판 설치를 많이 한다.

③ 회전속도를 동조시키는 장치가 필요하다.

④ 수평 전진 비행 시 유도손실이 증가한다.

5 제트 반동 회전 헬리콥터

(1) 특징

회전날개 깃 끝에 램 제트 기관(ram jet engine)을 설치하여 그 반동에 의해 회전날개를 구동시킨다.

(2) 장점

① 토크 보상장치가 필요 없다.
② 동력 전달 기구가 필요 없다.(연료 보급용 배관만 필요하다.)
③ 조종계통이 간단하다.
④ 동체 크기를 작게 할 수 있어 저항이 작다.

(3) 단점

① 회전속도의 제한 때문에 효율이 작다.
② 연료 소모율이 크므로 항속거리가 제한 받는다.
③ 소음 문제가 있다.

예상문제

1. 주회전날개(main rotor)가 회전함에 따라 발생되는 반작용 토크를 상쇄하기 위하여 꼬리 회전날개(tail rotor)가 필요한 헬리콥터는 어느 것인가?
① 직렬식 헬리콥터
② 병렬식 헬리콥터
③ 단일 회전날개 헬리콥터
④ 동축 역회전식 헬리콥터

2. 다음 중 단일 회전날개 헬리콥터의 양력과 추력에 대한 설명으로 옳은 것은 어느 것인가?
① 양력은 꼬리 회전날개에 의하여 발생되며, 추력은 주회전날개에 의하여 발생된다.
② 양력은 주회전날개에 의하여 발생되며, 추력은 꼬리 회전날개에 의하여 발생된다.
③ 양력은 주회전날개와 꼬리 회전날개에 의하여 발생되며, 추력은 꼬리 회전날개에 의하여 발생된다.
④ 양력과 추력 모두가 주회전날개에 의하여 발생된다.

해설 단일 회전날개 헬리콥터 : 양력, 추력이 주회전날개에서 발생하고, 꼬리 회전날개는 토크를 방지한다.

3. 헬리콥터의 수직 꼬리날개를 장착한 이유로서 가장 올바른 것은?
① 빗놀이 모멘트로 반작용 토크를 상쇄시키기 위하여
② 키놀이 모멘트로 토크를 상쇄시키기 위하여
③ 옆놀이 모멘트로 토크를 상쇄시키기 위하여
④ 키놀이와 옆놀이 모멘트로 토크를 상쇄시키기 위하여

정답 ▶ **1.** ③ **2.** ④ **3.** ①

4. 단일 회전날개 헬리콥터의 꼬리 회전날개에 대한 설명으로 옳은 것은?

① 추력을 발생시키는 것이 주 기능이며 양력의 일부를 담당한다.
② 주회전날개에 의해 발생되는 토크를 상쇄하고 방향 조종을 하기 위한 장치이다.
③ 추력을 발생시키고, 헬리콥터의 기수를 내리거나 올리는 모멘트를 발생시키기 위한 장치이다.
④ 헬리콥터의 가속 또는 감속을 위해 사용되는 장치이다.

5. 주회전날개의 회전에 의해 발생되는 토크(torque)를 상쇄하고 방향을 조종하는 것은?

① 허브(hub)　　② 꼬리 회전날개
③ 플랜지 힌지　　④ 리드 래그 힌지

6. 병렬식 회전날개 헬리콥터의 단점에 대한 설명 내용으로 가장 거리가 먼 것은?

① 수평 비행 시 유해항력이 크다.
② 세로 안정성이 좋지 않기 때문에 꼬리날개를 가진다.
③ 무게 중심 이동범위가 제한되기 때문에 대형기에만 적합하다.
④ 회전날개 상호간의 충돌을 피하기 위한 장치를 설치해야 한다.

7. 동축 역회전식 회전날개 헬리콥터의 장점에 대한 설명으로 가장 올바른 것은?

① 두 개의 주회전날개가 서로 반대 방향으로 회전함으로써 각각의 회전날개에서 발생되는 토크는 서로 상쇄되어 조종성이 좋다.
② 동일한 축에 두 개의 주 회전날개를 부착시키므로 조종기구가 간단해진다.
③ 기체의 높이를 매우 낮게 할 수 있다는 점이 장점이다.
④ 주회전날개가 앞뒤로 배치되어 있으므로

세로안전성이 좋고, 무거운 물체의 운반에 적합하다.

8. 2개의 주 회전날개가 서로 반대 방향으로 회전하므로 각각의 회전날개에서 발생하는 토크가 상쇄되어 조종성이 좋은 회전날개 헬리콥터는?

① 단일 회전날개 헬리콥터
② 직렬식 회전날개 헬리콥터
③ 병렬식 회전날개 헬리콥터
④ 동축 역회전식 회전날개 헬리콥터

9. 2개의 주 회전날개를 비행방향에 대하여 앞뒤로 배열시킨 것으로서 대형 헬리콥터에 적합하며, 회전날개의 회전방향은 서로 반대인 헬리콥터는?

① 병렬식 회전날개 헬리콥터
② 직렬식 회전날개 헬리콥터
③ 병렬 교차식 회전날개 헬리콥터
④ 동축 역회전식 회전날개 헬리콥터

10. 헬리콥터의 한 종류로 회전날개를 비행방향을 기준으로 좌우에 배치한 형태이며 가로안정이 가장 좋은 것은?

① 단일 회전날개 헬리콥터
② 동측 회전날개 헬리콥터
③ 병렬식 회전날개 헬리콥터
④ 직렬식 회전날개 헬리콥터

11. 다음 중 병렬식 회전날개 헬리콥터(side by side system rotor helicopter)의 장점이 아닌 것은?

① 가로 안정성이 매우 좋다.
② 수평비행 시 유해항력이 작다.
③ 기체의 길이를 짧게 할 수 있다.
④ 동력장치의 동력을 양력 발생에 효과적으로 사용할 수 있다.

정답 ● 4. ②　5. ②　6. ③　7. ①　8. ④　9. ②　10. ③　11. ②

12. 병렬식 회전날개 헬리콥터에 대한 설명으로 틀린 것은?

① 수평비행 시 유해항력이 크다.

② 세로 안정성이 좋지 않기 때문에 꼬리날개를 가진다.

③ 무게 중심 이동범위가 제한되기 때문에 대형기에만 적합하다.

④ 회전날개 상호간의 충돌을 피하기 위한 장치를 설치해야 할 경우가 있다.

13. 다음 중 제트 반동 회전날개 헬리콥터(tip jet rotor type helicopter)에 관한 설명으로 옳은 것은?

① 제트의 반동을 이용하므로 토크를 보상하는 장치가 필요 없다.

② 복잡한 동력 전달 기구가 필요하며, 조종 계통이 복잡하다.

③ 회전날개의 깃 끝에 장착된 제트기관은 회전속도의 제한을 받지 않으므로 효율이 증가된다.

④ 연료 소모율이 작으므로 항속거리가 길고 소음이 적다.

정답 **12.** ③　**13.** ①

5-2　헬리콥터의 구조

◼ 헬리콥터의 각부 명칭

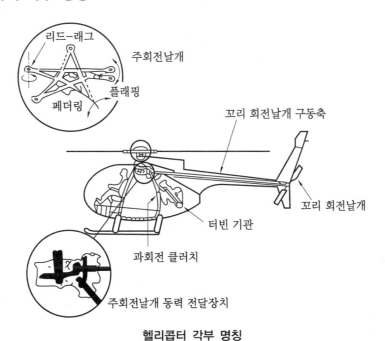

리드-래그

주회전날개

페더링

플래핑

꼬리 회전날개 구동축

꼬리 회전날개

터빈 기관

과회전 클러치

주회전날개 동력 전달장치

헬리콥터 각부 명칭

① 허브(hub) : 주회전날개 깃(blade)이 기관의 동력을 전달하는 회전축과 결합되는 부분

② 주회전날개(main rotor) : 양력과 추력을 발생시키는 부분
  • 주회전날개의 운동 : 플래핑 운동, 페더링 운동, 리드-래그 운동
③ 꼬리 회전날개(tail rotor) : 주회전날개에서 발생한 토크를 상쇄하고 방향을 조종한다.
④ 플래핑 힌지(flapping hinge) : 수평축을 중심으로 회전날개 깃이 위아래로 움직이도록 한 힌지로 위아래로 움직이는 운동을 플래핑 운동이라 한다.
⑤ 리드-래그 힌지(lead-lag hinge) : 회전날개가 회전할 때 앞뒤 방향으로 움직일 수 있도록 한 힌지

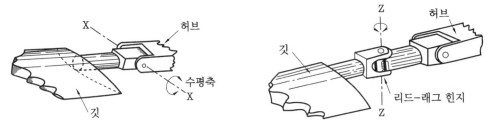

플래핑 힌지와 리드-래그 힌지

⑥ 리드-래그 감쇠기(damper) : 회전 중 리드-래그 운동이 과도하게 일어나는 것을 막는 장치
⑦ 회전원판(날개 끝 경로면) : 회전날개의 회전면
⑧ 원추각(coning angle : 코닝각) : 회전면과 원추 모서리가 이루는 각으로 원심력과 양력의 합에 의해 결정된다.(회전날개의 무게는 원심력이나 양력에 비해 작으므로 무시한다.)

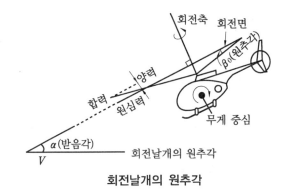

회전날개의 원추각

⑨ 받음각 : 회전면과 헬리콥터의 진행방향이 이루는 각
⑩ 비틀림각 : 회전날개 깃에서 일정한 양력을 발생시키기 위해 깃 뿌리부분의 비틀림각은 크게, 깃 끝부분의 비틀림각은 작게 한다.
⑪ 피치각 : 회전날개의 시위선과 회전면이 이루는 각
⑫ 회전 경사판(swash plate) : 회전날개 허브의 아래쪽에 위치하여 깃에 피치각을 만들어 주는 기구

예상문제

1. 헬리콥터 주회전날개의 운동과 가장 거리가 먼 내용은?
① 플래핑 운동
② 리드-래그 운동
③ 버핏 운동
④ 페더링 운동

2. 헬리콥터에서 주회전날개에 의해 발생하는 토크를 상쇄시키는 기능을 하는 것은 어느 것인가?
① 허브
② 꼬리 회전날개
③ 수평 안정판
④ 수직 꼬리날개

해설 꼬리 회전날개 : 주회전날개의 회전에 의해 발생되는 토크(torque)를 상쇄하고, 방향을 조종한다.

3. 주회전날개의 회전에 의해 발생되는 토크(torque)를 상쇄하고 방향을 조종하는 것은?
① 꼬리 회전날개
② 허브(hub)
③ 플랜지 힌지
④ 리드 래그 힌지

4. 헬리콥터에서 회전축에 연결된 회전날개 깃이 하나의 수평축에 대해 위아래로 움직이는 운동은?
① 스핀 운동
② 리드-래그 운동
③ 플래핑 운동
④ 자동 회전 운동

5. 헬리콥터 회전익의 피치각을 가장 옳게 나타낸 것은?
① 상대풍과 회전면이 이루는 각도
② 익형의 시위선과 상대풍이 이루는 각도
③ 회전깃 시위선과 상대풍이 이루는 각도
④ 회전깃 시위선과 기준면이 이루는 각도

6. 헬리콥터에서 페더링(feathering) 운동은 1차적으로 어떤 각을 변화시키는가?
① 원추각
② 코닝각
③ 받음각
④ 피치각

7. 헬리콥터에서 전진과 후퇴 시에 깃의 피치각을 변화시키는 운동을 무엇이라 하는가?
① 페더링
② 실속
③ 플래핑
④ 풍차식 제동

8. 프로펠러 회전 시 발생하는 원추각을 만드는 힘의 구성으로 옳은 것은?
① 원심력과 중력
② 중력과 항력
③ 원심력과 양력
④ 양력과 항력

9. 헬리콥터에서 로터의 회전 시 회전면과 원추 모서리가 이루는 각을 무엇이라 하는가?
① 받음각
② 피치각
③ 코닝각
④ 쳐든각

10. 다음의 헬리콥터 플래핑 힌지에 작용되게 되는 모멘트 중 다른 것에 비해 상대적으로 가장 작아 무시되는 모멘트는?
① 양력
② 원심력
③ 깃의 무게
④ 헬리콥터의 무게

11. 그림과 같이 회전하는 날개에서 원심력만을 나타낸 것은?

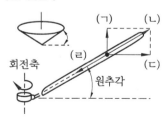

① (ㄱ)
② (ㄴ)
③ (ㄷ)
④ (ㄹ)

정답 **1.** ③ **2.** ② **3.** ① **4.** ③ **5.** ④ **6.** ④ **7.** ① **8.** ③ **9.** ③ **10.** ③ **11.** ③

12. 헬리콥터의 깃 비틀림각에 대한 설명으로 가장 올바른 내용은?

① 비틀림각을 크게 하면 정지 비행 성능이 좋아진다.

② 비틀림각을 크게 하면 전진 비행 성능이 좋아진다.

③ 비틀림각을 작게 하면 정지 비행 성능이 좋아진다.

④ 비틀림각과 비행 성능은 관계가 없다.

해설 깃 비틀림각

• 좋은 정지 비행 성능과 후퇴하는 깃의 실속을 지연시키기 위해서는 그 값이 커야 한다.

• 전진 비행 시에 작은 진동과 깃 하중을 위해서는 그 값이 작아야 한다.

정답 ● 12. ①

5-3 헬리콥터의 공기역학

1 정지 비행(hovering)

헬리콥터가 전후좌우의 방향으로 이동하지 않고 일정한 고도를 유지하며 공중에 떠 있는 상태

(1) 회전 선속도(V_r)

$$V_r = \Omega \cdot r$$ 여기서, Ω : 회전 각속도, r : 회전축으로부터의 거리

(2) 회전날개의 추력을 구하는 방법

① 운동량 이론 : 작용과 반작용의 법칙을 이용하여 헬리콥터의 회전날개 의해서 만들어지는 회전면에서의 운동량 차이를 이용하여 추력을 구하는 방법

② 깃 요소 이론

③ 와류 이론 : 깃의 뒷전에서 떨어져 나가는 와류에 의한 영향을 포함하여 깃에서의 정확한 유도속도를 계산하기 위한 방법

(3) 원판하중 (회전면 하중, disk loading : D.L)

헬리콥터 전체 무게를 헬리콥터 회전날개에 의해 만들어지는 회전면의 면적으로 나눈 값

$$D.L = \frac{W}{\pi R^2}$$ 여기서, W : 헬리콥터 전체 무게, πR^2 : 회전면의 면적

(4) 회전날개 회전면에서의 유도속도(V_1)

$$V_1 = \sqrt{\frac{T}{2\rho A}} = \sqrt{\frac{D.L}{2\rho}}$$ 여기서, T : 추력, A : 회전면의 면적, ρ : 공기 밀도

(5) 마력하중 (horsepower loading)

헬리콥터의 전체 무게(W)를 마력(HP)으로 나눈 값

$$마력하중 = \frac{W}{HP}$$

예상문제

1. 헬리콥터가 정지 비행 시 회전날개를 지나는 공기의 일반적인 흐름을 옳게 나타낸 것은 어느 것인가?

① ② ③ ④

2. 헬리콥터의 호버링(hovering : 정지 비행) 조건을 옳게 나타낸 것은? (단, 항공기의 중력 W, 추력 T, 양력 L, 항력 D이다.)

① $L = W, \ T < D$
② $L = W, \ T = D = 0(\text{zero})$
③ $L > W, \ D > T$
④ $L = T, \ D = L$

해설 정지 비행(hovering) : 회전날개의 회전면이 수평이면서 양력과 무게가 평형을 이루면 헬리콥터는 제자리 비행을 하게 되는데, 이것을 호버링이라 한다. 정지 비행 상태이므로 추력(T), 항력(D)은 0이다.

3. 회전날개 항공기인 헬리콥터가 일반적인 고정날개 항공기와 다른 비행은?

① 선회 비행
② 전진 비행
③ 상승 비행
④ 정지 비행

4. 헬리콥터에서 정지 비행 시 회전날개의 회전축으로부터 거리 R의 위치에 있는 깃 단면의 회전 선속도(V_r)를 계산하는 식은? (단, Ω은 회전날개의 각속도이다.)

① $V_r = \Omega \cdot R^2$
② $V_r = \Omega \cdot R$
③ $V_r = \dfrac{R^2}{\Omega}$
④ $V_r = \dfrac{\Omega}{R}$

5. 헬리콥터의 회전날개 각속도가 50 rad/s이고, 회전축으로부터 깃 끝까지의 거리가 5 m일 때, 회전날개 깃 끝의 회전 선속도는 약 몇 m/s인가?

① 125
② 250
③ 300
④ 500

해설 회전 선속도(V_r)
$= r \times \Omega = 5 \times 50 = 250\text{m/s}$

6. 작용과 반작용의 법칙을 이용하여 헬리콥터의 회전날개에 의해서 만들어지는 회전면에서의 운동량의 차이를 이용하여 추력을 구하는 이론은?

① 회전면 이론
② 추력 이론
③ 운동량 이론
④ 날개 이론

7. 다음 중 회전날개의 추력을 구하는 방법이 아닌 것은?

① 와류 이론
② 깃 요소 이론
③ 운동량 이론
④ 파스칼의 원리

8. 헬리콥터의 추력을 설명하기 위해 필요한 이론이 아닌 것은?

① 운동량 이론
② 베르누이의 정리
③ 파스칼의 법칙
④ 작용과 반작용의 법칙

9. 헬리콥터의 무게를 W, 회전날개의 반지름을 R, 회전날개의 지름을 D, 추력을 T라고 할 때 회전면 하중(D.L)을 구하는 식은?

① $\dfrac{W}{\pi T}$
② $\dfrac{T}{\pi R^2}$
③ $\dfrac{W}{\pi R^2}$
④ $\dfrac{T}{\pi D}$

정답 ▸ **1.** ③ **2.** ② **3.** ④ **4.** ② **5.** ② **6.** ③ **7.** ④ **8.** ② **9.** ③

10. 헬리콥터의 총중량이 700 kg, 회전날개의 반지름이 2.5 m, 회전날개 깃 수가 2개일 때의 원판하중은 약 얼마인가?

① 30.65 kg/m²   ② 35.65 kg/m²

③ 61.30 kg/m²   ④ 142.60 kg/m²

> **해설** 원판하중 $= \dfrac{W}{\pi r^2} = \dfrac{700}{\pi \times 2.5^2}$
> $= 35.65 \, \text{kg/m}^2$

11. 헬리콥터의 무게가 950 kgf, 회전날개의 반지름이 3 m일 때 원판하중은 약 몇 kgf/m²인가?

① 33.6   ② 35.2

③ 37.4   ④ 39.1

> **해설** 원판하중$(D.L) = \dfrac{W}{\pi r^2} = \dfrac{950}{\pi \times 3^2}$
> $= 33.6 \, \text{kgf/m}^2$

12. 헬리콥터의 공기역학에서 자주 사용되는 마력하중(horsepower loading)을 구하는 식은? (단, W는 헬리콥터의 무게, HP는 헬리콥터의 마력이다.)

① 마력하중 $= \dfrac{W}{\pi HP}$

② 마력하중 $= \dfrac{\pi HP}{W}$

③ 마력하중 $= \dfrac{HP}{W}$

④ 마력하중 $= \dfrac{W}{HP}$

13. 헬리콥터의 하중이 1500 kgf, 양력이 1800 kgf, 항력이 900 kgf, 그리고 추력이 2100 kgf이며 기관의 출력이 300 HP일 때, 이 헬리콥터의 마력하중은 몇 kgf/HP인가?

① 3   ② 4   ③ 5   ④ 6

> **해설** 마력하중 $= \dfrac{W}{HP} = \dfrac{1500}{300} = 5 \, \text{kgf/HP}$

14. 헬리콥터 회전날개에 발생하는 힘과 양력의 관계가 그림과 같다면 현재 이 헬리콥터의 진행 방향은?

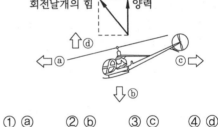

① ⓐ   ② ⓑ   ③ ⓒ   ④ ⓓ

정답   **10.** ②   **11.** ①   **12.** ④   **13.** ③   **14.** ①

---

② 전진 비행

전진 비행 시 회전날개를 앞으로 경사지게 하여 전진하게 되며 추력은 $T\sin\alpha$가 된다.

(1) 깃 요소가 받은 상대풍 속도(V_ϕ)

$$V_\phi = V\cos\alpha\sin\phi + r\cos\beta_0\Omega$$

(2) 역풍 지역(reverse flow region)

회전날개가 전진비행을 하면 전진하는 깃에는 상대풍의 속도와 회전속도가 합해지지만, 후퇴하는 깃에서는 전진 속도 성분이 뒤에서 작용하여 날개 뒷전에서 상대풍이 불어오게 되는 영역을 역풍 지역이라 한다.

(3) 동적 실속(dynamic stall)

받음각이 주기적으로 변화되는 깃에서의 실속이다.

(4) 양력의 불균형

플래핑 힌지는 양력의 불균형 현상을 없애준다. 전진하는 깃의 피치각은 작게 하고, 후퇴하는 깃의 피치각은 크게 하여 양력 분포의 평형을 이루게 한다.

③ 플래핑과 리드–래그

① 플래핑 힌지 : 회전날개의 양력 불균형을 해소하여 전복 현상이 발생하지 않도록 한다.
② 리드–래그 힌지 : 기하학적 불평형을 해소한다.
③ 리드–래그 감쇠기 : 회전면에서의 진동을 제거한다.
④ 회전 경사판(swash plate) : 두 개의 판으로 되어 있는데, 위쪽 회전 경사판은 회전날개의 깃과 같이 회전하도록 되어 있고, 아래쪽 회전 경사판은 정지되어 있으며 주기적 피치 조종간과 동시 피치 제어간에 연결되어 있다.

④ 자동회전(autorotation)

회전날개 축에 토크가 작용하지 않는 상태에서도 일정한 회전수를 유지하는 것을 말한다.
• 실속 영역 : 회전날개의 안쪽 25 % 영역에서 깃 요소가 최대 양력계수를 발생시키는 받음각보다 클 때 실속이 일어나는 부분

⑤ 지면 효과(ground effect)

지면 가까이에 회전날개가 위치하게 되면 회전날개의 유도속도가 감소하여 양력이 증가되는 현상으로 회전면의 고도가 회전날개의 지름보다 더 크면 지면 효과는 없어지고, 회전면의 고도가 회전날개의 반지름 정도에 있을 때 추력 증가는 5~10 % 정도이다.

⑥ 수평 최대 속도

이용마력과 필요마력이 같을 때 수평 최대 속도가 된다.

> **참고** **헬리콥터가 비행기와 같은 고속도를 낼 수 없는 이유**
> • 후퇴하는 깃의 날개 끝에 실속이 발생하기 때문이다.
> • 후퇴하는 깃 뿌리의 역풍 범위가 속도에 따라 증가하기 때문이다.
> • 전진하는 깃 끝의 마하수가 1 이상이 되면 깃에 충격 실속이 생기기 때문이다.

예상문제

1. 다음 중 단일 회전날개 헬리콥터가 추력의 수평성분을 얻는 방법은?
① 주회전날개의 회전면을 기울인다.
② 꼬리 회전날개의 회전속도를 조절한다.
③ 꼬리 회전날개의 피치각을 변화시킨다.
④ 주회전날개 전체의 피치각을 변화시킨다.

2. 헬리콥터 비행 시 역풍 지역이 가장 커지게 되는 비행상태는?
① 정지 비행
② 상승 가속 비행
③ 자동회전 비행
④ 전진 가속 비행

해설 전진 속도가 커지게 되면 역풍 지역이 커지게 되고, 이 부분의 회전날개는 양력을 발생하지 못하게 되므로 전진 속도에 한계가 생긴다.

3. 헬리콥터가 전진비행을 할 때 회전날개 깃에 발생하는 양력 분포의 불균형을 해결할 수 있는 방법으로 가장 옳은 것은?
① 전진하는 깃과 후퇴하는 깃의 받음각을 동시에 증가시킨다.
② 전진하는 깃과 후퇴하는 깃의 받음각을 동시에 감소시킨다.
③ 전진하는 깃의 받음각은 증가시키고 뒤로 후퇴하는 깃의 받음각은 감소시킨다.
④ 전진하는 깃의 받음각은 감소시키고 뒤로 후퇴하는 깃의 받음각은 증가시킨다.

4. 다음 중 오토자이로가 할 수 있는 비행은?
① 수직착륙
② 정지 비행
③ 수직이륙
④ 선회비행

해설 오토자이로는 헬리콥터처럼 공중에서 정지 비행을 할 수는 없지만 비행기보다 훨씬 짧은 이·착륙거리와 작은 실속속도를 갖는다.

5. 헬리콥터의 전진비행 시 양력의 비대칭 현상을 제거해 주는 주 회전날개 깃의 운동을 무엇이라 하는가?
① 페더링 운동
② 플래핑 운동
③ 주기 피치 운동
④ 동시 피치 운동

6. 헬리콥터 플래핑 힌지(flapping hinge)의 주된 목적은?
① 회전날개의 깃이 회전면 안에서 앞뒤로 움직일 수 있도록 한다.
② 회전날개의 깃이 회전면 안에서 앞뒤 방향으로 과도하게 움직이는 것을 방지한다.
③ 회전날개 면에서의 양력 불균형 현상을 제거한다.
④ 회전날개의 깃이 상하 방향으로 움직이는 것을 방지한다.

해설 플래핑 힌지 : 수평축(X-X축)에 대해 회전날개 깃이 자유롭게 움직일 수 있도록 하며, 전진하는 깃과 후퇴하는 깃의 양력 불균형을 해소한다.

7. 헬리콥터의 날개에 장착된 장치로 좌우 불균형 상태인 양력의 비대칭 현상을 방지하기 위한 것은?
① 페더링 축
② 회전 경사판
③ 플래핑 힌지
④ 주기적 피치 제어 간

8. 헬리콥터 리드-래그 힌지(lead-lag hinge)를 장착하는 가장 큰 목적은?
① 정적인 균형을 유지하기 위하여
② 동적인 불균형을 제거하기 위하여
③ 기하학적 불평형을 제거하기 위하여
④ 회전날개 깃 끝에 발생되는 굽힘 모멘트를 제거하기 위하여

정답 1. ① 2. ④ 3. ④ 4. ④ 5. ② 6. ③ 7. ③ 8. ③

해설 리드-래그 힌지 : 헬리콥터의 회전날개가 회전할 때 회전면 내에서 앞뒤 방향으로 움직일수 있도록 하기 위한, 회전축에 연결되는 부분의 모양을 나타낸 것으로 코리올리 효과에 의한 회전날개의 기하학적 불균형을 해소한다.

9. 헬리콥터에서 리드-래그 힌지 감쇠기를 설치하는 가장 큰 이유는 무엇인가?

① 회전면 내에 발생하는 진동을 감소시키기 위해
② 뿌리 부분에 발생하는 굽힘력을 감소시키기 위해
③ 돌풍에 의한 영향을 감소시키기 위해
④ 기하학적인 불평형을 감소하기 위해

10. 헬리콥터 로터 조종 기구인 사이클릭 (cyclic) 조종간과 컬렉티브 (collective) 조종간에 연결되어 로터 깃 각을 변경시키는 장치는 어느 것인가?

① 댐퍼(damper)
② 에일러론(aileron)
③ 회전 경사판(swash plate)
④ 수직 안정판(vertical stabilizer)

11. 헬리콥터에서 회전날개가 최대 양력계수를 발생시키는 받음각보다 큰 값으로 회전 시 회전날개 안쪽 25 % 정도의 영역을 무엇이라 하는가?

① 실속 영역
② 와류 영역
③ 항력 영역
④ 양력 영역

12. 다음 중 헬리콥터에서 자동회전(autorotation)이란 어느 것인가?

① 꼬리 회전날개에 의해 항공기의 방향 조종을 하는 것이다.
② 주회전날개의 반작용 토크에 의해 항공기 기체가 자동적으로 회전하려는 경향이다.

③ 회전날개 축에 토크가 작용하지 않는 상태에서도 일정한 회전수를 유지하는 것이다.
④ 전진하는 깃(blade)과 후퇴하는 깃의 양력 차이에 의하여 항공기 자세에 불균형이 생기는 것이다.

13. 헬리콥터의 기관이 정지하여 자동회전을 할 경우 회전날개의 회전수는 어떻게 변화되는가?

① 지속적으로 감소한다.
② 지속적으로 증가한다.
③ 일정 높이까지 감소되면서 하강하고 그 후 일정하게 증가한다.
④ 일정 높이까지는 감소되면서 하강하고 그 후 일정 속도를 유지한다.

해설 자동회전 : 기관이 정지하여 프로펠러가 자동회전의 원리를 통해 하강하면서 회전날개의 회전수가 감소하기 시작하여 일정한 상태에서 더 이상 회전수가 감소하지 않고 일정한 하강률이 되어 안전하게 착륙하게 된다.

14. 전진속도가 없을 때 헬리콥터의 자동회전에 대한 설명으로 틀린 것은?

① 기관의 정지 시의 비행이다.
② 점차 일정한 속도로 하강한다.
③ 자동회전의 회전은 풍차가 돌아가는 원리와 같다.
④ 자동회전에 의한 항력은 같은 면적의 낙하산 항력의 2배이다.

15. 회전날개의 축에 토크가 작용하지 않은 상태에서도 일정한 회전수를 유지하게 되는 것은 어느 것인가?

① 정지 비행 (hovering)
② 조파항력 (wave drag)
③ 자동회전 (auto rotation
④ 지면 효과 (ground effect)

정답 ▶ **9.** ① **10.** ③ **11.** ① **12.** ③ **13.** ④ **14.** ④ **15.** ③

16. 회전날개 항공기도 고정날개 항공기와 마찬가지로 이·착륙 시 지면과 가까워지면 회전날개의 유도속도가 감소하여 양력이 증가하는데 이런 현상을 무엇이라 하는가?
① 실속
② 턱 언더
③ 지면 효과
④ 자동회전

17. 헬리콥터의 지면 효과가 있을 때 일어나는 현상으로 틀린 것은?
① 양력의 크기가 증가한다.
② 항력의 크기가 증가한다.
③ 회전날개 깃의 받음각이 증가하게 된다.
④ 같은 기관의 출력으로 많은 무게를 지탱할 수 있다.

18. 헬리콥터의 지면 효과와 관련하여 가장 옳은 것은?
① 지면 효과에 의해 회전날개 후류의 속도는 급격하게 증가되고 압력은 감소한다.
② 같은 마력일 경우 지면 효과가 나타나는 낮은 고도에서 더 많은 무게를 지탱할 수 있다.
③ 지면 효과가 양력 감소 현상을 초래하기는 하지만 항공기의 진동을 감소시키는 등 긍정적인 면도 있다.
④ 지면 효과는 양력의 급격한 감소 현상과 같은 헬리콥터의 비행성능에 항상 불리한 영향을 미친다.

해설 지면 효과 : 회전날개면이 회전날개의 반지름 정도의 높이에 있는 경우에 지면 효과에 의한 추력의 증가는 5~10 % 정도이다.

19. 헬리콥터의 지면 효과에 대한 설명으로 틀린 것은?
① 회전면의 고도가 회전날개의 지름보다 더 크게 되면 지면 효과가 없어진다.
② 회전날개 회전면의 고도가 회전날개의 반지름 정도에 있을 때 생긴다.
③ 지면 효과가 있는 경우 날개 회전면에서의 유도속도는 지면 효과가 없는 경우에 비해 줄어든다.
④ 지면 효과가 있는 경우 같은 기관의 출력으로 더 많은 중량을 지탱할 수 없다.

20. 다음 중 지면 효과가 발생하지 않는 것은?
① 착륙하고 있는 항공기
② 지면 가까이에서 비행하는 비행기
③ 사막지형에서 수직하강하고 있는 항공기
④ 지면 가까이에서 정지 비행을 하는 헬리콥터

21. 다음 중 헬리콥터와 제트기관 항공기에서 모두 발생하는 현상은?
① 플래핑(flapping)
② 페더링(feathering)
③ 지면 효과(ground effect)
④ 자동회전(auto rotation)

22. 헬리콥터에서 후퇴하는 깃의 성능을 좋게 하기 위한 방법으로 가장 옳은 것은?
① 캠버가 없어야 한다.
② 작은 받음각을 가져야 한다.
③ 깃이 얇고 캠버가 작아야 한다.
④ 깃이 두껍고 캠버가 커야 한다.

해설 전진하는 깃은 작은 받음각에서 큰 항력 발산 마하수를 가지도록 깃이 얇아야 하고, 캠버가 없어야 하는데 비행, 후퇴하는 깃에서는 적당한 마하수에서 큰 실속 받음각을 가져야 하며, 이것은 물리적으로 깃이 두껍고 캠버가 커야 함을 의미한다.

23. 헬리콥터가 비행기와 같은 고속도를 낼 수 없는 원인으로 가장 거리가 먼 것은?
① 회전하는 날개깃의 수가 많기 때문이다.
② 후퇴하는 깃 뿌리의 역풍 범위가 속도에

따라 증가하기 때문이다.

③ 전진하는 깃 끝의 마하수가 1 이상이 되면 깃에 충격 실속이 생기기 때문이다.

④ 후퇴하는 깃의 날개 끝에 실속이 발생하기 때문이다.

24. 헬리콥터 날개깃에 충격 실속이 발생하기 시작하는 마하수(M)로 옳은 것은?

① 0.3　　　　　② 0.5

③ 0.7　　　　　④ 1.0

25. 헬리콥터가 수평 최대 속도인 경우 이용마력과 필요마력의 관계를 옳게 나타낸 것은 어느 것인가?

① 이용마력 = 필요마력

② 이용마력 > 필요마력

③ 이용마력 ≧ 필요마력

④ 이용마력 < 필요마력

정답 ● **24.** ④　**25.** ①

5-4　헬리콥터의 안정 및 조종

(1) 헬리콥터의 균형(trim)

직교하는 3개의 축에 대하여 힘과 모멘트의 합이 각각 0이다.

(2) 헬리콥터의 세로 균형

주기적 피치 제어간과 동시 피치 제어간을 사용하여 세로 균형을 잡는다.

① 주기적 피치 제어간(cyclic pitch control lever) : 주회전날개의 피치를 주기적으로 변하게 하면서 회전 경사판을 경사지게 하여 추력의 방향을 경사지게 함으로써 전진, 후진, 횡진 비행을 할 수 있게 한다.

② 동시 피치 제어간(collective pitch control lever) : 주회전날개의 피치를 동시에 크게 하거나 작게 해서 기체를 수직으로 상승, 하강시킨다.

(3) 헬리콥터의 가로 및 방향 균형

주기적 피치 제어간과 페달을 사용하여 균형을 잡는다.

• 페달(pedal) : 주회전날개가 회전함으로써 발생되는 토크를 상쇄하기 위하여 꼬리 회전날개의 피치를 조절하는 것으로 단일 회전날개 헬리콥터에서는 페달을 밟게 되면 꼬리 회전날개의 피치가 조절되어 방향이 조종된다.

(4) 헬리콥터의 조종

① 수직 방향 조종 : 동시 피치 제어간을 위아래로 변화시켜 조종한다.

② 수평 방향 조종 : 주기적 피치 제어간을 움직여 조종한다.

③ 좌우 방향 조종 : 페달을 밟아서 조종한다.

예상문제

1. 헬리콥터에서 균형(trim)의 의미를 가장 올바르게 설명한 것은?

① 직교하는 2개의 축에 대하여 힘의 합이 "0"이 되는 것
② 직교하는 2개의 축에 대하여 힘과 모멘트의 합이 각각 "1"이 되는 것
③ 직교하는 3개의 축에 대하여 힘과 모멘트의 합이 각각 "0"이 되는 것
④ 직교하는 3개의 축에 대하여 모든 방향의 힘의 합이 "1"이 되는 것

2. 헬리콥터에서 주기적 피치 제어간(cyclic pitch control lever)을 사용하여 조종할 수 없는 비행은 어느 것인가?

① 전진비행 ② 상승비행
③ 측면비행 ④ 후퇴비행

3. 일반적으로 헬리콥터의 수평방향 전후, 좌우 조종은 어느 것으로 하는가?

① 페달 조종 ② 동시 피치 조종
③ 스로틀 조종 ④ 주기적 피치 조종

4. 헬리콥터에서 주회전날개의 피치를 동시에 크게 하거나 작게 해서 수직으로 상승·하강시키는 조종장치는?

① 꼬리날개
② 동시 피치 제어간
③ 방향 페달
④ 주기적 피치 제어간

5. 헬리콥터의 조종에서 회전날개의 피치를 동시에 증가 또는 감소되도록 조작하는 장치는?

① 페달
② 주기적 피치 제어간
③ 리드 래그 힌지
④ 동시 피치 제어간

해설 동시 피치 제어간(collective pitch control lever) : 스워시 플레이트를 위아래로 움직여 주회전날개의 모든 깃의 피치각을 동시에 증감시킴으로써 양력의 증감에 의해 헬리콥터가 상승, 하강운동을 하도록 한다.

6. 헬리콥터의 동시 피치 제어간(collective pitch control lever)을 위로 움직이면 어떤 현상이 발생하는가?

① 회전날개의 피치가 증가한다.
② 회전날개의 피치가 감소한다.
③ 헬리콥터의 고도가 낮아진다.
④ 회전날개가 플래핑을 감소시킨다.

해설 동시 피치 제어간을 위로 올리면 회전날개의 피치각이 동시에 증가되며, 수직방향의 힘이 증가되므로, 수직으로 상승한다.

7. 헬리콥터의 좌우 방향을 조절하는 데 사용되는 것은?

① 꼬리날개 ② 동시 피치 제어간
③ 방향 페달 ④ 주기적 피치 제어간

8. 주회전날개의 회전에 의해 발생되는 토크(torque)를 상쇄하고 방향을 조종하는 것은?

① 허브(hub) ② 꼬리 회전날개
③ 플랜지 힌지 ④ 리드 래그 힌지

9. 헬리콥터 조종장치 페달은 주회전날개가 회전함으로써 발생되는 토크를 상쇄하기 위하여 꼬리 회전날개의 무엇을 조절하는가?

① 코드 ② 피치 ③ 캠버 ④ 두께

해설 헬리콥터의 방향 조종 : 단일 회전날개의 경우 꼬리 회전날개의 피치각을 조절하여 방향을 조종하고, 회전날개가 두 개인 헬리콥터의 경우에는 한쪽 회전날개의 피치를 조절하여 방향을 조종한다.

정답 ▶ **1.** ③ **2.** ② **3.** ④ **4.** ② **5.** ④ **6.** ① **7.** ③ **8.** ② **9.** ②

CHAPTER 06 프로펠러의 추진 원리

6-1 프로펠러의 추진 원리

1 프로펠러에 작용하는 힘과 응력

(1) 추력과 휨 응력

① 추력 : 프로펠러가 회전하는 동안 깃의 윗면 쪽으로 공기의 힘이 생겨 깃을 앞으로 전진하게 하는 힘을 말한다.

② 추력에 의한 휨 응력 : 프로펠러 추력에 의해 프로펠러 깃은 앞으로 휘어지는 휨 응력을 받는다. 휨 응력은 원심력과 상쇄되어 실제로는 휨 현상이 크지 않다.

(2) 원심력과 인장 응력

① 원심력 : 프로펠러의 회전에 의해 깃을 허브(hub) 중심에서 밖으로 빠져나가게 하는 힘을 말한다.

② 원심력에 의한 인장 응력 : 원심력에 의해 프로펠러는 인장 응력을 받는다. 이 힘을 이겨 내기 위해 허브 부분으로 갈수록 단면적이 크도록 만든다.

(3) 비틀림과 비틀림 응력

① 비틀림 : 깃에 작용하는 공기의 합성속도가 프로펠러 중심축의 방향과 같지 않기 때문에 깃을 비틀려고 하는 힘이다.

② 비틀림에 의한 비틀림 응력

㉮ 공기력 비틀림 모멘트 : 깃이 회전할 때에 풍압 중심이 깃의 앞전 쪽에 있어 깃의 피치를 크게 하려는 방향으로 작용한다.

㉯ 원심력 비틀림 모멘트 : 깃이 회전하는 동안 원심력이 작용하여 깃의 피치를 작게 하려는 방향으로 작용한다.

2 프로펠러 각

(1) 깃 각(blade angle)

비행기 날개의 붙임각과 같은 것으로 깃의 회전면과 시위선이 이루는 각

(2) 피치각(유입각)

비행속도와 깃의 회전 선속도를 합한 합성속도와 회전면이 이루는 각

(3) 받음각

깃 각에서 유입각을 뺀 각(깃 각-유입각)

(4) 회전면(blade disk) : 깃의 회전으로 생기는 원

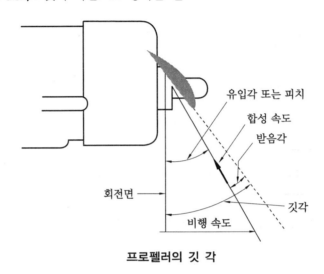

유입각 또는 피치

합성 속도

받음각

회전면

깃각

비행 속도

프로펠러의 깃 각

❸ 프로펠러 특성

프로펠러 깃 각은 깃 뿌리에서 깃 끝으로 갈수록 작아진다.

(1) 기하학적 피치(G.P : geometric pitch)

프로펠러 깃을 한 바퀴 회전시켰을 때 앞으로 전진할 수 있는 이론적인 거리를 말한다.

$$G.P = 2\pi r \cdot \tan\beta \qquad 여기서, \ \beta : 깃 각$$

프로펠러 깃의 길이에 따라 깃 각이 일정하다면, 기하하적 피치는 깃 끝으로 갈수록 커지므로, 1회전하는 동안에 도달거리를 같게 하려면 깃 끝으로 갈수록 깃 각이 작아지도록 비틀려지도록 해야 한다.

(2) 유효 피치(E.P : effective pitch)

공기 중에서 프로펠러가 1회전 시 실제로 비행기가 전진한 거리를 말한다.

$$E.P = V \times \left(\frac{60}{n}\right) \qquad 여기서, \ V : 비행속도, \ n : 회전속도(rpm)$$

(3) 프로펠러 슬립(slip)

$$프로펠러 \ 슬립(slip) = \frac{G.P - E.P}{G.P} \times 100 \ \%$$

(4) 프로펠러 추력(T)

$$T = C_t \rho n^2 D^4$$

여기서, C_t : 추력계수, ρ : 공기 밀도, n : 초당 회전수, D : 프로펠러의 지름

(5) 프로펠러의 토크(회전력, Q)

$$Q = C_q \rho n^2 D^5$$ 여기서, C_q : 토크계수

(6) 프로펠러에 전달된 동력(P)

$$P = Q \cdot \omega = Q \cdot 2\pi n = C_p \rho n^3 D^5$$ 여기서, C_p : 동력계수

(7) 진행률(J)

비행속도와 깃의 선속도(회전속도)의 비를 말한다.

$$J = \frac{V}{nD}$$

(8) 프로펠러의 효율(η_p)

기관으로부터 프로펠러에 전달된 축동력(P)과 프로펠러가 발생한 추력(T)과 비행속도(V)의 곱으로 나타내는 프로펠러가 발생한 출력의 비이다.

$$\eta_P = \frac{T \cdot V}{P} = \frac{C_t}{C_p} \cdot \frac{V}{nD}$$

예상문제

1. 다음 중 회전하는 프로펠러에 작용하는 힘이 아닌 것은?
① 추력　② 원심력
③ 표면장력　④ 비틀림

2. 프로펠러 깃에 의해 발생하는 공기력 중 비행기의 진행 방향으로 평행하게 발생하는 힘은 어느 것인가?
① 추력　② 저항력
③ 비틀림 모멘트　④ 원심력

3. 프로펠러 깃 자신만의 원심력으로 인해 발생하는 비틀림 모멘트의 특성으로 옳은 것은?
① 깃의 무게 중심을 깃 끝 방향으로 이동시

키는 경향을 나타낸다.
② 깃의 무게 중심을 깃 뿌리 방향으로 이동시키는 경향을 나타낸다.
③ 깃의 깃 각을 증가시키는 경향을 나타낸다.
④ 깃의 깃 각을 감소시키는 경향을 나타낸다.

4. 프로펠러 깃의 압력 중심의 기본적인 위치를 나타낸 것으로 옳은 것은?
① 깃 끝 부근　② 깃 뿌리 부근
③ 깃의 뒷전 부근　④ 깃의 앞전 부근

5. 프로펠러 깃의 풍압 중심의 기본적인 위치를 나타낸 것으로 옳은 것은?
① 깃 끝 부근　② 깃의 앞전 부근

정답 → **1.** ③ **2.** ① **3.** ④ **4.** ④ **5.** ②

③ 깃 뿌리 앞전 부근   ④ 깃의 뒷전 부근

6. 프로펠러의 회전속도에 비해 비행속도가 아주 빠른 하강비행 시 풍압 중심은 어느 쪽으로 이동하는가?

① 깃의 끝 방향   ② 깃의 앞전 방향
③ 깃의 뿌리 방향   ④ 깃의 뒷전 방향

해설 풍압 중심은 받음각이 커지면 앞전 방향으로 이동하고, 작아지거나 급강하 시 깃의 뒷전 방향으로 이동한다.

7. 다음 중 프로펠러 깃의 시위방향의 압력중심(C.P) 위치에 의해 주로 발생되는 모멘트로 가장 옳은 것은?

① 공기력에 의한 굽힘 모멘트
② 공기력에 의한 비틀림 모멘트
③ 회전력에 의한 굽힘 모멘
④ 회전력에 의한 비틀림 모멘트

8. 프로펠러 깃의 시위선과 깃의 회전면이 이루는 각을 무엇이라고 하는가?

① 깃 각(blade angle)
② 유입각(flow angle)
③ 받음각(angle of attack)
④ 피치각(pitch angle)

9. 프로펠러 깃 각(blade angle)을 가장 올바르게 설명한 것은?

① 프로펠러의 허브와 캠버선이 이루는 각
② 프로펠러의 허브와 시위선이 이루는 각
③ 프로펠러의 회전면과 시위선이 이루는 각
④ 프로펠러의 회전면과 캠버선이 이루는 각

10. 다음 중 프로펠러 깃의 피치각(pitch angle)과 동일한 각은?

① 깃 각   ② 유입각
③ 받음각   ④ 붙임각

11. 프로펠러 깃의 받음각(α)과 깃각(β) 및 피치각(ϕ)의 관계를 옳게 나타낸 것은?

① $\alpha = \phi - \beta$ ② $\alpha = \beta - \phi$
③ $\alpha = 2\phi - \beta$ ④ $\alpha = 2\beta - \phi$

해설 받음각(α) = 깃각(β) - 피치각(ϕ)

12. 프로펠러 반지름이 1 m, 기하학적 피치(G.P)가 6.28 m일 때, 이 프로펠러의 깃 각은 약 몇 도인가?

① 30°   ② 45°
③ 60°   ④ 75°

해설 기하학적 피치(G.P)

$G.P = 2\pi r \tan\beta$에서

$$\tan\beta = \left(\frac{G.P}{2\pi r}\right) = \frac{6.28}{2 \times 3.14 \times 1} = 1$$

$\beta = \tan^{-1}(1) = 45°$

13. 프로펠러 깃 뿌리로부터 깃 끝까지 프로펠러 깃의 기하학적 피치를 균일하게 하기 위한 조치로 가장 옳은 것은?

① 깃 각을 변화시킨다.
② 빗김각을 변화시킨다.
③ 유입각을 변화시킨다.
④ 받음각을 변화시킨다.

14. 프로펠러에 관한 다음 설명 중 틀린 것은?

① 프로펠러의 유효 피치는 기하학적 피치보다 클 수 없다.
② 프로펠러 깃의 실제 진행 궤적과 깃 회전면과의 사이각을 깃 각(blade angle)이라 한다.
③ 슬립이란 기하학적 피치와 유효 피치의 차이를 기하학적 피치에 대한 백분율로 나타낸 것이다.
④ 실제 공기 중을 프로펠러가 1회전할 때 실제로 비행기가 진행한 거리를 유효 피치라고 한다.

해설 깃 각 : 비행기 날개의 붙임각과 같은 것으로 회전면과 깃의 시위선이 이루는 각

15. 프로펠러에서 유효 피치를 가장 옳게 설명한 것은?

① 비행기가 최저속도에서 프로펠러가 1초간 전진한 거리
② 비행기가 최고속도에서 프로펠러가 1초간 전진한 거리
③ 공기 중에서 프로펠러가 1회전할 때 실제로 전진한 거리
④ 공기를 강체로 가정하고 프로펠러가 1회전할 때 이론적으로 전진한 거리

해설 유효 피치 : 프로펠러가 1회전 시 실제 비행기의 전진 거리

$$유효 \ 피치 = V \times \left(\frac{60}{n} \right)$$

16. 실제 공기 중에서 프로펠러 1회전당 깃이 진행한 거리를 무엇이라 하는가?

① 유효 피치(effective pitch)
② 산술적 피치(arithmetic pitch)
③ 기하학적 피치(geometric pitch)
④ 평균 공력 피치(mean aerodynamic pitch)

17. 그림같이 각각의 1회전당 이동거리를 갖는 (a), (b) 두 프로펠러를 비교한 설명으로 옳은 것은?

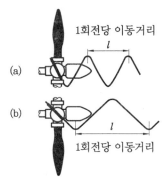

① (a)프로펠러의 피치각이 (b)프로펠러보다

작다.
② (a)프로펠러의 피치각이 (b)프로펠러보다 크다.
③ 거리와 상관없이 (a)프로펠러가 (b)프로펠러보다 회전속도가 항상 빠르다.
④ 동일한 회전속도로 구동하는 데 있어 (a)프로펠러에 더 많은 동력이 요구된다.

해설 프로펠러가 1회전하였을 때 전진한 거리를 피치라 한다. 피치각이 작다면 1회전했을 때의 거리가 작다.

18. 프로펠러의 유효 피치(effective pitch)를 나타낸 식으로 옳은 것은 어느 것인가? (단, 비행기 속도(m/s)는 V, 프로펠러 회전수 (rpm)는 n이다.)

① $\dfrac{2\pi n}{60 V}$ 　　② $\dfrac{60 V}{2\pi n}$

③ $\dfrac{n}{60 V}$ 　　④ $\dfrac{60 V}{n}$

19. 프로펠러 회전수(rpm)가 n일 때, 프로펠러가 1회전하는 데 소요되는 시간(s)을 나타낸 식으로 옳은 것은?

① $\dfrac{60}{n}$ 　　② $\dfrac{n}{60}$

③ $\dfrac{60}{2\pi n}$ 　　④ $\dfrac{2\pi n}{60}$

20. 프로펠러 진행률 $(J) = \dfrac{V}{nD}$에서 n이 의미하는 것은?

① 프로펠러의 날개 수
② 프로펠러의 회전 반지름
③ 프로펠러의 1초당 회전수
④ 프로펠러의 1초당 회전거리

해설 진행률 (J) : 깃의 선속도, 즉 회전속도 (rpm)와 비행속도와의 비

정답 ● 15. ③　16. ①　17. ①　18. ④　19. ①　20. ③

21. 프로펠러 비행기의 비행속도가 98.4 m/s 이고, 프로펠러의 회전수가 1250 rpm, 프로펠러 지름이 3.4 m일 때 이 프로펠러의 진행률은 약 얼마인가?

① 0.98   ② 1.08
③ 1.39   ④ 2.43

해설 진행률(J)

$$= \frac{V}{nD} = \frac{98.4}{\left(\frac{1250}{60}\right) \times 3.4} = 1.39$$

22. 프로펠러 깃의 선속도가 300 m/s이고, 프로펠러의 진행률이 2.2일 때, 이 프로펠러 비행기의 비행속도는 약 몇 m/s인가?

① 210   ② 240
③ 270   ④ 310

해설 $J = \dfrac{V}{nD}$ 에서

$$V = JnD = 2.2 \times \frac{300}{\pi} = 210 \,\mathrm{m/s}$$

여기서, 선속도(V_r) $= 2\pi nR = \pi nD$ 에서

$$nD = \frac{V_r}{\pi} \text{ 이다.}$$

23. 프로펠러 허브(hub) 중심에서 반지름 R [m]만큼 떨어진 위치에서 선속도 V [m/min] 와 프로펠러 회전수 n [rpm]의 관계로 옳은 것은?

① $V = \dfrac{2\pi nR}{60}$ ② $V = 2\pi nR$

③ $V = \dfrac{2\pi n \times 60}{R}$ ④ $V = \dfrac{2\pi n}{R}$

24. 프로펠러 회전력 Q[kgf·m]을 구하는 식으로 옳은 것은? (단, 기관의 출력 P[HP], 각속도 ω[rad/s], 회전수 N[rpm]이다.)

① $\dfrac{75P}{\omega}$ ② $\dfrac{P}{75\omega}$

③ $\dfrac{75P}{N}$ ④ $\dfrac{P}{75N}$

해설 $P = \dfrac{Q\omega}{75}$, $Q = \dfrac{75P}{\omega}$

25. 프로펠러의 자이로 모멘트(gyro moment) 특성은 자이로 스코프의 어떤 특성에 기인하는가?

① 강직성(rigidity)
② 진자 효과(pendulum effect)
③ 섭동성(precession)
④ 회전 효과(rotation effect)

해설 섭동성(precession, 세차성) : 자이로가 회전하고 있을 때 회전자의 어떠한 점에 힘을 가하면 90도 진행된 점에 힘이 가해지는 것 같이 작용하는 것처럼 기울어져서 회전하게 된다.

26. 단발 프로펠러 비행기의 프로펠러 회전방향이 항공기 뒤쪽에서 보아 시계방향으로 회전한다. 이 비행기가 상승하려 할 때, 프로펠러의 자이로 모멘트에 의해 비행기는 어느 쪽으로 회전하려는 특성을 갖는가?

① 위쪽   ② 아래쪽
③ 오른쪽   ④ 왼쪽

해설 프로펠러 후류의 영향 : 프로펠러가 오른쪽으로 회전하는 단발 비행기에서는 기류가 수직 꼬리날개의 왼쪽 부분에 닿고 그 때문에 비행기의 기수는 오른쪽으로 흔들린다.

27. 속도 V로 비행하고 있는 프로펠러 항공기에서 프로펠러 추진 효율이 가장 좋은 이론적인 조건은? (단, u는 프로펠러에 의해 단위시간에 작용을 받은 공기가 얻은 속도이다.)

① $V > u$
② $V = u$
③ $V < u$
④ $V = u = 1$

정답 ► 21. ③ 22. ① 23. ② 24. ① 25. ③ 26. ③ 27. ①

2 PART

항공기 정비

CHAPTER 01 정비의 개요

1-1 정비의 개념

(1) 정비의 개념

① 감항성(airworthiness) : 항공기가 운항 중에 고장 없이 그 기능을 정확하고 안전하게 발휘할 수 있는 능력

② 정비 : 감항성을 유지하기 위한 행위

(2) 정비의 목적

정비는 안전성, 정시성, 쾌적성 및 경제성을 목표로 항공기와 그 부품의 기능을 유지 및 향상시키는 것을 말한다.

① 안전성 : 부품과 구성품 등은 성능 검사가 이루어져 안전성을 확인한 다음 항공기에 사용한다.

② 정시성 : 정비계획의 정확성을 유지하고, 항공기의 고장을 예방하기 위해 적절한 정비가 수행되어 계획된 시간에 차질 없이 운항되도록 하는 것

③ 쾌적성 : 승객의 만족도를 높이기 위해 항공기 내외를 깨끗하게 유지하여 미관상 불쾌하지 않도록 하는 것

④ 경제성 : 최소의 경비로 최대의 효과를 얻을 수 있도록 항공기를 운영하는 것

(3) 정비 관련 용어의 정의

① 결함(squawks) : 항공기의 구성품 또는 부품의 고장으로 계통이 비정상적으로 작동하는 상태

② 기능 불량(malfunction) : 항공기의 부품 또는 구성품이 목적한 기능을 상실하는 것

③ 기체 구조(structure) : 공중 또는 지상에서 기체를 지지하여 공기역학적 외형을 유지하며 탑재물과 장비 등을 수용한다.

④ 구성품(component) : 각 계통에 사용되고 있는 특정한 기능을 가진 부품으로서, 필요할 때 떼어내거나 부착할 수 있으며, 액세서리, 유닛(unit) 등이 있다.

⑤ 단위 구성품(unit) : 특정한 작업을 할 수 있도록 고안된 구조 및 각종 계통에서 구별이 가능한 단위 부품

⑥ 부품(part) : 항공기의 일부분을 구성하고 있는 것으로 특정 형태를 유지하고 있어 단독으

로 떼어내거나 또는 부착이 가능하지만, 분해하면 본래 기능을 상실한다.

⑦ 분해 점검(disassembly check) : 구성품이 지침서에 명시된 허용 한계값 이내인지를 확인하기 위해 분해, 검사 및 점검을 하는 것

⑧ 비행시간(time in service) : 항공기가 비행을 목적으로 주기장에 자력으로 움직이기 시작한 순간부터 착륙하여 정지할 때까지의 시간

⑨ 사용 한계(time limit) : 사용 기간에 따른 수리, 폐기 등의 기간

⑩ 수리(repair) : 고장이나 파손된 상태를 본래의 상태로 회복시키는 것

⑪ 오버홀(overhaul) : 기체, 기관 및 장비 등을 완전 분해하여 작업 공정을 거쳐서 재조립하여 사용시간이 0이 되게 하는 작업

⑫ 정비 이월(carry over) : 계류 시간, 구성품 및 부품 부족, 기술력의 부족 등으로 감항성에 영향을 주지 않는 범위 내에서 규정에 의거하여 정비작업을 다음 정비기지나 이후 정시 점검 시까지 보류하는 것

⑬ 하드타임(hard time) : 사용 시간 한계를 정한 것으로 정기적으로 분해, 수리 또는 폐기할 수 있는 구성품이나 부품 등에 적용한다.

⑭ 기지(station) : 항공기가 발착하는 지점으로 출발기지, 중도 기항기지, 종착 기지 및 반환 기지 등으로 분류된다.

예상문제

1. 항공기가 운항 중에 고장 없이 그 기능을 정확하고 안전하게 발휘할 수 있는 능력을 무엇이라 하는가?
① 감항성
② 쾌적성
③ 정시성
④ 경제성

2. 다음 중 감항성에 대한 설명으로 가장 옳은 것은?
① 쉽게 장·탈착할 수 있는 종합적인 부품 정비
② 항공기에 발생되는 고장 요인을 미리 발견하는 것
③ 항공기가 운항 중에 고장 없이 그 기능을 정확하고 안전하게 발휘할 수 있는 능력
④ 제한 시간에 도달되면 항공 기재의 상태와 관계없이 점검과 검사를 수행하는 것

3. 항공기의 감항성에 대하여 중요성을 가장 옳게 설명한 것은?
① 항공기의 속도, 고도 등의 비행 특성을 알기 위한 표시 규정상의 기준
② 항공기 기관의 구조 및 성능의 특성을 표시하기 위한 제작 회사의 표시 기준
③ 항공기에 의한 여객 및 화물을 안전하게 수송할 수 있는 항공 운항상의 기준
④ 항공기의 강도, 구조 성능에 관한 안전성을 확보하기 위한 기술상의 기준

4. 항공기가 안전하게 비행할 수 있는 성능이 있다는 것을 증명하는 것은?
① 품질 보증서
② 형식 증명서
③ 감항 증명서
④ 제작 증명서

정답 ► **1.** ① **2.** ③ **3.** ④ **4.** ③

5. '감항성은 항공기가 비행에 적합한 안전성 및 신뢰성이 있는지의 여부를 말하는 것이다.' 에서 밑줄 친 감항성을 영어로 옳게 표시한 것은 어느 것인가?

① maintenance
② comfort ability
③ inspection
④ airworthiness

6. 항공기 또는 그 부품 및 장비의 손상이나 기능 불량 등을 원래의 상태로 회복시키는 작업에 해당하는 것은?

① 항공기 수리   ② 항공기 검사
③ 항공기 개조   ④ 항공기 점검

7. 다음 중 항공기의 감항성을 유지하기 위한 행위에 해당하는 것은?

① 항공기 제작   ② 항공기 개발
③ 항공기 시험   ④ 항공기 정비

8. 정비의 개념에 대한 설명으로 틀린 것은?

① 항공기의 감항성을 유지하기 위한 행위이다.
② 사용 중 발생한 고장이나 불량 상태를 회복시키는 행위이다.
③ 고장의 발생 요인을 미리 발견하여 제거함으로써 완전한 기능을 유지시키는 행위이다.
④ 점검 및 검사는 포함되지만 각종 유류를 보급하는 행위는 대상에서 제외된다.

9. 다음 중 항공기 정비의 목적으로 틀린 것은?

① 청결과 미관상의 상태를 개선함으로써 승객에게 쾌적성을 제공해 줄 수 있어야 한다.
② 항공 정비 인력의 탄력적인 운용을 할 수 있도록 한다.
③ 운항에 저해가 되는 고장의 원인을 미리 제거함으로써 정시성을 확보한다.
④ 항공기의 강도, 구조, 성능에 관한 안전성

이 확보되도록 한다.

10. 항공기의 일반적인 정비 목표에 해당되지 않는 것은?

① 안전성   ② 정시성
③ 쾌적성   ④ 효용성

11. 정비계획의 정확성을 유지하고, 항공기의 고장을 예방하기 위해 철저한 정비가 수행되어 계획된 시간에 차질 없이 운항되도록 하기 위한 정비 목적은?

① 정시성   ② 안전성
③ 쾌적성   ④ 경제성

12. 최소의 경비로 최대의 효과를 얻을 수 있도록 항공기를 운영하는 정비 목적은 어느 것인가?

① 정시성   ② 안정성
③ 쾌적성   ④ 경제성

13. 항공기 정비의 목적 중 쾌적성에 대한 설명으로 옳은 것은?

① 승객에게 만족과 신뢰감을 주기 위해 안전 상태를 최대한 유지하는 것
② 승객에게 만족과 신뢰감을 주기 위해 청결과 미관상태를 최대한 유지하는 것
③ 승객에게 만족과 신뢰감을 주기 위한 효율적 정비작업의 서비스
④ 승객이 필요한 시간에 항공기를 이용할 수 있도록 항공기를 정비하는 것

14. 항공기에 관한 영문 용어가 한글과 옳게 짝지어진 것은?

① airframe – 원동기
② unit – 단위 구성품
③ structure – 장비품
④ power plant – 기체 구조

정답 ◦ **5.** ④ **6.** ① **7.** ④ **8.** ④ **9.** ② **10.** ④ **11.** ① **12.** ④ **13.** ② **14.** ②

15. 항공기 정비 관련 용어를 옳게 설명한 것은?

① 항공기 구성품이 파손된 상태를 기능 불량이라 한다.

② 항공기가 이륙부터 착륙할 때까지의 경과된 시간을 비행시간이라 한다.

③ 항공기 구성품의 고장으로 계통이 비정상적으로 작동하는 상태를 기능 불량이라 한다.

④ 항공기 바퀴가 자력으로 굴러서(출발지에서부터) 자력으로 멈출 때(도착지에서)까지의 경과된 시간을 비행시간이라 한다.

16. 다음 중 정비 관련 용어의 정의를 옳게 설명한 것은?

① 결함(squawks)은 항공기 구성품이 목적한 기능을 상실하는 것이다.

② 기능 불량(malfunction)은 항공기의 구성품 고장으로 계통이 비정상적으로 작동하는 상태이다.

③ 정비 이월(carry over)은 일정 기간 동안 사용한 후 수리하거나 폐기하는 것이다.

④ 하드타임(hard time)은 구성품의 사용 시간 한계를 정하는 것이다.

17. 항공기 정비와 관련된 용어를 설명한 것으로 옳은 것은?

① 사용 시간 한계를 정해 놓은 것을 하드타임이라 한다.

② 항공기 기관이 작동하면서부터 멈출 때까지의 총 시간을 항공기의 비행시간이라 한다.

③ 항공기의 부품 또는 구성품이 목적한 기능을 상실하는 것을 결함이라 한다.

④ 항공기의 구성품 또는 부품 고장으로 계통이 비정상적으로 작동하는 상태를 기능 불량이라 한다.

18. 항공기 비행시간을 설명한 것으로 옳은 것은?

① 항공기가 비행을 목적으로 활주로에서 바퀴가 떨어진 순간부터 착륙할 때까지

② 항공기가 비행을 목적으로 램프에서 자력으로 움직이기 시작한 순간부터 착륙할 때까지

③ 항공기가 비행을 목적으로 램프에서 움직이기 시작한 순간부터 착륙하여 시동이 꺼질 때까지

④ 항공기가 비행을 목적으로 램프에서 자력으로 움직이기 시작한 순간부터 착륙하여 정지할 때까지

19. 항공기의 정비 관련 용어에 대한 설명 중 틀린 것은?

① 수리(repair) : 고장이나 파손된 상태를 본래의 상태로 회복시키는 것이다.

② 분해 점검(disassembly check) : 구성품이 지침서에 명시된 허용 한계값 이내인지를 확인하기 위해서 분해, 검사 및 점검하는 것이다.

③ 구성품(component) : 특정 형태를 유지하고 있어 단독으로 떼어 내거나 또는 부착이 가능하지만 분해하면 본래 기능이 상실된다.

④ 결함(squawks) : 항공기의 구성품 또는 부품 고장으로 계통이 비정상적으로 작동하는 상태이다.

20. 사용 시간 한계를 정한 것으로 정기적으로 분해, 수리 또는 폐기할 수 있는 구성품이나 부품에 적용되는 정비 용어는?

① 비행시간   ② 하드타임

③ 사용한계   ④ 정비 이월

21. 항공기가 발착하는 지점으로 출발기지, 중도 기항기지, 종착기지 및 반환기지 등으로 분류되는 기체 정비 방식에 관한 용어는?

① 기지   ② 모기지

③ 운항 정비 기지   ④ 운항 정비 모기지

정답 ➡ 15. ②   **16.** ④   **17.** ①   **18.** ④   **19.** ③   **20.** ②   **21.** ①

1-2 정비 관리

(1) 정비 관리의 개념

항공기 정비를 목적으로 최소의 정비 비용으로 최대의 효과를 얻기 위해 모든 정비 작업을 계획, 통제, 집행 및 분석하는 일이다.

- 정비 관리 : 생산 관리, 품질 관리, 기술 관리, 자재 관리
① 예방 정비 관리 : 장비나 부품의 고장 발생을 전제로 하여 그 상태에 관계없이 장비와 부품이 일정 사용 한계에 도달하면 항공기로부터 떼어내어 정기적으로 분해, 점검하는 정비 관리 방식이다.

> 📖 참고   **예방 정비의 모순점**
>
> ① 사용 시간, 고장에 관계없이 장시간 만족하게 작동될 수 있는 많은 장비품이나 부품을 고의로 떼어내고 있다.
> ② 장비를 장·탈착 시 고장의 발생 가능성이 있다.
> ③ 만족스럽게 작동되는 부품을 조기에 탈착하므로 부품 본래의 결점을 파악하기 어려워 품질 개선이 이루어지지 않는다.

② 신뢰성 정비 관리 : 항공기 정비에 전반적으로 채택하고 있으며, 항공기재의 품질 상태를 상태 정비 방식이나 신뢰성 정비 방식 등에 의해 수시로 감시하고, 미리 설정된 품질 수준이 지켜지지 않을 때에는 바로 원인 규명과 대책 조치를 취하는 신뢰성 관리체제를 설정하여 합리적으로 효율적인 정비를 하기 위한 방식이다.

- 신뢰성 관리체제 : 자료 수집 → 모니터링 → 자료 분석 → 조치

(2) 정비 생산 관리

수요에 대해 정비 능력을 계산하고, 수익 차원에서 무슨 정비를 언제, 어떻게, 얼마나 수행할 것인가를 계획하고, 조정하고, 통제하기 위한 목적의 정비 관리 업무이다.

(3) 정비 품질 관리

정비 품질의 규격을 설정하고, 이것을 실현하기 위해서 실행하는 일체 수단으로 정비 품질의 표준화 계획을 작성하여 이를 철저하게 실천할 뿐만 아니라, 통계적 기법을 응용하여 결과를 측정, 분석하고, 표준화 계획에서 벗어난 것에 대한 시정 조치 및 재발 방지를 도모하는 업무이다.

① 정비 품질 검사의 분류
  ㈎ 수령 검사 : 창고에 저장하기 전에 요구되는 품질 기준을 확인하는 검사
  ㈏ 공정 검사 : 표준 작업공정에 의하여 정비 작업 시에 지정된 작업공정에 대하여 항목대로 검사를 수행하는 검사

㈐ 최종 검사 : 수리, 개조 작업 후 조립 완료의 상태와 기능 점검을 유자격 검사원에 의하여 최종적으로 실시하고, 정비 작업 문서가 작성되었는지 확인하는 검사

② 정비 품질 관리 과정 : 계획 → 실시 → 검토 → 조치

(4) 정비 기술 관리

① 정비 규정 : 항공법을 기준으로 하여 항공회사가 정비 작업에 관하여 안정성 확보와 효과적인 정비 작업의 수행을 목적으로 설정한 기술적인 규칙과 기준

② 정비 기술 도서 : 항공기 제작회사에서 발행하는 기술 자료로 항공기와 기관 및 기타 장비를 운용하고 정비하는 데 요구되는 모든 기술 자료를 수록한 간행물

㈎ 정비 기술 정보 : 정비 교범, 오버홀 교범, 기체구조수리 교범, 전기배선도 교범, 계획검사 및 정비요구 교범, 동력장치 조립교범, 검사 지침서

㈏ 작동 기술 정보 : 비행 교범, 작동 교범

㈐ 부품 기술 정보 : 도해 부품 목록(IPC), 구매 부품 목록, 가격 목록

③ 정비 기술 지시(maintenance engineering order)

㈎ 감항성 개선명령(AD)

㈏ 정비 지원 기술 정보

㈐ 시한성 기술 지시

④ 정비 간행물 용어 : 규정, 교범

(5) 정비 문서 관리

정비 문서는 각종 정비 작업을 수행한 후에 기록 및 날인하여 제출하는 각종 서류이다. 기록과 수행 완료된 정비 작업 문서는 공장 자체 폐기 처리 문서를 제외하고는 모두 품질 보증 관련 부서로 송부한다.

(6) 기술 자료를 위한 번호 부여

장(계통 : system)	섹션(서브 계통 : sub-system)	서브젝트(유닛(unit))
12	23	56

(7) 정비 지원 업무 조직

정비 관리 업무, 품질 관리 업무, 보급 관리 업무, 기술 관리 업무 등이 있다.

예상문제

1. 다음 중 항공기 정비 관리 업무가 아닌 것은 어느 것인가?

① 운항 관리　② 품질 관리
③ 기술 관리　④ 자재 관리

2. 최소의 정비 비용으로서 최대의 감항성을 확보하기 위하여 항공기에 부여하는 모든 정비 작업을 계획, 통제, 집행 및 분석하는 일을 무엇이라 하는가?

정답 ●━ **1.** ①　**2.** ①

① 정비 관리   ② 항공기 운항

③ 정비 검사   ④ 항공기 검사

3. 다음 중 정비 관리에 대한 설명으로 틀린 것은 어느 것인가?

① 신뢰성 관리 방식이 예방 정비에 비하여 경제적이다.

② 오버홀의 정기적 실시 및 컨디션 모니터링은 예방정비에 해당한다.

③ 신뢰성 관리는 항공기의 장비품이나 부품이 정상적으로 작동하지 못할 경우 즉시 원인을 파악하고 조치를 취하는 방식이다.

④ 예방 정비는 처음부터 고장 발생을 전제로 하여 고장을 예방한다는 개념이다.

> **해설** 컨디션 모니터링(condition monitoring)은 신뢰성 정비 관리를 기본으로 하여 고장의 자료와 품질에 관한 자료를 감시 분석하여 문제점을 발견하고 이에 대한 처리 대책을 강구하는 정비 방식이다.

4. 예방 정비에 대한 설명으로 가장 거리가 먼 내용은?

① 처음부터 고장 발생을 전제로 한다.

② 부품을 고장과 상관없이 일정 시간 후에 교체한다.

③ 잦은 교환과 분해 작업으로 조기 고장의 원인이 된다.

④ 장비품이나 부품을 조기에 떼어내므로 부품의 특성 파악이 용이하다.

5. 다음 중 예방 정비의 모순점에 대한 내용이 아닌 것은?

① 부품에 이상이 있을 경우 즉각적인 원인 파악과 조치가 가능하다.

② 장기간 만족스럽게 작동되는 장비나 부품을 고의로 장탈한다.

③ 부품의 분해 조립 과정에서 고장 발생의 가능성이 조성된다.

④ 부품 본래의 결점을 파악하기 어려워 품질 개선에 어려움이 있다.

6. 부품의 상태에 관계없이 일정한 사용시간 한계 내에 도달하면 항공기에서 부품을 장탈하여 정기적으로 분해, 점검하는 정비 관리 방식은 어느 것인가?

① 신뢰성 정비 관리   ② 예방 정비 관리

③ 특별 정비 관리   ④ 사후 정비 관리

7. 항공기의 장비품이나 부품이 정상적으로 작동하지 못할 경우 자료 수집, 모니터링, 자료 분석의 절차를 통하여 원인을 파악하고 조치를 취하는 정비 관리 방식은?

① 예방 정비 관리   ② 특별 정비 관리

③ 신뢰성 정비 관리   ④ 사후 정비 관리

8. 고장의 자료와 품질에 관한 자료를 감시, 분석하여 문제점을 발견하고, 이것에 대한 처리 대책을 강구하는 정비 방식으로 가장 올바른 것은?

① 공장 정비 관리   ② 정시 점검 관리

③ 신뢰성 정비 관리   ④ 예방 정비 관리

9. 다음 중 신뢰성 정비 방식이 채택될 수 있는 여건으로 가장 거리가 먼 것은?

① 정비 인력의 증가

② 항공기 설계 개념의 진보

③ 항공기 기자재의 품질 수준 향상

④ 비파괴 검사방법 등에 의한 검사법 발전

10. 다음 설명의 빈칸 (A), (B)에 알맞은 용어를 옳게 나열한 것은?

> "근래 항공기 정비 방식은 (A) 방식에서 (B) 방식으로 변해 가고 있다."

① (A) 시간한계 오버홀 방식 (B) 신뢰성 관리

방식

② (A) 신뢰성 관리 방식 (B) 시간한계 오버홀 방식

③ (A) 시간한계 오버홀 방식 (B) 정비 이월 방식

④ (A) 정비 이월 방식 (B) 시간한계 오버홀 방식

해설 시간한계 오버홀 방식은 여러 가지 면에서 볼 때 불합리한 점이 발견되어 현재는 신뢰성 관리 방식을 채택하고 있다.

11. 신뢰성 정비 방식에서 문제가 발견되는 단계로 옳은 것은?

① 정보 수집 단계   ② 분석 단계
③ 정보 관리 단계   ④ 대책 및 조치 단계

12. 다음 중 수요에 대해 정비 능력을 계산하고, 수익 차원에서 무슨 정비를 언제, 어떻게, 얼마나 수행할 것인가를 계획하고, 조정하고, 통제하기 위한 목적의 정비 관리 업무는 어느 것인가?

① 정비 생산 관리   ② 정비 기술 관리
③ 정비 훈련 관리   ④ 정비 자재 관리

13. 품질 검사 중 항공기 정비에 사용되는 부품 및 자재를 창고에 저장하기 전에 요구되는 품질 기준을 확인하는 검사는?

① 공정 검사   ② 수령 검사
③ 정기 검사   ④ 최종 검사

14. 정비 품질 관리에 대한 설명으로 가장 거리가 먼 내용은?

① 정비 품질의 규격을 설정한다.
② 품질 보증의 수단이 된다.
③ 정비 품질의 표준화 계획을 작성하여 실천한다.
④ 결과를 평가하여 원가를 산정한다.

15. 항공기 정비 시 품질 관리를 위한 과정이 옳게 나열된 것은?

① 계획(plan) → 실시(do) → 검토(check) → 조치(action)

② 실시(do) → 검토(check) → 계획(plan) → 조치(action)

③ 검토(check) → 계획(plan) → 실시(do) → 조치(action)

④ 검토(check) → 실시(do) → 계획(plan) → 조치(action)

16. 항공기의 감항성을 유지하기 위한 정비 프로그램(maintenance program)중 항공기에 적용되는 정비작업에 대한 절차 및 업무를 항공기 각 기종별로 수립하여 항공안전 인증기관으로부터 인가를 받아 운영하는 항공기 정비 기준을 무엇이라 하는가?

① 항공기 정비 프로그램
② 정비 품질관리 프로그램
③ 예방 정비기준 프로그램
④ 지속적 감항 정비 프로그램

17. 항공법을 기준으로 하여 항공회사가 정비 작업에 관하여 안전성 확보 및 효과적인 정비 작업의 수행을 목적으로 설정된 기술적인 규칙과 기준을 무엇이라 하는가?

① 정비 조직   ② 정비 규정
③ 정비 관리   ④ 정비 지시

18. 정비와 관련된 다음 설명에서 ( ) 안에 알맞은 목적은?

> "항공법을 기준으로 항공회사가 정비 작업에 관하여 ( ) 및 효과적인 정비작업의 수행을 목적으로 설정된 기술적인 규칙과 기준을 정비 규정이라 한다."

① 생산성 향상   ② 기술 향상

③ 안전성 확보   ④ 인력 확보

19. 정비 작업에 관한 안정성 확보 및 효과적인 정비 작업의 수행을 목적으로 설정된 기술적인 규칙과 기준인 정비 규정은 어디에서 작성하는가?
① 항공사   ② 공군본부
③ 항공기 제작사   ④ 국토해양부

20. 다음 중 항공기 정비 기술 정보에 해당되는 기술 자료는?
① 도해 부품 목록(IPC)
② 정비 교범(maintenance manual)
③ 정비 지원 기술 정보(service bulletin)
④ 작동 교본(operation manual)

21. 다음 중 정비 기술 정보(maintenance information)가 아닌 것은?
① 정비 교범(maintenance manual)
② 기체구조수리 교범(structural repair manual)
③ 오버홀 교범(overhaul manual)
④ 작동 교범(operation manual)

22. 다음의 정비 기술 도서 중에서 비행 교범과 가장 관계 깊은 것은?
① 정비 기술 정보   ② 부품 기술 정보
③ 작동 기술 정보   ④ 수리 기술 정보

23. 항공기 정비 기술 지시와 관계가 없는 것은?
① 감항성 개선명령
② 정비 지원 기술 정보
③ 시한성 기술 지시
④ 작동 기술 정보

24. 부품 제작사에서 설계, 제작한 구성품을 정비할 때 주로 활용하는 도서는?
① 정비 도서

② 전기배선 도서
③ 부품 오버홀 도서
④ 부품 목록 도서

> **해설** 오버홀 도서
> • 항공기 오버홀 도서 : 항공기 제작사에서 만들어진 기체 부분품에 대한 오버홀 도서
> • 부품 오버홀 도서 : 부품 제작사에서 설계, 제작한 구성품을 정비할 때 활용되는 도서

25. 다음 중 정비 문서에 대한 설명으로 틀린 것은?
① 작업이 완료되면 작업자는 날인을 한다.
② 기록과 수행이 완료된 모든 정비 문서는 공장 자체에서 모두 폐기한다.
③ 정비 문서의 종류로는 작업 지시서, 점검 카드, 작업 시트, 점검표 등이 있다.
④ 확인 및 점검 내용을 명확히 기록하고 수치 값은 실측값을 기록한다.

26. 항공 정비 도서 기술 자료의 번호 "12 – 34 – 56" 중 "12"가 의미하는 것은?
① 유닛(unit)
② 서브젝트(subject)
③ 계통(system)
④ 서브 계통(sub–system)

> **해설** 자료를 위한 번호 부여
> • 12 : 장(system)
> • 34 : 섹션(sub–system)
> • 56 : 서브 젝트(unit)

27. 항공 정비 도서에서 기술 자료의 구성은 이용 편의를 위해 다음과 같이 번호를 부여한다. 밑줄친 '34'가 의미하는 것은?

12 – <u>34</u> – 56

① unit
② sub–system
③ system
④ page

28. 다음 중 정비 지원 업무가 아닌 것은 어느 것인가?

① 품질 관리 업무   ② 인력 관리 업무
③ 정비 관리 업무   ④ 자재 관리 업무

29. 정비 지원 업무의 조직 중 기술 관리 업무의 조직에 대하여 설명한 것은?

① 정비의 품질을 유지, 관리하는 조직이다.
② 기술 자료의 관리와 정비 규정의 작성 등을 담당하는 조직이다.
③ 정비 작업 통제 및 항공기 운용 업무를 담당하는 조직이다.
④ 정비 인력과 정비 지원 장비 등을 운용하는 조직이다.

정답 ●▶ **28.** ②   **29.** ③

1-3   항공기 정비 작업

▣ 정비 방식 일반

(1) 하드 타임 정비(hard time maintenance : 시한성 정비)

항공기의 예방 정비 개념을 기본으로 하여 장비나 부품의 상태에 관계없이 정비 시간의 한계 및 폐기 시간의 한계를 정하여 정기적으로 분해, 점검하거나, 폐기 한계에 도달한 장비와 부품을 새로운 것으로 교환하는 정비 방식이며 대표적으로 오버홀(overhaul)이 있다.

- 시한성 부품(TRP : time regulated part) : 항공기의 안정성에 중요한 역할을 하는 부품에 대해서 미리 사용 한계 시간(TBO : time between overhaul)을 부여하여, 일정 시간이 경과하면 무조건 오버홀을 수행하도록 사용 한계 시간이 정비 규정에 정해진 품목을 말한다.

(2) 온 컨디션 정비(on condition maintenance : 상태 정비)

정기적인 육안 검사나 측정 및 기능 시험 등의 방법에 의해 장비나 부품의 감항성이 유지되고 있는지를 확인하는 정비 방식으로 상태의 불량을 판정하기 용이한 기체 구조 및 각 계통의 정비에 적용되며, 성능허용한계, 마멸한계, 부식한계 등을 가지는 장비나 부품에 활용된다.

(3) 컨디션 모니터링 정비(condition monitoring maintenance : 신뢰성 정비)

신뢰성 정비 관리를 기본으로 하여, 고장을 일으키더라도 안정성에 직접 영향을 주지 않거나, 정기적인 검사나 점검을 하지 않은 상태에서 고장을 일으키거나, 그 상태가 나타날 때까지 사용할 수 있는 일반 부품이나 장비에 적용되는 정비 방식이다.

▣ 정비 작업의 분류

(1) 정상 작업 : 계획 정비, 비계획 정비

(2) 특별 작업 : 개조, 기술 지시 작업

❸ 부품의 상태 구분

① 사용 가능 부품(serviceable parts) : 노란색 표찰

② 수리 요구 부품(repairable parts) : 초록색 표찰

③ 폐기 부품(condemn parts) : 빨간색 표찰

예상문제

1. 항공기 및 관련 장비와 부품에 적용되는 정비 방식으로 가장 관계가 먼 것은?

① 시한성 정비　　② 상태 정비

③ 감항성 정비　　④ 신뢰성 정비

2. 다음 중 '시한성 정비'를 영어로 바르게 표시한 것은?

① on condition maintenance

② condition monitoring maintenance

③ age sampling maintenance

④ hard time maintenance

> **해설** 정비 방식
> • 시한성 정비(hard time maintenance)
> • 상태 정비(on condition maintenance)
> • 신뢰성 정비(condition monitoring maintenance)

3. 다음 중 항공기 정비 방식이 아닌 것은?

① 하드 타임(hard time)

② 온－모니터링(on monitoring)

③ 온－컨디션(on condition)

④ 컨디션 모니터링(condition monitoring)

4. 항공기 및 관련 장비와 부분품에 적용되는 정비 방식이 아닌 것은?

① 상태 정비　　② 시한성 정비

③ 폐품 정비　　④ 신뢰성 정비

5. 항공기 정비 관련 용어 중 "오버홀 시간간격"을 가장 올바르게 표현한 것은?

① TRP　　　　② MPL

③ TBO　　　　④ FOD

> **해설** 용어 해설
> ① TRP(time regulated parts) : 시한성 품목
> ② MPL(missing part list) : 부족 허용 부품목록
> ③ TBO(time between overhaul) : 오버홀 시간간격
> ④ FOD(foreign object damage) : 외부 물체에 의한 손상

6. 장비나 부품의 상태는 관계하지 않고, 정비 시간의 한계 및 폐기 한계에 도달한 장비와 부품을 새로운 것으로 교환하는 정비 방식은 어느 것인가?

① 시한성 정비　　② 상태 정비

③ 신뢰성 정비　　④ 검사 정비

7. 항공기의 예방 정비 개념을 기본으로 하여 정비 시간의 한계 및 폐기 시간의 한계를 정해서 실시하는 정비 방식은?

① 상태 정비　　② 시한성 정비

③ 벤치 정비　　④ 신뢰성 정비

8. 항공기 장비의 고유 기능 수준을 관련 정비 도서에서 제시하는 수준으로 복원하는 정비 작업으로 사용 시간을 "0"으로 환원시키는 작업을 수행하는 형태의 정비 방식은 다음 중 어느 것인가?

① 상태 정비　　② 시한성 정비

③ 특별 정비　　④ 신뢰성 정비

정답 ● 　**1.** ③　**2.** ④　**3.** ②　**4.** ③　**5.** ③　**6.** ①　**7.** ②　**8.** ②

9. 일정한 작동 시간에 도달되면 항공기에서 장탈하여 오버홀을 해야 하는 항공기 부품을 무엇이라 하는가?

① 시간 검사성 품목
② 시간 안전성 품목
③ 시간 신뢰성 품목
④ 시간 한계성 품목

10. 항공기 정비에서 오버홀에 대한 설명이 아닌 것은?

① 시한성 정비 방법이다.
② 신뢰성 정비 방법이다.
③ 사용 시간이 0으로 환원된다.
④ 기체와 장비 모두를 대상으로 할 수 있다.

11. 정기적인 육안 검사나 측정 및 기능 시험 등의 수단에 의해 장비나 부품의 감항성이 유지되고 있는지를 확인하는 정비 방식으로 성능허용한계, 마멸한계, 부식한계 등을 가지는 장비나 부품에 활용된다. 이것은 다음 중 어떤 정비인가?

① 시한성 정비(hard time maintenance)
② 상태 정비(on condition maintenance)
③ 예비품 정비(reserve part maintenance)
④ 신뢰성 정비(condition monitoring maintenance)

12. 장비나 부품 중에서 시한성 정비 방식에 의하지 않고 정기적인 육안 검사나 측정 및 기능시험 등의 수단에 의해 장비나 부품의 감항성이 유지되고 있는지를 확인하는 정비 방식은 무엇인가?

① 신뢰성 정비   ② 상태 정비
③ 작동 점검   ④ 기능 점검

13. 성능허용한계, 마멸한계 및 부식한계 등을 가지는 장비나 부품에 활용하며 일정 주기별로 감항성을 판단하여 교환을 결정하는 정비 방식은?

① 오버홀   ② 시한성 정비
③ 상태 정비   ④ 신뢰성 정비

14. 온 컨디션(on condition) 정비 방식에 대한 설명으로 옳은 것은?

① 부품의 신뢰도가 일정한 품질 수준 이하로 떨어질 때 적절한 대책 조치가 취해진다.
② 고장을 일으키더라도 안전성에 직접 문제가 없는 일반적인 부품에 적용된다.
③ 상태의 불량을 판정하기 용이한 기체 구조 및 각 계통의 장비품에 적용된다.
④ 감항성에 영향을 주는 부품을 분해하여 고장 상태를 발견할 수 있다.

15. 정기적인 점검과 시험을 실시하여 온-컨디션 정비 방식에 해당하는 정비는?

① 상태 정비   ② 시한성 정비
③ 신뢰성 정비   ④ 오버홀 정비

16. 항공기의 수리 순환 부품에 초록색 표찰이 붙어 있다면 무엇을 의미하는가?

① 수리 요구 부품 ② 폐기품
③ 사용 가능 부품 ④ 오버홀

17. 항공기 정비 시 고장난 부품이나 사용 수명이 다 되어 점검을 요하는 수리 요구 부품에 붙이는 표찰의 색깔은?

① 노란색   ② 빨간색
③ 파란색   ④ 초록색

18. 항공기 또는 그와 관련된 대상의 상태와 기능이 정상인지 확인하는 정비 행위는 어느 것인가?

① 수리   ② 점검
③ 개조   ④ 오버홀

정답 ━● **9.** ④ **10.** ② **11.** ② **12.** ② **13.** ③ **14.** ③ **15.** ① **16.** ① **17.** ④ **18.** ②

◢ 정비 분류에 의한 작업 내용

(1) 보수

　① 경미한 보수 : 유자격 정비사의 감독하에서 할 수 있는 작업

　　예 항공기의 지상 취급, 세척, 보급

　② 일반적인 보수 : 유자격 정비사의 확인을 받아야 한다.

　　예 감항성에 영향을 끼치는 항공기 각 부분의 점검, 조절, 검사 및 부품의 교환 등

(2) 수리

　항공기의 부품 및 장비의 손상, 기능 불량 등을 원래로 상태로 회복시키는 작업

　① 소수리 : 감항성에 영향을 끼치지 않는 기체나 부품의 수리 및 수정 작업, 교환 작업

　② 대수리 : 대수리 작업 후 관계기관의 확인을 받아야 한다.

　　㈎ 기본 구조 부분의 강도에 상당한 영향을 끼칠 염려가 있는 수리 작업

　　㈏ 기관, 프로펠러, 주요 장비품 등의 성능에 영향을 끼칠 수 있는 작업

　　㈐ 내부 부품의 복잡한 분해 작업, 특수한 시설과 장비를 필요로 하는 작업

　　㈑ 예비품 검사 대상 부품의 오버홀, 기체의 일부나 전체의 오버홀

(3) 개조

　항공기나 장비 및 부품에 대한 원래의 설계를 변경하거나 새로운 부품을 추가로 장착시킬 때에 실시하는 작업

　① 소개조

　② 대개조 : 항공기의 중량, 강도, 기관의 성능, 비행 성능 및 그 밖의 감항성 등에 중대한 영향을 끼치는 개조 작업으로 작업 후 관계 기관의 확인을 받아야 한다.

　　㈎ 중량 및 중심한계의 변경

　　㈏ 날개 형태의 변경

　　㈐ 항공기 표피 및 조종 능력의 변경

　　㈑ 기관이나 장비에 있어서는 그 성능이나 구조의 변경

◢ 정비의 단계

(1) 운항 정비

　항공기를 대상으로 하는 정비 작업으로 비행 전 점검, 비행 중간 점검, 비행 후 점검 등과 기체 정시 점검으로 A 점검, B 점검, C 점검, D 점검 등이 있다.

(2) 공장 정비

　많은 정비 시설과 오랜 정비 시간이 요구되는 경우에 항공기의 장비 및 부품을 떼어내어 전문 공장에서 실시하는 정비이다.

예상문제

1. 항공기 정비 중 경미한 보수에 해당하지 않는 것은?
① 지상 취급
② 항공기 세척
③ 보급
④ 부품의 교환

2. 다음 중 항공기 정비에 해당되지 않는 것은?
① 항공기 제작
② 항공기 개조
③ 항공기 세척
④ 항공기 연료 보급

3. 항공기의 정비에서 일반적인 보수에 대한 설명으로 가장 올바른 것은?
① 감항성에 영향을 끼치는 항공기 각 부분의 점검, 조절, 검사 및 부품의 교환 등을 말한다.
② 항공기의 부품 및 장비의 손상이나 기능 불량 등을 원래의 상태로 회복시키는 작업을 말한다.
③ 기본 구조 부분의 강도에 상당한 영향을 끼칠 염려가 있는 수리 등의 작업을 말한다.
④ 항공기나 장비 및 부품에 대한 원래의 설계를 변경하거나 새로운 부품을 추가로 장착시킬 때 실시하는 작업을 말한다.

4. 항공기 정비 중에서 일반적인 보수에 속하지 않는 것은?
① 항공기의 지상 취급
② 항공기 점검
③ 항공기 조절 및 검사
④ 항공기의 부품 교환

5. 항공기 정비 작업을 정비 사항에 따라 정비, 수리, 개조로 구분할 때 수리 작업에 해당되는 것은?
① 날개 형태의 변경에 해당되는 정비
② 항공기 조종 능력 변경에 해당되는 정비
③ 지상 취급, 세척, 보급에 해당되는 정비
④ 내부 부품의 복잡한 분해 및 예비품 검사 대상 부품의 오버홀 정비

6. 항공기의 정비 사항 중 대수리 작업에 해당하지 않는 것은?
① 예비품 검사 대상 부품의 오버홀
② 기체의 일부 또는 전체의 오버홀
③ 내부 부품의 복잡한 분해 작업
④ 기관이나 장비의 그 성능이나 구조의 변경

7. 항공기의 중량, 강도, 기관의 성능 등 감항성에 중대한 영향을 주는 작업은 다음 중 어디에 속하는가?
① 경미한 정비
② 예방 정비
③ 수리
④ 개조

8. 정비 작업 중 기체의 개조에 해당하지 않는 것은?
① 날개 형태의 변경
② 윤활유 및 연료 변경
③ 중량 및 중심한계의 변경
④ 항공기 표피 및 조종 능력의 변경

9. 다음 중 항공기 기체의 개조 작업 사항이 아닌 것은?
① 날개 형태의 변경
② 중량 및 중심한계 변경
③ 기관이나 장비의 기능 변경
④ 기체 내부 일부 부품의 분해

10. 다음 중 항공기 운항 정비에 속하지 않는 것은?
① 항공기 기체 오버홀
② 항공기의 비행 전 점검

정답 ●▶ **1.** ④ **2.** ① **3.** ① **4.** ① **5.** ④ **6.** ④ **7.** ④ **8.** ② **9.** ④ **10.** ①

③ 항공기 기체의 A 점검
④ 항공기의 비행 후 점검

① 운항 정비   ② 정시 점검
③ 수리   ④ 개조

11. 항공기 운항을 목적으로 수행되는 점검으로 액체 및 기체류의 보급과 비행 시 발생한 결함의 교정 등 기본적으로 수행하는 정비 행위를 무엇이라 하는가?

12. 다음 중 헬리콥터의 지상 정비 지원은 어떤 정비에 해당되는가?
① 공장 정비   ② 벤치 체크
③ 운항 정비   ④ 시한성 정비

정답 •─• 11. ① 12. ③

6 정비 작업의 종류

항공기의 감항성을 유지하기 위한 확인과 품질 보증을 하기 위하여 기체 정비 작업, 기관 정비 작업, 전자 보기 정비 작업으로 나눈다.

(1) 기체의 정비 작업

① 비행 요건 : 최소 구비 장비 목록(MEL : minimum equipment list), 부족 허용 부품 목록 (MPL : missing parts list)을 설정하여 감항성을 해치지 않는 범위 내에서 운항의 정시성을 확보할 수 있도록 한다.

② 기체의 점검

㈎ 비행 전 점검, 비행 중간 점검, 최종 기회 점검, 비행 후 점검
 - 비행 전 점검 : 그 날의 제일 첫 비행을 하기 전에 외부 점검과 세척, 운항 중에 소비할 액체 및 기체의 보충, 기관 및 필요한 계통의 작동 점검, 그 밖의 지상 지원 장비 등을 통하여 항공기의 준비 상태를 확인하는 점검

㈏ 정시 점검 : 항공기의 각 계통에 예방 정비 및 감항성의 확인을 위해 일정한 비행시간 간격으로 수행하는 점검
 - A 점검 : 항공기의 소모성 액체나 기체를 보급하고, 비행 중에 손상되기 쉬운 조종면, 타이어, 제동장치, 동력장치 등을 중심으로 행하는 점검
 - B 점검 : A 점검의 점검 항목에 보충해서 기관에 관련된 점검
 - C 점검 : 가장 보편적인 점검으로 제한된 범위 내에서 기체 구조의 외부 점검, 착륙장치 및 제동 부위의 윤활유 그리스 주입, 시한성 부품의 교환 등이 수행되는 점검
 - D 점검 : 항공기의 잠재적 결함을 제거하기 위하여 항공기의 오버홀 수준으로 수행되는 점검, 기체 중심의 측정, 교정 작업, 항공기의 도장 작업 등이 포함된다.
 - 내부 구조 검사(ISI) : 감항성에 일차적인 영향을 끼칠 수 있는 기체 구조를 중점적으로 검사하여 감항성을 유지하기 위한 검사

㈐ 정기 점검 : 비행시간의 경과와 관계없이 노화되는 부분을 정기적으로 점검 또는 교환하는 점검
 - 기체의 오버홀 : 항공기 기체 및 각 계통의 수리 교환 품목을 분해, 세척, 검사, 수

리 및 조립하여 새것과 같은 상태로 만들며, 항공기의 사용시간을 0으로 환원시킬 수 있는 정비 작업
- 지상 정비 지원
  - 지상 취급 : 견인 작업(towing), 계류 작업(mooring), 호이스트 작업(hosting), 잭 작업(jacking), 지상 유도 작업(marshalling)
  - 보급 : 연료, 윤활유, 작동유, 액체 산소, 기체 산소, 압축공기, 소화액, 물 등
  - 세척 및 부식 처리 : 수명을 연장하는 가장 쉬우면서도 적극적인 방법
  - 비행 가능 상태 확인

(2) 기관의 정비 작업

① 기관의 검사
  ㈎ 윤활유 분광 검사 : 작동 중인 기관에서 기관 정지 후 30분 이내에 윤활유를 채취하여 윤활유 분광 시험 장비에 의해 윤활유에 혼합된 미량 금속을 분석하여 작동 부위의 이상 상태를 탐지하는 검사 방법
  ㈏ 보어 스코프 검사 : 육안 검사의 일종으로 복잡한 구조물을 파괴 또는 분해하지 않고, 내부의 결함을 외부에서 직접 투시경을 통해 육안으로 관찰하는 검사 방법
  ㈐ 고열 부분의 검사 : 기관의 연소실, 터빈 및 배기 계통 등의 고열 부분만 분해하여 중점적으로 검사하는 방법
② 기관 중정비 : 기관을 기체로부터 정기적으로 계획한 시간간격으로 떼어내어 모든 구성품에 따라 정해진 검사, 수리 및 교환 등을 수행하는 정비
③ 기관의 상태 정비 : 가스터빈 기관의 효율적인 운용과 신뢰성 관리를 위하여 기관 정비에서의 점검, 검사 및 수리 등의 결과, 부품의 교환 상황, 운항 중의 고장 상황 등 고장에 관련된 정보를 수집하고 분석하여 필요한 시기에 필요한 부품에 대해 요구되는 정비를 수행하는 정비
  ㈎ 비행자료 수집장치(FDM)
  ㈏ 비행기록 집적장치(AIDS)
④ 기관의 오버홀 : 시한성 정비 방식에 의하여 일정한 사용 시간 한계 내에서 기관을 기체로부터 떼어내어 오버홀 공정에 따라 정비 작업을 수행하여 원래 상태로 복귀시킴으로써 기관의 사용 시간을 0으로 환원시킬 수 있는 정비
  - 오버홀의 작업 절차 : 분해 → 세척 → 검사 → 수리 및 부품의 교환 → 조립 → 시험

(3) 전자 보기 정비 작업

① 기능 점검(function check) : 항공기의 계통 및 구성품의 작동이나 각종 작동유, 윤활유, 연료 등의 흐름 상태, 온도, 압력 등이 규정된 값을 지시하여 정상 기능을 발휘하고, 허용 한계값 내에 있는가를 결정하기 위한 세부 검사로서 항공기에 부착된 상태에서 수행하는 정비 작업
② 벤치 체크(bench check) : 작동 점검이나 기능 점검으로 구성품의 기능이나 성능을 확실

히 알 수 없을 때 그 구성품을 항공기로부터 떼어내어 전문 공장에서 시험 장비를 이용하여 작동 시험 및 측정을 해보고, 필요한 경우에는 분해, 세척을 한 후에 단순한 수리 조치를 취하는 단계까지의 정비 작업

③ 전자 보기 수리

④ 전자 보기 오버홀

1-4 항공기 기능 시험

■ 중앙 정비 컴퓨터(CMC : central maintenance computer)

① 항공기 대부분의 계통에 관한 정보 자료를 수집, 저장하고, 결함이 발생하면 제어 지시장치(CDU)를 통하여 결함의 내용을 조종실 인식 사항(FDE)으로 지시한다.

② 제어 지시장치를 통해 지상 시험, 신뢰성 시험, 내부 자동 시험 등을 수행한다.

■ 항공기 기능 시험

(1) 지상 시험(grounding test)

제어 지시장치를 통하여 계통이나 구성품의 시험을 시작하고, 그 결과를 지시하도록 되어 있다.

(2) 신뢰성 시험(confidence test)

비행 전에 조종사에 의해 수행되는 시험으로서 계통의 신뢰성 시험을 개시하는 기능을 제공한다.

(3) 내부 자동 시험(BIT : built-in test)

구성품이나 계통의 기능 시험이 미리 그 구성품이나 계통에 내장된 내부 자동 시험 장치(BITE)에 의해 자동적으로 이루어진다.

① 내부 시험 자동 모드(BIT mode) : 다른 내부 자동 시험 장치(BITE)의 시험 모드가 작동되지 않을 때 형성된다.

② 파워 업 시험 모드(power-up test mode) : 지상 모드(ground mode)에서 특정한 장치가 작동되면 몇 초 동안 정해진 기간 동안 자동으로 수행되며, 내부 자동 시험 장치 계통의 내부 기능을 확인하는 시험이다.

③ 지상 기능 시험 모드(ground functional test mode) : 모든 감지 회로, 논리 회로, 구동 회로 등의 기능을 시험하고, 모든 입력과 출력 사항을 시험한다.

④ 비행 중 내부 자동 시험 장치의 시험 모드(in-flight BITE test mode) : 비행 모드(air mode)에서 특정한 구성품이나 계통의 내부 고장이나 이상 상태가 인식되고 정해진 시간이 경과하면, 감시하고 있는 구성품 및 계통의 고장을 격리시키기 위하여 내부 자동 시험 장치의 시험이 자동으로 시작된다.

예상문제

1. 다음 중 항공기 공장 정비에 속하지 않는 것은 어느 것인가?
① 항공기 기체 오버홀
② 항공기 원동기 정비
③ 항공기 기체 정시 점검
④ 항공기 장비품 정비

2. 항공기 정비 용어 중 MEL의 의미로 옳은 것은 어느 것인가?
① 기관 고장 항목(missing engine list)
② 장비 고장 항목(missing equipment list)
③ 최소 점검 기관 목록(minimum engine list)
④ 최소 구비 장비 목록(minimum equipment list)

3. 하루 중에 최종 비행을 마치고 수행하는 점검으로서 내·외부 세척, 탑재물 하역 등을 하는 것에 해당되는 것은?
① 비행 후 점검   ② 비행 전 점검
③ 비행 기지 점검   ④ 비행 점검

4. 운항 정비 기간에 발생한 항공기 정비 불량 상태의 수리와 운항 저해의 가능성이 많은 각 계통의 예방 정비 및 감항성을 확인하는 것을 목적으로 하는 정비 작업은?
① 중간 점검(transit check)
② 기본 점검(line maintenance)
③ 정시 점검(schedule maintenance)
④ 비행 전후 점검(pre/post flight check)

5. 기체의 점검 중 정시 점검에 해당하지 않는 것은?
① ISI 점검   ② C 점검
③ D 점검   ④ E 점검
해설 정시 점검 : A 점검, B 점검, C 점검, D

점검과 내부 구조 검사(ISI)가 있다.

6. 다음 중 항공기의 정시 점검(scheduled maintenance)에 해당하는 것은?
① 중간 점검   ② A 점검
③ 주간 점검   ④ 비행 전·후 점검

7. 다음 중 항공기 기체의 정시 점검의 종류가 아닌 것은?
① A점검   ② C점검
③ D점검   ④ E점검

8. 기체의 정시 점검에 속하지 않는 것은?
① A 점검   ② B 점검
③ 내부 구조 검사   ④ 비행 전 점검

9. 제한된 범위 내에서 기체 구조의 외부 점검, 착륙장치 및 제동 부위의 윤활 그리스 주입 및 시한성 부품의 교환 등 항공기의 감항성을 유지하는 필수적인 점검은?
① 비행 전 점검   ② A 점검
③ B 점검   ④ C 점검

10. 정시 점검으로 제한된 범위 내에서 기체 구조, 모든 계통 및 장비품의 작동 점검, 계획된 부품의 교환, 서비스 등을 실시하는 점검은 어느 것인가?
① A 점검   ② B 점검
③ C 점검   ④ D 점검

11. [보기]와 같은 정비를 하였다면 어떤 점검에 해당하는가?

┤ 보기 ├
격납고에 있는 항공기의 기체 중심 측정과 외부 페인트 작업을 하였다.

정답 **1.** ③ **2.** ④ **3.** ① **4.** ③ **5.** ④ **6.** ② **7.** ④ **8.** ④ **9.** ④ **10.** ③ **11.** ④

① A 점검   ② B 점검
③ C 점검   ④ D 점검

12. 항공기 기체에 대한 오버홀(overhaul)이라고 볼 수 있는 점검은?
① A 점검   ② B 점검
③ C 점검   ④ D 점검

13. 항공기 기체의 정비 작업에서의 정시 점검으로 내부 구조 검사에 관계되는 것은 어느 것인가?
① A 점검   ② C 점검
③ ISI 점검   ④ D 점검

14. 항공기 기체, 기관 및 장비 등의 사용 시간을 0으로 환원시킬 수 있는 정비 작업은 어느 것인가?
① 항공기 오버홀
② 항공기 대수리
③ 항공기 대검사
④ 항공기 대개조

15. 항공기 운항이나 정비의 목적상 지상 취급에 포함되지 않는 것은?
① towing
② mooring
③ fueling
④ marshalling

해설 • 지상 취급 : 견인 작업(towing), 계류 작업(mooring), 잭 작업(jacking), 지상 유도(marshalling), 호이스트 작업(hoisting)
• 지상 보급 : 연료, 윤활유, 작동유, 산소 등 보급 작업

16. 다음 중 헬리콥터의 지상 취급에 속하지 않는 것은?
① 도색 작업

② 견인 작업
③ 계류 작업
④ 잭 작업

17. 다음 중 항공기 지상 취급(ground handling)에 해당하지 않는 것은?
① 잭 작업
② 견인 작업
③ 계류 작업
④ 비행 작업

18. 다음 중 항공기의 지상 취급에 해당되지 않는 작업은?
① 잭 작업
② 계류 작업
③ 견인 작업
④ 계획된 액세서리 교환 작업

19. 다음 중 항공기의 지상 취급과 가장 관계가 먼 것은?
① 바퀴에 촉(chock)을 괴는 일
② 착륙장치에 안전핀을 꽂는 일
③ 항공기를 이동시키기 위하여 견인하는 일
④ 항공기의 수요에 따른 운항노선을 결정하는 일

20. 다음 중 지상 지원 시 보급하는 것이 아닌 것은?
① 연료   ② 윤활유
③ 냉·난방 공기   ④ 냉각유

21. 다음 중 항공 기체의 수명을 연장하는 가장 쉬우면서도 적극적인 방법은?
① 오버홀
② 수리
③ 세척 및 방부 처리
④ 점검

정답 ► **12.** ④ **13.** ③ **14.** ① **15.** ③ **16.** ① **17.** ④ **18.** ④ **19.** ④ **20.** ④ **21.** ③

22. 항공기에 장착된 상태로 계통 및 구성품이 규정된 지시대로 정상 기능을 발휘하고, 허용 한계값 내에 있는가를 점검하는 것을 무엇이라고 하는가?

① 오버홀(overhaul)

② 트림 점검(trim check)

③ 벤치 체크(bench check)

④ 기능 점검(function check)

23. 항공기 계통 및 장비품에 대하여 작동상태, 유량, 온도, 압력 및 각도 등이 허용 한계값 이내에 있는지 확인하는 점검은?

① 기능 점검

② 작동 점검

③ 육안 점검

④ 특수 상세 점검

24. 다음 중 장비품의 정비 범위에 해당되지 않는 것은?

① A 점검(A check)

② 수리(repair)

③ 오버홀(overhaul)

④ 벤치 점검(bench check)

25. 구성품을 항공기로부터 장탈하여 전문 공장에서 시험 장비를 이용하여 작동시험 및 측정을 해보고, 필요한 경우에는 분해 및 세척을 한 후에 단순한 수리 조치를 취하는 장비작업은 무엇인가?

① 기능 점검

② ISI 검사

③ 노화 표본 검사

④ 벤치 체크

26. 항공기 장비품 정비 작업 중 작업장의 작업대에서 항공기의 부품 또는 구성품의 사용

가능성 여부 또는 조절, 수리, 오버홀이 필요한지를 결정하기 위하여 기능 점검을 확인하는 작업은?

① A 점검

② 벤치 체크

③ D 점검

④ 공장 점검

27. 수리 순환 품목에 대한 최고 단계의 정비 방식인 오버홀 절차로 옳은 것은?

① 분해 → 검사 → 세척 → 교환, 수리 → 기능 시험 → 조립

② 분해 → 세척 → 검사 → 교환, 수리 → 조립 → 기능 시험

③ 세척 → 분해 → 검사 → 교환, 수리 → 기능 시험 → 조립

④ 세척 → 분해 → 검사 → 교환, 수리 → 조립 → 기능 시험

28. 다음 중 공장 정비의 작업 순서가 옳게 나열된 것은?

① 검사 → 분해 → 세척 → 수리 → 조립 → 시험/조정 → 보존 및 방부 처리

② 분해 → 검사 → 세척 → 수리 → 조립 → 시험/조정 → 보존 및 방부 처리

③ 수리 → 세척 → 검사 → 분해 → 조립 → 시험/조정 → 보존 및 방부 처리

④ 분해 → 세척 → 검사 → 수리 → 조립 → 시험/조정 → 보존 및 방부 처리

29. 현대 항공기의 중앙 정비 컴퓨터(CMC)의 입출력 장치로 사용되는 제어 지시장치(CDU)로 수행할 수 있는 기능 시험이 아닌 것은?

① 지상 시험

② 시한성 시험

③ 신뢰성 시험

④ 내부 자동 시험

CHAPTER 02 측정기기 및 공구류

2-1 측정기기의 명칭 및 사용법

(1) 버니어 캘리퍼스(vernier calipers)

① 용도 : 측정물의 안지름, 바깥지름, 깊이 측정

② 종류 : M_1형(많이 사용), M_2형, CB형, CM형

- 호칭 치수 : 150 mm, 200 mm, 300 mm, 600 mm, 1000 mm

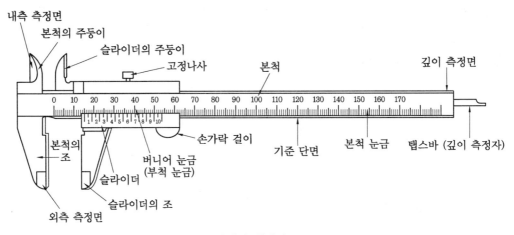

버니어 캘리퍼스

③ 유의 사항

㈎ 사용 전 먼지나 기름 등을 깨끗이 닦아야 한다.

㈏ 버니어 캘리퍼스의 0점이 일치되는가 확인한다.

㈐ 사용 후 깨끗이 닦아 습기를 없애고, 온도 변화가 작은 곳에 보관한다.

㈑ 측정 시 무리한 힘을 가하지 않는다.

㈒ 정밀도를 정기적으로 검사한다.

④ 미터식 버니어 캘리퍼스의 눈금 읽기

㈎ 최소 측정값이 $\frac{1}{20}$ mm인 버니어 캘리퍼스의 눈금 읽기

- 아들자의 0점 기선 바로 왼쪽에 있는 어미자 눈금을 읽는다. 여기서는 7 mm
- 어미자와 아들자의 눈금이 일치하는 아들자의 눈금을 읽는다. 여기서는 0.2 mm

- 측정값을 합하면 $7+0.2=7.2\,\mathrm{mm}$
(나) 최소 측정값이 $\frac{1}{50}\,\mathrm{mm}$인 버니어 캘리퍼스의 눈금 읽기
- 아들자의 0점 기선 바로 왼쪽에 있는 어미자 눈금을 읽는다. 여기서는 $4.5\,\mathrm{mm}$
- 어미자와 아들자의 눈금이 일치하는 아들자의 눈금을 읽는다. 여기서는 $0.22\,\mathrm{mm}$
- 측정값을 합하면 $4.5+0.22=4.72\,\mathrm{mm}$

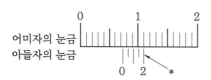

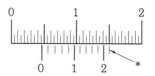

어미자의 눈금
아들자의 눈금

(a) 눈금 읽기(최소 측정값 $\frac{1}{20}\,\mathrm{mm}$)   (b) 눈금 읽기(최소 측정값 $\frac{1}{50}\,\mathrm{mm}$)

미터식 버니어 캘리퍼스의 눈금 읽기

예상문제

1. M_1형 버니어 캘리퍼스를 활용하여 내부가 비어 있는 육면체를 측정할 경우 측정 영역으로 적절하지 않은 것은?
① 깊이   ② 바깥 치수
③ 편평도   ④ 안쪽 치수

2. 다음 중 버니어 캘리퍼스에 관한 설명으로 틀린 것은?
① 일반적으로 용도에 따라 M_1, M_2, CB, CM 등이 있다.
② 일반적으로 아들자는 슬라이더에 눈금이 표시되어 있다.
③ 호칭 치수는 미터식인 경우 일반적으로 150, 200, 300, 600, 1000 mm의 크기로 구분한다.
④ 일정한 측정력 이상의 힘이 작용하면 공회전하도록 래칫 스톱 기능을 가지고 있다.

해설 래칫 스톱(rachet stop) : 마이크로미터에서 측정물과 마이크로미터의 손상을 방지하고 측정 오차가 발생하지 않도록 하기 위하여 일정한 측정력 이상의 힘이 작용하면 공회전한다.

3. 어미자 19 mm를 20등분한 아들자로 구성된 버니어 캘리퍼스에서 최소 측정값은 몇 mm인가?
① 0.1   ② 0.05   ③ 0.01   ④ 0.03

해설 M형 버니어 캘리퍼스 : 19 mm를 20등분한 아들자의 경우 0.05 mm 읽을 수 있다.
$(1-\frac{19}{20}=0.05\,\mathrm{mm})$

4. 버니어 캘리퍼스로 측정한 결과 어미자와 아들자의 눈금이 그림과 같이 화살표로 표시된 곳에서 일치하였다면 측정값은 몇 mm인가? (단, 최소 측정값이 $\frac{1}{20}\,\mathrm{mm}$이다.)

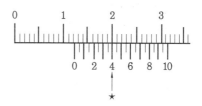

① 12.4   ② 12.8   ③ 14.0   ④ 18.0

해설 어미자 측정값=12 mm
아들자 측정값=$8\times0.05=0.40\,\mathrm{mm}$

정답 → **1.** ③ **2.** ④ **3.** ② **4.** ①

∴ 구하고자 하는 측정값
  =어미자 측정값+아들자 측정값
  = 12+0.4=12.4 mm

5. 최소 측정값이 $\frac{1}{50}$ mm인 버니어 캘리퍼스
에서 다음 그림의 측정값은 얼마인가?

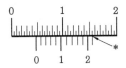

① 4.52 mm   ② 4.70 mm
③ 4.72 mm   ④ 4.75 mm

[해설] 어미자 측정값=4.5 mm
  아들자 측정값=11×0.02=0.22 mm
  ∴ 구하고자 하는 측정값
    =어미자 측정값+아들자 측정값
    =4.5+0.22=4.72 mm

6. 다음 그림은 최소 측정값이 $\frac{1}{50}$ mm인 버니
어 캘리퍼스의 눈금 읽기 도면이다. 틀린 설
명은? (단, 화살표로 표시된 * 부분은 어미자
와 아들자의 눈금이 일치하는 곳이다.)

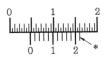

① 아들자의 0점 기선 바로 왼쪽의 어미자의
   눈금을 읽는다.
② 어미자와 아들자의 눈금이 일치하는 아들
   자의 눈금을 읽는다.
③ 측정값은 4.72 mm 이다.
④ 아들자의 11번째 기선 바로 위의 일치되는
   어미자의 눈금을 읽는다.

[해설] 버니어 캘리퍼스 : 어미자와 아들자의 눈
  금이 일치하는 아들자의 눈금(*)을 읽는다.

7. 최소 측정값이 $\frac{1}{50}$ mm인 그림과 같은 버니
어 캘리퍼스에서 * 표시된 곳이 일치하였다면

측정값은 몇 mm인가?

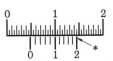

① 4.52   ② 4.70   ③ 4.72   ④ 4.75

[해설] 어미자 측정값=4.5 mm
  아들자 측정값=10×0.02=0.20 mm
  ∴ 구하고자 하는 측정값
    =어미자 측정값+아들자 측정값
    =4.5+0.20=4.70 mm

8. 최소 측정값이 $\frac{1}{1000}$ 인치인 버니어 캘리퍼
스에서 다음 그림의 측정값은 얼마인가?

① 0.366인치   ② 0.367인치
③ 0.368인치   ④ 0.369인치

[해설] 어미자 측정값 : 0.35 in
  아들자 측정값 : 0.018 in
  ∴ 구하고자 하는 측정값
    =어미자 측정값+아들자 측정값
    =0.35+0.018=0.368

9. 최소 측정값이 $\frac{1}{1000}$ in인 버니어 캘리퍼스
에서 그림과 같은 측정값은 몇 in인가?

① 0.366   ② 0.367   ③ 0.368   ④ 0.369

[해설] 어미자 측정값 : 0.35 in
  아들자 측정값 : 0.017 in

∴ 구하고자 하는 측정값
　　=어미자 측정값+아들자 측정값
　　=0.35+0.017=0.367 in

10. 그림의 인치식 버니어 캘리퍼스(최소 측정

값 $\frac{1}{128}$ in)에서 * 표시한 눈금을 옳게 읽은

것은?

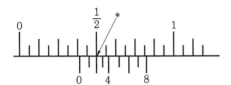

①　$\frac{5}{32}$ in　　　　②　$\frac{9}{32}$ in

③　$\frac{20}{64}$ in　　　　④　$\frac{25}{64}$ in

해설　어미자 측정값 : $\frac{6}{16}$ in

　　　아들자 측정값 : $\frac{2}{128}$ in

∴ 구하고자 하는 측정값

　=어미자 측정값+아들자 측정값

　$= \frac{6}{16} + \frac{2}{128}$

　$= \frac{50}{128} = \frac{25}{64}$ in

정답 •—• **10.** ④

(2) 마이크로미터(micrometer)

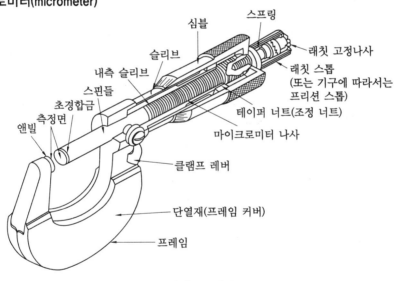

마이크로미터

① 용도 : 안지름, 바깥지름, 깊이 측정
② 종류 : 외측 마이크로미터, 내측 마이크로미터, 깊이 측정 마이크로미터
③ 유의 사항
　㈎ 온도 변화에 민감하므로 측정 장소의 온도가 일정해야 한다.
　㈏ 스핀들(spindle)을 돌릴 때 무리한 힘을 가해서는 안 된다.
　㈐ 측정기기를 바닥에 떨어뜨려서는 안 된다.
　㈑ 사용 후에는 항상 깨끗이 닦아 나무상자에 보관해야 하고 앤빌(anvil)과 스핀들(spindle)
　　이 밀착되지 않도록 해야 한다.

④ 마이크로미터의 눈금 읽기

㉮ 최소 측정값이 1 / 100 mm인 마이크로미터의 눈금 읽기

• 배럴의 0점 기선 위의 1 mm 단위의 눈금을 읽는다. 여기서는 8로서 8 mm

• 배럴의 0점 기선 아래의 0.5 mm 단위의 눈금을 읽는다. 여기서는 0.5로서 0.5 mm

• 배럴의 0점 기선 위에 있는 1 / 100 mm 단위의 심블의 눈금을 읽는다. 여기서는 25
로서 0.25 mm

• 측정값을 모두 합하면 8 mm + 0.5 mm + 0.25 mm = 8.75 mm

㉯ 최소 측정값이 1 / 1000 mm인 마이크로미터의 눈금 읽기

• 슬리브의 눈금을 읽는다. 여기서는 7.5 mm

• 심블의 1 / 100 mm 단위의 눈금을 읽는다. 여기서는 24로서 0.24 mm

• 버니어붙이의 1 / 1000 mm 단위의 눈금을 읽는다. 여기서는 3으로서 0.003 mm

• 측정값을 모두 합하면 7.5 + 0.24 + 0.003 = 7.743 mm

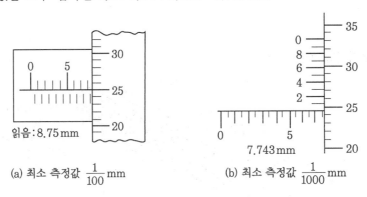

(a) 최소 측정값 $\dfrac{1}{100}$ mm (b) 최소 측정값 $\dfrac{1}{1000}$ mm

마이크로미터의 눈금 읽기

예상문제

1. 정확한 피치의 나사를 이용하여 실제의 길이를 측정하는 측정용 기기는?

① 다이얼 게이지　　② 높이 게이지
③ 마이크로미터　　④ 버니어 캘리퍼스

해설 마이크로미터 : 정확한 피치의 나사를 이용하여 실제 길이를 측정하는 기기로서, 수나사와 암나사의 끼워 맞춤을 이용하여 측정물의 외측 및 내측 길이와 깊이를 측정하는 기기이다.

2. 마이크로미터를 좋은 상태로 유지하고 측정값의 정확도를 높이고자 하는 방법으로 틀린

것은?

① 심블을 잡고 프레임을 돌리면 스크루가 마멸되므로 주의한다.
② 부식 방지를 위하여 마이크로미터 앤빌과 스핀들은 깨끗한 오일로 윤활하여 보관한다.
③ 마이크로미터 기구에 이물질이 끼어 원활하지 못할 때는 이를 닦아낸다.
④ 마이크로미터를 보관할 때 앤빌과 스핀들이 서로 맞닿지 않게 작은 간격을 유지한다.

정답 ← **1.** ③　**2.** ②

3. 마이크로미터를 좋은 상태로 유지하고, 측정 값의 정확도를 높이고자 할 때의 주의 사항으로 가장 관계가 먼 내용은?

① 마이크로미터를 보관할 때 앤빌과 스핀들이 서로 맞닿게 하여 흔들림을 방지해야 한다.

② 마이크로미터 스크루는 블록 게이지를 사용하여 정기적으로 점검한다.

③ 마이크로미터 기구에 이물질이 끼어 원활하지 못할 때는 이를 닦아 낸다.

④ 심블을 잡고 프레임을 돌리면 스크루가 마멸되므로 주의한다.

해설 앤빌과 스핀들이 밀착되지 않도록 해야 한다.

4. 다음 중 마이크로미터에 대한 설명으로 틀린 것은?

① 측정물과 직접 닿는 부분은 앤빌과 스핀들이다.

② 보통 0.01 mm와 0.001 mm까지 측정할 수 있다.

③ 하나의 측정기로 외측, 내측, 깊이 및 단차를 모두 측정할 수 있다.

④ 심블과 슬리브라는 명칭이 사용되는 구조 부분이 있다.

해설 마이크로미터 : 사용 목적에 따라 내측, 외측, 깊이 측정 마이크로미터가 있다.

5. 그림은 최소 측정값 $\dfrac{1}{100}$ mm인 마이크로미터로 측정한 결과를 나타낸 것이다. 측정값은 몇 mm인가?

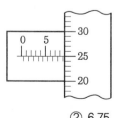

① 6.25   ② 6.75

③ 8.75   ④ 9.00

해설 $\dfrac{1}{100}$ mm 마이크로미터 눈금 읽기

측정값 $= 8 + 0.5 + 0.25 = 8.75$ mm

6. 마이크로미터의 구성품 중 아들자의 눈금이 새겨진 회전 원통으로서 측정면의 이동을 가능하게 해 주는 구성품은?

① 배럴

② 클램프

③ 심블

④ 앤빌과 스핀들

7. 표준형 마이크로미터에서 슬리브와 심블의 눈금이 그림과 같을 때 측정값은 몇 mm인가?

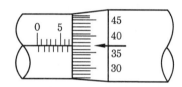

① 6.35   ② 6.37

③ 7.35   ④ 7.37

해설 측정값 $= 7 + 0.37 = 7.37$ mm

8. 최소 측정값이 $\dfrac{1}{1000}$ mm인 마이크로미터의 아래 그림이 지시하는 측정값은 몇 mm인가?

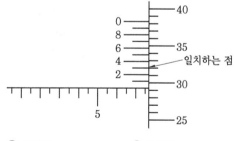

일치하는 점

① 7.793   ② 7.773

③ 7.753   ④ 7.733

해설 $\dfrac{1}{1000}$ mm 마이크로미터 눈금 읽기

눈금값 $= 7.5 + 0.29 + 0.003 = 7.793$ mm

정답 ◦━ **3.** ① **4.** ③ **5.** ③ **6.** ③ **7.** ④ **8.** ①

9. 최소 측정값이 $\dfrac{1}{1000}$ mm인 마이크로미터

의 그림이 지시하는 측정값은 몇 mm인가?

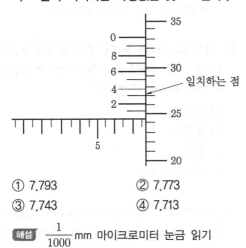

① 7.793 ② 7.773
③ 7.743 ④ 7.713

해설 $\dfrac{1}{1000}$ mm 마이크로미터 눈금 읽기

눈금값＝7.5＋0.24＋0.003＝7.743 mm

10. 그림과 같은 최소 눈금 $\dfrac{1}{1000}$ 인치식 마

이크로미터의 눈금은 몇 인치인가?

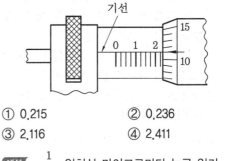

① 0.215 ② 0.236
③ 2.116 ④ 2.411

해설 $\dfrac{1}{1000}$ 인치식 마이크로미터 눈금 읽기

눈금값＝0.225＋0.011＝0.236인치

정답 • **9.** ③ **10.** ②

(3) 실린더 게이지(cylinder gauge)

① 용도 : 다이얼 게이지를 이용한 측정기기로 아메스형과 칼마형 실린더 게이지가 있으며, 실린더 안지름이나 마멸량을 측정한다.

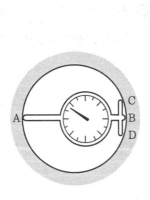

아메스형 실린더 게이지

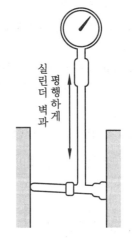

칼마형 실린더 게이지

② 유의 사항

㈎ 측정하고자 하는 실린더 안지름의 크기를 대략 알아, 이에 알맞은 측정자를 선택해야 한다.

㈏ 측정자를 실린더 게이지에 고정시킬 때는 움직이지 않게 단단히 죄어야 한다.

㈐ 측정기구를 사용할 때는 무리한 힘을 주어서는 안 된다.

㈑ 실린더 게이지로 측정할 때는 특히 실린더 중심선의 손잡이 부분을 평행하게 유지해 야 한다.

㈒ 눈금을 읽을 때 눈의 높이는 눈금선과 수평방향이어야 한다.

㈓ 실린더 보어 벽면은 깨끗이 닦아 오차가 생기지 않도록 한다.

(4) 다이얼 게이지(dial gauge)

① 용도

㈎ 직접 측정 : 기준면에서의 깊이 또는 높이를 직접 측정한다.

㈏ 비교 측정 : 기준 게이지와 비교하여 그 값을 측정한다.

  예 높이 측정, 원통의 진원 상태 측정, 축의 굽힘 측정, 평면도 측정, 런 아웃 측정

② 유의 사항

㈎ 스핀들을 2~3회 움직여 스핀들과 바늘의 작동 상태를 확인한다.

㈏ 크랭크축이나 V 블록을 옮길 때는 반드시 두 사람 이상이 작업을 해야 한다.

㈐ 무리한 충격을 주거나 함부로 분해해서는 안 된다.

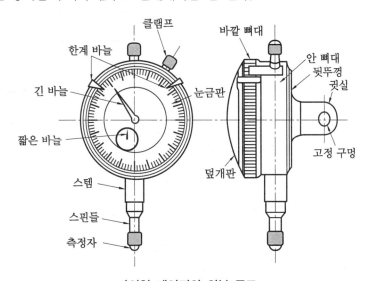

다이얼 게이지의 외부 구조

예상문제

1. 실린더 게이지 측정 작업 시 안전 및 유의 사항으로 틀린 것은?

① 실린더 게이지로 측정할 때는 특히 실린더 중심선의 손잡이 부분을 평행하게 유지해야 한다.

② 측정하고자 하는 실린더의 안지름 크기를 대략적으로 파악하여, 이에 적정한 측정자를 선택해야 한다.

③ 측정자를 실린더 게이지에 고정시킬 때 느슨하게 죄어 측정자의 파손을 방지한다.

정답 ◆→ **1.** ③

④ 측정기구를 사용할 때는 무리한 힘을 줘서
는 안 된다.

해설 실린더 게이지 측정 작업 : 실린더 게이지
측정 작업 시 측정자를 실린더 게이지에 고정
시킬 때는 움직이지 않게 단단히 죄여야 한다.

2. 다음 중 실린더 게이지에 대한 설명이 아닌
것은?
① 칼마형 게이지가 있다.
② 아메스형 게이지가 있다.
③ 검사 계기의 점검에 사용된다.
④ 실린더 지름이나 마멸량을 측정한다.

3. 측정기기의 구조에 따른 분류에 의해 아메스
형과 칼마형으로 분류되는 측정기기는?
① 실린더 게이지
② 두께 게이지
③ 버니어 캘리퍼스
④ 텔레스코핑 게이지

4. 다음 중 실린더 게이지에 대한 설명으로 옳
은 것은?
① 칼마형 게이지는 지름이 작고 깊은 구멍의
지름을 측정할 수 있다.
② 아메스형 게이지는 블록 게이지를 측정할
실린더 안에 직접 밀어 넣을 수 있다.
③ 칼마형 게이지는 다이얼 게이지를 측정할
실린더 안에 직접 밀어 넣을 수 있다.
④ 아메스형 게이지는 두께 게이지를 측정할
실린더 안에 직접 밀어 넣을 수 있다.

해설 실린더 게이지
• 아메스형 실린더 게이지 : 다이얼 게이지를
측정할 때 실린더 안에 직접 밀어 넣을 수
있도록 되어 있다.
• 칼마형 실린더 게이지 : 측정자와 수직으로
된 핸들의 끝에 다이얼 게이지를 고정시킬
수 있도록 되어 있으며, 측정자의 움직임
이 링크 장치를 통하여 게이지의 스핀들에

전해지도록 되어 있다. 지름이 작고 깊
은 구멍의 지름을 측정하는 데 알맞은 구조
이다.

5. 다음의 측정기기 중 비교 측정기는 어느 것
인가?
① 다이얼 게이지(dial gauge)
② 마이크로미터(micrometer)
③ 버니어 캘리퍼스(vernier calipers)
④ 강철자

6. 다이얼 게이지를 이용하여 측정할 수 없는
것은?
① 기어의 백래시
② 원통의 진원 상태
③ 축의 굽힘 측정
④ 작은 안지름이나 홈

해설 다이얼 게이지 : 평면의 상태 검사, 원통
의 진원 상태 검사, 축의 휘어진 상태나 편심
상태 검사, 기어의 흔들림 검사, 원판의 런 아
웃, 크랭크축 및 캠축의 움직임 크기 측정

7. 다이얼 게이지로 측정할 수 없는 것은?
① 경도의 측정
② 흔들림의 측정
③ 편심의 측정
④ 표면 거칠기의 측정

8. 다이얼 게이지의 용도가 아닌 것은?
① 평면의 상태 측정
② 원통의 진원 측정
③ 축의 휘어진 상태나 편심 측정
④ 나사의 피치, 표면조도, 각도 측정

9. 다음 중 다이얼 게이지 측정 작업이 아닌 것
은 어느 것인가?
① 원통의 진원 상태 검사
② 축의 지름 측정 검사

정답 2. ③ 3. ① 4. ① 5. ① 6. ④ 7. ① 8. ④ 9. ②

③ 크랭크축 및 캠축의 움직임 크기 측정

④ 기어의 흔들림 검사와 원판의 런 아웃

10. 다이얼 게이지의 용도로 옳은 것은?

① 원통의 진원 상태 측정

② 원통의 안지름, 바깥지름, 깊이 등을 측정

③ 지시계기의 기준을 설정하고 가공 상태를 측정

④ 정확한 피치의 나사를 이용하여 실제 길이를 측정

11. 그림과 같이 실린더 헤드, 플라이휠 등 측정물을 회전시켜 다이얼 게이지로 측정한 최댓값과 최솟값의 차를 구하는 것은 무엇을 측정하기 위한 방법인가?

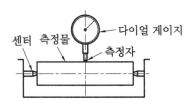

① 원통의 진원 측정

② 평면도 측정

③ 기어의 백래시 측정

④ 내경과 외경 측정

12. 측정물의 평면 상태 검사, 원통 진원 검사 등에 이용되는 측정기기는?

① 높이 게이지 ② 마이크로미터

③ 깊이 게이지 ④ 다이얼 게이지

13. 실린더 안지름을 측정하는 방법으로 틀린 것은?

① 블록 게이지를 이용하는 방법

② 칼마형 실린더 게이지를 이용하는 방법

③ 아메스형 실린더 게이지를 이용하는 방법

④ 외측 마이크로미터와 텔레스코핑 게이지를 이용하는 방법

14. 다음 중 측정공구의 종류가 아닌 것은?

① 다이얼 게이지

② 카운터 싱크

③ 버니어 캘리퍼스

④ 마이크로미터

15. 다음 중 단순한 치수 검사를 위한 검사 방법으로 효율적인 검사법은?

① 와류검사법 ② 몰입검사법

③ 비교검사법 ④ 침투측정법

정답 ● ● 10. ① **11.** ① **12.** ④ **13.** ① **14.** ② **15.** ③

(5) 높이 게이지(height gauge)

① 용도 : 구멍 위치나 표면의 점검, 지그 및 각종 부품의 마름질을 할 때나 표면의 금긋기를 할 때 사용한다.

② 유의 사항

㈎ 정반 위에는 이물질이 없도록 깨끗이 닦는다.

㈏ 스크라이버(scriber) 끝이 상하지 않도록 한다.

㈐ 높이 게이지의 눈금을 읽는 눈높이는 눈금선과 수평방향이어야 한다.

(6) 블록 게이지(block gauge)

① 용도 : 측정면이 극히 정밀하게 다듬질 된 사각형의 블록들로서 주로 치수의 기준으로 사용되며, 각종 게이지나 측정기구와 함께 사용되어 여러 가지 측정에 이용된다.

② 유의 사항

㉮ 사용하기 전 마른 걸레나 솔벤트로 방청제를 닦아낸다.

㉯ 온도 변화에 따라 큰 영향을 받으므로 주의한다.

㉰ 사용 후 마른 헝겊이나 가죽 등으로 깨끗이 닦아서 부식되지 않도록 잘 보관한다.

㉱ 그리스, 오일, 먼지 등의 이물질이 블록 게이지나 다른 측정기구에 묻어 있어서는 안 된다.

③ 온도의 영향 : 표준 측정 온도는 평균 기온보다 조금 낮은 약 20℃이다.

(7) 두께 게이지(thickness gauge : 필러 게이지(feeler gauge))

강제의 얇은 편으로 되어 있으며 접점 또는 작은 홈의 간극 등의 점검과 측정에 사용된다.

(8) 나사 피치 게이지(screw pitch gauge)

나사의 피치를 알고자 할 때 사용하며 1인치당 나사골의 수가 새겨져 있다.

두께 게이지

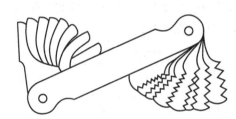

나사 피치 게이지

(9) 센터 게이지(center gauge)

나사의 절삭 바이트의 기준 측정에 사용되며 게이지 위에 있는 스케일(scale)은 1인치당 나사 수를 정하는 데 사용된다.

(10) 텔레스코핑 게이지(telescoping gauge)

내측 마이크로미터로 측정할 수 없는 안지름이나 홈을 측정하기 위한 보조 측정기구이다.

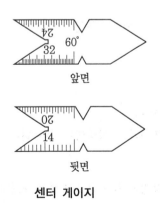

센터 게이지

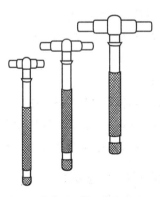

텔레스코핑 게이지

예상문제

1. 높이 게이지에서 금긋기를 하거나 높이 측정 시 측정 표면을 지시 또는 접촉하도록 하여 사용되는 부분은?
① 앤빌
② 스크라이버
③ 측정 바
④ 테이퍼 너트

2. 높이 게이지 측정 작업에 대한 안전 및 유의 사항으로 가장 관계가 먼 것은?
① 측정대는 깨끗한 일반 작업대 위에 놓고 측정 작업을 한다.
② 스크라이버(scriber)를 필요 이상으로 길게 내밀지 않도록 해야 한다.
③ 높이 게이지의 눈금을 읽는 눈의 높이는 눈금선과 수평 방향이어야 한다.
④ 오프셋 스크라이버를 끼우고 사용할 때는 게이지 베이스 면에 닿을 수 있어, 조심스럽게 측정 작업을 해야 한다.
> **해설** 측정대는 평면도가 좋은 정밀 정반을 사용하고, 정반 위에는 이물질이 없도록 깨끗이 닦아야 한다.

3. 공구, 부품 등의 정밀도 측정에 사용되고 기계기구의 점검, 그밖에 길이의 기준용으로 사용되고 있는 측정원기 중의 하나인 측정기는 어느 것인가?
① 두께 게이지
② 마이크로미터
③ 다이얼 게이지
④ 블록 게이지
> **해설** 블록 게이지(block gauge) : 측정면이 극히 정밀하게 다듬질된 사각형의 블록들이다.

이 게이지는 주로 치수의 기준으로 사용되며, 각종 게이지나 측정 기구와 함께 여러 가지 측정에 이용된다.

4. 블록 게이지(block gauge)에 대한 설명으로 틀린 것은?
① 사용하기 전에 마른 걸레나 솔벤트로 방청제 등의 이물질을 닦아낸다.
② 사용 시 손가락 끝으로 잡아 접촉면적을 되도록 작게 한다.
③ 이론상 측정력은 접촉 면적에 비례하여 증가되어야 하며, 실제로는 표준이 되는 측정력을 사용하는 것이 좋다.
④ 측정할 때 정밀도는 온도와는 관련이 없고, 링킹 작업과 가장 관련이 깊다.
> **해설** 블록 게이지를 사용하여 측정할 때는 온도의 변화에 따라 큰 영향을 받으므로 특히 주의해야 한다.

5. 여러 개의 얇은 금속편으로 이루어진 측정기기로, 접점 또는 작은 홈의 간극 등을 측정하는 데 사용되는 것은?
① 피치 게이지
② 센터 게이지
③ 두께 게이지
④ 나사 게이지

6. 다음 중 두께 게이지와 같은 용도로 사용되는 게이지는?
① R 게이지
② 피치 게이지
③ 나이프에지 게이지
④ 필러 게이지

정답 → **1.** ② **2.** ① **3.** ④ **4.** ④ **5.** ③ **6.** ④

2-2 일반 공구와 특수 공구의 명칭과 사용법

(1) 공구 사용 시 주의 사항

① 공구는 적절하고, 안전하게 사용될 경우 더 효과적인 작업을 수행할 수 있는 능력을 가진다.

② 부품에 알맞은 공구를 꼭 사용해야 한다.

③ 공구통은 들어 올려서는 안 되며, 밑에 있는 항공기나 작업자에게 공구를 떨어뜨리지 않도록 조심해야 한다.

④ 금속 칩(chip)이 발생할 수 있는 작업 시에는 보안경을 착용한다.

⑤ 작업이 완료된 후 공구를 깨끗이 손질하여 녹을 방지하고, 파손, 마멸된 공구는 즉시 폐기 처분한다.

(2) 렌치(wrench)

① 오픈 엔드 렌치(open end wrench) : 스패너(spanner)라고도하며, 양끝에는 서로 다른 규격의 너트나 볼트를 돌릴 수 있는 홈이 있다.

② 오프셋 박스 렌치(offset box wrench) : 볼트머리나 너트의 6면 전체를 둘러싸기 때문에 미끄러지지 않아 더욱 단단하게 조이는데 사용한다.

③ 콤비네이션 렌치(combination wrench) : 한쪽 끝은 open 으로, 다른 한쪽은 box end wrench로 되어 있으며 조일 때는 open end로 조이고 마무리는 box end wrench로 조인다.

④ 조절 렌치(adjustable wrench) : 볼트와 너트의 치수에 따라 그 입의 크기를 조절할 수 있게 되어 있다. 다만 규격에 맞는 오프셋 박스 렌치, 오픈 엔드 렌치 및 콤비네이션 렌치 등이 있을 때에는 사용하지 않는다.

⑤ 래치팅 박스 엔드 렌치(ratcheting box end wrench) : 한쪽 방향으로만 움직이고, 반대쪽 방향은 로크(lock)되며, 오프셋 박스 렌치를 사용하는 것보다 작업속도가 빠르다.

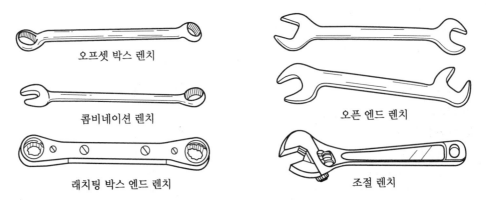

오프셋 박스 렌치

콤비네이션 렌치

오픈 엔드 렌치

래치팅 박스 엔드 렌치

조절 렌치

렌치의 종류

⑥ 알렌 렌치(allen wrench : 6각 렌치) : 6각 구멍을 가진 볼트를 풀거나 조일 때 사용한다.

알렌 렌치

⑦ 소켓 렌치(socket wrench) : 볼트와 너트의 크기에 맞도록 다양한 치수로 만들고 여기에 여러 가지 핸들을 장착하여 사용하는 렌치이다.

㉮ 소켓(socket) : 너트나 볼트를 풀거나 조일 때 사용한다.
- 표준 소켓(standard socket) : 가장 많이 사용한다.
- 디프 소켓(deep socket) : 스터드나 볼트가 너트 쪽으로 길게 나와 있는 곳에 사용한다.
- 플렉시블 소켓(flexible socket) : 너트나 볼트 헤드(head)까지 닿을 수 있는 거리가 굴곡이 있는 장소에 사용한다.

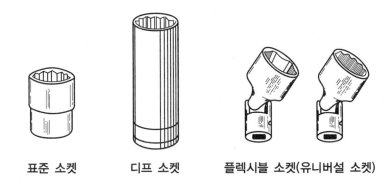

| 표준 소켓 | 디프 소켓 | 플렉시블 소켓(유니버설 소켓) |

㉯ 핸들(handle)
- 스피드 핸들(speed handle) : 래칫 핸들이나 오픈 엔드 렌치, 박스 엔드 렌치보다 빠른 속도로 볼트나 너트를 풀 때 사용한다.
- 래칫 핸들(rachet handle) : 핸들 헤드에 있는 작은 선택 레버를 조절하여 힘의 방향을 바꾸어 줄 수 있으며 볼트나 너트를 빠른 속도로 풀거나 조일 수 있다.
- T 핸들 : 손잡이 양쪽 끝에 똑같은 힘을 가할 수 있으며, 소켓을 돌리는 데 사용한다.

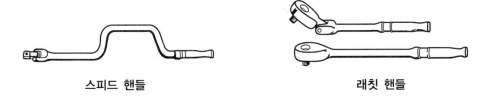

스피드 핸들　　　　　**래칫 핸들**

• 브레이커 바(breaker bar : 힌지 핸들) : 단단히 조여져 있는 볼트나 너트를 풀 때 사용한다.

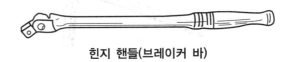

힌지 핸들(브레이커 바)

㈐ 부착 공구

• 익스텐션 바(extension bar) : 좁은 공간에 있는 너트나 볼트를 풀거나 조일 때 래칫 핸들이나 T 핸들을 연결하여 사용한다.

• 유니버설 조인트(universal joint) : 좁은 장소에서 작업할 때에 굴곡이 필요할 경우 사용한다.

• 크로풋(crowfoot) : 오픈 엔드 렌치로 작업할 수 없는 좁은 장소의 작업에 사용한다.

• 어댑터(adapter) : 소켓의 크기를 바꾸어 사용할 때 스피드 핸들이나 래칫에 끼워서 사용한다.

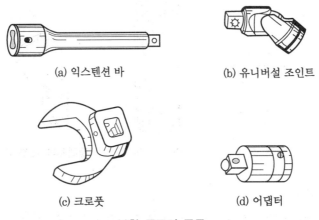

(a) 익스텐션 바   (b) 유니버설 조인트

(c) 크로풋   (d) 어댑터

부착 공구의 종류

⑧ 스트랩 렌치(strap wrench) : 원통 모양의 물건을 표면에 손상을 주지 않고 돌리기 위해 사용하는 렌치

스트랩 렌치

예상문제

1. 공구 사용 시 주의 사항으로 틀린 것은?
① 부품에 알맞은 공구를 선택 사용한다.
② 간단한 공구는 사용 전에 교육을 생략한다.
③ 작업이 완료된 후에는 녹 방지를 위하여 손질한다.
④ 금속 칩이 발생하는 작업을 할 때에는 보안경을 쓴다.

2. 볼트나 너트의 육면 중에 2면만이 공구의 개구 부분에 걸려서 그 볼트나 너트를 장·탈착하는 데 쓰이는 공구는 무엇인가?
① 박스 렌치(box wrench)
② 오픈 엔드 렌치(open end wrench)
③ 스트랩 렌치(strap wrench)
④ 소켓 렌치(socket wrench)

3. 다음 중 오픈 엔드 렌치(open end wrench)의 사용법에 대하여 가장 옳게 설명된 것은 어느 것인가?
① 볼트나 너트의 머리에는 한 사이즈 더 큰 렌치를 선택하여 작업한다.
② 가볍게 돌아가는 볼트와 너트에서는 오픈 엔드 렌치가 박스 렌치보다 작업속도가 느리다.
③ 너트를 처음 푸는 작업이나 마무리 죄기에 사용한다.
④ 렌치를 밀어내야만 할 때에는 렌치를 손으로 감아 잡지 말고 손을 벌린 채 손바닥으로 밀도록 한다.

4. 볼트나 너트의 헤드 부위가 망가지지 않도록 6각형 혹은 12각형의 모양으로 되어 있으며 볼트나 너트를 조이거나 푸는 데 사용하는 공구는?
① 조절 렌치(adjustable wrench)

② 토크 렌치(torque wrench)
③ 오픈 엔드 렌치(open-end wrench)
④ 오프셋 박스 렌치(offset box wrench)

5. 다음 중 오프셋 박스 렌치는?
①
②
③
④

6. 볼트나 너트를 가장 세게 조일 수 있는 그림과 같은 공구는?

① 오프셋 박스 렌치
② 오픈 엔드 렌치
③ 어저스터블 렌치
④ 로킹 플라이어

7. 단단하게 조여진 볼트나 너트를 풀거나 조이는 데 사용하는 공구는?
① 박스 렌치   ② 해머
③ 플라이어   ④ 트위스터

8. 볼트나 너트를 죌 때 먼저 개구 부위로 조이고 마무리는 박스 부분으로 조이도록 된 공구는 어느 것인가?
① 박스 렌치
② 소켓 렌치
③ 콤비네이션 렌치(조합 렌치)
④ 오픈 엔드 렌치

9. 다음 중 어저스터블 렌치(adjustable wrench)
는 어느 것인가?

①

②

③

④

10. 한쪽 물림 턱은 고정되어 있고 다른 쪽 턱
은 손잡이에 설치된 나사형 스크루를 조작하
여 렌치의 개구부 크기를 조절하는 렌치는?
① 박스 렌치(box wrench)
② 래칫 렌치(ratchet wrench)
③ 콤비네이션 렌치(combination wrench)
④ 어저스터블 렌치(adjustable wrench)

11. 여러 개의 오픈 엔드 렌치(open end
wrench) 역할을 할 수 있지만 일반적으로 표
준 오픈 엔드 렌치, 박스 렌치, 소켓 렌치 등
이 있을 때 대신해서 사용하지 않는 공구의
명칭은?
① 알렌 렌치(allen wrench)
② 슬립 조인트 렌치(slip joint wrench)
③ 콤비네이션 렌치(combination wrench)
④ 어저스터블 렌치(adjustable wrench)

12. 정비 작업에 사용하는 래치팅 박스 엔드
렌치(ratcheting box end wrench)의 특성을
설명한 것으로 옳은 것은?
① 볼트나 너트를 푸는 경우에만 유용하다.
② 볼트나 너트를 조이는 경우에만 유용하다.
③ 한쪽 방향으로만 움직이고 반대쪽 방향은
　잠겨 있게 되어 있다.
④ 볼트나 너트를 정확한 토크로 풀거나 조일
　수 있다.

해설 래치팅 박스 엔드 렌치 : 한쪽 방향으로만
움직이고, 반대쪽 방향으로는 잠겨 있으며,
오프셋 박스 렌치를 사용하는 것보다 작업속
도가 훨씬 빠르다.

13. 렌치의 종류 중에서 한쪽 방향으로만 움직
이고 반대쪽 방향은 로크(lock)가 되며 작업
속도가 가장 빠른 렌치는?
① offset box wrench
② open end wrench
③ combination wrench
④ ratcheting box end wrench

14. 한쪽 방향으로만 움직이고 반대쪽 방향은
로크(lock)되며 오프셋 박스 렌치를 사용하는
것보다 작업속도가 빠른 공구의 명칭은?
① 로크 렌치(lock wrench)
② 소켓 렌치(socket wrench)
③ 조절 렌치(adjustable wrench)
④ 래치팅 박스 엔드 렌치(ratcheting box
　end wrench)

15. 다음 중 6각 구멍을 가진 볼트를 풀거나
조일 때 사용하는 공구는?
① adjustable wrench　② allen wrench
③ barrel　　　　　　④ thimble

16. 너트나 볼트 헤드까지 닿을 수 있는 거리
가 굴곡이 있는 장소에 사용되는 그림과 같은
공구의 명칭은?

① 알렌 렌치   ② 익스텐션 바
③ 래칫 핸들   ④ 플렉시블 소켓

17. 다음 그림과 같이 단단히 조여 있는 너트나 볼트를 풀 때, 지렛대 역할을 할 수 있도록 하여 너트나 볼트를 풀 수 있는 방향으로 돌려 사용하는 공구는?

① 스피드 핸들(speed handle)
② 브레이커 바(breaker bar)
③ 래칫 핸들(ratchet handle)
④ 슬라이딩 티 핸들(sliding T handle)

18. 힌지 핸들(hinge handle)에 대한 설명으로 가장 옳은 것은?
① 부품 수가 많은 볼트나 너트를 신속하게 풀 때 사용한다.
② 단단하게 조여져 있는 볼트나 너트를 풀 때 사용한다.
③ 협소한 공간에서 소켓을 이용하여 볼트나 너트를 풀 때 사용한다.
④ 협소한 공간에서 래칫을 이용하여 볼트나 너트를 신속하게 풀 때 사용한다.

해설 힌지 핸들(hinge handle)은 브레이커 바(breaker bar)라고도 한다.

19. 핸들(handle)의 종류 중 단단히 조여 있는 너트나 볼트를 풀 때, 지렛대 역할을 할 수 있도록 하는 공구는?
① 래칫 핸들   ② 브레이커 바
③ 티(T) 핸들   ④ 스피드 핸들

20. 래칫 핸들(ratchet handle)에 대한 설명으로 옳은 것은?
① 정확한 토크로 볼트나 너트를 조이도록 토크 값을 지시한다.

② 볼트나 너트를 조이거나 풀 때 연장공구의 장착을 유용하게 한다.
③ 볼트나 너트를 조이거나 풀 때 한쪽 방향으로만 움직이도록 한다.
④ 원통 모양의 물건을 표면에 손상을 주지 않고 돌리기 위해 사용한다.

해설 래칫 핸들(ratchet handle) : 너트나 볼트를 풀 때, 한쪽 방향으로만 로크(lock)가 걸리고, 또 조일 때에는 반대방향으로 로크가 걸리게 되어 있다.

21. 래칫 핸들(rachet handle)에 대한 설명으로 가장 올바른 것은?
① 원통 모양의 물건을 표면에 손상을 주지 않고 돌리기 위해 사용한다.
② 협소한 공간에서 단단하게 조여져 있는 볼트나 너트를 풀 때 사용한다.
③ 단단하게 조여져 있는 볼트나 너트를 풀거나 더욱 조이는 데 사용한다.
④ 협소한 공간에서 매우 유용하고, 풀거나 조일 때 한쪽 방향으로만 작용하며, 단단하게 조여져 있는 볼트나 너트에는 사용하지 않는다.

22. 다음 중 래칫 핸들(ratchet handle)은?

①

②

③

④

23. 다음 중 잠금 장치를 이용하여 볼트나 너트를 공구와 분리하지 않고 더욱 빠르게 풀고 조이기 위해 만들어진 공구는?
① 박스 렌치
② 오픈 엔드 렌치

③ 조합 렌치

④ 래칫(rachet) 핸들 렌치

24. 다음 중 래칫 핸들이나 스피드 핸들에 연결하여 사용하는 것이 아닌 것은?

① 어댑터 　　　② 익스텐션 바

③ 브레이커 바 　④ 유니버설 조인트

25. 좁은 공간의 작업 시 굴곡이 필요한 경우에 스피드 핸들, 소켓 또는 익스텐션 바와 함께 사용하는 그림과 같은 공구는?

① 익스텐션 댐퍼 　② 어댑터

③ 유니버설 조인트 　④ 크로풋

26. 오픈 엔드 렌치로 작업할 수 없는 좁은 장소의 작업에 사용되며, 적절한 핸들과 익스텐션 바와 함께 사용하는 그림과 같은 공구의 명칭은?

① 크로풋 　　　② 디프 소켓

③ 어댑터 　　　④ 알렌 렌치

27. 크로풋(cro foot)에 대한 설명으로 가장 옳은 것은?

① 소켓 렌치(socket wrench)로 작업할 때 연장공구와 함께 사용한다.

② 오픈 엔드 렌치(open end wrench)로 작업할 수 없는 좁은 공간에서 작업할 때 연장공구와 함께 사용한다.

③ 소켓 렌치(socket wrench)로 좁은 공간에

서 작업할 때 함께 사용한다.

④ 오픈 엔드 렌치(open end wrench)로 작업할 때 함께 사용한다.

> **해설** 크로풋(crowfoot) : 오픈 엔드 렌치(open end wrench)로 작업할 수 없는 좁은 장소의 작업에 사용되며, 적절한 핸들과 익스텐션 바(extension bar)와 같이 사용된다.

28. 결합되는 곳의 크기가 서로 다른 핸들과 소켓의 사용을 가능하게 해 주는 그림과 같은 공구는?

① adapter 　　　② extension bar

③ shallow socket 　④ universal joint

29. 원형통 물체(대구경 튜브, filter bowl 등)의 표면에 손상을 입히지 않고 장탈착할 수 있는 공구는?

① 스트랩 렌치(strap wrench : 벨트 렌치)

② 캐논 플라이어(cannon plier)

③ 오픈 엔드 렌치(open end wrench)

④ 어저스터블 렌치(adjustable wrench)

> **해설** 벨트 렌치(스트랩 렌치)

30. 오일 필터(oil filter), 연료 필터(fuel filter) 등의 원통 모양의 물건을 장탈착할 때 표면에 손상을 주지 않도록 사용되는 공구는 어느 것인가?

① 어저스터블 렌치(adjustable wrench)

② 인터로킹 조인트 플라이어(inter locking joint plier)

③ 스트랩 렌치(strap wrench)

④ 커넥터 플라이어(connector plier)

정답 24. ③　25. ③　26. ①　27. ②　28. ①　29. ①　30. ③

(3) 플라이어(plier)

① 콤비네이션 플라이어 (combination plier : 슬립 조인트 플라이어) : 물건을 강하게 잡아주는 공구로 크기에 따라 입의 크기를 조절할 수 있다. 일반적으로 물체의 구부림, 평형 또는 혼형 가공물을 잡아주거나 구부리기 위한 목적으로 사용한다.

② 롱 노즈 플라이어(long nose plier) : 물체를 잡는 부분이 길게 되어 있어 협소한 장소에서 물체를 잡거나 금속판을 구부리는 데 사용한다.

③ 다이애거널 커팅 플라이어(diagonal cutting plier) : 안전결선, 코터 핀, 전선 등을 절단하는 데 사용한다.

④ 바이스 그립 플라이어(vice grip plier, 로킹 플라이어) : 물건을 단단히 잡아 잠그는 데 사용하며 손을 놓더라도 풀리지 않는다. 구부러진 스터드나 꼭 낀 핀을 떼어낼 때 사용한다.

⑤ 스냅 링 플라이어(snap ring) : 원통형의 축에 장착되는 스냅 링을 빼거나 장착하는 데 사용한다.

   ⑦ 인터널 링 플라이어(internal ring plier) : 스냅 링을 오므리는 데 사용한다.

   ⑭ 익스터널 링 플라이어(external ring plier) : 스냅 링을 벌리는 데 사용한다.

⑥ 커넥터 플라이어(connector plier) : 전기 커넥터를 풀거나 조일 때 사용한다.

⑦ 워터 펌프 플라이어(water pump plier) : 콤비네이션 플라이어가 할 수 없는 작업에 사용되며 보통 금속 파이프, 큰 너트나 볼트를 잡는 데 사용한다.

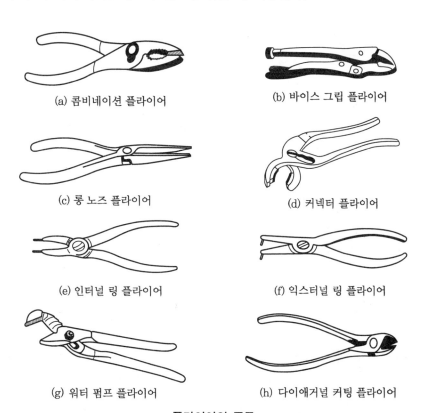

(a) 콤비네이션 플라이어 (b) 바이스 그립 플라이어

(c) 롱 노즈 플라이어 (d) 커넥터 플라이어

(e) 인터널 링 플라이어 (f) 익스터널 링 플라이어

(g) 워터 펌프 플라이어 (h) 다이애거널 커팅 플라이어

플라이어의 종류

예상문제

1. 물림 턱의 벌림에 따라 손잡이를 잡을 수 있는 정도를 조절하는 그림과 같은 공구의 명칭은 어느 것인가?

① 스냅 링 플라이어
② 슬립 조인트 플라이어
③ 워터 펌프 플라이어
④ 라운드 노즈 플라이어

2. 물림 턱에 로크 장치가 있어 로크되면 바이스처럼 잡아 주게 되어 부러진 스터드 등을 떼어낼 때 사용하는 그림과 같은 공구의 명칭은 어느 것인가?

① 커넥터 플라이어
② 바이스 그립 플라이어
③ 롱 노즈 플라이어
④ 콤비네이션 플라이어

3. 공구의 물림 턱에 로크장치(잠금장치)가 되어 있어 부러진 스터드나 꼭 끼인 핀 등을 빼낼 때에 유용한 공구는?
① 콤비네이션 플라이어
② 바이스 그립 플라이어
③ 커넥터 플라이어
④ 워터 펌프 플라이어

4. 작은 바이스처럼 부품을 잡아주며 부러진 스터드(stud)이나 꽉 낀 코터 핀을 장탈하는 데

가장 적합하게 사용되는 공구는?
① 로킹 플라이어(locking pliers)
② 스냅 링 플라이어(snap ring pliers)
③ 슬립 조인트 플라이어(slip joint pliers)
④ 커넥터 플라이어(connector pliers)

5. 물림 턱에 로크(lock)장치가 되어 있어 한 번 조절되어 로크(lock)되면 작은 바이스처럼 잡아주는 공구는?
① 롱 노즈 플라이어(long nose plier)
② 워터 펌프 플라이어(water pump plier)
③ 바이스 그립 플라이어(vise grip plier)
④ 콤비네이션 플라이어(combination plier)

6. 스냅 링과 같은 종류를 오므릴 때 사용하는 공구의 명칭은?
① 커팅 플라이어(cutting plier)
② 커넥터 플라이어(connector plier)
③ 인터널 링 플라이어(internal ring plier)
④ 익스터널 링 플라이어(external ring plier)

7. 다음 중 스냅 링(snap ring)과 같은 종류를 벌려 줄 때 사용하는 공구는?
① external ring plier
② connector plier
③ internal ring plier
④ combination plier

8. 스냅링(snap ring)을 축 위의 홈에 맞도록 벌려주기 위하여 제작된 공구는?
① 롱 노즈 플라이어(longnose plier)
② 커넥터 플라이어(connector plier)
③ 인터널 링 플라이어(internal ring plier)
④ 익스터널 링 플라이어(external ring plier)

정답 ● **1.** ② **2.** ② **3.** ② **4.** ① **5.** ③ **6.** ③ **7.** ① **8.** ④

9. 스냅 링과 같은 종류를 벌려 줄 때 사용하는 그림과 같은 공구의 명칭은?

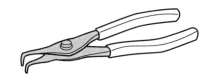

① 스피드 핸들
② 콤비네이션 렌치
③ 브레이커 바
④ 익스터널 링 플라이어

10. 물림 턱의 간격을 쉽게 조절할 수 있으며, 물림 턱이 깊어서 강력하게 잡을 수 있는 그림과 같은 공구의 명칭은?

① 커넥터 플라이어
② 콤비네이션 플라이어
③ 워터 펌프 플라이어
④ 익스터널 링 플라이어

정답 ● **9.** ④ **10.** ③

(4) 해머(hammer)

① 볼 핀 해머(ball pin hammer) : 한쪽 날은 평평하게, 반대편은 볼(ball)의 형태로 되어 있다.
② 맬릿 해머(mallet hammer) : 물체에 손상 없이 타격을 가할 때 사용하며 플라스틱, 나무, 가죽 등으로 제작한다.

   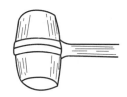

볼핀 해머   맬릿 해머

(5) 스크루 드라이버(screw driver)

스크루(screw)를 풀거나 조일 때 사용하며 스크루에 알맞은 드라이버를 선택하기 위해서는 최소한 스크루의 홈에 75 % 이상 되는 드라이버를 사용해야 한다.

① 일자형 스크루 드라이버
② 십자형 스크루 드라이버

규격 ⊕ 드라이버 3개, ⊖드라이버 3개

일자 드라이버

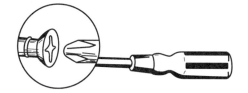

십자형(필립스) 스크루 드라이버

③ 오프셋 드라이버(offset screw driver) : 일반 드라이버를 사용할 수 없는 협소한 장소에 사용된다.

오프셋 스크루 드라이버

(6) 쇠톱(hacks)

일감을 절단하거나 작은 틈이나 홈을 가공하는 데 이용된다.

[유의 사항]

• 왕복하는 쇠톱은 직선운동이 되어야 한다.

• 톱은 밀 때 절삭이 되도록 해야 하고, 절삭운동 방향으로 균등하게 밀어주며 톱날이 부러지지 않도록 한다.

• 톱날 전체를 사용하여 자른다.

(7) 줄(file)

줄을 이용하여 일감 표면에서 작은 쇳밥들을 깎아 내거나 또는 갈아내는 작업을 말한다. 줄눈의 크기에 따라 황목, 중목, 세목, 유목으로 분류하고 단면 형상에 따라 평줄, 각줄, 삼각줄, 반원줄, 원줄, 타원줄, 부채꼴 등이 있다.

(8) 바이스 : 2개의 나란한 조(jaw)로 공작물을 고정시키는 기구

① 바이스에 일감을 고정시키는 방법

㈎ 일감을 바이스에 정확하게 고정시켜야 한다.

㈏ 조(jaw)의 간격을 조정하기 위해서는 바이스 핸들(handle)을 반드시 손으로 해야 한다.

㈐ 일감은 가능한 바이스 중앙에 물리도록 한다.

㈑ 바이스 끝을 사용하는 경우에는 보조물을 이용하여 일감의 표면을 보호한다.

㈒ 일감의 모서리를 가공할 때에는 샤핑 바이스(sharping vise)를 사용한다.

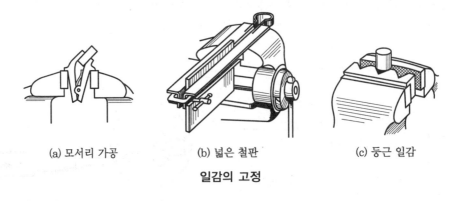

| (a) 모서리 가공 | (b) 넓은 철판 | (c) 둥근 일감 |

일감의 고정

㈓ 넓은 철판 작업 시에는 클램프 바를 사용한다.

㈜ 둥근 일감을 고정할 때는 V홈 바이스 조를 사용한다.

② 바이스 보조 공구

㈎ 바이스 덮개   ㈏ 보조 바이스와 클램프

㈐ 바이스 보조 조   ㈑ 클램프

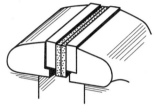 

(a) 가죽 덮개   (b) 경금속 덮개

바이스 덮개

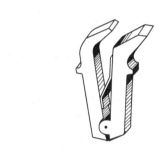 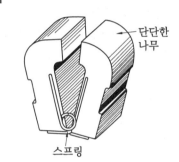

(a) 샤핑 바이스   (b) 나무 클램프

 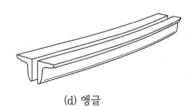

(c) 클램프 바   (d) 앵글

보조 바이스와 클램프

(a) 나사용 조   (b) 파이프용 조

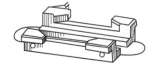   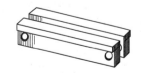

(c) 끌 작업용 조   (d) V홈 조   (e) 굽힘 작업용 대

바이스 보조 조

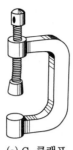

(a) C-클램프　　　　(b) 평행 클램프　　　　(c) 핸드 바이스

클램프

예상문제

1. 해머와 같은 목적으로 사용되며, 타격 부위에 변형을 주지 않아야 할 가벼운 작업에 사용되는 공구는 어느 것인가?
① 탭(tap)
② 맬릿(mallet)
③ 텅(tung)
④ 스패너(spanner)

2. 한쪽 또는 양쪽이 평평한 면의 금속으로 이루어져 판재를 고르게 펼 때 사용할 수 있는 해머는?
① 클로(claw) 해머
② 맬릿(mallet) 해머
③ 보디(body) 해머
④ 볼핀(ball peen) 해머

3. 일반적인 스크루 드라이버(screw driver)를 구성하는 3가지 부분이 아닌 것은?
① handle 　　　② ring
③ blade(tip) 　　④ shank

4. 수직공간이 제한된 곳에 사용되는 스크루 드라이버의 명칭으로 옳은 것은?
① 리드 스크루 드라이버
② 래칫 스크루 드라이버

③ 오프셋 스크루 드라이버
④ 프린스 스크루 드라이버

5. 쇠톱(hack saw) 사용법에 대한 설명으로 틀린 것은?
① 쇠톱을 당길 때 절삭되도록 한다.
② 절삭 시 잇날이 항상 가공물을 적절한 수가 접하도록 한다.
③ 얇은 판재 절단 시 판재를 목재 사이에 끼워 넣어 판재에 손상이 가지 않도록 한다.
④ 작업이 끝난 후 톱날의 장력을 느슨하게 한 후 보관한다.

6. 황동, 공구강, 주철 등과 같이 단면적이 큰 재료를 절단하는 데 가장 적합한 톱날의 종류는 어느 것인가?
① 앵글 블레이드(angle blade)
② 샤넬 블레이드(Channel blade)
③ 올－하드 블레이드(all－hard blade)
④ 플렉시블 블레이드(flexible blade)

해설 톱날의 종류
• 올－하드 블레이드(all－hard blade) : 황동, 공구강, 주철 등과 같이 단면적이 큰 재료를 절단하는 데 적합하다.
• 플렉시블 블레이드(flexible blade) : 잇날 부위만 경화 처리되어 있고, 속이 빈 재료

정답 ◆－●　1. ②　2. ③　3. ②　4. ③　5. ①　6. ③

나 단면적이 작은 재료를 절단하는 데 적
합하다.

7. 다음 중 손 작업에 대한 설명으로 틀린 것은
어느 것인가?

① 철판에 구멍을 뚫을 때에는 일감이 회전하
지 않도록 평행 클램프나 핸드 바이스로 일
감을 고정시켜야 한다.

② 가공한 일감을 바이스의 가운데 부분에 고
정할 때에는 구리판 또는 가죽 등을 사용하
여 일감이 손상되지 않도록 한다.

③ 줄 작업을 하는 일감의 가공 방향은 가로
방향으로 하며, 줄의 일부분을 한정하여 이
용 가공한다.

④ 나사내기 작업을 할 때에는 탭을 조금씩
가끔 반대 방향으로 회전시켜 주어야 한다.

해설 줄 작업을 하는 일감의 가공 방향은 길이
방향으로 하며, 줄의 전체 부분을 모두 이용
하여 가공한다.

8. 황목, 중목, 세목으로 나누는 줄(file)의 분류
방법의 기준은?

① 줄눈의 크기   ② 줄의 길이
③ 단면의 모양   ④ 줄날의 방식

9. 다음 그림과 같은 종류의 공구 명칭은 어느
것인가?

① 탭
② 클램프
③ 고정 척
④ 바이스 보조 조

10. 작업 대상물의 모서리를 가공하는 데 사용
되는 (A)와 같은 공구의 명칭은?

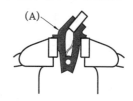

① 평행 클램프   ② 앵글
③ 샤핑 바이스   ④ 클램프 바

해설 샤핑 바이스

11. 그림과 같은 공구의 명칭은?

① 바이스   ② 조
③ 클램프   ④ 로크 스탠드

정답 **7.** ③   **8.** ①   **9.** ④   **10.** ③   **11.** ③

CHAPTER 03 정비 작업

3-1 항공기 기계요소

(1) 규격
① AA : Aluminium Association of America
② AN : Airforce-Navy
③ ASA : American Standard Association
④ MS : Military Standard
⑤ NAS : National Aerospace Standard
⑥ MIL : Military Specification
⑦ SAE : Society of Automotive Engineers

(2) 볼트(bolts)
머리와 섕크(shank)로 구성된다.
① 볼트의 길이 : 그립(grip) 길이 + 나사 길이
  ㈎ 접시 머리 볼트의 길이는 머리의 깊이도 포함한다.
  ㈏ 그립 (grip) : 볼트의 길이 중에서 나사가 나와 있지 않은 부분의 길이

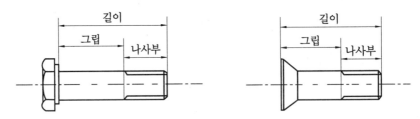

항공기용 볼트의 규격

② 재질 구별 : 볼트 머리 부분의 표시로 재질을 구별한다.
③ 볼트의 식별 : 머리 부분은 대개 육각이며, 머리 부분의 식별 기호로서 구별한다.
  ㈎ A1 합금 볼트 : 쌍대시(- -)   ㈏ 내식강 : 대시(-)
  ㈐ 특수 볼트 : spec   ㈑ 정밀 공차 볼트 : △

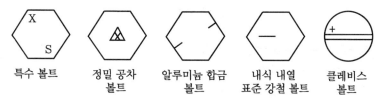

항공기용 볼트의 식별 기호

④ 볼트의 종류

㉮ 육각머리 볼트(AN 3~AN 20) : 인장하중과 전단하중을 담당하는 구조부에 사용한다.

  [육각머리 볼트의 호칭]

   AN 6 DD H 7 A

   여기서, AN 6 : 볼트 지름($\frac{6}{16}$ in)

   DD : 볼트의 재질(알루미늄 합금 2024T)

   H : 볼트 머리에 구멍 유무 표시(H 또는 DH : 있음)

   7 : 볼트 길이($\frac{7}{8}$ in)

   A : 나사 끝 구멍의 유무 표시(A : 구멍 없음)

㉯ 드릴 헤드 볼트(AN 73~AN 81) : 안전결선을 위해 머리에 구멍이 나 있다.

㉰ 정밀 공차 볼트(NAS 673~NAS 678) : 일반 볼트보다 정밀하게 가공된 볼트로서 심한 반복운동과 진동을 받는 부분에 사용한다.

㉱ 내부 렌칭 볼트(MS 20004~MS 20024) : 고강도 합금강으로 만들며, 인장하중이 작용하는 부분에 사용되는데 알렌 렌치(allen wench)를 사용할 수 있도록 홈이 파여 있다.

㉲ 클레비스 볼트(AN 21~AN 36) : 머리가 둥글고 스크루 드라이버를 사용하도록 머리에 홈이 파여 있다. 전단하중만 걸리고 인장하중이 작용하지 않는 조종 계통의 장착용 핀(pin) 등으로 사용된다.

㉳ 아이 볼트(eye bolt : AN 42~AN 49) : 외부의 인장하중이 작용하는 곳에 사용되며, 머리에 나 있는 고리(eye)에는 조종 계통의 턴 버클이나 조종 케이블 등이 연결되어 있다.

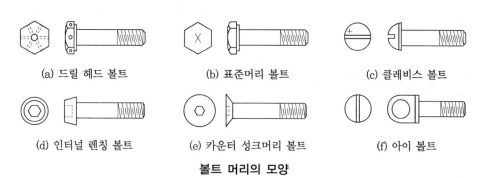

볼트 머리의 모양

예상문제

1. 항공기용 기계요소 및 재료에 대한 규격 중 군(military)에 관련된 규격이 아닌 것은?

① AN ② MIL ③ ASA ④ MS

2. 볼트의 각 부분에 대한 명칭 중 체결할 부재의 두께와 비슷하고, 나사산이 없는 부분을 무엇이라 하는가?

① 넥(neck) ② 그립(grip)
③ 나사(thread) ④ 머리(head)

3. 항공기용 볼트의 그립(grip) 길이는 어떻게 결정되는가?

① 볼트의 지름과 일치
② 볼트의 지름과 나사산의 수가 일치
③ 체결해야 할 부재의 두께와 일치
④ 볼트 전체 길이에서 나사 부분의 길이

> **해설** 볼트의 길이 중에 나사 부분을 제외한 길이를 그립(grip)이라 하며, 이 길이는 체결하고자 하는 부품의 두께와 일치한다.

4. 다음 중 AN 표준 볼트를 의미하는 것이 아닌 것은?

①   ②
③   ④

> **해설** 표준 육각머리 볼트에는 머리 부분에 아무런 표시가 없다.

5. 항공용 볼트의 식별 부호 중 알루미늄 합금 볼트의 머리 표시는?

①   ②

③   ④

6. 다음 중 항공용 볼트의 식별 부호 중 정밀 공차 볼트를 나타내는 것은?

7. 볼트 헤드에 X 기호가 새겨져 있다면 이 기호의 의미는?

① 열처리 볼트 ② 내식강 볼트
③ 합금강 볼트 ④ 정밀 공차 볼트

8. 정밀 공차 볼트의 식별을 용이하게 하기 위하여 볼트 머리에 표시하는 기호는?

① 삼각형 ② 일자형
③ 원형 ④ 사각형

9. 다음은 볼트의 식별 방법을 표시한 것이다. 식별 내용 중 볼트 머리에 구멍이 난 상태를 알려주는 것은?

AN 3 DD H 10 A

① AN ② DD
③ H ④ A

10. 볼트의 부품 기호 AN 3 DD 5 A로 표시되어 있다면 AN "3"이 의미하는 것은?

① 볼트 길이가 $\dfrac{3}{8}$ in

② 볼트 지름이 $\dfrac{3}{8}$ in

③ 볼트 길이가 $\dfrac{3}{16}$ in

정답 → **1.** ③ **2.** ② **3.** ③ **4.** ④ **5.** ② **6.** ② **7.** ③ **8.** ① **9.** ③ **10.** ④

④ 볼트 지름이 $\dfrac{3}{16}$ in

> **해설** AN 3 DD 5 A
> - AN : AN 표준 기호
> - 3 : 볼트 지름 $\left(\dfrac{3}{16}$ 인치 $\right)$
> - DD : 재질 기호로서 알루미늄 합금 2024T
> - 5 : 볼트 길이 $\left(\dfrac{5}{8}$ 인치 $\right)$
> - A : 축에 구멍이 없다.

11. 다음의 항공기용 AN 볼트의 규격 표시에서 3의 숫자는 무엇을 의미하는가?

> AN 3 DD H 7 A

① 볼트의 길이가 $\dfrac{3}{8}$ 인치

② 볼트의 나사산이 3×16개

③ 볼트의 지름이 $\dfrac{3}{16}$ 인치

④ 볼트의 그립 길이가 3인치

12. 볼트의 부품 기호가 AN 3 DD 5 A로 표시되어 있다면 5가 의미하는 것은?

① 볼트 길이가 $\dfrac{5}{8}$ in

② 볼트 지름이 $\dfrac{5}{8}$ in

③ 볼트 길이가 $\dfrac{5}{16}$ in

④ 볼트 지름이 $\dfrac{5}{16}$ in

13. AN 3 ~ AN 20으로 분류되고, 재질은 니켈강이며, 인장과 전단하중을 받는 구조 부분에 사용되는 볼트는?

① 아이 볼트
② 클레비스 볼트
③ 육각 볼트
④ 인터널 렌칭 볼트

14. AN 21 ~ AN 36으로 분류되고, 머리 형태가 둥글고 스크루 드라이버를 사용하도록 머리에 홈이 파여 있는 모양의 볼트는?

① 아이 볼트
② 클레비스 볼트
③ 육각 볼트
④ 인터널 렌칭 볼트

15. 항공기용 볼트 중 조종 케이블이나 턴 버클과 같이 외부 특수한 목적으로 사용되며, 특히 인장하중이 주로 받는 곳에 사용되는 것은 어느 것인가?

① 정밀 공차 볼트   ② 아이 볼트
③ 내부 레칭 볼트   ④ 클레비스 볼트

정답 ● **11.** ③　**12.** ①　**13.** ③　**14.** ②　**15.** ②

---

(3) 너트 (nuts)

볼트 짝이 되는 암나사로 자동 고정 너트와 일반 너트, 특수 너트로 나누어진다.

① 자동 고정 너트(self-locking nut) : 심한 진동을 받는 부분에 사용하며, 회전하는 부분에는 사용할 수 없다.

　㉮ 금속형 자동 고정 너트 : 120℃ 이상 고온에 사용되며, 금속의 탄성을 이용한다.

　㉯ 파이버 고정 너트(fiber self-locking nut) : 너트 안쪽에 파이버나 나일론의 칼라를 끼워 탄성을 줌으로써 자체가 스스로 체결되고 사용온도 한계는 120℃ 이내이며, 사용횟수를 제한한다.

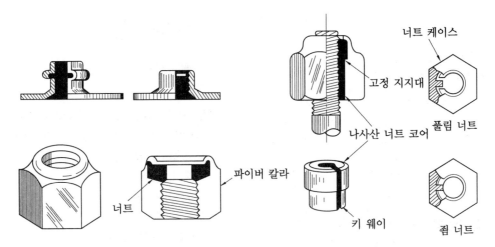

자동 고정 너트

② 비자동 고정 너트(일반 너트) : 코터 핀, 안전결선, 고정 너트와 같은 외부 고정 장치로 고정한다.

  ⑦ 캐슬 너트(castle nut : AN 310) : 볼트 섕크(shank)에 안전핀 구멍이 있는 볼트에 사용하며, 코터 핀으로 고정하면 큰 인장하중에 강하다.

  ⑭ 캐슬 전단 너트(castellated shear nut : AN 320) : 전단하중에 잘 견디는 너트로 캐슬 너트보다 얇고 약하다.

  ⑮ 평 너트(plain hex nut : AN 315, AN 335) : 큰 인장하중을 받는 곳에 사용한다.

  ⑯ 플레인 체크 너트(plain check nut : AN 316) : 볼트에 너트를 2개 결합하면 풀림을 방지할 수 있어 다른 너트나 조종로드 끝 부분의 풀림 방지용 고정 너트로 사용한다.

  ⑰ 나비 너트(wing nut : AN 350) : 손가락 힘으로 죌 수 있는 곳이나 조립, 분해가 잦은 곳에 사용한다.

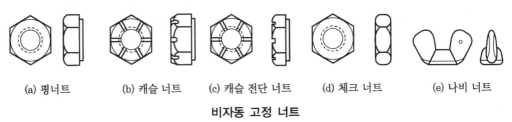

   (a) 평너트   (b) 캐슬 너트   (c) 캐슬 전단 너트   (d) 체크 너트   (e) 나비 너트

비자동 고정 너트

③ 특수 너트 : 얇은 패널에 너트를 부착하여 사용할 수 있도록 고안된 것으로 앵커 너트(anchor nut)라고 불리는 플레이트 너트가 있다.

④ 너트의 규격

    AN 310 D - 5R

    여기서, AN 310 : 너트 종류(캐슬 너트), D : 너트 재질(2017T)

        5 : 사용 볼트의 지름($\frac{5}{16}$인치), R : 오른나사(L : 왼나사)

예상문제

1. 자동 고정 너트의 사용에 대한 설명으로 틀린 것은?

① 회전력을 받는 곳에 사용해서는 안 된다.

② 너트를 고정하는 데 필요한 고정 토크 값을 확인하여 허용값 이내인 것을 확인한다.

③ 볼트, 너트가 헐거워져 기관 흡입구 내에 떨어질 우려가 있는 곳에는 사용해서는 안 된다.

④ 볼트에 장착할 때는 볼트 나사 끝 부분은 너트면보다 돌출되어 있으면 안 된다.

2. 너트의 윗부분이 파이버로 된 칼라(collar)를 가지고 있어, 이 칼라가 볼트를 고정하며 120℃ 이내까지가 실용 범위인 너트는 어느 것인가?

① 캐슬 너트   ② 나비 너트

③ 체크 너트   ④ 파이버 너트

3. 육각머리 볼트 중에서 생크(shank)에 구멍이 나 있는 볼트나 아이 볼트(eye bolt), 스터드(stud) 볼트 등과 함께 사용되는 큰 인장하중에 잘 견디며 코터 핀(cotter pin) 작업 시 사용되는 너트는?

① 체크 너트   ② 캐슬 전단 너트

③ 캐슬 너트   ④ 나비 너트

4. 다음 그림과 같은 종류의 너트 명칭은 어느 것인가?

① 캐슬 너트   ② 평 너트

③ 체크 너트   ④ 캐슬 전단 너트

5. AN 310 규격 번호는 어떤 너트인가?

① 고정 너트   ② 자동 고정 너트

③ 캐슬 너트   ④ 평 너트

[해설] 너트
- 평 너트 : AN 315
- 캐슬 너트 : AN 310
- 캐슬 전단 너트 : AN 320
- 체크 너트 : AN 316

6. 얇은 패널에 너트를 부착하여 사용할 수 있도록 고안된 특수 너트는?

① 앵커 너트   ② 평 너트

③ 캐슬 너트   ④ 자동 고정 너트

7. 너트의 식별 기호 AN 310 D-3R에서 3은 무엇을 의미하는가?

① 나사산이 3개 있다.

② 볼트의 길이에 맞는 너트의 높이를 의미한다.

③ AN 3 볼트에 맞는 너트를 말하며, 즉 $\frac{3}{8}$ 인치 볼트에 맞는 너트이다.

④ AN 3 볼트에 맞는 너트를 말하며, 즉 지름이 $\frac{3}{16}$ 인치 볼트에 맞는 너트이다.

[해설] AN 310 D-5R

AN : AN 표준 기호

310 : 계열 번호로서 항공기용 캐슬 너트

D : 재질 기호로서 알루미늄 합금(2017T)

3 : 사용 볼트 지름 $\left(\frac{3}{16}$ 인치$\right)$

R : 오른나사

8. 다음과 같은 너트의 식별 표기에서 재질을 의미하는 것은?

AN 310 D-5R

① AN   ② 310

③ D   ④ R

정답 ● 1. ④   2. ④   3. ③   4. ③   5. ③   6. ①   7. ④   8. ③

(4) 스크루(screw)

볼트에 비해 저강도의 재질이고 스크루 드라이버를 사용할 수 있도록 되어 있다.

① 스크루와 볼트의 차이점 : 재질 강도가 낮고, 나사가 비교적 헐거우며 명확한 그립이 없다.

② 스크루의 종류

　㈎ 구조용 스크루 : 같은 크기의 볼트와 동일한 강도를 가지고 명확한 그립을 가지며, 머리 모양만 볼트와 다르다.

　㈏ 기계용 스크루 : 가장 다양하게 사용되고 구조용 스크루에 비해 강도가 낮다.

　㈐ 자동 태핑 스크루 : 스스로 암나사를 내면서 체결되는 부품으로 구조부의 일시적 결합용이나 비구조재의 영구 결합용으로 사용한다.

③ 스크루 식별

　　NAS 501 P 428 8

　　여기서, NAS : NAS 표준 기호

　　　　　501 : 둥근 납작머리 스크루

　　　　　P : 머리의 홈(필립스)

　　　　　428 : 축 지름($\frac{4}{16}$ 인치), 1인치당 나사산의 수(28)

　　　　　8 : 나사 길이($\frac{8}{16}$ 인치)

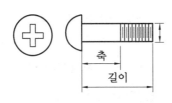

(a) 둥근머리 나사못

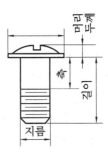

(b) 와셔머리 나사못

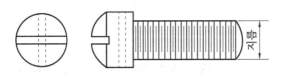

(c) 필리스터머리 나사못

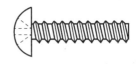

(d) 자동 태핑 나사못

나사못의 종류

(5) 와셔(washer)

볼트나 너트에 의한 작용력을 고르게 분산시키고, 구조재의 부식을 방지하며 볼트나 스크루 길이의 그립 길이를 조절한다. 평 와셔, 고정 와셔, 특수 와셔 등이 있다.
- 고정 와셔 : 진동에 의해 볼트와 너트가 풀리는 것을 방지한다.

(6) 코터 핀(cotter pin)

캐슬 너트나 핀 등의 풀림을 방지하는 데 사용한다.

(7) 턴 로크 파스너(turn lock fastener)

기관의 카울링이나 기체의 점검창을 정비하거나 검사할 목적으로 신속히 열고 닫기 위해 사용되는 고정용 부품으로 시계방향으로 1/4회전시키면 고정되고, 반시계방향으로 돌리면 풀린다.

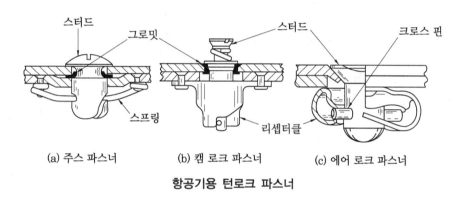

(a) 주스 파스너   (b) 캠 로크 파스너   (c) 에어 로크 파스너

항공기용 턴로크 파스너

예상문제

1. 다음과 같은 부품 번호를 갖는 스크루에 대한 설명으로 옳은 것은 ?

> "NAS 514 P 428 8"

① 길이는 $\frac{4}{16}$ in이다.

② 길이는 $\frac{2}{16}$ in이다.

③ 커팅 둥근머리 스크루이다.

④ 100도 평머리 나사 합금강 스크루이다.

해설 NAS 514 P 428 8
- NAS 514 : 100° 평머리 합금강 스크루
- P : 머리의 홈(필립스)

- 428 : 축 지름$\left(\frac{4}{16}$인치$\right)$

  1인치당 나사산 수(28)
- 8 : 나사 길이$\left(\frac{8}{16}$인치$\right)$

2. 다음의 스크루(screw) 표시에서 가장 올바른 내용은 ?

> NAS 501 P 428 8

① 501 : 규격명

② 428 : 계열

③ P : 머리의 홈

④ 8 : 스크루의 지름

정답 ● 1. ④ 2. ③

3. 볼트 머리나 너트 쪽에 부착시켜 체결 하중 분산, 그립 길이 조정, 풀림을 방지하는 목적으로 사용하는 것은?

① 핀
② 와셔
③ 턴버클
④ 캐슬 전단 너트

4. 다음 중 와셔의 역할로 가장 관계가 먼 것은 어느 것인가?

① 볼트의 길이가 짧을 때 사용한다.
② 진동을 흡수하고, 너트가 풀리는 것을 방지한다.
③ 볼트와 스크루의 그립 길이를 조정 가능하도록 한다.
④ 볼트와 너트에 의한 작용력을 고르게 분산되도록 한다.

5. 다음 중 평 와셔의 사용 역할이 아닌 것은 어느 것인가?

① 볼트, 너트의 풀림을 방지한다.
② 부품의 조이는 힘을 분산시켜 평균화한다.
③ 볼트나 스크루의 그립(grip) 길이를 조절하는 데 사용한다.
④ 구조물과 장착 부품을 충격과 부식으로부터 보호한다.

6. 다음 중 와셔(washer)의 종류에 따른 주된 역할을 설명한 것으로 틀린 것은?

① 고정(lock) 와셔는 볼트, 너트의 풀림을 방지한다.
② 고정(lock) 와셔는 부품의 장착 위치를 결정하는 데 사용한다.
③ 평(flat) 와셔는 볼트나 스크루의 그립 길이를 조정하는 데 사용한다.
④ 평(flat) 와셔는 구조물과 장착 부품을 충격과 부식으로부터 보호한다.

7. 다음 중 항공기용 볼트 체결 작업에서 와셔(washer)의 역할로 가장 올바른 것은 어느 것인가?

① 볼트가 죄는 부분의 기계적인 손상과 구조재의 부식을 방지하는 데 사용된다.
② 볼트가 미끄러지는 것을 방지한다.
③ 볼트가 녹스는 것을 방지한다.
④ 볼트가 파손되는 것을 방지한다.

8. 셰이크 프루프 로크 와셔(shake proof lock washer)가 사용되는 곳으로 가장 옳은 것은 어느 것인가?

① 회전을 방지하기 위하여 고정 와셔가 필요한 곳에 사용한다.
② 고열에 잘 견딜 수 있고, 심한 진동에도 안전하게 사용할 수 있으므로 조절계통(control system) 및 기관계통에 사용한다.
③ 기체 구조 접합물에 많이 사용된다.
④ 기체 외피와 구조물의 접착에 일반적으로 사용한다.

9. 캐슬 너트, 핀과 같이 풀림 방지를 할 필요가 있는 부품을 고정할 때 사용하는 것은 어느 것인가?

① 피팅(fitting)
② 파스너(fastener)
③ 코터 핀(cotter pin)
④ 실(seal)

10. 다음 중 항공기 기관이나 기체의 점검창을 정비하거나 검사할 목적으로 신속히 열고 닫기 위해 사용되는 부품은 무엇인가?

① 아이 볼트(eye bolt)
② 자동 고정 너트(self locking nut)
③ 턴 로크 파스너(turn lock fastener)

정답 3. ② 4. ① 5. ① 6. ② 7. ① 8. ② 9. ③ 10. ③

④ 솔리드 섕크 리벳(solid shank rivet)

11. 주스 파스너(Dzus fastener)에 그림과 같은 표식이 되어 있을 때 "50"이 의미하는 것은 무엇인가?

① 몸체의 길이 $\dfrac{50}{16}$in

② 몸체의 지름 $\dfrac{50}{100}$in

③ 몸체의 길이 $\dfrac{50}{100}$in

④ 몸체의 지름 $\dfrac{50}{50}$in

해설 주스 파스너
F : 플러시 머리
$6\dfrac{1}{2}$: 몸체 지름$\left(\dfrac{6.5}{16}$인치$\right)$
50 : 몸체 길이$\left(\dfrac{50}{100}$인치$\right)$

정답 • **11.** ③

(8) 리벳(rivet)

금속 판재를 영구 결합하는 데 사용한다.

① 리벳의 종류

㉮ 솔리드 섕크 리벳(solid shank rivet) : 섕크의 내부가 비어 있지 않고 재료가 꽉 차 있는 리벳, 한쪽 머리로 형성되어 있고 반대쪽은 머리를 쳐서 만든다.

㉯ 블라인드 리벳(blind rivet) : 폐쇄된 탱크처럼 판 뒷면에 사람이 작업할 수 없는 곳에 사용되는 특수 리벳

- 체리 리벳(cherry rivet)
  - 중공식 리벳 : 체결 후 스템이 리벳 슬리브를 빠져 나감으로써 가운데가 비어 있는 리벳
  - 고정식 리벳 : 고정 칼라가 있어 스템이 리벳 슬리브의 마찰력에 의해 기계적으로 고정되는 리벳
- 리브 너트(riv nut) : 안쪽에 구멍이 뚫리고 나사가 나 있는 중공 블라인드 리벳으로 날개 앞전에 제빙 부츠를 장착하거나 기관 방화벽에 부품 장착 시 사용한다.
- 폭발 리벳(explosive rivet) : 섕크 끝 속에 화약을 넣어 리벳머리 인두로 가열한 후 접촉시켜 사용한다. 연료탱크나 화재 위험이 있는 곳은 사용 금지한다.

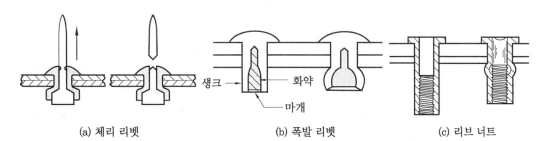

(a) 체리 리벳　　　　　(b) 폭발 리벳　　　　　(c) 리브 너트

블라인드 리벳

② 머리 모양에 따른 분류

   ⑺ 둥근 머리 리벳(round head rivet : AN 430, AN 435) : 금속판 위로 머리가 돌출되어 기체 표면에는 사용하지 못하고 주로 내부 구조의 두꺼운 판 결합에 사용한다.

   ⑻ 납작 머리 리벳(flat head rivet : AN 441, AN 442) : 금속판 위로 돌출부가 많아 외피로 사용하지 못하고 주로 내부 구조 결합에 사용한다.

   ⑼ 접시 머리 리벳(counter sunk head rivet : AN 420, AN 425, AN 426) : 공기 저항이 적어 고성능 항공기의 기체 외피에 많이 사용한다.

        AN 420 : 90°, AN 425 : 78°, AN 426 : 100°

   ⑽ 브래지어 머리 리벳(brazier head rivet, AN 455, AN 456) : 공기 저항이 적은 대신 리벳 머리가 커 면압이 크므로 얇은 판재 외피용으로 사용한다.

   ⑾ 유니버설 리벳(universal rivet, AN 470, MS 20470) : 접시 머리를 제외한 다른 종류의 리벳 대신에 많이 사용되며, 주로 기체 내외부의 구조부에 사용한다.

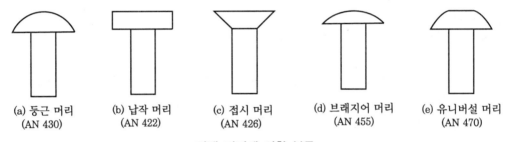

(a) 둥근 머리	(b) 납작 머리	(c) 접시 머리	(d) 브래지어 머리	(e) 유니버설 머리
(AN 430)	(AN 422)	(AN 426)	(AN 455)	(AN 470)

리벳 머리에 의한 분류

③ 재질에 따른 리벳의 종류

   ⑺ 1100 리벳(A) : 순수 알루미늄 리벳으로, 열처리가 불필요하며, 비구조용 리벳으로 사용한다.

   ⑻ 2117T 리벳(AD) : 항공기에 가장 많이 사용하며, 열처리가 필요 없이 상온에서 그대로 사용한다.

   ⑼ 2017T 리벳(D) : 2117T 리벳보다 강한 강도가 요구되는 곳에 사용하며, 상온에서 너무 강해 풀림 처리 후에 사용한다. 냉장고에서 보관하고, 냉장고에서 꺼낸 후 1시간 이내에 사용해야 한다.

   ⑽ 2024T 리벳(DD) : 비교적 강도가 높은 구조 부재에 사용되고, 열처리 후 냉장 보관하며, 상온 노출 후 10~20분 이내에 사용한다.

     • 아이스 박스 리벳(ice box rivet) : 2017T, 2024T 리벳같이 열처리하여 연화시킨 다음, 저온 상태의 아이스 박스에 보관하여 필요할 때마다 꺼내 사용하는 리벳

   ⑾ 5056 리벳(B) : 내식성이 강해 마그네슘(Mg) 합금 구조의 접합에 사용한다.

   ⑿ 모넬 리벳(M) : 니켈 합금강이나 니켈강 구조에 사용하며, 내식강 리벳과 호환적으로 사용한다.

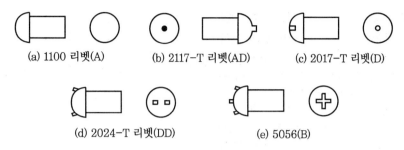

(a) 1100 리벳(A)   (b) 2117-T 리벳(AD)   (c) 2017-T 리벳(D)

(d) 2024-T 리벳(DD)   (e) 5056(B)

재질에 따른 리벳의 종류

④ 리벳의 식별

MS 20470 D 5 - 2

여기서, MS 20470 : 리벳 머리의 형태(유니버설 리벳), D : 리벳 재질(2017T)

5 : 리벳 지름$\left(\dfrac{5}{32}\text{in}\right)$, 2 : 리벳 길이$\left(\dfrac{2}{16}\text{in}\right)$

예상문제

1. 작업 공간이 좁거나 버킹 바(bucking bar)를 사용할 수 없는 곳에 사용되는 블라인드 리벳(blind rivet)의 종류가 아닌 것은?

① 체리 리벳(cherry rivet)

② 솔리드 섕크 리벳(solid shank rivet)

③ 폭발 리벳(explosive rivet)

④ 리브 너트(riv nut)

해설 리벳
- 블라인드 리벳 : 체리 리벳, 폭발 리벳, 리브 너트
- 솔리드 섕크 리벳 : 둥근 머리, 접시 머리, 납작 머리, 브래지어 머리, 유니버설 머리 리벳

2. 리벳 작업을 할 구조물의 양쪽 면에 접근이 불가능하거나, 작업 공간이 좁아서 버킹 바(bucking bar)를 사용할 수 없는 곳에 사용하는 리벳은?

① 둥근 머리 리벳

② 체리 리벳

③ 접시 머리 리벳

④ 브래지어 머리 리벳

3. 작업자가 리벳 작업하는 반대쪽에 접근할 수 없는 경우와 같이 일반 리벳을 사용하기에 부적절한 곳에 사용하는 리벳은?

① 블라인드 리벳

② 접시 머리 리벳

③ 유니버설 리벳

④ 둥근 머리 리벳

4. 일반적인 구조 부재용으로 열처리를 하지 않은 상태에서 보편적으로 사용하는 리벳은?

① 1100 리벳 (A)

② 모넬 리벳 (M)

③ 2117-T 리벳 (AD)

④ 2024-T 리벳 (DD)

해설 2117-T 리벳 : 항공기에 가장 많이 사용되며 열처리가 필요 없이 냉간 상태에서 그대로 사용된다.

5. 리벳 종류 중 2017, 2024 리벳을 열처리 후 냉장 보관하는 주된 이유는?

① 부식 방지　　② 시효 경화 지연
③ 강도 강화　　④ 강도 변화 방지

해설 알루미늄 합금의 시효 경화 : 알루미늄 합금은 열처리 후 시간이 지남에 따라 합금의 강도와 경도가 증가하는 성질이 있는데, 이를 시효 경화라 하며, 항공기 재료를 냉간 가공하는 경우에는 저온 처리로 보관할 필요가 있다.
예 아이스 박스 리벳 : 2017T 리벳(D), 2024T 리벳(DD)

6. 리벳을 열처리 후 작업을 할 때까지 냉장고에 보관하고, 냉장고에서 꺼낸 다음 일정 시간 이내에 작업을 수행하여야 하는 리벳은 어느 것인가?

① 2117　　　　　② 2024
③ 2119　　　　　④ 1100

7. 17ST-D rivet에서 'D'가 의미하는 것은 무엇인가?

① rivet의 머리 모양을 나타낸 것이다.
② rivet의 길이를 나타낸 것이다.
③ rivet의 재질 기호이며, 상온에서는 너무 강해 그대로는 리베팅(rivetting)할 수 없으며 열처리를 한 후 사용 가능하다.
④ rivet의 재질 기호이며, 강한 강도가 요구되는 곳에 사용하며 열처리에 관계없이 사용된다.

8. 다음과 같은 리벳의 식별 기호를 설명한 것으로 옳은 것은?

MS 20470 D 6 - 16

① 20470 : 리벳의 재질을 표시
② D : 리벳의 머리를 표시
③ 6 : 리벳의 지름으로 $\frac{6}{32}$ 인치
④ 16 : 리벳의 길이로 $\frac{16}{8}$ 인치

해설 MS 20470 D 6 - 16
20470 : 계열 번호(리벳 머리 식별 유니버설 머리 리벳)
D : 재질 기호로서 알루미늄 합금(2017T)
6 : 리벳 축 지름$\left(\frac{6}{32}\text{인치}\right)$
16 : 리벳의 길이$\left(\frac{16}{16}\text{인치}\right)$

9. 다음과 같은 리벳의 규격에 대한 설명으로 옳은 것은?

MS 20470 D 6 - 16

① 접시머리 리벳이다.
② 특수 표면 처리되어 있다.
③ 리벳의 지름은 $\frac{6}{16}$ 인치이다.
④ 리벳의 길이는 $\frac{16}{16}$ 인치이다.

10. 리벳의 부품번호 MS 20470 AD 6-6에서 리벳의 재질을 나타내는 "AD"는 어떤 재질을 의미하는가?

① 1100　　　　　② 2017
③ 2117　　　　　④ 모넬

해설 MS 20470 AD 6-6
20470 : 계열 번호로서 유니버설 머리 리벳
AD : 재질 기호로서 알루미늄 합금(2117T)
6 : 리벳 축 지름$\left(\frac{6}{32}\text{인치}\right)$
16 : 리벳의 길이$\left(\frac{16}{16}\text{인치}\right)$

11. 항공기의 구조재를 서로 결합 또는 체결시킬 때 사용되는 것이 아닌 것은?

① 너트
② 스크루
③ 리벳
④ 튜브 피팅

정답 **6.** ②　**7.** ③　**8.** ③　**9.** ④　**10.** ③　**11.** ④

(9) 조종 케이블(cable)과 조종 로드

① 조종 케이블(control cable) : 케이블과 케이블 단자로 구성되어 있으며, 조종계통의 조종 변위를 전달하는 부품으로 가요성 케이블(7×7, 7×19), 비가요성 케이블(1×7, 1×19)이 있다.

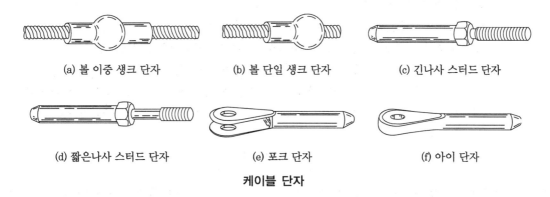

(a) 볼 이중 생크 단자　　　(b) 볼 단일 생크 단자　　　(c) 긴나사 스터드 단자

(d) 짧은나사 스터드 단자　　　(e) 포크 단자　　　(f) 아이 단자

케이블 단자

② 턴 버클(turn buckle) : 조종 케이블의 장력을 조절하는 데 사용되고, 턴 버클 배럴과 턴 버클 단자(terminal end)로 구성되어 있으며, 턴 버클 배럴의 한쪽은 오른나사, 다른 한쪽 은 왼나사로 되어 있다.

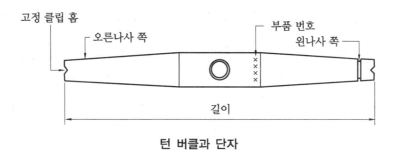

턴 버클과 단자

③ 조종 로드(control rod) : 튜브에 로드 단자(rod end)를 부착한 것으로 직선운동으로 힘을 전달한다.

(10) 튜브와 호스

① 튜브(tube) : 상대운동을 하지 않은 두 지점 사이의 배관에 사용한다.

　• 튜브의 호칭 치수 : 바깥지름(분수)×두께(소수)

　㉮ 알루미늄 튜브 : 가볍고 부식에 강한 성질이 있어 유체 압력이 낮은 흐름을 연결해 주는 도관으로 많이 사용한다.

　㉯ 경질 염화비닐 튜브 : 마찰이 적으며, 내식성이 좋고 가벼워서 급수, 배수, 환기통로 에 사용한다.

　㉰ 강관 : 인장강도가 높고, 외부 충격에 강하며, 연결이 쉬워 일반적으로 많이 사용 한다.

- 스테인리스 강관 : 내식성이 우수하고, 내열성이 있으며, 인장강도가 다른 관에 비해 2~3배 높고, 관의 두께도 얇아 많이 사용된다.
  - ㈜ 폴리에틸렌 튜브 : 부식에 강하고 흐름의 변화율이 작으며 가공이 쉽다. −80℃까지의 저온에서도 강하다
- ② 호스(hose) : 상대운동을 하는 부분이나 진동이 심한 부분에 사용한다.
  - 호스의 치수 : 호스 안지름으로 표시하며 1인치의 16분비로 표시한다.
  - ㈎ 고무 호스 : 연료, 윤활유, 냉각 및 유압계통에 사용한다.
  - ㈏ 테플론 호스 : 고온, 고압의 작동 요구 조건에 맞도록 제작된 호스로서 진동과 피로에 강하며, 강도가 높고, 고무 호스보다 부피의 변형이 작고 반영구적이다.

예상문제

1. 항공기용 기계요소 중 조종계통의 조종변위를 전달하는 역할을 하는 것은?
① 케이블
② 볼트
③ 리벳
④ 너트 커플링

2. 다음 중 턴 버클(turn buckle)이 주로 사용되는 것은?
① 케이블
② 튜브
③ 호스
④ 판재

3. 다음 중 비가요성 케이블로 7개의 와이어를 엮어 하나의 케이블로 구성한 것은?
① 7×7 케이블
② 7×19 케이블
③ 1×7 케이블
④ 1×19 케이블

> **해설** • 가요성 케이블 : 7×7, 7×19 케이블
> • 비가요성 케이블 : 1×7, 1×19 케이블

4. 케이블을 연결할 때 사용되는 턴 버클(turn buckle)의 사용 목적으로 옳은 것은?
① 케이블의 방향을 바꾸기 위하여
② 케이블의 굵기를 맞추기 위하여
③ 케이블의 장력을 조절하기 위하여

④ 케이블이 다른 기체 구조물과 접촉되지 않도록 고정하기 위하여

5. 항공기 조종계통 케이블에 설치된 턴 버클 작업에 사용되지 않는 것은?
① 딤플링
② 배럴
③ 케이블 아이
④ 포크

> **해설** 턴 버클(turn buckle)은 조종 케이블의 장력을 조절하는 데 사용되는 부품으로 턴버클 배럴(barrel)과 단자(terminal end : 아이 단자, 포크 단자, 스터드 단자, 볼 섕크 단자)로 구성된다.

6. 케이블을 연결해 주는 부품으로 조종 케이블의 장력을 조절해 주는 역할도 하며 가운데에 배럴이 있는 것은?
① 턴 버클
② 스웨이징
③ 코터 핀
④ 니코프레스

7. 턴 버클(turn buckle)의 나사는 일반적으로 어떻게 되어 있는가?
① 한쪽은 오른나사, 한쪽은 왼나사
② 양쪽 모두 왼나사
③ 양쪽 모두 오른나사
④ 나사는 한쪽만 있으며 오른나사

8. 금속 튜브의 호칭 치수를 가장 올바르게 표기한 것은?

① 바깥지름×안지름×두께
② 두께×안지름×바깥지름
③ 바깥지름×두께
④ 안지름×두께

9. 유압계통에서 튜브의 크기는 무엇으로 표기하는가?

① 튜브의 바깥지름(OD)과 두께
② 튜브의 안지름(ID)과 두께
③ 튜브의 안지름(ID)과 바깥지름(OD)
④ 튜브의 바깥지름(OD)과 피팅의 크기

　해설　튜브의 호칭 치수 : 바깥지름(분수)×두께(분수)로 표시한다.

10. 항공기의 배관 재료 중 내식성이 우수하고 내열성이 강하며 인장강도가 높고 두께가 얇아 항공기의 무게를 줄일 수 있어 많이 사용되는 것은?

① 주철관　　　② 알루미늄 튜브
③ 경질염화비닐 튜브　④ 스테인리스 강관

11. 유압계통이나 연료계통에 튜브(tube) 대신에 호스(hose)가 사용되는 주된 이유는 무엇인가?

① 호스가 경제적이기 때문
② 내열성 및 강도를 증가시키기 위해서
③ 움직이는 부분에 유연성을 주기 위해서
④ 튜브보다 호스가 장착하기 편리하기 때문

12. 항공기 계통의 고온, 고압의 작동 요구 조건에 맞도록 제작된 호스의 재질로서 진동과 피로에 강하며 강도가 높고, 고무 호스보다 부피의 변형이 작은 특징을 가진 것은 어느 것인가?

① 부나 – N(buna – N)
② 네오프렌(neoprene)
③ 부틸(butyl)
④ 테플론(teflon)

13. 가요성 호스에 NO.7이 표시되어 있다면 호스의 치수는?

① 안지름이 7/8인치이다.
② 안지름이 7/16인치이다.
③ 바깥지름이 7/8인치이다.
④ 바깥지름이 7/16인치이다.

　해설　호스의 치수 표시 : 호스 안지름으로 표시하며 1인치의 16분비로 표시한다. NO.7인 호스는 지름 $\frac{7}{16}$ in인 호스를 말한다.

정답　**8.** ③　**9.** ①　**10.** ④　**11.** ③　**12.** ④　**13.** ②

3-2　기본 작업

1 볼트의 체결 작업

(1) 개요

항공기의 부품을 조립하거나, 다른 부품에 장착하기 위하여 체결용 부품을 이용하여 결합하는 작업이다.

① 볼트와 너트가 헐거워졌을 때에는 빠지지 않도록 하기 위해 볼트 머리방향이 비행방향이나 윗방향으로 향하게 한다.

② 회전하는 부품에는 회전하는 방향으로 향하도록 체결한다.

③ 볼트 그립의 길이는 결합부재의 두께와 동일하거나 약간 긴 것을 선택하고 길이가 맞지 않을 때에는 와셔를 이용하여 길이를 조절한다.

④ 볼트를 완전히 조였을 때 나사산이 2~3산 정도 나와야 한다.

(2) 볼트의 취급

① 부식 방지를 위해 알루미늄 합금 부재에는 알루미늄 와셔, 볼트를 강 부재에는 강으로 된 와셔, 볼트를 사용하는 것이 일반적이다.

② 높은 토크 값으로 체결하는 알루미늄 합금이나 강의 쬠 부분은 강재의 와셔, 볼트를 사용한다.

③ 알루미늄 합금에 강 볼트를 사용할 때는 부식 방지를 위해 카드뮴으로 도금된 볼트를 사용하여 이질 금속 간의 부식을 예방한다.

② 너트의 체결 작업

너트의 식별은 금속 특유의 광택, 내부에 삽입된 물질의 종류, 구조 및 나사 등으로 한다.

① 자동 고정 너트를 사용하는 경우 사용 횟수와 사용 온도가 제한되어 있으므로 확인하고 사용한다.

② 너트의 고정력이 최소 분리 회전력 이하일 경우에는 사용하지 않는다

- 최소 분리 회전력(minimum breakaway torque) : 너트에 볼트를 완전히 끼웠을 때에 일체의 축방향 하중이 전혀 없는 상태에서 너트를 회전시키는 데 소요되는 최소 회전력

③ 자동 고정 너트를 사용해서는 안 되는 곳

　㈎ 자동 고정 너트가 느슨하여 볼트의 결손이 비행의 안정성에 영향을 끼치는 곳

　㈏ 회전력을 받는 곳 : 풀리, 벨 크랭크, 레버, 힌지 핀, 캠, 롤러 등

　㈐ 볼트, 너트 스크루가 헐거워서 기관 흡입구 내로 떨어질 우려가 있는 곳

　㈑ 수시로 열고 닫는 점검 패널, 도어 등

④ 너트를 고정하는 데 필요한 고정 토크 값을 확인하여 허용값 이내인지 확인한다.

③ 토크 작업

정비 지침서에 나와 있는 정확한 값으로 죄어야 한다.

- 토크 값이 과대할 때 : 볼트, 너트에 큰 하중이 걸려 나사를 손상시키거나, 볼트가 절단된다.
- 토크 값이 부족할 때 : 볼트, 너트의 피로 현상을 촉진시키거나 마모를 초래한다.
- 토크 값은 볼트, 너트의 재질, 사용 구분(인장용, 전단용), 나사의 형식(가는 나사, 거친 나사), 크기에 의해 결정된다.

(1) 토크 렌치(torque wrench)의 종류

① 디플렉팅 빔 토크 렌치(deflecting beam torque wrench) : 손잡이 부분에 눈금이 새겨져 있어 토크가 걸리면 레버가 휘어져 지시바늘이 토크 값을 지시한다.

② 리지드 프레임 토크 렌치(rigid frame torque wrench) : 토크가 걸리면 다이얼에 토크의 양이 지시된다.

③ 오디블 인디케이팅 토크 렌치(audible indicating torque wrench) : 다이얼이 지시하는 토크 값을 볼 수 없는 장소의 볼트와 너트를 조일 때 사용되며 가볍고 사용하기에 편리하다. 규정값의 토크가 걸리면 소리가 나도록 되어 있다.

④ 프리셋 토크 드라이버(preset torque driver) : 스크루의 작업에 사용되며 작업 도중 규정 값 이상의 토크가 걸리면 헛돌게 되어 있다.

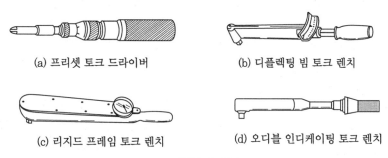

(a) 프리셋 토크 드라이버   (b) 디플렉팅 빔 토크 렌치

(c) 리지드 프레임 토크 렌치   (d) 오디블 인디케이팅 토크 렌치

토크 렌치의 종류

(2) 연장 공구를 사용한 토크 값

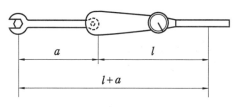

l : 토크 렌치 유효 길이
a : 연장 공구 유효 길이

연장 공구를 사용한 토크값

$$T_W = \frac{l}{l+a} \times T_A$$

여기서, T_A : 필요한 토크 값(실제 죔 토크 값)

T_W : 토크 렌치의 지시 토크 값

l : 토크 렌치의 길이

a : 연장 공구의 길이

예상문제

1. 볼트와 너트를 이용한 체결 작업 시 작업 내용이 틀린 것은?

① 볼트의 머리는 비행방향이나 윗방향을 향하도록 한다.

② 볼트 그립의 길이는 결합 부재의 두께와 동일하거나 약간 긴 것을 선택한다.

③ 가급적 가장 큰 힘으로 조여 주어서 풀림을 방지해야 한다.

④ 자동 고정 너트를 사용할 때, 사용 횟수와 사용 온도를 확인하여 사용해야 한다.

2. 볼트와 너트로 체결하는 작업 시 안전 및 유의 사항에 대한 설명으로 틀린 것은?

① 렌치를 사용할 때에는 당기는 방향으로 힘을 가한다.

② 익스텐션 바를 사용 시 손으로 바를 잡아 고정하고 작업한다.

③ 볼트와 너트를 조일 때에는 해체할 때보다 한 단계 작은 치수의 렌치를 사용한다.

④ 볼트나 너트를 조일 때는 일정 부분 손으로 조인 후 렌치를 사용하여 마무리한다.

3. 토크 작업 시 사용하는 다음의 공구 중 작은 토크 값으로 스크루를 체결할 때 사용하는 것은 어느 것인가?

① preset torque driver

② deflecting beam torque wrench

③ rigid frame torque wrench

④ audible indicating torque wrench

4. 너트나 볼트를 이용한 고정 작업을 할 때 유의 사항으로 틀린 것은?

① 치수에 맞는 공구를 사용하여 머리 부분이 손상이 되지 않게 한다.

② 적당히 조인 후 토크 렌치를 사용하여 규정 토크 값으로 조인다.

③ 토크 렌치를 사용할 때 특별한 지시가 없는 한 나사선에 절삭유를 사용해서는 안 된다.

④ 규정 토크 값으로 조인 볼트에 안전 결선이나 고정 핀을 끼울 때 항상 약간 더 조인 후 결선 작업을 한다.

5. 볼트와 너트를 체결 시 토크 값을 정하는 요소가 아닌 것은?

① 토크 렌치의 길이

② 볼트, 너트의 재질

③ 볼트, 너트 나사의 형식

④ 볼트, 너트의 인장력, 전단력

6. 길이가 10 inch인 토크 렌치와 길이가 2 inch인 어댑터를 직선으로 연결하여 볼트를 252 in·lbs로 조이려고 한다면 토크 렌치에 지시되어야 할 토크 값은 몇 in·lbs인가?

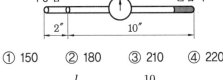

① 150　　② 180　　③ 210　　④ 220

해설 $T_W = \dfrac{l}{l+a} \times T_A = \dfrac{10}{10+2} \times 252$

$= 210\,\text{in} \cdot \text{lbs}$

7. 연장 공구를 장착한 토크 렌치를 이용하여 볼트를 죌 때 토크 렌치의 유효길이가 8인치, 연장 공구의 유효길이가 7인치, 볼트에 가해져야 할 필요 토크 값이 900 in-lb라면 토크 렌치의 눈금 지시값은 몇 in-lb인가?

① 60　　　　　　② 90

③ 420　　　　　④ 480

해설 $T_W = \dfrac{l}{l+a} \times T_A = \dfrac{8}{8+7} \times 900$

$= 480\,\text{in} \cdot \text{lb}$

정답 ● 1. ③　2. ③　3. ①　4. ④　5. ①　6. ③　7. ④

8. 토크 렌치로 어떤 볼트를 180 in-lb로 조이려고 한다. 토크 렌치 길이가 10 in이고 여기에 길이가 2 in인 어댑터(adapter)를 직선으로 연결했을 때 토크 렌치에 지시되어야 할 torque 값은?

① 150 in·lb   ② 180 in·lb
③ 210 in·l b   ④ 220 in·lb

> **해설** $T_W = \dfrac{l}{l+a} \times T_A = \dfrac{10}{10+2} \times 180$
> $= 150\,\text{in·lb}$

9. 토크 렌치 암(arm)의 길이가 5인치인 토크 렌치에 0.5인치의 토크 어댑터를 연결하여 토크의 값이 25 in-lbs 되게 볼트를 조였다면 볼트에 실제로 가해지는 토크의 값은 몇 in·lb인가?

① 25.5   ② 26.5

③ 27.5   ④ 28.5

> **해설** 실제 죔 토크 값(T_A)
> $T_A = \dfrac{l+a}{l} \times T_W = \dfrac{5+0.5}{5} \times 25$
> $= 27.5\,\text{in·lb}$

10. 토크 렌치의 유효길이가 10 in인 토크 렌치에 5 in 유효길이 연장 공구를 이용하여 토크 렌치의 지시값이 25 in·lb 되게 볼트를 조였다면 실제로 볼트에 가해지는 토크 값은 약 몇 in·lb인가?

① 34.5   ② 35.5
③ 36.5   ④ 37.5

> **해설** 실제 죔 토크 값(T_A)
> $T_A = \dfrac{l+a}{l} \times T_W = \dfrac{10+5}{10} \times 25$
> $= 37.5\,\text{in·lb}$

> **정답** ● **8.** ①   **9.** ③   **10.** ④

4 안전 결선 작업

체결된 부품이 비행 중이나 작동 중에 진동에 의해 헐거워지거나 탈락되는 것을 방지하기 위해 체결 후 안전 결선이나 코터 핀을 이용하여 부품을 고정시키는 작업이다.

(1) 재질 : 연강, 황동, 구리, 내식강, 모넬, 알루미늄 등

  ① 연강, 내식용 철사 : 카드뮴이 도금된 볼트와 너트에 적합하다.

  ② 내식강, 모넬 철사 : 주위 환경이 부식성이 강한 경우에 사용한다.

  ③ 일반 목적에 사용되는 안전 결선용 와이어 : 0.8 mm(0.032 in)

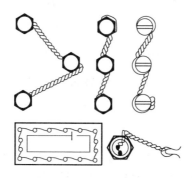

안전 결선 작업

(2) 안전 결선법

① 복선식 안전 결선 : 두 가닥을 이용해야 하며, 고정 작업해야 할 부품이 4~6인치의 넓은 간격으로 떨어져 있을 때 연속적으로 고정 작업할 수 있는 부품을 최대한 3개로 제한한다.

② 단선식 안전 결선 : 3개 또는 그 이상의 부품이 좁은 간격으로 폐쇄된 기하학적 형상을 갖춘 부품 등의 고정 작업에 사용된다.

 • 좁은 간격으로 배열된 나사라도 유압 실(seal)이나 공기 실(seal)을 부착하는 부품이나 유압을 받는 부품, 중요 부분에 사용되는 부품을 고정하는 경우에는 복선식 안전 결선을 한다.

(3) 안전 결선 방법

① 체결 부품을 규정 토크 값으로 조이되 안전 결선 구멍을 잘 맞춘다.
② 안전 결선은 정상 취급 시나 진동 시 끊어지지 않을 정도의 장력이 필요하다.
③ 안전 결선은 당기는 방향이 부품의 죄는 방향이 되도록 한다.
④ 안전 결선 끝부분은 3~6회 정도 꼬아서 직각으로 절단 후 구부린다.
⑤ 안전 결선은 한 번 사용한 것은 재사용해서는 안 된다.

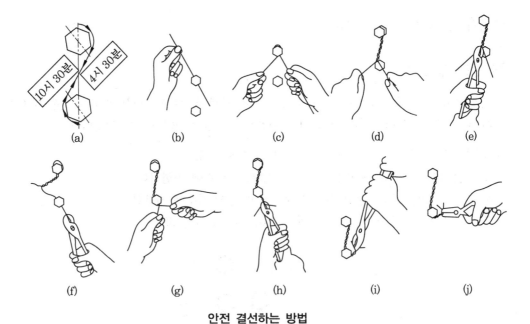

안전 결선하는 방법

5 코터 핀 고정 작업

캐슬 전단 너트, 핀 등의 풀림을 방지할 필요가 있는 부품에 고정하는 작업으로 코터 핀 장착 시에는 새것을 장착하고, 한 번 사용한 것은 재사용하지 않는다. 고정 작업 방법에는 우선 방법과 대체 방법이 있다.

(1) 우선 방법

① 너트를 규정된 최저 토크 값으로 죄고, 볼트 나사 끝 구멍과 너트의 홈의 위치를 확인한다.

② 구멍과 홈이 맞지 않으면 규정된 토크 값 범위 내에서 맞춘다.

③ 그래도 맞지 않으면 볼트, 너트, 와셔를 교환하거나 와셔를 증감하여 조정한다.

④ 코터 핀 지름의 50 % 이상이 너트의 윗면으로 나와서는 안 된다.

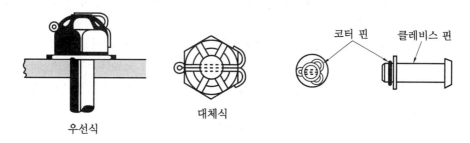

코터 핀의 장착

6 케이블 작업

(1) 케이블 단자 연결 방법

① 스웨이징(swaging) 방법 : 스웨이징 케이블 단자에 케이블을 끼우고 스웨이징 공구나 장비로 압착하여 접착시키며, 연결 부분 케이블 강도는 케이블 원래 강도의 100 % 이고, 가장 일반적이다.

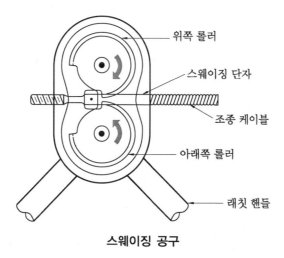

스웨이징 공구

② 니코프레스 처리 방법(nicopress process) : 케이블 주위에 구리로 된 니코프레스 슬리브(sleeve)를 특수 공구로 압착하여 케이블을 조립하는 방법이며, 케이블의 원래 강도를 보장한다.

니코프레스 처리 방법

③ 5단 엮기 케이블 이음 방법(5-tuck woven splice) : 원래 케이블을 손으로 엮어 조립하는 방법으로, 연결 부분의 강도는 원래 케이블 강도의 75 %이다.

④ 랩 솔더 케이블 이음 방법(wrap solder cable splice) : 와이어 사이로 땜납액이 스며들 수 있도록 조금씩 공간을 남겨 두고 감은 다음 땜납액에 담가 땜납액이 케이블 사이에 스며들게 하는 방법으로 케이블 지름이 2.4 mm (3 / 32인치) 이하인 가요성, 비가요성 케이블에 적용한다. 접합 부분 강도는 케이블 강도의 90 %이고 고온 부분의 사용을 금한다.

5단 엮기 케이블 이음 방법   **랩 솔더 이음 방법**

(2) 턴 버클 연결법

턴 버클의 안전 고정 작업 방법에는 안전 결선 방법과 고정 클립(locking clip) 방법이 있다. 턴 버클에 안전 결선 작업 시 턴 버클 엔드가 배럴에 충분히 체결되었는지 확인하고, 안전 결선을 턴 버클 단자에 최소 4회 이상 단단히 감아주어야 한다.

① 안전 결선 방법

㈎ 단선식 결선법(single wrap method) : 케이블 지름이 $\frac{1}{8}$ 인치(3.2 mm) 이하인 경우에 사용한다.

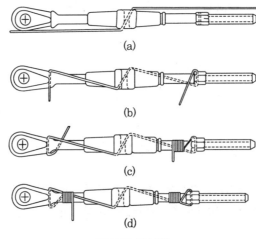

단선식 결선법

㈏ 복선식 결선법(double wrap method) : 케이블 지름이 $\frac{1}{8}$ 인치(3.2 mm) 이상인 경우에 사용한다.

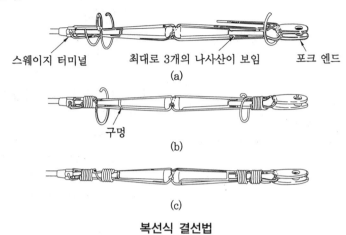

스웨이지 터미널 　 최대로 3개의 나사산이 보임 　 포크 엔드
(a)

구멍
(b)

(c)

복선식 결선법

턴 버클 죔이 적당한지 확인하는 방법

① 배럴의 검사 구멍에 핀을 꽂아 보아 핀이 들어가지 않으면 체결된 것이다.
② 턴 버클 엔드의 나사산이 배럴 밖으로 3개 이상 나와 있으면 충분히 체결되지 않은 것이다.

② 고정 클립(locking clip) 방법 : 종래의 안전 결선보다 두 배 이상의 비틀림 강도를 가지며, 장치가 간단하고, 설치가 빠르며 안전하다.

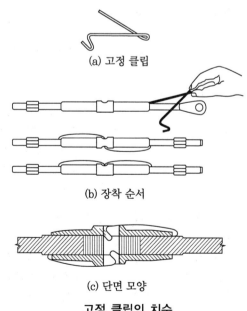

(a) 고정 클립

(b) 장착 순서

(c) 단면 모양

고정 클립의 치수

예상문제

1. 안전 결선 와이어의 재료로 사용되지 않는 것은?

① 모넬
② 고탄소강
③ 인코넬
④ 알루미늄 합금

2. 항공기 정비에서 안전 결선 작업에 관한 유의 사항으로 가장 올바른 것은?

① 안전 결선용 와이어는 2회까지 재사용이 가능하다.
② 와이어를 펼 때 피막에 손상을 입혀서는 안 된다.
③ 와이어는 최대한 세게 당기면서 꼬임 작업을 한다.
④ 매듭을 만들기 위해 와이어를 자를 때는 절단면을 날카롭게 자른다.

3. 다음 중 안전 결선 작업에 대한 내용으로 가장 거리가 먼 것은?

① 안전 결선을 신속하고 일관성 있게 하기 위해서는 티(T) 핸들을 사용한다.
② 안전 결선은 한 번 사용한 것은 다시 사용하지 못한다.
③ 와이어를 끌 때에는 팽팽한 상태가 되도록 한다.
④ 안전결선의 절단은 직각이 되도록 자른다.

4. 안전 결선 작업 방법에 대한 설명으로 틀린 것은?

① 안전 결선에 사용된 와이어는 다시 사용해서는 안 된다.
② 안전 결선의 끝부분은 1~2회 정도 꼬아 끝을 대각선 방향으로 절단한다.
③ 3개 이상의 부품이 폐쇄된 기하학적인 형상일 때는 단선식 결선법을 사용한다.
④ 안전 결선을 신속하게 하기 위해서는 안전 결선용 플라이어 또는 와이어 트위스터를 사용한다.

> **해설** 안전 결선 시 매듭 부분은 3~6회 꼬임이 되도록 한다.

5. 다음 중 안전 결선 작업에 대한 설명으로 틀린 것은?

① 복선식과 단선식 방법이 있다.
② 안전 결선의 감기는 방향이 부품을 죄는 반대 방향이 되도록 한다.
③ 안전 결선은 한 번 사용한 것은 다시 사용하지 않는다.
④ 2개의 유닛 사이에 안전 결선 시 구멍의 위치는 뚫려 있는 구멍이 중심선에 대해 좌로 45도 기울어진 위치가 되는 것이 이상적이다.

6. 단선식 안전 결선법이 사용되는 곳이 아닌 것은?

① 비상용 장치
② 산소 조정기
③ 비상용 제동장치 레버
④ 유압 실(seal)이나 공기 실(seal)을 부착하는 부품

7. 복선식 안전 결선 작업에서 고정 작업을 해야 할 부품이 4~6 in의 넓은 간격으로 떨어져 있을 때, 연속적으로 고정할 수 있는 부품의 수는 최대 몇 개로 제한되어 있는가?

① 2개
② 3개
③ 4개
④ 5개

8. 일반적으로 복선식(double twist) 안전 결선 방법으로 결합할 수 있는 최대 유닛(unit) 수는 몇 개인가?

정답 ● **1.** ② **2.** ② **3.** ① **4.** ② **5.** ② **6.** ④ **7.** ② **8.** ②

① 2개   ② 3개
③ 4개   ④ 제한 없다.

9. 다음 중 안전 고정 작업이 아닌 것은?
① 턴 버클 작업
② 코터 핀 작업
③ 안전 결선 작업
④ 자동 고정 너트 조임 작업

10. 볼트나 너트, 턴버클 등의 체결장치를 풀리지 않도록 하는 안전장치가 아닌 것은?
① 안전 결선   ② 스퀴저
③ 로킹 클립   ④ 코터 핀

11. 케이블 단자 연결 방법 중 심블이나 부싱을 사용하여 케이블을 감아 화씨 320~390도 정도의 납 50 %, 주석 50 %의 액에 담가 케이블 사이에 스며들게 하는 연결 방법은?
① 스웨이징 단자 방법
② 랩 솔더 이음 방법
③ 니코프레스 처리 방법
④ 5단 엮기 이음 방법

12. 그림과 같은 항공기용 조종 케이블의 단자

연결법은?

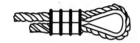

① 스웨이징법   ② 랩 솔더법
③ 니코프레스법   ④ 5단 엮기법

13. 케이블 주위에 구리로 된 8 (팔)자형 관 모양의 슬리브를 둘러 압착하는 방법을 이용하여 케이블의 단자를 연결하는 방법은?
① 랩 솔더 이음 방법
② 5단 엮기 이음 방법
③ 스웨이징 단자 방법
④ 니코프레스 처리 방법

14. 다음 중 턴 버클(turn-buckle)로 연결할 때, 안전하게 결합(잠김)된 상태로 가장 올바른 것은?
① 나사산이 3~4개 이상이 보여서는 안 된다.
② 나사산이 전혀 나오지 않게 잠겨야 한다.
③ cable을 장착하고 turn buckle을 2회만 잠그면 된다.
④ barrel 중앙부의 양측에서 꼽은 부분이 서로 닿도록 잠겨져야 한다.

정답 ● **9.** ④   **10.** ②   **11.** ②   **12.** ③   **13.** ④   **14.** ①

3-3 수리 작업

■ 구조 부재 수리 작업

항공기 제작사가 발생하는 구조 수리 매뉴얼에 의해 항공기의 외피나 구조 부재의 손상을 수리하는 작업이다.

(1) 구조 수리의 기본 원칙
① 원래의 강도 유지
② 원래의 윤곽 유지

③ 최소 무게 유지

④ 부식에 대한 보호

(2) 성형법(molding method)

① 판금 설계

  ⑺ 평면 전개(flat layout) : 최소 굽힘 반지름, 굽힘 여유, 세트 백 등을 고려하여 설계한다.

  ⑻ 모형 뜨기(duplication of pattern) : 설계도가 없거나, 항공기 부품으로부터 직접 모형을 떠야 할 필요가 있을 때 사용한다.

  ⑼ 모형 전개도법(method of pattern development)

    • 평행선 전개도법 : 도관이나 원통 및 파이프 접합 등과 같은 부품을 제작할 때 사용한다.

    • 방사선 전개도법 : 원뿔이나 삼각뿔 형태의 부품을 제작할 때 사용한다.

② 최소 굽힘 반지름 : 판재가 본래의 강도를 유지한 상태로 구부러질 수 있는 최소의 굽힘 반지름으로 최소 굽힘 반지름이 작을수록 굴곡부에 일어나는 응력과 비틀림의 양은 증가한다.

③ 굽힘 여유(bend allowance : BA) : 평판을 구부려서 부품을 만들 때에 완전히 직각으로 구부릴 수 없으므로 굽히는 데 소요되는 여유길이

$$BA = \frac{\theta}{360} 2\pi \left(R + \frac{1}{2} T \right)$$

  여기서, θ : 굽힘 각도, R : 굽힘 반지름, T : 판재 두께

④ 세트 백(set back : SB) : 굴곡된 판 바깥면의 연장선의 교차점(성형점)과 굽힘 접선과의 거리

$$SB = K(R + T)$$

  여기서, K : 굽힘 각도에 따른 상수, 직각으로 구부렸을 때 K는 1이다.

  ⑺ 성형점(mold point : 굽힘점) : 외부 표면의 연장선이 만나는 점

  ⑻ 굽힘 접선 : 굽힘의 시작점과 끝점에서의 접선

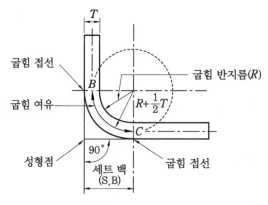

굽힘 여유와 세트 백

⑤ 판재의 절단 및 굽힘 가공

㈎ 스프링 백(spring back) : 하중을 제거해도 금속의 탄성에 의해 원래 상태로 되돌아 가려는 성질

㈏ 릴리프 홀(relief hole) : 2개 이상의 굽힘이 교차하는 장소에는 안쪽 굽힘 접선의 교점에서 응력이 집중하고 균열이 발생하게 되는데, 이를 제거하기 위해 교점에 뚫어주는 구멍으로 릴리프 홀의 크기는 판재 두께에 따라 다르지만 $\frac{1}{8}$in 이상이어야 한다.

• 판재 두께가 0.064in 이하인 경우 릴리프 홀의 크기 : $\frac{1}{8}$in

㈐ 플랜지 가공(flanging) : 제품의 가장자리를 보강하거나 어떤 형태로 만들기 위해 판재의 끝을 접어 성형하는 가공

㈑ 타출 가공(bumping) : 전성을 이용하여 곡면 용기를 만드는 작업

예상문제

1. 항공기 구조 부분 손상 수리 시 기본적으로 고려해야 할 사항으로 가장 거리가 먼 것은?
① 본래의 윤곽 유지　② 도색의 보호
③ 본래의 강도 유지　④ 부식에 대한 보호

2. 항공기 기체의 판금 구조재 수리에 관한 일반 원칙으로 틀린 것은?
① 수리 전 최초의 구조재와 동일한 강성과 강도를 갖고 있어야 한다.
② 수리 전 최초의 구조재와 동일한 재질이어야 한다.
③ 수리 전 최초의 구조재보다 더 두꺼운 판재를 사용한다.
④ 균열에 대해서는 항상 정지 드릴을 뚫어 더 이상의 균열이 진행되지 않도록 조치한 후 작업한다.

3. 다음 중 항공기 구조 수리의 기본 원칙 4가지에 해당되지 않는 것은?
① 본래의 재료 유지
② 본래의 윤곽 유지
③ 중량의 최소 유지

④ 부식에 대한 보호

4. 기체 구조를 수리할 때 기본적으로 지켜야 할 사항으로 가장 관계가 먼 것은?
① 원래의 강도 유지
② 원래의 형태 유지
③ 최소 무게 유지
④ 최소의 정비 비용

5. 판금 설계 중 설계도가 없어 항공기 부품으로부터 직접 모형을 떠야 할 필요가 있을 때 사용하는 설계 방식은?
① 평면 전개　　② 모형 뜨기
③ 모형 전개도법　④ 입체 전개

6. 판재 굴곡 시 굴곡 반지름이 작을수록 굴곡부에서 일어나는 응력과 비틀림에 대한 설명으로 옳은 것은?
① 응력과 비틀림 모두 커진다.
② 응력과 비틀림 모두 작아진다.
③ 응력은 작아지고 비틀림은 커진다.
④ 응력은 커지고 비틀림은 작아진다.

7. 기체 수리 시 판재를 평면 설계할 때 판재를 정확히 수직으로 구부리기 위하여 추가적으로 필요한 일정한 길이를 무엇이라 하는가?

① 세트 백
② 굽힘 여유
③ 최소 굽힘 반지름
④ 스프링 백

8. 금속판을 굽힘 가공할 때 굽힘 여유를 알기 위해 필요한 것이 아닌 것은?

① 세트 백
② 굽힘 반지름
③ 굽힘 각도
④ 판재의 두께

해설 굽힘 여유$(BA) = \dfrac{\theta}{360}2\pi\left(R + \dfrac{T}{2}\right)$

9. 기체 판금 작업 시 두께가 0.2 cm인 판재를 굽힘 반지름 40 cm로 하여 60°로 굽힐 때 굽힘 여유는 약 몇 cm로 하는가?

① 32
② 38
③ 42
④ 48

해설 굽힘 여유$(BA) = \dfrac{\theta}{360}2\pi\left(R + \dfrac{T}{2}\right)$
$= \dfrac{60}{360} \times 2 \times 3.14 \times \left(40 + \dfrac{0.2}{2}\right) = 42\,\text{cm}$

10. 다음 중 성형점에서 굴곡 접선까지의 거리를 나타낸 명칭은?

① 중립선
② 세트 백
③ 굴곡 허용량
④ 사이트 라인

11. 기체 판금 작업에서 두께가 0.06 in인 금속 판재를 굽힘 반지름 0.135 in 으로 하여 90°로 굽힐 때 세트 백은 몇 in인가?

① 0.195
② 0.125
③ 0.051
④ 0.017

해설 세트 백$(SB) = K(R + T)$
$= (0.135 + 0.06) = 0.195\,\text{in}$
(90°인 경우 굽힘 상수 $K = 1$이다.)

12. 판재의 두께가 0.051 in이고 판재의 굽힘

반지름이 0.125 in일 때, 90° 구부릴 때에 생기는 세트 백은 몇 in인가?

① 0.074
② 0.176
③ 1.45
④ 2.45

해설 세트 백(SB)
$= K(R + T) = (0.125 + 0.051) = 0.176\,\text{in}$

13. 판재의 두께 0.5 in, 판재의 굽힘 반지름 1.6 in일 때 90°로 구부린다면 생기는 세트 백은 몇 in인가?

① 0.8
② 1.5
③ 2.1
④ 3.2

해설 $SB = K(R + T) = 1(1.6 + 0.5) = 2.1\,\text{in}$

14. 두께 0.2 cm의 판을 굽힘 반지름 24.8 cm, 90°로 굽히려고 할 때 세트 백(set back)은 몇 cm인가?

① 24.8
② 25.0
③ 25.2
④ 25.8

해설 세트 백$(SB) = K(R + T)$
$= 1(24.8 + 0.2) = 25.0\,\text{cm}$

15. 두께 0.1 cm의 판을 굽힘 반지름 25 cm, 90°로 굽히려고 할 때 세트 백(set back)은 몇 cm인가?

① 19.95
② 20.1
③ 24.9
④ 25.1

해설 세트 백$(SB) = K(R + T)$
$= 1 \times (25 + 0.1) = 25.1\,\text{cm}$

16. 다음 중 굴곡 작업에 관한 용어를 설명한 것으로 틀린 것은?

① 세트 백은 굽힘 접선에서 성형점까지의 길이를 말한다.
② 성형점은 접어 구부러진 재료의 안쪽에서 연장한 직선의 교점이다.
③ 판재의 굽힘 반지름은 구부리는 판재의 안

쪽에서 측정한 반지름을 말한다.

④ 굽힘 여유는 굽힘 각도, 굽힘 반지름, 금속의 두께 등의 요소에 따라 결정된다.

해설 성형점(mold point) : 판재 외형선의 연장선이 만나는 점

17. 2개 이상의 굽힘이 교차하는 부분의 안쪽 굽힘 접선 교점에 발생하는 응력 집중에 의한 균열을 방지하기 위해 뚫는 구멍은?

① 스톱 홀(stop hole)
② 릴리프 홀(relief hole)
③ 리머 홀(reamer hole)
④ 파일럿 홀(pilot hole)

18. 두 개 이상의 굴곡이 교차하는 곳의 안쪽 굴곡 접선에 발생하는 응력 집중으로 인한 균열을 막기 위하여 뚫는 구멍은?

① grain hole
② relief hole
③ sight line hole
④ neutral hole

19. 기체 부위 수리용 판재 굽힘 작업 시 수행하는 릴리프 홀(relief hole)의 설치 목적은?

① 판재의 무게를 경감시키기 위하여

② 판재에 연성을 부여하여 쉽게 구부릴 수 있도록 하기 위하여
③ 구부릴 판재에 필요한 굴곡 허용량을 계산하기 위하여
④ 구부릴 판재에 응력이 집중되는 것을 경감시키고, 균열을 방지하기 위하여

20. 두께가 0.064 in 이하인 판재를 성형할 때 균열을 방지하기 위해 릴리프 홀(relief hole)을 뚫을 때 홀 지름의 기준은 몇 in인가?

① $\frac{1}{8}$ ② $\frac{1}{4}$
③ $\frac{1}{2}$ ④ 1

21. 금속의 전성을 이용하여 판재를 두드려 곡면 용기를 만드는 성형 작업은?

① 굽힘 가공
② 절단 가공
③ 타출 가공
④ 플랜지 가공

해설 타출 가공 : 금속의 늘어나는 성질, 즉 전성을 이용하여 곡면 용기를 만드는 작업으로 성형 블록을 사용하는 방법과 모래주머니를 사용하는 방법이 있다.

정답 ● **17.** ② **18.** ② **19.** ④ **20.** ① **21.** ③

(3) 리벳 작업

리벳을 이용하여 금속 판재를 영구 접합시키는 작업을 말한다.

① 리벳의 선택과 배치

㈎ 리벳의 지름(D) : 결합되는 판재 중에서 가장 두꺼운 판재 두께(T)의 3배 정도가 가장 적당하다($D = 3T$).

㈏ 리벳의 길이

- 머리 성형을 위한 이상적인 돌출길이 : $1.5D$
- 성형 후 돌출높이(벅테일 높이) : $0.5D$
- 성형 후 가로 돌출높이(벅테일 지름) : $1.5D$
- 리벳 전체 길이 $= G + 1.5D$

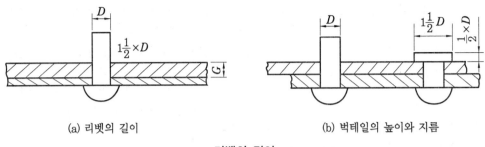

(a) 리벳의 길이   (b) 벅테일의 높이와 지름

리벳의 길이

㈐ 용어 설명
- 리벳의 피치 : 같은 리벳 열에서 인접한 리벳 중심 간의 거리(보통 $6\sim8D$, 최소 $3D$)
- 열간 간격(횡단 피치) : 열과 열 사이의 거리(보통 $4.5\sim6D$, 최소 $2.5D$)
- 끝거리(연거리) : 판재의 가장자리에서 첫 번째 리벳 구멍 중심까지의 거리(보통 $2.5D$, 최소 $2D$(접시머리의 경우 $2.5D$))

② 리벳 작업에 사용하는 공구
㈎ 스톱 접시머리 파기(stop countersinking) : 플러시 머리 리벳을 장착하기 위해 플러시 머리 리벳이 판재에 편평하게 맞닿는 부분을 가공하는 작업
㈏ 딤플링(dimpling) : 접시머리 리벳의 머리 부분이 판재의 접합부와 꼭 들어 맞도록 하기 위해 판재의 구멍 주위를 움푹 파는 작업으로 얇은 판재(0.04 in 이하)에는 플러시 머시 리벳을 장착하기 위해 딤플 작업 공구를 사용한다.
㈐ 리벳 건(rivet gun)과 버킹 바(bucking bar)
- 리벳 건(rivet gun) : 압축 공기를 사용하여 리벳 머리를 성형

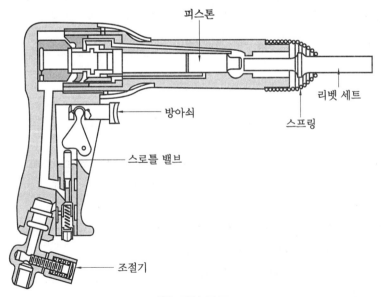

리벳 건의 구조

• 버킹 바(bucking bar) : 리벳 머리를 성형하기 위해 리벳 섕크 끝을 받치는 공구

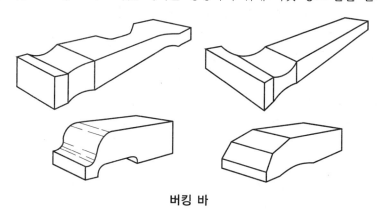

버킹 바

㈑ 클레코(cleco : 시트 파스너) : 접합할 판재를 임시로 고정시키는 공구

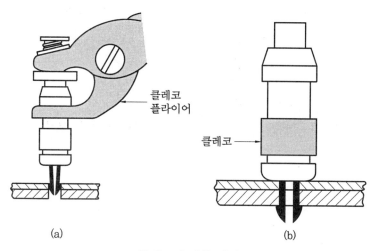

(a)　　　　　(b)

클레코의 사용 방법

㈒ 공기 드릴 : 적정 공기 압력은 90~100 psi, 드릴 날 끝 각도는 118°를 주로 사용한다.
　• 리머 작업(reaming) : 드릴 작업 후 구멍 안쪽을 다듬는 작업
　• 리벳과 리벳 구멍의 간격 : 0.002~0.004 in(0.05~0.1 mm) 정도가 적당하다.
　• 버(burr) 제거 작업 : 리벳 구멍의 가장자리에 칩을 제거하는 작업

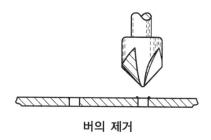

버의 제거

③ 리벳 작업 방법

　(가) 공기 해머에 의한 리벳 작업 : 공기 해머와 버킹 바를 이용하여 리벳 작업을 하게 되
며, 리벳에 맞는 버킹 바의 면을 가능한 직각이 되도록 대고, 힘의 방향은 버킹 바와
공기 해머가 리벳 중심에 집중하도록 일치시킨다.

　(나) 수동 리벳 작업 : 해머로 직접 리벳 섕크 끝 부분을 두드려서 리벳 작업을 하는 방법
과 펀치를 사용하여 리벳 작업을 하는 방법이 있다.

　(다) 스퀴저(squeezer)에 의한 리벳 작업 : 리벳 작업 시 타격을 가하지 않고 공기압 또는
유압에 의해 작업이 이루어지며, 이동형 스퀴저가 많이 사용된다.

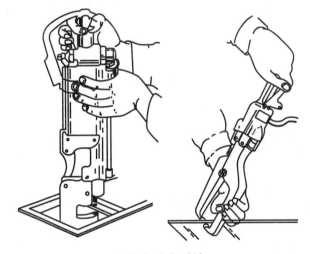

스퀴저 리벳 작업

④ 리벳의 제거 : 줄 작업 → 센터 펀치 작업 → 드릴 작업 → 따내기 작업 → 빼내기 작업

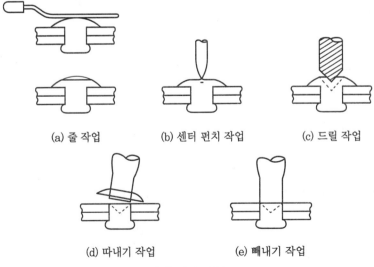

(a) 줄 작업　　　(b) 센터 펀치 작업　　　(c) 드릴 작업

(d) 따내기 작업　　　(e) 빼내기 작업

리벳 제거 작업

예상문제

1. 다음 중 수리를 위해 사용되는 리벳의 지름은 어떻게 정해지는가?

① 판의 두께
② 리벳 작업한 판의 모양
③ 리벳 생크의 길이
④ 리벳 간의 거리

[해설] 리벳의 지름 : 접합해야 할 판재 중 가장 두꺼운 판재의 약 3배 정도이다.

2 리벳 작업 시 리벳 지름 결정에 대한 설명으로 옳은 것은?

① 접합하여야 할 판 전체 두께의 3배 정도로 한다.
② 접합하여야 할 판재 중 두꺼운 판 두께의 3배 정도로 한다.
③ 접합하여야 할 판재들의 평균 두께의 3배 정도로 한다.
④ 접합하여야 할 판재 중 얇은 판 두께의 3배 정도로 한다.

3. 다음 중 리벳의 치수 결정에 대한 설명으로 틀린 것은?

① 성형된 리벳 머리의 두께는 리벳 지름의 1/2 정도가 적절하다.
② 리벳 머리를 성형하기 위해 리벳이 판재 위로 돌출되는 길이는 리벳 지름의 1.5배 정도이다.
③ 리벳 머리의 지름은 리벳 지름의 1.5배 정도가 적절하다.
④ 리벳의 지름은 접합할 판재 중 두꺼운 쪽 판재 두께의 2배가 적당하다.

4. 리벳 선택 시 리벳의 지름은 판재 두께의 몇 배가 가장 적당한가?

① 1   ② 3   ③ 5   ④ 10

5. 두께 1 mm 와 2 mm 의 판재를 리베팅 작업할 때 리벳의 지름은 몇 mm 이어야 하는가?

① 1   ② 2   ③ 3   ④ 6

[해설] 리벳의 지름은 두꺼운 판재의 약 3배 정도가 적당하므로 3×2=6 mm 이다.

6. 리벳할 판재 중 두꺼운 판재의 두께를 T라 할 때 사용하여야 할 리벳의 지름은 $3T$이며, 양판의 두께를 B라고 할 경우 일반적으로 머리 성형을 하기 위한 가장 알맞은 돌출 길이 (x)는? (단, D : 리벳 지름)

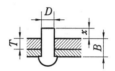

① $1\dfrac{1}{2}D$ ② $3\dfrac{1}{2}D$

③ $4\dfrac{1}{2}D$ ④ $7\dfrac{1}{2}D$

[해설] 리벳의 이상적 돌출 길이 = $1.5D$
리벳의 길이 = $B+1.5D$

7. "MS20426AD4–5" 리벳의 체결 작업 시 성형 머리(bucktail)에 대한 설명으로 옳은 것은?

① 적정 높이는 약 2 mm 이다.
② 최소 높이는 약 1.3 mm 이다.
③ 최소 지름은 약 2.8 mm 이다.
④ 최소 지름은 약 3.8 mm 이다.

[해설] 리벳 작업 후 벅테일의 높이는 $0.5D$, 벅테일의 폭은 $1.5D$가 적당하다. MS20426AD4–5의 리벳 지름은 $\dfrac{1}{8}$ 인치(3.2mm)이므로 $0.5\times 3.2≒2$ mm 이다.

8. "MS20426 AD 4–4" 리벳을 사용한 리벳 작업 시 최소 끝거리는 몇 인치인가?

① $\dfrac{5}{16}$ ② $\dfrac{3}{8}$

③ $\dfrac{1}{4}$ ④ $\dfrac{7}{32}$

해설 최소 끝거리(연거리) : 판재의 가장자리에서 첫 번째 리벳 구멍 중심까지의 거리로서 리벳 지름의 2~4배가 적당하며, 일반 리벳은 최소 $2D$, 접시머리는 $2.5D$이다.

MS20426 AD 4-4는 접시머리 리벳이며, 리벳 지름은 $\dfrac{4}{32}$ inch이다.

접시머리 리벳 끝거리 $= 2.5D$

$= 2.5 \times \dfrac{4}{32} = \dfrac{25}{10} \times \dfrac{4}{32} = \dfrac{5}{16}$ inch

9. 판재의 모서리와 이웃하는 리벳의 중심까지의 거리를 무엇이라 하는가?

① 리벳 간격 ② 열간 간격
③ 연거리 ④ 가공거리

10. 기체 판금 작업 시 리벳의 배치에 대한 설명 중 가장 관계가 먼 내용은?

① 리벳의 횡단 피치는 열과 열 사이의 거리를 말한다.
② 리벳의 피치란 같은 리벳 열에서 인접한 리벳 중심간의 거리이다.
③ 리벳의 끝거리는 판재의 모서리에서 가장 먼 곳에 배열된 리벳 중심까지의 거리이다.
④ 리벳의 열이란 판재의 인장력을 받는 방향에 대하여 직각방향으로 배열된 리벳 집합이다.

11. 리벳 작업에 사용되는 공구를 설명한 내용으로 가장 옳은 것은?

① C-클램프는 리벳 생크 끝을 받치는 공구
② 시트 파스너(sheet fastener)는 접합할 금속판을 미리 고정하는 공구
③ 버킹 바(bucking bar)는 판재 주위를 움푹 파는 공구

④ 딤플링(dimpling)은 벅테일을 만드는 데 사용되는 공구

12. 리벳 작업에 사용되는 공구를 설명한 것으로 옳은 것은?

① C-클램프는 리벳 생크 끝을 받치는 공구이다.
② 딤플링(dimpling)은 접합할 금속판을 미리 고정하는 공구이다.
③ 시트 파스너(sheet fastener)는 판재의 구멍 주위를 움푹 파는 공구이다.
④ 버킹 바(bucking bar)는 리벳의 벅테일을 만들 때 리벳 생크 끝을 받치는 공구이다.

13. 그림은 리벳 건(rivet gun)의 구조를 나타낸 것이다. A에 해당되는 명칭은?

① 조절기 ② 리벳 세트
③ 피스톤 ④ 스로틀 밸브

14. 압축공기를 사용하는 그림과 같은 공구는 어떤 작업을 할 때 사용되는 것인가?

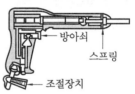

① 리벳 작업 ② 도장 작업
③ 절단 작업 ④ 굽힘 작업

15. 항공기 외판 수리 작업 과정 중 접시머리 리벳 작업에 필요한 작업으로 볼 수 없는 것은?

① 탭 작업

② 리머 작업

③ 딤플 작업

④ 카운터 싱크 작업

16. 다음 리벳 작업에 대한 설명 중 옳은 것은 어느 것인가?

① 도금한 판재에 선을 그을 때에는 금긋기 바늘을 사용하여 깊게 긋는다.

② 리벳 작업은 가운데 쪽에서 양 끝 쪽으로 작업을 한다.

③ 리벳 세트를 리벳 건에 장착할 때 스프링 고정 장치로 고정시킨다.

④ 리벳 작업 시 성형 머리(bucktail)의 폭은 리벳 지름의 최소 3배가 되도록 한다.

17. 판재의 가장자리에서 첫 번째 리벳 중심까지의 거리를 무엇이라 하는가?

① 끝거리　　　　② 리벳 간격

③ 열 간격　　　　④ 가공거리

18. 마이크로 스톱 카운터 싱크(micro stop counter sink)의 용도로 옳은 것은?

① 리벳의 구멍을 늘리는 데 사용

② 리벳이나 스크루를 절단하는 데 사용

③ 리벳의 구멍 언저리를 원추 모양으로 절삭하는 데 사용

④ 리베팅하고 밖으로 튀어나온 부분을 연마하는 데 사용

해설 접시자리파기 드릴(micro stop countersink)은 접시머리 리벳을 사용하기 위해 판재에 접시머리 형태를 만드는 공구이다.

19. 항공기 구조 부재 수리 작업에서 1열 패치 작업 시 플러시 머리 리벳의 끝거리는 얼마인가?

① 리벳 지름의 2~4배

② 리벳 길이의 2~4배

③ 리벳 지름의 2.5~4배

④ 리벳 길이의 2.5~4배

해설 플러시 머리 리벳의 끝거리는 리벳 지름의 2.5~4배가 적당하다.

20. 리벳 작업 시 일반적으로 리벳과 리벳 구멍의 여유 간격은 얼마가 가장 적당한가?

① 0.05~0.1 mm

② 0.1~0.5 mm

③ 0.01~0.05 mm

④ 0.5~0.8 mm

21. 판재를 겹쳐 놓고 리벳 구멍을 뚫을 때, 겹쳐진 판이 어긋나지 않도록 고정시키기 위해 사용되는 공구는?

① 버킹 바　　　　② 플라이어

③ 클레코　　　　④ 스크레이퍼

22. 리벳 제거를 위한 그림의 각 과정을 순서대로 나열한 것은?

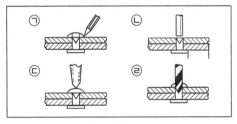

① ㉠ → ㉢ → ㉣ → ㉡

② ㉢ → ㉠ → ㉣ → ㉡

③ ㉠ → ㉣ → ㉢ → ㉡

④ ㉢ → ㉣ → ㉠ → ㉡

해설 리벳의 제거 : 줄 작업 → 센터 펀치 작업 → 드릴 작업 → 따내기 작업 → 빼내기 작업

23. 다음 중 리벳의 제거 작업 시 가장 먼저 해야 할 작업은?

① 줄 작업　　　　② 센터 펀치

③ 드릴링　　　　④ 펀치 제거

정답 ● **16.** ③　**17.** ①　**18.** ③　**19.** ③　**20.** ①　**21.** ③　**22.** ④　**23.** ①

3-4 용접 작업

(1) 용접의 종류

① 융접(fusion welding) : 가스 용접, 전기 아크 용접

② 압접(pressure welding)

③ 납땜(soldering)

(2) 가스 용접

① 가스 용접기의 구성 : 가스 용기, 압력 조정기, 호스, 용접 토치 등

㈎ 호스(hose) : 산소 호스는 녹색, 아세틸렌 호스는 적색이다.

㈏ 압력 조정기 : 용기 내의 압력 변화에 따라 조정 압력을 일정하게 유지하여 필요한 가스량을 공급한다.

㈐ 용접 토치 : 산소, 아세틸렌을 혼합하고 토치 팁에서 점화시켜 불꽃을 만들어 용접할 모재를 접합시키기 위해 용해시키는 데 사용한다. 분사식과 밸런스형 압력식 토치가 있는데, 밸런스형 압력식 토치가 압력 조절이 쉬워 많이 사용된다.

㈑ 팁(tip) : 구리 또는 구리 합금으로 만들며 크기는 숫자로 표시한다.

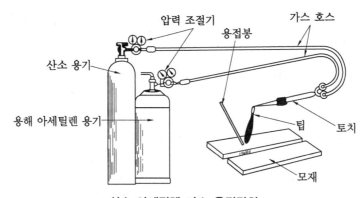

산소 아세틸렌 가스 용접장치

② 가스 용접 방법

㈎ 산소-아세틸렌 불꽃의 구성 : 흰색 불꽃(1500℃), 용접 불꽃(3200~3500℃), 바깥 불꽃(2000℃)

㈏ 불꽃의 형태

• 산화 불꽃(산소 과잉 불꽃) : 황동 및 청동 용접에 사용한다.

• 탄화 불꽃(아세틸렌 과잉 불꽃) : 스테인리스 강, 스텔라이트, 알루미늄, 모넬메탈 용접에 사용한다.

• 중성 불꽃(표준 불꽃) : 연강, 주철, 니크롬 강, 구리, 아연 도금 철판, 아연, 주강, 고탄소강 용접에 사용한다.

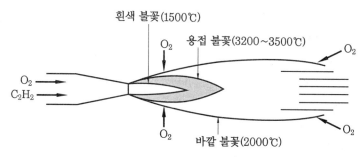

산소 – 아세틸렌 불꽃의 구성

③ 용접 토치 사용법

　(개) 좌진법(전진법) : 비드와 용접봉 사이에 팁이 있어 용접부가 과열되기 쉽고, 모재 변형이 심하여 기계적 성질이 떨어지지만 비드 표면이 매끈하다.

　(내) 우진법(후진법) : 용접봉이 팁과 비드 사이에 있다. 용입이 깊어 $\frac{3}{16}$ in 이상의 두꺼운 판재 용접에 쓰이며, 가열시간이 짧아서 과열되지 않아 용접부의 기계적 성질이 우수하고, 가스 소비량도 적다.

(3) 아크 용접

　전기 아크에 의해 3500 ~ 6000℃ 정도의 고온을 이용하여 금속을 융해시켜 접합하는 용접으로 직류 아크, 교류 아크 용접기 중 교류 아크 용접기가 많이 사용된다.

① 용접 장치

　(개) 용접봉 홀더 : 용접기에서 용접 전류를 케이블에서 용접봉으로 전달한다.

　(내) 용접 케이블 : 1차 케이블은 전원에서 용접기까지, 2차 케이블은 용접기에서 모재나 용접봉까지 연결해주는 전선이다.

　(대) 핸드 실드(hand shield)와 헬멧 : 유해 광선과 용융 금속 및 스패터(spatter)로부터 얼굴과 머리를 보호한다.

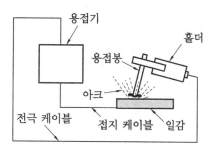

피복 아크 용접 회로

② 아크 용접 방법

　(개) 아크의 발생 : 용접봉을 모재에 접촉시키고 순간적으로 $\frac{1}{8}$ ~ $\frac{3}{16}$ in 정도 끌어 올리

면 아크가 발생한다. 접촉 방법은 긁는 방법(scratch method)과 찍는 방법(touch method)이 있다.

(내) 용융지 만드는 법 : 아크를 발생시키면 모재와 용접봉은 녹기 시작하고 용해된 금속 방울이 서로 섞인 상태를 용융지(molten weld pool)라 한다. 용융지 깊이를 용입이라 하고, 용접봉과 모재가 녹아 붙은 것을 용착이라 한다.

(대) 비드 이음과 크레이터 처리

- 비드 이음 : 크레이터 앞쪽에서 아크를 발생시켜 용접봉을 뒤로 이동하되, 용융지의 중심까지 이동하여 먼저와 같은 크기의 용융지가 형성되면 앞으로 용접해 나간다.
- 크레이터(crater) : 아크 형성으로 인한 열이 용융점과 전극 끝에 집중되어 전극 끝과 모재의 작은 부분을 동시에 녹여 용해된 작은 풀(pool)을 형성하는 것을 말한다.
- 크레이터 처리 : 비드가 끝나는 부분에서 아크를 짧게 유지하고, 비드의 폭을 줄여서 용접봉을 뒤로 천천히 이동하면서 아크를 빨리 끝낸다. 이때 충분하지 않으면 두세 번 반복한다.

(래) 용접 속도와 용접 상태

- 언더컷 : 용접 속도가 빠르고, 용접 전류가 높은 경우 발생(용접 전류가 너무 커서 모재 쪽이 많이 녹아 용접봉의 용융된 용적이 그 부분을 채워 주지 못한 상태)
- 오버랩 : 용접 속도가 느리고 용접 전류가 낮은 경우 발생(용융된 금속이 모재와 잘 융합되지 않고 표면에 덮여 있는 상태)

(매) 용접봉의 각도 및 운봉법

- 용접봉의 각도 : 진행각은 일반적으로 70~80°로 유지하고, 작업각은 90°를 유지하여 왼쪽에서 오른쪽으로 일직선이 되게 진행한다.
- 운봉법 : 용접선을 따라 직선적으로 나가는 직선 비드법과 용접선에 직각이 되게 좌우로 움직이면서 진행하는 위빙 비드법이 있다.

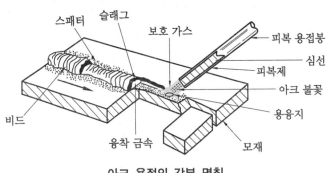

아크 용접의 각부 명칭

(4) 특수 용접

① 텅스텐 불활성 가스 용접(TIG 용접) : 용접에 필요한 열에너지는 비소모성 텅스텐 전극과 모재 사이에서 발생하는 아크 열에 의해 공급되며, 용접 부위를 보호하기 위해 헬륨이나 아르곤 등의 불활성 가스가 공기를 차단한다.

② 금속 불활성 가스 아크 용접(MIG 용접) : 용접 와이어를 일정한 속도로 토치에 자동 공급하여 모재와 와이어 사이에 아크를 발생시키고, 그 주위에 아르곤, 헬륨 또는 이들의 혼합가스 등을 공급시켜 용접하는 방법

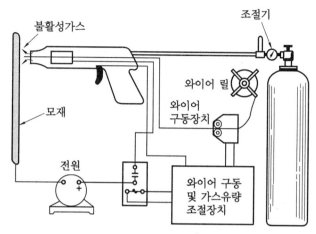

금속 불활성가스 아크 용접장치

③ 플라스마 용접 : 가스 중에 아크를 발생시킬 때 가스가 이온화되어 원자 상태가 되면서 발생하는 다량의 열을 이용한 용접 방법

> **참고 플라스마 용접의 특성**
> ① 용접 속도가 크고 아크의 안정성이 좋다.
> ② 아크가 가늘어 비드 폭이 좁고, 용입 깊이가 깊다.
> ③ 얇은 판의 용접이 가능하고, 용접부의 기계적 성질이 양호하다.

예상문제

1. 산소–아세틸렌 용접에서 사용되는 아세틸렌 호스색은?
① 백색　　② 녹색
③ 적색　　④ 파란색

2. 다음 중 아크 용접에서 피복제의 역할이 아닌 것은?
① 아크를 안정시킨다.
② 용접물의 산화를 방지한다.
③ 용접 부위의 조직 변화를 방지한다.

④ 용접 부위의 냉각속도를 증가시킨다.

해설 피복제의 작용
• 아크를 안정하게 한다.
• 용융점이 낮고, 적당한 점성을 가진 가벼운 슬래그를 만든다.
• 용착 금속의 탈산 및 정련 작용을 한다.
• 용착 금속에 필요한 원소를 보충한다.
• 용착 금속의 흐름을 좋게 한다.
• 용착 금속의 급랭을 방지한다.
• 대기 중의 산소나 질소의 침입을 방지하고, 용융 금속을 보호한다.

정답 　1. ③　2. ④

3. 아르곤이나 헬륨 가스 안에서 전극 와이어를 일정한 속도로 토치에 공급하여 와이어와 모재 사이에 아크를 발생시키고 나심선을 스프레이 상태로 용융하여 용접을 하는 방법은?

① 아크 용접
② 가스 용접
③ 서브 머지드 아크 용접
④ 불활성 가스 금속 아크 용접

 정답 • 3. ④

3-5 복합 소재 작업

(1) 적층 방식

① 유리 섬유 적층 방식(fiberglass lay-up)

⑺ 일반 목적용 항공기의 적층 구조재에 가장 광범위하게 사용된다.

⑷ 가열장치나 오토클레이브 안에 적층판을 넣고 열과 압력으로 경화시킨다.

② 압축 주형 방식(compression molding) : 암수의 주형을 이용하여 제작하는 공정

③ 진공 백 방식(vaccum bagging) : 경화시킬 물체를 플라스틱 백(bag) 안에 집어 넣고 진공압으로 공기를 빼내는 방식

④ 필라멘트 권선 방식(filament winding) : 강한 구조재를 제작하는 데 사용한다.

⑤ 습식 적층 방식(wet lay-up) : 모재와 강화섬유를 혼합하여 젖은 상태에서 표면을 둘러싸는 방법으로 정밀도가 떨어진다.

(2) 가압 방식

① 숏 백(shot bag) : 클램프로 고정할 수 없는 대형 윤곽의 표면에 가압 용도로 사용한다.

② 클레코(clecos) : 수리 부위의 뒷부분을 지탱해주는 카울판(caul plate)에 주로 사용한다.

③ 스프링 클램프(spring clamps) : 주어진 면적에 압력을 균일하게 분포시키기 위해서 카울판을 사용하며 C-클램프는 사용해서는 안 된다.

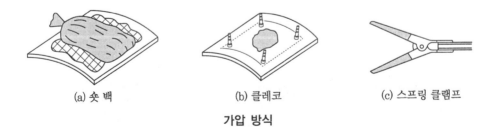

(a) 숏 백   (b) 클레코   (c) 스프링 클램프

가압 방식

④ 진공백(vacuum bag) : 복합 소재의 수리 작업 시 압력을 가하는 데 가장 효과적인 방법이다.

> 📖 참고 **압력을 가하는 목적**
> ① 강화 섬유와 수지가 적절한 비율로 배합되도록 여분의 수지를 제거한다.
> ② 적층판 사이의 공기를 제거하고, 적층판을 서로 밀착시킨다.
> ③ 수리 부분의 윤곽이 원래 부품의 형태가 되도록 유지시킨다.
> ④ 경화 과정에서 패치 등의 이동을 방지한다.

(3) 경화 방식

① 실온 경화 : 복합 소재의 수지 종류에 따라 약 65~80℃에서 8~24시간 소요된다.

② 가열 경화 : 가장 광범위하게 사용되며, 복합 소재의 구조재를 경화시킬 때 사용한다.

  ㈎ 계단 경화(step cure) : 정해진 시간 간격에 따라 단계적으로 경화 온도까지 가열하고, 경화시간이 지난 후에도 단계적으로 냉각시키는 경화 방식

  ㈏ 램프 및 소크 경화(lamp and soak cure) : 자동화된 설비로 경화시키는 가장 복합하고, 정밀한 경화 방식

예상문제

1. 유리 섬유와 수지를 반복해서 겹쳐 놓고 가열 장치나 오토클레이브 안에 그것을 넣고 열과 압력으로 경화시켜 복합 소재를 제작하는 방법은?
① 유리 섬유 적층 방식 ② 압축 주형 방식
③ 필라멘트 권선 방식 ④ 습식 적층 방식

① 클레코
② 숏 백
③ 진공 백
④ 스프링 클램프

2. 복합 소재의 수리 작업 시 클램프로 고정할 수 없는 대형 윤곽의 표면에 가압 용도로 사용하면 매우 효과적인 그림과 같은 방법은 어느 것인가?

3. 복합 소재의 수리 작업 시 압력을 가하는 데 가장 효과적인 방법은?
① 숏 백
② 클레코
③ 진공 백
④ 스프링 클램프

정답 ● 1. ① 2. ② 3. ③

| **3-6** | **배관 작업** |

◼ 튜브 작업

알루미늄 합금이나 강재의 튜브를 이용하여 필요한 형태로 가공하거나 튜브 접합기구에 접속하는 작업이다.

(1) 튜브 절단 작업

쇠톱에 의한 절단, 튜브 절단 공구에 의한 절단, 숫돌 절단기에 의한 절단 등이 있다.

(2) 튜브의 굽힘 작업

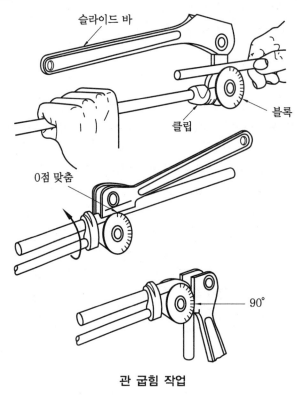

관 굽힘 작업

① 염화비닐 튜브

　(가) 지름이 $\frac{3}{4}$in 이하인 튜브 : 토치 램프로 열을 가하여 굽힌다.

　(나) 지름이 $\frac{3}{4} \sim 1\frac{1}{4}$in인 튜브 : 상온의 모래를 채우고, 모래 속에 집어 넣어 가열하여 굽힌다. 굽힘 반지름은 튜브 지름의 3배 이상으로 한다.

　(다) 지름이 $1\frac{1}{4}$in 이상인 튜브 : 120~130℃로 예열된 모래를 채우고 가열하여 구부린다. 굽힘 반지름은 튜브 지름의 4배 이상으로 한다.

② 폴리에틸렌 튜브 : 굽힘 반지름이 튜브 지름의 8배 이상일 때는 상온 가공을 하고, 지름의 8배 이하일 때는 가열 가공을 한다.

③ 강관 및 알루미늄 튜브 : 지름이 큰 것은 굽힘 장비(bender)를 이용하고, 지름이 작은 것은 튜브 벤더(tube bender)를 이용한다.

　(가) 튜브 벤더에 의한 굽힘 작업 : 지름이 $\frac{1}{4}$in 이하인 튜브는 손으로 작업을 하고, $\frac{1}{4}$

in 이상일 때는 튜브 벤더를 사용한다.

(나) 가융 금속에 의한 굽힘 작업 : 모래 대신 녹기 쉬운 금속 입자를 넣고 튜브를 굽히는
작업

(3) 튜브 이음 작업

① 플레어 방식 : 지름이 $\frac{3}{4}$ in 이하인 튜브에 사용한다.

(가) 단일 플레어(single flare) 방식

(나) 이중 플레어(double flare) 방식 : 지름이 $\frac{1}{8} \sim \frac{3}{8}$ in인 5052O와 6061T 알루미늄 튜
브에 적용되며, 심한 진동을 받는 곳이나 계통의 압력이 높은 곳에 사용되는 튜브의
플레어 부분이 파손되거나 연결 부분이 누설되는 것을 방지하기 위해 사용된다.

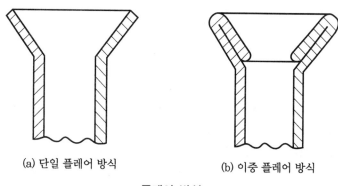

(a) 단일 플레어 방식   (b) 이중 플레어 방식

플레어 방식

② 플레어리스(flareless) 방식 : 플레어리스 튜브 피팅에 슬리브와 너트를 이용하여 곧바로 튜
브를 연결하는 방식

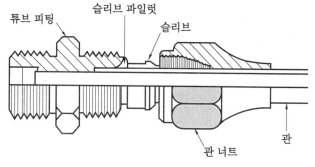

플레어리스 튜브 연결 작업

(4) 튜브 검사 및 수리

알루미늄 합금 튜브에서 긁힘이 튜브 두께의 10 % 이내이면 사포 등으로 문질러 사용하며,
튜브 교환 시 원래의 것과 동일한 것을 사용한다.

2 호스 작업

(1) 호스의 식별

색깔, 문자, 그림 등을 사용한다. 불꽃에 강하고, 방향족 유류와 오일에 저항력이 있는 강한 호스는 호스 표면의 기호가 빨간색으로 되어 있다. 가용성 호스의 크기는 호스의 안지름으로 표시하며, 1인치의 16분비로 표시한다.

예 NO.7 : 호스의 지름이 $\frac{7}{16}$ in이다.

(2) 호스 장착 작업

① 호스가 꼬이지 않도록 호스에 표시된 흰 선이 직선이 되도록 장착한다.
② 호스의 파손을 막기 위해 필요한 곳에 테이프를 감아준다.
③ 호스를 구부릴 때는 최소 굽힘 이상이 되도록 한다.
④ 호스 장착 시 수축을 고려하여 5~8 % 여유를 준다.
⑤ 호스의 진동을 막기 위해 24 in(60 cm)마다 클램프로 고정한다.
⑥ 호스를 식별하기 위해 식별표를 부착한다.

예상문제

1. 항공기 배관 계통 중 알루미늄 합금 튜브의 이중 플레어링을 적용하기에 가장 적당한 곳은 어느 것인가?
① 튜브 연결 부위의 길이가 짧은 곳
② 배관 계통에 열이 많이 발생하는 곳
③ 심한 진동을 받거나 압력이 높은 곳
④ 튜브의 꺾어진 곳이 많고 복잡한 곳

2. 이중 플레어링(double flaring) 방식에 대한 설명으로 틀린 것은?
① 심한 진동을 받는 곳에 사용된다.
② 계통의 압력이 높은 곳에 사용된다.
③ 튜브 연결 부분이 누설되는 것을 방지하기 위하여 사용된다.
④ 지름이 비교적 두꺼운 $\frac{3}{8}$ in 이상의 튜브에 적용된다.

3. 항공기 관(tube)의 연결 계통에서 잦은 분리가 필요한 부분에 사용되는 연결 방식은 어느

것인가?
① 플레어관 접합 방식
② 비드에 의한 연결 방식
③ 스웨이징 접합 기구 방식
④ 플레어리스 접합 기구 방식

해설 • 플레어관 접합(flared tube fitting) 방식 : 보통 지름이 20 mm 이하인 관에 사용된다.
• 스웨이징 접합 기구 방식 : 항공기의 연결 계통에서 잦은 분리가 필요한 부분에 사용된다.

4. 항공기 유압 계통의 알루미늄 합금 튜브에 긁힘이나 찍힘이 튜브 두께의 몇 % 이내일 때 수리가 가능한가?
① 5   ② 10
③ 20   ④ 30

5. 튜브 벤딩 시 성형선(mold line)이란 무엇인가?

정답 ► 1. ③   2. ④   3. ③   4. ②   5. ③

① 벤딩한 재료의 평균 중심선
② 벤딩 축을 중심으로 한 밴딩 반지름
③ 벤딩한 재료의 바깥쪽에서 연장한 직선
④ 재료의 안쪽 선과 벤딩 축을 중심으로 한 원과의 접선

6. 다음 중 호스를 장착할 때 고려할 사항으로 틀린 것은?

① 호스의 경화 날짜를 확인하여 사용한다.
② 호스는 액체의 특성에 따라 재질이 변하므로 규정된 규격품을 사용한다.
③ 호스에 압력이 걸리면 수축되기 때문에 길이에 여유를 주어 약간 처지도록 장착한다.
④ 스웨이징된 접합 기구에 의하여 장착된 호스에서 누설이 있을 경우 누설된 일부분을 교환한다.

7. 항공기 유압 계통에서 가요성 호스의 진동을 방지하기 위한 클램프의 일반적인 설치 간격은 약 몇 cm인가?

① 50 　　　　② 60
③ 70 　　　　④ 80

8. 계기계통의 배관을 식별하기 위해 일정한 간격을 두고 색깔로 구분된 테이프를 감아두는데 이때 붉은색은 어떤 계통의 배관을 나타내는가?

① 윤활 계통 　　　② 압축공기 계통
③ 연료 계통 　　　④ 화재 방지 계통

해설 배관의 식별
　• 붉은색 : 연료 계통
　• 노란색 : 윤활 계통
　• 갈색 : 화재 방지 계통
　• 오렌지색 : 압축공기 계통

9. 계기계통의 배관을 식별하기 위하여 일정한 간격을 두고 색깔로 구분된 테이프를 감아두는데, 이때 노란색은 어떤 계통의 배관을 나타내는가?

① 윤활 계통 　　　② 압축공기 계통
③ 연료 계통 　　　④ 화재 방지 계통

정답 •─• **6.** ④ **7.** ② **8.** ③ **9.** ①

3-7 　항공기 기체 수리

1 판금 구조재 수리 작업

(1) 판금 수리 원칙
　① 원래의 강도 유지
　② 원래의 윤곽 유지
　③ 최소 무게 유지
　④ 부식에 대한 보호

(2) 응력 외피(stressed skin) 수리
　① 8각 패치의 수리 작업
　② 원형 패치의 수리 작업

③ 작은 손상은 플러시 패치(flush patch)로 수리하며, 모든 방향으로 균일한 강도를 갖는다.

(3) 스트링어(stringer) 수리

보강하는 단면적이 스트링어의 단면적보다 작아서는 안 된다.

(4) 날개보 수리

항공기 제작 회사에서 추천하는 수리 방법을 적용하거나, 항공 규정 또는 정비 지침서에 따라 수리 작업이 이루어져야 한다.

(5) 리브, 벌크헤드, 정형재 수리

더블러(doubler)로 보강하여 수리한다.

(6) 여압 구조재 수리

항공기 제작 회사의 지침서에 따라 수리한다.

❷ 용접 구조재 수리 작업

(1) 강관 수리

강관의 우그러진 부분의 깊이가 지름의 $\frac{1}{10}$ 이내이며 범위가 강관 원주의 $\frac{1}{4}$ 이내인 경우에 패치 수리를 할 수 있다.

세로대(longeron), 횡단부재(cross member)가 우그러지거나 균열 시 우그러진 부분을 가능한 펴고, 구부러진 강관을 바로잡는다. 균열 시에는 정지 드릴(stop drill)로 뚫어 진행을 차단하고, 손상 부위에 슬리브(sleeve)를 대고 수리한다.

(2) 안쪽 슬리브 보강 방식

강관 이음 부분의 안쪽에 동일한 재질과 두께를 가지되, 중간 끼워맞춤으로 끼울 수 있는 안쪽 슬리브를 사용하여 보강한다. 안쪽 슬리브의 길이는 강관 지름의 5배가 적당하다.

(3) 바깥쪽 슬리브 보강 방식

강관 구조의 바깥쪽에 공간상의 아무런 영향이 없을 때 채택하는 방식으로 보강할 강관의 안지름이 수리할 원래의 강관의 바깥지름보다 $\frac{1}{16}$ in 이상 커서는 안 된다.

수리 방법은 스카프 방식이나 피시 마우스 방식으로 진행하며, 접합의 강도를 높이기 위해 로제트 용접을 한다.

(4) 클러스터 수리

동일한 두께와 재질을 가진 패치를 손상 부위에 대고 보강하여 수리한다.

❸ 복합 구조재의 수리작업

(1) 적층 구조재 수리

① 표면 손상 수리

㈎ 손상 부위를 MEK(메틸에틸케톤)이나 아세톤으로 닦는다.

㈏ 사포질로 흔적을 없애고, 솔벤트로 세척한다.

㈐ 충진재 또는 인가된 표면 퍼티와 수지를 혼합한다.

㈑ 수지와 충진재 혼합물을 손상 부위에 바른다.

㈒ 경화시킨 후에 연마를 하고 표면 처리를 한다.

② 손상의 제거 및 적층판 교체 : 손상된 적층판을 제거하고, 새것으로 교체하는 수리 작업으로 교체된 적층판을 열과 압력에 의해 경화시킴으로써 원래의 복합 구조재 강도로 회복시킨다.

㈎ 단면 수리

- 표면을 세척하고 페인트를 제거한다.
- 스카프 방식이나 계단 절개 방식으로 손상된 적층판을 제거한다.
- 적절한 수지와 수리 재료를 선정하여 혼합한다.
- 진공 백을 이용하여 압력을 가하고 경화시킨다.
- 표면 처리를 한다.

㈏ 양면 수리 : 적층판 양면 모두가 손상을 받은 형태로 수리 방법은 단면 수리와 동일하다.

(2) 샌드위치 구조재 수리

① 적층 분리

㈎ 방법 1 : 외피와 코어 사이의 비교적 작은 적층 분리는 외피에 구멍을 뚫고 수지를 주입한 후 경화시켜 수리한다.

㈏ 방법 2 : 외피를 스카프 절단하고, 코어 부분에 충진 콤파운드를 채운 다음 수리용 적층판을 겹쳐 쌓은 후 열과 압력으로 경화시켜 수리한다.

② 구멍 뚫림

㈎ 손상 부위가 미세한 경우 손상 수리 : 진공압으로 손상 부위의 파편이나 물 또는 오일 등을 제거한 후 충진재를 구멍에 주입하여 수지 경화시킨 다음 사포로 표면을 연마하고, 인가된 솔벤트로 세척한 후에 표면 처리를 한다.

㈏ 손상 부위가 큰 경우 손상 수리

- 외피를 청결히 한 다음 루터 작업(routing)에 의해 코어를 제거한다.
- 손상된 적층판을 스카프 방식 또는 계단 절개 방식으로 잘라낸 후, 진공압으로 청소한다.
- 코어 플러그를 제작하여 수지를 발라 장착한 후 연마된 부위에 패치를 부착한다.
- 압력을 가하면서 경화시키고 표면 처리를 한다.

예상문제

1. 다음은 어떤 수리 방법에 대한 설명인가?

"항공기 외피 균열의 길이는 2 in이며, 이로 인해 상실된 강도를 100 % 회복시키기 위해 0.04 in Al 판재로 수리하고자 한다. 1/8 in AD 리벳으로 수리 시 리벳수 계산표(1 in당)에 의거 최소 리벳수는 약 7.7개라 할 때 16개의 리벳이 필요하다. 그러나 이 개수로는 대칭형으로 패치할 수 없어서 양쪽에 18개씩 총 36개의 리벳으로 패치했다."

① 8각 패치 수리 방법
② 스카프 수리 방법
③ 캡 스트립 수리 방법
④ 스트링어 수리 방법

2. 강관 구조 부재의 수리 방법에 대한 설명으로 틀린 것은?
① 균열이 존재하면 정지 드릴로 뚫어 균열의 진행을 차단한다.
② 덧붙임하는 관의 부재는 손상된 강판과 동일한 재질과 두께를 가진 것을 선택한다.
③ 스카프 수리 방식은 손상의 끝에서부터 양쪽으로 강관 지름의 1.5배 만큼의 치수를

가지는 크기의 관을 덧붙임하는 방법이다.
④ 강관의 우그러진 깊이가 지름의 $\frac{1}{10}$ 이상이고, 범위가 강관 원주의 $\frac{1}{4}$ 이상의 경우에는 패치 수리를 한다.

3. 강관 구조 부재의 수리 방식이 아닌 것은?
① 적층 구조재 수리 방식
② 피시 마우스 수리 방식
③ 안쪽 슬리브 보강 방식
④ 바깥쪽 슬리브 보강 방식

4. 다음 중 강관 구조의 용접에 대한 설명으로 틀린 것은?
① 티(T) 접합과 클러스터 접합 등이 있다.
② 용접 시 임시로 같은 간격으로 가접 후 용접을 실시한다.
③ 가접 후 연속적으로 용접을 해야 뒤틀림을 방지할 수 있다.
④ 접합부의 보강 방법으로는 강관 사이에 평판 보강 방법과 보강 재료를 씌우는 방법 등이 있다.

정답 **1.** ① **2.** ④ **3.** ① **4.** ③

3-8 부식 및 방식 작업

🔲 부식

(1) 부식의 종류

① 표면 부식(surface corrosion) : 금속 표면이 공기 중의 산소와 직접 반응을 일으켜 생기는 부식으로, 적절한 부식 방지 처리를 하지 않으면 강철이 녹슬고, 알루미늄, 마그네슘은 부식 생성물을 만든다.

② 이질 금속간 부식(dissimilar metal corrosion) : 서로 다른 금속이 전해 물질에 노출될 때 전해 작용에 의해 발생하는 부식으로 동전기 부식(galvanic cells corrosion)이라고도

한다.

③ 점 부식(pitting corrosion) : 금속의 표면이 국부적으로 깊게 침식되어 콩알만한 작은 점을 만드는 부식 형태로 보통 잘못된 열처리나 기계적 작업에서 생기는 합금 표면의 균일성 결여 때문에 발생한다.

④ 입자간 부식(intergranular corrosion) : 부적절한 열처리에서 합금 조직의 균일성 결여로 발생하며, 금속 합금의 입자 경계면을 따라서 발생하는 선택적인 부식을 말한다.

⑤ 응력 부식(stress corrosion) : 부식 조건하에서 장시간 동안 표면에 가해진 정적인 인장응력의 복합적인 효과로 발생한다.

⑥ 피로 부식(fatigue corrosion) : 부식 환경에서 금속에 가해지는 반복응력에 의한 응력 부식의 형태로 반복응력이 작용하는 부분의 움푹 파인 곳의 바닥에서부터 시작된다.

⑦ 찰과 부식(fretting corrosion) : 밀착한 구성품 사이에 작은 진폭의 상대운동이 일어날 때 발생하는 제한된 형태의 부식이다.

예상문제

1. 금속 표면이 공기 중의 산소와 직접 반응을 일으켜 생기는 부식은?
① 입자간 부식　　　② 표면 부식
③ 응력 부식　　　　④ 찰과 부식

해설 표면 부식 : 제품 전체의 표면에서 발생하여 부식 생성물인 침전물이 보이고, 홈이 나타나는 부식

2. 알루미늄 합금의 표면에 생긴 부식을 제거하기 위하여 철솔(wire brush)이나 철천(steel wool)을 사용하면 안 되는 가장 큰 이유는 무엇인가?
① 표면이 거칠어지기 때문
② 알루미늄 금속까지 제거되기 때문
③ 부식 제거 후 세척 작업을 방해하기 때문
④ 철분이 표면에 남아 전해 부식을 일으키기 때문

3. 다음 중 입자간 부식(intergranular corrosion)의 주된 원인이 될 수 있는 것은?
① 부적절한 열처리
② 서로 다른 금속의 접촉

③ 구조물에 작용하는 응력
④ 금속 표면에서 불활성 가스의 화학 작용

4. 금속 합금의 입자 경계면을 따라서 발생하는 선택적인 부식으로 부적절한 열처리에서 합금 조직의 균일성의 결여로 발생하는 부식은 어느 것인가?
① 피로 부식　　　　② 찰과 부식
③ 입자간 부식　　　④ 응력 부식

5. 금속 표면이 국부적으로 깊게 침식되어 콩알만한 작은 점을 만드는 부식은?
① fatigue corrosion(피로 부식)
② pitting corrosion(공식 부식)
③ stress corrosion(응력 부식)
④ galvanic corrosion(이질 금속간 부식)

6. 부식 환경에서 금속에 가해지는 반복응력에 의한 부식이며, 반복응력이 작용하는 부분의 움푹 파인 곳의 바닥에서부터 시작되는 부식은?
① 점 부식　　　　　② 입자간 부식
③ 찰과 부식　　　　④ 피로 부식

정답 ●→ **1.** ②　**2.** ④　**3.** ①　**4.** ③　**5.** ②　**6.** ④

7. 다음 중 전기화학적 부식(galvanic corrosion)
이 발생할 수 있는 경우는?

① 배터리 충전액이 넘쳐 흐를 때
② 항공기 전기계통에 습기가 침투할 때
③ 서로 같은 금속 사이에 윤활유가 침투할 때
④ 서로 다른 금속 사이에 오염된 습기가 침투할 때

8. 다음 중 갈바닉 부식(galvanic corrosion)
이 발생하는 경우는?

① 전기가 흐를 때 발생한다.
② 같은 금속이 접촉하면 발생한다.
③ 서로 다른 금속이 접촉하면 발생한다.
④ 알루미늄이나 알루미늄 합금에만 발생한다.

9. 다음 중 공기 중에서 금속과 이에 접촉하는
금속 또는 다른 물질 접촉면에 상대적으로 반
복하여 미세한 미끄럼이 생길 때 금속 표면에
일어나는 손상은?

① 마찰 부식
② 갈바닉 부식
③ 표면 부식
④ 입자간 부식

10. 다음 중 항공기 구조물 균열(crack)의 원
인으로 가장 거리가 먼 것은?

① 도료에 의한 균열
② 피로에 의한 균열
③ 과부하에 의한 균열
④ 응력 부식에 의한 균열

정답 ● **7.** ④ **8.** ③ **9.** ① **10.** ①

② 방식 처리

알루미늄 합금 구조물의 표면은 조립 전에 양극 처리(anodizing)나 알로다인 처리(alodining)
를 실시하여 부식을 방지한다.

(1) 양극 산화 처리(anodizing)

전해액에서 금속을 양극으로 하고, 전류를 통하여 양극에서 발생하는 산소에 의하여 알루미
늄과 같은 금속 표면에 산화 피막을 형성하여 부식 처리를 하는 방법으로 황산법, 크롬산법,
수산법 등이 있으며, 주로 황산법이 사용되고 있다.

알루미늄 산화 피막은 내식성, 착색성, 절연성이 있어 내식, 내마멸, 장식, 네임 플레이트,
도장 등에 다양하게 사용되고 있다.

① 전처리 작업 : 양극 산화 처리를 하기 전에 수행해야 할 작업

 (개) 사전 세척 작업(precleaning) : 필요에 따라 증기 탈자, 유화 세척, 솔벤트 세척, 알
  칼리 세척 및 물 세척 등을 선택하여 실시한다.

 (내) 마스크 작업(masking) : 양극 처리를 하지 않아야 하는 부분에 반응 용액이 작용하
  지 않도록 차단하는 작업이다.

 (대) 래크 작업(racking) : 양극 처리를 할 부품을 래크에 설치하고 전기적으로 접속하는
  작업이다.

② 양극 산화 처리 작업

 (개) 황산법 : 사용 전압이 낮고, 소모 전력량이 적으며, 약품 가격이 저렴하다. 폐수 처

리도 비교적 쉬워 가장 경제적인 방법으로 가장 널리 쓰이고 있다. 합금 성분에 의한 영향이 적으며, 피막의 색상과 투명도가 좋아 장식용에 특히 적합한 방법으로 피막이 지니는 내식성과 내마멸성도 좋다.

　　(나) 수산법(수산알루마이트법) : 교류 및 직류를 중첩 사용하여 좋은 결과를 얻을 수 있는 장점이 있으며 합금의 경우 염색성은 황산법에 의한 피막이 더 좋으나 수산법은 손쉽고, 예비 탈지가 필요 없으며, 광택도 황산법보다 좋다. 수산액에서 얻은 피막은 경도가 크고 내식성도 우수하지만 약품 값이 비싸고 전력비가 많이 드는 단점이 있다. 수산법의 종류에는 직류법, 교류법, 교·직류 중첩법이 있다.

　　(다) 크롬산법 : 항공기용 부품 재료의 방식 처리에 적합하며, 피막의 두께가 얇고, 불투명한 회색이기 때문에 염색 처리용으로는 좋지 않다.

　③ 밀봉 작업(sealing) : 양극 산화된 그대로의 상태로 사용하면 부식성 물질에 의한 부식 및 변색, 오물의 부착, 흡착연료가 흘러나와 탈색되는 일이 있기 때문에 산화 피막의 흡착성을 감소시켜 내식성, 내오염성, 내광성, 내후성을 향상시키는 처리 작업을 말한다.

(2) 알로다인 처리

　화학적으로 알루미늄 합금의 표면에 0.00001~0.00005 in의 크로메이트(chromate) 처리를 하여 내식성과 도장 작업의 접착 효과를 증진시키기 위한 부식 방지 처리 작업이다.

　① 알로다인 600(암적색) : 알루미늄 합금으로 된 날개 구조재의 안쪽과 바깥쪽의 도장 작업을 하기 전에 표피의 전처리 작업으로 활용된다.

　② 알로다인 1000(투명) : 알루미늄 합금으로 된 날개와 동체 구조재에 사용해도 아무런 손상을 일으키지 않으나, 투명하기 때문에 처리 여부의 식별이 어렵다.

　③ 알로다인 1200(황갈색) : 날개를 제외한 동체와 그 밖의 알루미늄 합금으로 된 구조재의 안쪽과 바깥쪽의 도장 작업을 하기 전에 표면의 전처리 작업으로 활용된다.

(3) 인산염 피막 처리(파커라이징 : parkerizing)

　철강, 아연 도금 제품, 알루미늄 부품 등을 희석된 인산염 용액에 처리하여 내식성을 지니는 피막을 형성시킨다.

예상문제

1. 다음 중 항공기의 부식 방지 방법이 아닌 것은?
　① 세척 작업　　　② 방식 작업
　③ 도장 작업　　　④ 용접 작업

2. 항공기 방식 작업의 하나로 전해액에서 금속을 양극으로 하고, 전류를 통하여 양극에서 발생하는 산소에 의하여 알루미늄과 같은 금속 표면에 산화 피막을 형성하는 부식 처리 방식은?
　① 양극 산화 처리　　② 알로다인 처리
　③ 인산염 피막 처리　　④ 알클래드 처리

정답 ▶ **1.** ④　**2.** ①

3. 양극 산화 처리를 하기 전에 수행해야 할 전처리 작업이 아닌 것은?

① 스트링어 작업　　② 래크 작업
③ 사전 세척 작업　　④ 마스크 작업

4. 애노다이징(anodizing)된 알루미늄 판재의 표면에 부식이 발견되었을 때 처리 방법으로 가장 효율적인 것은?

① 수리하는 것보다 작업시간이 충분한 주기 점검 시에 교환토록 한다.
② 전체적으로 퍼질 가능성이 높으나 부식이 없는 부분까지 전 표면을 방식 처리한다.
③ 부식된 부분만 절단하여 제거하고 새 알루미늄 판재로 덧씌워 판금 작업을 한다.
④ 부식된 부분만 방식 처리를 하고 나머지 부분은 작업으로 손상되지 않도록 주의한다.

5. 다음 중 알루미늄 양극 산화 처리법이 아닌 것은?

① 질산법　　　　　② 황산법
③ 크롬산법　　　　④ 수산법

6. 항공기 방식 작업 중에 처리 용액을 입으로 삼켰을 경우 응급 처리로 가장 옳은 것은?

① 석회수 등을 우유에 타서 마신 후에 여러 컵의 물을 마신 다음 의사의 진료를 받는다.
② 붕산수를 마시고 15분 후에 물을 마신 다음 의사의 진료를 받는다.
③ 오염장소를 피하여 신선한 공기를 들이마신 후 필요하면 산소 호흡을 하면서 즉시 의사의 진료를 받는다.
④ 비눗물과 물을 섞어 마신 후 재차 붕산수를 마시고 즉시 의사의 진료를 받는다.

7. 화학적으로 알루미늄 합금의 표면에 0.00001 ~0.00005인치의 크로메이트 처리를 하여

내식성과 도장 작업의 접착 효과를 증진시키기 위한 부식 방지 처리 작업은?

① 양극 산화 처리　　② 크롬산 처리
③ 인산염 피막 처리　　④ 알로다인 처리

8. 알루미늄 또는 알루미늄 합금의 표면을 화학적으로 처리해서 내식성을 증가시키고 도장 작업의 접착 효과를 증진시키기 위한 부식 방지 처리 작업은 무엇인가?

① 파커라이징(parkerizing)
② 알로다이닝(alodining)
③ 어닐링(annealing)
④ 플레이팅(plating)

9. 다음 알루미늄 합금의 방식 처리 방법 중 화학적 피막 처리 방법으로 가장 옳은 것은 어느 것인가?

① 알로다인 처리　　② 프라이머
③ 알칼리 착색법　　④ 침탄 처리

10. 알루미늄 합금의 화학적 피막 처리 방법으로 가장 옳은 것은?

① 알로다인 처리　　② 다우 처리
③ 알칼리 착색법　　④ 파커라이징 처리

11. 다음 중 금속 표면에 도금(plating)을 하는 목적이 아닌 것은?

① 부식 방지　　　　② 치수 회복
③ 표면강도 증가　　④ 결함 발견

12. 화학적 피막 처리의 하나인 알로다인 처리에 사용되는 용재들 중 암적색 용재로 알루미늄 합금으로 된 날개 구조재의 안쪽과 바깥쪽의 도장 작업을 하기 전에 표피 전처리 작업으로 활용되는 것은?

① 알로다인 600　　② 알로다인 1000
③ 알로다인 1200　　④ 알로다인 2000

13. 파커라이징 또는 본더라이징이라고도 하는 화학적 피막 처리 방법의 하나로 철강, 아연 도금 및 알루미늄 제품 등에 적용하여 내식성을 향상시키는 피막 처리 방법은?

① 양극 산화 처리 ② 알로다인 처리
③ 인산염 피막 처리 ④ 알클래드 처리

14. 철강, 아연 도금 제품 및 알루미늄 부품 등을 용액에 처리하여 내식성을 지니는 피막을 형성하는 기술로 파커라이징(parkerizing)이라고도 하는 것은?

① 알로다인 처리 ② 알클래드 처리
③ 양극 산화 처리 ④ 인산염 피막 처리

15. 알루미늄 합금의 부식을 방지하는 표면 처리 방법이 아닌 것은?

① 양극 처리 ② 쇼트 피닝 처리
③ 알로다인 처리 ④ 인산염 피막 처리

16. 다음 중 알루미늄에 사용되는 표면 처리 기법이 아닌 것은?

① 알로다이징 ② 알크래딩
③ 아노다이징 ④ 갈바니킹

17. 금속 표면의 부식을 방지하기 위하여 수행하는 작업으로 적절하지 않은 것은?

① 세척 ② 도장
③ 도금 ④ 마그네슘 피막

정답 **13.** ③ **14.** ④ **15.** ② **16.** ④ **17.** ④

3 도장 작업

(1) 도장 작업의 장점

도장 작업의 목적은 내식성, 내약품성, 내유성 등을 향상시키며, 색채, 평활성, 촉감 등을 증진시키는 데 있다.

도장의 장점은 다른 표면 처리 방법에 비해 작업이 쉽고, 장치가 간단하며, 신속히 이루어지고, 색상 조절이 쉬우며, 안전한 피막을 값싸게 얻을 수 있는 것이다.

(2) 도료의 종류

① 합성 에나멜 : 금속제 항공기에 사용되었던 도료로서 광택이 우수하여 광택 작업을 할 필요가 없으나, 내약품성이 보통이고, 내마멸성이 부족하다. 자동차에 주로 사용한다.

② 아크릴 래커 : 시간 특성 때문에 항공기에 가장 많이 사용되는 도료 중 하나이며, 도료를 칠하기 전 워시 프라이머(wash primer)를 칠한다. 아크릴 래커는 칠하기가 쉬우며 고형물(solid)의 함량이 에나멜보다 더 적지만 광택 작업을 하면 매우 좋은 광택을 유지하고 내식성, 내후성이 매우 우수하다.

③ 폴리우레탄 : 고속, 고고도 항공기에 매우 좋으며, 내구성이 큰 도료이다. 내구성이 좋아 농업용 항공기, 수상기, 기타 악조건에서 비행하는 항공기의 도료로 사용되고 있다. 단단하고 내약품성이 좋은 이 도료는 젖은 모습(wet look) 때문에 특히 사업용 항공기에 인기가 있다.

④ 아크릴 우레탄 : 아크릴과 우레탄을 하나로 혼합한 것으로 두 가지 물질의 장점을 다 가지고 있는 도료로서 아크릴 래커처럼 칠하기가 쉬우며, 폴리우레탄의 내화학성과 내구성을 지니고 있는 특징이 있다.

⑤ 프라이머 : 금속 표면을 도장 작업하기 전 적절한 전처리 작업을 한 후에 프라이머 칠을 하여 금속 표면과 도료의 마감칠(top coats) 사이의 접착성을 높인다.

예상문제

1. 항공기 도장(painting)의 주된 목적은?
① 열전도 차단
② 정전기 발생 방지
③ 재료의 강도 증가
④ 부식 방지 및 외관 장식

2. 합성 에나멜 도료의 특징이 아닌 것은?
① 광택이 우수하다.
② 내마멸성이 좋다.
③ 내약품성은 보통이다.
④ 산화에 의해 경화된다.

3. 내구성이 크고, 단단하며 내약품성이 좋아 고속, 고고도, 악조건에서 비행하는 항공기에 사용되는 도료는?
① 프라이머
② 아크릴 래커
③ 폴리우레탄
④ 합성 에나멜

4. 금속 표면을 도장 작업하기 전에 적절한 전 처리 작업을 하여 금속 표면과 도료의 마감칠 (top coats) 사이의 접착성을 높이기 위한 도

료는?
① 아크릴 래커
② 프라이머
③ 합성 에나멜
④ 폴리우레탄

5. 금속 표면에 존재하는 수분이나 오염 물질에 의해 발생되는 표면 부식의 방지 방법으로 틀린 것은?
① 세척
② 도장
③ 도금
④ 열처리

6. 다음 중 접지된 페인팅 대상물과 페인팅 기구 간에 고전압을 인가하여 페인팅하는 기법은?
① 정전 페인팅
② 스프레이(spray) 페인팅
③ 터치 업(touch up) 페인팅
④ 에어리스 스프레이(airless spray) 페인팅

해설 정전 페인팅(electrostatic painting) : 도료 분무장치에서 음의 직류 고전압으로 도료의 미립자를 대전시켜 금속판에 접속한 극과의 사이에 정전기적인 힘을 이용하여 도장하는 방법을 말한다. 도료가 절약되며 도장 면이 고르고 대량 생산에 적합하다.

정답 **1.** ④ **2.** ② **3.** ③ **4.** ② **5.** ④ **6.** ①

3-9 항공기 무게와 평형

(1) 항공기 무게 측정 작업

항공기의 개조 작업, 대수리 작업, 동체 페인트 작업 등으로 항공기 무게와 그 중심은 변할 수 있고, 이 변화는 항공기 비행 특성에 중요한 영향을 끼친다. 따라서 항공기 무게와 그 중심을 확인하는 작업이 필요한데, 이는 제작 회사 무게 측정 및 평형 정비 지침서에서 제시하는 절차에 따라서 수행한다.

(2) 용어 정의

① 총 무게(gross weight : 최대 무게) : 항공기에 인가된 최대 무게로서 형식증명서에 기재되어 있다.

② 자기 무게(empty weight) : 고정 밸러스트, 사용 불능의 연료 무게, 배출 불능의 윤활유, 발동기 냉각액의 전량, 유압계통의 작동유를 포함한 항공기 무게

• 포함되지 않는 무게 : 승무원, 유상하중인 승객과 화물, 사용 가능 연료, 배출 가능한 윤활유

③ 운항 자기 무게(operating empty weight) : 자기 무게에 운항에 필요한 승무원, 장비품, 식료품을 포함한 무게

• 포함되지 않는 무게 : 승객, 화물, 연료 및 윤활유

④ 유효하중(useful load) : 승무원, 승객, 화물, 연료, 윤활유 등의 무게를 포함한 총 무게에서 자기 무게를 뺀 것이다.

⑤ 영 연료 무게(zero fuel weight) : 연료를 제외하고 적재된 항공기의 총 무게로서 화물, 승객, 승무원의 무게를 포함한다.

⑥ 측정 장비 무게(tare weight) : 무게 측정 시 사용하는 잭(jack), 블록(block), 촉(chock), 지지대(stand) 등의 부수적인 품목의 무게를 말한다. 항공기의 실제 무게와는 관계가 없다.

⑦ 기준선(datum line) : 항공기가 수평비행을 할 때 평형을 유지하기 위하여 세로축에 임의로 정한 수직선을 말한다. 기준선의 위치는 항공기 명세서에 표기되어 있다.

⑧ 암(arm) : 기준선으로부터 측정하려고 하는 장비까지의 거리로 기준선을 원점으로 하여 뒤쪽을 (+), 앞쪽을 (−) 표시한다.

⑨ 모멘트(moment : M) : 물체의 무게(W)에 기준선으로부터 그 물체의 암(거리 l)을 곱한 값

$$M = W \times l$$

⑩ 무게 측정점(weighting point) : 항공기 무게를 측정할 수 있는 위치를 말하며, 이를 이용하여 무게 중심을 구할 수 있다.

⑪ 무게 중심(center of gravity : C.G) : 어떤 점에 대한 기체 전방의 모멘트와 기체 후방의 모멘트 크기가 똑같은 점

$$C.G = \frac{총 \ 모멘트}{총 \ 무게}$$

⑫ 평균 공력 시위(MAC) : 항공기 날개의 공기역학적인 특성을 대표하는 시위로서 항공기의 무게 중심은 평균 공력 시위상의 위치로 나타내며, 무게 중심은 평균 공력 시위에 대한 퍼센트(%)로 표시한다.

$$\% MAC = \frac{C.G - S}{MAC}$$

여기서, $C.G$: 기준선에서 무게 중심까지의 거리
S : 평균 공력 시위의 앞전까지의 거리
MAC : 평균 공력 시위의 길이

예상문제

1. 특정 항공기에 인가된 최대 하중이란?
① gross weight
② tare weight
③ empty weight
④ zero weight

2. 다음 중 운항 자기 무게(operating empty weight)에 해당하는 것은?
① 승객의 무게
② 화물의 무게
③ 유압계통의 작동유 무게
④ 연료계통의 사용 가능한 연료의 무게

해설 운항 자기 무게 : 기본 자기 무게, 운항에 필요한 승무원, 장비품, 식료품을 포함한 무게로 승객, 화물, 연료 및 윤활유는 포함하지 않는 무게이다.

3. 항공기의 영 연료 무게(zero fuel weight)란 무엇인가?
① 항공기의 총 무게에서 자기 무게를 뺀 중량
② 항공기의 자기 무게에서 연료 무게를 뺀 무게
③ 항공기의 총 무게에서 사용 불능의 연료 무게를 뺀 항공기의 중량
④ 항공기의 총 무게에서 연료 무게를 뺀 항공기의 중량

4. 항공기의 무게 측정 작업에서 사용하는 용어 중 측정 장비 무게를 무엇이라 하는가?
① 자기 무게
② 무효 무게
③ 영 무게
④ 테어(tare) 무게

5. 수송기에 무게가 45000 N 인 기관을 중심으로부터 1000 cm 되는 곳에 장착할 경우 이로 인해 생기는 중심에서의 모멘트는 약 몇 N·m

인가?
① 45000
② 90000
③ 450000
④ 45000000

해설 모멘트=무게×거리=45000×10
=450000N·m

6. 항공기의 총 모멘트가 M이고 총 무게가 W일 때 이 항공기의 무게 중심 위치를 구하는 식은?
① MW
② $M+W$
③ $\dfrac{M}{W}$
④ $\dfrac{W}{M}$

해설 무게 중심 $=\dfrac{모멘트(M)}{무게(W)}$

7. 항공기의 총 모멘트가 250000 kg·cm이고, 총 무게가 5000 kg일 때, 이 항공기의 무게 중심 위치는 몇 cm인가?
① 5
② 50
③ 100
④ 500

해설 무게 중심 $=\dfrac{총\ 모멘트}{총\ 무게}=\dfrac{250000}{5000}$
$=50\,cm$

8. 항공기의 총 모멘트가 400000 kg·cm이고, 총 무게가 5000 kg일 때 이 항공기의 무게 중심 위치는 몇 cm인가?
① 5
② 50
③ 80
④ 160

해설 무게 중심 $=\dfrac{총\ 모멘트}{총\ 무게}=\dfrac{400000}{5000}$
$=80\,cm$

정답 ► ● 1. ① 2. ③ 3. ④ 4. ④ 5. ③ 6. ③ 7. ② 8. ③

CHAPTER 04 항공기의 검사

4-1 육안 검사 및 비파괴 검사의 정의와 적용

■ 비파괴 검사의 정의

비파괴 검사(non-destructive inspection)라 함은 재료를 파괴하지 않고, 그 재료의 물리적 성질을 이용하여 강도 및 내부 결함의 유무 등을 검사하는 방법을 말한다.

(1) 비파괴 검사의 종류

① 육안 검사(visual inspection) : 금속, 비금속 재료의 표면 결함 검출
② 침투 탐상 검사(liquid penetrant inspection) : 금속, 비금속 재료의 표면 균열 결함 검출
③ 자분 탐상 검사(magnetic particle inspection) : 강자성체의 표면 및 표면 바로 밑 결함 검출
④ 와전류 검사(eddy current inspection) : 전도 재료의 표면 및 표면 바로 밑 결함 검출
⑤ 초음파 검사(ultrasonic inspection) : 금속, 비금속 재료의 표면 및 내부 결함 검출
⑥ 방사선 투과 검사(radio graphic inspection) : 금속, 비금속 재료의 표면 및 내부 결함 검출

예상문제

1. 부품을 파괴하거나 손상시키지 않고 검사하는 방법을 무엇이라 하는가?
① 내부 검사　　　② 비파괴 검사
③ 내구성 검사　　④ 오버홀 검사

2. 다음 중 비파괴 검사에 속하지 않는 것은?
① 자분 탐상 검사　② 방사선 투과 검사
③ 와전류 탐상 검사　④ 현미경 조직 검사

3. 비파괴검사의 종류에 속하지 않는 것은?
① 자분 탐상 검사　② 초음파 탐상 검사
③ 화학 분석 시험　④ 방사선 투과 검사

4. 다음 중 비파괴 검사의 종류에 속하지 않는 것은?
① 초음파 검사　　② 누설 검사
③ 비커스 검사　　④ 자분 탐상 검사

5. 비파괴 검사의 종류와 약어의 연결이 틀린 것은?
① 침투 탐상 검사-penetration testing : PT
② 초음파 탐상 검사-sound wave testing : ST
③ 방사선 투과 검사-radio graphic testing : RT
④ 자분 탐상 검사-magnetic particle testing : MT
[해설] 초음파 탐상 검사(ultrasonic testing : UT)

정답 ▸ 1. ②　2. ④　3. ③　4. ③　5. ②

② 비파괴 검사 방법 및 특징

(1) 육안 검사(visual inspection)

① 특징

　㉮ 가장 오래된 비파괴 검사 방법으로서 결함이 계속해서 진행되기 전에 빠르고 경제적으로 탐지하는 방법이다.

　㉯ 육안 검사의 신뢰성은 검사자의 능력과 경험에 달려 있다.

　㉰ 눈으로 식별할 수 없는 결함을 찾는 검사에는 광학장치를 사용한다.

　㉱ 육안 검사에 주로 사용되는 장비 : 플래시 라이트, 볼 조인트가 있는 거울, 2.5~10배의 확대경

② 검사 방법

　㉮ 플래시 라이트(flash light)를 이용한 균열 검사

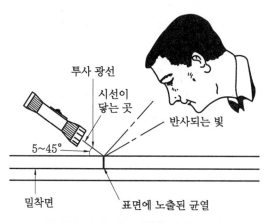

플래시 라이트를 이용한 균열 검사

　㉯ 보어 스코프(bore scope) 검사 : 복잡한 구조물을 파괴 또는 분해하지 않고 내부의 결함을 외부에서 직접 육안으로 관찰하는 검사로 광학기기를 사용하여 가스터빈 기관의 압축기, 터빈 부분의 이상을 검사한다.

> 🔍 **참고**　보어 스코프 검사 시기
>
> ① 기관 작동 중 FOD(foreign object damage) 현상이 있다고 예상될 때
> ② 기관 내부에 부식이 예상될 때
> ③ 기관을 장시간 사용할 때
> ④ 주기 검사를 할 때

　㉰ 파이버옵틱 스코프(fiberoptic scope)를 이용한 육안 검사 : 검사하기 어려운 위치에 사용되며, 탐침자 끝 안에 아주 작은 불빛의 예민한 칩에 의해 상을 볼 수 있고, 이 상을 비디오 모니터에 전송하여 볼 수 있도록 한 검사 방법이다.

예상문제

1. 다음 중 육안 검사로 찾아 낼 수 있는 결함이 아닌 것은?

① 구부러짐   ② 부식
③ 내부 균열   ④ 찍힘

2. 모든 부품들이 장탈되거나 분해된 후 세척하지 않은 상태에서 가장 먼저 하는 검사는?

① 육안 검사   ② 파괴 검사
③ 분해 검사   ④ 치수 검사

3. 다음 중 육안 검사에 관한 설명이 아닌 것은?

① 경우에 따라서 보조 기구를 사용한다.
② 비파괴 검사법 중 가장 오래된 검사 방법이다.
③ 검사자에 상관없이 검사 결과는 신뢰 수준이 높다.
④ 비파괴 검사법 중 비교적 빠르고 경제적이며 간편한 편이다.

4. 육안 검사(visual inspection)에 대한 설명으로 가장 거리가 먼 것은?

① 빠르고 경제적이다.
② 가장 오래된 비파괴 검사 방법이다.
③ 신뢰성은 검사자의 능력과 경험에 의해 좌우된다.
④ 다이 체크(dye check)는 간접 육안 검사의 일종이다.

5. 다음 중 육안 검사에 관한 설명으로 가장 거리가 먼 것은?

① 가장 오래된 비파괴 검사 방법이다.
② 빠르고 경제적이다.
③ 신뢰성은 검사자의 능력과 경험에 따라 좌우된다.
④ 보조 기구를 사용하면 육안 검사가 아니다.

6. 육안 검사용 장비가 아닌 것은?

① 확대경
② 검사용 거울
③ 플래시 라이트(flash light)
④ 블랙 라이트(black light)

> **해설** 침투 탐상 검사 시 침투액에 형광 물질이 들어 있을 경우 암실에서 블랙 라이트라고 하는 자외선을 비춰 균열 주위에 반짝이는 빛을 보고 결함을 검출한다.

7. 항공기 검사 방법에서 보어 스코프 검사는 다음 중 어떤 검사에 속하는가?

① 육안 검사   ② 치수 검사
③ 자력 검사   ④ 파괴 검사

8. 항공기 검사 방법 중 보어 스코프 검사(bore scope inspection)가 주로 사용되는 곳은?

① 착륙장치   ② 기관
③ 조종면   ④ 계기

9. 보어 스코프(bore scope)의 주된 용도는?

① 외부 결함의 관찰
② 내부 결함의 관찰
③ 외부의 측정
④ 내부의 측정

10. 다음 중 보어 스코프 검사 시기로 적절하지 않은 것은?

① 시동 시 과열 시동되었을 때
② 항공기에서 주기적으로 기관 내부를 검사할 때
③ 이물질(FOD)이 기관 흡입구로 빨려 들어갈 때
④ 14시간 이상의 장거리 비행 후 기관 배기부를 점검할 때

정답 ● **1.** ③ **2.** ① **3.** ③ **4.** ④ **5.** ④ **6.** ④ **7.** ① **8.** ② **9.** ② **10.** ④

11. 기관 압축기 내부 등과 같이 직접 눈으로 볼 수 없는 곳을 광섬유를 이용해서 검사하는 육안 검사 방법은?

① XRD 검사
② 방사선 검사
③ 분광 오일 분석 검사
④ 보어 스코프 검사

12. 다음 육안 검사 시 사용되는 보어 스코프 중 거꾸로 비추어 뒤쪽을 볼 수 있는 것은?

① direct-vision bore scope
② right angle bore scope
③ retrospective bore scope
④ forward oblique bore scope

해설 육안 검사

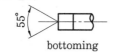

bottoming

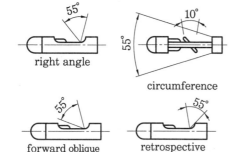

right angle   circumference

forward oblique   retrospective

13. 다음 중 육안 검사로 발견할 수 없는 결함은 어느 것인가?

① 찍힘(nick)   ② 응력(stress)
③ 부식(corrosion)   ④ 소손(burning)

14. 다음 중 기관 검사의 방법이 아닌 것은?

① 육안 검사
② 온도 검사
③ 치수 검사
④ 윤활유 분광 시험 검사

15. 항공기 육안 검사 후 고온부에 발견된 결함의 식별 표시를 위해 사용 가능한 것은?

① 납 염색
② 탄소 염색
③ 특수 레이아웃 염색
④ 아연 염색

16. 항공기 고온부 부품의 육안 검사 후 발견된 결함(부품에서 수리해야 할 부분)을 표시할 때 사용 가능한 것은?

① 흑연 연필
② 납 연필
③ 탄소 연필
④ 펠트팁(felt-tip) 기구

정답 **11.** ④　**12.** ③　**13.** ②　**14.** ②　**15.** ③　**16.** ④

(2) 침투 탐상 검사

피검사물 표면의 결함에 유기형광체를 녹인 유성 용제를 침투시켜 이것을 자외선으로 발광시킴으로써 결함을 검사한다.

① 특징
  ㈎ 육안 검사로 발견할 수 없는 작은 균열이나 결함 등을 검사할 수 있다.
  ㈏ 검사 비용이 적게 든다.
  ㈐ 금속, 비금속의 표면 검사에 적용된다.
  ㈑ 주물과 같이 거친 가공성 표면의 검사에는 적합하지 않다.

② 검사 절차 : 전처리 → 침투 처리 → 세정 처리 → 현상 처리 → 관찰

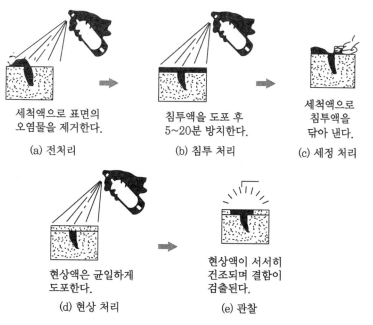

(a) 전처리
세척액으로 표면의 오염물을 제거한다.

(b) 침투 처리
침투액을 도포 후 5~20분 방치한다.

(c) 세정 처리
세척액으로 침투액을 닦아 낸다.

(d) 현상 처리
현상액은 균일하게 도포한다.

(e) 관찰
현상액이 서서히 건조되며 결함이 검출된다.

침투 탐상 검사 절차

③ 검사의 종류

㉮ 염색 침투(dye penetrant) 탐상 검사

㉯ 형광 침투 탐상 검사

예상문제

1. 침투 탐상 시험의 특성에 대한 설명으로 틀린 것은?

① 큰 부품의 일부분씩을 탐상할 수 있는 방법이다.

② 표면의 개구(開口) 결함을 찾는 데 효과적인 방법이다.

③ 불연속 또는 균열의 깊이를 정확하게 측정할 수 있는 방법이다.

④ 침투 물질의 종류나 적용 방법에 따라 민감도가 변할 수 있다.

[해설] 침투 탐상 검사 : 육안 검사로 발견할 수 없는 작은 균열이나 결함 등을 발견한다. 대부분 항공기 재료에 제한 없이 쓸 수 있고 어떤 형태의 구조이든 결함 상태를 상세히 나타낸다. 이 검사 방법은 시험편의 불연속이 있는 부분을 파고드는 침투액의 성질에 좌우되므로 표면 검사에 적합하다.

2. 다음 중 액체 침투 탐상 검사에 대한 설명으로 틀린 것은?

① 표면을 자화시켜야 한다.

② 침투액과 현상액을 사용한다.

③ 자외선 탐사등(black light)을 사용할 수도 있다.

④ 표면을 깨끗이 세척하고 페인트를 벗겨 내야 한다.

정답 ► **1.** ③ **2.** ①

3. 비파괴 검사 방법 중 표면에 열린 결함만 검출할 수 있는 것은?

① 침투 탐상 검사   ② 와전류 탐상 검사
③ 자분 탐상 검사   ④ 초음파 탐상 검사

4. 다음 중 침투 탐상 검사로 검사할 수 있는 것은?

① 자화 정도   ② 국부 응력
③ 표면 균열   ④ 내부 균열

해설 침투 탐상 검사 : 금속, 비금속의 표면에서 육안 검사로 발견할 수 없는 작은 균열이나 결함 등을 발견한다.

5. 다음 중 항공기 금속 부품 표면에 발생한 균열을 탐지하기 위해 간편하고 효과적으로 사용할 수 있는 비파괴 검사법은?

① 초음파 탐상 검사   ② X-ray 검사
③ 와전류 탐상 검사   ④ 색조 침투 검사

6. 표면의 검사나 표면 바로 밑에서 바깥으로 갈라진 불연속면에 특정 액체를 스미게 하여 결함을 발견하는 비파괴 검사법은?

① 와전류 탐상검사   ② 자분 탐상 검사
③ 방사선 투과검사   ④ 침투 탐상 검사

7. 다음 중 비자성체의 표면 균열을 탐지할 수 있는 비파괴 검사법은?

① 자분 탐상 검사   ② 초음파 탐상 검사
③ 침투 탐상 검사   ④ 방사선 투과 검사

8. 재질에 관계없이 모든 부품에 적용할 수 있으며, 특히 표면 결함 검사가 용이한 검사 방법은?

① 자분 탐상 검사
② 형광 침투 탐상 검사
③ 초음파 탐상 검사
④ 방사성 동위 원소 검사

9. 세라믹, 플라스틱, 고무로 된 항공기 재료를 검사할 때 가장 적절한 비파괴 검사는?

① 자분 탐상 검사
② 색조 침투 탐상 검사
③ 와전류 탐상 검사
④ 자기 탐상 검사

해설 침투 탐상 검사 : 금속, 비금속 표면 결함 검사에 적용되고, 검사 비용이 적게 든다.

10. 밝은 장소라면 실내, 실외에 관계없이 시험을 할 수 있는 침투 탐상 검사는?

① 형광 침투 탐상 검사
② 염색 침투 탐상 검사
③ 와전류 침투 탐상 검사
④ 자분 침투 탐상 검사

11. 다음 중 표면 결함의 검사가 주목적인 것은 어느 것인가?

① 인장시험 검사
② 방사선 탐상 검사
③ 형광 침투 검사
④ 초음파 탐상 검사

12. 염색 침투 검사(dye penetrant inspection)로는 재료의 무엇을 점검하는가?

① 자화   ② 비자화
③ 표면 균열   ④ 내부 균열

13. 형광 침투 검사에 대한 [보기]의 작업을 순서대로 나열한 것은?

┤ 보기 ├
⊙ 침투   ⓒ 현상   ⓒ 검사   ② 세척
ⓜ 사전 처리   ⓗ 유화 처리   ⊗ 건조

① ⓜ-ⓗ-②-⊗-⊙-ⓒ-ⓒ
② ⓜ-②-⊗-ⓗ-⊙-ⓒ-ⓒ
③ ⓜ-⊙-②-⊗-ⓗ-ⓒ-ⓒ
④ ⓜ-⊙-ⓗ-②-⊗-ⓒ-ⓒ

해설 침투 탐상 검사 절차 : 사전 처리 → 침투 처리 → 유화 처리 → 세정 처리 → 현상 처리 → 검사

14. 세척제, 침투제, 현상제 등이 검사에 이용되는 비파괴 검사법은?
① 자분 탐상 검사　② 육안 검사
③ 초음파 검사　④ 침투 탐상 검사

15. 형광 침투 검사에서 현상제를 사용하는 주된 목적은?
① 표면을 건조시키기 위해
② 유화제의 잔량을 흡수하기 위해
③ 침투제의 침투능력을 향상시키기 위해
④ 결함 속에 침투된 침투제를 빨아내어 결함을 나타내기 위해

16. 다음 중 색조 침투 탐상 검사(dye penetrant inspection) 시 사용하는 탐상제와 가장 거리가 먼 것은?
① 세척제　② 현상제
③ 인화제　④ 침투제

17. 다음 중 다이 페네트란트(dye penetrant) 검사의 절차에 해당되지 않는 것은?
① 전처리　② 침투
③ 현상　④ 현미경 투시

18. 다음 중 수세성 형광 침투 검사에서 기름 성분의 침투제를 물로 세척할 수 있게 해주는 것은?
① 유화제　② 현상제
③ 염색제　④ 자화제

해설 유화제 : 계면활성제로 물과 기름같이 서로 섞이지 않고 함께 두었을 때 층이 분리되는 두 액체가 마치 섞여 있는 것처럼 만들어 준다. 하지만 완전히 섞이는 것은 아니다. 섞인 것과 비슷한 기능을 하게 만드는 것이기 때문에 이 상태를 따로 에멀션이라고 한다.

19. 수세성 형광 침투 검사에서 유제(emulsifier)의 기능으로 가장 올바른 것은?
① 하위 결함 지시를 제거하여 준다.
② 침투제를 물로 세척할 수 있게 해준다.
③ 현상제의 흡입 작용을 도와준다.
④ 침투제의 침투 능력을 증대시켜 준다.

정답 　**14.** ④　**15.** ④　**16.** ③　**17.** ④　**18.** ①　**19.** ②

(3) 자분 탐상 검사

금속 재료를 자화시키고, 미세한 자분을 그 위에 뿌리면 결함이 있는 장소에 자분이 집중하는 것을 이용하여 강자성체의 표면 또는 바로 밑의 균열을 검사한다.

① 특징
　㈎ 재료의 피로 균열 등과 같이 표면 결함 및 표면 바로 밑 결함을 발견하기 쉽다.
　㈏ 검사비가 저렴하며, 검사원의 높은 숙련이 필요하지 않다
　㈐ 비자성체에는 사용할 수 없고 강자성체에만 적용할 수 있다.
　㈑ 미세하고 얇은 결함은 건식법보다 습식법이 우수하다.

② 검사 방법
　㈎ 결함이 있는 곳에 90° 각도의 자력선을 유도한다.
　㈏ 자기장의 방향은 플레밍의 오른손 법칙과 일치한다.
　㈐ 자화 방법은 시험품의 형상이나 예상되는 결함에 따라 선택된다.

㈜ 결함 방향을 예측할 수 없으므로, 서로 직각인 자화가 얻어지는 자화 방법을 조합하여 사용한다.

㈐ 선형 자화 : 코일법, 요크법,

㈑ 원형 자화 : 축통전법, 프로드(prod)법, 전류관통법

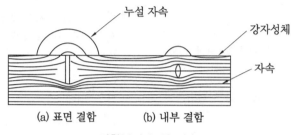

결함부의 누설 자속

③ 검사 절차 : 전처리(분해, 세척) → 자화 → 자분의 적용 → 검사 → 탈자 → 후처리(세척, 조립)

(4) 와전류(eddy current) 검사

전자 유도를 이용한 방법으로 코일에 교류 전류를 흘려 이것을 금속 표면에 접근시키면 금속 재료 중에 와전류가 흐르고, 결함 부위의 전류 변화를 관찰하여 결함을 검출한다.

① 특징

㈎ 검사 결과가 직접 전기적 출력으로 얻어지므로, 형상이 간단한 시험체에 대해서 자동화 검사가 가능하다.

㈏ 검사 속도가 빠르고, 검사 비용이 싸다.

㈐ 표면 및 표면 부근의 결함을 검출하는 데 적합하다.

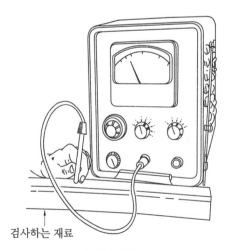

와전류 검사

(5) 초음파 검사

고주파 음속 파장을 피검사부에 보내어 통과 또는 반사 에코(echo)를 모니터에 표시하여 내부 상황을 검사하는 방법으로 기관 부품, 착륙장치 장착 부위의 기체 구조 등의 검사에 이용된다.

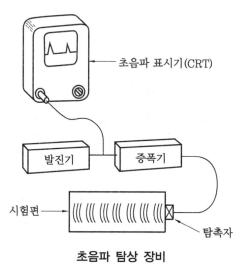

초음파 탐상 장비

① 특징
  ⑺ 소모품이 거의 없어 검사비가 싸다.
  ⑻ 균열과 같이 평면적인 결함 검사에 적합하다.
  ㈐ 검사 대상물의 한쪽 면만 노출되면 검사가 가능하다.
  ㈑ 판독이 객관적이다.
  ㈒ 재료의 표면상태 및 잔류응력에 영향을 받는다.
② 검사 위치 : 항공기의 파스너 결합부나 파스너 구멍 주변의 의심나는 부위를 검사한다.
③ 검사 방법
  ⑺ 수직 탐상법 : 초음파를 수직 탐촉자를 사용하여 직각으로 투과시켜서 검사하는 방법
  ⑻ 사각 탐상법 : 초음파를 사각으로 투과할 수 있는 사각 탐촉자를 사용하여 검사하는 방법

(6) 방사선 투과 검사

피검사체에 방사선을 조사하여 투과시켜 필름 또는 모니터에 비치게 함으로써 내부 결함을 검사하는 방법으로 기체 구조부에 쉽게 접근할 수 없는 곳이나 결함 가능성이 있는 구조 부분을 검사하는 데 사용한다.
① 특징
  ⑺ 항공기 구역에 따라 촬영시간과 방법 등을 정확히 적용함으로써 좋은 검사 결과를 얻을 수 있다.
  ⑻ 금속, 비금속 등 거의 모든 재질을 검사할 수 있다.

㉰ 검사 결과를 필름으로 영구적인 기록으로 남길 수 있다.

㉲ 검사 비용이 많이 들고, 방사선의 위험이 있다.

㉳ 제품의 형상이 복잡한 경우 검사가 어렵다.

② 방사선의 종류 : X선, 감마선, 중성자선

③ 방사선 투과 검사의 절차 : 필름 → 노출 → 현상 → 정지욕 → 정착 → 물세척 → 약품 용액 처리 → 건조

예상문제

1. 다음 중 자분 탐상 검사의 특징이 아닌 것은 어느 것인가?

① 강자성체에 적용된다.

② 자동화 검사가 가능하다.

③ 표면 결함 탐지에 사용된다.

④ 검사원의 높은 숙련도가 필요 없다.

2. 다음 중 자분 탐상 검사 시 자력선이 가장 쉽게 통과하는 재료는?

① 구리　　　　② 철

③ 티타늄　　　④ 알루미늄

3. 다음 중 피로 균열 등과 같이 표면 결함 및 표면 바로 밑의 결함을 발견하는 데 효과적이며 높은 숙련도를 지닌 검사원이 필요 없고, 강자성체에만 적용될 수 있는 비파괴 검사 방법은?

① 자분 탐상 검사　② 형광 침투 검사

③ 염색 침투 검사　④ 와전류 탐상 검사

4. [보기]와 같은 방법을 사용하는 비파괴 검사법은?

┤ 보기 ├
- 축통전법　・프로드법　・코일법
- 전류관통법　・요크법

① 방사선 검사　　② 자분 탐상 검사

③ 초음파 검사　　④ 침투 탐상 검사

5. 자분 탐상 검사에 대한 설명 내용 중 가장 올바른 것은?

① 미세한 균열 검사에는 건식 자분이 좋다.

② 비자성체에도 적용 가능하다.

③ 탈자는 반드시 교류를 이용한다.

④ 검사 전 시험편 표면의 기름, 도료, 녹을 제거한다.

6. 다음 자분 탐상 검사에 대한 설명 중 틀린 것은?

① 결함 깊이를 측정하려면 90° 각도의 자력선을 유도한다.

② 자계의 방향은 일반적으로 오른손 법칙을 따른다.

③ 탈자 방법에는 직류 탈자와 교류 탈자가 있다.

④ 건식 자분은 일반적으로 거친 표면에 사용된다.

7. 코일에 교류 전류를 흘려 전자 유도를 이용하여 전류의 분포 변화를 관찰함으로써 결함을 발견하는 비파괴 검사법은?

① 침투 탐상 검사　② 와전류 탐상 검사

③ 자분 탐상 검사　④ 방사선 투과 검사

8. 와전류 탐상 검사의 특징에 대한 설명 중 가장 관계가 먼 내용은?

① 검사 표면으로부터 깊은 곳의 검사가 곤란하다.
② 형상이 간단한 검사물은 고속 자동화 시험이 가능하다.
③ 표면 결함에 대한 검출 감도가 좋다.
④ 투과된 사진상으로 보게 되므로 직관성이 있다.

9. 와전류 검사의 특성에 대한 설명 중 가장 관계가 먼 내용은?
① 검사의 자동화가 가능하다.
② 비전도성 물체에는 적용할 수 없다.
③ 표면 결함에 대한 검출 감도가 좋다.
④ 표면 아래의 깊은 위치에 있는 결함의 검출을 쉽게 할 수 있다.

10. 검사 경비가 저렴하고 표면 검사 능력이 우수하여 형상이 간단한 제품의 고속 자동화 검사가 가능한 검사 방법은?
① X-Ray 검사   ② 초음파 검사
③ 와전류 검사   ④ 침투 탐상 검사

11. 항공기의 주요 부품 등의 검출이 곤란한 구멍 안쪽의 균열, 시험편 속의 불순물, 도금 두께 등을 검사하는 데 가장 많이 사용되는 비파괴 검사 방법은?
① 방사선 검사   ② 자분 탐상 검사
③ 와전류 검사   ④ 침투 탐상 검사

해설 와전류 검사 : 변화하는 자기장 내에 도체를 놓았을 때 도체 표면에 발생하는 와전류를 이용하는 검사로서, 시험편에 유기되는 와전류는 불순물의 선별, 열처리 상태, 치수, 변화, 흠의 유무, 도금 두께의 계측 등을 할 수 있다.

12. 다음 중 항공기 표피(skin)와 같이 얇은 판재의 균열을 검사할 때 자동화가 가능하고 표면 결함에 대한 검출 감도가 가장 좋은 검사는 어느 것인가?
① 자분 탐상 검사
② 형광 침투 검사
③ 염색 침투 검사
④ 와전류 탐상 검사

13. 다음 중 부품의 불연속을 찾아내는 방법으로서 고주파 음속 파장을 사용하는 비파괴 검사는?
① 자기 탐상 검사
② 초음파 탐상 검사
③ 형광 침투 탐상 검사
④ 와전류 탐상 검사

14. 사람이 들을 수 있는 주파수 이상의 파를 피검사물에 보내어 통과 또는 반사 에코를 모니터에 표시하는 검사 방법은?
① 인장 시험 검사
② 방사선 투과 검사
③ 형광 침투 탐상 검사
④ 초음파 탐상 검사

15. 다음 중 초음파 검사에 대한 설명으로 틀린 것은?
① 고주파 음속 파장을 이용한다.
② 검사 부위의 페인트는 음파를 흡수하므로 검사 전 제거해야 한다.
③ 결함의 종류 판단에 고도의 숙련이 필요하다.
④ 검사 대상 재료의 조직이 미세하면 검사 가능 두께는 작아진다.

16. 다음 중 초음파 탐상 검사 시 필요한 장비가 아닌 것은?
① 초음파 발생장치
② 트랜스듀서(transducer)
③ 블랙 라이트(black light)
④ 오실로스코프(oscilloscope)

17. X선이나 감마선 등과 같은 방사선이 공간이나 물체를 투과하는 성질을 이용한 비파괴 검사는?

① 와전류 탐상 검사
② 초음파 탐상 검사
③ 방사선 투과 검사
④ 자분 탐상 검사

해설 방사선 투과 검사에 사용되는 방사선의 종류에는 X선, 감마선, 중성자선 등이 있으며, 항공기 기체 검사에 가장 많이 사용되는 것은 X선이다.

18. 영상을 통해 보여지는 주물, 단조, 용접 부품 등의 내부 균열을 탐지하는 데 특히 효과적인 비파괴 검사 방법은?

① X-Ray 검사
② 초음파 탐상검사
③ 자분 탐상 검사
④ 액체 침투 탐상 검사

19. 항공기 날개의 내부 구조를 검사하는 데 필름을 이용하여 결과를 표시하는 비파괴 검사 방법은?

① 자분 탐상 검사
② 와전류 검사
③ 형광 침투 검사
④ 방사선 투과 검사

20. 비파괴 검사법 중 피폭 안전에 철저한 관리가 요구되는 검사법은?

① 침투 탐상 검사
② 와전류 검사
③ 자분 탐상 검사
④ 방사선 투과 검사

21. 다음의 비파괴 검사 방법 중에서 검출하기

쉬운 결함 방향에 대한 설명으로 틀린 것은?

① 자분 탐상 검사 : 자속과 직각 방향
② 초음파 검사 : 초음파 진행 방향과 평행한 방향
③ 와전류 검사 : 소용돌이 전류 흐름을 차단하는 방향
④ 방사선 검사 : 방사선 진행 방향과 평행한 방향

해설 비파괴 검사의 검출하기 쉬운 방향
• 육안 검사 : 전 방향
• 침투 탐상 검사 : 전 방향
• 자분 탐상 검사 : 자속과 직각 방향
• 와전류 검사 : 소용돌이 전류 흐름을 차단하는 방향
• 초음파 검사 : 초음파의 진행 방향에 직각인 방향
• 방사선 투과 검사 : 방사선의 진행 방향에 평행한 방향

22. 금속을 두드려서 나오는 음향으로 결함을 검사하는 방법은?

① 타진법　　　　② 가압법
③ 침지법　　　　④ 초음파법

23. 다음 중 코인 태핑 검사에 대한 설명으로 틀린 것은?

① 동전으로 두드려 소리로 결함을 찾는 검사이다.
② 허니콤 구조 검사를 하는 가장 간단한 검사이다.
③ 숙련된 기술이 필요 없으며 정밀한 장비가 필요하다.
④ 허니콤 구조에서는 스킨 분리(skin delamination) 결함을 점검할 수 있다.

해설 코인 태핑 검사(coin tap test)는 가벼운 해머, 동전 등으로 표면을 가볍게 두드려서 소리의 차이로 접착 부분의 이완이나 갈라짐의 여부를 확인하는 검사이다.

정답 ● 17. ③　18. ①　19. ④　20. ④　21. ②　22. ①　23. ③

CHAPTER 05 지상 안전 및 지원

5-1 항공기의 지상 안전

(1) 지상 안전 개요

① 지상 안전의 목적 : 항공기 정비 작업 중에 발생할 수 있는 모든 지상 안전 사고의 예방에 대한 대책을 수립하고, 정비 작업자가 작업 중에 안전 수칙을 충실히 준수할 수 있도록 안전 교육을 실시하여, 지상 안전 사고를 최소화하며 인명 및 물적 손실을 방지하는 데 있다.

② 사고 예방 안전 수칙 : 작업장의 정리 정돈, 안전 수칙의 이행, 보호 장구의 착용, 작업자들 간의 긴밀한 협조, 장비, 기기 등의 조작 시 규정과 절차 준수, 철저한 안전 점검

③ 안전에 대한 책임 : 모든 작업자에게 있다.

(2) 감독자의 책임

① 사고를 방지하기 위하여 작업자에게 작업 절차, 작업 규칙 및 장비와 기기의 취급에 대한 교육을 실시한다.

② 각종 재해에 대한 예방 조치를 해야 하고, 필요한 안전 시설의 설치 및 작업자의 작업 상태 등을 점검하여 위험하거나 사고의 우려가 있는 상태에 대한 수정 조치를 해야 한다.

(3) 작업자의 책임

① 반드시 규정과 절차를 준수하여 작업을 한다.

② 보호 장구의 착용이 필요한 작업 시 보호 장구를 착용한다.

③ 작업장의 상태를 청결히 하고 정리 정돈하여 사고 잠재 요인을 미리 제거한다.

(4) 사고 방지

① 사고 원인

㈎ 사람의 불안전한 행위 : 88 %

㉎ 작업자의 능력 부족, 주의력 집중의 산만, 불안정한 습관, 신체적·정신적 부적합, 규칙, 질서 및 규정의 무시, 작업 지시에 대한 결함 등

㈏ 불안전한 상태 : 10 %

㉎ 기기·기구의 자체 결함, 방호 조치의 결함, 보호구·복장 등의 결함, 작업 환경의 결함, 작업 방법의 결함 등

㈐ 불가항력 : 2 %

② 사고 결과 : 사고 중 98 %가 인적 요인 및 물리적 요인에 의한 사고이다.

예상문제

1. 안전 관리의 목적으로 틀린 것은?
① 산업 재해 예방   ② 재산의 보호
③ 사회적 신뢰도 향상 ④ 책임자 규명

2. 항공기 지상 안전에 대한 설명으로 가장 관계가 먼 내용은?
① 항공기를 운항할 때 조종에 관계되는 사고를 방지하고 예방하는 것
② 지상에서 고압가스를 취급할 경우 사고 방지에 유의하는 것
③ 겨울철에 지상에서 항공기를 취급할 경우 사고 방지에 유의하는 것
④ 항공기 정비 작업 시에 발생할 수 있는 각종 위험에 대비하여 사고를 방지하고 예방하는 것

3. 다음 중 작업 감독자의 책임이 아닌 것은 어느 것인가?
① 작업자의 작업 상태 점검
② 시설, 장비 및 환경의 투자
③ 각종 재해에 대한 예방 조치
④ 작업 절차, 장비와 기기의 취급에 대한 교육 실시

4. 항공기 정비 작업의 산업 재해에서 작업자의 책임으로 가장 거리가 먼 내용은?
① 규정과 절차의 준수
② 안전 시설의 관리
③ 보호 장구 착용
④ 사고 잠재 요인 제거

5. 지상 점검 시 작업자가 지켜야 할 사항으로 틀린 것은?

① 작업 시에는 규정보다 작업자의 능력에 따라 작업을 수행해야 한다.
② 작업장의 상태를 청결히 하고 정리·정돈하여 사고의 잠재 요인을 제거하도록 한다.
③ 작업 시 보호 장구가 필요할 때에는 반드시 보호 장구를 착용해야 한다.
④ 보다 안전하고 능률적인 작업 수행을 위하여 모든 작업자들은 서로 협조하고 조언해야 한다.

6. 발생되는 사고가 불안전한 상태에 해당되지 않는 것은?
① 물리적 위험 상태
② 정돈 불량
③ 건물 상태의 불안전
④ 주위 집중 산만

7. 불안전한 상태에서 발생되는 사고 원인으로 가장 관계가 먼 것은?
① 작업 상태의 불량
② 불안전한 습관
③ 건물 상태의 불안전
④ 정돈 불량

8. 불안전한 행위로 발생되는 사고와 거리가 먼 것은?
① 지시상의 결함
② 정돈 불량
③ 작업자의 능력 부족
④ 규칙, 절차 무시

9. 불안전한 행위로 발생되는 사고와 가장 거리가 먼 것은?

정답 ▶── **1.** ④ **2.** ① **3.** ② **4.** ② **5.** ① **6.** ④ **7.** ② **8.** ② **9.** ①

① 물리적 위험 상태 　② 피로한 상태
③ 작업자의 능력 부족 　④ 불안전한 습관

10. 사고 예방 대책의 기본 원리 5단계 중 제2단계인 "사실의 발견"에서의 조치 사항이 아닌 것은?

① 기술 개선 　　　② 작업공정분석
③ 자료 수집 　　　④ 점검·조사 실시

해설 사고 예방 대책의 기본 원리 5단계(사고 방지 원리)
　• 1단계(안전 관리 조직) : 안전 관리 조직을 구성, 계획을 수립하고 전문적 기술을 가진 조직을 통해 안전 활동 수립
　• 2단계(사실의 발견) : 위험에 처한 사실의 파악과 이를 실천하는 전문 지식과 능력의 확보 단계로서 각종 사고 기록 검토, 작업

방법 분석, 안전 점검 및 안전 진단, 안전 회의, 여론 조사, 근로자의 건의 사항을 통하여 사실을 파악한다.
　• 3단계(분석 평가)
　• 4단계(시정 방법의 선정)
　• 5단계(시정책의 적용)

11. 안전 사고 방지의 수립 5단계 중 제1단계는 무엇인가?

① 계획 　　　　② 사실 발견
③ 분석 　　　　④ 시정 방법의 선정

12. 신체가 받는 위험성이 최소가 되도록 노동 환경을 조성하는 것을 무엇이라 하는가?

① 자연공학 　　　② 인체공학
③ 안전공학 　　　④ 기계공학

정답 ● ● **10.** ① 　**11.** ① 　**12.** ③

(5) 기관 작동 시 안전

[제트 기관 지상 시운전]
① 반드시 지정된 순서에 따라 실시한다.
② 제트 기관의 작동 중 앞쪽 60 m, 뒤쪽 150 m 이내에는 이유 없는 접근을 금지한다.
③ 제트 기관의 흡입구에서 10 m 이내는 극히 위험한 지역이다.
④ 소음으로 인한 청력의 손상 우려가 있으므로 반드시 귀마개를 착용한다.
⑤ 기관 회전이 100 % 회전수로 작동할 때는 어떠한 경우라도 접근해서는 안 된다.
⑥ 시동 전 주위의 모든 불순물을 제거하고 시동한다.

(6) 항공기 급유 및 배유 시 안전

① 3점 접지를 통해 정전기를 방전시켜 화재를 예방한다.
　• 3접 접지 : 항공기와 연료차, 항공기와 지면, 연료차와 지면
② 지정된 위치에 20 kg 이상의 이산화탄소(CO_2) 소화기 또는 40 kg 이상의 분말 소화기를 비치하고, 감시 요원을 반드시 배치해야 하며, 15 m(50 ft) 이내에서는 담배를 피우거나 인화성 물질을 취급해서는 안 된다.
③ 급유는 승객이 탑승 전 완료해야 하며, 승객 대기 중 불가피하게 급유를 하는 경우에는 사전에 안전 조치를 취한 후에 급유를 해야 한다.
④ 연료 차량은 항공기와 충분한 거리를 유지해야 하며, 번개가 치는 날씨에는 연료를 보급하거나 배출해서는 안 된다.
⑤ 항공기 무선 설비가 작동 중일 때에는 100 m 이내에서 급유 또는 배유를 해서는 안 된다.

(7) 고압가스 취급 시 안전

① 항공기에 이용되는 고압가스에는 산소, 질소 등이 있다.

② 산소 자체는 가연성 물질은 아니지만 다른 인화성 물질의 연소 촉진 작용을 한다.

③ 산소는 인화성 가스와 혼합하면 폭발성이 크고, 특히 고압으로 압축된 액체 산소는 더욱 위험하다.

④ 산소 취급 시 반드시 유자격자가 취급해야 한다.

⑤ 급유, 배유 또는 점화의 근원이 되는 정비 작업을 하는 동안 산소 계통 작업을 해서는 안 된다.

(8) 히드라진 취급 시 안전사항

① 히드라진은 항공기 조종 계통의 작동을 위한 비상동력원으로 사용한다.

② 히드라진 취급 시 유자격자가 취급해야 한다.

③ 히드라진은 인체 발암성이 높으며, 호흡기, 피부 등에 영향을 미칠 수 있는 유독성 물질로 피부에 묻으면 물로 씻고 의사의 진찰을 받는다.

④ 환기가 잘 되도록 한다.

(9) 소음에 대한 안전 : 2년에 한 번씩 청력 검사를 실시한다.

[귀마개의 종류]

① 제 1 종 귀마개는 저음부터 고음까지 차단한다.

② 제 2 종 귀마개는 고음만 차단한다.

(10) 항공기 주기 시 안전

① 주위를 깨끗이 한다.

② 겨울에는 눈이나 얼음을 제거한다.

③ 비행 조종 계통은 중립 상태에 고정한다.

④ 기관 흡입구나 배기구 및 피토관은 덮개로 씌워 놓는다.

⑤ 휠 촉(wheel chock)을 괸다.

⑥ 항공기를 접지시킨다.

예상문제

1. 항공기의 지상 취급 시 작업자가 취해야 할 안전 사항으로 적절하지 않은 것은?

① 작업 시 반드시 규정과 절차를 준수해야 한다.

② 가스터빈 기관 작동 중 지정된 위치에 안전 요원을 배치해야 한다.

③ 작업장의 상태를 청결히 하고 정리 정돈하여 사고의 잠재 요인을 제거하도록 노력한다.

④ 가스터빈 기관 작동 중 기관 배기부의 위험구역보다 기관 흡입구의 위험구역이 더 크다.

정답 → **1.** ④

2. 접지의 목적에 대한 설명으로 가장 올바른 것은?

① 정전기의 축적을 막는다.
② 정전기를 축적시킨다.
③ 번개의 위험을 벗어나기 위한 작업이다.
④ 모든 항공기에는 접지장치가 별도로 있다.

3. 항공기 급유 및 배유 시에는 반드시 3점 접지를 하는데 다음 중 3점 접지에 해당되지 않는 것은?

① 항공기와 연료차　② 항공기와 지면
③ 연료차와 지면　　④ 항공기와 작업자

해설 3점 접지 : 항공기, 연료차, 지면

4. 정전기로 인한 화재 예방을 위해 실시하는 3점 접지점을 옳게 나열한 것은?

① 항공기, 주날개, 지면
② 항공기, 연료차, 지면
③ 연료차, 지면, 운전자
④ 항공기, 연료차, 타이어

5. 다음에서 격납고 내의 항공기에 배유 작업이나 정비 작업 중 접지(ground)점을 모두 골라 나열한 것은?

> 항공기 기체, 연료차, 지면, 작업자

① 연료차, 지면
② 항공기 기체, 작업자
③ 항공기 기체, 연료차, 지면
④ 항공기 기체, 연료차, 지면, 작업자

6. 다음 중 항공기가 격납고 내에 있는 동안이나 연료 급유와 배유 작업 및 항공기의 정비 작업 중에 반드시 행하여야 할 사항은?

① 받침대의 점검
② 접지
③ 견인장비의 점검

④ 전기기기의 점검

7. 항공기 급유 및 배유 시 안전 사항에 대한 설명으로 옳은 것은?

① 작업장 주변에서 담배를 피우거나 인화성 물질을 취급해서는 안 된다.
② 사전에 안전 조치를 취하더라도 승객 대기 중 급유해서는 안 된다.
③ 자동 제어 시스템이 설치된 항공기에 한하여 감시 요원 배치를 생략할 수 있다.
④ 3점 접지 시 안전 조치 후 항공기와 연료차의 연결은 생략할 수 있지만 각각에 대한 지면과의 연결은 생략할 수 없다.

8. 항공기 급유 및 배유 시의 안전 사항에 관한 설명으로 틀린 것은?

① 3점 접지는 급유 중 정전기로 인한 화재를 예방하기 위한 것이다.
② 연료 차량은 항공기와 충분한 거리를 유지하였으면 3점 접지를 생략한다.
③ 급유 및 배유 장소로부터 일정 거리 내에서 흡연이나 인화성 물질을 취급해서는 안 된다.
④ 3점 접지란 항공기와 연료차, 항공기와 지면, 지면과 연료차의 접지를 말한다.

9. 다음과 같은 상황에서 조치해야 할 내용 중 가장 올바른 것은?

> 주기 항공기의 연료 탱크에 연료를 보급하다가 날개 위에 연료를 흘렸다. 이때 갑자기 날씨가 추워지고 눈이 내린다.

① 항공유이기 때문에 증발하므로 방치하여도 무방하다.
② 흘려진 연료를 마른 헝겊으로 닦는다.
③ glycol을 사용하지 않아도 된다.
④ 연료 흔적에 염산을 도포(spray)한다.

정답 ● 2. ① 3. ④ 4. ② 5. ③ 6. ② 7. ① 8. ② 9. ②

10. 항공기의 급유 및 배유 시 유의 사항으로 틀린 것은?

① 3점 접지를 해야 한다.
② 지정된 위치에 소화기를 배치해야 한다.
③ 지정된 위치에 감시 요원을 반드시 배치해야 한다.
④ 연료 차량은 항상 항공기와 최대한 가까운 거리에 두어 관리를 해야 한다.

11. 항공기 급유 또는 배유 시 화재와 관련된 안전 사항으로 틀린 것은?

① 지정된 위치에 일정 용량 이상의 소화기 또는 분말 소화기를 비치한다.
② 급유나 배유 시 일정 거리 이내에서 담배를 피우거나 인화성 물질을 취급해서는 안 된다.
③ 3점 접지에서 항공기와 연료차 사이는 안전 조치 후 연결을 생략할 수 있지만 지면과는 각각 연결되어야만 한다.
④ 항공기 무선설비가 작동 중일 때는 일정 거리 이내에서 급유 또는 배유를 해서는 안 된다.

12. 항공기 급유 시 3점 접지를 해야 하는 주된 이유는?

① 연료와 급유관의 마찰에 의한 열 방지
② 연료와 급유관과의 제한 범위 이탈 방지
③ 연료와 급유관과의 상대운동 진동 방지
④ 연료와 급유관과의 마찰에 의한 정전기 방지

13. 격납고 내의 항공기에 배유 작업이나 정비 작업 등의 접지(ground) 사항으로 가장 올바른 것은?

① 항공기 자체와 연료차, 항공기 자체와 지면, 연료차와 지면에 접지한다.
② 항공기 자체와 연료차, 항공기 자체의 지면을 접지한다.
③ 항공기 자체와 지면을 연결하여 접지한다.
④ 항공기 자체와 연료차를 연결하여 접지한다.

14. 항공기의 연료 보급에 대한 설명으로 옳은 것은?

① 항공기에서 배유 시 접지하지 않는다.
② 연료의 납성분 때문에 피부에 닿지 않도록 한다.
③ 안전을 고려하여 폐쇄된 장소에서 연료를 보급한다.
④ 항공기, 연료차 그리고 작업자 상호간에 접지시킨다.

15. 작업 중에 반드시 접지를 하지 않아도 되는 것은?

① 항공기 시운전   ② 연료의 배유 작업
③ 항공기 정비 작업   ④ 연료의 급유 작업

16. 산소 취급 시의 주의 사항으로 틀린 것은?

① 산소 자체는 가연성 물질이므로 폭발의 위험보다는 화재에 유의한다.
② 취급 장소 근처에서 인화성 물질을 취급해서는 안 된다.
③ 취급자의 의류와 공구에 유류가 묻어 있지 않도록 한다.
④ 액체 산소를 취급할 때는 동상에 걸릴 위험이 있으므로 주의한다.

17. 산소 취급 시에 주의해야 할 사항으로 틀린 것은?

① 산소를 보급하거나 취급 시 환기가 잘 되도록 한다.
② 액체 산소 취급 시 동상 예방을 위해 장갑, 앞치마 및 고무장화 등을 착용한다.
③ 취급 시 오일이나 그리스 등을 콕에 사용

하여 작업이 용이하도록 해야 한다.

④ 화재에 대비해 소화기를 항상 비치하고 일정 거리 이내에서 흡연이나 인화성 물질 취급을 금한다.

18. 산소 용기를 취급하거나 보급 시 주의해야 할 사항으로 틀린 것은?

① 화재에 대비하여 소화기를 배치한다.

② 산소 취급 장비, 공구 및 취급자의 의류 등에 유류가 묻어 있지 않도록 해야 한다.

③ 항공기 정비 시 행하는 주유, 배유, 산소 보급은 항상 동시에 이루어져야 한다.

④ 액체 산소를 취급할 때에는 동상에 걸릴 수 있으므로 반드시 보호 장구를 착용해야 한다.

19. 다음 중 고압가스 취급 시 안전사항으로 틀린 것은?

① 고압으로 압축된 액체 산소는 기체 산소보다 더욱 위험하다.

② 급유/배유 작업은 항공기 산소 계통 작업과 함께 한다.

③ 항공기 저압 산소 취급은 유자격자가 해야 한다.

④ 산소는 인화성 가스와 혼합하면 폭발의 위험성이 크다.

20. 다음 중 고압가스 취급 시 주의할 사항 중 틀린 것은?

① 충전 용기는 직사광선을 받지 않도록 조치한다.

② 충전 용기와 잔 가스 용기는 구분 없이 같이 보관한다.

③ 비어 있는 용기라도 충격을 받지 않도록 주의한다.

④ 용기 보관 장소에는 작업에 필요한 물건 외에는 두지 않는다.

21. 항공기의 비상 취급 및 안전에 관한 설명으로 틀린 것은?

① 항공기 가스터빈 기관의 지상 작동 시 흡·배기 지역의 접근을 피한다.

② 공항에는 항공기, 건물 등의 화재 발생에 대비하여 공항 소방대를 운영하고 있다.

③ 항공기 급유 시 일정 거리 이내에서 인화성 물질을 취급해서는 안 된다.

④ 산소로 이루어진 고압가스는 가연성 물질이 아니기 때문에 화재 및 폭발로부터 안전하다.

> **해설** 액체 산소 취급 시 인체에 노출되지 않도록 장갑, 앞치마, 고무장화 등을 착용하고, 취급 시 그리스나 오일 등에 혼합되면 폭발하므로 주의해야 한다.

22. 최신형 항공기 조종 계통의 비상작동을 위한 동력 공급원으로 이용하는 것은?

① 수소   ② 산소

③ 히드라진   ④ 할로겐

23. 항공기에 이용되는 고압가스 중 히드라진의 주된 용도는?

① 항공기의 화재 시 소화제로 사용

② 항공기가 고공비행 중 산소가 없을 때 산소 대용으로 사용

③ 항공기 조종 계통의 작동을 위한 비상 동력원으로 사용

④ 항공기의 독극물 취급 시 중화시키는 해독제로 사용

> **해설** 히드라진은 발연성이 높아 로켓의 연료로 사용되며, F-16 전투기의 EPU(Emergency Power Unit)의 연료로도 사용된다.

24. 다음 중 히드라진 취급에 관한 사항으로 틀린 것은?

① 유자격자가 취급해야 하고, 반드시 보호 장구를 착용해야 한다.

② 히드라진이 누설되었을 경우 불필요한 인원의 출입을 제한한다.

③ 히드라진이 항공기 기체에 묻었을 경우 즉시 마른 헝겊으로 닦아낸다.

④ 히드라진을 취급하다 부주의로 피부에 묻으면 즉시 물로 깨끗이 씻고, 의사의 진찰을 받아야 한다.

25. 귀 보호 장구 중 저음에서부터 고음까지 차음할 수 있는 귀마개는 몇 종인가?

① 제0종   ② 제1종

③ 제2종   ④ 제3종

해설 귀마개
- 1종 귀마개 : 저음에서 고음까지 차단
- 2종 귀마개 : 고음만 차단

26. 청력 상실 및 고막 파열의 정도가 될 수 있는 소음으로 옳은 것은?

① 25 dB(A)   ② 50 dB(A)

③ 80 dB(A)   ④ 150 dB(A)

해설 급성 음향 외상(acute acoustic trauma) : 100~150 dB의 아주 강한 소음에 짧은 기간의 노출에 의해 만들어지는 청각 손상

27. 1일 노출시간이 1시간일 경우 노출기준이 되는 소음 강도는 몇 dB(A)인가? (단, 충격소음은 제외한다.)

① 25   ② 50   ③ 80   ④ 105

해설 소음의 허용기준 (충격소음 제외)

1일 노출시간 (hr)	8	4	2	1	1/2	1/4
소음 강도 (dB)	90	95	100	105	110	115

28. 항공기 주기(parking) 시 항공기의 날개 조종 장치는 어디에 위치시켜야 하는가?

① 중립

② 위(full up)

③ 아래(full down)

④ 스포일러는 위(up), 플랩은 아래(down)

29. 항공기 주기 작업 시 안전 조치에 해당되지 않는 것은?

① 촉(chock)을 바퀴에 고인다.

② 모든 조종면을 중립 위치에 고정한다.

③ 기관 흡입구나 배기구 및 피토관 등에 덮개를 씌운다.

④ 항공기를 계류 로프로 지상에 고정하면 접지를 하지 않는다.

정답 ● 25. ②   26. ④   27. ④   28. ①   29. ④

5-2 항공기의 지상 취급

견인 작업(towing), 계류 작업(mooring), 호이스트 작업(hosting), 잭 작업(jacking), 지상 유도(marshalling) 등을 말한다.

(1) 항공기 견인(towing)

기관을 정지한 상태에서 항공기를 지상에서 이동시키는 작업이다.

① 견인 시 작업 구성원 : 견인 감독자, 조종실 감시자, 주변 감시자, 견인 차량 운전자

- 활주로 또는 유도로의 중심선을 따라 항공기를 견인할 때에는 감독자의 판단에 따라 주변 감시자를 배치하지 않아도 무방하다.

② 항공기 견인 시 안전

 　㉮ 견인에 앞서 견인할 부근에 장애물이 없는지를 확인한다.

 　㉯ 항공기를 견인하기 위해서는 바퀴 굄목(wheel chock)과 접지선을 항공기에서 제거한다.

 　㉰ 제동장치, 앞바퀴 조향장치, 항공기의 무게 및 평형 유지 등의 상태가 견인하기에 적절한지를 점검한다.

 　㉱ 견인 차량과 항공기와의 연결이 잘 되어 있는지, 안전장치 등이 확실히 있는지 확인한다.

 　㉲ 견인 시 유자격자가 운전을 해야 하고, 견인차에는 운전자 이외의 어떠한 사람도 탑승해서는 안 된다.

 　㉳ 지상 감시자는 항공기 날개의 양 끝 부근에 위치하여 견인이 끝날 때까지 견인 상태를 철저히 감시해야 한다.

 　㉴ 견인할 때는 규정 속도(시속 8 km)를 초과해서는 안 되며, 야간에 견인할 때에는 전방등과 항법등 외에도 필요한 조명장치를 해야 한다.

(2) 항공기의 활주(taxing)

① 승인된 조종사만이 가능하며 모든 활주 조작은 적합한 규정에 준하여 조작한다.

② 활주로(runway), 유도로(taxiway)를 활주할 때는 관제탑과 항공기 사이에 교신한다.

 　㉮ 활주로(runway) : 육상 공항에 항공기의 이륙과 착륙을 위해서 준비된 직사각형의 지역

 　㉯ 유도로(taxiway) : 항공기의 지상 활주를 위해 육지 비행장에 마련한 한정된 경로로서 비행장의 한쪽 끝과 다른 쪽 사이를 연결하며, 항공기 대기 유도로, 계류 유도로, 신속 이탈 유도로를 포함한다.

③ 항공기 기관이 정지할 때까지는 조종실에서 조작하는 사람이 주의를 기울여 사고 예방을 해야 한다.

④ 활주 신호를 하는 사람은 조종실에 있는 사람이 잘 볼 수 있도록 왼쪽 날개 끝 전방으로 충분한 위치에 있어야 한다.

⑤ 야간에는 등화봉을 사용하여 활주 신호를 하고, 긴급 정지 신호 시 "X"를 그려서 표시한다.

예상문제

1. 다음 중 항공기의 지상 취급 작업에 속하지 않는 것은?

 ① 견인 작업　 ② 세척 작업

 ③ 계류 작업　 ④ 지상 유도 작업

2. 항공기의 운항이나 정비를 목적으로 항공기를 지상에서 다루는 제반 작업에 포함되지 않는 것은?

 ① 연료 공급　 ② 계류 작업

정답 ➜ **1.** ②　**2.** ①

③ 견인 작업　　　　④ 지상 유도

3. 항공기의 지상 취급에 해당하지 않는 것은?
① 바퀴에 촉을 괴는 일
② 착륙장치에 안전핀을 꽂는 일
③ 항공기를 이동시키기 위하여 견인하는 일
④ 항공기의 수요에 따른 운항 노선을 결정하는 일

4. 항공기의 지상 취급 시 작업자가 취해야 할 안전 사항으로 적절하지 않은 것은?
① 작업 시 반드시 규정과 절차를 준수해야 한다.
② 작업 시 보호 장구가 필요할 때에는 반드시 보호 장구를 착용해야 한다.
③ 작업장 및 주위 환경보다는 자기가 하고 있는 작업에만 몰두한다.
④ 작업장의 상태를 청결히 하고 정리, 정돈하여 사고의 잠재 요인을 제거하도록 노력한다.

5. 항공기 견인 시 설명으로 옳은 것은?
① 항공기 견인 시 준비사항으로 반드시 항공기에 접지선을 접지한다.
② 견인 중에는 반드시 착륙장치(landing gear)에 지상 안전핀이 장탈되어야 한다.
③ 견인 속도의 규정 최대 속도는 견인차 운전자가 결정한다.
④ 야간에 견인할 때는 항법등 외에도 필요한 조명장치를 해야 한다.

6. 항공기 견인 시 지켜야 할 안전사항으로 틀린 것은?
① 견인할 부근과 장애물이 없는지 확인한다.
② 견인 차량과 항공기와의 연결 상태와 안전장치를 확인한다.
③ 견인차에는 운전자와 지상 감시자 이외의

어떤 사람도 탑승해서는 안 된다.
④ 견인 시 규정 속도를 초과해서는 안 되고, 야간 시는 필요한 조명장치를 해야 한다.

7. 항공기 견인 시 준수해야 할 안전사항으로 옳은 것은?
① 야간 견인 시 전방등 외의 조명은 소등한다.
② 견인 차량과 항공기와의 연결 상태를 확인한다.
③ 안전 사고 예방을 위해 견인차에 2인 이상 탑승한다.
④ 공항 내 교통상황을 고려하여 견인 시 최대한 빠른 속도로 이동한다.

8. 항공기 견인(towing) 시 주의해야 할 사항으로 옳은 것은?
① 항공기를 견인할 때에는 규정 속도를 초과해서는 안 된다.
② 견인차에는 견인 감독자가 함께 탑승하여 항공기를 견인해야 한다.
③ 항공사 직원이라면 누구나 견인 차량을 운전할 수 있다.
④ 지상 감시자는 항공기 동체의 전방에 위치하여 견인이 끝날 때까지 감시해야 한다.

9. 항공기 견인 시 주의 사항으로 틀린 것은?
① 항공기에 항법등과 충돌 방지등을 작동시킨다.
② 기어 다운 로크 핀(lock pin)들이 착륙장치에 꽂혀 있는지를 확인한다.
③ 항공기 견인 속도는 사람의 보행 속도를 초과해서는 안 된다.
④ 제동장치에 사용되는 유압압력은 제거되어야 한다.

10. 항공기의 견인 작업 시 필요한 구성원이 아닌 것은?

정답 → **3.** ④　**4.** ③　**5.** ④　**6.** ③　**7.** ②　**8.** ①　**9.** ④　**10.** ④

① 감독자   ② 조종실 감시자
③ 주변 감시자   ④ 지상 유도 신호원

해설 견인 시 작업 구성원 : 견인 감독자, 앞부분 감시자, 조종실 감시자, 양쪽 날개 감시자, 꼬리부분 감시자, 견인 차량 운전자

11. 항공기 견인 작업(towing)에 대한 설명이 아닌 것은?

① 견인 속도는 5 MPH를 초과해서는 안 된다.
② 항공기 견인 시 잭 포인트를 정확히 지정해야 한다.
③ 견인봉은 견인 차량으로부터 일단 분리하여 항공기에 장착한 다음, 다시 견인봉을 견인 차량에 연결한다.
④ 항공기의 유도선(taxing line)을 따라 견인할 때에는 감독자의 판단에 따라 주변 감시자를 배치하지 않아도 무방하다.

12. 항공기 견인 차량으로 항공기 견인 시 제한 속도는?

① 최대 5 km/h이다.   ② 최대 8 km/h이다.
③ 최대 10 km/h이다.   ④ 최대 15 km/h이다.

13. 항공기를 활주로나 유도로 상에서 견인할 때 유도선을 따라 견인하게 되는데, 이때 유도선(taxing line)은 일반적으로 어떤 색인가?

① 검정색   ② 녹색
③ 황색   ④ 흰색

14. 항공기의 지상 활주를 위해 육지 비행장에 마련한 한정된 경로는?

① 유도로   ② 활주로
③ 비상로   ④ 계류로

15. 다음 중 항공기의 지상 활주 시 주의 사항으로 틀린 것은?

① 관제탑과 교신하면서 실시한다.
② 기관이 정지할 때까지 주의해야 한다.
③ 지상 활주는 승인받은 정비사만이 가능하다.
④ 야간에는 전구를 붙인 등화봉으로 활주 신호를 한다.

16. 관제탑에서 지시하는 신호의 종류 중 활주로 유도로 상에 있는 인원 및 차량은 사주를 경계한 후 즉시 본 장소를 떠나라는 의미의 신호는?

① 녹색등   ② 점멸 녹색등
③ 흰색등   ④ 점멸 적색등

17. 활주로 횡단 시 관제탑에서 사용하는 신호등에 의한 신호가 녹색등일 때 조치 사항으로 가장 적합한 것은?

① 안전-빨리 횡단하기
② 안전-횡단 가능
③ 사주를 경계한 후 횡단 가능
④ 위험-빨리 횡단하기

정답 11. ②   12. ②   13. ③   14. ①   15. ③   16. ④   17. ②

(3) 항공기의 계류(mooring)

지상에 주기시켜 놓은 항공기를 돌풍, 강풍으로부터 보호하기 위한 지상 고정 작업으로 계류 앵커가 설치되어 있는 장소는 일반적으로 노란색 및 흰색 표시가 되어 있다.

① 정상 계류 절차
㉮ 소형 항공기는 강풍으로부터 파손을 방지하기 위해 비행 종료 시마다 계류시켜야 한다.
㉯ 계류 작업 시 항공기를 바람이 부는 방향으로 향하도록 한다.

㈐ 계류 공간은 항공기 날개 끝(wing wip) 간에 충분한 간격이 유지되어야 한다.

㈑ 계류 시에는 밧줄, 케이블을 이용하여 계류 지점과 지상 앵커 말뚝을 고정시킨다.

㈒ 고정장치를 사용하여 조종면 등을 고정하고 바퀴에는 굄목(chock)을 괴도록 한다.

② 강풍 상태에서 계류

㈎ 가능하면 항공기를 바람 방향으로 주기시킨다.

㈏ 모든 바퀴에는 굄목(chock)을 끼운다.

㈐ 항공기를 계류 밧줄이나 케이블을 이용하여 앵커 말뚝에 고정시킨다.

㈑ 항공기의 모든 문이나 창문은 닫고, 기관 흡입구나 배기구 및 동·정압 계통의 튜브나 구멍은 덮개로 덮는다.

㈒ 항공기 연료 탱크에 연료를 채우고, 물탱크에 물을 채워서 항공기 무게를 증가시킨다.

(4) 항공기 잭 작업(jacking)

항공기의 착륙장치 정비, 브레이크 정비와 교환 및 타이어 교환 등과 같은 정비 작업을 목적으로 항공기를 들어 올리는 작업이다. 착륙장치의 바퀴 하나만을 들어 올릴 때는 단일 잭(single jack)을 사용하고, 항공기를 완전히 들어 올릴 때는 삼각 잭(tripod)을 이용한다.

[잭 작업의 절차]

① 격납고 내에서 실시하고, 부득이 실외에서 작업 시 항공기의 정면이 바람 방향을 향하도록 한다.

② 응력 패널(stress panel)이나 응력 판재 구조는 반드시 조립하여, 구조적인 손상을 초래하지 않도록 한다.

③ 작업장 주변을 완전히 정돈한 후 항공기를 수평으로 유지하면서 잭 작업을 한다.

④ 항공기는 최소 높이로 들어 올리되, 잭의 안정성을 보장할 수 있는 잭의 제한 길이 이내로 들어 올린다.

⑤ 항공기를 들어 올린 후 갑작스런 잭의 침하를 방지하기 위해 안전 고정 너트를 설치한다.

⑥ 항공기를 들어 올린 상태에서 항공기에 올라가는 것은 가능한 삼가고, 항공기에 심한 움직임을 주지 않도록 한다.

예상문제

1. 항공기 기체를 강풍이나 돌풍으로부터 보호하기 위한 작업을 무슨 작업이라고 하는가?
① 항공기 계류 작업
② 항공기 견인 작업
③ 항공기 유도 작업
④ 항공기 택싱 작업

2. 급작스러운 강풍이나 기상 상황을 고려하여 바람에 의한 항공기 파손을 방지하기 위하여 지상에 정지시키는 지상 작업의 명칭은?
① 항공기 견인(towing)
② 항공기 계류(mooring)
③ 항공기 활주(taxing)

정답 ▶ **1.** ① **2.** ②

④ 항공기 주기(parking)

3. 항공기가 강풍에 의해 파손되는 것을 방지하기 위해 항공기를 고정시키는 작업은?
① mooring
② jacking
③ servicing
④ parking

4. 다음 중 항공기 계류 작업에 대한 설명으로 틀린 것은?
① 바람이 부는 방향으로 주기를 시킨다.
② 계류 시 모든 바퀴에는 굄목을 끼운다.
③ 계류 시 모든 문과 창문을 닫고, 튜브나 구멍은 열어 놓는다.
④ 소형 항공기는 강풍에 의한 파손을 방지하기 위해 종료 시마다 계류시켜야 한다.

5. 강풍 상태에서 항공기를 주기장에 계류시킬 경우 계류 절차로서 옳지 않은 것은 어느 것인가?
① 항공기를 바람 방향으로 주기시킨다.
② 모든 바퀴에는 굄목(chock)을 끼운다.
③ 항공기를 계류 밧줄이나 케이블을 이용하여 앵커 말뚝에 고정시킨다.
④ 화재 위험에 대비하여 항공기 연료 탱크의 연료를 완전히 비운다.

6. 강풍이 부는 기상 상태에서 항공기를 계류시킬 경우 주의 사항으로 틀린 것은?
① 모든 바퀴에 굄목을 끼운다.
② 항공기를 바람 방향으로 주기시킨다.
③ 항공기 무게를 증가시키는 것이 좋다.
④ 항공기를 계류 밧줄이나 케이블을 이용하여 다른 항공기와 단단히 연결한다.

7. 계류 앵커(tie-down anchor)에 대한 설명으로 틀린 것은?

① 패드 아이(pad eye)라고도 한다.
② 계류 앵커가 설치되어 있는 장소는 일반적으로 적색 페인트 표시를 한다.
③ 소형 단발 항공기의 계류 앵커는 정해진 최소 장력을 갖고 있어야 한다.
④ 주기장을 만들 때 설치되는 고리 모양의 피팅을 말한다.

8. 항공기 타이어를 교환하거나 바퀴의 베어링에 그리스를 주입하기 위해 한쪽 바퀴를 들어 올리는 작업은?
① 잭 작업
② 계류 작업
③ 견인 작업
④ 지상 유도 작업

9. 항공기의 잭 작업 시에 잭 포인트는 정비 지침서에 표시되어 있으며 정비사는 반드시 이 지침서에 의거 작업을 실시해야 한다. 잭 작업 시 잭 포인트에 설치해야 할 작업 공구를 무엇이라고 하는가?
① 응력 패널(stress panel)
② 계류 로프(tie-down rope)
③ 촉(chock)
④ 잭 패드(jack pad)

10. 항공기를 들어 올리는 작업을 할 때 안전 사항으로 틀린 것은?
① 사용할 장비의 작동 상태를 점검한다.
② 작업 중에 항공기 안에 사람이 있어서는 안 된다.
③ 항공기를 들어 올리고 내릴 때는 천천히 꼬리 부분이 먼저 올려지고, 내려오도록 한다.
④ 항공기를 들어 올리기 전에 수평상태가 유지되었는지 확인한다.

정답 ⟶ **3.** ① **4.** ③ **5.** ④ **6.** ④ **7.** ② **8.** ① **9.** ④ **10.** ③

11. 항공기 잭(jack) 사용에 대한 설명으로 옳은 것은?

① 잭 작업은 격납고에서만 실시한다.
② 항공기 옆면에 바람의 방향을 향하도록 한다.
③ 항공기의 안전을 위하여 최대 높이로 들어 올린다.
④ 잭을 설치한 상태에서는 가능한 한 항공기에 작업자가 올라가는 것은 삼가야 한다.

12. 항공기의 지상 취급에 대한 설명으로 옳은 것은?

① 항공기 견인 시 견인 속도는 최소한 사람의 보행 속도보다는 빨라야 한다.
② 항공기가 들어 올려져 있는 상태에서 항공기에 출입할 때에는 최대한 조용하게 올라가며, 운동 범위를 최소화한다.
③ 격납고의 내부 온도가 외부 온도보다 높을 때에는 연료 탱크에 연료 보급을 가득 채워 격납고에 보관한다.
④ 항공기 견인 시 항공기의 앞바퀴가 움직이는 각도가 일정 각도 이상이 되면 토션 링크를 연결하여 토잉한다.

13. 항공기 잭 작업에 대한 설명이 아닌 것은?

① 정해진 위치에 잭 패드를 부착하고 잭을 설치한다.
② 항공기를 들어 올린 후 안전 고정 장치를 설치한다.

③ 로프나 체인의 고정 위치는 운전자를 중심으로 설치한다.
④ 단단하고 평평한 장소에서 최대 허용풍속 이하에서 잭을 설치한다.

14. 항공기 정비에서 잭 작업(jacking)에 대한 설명 중 가장 거리가 먼 내용은?

① 착륙장치의 바퀴 하나만 들어 올릴 때에는 단일 잭(single jack)을 사용한다.
② 항공기의 잭 작업은 주로 실외에서 실시해야 하며, 항공기의 정면은 바람의 방향과 반대 방향이 되도록 한다.
③ 항공기는 최소 높이로 올리되, 잭의 안전성을 보장할 수 있는 잭의 제한 길이 이내로 올린다.
④ 항공기를 들어 올릴 때에는 각 잭마다 한 사람씩 있어야 하며 주관자의 지시에 따른다.

> **해설** 잭(jack) 작업 : 항공기의 잭 작업은 격납고 내에서 실시해야 하며, 부득이 실외에서 작업할 때에는 항공기의 정면이 바람의 방향을 향하도록 하되, 정비 지침서에 제시된 제한 풍속을 지켜야 한다.

15. 잭(jack) 사용에 대한 점검사항과 거리가 먼 것은?

① 누설 점검
② safety lock 점검
③ 훅의 점검
④ hydraulic oil 점검

정답 11. ④ 12. ② 13. ③ 14. ② 15. ③

(5) 항공기 지상 유도(marshalling)

지상에서 자체 동력으로 이동할 때 탑승한 조종 요원의 육안만으로는 주행이 어려우므로 지상 운행 시 안전을 위해 유도하는 작업이다.

① 차량에 의한 항공기 유도

㈎ 유도 차량 운전자는 먼저 장비를 철저하게 점검한 후, 미리 지정된 장소와 항공기의 착륙 방향을 확인한다.

㈏ 항공기 도착 5분 전에 유도로 입구에서 대기하다가, 항공기가 착륙하여 유도로에 진입하면 차량의 전광판을 점등하고, 유도로를 따라 지정된 정지 장소로 유도한다.

㈐ 항공기 유도 중 차량과의 적정 거리는 항공기의 크기에 따라 약 300~600 ft를 유지한다.

㈑ 지정된 정지 장소가 탑승대(bording bridge)일 때에는 항공기 주기 지점으로부터 10~15 ft, 원격 정지 장소일 때는 정지선 밑에서 유도 신호원에게 인계하고, 그 장소를 벗어난다.

② 수신호에 의한 항공기 유도

㈎ 유도 신호원은 항공기의 왼쪽 날개 끝에서 앞쪽 방향에 위치하는 것을 원칙으로 하지만, 조종석에 있는 기장의 확인이 가능한 곳에 위치한다.

㈏ 항공기와 유도 신호원 사이의 거리는 항공기 종류에 따라 20 ft 이상, 60 ft 이상, 100 ft 이상으로 유지한다.

㈐ 유도 신호원은 유도복, 유도봉(주간 사용), 유도등(야간 사용), 항공기 인터폰 장비 및 촉(chock) 등을 갖추어야 한다.

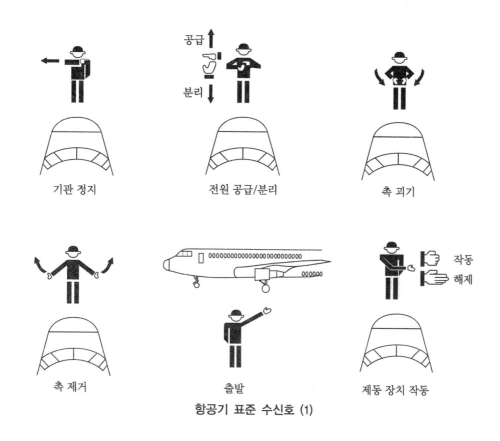

항공기 표준 수신호 (1)

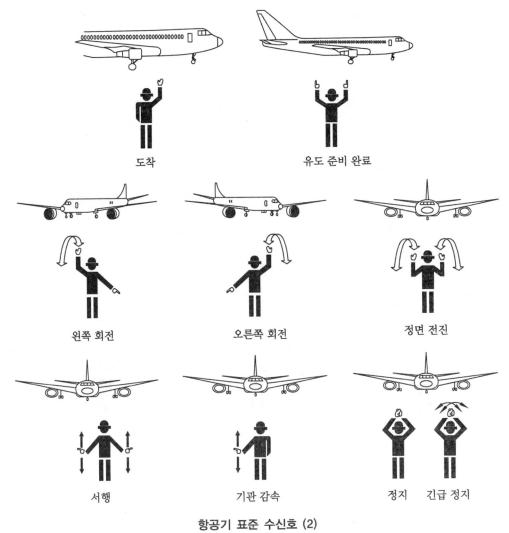

항공기 표준 수신호 (2)

예상문제

1. 그림과 같은 항공기 유도 수신호의 의미로 옳은 것은?

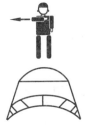

① 도착
② 정면 전진
③ 촉 괴기
④ 기관 정지

2. 다음 중 기관 감속을 지시하는 수신호는?

3. 그림과 같은 항공기 유도 수신호의 의미로 옳은 것은?

① 도착
② 정면 전진
③ 촉 괴기
④ 기관 정지

4. 항공기 유도 시 그림과 같은 동작의 의미로 옳은 것은?

① 촉(chock) 괴기
② 기관 정지
③ 준비 완료
④ 긴급 정지

정답 **3.** ② **4.** ①

5-3 화재 및 예방

(1) 화재의 종류

① A급 화재 : 나무, 종이, 직물, 각종 가연성 물질에 의해 발생되는 화재로서 진화 방법은 냉각법(물)을 사용한다.

② B급 화재 : 윤활유, 휘발유, 그리스 등에 의한 화재로서 진화 방법은 질식법(이산화탄소 소화기, 브로모클로로메탄 소화기, 포말 소화기 사용)을 사용한다. B급 화재에는 절대로 물을 사용할 수 없다.

③ C급 화재 : 전기 기기, 전기 계통 등에 의한 화재로서 진화 방법은 부도체인 소화액을 사용하거나 질식법, 냉각법을 사용한다.

④ D급 화재 : 마그네슘, 티타늄, 두랄루민과 같은 금속 가루가 섞인 불꽃에 의하여 일어나는 화재로서 진화 방법은 분말 소화기, 모래를 사용한다.

⑤ E급 화재 : LPG, LNG 등의 가스에 의한 화재이다.

(2) 소화기의 종류

① 물 펌프 소화기 : A급 화재의 진화에 사용되며, 유류, 전기 화재에는 사용이 불가능하다.

② 이산화탄소 소화기 : 1~3 m의 단거리의 B, C급 소화에 사용된다.

③ 포말 소화기 : A, B급 소화에 2~3회 흔들어 사용하며, 전기 화재에는 부적합하다.

④ 브로모클로로메탄 소화기 : 이산화탄소 소화기의 3배 이상으로 B, C급 소화에 사용한다.

⑤ 분말 소화기 : 중탄산칼륨, 중탄산나트륨, 인산염 등 화학적 분말 형태로 된 것을 실린더 속에 넣어 가압하여 사용되는 것으로 B, C급 화재에 사용한다.

⑥ 할론 소화기 : 할론 가스를 소화 약품으로 사용하는 것으로, A, B, C급 등 화재 전반에 걸쳐 다양하게 사용된다.

예상문제

1. 불이 지속적으로 탈 수 있는 조건을 만들어 주는 화재의 3요소가 아닌 것은?
① 빛
② 산소
③ 열
④ 연료

> **해설** 화재의 3요소 : 산소, 가연물, 열

2. 화재를 A, B, C, D로 분류하는 기준은?
① 진화하는 방법
② 화재의 위치
③ 가연물의 성질
④ 연기의 종류

> **해설** 화재의 종류
> A급 화재 : 일반 화재, B급 화재 : 유류 화재
> C급 화재 : 전기 화재, D급 화재 : 금속 화재

3. 다음 중 일반 목재, 종이, 직물 등의 가연성 물질에서 발생하는 화재는?
① A급 화재
② B급 화재
③ C급 화재
④ D급 화재

4. A급 화재에 속하지 않는 것은?
① 유류 화재
② 종이 화재
③ 가구 화재
④ 직물 화재

5. 다음 중 그리스, 솔벤트, 페인트 등의 화재에 해당하는 화재는?
① A급 화재
② B급 화재
③ C급 화재
④ D급 화재

6. 윤활유, 연료 등에 의해 발생하는 화재의 종류는?
① A급 화재
② B급 화재
③ C급 화재
④ D급 화재

7. 다음 중 인화성 액체에 의한 화재의 종류는 어느 것인가?
① A급 화재
② B급 화재
③ C급 화재
④ D급 화재

8. B급 화재에 속하지 않는 물질은?
① 동물유
② 페인트
③ 마그네슘
④ 휘발유

9. 다음 중 전기적인 화재는 어느 것인가?
① A급 화재
② B급 화재
③ C급 화재
④ D급 화재

10. Mg 분말, Al 분말 등 공기 중에 비산한 금속 분진에 의해 발생하는 화재로서 물을 사용하면 안 되며 건조사, 팽창 진주암 등을 사용한 질식 소화 방법이 유효한 화재는?
① A급 화재
② B급 화재
③ C급 화재
④ D급 화재

11. 금속 자체에서 일어나는 화재로서 항공기 표피에 빨갛게 일어나는 현상의 화재는 어느 것인가?
① A급 화재
② B급 화재
③ C급 화재
④ D급 화재

12. 다음 ( ) 안에 들어갈 말이 순서대로 옳게 짝지어진 것은?

> ( )화재는 전기에 의해 발생하며, ( )화재는 유류에 의해, ( )화재는 금속자체에서 발생하며, ( )화재는 일상적으로 발생하는 화재이다.

① B급, D급, C급, A급
② C급, B급, A급, D급
③ C급, B급, D급, A급
④ B급, C급, D급, A급

정답 → **1.** ① **2.** ③ **3.** ① **4.** ① **5.** ② **6.** ② **7.** ② **8.** ③ **9.** ③ **10.** ④ **11.** ④ **12.** ③

13. 항공기용 소화제가 갖추어야 할 조건이 아닌 것은?

① 장기간 안정되고 저장이 쉬워야 한다.

② 소량으로 높은 소화능력을 가져야 한다.

③ 안전을 위하여 방출 압력이 없어야 한다.

④ 항공기의 기체 구조물들을 부식시키지 말아야 한다.

해설 항공기용 소화제의 구비 조건 : 충분한 방출 압력이 있어야 한다.

14. 다음 중 항공기용 소화제의 구비 조건으로 가장 거리가 먼 것은?

① 높은 소화능력보다는 일단 무게가 가벼워야 한다.

② 장기간 안정되고 저장이 쉬워야 한다.

③ 항공기의 기체 구조물을 부식시키지 않아야 한다.

④ 충분한 방출 압력이 있어야 한다.

15. 다음 중 A급 화재 진압용 소화기로 가장 적합한 것은?

① 포말 소화기

② 브로모클로로메탄 소화기

③ 이산화탄소 소화기

④ 물 펌프 소화기

해설 A급 화재 : 나무, 종이 등 가연성 재료에서 발생하는 화재

16. A급 화재의 진화에 사용되며 유류나 전기 화재에 사용해서는 안 되는 소화기는?

① 분말 소화기

② 이산화탄소 소화기

③ 물 펌프 소화기

④ 할로겐 화합물 소화기

17. 항공기 급유 작업 중 기름 유출로 화재가 발생하였을 때 사용해서는 안 되는 소화기는?

① CO_2 소화기   ② 건조사

③ 포말 소화기   ④ 일반 물 소화기

18. 화재의 종류별 진화 방법이 잘못 연결된 것은?

① A급 화재 : 냉각법

② B급 화재 : 냉각법

③ D급 화재 : 질식법

④ C급 화재 : 질식법과 냉각법

19. 휴대용 소화기 중 조종실이나 객실에 설치되어 일반 화재, 전기 화재 및 기름 화재에 사용되는 소화기는?

① 분말 소화기   ② 물 소화기

③ 포말 소화기   ④ 이산화탄소 소화기

20. CO_2 소화기에 대한 설명으로 틀린 것은?

① 단거리의 B, C급 화재의 소화에 사용된다.

② 취급 시 인체에 닿게 되면 동상에 걸릴 우려가 있다.

③ 진화원리는 CO_2 가스가 공기보다 무거워 열원을 차단해 진화를 한다.

④ 가스가 대기 중으로 배출 팽창될 때 90℃ 정도의 높은 온도이므로 주의해야 한다.

21. CO_2 소화기와 CBM 소화기의 단점을 보완하여 개발된 소화기는?

① 포말 소화기   ② 분말 소화기

③ 할론 소화기   ④ 중탄 소화기

22. 주변의 산소 농도를 묽게 하는 효과로 화재의 전반에 걸쳐 사용할 수 있으며 화재 진압 후 2차 피해가 우려될 때 사용할 수 있는 소화기는?

① 할론 소화기   ② CO_2 소화기

③ 포말 소화기   ④ CBM 소화기

정답 ◆ **13.** ③ **14.** ① **15.** ④ **16.** ③ **17.** ④ **18.** ② **19.** ④ **20.** ④ **21.** ③ **22.** ①

23. C급 화재에 사용되는 소화 방법으로 가장 부적합한 것은?

① CO_2 소화기   ② 물

③ 분말 소화기   ④ CBM 소화기

해설 C급 화재인 전기 화재에서 물을 사용하면 감전의 위험이 있다.

24. 포말 소화기의 소화 방법은?

① 억제 소화 방법

② 질식 소화 방법

③ 빙결 소화 방법

④ 희석 소화 방법

해설 포말 소화기 : 액체 상태의 화학 약제를 사용하는 소화기로 본체를 거꾸로 뒤집은 다음에 흔들어서 황산알루미늄 용액과 이산화탄소가 함께 혼합되어 거품 형태로 분사시켜 질식 작용으로 화재를 진압한다.

25. 소화기의 종류에 따른 용도를 틀리게 짝지은 것은?

① 분말 소화기 – 유류 화재에 사용

② CO_2 소화기 – 전기 화재에 사용

③ 포말 소화기 – 전기 화재에 사용

④ 할론 소화기 – 유류 화재에 사용

26. 포말 소화기에 대한 설명으로 틀린 것은?

① 사용 후 재충전한다.

② A급 및 B급 화재 진화 시 사용한다.

③ 소화 작용제 방출 시 산소를 공급한다.

④ 알코올, 아세톤 화재에는 사용을 금한다.

27. 중탄산칼륨, 중탄산나트륨, 인산염 등을 화학적으로 특수 처리하여 만든 분말 소화기가 사용되는 곳으로 옳은 것은?

① A급, D급 화재   ② B급, C급 화재

③ C급, D급 화재   ④ B급, D급 화재

해설 분말 소화기 : 중탄산칼륨, 중탄산나트륨, 인산염 등 화학적 분말 형태로 된 것을 실린더 속에 넣어 가압하여 사용하는 것으로 B, C급 화재에 사용된다.

28. 소화기의 종류에 따른 취급 방법에 대한 설명으로 가장 옳은 것은?

① 물 펌프 소화기 : A급 화재의 진화에 사용되며 전기 화재에 사용되기도 한다.

② 이산화탄소 소화기 : B급 및 C급 화재의 진화에 사용되고, 취급 시 인체에 묻어도 무해하다.

③ 브로모클로로메탄 소화기 : D급 화재에만 사용되고 밀폐된 공간에서 취급해야 한다.

④ 분말 소화기 : B급 및 C급 화재의 진화에 사용되며 분말 형태의 소화제를 실린더 속에서 가압상태로 보관하여 사용한다.

29. 다음 중 C급 화재 시 사용되는 소화기로 가장 올바른 것은?

① 분말 소화기, CBM 소화기

② CBM 소화기, 물 소화전 소화기

③ 포말 소화기, 분말 소화기

④ 물 소화전 소화기, 분말 소화기

정답 ● ─ ● 23. ②   24. ②   25. ③   26. ③   27. ②   28. ④   29. ①

5-4   안전 표식

(1) 붉은색 안전색채

위험물 또는 위험상태를 표시한다.

(2) 노란색 안전색채

충돌, 추락, 전복 및 이에 유사한 사고의 위험이 있는 장비 및 시설물에 표시한다. 주의 표시는 검은색과 노란색을 교대로 칠하여 표시한다.

(3) 녹색 안전색채

안전에 직접 관련된 설비 및 구급용 치료 설비 등 안전상태 및 구급을 의미한다.

(4) 파란색 안전색채

장비 및 기기의 수리, 조절 및 검사 중일 때 표시한다.

(5) 오렌지색 안전색채

기계 또는 전기 설비의 위험 위치를 식별한다.

(6) 보라색 안전색채

방사능 유출의 위험 경고 표시이다.

예상문제

1. 고압선·폭발물·기계류·인화성 물질 등의 비상정지 스위치, 소화기·소화전·화재 경보 장치 등의 색채 표시는?
① 노란색   ② 보라색
③ 초록색   ④ 빨간색

2. 다음 중 노란색 안전색채의 의미를 가장 옳게 나타낸 것은?
① 위험물, 위험상태 표시
② 작업절차, 안전지시 준수
③ 응급처치장비, 액체산소장비 표시
④ 인체에 직접 위험은 없으나, 주의하지 않으면 사고의 위험 표시

3. 기계 또는 전기 설비의 위험 위치를 식별하도록 하는 데 사용하는 안전색채로 옳은 것은 어느 것인가?
① 붉은색   ② 녹색
③ 파란색   ④ 오렌지색

4. 충돌, 추락, 전복 및 사고의 위험이 있는 장비 및 시설물 등에 대하여 주의를 표시하기 위한 색은?
① 빨간색   ② 노란색
③ 녹색   ④ 파란색

5. 항공기의 지상 안전에서 안전색은 작업자에게 여러 종류의 주의나 경고를 의미하는데 주황색은 무엇을 의미할 때 표시하는가?
① 기계 설비의 위험이 있는 곳이다.
② 방사능 유출의 위험 경고 표시이다.
③ 건물 내부의 관리를 위하여 표시한다.
④ 장비 및 기기가 수리, 조절 및 검사 중이다.

6. 다음 중 안전에 관한 색의 설명으로 틀린 것은 어느 것인가?
① 노란색은 경고 또는 주의를 의미한다.
② 보호구의 착용을 지시할 때에는 초록과 흰색을 사용한다.

정답 1. ④   2. ④   3. ④   4. ②   5. ①   6. ②

③ 위험 장소를 나타내는 안전 표시는 노랑과 검정의 조합으로 한다.

④ 금지 표지의 바탕은 하양, 기본 모형은 빨강을 사용한다.

7. 공항 시설물과 각종 장비에는 안전색채가 표시되어 사고를 미연에 방지한다. 다음 중 녹색의 안전색채 표시를 해야 하는 장치는 어느 것인가?

① 보일러

② 전원 스위치

③ 응급처치장비

④ 소화기 및 화재경보장치

8. 안전에 직접 관련된 설비 및 구급용 치료 설비 등을 쉽게 알아보게 하기 위하여 칠하는 안전색채는 무엇인가?

① 청색　　　　② 황색

③ 녹색　　　　④ 오렌지색

9. 장비 및 기기가 수리, 조절 및 검사 중일 때 이들 장비의 작동을 방지하기 위하여 사용되는 안전색채는?

① 검은색　　　② 황색

③ 청색　　　　④ 적색

10. 비행장에 설치된 시설물, 장비 및 각종 기기 등에 색채를 이용하여 작업자로 하여금 사고를 미연에 방지할 수 있도록 하는데 청색의 안전색채가 의미하는 것은?

① 방사능 유출위험이 있는 것을 의미한다.

② 수리 및 조절 검사 중인 장비를 의미한다.

③ 기계 또는 전기 설비의 위험 위치를 의미한다.

④ 충돌, 추락, 전복 등의 위험 장비를 의미한다.

11. 안내 및 구급용 치료 설비 등을 나타내는 표지의 색은?

① 녹색　　　　② 적색

③ 청색　　　　④ 황색

12. 항공기의 지상 안전에서 안전색채는 작업자에게 여러 종류의 주의나 경고를 의미하는데 자색(purple)은 무엇을 의미할 때 표시하는가?

① 기계 설비의 위험이 있는 곳이다.

② 방사능 유출의 위험이 있는 곳이다.

③ 건물 내부의 관리를 위하여 표시한다.

④ 전기 설비상에 노출된 위험이 있는 곳을 표시한다.

정답 ● **7.** ③　**8.** ③　**9.** ③　**10.** ②　**11.** ①　**12.** ②

5-5　항공기 세척 및 지상 보급

■ 항공기 세척

항공기 기체의 세척에는 내부 세척과 외부 세척이 있다.

(1) 내부 세척

항공기 내부 구석진 곳은 세척하기가 어렵기 때문에 소홀히 할 수 있고, 심한 경우 내부 구조가 부식될 수 있으므로 철저히 세척한다.

볼트, 너트, 와이어 조각 및 기타 금속 조각들을 부주의하여 떨어뜨리거나 방치할 경우 습기 및 이질금속간 접촉으로 전기화학적 부식을 초래할 수 있다.

(2) 외부 세척

① 습식 세척 : 오일, 그리스 또는 탄소 퇴적물과 부식 및 산화된 피막 등 모든 오물을 제거하는 데 이용되며, 습식 세척제로는 알칼리 세제나 유화 세제가 사용된다.

② 건식 세척 : 액체 세제의 사용이 바람직하지 않거나, 실용적이지 않을 경우에 이용되며, 매연의 피막, 먼지 오물, 흙 등의 작은 축적물을 제거하는 데 사용된다.

③ 광택내기 : 비행기 표면의 광택을 재생시키기 위하여 표면을 세척한 다음 하는 작업이다.

(3) 세척제의 종류

① 솔벤트 세제

㉮ 건식 세척 솔벤트 : 케로신(kerosine : 등유)보다 좋지만, 표면의 페인트 피막과 접촉되어 증발한 부분에 가벼운 흔적을 남긴다.

㉯ 메틸에틸케톤(MEK) : 금속 표면에 사용하는 솔벤트 세척제로 좁은 면적의 페인트를 벗기는 약품이므로 극히 제한적으로 사용된다. 휘발성이 강한 솔벤트 세척제이며, 금속 세척제로도 이용되는데 인체에 해로워서 보호 장구를 착용하여 안전에 유의해야 한다.

㉰ 안전 솔벤트(safety solvent : 메틸클로로포름) : 일반 세척과 그리스 세척에 사용되며 장시간 사용하면 피부염을 일으키므로 주의해서 사용한다.

㉱ 지방족 나프타 : 페인트 칠을 하기 직전에 표면을 세척하는 데 사용된다.

㉲ 방향족 나프타 : 인체에 해로우며 아크릴과 고무 제품을 손상시키므로 지시에 따라 사용해야 한다.

㉳ 케로신 : 단단한 방부 페인트를 유연하게 하기 위하여 솔벤트 유화 세척제와 혼합하여 일반 세척용으로 사용한다. 세척된 표면상에 식별할 수 있는 막을 남긴다.

㉴ 산소계통 세척제 : 염화불화탄화수소(freon), 이소프로필알코올의 혼합물은 항공기의 산소계통 부분품과 산소도관 세척에 사용된다.

② 유화 세제(emulsion cleaner) : 에멀션(emulsion)으로 된 세제를 말하는데, 에멀션이란 액체 속에 다른 액체가 미립자로 분산된 것으로서 유화 상태에 있는 액체를 말한다.

㉮ 수·유화 세척제(water-emulsion cleaner) : 항공기 표면 세척이나 아크릴, 형광도료로 페인트 된 표면 세척에 사용된다.

㉯ 솔벤트 유화 세제(solvent-emulsion cleaner) : 탄소, 그리스, 오일 및 타르와 같은 것에 의한 심한 오염을 제거하는 데 사용되며, 고무, 플라스틱, 그 밖의 비금속 재료 가까이에서는 주의해서 사용해야 한다.

③ 비누와 청정세제 : 이 세제는 부드러운 세척용 물질로서 항공기의 표면 세척용 세제이며, 항공기 표면의 먼지, 오일, 그리스를 제거하는 데 사용된다.

예상문제

1. 다음 중 항공기 외부 세척작업의 종류가 아닌 것은?
① 습식 세척
② 건식 세척
③ 광택 작업
④ 블라스트 세척

2. 항공기 외부에 윤활유, 그리스 등의 오물을 알칼리 세척이나 에멀션으로 세척하는 방법은 어느 것인가?
① 습식 세척
② 건식 세척
③ 광택 세척
④ 포화 세척

3. 항공기 기체 외부 금속 표면, 도장 부분, 배기계통 세척에 사용하는 클리닝(cleaning) 종류가 아닌 것은?
① 습식 세척
② 열 세척
③ 건식 세척
④ 광택 작업

4. 항공기에 사용되는 솔벤트 세제의 종류가 아닌 것은?
① 지방족 나프타
② 수·유화 세제
③ 방향족 나프타
④ 메틸에틸케톤

5. 다음 중 항공기의 세척에 사용되는 안전 솔벤트는?
① 케로신(kerosine)
② 방향족 나프타(aromatic naphtha)

③ 메틸에틸케톤(methyl ethyl ketone)
④ 메틸클로로포름(methyl chloroform)

6. 금속 표면에 사용하는 솔벤트 세척제로서 주로 좁은 면적의 페인트를 벗기기 위해 극히 제한적으로 사용하는 항공기 세제는?
① 케로신
② 건식 솔벤트
③ 지방족 나프타
④ 메틸에틸케톤

7. 다음 항공기 세제 중 메틸클로로포름(methyl chloroform)이라고도 하며, 일반 세척과 그리스 세척제로 사용되고 있으며 장시간 사용하면 피부염을 일으킬 수 있으므로 주의해야 할 세제는?
① 건식 세척 솔벤트
② 케로신
③ 메틸에틸케톤(MEK)
④ 안전 솔벤트

8. 항공기 세척제로 사용되는 메틸에틸케톤에 대한 설명이 아닌 것은?
① 휘발성이 강하다.
② MEK라고도 한다.
③ 금속 세척제로도 이용된다.
④ 세척된 표면상에 식별할 수 있는 막을 남긴다.

9. 항공기의 세척을 알칼리 세제로 할 경우의 특징으로 가장 관계가 먼 것은?
① 인화성이 없다.
② 독성이 없다.
③ 추운 날씨에 적합하다.
④ 페인트를 칠한 표면이 변색되지 않는다.

정답 ●─ **1.** ④ **2.** ① **3.** ② **4.** ② **5.** ④ **6.** ④ **7.** ④ **8.** ④ **9.** ③

해설 • 솔벤트 세척법은 추운 날씨일 때나 항공기 오염이 심하여 알칼리 세척법으로 불가능할 경우 실시한다.
• 알칼리 세척법은 농축세제와 분말세제로 구분되며, 작업 시 위험성이 적고 효과가 좋아 페인트를 칠한 표면이나 플라스틱, 고무 제품 세척에 사용된다.

10. 플라스틱 재질의 방풍창을 세척할 때 세척제로 가장 적당한 것은?

① 비눗물　　　　② 가솔린
③ 알코올　　　　④ 사염화탄소

11. 작동유(hydraulic fluid)가 항공기 타이어(aircraft tire)에 묻어 있어서 이것을 제거할 때 가장 적합한 세척제는?

① 알코올

② 솔벤트
③ 휘발유
④ 비눗물과 더운물

12. 다음 중 산소 계통의 세척제(oxygen system clearner)로 가장 적합한 것은?

① 드라이 클리닝 솔벤트(dry cleaning solvent)
② 메틸에틸케톤(methyl ethyl ketone)
③ 염화불화탄화수소와 이소프로필알코올의 혼합물(chlorinated fluorinated hydrocarbons and isopropyl alcohol)
④ 케로신(kerosine)

해설 산소 계통 세척제 : 염화불화탄화수소(freon)와 이소프로필알코올의 혼합물은 항공기의 산소 계통 부분품과 산소 도관을 세척하는 데 안전하다.

정답 ➡ **10.** ①　**11.** ④　**12.** ③

2 전기 및 공압 공급 장비

(1) 외부 전원장치(external power unit)

① 고정식 : 교류 전동기가 발전기를 구동시켜 발전하는 방식(직류 28 V 또는 교류 115/200 V, 400 Hz, 3상)
② 이동식 : 경항공기 시동에 사용되는 배터리 카트와 가솔린, 디젤기관이 발전기를 구동시켜 발전하는 방식

(2) 냉난방 공기 공급장치

항공기 객실 내의 공기를 냉각시키거나 가열시켜 쾌적한 객실 분위기를 유지하기 위한 지상 지원 장비이다.
• 공기 터빈 시동장치 : 가스터빈 기관은 공기식 시동기를 작동시키기 위하여 압축공기를 공급하여 준다.

(3) 장비 취급 주의 사항

① 외부 전원장치, 냉난방 공기 공급장치 및 공기 터빈 시동장치는 주의하여 주차시키고, 제동장치를 작동시킨다.
② 정전기 발생을 억제하기 위해 접지시켜야 한다.
③ 바퀴에는 굄목(chock)을 괴어 놓는다.

3 지상 보급

지상 보급은 연료, 윤활유, 작동유, 산소 등을 보급하는 작업이다.

(1) 연료의 보급

① 연료 보급 시 유의 사항

㈎ 항상 소화기를 비치하고 보급하고, 연료 보급 시 폭발이나 화재를 대비한다.

㈏ 연료 취급 장소로부터 15 m 이내에 인화성 물질의 취급이나 흡연을 금지한다.

㈐ 항공기와 연료 보급차 및 지면과의 3점 접지를 한다.

㈑ 연료 보급 시 연료차와 항공기와의 거리는 최소한 3 m 이상 유지한다.

㈒ 안전한 장소에서 행하고, 격납고와 같이 폐쇄된 장소에서는 하지 않는다.

㈓ 연료에는 납성분이 포함되어 있어 의복, 피부, 눈에 닿지 않도록 하고, 눈에 들어가게 되면 즉시 의사의 처방을 받는다.

② 연료의 보급 작업

㈎ 중력식 연료 보급법 : 항공기 날개 위에서 연료를 보급하는 방법

• 연료 보급 전에 연료 보급 차량은 항공기를 접지시킨 지점에 접지시킨다.

㈏ 압력식 연료 보급법 : 주유 시간을 절약할 수 있고, 항공기 표피의 손상이나 인명의 상해를 줄일 수 있으며, 연료 오염 가능성을 감소시킬 수 있다.

(2) 윤활유의 보급

윤활유 탱크의 윤활유 점검은 기관이 정지한 후 정해진 시간 내에 하는 것이 좋다. 윤활유는 인화점과 발화점이 높기 때문에 보통 비폭발성으로 인화되기 어려우나 인화되면 가솔린보다 더 뜨거운 화염을 일으킬 수 있으며, 윤활유 증기나 공기가 일정한 비로 혼합되었을 때는 폭발성을 가지므로 보급 시 주의해야 한다.

• 윤활유 보급 방식 : 중력식과 압력식

(3) 작동유의 보급

주로 압력식으로 보급하며, 주 착륙장치가 들어 있는 방 부분에 수동 펌프가 있어서 작동유 탱크에 작동유를 보충한다.

[작동유 보급 시 유의 사항]

① 깨끗히 취급한다.

② 다른 종류의 작동유와 혼합하지 않는다.

③ 한 번 사용한 작동유는 다시 사용해서는 안 된다.

④ 규격 제품이 안 된 작동유 사용 시 솔벤트로 세척한 후 실(seal)을 교환한다.

(4) 산소의 보급

[산소 보급시 유의 사항]

① 통풍이 잘되는 곳에서 보급한다.

② 취급 장소로부터 15 m 거리 이내에서 흡연이나 화기 취급을 금지한다.

③ 기체 산소는 그리스 등과 혼합하면 충격에 민감하고 폭발성이 있으므로 주의한다.

④ 액체 산소는 보급 과정 시 온도가 매우 낮아 동상에 걸릴 염려가 있으므로 주의한다.

예상문제

1. 외부 전원 공급장치에서 항공기에 공급되는 교류 전원은 ?

① 115/200 V, 400 Hz, 단상

② 110/220 V, 600 Hz, 단상

③ 115/200 V, 400 Hz, 3상

④ 110/220 V, 60 Hz, 3상

2. 다음 중 지상 보조 장비가 아닌 것은 ?

① APU

② GPU

③ GTC

④ HTD tester

해설 보조 동력장치(APU : auxiliary power unit)는 항공기 추력을 직접 만들어 내지는 않으나 전기를 만들어 내는 일종의 작은 기관으로 기내 전원, 기관 시동용 압축공기 및 냉·난방용 공기를 공급하는 장치이다.

3. 지상 보조 장비에 대한 설명으로 틀린 것은 어느 것인가?

① 윤활유 탱크의 윤활유 보급 장비는 수동식과 진공식이 있다.

② GPU는 항공기에 전기적인 동력을 공급하여 주는 장비이다.

③ 항공기의 지상 전력 공급장비는 교류 115 V, 400 Hz, 3상이다.

④ GTC는 다량의 저압공기를 배출하여 항공기 가스터빈 기관의 시동 계통에 압축공기를 공급하는 장비이다.

4. 중력식 연료 보급법에 비교하여 압력식 연료 보급법의 특징으로 틀린 것은?

① 주유 시간이 절약된다.

② 연료 오염 가능성이 적다.

③ 항공기 접지가 불필요하다.

④ 항공기 표피 손상 가능성이 적다.

5. 항공기에 작동유를 보급할 때 주의 사항으로 가장 올바른 것은?

① 한 번 사용한 작동유는 정제하여 재사용한다.

② 작동유는 2종류 이상의 작동유를 혼합해서 사용한다.

③ 보급을 하고 남는 작동유는 다음 번 보급에 가능한 한 사용하지 않는다.

④ 한 번 작동유를 보급하면 1000시간 내에는 다시 보급할 필요가 없다.

6. 항공기 윤활유 탱크의 윤활유 점검 시기로 적합한 것은?

① 기관 작동 중 언제든지

② 기관 작동 전 24시간 내

③ 기관이 저속으로 작동할 때

④ 기관 정지 후 정해진 시간 내

7. 항공용 산소를 취급할 때 고압 산소통의 경우에는 표면에 어떤 색이 칠해져 있는가?

① 노란색

② 연한 녹색

③ 빨간색

④ 연한 청색

해설 기내 산소통
• 저압 산소통 : 황색으로 채색되어 있다.
• 고압 산소통 : 녹색으로 채색되어 있다.

정답 ● 1. ③ 2. ① 3. ① 4. ③ 5. ③ 6. ④ 7. ②

CHAPTER 06 항공 영어

6-1 기본적인 항공 영어 및 항공기 정비에 관한 사항

(1) 날개골에 대한 공기 흐름(airflow about an airfoil)

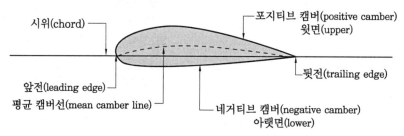

날개골 단면(airfoil section)

받음각(angle of attack)

① leading edge : the fore most part of the airfoil which first meets the relative wind

② trailing edge : the rear edge of an airfoil over which the air passes last

③ chord line : a straight line between the extremes of the leading and trailing edges of an airfoil section

④ camber : the rise of the curve of an airfoil section from its chord line

⑤ mean camber line : a line drawn at equal distance from the upper and lower camber at all point of the airfoil section

⑥ angle of attack : the acute angle between the chord line of the airfoil and a line representing the relative wind

⑦ stalling angle of attack : The angle of attack at which the flow of air change abruptly in such a manner that lift sharply reduced

🔧 단어 정리

- airfoil : 날개골
- angle of attack : 받음각
- leading edge : 앞전
- relative wind : 상대풍
- trailing edge : 뒷전
- airfoil section : 날개골 단면
- chord line : 시위, 시위선
- mean camber line : 평균 캠버선
- stalling angle of attack : 실속 받음각

(2) 항공기에 작용하는 힘(forces acting on an aircraft)

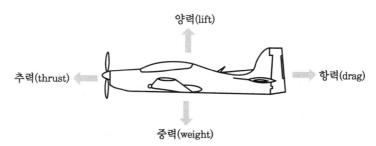

직선 수평 비행(straight and level fligh)에서 항공기의 힘(forces on an aircraft)

In straight and level flight, these forces are in perfect balance. When one of the forces is increased or decreased, it directly affects the value of the other forces, and the aircraft will change its flight attitude.

① thrust : the forward force produced by either a propeller or the reaction of a jet-engine exhaust
② weight : the measure of the force exerted on a body of an aircraft because of the pull of gravity
③ lift : the component of total aerodynamic forces acting on an airfoil perpendicular to the relative wind
④ drag : the total resistance to movement acting opposite to the direction of motion

🔧 단어 정리

- straight and level flight : 직선 수평 비행
- weight : 중력, 무게
- drag : 항력
- thrust : 추력
- lift : 양력

예상문제

1. 다음 중 (   ) 안에 들어갈 알맞은 용어는?

"The front edge of the wing is called the
(   )."

① chord ② leading edge
③ camber ④ trailing edge

해설 앞전(leading edge) : 날개골 앞부분의 끝(front edge)을 말하며, 앞전의 모양은 둥근 원호나 뾰족한 쐐기 모양을 하고 있다.

2. 다음 밑줄 친 부분의 내용으로 가장 올바른 것은?

The rear edge of the wing is called the
trailing edge.

① 앞부분 ② 뒷부분
③ 옆부분 ④ 동체부분

해설 뒷전(trailing edge) : 날개골의 맨 뒷 끝(rear edge)을 말하며, 일반적으로 뾰족한 쐐기 모양을 하고 있다.

3. 밑줄친 부분을 의미하는 단어는?

"An aircraft will stall anytime its critical
angle of attack is exceeded."

① 받음각 ② 실속각
③ 스핀각 ④ 공격각

해설 실속(stall) : 비행기가 실속 받음각(stalling angle of attack)을 넘으면 양력계수(lift coefficient)는 급격히 감소하고 날개 윗면에서 공기가 흐르지 못하여 떨어지게 되어 실속을 하게 된다.

4. 다음 (   ) 안에 가장 알맞은 내용은?

"The speed of sound in the atmosphere
(   )."

① changes with a change in density
② changes with a change in pressure
③ changes with a change in temperature
④ varies according to the frequency of the sound

해설 음속(speed of sound)은 온도 변화에 따라 달라지며, 절대온도의 제곱근에 비례한다.
$$C = \sqrt{\gamma RT}$$

5. 다음 (   ) 안에 알맞은 내용은?

Aspect ratio of a wing is defined as the
ratio of the (   ).

① wing span to the wing root
② square of the chord to the wing span
③ wing span to the mean chord
④ wing span to the wing span

해설 가로 세로비(aspect ratio) : 날개의 가로 길이(wing span)와 평균 시위길이(mean chord line)의 비

$$aspect\ ratio = \frac{날개\ 가로\ 길이(\text{wing span})}{평균\ 시위길이(\text{mean chord})} = \frac{b}{C_m}$$

6. 다음 문장에서 밑줄 친 부분의 내용으로 가장 올바른 것은?

"The force which moves the aircraft forward
is called thrust"

① 연료 ② 중력 ③ 양력 ④ 추력

해설 비행기에 작용하는 힘
• 추력(thrust) : 비행경로 방향으로 작용하는 힘
• 항력(drag) : 비행경로에 반대 방향으로 작용하는 힘
• 중력(gravity) : 비행경로에 수직 아래 방향으로 작용하는 힘
• 양력(lift) : 중력과 반대 방향으로 작용하는 힘

정답 ● 1. ② 2. ② 3. ① 4. ③ 5. ③ 6. ④

(3) 항공기 성능(aircraft performance)

The performance characteristics of an aircraft are affected directly by the forces of lift, weight, thrust, and drag. A change in any of these factors will cause a variation in the other three, and accordingly affect the performance of the aircraft.

Adding weight to an aircraft's gross load requires an increase in lift to carry the extra weight. This lift would require more thrust from the engine. The angle of attack the wing would also be increased to provide extra lift, thus causing an increase in the induced drag due to the increase angle of the wing in relation to the relative wind.

The extra weight or static load would shorten the range since more fuel would be used to provide the required additional thrust. Top speed and cruising speed would be reduced because of the increased drag, and the required landing speed would be faster because of the extra load the aircraft would be carry.

① cruising speed : the speed in level flight at which an airplane operates most efficiently and economically

② endurance : the maximum number of hours or minutes that an aircraft can stay in the air

③ range : the maximum distance an aircraft can fly under given conditions

④ top speed : the maximum speed obtainable in horizontal flight

⑤ landing speed : the speed at which the aircraft contacts the ground in a landing

단어 정리

- performance characteristics: 성능 특성
- angle of attack : 받음각
- drag : 항력
- factor : 요소
- induced drag : 유도항력
- level flight : 수평비행
- range : 항속거리
- thrust : 추력
- weight : 중력
- affect : 영향을 받다, 영향을 끼치다
- cruising speed : 순항속도
- endurance : 항속시간
- gross load : 총 하중
- landing speed : 착륙 속도
- lift : 양력
- relative wind : 상대풍
- top speed : 최대 속도

(4) 항공기 구성품과 조종면(aircraft components and control surfaces)

Each aircraft is made up several components. These components form the structure of the aircraft. The wings, fuselage, tail surfaces(empennage), landing gear, and engine are the main components. The wings is provide the lift necessary for the aircraft to fly. The fuselage contains the cockpit, passenger or cargo space ; and one single engine aircraft also provides for the attachment of the engine. Tail surfaces consist of the horizontal and vertical stabilizers and movable control surfaces. The landing gear is the structure that the aircraft rests or moves on when in contact with the ground.

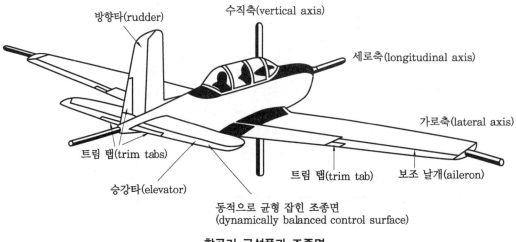

방향타(rudder) 수직축(vertical axis) 세로축(longitudinal axis) 가로축(lateral axis) 트림 탭(trim tabs) 트림 탭(trim tab) 보조 날개(aileron) 승강타(elevator)

동적으로 균형 잡힌 조종면
(dynamically balanced control surface)

항공기 구성품과 조종면

① aileron : the movable control surface attached to the outer portion of a wing, used to control movement of the aircraft around its longitudinal axis

② secondary control surface : a small movable control surface attached to a primary control surface

③ primary control surface : the movable surfaces used to guide or control an aircraft

④ elevator : the movable control surface attached to the horizontal stabilizer used to control the aircraft around its lateral axis

⑤ horizontal stabilizer : the fixed horizontal tail surface to which the elevator are attached

⑥ pitching : an angular displacement, rotation, or movement about the aircraft's lateral axis

⑦ rudder : the movable control surface attached to the vertical stabilizer used to control the aircraft around the vertical axis

⑧ rolling : an angular displacement, rotation, or movement about the aircraft's longitudinal axis

⑨ empennage : the rear part of an aircraft, usually consisting of group of stabilizing planes and control surfaces

⑩ trim tab : small auxiliary control surfaces attached to trailing edges of control surfaces and used aerodynamically to hold the surfaces at a position that will balance or trim the aircraft for any normal attitude of flight

⑪ vertical stabilizer : the fixed vertical tail surface to which the rudder is attached

⑫ yawing : an angular displacement, rotation, or movement about the aircraft's vertical axis

단어 정리

- vertical axis : 수직축
- auxiliary control surface : 보조 조종면
- component : 구성품, 부품
- empennage : 꼬리날개
- horizontal stabilizer : 수평 안정판
- lateral axis : 가로축
- movable control surfaces : 가동 조종면
- rudder : 방향타
- vertical stabilizer : 수직 안정판
- angular displacement : 각 변위
- cockpit : 조종석
- elevator : 승강타
- fuselage : 동체
- landing gear : 착륙장치
- longitudinal axis : 세로축
- primary control surface : 1차 조종면
- secondary control surface : 2차 조종면
- tail surface : 꼬리면

예상문제

1. 밑줄 친 부분을 의미하는 올바른 영어는?

"Top speed and cruising speed would be reduced because of the increased drag."

① 최고속도　　② 상승속도
③ 순항속도　　④ 경제속도

2. 다음 ( ) 안에 알맞은 용어는?

"An airplane is controlled directionally about it's vertical axis by the ( )."

① flap　　② elevator
③ rudder　　④ ailerons

해설 ・도움날개(aileron) : 세로축(longitudinal axis)을 중심으로 한 비행기의 운동을 조종하는 데 사용된다.

・방향타(rudder) : 수직축(vertical axis)을 중심으로 한 비행기의 운동을 조종하는 데 사용된다.
・승강타(elevator) : 가로축(lateral axis)을 중심으로 한 비행기의 운동을 조종하는 데 사용된다.

3. 다음 중 ( ) 안에 들어갈 알맞은 용어는 무엇인가?

"The elevators control the aircraft about its ( ) axis"

① vertical
② lateral
③ longitudinal
④ horizontal

정답 ・ **1.** ③　**2.** ③　**3.** ②

4. 다음 문장에서 밑줄 친 부분에 해당하는 내용으로 옳은 것은?

> "The primary flight control surfaces, located on the wings and <u>empennage</u>, are aileron, elevators, and rudder."

① 날개(주익)　　　　② 보조날개
③ 꼬리날개(미익)　　④ 도움날개

해설　• 1차 조종면(primary control surface) : aileron, elevator, rudder
　• 2차 조종면(secondary control surface) : flap, tab, spoiler, slat

5. what's not the primary group of the control surface?

① The aileron　　　② The elevators
③ The rudder　　　④ The tap

해설　1차 조종면(주 조종면) : 주 조종면은 항공기의 세 가지 운동축에 대한 회전운동으로 일으키는 도움날개(aileron), 승강키(elevator), 방향키(rudder)를 말한다.

6. 다음 문장의 (　　) 안에 해당되지 않는 것은?

> "Some secondary controls are (　　　)."

① flap
② ailerons
③ spoilers
④ leading edge device(slats)

7. 다음 중 (　　) 안에 해당되지 않는 것은?

> "Some secondary control surfaces are (　　　)."

① tabs
② elevators
③ slats
④ spoilers

8. 밑줄 친 부분의 의미로 옳은 것은?

> The trim tabs are controllable from the cockpit, and the pilot uses them to trim the aircraft to the flight <u>attitude</u> desired.

① 고도　　　　　　② 자세
③ 방향　　　　　　④ 위치

해설　트림 탭(trim tab) : 조종면의 힌지 모멘트를 감소시켜 조종사의 조종력을 0으로 조정해 주는 역할을 하며 조종석에서 임의로 탭의 위치를 조절할 수 있도록 되어 있다.

9. 다음 밑줄 친 부분은 무슨 뜻인가?

> Vertical axis, <u>yaw</u>

① 키놀이　　　　　② 옆놀이
③ 선회　　　　　　④ 빗놀이

해설　3축 운동
　① 키놀이 : pitching　② 옆놀이 : rolling
　④ 빗놀이 : yawing
　• vertical axis : 수직축

10. 밑줄 친 부분의 내용으로 가장 올바른 것은?

> "Ensure personnel and equipment are clear of <u>horizontal stabilizer</u> and elevator surfaces before moving."

① 승강타　　　　　② 수평 안정판
③ 방향타　　　　　④ 수직 안정판

11. 밑줄 친 부분을 의미하는 올바른 단어는?

> The tail surfaces consist of the horizontal and <u>vertical stabilizer</u> and movable control surfaces.

① 수평 안정판　　　② 수직 안정판
③ 수직축　　　　　④ 수평축

해설　꼬리날개(empennage)의 구성 : 수평 안정판, 승강타, 수직 안정판, 방향타

정답 ▶ **4.** ③　**5.** ④　**6.** ②　**7.** ②　**8.** ②　**9.** ④　**10.** ②　**11.** ②

12. 다음 물음에 옳은 것은?

> "How come to the flight if the control stick is moved to right"

① nose up   ② bank to the left
③ nose down   ④ bank to the right

해설 조종간(control stick)을 우측으로 움직이면 비행기는 우측으로 경사가 지며, 조종간을 당기면 기수는 위로 올라간다.

13. 다음 (   ) 안에 알맞은 것은?

> "The purpose of wing (   ) is to reduce stalling speed."

① drag   ② tails
③ slats   ④ thrust

해설 슬랫(slat) : 날개 앞전의 약간 안쪽 밑면에서 윗면으로 틈을 만들어 큰 받음각일 때 밑면의 흐름을 윗면으로 유도하여 흐름의 떨어짐을 지연시킨다.

14. 밑줄친 부분을 의미하는 올바른 용어는?

> The landing gear is the structure that the aircraft rests or moves on when in contact with the ground.

① 감속기어   ② 고정장치
③ 계류장치   ④ 착륙장치

해설 착륙장치(landing gear) : 항공기가 이륙(takeoff), 착륙(landing), 지상활주(taxing) 및 지상에 정지해 있을 때에 항공기 무게를 감당하고, 지상 운항을 담당하는 장치이며, 착륙 시 매우 높은 충격하중을 흡수한다.

15. 밑줄 친 부분을 의미하는 올바른 단어는?

> The take off is the movement of the aircraft from it's starting position on the runway to the point where the climb is established.

① 이륙   ② 착륙
③ 순항   ④ 급강하

해설 이륙거리 : 비행기가 정지상태에서 출발하여 프로펠러 비행기의 경우 고도가 15 m, 제트기의 경우는 10.7 m가 될 때까지의 지상 수평거리이다.

정답 ▶ **12.** ④ **13.** ③ **14.** ④ **15.** ①

(5) 날개(wing)

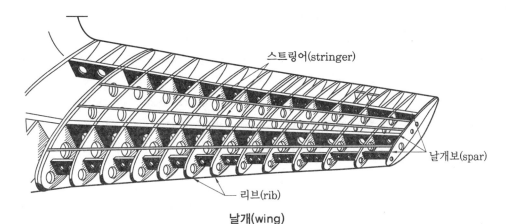

스트링어(stringer)
날개보(spar)
리브(rib)
날개(wing)

The wing and tail surfaces must be constructed strongly to withstand the extreme loads imposed during maneuvers. Modern aircraft use the stressed skin wing with an internally braced structure. One or more spars and the skin transit the lifting loads to the attaching points on the fuselage. The ribs give an airfoil shape to the wing and provide fore and after stiffness. Ribs are attached to the spars, and the stringers are attached to the ribs. Over these the skin is riveted, forming a structure that resists torsion tension, and compression forces present in the wing.

① rib : a structural member that gives shape to the wing

② skin : the outer covering of an aircraft, can be made of metal, cloth, or wood

③ stressed skin : metal framework covering that carries the major part of the load, the framework carrying the rest of the load

④ spar : a heavy load carrying member of a wing framework

⑤ stringer : a long, light weight, flexible structural member used longitudinally in aircraft structure

단어 정리

- fuselage : 동체
- load : 하중
- rib : 리브
- stressed skin : 응력 외피
- structural member : 구조 부재
- internally braced structure : 내부 보강 구조
- torsion tension and compression forces : 비틀림 장력과 압축력
- framework : 틀, 구조
- maneuver : 기동, 조작
- spar : 날개보
- stringer : 세로지
- tail surface : 꼬리 부분, 꼬리면

(6) 방빙, 제빙계통(anti-icing, de-icing system)

There are two type of ice control systems used on aircraft : Anti-icing and de-icing systems. Anti-icing systems prevents the formation of ice, while the de-icing systems allow ice to accumulate, the it is removed.

Each de-icing and anti-icing system may use several different methods to remove the ice. Anti-icing may be done by heating the surface or the component with hot air, engine oil, or using electric heating elements.

단어 정리

- anti-icing : 방빙
- formation : 형성
- de-icing : 제빙
- accumulate : 축적하다

예상문제

1. 다음 문장이 뜻하는 올바른 단어는 어느 것인가?

> "A heavy load carrying member of a wing framework."

① skin
② spar
③ stringer
④ rib

해설 날개보(spar) : 날개에 작용하는 하중의 대부분을 담당하며, 휨 하중과 전단하중에 강한 구조로 되어 있다.

2. 다음 ( ) 안에 알맞은 용어는?

> "A system used to prevent the forming of ice is an ( ) system."

① anti-icing
② refrigeration
③ de-icing
④ combustion

해설 • 방빙 계통(anti-icing system) : 날개 앞전을 미리 가열하여 결빙을 방지하는 것
• 제빙 계통(de-icing system) : 이미 형성된 얼음을 깨어 제거하는 것

3. 다음 영문의 밑줄 친 부분의 내용으로 가장 올바른 표현은?

> "Tread is that a <u>portion</u> of tire which contacts the ground."

① 일부분
② 전부분
③ 표면(휠)
④ 내면(베어링)

해설 트레드(tread) : 타이어의 바깥 원주의 고무 복합체로 된 층으로서 타이어의 마멸을 담당하는 부분이며, 트레드의 홈은 타이어의 마멸을 측정하고, 제동 효과를 주기 위하여 설치한 것이다.

4. 다음 문장에서 밑줄 친 부분이 의미하는 것은 어느 것인가?

> "These cables and push-pull rods and torque tubes are used to link-up the various flight control surfaces with the pilot controls in the <u>cockpit</u>."

① 조종면
② 조종실
③ 바닥깔개
④ 조종간

5. 다음 영문이 요구하는 장치는?

> "How are changes in direction of a control cable accomplished?"

① pulleys
② bellcrank
③ fairlead
④ turnbuckle

해설 조종계통
• 풀리(pulley) : 케이블을 유도하고, 케이블 방향을 바꾸는 데 사용한다.
• 벨크랭크(bellcrank) : 로드(rod)와 케이블의 운동방향을 전환한다.
• 페어리드(fairlead) : 케이블을 3도 이내의 범위에서 방향을 유도한다.
• 턴 버클(turn buckle) : 케이블의 장력을 조절한다.

6. 다음 ( ) 안에 알맞은 것은?

> ( ) should never deflect the alignment of a cable more than 3°.

① fairlead
② pully
③ stopper
④ hinge

정답 ▶ **1.** ② **2.** ① **3.** ① **4.** ② **5.** ① **6.** ①

해설 페어리드(fairlead) : 조종 케이블의 작동 중 최소의 마찰력으로 케이블과 접촉하여 직선운동을 하며 3° 이내의 범위에서 방향을 유도한다.

7. 다음 ( ) 안에 알맞은 용어는?

> ( ) is used to maintain constant tension on the control cable, compensation for length changes resulting from temperature.

① extension bar
② tension regulator
③ pully
④ tension meter

해설 케이블 장력 조절기(cable tension regulator) : 온도 변화에 관계없이 자동적으로 일정한 케이블의 장력을 유지하도록 한다.

8. 다음 영문에서 밑줄 친 의미로 가장 옳은 것은 어느 것인가?

> "Wrong installation of the bearings on a wheel can cause wheel damage."

① 표면   ② 내면
③ 손상   ④ 윤활

9. 밑줄친 부분을 의미하는 용어는?

> "An aluminum alloy bolts are marked with two raised dashes."

① 합금   ② 부식   ③ 강도   ④ 응력

해설 알루미늄 합금 볼트에는 2개의 튀어나온 대시(쌍대시)가 있다.
• 볼트 머리 기호에 의한 식별 : 볼트 머리에는 볼트의 특성이나 재질 등을 나타내는 표시가 있다.
• 정밀공차 볼트 : △
• 합금강 볼트 : +
• 열처리 볼트 : R
• 알루미늄 합금 볼트 : - -

10. 다음 문장에서 ( )에 들어갈 알맞은 단어는?

> "A solid aluminum alloy rivet with two raised dashes on its head is made of ( )alloy."

① 1100   ② 2017
③ 2024   ④ 2117

해설 합금 재료에 따른 리벳의 식별
• 2017 : 리벳 머리에 1개의 볼록 튀어 나온 점으로 표시, ice box rivet
• 2117 : 리벳 머리에 오목한 점으로 표시, 열처리 없이 그대로 사용
• 2024 : 리벳 머리에 2개의 볼록 튀어 나온 점으로 표시, ice box rivet
• solid rivet : 리벳 생크에 비어 있지 않은 리벳
• blind rivet : 리벳 생크가 비어 있는 리벳

11. 다음 문장 중 ( )에 차례로 들어갈 알맞은 것은?

> Ice box rivets must be heat-treated before they are driven. These rivets are made of either of two alloys ; these are ( ) and ( ).

① 2017, 2024   ② 2117, 2017
③ 1100, 2117   ④ 1100, 2024

해설 아이스 박스 리벳 (ice box rivet) : 리벳을 열처리하여 연화시킨 다음 저온 상태의 아이스 박스에 보관하면 리벳의 시효경화를 지연시켜 연화상태가 유지되므로 필요할 때마다 꺼내어 사용하는 리벳으로 2017, 2024가 있다.

12. 다음 영문의 내용으로 가장 옳은 것은?

> "Personal are cautioned to follow maintenance manual procedure."

① 정비를 할 때는 사람을 주의해야 한다.
② 정비 교범절차에 따라 주의를 해야 한다.
③ 반드시 정비 교범절차를 따를 필요 없다.

정답 7. ② 8. ③ 9. ① 10. ③ 11. ① 12. ②

④ 정비를 할 때는 상사의 업무지시에 따른다.

13. 밑줄 친 부분의 내용으로 가장 옳은 것은?

> falling objects can cause injury to personnel.

① 부품을 선별하는 것
② 수리장비를 취급하는 것
③ 부품을 교체하는 것
④ 부품을 떨어뜨리는 것

14. 다음 문장이 뜻하는 작업은?

> Word that is used to describe the lifting of aircraft in order to perform aircraft maintenance or to measure aircraft weight.

① 잭 작업　　　② 지상 유도
③ 견인 작업　　④ 계류 작업

해설 항공기 잭 작업(jacking) : 항공기의 착륙 장치 정비, 브레이크 정비와 교환, 타이어 교환 등과 같은 정비 작업을 목적으로 항공기를 들어 올리는 작업

15. 다음의 영문 물음에 가장 올바른 답은 어느 것인가?

> "what should be the included angle of a twist drill for hard metals ?"

① 118°　② 90°　③ 65°　④ 45°

해설 드릴 작업 : 경질재료나 얇은 판인 경우에는 드릴 날의 각도 118°를 사용하여 저속으로 작업하는 것이 좋으며 연질재료나 두꺼운 판에는 드릴 각도 90°인 드릴 날을 사용하여 고속으로 작업하는 것이 바람직하다.

16. 밑줄 친 부분의 내용으로 옳은 것은?

> "All pressure and temperature equipment and gauges shall be tested and calibrated <u>semiannually</u> by qualified quality assurance personnel."

① 매 분기마다　　② 매 년
③ 시기에 맞게　　④ 반년마다

17. 다음 문장에서 설명하는 감항성을 영어로 옳게 표시한 것은?

> "감항성은 항공기가 비행에 적합한 안정성 및 신뢰성이 있는지의 여부를 말하는 것이다."

① maintenance
② comfortability
③ inspection
④ airworthiness

해설 항공기 정비 용어
• part : 부품, 부분품
• unit : 단위 구성품
• airframe : 기체
• airworthiness : 감항성
• component : 구성품
• structure : 기체 구조
• inspection : 검사
• line maintenance : 운항 정비
• main station : 모기지
• maintenance : 정비
• malfunction : 기능 불량
• shop maintenance : 공장 정비
• squawks : 결함
• station : 기지

18. 상태 정비를 영어로 옳게 표시한 항은 어느 것인가?

① on condition maintenance
② condition monitoring maintenance
③ age sampling maintenance
④ hard time maintenance

해설 용어 해설
• hard time maintenance : 시한성 정비
• on condition maintenance : 상태 정비
• condition monitoring maintenance : 신뢰성 정비

정답 **13.** ④　**14.** ①　**15.** ①　**16.** ④　**17.** ④　**18.** ①

(7) 왕복 기관(reciprocating engine)

Aircraft must have a means of power for flight. This power-producing units is called the engine or power plant. There are two types the internal combustion engines in general use on aircraft today. They are reciprocating engine and the turbojet engine. Both types operate on the principle of burning and expanding a flammable fuel/air mixture. The heat energy released by burning is converted to usable power or thrust.

When the fuel-air mixture has been drawn into the cylinder and compressed, it must be ignited. This is done by an ignition system. An ignition system is made up of the magnetos, ignition harness, and the spark plugs. Magnetos are engine-driven, and two of them are mounted on an aircraft engine.

① Reciprocating engine : An engine in which power is produced from an up and down movement of pistons in a cylinder.

② Fuel/air mixture : A mixture of fuel and air for burning in an engine.

단어 정리

- reciprocating engine : 왕복 기관
- power plant : 기관, 동력장치
- internal combustion engines : 내연 기관
- up and down movement of pistons : 피스톤의 왕복운동
- ignition system : 점화장치
- a means of : 많은
- fuel/air mixture : 연료 공기 혼합

예상문제

1. 다음 ( ) 안에 알맞은 말은 무엇인가?

> The two major divisions of aircraft engines used are the ( ) engine and ( ) engine types.

① reciprocating, gas turbine
② ram, pulse
③ turbojet, turbofan
④ opposed, radial

해설 기관의 분류 : 내연 기관은 열기관의 대표적 기관으로 왕복 기관(reciprocating engine), 가스 터빈 기관(gas turbine engine), 회전 기관(rotary engine)으로 나뉜다.

2. 밑줄 친 부분을 의미하는 올바른 단어는 어느 것인가?

> Starting and operating an aircraft <u>reciprocating engine</u> is not difficult if the proper procedures are used.

① 성형 기관
② 대항형 기관
③ 왕복 기관
④ 공랭식 기관

3. What's the primary function of the combustion section?

① to burn the fuel/air mixture

② to freeze the fuel/oil mixture

③ to cold the fuel/oil mixture

④ to cold the fuel/air mixture

4. 다음 영문의 내용으로 가장 올바른 것은 어느 것인가?

> "A lead is a wire connection a spark plug to a magnet."

① 점화 플러그는 마그네토에 포함된다.

② 도선은 점화 플러그와 마그네토를 연결하는 선이다.

③ 마그네토는 점화 플러그에 의해 작동된다.

④ 처음 작동의 연결은 축전지와 마그네토 플러그에 연결된 도선에 의한다.

해설 • lead : 도선

　　　• spark plug : 점화 플러그

5. 밑줄 친 부분의 영문 내용으로 가장 올바른 것은?

> "The expansion space above the <u>fuel</u> in the tank shifts according to attitude changes of the airplane."

① 연료　　　　　　② 윤활유

③ 유압유　　　　　④ 공기압

해설 연료 탱크의 팽창 공간 : 연료 탱크는 탱크 용량에 더하여 적어도 2%의 팽창 공간(expansion space)을 갖추어야 한다. 이때 연료 탱크의 팽창 공간에 연료를 채우는 것은 불가능하도록 설계한다.

• expansion space : 팽창 공간

• shift : 이동하다, 옮기다.

• attitude : 자세

6. 다음 밑줄 친 부분의 뜻으로 맞는 것은?

> A many of engine require <u>hi-octane</u> fuel.

① 고 점도　　　　　② 고 옥탄가

③ 저 점도　　　　　④ 저 옥탄가

정답 ➡ **3.** ① **4.** ② **5.** ① **6.** ②

(8) 터보 제트 기관의 운용(operation of turbojet engines)

The turbojet engine should always be operated on a clean, hard surface where the possibility of dirt, gravel, or other objects being drawn into the engine is at a minimum. Before entering the cockpit to start the engine, always inspect the air intake ducts for objects that maybe be sucked into the compressor.

Look up the tailpipe for obstructions that may block the free exit of the exhaust gas. Make sure that the danger areas in front and behind the aircraft are clear. While running the engine, be sure that no other aircraft will taxi behind where the heat and blast could damage them after running, watch the exhaust gas temperature(EGT) gage for a rise in tailpipe temperature and also the tachometer for an increase in rpm.

① danger area : a place where people may be hurt or equipment may be damaged because of some unsafe condition

② EGT(exhaust gas temperature) : the degree of heat in the burned fuel/air mixture leaving and engine

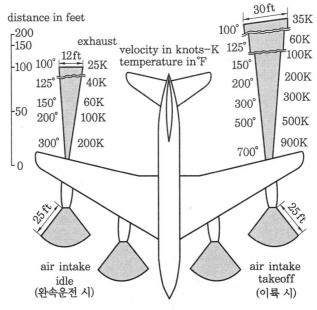

제트 기관의 흡입과 배기 위험 지구

🔧 **단어 정리**

- gravel : 자갈
- compressor : 압축기
- exhaust gas temperature(EGT) : 배기가스 온도
- fuel/air mixture : 연료 공기 혼합(혼합가스)
- cockpit : 조종석
- danger area : 위험 지역

예상문제

1. 다음 (   )안에 알맞은 뜻은?

> When approaching the front of an idling jet engine, the hazard area extends forward of the engine approximately (   ).

① 15 feet　　　② 25 feet
③ 35 feet　　　④ 45 feet

해설 제트 기관 작동 시 안전 : 기관 완속(idle) 운전 작동 시 전방 25 feet, 기관 정상 작동 시는 앞쪽 200 feet(60m), 뒤쪽 500 feet(150 m) 이내는 접근을 금지한다.

2. 제트 기관에 대한 다음 설명에서 밑줄 친 부분의 약어를 옳게 나타낸 것은?

> "Do not let the <u>EGT</u> increase more than 535℃."

① engine gas turbine
② exhaust gas turbine
③ engine gas temperature
④ exhaust gas temperature

해설 배기가스 온도(exhaust gas temperature :

정답 ➡ 1. ②　**2.** ④

EGT) : 가스터빈 기관의 연소실에서 연소된 후 터빈 출구를 통해 배기되는 순간에 측정한 배기가스의 온도로서 터빈 날개(blade)를 구성하는 재료의 내열성에 한계가 있어 그 한계 이상으로 온도가 올라갈 경우 터빈 날개가 파괴될 위험이 있기 때문에 배기가스 온도를 관찰하면서 기관을 작동해야 한다.

3. 다음 ( ) 안에 알맞은 말은?

> (   ) entering the cockpit to start the engine, always inspect the air intake ducts for objects that may be sucked into the compressor.

① After
② Before
③ On
④ During

[해설] 조종사는 기관 시동을 위하여 조종석 (cockpit)으로 들어가기 전에 압축기로 흡입될 수 있는 물체가 있는지 공기 흡입 덕트를 항상 점검해야 한다.

4. 다음 물음에 대하여 옳은 것은?

> "Where is the combustor in gas turbine engine?"

① between the compressor and the turbine sections
② between the manifold and the diffuser
③ between the turbine and the manifold
④ between the blade and the blade

[해설] 가스터빈 기관 구성 : 흡입부 – 압축부 – 연소부 – 터빈부 – 배기부

5. 밑줄친 부분을 의미하는 올바른 내용은?

> Action is produced by the burning and expansion of the fuel−air mixture in <u>the combustion chamber.</u>

① 압축기
② 연소실
③ 터빈
④ 연료실

[해설] 연소실(combustion chamber) : 압축기에 압축된 고압 공기에 연료를 분사하여 연소시킴으로써 연료의 화학적 에너지를 열에너지로 변환시키는 장치

[정답] **3.** ② **4.** ① **5.** ②

(9) 운동의 기본 법칙(basic laws of motion)

① Newton's first law

Newton's first law of motion states a body at rest remains at rest, and a body in motion continues to move at a constant speed in a straight line unless acted upon by an unbalancing force.

② Newton's second law

Newton's second law of motion states that an unbalanced force on a body produces an acceleration in the direction of the force, and that this acceleration is directly proportional to the force and inversely proportional to the mass of the body.

$$a = \frac{F}{M} \quad \text{or} \quad F = Ma$$

Where a : acceleration, F : force, M : mass

③ Newton's third law

Newton's third law of motion states that for every acting force there is an equal and opposite reacting force. Here the term acting force means the force one body exerts on a second body, while reacting force means the force the second body exerts on the first.

단어 정리

- Newton's first law : 뉴턴의 제1법칙
- rest : 정지
- proportional : 비례의
- body : 물체
- acceleration : 가속
- mass : 질량

예상문제

1. 다음 문장에서 설명하고 있는 법칙은?

> A body at rest remains at rest and a body in motion continues to move at constant velocity unless acted upon by unbalanced external force.

① 관성의 법칙
② 질량, 가속도의 법칙
③ 작용, 반작용의 법칙
④ 만유인력의 법칙

해설 뉴턴의 제1법칙(관성의 법칙) : 모든 물체는 그것에 힘이 가해져서 현재의 상태를 변화시키려 하지 않는 한, 정지 상태 또는 직선상의 등속운동 상태를 유지하려 한다.

2. What's the principle of the jet propulsion?

① Newton's first law
② Newton's scond law
③ Newton's third law
④ Newton's fourth law

해설 제트 기관의 원리 : 작용과 반작용의 법칙 (뉴턴의 제 3법칙)

3. Change 59°F to degree ℃?

① 0
② 15
③ 48.6
④ 74.2

해설 $T_c = \dfrac{5}{9}(T_f - 32) = \dfrac{5}{9}(59 - 32) = 15℃$

4. Change 32°F to degrees ℃?

① 0
② 15
③ 48.6
④ 74.2

해설 $t_c = \dfrac{5}{9}(t_f - 32) = \dfrac{5}{9}(32 - 32) = 0℃$

5. change 20℃ to degree °F?

① 43.1
② 68
③ 93.6
④ 293

해설 화씨와 섭씨의 관계
$$T_F = \frac{9}{5}T_C + 32 = \frac{9}{5} \times 20 + 32 = 68°F$$

6. 다음 문장이 뜻하는 계기로 옳은 것은?

> "An instrument that measures and indicates height in feet."

① altimeter
② air speed indicator

정답 ➔ **1.** ① **2.** ③ **3.** ② **4.** ① **5.** ② **6.** ①

③ turn and slip indicator
④ vertical velocity indicator

해설 고도계(altimeter) : 일종의 기압계로서 기압을 측정하여 간접적으로 고도를 지시한다. 대기 압력을 수감하여 표준 대기압력과 고도와의 관계에서 항공기의 고도를 지시하는 계기이다. 보통 고도를 피트(feet)로 지시한다.

7. 다음 밑줄 친 부분이 뜻하는 안전색채로 옳은 것은？

> This color is used on equipments and facilities that may involve dangers such as collision, crashes or rollovers and is used in alternation with the color black.

① red　　　　② yellow
③ green　　　④ blue

해설 안전색채 표시
• 붉은색 : 위험물 또는 위험 상태
• 노란색 : 충돌, 추락, 전복 및 이에 유사한 사고의 위험이 있는 장비 및 시설물. 검은색과 노란색을 교대로 칠하여 표시한다.
• 녹색 : 안전에 직접 관련된 설비 및 구급용 치료 설비
• 파란색 : 장비 및 기기의 수리, 조절, 검사 중일 때
• 오렌지색 : 기계 또는 전기 설비의 위험 위치

8. Which term means 0.001 A？

① 1μA　　　② 1 mA
③ 1 kA　　　④ 1 nA

해설 밀리 암페어(mA) : 1 mA는 1 A의 1000분의 1이다.
1μA = 0.001 mA
1 mA = 0.001 A
1 kA = 1000 A

9. Which term means 0.001 ampere？

① microampere
② kiloampere
③ milliampere
④ centiampere

10. 다음 문장이 의미하는 것은？

> What unit is used to express current in the electrical system？

① volt
② ohm
③ ampere
④ watt

해설 전기 계통
• 전압(voltage) : volts(V)
• 전류(current) : ampere(A)
• 저항(resistance) : ohm(Ω)

11. Which term means 1 ft？
① 25.4 mm
② 300 cm
③ 12 in
④ 0.2 yd

해설 1 feet = 12 inch = 30.48 cm

12. 다음 영문의 내용에 대한 옳은 값은？

> "Express 1/4 as a percent."

① 0.25
② 2.5
③ 20
④ 25

13. 다음 영문의 내용에 대한 옳은 값은？

> Express 7/8 as a percent.

① 0.875
② 8.75
③ 87.5
④ 875

③
PART

항공 기관

CHAPTER
01 항공기 기관의 분류

1-1 기관의 일반적인 분류

(1) 내연기관 : 왕복기관, 회전기관, 가스터빈기관

(2) 외연기관 : 증기기관, 증기터빈기관

1-2 왕복기관

(1) 냉각 방법에 의한 분류

액랭식과 공랭식이 있다. 주로 공랭식이 이용된다.

① 액랭식 기관 : 물 재킷(radiator), 온도 조절장치, 펌프, 연결 파이프, 호스로 구성되며, 항공기에는 거의 사용되지 않는다.

② 공랭식 기관 : 프로펠러를 지난 공기나 팬에 의해 발생된 공기, 비행 시 마주치는 공기가 실린더 주위를 흐르게 하여 기관을 냉각한다. 냉각 효율이 좋고, 제작비가 싸며, 정비하기가 쉽지만 지상 작동 시, 지상 활주 시 냉각 효율이 떨어지는 것이 단점이다.

   (가) 냉각 핀(cooling fin) : 실린더 및 실린더 헤드 바깥쪽에 얇은 지느러미 모양의 금속 핀(fin)을 부착시켜 냉각 면적을 넓게 하여 냉각을 촉진시킨다. 냉각 핀의 방열은 냉각 핀의 재질, 냉각 핀의 모양, 실린더 주위에 흐르는 공기유량에 따라 달라진다.

   (나) 배플(baffle) : 실린더 및 실린더 헤드 주위에 금속판을 설치하여 공기 흐름을 각 실린더로 고르게 흐르도록 유도하여 냉각 효과를 증진시킨다.

   (다) 카울 플랩(cowl flap) : 기관 주위를 덮어씌운 카울링(cowling) 뒷부분에 전체 또는 부분적으로 열고 닫을 수 있는 플랩을 장치하여 실린더 온도에 따라 공기의 흐름 양을 조절함으로써 냉각 효과를 조절한다.

     • 이륙 시, 상승 시 : 카울 플랩을 최대한 열어 준다.

     • 순항 비행, 강하 비행 시 : 과냉각을 막기 위해 닫아 준다.

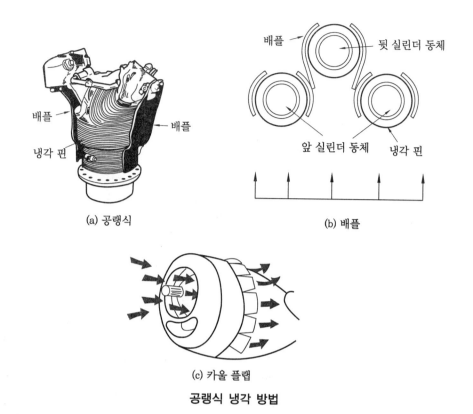

(a) 공랭식

(b) 배플

(c) 카울 플랩

공랭식 냉각 방법

(2) 실린더 배열 방법에 의한 분류

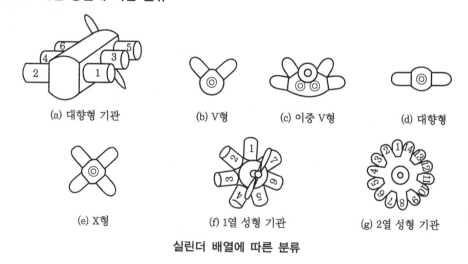

(a) 대향형 기관

(b) V형

(c) 이중 V형

(d) 대향형

(e) X형

(f) 1열 성형 기관

(g) 2열 성형 기관

실린더 배열에 따른 분류

① 대향형 기관 : 구조가 간단하고, 기관의 전면 면적이 좁아 공기 저항을 줄일 수 있으나 마력이 큰 기관에는 적합하지 않아 소형 항공기에 사용한다.

② 성형 기관 : 다른 기관에 비해 실린더 수가 많고, 마력당 무게비가 작아 대형 기관에 적합하지만 전면 면적이 넓어 공기 저항이 크고, 실린더 수가 증가할수록 뒷렬의 실린더 냉각

이 어려운 것이 단점이다.

- 성형 기관의 실린더 번호 부여 : 위쪽 중앙에 있는 실린더를 1번으로 하여 기관의 회전방향으로 번호가 붙여진다.
③ 직렬형, V형, X형 기관

(3) 행정(cycle) 수에 따른 분류

예상문제

1. 다음 중 외연기관에 속하는 것은?
① 왕복기관　　② 회전기관
③ 가스터빈기관　④ 증기기관

2. 다음 중 내연기관에 속하지 않는 것은 어느 것인가?
① 왕복기관　　② 회전기관
③ 증기터빈기관　④ 가스터빈기관

3. 일반적으로 기관의 분류 방법으로 사용되지 않는 것은?
① 냉각 방법에 의한 분류
② 실린더 배열에 의한 분류
③ 실린더의 재질에 의한 분류
④ 행정(cycle) 수에 의한 분류

4. 일반적으로 항공용 왕복기관(reciprocating engine)에서 사용하지 않는 냉각장치는?
① 냉각 핀　　② 배플
③ 물 재킷　　④ 카울 플랩

5. 왕복기관의 냉각에 주로 사용되는 공랭식 기관의 구조에 해당하지 않는 것은?
① 배플(baffle)
② 카울 플랩(cowl flap)
③ 냉각 핀(cooling fin)
④ 공기 덕트(air duct)

6. 다음 중 공랭식 왕복기관 실린더의 냉각 핀(cooling pin)에 대한 설명으로 옳은 것은 어느 것인가?
① 표면이 유선형으로 항공기의 항력을 줄이고 냉각 공기의 배출량을 조절하여 실린더의 온도를 조절한다.
② 피스톤 주위에 판을 설치하여 냉각공기가 실린더 주위로 흐를 수 있도록 유도하는 장치이다.
③ 실린더 외부에 지느러미 모양의 얇은 판을 부착하여 표면 면적을 넓혀 열 발산이 잘되도록 한 장치이다.
④ 카울링의 둘레에 열고 닫을 수 있는 플랩을 장치하여 실린더 주위의 공기 흐름 양을 조절하는 장치이다.

7. 왕복기관 실린더에 있는 냉각 핀(cooling fin)을 더 많이 설치하여 간격을 좁게 했을 경우에 대한 설명으로 옳은 것은?
① 냉각 면적이 감소하여 출력이 향상된다.
② 공기의 흐름을 방해하여 냉각 효과가 감소한다.
③ 냉각 면적이 증가하고 공기의 흐름을 가속시킨다.
④ 냉각 면적이 감소하여 순항 시 과냉각이 일어난다.
　해설 냉각 핀과 핀의 간격을 좁게 하면 방열 면적은 증가하지만 공기 저항이 커져 공기 유량이 감소하기 때문에 냉각 효과가 떨어진다.

정답 ● **1.** ④ **2.** ③ **3.** ③ **4.** ③ **5.** ④ **6.** ③ **7.** ②

8. 항공용 왕복기관에서 냉각핀의 방열량 변화에 직접적으로 영향을 미치는 것이 아닌 것은?

① 실린더의 크기
② 공기 유량
③ 냉각핀의 재질
④ 냉각핀의 모양

9. 공랭식 왕복기관의 각 구성품에 대한 설명으로 옳은 것은?

① 라이너(liner)는 냉각 공기의 흐름 방향을 유도한다.
② 카울 플랩(cowl flap)은 냉각 공기가 넓게 흐르도록 유도한다.
③ 냉각 핀(cooling fin)의 재질은 실린더 헤드와 같은 재질로 제작한다.
④ 배플(baffle)은 기관으로 유입되는 냉각공기의 흐름양을 조절한다.

해설 다른 재질을 사용할 경우 열팽창 계수가 달라져 재질의 변형이나 파손이 발생한다.

10. 공랭식 기관에서 냉각 핀(cooling fin)의 재질과 같아야 하는 것은?

① 밸브
② 커넥팅 로드
③ 실린더
④ 크랭크케이스

11. 항공기관의 냉각계통 중에서 실린더의 위치에 관계없이 공기를 고르게 흐르도록 유도하여 냉각 효과를 증진시켜 주는 역할을 하는 것은?

① 배플
② 카울 플랩
③ 냉각 핀
④ 방열기

12. 왕복기관의 손상된 실린더 배플(baffle)을 수리하고자 한다면 결국 어떤 성능을 향상시키기 위한 것인가?

① 냉각 성능
② 연료의 기화 성능
③ 실린더의 체결 성능
④ 기관의 반응 성능

13. 왕복기관에서 냉각 공기의 유량을 조절함으로써 기관의 냉각 효과를 조절하는 장치는 무엇인가?

① 카울 플랩
② 배플
③ 피스톤링
④ 커프

14. 이륙이나 상승할 때와 같이 최대 출력을 낼 때 카울 플랩(cowl flap)은 어떻게 하는 것이 가장 좋은가?

① $\frac{1}{2}$ 정도 열어 준다.

② $\frac{1}{3}$ 정도 열어 준다.

③ 완전히 닫아 준다.
④ 완전히 열어 준다.

15. 다음 중 왕복기관을 분류하는 방법이 다른 것은?

① 대향형 기관
② V형 기관
③ 공랭식 기관
④ 직렬형 기관

16. 왕복기관의 분류 방법 중 실린더 배열 방법에 의한 분류 방식에 속하지 않는 것은?

① 대향형 기관
② 성형 기관
③ V형 기관
④ 항공용 기관

17. 왕복기관의 실린더 배열 방식에 의한 분류로 나열된 것은?

① 대향형, 성형
② 왕복식, 회전식
③ 고속형, 저속형
④ 공랭식, 액랭식

18. 항공기용 기관 중 왕복기관의 종류로 나열된 것은?

① 성형 기관, 대향형 기관
② 로켓 기관, 터보 샤프트 기관
③ 터보 팬 기관, 터보 프롭 기관
④ 터보 프롭 기관, 터보 샤프트 기관

정답 ➡ 8. ① 9. ③ 10. ③ 11. ① 12. ① 13. ① 14. ④ 15. ③ 16. ④ 17. ① 18. ①

19. 항공기용 왕복기관에 대한 설명으로 틀린 것은?

① V형 기관의 실린더 수는 항상 홀수이다.

② 대향형 기관의 실린더 수는 항상 짝수이다.

③ 1렬 성형 기관의 실린더 수는 항상 홀수이다.

④ 대향형 기관은 경비행기와 경헬리콥터에 주로 사용된다.

해설 V형 기관, 대향형 기관의 실린더 수는 항상 짝수이다.

20. 항공기 기관을 동력이 발생되는 방법에 따라 분류한 것은?

① 공랭식 기관, 액랭식 기관

② 대향형 기관, 성형 기관

③ 왕복기관, 가스터빈기관

④ 소형 기관, 대형 기관

21. 항공기 왕복기관 중 성형 기관에서 1번 실린더의 일반적인 위치는? (단, 항공기 정면에서 기관을 볼 때를 기준으로 한다.)

① 아래쪽 중앙　　② 위쪽 중앙

③ 오른쪽 중앙　　④ 왼쪽 중앙

22. 단열(single-row) 성형 기관에서 실린더 번호 부여 방법을 설명한 것으로 옳은 것은?

① 가장 윗부분에 수직으로 서 있는 실린더를 1번으로 하여 기관의 회전방향으로 번호를 붙여나간다.

② 가장 윗부분에 수직으로 서 있는 실린더를 1번으로 하여 기관의 회전 반대방향으로 번호를 붙여나간다.

③ 가장 아랫부분에 수직으로 서 있는 실린더를 1번으로 하여 기관의 회전방향으로 번호를 붙여나간다.

④ 가장 아랫부분에 수직으로 서 있는 실린더를 1번으로 하여 기관의 회전 반대방향으로 번호를 붙여나간다.

23. O-470-E1 왕복기관에서 맨 앞의 'O'는 무엇을 의미하는가?

① 기관의 실린더 배열 형식

② 연료계통에서 기화기의 형식

③ 실린더의 모양

④ 점화계통의 형식

해설 O-470-E1
O : 기관의 실린더 배열 형식(O : 대향형 기관)
470 : 배기량(470 in³)
E : 출력부의 형태(E형 크랭크케이스)
1 : 전방 부분의 설계 형태(No.1 nose section)

정답 19. ① 20. ③ 21. ② 22. ① 23. ①

1-3 가스터빈 기관

(1) 터보 제트 기관(turbo jet engine)

공기를 빠른 속도로 분사시키므로 소형, 경량으로도 큰 추력을 낼 수 있고, 후기 연소기를 장착하는 경우에는 초음속 비행이 가능하여 고속 군용기에 사용되고 있다.

① 장점 : 비행속도가 빠를수록 효율이 좋고, 아음속에서 초음속에 걸쳐 우수한 성능을 가진다.

② 단점 : 저속에서는 효율이 감소하고, 연료 소비율이 증가하며, 소음이 특히 심하다.

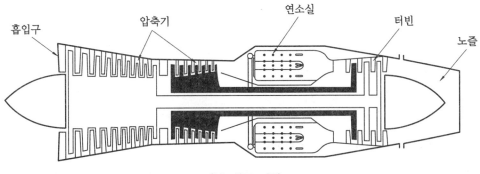

터보 제트 기관

(2) 터보 팬 기관(turbo fan engine)

팬의 중심부를 통과한 공기는 압축기로 보내지면 연소되어 배기 노즐로 분사함으로써 추력을 얻고, 팬을 통과하여 기관 외부로 흘러간 바이패스 공기(bypass air)도 추력을 발생시킨다. 아음속에서 추진 효율이 좋고 연료 소비율이 작으며, 소음이 적어 대형 여객기뿐만 아니라 군용기에도 널리 사용된다.

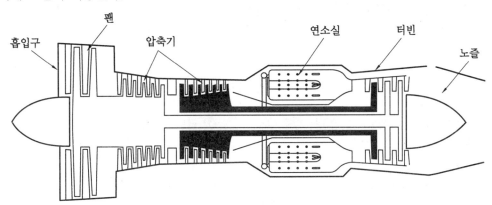

터보 팬 기관

(3) 터보 프롭 기관(turbo prop engine)

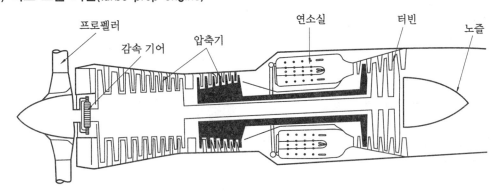

터보 프롭 기관

터보 제트 기관에 프로펠러를 장착한 형태로 대부분의 추력 75 % 정도는 프로펠러에서 얻고, 나머지는 배기 노즐에서 얻는다.

① 고정 터빈 방식 : 프로펠러 구동축과 압축기 및 터빈이 직접 연결
② 자유 동력 터빈 방식(free power turbine) : 터빈이 압축기와 분리 가능하게 연결
③ 프롭 팬 기관(propfan engine) : 터보 프롭 기관과 구조는 거의 같으나, 프로펠러의 형상을 변화시켜 연료 소모를 줄이고, 고속에서 프로펠러 효율을 향상시킨 기관이다.

(4) 터보 샤프트 기관(turbo shaft engine)

배기가스에 의한 추력은 거의 없고, 기관에서 발생된 모든 동력을 축을 통해 다른 작동부분에 전달하는 기관으로 주로 헬리콥터에 이용된다.

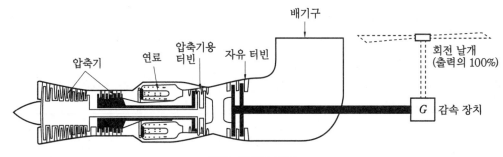

터보 샤프트 기관

예상문제

1. 고(高)고도에서 고속으로 비행하는 항공기에 가장 적합한 기관 형식은 ?
① 터보 팬(turbo fan) 기관
② 터보 제트(turbo jet) 기관
③ 터보 프롭(turbo prop) 기관
④ 터보 샤프트(turbo shaft) 기관

2. 다음의 가스 터빈 기관 중 배기소음이 가장 심한 것은 ?
① 터보 팬 기관
② 터보 프롭 기관
③ 터보 제트 기관
④ 터보 샤프트 기관

3. 프로펠러 항공기에 주로 사용하는 가스 터빈 기관은 ?

① 터보 팬 기관
② 터보 프롭 기관
③ 터보 제트 기관
④ 터보 샤프트 기관

4. 현재의 세계 민간 항공기에 가장 많이 사용되고 있는 기관은 ?
① 터보 샤프트 기관
② 터보 프롭 기관
③ 터보 팬 기관
④ 터보 제트 기관

5. 항공기 기관 중 바이패스 공기(bypass air)에 의해 추력의 일부를 얻는 기관은 ?
① 터보 제트 기관
② 터보 팬 기관

정답 ➤ **1.** ② **2.** ③ **3.** ② **4.** ③ **5.** ②

③ 터보 프롭 기관

④ 램 제트 기관

6. 다음 중 터보 팬 기관에 대한 설명으로 틀린 것은?

① 연료 소비율이 작다.

② 아음속에서 효율이 좋다.

③ 헬리콥터의 회전날개에 가장 적합하다.

④ 대형 여객기 및 군용기에 널리 사용된다.

7. 일반적으로 터보 프롭 기관에서 프로펠러는 총 추력의 약 몇 %의 추력을 발생시키는가?

① 10~50　　　　② 50~60

③ 75~90　　　　④ 100

8. 다음 중 헬리콥터에서 주로 사용되는 가스 터빈 기관은?

① 터보 샤프트 기관

② 터보 프롭 기관

③ 터보 제트 기관

④ 터보 팬 기관

9. 다음 중 터빈 형식의 제트 기관이 아닌 것은?

① 터보 팬 기관

② 터보 제트 기관

③ 터보 샤프트 기관

④ 펄스 제트 기관

10. 항공기 터보 프롭 기관에서 프로펠러의 진동이 가스 발생부로 직접 전달되지 않으며, 기관을 정지하지 않고도 프로펠러를 정지시킬 수 있는 이유는?

① 감속기가 장착되었기 때문

② 프로펠러 구동 샤프트가 단축 샤프트로 연결되었기 때문

③ 프리 터빈(free turbine)이 장착되어서 로터 브레이크를 사용하기 때문

④ 타기관과 비교하여 프로펠러의 최고 회전 속도가 낮기 때문

11. 세계 최초로 민간 항공용 운송기에 장착하여 운항한 가스터빈기관은?

① 터보 프롭 기관

② 터보 팬 기관

③ 터보 샤프트 기관

④ 터보 제트 기관

해설 가스터빈기관 중 민간 항공 분야에 최초로 도입된 것은 터보 프롭 기관으로, 1948년 영국에서 최초로 터보 프롭 여객기의 시험 비행에 성공하였다.

정답 　**6.** ③　**7.** ③　**8.** ①　**9.** ④　**10.** ③　**11.** ①

1-4　펄스 제트, 램 제트, 로켓 기관

(1) 펄스 제트 기관(pulse-jet engine)

관내의 맥동류를 이용하여 추진력을 얻는 기관으로 흡입구, 밸브망, 연소실, 배기 노즐로 구성되며, 기관 내부에 기계적 구조를 가지고 있지 않으나 공기 흡입 플래퍼 밸브라는 밸브망이 램 압력에 의해 자동으로 열리고 닫힌다. 구조가 간단하지만 연료 소비량이 많고 소음과 진동이 심하다.

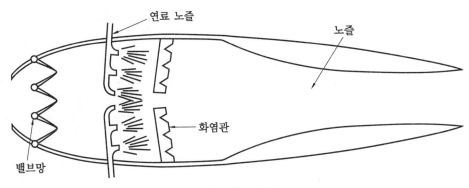

펄스 제트 기관

(2) 램 제트 기관(ram jet engine)

흡입구, 연소실, 배기 노즐로 구성되어 제트 기관 중 가장 간단한 구조이다. 이 기관이 작동되기 위해서는 기관으로 흡입되는 공기속도가 마하 0.2 이상 되어야 하므로 정지 상태에서는 작동이 불가능하다.

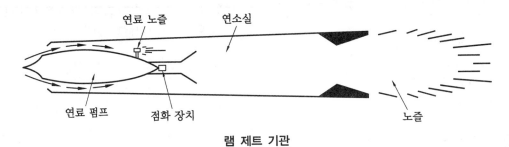

램 제트 기관

(3) 로켓 기관(rocket engine)

공기를 흡입하지 않고 기관 내부에 연료와 산화제를 함께 갖추고 있는 기관이다.

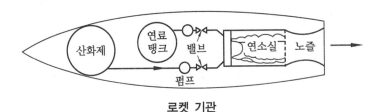

로켓 기관

예상문제

1. 관속에서 공기의 맥동 효과를 이용하여 추진력을 발생시키는 기관은?
① 램 제트 기관
② 펄스 제트 기관
③ 터보 제트 기관
④ 터보 프롭 기관

2. 항공용 기관에서 내부에 기계적 기구를 갖지 않고 디퓨저, 밸브망, 연소실 및 분사 노즐로 구성된 기관은?
① 램 제트 기관
② 펄스 제트 기관
③ 로켓 기관
④ 프롭 팬 기관

3. 다음 중 램 제트 기관에 대한 설명으로 옳은 것은?
① 기관에 압축기가 장착되어 있다.
② 정지 상태에서 작동이 원활하게 된다.
③ 항공용 기관으로 널리 사용되고 있다.
④ 작동하려면 비행속도가 약 마하 0.2 이상 되어야 한다.

4. 다음 그림과 같은 구조의 기관은?

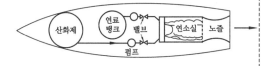

① 로켓 기관
② 터보 제트 기관

③ 수평 대향형 기관
④ 가스 터빈 기관

5. 다음 그림과 같은 구조의 기관은?

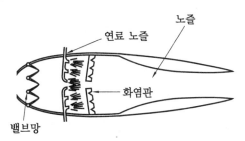

① 로켓 기관
② 펄스 제트 기관
③ 램 제트 기관
④ 프롭 팬 기관

6. 다음 설명 중 틀린 것은?
① 펄스 제트 기관은 흡입구, 밸브망, 연소실, 배기 노즐로 구성되며, 공기 흡입 플래퍼 밸브라고 하는 밸브망을 가지고 있다.
② 램 제트 기관은 흡입구, 연소실, 분사 노즐로 구성되며, 제트 기관 중 가장 복잡한 구조로 되어 있다.
③ 로켓 기관은 다른 제트 기관과 달리 공기를 흡입하지 않고, 기관 내부에 연료와 산화제를 함께 갖추고 있는 기관이다.
④ 램 제트 기관은 기관으로 흡입되는 공기속도가 마하 0.2 이상이 되어야 하므로 정지 상태에서는 작동이 불가능하다.

정답 ▶ **1.** ② **2.** ② **3.** ④ **4.** ① **5.** ② **6.** ②

CHAPTER 02 열역학 및 열역학 사이클

2-1 열역학 기초 이론

(1) 기본 단위와 힘

힘(force : F)의 크기는 질량(m)과 가속도(a)의 곱으로 나타낸다.

$F = ma$

$1\,\mathrm{kgf} = 1\,\mathrm{kg} \times 9.8\,\mathrm{m/s^2} = 9.8\,\mathrm{kg \cdot m/s^2} = 9.8\,\mathrm{N}$

$1\mathrm{N} = 1\,\mathrm{kg} \times 1\,\mathrm{m/s^2} = 1\,\mathrm{kg \cdot m/s^2}$

(2) 일과 동력

① 일(work : W) : 물체에 작용하는 힘(F)과 힘의 방향으로 움직인 거리(L)의 곱으로 나타내며, 일의 기본 단위는 줄(J)이다.

$W = F \times L$

$1\,\mathrm{J} = 1\mathrm{N \cdot m}$

• 물체가 회전운동을 할 때 일(W) $= T \times \theta$ 여기서, T : 회전 모멘트, θ : 회전각

② 동력(일률, power : P) : 단위 시간에 할 수 있는 일의 능력으로 일을 시간으로 나눈 값이다.

$P = \dfrac{W}{t} = \dfrac{F \times L}{t} = F \times V$

• 회전운동을 할 때의 동력(P) $= \dfrac{W}{t} = \dfrac{T \times \theta}{t} = T \times \omega$ 여기서, ω : 각속도

• 동력의 단위 : kW, HP

$1\,\mathrm{HP} = 75\,\mathrm{kg \cdot m/s^2} = 0.735\,\mathrm{kW}$

(3) 온도와 절대온도

① 섭씨 온도(t_c)와 화씨 온도(t_f)의 관계 : $t_c = \dfrac{5}{9}(t_f - 32)$ 또는 $t_f = \dfrac{9}{5}t_c + 32$

섭씨에서는 물의 어는점을 0℃, 끓는점을 100℃로 정하고, 화씨에서는 물의 어는점을 32℉, 끓는점을 212℉로 정한다.

② 절대 온도(K)

㈎ 이상 기체의 부피가 0이 되는 -273℃를 기준점으로 하여 표시한 온도

(나) 켈빈 온도(T_c)와 섭씨 온도(t_c)의 관계식

$$T_c = t_c + 273$$

(4) 비열

어떤 물질 1kg의 온도를 1℃ 높이는 데 필요한 열량으로 단위는 kcal/kg·℃이다.

① 정압비열(C_P) : 압력이 일정한 상태에서 그 기체의 온도를 1℃ 높이는 데 필요한 열량

② 정적비열(C_V) : 부피가 일정한 상태에서 그 기체의 온도를 1℃ 높이는 데 필요한 열량

③ 비열비(k) : 정압비열과 정적비열의 비로서 그 값은 항상 1보다 크다.

$$k = \frac{C_P}{C_V} > 1$$

(5) 비체적과 밀도

① 비체적(specific volume : v) : 단위 질량당 체적을 말하며 단위는 m^3/kg이다.

② 밀도(density : ρ) : 단위 체적당 질량을 말하며 단위는 kg/m^3이다.

(6) 압력 : 단위 면적에 수직으로 작용하는 힘의 크기

① 압력 단위 : kgf/cm^2, bar, mmHg

② 표준 기압 : 1 atm = 760 mmHg = 1.013 bar = 14.7 psi = 1.033 kgf/cm^2

③ 절대압력 = 대기압 + 게이지 압력

(7) 계와 작동물질

① 계(system) : 열역학적으로 관심의 대상이 되는 물질이나 장치의 일부분

② 주위(surrounding) : 계에 속하지 않는 계 밖의 모든 부분

③ 경계(boundary) : 계와 주위를 구분하는 용어

④ 작동물질(작동유체 : working fluid) : 에너지를 저장하거나 운반하기 위해 사용되는 물질

⑤ 밀폐계(closed system) : 경계를 통해 에너지의 출입은 가능하나 작동물질의 출입은 불가능하다.

⑥ 계방계(open system) : 경계를 통해 에너지와 작동물질의 출입이 모두 가능하다.

예상문제

1. 물리적인 일(work)에 관한 설명으로 틀린 것은?

① 모멘트의 단위와 같다.

② 기본 단위는 줄(joule : J)이다.

③ 일은 동력을 시간으로 나눈 값이다.

④ 힘이 물체에 작용하여 물체를 움직일 때

발생한다.

해설 일

- 힘이 물체에 작용하여 물체를 움직이게 할 때 힘이 물체에 일을 했다고 한다.
- 일 = 힘(F) × 거리(L)
- 일의 기본 단위 : J(Joule), 1 J = 1 N·m
- 일 = 동력 × 시간

2. 다음 중 일의 정의를 가장 옳게 나타낸 것은?

① 힘×거리
② 질량×거리
③ 힘×속도
④ 무게×속도

3. 물체에 한 일(W)을 옳게 나타낸 것은? (단, F : 물체에 작용하는 힘, L : 힘의 방향으로 움직인 거리)

① $F \times a$　　　② $F \times L$
③ $F \times \dfrac{L}{S}$　　　④ $\dfrac{F}{L}$

4. 단위 시간에 할 수 있는 일의 능력을 표현한 것으로 틀린 것은?

① 동력　　　② 일률
③ 마력　　　④ 효율

5. 열역학에서 동력과 일에 대한 설명으로 옳은 것은?

① 1J은 9.8 N·m이다.
② 동력의 단위는 줄(joule)이다.
③ 동력은 단위 시간당의 일량이다.
④ 일의 기본 단위는 와트(watt)이다.

해설 1J은 1N·m이다.

6. 열역학과 관련된 단위에 대한 설명으로 옳은 것은?

① 단위 시간당 행해진 일을 동력이라고 한다.
② 15℃ 물 1g의 온도를 1℃ 높이는 데 필요한 에너지의 양은 1 kcal이다.
③ 1 N의 힘이 그 힘의 방향으로 물체를 1 m 움직이게 할 때 일은 1 W이다.
④ 단위 질량의 물질을 단위 온도 상승시키는 데 필요한 에너지를 완전가스라고 한다.

해설 15℃ 물 1g의 온도를 1℃ 높이는 데 필요한 에너지의 양은 1 cal이다.

7. 다음 중 두 값의 관계가 틀린 것은?

① $1 W = 1 J/s^2$
② $1 N = 1 kg \cdot m/s^2$
③ $1 J = 1 N \cdot m$
④ $1 Pa = 1 N/m^2$

8. 다음 중 섭씨 온도(T_c)와 화씨 온도(T_f)의 관계식을 가장 올바르게 나타낸 것은?

① $T_c = \dfrac{5}{9}(T_f + 32)$

② $T_f = \dfrac{5}{9}(T_c - 32)$

③ $T_f = \dfrac{9}{5}T_c + 32$

④ $T_c = \dfrac{9}{5}(T_f + 32)$

9. 어떤 기체의 온도가 화씨 104도라면 섭씨 온도로 환산하면 몇 ℃인가?

① 30　　　② 35
③ 40　　　④ 45

해설 섭씨와 화씨와의 관계
$$T_C = \frac{5}{9}(T_F - 32) = \frac{5}{9}(104 - 32) = 40℃$$

10. 섭씨 15℃는 화씨 몇 °F인가?

① −9　　　② +9
③ −59　　　④ 59

해설 화씨와 섭씨와의 관계식
$$T_f = \frac{9}{5}T_c + 32 = \frac{9}{5} \times 15 + 32 = 59°F$$

11. 화씨(°F)에서 물이 어는 온도와 끓는 온도로 옳은 것은?

① 어는 온도 : 32°F, 끓는 온도 : 212°F
② 어는 온도 : 0°F, 끓는 온도 : 100°F
③ 어는 온도 : 32°F, 끓는 온도 : 192°F
④ 어는 온도 : 0°F, 끓는 온도 : 273°F

정답 ● **2.** ①　**3.** ②　**4.** ④　**5.** ③　**6.** ①　**7.** ①　**8.** ③　**9.** ③　**10.** ④　**11.** ①

12. 단위 질량을 단위 온도로 올리는 데 필요한 열량을 무엇이라 하는가?

① 밀도
② 비열
③ 엔탈피
④ 엔트로피

13. 체적을 일정하게 유지시키면서 단위 질량을 단위 온도로 올리는 데 필요한 열량을 무엇이라 하는가?

① 비열비
② 엔탈피
③ 정압비열
④ 정적비열

14. 비열비(k)는 정압비열(C_P)과 정적비열(C_V)로 표시할 수 있다. 가장 올바르게 표현한 것은?

① $k = \dfrac{C_V}{C_P}$
② $k = \dfrac{C_P}{C_V}$

③ $k = \dfrac{C_V}{C_P + 1}$
④ $k = \dfrac{C_P}{C_V + 1}$

15. 열역학에서 사용되는 용어에 대한 다음 설명 중 틀린 것은?

① 비열은 1기압 상태에서 1g의 물을 273 ℃ 높이는 데 필요한 열량이다.
② 압력은 단위 면적에 작용하는 힘의 수직 분력이다.
③ 물질의 비체적은 단위 질량당 체적이다.
④ 밀도는 단위 체적당 질량이다.

16. 지름이 15 cm인 피스톤에 588 N/cm²의 가스 압력이 작용하면 피스톤에 미치는 힘은 약 몇 N인가?

① 50000
② 100000
③ 130000
④ 260000

해설 힘 = 면적 $\left(\dfrac{\pi d^2}{4} \right) \times$ 압력

$$= \frac{3.14 \times 15^2}{4} \times 588$$

$$= 103855 \text{ N} ≒ 100000 \text{ N}$$

정답 **12.** ② **13.** ④ **14.** ② **15.** ① **16.** ②

2-2　열역학 사이클 기초 이론

■ 열역학 제1법칙(에너지 보존 법칙)

에너지는 여러 가지 형태로 변환이 가능하나, 절대적인 양은 일정하다.

(1) 밀폐계의 열역학 제1법칙

어떤 물체에 열을 가하면 열은 에너지의 형태로 물체 내부에 저장되거나, 물체가 주위에 일을 하여 에너지로 소비한다.

$$Q = (U_2 - U_1) + W$$

여기서, Q : 외부에서 계에 공급한 열량

U_1 : 계의 변화가 시작되기 전의 내부 에너지

U_2 : 계의 변화가 끝난 후의 내부 에너지

W : 기체가 팽창, 수축하면서 계가 주위에 한 일

$$\text{열기관 열효율}(\eta_{th}) = \frac{\text{유효한 일}}{\text{공급된 열량}} = 1 - \frac{Q_2}{Q_1}$$

여기서, Q_1 : 연료의 연소에 의해 공급된 열량, Q_2 : 냉각과 배기에 의해 방출되는 열량

(2) 개방계의 열역학 제1법칙

계로 들어오는 에너지의 합$(Q + U_1 + P_1 V_1)$은 계를 나가는 에너지의 합$(W + U_2 + P_2 V_2)$과 같다.

$$Q + U_1 + P_1 V_1 = W + U_2 + P_2 V_V$$

① 유동일(W) : 개방계에서 압력에 차이가 있는 통로 속으로 작동물질을 이동시킬 때 필요한 일

$$W = PV$$

② 엔탈피(H) : 내부 에너지(U)와 유동일(PV)의 합

$$H = U + PV$$

예상문제

1. "에너지는 여러 가지 형태로 변환이 가능하나, 절대적인 양은 일정하다."라는 내용은 어떤 법칙을 설명하고 있는가?

① 뉴턴의 제1법칙　② 열역학 제0법칙
② 열역학 제1법칙　④ 열역학 제2법칙

2. 계의 내부 에너지 변화는 계가 흡수한 열과 계가 한 일의 차이를 말하며 에너지 보존 법칙의 한 종류라 볼 수 있는 열역학 이론은?

① 열역학 제0법칙　② 열역학 제1법칙
③ 열역학 제2법칙　④ 열역학 제3법칙

3. 내부 에너지가 30 kcal인 정지 상태의 물체에 열을 가했더니 내부 에너지가 40 kcal로 증가하고, 외부에 대해 854 kg·m의 일을 했다면 외부에서 공급된 열량은 몇 kcal인가? (단, 열의 일당량 $J = 427$ kg·m/kcal이다.)

① 12　　② 20　　③ 30　　④ 40

해설 $Q = (U_2 - U_1) + W$ 에서 일(W)의 단위가 kg·m이므로 kcal로 통일시키기 위해서 일의 열당량 $\frac{1}{J}$를 곱해야 한다.

따라서, $Q = (U_2 - U_1) + \frac{1}{J} W$

$$= (40 - 30) + \frac{1}{427} \times 854 = 12 \text{kcal}$$

4. 다음 중 열기관의 이론 열효율을 구하는 식으로 옳은 것은?

① $\dfrac{\text{공급 압력}}{\text{유효 압력}}$ 　② $\dfrac{\text{유효한 체적}}{\text{공급된 일}}$

③ $\dfrac{\text{유효한 일}}{\text{공급된 열량}}$ 　④ $\dfrac{\text{유효한 압력}}{\text{공급된 압력}}$

5. 엔탈피와 물리적 성질이 가장 유사한 것은?

① 힘　　　　　② 에너지
③ 운동량　　　④ 엔트로피

6. 기압의 변화가 없는 개방계에서 유동일이 10 J이고, 내부 에너지는 5 J일 때 엔탈피는 몇 J인가?

① 5　　② 10　　③ 15　　④ 20

해설 $H(\text{엔탈피}) = U(\text{내부 에너지}) + PV(\text{유동일})$
$$= 5 + 10 = 15 \text{J}$$

정답 ● **1.** ③　**2.** ②　**3.** ①　**4.** ③　**5.** ②　**6.** ③

2 유체의 열역학적 특성

(1) 유체의 열역학적 성질

① 강성 성질 : 물질의 양과 관계없는 온도, 압력, 밀도, 비체적 등과 같은 성질

② 종량 성질 : 체적, 질량 등과 같이 물질의 양에 비례하는 성질

(2) 보일-샤를의 법칙

① 보일의 법칙 : 온도가 일정하면 기체의 부피는 압력에 반비례한다.

$$Pv = C \text{ 또는 } P_1v_1 = P_2v_2$$

여기서, P : 압력, v : 비체적, C : 상수

② 샤를의 법칙 : 기체의 부피가 일정하면 기체의 압력은 그 절대온도에 비례한다.

$$\frac{P}{T} = C \text{ 또는 } \frac{P_1}{T_1} = \frac{P_2}{T_1}$$

③ 보일-샤를의 법칙 : 일정량의 기체의 부피는 압력에 반비례하고 온도에 비례한다.

$$\frac{P_1v_1}{T_1} = \frac{P_2v_2}{T_2}$$

④ 이상 기체의 상태 방정식 : 비열이 일정한 이상 기체에 대해 압력(P), 비체적(v), 온도(T) 관계를 나타낸 관계식

$$Pv = RT \quad \text{여기서, } R : \text{기체상수(kg·m/kg·K)}$$

⑤ 기체의 비열과 내부 에너지

㉮ 일정한 부피에서 내부 에너지의 변화량

$$Q_V = mC_V(T_2 - T_2) = U_2 - U_1$$

여기서, C_V : 공기의 정적비열(0.172 kcal/kg·℃)

㉯ 일정한 압력에서 내부 에너지의 변화량

$$Q_P = mC_P(T_2 - T_2) = H_2 - H_1$$

여기서, C_P : 공기의 정압비열(0.24 kcal/kg·℃)

(3) 과정과 사이클

① 과정(process) : 계가 어떤 열평형 상태에서 다른 열평형 상태로 변화하는 경로

• 정적과정 : 체적을 일정하게 유지하면서 일어나는 상태변화

• 정압과정 : 압력을 일정하게 유지하면서 일어나는 상태변화

② 사이클(cycle) : 어떤 계가 임의의 과정을 밟아서 맨 처음 상태로 되돌아가는 과정

3 작동유체의 상태변화

(1) 등온과정 : 온도가 일정하게 유지되면서 진행되는 작동유체의 상태변화

$$Pv = C(\text{일정}) \text{ 또는 } P_1v_1 = P_2v_2$$

(2) 정적과정 : 체적이 일정하게 유지되면서 진행되는 작동유체의 상태변화

$$\frac{P}{T} = C \quad \text{또는} \quad \frac{P_1}{T_1} = \frac{P_2}{T_1}$$

(3) 정압과정 : 압력이 일정하게 유지되면서 진행되는 작동유체의 상태변화

$$\frac{v}{T} = C \quad \text{또는} \quad \frac{v_1}{T_1} = \frac{v_2}{T_2}$$

(4) 단열과정 : 주위와 열의 출입이 차단된 상태에서 진행되는 작동유체의 상태변화

$$P_1 v_1^k = P_2 v_2^k \qquad \text{여기서}, \ k : 단열지수$$

(5) 폴리트로픽 과정 : $Pv^n = C$(일정)를 만족시키는 이상 기체의 가역과정

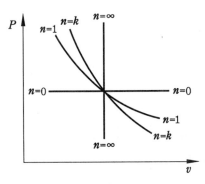

폴리트로픽 변화

① $n = 0$일 때 : 정압과정($P = C$)   ② $n = 1$일 때 : 등온과정($Pv = C$)
③ $n = k$일 때 : 단열과정($Pv^k = C$)   ④ $n \to \infty$ 일 때 : 정적과정($v = C$)

예상문제

1. 이상 기체(완전 가스)로 채워진 체적이 변하지 않는 밀폐 용기를 외부에서 가열했을 때 상태량 변화는?
① 내부 압력이 증가한다.
② 기체의 체적이 증가한다.
③ 내부 압력이 감소한다.
④ 기체의 체적이 감소한다.
 해설 이상 기체의 상태 방정식 $Pv = RT$에서 v가 일정할 때 T가 증가하면 P도 증가한다.

2. 150℃ 공기 7 kg을 부피가 일정한 상태에서 650℃까지 가열하는 데 필요한 열량은 몇 kcal인가? (단, 공기의 정적비열(C_V) = 0.172 kcal/kg · ℃이다.)
① 460   ② 600
③ 602   ④ 840
 해설 열량$(Q) = m C_V (T_2 - T_1)$
$\qquad = 7 \times 0.172 (650 - 150)$
$\qquad = 602 \, \text{kcal}$

 정답 → **1.** ① **2.** ③

3. 최초 상태에서 임의의 여러 중간 과정을 겪은 뒤 마지막으로 최초의 상태로 돌아가는 계의 이 모든 과정을 무엇이라 하는가?

① 개방계   ② 사이클

③ 밀폐계   ④ 정상상태

4. 다음 그림에서 과정 1 → 2를 무엇이라 하는가?

① 정적과정   ② 정압과정

③ 등온과정   ④ 단열과정

5. 작동유체의 상태 변화에 대한 설명으로 가장 거리가 먼 내용은?

① 등온과정이란 온도가 일정하게 유지되면서 진행되는 작동유체의 상태변화

② 정적과정이란 체적이 일정하게 유지되면서 진행되는 작동유체의 상태변화

③ 단열과정이란 주위와 열의 출입이 차단된 상태에서 진행되는 작동유체의 상태변화

④ 정압과정이란 비중이 일정하게 유지되면서 진행되는 작동유체의 상태변화

[해설] 정압과정이란 압력이 일정하게 유지되면서 진행되는 작동유체의 상태변화를 의미한다.

$$\frac{v}{T} = C \ \text{또는} \ \frac{v_1}{T_1} = \frac{v_2}{T_2}$$

6. 다음 중 정적과정(constant volume process)의 특징으로 틀린 것은?

① 열을 가하면 압력이 증가한다.

② 열을 가하면 체적이 증가한다.

③ 열을 가하면 온도가 증가한다.

④ 압력을 증가시키면 온도가 증가한다.

7. 계(system)에서 주위와 열의 출입이 차단된 상태에서 진행되는 작동유체의 상태변화를 무엇이라 하는가?

① 정적과정   ② 정압과정

③ 단열과정   ④ 등온과정

8. 폴리트로픽 변화를 나타낸 그림에서 $n = 0$일 때의 과정은?

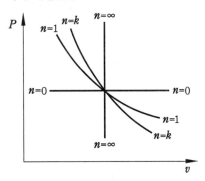

① 정적과정   ② 등온과정

③ 정압과정   ④ 단열과정

[해설] • $n = 0$일 때 : 정압과정($P = C$)

• $n = 1$일 때 : 등온과정($Pv = C$)

• $n = k$일 때 : 단열과정($Pv^k = C$)

• $n \to \infty$일 때 : 정적과정($v = C$)

9. 그림과 같은 $P - v$ 선도에서 $n = 1$일 때의 과정에 해당되는 것은?

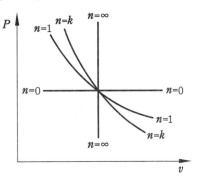

① 정압과정   ② 정적과정

③ 등온과정   ④ 단열과정

4 열역학 제2법칙

(1) 열역학 제2법칙

① 열과 일의 변환에 어떠한 방향성이 있다.

② 열은 고온 물체에서 저온 물체로 이동하며, 저온 물체에서 고온 물체로는 이동하지 못한다.

③ 고온으로부터 열을 흡수하여 일로 바뀔 때에 열기관이 필요하며, 흡수된 열의 일부만 일로 바뀌고 나머지는 방출된다.

④ 일은 열로 쉽게 변환되지만, 열에서 일을 얻기 위해서는 열기관이 필요하고, 공급된 열도 일부만 일로 바뀌고 나머지는 방출되기 때문에 100 % 열기관은 존재하지 않는다.

(2) 카르노 사이클(carnot cycle)

열기관이 이론적으로 최고 효율을 가진 사이클로서 2개의 등온과정과 2개의 단열과정으로 구성된다.

$$\text{열효율}(\eta_{th}) = \frac{W}{Q_1} = 1 - \frac{Q_2}{Q_1} = 1 - \frac{T_2}{T_1}$$

여기서, W : 일, Q_1 : 공급받는 열량, Q_2 : 방출되는 열량

(3) 열량과 온도와의 관계

가역적으로 작동되는 이상 사이클에서 작동유체로 들어가고 나가는 열량은 열원의 절대온도에 비례하며, 이 과정에서 일이 얻어진다.

① 엔트로피 : 가역과정에서 작동유체를 출입하는 열량 Q를 절대온도 T로 나눈 값

② 가역과정(reversible process) : 한 과정이 일어난 뒤에 어떤 방법으로든 계와 주위가 모두 그 과정이 일어나기 전의 상태로 되돌아올 수 있는 과정

5 왕복기관의 기본 사이클

(1) 오토 사이클(otto cycle : 정적 사이클)

독일의 오토가 고안한 동력기관의 사이클로서 점화 플러그(spark plug)로 점화되는 내연기관의 이상적인 사이클이다.

① 작동 원리
- 1→2 과정 : 단열압축 과정
- 2→3 과정 : 정적가열(연소) 과정
- 3→4 과정 : 단열팽창 과정
- 4→1 과정 : 정적방열 과정

② 열효율$(\eta_o) = 1 - \dfrac{1}{\epsilon^{k-1}}$

여기서, k : 비열비, ϵ : 압축비

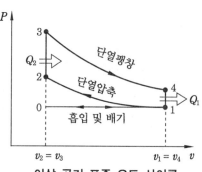

이상 공기 표준 오토 사이클

⑥ 가스 터빈 기관의 기본 사이클

(1) 브레이턴 사이클(brayton cycle : 정압 사이클)

브레이턴에 의해 고안된 동력 기관의 사이클로서 가스 터빈 기관의 가장 이상적인 사이클이다.

① 작동 원리

- 1→2 과정 : 단열압축 과정
- 2→3 과정 : 정압가열(연소) 과정
- 3→4 과정 : 단열팽창 과정
- 4→1 과정 : 정압방열 과정

② 열효율$(\eta_B) = 1 - \left(\dfrac{1}{\gamma_p}\right)^{\frac{k-1}{k}}$

여기서, k : 비열비, γ_p : 압력비

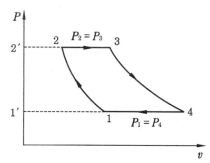

브레이턴 사이클의 PV 선도

예상문제

1. 다음 중 열역학 제2법칙에 대한 설명으로 옳은 것은?

① 온도계의 원리를 규정한 것이다.

② 에너지의 변화량을 규정한 것이다.

③ 열은 스스로 저온에서 고온으로 이동할 수 있다는 법칙이다.

④ 열과 일의 변환에 일정한 방향이 있다는 것을 설명한 것이다.

2. 열과 일의 변환에 대한 방향성을 설명한 법칙은?

① 열역학 제0법칙

② 열역학 제1법칙

③ 열역학 제2법칙

④ 보일의 법칙

3. 표준 오토 사이클은 어떤 과정으로 이루어지는가?

① 2개의 단열과정과 2개의 정압과정

② 2개의 단열과정과 2개의 정적과정

③ 2개의 정압과정과 2개의 등온과정

④ 2개의 정압과정과 2개의 정적과정

해설 표준 오토 사이클(정적 사이클)은 단열압축 - 정적가열 - 단열팽창 - 정적방열로 이루어진다.

4. 그림과 같은 오토 사이클의 $P-V$ 선도에서 c→d는 무슨 과정인가?

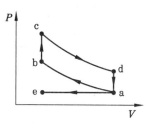

① 단열팽창 ② 단열압축

③ 정적방열 ④ 정적가열

5. 압축기가 7인 오토 사이클의 열효율은 약 얼마인가?(단, 작동유체의 비열비 k는 1.4로 한다.)

정답 ● **1.** ④ **2.** ③ **3.** ② **4.** ① **5.** ①

① 0.54 　　　　② 0.62

③ 0.75 　　　　④ 0.83

해설 오토 사이클의 열효율(η_o)

비열비 $k=1.4$, 압축비 $\epsilon=7$이므로

$$\eta_o = 1 - \left(\frac{1}{\epsilon}\right)^{k-1} = 1 - \left(\frac{1}{7}\right)^{1.4-1} = 54\,\%$$

6. 다음 중 가스 터빈 기관의 기본 사이클은?

① 오토 사이클

② 카르노 사이클

③ 디젤 사이클

④ 브레이턴 사이클

7. 브레이턴 사이클(brayton cycle)은 어떤 과정으로 구성되어 있는가?

① 2개의 등온과정과 2개의 정적과정

② 2개의 등온과정과 2개의 정압과정

③ 2개의 단열과정과 2개의 정적과정

④ 2개의 단열과정과 2개의 정압과정

해설 브레이턴 사이클 : 단열압축 – 정압수열 – 단열팽창 – 정압방열

8. 다음 그림은 브레이턴 사이클의 $P-V$ 선도이다. 3 → 4에서 이루어지는 과정은?

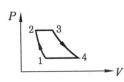

① 정적과정 　　　② 단열팽창과정

③ 단열압축과정 　④ 정압과정

9. 브레이턴 사이클의 열효율을 구하는 식은? (단, r_p : 압력비, k : 비열비이다.)

① $1 - \left(\dfrac{1}{r_p}\right)^{\frac{k-1}{k}}$

② $1 - \left(\dfrac{1}{r_p}\right)^{\frac{k}{k-1}}$

③ $\dfrac{1}{(1-r_p)^{\frac{k-1}{k}}}$

④ $\dfrac{1}{(1-r_p)^{\frac{k}{k-1}}}$

10. 다음 그림과 같은 사이클에서 과정 1에서 과정 2로 진행했을 때 압력의 변화량은 몇 kPa인가?

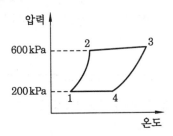

① 600 kPa 증가 　　② 200 kPa 증가

③ 400 kPa 증가 　　④ 200 kPa 감소

11. 그림과 같은 $P-V$ 선도에서 나타난 사이클이 한 일은 몇 J인가?

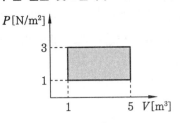

① 1 　　　　　② 3

③ 8 　　　　　④ 15

해설 지시 선도에서 직사각형으로 둘러싸인 면적이 사이클에 의해 이루어진 일의 양이다. 따라서, 그래프에서 한 일 = $4 \times 2 = 8$ J

CHAPTER

03 항공용 왕복기관

4행정 기관으로 크랭크축이 2회전하는 동안 1번의 폭발이 일어난다.

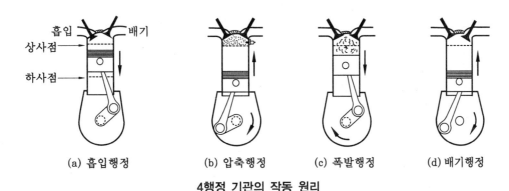

4행정 기관의 작동 원리

(1) 흡입행정(intake stroke)

피스톤은 하사점 방향으로 운동할 때에 흡기밸브가 열려 혼합가스가 실린더 안으로 들어간다. 흡입밸브는 상사점 전 10~25°에 열리고 하사점 후 20~60°에 닫힌다.

① 흡입밸브의 열리는 시기를 상사점 전 10~25°로 하는 이유 : 배기가스가 밖으로 나가는 배출관성을 이용하여 흡입 효과를 높이기 위해서이다.

② 밸브 앞섬(valve lead) : 흡입밸브가 상사점 전에 미리 열리는 것

(2) 압축행정(compression stroke)

열려 있던 흡입밸브가 닫히고 피스톤이 상사점 방향으로 운동하면서 실린더 안으로 들어와 있는 혼합가스를 압축시킨다.

(3) 팽창행정(expansion stroke)

흡입 및 배기밸브가 닫혀 있고 압축된 혼합가스가 폭발하면 상사점 후 10° 근처에서 실린더 최대 압력($60 kg/cm^2$)이 되면서 피스톤을 하사점으로 미는 힘이 발생하며, 이때 온도는 약 2000℃에 도달한다.

① 팽창행정에서 비정상적인 연소

㈎ 디토네이션(detonation) : 실린더 안에서 점화가 시작되어 연소, 폭발하는 과정에서

화염전파속도에 따라 연소가 진행 중일 때 아직 연소되지 않은 혼합가스가 자연발화 온도에 도달하여 순간적으로 자연폭발하는 현상이다.

디토네이션이 발생하면 실린더 내부 압력과 온도가 비정상적으로 급상승하여 피스톤, 밸브, 커넥팅 로드 등이 손상되는 경우가 있다.

(나) 조기점화(preignition) : 정상적인 불꽃 점화가 시작되기 전에 비정상적인 원인으로 발생하는 열에 의하여 밸브, 피스톤, 점화 플러그와 같은 부분이 과열되어 혼합가스가 점화되는 현상

② 디토네이션, 조기점화 현상을 방지하는 방법 : 적당한 옥탄가 연료를 사용하고 매니폴드 압력 및 실린더 안의 온도를 낮추어 준다.

(4) 배기행정 (exhaust stroke)

피스톤이 상사점 방향으로 운동하면 배기밸브가 열리면서 연소가스를 배출하는 행정이다. 연소가스를 배출할 때 배기밸브는 실제 하사점 전에 열리고 상사점 후 10~30°에 닫힌다.

① 배기밸브가 상사점 후 10~30°에 닫히도록 한 이유 : 배기가스의 관성을 이용하여 될 수 있는 대로 연소가스를 완전히 배출시키기 위해서이다.

② 밸브 지연(valve lag) : 배기밸브가 상사점 후에 닫히는 것

예상문제

1. 4행정 기관에서 크랭크축이 4회전하는 동안에 몇 번의 폭발이 일어나는가?
① 1 　　　　② 2
③ 3 　　　　④ 4

2. 흡입밸브가 열리는 시기를 상사점 전 10~25°로 하는 가장 주된 이유는?
① 배기가스가 안으로 들어오는 배출관성을 이용하여 출력 효과를 높이기 위하여
② 배기가스가 밖으로 나가는 배출관성을 이용하여 혼합비를 낮추기 위하여
③ 배기가스가 밖으로 나가는 배출관성을 이용하여 흡입 효과를 높이기 위하여
④ 배기가스가 밖으로 나가는 배출관성을 이용하여 배기 효과를 높이기 위하여

3. 흡입밸브가 상사점 전에 열리는 것을 무엇이라 하는가?

① 밸브 랩(valve lap)
② 밸브 지연(valve lag)
③ 밸브 앞섬(valve lead)
④ 밸브 간극(valve clearance)

4. 왕복기관에서 흡입밸브의 여닫힘은 실제로 언제 이루어지는가?
① 피스톤이 상사점에 있을 때 열리고, 하사점에 있을 때 닫힌다.
② 피스톤이 하사점에 있을 때 열리고, 상사점에 있을 때 닫힌다.
③ 피스톤이 상사점 후에 열리고, 하사점 전에 닫힌다.
④ 피스톤이 상사점 전에 열리고, 하사점 후에 닫힌다.

5. 왕복기관에서 혼합가스를 연소실 안에서 연소시킬 때 압축비를 너무 크게 할 경우 일어

날 수 있는 가능성이 가장 높은 현상은 ?

① 후화 현상   ② 앤티노크 현상

③ 역화 현상   ④ 디토네이션 현상

6. 왕복기관에서 조기점화(preignition)를 가장 옳게 설명한 것은 ?

① 점화 불꽃 없이 고온 고압에 의하여 자체적으로 폭발하는 현상

② 혼합가스가 점화 불꽃에 의하여 점화되기 전에 연소실 내부에서 형성된 열점(hot spot)에 의해 비정상적으로 연소하는 현상

③ 연소실 안의 연소가스 부위가 비정상적으로 고온 고압이 되어 자연적으로 발화되는 현상

④ 배기행정에서 배기가스가 완전 배기되기 전에 연소실 말단 부위에서 폭발을 일으키는 현상

7. 흡입밸브(intake valve)가 하사점 후에 닫히

는 것을 무엇이라 하는가 ?

① 밸브 랩(valve lap)

② 밸브 지연(valve lag)

③ 밸브 앞섬(valve lead)

④ 밸브 간극(valve clearance)

8. 밸브 지연과 밸브 앞섬은 다음 중 무엇으로 표시하는가 ?

① 캠축의 회전속도

② 캠축의 회전각도

③ 크랭크축의 회전각도

④ 크랭크축과 캠축의 회전각도 차이

9. 4행정 기관에서 각 행정을 구분할 때 기준이 되는 것은 무엇인가 ?

① 피스톤의 모양

② 폭발력의 세기

③ 크랭크축의 회전속도

④ 피스톤과 밸브의 위치

정답 **6.** ②   **7.** ②   **8.** ③   **9.** ④

3-2   항공용 왕복기관의 구조

실린더, 피스톤, 밸브와 밸브 작동기구, 커넥팅 로드, 크랭크축 및 크랭크케이스 등으로 이루어져 있다.

1 기본 구조

(1) 실린더(cylinder)

실린더 헤드와 실린더 동체로 구성되며 피스톤이 왕복운동을 할 수 있도록 만들어진 둥근 원통으로 행정이 이루어지는 부분이다. 실린더 안에서 연소 시 최고 압력은 $60 \, kg/cm^2$, 최고 온도는 $2000\,℃$에 이른다.

① 실린더 헤드(head)

㈎ 재질 : 열전도성이 좋고, 가볍고, 높은 온도에서 기계적 강도가 큰 알루미늄 합금으로 만든다.

㈏ 연소실 모양 : 원통형, 원뿔형, 반구형(많이 사용)

| 원통형 | 반구형 | 원뿔형 |

연소실 모양

㈐ 실린더 헤드와 같은 재질로 만든 냉각 핀이 부착되어 고온의 열을 방출시킨다.

② 실린더 동체(barrel)

㈎ 재질 : 내마멸성과 내열성이 큰 합금강

㈏ 실린더 동체는 강철로 만든 실린더 라이너(cylinder liner)를 끼우고, 내부는 경화시키기 위해 질화 처리(nitriding) 또는 크롬 도금을 한다.

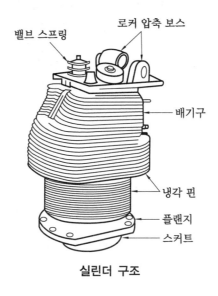

실린더 구조

③ 실린더 헤드와 실린더 동체를 연결하는 방법

㈎ 나사 연결법(threaded fit)

㈏ 수축 연결법(shrink fit)

㈐ 스터드 너트 연결법(stud and nut fit)

④ 초크 보어(choke bore) : 실린더 상사점 부근의 열팽창을 고려하여 상사점 부근의 지름을 하사점의 지름보다 약간 작게 만든 것이다.

⑤ 유압 폐쇄(hydraulic lock) : 성형 기관의 하부 실린더에 기관 작동 후 정지 상태에서 오일, 응축물 등이 자체 중력에 의해 하부 기통으로 모여 있어 다음 시동 시 기관을 묶어 두어 커넥팅 로드 등 기관에 손상을 주는 현상이다.

(2) 피스톤(piston)

① 역할 : 실린더 안의 연소가스 압력에 의한 힘을 왕복운동을 하면서 커넥팅 로드를 통해 크랭크축에 전달하며, 혼합가스를 흡입하고 배기가스를 배출한다.

② 구성 : 피스톤 헤드, 피스톤 링(ring), 피스톤 핀(pin), 피스톤 스커트(skirt)
  • 피스톤 헤드 안쪽 면에는 냉각 핀(fin)을 만들어 구조를 튼튼히 하고, 열을 방출시킨다.

③ 재질 : Al 합금

③ 피스톤 헤드의 모양 : 오목형, 컵형, 돔형, 반원뿔형, 평면형(많이 사용)

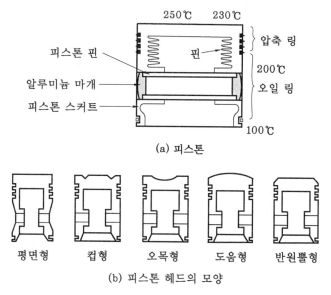

(a) 피스톤

평면형 컵형 오목형 도움형 반원뿔형

(b) 피스톤 헤드의 모양

피스톤 및 피스톤 헤드의 모양

④ 피스톤 링(ring)

  (가) 역할 : 기밀 작용, 오일 제거 작용, 열전도(냉각) 작용

  (나) 재질 : 주철(고온에서 탄성 유지)

  (다) 종류 : 압축 링, 오일 조절 링, 오일 제거 링

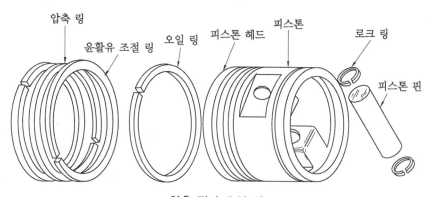

압축 링과 오일 링

- 압축 링 : 실린더 벽에 밀착하여 가스 누설을 방지하며, 피스톤 상부에 2~3개 장착한다.
- 오일 조절 링 : 실린더 벽에 뿜어진 윤활유를 적당량만 남기고 긁어내리는 역할을 하며, 압축 링 아래에 1~2개 설치한다.
- 오일 제거 링 : 피스톤 하부에 1개 설치한다.

(라) 피스톤 링의 끝 간격(end clearance) : 피스톤 링의 끝 사이의 거리
- 끝 간격을 두는 이유 : 기관 작동 시 열팽창으로 인해 링이 늘어나는 것을 고려

(마) 피스톤 링의 끝 부분 모양 : 계단형, 경사형, 맞대기형(많이 사용)

(바) 피스톤 링 장착 방법 : 가스 누설 방지를 위해 링 끝 간격 배치 방향은 360°를 링 수로 나눈 각도로 장착한다.

(사) 피스톤 링의 끝 간격을 측정하는 기구 : 두께 게이지(thickness gauge : 필러 게이지)

⑤ 피스톤 핀(pin)

(가) 역할 : 피스톤에 작용하는 높은 압력의 힘을 커넥팅 로드에 전달한다.

(나) 재질 : 강철 또는 알루미늄 합금

(다) 피스톤 핀 속이 비어 있는 이유 : 무게 감소, 윤활유 통로 역할, 탄소 찌꺼기, 침전물이 모이는 슬러지 체임버(sludge chamber) 역할

(라) 종류 : 고정식, 반부동식, 전부동식(많이 사용)

(마) 기관 작동 중 피스톤 핀의 좌우 양쪽 방향의 이동을 막기 위하여 피스톤 핀의 양쪽 끝에 스냅 링(snap ring) 또는 스톱 링(stop ring)을 끼우거나 실린더 접촉면에 알루미늄 플러그를 끼워서 실린더 벽을 보호한다.

(3) 밸브(valve)

① 종류 : 튤립형, 버섯형, 평형이 있으며 이들을 포핏(poppet) 밸브라 한다.

② 흡입밸브 : 실린더 안으로 들어오는 혼합가스를 제어하며 튤립형 밸브가 주로 사용된다.

③ 배기밸브 : 연소 폭발된 연소가스를 배출하며 버섯형 밸브를 주로 사용한다. 배기밸브 내부는 중공으로 되어 있는데, 중공 속에는 금속 나트륨(sodium)이 들어 있어 낮은 온도에서 녹아 냉각을 촉진한다.

③ 밸브 시트(valve seat) : 밸브 페이스(valve face)와 맞닿는 부분으로 초경질 합금(stellite)을 입혀 표면 경화 처리한다. 밸브 시트면의 각도는 30°, 45°로 만들며 가장 단단하게 밀착시킨다.

④ 밸브 스프링(valve spring) : 방향이 서로 다르고 크기가 서로 다른 2개의 나선형 스프링(helical coil spring)이 장착되어 진동(surge)을 감소시키고 1개가 부러지더라도 안전하게 작동하여 제 기능을 하도록 한다.

⑤ 로커 암(rocker arm) : 한쪽 끝은 밸브 스템에 접촉되어 있고, 다른 한쪽 끝은 푸시로드와 접촉되어 밸브를 열어 준다.

⑥ 푸시로드(push rod) : 캠 로브로부터 힘을 전달받아 로커 암을 밀어주는 역할을 한다.

⑦ 밸브 틈새(valve clearance : 밸브 간극) : 로커 암과 밸브 팁(valve tip)이 이루는 거리로

실린더의 열팽창과 밸브 기구의 열팽창의 차이를 고려하여 틈새를 주게 되며 틈새 조정은 출력행정 초기에 기관의 주기 검사 시 실시한다.

㈎ 밸브 틈새가 너무 좁으면 : 밸브가 빨리 열리고 늦게 닫힌다.

㈏ 밸브 틈새가 너무 넓으면 : 밸브가 늦게 열리고 빨리 닫힌다.

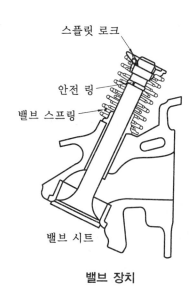

밸브 장치

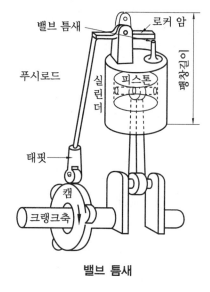

밸브 틈새

(4) 밸브 기구

① 밸브 개폐 시기에 사용되는 용어

㈎ IO(intake valve open) : 흡입밸브 열림

㈏ IC(intake valve close) : 흡입밸브 닫힘

㈐ EO(exhaust valve open) : 배기밸브 열림

㈑ EC(exhaust valve close) : 배기밸브 닫힘

㈒ TDC(top dead center) : 상사점

㈓ BDC(bottom dead center) : 하사점

㈔ BTC(before top dead center) : 상사점 전

㈕ ATC(after top dead center) : 상사점 후

㈖ BBC(before bottom dead center) : 하사점 전

㈗ ABC(after bottom dead center) : 하사점 후

② 밸브 오버랩(valve overlap) : 흡입행정 초기에 흡입밸브, 배기밸브가 동시에 열려 있는 각도로 밸브 오버랩을 주게 되면 충진 밀도, 체적 효율이 증가하여 출력 증가와 냉각 효과가 있다. 그러나 저속으로 작동 시에는 연소되지 않은 혼합가스의 배출 손실이나 역화(backfire)를 일으킬 염려가 있다.

• 밸브 오버랩을 구하는 공식＝IO＋EC

③ 대향형 기관의 밸브 기구

(가) 캠 로브(cam lobe) 수 : 실린더 수의 2배

(나) 캠 축의 속도$=\dfrac{크랭크축\ 회전속도}{2}$

④ 성형 기관의 밸브 기구 : 캠 플레이트에 캠 로브가 있는데 흡입밸브용 캠 로브와 배기밸브용 캠 로브는 같은 캠 플레이트에 2열로 배치한다.

(가) 캠 로브 수$=\dfrac{N\pm 1}{2}$

(나) 캠 속도 $=\dfrac{1}{N\pm 1}$

여기서, N : 실린더 수, + : 캠과 크랭크축이 동일방향, − : 캠이 크랭크축과 반대방향

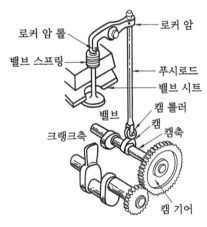

대향형 밸브 기구

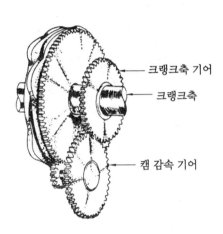

성형 기관의 캠 플레이트

(4) 커넥팅 로드(connecting rod)

① 역할 : 피스톤의 왕복운동을 크랭크축의 회전운동으로 바꾸어 준다.

② 종류

(가) 평형(plain type) : 직렬형, 대향형 기관에 적합

(나) 포크 블레이드형(fork and blade type) : V형 기관에 적합

(다) 마스터−아티큘레이티드(master and articulated rod)형 : 성형 기관에 적합

③ 성형 기관의 커넥팅 로드

(가) 주커넥팅 로드 : 정확한 원운동을 하고 성형 기관에 1열에 하나씩 있으며, 로드 중가장 크고 강하다.

(나) 부커넥팅 로드 : 주커넥팅 로드 대단부에 너클 핀(nuckle pin)으로 고정되며, 각자고유의 타원 궤적운동을 한다.

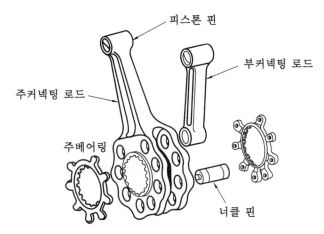

성형 기관의 커넥팅 로드

(5) 크랭크축(crank shaft)

① 역할 : 피스톤 및 커넥팅 로드의 왕복운동을 회전운동으로 바꾸어 프로펠러축에 전달하는 기능을 한다.

② 재질 : 크롬-니켈-몰리브덴의 고강도 합금강

③ 구성 : 주저널(main journal), 크랭크핀(crank pin), 크랭크암(crank arm)

　(개) 주저널 : 주베어링에 의해 받쳐져 회전하는 부분

　(내) 크랭크핀 : 커넥팅 로드의 큰 끝이 연결되는 부분으로 무게를 감소시키고, 윤활유 통로 및 불순물의 저장소 역할을 할 수 있도록 가운데 속이 비어 있다.

　(대) 크랭크암 : 주저널과 크랭크핀을 연결하는 부분

④ 평형추(counter weight) : 크랭크축에 정적 평형(static balance)을 준다.

⑤ 다이내믹 댐퍼(dynamic damper) : 크랭크축의 변형이나 비틀림 및 진동을 줄여준다.

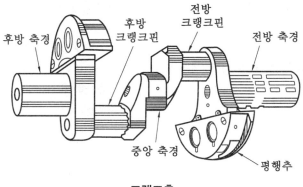

크랭크축

(6) 베어링(bearing)

① 평면 베어링(plain bearing) : 저출력 기관의 커넥팅 로드, 크랭크축, 캠축 등에 사용한다.

② 롤링 베어링(rolling bearing) : 고출력 항공기의 크랭크축을 지지하는 데 주베어링으로 사

용된다.

③ 볼 베어링(ball bearing) : 다른 형의 베어링보다 마찰이 작으며, 대형 성형 기관과 가스 터빈 기관의 추력 베어링으로 사용된다.

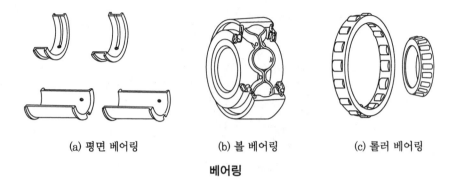

(a) 평면 베어링   (b) 볼 베어링   (c) 롤러 베어링

베어링

(7) 크랭크케이스(crankcase)

기관의 몸체를 이루는 부분으로 크랭크축을 주축으로 하여 주위의 여러 가지 부품이나 장비들을 둘러싸거나 장착하게 만든 케이스이다.

예상문제

1. 항공기 왕복기관의 실린더 재료가 갖추어야 할 조건으로 틀린 것은?

① 제작이 용이하고 값이 싸야 한다.
② 중량을 줄이기 위하여 가벼워야 한다.
③ 냉각을 좋게 하기 위하여 열전도가 낮아야 한다.
④ 작동 중의 내압에 견딜 수 있는 강성을 가져야 한다.

2. 다음 중 왕복기관의 실린더 구성품에 해당되지 않는 것은?

① 실린더 헤드(head)
② 실린더 배럴(barrel)
③ 배기 콘(exhaust cone)
④ 냉각 핀(cooling fin)

3. 왕복기관에서 실린더 안의 연소가 가장 잘 이루어지는 연소실의 모양은?

① 원뿔형   ② 돔형
③ 삼각형   ④ 반구형

4. 대향형 왕복기관 실린더 헤드의 원통형 연소실과 비교하여 반구형 연소실의 장점이 아닌 것은?

① 화염의 전파가 좋아 연소효율이 높다.
② 동일 용적에 대해 표면적을 최소로 하기 때문에 냉각 손실이 적다.
③ 흡·배기 밸브의 지름을 크게 하므로 체적효율이 증가한다.
④ 실린더 헤드의 제작이 쉽고 밸브 작동기구가 간단하다.

5. 실린더 동체(barrel)를 실린더 헤드에 접합하는 방법과 관계가 없는 것은?

① 나사 접합(threaded fit)
② 스터드-너트 접합(stud and nut fit)

정답 　**1.** ③　**2.** ③　**3.** ④　**4.** ④　**5.** ④

③ 수축 접합(shrink fit)

④ 압력 접합(pressure fit)

6. 왕복기관에서 하이드롤릭 로크(hydraulic lock : 유압폐쇄)는 어떤 곳에서 가장 많이 걸리는가?

① 대향형 기관의 우측 실린더

② 대향형 기관의 좌측 실린더

③ 성형 기관의 상부 실린더

④ 성형 기관의 하부 실린더

7. 항공기 왕복기관의 실린더 압축시험에서 시험을 할 실린더의 피스톤 위치로 옳은 것은?

① 압축행정 하사점 전

② 압축행정 하사점

③ 압축행정 상사점 전

④ 압축행정 상사점

해설 실린더 압축시험은 압축가스가 새어 나가지 않아야 하므로 흡기, 배기 밸브가 모두 닫혀 있는 압축 상사점에서 진행한다.

8. 다음 중 피스톤 헤드의 모양으로 가장 거리가 먼 것은?

① 평면형　　　　② 원형

③ 오목형　　　　④ 돔(dome)형

9. 피스톤 링의 홈과 홈 사이를 무엇이라 하는가?

① 링(ring)　　　② 랜드(land)

③ 그루브(groove)　④ 페이스(face)

10. 왕복기관에서 피스톤 링의 기능에 대한 설명으로 가장 거리가 먼 것은?

① 충격 흡수 작용

② 누설 방지 작용

③ 열전도 작용

④ 윤활유 조절 작용

11. 다음 중 피스톤 링의 기능이 아닌 것은?

① 피스톤의 운동 시간을 조절하는 기능

② 연소실 내의 압력을 유지하기 위한 밀폐 기능

③ 과도한 윤활유가 연소실로 들어가는 것을 막는 실링 기능

④ 피스톤으로부터 실린더 벽으로 열을 전도하는 기능

12. 다음 중 왕복기관에서 피스톤 링의 역할이 아닌 것은?

① 실린더 벽에 윤활유를 공급한다.

② 피스톤의 열을 실린더에 전달한다.

③ 가스의 누설을 방지한다.

④ 피스톤에 작용하는 압력을 커넥팅 로드에 전달한다.

13. 항공기 왕복기관에서 피스톤 링의 역할에 대한 설명으로 틀린 것은?

① 피스톤과 실린더 내벽 사이에 기밀 유지를 통하여 블로바이 가스(blow-by gas)가 생기지 않도록 한다.

② 피스톤이 직접 실린더에 접촉하는 것을 방지하는 일종의 베어링 역할을 한다.

③ 피스톤의 열을 실린더에 전달하여 피스톤의 온도를 낮추는 역할을 한다.

④ 실린더 내부에 탄소 피막을 형성시켜 실린더 내구성을 향상시킨다.

14. 압축 링 바로 밑 홈에 장착되며, 여분의 오일을 피스톤의 안쪽 구멍으로 내보내어 실린더 벽면에 유막의 두께를 조절하는 역할을 하는 링의 종류는?

① 오일 압축 링

② 오일 스크레이퍼 링

③ 오일 와이퍼 링

④ 오일 조절 링

정답　**6.** ④　**7.** ④　**8.** ②　**9.** ②　**10.** ①　**11.** ①　**12.** ④　**13.** ④　**14.** ④

15. 가스의 누설 방지를 위한 피스톤 링 조인트의 위치를 결정하는 방법으로 옳은 것은?

① 90°÷링의 수   ② 180°÷링의 수
③ 270°÷링의 수   ④ 360°÷링의 수

16. 피스톤에 작용하는 높은 압력의 힘을 커넥팅 로드에 전달하는 부분은?

① 크랭크 축   ② 캠링
③ 피스톤 핀   ④ 로커 암

17. 다음 중 피스톤 핀의 종류가 아닌 것은 어느 것인가?

① 고정식   ② 반부동식
③ 평형식   ④ 전부동식

18. 일반적으로 왕복기관의 크랭크핀(pin)을 속이 비어 있는 상태로 제작하는 이유가 아닌 것은?

① 윤활유의 통로 역할을 한다.
② 크랭크축 전체의 무게를 줄여준다.
③ 회전하는 크랭크의 진동을 감소시킨다.
④ 탄소 침전물, 찌꺼기 등을 모으는 방 (chamber) 역할을 한다.

19. 배기밸브는 과도한 열에 노출되기 때문에 내열 재료로서 중공으로 되어 있고 중공의 내부에는 어떤 물질을 채워 열을 잘 방출시키도록 하는데 이 물질은 무엇인가?

① 물   ② 헬륨
③ 수소   ④ 금속 나트륨

20. 항공기용 왕복기관의 밸브 기구 중 밸브 스프링에 관한 설명으로 틀린 것은?

① 밸브 스프링은 밸브를 닫아 주는 역할을 수행한다.
② 헬리컬 코일 스프링(helical coil spring) 모양이다.

③ 밸브 스프링은 피치가 같고 지름이 다른 2개로 구성되어 있다.
④ 밸브 스프링이 2개 이상으로 되어 있는 이유는 기관 작동 시 스프링의 진동을 급속히 완충시키기 위함이다.

21. 실린더 헤드에 장착되어 있는 밸브 구성품 중에서 한쪽 끝은 밸브 스템에 접촉되어 있고, 다른 한쪽 끝은 푸시로드와 접촉되어 밸브를 열고 닫게 하는 구성품은?

① 캠   ② 밸브 스프링
③ 밸브   ④ 로커 암

22. 밸브 개폐 시기의 피스톤 위치에 대한 약어 중 "상사점 전"을 뜻하는 것은?

① ABC   ② BBC
③ ATC   ④ BTC

23. 밸브 개폐 시기를 나타내는 용어 및 약자에서 "상사점 후"를 나타내는 것은?

① ATC   ② BTC
③ ABC   ④ BBC

24. 흡입밸브가 상사점 전(BTC) 15도에서 열리고 배기밸브가 상사점 후(ATC) 20도에서 닫힐 때, 밸브 오버랩은 몇 도인가?

① 5   ② 15
③ 25   ④ 35

> **해설** 밸브 오버랩=IO(흡입밸브 열림)+EC(배기밸브 닫힘)=15+20=35°

25. 4행정 기관의 밸브 개폐 시기가 다음과 같을 때 밸브 오버랩은 몇 도인가?

> • 흡입밸브 열림(IO) 20° BTC
> • 흡입밸브 닫힘(IC) 50° ABC
> • 배기밸브 열림(EO) 60° BBC
> • 배기밸브 닫힘(EC) 10° ATC

정답 ● **15.** ④ **16.** ③ **17.** ③ **18.** ③ **19.** ④ **20.** ③ **21.** ④ **22.** ④ **23.** ① **24.** ④ **25.** ①

① 30°   ② 60°

③ 180°   ④ 240°

해설 밸브 오버랩＝IO＋EC＝20°＋10°＝30°

26. 항공기용 왕복기관의 밸브 개폐 시기에서 밸브 오버랩에 관한 설명으로 틀린 것은?

① 연료 소비를 감소시킬 수 있다.

② 배기행정 말에서 흡입행정 초기에 발생한다.

③ 조정이 잘못될 경우 역화(back fire) 현상을 일으킬 수도 있다.

④ 충진 밀도의 증가, 체적 효율 증가, 출력 증가의 효과가 있다.

27. 대향형 기관의 밸브 기구에서 크랭크축 기어의 잇수가 40개라면, 맞물려 있는 캠 기어의 잇수는 몇 개이어야 하는가?

① 20   ② 40

③ 60   ④ 80

해설 대향형 기관에서 크랭크축과 캠축의 회전수는 2 : 1이다. 따라서 캠축의 기어의 잇수는 크랭크축의 2배이다.

28. 항공기용 왕복기관 중 9기통 성형 기관의 크랭크축 회전방향과 캠 판(cam plate)의 회전방향이 서로 다를 때 흡입밸브를 열어 주기 위해 캠 판에 설치되는 캠 로브 수는?

① 2개   ② 3개

③ 4개   ④ 5개

해설 캠 로브 수 ＝ $\dfrac{N\pm 1}{2}$ ＝ $\dfrac{9-1}{2}$ ＝ 4

(＋ : 회전방향이 같을 때, － : 회전방향이 다를 때)

29. 7기통 성형 기관의 캠 플레이트에 4개 로브를 가졌다면 크랭크축이 24회전 시 캠 플레이크 속도(회전)로 옳은 것은?

① 1회전   ② 2회전

③ 3회전   ④ 4회전

해설 캠 로브 수가 4개이므로 크랭크축과 캠축의 회전방향은 같은 방향이다.

캠 속도 ＝ $\dfrac{1}{N+1}$ ＝ $\dfrac{1}{8}$

크랭크축이 8회전하는 동안 캠 판은 1회전을 하게 되므로, 크랭크축이 24회전을 하게 되면 캠 판은 3회전을 하게 된다.

30. 왕복기관에서 밸브 간극에 대하여 가장 옳게 설명한 것은?

① 밸브 시트(valve seat)와 캠 로브(cam lobe) 사이에 조금의 여유를 두는 것이다.

② 푸시로드와 캠 사이에 조금의 여유를 두는 것이다.

③ 유압 밸브 리프트와 로커 암(rocker arm) 사이에 조금의 여유를 두는 것이다.

④ 로커 암과 밸브 팁(tip) 사이에 조금의 여유를 두는 것이다.

31. 항공용 왕복기관의 밸브 간극은 어떤 곳에 여유를 두는 것인가?

① 푸시로드와 캠

② 로커 암과 밸브 팁

③ 밸브 시트와 캠 로브

④ 유압 밸브 리프트와 로커 암

32. 배기밸브의 밸브 간격을 냉간 간격으로 조절해야 하는데, 열간 간격으로 조절하였을 경우 배기밸브의 개폐 시기에 대한 설명으로 옳은 것은?

① 늦게 열리고, 일찍 닫힌다.

② 늦게 열리고, 늦게 닫힌다.

③ 일찍 열리고, 늦게 닫힌다.

④ 일찍 열리고, 일찍 닫힌다.

해설 밸브의 냉간 간격은 0.01 in, 열간 간격은 0.07 in이므로 밸브 틈새가 너무 넓어 밸브가 늦게 열리고, 일찍 닫힌다.

정답 ● 26. ①   27. ④   28. ③   29. ③   30. ④   31. ②   32. ①

33. 왕복기관에서 밸브 간극을 규정 값으로 조절했을 때 얻어지는 이점과 가장 관계가 먼 것은?

① 고출력을 얻을 수 있다.
② 기관의 수명을 연장할 수 있다.
③ 혼합기의 손실이 적다.
④ 조기점화를 방지할 수 있다.

34. 항공기용 왕복기관의 흡입밸브 간격 조절 작업 시 해당 실린더의 피스톤 위치로 옳은 것은?

① 출력행정 초기　　② 흡입행정 초기
③ 압축행정 초기　　④ 배기행정 초기

35. 실린더 내에 작용하는 피스톤의 힘을 크랭크축에 전달하여 회전운동으로 바꾸어 주는 역할을 하는 것은?

① 푸시 로드
② 푸시 풀 로드
③ 평형추(counter weight)
④ 커넥팅 로드

36. 다음 중 크랭크축의 주요 부품이 아닌 것은 어느 것인가?

① 주저널　　　　　② 크랭크핀
③ 커넥팅 로드　　　④ 크랭크암

37. 왕복기관의 크랭크축에 달려있는 평형추(counter weight)의 주된 목적은?

① 크랭크축의 균열을 방지한다.
② 크랭크축의 비틀림을 방지한다.
③ 크랭크축의 정적 평형을 유지한다.
④ 크랭크축의 질량 변화를 감소시켜 준다.

38. 왕복기관에서 크랭크축의 변형이나 비틀림 진동을 줄여 주기 위해서 설치되는 것은?

① 크랭크암(crank arm)
② 주저널(main journal)
③ 평형추(counter weight)
④ 다이내믹 댐퍼(dynamic damper)

39. 저출력 항공기의 왕복기관에 사용되는 베어링으로 크랭크축 또는 캠축에 주로 사용되는 것은?

① 볼 베어링
② 롤러 베어링
③ 테이퍼 롤러 베어링
④ 평면 베어링

정답 ● **33.** ①　**34.** ①　**35.** ④　**36.** ③　**37.** ③　**38.** ④　**39.** ④

② 흡입 계통(intake system)

피스톤의 펌프 작용에 의해 흡입행정에서 대기 중의 공기 또는 혼합가스를 각 실린더 안으로 흡입시켜 연소가 이루어지도록 하는 계통이다.

(1) 공기 덕트(air duct)

① 공기 여과기(air filter) : 먼지, 모래, 불순물을 걸러준다.
② 공기 스쿠프(air scoop) : 램(ram) 공기를 프로펠러 후류에 의해 빨아들인다.
③ 알터네이트 공기 밸브(alternate air valve) : 조종석에서 기화기 공기 조절장치에 의해 정상 위치, 히터 위치를 조작한다.
　㈎ 정상 위치(cold position) : 히터 덕트(heater duct)가 막히고, 대기 중의 차가운 공기를 기화기에 공급한다.

㈏ 히터 위치 : 히터 덕트가 열리면서 히터 머프의 뜨거운 공기가 기화기에 공급된다.

④ 기화기 공기 히터(carburetor air heater : 히터 머프)

㈎ 배기관 주위가 덮개로 씌워져 있어 이곳을 통과한 따뜻한 공기로 기화기 빙결을 방지할 때 사용한다.

㈏ 기관이 큰 출력으로 작동 시 히터 위치에 놓게 되면 뜨거운 공기가 기화기로 들어가 공기 밀도가 감소하고, 디토네이션을 일으킬 우려가 있으며, 출력이 감소하게 된다.

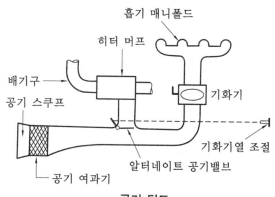

공기 덕트

(2) 기화기(carburetor)

공기 덕트를 통하여 들어온 공기와 연료 계통에서 공급된 연료를 분산시켜 적당한 비율의 혼합가스로 만들어 주는 장치이다.

(3) 매니폴드(manifold)

기화기에서 만들어진 혼합가스를 각 실린더에 일정하게 분배, 운반하는 통로 역할을 하며, 매니폴드 압력계의 수감부가 이곳에 장착된다.

① 매니폴드 압력(manifold pressure : MAP) : 매니폴드 안의 압력으로 절대압력으로 나타내며 inHg 및 mmHg 단위를 사용한다.

② 과급기가 있는 기관에서는 매니폴드 압력이 대기압보다 높을 수 있으며, 과급기가 없는 기관에서는 대기압보다 항상 낮다.

(4) 과급기(super charger)

① 역할 : 압축기의 일종으로 혼합가스를 압축시켜 실린더로 보내는 장치로 출력을 증가시키기 위한 장치이다.

② 위치 : 기화기와 매니폴드 다기관 사이에 위치한다.

③ 종류 : 루트식, 베인식, 원심력식(많이 사용)

(5) 원심식 과급기

구동기어, 임펠러(impeller), 디퓨저(diffuser)로 구성되며, 임펠러에 의해 빨라진 공기 흐름을 '디퓨저'라는 확산 통로를 통하게 하여 속도를 감소시키고 압력을 증가시킨다.

[임펠러를 구동시키는 방법]

① 기계식 과급기 : 크랭크축의 회전력을 기어로 전달받아 크랭크축의 회전속도보다 5~10배 정도로 고속 회전시켜 디퓨저를 통해 매니폴드에 공급한다.

② 배기 터빈식 과급기 : 배기가스 흐름속도를 이용하여 터빈을 돌리고, 이 터빈과 과급기 임펠러가 직접 연결되어 임펠러를 회전시켜 출력을 증가시킨다.

　㉮ 장점 : 기계적 마력손실이 없다.

　㉯ 단점 : 배기가스 흐름에 저항이 생겨 체적 효율이 낮아지고 구조가 복잡해진다.

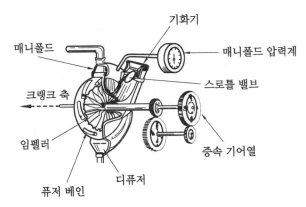

기계식 과급기

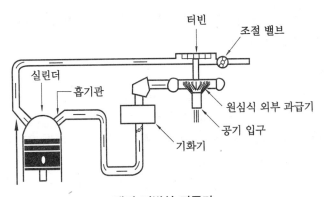

배기 터빈식 과급기

③ 배기 계통

(1) 배기관(배기 파이프)

각 실린더에서 배출되는 연소가스를 배기밸브로부터 한 곳으로 모아서 소음기를 통하여 대기 중으로 배출한다.

(2) 소음기

얇은 강판을 원통 모양으로 용접하여 안쪽에 여러 장의 차단판을 설치하고, 조금씩 팽창시키면서 흐름의 방향을 바꾸어 서서히 배기압력과 온도를 감소시켜 소음 감소 효과를 얻도록 한다.

예상문제

1. 다음 중 왕복기관의 공기 흡입 계통이 아닌 것은?

① 머플러(muffler)
② 기화기(carburetor)
③ 공기 덕트(air duct)
④ 흡기 매니폴드(intake manifold)

2. 고출력 작동 시 기화기 공기 히터(carburetor air heater) 조종 장치를 히터 위치에 놓을 때 발생하는 현상이 아닌 것은?

① 뜨거워진 공기를 흡입한다.
② 기관 출력이 감소하게 된다.
③ 흡입 공기의 밀도가 증가한다.
④ 디토네이션(detonation)이 발생될 수 있다.

3. 항공용 왕복기관의 공기 흡입 계통에 대한 설명으로 틀린 것은?

① 공기 덕트는 유입 공기의 속도를 줄이기 위해 표면은 거칠고, 가능한 범위에서 곧게 제작되어야 한다.
② 공기 여과기는 도관으로 유입되는 이물질 (먼지, 모래 등)을 걸러내는 역할을 한다.
③ 알터네이트 공기 밸브(alternate air valve)는 조종석에 있는 기화기 공기 히터 조종장치로 작동한다.
④ 기화기(carburettor)는 요구되는 연료량을 산정하고, 연료와 공기를 혼합하고, 기화 (vaporized)시키는 역할을 한다.

4. 공랭식 왕복기관에 공급되는 냉각공기의 공급원이 아닌 것은?

① 압축기 블리드 공기
② 프로펠러 후류
③ 냉각 팬에 의해 발생된 공기
④ 비행 중 발생하는 램 공기

5. 항공용 왕복기관의 일반적인 흡입 계통을 공기 유입 순서대로 나열한 것은?

① 공기 여과기 → 공기 스쿠프 → 기화기 → 알터네이트 공기 밸브 → 흡기 밸브 → 매니폴드
② 기화기 → 공기 여과기 → 공기 스쿠프 → 알터네이트 공기 밸브 → 매니폴드 → 흡기 밸브
③ 매니폴드 → 공기 여과기 → 공기 스쿠프 → 알터네이트 공기 밸브 → 기화기 → 흡기 밸브
④ 공기 여과기 → 공기 스쿠프 → 알터네이트 공기 밸브 → 기화기 → 매니폴드 → 흡기 밸브

6. 다음 중 공기와 연료를 적당한 비율의 혼합 가스로 만들어 주는 장치는?

① 과급기
② 매니폴드
③ 기화기
④ 공기 덕트

7. 왕복기관의 공기 흡입 계통 중에서 혼합 가스를 각 실린더에 일정하게 분배·운반하는 통로 역할을 하는 것은?

① 매니폴드
② 기화기
③ 공기 덕트
④ 과급기

8. 왕복기관의 매니폴드 압력계의 수감부는 어디에 설치하는가?

① 기화기 출구
② 매니폴드
③ 기화기 입구
④ 흡기밸브 입구

9. 기화기에서 만들어진 혼합가스를 각 실린더로 분배하고, MAP 계기의 수감부가 있는 곳은 어느 것인가?

① 매니폴드
② 과급기
③ 흡기밸브
④ 기화기

정답 ◆ **1.** ① **2.** ③ **3.** ① **4.** ① **5.** ④ **6.** ③ **7.** ① **8.** ② **9.** ①

10. 과급기(super charger)의 목적에 대한 설명으로 옳은 것은?
① 흡입 연료의 온도를 증가시켜 출력을 증가시킨다.
② 흡입 연료의 발열량을 증가시켜 출력을 증가시킨다.
③ 흡입 공기나 혼합가스의 압력을 증가시켜 출력을 증가시킨다.
④ 흡입 공기나 혼합가스의 온도를 증가시켜 출력을 증가시킨다.

11. 항공용 왕복기관에서 과급기를 사용하는 주된 목적은?
① 출력 증대
② 냉각 효율 향상
③ 연료 소비량 감소
④ 기관 구조의 단순화

12. 다음 중 과급기(supercharger)의 형식이 아닌 것은?
① 원심식
② 베인식
③ 진동식
④ 루트식

13. 왕복기관에서 과급기(supercharge)가 없는 기관의 매니폴드 압력과 대기압과의 관계를 옳게 설명한 것은?
① 높은 고도에서 매니폴드 압력은 대기압보다 높다.
② 낮은 고도에서 매니폴드 압력은 대기압보다 높다.
③ 고도와 관계없이 매니폴드 압력은 대기압과 같다.
④ 고도와 관계없이 매니폴드 압력은 대기압보다 낮다.

14. 다음 중 과급기(supercharger)에서 디퓨저(diffuser)의 기능은 어느 것인가?
① 온도를 상승시킨다.
② 압축된 공기에 와류를 준다.
③ 속도 에너지를 열에너지로 바꾼다.
④ 속도 에너지의 일부를 압력 에너지로 변환한다.

정답 **10.** ③   **11.** ①   **12.** ③   **13.** ④   **14.** ④

3-3   왕복기관의 연료 및 연료 계통

■ 연료

(1) 항공용 가솔린의 구비 조건
① 발열량이 크고 기화성이 좋아야 한다.
② 베이퍼 로크(vapor lock)을 일으키지 않아야 하고, 앤티노크성이 커야 한다.
③ 안전성, 내한성이 커야 하고, 부식성이 작아야 한다.

(2) 기화성과 베이퍼 로크(vapor lock : 증기폐쇄)
① 연료의 기화성 시험장치 : ASTM 증류 시험장치
② 베이퍼 로크(vapor lock) : 연료의 기화성이 너무 좋으면 연료가 파이프를 통해 흐를 때 약간의 열을 받아도 증발되어 연료 속에 거품이 생기기 쉽고, 이 거품이 연료 파이프에 차게

되어 연료 흐름을 방해하는 현상을 말한다. 일반적으로 연료관 내에 연료의 압력이 낮고, 온도가 높을 때, 연료 라인이 배기부분 같이 뜨거운 부분을 지날 때 잘 발생한다.

- 베이퍼 로크 방지 : 승압 펌프(booster pump), 증기 분리기(vapor separator)를 장착 하고 연료 라인이 심하게 구부러지지 않도록 한다.

③ 연료의 증기압 측정장치 : 레이드 증기 압력계

(3) 연료의 앤티노크성(antiknocking)

① 앤티노크성(antiknocking valve) : 연료가 가지고 있는 성질로 노킹(knocking)을 일으키기 어려운 성질

② 앤티노크제 : 4에틸납

⑺ 단점 : 납의 독성 성분(취급 시 주의)이 있고, 연소 시 산화납이 발생하여 실린더 안 에 부착되어 여러 장애의 원인이 된다.

⑷ 중화제 : 2브롬화에틸 또는 트리인산크레질(TCP)을 첨가하여 사용한다.

③ 연료의 앤티노크성 측정장치 : CFR 기관

④ 옥탄가(octane number : O.N) : 이소옥탄과 n헵탄의 함유량 중에서 노크를 잘 일으키지 않는 이소옥탄이 차지하는 체적 비율(%)을 말한다.

$$O.N = 128 - \frac{2800}{P.N}$$

⑤ 퍼포먼스 수(performance number : P.N) : 이소옥탄만으로 이루어진 표준 연료를 사용했을 때 노킹을 일으키지 않고 낼 수 있는 출력과 이소옥탄에 어떤 시험 연료를 사용하여 노킹을 일으키지 않고 낼 수 있는 최대 출력과의 비

$$P.N = \frac{2800}{128 - O.N}$$

예상문제

1. 항공용 가솔린이 갖추어야 할 조건으로 틀린 것은?

① 발열량이 커야 한다.
② 내한성이 작아야 한다.
③ 기화성이 좋아야 한다.
④ 부식성이 작아야 한다.

2. 베이퍼 로크(vapor lock : 증기폐쇄) 현상이란?

① 연료가 기화기에 이르기 전에 기화되어 기화 기에 이르는 연료 파이프를 폐쇄하는 현상

② 기화기에서 분사된 혼합가스가 거품을 형 성하여 실린더로 연료 유입을 폐쇄하는 현 상

③ 혼합가스가 아주 희박해짐으로써 실린더로 연료 유입이 폐쇄되는 현상

④ 기화기 이상으로 액체 연료와 공기가 혼합 되지 않는 현상

3. 왕복기관에서 증기폐쇄(vapor lock)가 발생 되는 경우는?

① 연료의 기화성이 좋지 않을 때

② 연료의 압력이 연료의 증기압보다 클 때
③ 주변 기온이 낮아 연료의 온도가 매우 낮을 때
④ 기화성이 좋은 연료가 흐르는 연료 파이프가 열을 받았을 때

4. 왕복기관의 연료계통에 나타나는 증기폐쇄 (vapor rock) 현상을 방지하는 방법으로 틀린 것은?
① 증기 분리기를 설치한다.
② 휘발성이 낮은 연료를 사용한다.
③ 연료 계통에서 부스터 펌프를 설치한다.
④ 연료 튜브를 열원에 가깝게 배치시켜 연료가 주입되기 전에 가열되도록 한다.

5. 연료 계통의 증기폐쇄 현상을 방지하는 방법이 아닌 것은?
① 부스터 펌프를 장착한다.
② 베이퍼 세퍼레이터(vapor separator : 증기 분리기)를 장착한다.
③ 휘발성이 높은 연료를 사용한다.
④ 연료 튜브를 열원에서 멀리하고 급격한 휨을 피한다.

6. CFR(cooperative fuel research) 기관으로 측정하는 것은 무엇인가?
① 윤활유의 유동성을 측정
② 윤활유의 내한성을 측정
③ 가솔린의 증기압력을 측정
④ 가솔린의 앤티노크성을 측정

7. 항공기 왕복기관의 연료의 앤티노크제로 가장 많이 쓰이는 물질은?
① 메틸알코올
② 4에틸납
③ 톨루엔
④ 벤젠

8. 옥탄값(O.N)과 퍼포먼스 수(P.N)의 관계식으로 가장 올바른 것은?
① 퍼포먼스 수$(P.N) = 128 - \dfrac{2800}{O.N}$
② 퍼포먼스 수$(P.N) = \dfrac{2800 - O.N}{128}$
③ 퍼포먼스 수$(P.N) = \dfrac{2800}{128 - O.N}$
④ 퍼포먼스 수$(P.N) = \dfrac{128}{2800 - O.N}$

9. 왕복기관 연료의 옥탄값이 91/98이라고 표시되었을 경우 98이 의미하는 것은 다음 중 어느 것인가?
① 옥탄가의 최대 범위를 의미한다.
② 농후 혼합비의 옥탄가를 의미한다.
③ 96 % 의 노말헵탄이 함유된 것을 의미한다.
④ 기관이 고온 작동할 때의 옥탄가를 의미한다.
〔해설〕 91/98에서 작은 값(91)은 희박 혼합가스 상태로 작동할 때의 퍼포먼스 수이며, 큰 값 (98)은 농후 혼합가스 상태로 작동할 때의 값이다.

10. 연료의 옥탄가는 다음 중 무엇을 나타내는 수치인가?
① 연료의 소모량
② 노크의 가능성
③ 연료의 비등점
④ 연료의 최대 토크값

11. 왕복기관에서 혼합가스를 연소실 안에서 연소시킬 때 압축비를 너무 크게 할 경우 일어날 수 있는 가능성이 가장 높은 현상은?
① 후화(afterfire) 현상
② 앤티노크(antiknock) 현상
③ 역화(backfire) 현상
④ 디토네이션(detonation) 현상

정답 ● 4. ④ 5. ③ 6. ④ 7. ② 8. ③ 9. ② 10. ② 11. ④

2 연료 계통(fuel system)

(1) 연료 계통의 종류

① 중력식 연료 계통 : 높은 날개의 소형 기관에 사용하고, 연료 탱크가 가장 높은 곳에 위치하여 중력에 의해 연료를 공급한다.

② 압력식 연료 계통 : 대부분의 항공기에 사용하며 연료 펌프에 의해서 연료 탱크로부터 기화기로 보내진다.

(2) 연료 계통의 주요 구성

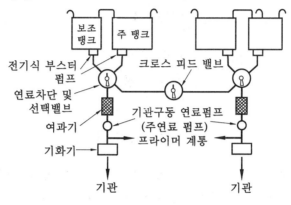

쌍발 항공기 연료 계통

① 연료 탱크 : 날개 내부 자체를 그대로 연료 탱크로 사용하는 인티그럴 연료 탱크(integral fuel tank)를 사용하여 무게를 줄일 수가 있으며, 날개 안에 고무나 알루미늄으로 만든 탱크를 넣어 사용하기도 한다. 탱크 내부는 배플(baffle)이 있어서 비행 자세에 따라 연료의 이동을 제한하여 연료의 출렁거림을 방지한다.

② 전기식 부스터 펌프(승압 펌프) : 형식은 대개 원심식으로 시동 시, 주연료 펌프 고장 시, 연료 탱크 간에 연료를 이송 시 사용되며, 주연료 펌프가 고장일 때에도 같은 양의 연료를 공급할 수 있어야 한다.

③ 연료 여과기(fuel filter)

  ㈎ 연료 속에 섞여 있는 수분, 먼지 등을 제거하며 연료 탱크와 기화기 사이에 설치한다.

  ㈏ 연료 계통 중 가장 낮은 곳에 장치하여 불순물이 모일 수 있도록 하고, 배출밸브 (drain valve)가 마련되어 있어 불순물이나 수분을 배출시킬 수 있다.

④ 연료 선택 및 차단 밸브 : 연료 탱크로부터 기관으로 연료를 보내 주거나 차단하는 역할과 2개 이상의 연료 탱크를 가진 항공기에서 어떤 연료 탱크를 사용할 것인지를 선택해 주는 역할을 한다.

⑤ 주연료 펌프 : 베인식 펌프가 주로 사용되며 연료 탱크의 연료를 기화기로 일정한 양과 압력으로 보내 준다.

  ㈎ 릴리프 밸브(relief valve) : 연료 출구 압력이 정해 놓은 압력보다 높을 때 연료를 펌프 입구 쪽으로 되돌려 보낸다.

㈏ 바이패스 밸브(bypass valve) : 기관 시동 시, 주연료 펌프 고장 시 연료를 직접 공급한다.

㈐ 벤트(vent) 구멍 : 고도에 따라 대기압이 변하더라도 변화된 대기압이 작용하여 연료 펌프 출구 압력을 일정하게 한다.

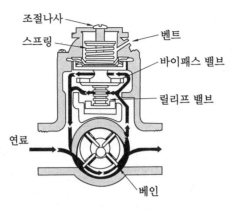

베인식 주연료 펌프

⑥ 프라이머(primer) : 기관 시동 시 흡입밸브 입구나 실린더 안에 직접 연료를 분사시켜 농후한 혼합비를 만들어 줌으로써 시동을 용이하게 하는 장치이다.

예상문제

1. 연료 탱크 속에 있는 서지 박스(surge box)의 주목적은?

① 연료가 채워질 동안 탱크에 정압이 일어나는 것을 방지한다.

② 비행 중 탱크에 부압(negative pressure)이 걸리는 것을 방지한다.

③ 연료 부족 시 비상 연료로 사용하기 위해서

④ 항공기 자세에 관계없이 기관에 연료 공급을 확실하게 하기 위해서

2. 왕복기관의 연료계통에서 주연료 펌프의 릴리프 밸브가 열리면 연료는 어디로 흐르는가?

① 펌프 입구로 되돌아간다.

② 탱크로 되돌아 올라간다.

③ 기화기로 들어간다.

④ 흡입 다기관으로 들어간다.

3. 일반적으로 주연료 펌프(main fuel pump)에 사용되는 그림과 같은 펌프는?

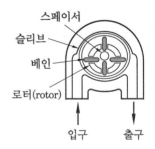

① 베인 펌프

② 원심 펌프

③ 지로터 펌프

④ 기어 펌프

4. 왕복기관의 주연료 펌프는 주로 어떤 형식이 사용되는가?

① 기어식

② 피스톤식

③ 베인식

④ 원심력식

정답 •→• **1.** ④ **2.** ① **3.** ① **4.** ③

5. 왕복기관의 주연료 펌프에서 연료 출구 쪽으로 압송되는 연료 압력이 너무 높으면 연료 입구 쪽으로 되돌려 보내어 항상 일정한 압력으로 흐를 수 있도록 한 장치를 무엇이라고 하는가?

① 릴리프 밸브　② 바이패스 밸브
③ 체크 밸브　　④ 시퀀스 밸브

6. 항공용 왕복기관을 시동할 때, 직접 연료를 분사시켜 농후한 혼합가스를 만들어 줌으로써 시동을 쉽게 하는 장치는?

① 프라이머(primer)
② 부스터 펌프(booster pump)
③ 다이내믹 댐퍼(dynamic damper)
④ 인덕션 바이브레이터(induction vibrator)

정답 ● **5.** ①　**6.** ①

3 기화기

(1) 혼합비와 기관 출력

① 비행 상태에 따른 혼합비

㈎ 이륙 시, 상승 시 : 농후 혼합비

㈏ 저속 작동 시 : 가장 농후한 혼합비

㈐ 순항 시 : 희박 혼합비

② 불완전 연소 현상

㈎ 후화(afterfire) : 혼합비가 과농후(over rich) 상태에서 연소속도가 느려져 배기행정이 끝난 다음에도 연소가 진행되어 배기관을 통해 불꽃이 배출되는 현상

㈏ 역화(backfire) : 혼합비가 과희박(over lean)하여 연소속도가 과농후 상태보다 더욱 느려서 흡기밸브가 열렸을 때 매니폴드나 기화기 쪽으로 인화되는 현상

(2) 플로트식 기화기(float type carburetor : 부자식 기화기)

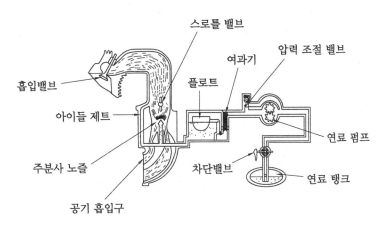

플로트식 기화기

구조가 간단하여 소형기에 널리 사용된다. 기화기 빙결이 쉽고 대형기나 곡기 비행에 부적합하고, 비행 자세에 따라 영향이 크다. 플로트(float)가 위아래로 움직일 때 여기에 연결된 니들 밸브(needle valve)가 위아래로 움직여 연료관의 통로를 열고 닫으면서 연료를 공급한다.

① 공기 블리드(air bleed) : 공기 중으로 연료 분사 시 더 작은 방울로 분무되도록 하여 공기와 혼합이 잘 되도록 한다.

② 완속장치(idle system) : 기관이 완속으로 작동되어 주노즐에서 연료가 분출될 수 없을 때 연료를 공급하여 혼합이 이루어지도록 하는 장치

③ 이코노마이저 장치(economizer system : 고출력장치) : 기관의 출력이 순항출력 이상의 높은 출력일 때 연료를 더 공급하여 농후한 혼합비를 만들어 주는 장치

• 종류 : 니들 밸브식, 피스톤식, 매니폴드 압력식

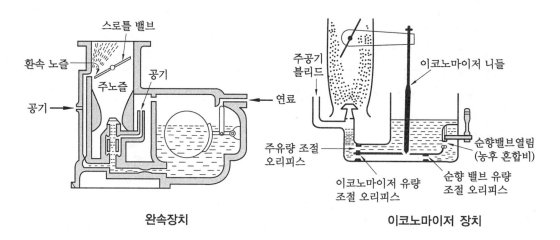

완속장치   **이코노마이저 장치**

④ 가속장치(accelerating system) : 기관 출력을 갑자기 증가시킬 때만 연료를 더 많이 강제적으로 증가시켜 적당한 혼합가스가 되도록 하는 장치

⑤ 시동장치(starting system : 초크 밸브) : 시동 시 기화기 입구를 막아 공기 흡입을 적게 해주고 피스톤의 흡입 압력을 이용하면 벤투리 부분의 압력이 낮아지면서 많은 연료가 빨려나와 비교적 농후한 혼합가스를 만들어 시동이 가능하도록 하는 장치

⑥ 혼합비 조정장치(regulator of mixture ratio) : 기관이 요구하는 출력에 적합한 혼합비가 되도록 연료량을 조절하거나, 고도가 증가함에 따라 밀도가 감소하므로 혼합비가 농후 상태가 되는 것을 방지해 주는 장치

㈎ 종류 : 부압식, 니들식, 에어포트식

㈏ 자동 혼합비 조정장치(auto mixture control system) : 고도 변화에 따라 벨로스의 수축, 팽창을 이용하여 자동적으로 밸브를 열고 닫아 혼합비를 조절해 주는 장치

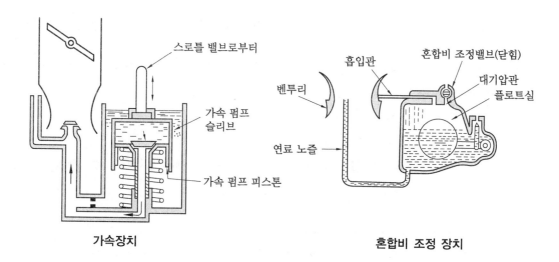

가속장치   **혼합비 조정 장치**

(3) 압력 분사식 기화기(pressure injection type carburetor)

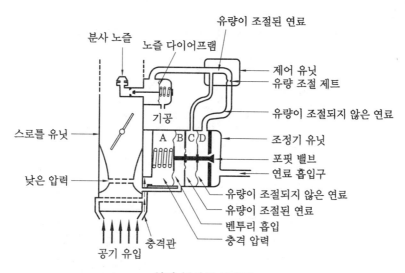

압력 분사식 기화기

① 장점

　㈎ 기화기 결빙의 염려가 없다.

　㈏ 비행 자세에 관계없이 일정하게 연료를 공급한다.

　㈐ 작동이 유연하고 경제적이다.

　㈑ 출력 맞춤이 간단하고 균일하다

　㈒ 베이퍼 로크(증기폐쇄)가 없다.

② 작동 원리

　㈎ A 체임버(chamber) : 임팩트 공기 압력(충격 공기 압력)

　㈏ B 체임버(chamber) : 벤투리 흡입 압력

   ㈐ C 체임버(chamber) : 유량이 조절된 압력(연료 계량 오리피스를 거쳐 전달된 연료
   압력)

   ㈑ D 체임버(chamber) : 유량이 조절되지 않은 압력(포핏 밸브를 통과한 연료 압력)

     • A 체임버와 B 체임버의 압력 차이 : 공기 메터링 힘

     • D 체임버와 C 체임버의 압력 차이 : 연료 메터링 힘

(4) 직접 연료 분사 장치(direct fuel injection system)

  주조정장치에서 조절된 연료를 연료 분사 펌프로 유도하여 높은 압력으로 흡입행정 시 각
실린더 연소실 안이나 흡입밸브 근처에 직접 분사하는 장치이다.

  ① 장점

   ㈎ 비행 자세에 영향을 받지 않는다.

   ㈏ 결빙의 염려가 없고 흡입 시 온도를 낮게 할 수 있어 출력 증가에 도움을 준다.

   ㈐ 연료 분배가 잘 이루어져 실린더의 과열 현상이 없다.

   ㈑ 역화(backfire)가 발생할 우려가 없다.

   ㈒ 시동 성능, 가속 성능이 좋다.

  ② 구성 : 연료 분사 펌프, 주조정장치, 분사 노즐, 연료 매니폴드

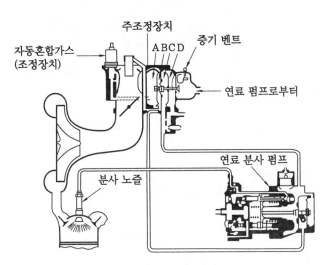

직접 연료 분사 장치

(5) 물 분사 장치(디토네이션 방지 분사 : ADI)

  이륙 시 최대 출력을 내기 위해 물-알코올(메탄올)을 혼합하여 사용한다. 이때 알코올을 사
용하는 이유는 높은 고도에서 결빙을 막아주고, 부품의 부식을 방지하기 때문이다.

예상문제

1. 완속(idle) 상태에서 과도하게 농후한 혼합비의 원인이 아닌 것은?
① 연료 압력이 너무 높다.
② 연료 여과기(fuel filter)가 막혔다.
③ 완속 혼합비 조절이 정확하게 맞지 않았다.
④ 프라이머 라인(primer line)이 개방(open) 되어 있다.

2. 항공기가 강하 또는 착륙(let down or landing) 시 수동 혼합 조종장치의 위치는?
① 희박(lean) 위치
② 최대 농후(full rich) 위치
③ 외기 온도에 따라 수동 혼합 조종장치의 위치를 변화시킨다.
④ 외기 습도에 따라 수동 혼합 조종장치의 위치를 변화시킨다.

해설 시동 시, 착륙 시, 강하 시 수동 혼합 조종장치의 위치는 최대 농후한 위치를 선택해야 한다.

3. 기관이 최대 출력 또는 그 근처에서 작동될 때 수동 혼합 조종장치의 위치는?
① 희박(lean) 위치
② 최대 농후(full rich) 위치
③ 외기 온도에 따라 위치 변화
④ 외기 습도에 따라 위치 변화

4. 왕복기관에서 역화(back fire)가 일어나는 가장 큰 원인은?
① 피스톤 링(piston ring)의 절손 때문에
② 농후 혼합기(rich mixture)의 원인으로
③ 희박 혼합기(lean mixture)의 원인으로
④ 푸시 로드(push rod)의 절손 때문에

해설 • 역화의 원인 : 과희박 혼합비
• 후화의 원인 : 과농후 혼합비

5. 왕복기관에서 발생하는 비정상 작동이 아닌 것은?
① 디토네이션(detonation)
② 조기 점화(pre-ignition)
③ 후기 연소(after firing)
④ 기관 스톨(engine stall)

6. 왕복기관 연료 계통의 플로트식 기화기의 특징을 가장 올바르게 설명한 것은?
① 분출되는 연료의 기화열에 의한 온도 강하에 의하여 기화기가 결빙되기 쉽다.
② 비행 자세의 영향을 받지 않는다.
③ 구조가 복잡하고 무게가 무겁다.
④ 대형 항공기나 곡기 비행기에 적합하다.

7. 다음 중 플로트식 기화기가 장착된 왕복기관 항공기가 비행 중 기관의 작동이 불규칙하게 변하는 현상의 주된 원인은?
① 저속장치가 열려 있어서
② 플로트실의 연료 유면의 높이가 변화되기 때문에
③ 에어 블리드에 의해 연료에 공기가 섞여 분사되어서
④ 이코노마이저 장치가 순항 출력 이상에서 연료를 공급해서

8. 플로트식 기화기에서 스로틀 밸브(throttle valve)가 설치되는 위치는?
① 벤투리와 초크 밸브 다음에
② 초크 밸브와 연료 노즐 사이에
③ 연료 분사 노즐과 벤투리 다음에
④ 연료 분사 노즐과 벤투리 사이에

9. 부자식(float type) 기화기에서 이코노마이저(economizer) 장치의 주목적은?

정답 ● **1.** ② **2.** ② **3.** ② **4.** ③ **5.** ④ **6.** ① **7.** ② **8.** ③ **9.** ④

① 고출력으로 할 때 연료를 절감하기 위하여
② 스로틀이 갑자기 열릴 때, 추가연료를 공급하기 위하여
③ 이륙하는 동안 기관 구동 연료 펌프의 속도를 증가시키기 위하여
④ 순항출력 이상의 출력일 때 농후 혼합비를 만들어주기 위하여

10. 항공기에 장착한 왕복기관이 고도의 변화에 따라 벨로스(bellows)의 수축과 팽창으로 혼합비가 자동으로 조정되는 장치는?
① 가속 혼합비 조정장치
② 자동 혼합비 조정장치
③ 초크 혼합비 조정장치
④ 이코노마이저 혼합비 조정장치

11. 다음 중 벤투리관의 설명 내용으로 가장 거리가 먼 것은?
① 목부분(throat)을 통과하는 속도는 증가하고 압력은 낮아진다.
② 부자식 기화기에만 사용된다.
③ 혼합 조종장치가 필요하다.
④ 압력차에 의하여 연료가 분사된다.

12. 압력 분사식 기화기에서 체임버 A와 B 사이에 막이 파손되었다면, 어떤 현상이 나타날 수 있겠는가?
① 연료는 계속 공급될 것이다.
② 연료가 차단될 것이다.
③ 연료의 압력이 증가할 것이다.
④ 연료의 흐름이 증가할 것이다.

13. 압력식 기화기에서 포핏 밸브(poppet valve)는 무엇에 의해 작동되는가?
① 연료 메터링 힘에 의해서
② 공기 메터링 힘과 연료 메터링 힘 사이의 차압에 의해서

③ 공기 메터링 힘에 의해서
④ 벤투리 흡입과 외부 공기압 사이의 차압에 의해서

14. 왕복기관에서 직접 연료 분사 장치의 구성 요소가 아닌 것은?
① 분사 노즐
② 프라이머
③ 주조정장치
④ 연료 분사 펌프

15. 왕복기관에서 직접 연료 분사장치(direct fuel injection system)의 장점이 아닌 것은 어느 것인가?
① 비행 자세에 의한 영향을 받지 않는다.
② 플로트식 기화기에 비해 구조가 간단하다.
③ 흡입 계통 내에는 공기만 존재하므로 역화의 우려가 없다.
④ 연료의 기화가 실린더 안에서 이루어지기 때문에 결빙의 위험이 거의 없다.

16. 직접 연료 분사 장치에서 연료는 어느 때 실린더로 분사되는가?
① 흡입행정 동안에
② 압축행정 동안에
③ 계속적으로
④ 흡입행정과 압축행정 동안에

17. 왕복기관에 사용되는 물 분사에 대한 설명으로 옳은 것은?
① 일명 디토네이션 방지 분사라고도 한다.
② 압축기 입구에 물과 알코올의 혼합물을 분사시킨다.
③ 배기노즐에 물을 분사하여 기관을 냉각시킨다.
④ 기관이 낼 수 있는 최소 출력을 내게 함으로써 긴 활주로에서 이륙할 때 주로 사용한다.

3-4 윤활 및 윤활 계통

■ 윤활

(1) 윤활유(oil)의 작용

윤활 작용, 기밀 작용, 냉각 작용, 청결 작용, 방청 작용, 소음 방지 작용 등이 있다.

(2) 기관의 윤활 방법

① 비산식 : 커넥팅 로드 끝에 달려 있는 윤활유 국자에 의해 윤활유 섬프에 고여 있는 윤활
  유를 크랭크축의 매 회전마다 원심력으로 윤활유를 뿌려 크랭크축 베어링, 캠, 캠축 베어
  링, 실린더 벽 등에 공급하는 방식
② 압송식 : 윤활유 펌프로 윤활유에 압력을 가하여 윤활이 필요한 부분까지 뚫려 있는 윤활
  유 통로를 통해 윤활유를 공급하는 방식
③ 복합식 : 비산식과 압송식을 절충한 방식으로 많이 사용한다.
④ 혼합 급유식 : 연료와 윤활유를 일정한 비율로 혼합시켜 연료 탱크에 담가 연료를 공급하
  면 연료는 연소하고, 윤활유는 윤활 작용을 하는 방식

(3) 윤활유의 성질

① 유성(oiliness)이 좋을 것
② 알맞은 점도를 가질 것
  • 윤활유의 점도 측정 : 세이볼트 유니버설 점도계
③ 온도 변화에 따른 점도 변화가 작을 것
④ 낮은 온도에서 유동성이 좋을 것
⑤ 산화 및 탄화의 경향이 작을 것
⑥ 부식성이 없을 것

■ 윤활 계통

(1) 윤활 계통의 종류

① 건식 윤활 계통(dry sump oil system) : 윤활유 탱크가 기관 밖으로 따로 설치되어 있으며
  주로 성형 기관에 사용한다.
② 습식 윤활 계통(wet sump oil system) : 크랭크 케이스 밑부분을 탱크로 이용하며 윤활유
  탱크가 따로 설치되어 있지 않고 섬프가 탱크 역할을 한다. 주로 대향형 기관에 사용한다.

(2) 구성

① 윤활유 탱크 : 기관으로부터 가장 낮은 곳에 위치한다.
  ㈎ 윤활유 주입구 뚜껑의 딥스틱(dipstick)은 탱크 내의 윤활유 양을 확인하는 데 사용
    된다.

㈏ 윤활유 섬프 드레인 플러그 : 윤활유 탱크 밑바닥에 설치되어 청결작용에 의해 모여
진 물이나 불순물을 밖으로 쉽게 배출한다.

② 윤활유 펌프

㈎ 형식 : 기어형이 많이 사용된다.

㈏ 릴리프 밸브(relief valve) : 기관으로 들어가는 윤활유 압력이 너무 높을 때 열려 윤
활유를 펌프 입구로 보내 오일 압력을 일정하게 유지하는 장치이다.

③ 윤활유 여과기(oil filter) : 윤활유 속의 불순물이나 이물질을 여과한다.

㈎ 바이패스 밸브(bypass valve) : 윤활유 여과기가 막혔거나 추운 상태에서 시동할 때
에 여과기를 거치지 않고 윤활유가 직접 기관 안쪽으로 들어가도록 한다.

㈏ 체크 밸브(check valve) : 기관이 작동하지 않을 때 윤활유가 불필요하게 기관 내부
로 스며드는 것을 방지한다.

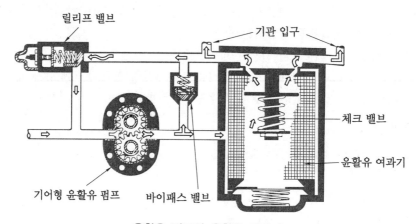

윤활유 펌프와 윤활유 여과기

④ 윤활유 온도 조절 밸브

㈎ 윤활유 온도가 너무 높을 때 : 윤활유 냉각기를 거쳐 탱크로 보낸다.

㈏ 윤활유 온도가 너무 낮을 때 : 바이패스 밸브가 열리면서 직접 윤활유를 윤활유 탱
크로 공급한다.

⑤ 배유 펌프(소기 펌프 : scavenge pump) : 기관의 각종 부품을 윤활시킨 뒤 섬프(sump)에
모인 윤활유를 탱크로 보낸다. 배유 펌프가 윤활유 펌프보다 용량이 큰 이유는 기관에서
흘러나온 윤활유는 공기와 섞여 체적이 증가하기 때문이다.

⑥ 벤트 라인(vent line) : 탱크의 과도한 압력 상승 및 파손을 방지한다.

⑦ 호퍼 탱크(hopper tank) : 기관 난기 운전 시 윤활유를 빨리 데울 수 있도록 탱크 안에 별
도의 탱크를 두어 윤활유의 온도가 올라가게 함으로써 기관의 난기 운전을 단축시킨다.

⑧ 윤활유 희석 장치(oil dilution system)

㈎ 목적 : 차가운 기후에 시동을 용이하게 하기 위한 장치이다.

㈏ 사용 시기 : 기관 정지 직전에 사용한다.

㈐ 희석액 : 가솔린(gasoline)

예상문제

1. 항공 기관 윤활유의 기능이 아닌 것은?
① 냉각 작용
② 밀봉 작용
③ 세정 작용
④ 부식 작용

2. 항공기 왕복기관에 사용되는 윤활유에 요구되는 특성으로 틀린 것은?
① 유성이 좋아야 한다.
② 산화에 대한 저항이 작아야 한다.
③ 저온에서 최대의 유동성을 갖추어야 한다.
④ 온도 변화에 따른 점도의 변화가 최소이어야 한다.

3. 다음 중 항공기 기관 윤활유의 주요 성질이 아닌 것은?
① 점도
② 인화점
③ 유동점
④ 옥탄가

4. 다음 중 항공용 윤활유의 점도 측정에 사용하는 것은?
① CFR 점도계
② 맴돌이 점도계
③ 레이드 증기 점도계
④ 세이볼트 유니버설 점도계

5. 항공기 왕복기관에 부착되어 있는 딥스틱(dipstick)의 용도는?
① 윤활유 양 측정
② 윤활유 온도 측정
③ 윤활유 점도 측정
④ 윤활유 압력 측정

6. 다음 중 항공기 왕복기관을 사용한 후 제일 먼저 점검해야 되는 것은?
① 오일 압력
② 연료 압력
③ 다기관 압력
④ 실린더 헤드 온도(head temperature)

7. 왕복기관의 윤활 계통에서 릴리프 밸브(relief valve)의 역할로 가장 올바른 것은?
① 윤활유가 불필요하게 기관 내부로 스며들어가는 것을 방지한다.
② 기관의 내부로 들어가는 윤활유의 압력이 높을 때 작동하여 압력을 낮추어 준다.
③ 윤활유 여과기가 막혔을 때 윤활유가 여과기를 거치지 않고 직접 기관의 내부로 공급되게 한다.
④ 윤활유 온도가 높을 때는 윤활유를 냉각기로 보내고 낮을 때는 직접 윤활유 탱크로 가도록 한다.

8. 기관 부품에 윤활이 적절하게 될 수 있도록 윤활유의 최대 압력을 제한하고 조절하는 윤활 계통 장치는?
① 윤활유 냉각기
② 윤활유 여과기
③ 윤활유 압력 게이지
④ 윤활유 압력 릴리프 밸브

9. 윤활유 계통의 점검에서 윤활유 압력이 높은 결함이 발생했을 때 원인과 가장 관계가 먼 것은?
① 점도가 너무 높은 윤활유
② 장시간 수행된 난기 운전
③ 윤활유 압력계(oil pressure gauge)의 결함
④ 윤활유 릴리프 밸브(relief valve)의 결함

10. 왕복기관에서 윤활유의 온도가 규정값 이상으로 상승한다면 무엇이 고장난 것인가?
① 윤활유 탱크

정답 ◆━● **1.** ④ **2.** ② **3.** ④ **4.** ④ **5.** ① **6.** ① **7.** ② **8.** ④ **9.** ② **10.** ④

② 윤활유 희석 장치
③ 윤활유 릴리프 밸브
④ 윤활유 온도 조절기

11. 윤활유 여과기에서 걸러진 불순물을 배출하는 역할을 하는 것은?

① 드레인 플러그   ② 섬프 여과기
③ 바이패스 밸브   ④ 릴리프 밸브

12. 다음 중 윤활유의 점도를 낮추는 장치는?

① 윤활유 온도 계기   ② 윤활유 탱크
③ 윤활유 희석 장치   ④ 윤활유 압력 펌프

13. 항공기 기관의 윤활유 소기 펌프(scavenge pump)가 압력 펌프(pressure pump)보다 용량이 큰 이유는?

① 소기 펌프가 파괴되기 쉬우므로
② 압력 펌프보다 압력이 높으므로
③ 압력 펌프보다 압력이 낮으므로
④ 공기가 혼합되어 체적이 증가하므로

14. 항공기용 왕복기관의 오일 계통에는 오일 희석 장치가 설치되어 있는데 이 장치에서 오일에 연료를 공급하는 시기는 언제인가?

① 비행 후 기관을 정지하기 전
② 비행 전 기관을 시동하기 전
③ 비행 중 순항 출력 상태에서
④ 이륙 중 최대 출력 상태에서

15. 일정 시간 작동된 기관에서 윤활유를 채취하여 윤활유에 함유되어 있는 금속 성분을 분석하여 내부 부분품의 마모, 손상 여부를 판독하는 방법은?

① 윤활유 필터링(filtering) 검사
② 윤활유 분광 시험
③ 윤활유 솔더링(soldering) 시험
④ 윤활유 와전류 검사

16. 항공용 왕복기관에서 윤활유를 채취하여 윤활유 분광시험을 한 결과 알루미늄 합금 입자가 검출되었다면 어느 부분에 이상이 있는 것인가?

① 마스터 로드 실의 파손
② 피스톤 및 기관 내부의 결함
③ 밸브 스프링 및 베어링의 파손
④ 부싱 및 밸브 가이드 부분의 마멸

해설 기관 부품의 재질
• 피스톤 : 알루미늄 합금
• 밸브 가이드 : 알루미늄 청동, 주석 청동, 강철
• 밸브 스프링 : 강철
• 부싱 : 청동
• 마스터 로드 : 합금강
• 베어링 : 은, 납, 청동, 배빗

17. 항공용 왕복기관에서 윤활유를 채취하여 윤활유 분광시험을 한 결과 구리 입자가 검출되었다면 어느 부분에 이상이 있는 것인가?

① 마스터 로드 실의 파손
② 피스톤 및 기관 내부의 결함
③ 밸브 스프링 및 베어링의 파손
④ 부싱 및 밸브 가이드 부분의 마멸

18. 다음 중 항공기 왕복기관을 시동한 후 제일 먼저 점검해야 되는 것은?

① 오일 압력   ② 다기관 압력
③ 연료 압력   ④ 실린더 헤드 온도

19. 다음 중 왕복기관에 사용되는 지시계기가 아닌 것은?

① 회전(rpm)계
② 윤활유량(oil quantity)계
③ 윤활유 온도(oil temperature)계
④ 실린더 헤드 온도(cylinder head temperature)계

정답 ● 11. ① 12. ③ 13. ④ 14. ① 15. ② 16. ② 17. ④ 18. ① 19. ②

20. 항공용 왕복기관에 사용되는 계기가 아닌 것은?

① 실린더 헤드 온도계 ② N₁ 회전계
③ 연료 압력계 ④ 윤활유 온도계

해설 N₁ 회전계는 가스터빈 기관에서 저압 압축기 회전계이다.

21. 왕복기관 작동 시 한계 수치를 점검해야 할 필요가 없는 계기는?

① 매니폴드 압력계
② 윤활유 온도계
③ 윤활유 압력계
④ 배기가스 온도계

정답 **20.** ② **21.** ④

3-5 시동 및 점화 계통

◼ 시동 계통

(1) 수동식 시동 방법 : 손으로 프로펠러를 돌려서 시동한다.

(2) 전기식 시동 방법 : 직류전기로 작동되는 직권전동기를 이용하여 시동한다.

① 관성식 시동기(inertia starter) : 플라이휠을 회전시켜 관성력에 의한 회전력을 크랭크축에 전달하여 회전한다.

㈎ 수동식 관성 시동기 : 수동식 크랭크(hand crank)로 플라이휠을 회전시켜 시동한다.

㈏ 전기식 관성 시동기 : 전동기를 구동시켜 플라이휠에 회전력을 전달하고 메시(mesh) 기구가 전달받아 크랭크축을 회전시킨다.

㈐ 복합식 관성 시동기 : 수동이나 전기식으로 플라이휠을 회전시킨다.

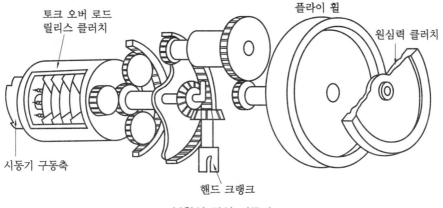

복합식 관성 시동기

② 직접 구동 시동기 : 전동기의 회전력을 감속시켜 자동 연결 기구를 통해 크랭크축에 전달하여 시동한다.

㈎ 시동 방법이 간편하고, 신속하게 작동되며, 연속적으로 회전력을 공급할 수 있어 널리 사용된다.

㈏ 시동기가 소비하는 전력 : 소형기(12V, 50~100A), 대형기(24V, 300~500A)

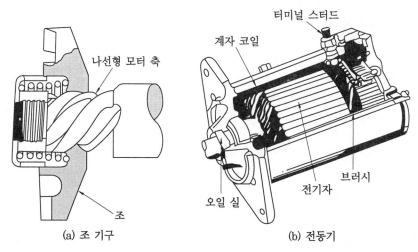

(a) 조 기구   (b) 전동기

직접 구동 시동기

2 점화 계통

(1) 종류

① 1차적인 전원 발생 방법에 따른 종류 : 축전지 점화 계통, 마그네토 점화 계통

② 점화 방식에 따른 종류

㈎ 단일 점화 방식 : 각 실린더마다 1개의 점화 플러그를 연결하여 사용하는 방식이다.

㈏ 이중 점화 방식 : 하나의 기관에 2개의 마그네토 장치를 별개의 계통으로 설치하여 1개의 계통이 고장나더라도 1개의 계통으로 작동이 가능한 방식으로 항공기 왕복기관에 사용된다.

(2) 축전지 점화 계통

축전지를 전원으로 사용하고 낮은 전압의 전류를 점화코일로 승압시켜 혼합가스를 점화시키며, 자동차 기관에 사용된다.

(3) 마그네토 점화 계통

① 마그네토의 원리 : 특수한 형태의 교류 발전기로서 영구자석을 기관축에 의해 회전시켜 점화회로에 전류를 공급하는 역할을 하며, 회전 영구자석, 폴 슈(pole shoe), 철심(steel core)으로 구성된다.

㈎ 정자속(static flux) : 회전 영구자석에 의해 철심 안에 생긴 자속

㈏ 최대 자속 위치 : 회전 영구자석과 폴 슈의 마주보는 면이 가장 넓어 철심을 통과하는 자력수가 가장 많을 때의 위치

㈐ 중립 위치 : 자력선이 철심을 통과하지 못하고 폴 슈에서 맴돌게 되는 위치

㈜ 1차 회로 : 철심 주위에 코일을 감아서 1차 회로를 구성하는데, 브레이커 포인트 (breaker point), 콘덴서, 절연된 1차 코일로 이루어지며, 브레이커 포인트가 닫혀 있을 때만 회로가 형성된다.

㈐ E-갭 위치 : 회전자석이 중립 위치를 지나면서 정자속과 1차 자속의 차이가 최대가 되는 위치

㈎ E-갭 각 : 마그네토 회전 영구자석이 회전하면서 중립 위치를 지나 중립 위치와 브 레이커 포인트가 열리는 위치 사이의 크랭크축 회전각도로 보통 5~17°이고, 4극인 경우 12° 정도이다.

② 마그네토의 구성품

㈎ 코일 어셈블리(coil assembly) : 얇은 판의 연철심에 1차 코일은 절연된 구리선이 수 백 회 감겨 있고, 2차 코일은 수천 회 감겨 있다.

• 2차 코일 : 한쪽은 철심에 연결되고, 다른 한쪽은 배전기에 연결된다.

㈏ 브레이커 어셈블리(breaker assembly) : 캠(cam)과 브레이커 포인트로 구성되며 회 전하는 캠에 의해 브레이커 포인트가 열리고 닫혀 회로를 이어주거나 끊어 준다.

• 브레이커 포인트(breaker point) : 백금-이리듐의 재질로 만들고 1차 코일에 병렬 로 연결되며, E 갭 위치에서 열린다.

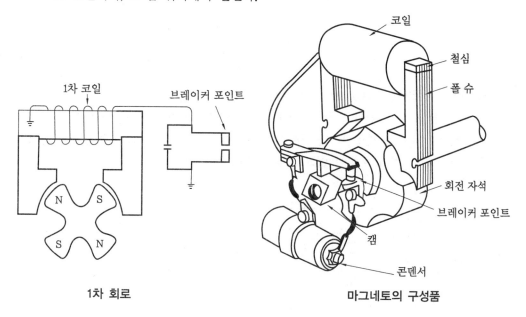

1차 회로　　　　　　　　　　　　**마그네토의 구성품**

㈐ 콘덴서(condenser) : 브레이커 포인트와 병렬로 연결되며, 브레이커 포인트에서 생 기는 아크(arc)를 흡수하여 브레이커 포인트 접점 부분의 불꽃에 의한 마멸을 방지하 고, 철심에 발생했던 잔류자기를 빨리 없애 준다.

③ 마그네토 회전속도

㈎ $\dfrac{\text{마그네토 회전속도}}{\text{크랭크축의 회전속도}} = \dfrac{\text{실린더 수}}{2 \times \text{극수}}$

(나) 보정캠 축의 회전속도 $= \dfrac{\text{크랭크축의 회전속도}}{2}$

(다) 보정캠(compensated cam) : 성형 기관에서 주커넥팅 로드와 부커넥팅 로드 실린더 간의 점화 시기 차이로 각 실린더마다 각각의 고유한 캠 로브를 가진 캠(cam)

(4) 고압 점화 계통(high tension magneto system)

폴 슈가 회전함으로써 철심에 수십 번 감아 놓은 1차 코일에 전류가 흐르게 되는데 1차 코일 위에 얇은 구리선을 수천 번 감아 놓으면 브레이커 포인트의 개폐 작용으로 2차 코일에는 대단 히 높은 전압(20000~25000 V)이 유기되어 배전기를 통해 점화 플러그로 공급하는 형식이다. 전기 누설, 통신 방해, 플래시 오버(flash over)가 발생하는 것이 단점이다.

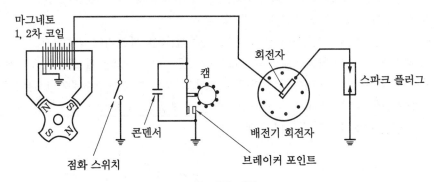

고압 점화 계통

(5) 저압 점화 계통(low tension magneto system)

폴 슈와 철심에서 낮은 전압을 발생시켜 저전압 상태로 배전기 회전자를 통해 각 실린더마다 설치된 변압기로 보내져, 변압기 코일에서 낮은 전압을 높은 전압으로 승압하여 점화 플러그로 전달하는 방식이다. 전기 누설이 없고 고공용 항공기에 적합하다.

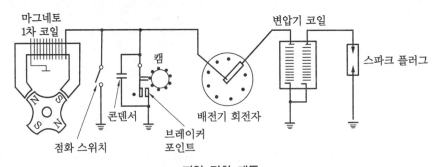

저압 점화 계통

(6) 배전기(distributor)

2차 코일에서 유도된 고전압을 점화 순서에 따라 각 실린더에 전달하는 역할을 한다.

① 배전기 블록(block) : 실린더 수와 같은 숫자의 전극이 고정되어 있고, 배전기 주위에 원형

으로 배치된다. 배전기 전극의 번호는 점화 순서를 나타낸다.

② 배전기 회전자(rotor) : 브레이크 포인트가 열리면서 2차 코일에 유도된 고전압을 배전기 회전자가 전달받아 크랭크축과 1/2 회전비로 회전하면서 분배한다.

③ 리타드 핑거(retard finger) : 기관의 저속 운전 시 점화 시기를 늦춰 킥백(kick back)을 방지한다.

예상문제

1. 항공기용 왕복기관 시동기 계통의 기본 구성품이 아닌 것은?
① 브래킷(bracket)
② 배터리(battery)
③ 회로 차단기(circuit breaker)
④ 스타터 솔레노이드(starter solenoid)

2. 마그네토에서 중립 위치와 접촉점(breaker point)이 열리는 위치 사이의 크랭크축 회전 각도를 부르는 명칭은?
① A-GAP   ② D-GAP
③ E-GAP   ④ F-GAP

3. 다음 중 마그네토의 E-gap 각이란?
① 극의 중립 위치에서 브레이커 포인트가 열리는 점까지의 각도
② 극의 중립 위치와 브레이커 포인트가 닫혀 있는 점의 각도
③ 최대 자속의 위치와 브레이커 포인트가 열려 있는 점까지의 각도
④ 최대 자속의 위치와 브레이커 포인트가 닫혀 있는 점의 각도

4. 마그네토 브레이커 포인트는 보통 어떤 재질로 되어 있는가?
① 은(silver)
② 구리(copper)
③ 백금-이리듐(platinum-iridium)
④ 코발트(cobalt)

5. 마그네토의 브레이커 포인트가 열릴 때, 1차 전류에 의해 발생한 전자기장의 붕괴로 인해 1차 코일에 유도되는 자기 유도 전류를 흡수함으로써 아크를 방지하는 구성품은?
① 배전기   ② 배전기 핑거
③ 1차 콘덴서   ④ 배전기 블록

6. 마그네토에서 브레이커 포인트 부분이 타거나 눌러 붙었을 때 교환해 주어야 할 부품은 어느 것인가?
① 1차 코일   ② 1차 콘덴서
③ 2차 코일   ④ 점화 스위치

7. 9기통 성형 기관에서 회전 영구자석이 4극형이라면 회전 영구자석의 회전속도는 크랭크축의 회전속도의 몇 배가 되는가?
① $\dfrac{8}{9}$ ② $\dfrac{4}{9}$
③ $\dfrac{9}{8}$ ④ $\dfrac{5}{8}$

해설 마그네토 회전속도

$$\frac{\text{마그네토의 회전속도}}{\text{크랭크축의 회전속도}} = \frac{\text{실린더수}}{2 \times \text{극수}}$$

$$= \frac{9}{2 \times 4} = \frac{9}{8}$$

8. 6기통 대향형 기관에서 회전자 극수가 4개인 마그네토를 장착한 기관의 크랭크축 회전수가 2400 rpm일 경우 마그네토의 회전속도는 몇 rpm인가?

정답 ◦→ **1.** ① **2.** ③ **3.** ① **4.** ③ **5.** ③ **6.** ② **7.** ③ **8.** ②

① 1200   ② 1800

③ 2100   ④ 2400

해설 마그네토의 회전속도

$\dfrac{\text{마그네토의 회전속도}}{\text{크랭크축의 회전속도}} = \dfrac{\text{실린더 수}}{2 \times \text{극수}}$ 에서

마그네토의 회전속도

$= \text{크랭크축의 회전속도} \times \dfrac{\text{실린더 수}}{2 \times \text{극수}}$

$= 2400 \times \dfrac{6}{2 \times 4} = 1800\,\text{rpm}$

9. 항공기 왕복기관의 마그네토를 형식별로 분류하는 방법으로 틀린 것은?

① 저압과 고압 마그네토

② 단식과 복식 마그네토

③ 회전자석과 유도자 로터 마그네토

④ 스플라인과 테이퍼 장착 마그네토

10. 항공기용 왕복기관 시동 계통 중 고압 마그네토에서 고압의 전류를 발생시키는 것은 무엇인가?

① 1차 코일   ② 2차 코일

③ 변압기   ④ 콘덴서

11. 저압 점화 계통에서 마그네토의 구성품이 아닌 것은?

① 1차 코일

② 2차 코일

③ 브레이커 포인트

④ 콘덴서

12. 왕복기관 점화 계통에 사용되는 승압 코일(booster coil)의 목적은?

① 2차 코일에 맥류를 공급한다.

② 기관 시동 시 고압의 불꽃을 발생한다.

③ 회전자석 마그네토의 1차 코일에 맥류를 공급한다.

④ 브레이커 포인트에 고압 불꽃을 발생하게 한다.

13. 저압 마그네토 계통에서 점화 플러그가 점화하기 위해 필요한 전압은 어디서 공급하는가?

① 마그네토 1차 코일

② 마그네토 2차 코일

③ 각 실린더 근처에 설치된 변압코일

④ 배전기

14. 18기통 2열 성형 기관에서 점화장치를 복식 저압 점화장치로 사용하였다면 장착되는 변압기는 몇 개인가?

① 18   ② 36

③ 54   ④ 72

해설 저압 점화 계통 : 마그네토는 1차 코일에서 낮은 전압을 발생시켜 저전압 상태로 배전기 회전자를 통해 각 실린더마다 설치된 변압기에 보내진다. 따라서 복식 점화 계통의 18기통 2열 성형 기관에는 총 36개의 변압기가 있다.

15. 변압기의 1차 코일에 감은 수가 100회, 2차 코일에 감은 수가 300회인 변압기의 1차 코일에 100 V 전압을 가할 때 2차 코일에 유기되는 전압은 몇 볼트(V)인가?

① 100   ② 200

③ 300   ④ 400

해설 변압기 $\dfrac{n_1}{n_2} = \dfrac{E_1}{E_2}$ 에서

$E_2 = \dfrac{n_2}{n_1} E_1 = \dfrac{300}{100} \times 100 = 300\,\text{V}$

16. 마그네토 배전기 블록에 표시된 숫자의 의미는?

① 기관의 점화 순서

② 마그네토 점화 순서

③ 점화 플러그 점검 순서

④ 마그네토를 떼어내는 순서

정답 ● **9.** ④ **10.** ② **11.** ② **12.** ② **13.** ③ **14.** ② **15.** ③ **16.** ②

③ 점화 시기

(1) 점화진각

실린더 안의 최고 압력이 압축 상사점 후 10° 근처에서 발생하기 위해 상사점 전에 미리 점화시켜 주는 것

(2) 기관의 점화 시기 조정

① 내부 점화 시기 조정 : 마그네토의 E-gap 위치와 브레이커 포인트가 열리는 순간을 맞추는 작업

② 외부 점화 시기 조정 : 기관이 점화진각에 위치할 때 크랭크축과 마그네토 점화 시기를 일치시키는 작업

(3) 점화 순서

① 수평 대향형 : 1, 6, 3, 2, 5, 4 또는 1, 4, 5, 2, 3, 6

② 성형 7기통 : 1, 3, 5, 7, 2, 4, 6

③ 성형 9기통 : 1, 3, 5, 7, 9, 2, 4, 6, 8 (홀수 먼저, 짝수 뒤에)

④ 2열 14기통 : 1, 10, 5, 14, 9, 4, 13, 8, 3, 12, 7, 2 (+9, −5)

⑤ 2열 18기통 : 1, 12, 5, 16, 9, 2, 13, 6, 17, 10, 3, 14, 7, 18, 11, 4, 15, 8 (+11, −7)

④ 시동 보조 장치

(1) 부스터 코일(booster coil)

작은 코일로서 마그네토가 고전압을 발생시킬 수 있는 회전속도에 이를 때까지 점화 플러그에 점화 불꽃을 일으켜 준다.

(2) 인덕션 바이브레이터(induction vibrator)

시동 시 축전지로부터 마그네토 1차 코일에 단속 전류를 보내 마그네토에서 고전압으로 승압시킨다. 시동기 솔레노이드와 연동되어 축전지 전류에 의해 작동된다.

(3) 임펄스 커플링(impulse coupling)

기관 시동 시 느린 회전속도에서 불꽃 점화가 필요할 때만 마그네토의 회전 영구자석의 회전속도를 순간적으로 가속시켜 고전압을 발생시킨다.

⑤ 점화 플러그(spark plug)

높은 전기적 에너지를 혼합가스를 점화하는 데 필요한 열에너지로 바꾸어 주는 장치이다.

(1) 구성 : 전극, 세라믹 절연체, 금속 셸(shell)

(2) 열특성에 따른 종류

① 고온 플러그(hot plug) : 냉각이 잘 되는 기관에 사용한다.

→ 고온 작동기관에 고온 플러그를 사용하면 조기점화의 원인이 된다.

② 저온 플러그(cold plug) : 과열되기 쉬운 기관에 사용한다.

→ 저온 작동기관에 저온 플러그를 사용하면 점화 플러그 끝에 타지 않은 탄소 찌꺼기가 부착되고, 절연 특성 및 불꽃 방전이 나빠지므로 점화 작용이 약해진다.

③ 일반 플러그(normal plug)

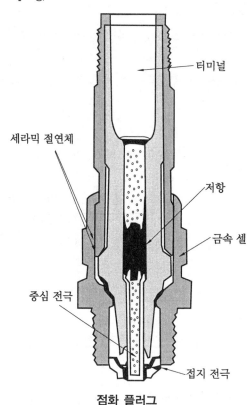

세라믹 절연체

터미널

저항

금속 셸

중심 전극

접지 전극

점화 플러그

예상문제

1. 항공기용 왕복기관의 점화 시기에 대한 설명으로 가장 올바른 것은?

① 전기적 에너지에 의하여 점화되는 기관의 점화는 압축 상사점 후에 이루어져야 한다.

② 실린더 안의 최고 압력은 상사점 전 10도 근처에서 나타나도록 점화 시기를 정한다.

③ 외부 점화 시기 조정은 기관의 점화진각에서 크랭크축과 캠축의 각도를 일치시키는 것이다.

④ 내부 점화 시기 조정은 마그네토의 E갭 위치와 브레이커 포인트가 떨어지는 순간을 맞추는 것이다.

2. 다음 중 보조 점화 장치로 볼 수 없는 것은?

① 배전기(distributor)

② 부스터 마그네토(booster magneto)

③ 유도 바이브레이터(induction vibrator)

④ 임펄스 커플링(impulse coupling)

정답 ● 1. ④ 2. ①

3. 보조 점화장치 중 기관과 마그네토 축 사이의 연결장치로서 시동을 걸 때 마그네토 축을 순간적으로 고회전시켜 고전압으로 증가시켜 자연점화를 하기 위한 장치는?

① 배전기(distributor)
② 임펄스 커플링(impulse coupling)
③ 부스터 마그네토(booster magneto)
④ 유도 바이브레이터(induction vibrator)

4. Bendix에서 제작한 마그네토에 "DF18RN"이라는 기호가 표시되어 있다면 이에 대한 설명으로 옳은 것은?

① 시계방향으로 회전하게 설계된 18실린더 기관에 사용되는 복식 플랜지 부착형 마그네토이다.
② 시계방향으로 회전하게 설계된 18실린더 기관에 사용되는 단식 플랜지 부착형 마그네토이다.
③ 시계 반대방향으로 회전하게 설계된 18실린더 기관에 사용되는 복식 플랜지 부착형 마그네토이다.
④ 시계 반대방향으로 회전하게 설계된 18실린더 기관에 사용되는 단식 플랜지 부착형 마그네토이다.

해설 DF18RN : 벤딕스제(N)이며 시계방향(R)으로 회전하게 설계된 18실린더 기관에 사용을 위한 복식 플랜지(DF) 장착 마그네토이다.

5. 항공기용 마그네토 몸체에 "DF14RN"이라는 기호가 부착되어 있다면 이 마그네토에 대한 설명으로 옳은 것은?

① 시계방향으로 회전하게 설계된 14실린더 기관에 사용을 위한 복식 플랜지 장착 마그네토이다.
② 반시계방향으로 회전하게 설계된 14실린더 기관에 사용을 위한 단식 플랜지 장착 마그네토이다.
③ 시계방향으로 회전하게 설계된 14실린더 기관에 사용을 위한 단식 베이스 장착 마그네토이다.
④ 반시계방향으로 회전하게 설계된 14실린더 기관에 사용을 위한 복식 베이스 장착 마그네토이다.

해설 DF14RN : 벤딕스(N)제이며 시계방향(R)으로 회전하게 설계된 14실린더 기관에 사용을 위한 복식(D) 플랜지(F) 장착 마그네토이다.
D : 복식(double type) 마그네토
F : 플랜지(flange) 장착 마그네토
14 : 14실린더 기관
R : 시계방향
N : 벤딕스(Bendix)사 제품

6. 왕복기관의 점화 플러그(spark plug)에 대한 설명으로 틀린 것은?

① 점화 플러그의 절연체는 중심 전극을 보호한다.
② 플러그의 온도가 너무 높으면 조기 점화를 일으킨다.
③ 일반적으로 고온형 기관에는 고온용 점화 플러그를 사용한다.
④ 점화 플러그는 주로 전극, 절연체, 몸통으로 구성되어 있다.

7. 왕복기관 중 저온으로 작동하는 기관에 저온 점화 플러그를 사용하였다면 발생하는 현상은 어느 것인가?

① 모두 정상적인 작동을 한다.
② 조기 점화 현상이 나타난다.
③ 스파크 플러그에 탄소 찌꺼기가 부착된다.
④ 실린더 내부가 저온이 되어 열소비율이 증가한다.

8. 점화 플러그(spark plug)에 대한 설명으로 틀린 것은?

① 과열되기 쉬운 기관에는 핫 플러그를 사용한다.

② 점화 플러그는 내열성과 절연성이 좋아야 한다.

③ 점화 플러그는 전극, 세라믹 절연체, 금속 셀로 구성되어 있다.

④ 열의 전달 특성에 따라 일반적으로 핫(hot) 플러그, 콜드(cold) 플러그, 일반(normal) 플러그로 분류한다.

9. 고온으로 작동하는 기관에 hot 점화 플러그가 장착되었을 경우 기관에 나타날 수 있는 현상은?

① 조기 점화　　　　② 실화

③ 역화　　　　　　④ 후화

10. 고정형 프로펠러가 장착된 항공기의 4행정 6실린더 왕복기관의 각 실린더 연소실에서 초당 10회의 점화가 이루어졌다면 이 기관의 크랭크 샤프트의 rpm은?

① 600　　　　　　② 1200

③ 2400　　　　　④ 3600

〔해설〕 4행정 기관에서는 크랭크축이 2바퀴 회전할 때 모든 실린더가 한 번씩 점화가 발생을 한다. 초당 10회의 점화가 이루어졌다면, 분당 600회가 점화가 이루어졌다. 크랭크축의 rpm은 1200rpm이다.

11. 다음 중 6기통 수평 대향형 기관의 점화 순서는?

① 1 - 2 - 3 - 4 - 5 - 6

② 1 - 5 - 3 - 2 - 4 - 6

③ 1 - 6 - 3 - 2 - 5 - 4

④ 1 - 2 - 3 - 6 - 5 - 4

12. 다음 중 9기통 성형 기관의 점화 순서는?

① 1 - 2 - 3 - 4 - 5 - 6 - 7 - 8 - 9

② 1 - 3 - 5 - 7 - 9 - 2 - 4 - 6 - 8

③ 1 - 4 - 5 - 2 - 3 - 6 - 9 - 7 - 8

④ 1 - 6 - 3 - 2 - 5 - 4 - 7 - 8 - 9

13. 다음 중 9기통 성형 기관의 배전기판의 점화 순서는?

① 1 - 2 - 3 - 4 - 5 - 6 - 7 - 8 - 9

② 1 - 3 - 5 - 7 - 9 - 2 - 4 - 6 - 8

③ 1 - 4 - 5 - 2 - 3 - 6 - 9 - 7 - 8

④ 1 - 6 - 3 - 2 - 5 - 4 - 7 - 8 - 9

14. 과열되기 쉬운 기관에는 보통 어떤 형의 점화 플러그가 사용되는가?

① hot plug

② cold plug

③ normal plug

④ special plug

CHAPTER 04 왕복기관의 성능

4-1 기관의 성능 요소

(1) 행정체적

피스톤이 상사점에서 하사점까지 움직이면서 빨아들인 체적을 말한다.

① 행정체적 = 단면적(A) × 행정거리(L)

② 총 행정체적 = 실린더 수(K) × 단면적(A) × 행정거리(L) = KAL

• 행정 : 피스톤이 상사점에서 하사점까지 움직인 거리 또는 하사점에서 상사점까지 움직인 거리

(2) 압축비(ϵ)

피스톤이 하사점에 있을 때 실린더 안의 전체 체적(연소실 체적 + 행정체적)과 상사점에 있을 때 실린더 안의 체적(연소실 체적)과의 비로 열효율에 직접적인 영향을 끼치는 중요 요소이다.

$$압축비 = \frac{연소실\ 체적 + 행정체적}{연소실\ 체적}$$

(3) 왕복기관의 동력

① 동력 : 단위 시간당 이루어진 일

㉮ 동력의 단위 : 마력(PS), kW

㉯ 1마력 = 75 kg·m/s = 0.735 kW

② 지시마력(iHP) : 이론상의 마력으로 마찰력에 의한 손실을 고려하지 않은 마력

$$iHP = \frac{P_{mi}LANK}{75 \times 2 \times 60} = \frac{P_{mi}LANK}{9000}\,[\text{PS}]$$

여기서, P_{mi} : 지시평균압력(kgf/cm^2), N : 기관의 분당 회전수(rpm), L : 행정거리(m)

K : 실린더 수, A : 실린더 단면적(cm^2)

③ 마찰마력(fHP) : 기관이 마찰력을 이겨내는 데 소비된 마력

④ 제동마력(bHP) : 프로펠러에 전달된 마력으로 실제 기관 마력으로 표시한다.

제동마력(bHP) = 지시마력(iHP) - 마찰마력(fHP)

$$bHP = \frac{P_{mb}LANK}{75 \times 2 \times 60} = \frac{P_{mb}LANK}{9000}\,[\text{PS}]$$

여기서, P_{mb} : 제동평균 유효압력

⑤ 기계효율(η_m) : 제동마력(bHP)와 지시마력(iHP)의 비

$$\eta_m = \frac{bHP}{iHP}$$

⑥ 제동 열효율(η_b) : 어떤 기관의 제동마력(bHP)과 단위 시간당 기관이 소비한 연료 에너지의 비

$$\eta_b = \frac{제동마력}{단위시간당\ 기관이\ 소비한\ 연료에너지} = \frac{bHP \times 75}{W_f \times J \times H_L}$$

여기서, J : 열의 일당량(427 kg·m/kcal), W_f : 연료소비율(kg/s)

H_L : 연료의 저발열량(kcal/kg)

⑦ 왕복기관의 비연료 소비율(f_b) : 1시간당 1마력을 내는 데 소비된 연료의 무게(g)

$$f_b = \frac{W_f \times 3600 \times 10^3}{bHP}$$

⑧ 제동평균 유효압력에 영향을 주는 요소 : 압축비, 회전속도, 혼합비, 실린더의 크기와 연소실의 모양, 점화 시기, 밸브 개폐 시기, 체적 효율

㉮ 압축비가 커짐에 따라 제동평균 유효압력은 증가하지만, 디토네이션 위험이 있어 압축비를 계속 증가시킬 수는 없다.

㉯ 회전속도가 증가하면 제동평균 유효압력은 얼마만큼은 증가하지만, 어떤 속도 이상에서는 오히려 감소한다.

(4) 이륙마력과 정격마력

① 이륙마력(take-off horse power) : 항공기가 이륙할 때 기관이 낼 수 있는 최대 마력으로 작동시간은 1~5분으로 제한하며, 정격마력보다 10 % 정도 높다.

② 정격마력(rated horse power : 연속 최대 마력, METO 마력) : 기관을 30분 정도 또는 시간 제한 없이 연속 작동해도 무리가 없는 최대 마력으로 정격마력에 의해 임계고도가 결정된다.

• 임계고도(critical altitude) : 고도의 영향 때문에 어느 고도 이상에서는 기관의 정격마력을 낼 수 없는 고도를 말한다.

(5) 순항마력(cruising horsepower : 경제마력)

항공기가 순항비행을 할 때 사용하는 마력으로 연료소비율이 가장 작은 상태에서 얻어지는 동력이다.

(6) 열효율과 체적 효율

① 열효율 : 기관이 내는 출력을 기관에 투입된 연료의 연소 열량으로 나눈 값

② 체적 효율(η_V) : 같은 압력, 같은 온도 조건에서 실제로 실린더 안으로 흡입된 혼합가스의 체적과 행정체적과의 비

$$체적\ 효율(\eta_V) = \frac{실제로\ 흡입된\ 혼합가스의\ 체적}{행정체적}$$

예상문제

1. 왕복기관의 실린더 내에서 피스톤이 이동한 거리를 무엇이라고 하는가?
① 보어(bore) ② 행정(stroke)
③ 사이클(cycle) ④ 배기량

2. 다음 중 왕복기관의 성능 향상에 가장 큰 영향을 미치는 것은?
① 점화장치 ② 커넥팅 로드
③ 크랭크축 ④ 실린더의 압축비

3. 기관의 실린더 안지름이 15.0 cm, 행정거리가 0.155 m, 실린더 수가 4개인 경우 총 행정체적(cm³)은?
① 730 ② 2737
③ 10951 ④ 16426

> **해설** 총 행정체적 $= KAL$
> $$= 4 \times \left(\frac{\pi \times 15^2}{4} \right) \times 15.5 = 10951 \, \text{cm}^3$$

4. 18개의 실린더를 갖고 있는 왕복기관의 각 실린더의 지름이 0.15 m이고 실린더의 길이가 0.2 m이며 피스톤의 행정거리가 0.18 m라고 한다면 기관의 총 행정체적은 약 m³인가?
① 0.035 ② 0.042
③ 0.057 ④ 0.063

> **해설** 총 행정체적 $= KAL$
> $$= 18 \times \left(\frac{3.14 \times 0.15^2}{4} \right) \times 0.18 = 0.057 \, \text{m}^3$$

5. 지름이 140 mm인 피스톤에 55 kgf/cm²의 가스압력이 작용하면 피스톤에 미치는 힘은 약 몇 kgf인가?
① 6467 ② 7467 ③ 8467 ④ 9467

> **해설** 힘 $=$ 압력 $\times$ 면적
> $$= 55 \times \frac{\pi \times 14^2}{4} = 8467 \, \text{kgf}$$

6. 지름이 130 mm인 피스톤에 40 kgf/cm²의 가스압력이 작용하면 피스톤에 미치는 힘은 약 얼마인가?
① 4307 kgf ② 5307 kgf
③ 6307 kgf ④ 7307 kgf

> **해설** 힘 $=$ 압력 $\times$ 면적
> $$= 40 \times \frac{\pi \times 13^2}{4} = 5307 \, \text{kgf}$$

7. 실린더 안에 있는 연소가스가 피스톤에 작용하여 얻어진 동력을 무슨 마력이라 하는가?
① 축마력 ② 제동마력
③ 기계마력 ④ 지시마력

8. 지시마력 $iHP = \dfrac{PLANK}{5 \times 2 \times 60}$ 에서 P에 대한 설명으로 옳은 것은? (단, L : 행정길이, A : 피스톤 면적, N : 실린더의 분당 출력 행정 수, K : 실린더 수이다.)
① 평균 지시마력이며 kg·m/s로 표시한다.
② 평균 지시마력이며 kgf·m/s로 표시한다.
③ 지시평균 유효압력이며 kgf/cm²로 표시한다.
④ 지시평균 유효압력이며 kg/m·s²로 표시한다.

> **해설** P : 지시평균 유효압력(kgf/cm²), L : 행정거리(m), A : 실린더 단면의 넓이(cm²), N : 기관의 회전수(rpm), iHP : 지시마력(PS)

9. 왕복기관의 실린더에서 발생되는 마력으로 가장 올바른 것은?
① 축마력 ② 지시마력
③ 제동마력 ④ 추력마력

10. 프로펠러가 기관으로부터 받아들이는 출력은 무엇인가?

정답 1. ② 2. ④ 3. ③ 4. ③ 5. ③ 6. ② 7. ④ 8. ③ 9. ② 10. ③

① 운동마력 ② 지시마력
③ 제동마력 ④ 마찰마력

11. 항공기 왕복기관에서 피스톤 지름이 130 mm, 행정거리가 140 mm, 실린더 수가 4, 제동평균 유효압력이 6.5 kgf/cm^2, 회전수가 2000 rpm일 때에 제동마력은 약 몇 PS인가?

① 107.3 ② 117.3
③ 127.3 ④ 137.3

> **해설** 제동마력(bHP)
>
> $$= \frac{P_{mb} \cdot L \cdot A \cdot N \cdot K}{75 \times 2 \times 60}$$
>
> $$= \frac{6.5 \times 0.14 \times \frac{3.14 \times 13^2}{4} \times 2000 \times 4}{9000}$$
>
> $$= 107.3 \text{ PS}$$

12. 제동 열효율(brake thermal efficiency : η_b)을 가장 옳게 표현한 것은?

① $\eta_b = \dfrac{\text{단위 시간당 기관이 소비한 연료의 발열량}}{\text{제동마력}}$

② $\eta_b = \dfrac{\text{제동마력}}{\text{단위 시간당 기관이 소비한 연료의 발열량}}$

③ $\eta_b = \dfrac{\text{제동마력}}{\text{기관이 1마력을 내는 데 소비한 총 연료량}}$

④ $\eta_b = \dfrac{\text{기관이 1마력을 내는 데 소비한 총 연료량}}{\text{제동마력}}$

13. 다음 중 기관의 출력 정격에 대한 설명으로 틀린 것은?

① 최대 연속 출력 시 출력은 이륙 출력의 90 % 정도이다.
② 아이들 출력이란 기관이 자립 회전할 수 있는 최저 회전 상태이다.
③ 이륙출력이란 이륙 시 발생할 수 있는 최대 추력이며 사용시간에 제한이 없다.
④ 최대 상승 출력이란 항공기를 상승시킬 때 사용되는 최대 출력이다.

> **해설** 이륙마력 : 항공기가 이륙을 할 때에 기관이 낼 수 있는 최대 마력이며, 대형 기관에서는 안전작동과 최대 마력 보증 및 수명 연장을 위해 1~5분간의 사용시간을 제한한다.

14. 왕복기관의 임계고도(critical altitude)는 다음 중 어느 것에 의해 결정되는가?

① 이륙마력
② 정격마력
③ 제동마력
④ 순항마력

15. METO 마력이란 무엇인가?

① 30분만 허용되는 최대 출력
② 상승비행 시만 허용되는 최대 출력
③ 순항 시에 사용되는 비상 출력
④ 연속 사용이 가능한 허용 최대 출력

16. 왕복기관의 비연료 소비율을 옳게 설명한 것은?

① 1 m를 가기 위해 소비되는 연료량
② 1리터의 연료로 발생되는 에너지의 비율
③ 1시간당 1마력을 발생시키는 데 소비된 연료량
④ 제동마력과 단위 시간당 기관이 소비한 연료 에너지와의 비

17. 다음 출력 정격에 관한 설명 중 아이들(idle) 출력에 대한 설명으로 옳은 것은 어느 것인가?

① 항공기 상승 시 사용되는 최대 출력이다.
② 시간 제한 없이 사용할 수 있는 최대 출력이다.
③ 기관이 이륙 시 발생할 수 있는 최대 출력이다.
④ 지상이나 비행 중 기관이 자립 회전할 수 있는 최저 회전 상태이다.

18. 기관의 출력 중 시간 제한 없이 작동할 수 있는 최대 출력으로 이륙 추력의 90 % 정도에 해당하는 출력의 명칭은?

① 순항 출력　　　　② 최대 상승 출력

③ 아이들 출력　　　④ 최대 연속 출력

19. 대기압과 동일한 온도 조건하에서 실제로 실린더 속으로 흡입된 혼합기의 부피와 실린더 배기량과의 비를 무엇이라 하는가?

① 열효율　　　　　② 배기 효율

③ 부피(체적) 효율　④ 압축 효율

정답 **18.** ④　**19.** ③

4-2 | 성능과 고도와의 관계

　고도에 따라 대기압력과 대기온도의 변화가 생기므로 이에 따라 대기 중의 공기 밀도의 변화가 생겨 기관의 출력에 직접 영향을 끼친다.

　밀도가 희박해지면 단위 시간당 흡입되는 공기량이 감소되면서 출력의 감소를 가져오고, 공기 밀도는 대기압력, 대기온도, 습도의 영향을 받는다. 고도가 높아짐에 따라 공기 밀도가 감소하여 왕복기관의 출력은 떨어지는데, 높은 고도에서도 큰 출력을 유지하기 위하여 과급기를 사용한다.

예상문제

1. 고도 증가에 따른 배기 배압의 감소는 어떤 영향을 미치는가?

① 소기 효과를 향상시켜 제동마력을 증가시킨다.

② 소기 효과를 저하시켜 제동마력을 감소시킨다.

③ 마력과는 관계가 없다.

④ 매니폴드 압력을 저하시킨다.

　해설 배기 배압(exhaust back pressure)이 상승하면 소기 효율 및 출력이 감소하고, 배기 배압이 감소하면 소기 효과를 증가시켜 출력이 증가한다.

2. 과급기가 없는 기관은 평균해면에서 흡기압이 대기압보다 낮게 된다. RPM의 변화 없이 고도를 높이면 그 결과는?

① 공기 부피의 감소로 인해 출력이 손실된다.

② 공기 밀도의 감소로 인해 출력이 손실된다.

③ 출력이 일정하게 유지된다.

④ 배기압의 감소로 출력이 증가한다.

3. 증가된 습도는 기관 출력에 어떤 영향을 미치는가?

① 출력에는 변화가 없다.

② 출력은 모든 고도에서 감소한다.

③ 출력은 모든 고도에서 증가한다.

④ 해면상에서는 영향이 없으나, 높은 고도에서는 출력이 증가한다.

　해설 습도가 높아지면 출력이 저하되어 기관 성능, 기동성, 착륙 성능이 떨어진다.

정답 **1.** ①　**2.** ②　**3.** ②

CHAPTER 05 프로펠러

5-1 프로펠러 성능

(1) 프로펠러의 추력

① 프로펠러의 추력(T)

$$T \propto (\text{공기 밀도}) \times (\text{회전면의 넓이}) \times (\text{프로펠러 깃의 선속도})^2$$

$$T \propto \rho \times \frac{\pi D^2}{4} \times (\pi D n)^2$$

$$T = C_t \rho n^2 D^4$$

여기서, C_t : 추력계수, ρ : 공기 밀도, n : 회전속도, D : 프로펠러의 지름

② 프로펠러의 토크(Q)

$$Q = C_q \rho n^2 D^5 \qquad \text{여기서, } C_q : \text{토크계수}$$

③ 프로펠러에 전달된 동력(P)

$$P = Q \cdot \omega = Q \cdot 2\pi n = C_p \rho n^3 D^5 \qquad \text{여기서, } C_p : \text{동력계수}$$

(2) 프로펠러의 효율(η_p)

기관으로부터 프로펠러에 전달된 축동력(P)과 프로펠러가 발생한 추력(T)과 비행속도(V) 의 곱으로 나타내는 프로펠러가 발생한 출력의 비이다.

$$\eta_p = \frac{T \cdot V}{P} = \frac{C_t}{C_p} \cdot \frac{V}{nD}$$

(3) 진행률(J)

깃의 선속도(회전속도 : rpm)와 비행속도(V)의 비를 말한다.

$$J = \frac{V}{nD}$$

(4) 프로펠러에 작용하는 힘과 응력

① 추력과 휨 응력

② 원심력에 의한 인장응력 : 원심력에 의해 프로펠러 깃은 인장응력이 발생하는데, 이 힘을 이겨내기 위해 허브 부분으로 갈수록 단면적이 크도록 만든다.

③ 비틀림과 비틀림 응력

예상문제

1. 프로펠러의 추력에 대한 설명으로 가장 올바른 것은?

① 공기의 밀도에 반비례한다.

② 회전속도의 제곱에 비례한다.

③ 프로펠러의 지름에 반비례한다.

④ 추력계수에 관계없이 일정하다.

해설 프로펠러 추력$(T) = C_t\, \rho\, n^2\, D^4$

2. 프로펠러 추진력을 추력(T)이라 하면 깃 단면은 비행기 날개의 날개골과 같으므로 추력을 날개에서 얻어지는 공기의 힘이라 할 때 관계식으로 맞는 것은? (단, 여기서, ρ : 공기 밀도, D : 프로펠러 지름, n : 회전속도)

① $T \propto \rho \times \dfrac{\pi D}{4} \times (\pi D n)$

② $T \propto \rho \times \dfrac{\pi D}{4} \times (\pi D n)^3$

③ $T \propto \rho \times \dfrac{\pi D^2}{4} \times (\pi D n)^2$

④ $T \propto \rho \times \dfrac{\pi D^2}{4} \times (\pi D n)^3$

3. 비행 중인 프로펠러에 작용하는 하중이 아닌 것은?

① 압축하중   ② 굽힘하중

③ 비틀림하중   ④ 인장하중

4. 프로펠러가 회전할 때 받은 휨 응력(bending stress)은 어느 작용의 힘에 의해 발생하는가?

① 추력   ② 비틀림

③ 원심력   ④ 공기 반작용

5. 프로펠러의 회전력(torque)에 의한 굽힘 모멘트를 견디기 위하여 프로펠러 깃의 형태는 어떻게 만들어야 하는가?

① 프로펠러 깃 끝으로 갈수록 깃의 시위를 작게 한다.

② 프로펠러 깃 끝으로 갈수록 깃의 시위를 크게 한다.

③ 프로펠러 중심으로 갈수록 깃의 단면적을 작게 한다.

④ 프로펠러 중심으로 갈수록 깃의 단면적을 크게 한다.

정답 •— **1.** ②   **2.** ③   **3.** ①   **4.** ①   **5.** ④

5-2   프로펠러 구조

프로펠러는 허브(hub), 섕크(shank), 깃(blade)으로 구성된다.

(1) 프로펠러 깃

① 깃 섕크(blade shank) : 깃의 뿌리 부분으로 허브에 연결되며 추력은 발생되지 않는다

② 깃 끝(blade tip) : 깃의 가장 끝부분으로 반지름이 가장 크고, 특별한 색깔을 칠해 회전 범위나 회전 여부를 나타낸다.

③ 깃 등(blade back) : 프로펠러 깃의 캠버로 된 면이며 추력이 작용되는 면이다.

④ 깃 면(blade face) : 프로펠러 깃의 평편한 쪽이다.

⑤ 깃의 위치(blade station) : 허브 중심으로부터 깃을 따라 위치를 표시한 것으로 일정한 간격(6인치)으로 나누어 정한다.

⑥ 깃 각(blade angle) : 프로펠러 회전면과 시위선이 이루는 각을 말하며, 깃 각은 뿌리에서 크고, 깃 끝으로 갈수록 작아진다.

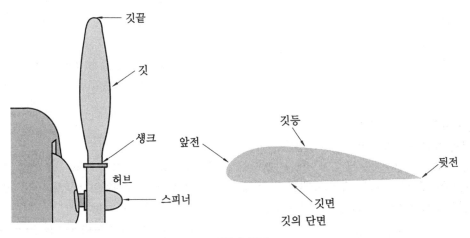

프로펠러 구조

(2) 프로펠러 피치

프로펠러 깃 각은 깃 뿌리에서 깃 끝으로 갈수록 작아진다. 일반적으로 깃 각이라 함은 허브 중심에서 75 % 되는 위치의 깃 각을 말한다.

① 기하학적 위치(geometric pitch : G.P) : 프로펠러 깃을 한 바퀴 회전시켰을 때 앞으로 전진할 수 있는 이론적인 거리

$$G.P = 2\pi r \tan\beta \quad 여기서, \ \beta : 깃 각$$

② 유효 피치(effective pitch : E.P) : 공기 중에서 프로펠러가 1회전할 때 실제로 전진한 거리

$$E.P = V \times \frac{60}{n} \quad 여기서, \ V : 비행속도, \ n : 회전속도(rpm)$$

③ 프로펠러 슬립(propeller slip) $= \dfrac{\text{기하학적 피치} - \text{유효 피치}}{\text{기하학적 피치}} \times 100\,(\%)$

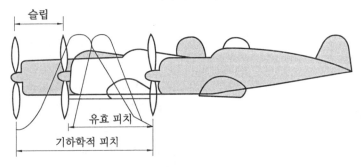

프로펠러 슬립

예상문제

1. 그림과 같은 프로펠러의 구조에서 생크는 어느 곳인가?

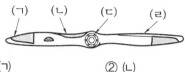

① (ㄱ) ② (ㄴ)
③ (ㄷ) ④ (ㄹ)

[해설] 프로펠러는 허브(ㄷ), 생크 또는 뿌리(ㄴ) 및 깃끝(ㄹ)의 구조로 되어 있다.

2. 그림과 같은 고정 피치 프로펠러에서 (A)의 명칭은?

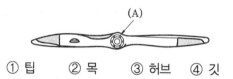

① 팁   ② 목   ③ 허브   ④ 깃

3. 프로펠러 깃 버트(butt)와 인접한 부분을 말하며, 강도를 주기 위해 두껍게 되어 있고 허브 배럴에 꼭 박게 되어 있는 부분의 명칭은?

① 프로펠러 팁(tip)
② 프로펠러 허브(hub)
③ 프로펠러 생크(shank)
④ 프로펠러 허브 보어(hub bore)

4. 공기 중에서 프로펠러가 1회전할 때 앞으로 전진할 수 있는 이론적인 거리를 무엇이라 하는가?

① 유효 피치   ② 기하학적 피치
③ 턴 디스턴스   ④ 프로펠러 슬립

5. 다음 중 프로펠러 유효피치에 대한 설명으로 옳은 것은?

① 프로펠러 회전 속도에 대한 항공기의 전진 속도의 비율이다.
② 비행 중 프로펠러가 60회전하는 동안 항공기가 이론상 전진한 거리이다.
③ 비행 중 프로펠러가 1회전하는 동안 항공기가 이론상 전진한 거리이다.
④ 비행 중 프로펠러가 1회전하는 동안에 항공기가 실제로 전진한 거리이다.

6. 비행속도가 V, 회전속도가 n[rpm]인 프로펠러의 경우 1회전하는 데 소요되는 시간은 $\dfrac{60}{n}$ 초이므로 프로펠러가 1회전하는 데 비행기가 실제로 전진한 거리에 대한 식으로 옳은 것은?

① $V \times \dfrac{60}{n}$ ② $60 \times \dfrac{n}{V}$

③ $n \times \dfrac{V}{60}$ ④ $60 \times V \times n$

정답 ● **1.** ② **2.** ③ **3.** ③ **4.** ② **5.** ④ **6.** ①

5-3 프로펠러 종류

(1) 깃의 사용 재료에 따른 분류

① 목재 프로펠러 : 가볍고 제작공정이 쉽지만 300마력 이상의 기관에는 사용할 수 없다.

② 금속재 프로펠러 : 알루미늄 합금, 강(steel)을 사용하여 만들고 강철인 경우 속이 비어 있다. 강도가 높고 내구성이 높으나 가격이 비싸다.

(2) 프로펠러 장착 방법에 따른 분류

① 견인식 : 프로펠러를 비행기 앞에 장착하여 프로펠러 추력이 비행기를 끌고 가는 방법으로 가장 많이 사용한다.

② 추진식 : 프로펠러를 비행기 뒷부분에 장착하여 프로펠러 추력이 비행기를 앞으로 밀고 가는 방식

③ 이중 반전식 : 프로펠러축에 회전방향이 서로 반대로 돌게 만든 방식

④ 탠덤식 : 견인식과 추진식 프로펠러를 모두 갖춘 방식

(3) 프로펠러 깃 수에 따른 분류

2, 3, 4, 5 깃 프로펠러가 있다.

(4) 피치 변경기구에 따른 분류

① 고정 피치 프로펠러(fixed pitch propeller) : 깃 각이 하나로 고정되어 있는 프로펠러로 순항 속도에서 가장 효율이 좋도록 깃 각이 맞추어져 있다.

② 조정 피치 프로펠러(adjustable pitch propeller) : 1개 이상의 비행속도에서 최대 효율을 얻을 수 있도록 피치 조절이 가능한 프로펠러로 지상에서 정비사가 비행 목적에 따라 피치를 조정한다.

③ 가변 피치 프로펠러(controllable pitch propeller) : 비행 중 비행 목적에 따라 조종사에 의해서 또는 자동으로 피치 변경이 가능한 프로펠러

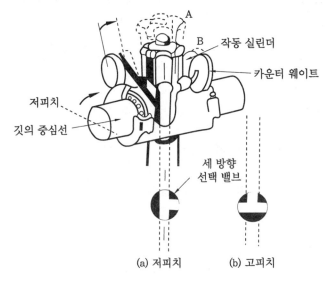

가변 피치 프로펠러

㈎ 2단 가변 피치 프로펠러(2-position controllable pitch propeller) : 조종사가 비행 중 저피치와 고피치의 2개의 위치만 변경할 수 있는 프로펠러

- 저피치 : 이착륙 때와 같이 저속 시
- 고피치 : 순항 및 강하 비행 시

(나) 정속 프로펠러(constant speed propeller) : 조속기(speed governor)에 의해 저피치에서 고피치까지 자유롭게 피치를 조절할 수 있어 비행속도, 기관의 출력 변화에 관계없이 프로펠러를 항상 일정한 속도로 유지하여 가장 좋은 프로펠러 효율을 가질 수 있다.

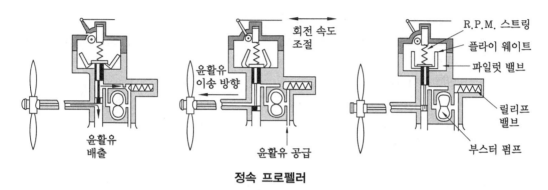

정속 프로펠러

(다) 완전 페더링 프로펠러 : 정속 프로펠러에 페더링(feathering)을 더 추가한 형식으로 비행 중 기관 정지 시 공기 저항을 감소시키고, 풍차(windmill) 회전에 따른 기관 고장의 확대를 방지하기 위해 프로펠러를 비행방향과 평행이 되도록 피치를 변경시킬 수 있다.

(라) 역피치 프로펠러(reverse pitch propeller) : 정속 프로펠러에 페더링 기능과 역피치 기능을 부가시킨 것으로 착륙 후 피치를 역피치로 하고 역추력을 발생하여 착륙거리를 단축시킬 수 있다.

> **참고 날개 끝 실속의 영향**
>
> 깃 끝 속도가 음속에 가깝게 되면 공기의 압축성 영향을 받아 깃 끝 근처에서 실속이 발생하고, 깃의 날개골은 양력 감소와 항력 증가를 가져와 프로펠러 효율이 급격히 떨어지므로 깃 끝 속도를 음속의 90 % 이하로 제한한다.
>
> - 유성 기어열(planetary gear train) : 크랭크축과 프로펠러 축 사이에 감속기어를 장착하여 프로펠러 회전수를 감소시킨다.

(5) 프롭 팬(propfan)

터보 팬을 좀 더 개선하여 효율을 높인 것으로 가볍고 고회전에서도 견딜 수 있는 강도를 가진 최신의 복합 소재를 사용하여 프로펠러보다 훨씬 얇으면서 반달형으로 된 시위 길이가 큰 깃에 후퇴각을 준 깃 수가 많은 프로펠러이다.

- 깃에 후퇴각을 준 이유 : 회전 시 충격파의 발생을 지연시켜 주는 효과를 가진다.

예상문제

1. 다음 중 고정 피치 목재 프로펠러의 구조에서 찾을 수 없는 것은?

① 목
② 깃
③ 팁
④ 니들

2. 트랙터 프로펠러(견인식 프로펠러)와 푸셔 프로펠러(추진식 프로펠러)를 구분하는 기준은 무엇인가?

① 프로펠러의 장착 위치
② 피치의 조절 가능성
③ 프로펠러의 구성 재질
④ 피치를 조절하는 방법

3. 고정 피치 프로펠러는 어느 시기에 최대 효율이 나도록 설계하는가?

① 이륙 시
② 순항 시
③ 착륙 시
④ 완속 비행 시

4. 2단 가변 피치 프로펠러를 장착한 항공기가 착륙할 때 프로펠러 깃 각의 상태는?

① 저피치
② 고피치
③ 완전 페더링
④ 중립

5. 가변 피치 프로펠러 중 저피치와 고피치 사이에서 무한한 피치각을 취하는 프로펠러는 어느 것인가?

① 2단 가변 피치 프로펠러
② 완전 페더링 프로펠러
③ 정속 프로펠러
④ 역피치 프로펠러

6. 프로펠러에 조속기를 장치하여 비행고도, 비행자세의 변화에 따른 속도의 변화 및 스로틀 개폐에 관계없이 프로펠러를 항상 일정한 회전속도로 유지하여 항상 최상의 효율을 가질

수 있도록 만든 프로펠러는?

① 페더링 프로펠러
② 정속 프로펠러
③ 고정피치 프로펠러
④ 조정피치 프로펠러

7. 다음 중 정속 프로펠러의 피치각을 조절해 주는 것은?

① 공기 밀도
② 조속기
③ 평형 스프링
④ 오일 압력

8. 착륙 후 활주거리를 단축하기 위해 깃 각을 부(−)의 값으로 바꿀 수 있는 프로펠러 형식은 어느 것인가?

① 역피치 프로펠러
② 페더링 프로펠러
③ 정속피치 프로펠러
④ 두 지점 프로펠러

9. 프롭팬의 프로펠러 깃에 후퇴각을 준 가장 큰 이유는?

① 충격파를 방해하기 위하여
② 충격파를 흡수하기 위하여
③ 충격파를 발생시키기 위하여
④ 충격파의 발생을 지연시키기 위하여

10. 프로펠러의 깃 끝 실속은 성능에 큰 영향을 미친다. 이러한 현상을 방지하기 위한 방법으로 가장 관계가 먼 것은?

① 프로펠러 지름을 작게 한다.
② 프로펠러의 회전수를 증가시킨다.
③ 유성 기어열의 감속기어를 설치한다.
④ 익단 속도를 음속의 90 % 이하로 제한한다.

정답 ◆● **1.** ④ **2.** ① **3.** ② **4.** ② **5.** ③ **6.** ② **7.** ② **8.** ① **9.** ④ **10.** ②

11. 프로펠러의 평형 작업 시 사용하는 아버 (arbor)의 용도는?

① 평형 스탠드를 맞춘다.
② 평형 칼날 상의 프로펠러를 지지해준다.
③ 첨가하거나 제거해야 할 무게를 나타낸다.
④ 중량이 부가되어야 하는 프로펠러 깃을 표시한다.

해설 프로펠러의 평형 작업
- 밸런싱 아버(arbor)를 프로펠러 허브의 장착 플랜지에 마주보게 하여 부착한다.
- 밸런싱 아버에 평형추를 달고 평형 스탠드의 칼날 위에 올려 놓는다.
- 평형 스탠드 칼날의 수평 상태를 확인한 후 조절한다.
- 깃을 수평하게 하였을 때 왼쪽 또는 오른쪽으로 회전하여 수직 상태가 되려고 한다면 왼쪽 또는 오른쪽 깃이 무거워 수평 평형이 맞지 않은 상태이고, 깃을 수직으로 하였을 때 수평 상태가 되려는 경향이 있으면 수직 평형이 맞지 않은 것이다.
- 불평형 시에는 제작사가 정해 놓은 가벼운 쪽의 위치에 퍼티(putty) 또는 밸런스 웨이트를 이용하여 평형을 맞춘다.

12. 다음 중 만능 프로펠러 각도기로 측정할 수 있는 것은?

① 깃 각   ② 캠버
③ 시위   ④ 슬립

해설 프로펠러의 깃 각을 측정하기 위하여 두 개의 수준기를 장착한 만능 프로펠러 각

도기(universal propeller protractor)를 사용한다.

13. 금속제 프로펠러의 허브나 버트(butt) 부분에 주어지는 정보가 아닌 것은?

① 사용시간   ② 생산 증명번호
③ 일련번호   ④ 형식 증명번호

14. 정속 피치 프로펠러의 깃 각 변화는 승압된 오일압력과 프로펠러의 원심력 사이의 균형에 따라 달라지는데, 그 차이를 조종하는 장치는?

① 조속기(governor)
② 플라이 웨이트(fly weight)
③ 오일 펌프(oil pump)
④ 마운팅 플랜지(mounting flange)

15. 페더링 프로펠러 비행기에 대한 설명으로 틀린 것은?

① 비행 중 기관 고장 시 페더링 기능이 없는 프로펠러에 비해 활공거리를 단축시켜 준다.
② 비행 중 기관 고장 시 항력을 줄여준다.
③ 비행 중 기관 고장 시 비상 착륙지점까지 안전하게 비행할 수 있게 도와 준다.
④ 비행 중 기관 고장 시 페더링을 함으로써 주날개와 꼬리날개의 공기 흐름에 교란을 적게 한다.

CHAPTER

06 항공용 가스터빈 기관

6-1 항공용 가스터빈 기관의 작동 원리

(1) 가스터빈 기관의 사이클

① 브레이턴 사이클 : 가스터빈 기관의 이상적인 사이클로 정압 사이클이라고도 한다.

(개) 가스터빈 기관의 기본 사이클

단열압축과정 → 정압수열과정 → 단열팽창과정 → 정압방열과정

(내) 가스터빈 기관의 열효율$(\eta_{th}) = 1 - (\dfrac{1}{\gamma})^{\frac{k-1}{k}}$

(2) 작동 원리

공기 흡입구를 통과한 공기를 압축기에 흡입, 압축하여 연소실로 보내면 연소실에서 압축된 공기와 분사된 연료가 연소되어 고온, 고압 가스가 발생한다. 이 고온, 고압 가스는 터빈을 회전시키고 압축기 및 그 밖의 필요한 장치 등을 구동하며, 배기 노즐에서 빠른 속도로 팽창, 분사시켜 추력을 얻는다.

터보팬 기관은 고온, 고압의 연소가스의 일부를 이용하여 터빈을 돌리고, 이 터빈 동력으로 팬(fan)이 구동되며 팬에 의하여 대량의 공기를 뒤로 분사시켜 추력을 얻는다.

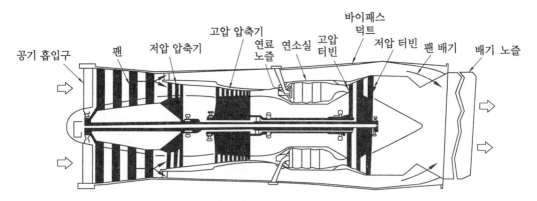

터보팬 기관의 구성

예상문제

1. 왕복기관과 비교한 가스터빈 기관의 특성이 아닌 것은?

① 연료 소모량이 많고 소음이 심하다.

② 회전수에 제한을 받기 때문에 큰 출력을 내기가 어렵다.

③ 왕복 부분이 없어 기관의 진동이 적다.

④ 비행속도가 커질수록 효율이 높아져 초음속 비행도 가능하다.

해설 일반적으로 가스터빈 기관은 높은 회전수를 얻을 수 있기 때문에 작은 크기로 큰 출력을 낼 수 있다.

2. 가스터빈 기관의 작동 원리에 해당하는 뉴턴의 제3법칙은?

① 관성의 법칙

② 양력 발생의 법칙

③ 가속도의 법칙

④ 작용·반작용의 법칙

3. 다음 중 브레이턴 사이클에 대한 설명으로 옳은 것은?

① 압축기의 이상적인 사이클이다.

② 가스터빈 기관의 이상적인 사이클이다.

③ 왕복기관의 이상적인 열팽창 사이클이다.

④ 왕복기관과 가스터빈 기관 등의 실제 동력 기관 사이클이다.

4. 가스터빈 기관의 기본 사이클은 어떤 과정으로 구성되는가?

① 단열압축 → 정압수열 → 정압방열 → 단열팽창

② 단열압축 → 단열팽창 → 정압수열 → 정압방열

③ 단열압축 → 정압방열 → 단열팽창 → 정압수열

④ 단열압축 → 정압수열 → 단열팽창 → 정압방열

정답 ● **1.** ② **2.** ④ **3.** ② **4.** ④

6-2 항공용 가스터빈 기관의 구조 및 공기 흡입 계통

■ 기본 구조

공기 흡입관, 압축기, 연소실, 터빈, 배기 노즐로 구성된다. 가스 발생기(gas generator)에는 압축기, 연소실, 터빈이 있다.

② 공기 흡입 계통

공기를 압축기에 공급하는 통로인 동시에, 고속으로 들어온 공기의 속도를 감소시키고, 압력을 상승시킨다. 압축기 입구에서 공기속도는 항상 압축 가능한 최고 속도인 마하 0.5 정도를 유지해야 한다.

(1) 아음속 항공기의 흡입관 : 확산형 흡입관

(2) 초음속 항공기의 흡입관

수축 확산형 흡입관, 충격파, 가변 면적을 이용한다.

3 압축기(compressor)

공기를 압축하기 위하여 사용되는 압축기에는 원심심 압축기와 축류식 압축기가 있다.

(1) 원심식 압축기(centrifugal type compressor)

① 구성 : 임펠러, 디퓨저, 매니폴드

　(가) 임펠러(impeller) : 임펠러의 회전에 의해 원심력으로 공기를 가속시킨다.

　(나) 디퓨저(diffuser) : 임펠러에서 가속된 속도 에너지를 압력 에너지로 바꾸어 준다. 즉, 속도를 감소시키고 압력을 증가시킨다.

　(다) 매니폴드(manifold) : 압력이 높아진 공기를 방향을 바꾸어 연소실로 공급한다.

② 장점 : 단당 압력비가 높고, 제작이 쉬우며, 구조가 튼튼하고 값이 싸다.

③ 단점 : 압축기 입구와 출구의 압력비가 낮고, 효율이 낮으며, 많은 양의 공기를 처리할 수 없고, 추력에 비해 비행 기관의 전면 면적이 넓어 항력이 커서 소형 기관에만 사용한다.

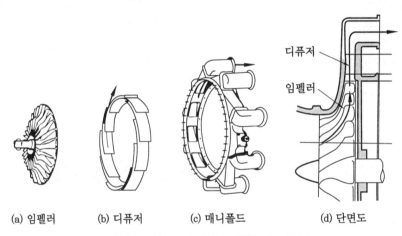

디퓨저
임펠러

　(a) 임펠러　　(b) 디퓨저　　(c) 매니폴드　　(d) 단면도

원심력식 압축기의 기본 구성품 및 단면도

(2) 축류식 압축기(axial flow type compressor)

① 구성 : 회전자(rotor), 고정자(stator)로 구성된다. 1열의 회전자 깃과 1열의 고정자 깃을 합하여 1단(stage)이라 한다.

　(가) 회전자(rotor : 동익) : 여러 층이 원판(disk) 둘레에 많은 회전자 깃(rotor blade)이 장착된다.

　(나) 고정자(stator : 정익) : 압축기 바깥쪽 케이스 안쪽에 많은 고정자 깃(stator vane)이 장착된다.

② 장점

　(가) 전면 면적에 비해 많은 양의 공기를 흡입, 압축할 수 있다.

㈏ 압력비 증가를 위해 여러 단(stage)으로 제작 가능하다.

㈐ 입구와 출구와의 압력비 및 압축기 효율이 높아 고성능 기관에 사용한다.

③ 단점 : 외부 물질에 의한 손상이 쉽고, 제작 비용이 비싸며, 무겁다.

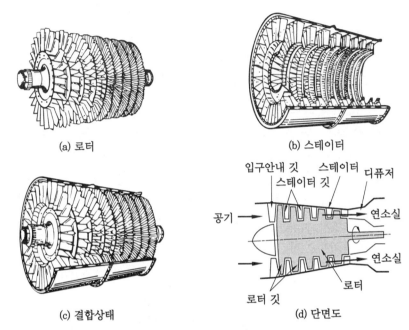

(a) 로터

(b) 스테이터

(c) 결합상태

(d) 단면도

축류식 압축기의 구성품과 단면도

④ 압력비$(\gamma) = (\gamma_s)^n$ 여기서, γ_s : 단당 압력비, n : 단수

⑤ 반동도(reaction rate) : 단당 압력 상승 중 회전자 깃이 담당하는 압력 상승의 백분율(%)을 말하며, 일반적으로 압축기의 반동도는 50 % 정도이다.

$$반동도(\phi_c) = \frac{회전자\ 깃렬에\ 의한\ 압력\ 상승}{단당\ 압력\ 상승} \times 100\%$$

$$= \frac{P_2 - P_1}{P_3 - P_1} \times 100\%$$

여기서, P_1 : 회전자 깃렬의 입구 압력, P_2 : 고정자 깃렬의 입구 압력

P_3 : 고정자 깃렬의 출구 압력

⑥ 축류식 압축기의 실속 : 공기 흡입속도가 작을수록, 회전속도가 클수록 회전자 깃의 받음 각이 커져 압축기 실속이 발생하며, 압력비가 급격히 떨어지고 기관 출력은 감소하여 작동이 불가능해진다.

㈎ 원인

• 압축기 방출 압력(CDP)이 너무 높을 때

• 압축기 입구 온도(CIT)가 너무 높을 때

• 압축기 입구에서 공기의 누적(choking) 현상 발생 시

㈐ 방지책 : 다축식 구조, 가변 고정자(stator) 깃, 블리드 밸브 설치, 가변 안내 베인, 가변 바이패스 밸브 등을 장치한다.

- 다축식 구조 : 저압 압축기과 저압 터빈을 연결하고, 고압 압축기와 고압 터빈을 연결한 구조

(3) 축류-원심식 압축기

압축기 앞부분은 축류식 압축기로, 뒷부분은 원심식 압축기로 되어 있으며, 소형 터보프롭 기관이나 터보샤프트 기관의 압축기로 많이 사용된다.

(4) 팬(fan)

터보팬 기관에 사용되는 팬(fan)은 공기를 압축한 후 노즐을 통하여 분사시킴으로써 추력을 얻는다. 팬에 의하여 압축된 공기의 일부는 압축기에 의하여 압축된 후 연소실로 들어가 연료와 연소하고, 일부는 팬 노즐을 통하여 분사되어 추력을 발생한다.

① 1차 공기 : 팬(fan)을 지난 공기 중에서 기관으로 들어가 연소에 참여한 공기

② 2차 공기 : 팬(fan)을 지난 공기 중에서 팬 노즐(fan nozzle)을 통하여 분사되는 공기

③ 바이패스 비 : 터보팬 기관에서 2차 공기량과 1차 공기량과의 비

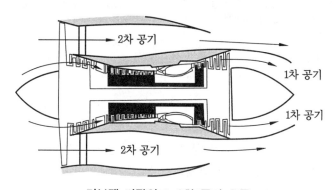

터보팬 기관의 1, 2차 공기 흐름

예상문제

1. 가스터빈 기관의 중요 3대 구성으로 옳은 것은?
- ① 압축기, 연소실, 터빈
- ② 압축기, 연소실, 기어박스
- ③ 흡입 부분, 확산 부분, 배기 부분
- ④ 압축 부분, 배기 부분, 구동 부분

2. 초음속 항공기에 사용되는 공기 흡입구(흡입

덕트)의 형태는?

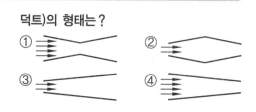

3. 초음속 항공기에 사용되는 흡입 덕트로 가장 적절한 형태는?

① 수축형   ② 확산형
③ 수축-확산형   ④ 일자형

4. 가스터빈 기관의 공기 흡입 도관으로 초음속의 공기가 흡입될 때 도관의 단면적과 공기속도와의 관계를 옳게 설명한 것은?

① 속도는 단면적 감소에 따라 감소하고, 단면적 증가에 따라 증가한다.

② 속도는 단면적 감소에 따라 증가하고, 단면적 증가에 따라 감소한다.

③ 속도는 단면적 감소에 따라 감소 후에 증가하고 단면적의 증가에 따라 감소한다.

④ 초음속의 공기가 흡입 도관을 흐를 경우 단면적과 공기 속도와의 관계가 없다.

[해설] 초음속 흐름과 아음속 흐름
• 초음속 흐름에서 단면적이 좁아지면 속도가 감소한다.
• 아음속 흐름에서 단면적이 좁아지면 속도가 증가한다.

5. 가스터빈 기관의 공기 흡입 계통에 대한 설명으로 가장 거리가 먼 내용은?

① 기관으로 흡입되는 공기의 속도에너지를 압력에너지로 바꾸어 준다.

② 흡입덕트에서 와류나 압력 분포의 차이가 있으면 압축기 실속을 일으키기 쉽다.

③ 외부 물질에 의한 기관 손상을 FOD라 하며, 이것을 방지하기 위해 스크린(screen)을 설치한 기관도 있다.

④ 흡입덕트 입구벽 내부에는 연소실에서 생성된 뜨거운 공기를 이용한 방빙장치가 있다.

[해설] 흡입관의 립(lip) 부분에 뜨거운 블리드 공기(bleed air)로 방빙을 하게 된다.

6. 가스터빈 기관의 원심식(centrifugal type) 압축기의 주요 구성품만으로 나열된 것은?

① 로터, 스테이터, 디퓨저
② 로터, 스테이터, 매니폴드

③ 임펠러, 디퓨저, 매니폴드
④ 임펠러, 스테이터, 디퓨저

7. 가스터빈 기관에서 사용되는 원심식 압축기의 주요 구성품이 아닌 것은?

① 디퓨저(diffuser)
② 임펠러(impeller)
③ 매니폴드(manifold)
④ 회전자(rotor)

8. 터빈 기관(turbine engine)에서 디퓨저 부분(diffuser section)을 가장 올바르게 설명한 것은?

① 압력을 감소하고 속도를 증대한다.
② 디퓨저(diffuser) 내의 압력을 균일하게 한다.
③ 위치에너지를 운동에너지로 바꾼다.
④ 속도에너지를 압력에너지로 바꾸어 연소실로 보낸다.

9. 다음 중 가스터빈 기관에서 실질적으로 가장 높은 압력이 나타나는 곳은?

① 압축기 출구   ② 터빈 입구
③ 연소기 출구   ④ 배기노즐 입구

[해설] 가스터빈 기관에서 압력이 가장 높은 곳은 압축기 출구(연소실 입구)이다.

10. 가스터빈 기관에서 원심형 압축기의 단점에 해당하는 것은?

① 회전속도 범위가 좁다.
② 무게가 무겁고 시동 출력이 높다.
③ 축류형 압축기와 비교해 제작이 어렵고 가격이 비싸다.
④ 동일 추력에 대하여 전면 면적을 많이 차지한다.

11. 가스터빈 기관에서 축류 압축기에 대한 설명으로 틀린 것은?

① 전면 면적(frontal area)이 작아서 항력 (drag)이 작다.

② 원심 압축기에 비해 제작이 간단하고 비용이 저렴하다.

③ 압축 효율(high peak efficiency)이 높다.

④ 스테이지(stage)당 압력 상승이 낮다.

12. 가스터빈 기관에서 사용되는 원심식 압축기를 축류식 압축기와 비교하였을 때 가장 큰 특징은?

① 회전 속도 범위가 좁다.

② 각 단마다의 압력비가 작다.

③ 2단 이상 사용 시 실용적이다.

④ 제작이 간단하고 무게가 가볍다.

13. 축류형 압축기에서 1단(1stage)을 옳게 설명한 것은?

① 임펠러와 매니폴드의 합

② 1개의 임펠러와 1개의 디퓨저의 합

③ 1열의 회전자와 1열의 디스크의 합

④ 1열의 회전자 깃과 1열의 고정자 깃의 합

14. 가스터빈 기관에서 축류 압축기의 압력비를 정의한 것으로 옳은 것은?

① 압축기 입구 압력과 블레이드 입구 압력의 비

② 압축기 출구 압력과 블레이드 출구 압력의 비

③ 압축기 출구 압력과 마지막 스테이터 베인의 전체 압력과의 비

④ 압축기 첫 단 입구의 전 압력과 가장 마지막 단 출구의 전 압력의 비

15. 가스터빈 기관 축류식 압축기의 1단당 압력비가 1.4이고, 압축기가 4단으로 되어 있다면 전체 압력비는 약 얼마인가?

① 2.8　　② 3.8　　③ 5.6　　④ 6.6

해설 압력비 $\gamma = (\gamma_s)^n = (1.4)^4 = 3.8$

16. 축류식 압축기의 1단당 압축비가 1.50이고, 회전자 깃에 의한 압력 상승비가 1.25일 때 압축기 반동도는 얼마인가?

① 25 %　② 50 %　③ 75 %　④ 100 %

해설 반동도 : 압축기 회전자 깃의 입구 압력을 P_1이라고 하면, 회전자 깃의 출구 압력 P_2는 $1.25P_1$이다. 따라서,

$$반동도 = \frac{P_2 - P_1}{P_3 - P_1} \times 100\%$$
$$= \frac{1.25P_1 - P_1}{1.5P_1 - P_1} \times 100 = 50\%$$

17. 2중 스풀 압축기(dual spool com-pressor)에서 더 높은 출력을 얻기 위해 조절하는 것은 무엇인가?

① 온도비　　　　　② 밀도비

③ 압력비　　　　　④ 바이패스비

18. 축류형 터빈에서 터빈의 반동도를 옳게 나타낸 것은?

① $\dfrac{\text{로터 깃에 의한 팽창}}{\text{단의 팽창}} \times 100$

② $\dfrac{\text{단의 팽창}}{\text{로터 깃에 의한 팽창}} \times 100$

③ $\dfrac{\text{스테이터 깃에 의한 팽창}}{\text{단의 팽창}} \times 100$

④ $\dfrac{\text{단의 팽창}}{\text{스테이터 깃에 의한 팽창}} \times 100$

해설 반동도 : 터빈 1단의 팽창 중 회전자 깃이 담당하는 몫

19. 축류식 압축기의 실속을 방지하기 위한 장치가 아닌 것은?

① 다축식 구조　　　② 원심식 압축기

③ 블리드 밸브　　　④ 가변 스테이터 깃

20. 가스터빈 기관의 압축기 실속 방지를 위한 장치에 속하지 않는 것은?

① 다축식 구조
② 가변 로터 깃
③ 가변 스테이터 깃
④ 블리드 밸브(bleed valve)

21. 축류식 압축기의 실속 방지 구조가 아닌 것은?

① 슈라우드   ② 가변 안내 깃
③ 가변 고정자 깃   ④ 블리드 밸브

22. 다음 중 축류형 압축기를 가진 고성능 가스터빈 기관에서 압축기 내부의 실속을 방지하는 것은?

① 실속 조절기   ② 블리드 밸브
③ 압력조절 밸브   ④ 가변 스테이터 베인

23. 가스터빈 기관에서 블리드 밸브(bleed valve)의 주된 역할은 무엇인가?

① 분사연료의 유입을 조절한다.
② 윤활계통의 압력을 조절한다.
③ 압축기의 실속을 방지한다.
④ 램(ram) 압력을 조절한다.

24. 가스터빈 기관에서 압축기의 실속 방지 장치에 대한 설명으로 틀린 것은?

① 다축 기관 구조에서는 압축기의 1축당 압력비를 일정 이하로 제한하여 실속을 방지한다.
② 흡입 공기 흐름 양의 변화에 따라 로터(rotor)에 대한 받음각이 항상 변화하도록 하는 것이 가변 스테이터 베인(variable stator vane)이다.
③ 축류 압축기를 저압용과 고압용으로 분할하여 서로 기계적으로 독립된 2개축 이상으로 구동하는 것이 멀티 스풀 기관이다.

④ 압축기의 중간 단 또는 후방에 가변 블리드 밸브(bleed air)를 장치하여 기관의 시동 시에 밸브가 자동으로 열리도록 해서 압축 공기의 일부를 대기 중으로 방출시킨다.

25. 가스터빈 기관의 2축식 압축기에서 저압 압축기를 구동하는 것은?

① 저압 터빈   ② 고압 압축기
③ 고압 터빈   ④ 저압 및 고압 터빈

26. 다음 중 터보팬 기관의 바이패스 비(by-pass ratio)로 옳은 것은?

① 대기압과 바이패스 덕트의 압력비
② 기관 흡입구에 대한 기관 배기구 가스 압력비
③ 고압 압축기 출구에 대한 바이패스 덕트 출구의 압력비
④ 2차 공기(secondary airflow)와 1차 공기(primary airflow)의 비

> **해설** 바이패스비 (bypass ratio) : 터보팬 기관에서 2차 공기량과 1차 공기량의 비를 말한다.
> • 1차 공기 : 가스 발생기를 지나가는 공기
> • 2차 공기 : 팬(fan)을 지나가는 공기

27. 터보팬 기관에서의 바이패스 비를 옳게 설명한 것은?

① 흡입된 전체 공기 유량과 배출된 전체 공기 유량과의 비
② 압축기를 통과한 공기의 유량과 터빈을 통과한 공기 유량의 비
③ 팬에 흡입된 공기의 유량과 팬으로부터 유출된 공기 유량과의 비
④ 가스 발생기를 통과한 공기의 유량과 팬을 통과한 공기 유량과의 비

28. 항공기 기관 중 바이패스 공기(bypass air)에 의해 추력의 일부를 얻는 기관은?

① 펄스제트 기관 ② 터보팬 기관
③ 터보프롭 기관 ④ 램제트 기관

29. [보기]에서 설명하는 기관은？

┤ 보기 ├
• 팬을 지나는 공기 유량과 압축기를 지나는 공기 유량이 비슷한 기관
• 풀 팬 덕트 기관에서 주로 사용

① 저 바이패스 기관
② 중 바이패스 기관
③ 고 바이패스 기관
④ 동축 바이패스 기관

해설 중 바이패스 기관은 바이패스 비가 2~4 이고, 고 바이패스 기관은 바이패스 비가 5~8 정도이다. 전투기 등은 바이패스 비가 1 이하인 저 바이패스 기관을, 민간 여객기는 4 이상인 고 바이패스 기관을 사용한다.

정답 • 29. ①

4 연소실

압축기에서 압축된 고압 공기에 연료를 분사하여 연소시켜 발생한 화학적 에너지를 열에너지로 변환시킨다.

(1) 연소실의 구비 조건
① 가능한 한 작은 크기
② 기관의 작동 범위 내에서 최소의 압력 손실
③ 연료 공기비, 비행고도, 비행속도 및 출력의 폭넓은 변화에 대하여 안정되고 효율적인 연료의 연소
④ 높은 신뢰성
⑤ 양호한 고공 재시동 특성과 출구 온도 분포의 균일

(2) 연소실의 종류

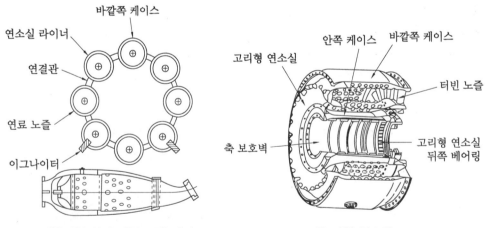

캔형 연소실의 배치도 및 단면도   애뉼러형 연소실

① 캔형(can type) 연소실 : 압축기의 구동축 주위에 독립된 5~10개의 원통형의 연소실을 가진 형식

   ㉮ 장점 : 연소실이 독립되어 있어 설계나 정비가 간단하여 초기에 많이 사용되었다.

   ㉯ 단점 : 고공에서 기압이 낮아지면 연소가 불안정해져서 연소 정지(flame out) 현상이 생기기 쉽고 기관 시동 시 과열 시동(hot start)을 일으키기 쉬우며, 출구 온도 분포가 불균일하다.

② 애뉼러형(annular type) 연소실 : 압축기 구동축을 둘러싸고 있는 1개의 고리 모양의 연소실을 가진 형식으로 현재 많이 사용된다.

   ㉮ 장점

     • 구조가 간단하고 길이가 짧으며 연소실 전면 면적이 좁다.

     • 연소가 안정되어 연소 정지 현상이 거의 없고, 출구 온도 분포가 균일하여 연소 효율이 좋다.

   ㉯ 단점 : 정비가 불편하다.

③ 캔-애뉼러형(can-annular type) 연소실 : 압축기의 구동축 주위를 둘러싸고 있는 안쪽과 바깥쪽 케이스 사이에 5~10개의 원통 모양의 연소실 라이너(liner)를 배치한 형식으로 중형, 대형 가스터빈 기관의 연소실로 사용되고 있다.

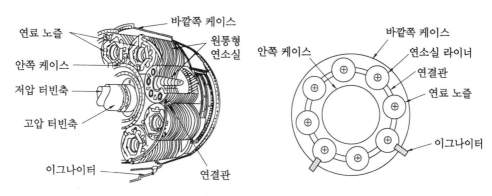

캔-애뉼러형 연소실

(3) 연소실 작동 원리

① 1차 연소영역(연소영역) : 연소실에 들어온 공기 연료비는 60~130 : 1이므로 연소에 필요한 최적 공기 연료비인 8~18 : 1이 되도록 제한하며, 선회 깃(swirl guide vane)에 의해 강한 선회를 주어 유입속도를 감소시키고, 공기와 연료가 잘 섞이도록 하여 화염 전파속도가 증가되도록 한다. 1차 공기유량은 기관 전체에 공급되는 공기량의 약 20~30% 정도이다.

② 2차 연소영역(혼합 냉각영역) : 연소가스의 냉각 작용을 담당하는 영역으로 연소되지 않은 많은 양의 2차 공기를 연소실 뒤쪽으로 공급하여 1차 영역에서 연소된 연소가스와 혼합시켜 연소실 출구 온도를 터빈 입구 온도에 적합하도록 균일하게 낮추어 준다. 2차 공기유량은 전체 공기량의 약 70~80 %이다.

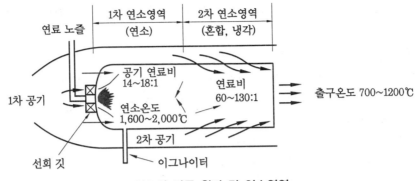

연소실 작동 원리 및 연소영역

(4) 연소실의 성능

연소 효율, 압력 손실, 크기 및 무게, 연소의 안정성, 고공 재시동 특성, 출구 온도 분포의 균일성, 내구성, 대기오염 물질 및 검은 연기의 배출 등에 의해 결정된다.

예상문제

1. 가스터빈 기관 연소실의 구비 조건에 해당되지 않는 것은?
  ① 신뢰성이 높을 것
  ② 최소의 압력 손실을 갖을 것
  ③ 가능한 한 큰 사이즈(size)일 것
  ④ 안정되고 효율적으로 작동될 것
  해설 가능한 한 작은 크기일 것

2. 가스터빈 기관의 연소실이 갖추어야 할 조건으로 틀린 것은?
  ① 가능한 큰 크기
  ② 안정되고 효율적인 연소
  ③ 양호한 고공 재시동 특성
  ④ 작동 범위 내의 최소 압력 손실

3. 구조가 간단하고 길이가 짧으며 연소 효율이 좋으나, 정비하는 데 불편한 결점이 있는 가스터빈 기관의 연소실은?
  ① 캔형   ② 역류형
  ③ 애뉼러형   ④ 캔-애뉼러형

4. 다음 중 가스터빈 기관에서 연소가스의 출구 온도 분포가 가장 균일한 연소실의 형태는 어느 것인가?
  ① 캔형 연소실
  ② 애뉼러형 연소실
  ③ 캔-애뉼러형 연소실
  ④ 라이너형 연소실

5. 다음 중 애뉼러형(annular type) 연소기의 특징으로 가장 거리가 먼 것은?
  ① 연소실은 화염 전파관(flame tube)을 가지고 있다.
  ② 동일 출력의 연소기 가운데 축 방향 길이가 가장 짧다.
  ③ 동일 출력 연소실 가운데 구조가 간단하다.
  ④ 터빈으로 유입되는 연소가스의 분포가 가장 고르다.

6. 가스터빈 기관 연소실 형식 중 애뉼러형 연소실의 특징이 아닌 것은?

정답 ▸ **1.** ③ **2.** ① **3.** ③ **4.** ② **5.** ① **6.** ①

① 정비가 용이하다.
② 연소실의 길이가 짧다.
③ 출구 온도 분포가 균일하다.
④ 연소실의 전체 표면적이 작다.

7. 가스터빈 기관의 애뉼러(annular)형 연소실의 단점으로 옳은 것은?
① 정비성이 나쁘다.
② FLAME OUT을 일으키기 쉽다.
③ 출구 온도 분포가 균일하지 않다.
④ 연소가 불안정하며 검은 연기를 낸다.

8. 다음 그림과 같은 단면의 가스터빈 기관 연소실은?

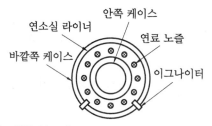

① 캔형 연소실
② 애뉼러형 연소실
③ 성형 연소실
④ 캔-애뉼러형 연소실

9. 가스터빈 기관 애뉼러형 연소실의 구성 요소가 아닌 것은?
① 이그나이터　　　② 라이너
③ 화염 전파관　　　④ 바깥쪽 케이스

10. 연소실에 유입되는 1차 유입공기에 강한 선회를 주어 와류를 발생시키는 장치는 어느 것인가?
① 플레임 튜브(flame tube)
② 이너 라이너(inner liner)
③ 스월 가이드 베인(swirl guide vane)
④ 아우터 라이너(outer liner)

11. 항공기 제트 기관에서 1차 연소 영역의 공기 연료비로 가장 적합한 것은?
① 2 ~ 6 : 1　　　② 8 ~ 12 : 1
③ 14 ~ 18 : 1　　④ 20 ~ 24 : 1

12. 가스터빈 기관의 연소실에서 직접 연소에 이용되는 공기량은 연소실을 통과하는 공기의 약 몇 % 정도인가?
① 5 ~ 10 %　　　② 10 ~ 15 %
③ 25 ~ 35 %　　　④ 40 ~ 50 %

13. 가스터빈 연소실 내에 사용되는 2차 공기에 관한 설명 중 가장 올바른 것은 어느 것인가?
① 2차 공기는 라이너를 냉각시킨다.
② 2차 공기는 연소기 압력을 증가시킨다.
③ 2차 공기는 연소기 온도를 증가시킨다.
④ 2차 공기는 에너지를 더 많이 확보한다.

14. 가스터빈 기관의 연소기에서 연소가 일어나고 있는 동안 연소기 내부 압력 변화에 대한 설명으로 옳은 것은?
① 연소가 발생한 곳에서 압력이 급격히 증가되지만 서서히 감소한다.
② 연소가 일어나면서 물이 생성되기 때문에 압력이 급격하게 저하된다.
③ 연소는 압력이 일정한 상태에서 일어나기 때문에 압력은 일정하다. 단, 내부 마찰 등으로 인하여 압력이 약간 저하된다.
④ 연소가 폭발적으로 일어나기 때문에 압력이 급격하게 증가한다.

15. 가스터빈 기관은 연소실 내에서 화염이 지연되거나 공기의 흐름 속도가 클수록 연소실의 길이가 길어져야 하는데 그 이유로 옳은 것은?
① 연소 화염이 터빈까지 들어가지 않게 하기

위해

② 연소가 시작되는 곳에서 연소 화염 확산을 빠르게 하기 위해

③ 공기와 연료의 혼합을 촉진시켜 신속한 연소가 이루어지게 하기 위해

④ 터빈에 작용하는 연소가스 흐름을 균일하게 하기 위해

16. 가스터빈 기관 작동 중 연소실에 열점(hot spot) 현상이 일어날 때의 고장 원인으로 가장 옳은 것은?

① 연소실의 균열

② 연소실의 냉각 작용 이상

③ 연료펌프의 결함

④ 연료 노즐의 분사각도 결함

정답 ● 16. ④

5 터빈(turbine)

압축기 및 그 밖의 필요장비를 구동시키는 데 필요한 동력을 발생시키는 부분으로 연소실에서 연소된 고온, 고압의 연소가스를 팽창시켜 회전동력을 얻는다.

(1) 레이디얼(radial) 터빈

원심식 압축기와 구조, 모양은 같으나 공기 흐름 방향이 바깥쪽에서 중심부분으로 흐른다.

① 장점 : 제작이 간편하고 효율이 좋으며, 단(stage)마다의 팽창비가 4 정도로 높다.

② 단점 : 다단으로 할 경우 단 수를 증가시키면 효율이 낮아지고 구조가 복잡해져 소형 기관에만 사용한다.

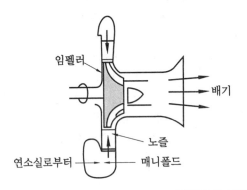

레이디얼 터빈

(2) 축류형(axial type) 터빈

연소실에서 연소된 고온, 고압의 공기는 터빈을 통하여 팽창하면서 터빈을 회전시키는데 터빈 1단의 팽창 중 회전자(rotor) 깃이 담당하는 몫을 반동도라 한다.

① 구성 : 고정자(stator), 회전자(rotor)

② 1단 : 1열의 고정자와 1열의 회전자의 합

③ 터빈 노즐(turbine nozzle) : 터빈 고정자(stator)

$$반동도(\phi_t) = \frac{회전자 \ 깃렬에 \ 의한 \ 팽창량}{단의 \ 팽창량} \times 100\% = \frac{P_2 - P_3}{P_1 - P_3} \times 100\%$$

여기서, P_1 : 고정자 깃렬의 입구 압력

P_2 : 고정자 깃렬의 출구 압력(회전자 깃렬의 입구 압력)

P_3 : 회전자 깃렬의 출구 압력

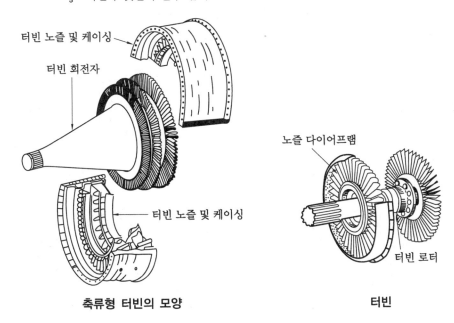

터빈 노즐 및 케이싱

터빈 회전자

노즐 다이어프램

터빈 노즐 및 케이싱

터빈 로터

축류형 터빈의 모양　　　　　　　**터빈**

④ 터빈 노즐 다이어프램(turbine nozzle diaphragm) : 연소된 가스의 속도를 증가시키고, 유효한 각도로 회전자 깃(rotor blade)에 부딪치게 하여 터빈 회전자 깃 속도를 증가시켜 추력을 증가시킨다.

⑤ 터빈의 3가지 형식

　㈎ 반동 터빈(reaction turbine) : 고정자(stator)와 회전자(rotor) 깃에서 동시에 연소 가스가 팽창하는 터빈으로 반동도는 50 % 정도이다.

　㈏ 충동 터빈(impulse turbine) : 가스의 팽창은 모두 고정자(stator)에서만 이루어져 반동도가 0 %이다.

　㈐ 실제 터빈 깃(충동-반동 터빈) : 회전자 깃을 비틀어 주어 깃 뿌리에서는 충동 터빈으로 하고, 깃 끝으로 갈수록 반동 터빈이 되도록 하여 토크를 일정하게 한다.

(3) 터빈 깃의 냉각 방법

① 대류 냉각(convection cooling) : 터빈 깃의 내부에 공기 통로를 만들어 이곳으로 찬 공기가 지나가게 함으로써 터빈을 냉각한다. 구조가 간단하여 가장 많이 이용한다.

　• 터빈을 냉각하는 데 사용하는 공기 : 압축기 뒤쪽 블리드 공기(bleed air)

② 충돌 냉각(impingement cooling) : 터빈 깃의 앞전 부분의 냉각에 이용된다. 터빈 깃의 내부에 작은 공기 통로를 설치하여 이 통로에서 터빈 깃의 앞전 안쪽 표면에 냉각 공기를

충돌시켜 깃을 냉각시킨다.

③ 공기막 냉각(air film cooling) : 터빈 깃의 표면에 작은 구멍을 뚫어 찬 공기가 나오도록 하여 찬 공기의 얇은 막이 내빈 깃을 둘러싸서 연소가스가 터빈 깃을 직접 닿지 못하게 함으로써 냉각시킨다.

④ 침출 냉각(transpiration cooling) : 터빈 깃을 다공성 재질로 만들고, 깃 내부에 공기 통로를 만들어 차가운 공기가 터빈 깃을 통하여 스며 나오게 함으로써 터빈 깃을 냉각한다. 가장 냉각 성능이 우수하지만, 아직 실용화되지 못하고 있다.

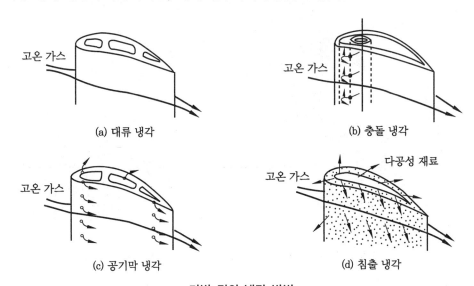

(a) 대류 냉각   (b) 충돌 냉각

(c) 공기막 냉각   (d) 침출 냉각

터빈 깃의 냉각 방법

예상문제

1. 가스터빈 기관에서 터빈의 역할에 대한 설명으로 틀린 것은?

① 터빈 축과 연결된 압축기를 회전시킨다.
② 기계적 에너지를 열에너지로 변환시킨다.
③ 터빈 축에 연결된 기어박스나 팬을 구동시킨다.
④ 연소실에서 나온 연소가스를 이용하여 회전력을 얻는다.

2. 가스터빈 기관의 축류 터빈에서 1단에서 이루어지는 팽창 중 로터가 담당하는 비율을 무엇이라 하는가?

① 반동도   ② 팽창비
③ 추력비   ④ 압축비

3. 터빈 입구의 압력이 7, 터빈 출구의 압력이 3, 로터 입구의 압력이 4인 가스터빈 기관에서 축류형 터빈의 반동도는? (단, 공기의 비열비는 1.4이다.)

① 20 %   ② 25 %
③ 30 %   ④ 35 %

해설 반동도 $= \dfrac{P_2 - P_3}{P_1 - P_3} \times 100\%$

$= \dfrac{4-3}{7-3} \times 100\% = 25\%$

정답 **1.** ② **2.** ① **3.** ②

여기서, 터빈 입구 압력 $P_1 = 7$, 터빈 출구 압력 $P_3 = 3$, 로터 입구 압력 $P_2 = 4$

4. 반동 터빈에 대한 설명으로 틀린 것은 어느 것인가?

① 고정자 깃의 통로는 수축 통로이다.
② 회전자 깃의 통로는 수축 통로이다.
③ 회전자 깃의 통로는 확산 통로이다.
④ 반동도는 일반적으로 50 % 정도이다.

5. 충동 터빈(impulse turbine)에 대한 설명으로 옳은 것은?

① 단에서 발생되는 압력 저하는 터빈 노즐(stator)에서만 일어난다.
② 단에서 발생되는 압력 저하는 회전익에서만 일어난다.
③ 단에서 발생되는 압력 저하는 정익(stator)에서 50 %, 회전익(rotor)에서 50 %가 일어난다.
④ 일반적으로 블레이드 허브 부분에서는 반동형을 채택하고, 팁에서는 충동형을 채택한다.

> **해설** 충동 터빈은 반동도가 0인 터빈으로 가스의 팽창은 터빈 고정자(stator : 정익)에서만 이루어지고 회전자(rotor : 동익)에서는 전혀 이루어지지 않는다.

6. 다음 중 반동도가 "0"이며 가스의 팽창은 터빈 스테이터(stator)에서만 이루어지고 로터(rotor) 깃에서는 팽창이 이루어지지 않는 축류 터빈 로터는?

① 반동 터빈
② 충동 터빈
③ 반동 – 충동 터빈
④ 레이디얼 플로 터빈

7. 가스터빈 기관에서 일반적으로 사용되는 터

빈 깃의 형식은?

① 접선 – 반동형
② 오목 – 반동형
③ 충동 – 반동형
④ 블록 – 충동형

8. 터빈노즐(turbine nozzle)의 주된 기능은 어느 것인가?

① 테일 콘(tail cone)으로 가스를 분배시킨다.
② 뜨거운 가스의 압력을 증가시킨다.
③ 방향을 변화시켜 가스의 온도를 떨어뜨린다.
④ 가스의 속도를 증가시키고 터빈 휠에 올바른 각도로 가스의 흐름을 안내한다.

9. 그림과 같은 터빈 깃의 냉각 방법을 무엇이라 하는가?

① 충돌 냉각
② 침출 냉각
③ 대류 냉각
④ 공기막 냉각

10. 가스터빈 기관의 터빈 깃의 냉각 방법 중 터빈 깃의 내부를 중공으로 제작하여 이곳으로 차가운 공기가 지나가게 함으로써 냉각시키는 것은?

① 충돌 냉각
② 공기막 냉각
③ 대류 냉각
④ 침출 냉각

11. 터빈 깃 안쪽에 공기 통로를 만들고, 터빈 깃의 표면에 냉각면을 형성하게 하는 냉각 방법은?

① 증발 냉각
② 공기막 냉각
③ 충돌 냉각
④ 대류 냉각

12. 항공기용 가스터빈 블레이드 냉각 방법 중

블레이드 표면에 작은 구멍을 뚫어 이곳으로 찬 공기가 나오게 하여 얇은 막을 형성하여 터빈 깃을 둘러싸서 연소가스가 블레이드에 직접 닿지 못하게 하는 방법은?

① 공기막 냉각   ② 대류 냉각
③ 충돌 냉각   ④ 침출 냉각

13. 가스터빈 기관의 터빈 블레이드(turbine blade)의 냉각 방법과 관계가 없는 것은?

① 대류 냉각(convection cooling)
② 확산 냉각(divergent cooling)
③ 공기막 냉각(air film cooling)
④ 침출 냉각(transpiration cooling)

14. 효율을 증대시키기 위하여 대형 가스터빈 기관의 작동 중 터빈 블레이드 팁 간극 (clearnace)을 적절하게 유지하는 방법으로 옳은 것은?

① 고압 압축기 공기를 터빈 케이스에 분사한다.
② 팬부분 공기를 터빈 케이스의 외면에 분사한다.
③ 터빈 케이스 내면을 진원이 되도록 연마 가공한다.
④ 저압 압축기 공기를 터빈 케이스 내면에 분사한다.

15. 가스터빈 기관의 터빈 깃에 직각으로 머리

카락 모양의 형태로 균열이 나타날 때 이 결함의 원인으로 가장 옳은 것은?

① 과부식   ② 과하중
③ 과냉각   ④ 열응력

16. 다음과 같은 가스터빈 기관의 터빈부 조립 작업 중 가장 먼저 해야 하는 작업은?

① 동적 평형 점검
② 터빈 축에 터빈 깃 조립
③ 터빈 케이스에 터빈 조립
④ 터빈 깃과 슈라우드와의 간격 측정

> **해설** 터빈의 가장 내부 부품인 터빈 깃을 조립하고 나머지를 조립해야 한다.

17. 가스터빈 기관의 터빈 블레이드에 장시간 열하중과 원심하중이 부여되기 때문에 발생하는 변형을 무엇이라고 하는가?

① 헤어 크랙(hair crack)
② 열점(hot spot)
③ 핫 스트리크(hot streak)
④ 크리프(creep)

18. 기관 검사 시 일반적으로 육안 검사로 식별할 수 없는 금속 표면 결함은?

① 찍힘(nicks)
② 밀림(galling)
③ 스코어링(scoring)
④ 금속 피로(metal fatigue)

정답 ●—— **13.** ②   **14.** ②   **15.** ④   **16.** ②   **17.** ④   **18.** ④

---

6 배기 계통

배기가스를 배기 노즐을 통하여 빠른 속도로 분사하여 추력을 얻는다.

(1) 배기관(exhaust duct : 배기 도관) 또는 테일 파이프(tail pipe)

① 터빈을 통과한 배기가스를 대기 중으로 방출하기 위한 통로 역할을 한다.
② 터빈을 통과한 배기가스를 정류하고, 배기가스의 압력 에너지를 속도 에너지로 바꾸어 추력을 얻는다.

③ 후기연소기(after burner)가 장착되어 있는 경우 연소실 역할을 한다.

(2) 배기 노즐(exhaust nozzle) : 배기관에서 공기가 분사되는 끝부분

① 아음속 항공기의 배기 노즐 : 수축형 배기 노즐(convergent exhaust nozzle)
- 테일 콘(tail cone) : 정류 목적을 위하여 내부에 원뿔 모양으로 장착된 것을 말한다.

② 초음속 항공기의 배기 노즐 : 가변 면적 노즐인 수축-확산형 배기 노즐(convergent-divergent nozzle)

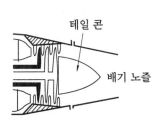

수축형 배기 덕트

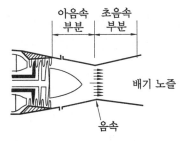

수축-확산형 배기 덕트

예상문제

1. 가스터빈 기관에서 배기계통 중 배기 파이프 또는 테일 파이프라고 하는 터빈을 통과한 배기가스를 대기 중으로 방출하기 위한 통로는 어느 것인가?
① 배기 소음장치　② 고정면적노즐
③ 배기관　④ 역추력 장치

2. 가스터빈 기관에서 배기 노즐의 역할을 가장 올바르게 설명한 것은?
① 고온의 배기가스 압력을 높여준다.
② 고온의 배기가스 속도를 높여준다.
③ 고온의 배기가스 온도를 높여준다.
④ 고온의 배기가스 체적을 증가시킨다.

3. 일반적인 아음속 항공기 제트 기관의 배기 노즐 형상으로 가장 많이 사용되는 것은 어느 것인가?
① 확산형 배기 노즐
② 가변 면적형 배기 노즐
③ 수축형 배기 노즐
④ 수축-확산형 배기 노즐

4. 다음 중 가스터빈 기관의 구성품에 속하지 않는 것은?
① 실린더　② 터빈
③ 연소실　④ 압축기

5. 다음 중 배기가스에 대한 설명으로 틀린 것은 어느 것인가?
① 고온의 가스이므로 인화물질을 격리시켜야 한다.
② 인체에 무해한 가스이므로 노출되어도 무방하다.
③ 배기가스로 인하여 먼지, 돌멩이 등 기타 물질이 날려 다른 항공기에 피해를 줄 수 있다.
④ 작동 중인 기관의 팬(fan)이나 배기 노즐에서는 고속의 공기가 배출된다.

정답 ► **1.** ③ **2.** ② **3.** ③ **4.** ① **5.** ②

6-3 연료 계통

1 연료

(1) 가스터빈 기관의 연료 구비 조건

① 연료의 증기압이 낮고, 어는점이 낮아야 한다.

② 인화점이 높고 단위 무게당 발열량이 커야 한다.

③ 부식성이 작아야 하며 점성이 낮고, 깨끗한 균질의 연료이어야 한다.

④ 대량 생산이 가능하고 가격이 싸야 한다.

(2) 연료의 종류

① 군용

㈎ JP-4 : JP-3의 증기압 특성을 개량한 것으로 군용으로 주로 사용한다.

㈏ JP-5 : 항공모함의 벙커 탱크에 저장하기 위해 개발된 연료로 주로 함재기에 많이 사용된다.

㈐ JP-6 : 초음속 항공기에서 고속비행 시 비행기 표면에 높은 온도에 적응하기 위해 개발된 연료이다. 낮은 증기압 및 JP-4보다 높은 인화점, JP-5보다 낮은 어는점을 가지고 있다.

② 민간용

㈎ 제트 A형, A-1형 : JP-5와 비슷하나 어는점이 약간 높다.

㈏ 제트 B형 : JP-4와 비슷하나 어는점이 약간 높다.

2 연료 계통

(1) 기체 연료 계통

연료탱크의 밑부분에 있는 부스터(booster) 펌프에 의하여 가압되어 선택 및 차단 밸브를 거쳐 연료 파이프 또는 호스를 통해 기관 연료 계통으로 공급한다.

(2) 기관 연료 계통

주연료 펌프 → 연료 여과기 → 연료 조정장치(FCU) → 여압 및 드레인 밸브(P&D valve) → 연료 매니폴드 → 연료 노즐

① 주연료 펌프(main fuel pump) : 기관에 의해 구동되며 원심 펌프, 기어 펌프, 피스톤 펌프 등이 있다.

㈎ 릴리프 밸브(relief valve) : 펌프 출구압력의 규정 값 이상으로 높아지면 열려서 연료를 펌프 입구로 되돌려 보낸다.

㈏ 바이패스 밸브(bypass valve) : 연료 조정장치에서 사용하고 남은 연료를 바이패스 밸브를 통해 연료 펌프 입구로 되돌려 보낸다.

② 연료 조정장치(fuel control unit : FCU) : 모든 작동조건에 대응하여 기관으로 공급되는 연료유량을 적절하게 제어하는 장치로 종류에는 전자식과 유압–기계식(많이 사용)이 있다.

> **참고   유압–기계식 연료 조정**
>
> ① 수감 부분(computing section) : 기관의 작동상태를 수감해서 이 신호들을 종합하여 유량
> 조절 부분으로 보낸다.
> - 수감 부분이 수감하는 기관의 주요 작동변수 : 기관의 회전수(RPM), 압축기 출구 압력
>   (CDP) 또는 연소실 압력, 압축기 입구 온도(CIT), 동력 레버의 위치(PLA)
> ② 유량 조절 부분(metering section) : 수감 부분에 의하여 계산된 신호를 받아 기관의 작동
> 한계에 맞도록 연료량을 조정하여 연소실로 공급한다.

③ 여압 및 드레인 밸브(pressurizing and drain valve : P&D valve)

   ㈎ 위치 : 연료 조절장치와 연료 매니폴드 사이

   ㈏ 기능
- 연료의 흐름을 1차 연료와 2차 연료로 분리한다.
- 기관 정지 시 매니폴드나 연료 노즐에 남아 있는 연료를 외부로 방출한다.
- 연료의 압력이 일정 압력 이상이 될 때까지 연료의 흐름을 차단한다.

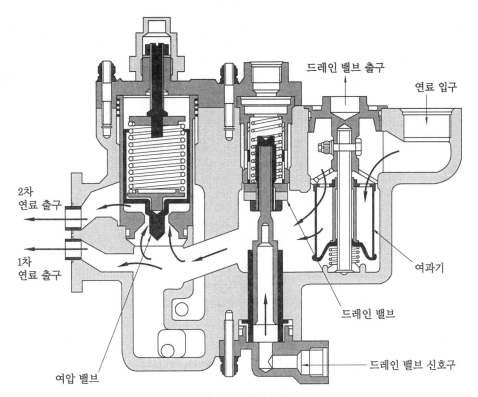

여압 및 드레인 밸브

④ 연료 매니폴드(fuel manifold) : 여압 및 드레인 밸브를 거쳐 나온 연료를 각 연료 노즐로 분배, 공급한다.

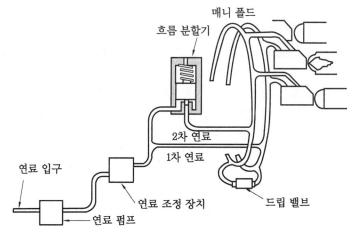

1차 및 2차 연료 분리형 매니폴드

⑤ 연료 노즐(fuel nozzle) : 빠르고 확실한 연소가 이루어지도록 연소실에 연료를 미세하게 분무하는 장치

㈎ 분무식 연료 노즐 : 분사 노즐을 사용해서 고압으로 연소실에 연료를 분사시킨다. 많이 사용한다.

- 단식 노즐(simplex nozzle) : 거의 사용하지 않는다.
- 복식 노즐(duplex nozzle) : 많이 사용한다.
  - 1차 연료 : 시동 시 연료의 점화를 쉽게 하기 위해 넓은 각도로 분사한다. 시동 시에는 1차 연료만 분사된다.
  - 2차 연료 : 연소실 벽에 연료가 직접 닿지 않고 연소실 안에서 균등하게 연소되도록 비교적 좁은 각도로 멀리 분사된다. 완속 회전속도 이상에서 흐름 분할기의 밸브가 열려 2차 연료가 분사된다.

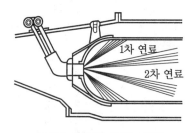

1, 2차 연료의 분사 모양

㈏ 증발식 연료 노즐 : 연료가 1차 공기와 함께 증발관의 가운데로 통과하면서 연소열에 의하여 가열, 증발되어 연소실에 혼합가스를 공급한다.

⑥ 연료 여과기 : 연료 속의 불순물을 걸러내 준다. 보통 연료 압력 펌프의 앞뒤에 하나씩 사용된다.

㉮ 바이패스 밸브(bypass valve) : 여과기가 막혀 연료가 흐르지 못할 때 규정된 압력 차이로 밸브가 열려 연료를 공급한다.

㉯ 여과기의 종류

- 카트리지형(cartridge type) : 여과기 필터는 종이로 되어 있고, 50~100 μm 정도 까지 걸러낼 수 있다. 보통 연료 펌프 입구 쪽에 장착한다.
- 스크린형(screen type) : 스테인리스 강철망으로 만들며 저압용 연료 여과기로 사용된다. 최대 40 μm까지 걸러낸다.
- 스크린-디스크형(screen-disk type) : 연료 펌프 출구 쪽에 장착하고 분해 가능한 강철망으로 되어 있으며, 주기적으로 세척하여 사용할 수 있다.

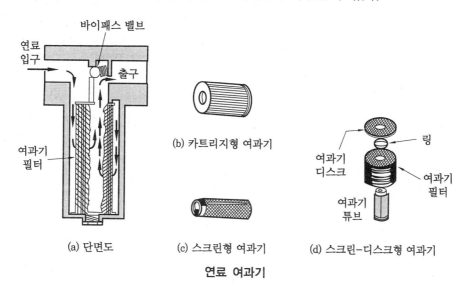

(a) 단면도   (c) 스크린형 여과기   (d) 스크린-디스크형 여과기

연료 여과기

예상문제

1. 가스터빈 기관 항공기에 사용되는 연료가 갖추어야 할 조건으로 옳은 것은?

① 어는점이 높아야 한다.
② 인화점이 낮아야 한다.
③ 증기압이 낮아야 한다.
④ 무게당 발열량이 작아야 한다.

해설 무게당 발열량이 커야 한다.

2. 가스터빈 기관에서 연료의 구비 조건 중 틀린 것은?

① 연료의 증기압이 낮아야 한다.
② 연료의 빙점이 높아야 한다.
③ 연료의 대량 생산이 가능하고 가격이 싸야 한다.
④ 단위 중량당 발열량이 커야 한다.

3. 가스터빈 기관의 연료 중 JP-5와 비슷하며 어는점이 약간 높은 연료는?

① JP-6, 제트 B형
② 제트 A형, 제트 B형
③ 제트 A형, 제트 A-1형
④ 제트 A-1형, 제트 B형

4. 다음 ( ) 안에 알맞은 말은?

> "JP-4는 군용 항공기에 사용되는 (   )의 한 종류이다."

① 연료
② 윤활
③ 작동유
④ 방청유

5. 연료 흐름에 따른 기관 계통의 순서가 옳게 나열된 것은?

① 주연료 펌프 → 여과기 → P&D 밸브 → FCU → 연료 매니폴드 → 연료 노즐
② 주연료 펌프 → FCU → 여과기 → 연료 매니폴드 → 연료 노즐
③ 주연료 펌프 → 여과기 → FCU → P&D 밸브 → 연료 매니폴드 → 연료 노즐
④ 주연료 펌프 → 여과기 → P&D 밸브 → 연료 매니폴드 → FCU → 연료 노즐

6. 가스터빈 기관 연료 계통의 일반적인 연료 흐름을 순서대로 나열한 것은?

① 주연료 탱크 → 연료 여과기 → 연료 펌프 → 연료 조정장치 → 여압 및 드레인 밸브 → 연료 부스터 펌프 → 연료 매니폴드 → 연료 노즐
② 주연료 탱크 → 연료 부스터 펌프 → 연료 여과기 → 연료 펌프 → 여압 및 드레인 밸브 → 연료 매니폴드 → 연료 조정장치 → 연료 노즐
③ 주연료 탱크 → 연료 여과기 → 연료 펌프 → 연료 조정장치 → 여압 및 드레인 밸브 → 연료 매니폴드 → 연료 부스터 펌프 → 연료 노즐
④ 주연료 탱크 → 연료 부스터 펌프 → 연료

여과기 → 연료 펌프 → 연료 조정장치 → 여압 및 드레인 밸브 → 연료 매니폴드 → 연료 노즐

7. 가스터빈 기관의 주연료 펌프(main fuel pump)의 구성으로 옳게 짝지어진 것은?

① 원심 펌프, 기어 펌프
② 피스톤 펌프, 베인 펌프
③ 원심 펌프, 베인 펌프
④ 부스터 펌프, 기어 펌프

8. 가스터빈 기관의 주연료 펌프는 항상 기관이 필요로 하는 연료보다 더 많은 양을 공급하는데 연료 조정장치에서 연소실에 필요한 만큼의 연료를 계량한 후 여분의 연료를 어떻게 하는가?

① 연료 펌프 입구로 보낸다.
② 바이패스 밸브를 통해 밖으로 배출한다.
③ 연료 매니폴드를 통해 연료 탱크로 보낸다.
④ 차압 조절 밸브를 통해 연료 매니폴드 입구로 보낸다.

9. 가스터빈 기관의 연료 조정장치를 나타내는 것은?

① FOD
② EGT
③ FCU
④ GPU

10. 최근의 터보팬 기관에 사용되는 연료 조정 장치는?

① 전기식
② 유압전기식
③ 전자식
④ 유압기계식

11. 연료 조정장치(FCU)의 기본 구성 요소로 가장 거리가 먼 것은?

① computing section
② fuel section
③ metering section

정답 **4.** ① **5.** ③ **6.** ④ **7.** ① **8.** ① **9.** ③ **10.** ③ **11.** ②

④ sensing section

12. 가스터빈 기관의 연료 조정장치(FCU)에서 수감 부분이 수감하는 주요 부분에 해당하지 않는 것은?

① 압축기 입구 온도
② 기관의 회전수(RPM)
③ 배기가스 온도
④ 압축기 출구 압력

해설 연료 조정장치의 수감 부분 : 기관의 회전수, 압축기 출구 압력, 압축기 입구 온도, 동력 레버 위치

13. 연료 조정장치(FCU)의 수감부에서 수감하는 요소에 해당하지 않는 것은?

① CDP   ② RPM
③ TIT   ④ CIT

14. 항공기 연료 조정장치에서 수감하는 기관의 주요 작동 변수가 아닌 것은?

① 기관 회전수
② 연료 유량
③ 압축기 출구 압력
④ 압축기 입구 온도

15. 다음 중 가스터빈 기관의 연료 계통에 관련된 용어가 아닌 것은?

① PLA(power lever angle)
② FMU(fuel metering unit)
③ TCC(turbine case cooling)
④ FADEC(fuel authority data electronic control)

16. 가스터빈 기관에서 여압 밸브와 드레인 밸브(P&D valve)의 역할이 아닌 것은?

① 연료 계통 내의 불순물을 걸러주거나 제거한다.

② 연료의 흐름을 1차 연료와 2차 연료로 분리한다.
③ 연료 압력이 규정 압력 이상이 될 때까지 연료 흐름을 차단한다.
④ 기관 정지 시 매니폴드나 연료 노즐에 남아있는 연료를 외부로 방출한다.

17. 터보 제트 기관에서 연료를 1차, 2차 연료로 분류시키는 장치는?

① FCU   ② 연료 노즐
③ P&D 밸브   ④ 연료 필터

18. 가스터빈 기관의 연료기통에서 1차 연료와 2차 연료로 분류시키고, 기관이 정지할 때 매니폴드나 연료 노즐에 남아 있는 연료를 외부로 방출하는 역할을 하는 장치는?

① FCU   ② P&D valve
③ fuel nozzle   ④ fuel heater

19. 다음 중 가스터빈 기관의 연료 노즐(fuel nozzle)로 가장 올바른 것은?

① 분사식과 분무식   ② 분무식과 증발식
③ 분사식과 연소식   ④ 연소식과 증발식

20. 다음 중 가스터빈 기관의 연료 노즐 중 복식 노즐에 대한 설명으로 가장 옳은 것은 어느 것인가?

① 1차 연료는 시동이 이루어진 후 아이들 회전속도 이하에서만 비교적 넓은 각도로 분사한다.
② 1차 연료는 시동 시 연료 분사각도를 비교적 좁게 하여 멀리 가게 한다.
③ 2차 연료는 저속 회전 작동 시 연소실 벽에 직접 연료가 닿게 분사한다.
④ 2차 연료는 고속 회전 작동 시 연소실 벽에 닿지 않게 비교적 좁은 각도로 멀리 분사한다.

정답 **12.** ③ **13.** ③ **14.** ② **15.** ③ **16.** ① **17.** ③ **18.** ② **19.** ② **20.** ④

21. 가스터빈 기관에서 연료 노즐에 대한 설명으로 틀린 것은?

① 1차 연료는 아이들 회전 속도(idle rpm) 이상이 되면 더 이상 분사되지 않는다.

② 2차 연료는 고속 회전 작동 시 비교적 좁은 각도로 멀리 분사된다.

③ 연료 노즐에 압축 공기를 공급하는 것은 연료가 더욱 미세하게 분사되는 것을 도와준다.

④ 1차 연료는 시동할 때 이그나이터(ignitor)에 가깝게 넓은 각도로 연료를 분무하여 점화를 쉽게 한다.

22. 복식형(duplex type)의 연료 노즐에서 1차와 2차 연료의 흐름을 분리하는 것은?

① 연료 여과기

② 주연료 펌프

③ 연료 차단 밸브

④ 연료 흐름 분할기

23. 가스터빈 기관에서 기관이 정지할 때 매니폴드나 연료 노즐에 남아 있는 연료를 외부로 방출하는 역할을 하는 장치는?

① dump valve

② FCU

③ fuel nozzle

④ fuel heater

24. 가스터빈 기관 작동 중 연소실에 열점(hot section) 현상이 일어날 때의 고장 원인으로 가장 옳은 것은?

① 연소실의 균형

② 연료 노즐의 분사각도 결함

③ 연료 펌프의 결함

④ 연소실의 냉각 작용 이상

25. 가스터빈 기관에서 연료 여과기의 종류에 속하지 않는 것은?

① 디스크형(disk type)

② 스크린형(screen type)

③ 카트리지형(cartridge type)

④ 스크린-디스크형(screen-disk type)

26. 가스터빈 기관에 사용하는 연료 여과기 중 여과기의 필터가 종이로 되어 있어 주기적으로 교환이 필요한 것은?

① 카트리지형

② 석면형

③ 스크린-디스크형

④ 스크린형

정답 　**21.** ①　**22.** ④　**23.** ①　**24.** ②　**25.** ①　**26.** ①

6-4 윤활 계통

1 윤활유의 구비 조건

① 점성과 유동점이 어느 정도 낮아야 한다.

② 점도지수는 높고 기화성은 낮아야 한다.

③ 윤활유와 공기의 분리성이 좋아야 한다.

④ 인화점, 산화 안정성 및 열적 안정성이 높아야 한다.

② 윤활 계통

압축기 축, 터빈축의 베어링, 액세서리 구동용 기어들에 윤활을 하게 된다.

(1) 윤활 계통도

윤활유 탱크 → 윤활유 압력 펌프 → 윤활유 냉각기 → 윤활유 여과기 → 기관 윤활부분 → 섬프 → 배유 펌프 → 윤활유 탱크

(2) 윤활유 탱크

가벼운 금속판을 용접하여 제작한다. 높은 온도의 윤활유가 저장되는 고온 탱크형(hot tank type)과 윤활유 냉각기를 배유 펌프와 윤활유 탱크 사이에 위치시켜 냉각된 윤활유가 윤활유 탱크에 저장되는 저온 탱크형(cold tank type)이 있다.

① 공기 분리기 : 섬프(sump)로부터 탱크로 혼합되어 들어온 공기를 윤활유로부터 분리시켜 대기로 방출한다.

② 섬프 벤트 체크 밸브(sump vent check valve) : 섬프 안 공기 압력이 너무 높을 때에 탱크로 빠지게 한다.

③ 압력 조절 밸브 : 탱크 안의 공기 압력이 너무 높을 때에 공기를 대기 중으로 배출한다.

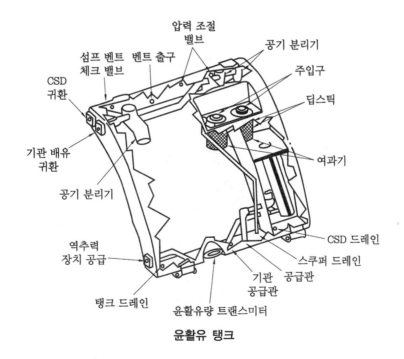

윤활유 탱크

(3) 윤활유 펌프

① 종류 : 베인형, 제로터형, 기어형(많이 사용)

② 윤활유 압력 펌프 : 탱크로부터 기관으로 윤활유를 압송한다.

- 압력 릴리프 밸브 : 윤활유 압력을 일정하게 유지시켜 주며, 윤활유 압력이 높을 때 펌프 입구로 윤활유를 되돌려 보낸다.
③ 윤활유 배유 펌프 : 기관의 각종 부품을 윤활시킨 뒤 섬프에 모인 윤활유를 탱크로 되돌려 보낸다.
- 윤활유 배유 펌프가 압력 펌프보다 용량이 큰 이유 : 윤활유는 기관 내부에서 공기와 혼합되어 체적이 증가하기 때문이다.

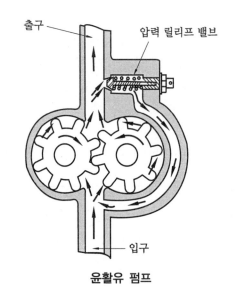

윤활유 펌프

(4) 윤활유 여과기

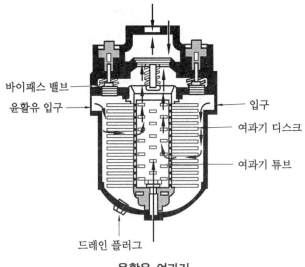

윤활유 여과기

① 종류 : 카트리지형, 스크린형, 스크린-디스크형이 있다.

② 스크린-디스크형 윤활유 여과기 : 2개의 원형 스크린이 하나의 필터를 만들며, 윤활유는 이 필터의 밖으로부터 안으로 흐르면서 여과된다. 윤활유 여과기가 걸러낼 수 있는 입자 크기는 최소 50μm이다.

   (개) 바이패스 밸브(bypass valve) : 여과기가 막혔을 때 윤활유를 계속적으로 공급해 주는 역할을 한다.

   (내) 체크 밸브(check valve) : 기관 정지 시 윤활유가 역류하는 것을 방지한다.

   (대) 드레인 플러그(drain plug) : 여과기 맨 아래에 설치되어 걸러진 불순물을 배출한다.

(5) 윤활유 냉각기

연료-윤활유 냉각기(fuel-oil cooler)는 윤활유가 가지고 있는 열을 연료에 전달시켜 윤활유를 냉각시키는 동시에 연료는 가열한다.

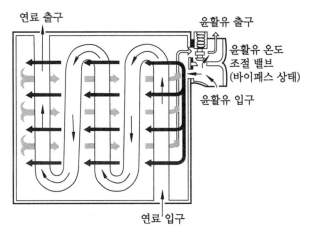

연료 – 윤활유 냉각기

참고　온도 조절 밸브

• 윤활유 온도가 규정값보다 낮을 때는 온도 조절 밸브가 열려 윤활유가 냉각기를 거치지 않도록 한다(바이패스 상태).

• 윤활유 온도가 규정값보다 높을 때는 온도 조절 밸브가 닫혀 윤활유가 냉각기를 거치도록 한다.

(6) 블리더(bleeder) 및 여압(pressurizing) 계통

비행 중 고도 변화에 따라 대기압이 변하더라도 윤활 계통은 기관에 알맞은 윤활유의 양을 공급하고, 배유 펌프가 기능을 충분히 발휘하도록 한다. 섬프 내부의 압력은 대기압이 변하더라도 항상 대기압과 일정한 차압이 되도록 한다.

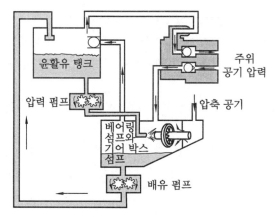

블리더 및 여압 계통

예상문제

1. 가스터빈 기관에서 윤활유의 구비 조건으로 틀린 것은?

① 인화점이 높을 것
② 기화성이 낮을 것
③ 점도지수가 낮을 것
④ 산화 안정성이 높을 것

2. 가스터빈 기관에서 사용되는 윤활유의 구비 조건으로 옳은 것은?

① 인화점이 낮을 것
② 기화성이 높을 것
③ 점도지수가 높을 것
④ 산화 안정성이 낮을 것

3. 제트 기관(jet engine)에 가장 보편적으로 사용되며, 계통 내 릴리프 밸브가 하우징에서 원하지 않는 오일을 펌프 입구로 귀환(return)시키는 오일 펌프(oil pump) 형식은 주로 어떤 것을 사용하는가?

① 베인식(vane type)
② 기어식(gear type)
③ 피스톤식(piston type)
④ 원심력식(centrifugal type)

4. 가스터빈 기관의 윤활유 펌프로 사용되지 않는 펌프는?

① 기어형
② 베인형
③ 제로터형
④ 스크루형

5. 다음 중 가스터빈 기관의 윤활 계통에서 윤활유의 역류를 방지하는 역할을 하는 것은 어느 것인가?

① 니들 밸브
② 체크 밸브
③ 바이패스 밸브
④ 드레인 밸브

6. 항공기 기관의 윤활유 소기 펌프(scavenge pump)가 압력 펌프(pressure pump)보다 용량이 큰 이유는?

① 소기 펌프가 파괴되기 쉬우므로
② 압력 펌프보다 압력이 높으므로
③ 압력 펌프보다 압력이 낮으므로
④ 공기가 혼합되어 체적이 증가하고 윤활유가 고온이 되어 팽창하므로

정답 ► **1.** ③ **2.** ③ **3.** ② **4.** ④ **5.** ② **6.** ④

7. 다음 주 오일 여과기에 있는 바이패스 밸브(bypass valve)의 주된 기능은?
① 릴리프 밸브(relief valve)의 역할을 한다.
② 오일 냉각기 둘레로 오일을 직접 보내준다.
③ 오일을 보기부분으로 보낸다.
④ 여과기가 막힐 경우 오일이 정상적으로 흐르도록 한다.

8. 가스터빈 기관의 윤활유 여과기가 보통 걸러 낼 수 있는 입자의 최소 크기로 가장 적합한 것은?
① 50 μm ② 10 μm
③ 1 μm ④ 0.1 μm

9. 가스터빈 기관의 윤활유 냉각 방식 중 윤활유가 갖고 있는 열을 연료에 전달시켜 윤활유를 냉각시키는 동시에 연료를 가열하여 연료의 연소 효율을 증가시키는 방식은?
① BY-PASS 냉각 방식
② 공랭식 냉각 방식
③ 오일-오일 열교환 냉각 방식
④ 연료-오일 열교환 냉각 방식

10. 다음 중 가스터빈 기관의 연료-오일 냉각기(fuel-oil cooler)의 역할로서 옳은 것은?
① 연료는 가열시키고 오일은 냉각시킨다.
② 연료는 냉각시키고 오일은 가열시킨다.
③ 연료와 오일을 모두 가열시킨다.
④ 연료와 오일을 모두 냉각시킨다.

11. 가스터빈 기관의 윤활유 계통에서 냉각기가 윤활유 탱크로 행하는 배유 라인 쪽에 위치한 것을 어떤 타입이라고 하는가?
① 냉형(cold tank type)
② 열형(hot tank type)
③ 오일-공기형(oil-air tank type)
④ 연료-오일형(fuel-oil tank type)

12. 다음 중 윤활유 온도를 적당하게 유지시키기 위하여 윤활유의 냉각기 통과 여부를 결정하는 장치는?
① 체크 밸브
② 윤활유 여압 및 드레인 밸브
③ 차단 밸브
④ 윤활유 온도 조절 밸브

13. 가스터빈 기관의 윤활 계통에서 섬프(sump) 안의 공기압이 높을 때 탱크로 압력이 빠지게 하는 역할을 하는 것은?
① 드레인 밸브(drain valve)
② 릴리프 밸브(relief valve)
③ 바이패스 밸브(bypass valve)
④ 섬프 벤트 체크 밸브(sump vent check valve)

14. 가스터빈 기관의 오일 계통에 대한 설명으로 옳은 것은?
① 오일 탱크의 용량은 팽창에 대비하여 약 50 % 또는 2갤런의 여유 공간을 확보해야 한다.
② 오일 섬프 안의 압력이 너무 높을 때는 섬프 벤트 체크 밸브(sump vent check valve)가 열려 대기가 섬프(sump)로 유입된다.
③ 오일 냉각기가 열교환방식(fuel-oil cooler)인 경우 내부에 파손이 생겼을 때 오일 양이 급격히 증가하고 점도가 낮아진다.
④ 콜드 타입(cold type) 오일 탱크는 오일 냉각기가 펌프 출구에 위치하고, 공기의 분리성이 좋다.

해설 ① 가스터빈 기관의 윤활유 탱크는 용량의 10 %나 0.5갤런 양의 팽창 공간이 필요하다.
③ 오일 냉각기는 차가운 연료와 뜨거운 오일의 열을 맞교환하여 연료를 뜨겁게 만들어 기화를 잘되게 하고, 오일을 식혀주어 다시 윤활작용을 하도록 하는 장치이

다. 이것이 파손되면 연료와 오일이 섞이게 된다.

15. 가스터빈 기관의 윤활유 압력에 이상이 생겼을 때 점검 방법으로 틀린 것은?

① 압력이 낮을 때 압력 트랜스미터의 벤트 구멍이 막혔는지 점검한다.
② 압력이 낮을 때 탱크 여압 계통의 벤트 출구 밸브에 결함이 있는지 점검한다.
③ 압력이 높을 때 스로틀 레버가 잠겨 있는지 점검한다.
④ 압력이 높을 때 공급관이 베어링 레이스와 접촉되었는지 점검한다.

해설 윤활유 압력이 규정값 이상으로 높을 때에는 윤활유 공급관이 베어링 레이스와 접촉되었거나, 윤활유 제트가 오므라들었거나, 윤활유 공급관에 오물이 끼는 등의 결함이므로 기관을 분해하여 정비를 해야 한다.

16. 터보팬 기관에서 내측 기어 박스(inlet gear box)는 다음 중 어떠한 구동축에 연결되어 있는가?

① 저압축기 축(N_1 shaft)
② 고압축기 축(N_2 shaft)
③ 프리 터빈 축(pre turbine shaft)
④ LPT 축(low pressure turbine shaft)

해설 N_2 회전계 : 2중 스풀 압축기 중 고압 압축기 축의 회전속도를 지시한다. 기어 박스가 고압 압축기에 연결되어 구동되기 때문에 N_2 속도는 기어 박스에서 감지한다.

17. 다음 중 일반적으로 가스터빈 기관의 기어 박스에 부착된 구성품이 아닌 것은 어느 것인가?

① 시동기
② 연료 펌프
③ 블리드 밸브
④ 오일 펌프

해설 기어 박스에 부착된 구성품 : 연료 펌프, 연료 조정장치, 시동기, 유압 펌프, 태코미터, 제너레이터, 정속 구동장치(CSD), 오일 펌프, 오일 여과기, 오일 압력 조절 밸브 등

정답 **15.** ③ **16.** ② **17.** ③

6-5 시동 및 점화 계통

① 시동 계통

(1) 전기식 시동 계통 : 소형 기관에 사용된다.

① 전동기식 시동기 : 28 V 직권식 직류 전동기가 사용되며 기관이 시동되어 자립회전속도에 도달하면 자동적으로 기관으로부터 분리되는 클러치가 필요하다.

② 시동 – 발전기식 시동기 : 항공기 무게를 감소시킬 목적으로 만들었으며, 시동 시는 시동기로 기관이 자립회전속도에 이르면 발전기 역할을 한다.

(2) 공기식(pneumatic type) 시동 계통 : 대형 기관에 사용된다.

① 공기터빈식 시동기 : 전기식 시동기에 비해 무게가 가볍다. 압축된 공기를 외부로부터 공급받아 소형 터빈을 고속 회전시킨 다음 감속기어를 통해 기관의 압축기를 회전시킨다. 출력이 크게 요구되는 대형 기관에 적합하고, 많은 양의 압축공기가 필요하다.

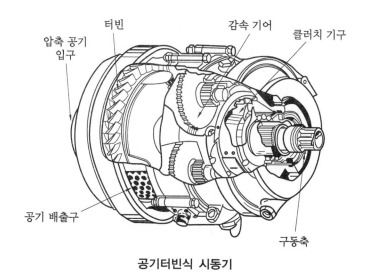

공기터빈식 시동기

② 가스터빈식 시동기(gas turbine type starter) : 동력 터빈을 가진 독립된 소형 가스터빈 기관으로 외부의 동력 없이 기관을 시동시킨다. 기관을 오랫동안 공회전시킬 수 있고, 출력이 높은 반면 구조가 복잡하다.

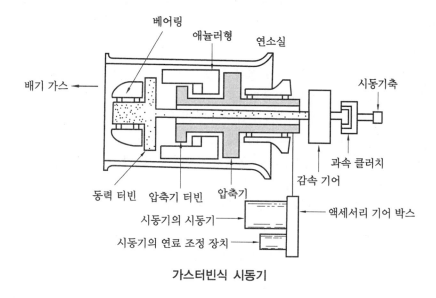

가스터빈식 시동기

③ 공기충돌식 시동기 : 압축공기를 기관의 터빈에 직접 공급할 수 있는 도관만으로 이루어지기 때문에 구조가 간단하고 무게가 가벼워 소형 기관에 적합하다.

2 점화 계통

(1) 특징

① 시동 시에만 점화가 필요하다.

② 왕복기관처럼 점화 시기 조절장치가 필요 없어 구조와 작동이 간편하다.

③ 고공에서는 기온이 낮기 때문에 기관 정지 시 재시동이 어렵다.

④ 연소실을 지나는 공기는 속도가 빨라 와류 현상이 심하여 시동 시 점화가 어렵다.

⑤ 시동이 쉽지 않아 높은 에너지를 가지는 전기 스파크를 이용한다.

⑥ 연료가 기화성이 낮고 혼합비가 희박하여 점화가 쉽지 않다.

(2) 유도형 점화 계통

유도 코일에 높은 전압을 유도시켜 이그나이터(ignitor)에 점화 불꽃을 일으킨다. 진동자와 변압기로 이루어진다.

- 진동자(vibrator) : 변압기의 1차 코일에 맥류를 공급한다.
- 변압기 : 이그나이터의 넓은 간극 사이에 점화 불꽃이 일어나도록 높은 전압을 유도시 킨다.

① 교류 유도형 점화장치 : 점화장치 중 가장 간단한 점화장치로서 115 V, 400 Hz의 교류 전원을 사용한다. 시동 시 28 V 직류가 인버터에 의해 115, 400 Hz 교류로 공급되고, 점화 스위치를 연결하면 점화 계전기가 연결되어 변압기에서 높은 전압을 발생시켜 점화 불꽃이 발생한다.

② 직류 유도형 점화장치 : 28 V의 직류 전원을 진동자에 공급하고 진동자는 스프링의 힘과 진동자 코일의 자장에 의해 진동하면서 점화 코일의 1차 코일에 맥류를 공급한다.

(3) 용량형 점화 계통

콘덴서에 많은 전하를 저장하였다가 점화 시 짧은 시간에 방전시켜 높은 에너지를 발생하도록 한 점화 계통이다. 가장 많이 사용된다.

① 직류 고전압 용량형 점화장치 : 바이브레이터에 의해 직류를 교류로 바꾸어 사용하며, 통신 잡음을 없애기 위해 입력 전류를 필터를 거쳐 공급한다.

- 필터(filter)의 기능 : 점화장치로 공급되는 직류를 잘 흐르게 하고, 점화장치에서 발생한 교류나 맥류는 흘러나오지 못하도록 한다.

② 교류 고전압 용량형 점화장치 : 115 V, 400 Hz 교류를 이용한다.

(4) 이그나이터(ignitor)

니켈-크롬 합금 재질로 왕복기관의 점화 플러그보다 큰 에너지를 공급받고 낮은 압력에서 작동된다.

① 애뉼러 간극형(annular gap type) : 점화를 효과적으로 하기 위해 중심 전극이 연소실 안쪽으로 약간 돌출되어 있다.

② 컨스트레인 간극형(constrained gap type) : 전기 불꽃은 직선적으로 튀지 않고 안에서 밖으로 원호를 그리면서 튀며, 중심 전극은 연소실 안쪽으로 돌출되어 있지 않아 애뉼러형보다 낮은 온도에서 작동한다.

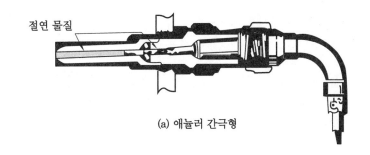

(a) 애뉼러 간극형

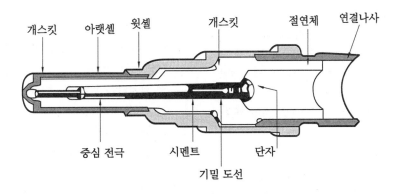

(b) 컨스트레인 간극형

이그나이터

예상문제

1. 다음 중 대형 가스터빈 기관의 시동기로 가장 적합한 것은?
① 전동기식 시동기
② 공기터빈식 시동기
③ 가스터빈식 시동기
④ 시동 – 발전기식 시동기

2. 다음 중 대형 가스터빈 기관(gas turbine engine)에 일반적으로 많이 사용되는 시동기(starter)는?
① 블리드(bleed) 시동기
② 관성형(inertia type) 시동기
③ 탄약형(cartridge type) 시동기
④ 뉴매틱형(pneumatic type) 시동기

3. 스타팅 바이브레이터(starting vibrator)의 구성품이 아닌 것은?
① 릴레이(relay)
② 콘덴서(condenser)
③ 바이브레이터(vibrator)
④ 브레이커 포인트(breaker point)

4. 가스터빈 기관의 점화 계통에 대한 설명으로 틀린 것은?
① 시동 시에만 점화가 필요하다.
② 점화 시기 조절장치가 필요치 않다.
③ 왕복기관에 비해 구조와 작동이 복잡하다.
④ 연료와 연소실 공기 흐름 특성으로 혼합가스의 점화가 어렵다.

정답 **1.** ② **2.** ④ **3.** ④ **4.** ③

5. 가스터빈 기관의 점화 계통에 대한 설명으로 가장 관계가 먼 것은?

① 시동 시에만 점화가 필요하다.

② 점화 시기 조절장치가 필요치 않다

③ 왕복기관에 비해 구조가 복잡하다.

④ 왕복기관에 비해 작동이 간편하다.

6. 가스터빈 기관의 점화 계통에 대한 설명으로 틀린 것은?

① 점화 시기 조절장치가 필요하다.

② 연소는 자체의 열 발화로 이루어진다.

③ 시동이 걸린 후 점화 계통은 자동 차단 된다.

④ 안전을 위해 독립된 두 개의 점화 계통으로 구성된다.

7. 가스터빈 기관의 점화 계통에 높은 에너지가 필요한 가장 큰 이유는 무엇인가?

① 높은 온도의 주위환경 속에서 점화하기 위해

② 고고도와 저온에서 점화할 수 있게 하기 위해

③ 습도가 낮은 곳에서도 점화할 수 있게 하기 위해

④ 고온 지대와 저고도에서도 점화할 수 있게 하기 위해

8. 가스터빈 기관의 점화장치 중에서 가장 간단한 점화장치는 어느 것인가?

① 직류 유도형 점화장치

② 교류 유도형 점화장치

③ 교류 유도형 반대극성 점화장치

④ 직류 유도형 반대극성 점화장치

9. 가스터빈 기관의 교류 점화 계통에 사용되는 전원의 주파수(Hz)로 옳은 것은?

① 300 ② 400

③ 500 ④ 600

해설 115 V, 400 Hz의 교류 전원을 사용한다.

10. 가스터빈 기관의 점화장치에서 유도형 점화장치가 아닌 것은?

① 직류 유도형

② 반대 직류 유도형

③ 교류 유도형

④ 교류 유도형 반대 극성

11. 다음 중 교류 유도형 점화 계통의 구성품으로 옳은 것은?

① 콘덴서와 저항기

② 바이브레이터(vibrator)

③ 블리더 저항

④ 점화 계전기와 변압기

12. 가스터빈 기관의 직류 고전압 용량형 점화 계통에서 필터의 역할은?

① 고전압 유지

② 직류에서 교류로 변환

③ 통신 잡음 제거

④ 교류에서 직류로 변환

13. 다음 중 가스터빈 기관에서 바이브레이터에 의해 직류를 교류로 바꾸어 사용하는 점화 장치는?

① 직류 저전압 용량형 점화장치

② 교류 저전압 용량형 점화장치

③ 교류 고전압 용량형 점화장치

④ 직류 고전압 용량형 점화장치

14. 가스터빈 기관에서 직류 고전압 용량형 점화 계통에 입력되는 직류가 필터를 거쳐 공급되는데 이 필터의 기능이 아닌 것은?

① 통신 잡음을 없앤다.

② 점화 계통으로 공급되는 직류를 잘 흐르게

정답 • **5.** ③ **6.** ① **7.** ② **8.** ② **9.** ② **10.** ② **11.** ④ **12.** ③ **13.** ④ **14.** ④

한다.

③ 점화 계통에 의해서 발생된 교류를 약화시킨다.

④ 점화 계통에 의해서 발생된 맥류를 증가시킨다.

15. 다음 중 가스터빈 기관의 이그나이터 플러그 팁의 재료로 주로 사용되는 것은?

① 철   ② 알루미늄

③ 구리   ④ 니켈-크롬

정답 •→ **15.** ④

6-6 그 밖의 계통

1 소음 감소장치

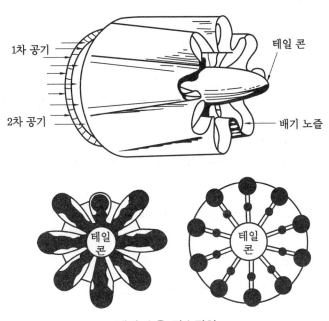

배기 소음 감소장치

(1) 소음의 원인

소음의 원인은 주로 배기 소음이다. 배기 소음은 배기 노즐로부터 대기 중으로 고속 분출된 배기가스가 대기와 심하게 부딪혀 혼합될 때 발생한다.

(2) 소음의 특징

① 소음의 크기는 배기가스 속도의 6~8 제곱에 비례하고, 배기 노즐 지름의 제곱에 비례한다.

② 터보제트 기관의 배기가스 분출속도는 빠르므로 배기 소음이 특히 심하다.

③ 배기 소음은 주로 저주파로 되어 있다.

(3) 배기 소음 감소 방법

① 저주파인 배기가스 소음을 고주파로 변화시켜 소음을 감소시킨다.

② 배기가스가 대기와 혼합되는 면적을 넓게 하여 배기 노즐 가까이에서 대기와 혼합되도록 한다.

③ 배기 소음을 감소시키기 위한 배기 노즐 단면 모양 : 다수 튜브 제트 노즐형, 주름살형(꽃 모양형)

④ 소음 흡수 라이너를 부착한다.

2 추력 증가장치

(1) 후기 연소기(after burner)

① 원리 : 배기 도관 안에 연료를 분사시켜 터빈을 통과한 고온의 배기가스 안의 연소 가능한 공기와 연료를 혼합한 것을 다시 연소시켜 추력을 증가시킨다.

② 사용 시기 : 이륙 시, 상승 시, 초음속 비행 시

③ 추력 증가 : 총 추력의 50 %까지 추력을 증가시킬 수 있다.

> **참고 추력 증가**
>
> ① 기관의 압력비가 같다면 후기 연소기에 의한 추력 증가량은 후기 연소기의 입구와 출구의 온도비에 비례한다.
> ② 배기가스 속도는 온도비의 제곱근에 비례한다.
> ③ 후기 연소기는 저속비행보다 고속비행 시에 더 효과적이다.

④ 연료 소비량 : 평소보다 약 3배 가량 사용된다.

⑤ 구성

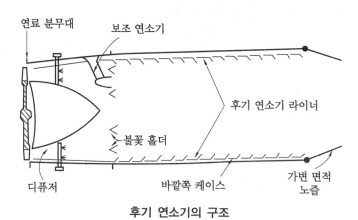

후기 연소기의 구조

⑺ 불꽃 홀더(flame holder) : 가스 속도를 감소시키고 와류를 형성시켜 불꽃이 꺼지는 것을 방지한다.

㈏ 후기 연소기 라이너 : 후기 연소기 작동 시 연소실 역할을 하고, 작동하지 않을 때는 배기 파이프 역할을 한다.

㈐ 가변 면적 노즐 : 후기 연소기 작동 시에는 노즐 출구의 넓이가 넓어지고, 작동하지 않을 때는 좁아진다.

㈑ 연료 분무대(fuel spray bar) : 디퓨저 부근에 장착되며, 연료 노즐 역할을 한다.

㈒ 터빈 출구와 후기 연소기 입구 사이에 디퓨저를 설치하여 유입속도를 감소시켜 압력 손실을 피하고, 연소가 잘 되도록 하는데, 터빈 뒤에 테일콘(tail cone)을 장착하여 확산 통로가 되도록 한다.

(2) 물분사 장치(water injection system)

① 물분사 위치 : 압축기 입구와 출구의 디퓨저 부분

② 분사 액체 : 물이나 알코올의 혼합물(메틸/에틸 알코올)

③ 추력 증가 효과 : 물을 분사하면 기온에 따라서 이륙 시 10 ~ 30 % 추력을 증가시킬 수 있다. 대기의 온도가 높을수록 효과가 좋다.

④ 물분사 시 알코올을 혼합하여 사용하는 이유 : 물이 쉽게 어는 것을 방지하고 물에 의하여 연소가스의 온도가 낮아진 것을 알코올이 연소됨으로써 추가로 낮은 연소가스의 온도를 증가시켜 준다.

예상문제

1. 가스터빈 기관의 소음에 대한 설명 중 틀린 것은?

① 소음의 원인은 주로 배기 소음이다.

② 소음의 크기는 배기가스 속도의 6~8 제곱에 비례한다.

③ 배기 소음은 주로 고주파음으로 되어 있다.

④ 소음은 배기 노즐 지름의 제곱에 비례한다.

2. 다음 중 가스터빈 기관의 배기 소음이 가장 심한 것은?

① 터보팬 기관　　② 터보프롭 기관

③ 터보제트 기관　　④ 터보샤프트 기관

3. 가스터빈 기관에서 배기가스 소음을 줄이는 방법으로 틀린 것은?

① 배기가스의 상대 속도를 줄여준다.

② 배기가스가 대기와 혼합되는 면적을 넓게 한다.

③ 배기소음의 고주파수를 저주파수로 바꿔 준다.

④ 다 로브(multi lobed)형의 배기관을 장착한다.

4. 다음 중 가스터빈 기관에서 배기가스 소음을 줄이는 방법으로 옳은 것은?

① 고주파를 저주파로 변환시킨다.

② 배기 흐름의 단면적을 좁게 한다.

③ 배기가스의 유속을 증폭시켜 준다.

④ 배기가스가 대기와 혼합되는 면적을 크게 한다.

5. 제트 기관의 소음 감소장치로 가장 먼 것은?

① 다수 튜브 제트 노즐형

② 주름살형(꽃 모양)
③ 소음 흡수 라이너 부착
④ 블로커 도어 부착

6. 다음 중 추력 증가에 이용되는 장치로만 구성되어 있는 것은?
① 후기 연소기(afterburner), 물분사 장치(water injector)
② 후기 연소기(afterburner), 역추력 장치(thrust reverse)
③ 역추력 장치(thrust reverse), 물분사 장치(water injector)
④ 후기 연소기(afterburner), 소음 장치(noise suppressor)

7. 후기 연소기에 대한 설명으로 틀린 것은?
① 효과적인 연소를 위해 입구의 공기속도가 작은 것이 좋다.
② 터빈 출구와 후기 연소기 입구 사이에는 디퓨저 구조로 설치한다.
③ 후기 연소기 미작동 시에는 배기 노즐 출구의 면적을 크게 한다.
④ 터빈 뒤에 테일콘을 장착하여 확산 통로가 되도록 한다.

8. 다음 중 후기 연소기의 기본 구성품이 아닌 것은?
① 가변 면적 노즐　　② 프레임 홀더
③ 연료 스프레이 바　　④ 역추력 장치

9. 다음 중 후기 연소기의 구성에 포함되지 않는 것은?
① 배기 노즐
② 화염 유지기(flame holder)
③ 연료 분무 막대(fuel spray bar)
④ 예열 플러그

10. 가스터빈 기관의 연소실 구성품 중 스월 가이드 베인(swirl guide vane)이 하는 역할과 가장 유사한 기능을 하는 후기 연소기의 구성품은?
① 디퓨저
② 불꽃 홀더
③ 테일콘
④ 가변 면적 배기 노즐

11. 압축기의 입구와 출구의 디퓨저 부분에 물이나 물-알코올의 혼합물을 분사함으로써 이륙할 때 추력을 증가시키는 것은?
① 워터 제트(water jet)
② 물분사 장치(water injection)
③ 역추력 장치(thrust reverser)
④ 덕트 프로펠러 ducted propeller)

12. 다음 중 가스터빈 기관의 물분사 장치(water injection system)에서 알코올의 주기능은?
① 공기의 밀도를 증가시키기 위하여
② 연소가스의 온도를 감소시키기 위하여
③ 공기의 부피를 증가시키기 위하여
④ 물이 어는 것을 방지하기 위하여

13. 물분사 장치에 대한 설명으로 틀린 것은?
① 무게 증가와 복잡한 구조가 단점이다.
② 이륙 시에 추력 증가를 위해 사용된다.
③ 압축기 입구 또는 출구에서 물 분사가 이루어진다.
④ 물이 얼지 않게 하기 위해 에틸렌글리콜을 사용한다.

14. 대형 항공기에서 압축기 부분에 물분사나 물-알코올 분사를 하는 주목적은 무엇인가?
① 기관 내구성 증가를 위하여

정답 **6.** ①　**7.** ③　**8.** ④　**9.** ④　**10.** ②　**11.** ②　**12.** ④　**13.** ④　**14.** ④

② 부식 방지를 위하여

③ 기관 청결을 위하여

④ 추력 증가를 위하여

15. 항공기 기관의 추력을 증가시키기 위한 물 분사 장치의 원리를 옳게 설명한 것은?

① 압축기 블레이드를 세척함으로써 공기의 저항을 감소시켜 추력을 증가시킨다.

② 기관에 흐르는 공기의 질량과 밀도를 증가시킴으로써 추력을 증가시킨다.

③ 터빈 배기가스의 온도를 내려줌으로써 추력을 증가시킨다.

④ 기관 흡입구의 온도를 증가시킴으로써 추력을 증가시킨다.

16. 가스터빈 기관의 추력 증가장치에 대한 설명으로 옳은 것은?

① 후기 연소기, 물분사 장치가 있다.

② 후기 연소기는 추력의 방향을 바꿔 추력을 증가시킨다.

③ 후기 연소기는 배기덕트의 열을 이용하여 분사된 연료를 연소시켜 추력을 낸다.

④ 물분사 장치는 배기관에 물과 알코올의 혼합물을 분사시켜 사용된다.

정답 ● **15.** ② **16.** ①

3 역추력(thrust reverser) 장치

① 역할 : 배기가스를 비행기의 앞쪽 방향으로 분사시킴으로써 항공기에 제동력을 준다.

② 효과 : 최대 정상 추력의 약 40~50 %까지 얻을 수 있다.

③ 사용 시기

　㈎ 착륙 시 착륙거리 단축

　㈏ 비상 착륙 시, 이륙 포기 시 제동능력 향상

　㈐ 비행 중 스피드 브레이크 역할로 사용하여 강하율을 크게 한다.

④ 종류

　㈎ 항공 역학적 차단방식 : 배기 도관(duct) 내부에 차단판이 설치되어 있고, 역추력이 필요할 때에는 이 판이 배기 노즐을 막아 주는 동시에 옆의 출구를 열어 주어 배기가스가 비행기 앞쪽 방향으로 분출되도록 한다.

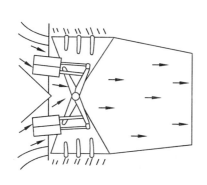

(a) 정상 추력

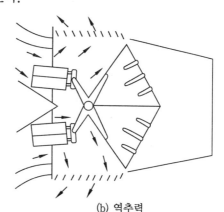

(b) 역추력

항공 역학적 차단방식의 역추력 장치

㈏ 기계적 차단방식 : 배기 노즐 끝부분에 역추력용 차단기가 설치되어 있고, 역추력이
필요할 때 차단기가 장치대를 따라 뒤쪽으로 움직여 배기가스를 앞쪽의 적당한 각도
로 분사되도록 한다.

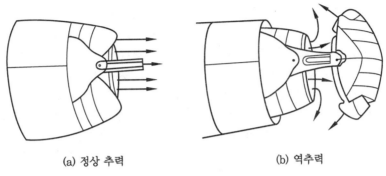

(a) 정상 추력   (b) 역추력

기계적 차단방식의 역추력 장치

⑤ 역추력 장치를 작동하기 위한 동력
　㈎ 공기압식 : 기관의 블리드 공기 이용　　㈏ 유압식 : 유압 이용(많이 사용)
　㈐ 기계식 : 기관의 회전동력 이용

4 방빙 계통(anti-icing system)

압축기의 입구 안내 깃(inlet guide vane) 및 흡입관의 립(lip) 부분에 얼음이 생기는 것을
방지하는 계통이다.

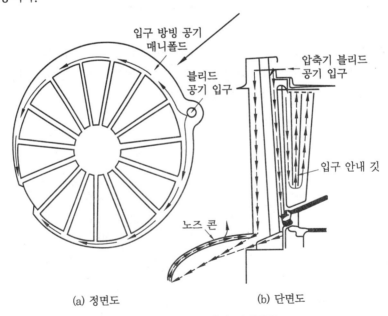

(a) 정면도   (b) 단면도

압축기 입구 안내 깃의 방빙장치

① 압축기 입구에 빙결이 생기면 기관으로 흡입되는 공기의 양이 감소하여 압축기 실속의 원인이 되거나 터빈 입구의 온도가 높아지게 되어 기관의 효율이 떨어진다.

② 압축기 뒷부분의 고온, 고압의 블리드 공기(bleed air)를 흡입관의 립(lip) 부분이나 압축기의 입구 안내 깃의 내부로 통과시켜 가열함으로써 방빙이 된다.

예상문제

1. 다음 중 터보제트 기관의 역추력 장치(thrust reverser)에 대한 설명으로 옳은 것은?
① 배기가스의 속도를 감소시킨다.
② 배기가스의 흐름을 거꾸로 한다.
③ 배기 덕트의 크기를 감소시킨다.
④ 역플랩(reverser flap)을 작동시킨다.

2. 항공기의 역추력 장치의 일반적인 사용 시기로 옳은 것은?
① 상승 비행 시   ② 이륙 시
③ 순항 비행 시   ④ 착륙 시

3. 가스터빈 기관을 장착한 항공기에 역추력 장치를 설치하는 주된 이유는?
① 상승 출력을 최대로 하기 위하여
② 하강 비행 안정성을 도모하기 위하여
③ 착륙 시 착륙거리를 짧게 하기 위하여
④ 이륙 시 최단시간 내에 기관의 정격속도에 도달하기 위해서

4. 항공기용 가스터빈 기관의 역추력 장치에 대한 설명으로 틀린 것은?
① 추가적인 추력 장치를 이용하여 정상 착륙 시 제동 능력 및 방향 전환 능력을 돕는다.
② 일부 항공기에서는 스피드 브레이크로 사용해서 항공기의 강하율을 크게 한다.
③ 주기(parking)해 있는 항공기에서 동력 후진할 때 사용한다.
④ 비상 착륙 시나 이륙 포기 시 제동 능력 및 방향 전환 능력을 향상시킨다.

5. 제트 기관 항공기의 역추력 장치를 작동하기 위한 동력에 대한 설명으로 틀린 것은?
① 작동유압을 이용하는 유압식이 있다.
② 회전동력을 직접 이용하는 기계식이 있다.
③ 압축기 블리드 공기를 이용하는 공기압식이 있다.
④ 가장 널리 사용하는 방식은 전기 모터를 사용한 전기식이다.

6. 가스터빈 기관에서 역추력 장치에 대한 설명으로 틀린 것은?
① 역추력 장치의 사용 절차는 착지 후 아이들 속도에서 역추력 모드를 사용한다.
② 상업용 항공기에서 역추력 장치의 구동방법은 주로 전기식 모터 형식이 사용되고 있다.
③ 역추력 장치는 비상 착륙 시나 이륙 포기 시에 제동거리를 짧게 한다.
④ 캐스케이드 리버서(cascade reverser)와 클램셸 리버서(clamshell reverser) 등이 많이 사용된다.

해설 역추력 장치 중에 캐스케이드 리버서는 터보팬 기관에, 클램셸 리버서는 터보제트 기관에 주로 사용된다.

7. 터보팬 기관의 역추력 장치에서 팬 역추력 장치를 주로 사용하지 않는 이유가 아닌 것은?
① 무게 감소
② 연료 소모 감소
③ 고장 감소
④ 역추력 효과의 증가

정답 ━ **1.** ② **2.** ④ **3.** ③ **4.** ① **5.** ④ **6.** ② **7.** ④

CHAPTER 07 가스터빈 기관의 성능

7-1 가스터빈 기관의 추력

- 터보제트 기관이나 터보팬 기관의 추력의 단위 : N, kgf, lb
- 가스터빈 기관의 추력은 뉴턴의 제2법칙인 질량과 가속도의 법칙($F=ma$)으로 구한다.
- 가스터빈 기관의 원리 : 뉴턴의 제3법칙인 작용과 반작용의 법칙

(1) 진추력(net thrust : F_n)

기관이 비행 중 발생시키는 추력을 말한다.

① 터보제트 기관의 진추력(F_n)

$$F_n = \frac{W_a}{g}(V_j - V_a)$$

여기서, W_a : 흡입공기의 중량 유량(kgf/s), V_j : 배기가스 속도(m/s), V_a : 비행속도(m/s)

② 터보팬 기관의 진추력(F_n)

$$F_n = \frac{W_{pa}}{g}(V_p - V_a) + \frac{W_{sa}}{g}(V_s - V_a)$$

여기서, W_{pa} : 1차 공기의 중량 유량(kgf/s), W_{sa} : 2차 공기의 중량 유량(kgf/s)

V_p : 1차 공기의 배기가스 속도(m/s), V_a : 비행속도(m/s)

V_s : 팬의 배기 노즐 출구에서의 배기가스 속도(m/s)

- 바이패스 비(bypass ratio : BPR) : 1차 공기량과 2차 공기량의 비

$$BPR = \frac{W_{sa}}{W_{pa}}$$

여기서, W_{pa} : 1차 공기 유량, W_{sa} : 2차 공기 유량

(2) 총추력(gross weight : F_g)

공기 및 연료의 유입 운동량을 고려하지 않았을 때의 추력, 즉 항공기가 정지되어 있을 때($V_a = 0$)의 추력을 말한다.

① 터보제트 기관의 총추력(F_g)

$$F_g = \frac{W_a}{g}V_j$$

② 터보팬 기관의 총추력(F_g)

$$F_g = \frac{W_{pa}}{g} V_p + \frac{W_{sa}}{g} V_s$$

(3) 비추력(specific thrust : F_s)

기관으로 흡입되는 단위 공기 중량 유량에 대한 진추력을 말한다.

① 터보제트 기관의 비추력(F_s)

$$F_s = \frac{V_j - V_a}{g}$$

② 터보팬 기관의 비추력(F_s)

$$F_s = \frac{W_{pa}(V_p - V_a) + W_{sa}(V_s - V_a)}{g(W_{pa} + W_{sa})}$$

(4) 추력 중량비(thrust weight ratio : F_W)

기관의 무게와 진추력과의 비를 말하며, 추력 중량비가 클수록 기관의 무게는 가볍다.

$$F_W = \frac{F_n}{W_{eng}}$$ 여기서, W_{eng} : 기관의 건조 중량(dry weight)

(5) 추력 마력(thrust horse power : THP)

진추력 F_n을 발생하는 터보제트 기관이나 터보팬 기관이 속도 V_a로 비행할 때 기관의 동력을 마력으로 환산한 마력을 말한다.

$$THP = \frac{F_n \cdot V_a}{75} \, [\mathrm{PS}]$$

(6) 추력 비연료 소비율(thrust specific fuel consumption : TSFC)

1kg의 추력을 발생하기 위해 1시간 동안 기관이 소비하는 연료의 중량(W_f)을 말한다. 추력 비연료 소비율이 작을수록 기관의 효율이 좋고, 성능이 우수하며 경제성이 좋다.

• 추력 비연료 소비율의 단위 : kg/kg・h, kg/N・h, lb/lb・h

$$TSFC = \frac{W_f \times 3600}{F_n} \, [\mathrm{kg/kg \cdot h}]$$

(7) 추력에 영향을 끼치는 요소

① 공기 밀도의 영향 : 추력은 밀도에 비례하며 밀도는 압력에 비례하고, 온도에 반비례한다 ($P = \rho RT$). 대기의 온도가 증가하면 추력은 감소하고, 대기압이 증가하면 밀도가 증가하여 추력은 증가한다.

② 비행속도의 영향 : 비행속도의 증가에 따라 추력은 어느 정도까지는 감소하다가 다시 증가한다.

③ 비행고도의 영향

㈎ 고도가 증가함에 따라 대기압이 낮아져 공기 밀도가 작아지므로 추력은 감소한다.

㈏ 고도가 증가함에 따라 대기온도가 낮아져 공기 밀도가 커짐으로써 추력은 증가한다.

㈐ 이 두 가지 영향을 종합하여 보면 대기압력 감소에 의한 밀도의 감소량이 대기온도에 의한 밀도의 증가량보다 커서 고도가 높아지게 되면, 전체적으로 밀도가 감소하여 추력은 감소한다.

예상문제

1. 터보제트 기관의 특징으로 옳은 것은?
① 소음이 작다.
② 주로 헬리콥터 기관에 이용된다.
③ 비행속도가 느릴수록 기관의 효율이 좋다.
④ 배기가스 분출로 인한 반작용으로 추진한다.

2. 속도 720 km/h로 비행하는 항공기에 장착된 터보 제트 기관이 196 kg/s인 중량 유량의 공기를 흡입하여 300 m/s의 속도로 배기시킨다. 이때 진추력(kgf)은?
① 2000　② 3000　③ 5000　④ 6000

> **해설** 진추력$(F_n) = \dfrac{W_a}{g}(V_j - V_a)$
> $= \dfrac{196}{9.8}\left\{300 - \left(\dfrac{720}{3.6}\right)\right\}$
> $= 2000 \text{ kgf}$

3. 속도 360 km/h로 비행하는 항공기에 장착된 터보제트 기관이 196 kgf/s인 중량 유량의 공기를 흡입하여 200 m/s의 속도로 배기시킬 경우 총추력은 몇 kgf인가?
① 1000　　　　　② 2000
③ 4000　　　　　④ 6000

> **해설** 총추력$(F_g) = \dfrac{W_a}{g}V_j$
> $= \dfrac{196}{9.8} \times 200 = 4000 \text{ kgf}$

4. 가스터빈 기관의 추력 비연료 소비율에 대한 설명으로 가장 올바른 것은?
① 비연료 소비율이 작을수록 경제적인 기관

이다.
② 가스 터빈 기관의 성능을 평가하기에 그리 중요한 요소는 아니다.
③ 비연료 소비율이 클수록 열효율도 상승한다.
④ 1분 동안 시동 시 연료의 소비율이다.

5. 가스터빈 기관에서 1 kgf의 추력을 발생하기 위하여 1시간 동안 소비하는 연료의 중량을 무엇이라 하는가?
① 추력 중량비
② 추력 효율
③ 비추력 효율
④ 추력 비연료 소비율

6. 추력 비연료 소비율(TSFC)의 단위로 가장 옳은 것은?
① kg/h　　　　　② kg/kg·h
③ kg/s^2　　　　④ kg·kg/h

7. 터보제트 기관에서 저항열량이 12000 kcal/kg인 연료를 1초 동안에 0.13 kg 씩 소모한다고 할 때, 추력 비연료 소비율(TSFC)은 약 몇 kg/kg·h 인가? (단, 진추력 F_N = 6000 kg, 비행속도 V_a = 200 m/s이다.)
① 0.76　　　　　② 0.16
③ 0.20　　　　　④ 0.08

> **해설** 추력 비연료 소비율($TSFC$)
> $= \dfrac{g\, m_f \times 3600}{F_N} = \dfrac{9.8 \times 0.13 \times 3600}{6000}$
> $= 0.76 \text{ kg/kg·h}$

정답 ◦ **1.** ④　**2.** ①　**3.** ③　**4.** ①　**5.** ④　**6.** ②　**7.** ①

8. 가스터빈 기관의 추력에 영향을 미치는 요인 중 대기온도와 대기압력에 대한 설명으로 옳은 것은?

① 대기온도가 증가하면 추력은 증가하고, 대기압력이 증가하면 추력은 감소한다.

② 대기온도가 증가하면 추력은 감소하고, 대기압력이 증가하면 추력은 증가한다.

③ 대기온도가 증가하면 추력은 증가하고, 대기압력이 증가하면 추력이 증가한다.

④ 대기온도가 증가하면 추력은 감소하고, 대기압력이 증가하면 추력이 감소한다.

해설 추력에 영향을 끼치는 요소
- 공기 밀도 : 대기온도가 증가하면 추력은 감소하고, 대기압이 증가하면 밀도가 증가하여 추력은 증가한다.
- 비행속도의 영향 : 비행속도 증가에 따라 어느 정도까지 감소하다 증가한다.
- 비행고도의 영향 : 고도가 높아지면 공기밀도가 낮아져 추력은 감소한다.

9. 가스터빈 기관은 비행고도가 상승함에 따라 대기압 및 대기온도가 저하된다. 이때 대기압 저하는 추력을 저하시키는 반면, 대기온도 저

하는 반대로 추력 증강의 요인이 된다. 그러나 고도가 높아지면 결국 추력이 저하되는데 다음 중 그 이유로 가장 올바른 것은 어느 것인가?

① 고도 상승으로 대기압 저하에 의한 추력 저하량이 온도 저하에 따른 추력 증가량보다 크기 때문이다.

② 대기온도는 추력 변화에 큰 변화를 주는 반면, 대기압 저하는 추력 변화에 크게 작용하지 않기 때문이다.

③ 고도 상승으로 대기압 저하에 의한 추력 저하량이 온도 저하에 따른 추력 증가량과 동일하기 때문이다.

④ 대기압 저하 및 온도 저하는 추력에 별로 영향을 미치지 않기 때문이다.

10. 가스터빈 기관을 장착한 항공기의 고도가 높아질수록 추력은 어떻게 변화하는가?

① 감소한다.

② 감소하다 증가한다.

③ 증가한다.

④ 증가하다 감소한다.

정답 ● **8.** ② **9.** ① **10.** ①

7-2 가스터빈 기관의 효율

(1) 터보제트 기관의 추진 효율(η_p)

공기가 기관을 통과하면서 얻은 운동 에너지와 비행기가 얻은 에너지인 추력과 비행속도의 곱으로 표시되는 추력동력의 비를 말한다.

$$\eta_p = \frac{2V_a}{V_j + V_a}$$

[추진 효율 향상 방법]

① 공기의 질량 유량을 증가시켜 높은 바이패스 비를 가지도록 한다.

② 감소된 배기가스 운동 에너지로 팬을 회전시켜 많은 양의 공기를 뒤쪽으로 분출시킨다.

(2) 터보제트 기관의 열효율(η_{th})

기관에 공급된 열에너지와 그 중 기계적 에너지로 바뀌진 양의 비를 말한다.

$$\eta_{th} = \frac{W_a(V_j^2 - V_a^2)}{2g\,W \cdot J \cdot H}$$ 여기서, J : 열의 일당량, H : 연료의 저발열량

[열효율 향상 방법]

① 터빈 입구 온도를 높일 수 있는 방법의 개발과 압축기 및 터빈의 단열효율을 높이는 것이 가장 좋은 방법이다.

② 압력비가 커지면 열효율이 증가하는 반면에 터빈 입구 온도가 높아져 압력비 증가에 제한을 받는다.

(3) 터보제트 기관의 전효율(overall effciency ; η_o)

공급된 열에너지에 의한 동력과 추력동력으로 변한 양의 비를 말한다. 전효율은 열효율(η_{th})과 추진 효율(η_{th})의 곱으로 표시된다.

$$\eta_o = \eta_p \times \eta_{th} = \frac{V_a \times 3600}{TSFC \cdot J \cdot H}$$

예상문제

1. 가스터빈 기관에서 공기가 기관을 통과하면서 얻은 운동에너지에 의한 동력과 추진동력의 비를 무엇이라 하는가?
① 열효율
② 추진 효율
③ 전효율
④ 추력 중량비

2. 가스터빈 기관의 효율을 향상시키는 방법이 아닌 것은?
① 기관의 압력비를 높인다.
② 흡입공기의 중량 유량을 증가시킨다.
③ 압축기 및 터빈의 단열 효율을 높인다.
④ 배기가스 속도와 비행속도의 차를 크게 한다.

3. 터보제트 기관(turbojet engine)에서 추진효율을 높이는 가장 유효한 방법은?
① 유입공기량 증대, 배기속도 억제
② 유입공기량 감소, 배기속도 억제
③ 유입공기량 감소, 배기속도 증대

④ 유입공기량 증대, 배기속도 증대

해설 추력이 변하지 않고 추진 효율을 증가시키기 위해서는 속도 차이($V_j - V_a$)가 감소하는 만큼 공기의 질량 유량을 증가시킨다.

4. 가스터빈 기관에서 압축기의 압력비가 클수록 열효율이 증가하나 일정 수준 이상에서는 압력비 상승에 제한을 하게 되는데 주된 이유는 무엇인가?
① 연소실의 연소용량 초과
② 압력비 상승으로 인한 압축기 균열
③ 터빈 출구 압력 상승으로 인한 부압 형성
④ 터빈 입구 온도 상승으로 인한 터빈 재질의 손상

5. 다음 중 가스터빈 기관의 열효율을 증가시키는 가장 좋은 방법은?
① 주변온도와 항공기 속도를 증가시키고, 터

정답 ● **1.** ② **2.** ④ **3.** ① **4.** ④ **5.** ③

빈 효율을 향상시킨다.

② 주변온도와 항공기 속도를 증가시키고, 압축기 단열 효율을 향상시킨다.

③ 터빈 입구 온도를 증가시키고, 터빈과 압축기의 단열 효율을 향상시킨다.

④ 터빈 입구 온도를 감소시키고, 항공기 속도와 터빈 효율을 향상시킨다.

6. 터보 제트 기관에서 추진 효율이 80 %, 열효율이 60 %인 경우 이 기관의 전효율(overall efficiency)은 몇 %인가?

① 20　　　　　② 40
③ 48　　　　　④ 75

해설 터보 제트 기관의 전효율(η_o)
= 열효율(η_{th}) × 추진 효율(η_p)
= $0.6 \times 0.8 = 0.48 = 48\%$

7. 다음 중 가스터빈 기관의 성능에 관한 설명으로 옳은 것은?

① 전효율은 추진 효율과 열효율의 합이다.

② 대기온도가 낮을 때 진추력이 감소한다.

③ 총추력은 net thrust 로서 진추력과 램항력의 차를 말한다.

④ 기관 추력에 영향을 끼치는 요소는 주변온도, 고도, 비행속도, 기관 회전수 등이 있다.

해설 가스터빈 기관의 효율

① 전효율은 열효율과 추진 효율의 곱이다.

② 대기온도가 낮으면 공기 밀도가 증가하여 추력이 증가한다.

③ 총추력은 공기 및 연료의 유입 운동량을 고려하지 않았을 때의 추력, 즉 항공기가 정지되어 있을 때의 추력이다.

④ 추력에 영향을 주는 요소로는 공기 밀도, 비행속도, 비행고도 등이 있다.

정답 ●─● **6.** ③　**7.** ④

7-3　가스터빈 기관의 비행 성능과 작동

(1) 가스터빈 기관의 비행 성능

비행속도, 비행고도, 기관 회전수(기관 압력비 : EPR)의 영향을 받는다.

- 기관 압력비(engine pressure ratio : EPR) : 압축기 입구의 전압력과 터빈 출구의 전압력과의 비를 말하며 기관 압력비는 추력에 직접 비례한다.

(2) 터보제트 기관의 시동

① 압축기가 공기를 흡입, 압축할 수 있도록 충분한 속도로 회전시켜야 한다.

② 과열 시동을 방지하기 위해 연료가 공급되기 전에 점화 계통을 먼저 작동시켜야 한다.

③ 연료량은 동력레버로 조절한다.

④ 시동기는 기관이 자립회전속도에 이를 때까지 회전동력을 공급해야 한다.

⑤ 시동 중 연료 압력계, 유량계를 관찰하고, 배기가스온도(EGT)가 높아지는지 확인한다.

⑥ 시동 중 이상 발견 시 기관을 즉지 정지하고, 고장 원인을 찾아 해결한다.

(3) 터보팬 기관의 시동

① 배기가스온도(EGT) 증가로 기관이 시동되고 있는 것을 알 수 있다.

② 연료 계통 작동 후 20초 이내에 시동이 완료되어야 한다.

③ 기관의 회전수(rpm)가 완속 회전수(idle rpm)에 도달하는 데 2분 이상 걸려서는 안 된다.

④ 배기가스온도(EGT)가 정상보다 높거나, 배기 불꽃 현상이 일어나거나, 가속시간이 너무 길어지는 비정상 상태가 발생 시 즉시 시동을 정지하고 고장 원인을 찾아 정비한다.

(4) 가스터빈 기관의 비정상 시동

① 과열 시동(hot start) : 시동 시 배기가스온도(EGT)가 규정된 한계값 이상으로 증가하는 현상
  • 원인 : 연료 조정장치(FCU)의 고장, 결빙 및 압축기 입구 부분에서 공기 흐름의 제한
② 결핍 시동(false start) : 시동이 시작된 다음 기관의 회전수가 완속 회전수까지 증가하지 않고 이보다 낮은 회전수에 머물러 있는 현상
  • 원인 : 시동기에 공급되는 동력의 불충분
③ 시동 불능(no start) : 규정된 시간 안에 시동되지 않는 현상
  • 원인 : 시동기나 점화장치의 불충분한 전력, 연료 흐름의 막힘, 점화 계통 및 연료 조정장치(FCU)의 고장

(5) 기관의 정격

① 이륙 추력(dry take-off thrust) : 기관이 이륙할 때 물분사 없이 발생할 수 있는 최대 추력으로 사용시간을 제한한다.
② 물분사 이륙 추력(wet take-off thrust) : 기관이 이륙할 때에 발생할 수 있는 최대 추력에 물분사 장치를 사용하여 얻을 수 있는 추력으로 이륙 시만 사용하고 1∼5분으로 제한한다.
③ 최대 연속 추력 : 시간 제한 없이 작동할 수 있는 최대 추력으로 이륙 추력의 90 % 정도이다.
④ 최대 상승 추력 : 항공기를 상승시킬 때 사용되는 최대 추력
⑤ 순항 추력 : 순항비행을 하기 위하여 정해진 추력으로 비연료 소비율이 가장 작으며 이륙 추력의 70∼80 % 정도이다.
⑥ 완속 추력 : 지상이나 비행 중 기관이 자립 회전할 수 있는 최저 회전 상태이다.

(6) 기관의 조절(engine trimming)

제작 회사에서 정해 놓은 정격 추력에 해당하는 기관 압력비가 얻어지는지 주기적으로 기관의 여러 가지 작동상태를 조정하는 것을 말한다.

① 기관의 조절 시 이상적인 조건 : 습도가 없고 무풍 시가 좋으며, 바람이 있을 때는 정풍으로 향하게 하고, 제작 회사에서 규정한 방법에 따라 수행한다.
② 기관의 추력을 나타내는 기관의 작동변수로서 기관 압력비를 사용한다.

예상문제

1. 다음 중 기관 압력비를 가장 올바르게 나타 낸 것은?

① 연소실 입구와 터빈 출구의 전압의 비
② 압축기 입구의 전압과 출구의 전압의 비
③ 압축기 입구의 전압과 터빈 출구의 전압의 비
④ 압축기 입구의 전압과 연소실 출구의 전압의 비

2. 가스터빈 기관 항공기에서 기관 추력을 결정 하는 계기로 사용되는 것은?

① fuel flow indicator
② oil pressure indicator
③ EPR(engine pressure ratio)
④ EGT(exhaust gas temperature)

3. 가스터빈 기관을 작동 시 지상이나 비행 중 기관이 자립 회전할 수 있는 최저 회전 상태 를 나타내는 것은?

① 이륙 출력
② 아이들 출력
③ 순항 출력
④ 최대 연속 출력

4. 가스터빈 기관 운전 시 추력 조절에 대한 설 명으로 옳은 것은?

① 시동 후 아이들 속도에서 일정 시간 이상 작동해야 한다.
② 출력 변경을 할 때는 최대한 신속하게 추 력 레버를 조작하여 가스패스의 소비를 원 활히 해야 한다.
③ 기관의 냉각을 위하여 최대 출력까지 급가 속을 해야 한다.
④ 가스패스의 손상을 방지하기 위해서 일정 시간 급가속을 유지해야 한다.

5. 다음 중 배기가스온도(EGT)는 어느 부분에 서 측정된 온도를 나타내는가?

① 연소실
② 터빈 입구
③ 압축기 출구
④ 터빈 출구

6. 다음 중 가스터빈 항공기에서 작동 상태를 나타내고 특히 시동 시 더욱 자세히 관찰해야 할 기관 계기는?

① EPR 계기   ② 오일 압력계
③ EGT 계기   ④ 오일 온도계

7. 기관을 시동하기 전에 주의해야 할 사항으로 틀린 것은?

① 기관 전방에 설치했던 안전표지판 등을 제 거한다.
② 지상 요원을 항공기 주변에 적절히 배치한다.
③ 기관의 흡입구 주변에 장애물이 있는지 확 인한 후 제거한다.
④ 정비작업에 사용된 공구는 정상 시동을 확 인한 후 제거한다.

8. 다음 중 가스터빈 기관의 작동에 대한 설명 으로 틀린 것은?

① 원칙적으로 기관 작동 시 항공기의 기수는 바람에 대하여 정면으로 향해야 한다.
② 기관 작동 중 압축기 실속이 발생되었다면 추력 레버를 최대한 천천히 아이들 위치로 내려야 한다.
③ 배기가스는 높은 속도와 온도 및 유독성을 가지고 있으므로 주의해야 한다.
④ 기관 모터링(motoring) 수행 시 시동기의 보호를 위하여 규정된 시동기 냉각시간을 반드시 지켜야 한다.

정답 1. ③   2. ③   3. ②   4. ①   5. ④   6. ③   7. ④   8. ②

9. 지상 기관 화재(ground engine fire) 발생 시 취해야 할 조치가 아닌 것은?

① 소화를 위하여 물을 분사한다.

② 기관을 크랭킹 또는 모터링을 한다.

③ 연료 차단 레버(fuel shut-off lever)를 "OFF" 위치로 한다.

④ 화재가 진화되지 않으면 모든 스위치를 안전하게 차단하고 항공기를 떠난다.

10. 기관 시동 시 과열 시동(hot start)은 어떤 값이 규정된 한계 값을 초과하는 현상인가?

① 윤활유 압력

② 배기가스온도

③ 기관 회전수

④ 기관 압력비

11. 기관 시동 시 과열 시동(hot start)에 대한 설명으로 가장 올바른 것은?

① 시동 중 윤활유 압력이 규정된 한계값을 초과하는 현상

② 시동 중 EGT가 규정된 한계값을 초과하는 현상

③ 시동 중 RPM이 규정된 한계값을 초과하는 현상

④ 기관 압력비가 규정된 한계값을 초과하는 현상

12. 가스터빈 기관에서 연료-공기 혼합비를 조정하는 연료 조정장치의 고장으로 인해 발생하는 비정상적인 시동이 아닌 것은?

① 과열 시동(hot start)

② 시동 불능(not start)

③ 결핍 시동(hung start)

④ 자동 시동(auto start)

13. 결핍 시동인 헝 스타트(hung start)에 대한 설명으로 옳은 것은?

① 오일 압력이 늦게 상승한다.

② 배기가스의 온도가 계속 낮아진다.

③ 시동 시 EGT가 규정값 이상 상승한다.

④ 시동 시 아이들(idle) RPM까지 증가하지 않는다.

14. 가스 터빈 기관에서 시동 불능(no start)의 원인이 아닌 것은?

① 연료 흐름의 막힘

② 프리휠 클러치의 작동 불능

③ 시동기나 점화 장치의 불충분한 전력

④ 점화 계통 및 연료 조정 장치의 고장

15. 가스터빈 기관에서 사용시간에 제한을 가지고 있는 engine rating은?

① 이륙정격(take-off rating)

② 최대연속정격(maximum continuous rating)

③ 최대상승정격(maximum climb rating)

④ 최대순항정격(maximum cruise rating)

16. 바람 방향이 기수를 기준으로 뒤쪽에서 불어올 경우 가스터빈 기관의 시동 및 작동 시에 발생되는 현상 및 조치 사항으로 틀린 것은 어느 것인가?

① 아이들 출력 이상의 비교적 낮은 출력 범위에서 기관의 배기가스 온도가 비정상적으로 높게 되는 경우가 있다.

② 높은 기관 출력 범위에서는 압축기 실속이 발생될 수 있다.

③ 가스터빈 기관 시동 및 작동 중 배기가스가 한계온도를 초과된 경우 추력 레버를 아이들 위치로 내리고 정상 절차에 따라 기관을 정지시킨다.

④ 가스터빈 기관 시동 및 작동 중 압축기 실속이 발생하면 즉시 기관을 정지시킨다.

해설 기관 조절(engine trimming) : 비행기는 바람에 대하여 정면으로 향하게 하고, 제작 회사에서 규정한 방법에 따라 수행한다.

17. 가스터빈 기관에서 연료 트림(fuel trim)이란 무엇인가?

① 기관의 정해진 회전수에서 정격추력을 내도록 연료 조정장치(FCU)를 조정하는 것이다

② 기관 회전수(RPM)를 조정하는 것이다.

③ 기관 압력비(EPR)를 조절하는 것이다.

④ 기관의 배기를 조절하는 것이다.

해설 가스터빈 기관의 트림 작업은 연료 조정장치(FCU)의 기능을 파악하기 위하여 기관의 압력비와 팬의 회전수를 비교, 분석하는 점검이다.

18. B747-400 항공기 기관의 이륙출력 작동 시 위험지역에서 배기제트의 속도 범위를 옳게 나타낸 것은?

① 56 knot 이상

② 56 km/h 이상

③ 65 knot 이상

④ 65 km/h 이상

19. 가스터빈 시동 중 시동이 시작된 후 기관의 회전수가 완속 회전수까지 증가하지 않고 이보다 낮은 회전수에 머물러 있는 현상은?

① 과열 시동

② 완속 시동

③ 결핍 시동

④ 시동 불능

20. 가스터빈 기관의 비정상 시동에서 규정된 시간 안에 시동이 되지 않는 현상은?

① 과열 시동(hot start)

② 결핍 시동(hung start)

③ 시동 불능(no start)

④ 자동 시동(auto start)

21. 기관의 출력 정격 중 비연료 소모율이 가장 작은 추력은?

① 이륙 추력

② 물분사 이륙 추력

③ 최대 연속 추력

④ 순항 추력

22. 가스터빈 기관의 트림(trim) 작업 시 어느 상태에서 하는 것이 가장 정확한가?

① 낮은 습도와 바람이 없는 상태

② 낮은 습도와 약한 바람 상태

③ 높은 습도와 약한 바람 상태

④ 높은 습도와 강한 바람 상태

23. 가스터빈 기관에서 연료 조정장치(FCU)를 교환한 뒤 반드시 해야 하는 사항은?

① 기관을 다시 타이밍(timing)한다.

② 연료 노즐을 다시 장착한다.

③ 기관을 다시 조절(trim)한다.

④ 점화 불꽃 모양을 확인한다.

24. 가스터빈 기관에서 연료 조정장치(FCU)를 조절(trim)하는 목적은?

① 필요할 때 최대 추력을 얻기 위해서

② 배기가스온도(EGT)를 최대로 얻기 위해

③ 적절한 파워 레버 위치 때문에

④ 특정 회전수(RPM)에 관계없이 100 % 출력을 내기 위해

정답 **17.** ① **18.** ② **19.** ③ **20.** ③ **21.** ④ **22.** ① **23.** ③ **24.** ③

PART

항공 기체

CHAPTER 01 기체 구조

1-1 기체 구조의 일반

(1) 항공기 기체의 구성

항공기는 동체(fuselage), 주날개(main wing), 꼬리날개(empennage), 기관 마운트(engine mount) 및 나셀(nacelle), 착륙장치(landing gear) 등으로 구성된다.

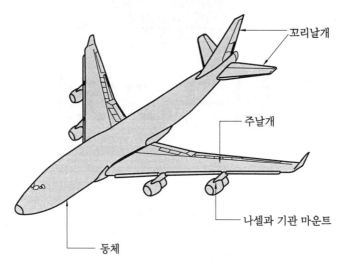

꼬리날개

주날개

나셀과 기관 마운트

동체

항공기 기체의 구성

(2) 항공기 위치 표시 방식

특정한 기준선으로부터 해당 항공기의 부품 위치까지의 직선거리를 인치 또는 센티미터로 나타낸다.

① 동체 위치선(FS : fuselage station, BSTA : body station) : 기수 또는 기수로부터 일정한 거리에 위치한 상상의 수직면을 기준으로 주어진 지점까지의 거리

② 동체 수위선(BWL : body water line) : 기준으로 정한 특정 수평면으로부터 수직으로 높이를 측정한 거리

③ 버턱선(buttock line) : 동체 중심선을 기준으로 오른쪽과 왼쪽으로 평행한 너비를 나타내는 선으로 동체 버턱선(BBL : body buttock line), 날개 버턱선(WBL : wing buttock

line)이 있다.
④ 날개 위치선(WS : wing station) : 날개보와 직각인 특정한 기준면으로부터 날개 끝 방향으로 측정된 거리

예상문제

1. 항공기 위치 표시 방법 중 기수 또는 기수로부터 일정한 거리에 위치한 상상의 수직면을 기준으로 하는 방법은?
① 버턱선(BL)
② 날개 위치선(WS)
③ 동체 위치선(FS)
④ 동체 수위선(BWL)

2. 항공기 구조의 특정 위치를 표시하는 방법 중 동체 위치선을 나타내는 것은?
① BML
② BSTA
③ WBL
④ WS

3. 항공기의 위치를 표시하는 방식 중 "특정 수평면으로부터 수직으로 높이를 측정한 거리"를 무엇이라 하는가?
① 버턱선(buttock line)
② 동체 위치선(body station)
③ 동체 수위선(body water line)
④ 날개 위치선(wing body station)

4. 항공기 위치 표시 방식 중 동체 수위선을 나타내는 것은?
① BBL
② BWL
③ FS
④ WS

5. 항공기 손상 부위의 위치를 표시할 때 WL (water line)이 나타내는 것은?
① 항공기 날개의 위치를 나타낸다.
② 항공기 높이의 위치를 나타낸다.
③ 항공기 도움날개의 위치를 나타낸다.
④ 항공기의 좌우로 측정된 거리를 나타낸다.

6. 항공기 위치 표시 방법 중 동체 중심선을 기준으로 오른쪽과 왼쪽으로 평행한 너비 간격으로 나타내는 선은?
① 동체 위치선
② 버턱선
③ 동체 수위선
④ 스테이션선

7. 다음 항공기 기체에서 위치를 표시하는 선 중 동체 중심선을 기준으로 오른쪽과 왼쪽으로 평행한 너비를 나타내는 선은?
① 동체 위치선
② 동체 수위선
③ 동체 버턱선
④ 날개 위치선

8. 항공기 위치 표시 방식 중 동체 버턱선을 나타내는 것은?
① BBL
② BWL
③ FS
④ WS

9. 항공기의 도면에서 위치 기준선으로 사용되지 않는 것은?
① 버턱 라인
② 워터 라인
③ 동체 스테이션
④ 캠버 라인

10. 다음 중 항공기 구조의 특정 위치를 쉽게 알 수 있도록 항공기상에 위치를 표시하는 방법이 아닌 것은?
① 동체 위치선
② 동체 수위선
③ 날개 위치선
④ 날개 수위선

정답 ➡ **1.** ③ **2.** ② **3.** ③ **4.** ② **5.** ② **6.** ② **7.** ③ **8.** ① **9.** ④ **10.** ④

1-2 ▸ 동체(fuselage)

(1) 트러스형 동체

세로대(longeron)를 동체 단면의 네 모서리에 앞뒤 방향으로 설치하고, 수평부재, 수직부재, 대각선 부재 등으로 트러스를 만들어 그 위에 외피를 씌운 구조로 여기에 사용되는 강관 재료에는 저탄소강, 니켈-크롬-몰리브덴 강 등이 있다.

(a) 트러스 구조 형식   (b) 세미 모노코크 구조 형식   (c) 모노코크형

동체 구조의 골격

(2) 응력 외피형 동체

① 모노코크 구조 : 정형재, 벌크헤드, 외피로 구성되며 하중의 대부분을 외피(skin)가 담당한다.

② 세미 모노코크 구조 : 현대 항공기의 동체 구조로서 가장 많이 사용되며, 벌크헤드, 세로대, 스트링어, 프레임 등을 보강하고 그 위에 얇게 외피(skin)를 입힌 구조이다. 외피는 하중의 일부만 부담하고, 나머지 하중은 골조 구조들이 담당한다.

  (개) 벌크헤드(bulkhead) : 동체 앞뒤에 하나씩 배치되어 기체가 받는 집중하중을 외피(skin)에 골고루 분산하고 동체가 비틀림 하중에 의해 변형되는 것을 방지한다. 동체 앞의 벌크헤드는 방화벽으로 이용되기도 하며, 여압식 동체에서는 객실 내의 압력을 유지하기 위한 압력 벌크헤드로 이용되기도 한다. 또한 날개나 착륙장치 등의 장착 부위로 사용되기도 한다.

  (내) 세로대(longeron)와 스트링어(stringer) : 동체 길이방향으로 배치되고, 프레임과 함께 동체 기본 모양을 형성하며, 동체에 작용하는 휨 모멘트와 동체 축방향의 인장력과 압축력을 담당한다.

  (대) 프레임(frame) : 합금판으로 성형 조립되며, 축 하중과 휨 하중에 견디도록 설계 제작된다.

  (래) 외피(skin) : 알루미늄 합금판으로 구성되며 동체에 작용하는 전단력과 비틀림 하중을 담당한다.

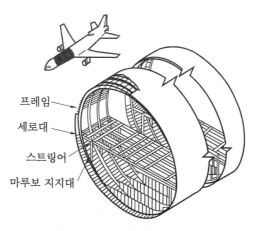

세미 모노코크형 동체의 구조

예상문제

1. 그림의 동체 구조 형식 명칭은?

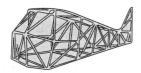

① 응력 외피형   ② 트러스형
③ 모노코크형   ④ 세미 모노코크형

2. 동체 구조 중 세로대(longeron)에 수평부재와 수직부재 및 대각선 부재 등으로 이루어진 구조가 하중의 대부분을 담당하는 형식은?

① 트러스형 동체
② 응력 외피형 동체
③ 모노코크형 동체
④ 세미 모노코크형 동체

3. 다음과 같은 동체 구조를 무엇이라 하는가?

① 모노코크형   ② 트러스트형
③ 샌드위치형   ④ 세미 모노코크형

4. 다음 중 응력 외피 구조에 해당되는 것은?

① 이중 구조
② 다경로 하중 구조
③ 세미 모노코크 구조
④ 하중 경감 구조

5. 모노코크(monocoque) 구조인 동체에서 외피(skin)의 가장 중요한 역할은?

① 모양을 형성하는 외형 구조물로 힘을 받지 않는다.
② 대기의 압축력만 견디는 구조물이다.
③ 대부분의 하중을 외피가 담당한다.
④ 인장력만 담당하는 구조물이다.

6. 항공기에 가해지는 모든 하중을 스킨(skin)이 담당하는 구조 형식은?

① monocoque type
② pratt truss type
③ warren truss type
④ semi-monocoque type

정답 ● **1.** ②   **2.** ①   **3.** ①   **4.** ③   **5.** ③   **6.** ①

7. 모노코크형(monocoque type) 동체의 구성 요소로 가장 올바른 것은?

① 외피(skin), 정형재(former), 튜브(tube)

② 외피(skin), 벌크헤드(bulkhead), 정형재 (former)

③ 외피(skin), 론저론(longeron), 스트링어 (stringer)

④ 프레임(frame), 론저론(longeron), 스트링 어(stringer)

8. 항공기의 구조에서 모노코크 구조의 주요 부재가 아닌 것은?

① 외피   ② 정형재

③ 벌크헤드   ④ 스트링어

9. 동체의 구조에서 세미 모노코크(semi mo-nocoque) 구조를 가장 올바르게 설명한 것은?

① 다수의 부재(member)를 연결하여 강체 (rigid) 구조를 이루는 구조형이다.

② 공기역학적으로 효율적인 유선형의 박판을 접합시킨 구조 형태로서 외피(skin)가 하중의 일부를 담당한다.

③ 고강도 구조가 요구되는 현대 항공기의 구조 형태로서 벌크헤드(bulkhead), 정형재 (former), 스트링어(stringer), 론저론(longeron), 외피(skin)로 구성되어 부분 수리가 용이하게 되어 있다.

④ 고고도를 비행하는 대형 항공기에 적합한 형태의 구조로서 객실 여압장치에 따른 것이며, 주로 다경로 하중 구조이다.

10. 항공기 동체의 세미 모노코크(semimo-nocoque) 구조를 구성하는 부재가 아닌 것은?

① 벌크헤드   ② 리브

③ 스트링어와 세로대   ④ 외피

11. 여압식 동체에서 공기압력을 유지하기 위

한 격벽판으로 사용되기도 하고, 동체가 비틀림에 의해 변형되는 것을 막아주는 동체의 부재는?

① 프레임(frame)

② 스트링어(stringer)

③ 세로대(longeron)

④ 벌크헤드(bulkhead)

12. 동체 앞뒤에 배치되며 방화벽 또는 압력벽으로 사용되기도 하며, 날개나 착륙장치 등의 장착 부위로도 사용되는 것은?

① 외피   ② 프레임

③ 스트링어   ④ 벌크헤드

13. 벌크헤드(bulkhead)에 대한 설명 중 틀린 것은?

① 동체가 비틀림에 의해 변형되는 것을 막아준다.

② 프레임, 링 등과 함께 집중 하중을 받는 부분으로부터 동체의 외피로 응력을 확산시킨다.

③ 날개, 착륙장치 등의 장착부를 마련해 주는 역할을 한다.

④ 동체 앞에서부터 뒤쪽으로 15～50 cm 간격으로 배치한다.

14. 세미 모노코크(semi monocoque) 구조에서 벌크헤드(bulkhead)에 대한 설명은?

① 동체 앞뒤에 배치되어 동체가 비틀림 하중에 의한 변형을 막아주며, 동체의 작용하는 집중 하중을 외피에 전달하여 분산시킨다.

② 날개 단면의 기본 모양을 유지하며 하중의 대부분을 담당한다.

③ 알루미늄 합금판으로 항공기 동체의 외관을 덮고 있으며, 동체에 작용하는 전단력과 비틀림 하중을 담당한다.

④ 동체의 길이 방향으로 배치되고 동체의 기본 모양을 형성하며, 동체에 작용하는 휨

정답 ➡ **7.** ② **8.** ④ **9.** ③ **10.** ② **11.** ④ **12.** ④ **13.** ④ **14.** ①

모멘트와 축방향의 인장력과 압축력을 담당한다.

15. 기체 구조의 형식에 대한 설명으로 틀린 것은?

① 모노코크 구조 형식은 응력 외피 구조 형식에 속한다.

② 외피가 얇고 동체의 길이 방향으로 보강재가 적용된 것은 세미 모노코크 구조 형식이다.

③ 기체의 무게를 감소시켜 무게 대비 높은 강도를 유지할 수 있는 형식은 트러스 구조 형식이다.

④ 트러스 구조, 응력 외부 구조, 샌드위치 구조 등의 형식이 있다.

16. 세미 모노코크 구조 동체의 구성품별 역할 및 기능을 설명한 것으로 옳은 것은?

① 동체 앞의 벌크헤드는 방화벽으로 이용되기도 한다.

② 길이 방향의 부재인 스트링어(stringer)는 전단력을 주로 담당한다.

③ 프레임은 비틀림 하중을 주로 담당하며 적당한 간격으로 배치하여 외피와 결합한다.

④ 외피는 대부분 알루미늄 합금으로 제작되며 인장과 압축하중을 주로 담당한다.

정답 ⟶ **15.** ③ **16.** ①

1-3 날개

■ 구조 형식

(1) 트러스형 날개

날개보(spar), 리브(rib)로 구성되며 날개보와 리브를 고정시키기 위해 대각선으로 보강선을 사용하고, 그 위에 얇은 금속판이나 합판, 우포 등을 씌운 구조로 소형기에 사용한다.

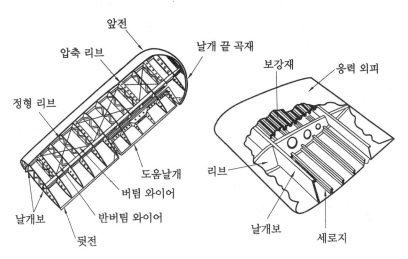

날개의 구조

(2) 응력 외피형 날개

외피가 응력을 받도록 할 날개로서 날개보(spar), 스트링어(stringer), 리브(rib), 외피(skin) 등으로 구성된다.

① 날개보(spar) : 날개에 작용하는 대부분의 하중, 휨 하중, 전단하중을 담당한다.

② 리브(rib) : 날개 단면이 공기역학적인 날개골(airfoil)을 유지하도록 날개의 모양을 형성해 주며, 날개 외피에 작용하는 하중을 날개보에 전달한다.

③ 스트링어(stringer) : 날개의 휨 강도나 비틀림 강도를 증가시켜 주는 역할을 하며, 날개 길이 방향으로 리브 주위에 배치한다.

④ 외피(skin) : 날개에서 발생하는 응력을 담당하여 응력 외피라 하며, 강력 알루미늄 합금 판을 사용한다.

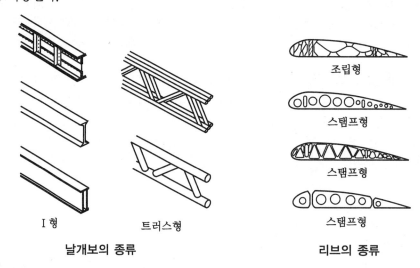

I 형   트러스형

날개보의 종류

조립형
스템프형
스템프형
스템프형

리브의 종류

예상문제

1. 트러스형 날개의 구성품이 아닌 것은?

① 리브   ② 날개보

③ 응력 외피   ④ 보강선

2. 다음 중 날개보(wing spar)에 대한 설명으로 옳은 것은?

① 공기역학적 특성을 결정하는 날개 단면의 형태를 유지해 준다.

② 날개에 작용하는 대부분의 하중을 담당하며 날개와 동체를 연결하는 연결부의 구실을 한다.

③ 날개의 양력을 감소시키며 기체의 횡 방향 운동을 일으킨다.

④ 날개의 비틀림 하중을 감당하기 위해 날개 코드 방향으로 배치되는 보강재이다.

3. 날개에 작용하는 대부분의 하중을 담당하며, 날개와 동체를 연결하는 구실과 착륙장치나 기관을 날개에 부착할 경우의 장착대 역할을 하는 날개 구조 부재는?

① 외피   ② 날개보

③ 리브   ④ 스트링어

정답 ● 1. ③ 2. ② 3. ②

4. 다음 그림과 같은 부재들의 명칭은?

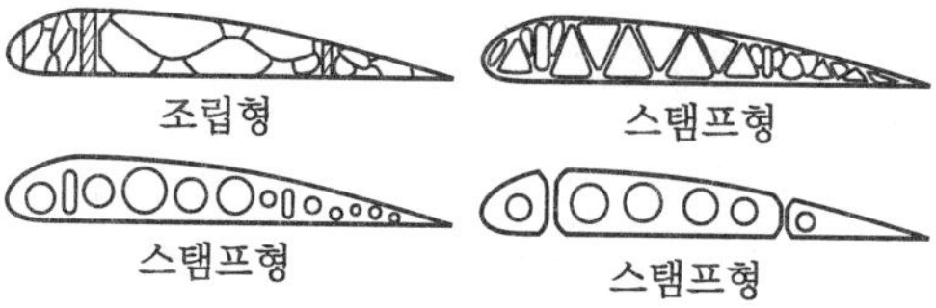

조립형   스탬프형

스탬프형   스탬프형

① 리브(rib)
② 스트링어(stringer)
③ 프레임(frame)
④ 벌크헤드(bulkhead)

5. 날개의 구조 부재 중 날개골 모양을 하고 있으며, 날개 외피에 작용하는 하중을 날개보에 전달하는 역할을 하는 것은?

① 앞전(leading edge)
② 스트링어(stringer)
③ 리브(rib)
④ 스포일러(spoiler)

6. 날개의 단면이 공기역학적인 날개골을 유지할 수 있도록 날개의 모양을 형성해 주는 구조재는?

① skin   ② rib
③ spar   ④ stiffener

7. 날개의 휨 강도나 비틀림 강도를 증가시켜 주는 역할을 하며 날개의 길이 방향으로 리브 주위에 배치되는 것은?

① stringer
② tab
③ spar
④ stressed skin

8. 응력 외피형 구조 날개에 작용하는 하중에서 비틀림 모멘트를 담당하는 구조 부재는 어느 것인가?

① 스파(spar)
② 외피(skin)
③ 리브(rib)
④ 스트링어(stringer)

9. 다음 중 날개의 구조 부재가 아닌 것은 어느 것인가?

① 외피(skin)
② 스트링어(stringer)
③ 날개보(spar)
④ 토크 칼라(torque collar)

10. "I"자형 날개보에 작용하는 주요 하중에서 비행 중 압축응력이 발생되는 부분은?

① 아랫면 플랜지
② 윗면 플랜지
③ 웨이브
④ 구조재

> **해설** I형 날개보 : 비행 중 양력에 의해 날개보에서 윗면 플랜지는 압축응력을, 아랫면 플랜지는 인장응력을 받는다.

11. 응력 외피형 날개의 I형 날개보의 구성품 중 웨브(web)가 주로 담당하는 하중은?

① 인장하중
② 전단하중
③ 압축하중
④ 비틀림 하중

> **해설** I형 날개보 : 아래위 양면의 플랜지와 가운데의 얇은 웨브로 구성되는데, 주로 굽힘하중의 대부분을 플랜지가 담당하며, 웨브는 전단력에 저항하도록 되어 있다.

12. 다음 중 주날개에 장착되는 1차 조종장치는 어느 것인가?

① 방향키(rudder)
② 승강키(elevator)
③ 도움날개(aileron)
④ 앞전 플랩(leading edge flap)

정답 ➡ **4.** ① **5.** ③ **6.** ② **7.** ① **8.** ② **9.** ④ **10.** ② **11.** ② **12.** ③

2 고양력장치(high lift device)

날개에 양력을 증가시키는 장치로서, 이·착륙 거리를 짧게 한다.

(1) 앞전 플랩

날개 앞전 반지름을 크게 하는 효과가 있고, 큰 받음각에서도 공기 흐름의 박리가 일어나지 않게 한다.

① 슬롯(slot)과 슬랫(slat) : 날개 앞전에 틈(slot)을 만들어 날개가 큰 받음각일 때 밑면의 공기 흐름을 윗면으로 유도하여 박리를 지연시켜 양력을 증가시킨다.

② 크루거 플랩(kruger flap) : 보통 때는 날개 밑면에 접혀져 날개를 구성하고 있다가 작동하며, 앞쪽으로 나오면서 꺾여 앞전 반지름과 날개 면적을 크게 하여 양력을 증가시킨다.

③ 드루프 플랩(droop flap) : 날개 앞전 부분이 밑으로 꺾여서 휘는 것으로 앞전 반지름과 캠버의 증가 효과로 높은 양력을 얻는다.

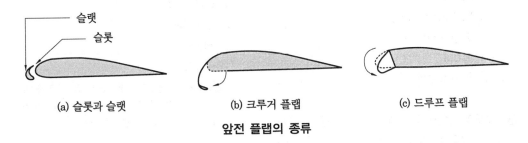

    (a) 슬롯과 슬랫   (b) 크루거 플랩   (c) 드루프 플랩

앞전 플랩의 종류

(2) 뒷전 플랩

날개 뒷전에 위치하는 가동면이 밑으로 휘어 캠버를 크게 하거나 날개 면적을 크게 하여 양력을 증가시키는 장치로 단순 플랩, 스플릿 플랩, 슬롯 플랩, 파울러 플랩 등이 있으며, 대형 항공기는 2중 또는 3중 슬롯 파울러 플랩 등을 사용한다.

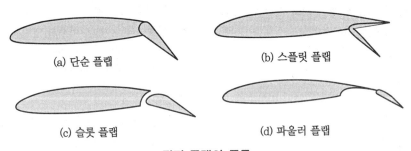

    (a) 단순 플랩   (b) 스플릿 플랩

    (c) 슬롯 플랩   (d) 파울러 플랩

뒷전 플랩의 종류

3 스포일러(spoiler)

① 비행 스포일러(flight spoiler) : 도움날개 사용 시 선회 특성을 좋게 한다.

② 지상 스포일러(ground spoiler) : 비행 중에 공기 제동장치(air brake) 역할을 하며, 착륙 시 속도 제동기(speed brake) 역할을 하여 속도를 줄여주거나 착륙 거리를 짧게 한다.

4 날개의 방빙 및 제빙장치

① 방빙장치(anti-icing system) : 날개 앞전을 미리 가열하여 결빙을 방지하는 것으로 전열식과 가열 공기식이 있다.

② 제빙장치(de-icing system) : 이미 형성된 얼음을 깨어 제거하는 것으로 알코올 분출식과 제빙 부츠식이 있다.

예상문제

1. 항공기의 이륙 거리 단축과 이·착륙속도의 감소를 목적으로 날개골과 날개 면적을 변화시키는 날개의 부착장치는?
① 조종면
② 스포일러
③ 고양력장치
④ 방빙장치

2. 항공기 날개에 대한 설명으로 틀린 것은?
① 내부 공간은 연료탱크로 이용된다.
② 공기와의 상대운동으로 양력을 발생시킨다.
③ 단면의 형태는 유선형으로 된 날개골이다.
④ 날개에 작용하는 각종 하중에 대비하여 링과 프레임을 설치한다.

3. 다음 중 날개에 부착되는 장치가 아닌 것은 어느 것인가?
① 조종면
② 고양력장치
③ 여압장치
④ 속도 제어장치

4. 다음 중 앞전에 장착되는 플랩은?
① 드루프 플랩
② 플레인 플랩
③ 스플릿 플랩
④ 파울러 플랩

5. 뒷전 고양력장치를 사용했을 때 나타나는 현상으로 옳은 것은?
① 이륙 거리가 길어진다.
② 양력 계수가 증가된다.
③ 추력이 감소된다.

④ 비행 속도가 빨라진다.

6. 다음 중 대형 항공기에 주로 사용되는 뒷전 플랩은?
① 슬롯 플랩
② 스플릿 플랩
③ 단순 플랩
④ 크루거 플랩

> **해설** 슬롯 플랩 : 플랩을 내렸을 때에 플랩의 앞에 틈이 생겨 이를 통하여 날개 밑면의 흐름을 윗면으로 올려 뒷전 부분에서 흐름의 떨어짐을 방지하여 플랩을 큰 각도로 내릴 수 있다. 아음속 항공기에 주로 많이 사용한다.

7. 날개 뒷전(trailing)에 장착되어 있는 플랩(flap)의 역할로 틀린 것은?
① 양력을 증가시킨다.
② 날개의 형상을 변경한다.
③ 날개의 면적을 증가시킨다.
④ 캠버(chamber)를 감소시킨다.

> **해설** 플랩(flap) : 날개 뒷전 부근을 밑으로 구부려서 캠버를 크게 하고, 파울러 플랩은 날개 면적도 크게 함으로써 최대양력도 증가시킨다.

8. 비행 중 항공기의 자세를 조종하기도 하며 착륙 활주 중에는 활주 거리를 짧게 하는 브레이크 역할을 하는 날개에 부착된 장치는 어느 것인가?
① 플랩(spoiler)
② 도움날개(aileron)
③ 슬롯(slot)

정답 ⇒ **1.** ③ **2.** ④ **3.** ③ **4.** ① **5.** ② **6.** ① **7.** ④ **8.** ④

④ 스포일러(spoiler)

9. 전열식과 가열 공기식이 있으며 항공기의 앞전을 미리 가열하여 결빙을 방지하는 계통은?

① 제빙장치(de-icing system)
② 방빙장치(anti icing system)
③ 화재장치(fire system)
④ 잠금장치(locking system)

정답 ● **9.** ②

1-4   꼬리날개(tail wing, empennage)

주날개와 구조가 같으며, 항공기 안정을 유지하고, 기체의 자세나 비행방향을 변화시키는 역할을 한다. 형태에 따라 T형 꼬리날개, V형 꼬리날개로 분류한다.

- T형 꼬리날개 : 동체 후류의 영향을 받지 않아, 꼬리날개의 공기 흐름을 양호하게 하고, 꼬리날개에서 발생하는 진동을 감소시킨다.
- V형 꼬리날개 : 수평 꼬리날개와 수직 꼬리날개의 두 가지 기능을 겸하며, V형 꼬리날개에 러더베이터(ruddervator)를 부착시켜 방향키(rudder)와 승강키(elevator) 기능을 겸한다.

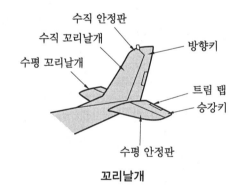

꼬리날개

(1) 수평 꼬리날개

수평 안정판과 승강키로 구성되며 수평 안정판은 비행 중 항공기의 세로 안정을 담당하고, 승강키(elevator)는 항공기를 상승, 하강시키는 키놀이(pitching) 운동을 담당한다. 날개의 다운 워시(down-wash)를 고려하여 수평 안정판의 붙임각을 수평보다 조금 윗방향으로 부착을 한다.

최근 여객기에서는 항속거리를 증가시키기 위해 수평 안정판 내부를 연료탱크로 사용하기도 하는데, 무게 증가로 인해 진동이나 피로에 대한 저항성이 커진다.

(2) 수직 꼬리날개

수직 안정판과 방향키로 구성되며 수직 안정판은 비행 중 항공기에 방향 안정성을 제공하고, 방향키(rudder)는 수직꼬리 날개 뒷부분에 위치하여, 좌우로 움직여서 항공기의 빗놀이 (yawing) 운동을 조종한다.

예상문제

1. 다음 중 항공기 꼬리날개에 대한 설명으로 틀린 것은?

① 주날개와 구조가 비슷하다.

② 항공기의 안정성을 유지한다.

③ 기체의 자세나 방향을 변화시킨다.

④ 옆놀이 운동(rolling)을 담당한다.

해설 꼬리날개는 항공기의 빗놀이 운동을 담당한다.

2. V형 꼬리날개에 대한 설명으로 틀린 것은?

① 조종면은 러더베이터(ruddervator)이다.

② 수평 꼬리날개와 수직 꼬리날개의 기능을 함께 가지고 있다.

③ 조종면은 승강키와 방향키의 기능을 함께 가지고 있다.

④ 수직 꼬리날개의 위 끝 부분에 수평 안정판이 고정되어 있다.

3. 꼬리날개의 구성 요소가 아닌 것은?

① vertical stabilizer

② horizontal stabilizer

③ elevator

④ spoiler

4. 다음 중 꼬리날개에 대한 설명으로 옳은 것은 어느 것인가?

① 수직 꼬리날개는 수직 안정판과 승강키로 구성된다.

② 수평 꼬리날개는 수평 안정판과 방향키로 구성된다.

③ 수평 꼬리날개는 항공기의 방향을 바꾸는 빗놀이 운동을 담당한다.

④ 동체와 수직 꼬리날개 앞부분이 만나는 곳에 항공기의 방향 안정성을 주기 위하여 도살핀(dorsalfin)을 부착하기도 한다.

5. 꼬리날개에 대한 설명으로 옳은 것은?

① 꼬리날개는 큰 하중을 담당하지 않으므로 리브(rib)와 스킨(skin)으로만 구성되어 있다.

② 도살핀(dorsalfin)은 방향 안정성 증가가 목적이지만 가로 안정성 증가에도 도움을 준다.

③ T형 꼬리날개는 날개 후류의 영향을 받아서 성능이 좋아지고 무게 경감에 도움을 준다.

④ 수평 안정판이 동체와 이루는 붙임각은 down-wash를 고려하여 수평보다 조금 아랫방향으로 되어 있다.

6. 수평 꼬리날개에 대한 설명으로 틀린 것은?

① 수평 안정판 내부를 연료탱크로 사용하면 진동 감소와 피로에 대한 저항성이 커진다.

② 수평 안정판은 세로 안정성을 담당하고 세로 조종은 승강키로 한다.

③ 수평 안정판의 면적이 증가하면 표면저항이 증가하여 세로 안정성이 감소한다.

④ 대형 여객기에서는 항속거리 증가를 위해 수평 안정판 내부를 연료탱크로 사용하기도 한다.

7. 항공기 수평 꼬리날개에 대한 설명으로 틀린 것은?

① 승강키가 부착된다.

② 키놀이 운동을 담당한다.

③ 주날개와 구조가 비슷하다.

④ 동체의 전방구조에 연결되어 있다.

8. 비행 중 비행기의 세로 안정을 위한 것으로서 대형 고속 제트기의 경우 조종 계통의 트림(trim) 장치에 의해 움직이도록 되어 있는 것은?

① 수직 안정판　　　② 방향키

③ 수평 안정판　　　④ 도움날개

9. 수직 꼬리날개에 대한 설명으로 옳은 것은?

① 수직 안정판과 방향키로 구성되어 있다.

② 수직 안정판과 승강키로 구성되어 있다.

③ 수평 안정판과 방향키로 구성되어 있다.

④ 수평 안정판과 승강키로 구성되어 있다.

10. 동체와 수직 꼬리날개 앞부분이 만나는 곳에 항공기의 방향 안정성을 주기 위한 구성품은 어느 것인가?

① 도살핀(dorsalfin)

② 탭(tab)

③ 카울링(cowling)

④ 스포일러(spoiler)

해설 도살핀(dorsalfin) : 항공기의 방향 안정성을 제공하며, 가로 안정성 효과가 있다.

11. 그림의 꼬리날개 구성 요소 중 수직(Z)축을 기준 축으로 하여 안정과 관계되는 요소는 어느 것인가?

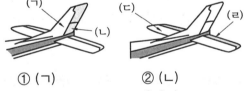

① (ㄱ)

② (ㄴ)

③ (ㄷ)

④ (ㄹ)

해설 수직 안정판 : 비행 중 항공기에 수직축(Z축)을 기준으로 방향 안정성을 제공한다.

12. 항공기의 수직 꼬리날개의 구성품이 아닌 것은?

① 승강키(elevator)

② 도살핀(dorsalfin)

③ 방향키(rudder)

④ 수직 안정판

13. 수평 꼬리날개에 부착된 조종면을 무엇이라 하는가?

① 승강키

② 플랩

③ 방향키

④ 도움날개

해설 주날개에 도움날개, 수평 꼬리날개에 승강키, 수직 꼬리날개에 방향키가 부착된다.

14. 다음 중 꼬리날개의 수직 안정판에 부착되는 조종면은?

① 승강키

② 도움날개

③ 방향키

④ 스포일러

15. 다음 중 항공기에서 방향키 페달의 기능이 아닌 것은?

① 빗놀이 운동

② 비행 시 방향 조종

③ 지상에서 방향 조종

④ 수직 안정판 조종

해설 방향키 페달 : 항공기의 빗놀이 운동은 방향키를 사용하고, 방향키 조종은 페달로 한다.

정답 ● **9.** ①　**10.** ①　**11.** ①　**12.** ①　**13.** ①　**14.** ③　**15.** ④

1-5 　나셀과 기관 마운트

(1) 나셀(nacelle)의 개요

외피, 카울링(cowling), 구조 부재, 방화벽(fire wall)으로 구성된다.

① 기체에 장착된 기관을 둘러싸는 부분을 말한다.

② 바깥면은 공기역학적 저항을 작게 하기 위한 유선형으로 되어 있다.

③ 동체 안에 기관을 장착 시에는 나셀이 필요 없다.

④ 기관의 냉각과 연소에 필요한 공기를 유입하는 흡·배기구가 마련되어 있다.

(2) 나셀(nacelle)의 구조

① 카울링 (cowling) : 기관 주위를 둘러싼 덮개로 점검, 정비를 쉽게 하도록 열고 닫을 수 있게 되어 있으며, 가스터빈 기관의 카울링 입구에는 얼음이 얼어붙지 않도록 방빙장치가 되어 있다.

② 카울링 플랩(cowling flap) : 기관의 냉각 공기 유량을 조절한다.

③ 방화벽 (fire wall) : 기관 마운트와 기체 사이에 고음과 화재 방지를 위한 벽으로 스테인리스강 또는 티탄으로 되어 있다.

㉮ 왕복기관 : 기관 뒤쪽에 위치하며 구조 역학적으로 벌크헤드 역할을 한다.

㉯ 가스터빈 기관 : 기관과 파일론 사이에 위치하여 기관 불꽃이 기체에 전파되지 않도록 한다.

• 파일론(pylon) : 가스터빈 기관에서 날개 밑에 부착시키기 위한 구조물로서 부수적인 구조물이 필요 없어 항공기 무게를 감소시킬 수 있다.

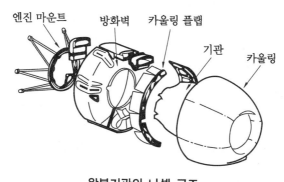

왕복기관의 나셀 구조

(3) 기관 마운트(engine mount)

기관(engine)을 날개 또는 동체에 장착하기 위한 구조물로서 기관의 무게를 지지하고 기관의 추력을 기체에 전달하며 하중을 가장 많이 받는 곳 중의 하나이다. 기관의 종류, 기관의 장착 위치, 장착 방법에 따라 여러 종류가 있다.

① QEC(quick engine change) 기관 : 기관을 떼어낼 때 연결되는 계통, 즉 연료 계통, 유압선, 전기 계통, 조절기구 및 기관 마운트 등을 쉽게 장착하고 떼어낼 수 있는 기관을 말한다.

② 날개에 기관을 장착 시 장단점 : 날개의 공기역학적 성능이 저하되지만, 날개보에 파일론을 설치하게 되어 구조물이 부수적으로 필요하지 않아 항공기 무게를 감소시킬 수 있다.

예상문제

1. 다음 중 나셀(nacelle)의 구성품이 아닌 것은 어느 것인가?

① 카울링　　　　② 외피
③ 방화벽　　　　④ 연료탱크

2. 왕복기관의 나셀(nacelle)과 마운트 구성품이 아닌 것은?

① 방화벽　　　　② 공기 스쿠프
③ 카울 플랩　　　④ 역추력장치

3. 나셀(nacelle)에 대한 설명으로 가장 거리가 먼 것은?

① 나셀은 기체에 장착된 기관을 둘러싼 부분을 말한다.
② 나셀은 공기 저항을 작게 하기 위하여 유선형으로 만든다.
③ 나셀의 구성 요소 중 방화벽이란 기관과 기관 주위를 둘러싼 덮개를 말한다.
④ 나셀은 냉각과 연소에 필요한 공기를 유입하는 흡기구와 배기를 위한 배기구가 있다.

4. 다음 중 항공기에 설치하는 방화벽을 가장 올바르게 설명한 것은?

① 일반적으로 왕복기관에서의 방화벽은 구조 역학적으로 벌크헤드의 역할도 한다.
② 일반적으로 왕복기관에서는 기관 마운트가 방화벽의 역할을 한다.
③ 일반적으로 가스터빈 기관에서는 카울링이 방화벽의 역할도 한다.
④ 일반적으로 가스터빈 기관에서의 방화벽은 기관의 일부로 구성되어 있다.

5. 날개에 기관을 장착하는 경우의 가장 큰 장점은?

① 날개의 공기역학적 성능을 증가시킨다.

② 날개의 날개보에 파일론을 설치하므로 항공기 무게를 감소시킨다.
③ 날개의 공기역학적 성능을 감소시키지 않고 항공기의 비행성능을 개선시킨다.
④ 날개의 날개보에 파일론을 설치하지 않으므로 항공기 무게를 감소시킨다.

6. 다음 중 나셀(nacelle)에 대한 설명으로 틀린 것은?

① 나셀은 외피, 카울링, 방화벽 등으로 이루어진다.
② 바깥면은 공기역학적 저항을 작게 하기 위하여 유선형으로 되어 있다.
③ 기관 및 기관에 부수되는 각종 장치를 수용하기 위한 공간을 마련한다.
④ 기관의 냉각과 연소에 필요한 공기를 유입하는 흡입구와 배기를 위한 카울링이 필요하다.

7. 항공기 날개에 기관을 장착하기 위해 필요한 구조물은?

① 방화벽　　　　② 카울링
③ 파일론　　　　④ 벌크헤드

8. 기관의 무게를 지지하고 추력을 기체에 전달하는 구조물의 명칭은?

① 카울링(cowling)
② 카울링 플랩(cowling flap)
③ 기관 마운트(engine mount)
④ 액세서리 케이스

9. 동체나 날개에 기관을 장착하기 위한 구조물을 무엇이라고 하는가?

① 카울 플랩　　　② 나셀
③ 기관 마운트　　④ 카울링

10. 항공기 기관 마운트의 역할에 대한 설명으로 가장 옳은 것은?

① 기관의 무게를 지지하고 기관의 추력을 기체에 전달한다.

② 항공기의 착륙장치를 지지 수용한다.

③ 보조날개를 지지하여 항공기의 선회를 도모한다.

④ 동체와 날개의 연결부로 날개의 하중을 지지한다.

11. 항공기의 기관 마운트에 대한 설명으로 옳은 것은?

① 착륙장치의 일부분이다.

② 착륙장치의 충격을 흡수하여 전달한다.

③ 기관을 보호하고 있는 모든 기체 구조물을 말한다.

④ 기관에서 발생한 추력을 기체에 전달하는 역할을 한다.

12. 기관 마운트(engine mount)에 대한 설명으로 틀린 것은?

① 기관을 떼어낼 때 연료라인, 유압라인, 조절기구 및 기관 마운트 등을 쉽게 장탈 장착할 수 있도록 설계된 기관을 QEC(quick engine change) 기관이라 한다.

② 방화벽은 왕복기관의 경우 기관 앞쪽에 위치하고 구조 역학적으로 벌크헤드의 역할을 하며 재질은 스테인리스강으로 되어 있다.

③ 기관 마운트는 기관의 무게를 지지하고 기관에서 발생하는 추력을 기체에 전달하는 구조물이다.

④ 기관 마운트는 토크 및 추력과 기관 및 프로펠러 무게에 의한 관성력 등을 고려하여 설계 및 제작해야 한다.

해설 왕복기관에서 방화벽은 기관 뒤쪽에 위치하며, 고온과 부식에 견딜 수 있는 스테인리스강 또는 티탄으로 되어 있다.

13. 기관 마운트와 나셀에 대한 설명으로 틀린 것은?

① 파일론 안에는 기관 마운트와 방화벽이 설치되어 있다.

② 나셀 뒤에는 역추진장치가 있어 나셀 주변의 소음을 제거한다.

③ 나셀의 카울링 입구에는 방빙장치가 되어 있어 얼음이 어는 것을 방지한다.

④ 가스터빈 기관의 나셀은 대부분 날개의 앞전에서 밑으로 설치된 파일론에 붙어있다.

14. 기관 마운트와 나셀에 대한 설명으로 틀린 것은?

① 기관 마운트를 쉽고 신속하게 분리할 수 있도록 설계된 기관을 QEC(quick engine change) 기관이라 한다.

② 제트 기관을 장착한 항공기는 고공비행을 하므로 결빙에 대비하여 기관 앞 카울링 입구에는 반드시 제빙장치가 설치되어야 한다.

③ 나셀의 구조는 동체 구조와 같이 외피, 카울링, 구조 부재, 방화벽, 기관 마운트로 구성되어 있다.

④ 카울링(cowling)이란 기관 및 기관에 관련된 보기(accessory), 기관 마운트 및 방화벽 주위를 쉽게 접근할 수 있도록 장착하거나 떼어낼 수 있는 덮개(cover)를 말한다.

15. 기관 마운트가 갖추어야 하는 특징이 아닌 것은?

① 수리 및 교환에 용이하여야 한다.

② 기관과 보기부의 검사 및 정비를 쉽게 할 수 있어야 한다.

③ 기관의 진동이 기체에 전달되도록 견고해야 한다.

④ 기체의 타 장비와 간섭이 되지 않도록 간단한 구조가 되어야 한다.

16. 기관 마운트를 날개에 장착할 경우 발생하는 영향이 아닌 것은?
① 저항의 증가
② 날개의 강도 증가
③ 공기역학적 성능 저하
④ 파일론으로 인한 무게의 증가

17. 기관 마운트를 선택하기 전에 고려하지 않아도 되는 것은?
① 기관의 제조 기간
② 기관의 형식 및 특성
③ 기관 마운트의 장착 위치
④ 기관 마운트의 장착 방법

18. 항공기 기관 및 기관의 장착 구조에 대한 설명으로 옳은 것은?
① 기관의 무게를 지지하는 구조물은 기관 마운트이고, 기관의 추력을 기체에 전달하는 것은 나셀이다.
② 기관의 무게를 지지하는 구조물은 나셀이고, 기관의 추력을 기체에 전달하는 것은 기관 마운트이다.
③ 날개 하부에 파일론을 이용하여 기관을 장착할 경우 공기역학적 성능 저하 없이 부수적인 구조물이 필요하지 않아서 무게를 경감시킬 수 있다.
④ 기관 장탈 시 연료계통, 유압계통의 라인, 전기계통, 조절기구(control linkage) 및 기관 마운트 등도 쉽고 신속하게 분리할 수 있도록 설계된 기관을 QEC(quick engine change) 기관이라 한다.

19. 날개에 기관을 장착하는 경우 가장 큰 장점은?
① 날개의 파일론을 동체에 설치하므로 날개의 무게를 감소시킨다.
② 날개의 공기역학적 성능을 감소시키지 않고 항공기의 비행성능을 개선시킨다.
③ 날개의 날개보를 동체에 설치하지 않으므로 항공기 무게를 감소시킨다.
④ 날개의 날개보에 파일론을 설치하므로 항공기 무게를 감소시킨다.

20. 기관 마운트를 날개에 장착할 경우 발생하는 영향이 아닌 것은?
① 저항이 증가한다.
② 날개의 강도가 증가하고, 추력이 증가한다.
③ 공기역학적 성능을 저하시킨다.
④ 날개보에 파일론이 설치되어 구조물이 부수적으로 필요하지 않다.

> 정답 ● 16. ② 17. ① 18. ④ 19. ④ 20. ②

1-6   조종장치

(1) 조종면의 구조
① 주 조종면(1차 조종면) : 도움날개(aileron), 승강키(elevator), 방향키(rudder)
② 부 조종면(2차 조종면) : 탭(tab), 플랩(flap), 스포일러(spoiler)
③ 항공기의 운동
　(가) 세로축 : 동체의 앞과 끝을 연결한 축
　　• 세로축에 대한 회전운동 : 옆놀이(rolling)

• 옆놀이를 일으키는 조종면 : 도움날개(aileron)
(나) 가로축 : 한쪽 날개 끝에서 다른 쪽 날개 끝까지 가로로 이은 축
  • 가로축에 대한 회전운동 : 키놀이(pitching)
  • 키놀이를 일으키는 조종면 : 승강키(elevator)
(다) 수직축 : 가로축과 세로축이 만드는 평면에 수직인 축
  • 수직축에 대한 회전운동 : 빗놀이(yawing)
  • 빗놀이를 일으키는 조종면 : 방향키(rudder)

비행기의 기체축

(2) 조종 계통의 구조

① 조작 방식
  (가) 수동 조종장치 : 조종력이 작은 경비행기에 사용한다.
  (나) 동력 조종장치 : 유압, 공기압, 전기 등을 이용하여 조종면을 동력으로 조작한다.
  (다) 플라이 바이 와이어 조종장치(fly-by-wire control system) : 조종간이나 방향키 페달의 움직임을 전기적인 신호로 변환하여 컴퓨터에 입력시키고, 이 컴퓨터에 의해서 전기 또는 유압식 작동기를 동작하게 함으로써 조종 계통을 작동시킨다.
② 옆놀이 조종 : 조종간을 오른쪽으로 하면 오른쪽 도움날개는 올라가고, 왼쪽 도움날개는 내려가서 항공기는 오른쪽으로 옆놀이를 한다.

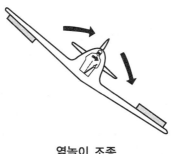

옆놀이 조종

③ 키놀이 조종 : 조종간을 당기면 승강키는 올라가서 비행기 기수는 상승하고, 조종간을 앞으로 밀면 승강키가 내려가서 비행기 기수는 하강한다.

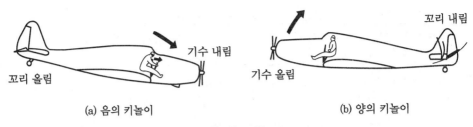

(a) 음의 키놀이   (b) 양의 키놀이

키놀이 조종

④ 빗놀이 조종 : 왼쪽 페달을 밟아 주면 방향키는 왼쪽으로 움직이고, 기수는 왼쪽으로 선회하며, 오른쪽 페달을 밟아 주면 방향키는 오른쪽으로 움직이고, 기수는 오른쪽으로 선회한다.

예상문제

1. 다음 중에서 1차 조종면에 해당되는 것은?
① spoiler
② flap
③ rudder
④ tab

2. 항공기에서 2차 조종 계통에 속하는 조종면은?
① 방향키(rudder)
② 슬랫(slat)
③ 승강키(elevator)
④ 도움날개(aileron)

해설 1차 조종 계통 : 도움날개(aileron), 방향키(rudder), 승강키(elevator)

3. 조종장치의 운동 및 조종면을 바르게 연결한 것은?
① lateral control system – rolling – aileron
② lateral control system – pitching – aileron
③ lateral control system – pitching – elevator
④ lateral control system – yawing – rudder

4. 현재 주로 사용되는 조종 방식으로서 컴퓨터가 계산하여 조종면을 필요한 만큼 편위시켜 주도록 되어 있으므로, 항공기의 급격한 자세

변화 시에도 원만한 조종성을 발휘하는 조종 방식은?
① 수동 조종
② 부스터 조종
③ 비가역 조종
④ 플라이 바이 와이어 조종

5. 조종 계통의 조종 방식 중 기체에 가해지는 중력가속도나 기울기를 감지한 결과를 컴퓨터로 계산하여 조종사의 감지 능력을 보충하도록 하는 방식의 조종장치는?
① 수동 조정장치(manual control)
② 유압 조정장치(hydraulic control)
③ 플라이 바이 와이어(fly-by-wire)
④ 동력 조종장치(powered control)

6. 다음 중 플라이 바이 와이어 조종장치(fly-by-wire control system)와 관계가 없는 것은 어느 것인가?
① 컴퓨터
② 전기적인 신호
③ 조종 케이블
④ 유압식 작동기

정답 ◆ **1.** ③ **2.** ② **3.** ① **4.** ④ **5.** ③ **6.** ③

7. 비행 중 조종간을 왼쪽과 오른쪽으로 움직이면 양쪽의 보조날개(aileron)는 서로 어떤 방향으로 움직이는가?

① 항상 상승한다.
② 항상 하강한다.
③ 서로 같은 방향으로 움직인다.
④ 서로 반대 방향으로 움직인다.

8. 일반적인 항공기에서 조종간을 당기면 항공기의 자세는 어떻게 변하는가?

① 기수 상승
② 좌 선회
③ 기수 하강
④ 우 선회

9. 조종 휠(control wheel)을 당기거나 밀어서 작동시키는 주된 조종면은?

① 플랩   ② 방향키
③ 도움날개   ④ 승강키

10. 다음 중 항공기 조종 계통에 사용되는 장치가 아닌 것은?

① 조종드럼
② 데릭붐
③ 쿼드런트
④ 트림감각장치

[해설] 조종 연결장치
• 케이블 드럼(drum) : 드럼에 케이블이 감겨 있는 형태로, 케이블 드럼을 회전시키면 탭을 작동시키기 위해서 웜 기어, 푸시 풀 로드를 작동시킨다.
• 쿼드런트(quadrant) : 조종 케이블의 직선운동을 토크 튜브의 회전운동으로 바꾼다.
• 인공감각장치 : 조종간의 움직이는 양과 조종면에 작용하는 힘을 인공적으로 느끼도록 한다.
• 벨 크랭크 : 회전운동을 직선운동으로 바꿔주는 데 사용한다.

• 턴 버클 : 케이블의 장력을 조절하는 데 쓰인다.

11. 조종 케이블의 마모를 방지하기 위해서 사용하는 플라스틱이나 나무로 만든 케이블 가이드를 무엇이라 하는가?

① 풀리(pully)
② 페어리드(fairlead)
③ 턴 버클(turn buckle)
④ 쿼드런트(quadrant)

[해설] 페어리드 (fairlead) : 조종 케이블의 작동 중 최소의 마찰력으로 케이블과 접촉하여 직선운동을 하며, 케이블을 3° 이내의 범위에서 방향을 유도한다.

12. 조종 케이블의 방향을 바꿀 때 사용되는 구성품은?

① 턴 버클   ② 풀리
③ 페어리드   ④ 케이블 커넥터

[해설] 풀리(pulley) : 케이블을 유도하고 케이블의 방향을 바꾸는 데 사용한다.

13. 케이블 조종 계통 정비에 대한 설명 중 가장 관계가 먼 내용은?

① 케이블 손상의 주원인은 풀리나 페어리드 및 케이블 드럼과의 접촉에 의한 것이다.
② 케이블 손상은 헝겊을 케이블에 감고 길이 방향으로 움직여 보아 알 수 있다.
③ 부식된 케이블은 브러시로 부식을 제거한 후 솔벤트 등으로 깨끗이 세척한다.
④ 케이블의 장력 점검은 조종 계통이 완전히 조절된 상태에서 케이블이 제한된 장력 범위 내에 있는가를 검토하는 작업이다.

[해설] 쉽게 닦아 낼 수 있는 녹이나 먼지는 마른 헝겊으로 닦아낸다. 케이블 표면에 칠해져 있는 오래된 방부제나 오일로 인한 오물 등은 깨끗한 헝겊에 솔벤트나 케로신을 묻혀 닦아낸다.

14. 조종 계통의 케이블이 온도 변화 또는 구조 변형에 따른 인장력이 변화하지 않도록 하기 위하여 설치된 장치는 다음 중 어느 것인가?

① 턴 버클(turn buckle)

② 컨트롤 칼럼

③ 케이블 텐션 미터(cable tension meter)

④ 케이블 텐션 레귤레이터(cable tension regulator)

15. 항공기 조종 계통에 사용되는 케이블의 인장력을 조절하는 장치는?

① 버스 드럼(bus drum)

② 풀리(pulley)

③ 조종 로드(control rod)

④ 턴 버클(turn buckle)

해설 턴 버클 : 조종 케이블의 장력을 조절하는 데 사용되며, 턴 버클 배럴과 턴 버클 단자로 구성되어 있다.

정답 • **14.** ④ **15.** ④

1-7 착륙장치

(1) 착륙장치의 종류

① 사용 목적에 따른 분류 : 바퀴형(육상용), 스키형(설상용), 플로트형(수상용)

② 장착 방법에 따른 분류 : 고정식, 접개들이식(retractable type)

③ 바퀴 수에 따른 분류 : 단일 형식, 이중 형식, 트럭 형식(보기 형식)

④ 조향 바퀴의 위치에 따른 분류 : 앞바퀴형(nose gear tpye), 뒷바퀴형(tail gear type)

참고 **앞바퀴형의 장점**

• 이륙 시 저항이 작고, 착륙 성능이 좋다.

• 이·착륙 및 지상 활주 시 항공기의 자세가 수평이므로 조종사의 시계가 넓다.

• 브레이크를 밟았을 때 프로펠러 손상 위험이 적다.

• 중심이 주바퀴 앞에 있어 지상 전복 위험이 적다.

• 터보 제트기의 배기가스 배출이 용이하다.

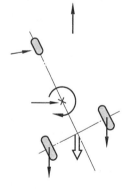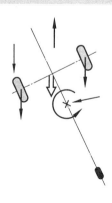

바퀴의 안정성

(2) 완충장치

① 고무식 완충장치 : 고무의 탄성을 이용하며 완충 효율은 50 % 정도이다.

② 평판 스프링식 완충장치 : 스프링의 탄성을 이용하며 완충 효율은 50 %이다.

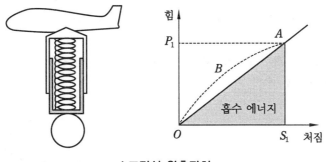

스프링식 완충장치

③ 공기 압축식 완충장치 : 공기의 압축성을 이용하며 완충효율은 47 %이다.

④ 오레오 완충장치(공유압식) : 현대 항공기에 가장 많이 사용하며, 항공기가 착륙할 때 받는 충격을 유체의 운동에너지로 변환시켜 흡수하는 장치로서 완충 효율은 70~80 % 정도이다.

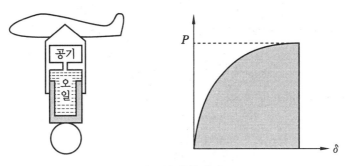

오레오식 완충장치

(3) 주 착륙장치

항공기 착륙 시 충격하중의 대부분을 흡수하고, 지상에서는 항공기 무게를 지탱하여 준다. 완충 스트럿 어셈블리, 접개들이 기구 어셈블리, 작동 실린더, 제동장치, 바퀴, 타이어 등으로 구성된다.

① 토션 링크(torsion link) : 항공기가 이륙할 때 안쪽 실린더가 빠져 나오는 이동길이를 제한 하고, 안쪽 실린더가 바깥쪽 실린더에 대해 회전하지 못하도록 한다.

② 사이드 스트럿(side strut) : 착륙장치가 옆 방향으로 주저앉지 못하게 지지한다.

③ 항력 스트럿(drag strut) : 완충 스트럿에 연결되어 완충 스트럿을 보강 및 지지해 준다.

④ 트러니언(trunnion) : 완충 스트럿의 힌지 축 역할을 한다.

⑤ 센터링 실린더 : 항공기가 착륙하는 과정에서 완충 스트럿과 트럭이 서로 경사지게 되었을 때 이들이 서로 수직이 되도록 작동시켜 주는 기구

⑥ 제동 평형 로드 : 제동 시 트럭의 뒷바퀴를 지면으로 당겨주어 트럭의 앞뒤 바퀴가 균일하게 항공기의 하중을 담당하도록 한다.

⑦ 날개 착륙장치 작동기 : 착륙장치를 접어 들이거나 펼칠 때 사용되는 유압 실린더

⑧ 다운로크 작동기 : 착륙장치가 펼쳐진 상태에서 착륙장치를 고정시키는 역할

⑨ 다운로크 번지(down-lock bungee) : 착륙장치에 작동유압이 제거되더라도 고정상태에서 풀어지지 않도록 착륙장치를 고정시켜 주는 장치

⑩ 트럭 위치 작동기 : 바퀴가 지면으로부터 떨어지는 순간에 완충 스트럿과 트럭 빔을 특정한 각도로 유지시켜 주는 작동기

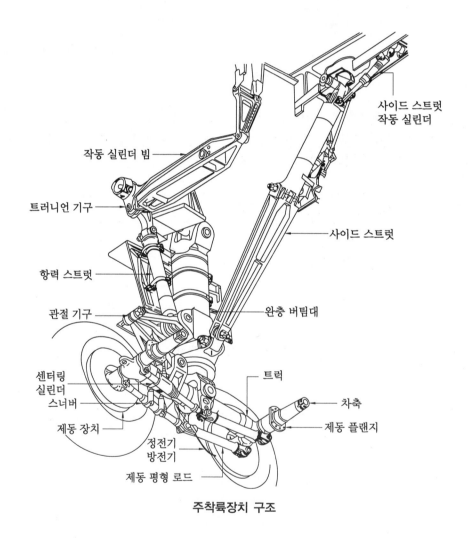

주착륙장치 구조

(4) 앞 착륙장치

착륙 시 충격을 흡수하고, 지상에서 항공기 무게의 일부를 지탱하며, 지상 활주 중 항공기 방향 조절의 역할을 한다.

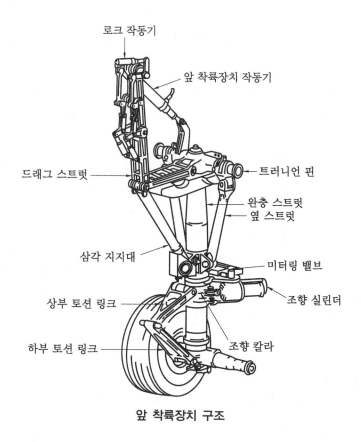

로크 작동기
앞 착륙장치 작동기
드래그 스트럿
트러니언 핀
완충 스트럿
옆 스트럿
삼각 지지대
미터링 밸브
상부 토션 링크
조향 실린더
하부 토션 링크
조향 칼라

앞 착륙장치 구조

① 시미 댐퍼(shimmy damper) : 지상 활주 중 지면과 타이어 사이의 마찰에 의한 타이어 밑면의 가로축 방향의 변형과 바퀴의 선회축 둘레의 진동과의 합성된 진동이 좌우로 발생하는 시미 현상을 감쇠, 방지한다.

② 조향장치 : 지상에서 활주 시 앞바퀴의 방향을 변경시키는 장치로 기계식과 유압식이 있으며 방향키와 더불어 앞바퀴가 회전하도록 구성되어 있다.

㈎ 기계식 : 소형기에 사용되며, 방향키 페달을 밟으면 페달과 연결된 링크 기구에 의해 앞바퀴가 좌우로 방향이 바뀐다.

㈏ 유압식 : 대형기에 주로 사용되며, 조향장치 계통의 작동에 따라 형성되는 작동유압에 의해 조향작동 실린더가 작동함으로써 방향을 전환한다.

• 틸러(tiller) : 앞바퀴를 큰 각도로 회전시킬 때 사용하는 조향 핸들
• 서밍레버(summing lever) : 앞바퀴가 의도한 각도만큼 움직이고 나면 조향 미터링 밸브를 다시 중립 상태로 되돌려서, 조종사가 설정한 각도 이상으로 조향 실린더가 작동하지 않도록 유압을 자동 차단시킨다.

예상문제

1. 랜딩 기어 시스템에서 트라이사이클(tricycle : 앞바퀴형) 기어 배열의 장점이 아닌 것은?

① 빠른 착륙속도에서 강한 브레이크를 사용할 수 있다.

② 이륙이나 착륙 중 조종사에게 좋은 시야를 제공한다.

③ 항공기의 그라운드 루핑(looping)을 방지한다.

④ 이륙, 착륙 중에 테일 휠(tail wheel)의 진동을 방지한다.

2. 트라이사이클 기어(tricycle gear : 앞바퀴형)에 대한 다음 설명 중 가장 관계가 먼 것은 어느 것인가?

① 기어의 배열은 노즈 기어(nose gear)와 메인 기어(main gear)로 되어 있다.

② 빠른 착륙속도에서 강한 브레이크를 사용할 수 있다.

③ 이·착륙 중에 조종사에게 좋은 시야를 제공한다.

④ 항공기 무게 중심이 메인 기어 후방으로 움직여 지상전복(grounding looping)을 방지한다.

해설 앞바퀴형은 무게 중심이 주바퀴(main gear) 앞에 있다.

3. 다음 중 항공기의 착륙장치 종류에 속하지 않는 것은?

① 테일형   ② 플로트형

③ 스키형   ④ 타이어 바퀴형

4. 주착륙장치의 구성품에 대한 설명으로 틀린 것은?

① 트러니언은 완충 스트럿의 힌지 축 역할을 담당한다.

② 드래그 스트럿과 사이드 스트럿 등은 완충 스트럿을 구조적으로 보강해 주는 부재이다.

③ 토션 링크는 항공기가 이륙할 때 안쪽 실린더가 빠져 나오는 이동길이를 제한한다.

④ 트럭 빔은 완충 스트럿의 안쪽 실린더가 바깥쪽 실린더에 대해 회전하지 못하게 제한한다.

5. 접개들이(retractable) 착륙장치에서 착륙장치를 항공기에 연결해 주는 장치는?

① 트러니언(trunnion)

② 옆 버팀대(side strut)

③ 완충 버팀대(shock strut)

④ 시미 댐퍼(shimmy damper)

6. 착륙장치에서 이륙 시 안쪽 실린더가 빠져 나오는 길이를 제한하고, 안쪽 실린더가 바깥쪽 실린더에 대해 회전하는 것을 제한하는 장치는?

① 트럭 빔   ② 드래그 스트럿

③ 토션 링크   ④ 사이드 스트럿

7. 오레오식 완충 스트럿을 구성하는 부재들 중 토션 링크(torsion link)의 역할은?

① 항공기의 무게를 지지

② 완충 스트럿(strut)의 전후 움직임을 지지

③ 완충 스트럿(strut)의 좌우 움직임을 지지

④ 내부 실린더의 좌우 회전 방지와 바퀴의 직진성 유지

8. 착륙 시 항공기 무게가 지면에 가해지는 앞뒤 바퀴의 달라진 하중을 균등하게 작용하도록 하는 장치는?

① 트럭 빔(truck beam)

정답 ━━● 1. ④ 2. ④ 3. ① 4. ④ 5. ① 6. ③ 7. ④ 8. ②

② 제동 평형 로드(brake equalizer rod)

③ 토션 링크(torsion link)

④ 트러니언(trunnion)

9. 항공기가 지상 활주 중 지면과 타이어 사이의 마찰에 의하여 착륙장치의 바퀴 선회축 좌우 방향으로 진동이 발생하는데 이 진동을 무엇이라고 하는가?

① 저주파 진동

② 댐퍼(damper)

③ 고주파 진동

④ 시미(shimmy)

10. 지상 활주 중 항공기 앞 착륙장치에 많이 발생하는 불안정한 좌우 진동 현상을 감쇠 및 방지하기 위한 장치는?

① 앤티 스키드(anti skid)

② 토션 링크(torsion link)

③ 드래그 스트럿(drag strut)

④ 시미 댐퍼(shimmy damper)

11. 착륙장치의 완충 스트럿에 압축공기를 공급할 때 공기 대신 공급할 수 있는 것은?

① 에틸렌

② 수소

③ 아세틸렌가스

④ 질소

해설 완충 스트럿에 공급하는 압축공기로 건조 공기 또는 질소를 사용한다.

12. 항공기 착륙장치의 구조 재료로 사용되는 강은?

① 알루미늄 합금강

② 18-8 스테인리스강

③ 니켈-크롬-몰리브덴강(AISI 4340)

④ 티탄 합금

13. 항공기의 지상 활주 시 조향장치에 대한 설명으로 틀린 것은?

① 소형 항공기는 방향키 페달을 사용한다.

② 조향장치는 앞바퀴를 회전시켜 원하는 방향으로 이동하는 장치이다.

③ 대형 항공기는 유압식이 사용되며 틸러(tiller)를 이용한다.

④ 소형 항공기는 방향키 페달을 이용하며 이때 방향키는 움직이지 않는다.

정답 ◀─● **9.** ④ **10.** ④ **11.** ④ **12.** ③ **13.** ④

(5) 제동장치

주바퀴의 회전을 제동하여 항공기를 천천히 이동시키고, 착륙 시 활주거리를 단축시키며, 항공기를 정지 또는 계류시키는 데 사용된다.

① 기능에 따른 분류

㉮ 정상 브레이크 : 평상시에 사용한다.

㉯ 파킹 브레이크 : 공항 등에서 장시간 비행기를 계류시킬 때 사용한다.

㉰ 비상 및 보조 브레이크 : 주브레이크 장치가 고장났을 때 사용하며, 주브레이크와 별도로 장착한다.

② 작동과 구조 형식에 따른 분류

㉮ 팽창 튜브식 : 소형기에 사용

㉯ 싱글 디스크식 : 소형 항공기에 널리 사용

㉰ 세그먼트 로터식 : 중형급 브레이크 장치

㉱ 멀티 디스크식 : 제동력이 커서 대형 항공기에 사용

- 제동장치 하우징에 설치된 제동 피스톤에 유압이 가해져서 고정 디스크(stator), 회전 디스크(rotor)가 밀착되면 디스크 양쪽에 부착된 패드(pad)의 마찰력으로 제동된다.
- 마모 지시핀(wear indicator pin) : 패드의 마모 상태를 확인할 수 있는 핀

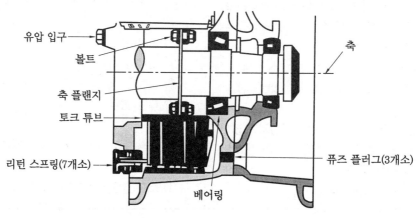

멀티 디스크 브레이크의 단면

③ 앤티 스키드 장치(anti-skid system) : 지상 활주 중 갑자기 브레이크를 밟으면 바퀴에 제동이 걸려 회전하지 않게 되면서 미끄러지는 스키드(skid) 현상이 발생한다. 이때 타이어가 부분적으로 닳아서 파열되거나 제동 효율이 떨어지게 되는데, 이러한 스키드 현상이 일어나지 않도록 하는 장치를 앤티 스키드 장치라고 한다.

④ 제동장치 점검

㉮ 드래깅(dragging) 현상 : 브레이크 장치 계통에 공기가 차 있거나, 작동기구의 결함에 의해 브레이크 페달을 밟은 후 제동력을 제거하더라도 원상태로 회복이 잘 안 되는 현상

㉯ 그래빙(grabbing) 현상 : 제동판이나 브레이크 라이닝에 기름이 묻거나 오염 물질이 부착되어 제동상태가 원활하지 않고 거칠어지는 현상

㉰ 페이딩(fading) 현상 : 브레이크 장치의 가열에 의해 브레이크 라이닝 등이 소손되어 미끄러지는 상태가 발생하여 제동 효과가 감소하는 현상

(6) 바퀴 및 타이어

① 바퀴(wheel) : 타이어를 지지해 주는 구조물로서 축과 연결되어 타이어와 함께 회전하는 것으로 바퀴의 형태는 스플릿형(split type)이 일반적이다.

㉮ 바퀴의 재질 : 알루미늄이나 마그네슘 합금

㉯ 퓨즈 플러그(fuse plug) : 브레이크의 과열 등으로 타이어 안의 공기 압력 및 온도가 과도하게 높아졌을 때 퓨즈 플러그가 녹아 공기의 압력이 빠져나가므로 타이어가 터지는 것을 방지한다.

② 타이어(tire) : 고무와 철사 및 인견포를 적층하여 제작하고, 일반적으로 튜브리스(tubeless) 타이어를 사용한다.

㉮ 타이어의 구성

- 트레드(tread) : 타이어 바깥 원주의 고무 복합체로 된 층으로 타이어의 마멸을 담당하며, 트레드의 홈은 타이어 마멸을 측정하고, 제동 효과를 높인다.
- 코어 보디(core body) : 나일론 섬유에 고무를 입힌 여러 개의 플라이(ply)가 서로 직각으로 겹쳐서 이루어진 부분으로 트레드와 접합되는 곳에 브레이커(breaker)를 부착하여 타이어 강도를 보강할 뿐만 아니라, 와이어 비드와 연결된 부분에 차퍼(chafer)를 부착하여 제동장치로부터 오는 열을 차단한다.
- 와이어 비드(wire bead) : 타이어의 골격으로 타이어의 강도를 유지하고 타이어를 바퀴에 단단히 고정시킬 수 있는 기능을 가진다.

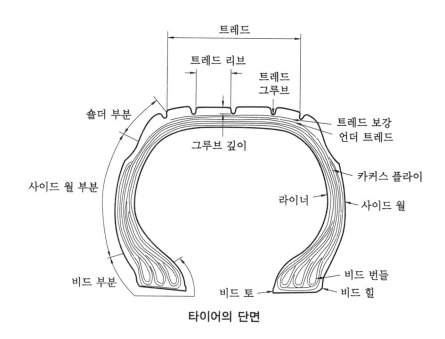

타이어의 단면

㉯ 타이어의 표시

- 저압 타이어 : 타이어의 너비(in)×타이어의 안지름(in) – 코어 보디 층수
- 고압 타이어 : 타이어의 바깥지름(in)×타이어의 너비(in) – 림(rim)의 지름(in)

㉰ 타이어의 공기압

- 공기압이 높으면 : 트레드의 가운데 부분이 극도로 마멸되어 미끄러지거나, 펑크가 나기 쉽다.
- 공기압이 낮으면 : 타이어의 굴곡 때문에 발열을 하거나, 코드가 벗겨져서 수명이 짧아지며, 트레드의 양끝이 마멸된다. 특히, 숄더 부분의 이상 마멸로 인해 타이어가 폭발할 가능성이 높다.

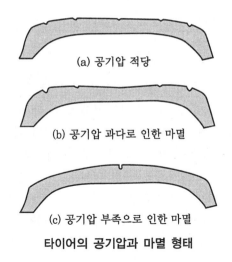

(a) 공기압 적당

(b) 공기압 과다로 인한 마멸

(c) 공기압 부족으로 인한 마멸

타이어의 공기압과 마멸 형태

예상문제

1. 대형 항공기에서 일반적으로 사용되는 브레이크 형식으로 가장 올바른 것은?
① 팽창 튜브 브레이크
② 싱글 디스크 브레이크
③ 멀티 디스크 브레이크
④ 세그먼트 로터 브레이크

2. 현대 대형 항공기에 주로 사용되는 여러 개의 로터와 스테이터로 조립된 브레이크 장치의 구조 형식은?
① 팽창 튜브식   ② 멀티 디스크식
③ 더블 디스크식   ④ 싱글 디스크식

3. 착륙 시 브레이크 효율을 높이기 위하여 미끄럼이 일어나는 현상을 방지시켜 주는 것은?
① 오토 브레이크
② 조향장치
③ 팽창 브레이크
④ 앤티 스키드 장치

4. 브레이크 장치 계통에서 브레이크 장치에 공기가 차 있거나 작동기구의 결함에 의해 제동

력을 제거한 후에도 원래의 상태로 회복이 잘 안 되는 현상은?
① 스키드(skid) 현상
② 그래빙(grabbing) 현상
③ 페이딩(fading) 현상
④ 드래깅(dragging) 현상

5. 브레이크에서 블리드 밸브(bleed valve)의 주된 역할은?
① 비상시 비상 브레이크 작동을 위해 사용된다.
② 계류 브레이크로 가는 유로를 차단하기 위해 사용된다.
③ 브레이크 유압 계통에 섞여 있는 공기를 빼낼 때 사용된다.
④ 브레이크 유압 계통의 과도한 압력을 제거할 때 사용된다.

> **해설** 블리드 밸브(bleed valve) : 열에 의해 작동유에 기포가 발생하거나 브레이크 계통의 부품을 교환할 경우 공기가 들어갔을 때 계통 내에 들어 있는 공기를 빼주는 역할을 한다.

6. 브레이크 장치 계통을 점검할 때 다음과 같은 비정상적인 상태가 발생하였다면 이 현상

정답 **1.** ③ **2.** ② **3.** ④ **4.** ④ **5.** ③ **6.** ②

은 무엇인가?

> 제동판이나 브레이크 라이닝에 기름이 묻거나 오염 물질이 접착되어 제동상태가 원활하지 못하고 거칠어진다.

① 드래깅(dragging) 현상
② 그래빙(grabbing) 현상
③ 페이딩(fading) 현상
④ 스키딩(skidding) 현상

7. 항공기의 바퀴에 장착되어 있는 퓨즈 플러그의 주된 역할은?

① 타이어 내의 압력을 항상 일정하게 유지시킨다.
② 제동장치의 효율을 극대화시킨다.
③ 과도한 압력에만 작동한다.
④ 부적절한 브레이크 사용으로 과열 시 타이어를 보호한다.

8. 항공기용으로 가장 흔한 저압 타이어에 다음과 같이 표시되어 있다면 옳은 설명은 어느 것인가?

> 7.00×6,4 ply

① 타이어 안지름이 7.00 in이다.
② 타이어 너비가 7.00 in이다.
③ 타이어 바깥지름이 6.00 in이다.
④ 타이어 너비가 6.00 in이다.

> 해설 7.00×6,4 ply : 타이어 너비가 7인치이고, 안지름이 6인치이며, 코어 보디의 층이 4겹으로 이루어졌다.

9. 타이어 표시가 다음과 같을 때 '8PLY'가 뜻하는 것은?

> 9,50×16 − 8PLY

① 타이어의 폭
② 타이어 지름

③ 고무와 철사 및 인견포의 층수
④ 수리 가능한 횟수

10. 항공용 타이어 구조에서 타이어의 마멸을 측정하고 제동 효과를 주는 곳은?

① tread의 홈　　② breaker
③ core body　　④ chafer 간격

11. 다음 중 양쪽의 주바퀴 아래쪽 폭이 위쪽 폭보다 좁은 상태를 일컫는 용어는?

① 토인(toe−in)
② 정(+)의 캠버(camber)
③ 토아웃(toe−out)
④ 부(−)의 캠버(camber)

> 해설 • 토인(toe−in) : 바퀴 앞쪽이 뒤쪽보다 약간 좁게 되어 있는 상태
> • 캠버 : 바퀴의 아래쪽이 위쪽보다 좁은 상태
> − 0의 캠버 : 캠버 측정기로 측정 시 0을 지시할 때
> − 정(+)의 캠버 : 위쪽이 아래쪽보다 넓을 때
> − 부(−)의 캠버 : 위쪽이 아래쪽보다 좁을 때

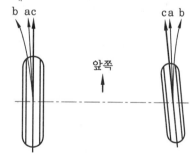

토인의 역할

캠버의 측정

12. 대부분의 항공기에 사용되며 안쪽과 바깥쪽의 휠로 분리되는 조립품으로 이루어지는 형태의 휠 명칭은?

① 플랜지 휠(flange wheel)

② 스플릿 휠(split wheel)

③ 드롭 센터 휠(drop center wheel)

④ 고정 플랜지 휠(fixed flange wheel)

13. 항공기 타이어의 숄더(shoulder) 부위에서 지나치게 마모가 나타나는 경우 주된 원인은 무엇인가?

① 부족한 공기압

② 택싱에서의 과속

③ 과도한 공기압

④ 과도한 음(−)의 캠버

14. 항공기가 지상 활주 시 타이어의 과도한 온도 상승을 방지할 수 있는 좋은 방법이 아닌 것은?

① 빠른 지상 활주

② 적절한 타이어의 압력

③ 최소한도의 제동

④ 짧은 거리의 지상 활주

정답 ● **12.** ② **13.** ① **14.** ①

1-8 ▶ 도어 및 윈도

(1) 여압실

높은 고도로 비행을 하는 항공기가 탑승한 승무원, 승객 및 그 밖의 생물의 안전을 위해 탑승 공간이 비행 중에도 지상과 같은 온도, 압력이 유지되도록 여압을 하는 공간으로 이중 거품형이 많이 사용된다. 여압실의 기밀을 유지하기 위해서는 밀폐제나 고무 실(seal)을 이용하여 여압실을 완전히 밀폐해 주어야 한다.

(2) 창문 및 출입문의 구조와 기밀

① 윈드실드 패널(windshield pannel) : 조종실 앞 창문으로 내·외측은 유리, 중간층은 비닐층이고 외측판과 비닐 사이에 금속산화 피막을 붙여서 전기를 통해 이때 발생하는 열로 방빙 및 서리 제거를 한다.

> 🔍 **참고** 윈드실드의 강도 기준
>
> • 외측판 : 최대 여압실 압력의 7~10배
> • 내측판 : 최대 여압실 압력의 3~4배
> • 충격강도 : 무게 1.8 kg의 새가 설계 순항속도로 비행하고 있는 비행기의 윈드실드에 충돌해도 파괴되지 않아야 한다.

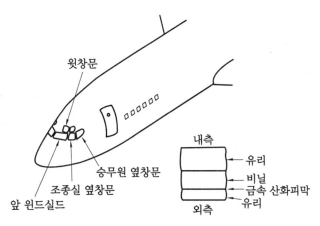

조종실 및 윈드실드 패널 단면

② 객실 창문 : 응력 집중을 줄이기 위해 여러 개의 원형 또는 둥근 모서리형 창문을 사용하며 바깥쪽 판 단독으로도 최대 여압에 견딜 수 있는 강도를 가져야 한다.

③ 출입문

　㉮ 플러그형 출입문 : 동체 안으로 여는 문으로 많이 사용되며, 기밀이 용이하다.

　㉯ 동체 밖으로 여는 문 : 팽창식 실(seal)로 기밀한다.

예상문제

1. 고(高)고도를 비행하는 항공기는 고도에 따른 기압차에 의한 압력에 견딜 수 있도록 설계하는데 이렇게 설계된 동체 내부를 무엇이라 하는가?

① 여압실　　　② 고 장력실
③ 내부 응력실　④ 트러스실

2. 동체 여압실의 압력 유지 방법으로 적절하지 못한 것은?

① 기체 내부와 외부 밀폐를 위한 스프링과 고무 실(seal)에 의한 방법
② 조종 로드의 통과 부분에 그리스와 와셔 등의 실(seal)을 사용한 기밀 유지 방법
③ 고무 콘을 사용하여 기체 내부와 외부를 밀폐시키는 방법
④ 외피 판과 부재와의 사이를 리벳으로 밀폐

시키는 방법

해설 외피 판을 접합시킬 때 부재와 부재 사이 및 리벳과 부재 사이에 발생할 수 있는 압력 누설을 방지하기 위해 밀폐제(sealant)를 사용한다.

3. 항공기 출입문 중 동체 외벽의 안으로 여는 형식은?

① 티형　　　② 팽창형
③ 밀폐형　　④ 플러그형

4. 조종실 앞쪽의 창문은 여압에 견딜 수 있으며, 외부 이물질이 충돌하더라도 손상되지 않는 구조와 강도를 가져야 하는데 이런 구조의 부재를 무엇이라 하는가?

① 샌드위치 패널　② 이중거품 패널
③ 콤파운드 패널　④ 윈드실드 패널

정답 ▶ **1.** ①　**2.** ④　**3.** ④　**4.** ④

CHAPTER 02 헬리콥터 기체 구조

2-1 헬리콥터 기체 구조의 개요

헬리콥터 기체 구조는 크게 동체(fuselage)와 테일 붐(tail boom)으로 나누어진다.

(1) 헬리콥터의 일반적인 구성

주회전날개, 동체, 착륙장치, 테일 붐, 꼬리 회전날개, 수직 핀, 수평 안정판 등으로 구성되어 있다.

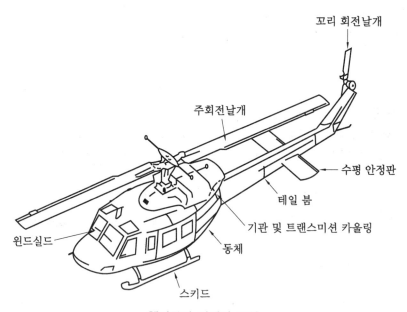

헬리콥터 기체의 구성

(2) 기체 구조의 구분

몸체 구조, 아래 구조, 객실 구조, 뒤 구조, 테일 붐, 안정판, 착륙장치 등으로 구분된다.

① 몸체 구조(body structure) : 동체의 중요 구조 부분으로, 양력, 추력뿐만 아니라 착륙하중도 담당하고, 기체가 받는 하중의 대부분을 감당하며, 다른 구조에 가해진 힘도 몸체 구조로 전달된다. 연료 탱크도 이 구조 내에 설치하여 안전하게 보호한다.

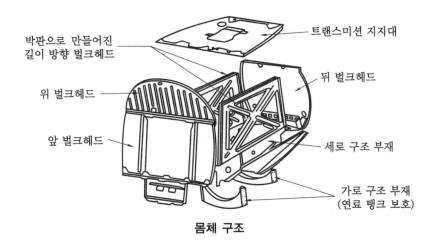

몸체 구조

② 아래 구조(bottom structure) : 몸체 구조의 앞부분에 위치하며, 몸체 구조에서 연장된 2개의 세로 구조 부재에 여러 개의 가로 구조 부재가 연결되어 승무원실과 바닥 패널을 지지해 준다.

③ 객실 구조(cabin structure) : 지붕, 윈드실드, 수직 구조 부재로 구성되며 합성수지로 만들어진다. 윈드실드는 투명한 고탄소 경화 수지로 만든다.

④ 뒤 구조(rear structure) : 동체의 뒤쪽에 위치하며, 구조 부재는 몸체 구조에 연결되어 있다. 방화벽을 설치하여 화물실로 이용하고, 기관이 뒤쪽에 있는 경우 지관 지지대 역할을 한다.

⑤ 테일 붐(tail boom) : 세미 모노코크형 또는 모노코크형 구조로 만들며, 동체의 뒷부분에 볼트로 연결된다.

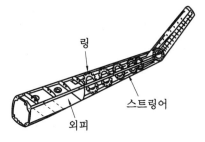

테일 붐의 구조

⑥ 안정판

㉮ 수평 안정판(horizontal stabilizer) : 테일 붐에 부착되며, 거꾸로 된 날개 형태로 전진 비행 시 공기력이 아래로 작용하여 기체가 수평을 유지하도록 한다.

㉯ 수직 핀(vertical fin) : 아래쪽 수직 핀(fin)은 대칭형, 위쪽 수직 핀(fin)은 비대칭형으로 되어 있으며, 전진 비행 중 발생하는 토크(torque)를 줄어들게 함으로써 꼬리 회전날개의 부하를 덜어 준다.

• 꼬리 회전날개 보호대 : 착륙 시 꼬리 회전날개가 손상되는 것을 방지한다.

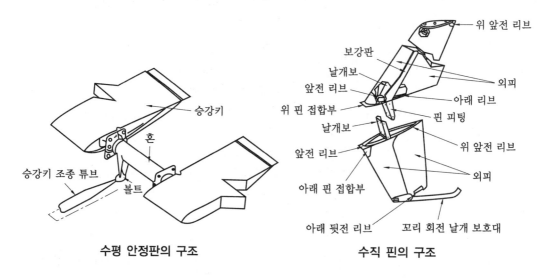

수평 안정판의 구조   수직 핀의 구조

⑦ 착륙장치 : 지상에서 기체를 지지해 주고, 회전날개가 회전 중일 때는 진동을 완화시켜 준다.

예상문제

1. 다음 중 일반적으로 헬리콥터를 구성하는 것이 아닌 것은?
① 테일 붐(tail boom)   ② 카울링(cowling)
③ 동체(fuselage)   ④ 파일론(pylon)

2. 복합소재와 신소재로 만들어진 헬리콥터 기체의 구성 부분 중 기체가 받는 하중의 대부분을 감당하는 부분은?
① 중심 구조(body structure)
② 하부 구조(bottom structure)
③ 객실 구조(cabin structure)
④ 후방 구조(rear structure)

3. 단일 회전날개 헬리콥터에서 연료탱크는 대부분 어느 곳에 위치하는가?
① 테일 붐(tail boom)
② 파일론(pylon)
③ 동체(fuselage)
④ 날개(wing)

4. 헬리콥터 조종실의 윈드실드의 재료로 가장 적합한 것은?
① 투명한 열경화성 수지
② 투명한 열가소성 수지
③ 투명한 고탄소 경화 수지
④ 투명한 강화 플라스틱

5. 헬리콥터의 테일 붐(tail boom)에 있는 구조로 회전날개에서 발생하는 토크를 상쇄시키는 데 기여하며 위쪽과 아래쪽의 대칭 구조를 갖고 있는 것은?
① 힌지(hinge)
② 수직 핀(vertical fin)
③ 스키드 기어(skid gear)

정답 ▶ **1.** ②   **2.** ①   **3.** ③   **4.** ③   **5.** ②

④ 회전날개 보호대(tail rotor guard)

6. 헬리콥터의 구조 중 수평 안정판과 꼬리 회전날개가 부착되는 부분은?

① 파일론(pylon)   ② 회전날개 헤드
③ 테일 붐(tail boom)   ④ 동체

7. 그림과 같은 헬리콥터의 구조에서 ㉠이 지시하는 곳의 명칭은?

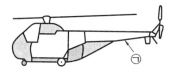

① 동체
② 테일 붐
③ 테일 스키드
④ 파일론

8. 헬리콥터 동체 뒤에 위치하면서 꼬리 회전날개 등이 부착될 수 있는 구조물은?

① 테일 붐(tail boom)
② 스키드(skid)
③ 랜딩 기어(landing gear)
④ 윈드실드(windshield)

9. 다음 중 테일 붐(tail boom)에 대한 설명으로 가장 옳은 것은?

① 주회전날개의 밑에 있다.
② 동체의 착륙장치에 연결되어 있다.
③ 동체의 후방 구조에 연결되어 있다.
④ 동체의 전방 구조에 연결되어 있다.

10. 헬리콥터의 테일 붐(tail boom)에 대한 설명 중 틀린 것은?

① 이 구조는 알루미늄 합금과 마그네슘 합금으로 만들어진다.
② 꼬리 회전날개의 구동축은 테일 붐 위쪽에

베어링으로 장착되어 덮개로 보호해 주고 있다.
③ 안정판은 수평 안정판과 수직 안정판으로 구성되며, 허니콤(honeycomb)으로 되어 있다.
④ 수평 안정판은 테일 붐 좌, 우측에 각각 따로 설치한다.

11. 헬리콥터가 전진비행을 할 때 수평 안정판이 하는 역할로 옳은 것은?

① 주회전날개의 수평을 유지시킨다.
② 꼬리 회전날개가 손상되는 것을 방지한다.
③ 수평 안정판의 공기력이 아래로 작용하여 수평을 유지시킨다.
④ 수평 안정판의 회전력으로 헬리콥터의 회전을 방지한다.

12. 헬리콥터가 전진비행을 할 때 동체의 수평을 유지하는 역할을 담당하는 것은?

① 스키드(skid)
② 수직 핀(vertical fin)
③ 수평 안정판(horizontal fin)
④ 테일 붐(tail boom)

13. 헬리콥터에서 수직 핀(vertical fin)에 대한 설명으로 틀린 것은?

① 수직 핀(vertical fin)은 전진비행 시 수평을 유지시킨다.
② 테일 붐(tail boom) 위쪽에 있는 핀은 회전날개에서 발생하는 토크를 상쇄시키는 데 기여한다.
③ 테일 붐(tail boom) 위쪽에 있는 핀은 아래쪽의 수직 핀과 날개골의 형태가 비대칭 구조로 되어 있다.
④ 착륙 시 꼬리 회전날개가 손상되는 것을 방지하기 위해 수직 핀 아래쪽에 꼬리 회전날개 보호대가 설치되어 있다.

(2) 헬리콥터에 작용하는 힘

비행 시 기체에는 양력, 무게, 추력, 항력의 힘이 작용한다.

① 비행상태에 따라 기체에 작용하는 힘

(개) 호버링(hovering) : 양력과 무게가 평형을 이루면서 제자리 비행을 하는 상태이다. 이때 양력과 추력은 같다.

(내) 수직 상승 : 위쪽으로 작용하는 추력이 아래쪽으로 작용하는 항력, 무게의 합보다 크면 수직 상승을 한다.

(대) 수직 하강 : 위쪽으로 작용하는 양력과 항력의 합이 아래쪽으로 작용하는 무게보다 작으면 수직 하강을 한다.

(라) 전진, 후진 비행 : 회전날개의 회전면이 앞으로 기울어진 상태에서 추력이 비행방향과 반대 방향인 항력보다 크고, 양력과 무게가 평형을 이루게 되면 수평 전진 비행을 한다. 후진 비행은 전진 비행할 때와 반대가 된다.

(매) 좌, 우측 비행 : 회전날개 회전면이 왼쪽으로 기울어지면 추력이 항력보다 크고, 양력과 무게가 평형을 이루면 수평 좌측 비행을 한다. 우측 비행은 좌측 비행할 때와 반대가 된다.

헬리콥터에 작용하는 힘

② 꼬리 회전날개와 토크

　⑦ 꼬리 회전날개 : 동체에 발생된 토크와 반대방향으로 추력을 발생시키며, 조종석에 있는 방향 페달로 꼬리 회전날개의 피치각을 변화시켜 꼬리 회전날개의 공기력을 가감한다.

　㉯ 꼬리 회전날개의 부하를 줄이는 방법 : 비대칭형 날개골 형태의 수직 핀, 덕트형 꼬리 회전날개를 장착한다.

　㉰ 테일로터리스(tail rotorless : 노타(NOTAR)) : 테일 붐 끝에 반동 추진장치를 통해 공기를 배출시킴으로써 토크를 조절한다.

　　• 조종이 용이하여 조종사의 작업 부담이 줄어든다.

　　• 꼬리 회전날개가 부딪칠 위험 요소가 줄어들어 기동성이 향상된다.

　　• 꼬리 회전날개 및 구동축, 기어박스가 필요하지 않아 무게를 감소시킬 수 있고, 정비나 유지가 쉽다.

예상문제

1. 다음 중 헬리콥터의 기체에 작용하는 하중이 아닌 것은?

① 장력
② 중력
③ 추력
④ 항력

2. 헬리콥터의 양력과 항력의 합이 헬리콥터의 무게보다 작은 경우의 비행을 무슨 비행이라고 하는가?

① 전진 비행
② 후진 비행
③ 수직 하강
④ 호버링

3. 헬리콥터의 꼬리 회전날개에 관한 설명으로 옳은 것은?

① 플래핑이 불가능하다.
② 리드래그 운동이 가능하다.
③ 피치각의 변화가 가능하다.
④ 오토 로테이션(auto rotation) 상태에서는 피치각을 변화시킬 수 없다.

4. 다른 종류의 헬리콥터와 비교하여 노타 (NOTAR) 헬리콥터의 장점이 아닌 것은 어느

것인가?

① 정비나 유지가 쉽다.
② 무게를 감소시킬 수 있다.
③ 조종이 용이하고, 소음이 적다.
④ 외부와 주회전날개의 충돌 가능성이 없다.

5. 헬리콥터의 회전날개는 동체 토크를 발생시키는데 이것을 상쇄시키기 위한 장치는 어느 것인가?

① 안정판
② 파일론
③ 꼬리 회전날개
④ 테일 붐

6. 헬리콥터의 동체에 발생한 회전력을 공기압력을 이용하여 상쇄 또는 조절하기 위한 테일 붐 끝의 반동 추진장치를 무엇이라 하는가?

① 노타(NOTAR)
② 호버링(hovering)
③ 평형(balance type)
④ 역추력(reverse thrust)

정답 ▶ **1.** ① **2.** ③ **3.** ③ **4.** ④ **5.** ③ **6.** ①

2-2 ▶ 동체와 착륙장치

(1) 헬리콥터 동체 구조의 형식

① 트러스형 구조 : 강관을 삼각 형태로 용접하여 만든 구조물로, 길이 방향의 세로대와 가로
대로 구성된다. 초기 헬리콥터에 많이 만들어졌으며, 비교적 높은 강도를 가지고 있고, 정
비가 용이하나 유효 공간이 작고, 정밀한 제작이 어렵다.

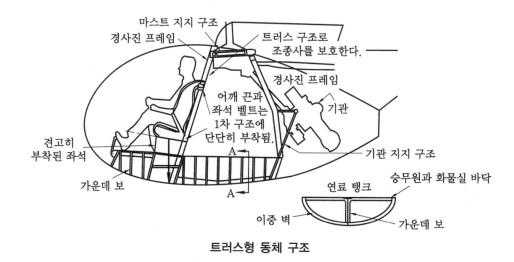

트러스형 동체 구조

② 세미 모노코크형 구조 : 수직 구조 부재와 세로 방향의 수평 구조 부재로 만들어져 동체의
모양과 강도를 유지해 주며, 그 위에 외피를 부착한 것이다. 모노코크형 구조보다 무게가
가볍고 강도가 크며 견고하기 때문에 많이 이용된다.

③ 모노코크형 구조 : 링과 정형재, 벌크헤드에 의해 동체의 형태를 유지하고, 그 위에 응력
외피를 부착한 것으로 외피가 대부분 하중을 담당하며, 두께가 두꺼워 무게가 무겁다. 유
효공간이 크고, 동체 구조 전체보다는 조종실, 객실, 테일 붐과 같은 기체의 일부 구조에
주로 사용된다.

(2) 착륙장치의 종류 및 구조

① 스키드 기어형(skid gear type) : 구조가 간단하고 정비가 용이하며, 소형 헬리콥터에 주로
사용된다. 단점으로 지상운전과 취급이 불편하다.

- 구성 : 앞 가로대, 뒤 가로대, 스키드, 스키드 슈, 바퀴

㉮ 가로 버팀대 : 항력을 줄이 위해 유선형으로 된 페어링(fairing)으로 덮여 있다.

㉯ 스키드 슈(skid shoe) : 스키드 아래 부분에 볼트와 와셔로 고정되며, 스키드의 부식
과 손상을 방지한다.

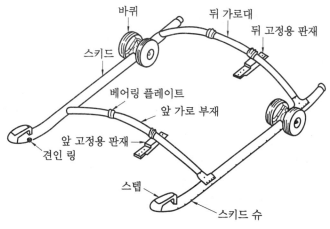

스키드 기어형 착륙장치

② 바퀴 기어형(wheel gear type) : 자신의 동력으로 지상 활주가 가능하며, 지상에서 취급이 어려운 대형 헬리콥터에 주로 사용된다. 공기 저항을 줄이기 위해 접개들이식 착륙장치를 사용하는 경우도 있다.

• 구성 : 완충 버팀대, 바퀴, 타이어

(3) 헬리콥터의 부착장비

① 높은 스키드 기어 : 동체 높이를 높여 꼬리 회전날개가 지상에 부딪칠 가능성을 줄여 줌으로써, 아무곳에서 쉽게 착륙이 가능하다.

② 플로트(float) : 물 위에 이·착륙할 수 있도록 한다.

③ 구조용 호이스트 : 군용, 경찰용, 소방용 헬리콥터에 이용된다.

④ 카고 훅(cargo hook) : 무거운 물건을 들어 올리거나 이동시킬 때 이용된다.

예상문제

1. 다음 중 헬리콥터의 동체 구조 형식이 아닌 것은?

① 트러스형 구조
② 모노코크형 구조
③ 테일콘형 구조
④ 세미 모노코크형 구조

2. 헬리콥터의 동체 구조 형식 중 트러스형 구조에 대한 설명으로 틀린 것은?

① 모노코크 동체 구조 형식에 비해 정비가 쉽다.

② 중량에 비해 비교적 높은 강도를 가지고 있다.

③ 일반적으로 강관을 삼각 형태로 용접하여 만든다.

④ 세미 모노코크 동체 구조 형식에 비해 유효공간이 크다.

해설 트러스형 구조 : 비교적 높은 강도를 가지며, 정비가 용이하나 유효 공간이 작고, 정밀한 제작이 어렵다.

정답 ◦── **1.** ③ **2.** ④

3. 트러스형 구조를 가진 헬리콥터의 가장 큰 장점은?

① 정비가 용이하다.
② 유효 공간이 크다.
③ 정밀하게 제작할 수 있다.
④ 공기 저항을 줄일 수 있다.

4. 초기의 헬리콥터 형식으로 많이 만들어졌으며 비교적 높은 강도를 가지고 있고 정비가 용이하나 유효 공간이 작고 정밀한 제작이 어려운 구조 형식은?

① 박스형
② 트러스형
③ 세미 모노코크형
④ 모노코크형

5. 헬리콥터의 세미 모노코크형 동체에서 수평 구조 부재는?

① 벌크헤드(bulkhead)
② 세로대(longeron)
③ 정형재(former)
④ 링(ring)

6. 수직 구조 부재와 수평 구조 부재로 이루어진 구조에 외피를 부착한 구조를 이루며 대부분의 헬리콥터 동체 구조로 사용되는 구조 형식은?

① 일체형
② 트러스형
③ 모노코크형
④ 세미 모노코크형

7. 헬리콥터 동체의 구조 형식 중에서 링, 정형재, 벌크헤드의 수직 구조 부재와 세로대의 수평 구조 부재로 만들어지며, 이 위에다 외피를 씌운 형태의 구조는?

① 트러스 구조

② 세미 모노코크형 구조
③ 모노코크형 구조
④ 박스형 구조

8. 헬리콥터의 동체 구조 중 모노코크형 기체 구조의 특징으로 옳은 것은?

① 세미 모노코크형 구조보다 외피가 얇다.
② 세미 모노코크형 구조보다 무게가 가볍다.
③ 트러스형 구조보다 유효 공간이 크다.
④ 트러스형 구조보다 공기 저항이 크다.

9. 헬리콥터의 스키드 기어형(skid gear type)에 대한 설명으로 틀린 것은?

① 정비가 쉽다.
② 구조가 간단하다.
③ 지상 활주에 사용된다.
④ 소형 헬리콥터에 주로 사용된다.

10. 헬리콥터의 착륙장치 중 휠 기어형에 비해 스키드 기어(skid gear)형의 특징으로 가장 거리가 먼 것은?

① 구조가 간단하다.
② 정비가 용이하다.
③ 지상운전과 취급에 불리하다.
④ 대형 헬리콥터에 주로 사용된다.

> **해설** 스키드 기어형 착륙장치 : 구조가 간단하고 정비가 용이하여 소형 헬리콥터에 주로 사용된다.

11. 헬리콥터의 스키드 기어형 착륙장치의 구성품에 속하지 않는 것은?

① 스키드 슈(skid shoe)
② 완충 버팀대(shock strut)
③ 후방 가로버팀대(rear cross tube)
④ 전방 가로버팀대(forward cross tube)

12. 헬리콥터의 착륙장치에 대한 설명으로 틀

린 것은?

① 휠형 착륙장치는 자신의 동력으로 지상 활주가 가능하다.

② 스키드형의 착륙장치는 자신의 동력으로 지상 활주가 가능하다.

③ 스키드형은 접개들이식 장치를 갖고 있어 이·착륙이 용이하다.

④ 휠형 착륙장치는 지상에서 취급이 어려운 대형 헬리콥터에 주로 사용된다.

13. 헬리콥터의 스키드 기어형 착륙장치에서 스키드 슈(skid shoe)의 사용 목적을 가장 올바르게 표현한 것은?

① 휠을 스키드에 장착할 수 있게 하기 위해

② 회전날개의 진동을 줄이기 위해

③ 스키드가 지상에 정확히 닿게 하기 위해

④ 스키드의 부식과 손상의 방지를 위해

14. 다음 중 ( ) 안에 알맞은 용어는?

스키드 형태의 착륙장치는 지상에서 회전날개가 회전할 때 생기는 현상을 방지하기 위해 진동을 감소시킬 수 있는 ( ) 구조로 되어 있다.

① 공중공명   ② 지상공명

③ 대기공명   ④ 상층공명

해설 지상공명(ground resonance) : 헬리콥터의 주 로터가 회전할 때 로터 전체의 중심 이동을 수반하는 블레이드의 래그 힌지(lag hinge) 주위의 진동과 착륙장치의 탄성 원인이 되는 기계의 진동이 공진하여 어떤 로터 (rotor) 회전수 범위에서 급속히 진동이 증폭하는 현상

15. 다음 중 헬리콥터가 물 위에서 이·착륙할 때에 사용되는 장치는?

① 스키(ski)

② 플로트(float)

③ 휠(wheel)

④ 호이스트(hoist)

정답 ●─● **13.** ④   **14.** ②   **15.** ②

2-3   **주회전날개 및 꼬리 회전날개**

■ 주회전날개에 작용하는 힘과 운동

(1) 주회전날개에 작용하는 힘

① 처짐(droop) : 정지 상태에 있을 때 회전날개의 무게와 길이로 인해 깃이 아래로 쳐지는 현상

② 코닝(coning) : 양력과 원심력의 합력에 의해 깃이 위로 쳐든 형태로 코닝의 크기는 양력과 회전수에 의해 결정된다.

③ 회전면(rotor disk) : 회전날개가 회전할 때 회전날개의 깃 끝이 원형을 그리는 면

④ 궤도(track) : 비행 중 회전날개 깃이 회전할 때 각각의 회전날개 깃의 궤적 간 거리

⑤ 이탈 궤도(out of track) : 제 위치를 벗어난 회전날개 깃의 운동

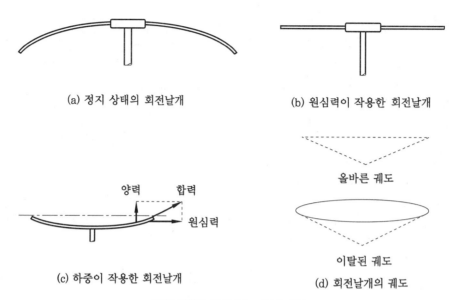

(a) 정지 상태의 회전날개

(b) 원심력이 작용한 회전날개

올바른 궤도

이탈된 궤도

(c) 하중이 작용한 회전날개

(d) 회전날개의 궤도

회전날개에 작용하는 힘과 궤도

(2) 주회전날개의 양력 불균형과 플래핑 힌지

전진하는 날개 깃에서 발생하는 양력이 후진하는 날개 깃에서 발생하는 양력보다 크기 때문에 생기는 양력의 불균형이 발생한다.

① 플래핑 운동 : 회전날개 깃이 플래핑 힌지 축을 중심으로 위, 아래로 자유롭게 움직이는 운동

② 플래핑 힌지(flapping hinge), 시소 회전날개 : 회전날개의 양력 불균형을 해소한다.

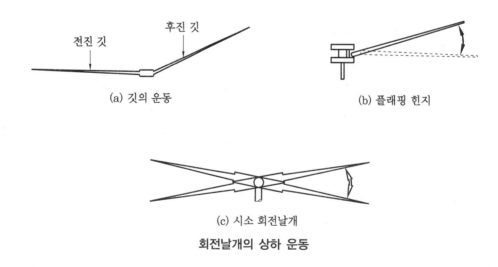

(a) 깃의 운동

(b) 플래핑 힌지

(c) 시소 회전날개

회전날개의 상하 운동

(3) 코리올리 효과와 항력 힌지

① 코리올리 효과(coriolis effect) : 전진 깃은 양력의 증가로 위로 올라가서 앞서게 되고, 후진 깃은 축에서 멀어져 속도가 떨어져서 뒤로 처지는 현상

② 항력 힌지(drag hinge) : 코리올리 효과에 의한 회전날개의 기하학적 불균형 해소

③ 리드 래그(lead-lag) 운동 : 회전날개의 깃이 앞서도 뒤로 처지는 현상에서 오는 운동

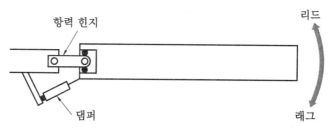

리드 래그 운동

(4) 회전날개의 피치 변화와 깃의 단면

깃의 길이에 따라 일정한 양력이 발생할 수 있도록 깃의 뿌리에서는 가장 크고, 깃 끝으로 갈수록 작아지도록 비틀림을 주게 된다.

• 페더링 힌지 : 깃의 피치 변화를 주어 깃의 길이에 따라 양력이 일정하게 생기도록 한다.

예상문제

1. 헬리콥터 주회전날개의 피치각이 주어진 상태에서 회전 시 발생하는 코닝(coning)의 크기를 결정하는 요소는?
① 날개의 총무게
② 날개의 수와 넓이
③ 헬리콥터의 항력
④ 날개의 양력과 회전수

2. 헬리콥터 비행 중에 회전날개의 깃이 회전할 때 각각의 깃의 궤적 간 거리를 무엇이라 하는가?
① 플래핑(flapping) ② 궤도(track)
③ 회전면(disk) ④ 피치(pitch)

3. 헬리콥터의 주회전날개 깃의 피치각이 같을 때 양력의 불균형으로 인해 회전날개가 위, 아래로 움직이게 되는데, 이것을 무엇이라 하는가?
① 플래핑 운동 ② 코리올리 효과

③ 리드-래그 운동 ④ 페더링 효과

4. 코리올리 효과에 의한 회전날개의 기하학적 불균형을 해소하기 위해 깃과 허브의 연결부분에 장착된 힌지는?
① 항력 힌지 ② 양력 힌지
③ 로터 힌지 ④ 플래핑 힌지

5. 헬리콥터에서 회전날개의 깃이 전후로 움직이는 현상은?
① 플래핑 ② 리드 래그 운동
③ 호버링 ④ 오토 로테이션

6. 다음 중 헬리콥터 회전날개 깃의 피치를 변화시키는 것과 가장 관계 깊은 것은?
① 페더링 힌지(feathering hinge)
② 댐퍼(damper)
③ 플래핑 힌지(flapping hinge)
④ 항력 힌지(drag hinge)

정답 → **1.** ④ **2.** ② **3.** ① **4.** ① **5.** ② **6.** ①

7. 전진하는 주회전날개에 있어서 전진 및 후진 깃의 양력차를 보정하기 위한 방법으로 가장 올바른 것은?
① 페더링 힌지에 의해 조종
② 플래핑 힌지에 의해 조종
③ 주회전날개의 전진 힌지에 의해 조종
④ 항력 힌지에 의해 조종

8. 다음 중 헬리콥터 회전날개 깃의 피치를 변화시키는 것과 가장 관계 깊은 것은 어느 것인가?
① 페더링 힌지
② 댐퍼
③ 조종력 힌지
④ 항력 힌지

정답 ● **7.** ①   **8.** ①

② 주회전날개의 형식과 구조

주회전날개는 깃과 허브(hub)로 구성되어 있다.

(1) 관절형 회전날개

깃이 3개의 힌지(플래핑 힌지, 페더링 힌지, 항력 힌지)에 의해 허브에 연결되는 형식이다.

플래핑 힌지 주위로 플래핑 운동을 하며, 페더링 힌지에 의해 깃의 피치각이 변화하고, 깃은 항력 힌지에 의해 리드 래그 운동을 한다.

• 댐퍼 : 리드 래그 운동이 제한될 수 있도록 감쇠시키는 장치

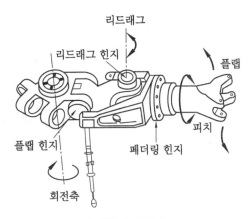

관절형 회전날개

(2) 반고정형 회전날개

시소형 날개처럼 허브에 플래핑 힌지와 페더링 힌지는 가지고 있으나 항력 힌지가 없는 형식으로 두 개의 회전날개를 가진 형식은 대부분 이 형식을 사용한다.

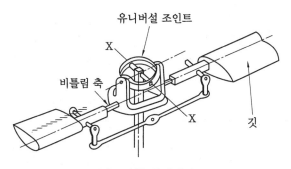

반고정형 회전날개

(3) 고정형 회전날개 : 페더링 힌지만 있는 형식

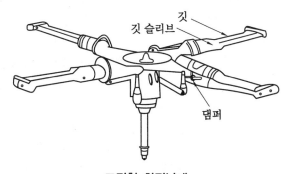

고정형 회전날개

(4) 베어링리스 회전날개

　회전날개의 모든 운동을 깃의 탄성변형에 의해 가능하게 하고, 힌지가 없으므로 무게가 가볍고 구조가 간단하며, 안정성, 정비성이 좋고, 공기 저항이 작다.

예상문제

1. 헬리콥터의 주회전날개 헤드를 구성하고 있는 부품들로 가장 옳은 것은?
　① 경사판, 주기피치 조종로드
　② 경사판, 허브
　③ 허브, 동시피치 조종로드
　④ 주기피치 조종로드, 동시피치 조종로드

2. 헬리콥터의 회전날개 중 플래핑 힌지, 페더링 힌지, 항력 힌지를 모두 갖춘 회전날개의

형식은?
　① 반고정형 회전날개
　② 고정식 회전날개
　③ 베어링리스 회전날개
　④ 관절형 회전날개

3. 반고정형 회전날개를 가진 헬리콥터와 관계 없는 것은?
　① 부분 관절형 회전날개이다.

② 허브에 항력 힌지를 갖고 있다.
③ 시소형 회전날개가 여기에 속한다.
④ 대부분 2개의 깃을 가진 회전날개에서 사용한다.

4. 헬리콥터의 고정형 회전날개에 대한 설명으로 틀린 것은?
① 페더링 힌지만 있는 형식이다.
② 관절형 회전날개에 비해 허브의 구조가 간단하다.
③ 양력의 불균형 문제로 인해 오토자이로나 초기의 헬리콥터에만 사용되었다.
④ 최근 제작되는 대부분의 헬리콥터에서 사용되는 회전날개 형식이다.

해설 고정형 회전날개 : 페더링 힌지만 있는 형식으로 회전날개에서 발생하는 양력의 불균형 문제를 해결하지 못함으로써 오토자이로나 초기의 헬리콥터에서 사용되었으나 실용적인 것은 아니었다.

5. 헬리콥터 회전날개 중 허브에 힌지가 없으므로 무게가 가볍고 구조가 간단하며 안전성, 정비성 및 공기저항이 작아지는 등 여러 이점을 지니고 있는 회전날개는?
① 관절형 회전날개

② 반고정형 회전날개
③ 고정형 회전날개
④ 베어링리스 회전날개

6. 헬리콥터에서 주회전날개에 대한 설명으로 틀린 것은?
① 양력과 추력을 발생시키는 장치이다.
② 완전관절형, 반관절형, 고정형으로 구분할 수 있다.
③ 2개 이상의 회전날개 깃과 회전날개 허브로 구성된다.
④ 헬리콥터 동체를 회전시키는 방향 조종 기능을 한다.

7. 헬리콥터의 로터 헤드에서 발생하는 추력하중(thrust load)에 적합한 베어링의 형식은 어느 것인가?
① 볼 베어링(ball bearing)
② 평면 베어링(plain bearing)
③ 롤러 베어링(roller bearing)
④ 직선 롤러 베어링(straight roller bearing)

해설 볼 베어링(ball bearing) : 마찰이 적어 성형 기관, 가스터빈 기관의 추력 베어링으로 사용된다.

정답　**4.** ④　**5.** ④　**6.** ④　**7.** ①

3 주회전날개 깃

(1) 목재 깃

자작나무, 전나무, 소나무, 발사 등을 여러 층으로 접합시켜 만든 깃으로 강도, 습기에 약하나 제작비가 싸고, 정비가 용이하다.
① 금속 코어 : 깃의 무게 중심을 맞추어 주는 질량 밸런스(mass balance) 역할을 한다.
② 캡 : 스테인리스강으로 날개 앞전의 마멸을 방지한다.
③ 탭 : 깃의 궤도를 맞추는 데 사용한다.
④ 팁 포켓 : 깃의 길이 방향의 평형을 맞추는 데 사용한다.

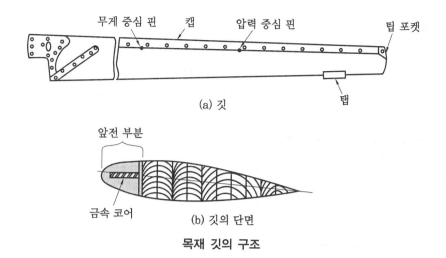

(a) 깃

(b) 깃의 단면

목재 깃의 구조

(2) 금속 깃

알루미늄 합금, 합금강, 스테인리스강, 티탄 합금으로 제작하며 동일한 성질의 제품을 만들 수 있다.

① 날개보와 외피 : 날개보는 사각 구조이며 외피는 날개보와 뒷전 스트립에 접착되어 있어 깃의 형태를 유지해 준다.

② 스테인리스강 스트립 : 깃 앞전에 부착되며 모래나 먼지 등에 의한 마멸을 방지한다.

③ 그립 플레이트(grip plate)와 더블러(doublers) : 깃의 뿌리에 부착되어 있고, 깃이 받은 하중을 허브에 전달한다.

④ 트림 탭 : 깃 뒷전에 부착되며 궤도를 맞추는 데 사용한다.

⑤ 팁 포켓 : 깃의 길이 방향의 평형을 맞추는 데 사용되며 무게를 첨가할 수 있다.

⑥ 집적검사장치(integral inspection system) : 깃의 결함 여부 검사

   ㈎ 깃의 상태 양호 : 적색등 깜박

   ㈏ 깃의 결함 : 적색등이 계속 켜져 있다.

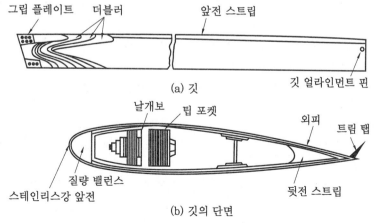

(a) 깃

(b) 깃의 단면

초기 금속 깃의 구조

(3) 복합재료 깃

유리 섬유나 케블라로 외피를 만들고, 티탄을 앞전 재료로 사용하며, 깃의 내부는 허니콤 구조로 만든다.

• 유리 섬유 특징 : 수명이 길고, 부식이 없으며, 노치 손상에 잘 견딘다.

◢ 주회전날개의 진동 및 평형

시위 방향과 길이 방향의 평형이 맞지 않을 경우와 주회전날개 머리 부분의 조립 상태가 불량할 때 진동이 심하게 나타난다.

(1) 진동

기관, 회전날개, 트랜스미션, 그 밖의 작동 부품에서 발생한다.

① 저주파수 진동 : 주회전날개 1회전당 한 번 일어나는 진동으로 1 : 1 진동이라 하며, 깃의 개수에 따라 기체에 전달되는 진동의 빈도수도 달라진다. 종진동은 궤도가 맞지 않았을 때 발생하고, 횡진동은 깃의 평형이 맞지 않았을 때 발생한다.

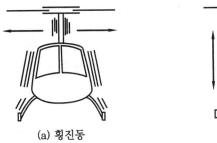

(a) 횡진동   (b) 종진동

헬리콥터의 진동

② 중간 주파수 진동 : 주회전날개 1회전당 4~6번 진동이 일어나는 것으로 주로 주회전날개에 의해 발생하며, 식별이 어렵다. 착륙장치, 냉각 팬 등과 같은 부품의 고정 부분이 이완되었을 때도 발생한다.

③ 고주파수 진동 : 꼬리 회전날개의 회전속도가 빠를 때 발생하며, 고주파 진동은 소음과 같은 것으로 방향 폐달을 통해 느낄 수 있다. 이 진동이 발생하면 꼬리 회전날개의 궤도나 평형을 점검하고 구동축의 굽힘이나 정렬 상태 등을 검사한다.

(2) 주회전날개의 정적 평형

정적 평형 작업은 떼어낸 회전날개를 정지 상태에서 시위 방향과 길이 방향으로 평형을 맞추는 작업이다.

① 시위 방향의 평형이 길이 방향의 평형에 영향을 주기 때문에 시위 방향의 평형을 먼저 실시한다.

② 유니버설 평형 장비 : 주회전날개, 꼬리 회전날개, 프로펠러, 기타 회전하는 구성품 등의

평형을 맞추는 데 사용한다.

(3) 주회전날개의 동적 평형

동적 평형 작업은 회전날개를 구동축에 연결하여 회전 중에 발생하는 진동을 줄이는 작업으로 정적 평형 작업 후에 실시한다.

① 길이 방향 동적 평형

㉮ 시행착오법 : 깃의 끝 부분에 약 5 cm 너비의 테이프를 감은 다음, 깃의 회전을 통해 평형을 맞추는 방법

㉯ 전자식 평형 장비에 의한 방법 : 검사 막대 등과 같은 오차를 줄이고 복잡한 절차를 간소화시켜 주며 정확한 궤도 점검 및 평형 작업을 할 수 있는 장비를 사용한다.

② 시위 방향 동적 평형 : 깃의 스위핑(blade sweeping)에 의해 이루어지며 반고정형 회전날개에 실시한다.

③ 댐퍼가 장착된 회전날개의 평형 : 관절형 회전날개처럼 깃이 3개의 힌지에 연결되어 항력 지지대의 조정이나 깃의 정렬 작업이 없다. 따라서 댐퍼를 정비하거나 교환해 주어야 한다.

예상문제

1. 회전날개 깃의 재료가 아닌 것은?

① 목재　　　　② 금속
③ 복합재료　　④ 석면

2. 헬리콥터의 목재로 된 회전날개에서 금속 코어를 넣는 가장 큰 이유는?

① 깃의 부식을 방지하기 위해
② 깃의 강도를 증가시켜 주기 위해
③ 깃의 궤도를 맞추는 기준점으로 삼기 위해
④ 무게 중심을 맞추는 질량 밸런스 역할을 하기 위해

해설 목재 깃 : 자작나무, 전나무, 소나무, 발사 등을 여러 층으로 접합시켜 만들며, 앞전은 얇은 나무판의 층으로 만들고, 중심에는 금속 코어(core)를 넣어 깃의 무게 중심을 맞추어 주는 질량 밸런스(mass balance) 역할을 한다.

3. 헬리콥터의 목재로 된 회전날개 깃에서 탭의 역할은?

① 질량 밸런스의 역할

② 압력 중심의 위치 표시
③ 깃의 궤도를 맞추는 데 사용
④ 길이 방향의 평형을 맞추는 데 사용

4. 금속으로 된 헬리콥터의 회전날개 깃에서 깃의 뿌리에 부착되어 있어 깃이 받는 하중을 허브에 전달하는 역할을 하는 것은?

① 그립 플레이트
② 팁 포켓
③ 깃 얼라인먼트 판
④ 트림탭

5. 헬리콥터의 저주파수 진동에 대한 설명으로 틀린 것은?

① 1 : 1 진동이라 한다.
② 주로 꼬리 회전날개의 회전속도가 빠를 때 발생한다.
③ 가장 보편적인 진동으로 쉽게 느낄 수 있다.
④ 주회전날개 1회전당 한 번 일어나는 진동이다.

정답 1. ④　2. ④　3. ③　4. ①　5. ②

해설 저주파수 진동 : 주회전날개 1회전당 한 번 일어나는 진동으로 1 : 1 진동이라 하며, 이는 가장 보편적인 것으로 쉽게 느낄 수 있고, 깃의 개수에 따라 기체에 전달되는 진동의 빈도수도 달라진다.

6. 다음 중 헬리콥터에 발생하는 종진동과 가장 관계 깊은 것은?

① 깃의 궤도   ② 회전면
③ 깃의 평형   ④ 리드 래그

해설 헬리콥터의 종진동은 궤도에 관계가 있고, 횡진동은 깃의 평형이 맞지 않을 때 발생한다.

7. 헬리콥터의 동력 구동축에 고장이 생기면 고주파수의 진동이 발생하게 되는데 이 원인으로서 적당하지 않은 것은?

① 평형 스트립의 결함
② 구동축의 불량한 평형 상태
③ 구동축의 장착 상태의 불량
④ 구동축 및 구동축 커플링의 손상

8. 다음 헬리콥터 주회전날개의 평형 작업에 대한 설명 중 틀린 것은?

① 진동은 회전날개와 기체 구조에 커다란 영향을 끼치므로 회전날개는 평형을 맞추어야 한다.
② 주회전날개의 진동은 시위 방향과 길이 방향의 평형이 맞지 않을 경우 나타난다.
③ 떼어낸 상태에서 회전날개의 평형을 맞추는 것을 정적 평형 작업이라 한다.
④ 동적 평형 작업이 끝난 후에 정적 평형 작업을 실시한다.

정답 **6.** ① **7.** ① **8.** ④

5 회전날개의 궤도 점검

(1) 회전날개의 궤도 점검

주회전날개가 회전할 때 각각의 깃이 그리는 회전 궤도가 서로 일치하는지를 검사하는 것으로 궤도 점검은 깃, 머리, 머리의 피치조종부품을 교환한 다음에 반드시 실시해야 한다.

(2) 궤도 점검 방법

① 검사 막대에 의한 방법(stick method) : 지상에서만 사용 가능하다.

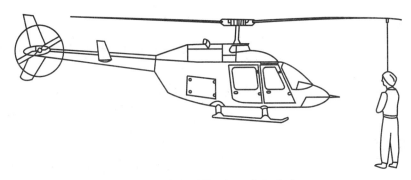

검사 막대에 의한 궤도 점검 방법

② 궤도 점검용 깃발에 의한 방법(flag method) : 지상에서만 사용 가능하다.

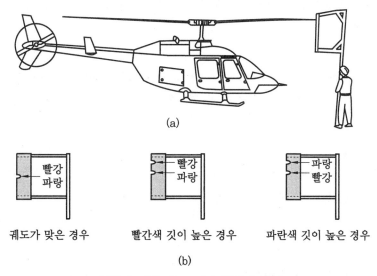

(a)

빨강 파랑	빨강 파랑	파랑 빨강
궤도가 맞은 경우	빨간색 깃이 높은 경우	파란색 깃이 높은 경우

(b)

깃발에 의한 궤도 점검 방법과 판정

③ 광선 반사에 의한 방법(light reflector method) : 지상, 공중에서 모두 궤도 점검을 할 수 있다.

④ 스트로보스코프를 이용하는 방법(strobo method) : 지상, 비행 중에 궤도 점검을 할 수 있다. 깃 끝에 반사판을 붙인 다음 스트로보스코프를 통해 궤도 깃의 이탈 여부를 판정한다.

6 꼬리 회전날개 계통과 구조

기관의 동력은 트랜스미션에 전달되며, 이곳에 전달된 동력은 2쌍의 베벨 기어를 통해 주회전날개에 전달되고, 꼬리 회전날개 구동축에 전달된다.

꼬리 회전날개 계통은 구동축, 기어 박스, 조종장치, 꼬리 회전날개로 구성된다.

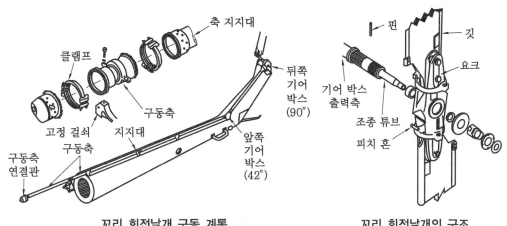

꼬리 회전날개 구동 계통   꼬리 회전날개의 구조

(1) 구동축

알루미늄 합금으로 만들어지며, 커플링이 장착된 구동축 끝 부분은 클램프에 의해서 다른 구동축에 연결된다.

(2) 기어 박스

2개의 기어 박스가 있으며, 앞쪽 기어 박스는 구동축 방향을 42° 변경시킬 뿐 속도는 변화시키지 않는다. 뒤쪽 기어 박스는 수직 핀의 꼭대기에 장착되며 회전축 방향을 90° 변경하고, 기어 감속을 한다.

(3) 꼬리 회전날개

깃의 피치각을 변화시키고 플래핑도 가능하지만 리드 래그 운동은 할 수 없는 구조로 되어 있으며, 꼬리 회전날개의 방향 조종은 방향키 페달로 한다.

예상문제

1. 헬리콥터의 주회전날개 궤도 점검 방법이 아닌 것은?
① 광선 반사에 의한 방법
② 검사 막대에 의한 방법
③ 보어스코프를 이용한 방법
④ 궤도 점검용 깃발에 의한 방법

2. 전자 장비를 이용한 헬리콥터 꼬리 회전날개의 궤도 점검 시 회전날개 깃의 단면에 그림과 같이 반사테이프를 붙이고 검사를 할 때, 정상 궤도로 판정할 수 있는 상의 모양은?

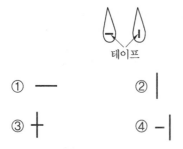

테이프

① —   ② |

③ +   ④ -|

3. 다음은 헬리콥터의 주회전날개 궤도 점검 시 스트로보스코프를 사용할 때의 각종 장비와 장착 부분을 짝지어 놓은 것이다. 가장 올바르게 표시된 것은?
① 회전날개 끝과 차단장치
② 회전경사판과 반사표적
③ 회전날개 깃 선단과 점검용 깃발
④ 고정경사판과 자기발생장치

4. 헬리콥터 동력 전달장치 중 기관 동력 전달 방향을 바꾸는 데 사용하는 기어는 다음 중 어느 것인가?
① 베벨 기어   ② 랙 기어
③ 스퍼 기어   ④ 헬리컬 기어

5. 헬리콥터의 꼬리날개 기어 박스의 숫자는 어느 것인가?
① 1개   ② 2개
③ 3개   ④ 4개

6. 헬리콥터의 꼬리 회전날개 구동 계통에서 앞쪽 기어 박스는 구동축의 방향을 몇 도 변환시키는가?
① 26°   ② 42°
③ 60°   ④ 90°

2-4 동력 전달 계통

▮ 동력 구동축

(1) 동력 구동축의 구성
① 왕복기관 : 클러치, 냉각팬, 프리휠(freewheel), 주회전날개 구동축, 베벨 기어(bevel gear), 감속 기어 박스, 꼬리 회전날개 구동축, 꼬리 회전날개 동력 전달장치
② 가스터빈 기관
   ㈎ 단일 회전날개 헬리콥터 : 프리휠, 클러치, 기관 출력 구동축, 주회전날개 구동축, 꼬리 회전날개 구동축
   ㈏ 직렬식 회전날개 헬리콥터 : 입력축, 믹싱 기어 박스, 냉각 송풍기, 후방변속기 동기축, 전방변속기 윤활 계통

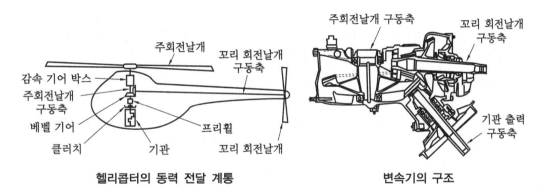

헬리콥터의 동력 전달 계통   변속기의 구조

(2) 동력 구동축의 특징
① 알루미늄의 관이나 강재의 관으로서, 구동축의 양끝은 스플라인(spline)으로 되어 있거나 스플라인으로 된 유연성 커플링이 장착되어 있다.
② 진동 감소를 위해 동적인 평형이 이루어지도록 고려되어 있으며, 지지 베어링에 의해서도 진동을 감쇠시킬 수 있도록 되어 있다.

(3) 동력 구동축의 종류
① 기관 구동축 : 기관의 동력을 변속기에 전달한다. 기관 구동축과 변속기 사이에는 프리휠 장치가 있다.
② 주회전날개 구동축 : 강재의 관으로 된 축으로 몇 개의 베어링에 의해 지지되며, 변속기에 수직으로 장착되는 축이다.
③ 꼬리 회전날개 구동축 : 변속기로부터 중간 기어 박스까지, 중간 기어 박스에서부터 꼬리 기어 박스까지 연결하는 구동축으로 몇 개로 분할되어 있고, 분할된 각각의 구동축은 커플링에 의해 연결된다.

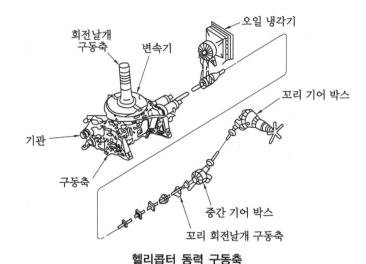

헬리콥터 동력 구동축

(4) 클러치

① 원심 클러치(centrifugal clutch) : 왕복기관을 장착한 헬리콥터에 사용되며, 기관의 시동 또는 저속 운전 시 기관에 부하가 걸리지 않도록 한다.

② 프리휠 클러치(freewheel clutch) : 오버러닝 클러치(overrunning clutch)라고도 하며, 기 관이 정지하였을 때에 주회전날개의 회전에 의해 기관을 돌리게 하는 역할을 방지한다. 기관의 회전수가 주회전날개를 회전시킬 수 있는 회전수보다 낮거나 기관이 정지하였을 때 자동 회전비행이 가능하도록 기관의 구동과 변속기의 구동을 분리시키는 역할을 하며 스프래그(sprag)형과 롤러(roller)형이 있다.

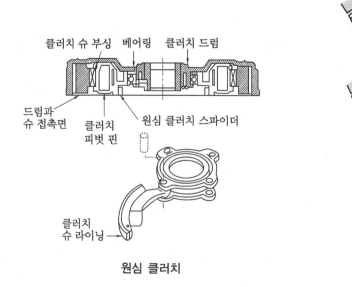

원심 클러치   프리휠 클러치

(5) 토크 미터(torque meter)

기관에서 동력 전달장치로 전달되는 토크를 측정한다.

(6) 고주파수 진동이 발생하는 원인

동력 구동축에 고장이 생기면 발생하게 된다.
① 구동축의 부착 플랜지의 너트와 볼트의 헐거움
② 구동축의 장착 상태의 불량
③ 구동축 및 구동축 커플링의 손상
④ 구동축의 불량한 평형 상태 및 지지 베어링의 결함

<hr>

예상문제

1. 다음 중 헬리콥터의 동력 전달 계통에 속하지 않는 것은?
① 변속기
② 오버러닝 클러치
③ 자이로신
④ 회전날개 구동축

2. 헬리콥터의 동력 구동축에 대한 설명으로 관계가 먼 것은?
① 구동축의 양끝은 스플라인으로 되어 있거나 스플라인으로 된 유연성 커플링이 장착되어 있다.
② 진동을 감소시키기 위해 동적인 평형이 이루어지도록 되어 있다.
③ 동력 구동축은 기관 구동축, 주회전날개 구동축 및 꼬리 회전날개 구동축으로 구성되어 있다.
④ 지지 베어링에 의해서 진동이 발생할 수 있으므로 회전을 고려한 베어링의 편심을 이뤄야 한다.

3. 헬리콥터의 동력 구동축에 대한 설명으로 가장 관계가 먼 내용은?
① 동력 구동축은 기관 구동축, 주회전날개 구동축 및 꼬리 회전날개 구동축으로 구성되어 있다.
② 구동축의 양끝은 스플라인으로 되어 있거나 스플라인으로 된 유연성 커플링이 장착되어 있다.
③ 진동을 감소시키기 위해 정적인 평형이 이루어지도록 되어 있다.
④ 지지 베어링에 의해서도 진동을 감쇠시킬 수 있도록 되어 있다.

4. 헬리콥터의 동력 구동축 중에서 기관의 동력을 변속기에 전달하는 구동축은?
① 기관 구동축
② 액세서리 구동축
③ 주회전날개 구동축
④ 꼬리 회전날개 구동축

5. 헬리콥터의 동력 전달장치에 대한 설명으로 옳은 것은?
① 기관의 동력은 변속기와 기관 출력 사이에 설치된 오버러닝 클러치를 거쳐서 전달된다.
② 주회전날개의 구동축은 한쪽이 스플라인(spline)으로 되어 있어, 변속기의 출력축에 접속되고, 반대쪽은 테일 로터 구동축에 연결된다.
③ 꼬리 회전날개 구동축은 주회전날개 구동축과 꼬리 회전날개 기어 박스의 입력축 사이를 연결하는 축이다.

정답 ● **1.** ③ **2.** ④ **3.** ③ **4.** ① **5.** ①

④ 오버러닝 클러치는 기관 회전수가 주회전
날개의 회전수보다 클 때 자동으로 분리하
여 파손을 방지한다.

6. 헬리콥터의 동력 전달장치에서 기관의 동력
을 회전날개에 전달하거나 차단하는 역할을
하는 장치는?

① 구동축　　　　② 변속기
③ 클러치　　　　④ 기어박스

7. 왕복기관을 장착한 헬리콥터에서 기관의 시
동 또는 저속 운전 시 기관의 부하가 걸리지
않도록 하기 위한 부품은?

① 트랜스미션(transmission)
② 원심 클러치(centrifugal clutch)
③ 프리휠 클러치(freewheel clutch)
④ 오버러닝 클러치(overrunning clutch)

8. 프리휠 클러치(freewheel clutch)라고도 하
며, 헬리콥터에서 기관 브레이크의 역할을 방
지하기 위한 클러치는?

① 드라이브 클러치(drive clutch)
② 스파이더 클러치(spider clutch)
③ 원심 클러치(centrifugal clutch)
④ 오버러닝 클러치(overrunning clutch)

9. 헬리콥터의 기관 회전수가 주회전날개 회전
수보다 클 때는 접속되고, 기관이 정지하였을
때는 분리되어 공회전하는 장치는?

① swash plate
② flapping hinge
③ auto rotation
④ overrunning clutch

10. 헬리콥터가 자동 회전비행을 할 때에 회전날
개 구동축을 기관 구동축과 분리시키는 장치는?

① 자동비행 분리축

② 기관분리 구동축
③ 자동비행장치
④ 자유회전장치(freewheel clutch)

11. 헬리콥터의 공회전(free wheel) 클러치에
대한 설명으로 틀린 것은?

① 오버러닝 클러치라고도 한다.
② 롤러형과 스프래그형이 있다.
③ 기관의 회전이 주회전날개보다 빠를 때 공
회전 클러치가 분리된다.
④ 다발 헬리콥터의 작동되지 않는 기관을 회
전날개와 분리하도록 한다.

12. 헬리콥터에서 가장 많이 쓰이는 프리휠링
장치(free wheeling unit)는?

① 헤드 클러치(head clutch)
② 리드 클러치(lead clutch)
③ 드래그 클러치(drag clutch)
④ 스프래그 클러치(sprag clutch)

13. 헬리콥터의 동력 구동축에 고장이 생기면
고주파수의 진동이 발생하게 되는데 이 원인
으로서 적당하지 않은 것은?

① 평형 스트립의 결함
② 구동축의 불량한 평형 상태
③ 구동축의 장착 상태의 불량
④ 구동축 및 구동축 커플링의 손상

14. 헬리콥터 동력 구동장치 계통의 조절 작업
에 관한 설명으로 틀린 것은?

① 특정한 비행시간이 경과된 후에도 수행한다.
② 계통의 정렬 상태를 점검하고 수정하는 작
업이다.
③ 동력 구동장치를 장탈 및 장착한 경우에
수행한다.
④ 이 조절 작업을 무시하는 경우에는 반드시
기관의 심각한 손상과 진동을 초래하게 된다.

정답 ▶ **6.** ③　**7.** ②　**8.** ④　**9.** ④　**10.** ④　**11.** ③　**12.** ②　**13.** ①　**14.** ④

② 회전날개 변속기

(1) 변속기와 기어 박스의 구성

기관에서 전달받은 구동력은 회전수와 회전방향을 변환시킨 후에 주회전날개 구동축에 회전력을 전달하고, 꼬리 회전날개 구동축을 통하여 중간 기어 박스와 꼬리 기어 박스에 회전력을 전달한다.

① 중간 기어 박스 : 꼬리 회전날개 구동축 중간에 설치한 기어 박스로서 헬리콥터의 꼬리 구조 형태에 따라 구동축의 방향을 필요한 각도만큼 변화시켜 준다.

② 꼬리 기어 박스 : 꼬리 회전날개 구동축의 회전력을 90° 방향으로 바꾸어 꼬리 회전날개의 회전축에 전달하며, 필요에 따라 일정한 비율로 감속시킨다.

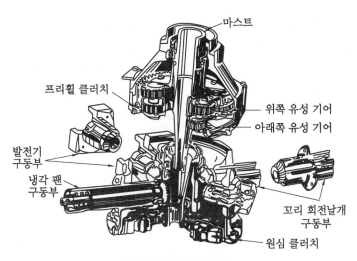

주회전날개 기어 박스

(2) 변속기와 기어 박스의 점검

주로 윤활유와 연관된 것이다.

① 윤활유 누설 점검 : 변속기, 기어 박스에 설치된 게이지에 의해 윤활유 양을 검사하여 점검한다.

② 윤활유 오염 상태 점검 : 윤활유 속의 금속 입자의 양으로 측정한다.

  (개) 철분 검출 시 : 영구자석 이용

  (내) 주석과 납 검출 시 : 납땜 인두 이용

  (대) 알루미늄 분말 : 염산 이용

  (래) 구리, 황동, 마그네슘 분말 : 농축된 질산 이용

③ 기어 박스 사용 점검 : 윤활유에 포함된 금속 입자의 양을 분석하여 점검한다.

예상문제

1. 헬리콥터의 동력 구동장치 중 기관에서 전달 받은 구동력을 회전수와 회전방향을 변환시킨 후에 각 구동축으로 전달하는 장치는?
① 변속기
② 동력 구동축
③ 중간 기어 박스
④ 꼬리 기어 박스

2. 다음 중 주회전날개 트랜스미션의 역할이 아닌 것은?
① 시동기와 연결
② 유압 펌프나 발전기 구동
③ 오토로테이션 시 기관과의 연결을 차단
④ 기관의 출력을 감소시켜 회전날개에 전달

3. 다음 중 헬리콥터의 변속기와 기어 박스에 대한 점검 사항이 아닌 것은?
① 윤활유의 누설 점검
② 기어 박스 사용 점검
③ 윤활유의 오염 상태 점검
④ 터빈 축의 마모 점검

4. 다음 중 헬리콥터의 변속기와 기어 박스에 대한 점검사항이 아닌 것은?
① 윤활유 누설 점검
② 윤활유의 오염 상태 점검
③ 윤활유의 점도 측정
④ 기어 박스 사용 점검

5. 헬리콥터의 변속기와 기어 박스에 사용되는 윤활유의 오염 상태 점검 시 염산으로 구분할 수 있는 윤활유 내 금속 분말은?
① 철분
② 알루미늄 분말
③ 주석과 납의 분말
④ 구리와 황동 및 마그네슘 분말

정답 ● 1. ① 2. ① 3. ④ 4. ③ 5. ②

2-5 조종 계통

(1) 헬리콥터의 조종 원리
① 특징 : 기체를 기울이지 않고, 상하, 좌우 비행이 가능하며, 호버링과 자전이 가능하다.
② 조종 원리
  ㈎ 상승·하강 조종 : 동시 피치 레버(collective pitch lever)를 사용한다.
    • 상승 : 동시 피치 레버를 올리면 주회전날개의 피치각이 증가하고, 양력이 증가하여 상승한다. 이때 스로틀이 열려서 출력이 증가한다.
  ㈏ 전진, 후진, 좌우 조종 : 주기 조종간(cyclic pitch control lever)을 사용한다.
  ㈐ 방향 조종 : 페달을 사용한다.
    • 반 토크용 회전날개 : 꼬리 회전날개의 토크 균형을 변화시킨다.
    • 탠덤 회전날개 헬리콥터 : 앞뒤의 회전날개 회전면을 서로 반대방향으로 기울여 방향을 조종한다.

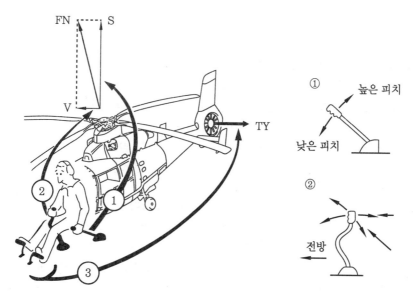

헬리콥터 조종 계통의 작동 원리

(2) 헬리콥터 조종장치

① 조종사 조작장치 : 주기 조종간, 동시 피치 레버, 페달

② 조종장치 연결 기구 : 토크 튜브, 푸시풀 로드, 벨 크랭크, 조종 케이블, 풀리

③ 작동기(actuator) : 큰 힘이 걸리는 회전날개나 다른 조종면을 조작할 수 있도록 하며, 회전날개 등과 같은 곳에서 발생하는 진동을 덜 받게 한다. 기계유압식, 전기유압식, 전기식 등이 있다.

④ 센터링 장치(휠 스프링) : 조종사의 조작에 따른 조종력을 감각적으로 느끼게 하며, 조종사가 조종장치에서 손을 떼었을 때 조종장치가 중립 위치로 되돌아가도록 하는 장치이다.

(3) 리그 작업

① 헬리콥터의 리그 작업 : 조종 계통의 작동 범위를 조절하고, 주회전날개와 조종장치 그리고 꼬리 회전날개와 조종장치의 관계를 정확히 하여 조종장치의 작동과 조종면의 작동이 일치하도록 하는 작업

② 정적 리그 작업 : 조종 계통을 정해진 위치에 놓고, 핀, 클램프, 지그(jig) 등과 같은 고정 기구를 사용하여 고정시킨 다음, 조종면을 기준선에 맞추고 각도기, 지그, 수준기 등을 이용하여 고정면과 조종면 사이의 변위각을 측정하거나, 여러 가지 조종장치의 최대 작동거리를 조절한다.

③ 기능 점검 : 정적 리그 작업이 끝난 다음에 실시한다.

예상문제

1. 헬리콥터에 관한 설명으로 틀린 것은?

① 수직 이착륙과 공중 정지 비행이 가능하다.

② 3차원의 모든 방향으로 직선 이동이 불가능하다.

③ 꼬리 회전날개의 회전으로 비행방향을 결정한다.

④ 주회전날개를 회전시켜 양력과 추력을 발생시킨다.

2. [보기]의 조건을 모두 충족하는 회전날개 항공기는?

┤ 보기 ├

• 기관에 의해 구동되는 회전날개에서 양력을 발생시킨다.

• 수직 이착륙 비행이 가능하다.

• 회전날개와 별도로 독립적으로 구동되는 프로펠러에 의해 추진력을 얻는다.

① 자이로플레인   ② 헬리콥터

③ 전환식 항공기   ④ 글라이더

3. 회전날개 항공기의 조종 계통으로 가장 거리가 먼 것은?

① 리트리팅(retreating control) 조종 계통

② 사이클릭 피치 조종(cyclic pitch control) 계통

③ 켈렉티브 피치 조종(collective pitch control) 계통

④ 방향 조종(directional control) 계통

4. 헬리콥터의 조종 장치 중 주회전날개 깃의 피치각을 동시에 증감시킴으로써 양력의 증감에 의해 헬리콥터를 상승 또는 하강하게 하는 조종장치는?

① 플랩 레버(flap lever)

② 주기 조종간(cyclic control stick)

③ 동시 피치 레버(collective pitch lever)

④ 방향 조종 페달(directional control pedal)

5. 헬리콥터의 운동 중 동시 피치 레버로 조종하는 운동은?

① 수직 방향 운동   ② 전진 운동

③ 방향 조종 운동   ④ 좌우 운동

6. 헬리콥터의 동시 피치 레버(collective pitch lever)에 대한 설명이 아닌 것은?

① 조종사의 왼쪽 편에 위치한다.

② 헬리콥터의 전, 후진 비행을 담당한다.

③ 주회전날개 모든 깃의 피치를 증감시키는 역할을 한다.

④ 스로틀과 연계되어 피치각이 증가한 만큼 출력이 증가하도록 되어 있다.

7. 헬리콥터가 수직 상승 비행할 때 회전날개의 피치각과 기관의 출력 상태로 옳은 것은?

① 피치각 증가, 출력 증가

② 피치각 일정, 출력 일정

③ 피치각 증가, 출력 감소

④ 피치각 감소, 출력 감소

8. 헬리콥터에서 전진 비행은 어떤 조종장치에 의해서 이루어지는가?

① 주기 조종간

② 동시 피치 레버

③ 방향 조종 페달

④ 플랩 작동 스위치

9. 비행기의 조종간과 유사하며, 주회전날개가 회전하는 동안 기계적인 연결장치에 의해 각각의 깃의 피치를 변화시키는 헬리콥터의 조종장치는?

① 주기 조종간(cyclic control stick)

정답 ● **1.** ② **2.** ① **3.** ① **4.** ③ **5.** ① **6.** ② **7.** ① **8.** ① **9.** ①

② 페달(pedal)
③ 동시 피치 레버(collective pitch lever)
④ 스로틀(throttle)

10. [보기]의 설명은 무엇에 대한 것인가?

┤ 보기 ├
• 각각의 깃의 피치를 변화시킨다.
• 주회전날개의 회전면을 원하는 방향으로 기울인다.
• 스와시 플레이트와 연결되어 있다.
• 스와시 플레이트를 전후 좌우로 경사지게 한다.

① cyclic pitch control lever
② collective pitch control lever
③ directional control pedal
④ pitch trim compensator

해설 주기적 조종간(cyclic pitch control lever) : 주회전날개는 스와시 플레이트에 연결되어 조종간에 의해 주회전날개의 회전면을 원하는 방향으로 기울인다. 이때 기체는 경사지며, 헬리콥터는 원하는 방향으로 비행하게 된다.

11. 헬리콥터 방향 전환을 위해 조종석에서 작동하는 것은?
① 트림탭
② 사이클릭
③ 조종간
④ 방향 페달

12. 헬리콥터 조종 시 조종사가 조종장치에서 손을 떼어도 조종장치가 중립 위치로 되돌아가도록 하는 것은?
① 토크 튜브   ② 센터링 장치
③ 벨 크랭크   ④ 동력 부스터

13. 헬리콥터 조종장치의 작동과 조종면의 작동이 일치하도록 조절하는 작업을 무엇이라 하는가?
① 리그 작업   ② 기능 점검
③ 수리 작업   ④ 구조 작업

14. 헬리콥터에서 조종 계통을 정해진 위치에 놓고 고정 기구를 사용하여 고정시킨 다음 조종면을 기준선에 맞추고 분도기 등을 이용하여 고정면과 조종면 사이의 변위각을 측정하는 작업은?
① 정적 리깅   ② 기능 점검
③ 궤도 점검   ④ 수직평판 조정

15. 헬리콥터 조종 기구의 정비 순서가 옳게 나열된 것은?
① 기능 점검 → 수리 → 정적 리그 작업
② 정적 리그 작업 → 기능 점검 → 수리
③ 수리 → 기능 점검 → 정적 리그 작업
④ 수리 → 정적 리그 작업 → 기능 점검

정답 **10.** ① **11.** ④ **12.** ② **13.** ① **14.** ① **15.** ④

CHAPTER 03 기체 재료

3-1 기체 재료의 개요

(1) 금속의 성질

① 비중(specific gravity) : 어떤 물체의 무게를 표현하는데 있어서 물체와 같은 부피의 물의 무게와 비교한 값

② 전성(malleability : 퍼짐성) : 얇은 판으로 가공할 수 있는 성질

③ 연성(ductility : 뽑힘성) : 가는 선이나 관으로 가공할 수 있는 성질

④ 탄성(elasticity) : 외력에 의하여 금속에 변형을 일으킨 뒤 그 힘을 없애면 원래의 상태로 되돌아가려는 성질

⑤ 취성(brittleness : 메짐성) : 휨이나 변형이 일어나지 않고 부서지는 성질

⑥ 인성(toughness) : 재료의 질긴 성질

⑦ 전도성(conductivity) : 금속 재료에 의하여 열이나 전기를 전도시킬 수 있는 성질

⑧ 강도(strength) : 재료에 정적인 힘이 가해지는 경우, 즉 재료가 인장하중, 압축하중, 휨 하중을 받는 경우 이 하중에 견딜 수 있는 정도

⑨ 경도(hardness) : 재료의 단단한 정도

⑩ 용융온도(melting temperature) : 금속 재료가 용해로에서 가열하여 녹아서 액체가 되는 온도

⑪ 소성(plasticity) : 재료가 외력에 의해 탄성한계를 지나 영구 변형되는 성질

(2) 금속의 소성 가공 방법

소성 가공이란 재료에 외력을 가하면서 여러 형태로 가공하는 것을 말한다. 단조, 압연, 인발, 압출, 전조, 프레스 가공 등이 있다.

① 단조 : 재료를 가열하여 공기 해머 등으로 단련 및 성형하는 것

② 압연 : 회전하는 롤러 사이에 재료를 통과시켜 목적하는 판재나 봉재를 가공하는 것

③ 프레스 : 금속 판재를 한 쌍의 프레스 형틀에 넣고 필요한 모양으로 압축, 성형하는 것

④ 압출 : 금속을 실린더 모양의 용기에 넣고 구멍을 통해 밀어내는 방법으로 봉재, 판재, 형재 등을 가공하는 것

⑤ 인발 : 원뿔형의 구멍을 통해서 봉재와 선재를 길게 뽑아내는 가공

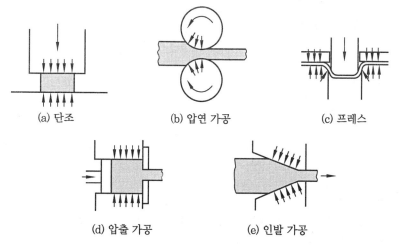

(a) 단조 　　　(b) 압연 가공 　　　(c) 프레스

(d) 압출 가공 　　　(e) 인발 가공

소성 가공 방법

예상문제

1. 두드리거나 압착하면 얇게 펴지는 금속의 성질은?

① 전성　　　　　② 취성
③ 인성　　　　　④ 연성

2 금속의 기계적 성질 중 물질이 탄성한계 이상의 힘을 받아도 부서지지 않고 가늘고 길게 늘어나는 성질은?

① 인성　　　　　② 전성
③ 취성　　　　　④ 연성

3. 금속의 기계적 성질 중 외부에서 힘을 받았을 때 물체가 소성 변형을 거의 보이지 아니하고 파괴되는 현상은?

① 인성　　　　　② 전성
③ 취성　　　　　④ 연성

4. 굽힘이나 변형이 거의 일어나지 않고 부서지는 금속의 성질을 무엇이라 하는가?

① 연성(ductility)
② 취성(brittleness)

③ 인성(toughness)
④ 전성(malleability)

5. 재료가 외력에 의해 탄성한계를 지나 영구 변형되는 성질을 무엇이라고 하는가?

① 탄성(elasticity)
② 소성(plasticity)
③ 전성(malleability)
④ 인성(toughness)

6. 고체의 금속재를 상온 또는 가열상태에서 해머 등으로 두들기거나 가압하여 일정한 모양을 만드는 가공법은?

① 압출　　　　　② 압연
③ 주조　　　　　④ 단조

7. 다음 중 소성 가공법이 아닌 것은 어느 것인가?

① 단조　　　　　② 압출
③ 용접　　　　　④ 인발

정답 ━━● 1. ①　2. ④　3. ③　4. ②　5. ②　6. ④　7. ③

3-2 철강 재료

(1) 철강 재료의 분류

[탄소 함유량에 따른 분류]

① 순철 : 탄소 함유량 0.025 % 이하

② 강 : 탄소 함유량 2.0 % 이하

③ 주철 : 탄소 함유량 2.0 % 이상

(2) 철강 재료의 이점

① 강도와 인성 등의 기계적 성질이 양호하고, 가공성이 우수하다.

② 열처리를 하여 강의 성질을 변화시킬 수 있다.

③ 용접하기 쉬우며, 합금 원소를 첨가하여 다양한 특성을 줄 수 있다.

(3) 순철

철 중에서 불순물과 합금 원소가 거의 없는 철을 말한다. 강도가 약해 구조용 재료로는 사용할 수 없다.

(4) 탄소강

철에 탄소가 약 0.025~2.0 % 함유되어 있는 강을 말하며, 약간의 규소, 망간, 인, 황 등을 포함하고 있다.

① 저탄소강(연강) : 탄소를 0.1~0.3 % 함유한 강으로 안전결선용 와이어, 케이블 부싱, 나사, 로드 등에 사용되며, 판재로 사용될 때는 2차 구조재로 이용된다.

② 중탄소강 : 탄소를 0.3~0.6 % 함유한 강으로 강도, 경도는 증가하지만 연신율은 저하한다.

③ 고탄소강 : 탄소를 0.6~1.2 % 함유한 강으로 강도, 경도가 매우 크며, 전단이나 마멸에 강하다.

(5) 특수강(합금강)

탄소강에 특수한 성질을 가지도록 하기 위하여 1개 또는 몇 개의 특수 원소를 첨가하여 만든다.

① 특수강의 분류

㉮ 고장력강 : 인장강도와 내구성이 높아 구조재나 부품 등에 널리 사용된다.

- 크롬강 : 탄소강에 크롬이 2~5 % 함유된 것으로 충격과 부식에 강하며, 상온에서 자체 경화되는 자경성이 있어서 강도 및 경도를 크게 증가시킨다.

- 니켈-크롬강 : 니켈강에 크롬이 0.8~1.5 % 함유된 것으로 적당한 열처리에 의하여 경도와 강도, 인성을 높일 수 있어 봉재, 판재, 기계동력을 전달하는 축, 기어, 캠, 피스톤 등에 널리 사용된다.

- 니켈-크롬-몰리브덴강 : 니켈-크롬강에 약간의 몰리브덴을 첨가한 강으로 합금 중

에서 가장 우수한 강이다. 왕복기관의 크랭크축이나 착륙장치, 고강도 볼트 등에 사용된다.

㈏ 내식용 합금강(내식강) : 금속의 부식 현상을 개선하기 위하여 내식성을 부여한 강
- 크롬계 스테인리스강 : 탄소강에 12~14 %의 크롬을 첨가한 강으로, 자성이 있으며, 열처리가 가능하고, 열간 가공 및 단조가 쉽다. 가스터빈 기관의 흡입 안내 깃, 압축기 깃에 사용한다.
- 크롬-니켈계 스테인리스강 : 크롬계 스테인리스강에 니켈을 첨가한 강으로 크롬이 18 %, 니켈이 8 %인 18-8 스테인리스강이 많이 사용된다. 우수한 내식성을 가져서 기관의 부품이나 방화벽, 안전결선, 코터 핀 등에 사용된다.
- 석출 경화형 스테인리스강 : 강도가 높고, 내식성, 내열성이 우수하며 복잡한 성형 가공도 할 수 있어 항공기나 미사일 등의 기계 부품에 사용된다.

㈐ 내열강 : 탄소강에 니켈, 크롬, 알루미늄, 규소 등의 합금 원소를 첨가하여 내열성과 고온강도를 부여한 합금강

② 철강 재료의 식별법 : SAE(미국 자동차기술협회)에서 분류하는 방법과 AISI(미국 철강협회)에서 분류하는 방법이 있다.

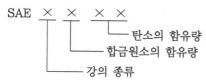

[특수강의 종류]
- 1 × × ×　탄소강
- 2 × × ×　니켈강
- 3 × × ×　니켈-크롬강
- 4 × × ×　몰리브덴강
- 5 × × ×　크롬강
- 6 × × ×　크롬-바나듐강
- 8 × × ×　니켈-크롬-몰리브덴강
- 9 × × ×　실리콘-망간강

(6) 주철(cast iron)

탄소 함유량이 2.0~6.67 %인 철과 탄소의 합금이다.

[주철의 특징]
① 주조성이 우수하고, 크고 복잡한 부품의 제조가 가능하다.
② 철강 재료 중 무게당 값이 저렴하다.
③ 내마멸성이 우수하고, 절삭 가공도 쉽다.
④ 표면이 단단하며, 부식에 대한 저항성이 있다.
⑤ 인장강도와 충격강도는 좋지 않으나 압축강도가 우수하다.

예상문제

1. 철강 재료를 탄소 함유량에 따라 분류하는데 탄소의 함유량이 적은 것에서 많은 순서대로 나열한 것은?
① 주철<강<순철
② 주철<순철<강
③ 순철<주철<강
④ 순철<강<주철

2. 철강 재료를 탄소 함유량에 따라 분류할 때 탄소 함유량이 0.025 % 이하인 것은?
① 순철
② 강
③ 주철
④ 주강

3. 철(Fe)과 탄소(C)로 된 합금으로 0.025 % ~2.0 %의 C를 함유하고 있는 것은?
① 순철
② 강
③ 주철
④ 알루미늄

4. 다음 중 저탄소강의 탄소 함유량은?
① 0.1~0.3 %
② 0.3~0.5 %
③ 0.6~1.2 %
④ 1.2 % 이상

5. 안전결선용 와이어, 부싱, 나사, 로드, 코터 핀 및 케이블 등 항공 요소에 쓰이는 철강 재료로 가장 올바른 것은?
① 순철
② 탄소강
③ 특수강
④ 주철

6. 다음 중 기계 재료에 필요한 일반적인 성질이 아닌 것은?
① 재료의 보급과 소량생산이 가능해야 한다.
② 주조성, 소성, 절삭성 등이 양호해야 한다.
③ 열처리성이 우수하며, 표면처리성이 좋아야 한다.
④ 기계적 성질, 화학적 성질이 우수하고 경량화가 가능해야 한다.

7. 황이 많이 함유된 탄소강의 적열 메짐(red shortness)을 방지하기 위하여 증가시켜야 하는 것은?
① 인
② 망간
③ 실리콘
④ 마그네슘

[해설] 망간의 영향 : 망간은 황과 화합하여 황화 망간을 만드는데, 적열 메짐의 원인이 되는 황화철의 생성을 방해하여 적열 메짐을 방지한다.

8. 다음 중 철강의 5원소가 아닌 것은?
① C ② Al ③ Mn ④ Si

[해설] 철강의 5대 원소 : 탄소(C), 규소(Si), 망간(Mg), 인(P), 황(S)

9. 다음 중 합금강에 대하여 가장 잘 나타낸 것은 어느 것인가?
① Fe와 C의 합금
② 탄소강과 특수 원소의 합금
③ 비철금속과 특수 원소의 합금
④ 비자성체인 소결 합금

10. 항공기 착륙장치의 구조 재료로 사용되는 강은?
① 알루미늄 합금강
② 18-8 스테인리스강
③ 니켈-크롬-몰리브덴강(AISI 4340)

정답 ► 1. ④ 2. ① 3. ② 4. ① 5. ② 6. ① 7. ② 8. ② 9. ② 10. ③

④ 티탄 합금

11. 탄소강에 니켈, 크롬, 몰리브덴 등을 첨가
한 것으로 인장강도와 내구성이 높아 구조재
나 부품 등에 널리 쓰이는 것은?
① 고장력강
② 알루미늄 합금
③ 티탄 합금
④ 내식용 합금강

12. 합금강의 분류에서 SAE 1025에 대한 설
명으로 옳은 것은?
① 탄소강을 나타낸다.
② 니켈강을 나타낸다.
③ 합금 원소는 크롬이다.
④ 탄소의 함유량은 5 %이다.

13. 다음과 같은 철강 재료 식별 표시에서 각
각의 표시와 의미가 잘못 짝지어진 것은?

"SAE 1025"

① SAE – 미국 철강협회 규격
② 1 – 탄소강
③ 0 – 5대 기본 원소 이외의 합금 원소가
없음
④ 25 – 탄소 0.25 % 함유
> 해설 SAE는 미국의 자동차기술협회(Society
of Automotive Engineers)를 의미한다.

14. 특수강 SAE 2330에 대한 설명으로 옳은
것은?
① 탄소강을 나타낸다.
② 크롬-바나듐강이다.
③ 니켈의 함유량이 23 %이다.
④ 탄소의 함유량이 0.30 %이다.
> 해설 SAE 2330 : 니켈을 3 % 함유한 강으로
탄소의 함유량이 0.30 %이다.

15. SAE 4130에서 "30"에 대한 설명으로 옳
은 것은?
① C를 30 % 포함한다.
② C를 0.30 % 포함한다.
③ Ni를 30 % 포함한다.
④ Ni를 0.3 % 포함한다.
> 해설 SAE 4130
> • 41 : 강의 종류(크롬-몰리브덴강)
> • 30 : 탄소의 함유량(탄소 0.30 % 함유)

16. 재료 번호가 8XXX로 표기되며 구조용 합
금강 중에서 가장 우수한 강으로 왕복기관의
크랭크축이나 항공기의 착륙장치에 사용되는
것은?
① Cr – Mo 강
② 하스텔로이 강
③ Ni – Cr – Mo 강
④ Ni – Cr 스테인리스 강

17. 다음 중 미국 철강협회 철강 재료에 대한
규격은?
① AA 규격
② AISI 규격
③ AMS 규격
④ ASTM 규격
> 해설 AISI(American Iron Steel Institute) : 미
국 철강협회

18. 주철에 대한 설명으로 가장 옳은 것은?
① 전연성이 매우 크다.
② 담금질성이 우수하다.
③ 단조, 압연, 인발에 부적합하다.
④ 주조 후에 자연 시효 현상이 일어나지 않
는다.
> 해설 주철 : 용융온도가 낮고 유동성이 좋기 때
문에 복잡한 형상이라도 주조하기 쉽고, 값이
싸지만 메짐성이 있고 단련이 되지 않는 결점
이 있다.

3-3 비철금속 재료

① 알루미늄과 알루미늄 합금

(1) 순수 알루미늄

비중이 2.7, 용융온도는 660℃, 흰색의 광택이 나고, 비자성체이며, 전기 및 열에 대한 전도성이 양호하다.

(2) 알루미늄 합금

① 전성이 우수하여 성형 가공성이 좋다.
② 상온에서 기계적 성질이 우수하고, 내식성이 양호하며, 시효 경화성이 있다.
  • 시효경화 : 열처리 후 시간이 지남에 따라 합금의 강도와 경도가 증가하는 성질
③ 합금 원소의 조성을 변화시켜 강도와 연신율을 조절할 수 있다.

(3) 알루미늄 합금의 식별 방법

미국 알코아(ALCOA)사와 미국 알루미늄협회(AA)의 식별 방법이 주로 사용된다.

① 알코아(ALCOA) 규격의 식별 기호 : 합금 성분을 두 자리 숫자로 표시하고, 그 뒤에 문자로 표시한다.

합금 번호의 범위	주합금 원소	합금 번호의 범위	주합금 원소
2S	순수 알루미늄	30S~49S	규소(Si)
3S~9S	망간(Mn)	50S~69S	마그네슘(Mg)
10S~29S	구리(Cu)	70S~79S	아연(Zn)

※ S : 가공용 알루미늄을 의미한다.

예 A 50 S

  A : 알코아사의 알루미늄 제품
  50 : 합금 원소의 식별(마그네슘)
  S : 가공용 알루미늄

② AA 규격의 식별 기호 : 첫째 자리 숫자는 합금의 종류, 둘째 자리 숫자는 합금의 개량 번호, 나머지 숫자는 합금의 분류 번호이다.

합금 번호의 범위	주합금 원소	합금 번호의 범위	주합금 원소
1×××	순수 Al 99 % 이상	5×××	마그네슘(Mg)
2×××	구리(Cu)	6×××	마그네슘+규소(Mg+Si)
3×××	망간(Mn)	7×××	아연(Zn)
4×××	규소(Si)		

예 2024-T6

  2 : 알루미늄과 구리의 합금
  0 : 개량 처리를 하지 않은 합금

24 : 합금의 분류 기호

T6 : 열처리 방법

(4) 알루미늄의 특성 기호

미국 재료협회(ASTM)에서 합금의 종류 기호 다음에 주조 상태, 냉간 가공 상태, 열처리 방법 등을 표시하여 규격으로 만든 것이다.

① F : 주조 상태 그대로인 것

② O : 풀림 처리를 한 것

③ H : 냉간 가공한 것

  (개) H1 : 가공 경화만을 한 것

  (내) H2 : 가공 경화 후 적당한 풀림을 한 것

  (대) H3 : 가공 경화 후 안정화 처리를 한 것

④ W : 담금질한 후 상온 시효 경화가 진행 중인 것(용체화 처리 후 자연 시효한 것)

⑤ T : 열처리한 것

  (개) T2 : 풀림을 한 것(주조 제품에만 사용)

  (내) T3 : 용체화 처리 후 냉간 가공을 한 것

  (대) T361 : 용체화 처리 후 6 % 단면 축소 냉간 가공한 것

  (래) T4 : 용체화 처리 후 자연 시효한 것

  (매) T5 : 제조 후 바로 인공 시효 처리를 한 것

  (배) T6 : 고온 성형 공정에서 냉각 후 인공 시효한 것

  (사) T7 : 용체화 처리 후 안정화 처리를 한 것

    예 2024-H2 : 가공 경화 후 풀림한 것

     2024-T3 : 담금질 후 냉간 가공을 한 것

     2024-T6 : 담금질 후 인공 시효 경화를 한 것

(5) 알루미늄 합금의 종류

① 내식 알루미늄 합금

  (개) 1100 : 99 % 이상의 순수 알루미늄으로 내식성이 우수하고 매우 유연하며 가공성이 우수하지만 열처리가 불가능하여 구조 재료로는 강도가 약하다.

  (내) 3003 : 망간을 1.0~1.5 % 함유시켜 순수 알루미늄의 내식성을 저하시키지 않고 강도를 높인 합금으로 보통 가공 경화한 상태에서 사용한다.

  (대) 5056 : 마그네슘 합금을 많이 포함하므로 용접성이 떨어지고, 장시간 사용 시 내식성도 떨어지며, 항공기 리벳으로 주로 사용된다.

  (래) 6061, 6063 : 알루미늄-마그네슘-규소계의 합금으로 내식성, 용접성, 성형 가공성이 우수하여 항공기의 노즈 카울(nose cowl), 날개 끝, 기관 덮개 등에 사용된다.

  (매) 알클래드(alclad)판 : 알루미늄 합금판 양면에 열간 압연에 의하여 순수 알루미늄을 3~5 % 정도의 두께로 입힌 것으로 부식을 방지하고, 표면이 긁히는 등의 파손을 방

　지한다.

② 고강도 알루미늄 합금

　(개) 2014 : 알루미늄에 구리를 4.5 % 함유한 알루미늄-구리-마그네슘계 합금으로 505℃ 에서 급랭한 다음 인공 시효 경화함으로써 내부 응력에 대한 저항성을 향상시킨 합금 이다. 고강도의 장착대, 과급기의 임펠러 등에 사용되었으나 최근에는 7075로 바뀌 는 추세이다.

　(나) 2017 : 알루미늄에 구리 4 %, 마그네슘 0.5 % 첨가한 가공용 알루미늄 합금으로 두 랄루민이라 하며 현재는 리벳으로만 사용되고 있다.

　(다) 2024 : 초두랄루민이라 하며 파괴에 대한 저항성이 우수하고 피로강도도 양호하여 인장하중이 크게 작용하는 날개 밑면의 외피나 동체 외피 등으로 사용된다.

　(라) 7075 : 아연 5.6 %, 마그네슘 2.5 %를 첨가한 알루미늄-아연-마그네슘계 합금으로 알루미늄 합금 중 가장 강한 알루미늄 합금으로 항공기 주날개의 외피, 날개보, 기체 구조 부분 등에 사용된다.

예상문제

1. 다음 중 알루미늄의 특징이 아닌 것은?
① 백색의 가벼운 비자성체이다.
② 순도가 낮을수록 연성을 갖는다.
③ 전기 전도율은 은(Ag) 보다 낮다.
④ 산화알루미늄의 얇은 보호 피막으로 인하 여 내식성이 좋다.

2. 알루미늄 합금의 일반적인 특성에 대한 설명 중 틀린 것은?
① 상온에서 기계적 성질이 우수하다.
② 전성이 우수하여 가공성이 좋다.
③ 내식성이 양호하다.
④ 시효 경화가 없다.

3. 다음 중 시효 경화에 대하여 가장 옳게 설명 한 것은?
① 스스로 연해지는 성질
② 입자의 분포가 서서히 균일해지는 성질
③ 시간이 지남에 따라 재료의 취성이 변하는 성질
④ 시간이 지남에 따라 강도와 경도가 증가하 는 성질

4. 중량비로 볼 때 항공기 기체 구조재로서 가 장 많이 사용되는 금속은?
① 플라스틱
② 철강 재료
③ 알루미늄 합금
④ 티탄 합금

5. AA 규격에 대한 설명으로 옳은 것은?
① 미국 철강협회의 규격으로 알루미늄 규격 이다.
② 미국 알루미늄협회의 규격으로 알루미늄 합금용의 규격이다.
③ 미국 재료시험협회의 규격으로 마그네슘 합금에 많이 쓰인다.
④ SAE의 항공부가 민간항공기 재료에 대해 정한 규격으로 티타늄 합금, 내열 합금에 많이 쓰인다.

정답 ◆ **1.** ② **2.** ④ **3.** ④ **4.** ③ **5.** ②

6. 다음 중 미국 알루미늄협회에서 사용하는 규격 표시는?

① AISI 규격　　② SAE 규격

③ AA 규격　　④ MIL 규격

7. AA 식별 번호 1100의 알루미늄은 어떤 형의 알루미늄을 말하는가?

① 망간이 함유된 알루미늄

② 마그네슘이 함유된 알루미늄

③ 구리 4 %와 마그네슘 5 %를 첨가한 알루미늄

④ 순도 99 % 이상의 순수 알루미늄

> **해설**　Al 1100 : 99.0 % 이상의 순도를 가지고 있는 순수 알루미늄으로써 내식성은 우수하지만 열처리가 불가능하다.

8. 미국 알루미늄협회(AA)의 규격에 따라 재질을 "1100"으로 표기할 때 첫째 자리 "1"이 나타내는 의미로 옳은 것은?

① 소수점 이하의 순도가 1% 이내이다.

② 알루미늄 – 마그네슘계 합금이다.

③ 알루미늄 – 망간계 합금이다.

④ 99 % 순수 알루미늄이다.

9. ALCOA 규격 10S의 주합금 원소는 어느 것인가?

① 구리(Cu)

② 망간(Mn)

③ 순수 알루미늄

④ 규소(Si)

10. 알루미늄 합금 2024 – H2에서 H2가 의미하는 것은?

① 뜨임(tempering)을 했다.

② 가공 경화 후 풀림을 했다.

③ 담금질을 한 후 인공 시효 경화했다.

④ 용액 내 열처리해서 6 % 정도 인화시키기 위하여 냉간 가공을 했다.

11. 미국 재료시험협회(ASTM)에서 합금의 종별 기호 표시에서 질별 기호 중 "O"는 무엇을 의미하는가?

① 가공 경화한 것

② 풀림 처리한 것

③ 주조한 그대로의 상태인 것

④ 담금질 후 시효 경화가 진행 중인 것

12. 미국 재료시험협회에서 정한 질별 기호 중 풀림 처리를 나타낸 것은?

① O　　② H

③ F　　④ W

13. AA 규격에 의한 알루미늄 합금의 식별 기호 '2024–T'에 대한 설명으로 틀린 것은?

① 첫째 자리 2는 알루미늄과 구리 합금을 의미한다.

② 둘째 자리 0은 개량 처리를 하지 않는 합금을 의미한다.

③ 셋째, 넷째 자리 24는 합금의 분류 번호를 의미한다.

④ T는 냉간 가공한 것을 의미한다.

14. 항공기에 주로 사용되고 있는 금속 재료 규격 중 미국 재료시험협회의 규격을 나타내는 것은?

① AA 규격　　② MIL 규격

③ ASTM 규격　　④ SAE 규격

> **해설**　금속 재료 규격
> • AA 규격 : 미국 알루미늄협회 규격
> • MIL 규격 : 미국 군사 규격
> • ASTM 규격 : 미국 재료시험협회 규격
> • SAE 규격 : 미국 자동차기술자협회 규격
> • AISI 규격 : 미국 철강협회 규격
> • AMS 규격 : 미국 자동차기술협회의 항공 재료 규격

정답 ▶ ● **6.** ③ **7.** ④ **8.** ④ **9.** ① **10.** ② **11.** ② **12.** ① **13.** ④ **14.** ③

15. 다음 중 재료 규격의 이름이 틀리게 짝지어진 것은?

① ALCOA 규격 – 미국 ALCOA사 규격
② AA 규격 – 미국 알루미늄협회 규격
③ ASTM 규격 – 미국 재료시험협회 규격
④ AISI 규격 – 미국 자동차기술협회 규격

16. 다음 중 재료 규격의 이름이 옳게 짝지어진 것은?

① AA 규격 – 미국 철강협회 규격
② ASTM 규격 – 미국 재료시험협회 규격
③ ALCOA 규격 – 미국 알루미늄협회 규격
④ AIS I규격 – 미국 자동차기술협회 규격

17. 다음 중 금속 재료 규격의 명칭이 잘못 짝지어진 것은?

① MIL 규격 – 미국 재료협회 규격
② AISI 규격 – 미국 철강협회 규격
③ SAE 규격 – 미국 자동차공학회 규격
④ AA 규격 – 미국 알루미늄협회 규격

18. 항공기 재료로 사용되는 주조용 알루미늄 합금에서 주조의 의미를 옳게 설명한 것은?

① 알루미늄 합금을 두들기거나 눌러서 원하는 형상을 만드는 것
② 알루미늄 합금을 녹여 거푸집에 부어 원하는 형상을 만드는 것
③ 일정한 모양의 구멍으로 알루미늄 합금을 눌러 짜서 뽑아내어 길이가 긴 제품을 만드는 것
④ 회전하는 롤 사이에 가열한 알루미늄 합금을 넣어 일정한 모양으로 만드는 것

해설 알루미늄 합금
• 가공용 알루미늄 합금 : 단조, 압연, 인발, 압출 등의 가공에 의해 판재, 봉재, 관재, 선재 등을 만들 수 있는 알루미늄 합금

• 주조용 알루미늄 합금 : 모래형 주물, 금형 주물 또는 다이캐스트 등에 쓰이는 알루미늄 합금으로 주조를 통하여 여러 가지 자유로운 형상으로 제작할 수 있다.

19. 알클래드(alclad)판에 대한 설명으로 가장 올바른 것은?

① 순수 알루미늄 판에 알루미늄 합금을 약 3~5 % 정도의 두께로 입힌 것이다.
② 알루미늄 합금판에 순수 알루미늄을 약 3~5 % 정도의 두께로 입힌 것이다.
③ 티타늄 합금판에 순수 티타늄을 약 3~5 % 정도의 두께로 입힌 것이다.
④ 순수 티타늄 판에 티타늄 합금을 약 3~5 % 정도의 두께로 입힌 것이다.

20. 항공기 재료 중 알클래드(alclad)판의 특징은 어느 것인가?

① 라이트 홀 구조
② 강화 탄소 섬유 피복
③ 순수 알루미늄 피복
④ 순수 스테인리스 피복

21. 알루미늄 합금판을 순수한 알루미늄으로 입혀 내식성을 강하게 한 것을 무엇이라 하는가?

① 알클래드(alclad)
② 알로다인(alodain)
③ 파커라이징(parkerizing)
④ 메타라이징(metalizing)

22. 강도를 중시하여 만들어진 고강도 알루미늄 합금이 아닌 것은?

① 2618
② 2024
③ 2017
④ 2014

23. 알루미늄 합금 중 2017의 설명으로 가장 올바른 것은?

① 파괴 인성이 좋고 피로 특성에도 우수하므로 인장하중이 큰 날개 밑면의 외피(skin)나 동체의 스킨에 사용된다.

② 연질 리벳으로 많이 사용된다.

③ 초두랄루민이라 불리며 소형 항공기 날개의 외피(skin) 등에 사용된다.

④ 두랄루민으로 불리며 오직 리벳으로만 사용된다.

24. 알루미늄-구리-마그네슘계 합금으로 일명 "초두랄루민"이라 하고 파괴에 대한 저항성이 우수하며, 피로강도도 양호하여 인장하중에 크게 작용하는 대형 항공기 날개 밑면의 외피나 동체의 외피로 사용되는 것은?

① 2014   ② 2024
③ 7075   ④ 7179

25. 다음 중 알루미늄 합금이 아닌 것은?

① 두랄루민   ② 인코넬
③ 알클래드   ④ 하이드로날륨

해설 인코넬 : 니켈에 크롬, 철, 티탄, 알루미늄, 망간, 규소 따위를 첨가한 내열 합금

26. 실루민(silumin) 합금의 주성분은?

① Al-Si   ② Mg-Zn
③ Cu-Sn   ④ Cu-Pb

해설 실루민(silumin) : 알루미늄(Al)과 12%의 규소(Si) 합금으로 알루미늄에 9%의 규소, 0.5%의 마그네슘과 망간을 가한 것을 감마(γ) 실루민이라고 한다.

정답 **23.** ④ **24.** ② **25.** ② **26.** ①

2 티탄과 티탄 합금

티탄은 비중이 4.54로서 강의 0.6배 정도이며 용융온도는 1730℃로 강보다 높다. 티탄 합금은 알루미늄 합금보다 비강도와 내열성이 크고 내식성이 양호하여 항공기 기관 재료로 이용되고 있다.

(1) 순수 티탄

다른 티탄 합금에 비해 강도는 떨어지지만 연성과 내식성이 우수하고 용접성이 좋아서 바닥 패널, 방화벽 등에 사용된다.

(2) Ti-5-Al-2,5Sn 합금

고온 강도와 크리프 파괴강도가 우수하며, 용접성도 양호하여 가스터빈 기관의 케이스에 사용된다.

(3) Ti-6Al-4V 합금

티탄 합금 중 가장 널리 알려진 합금으로 열처리를 통해 인장강도를 170000 psi 정도로 증대시킨 합금이며 피로강도, 소성가공성이 우수하다. 초음속 항공기의 기체 구조재의 대부분이 이 합금을 사용하고 있으며, 가스터빈 기관의 압축기 깃, 압축기 디스크로도 사용되고 있다.

(4) Ti-8Al-1Mo-1V 합금

강도는 Ti-6Al-4V 합금보다 떨어지나 400~500℃의 고온에서 다른 티탄 합금보다 우수한

크리프 강도를 가지고 있고, 용접성도 좋다.

❸ 구리와 구리 합금

(1) 구리

붉은색의 금속 광택을 가진 비자성체로 열과 전기에 대한 전도성이 우수하고, 가공성이 양호하여 전기 공업용에 널리 사용한다.

(2) 구리 합금

① 황동 : 구리에 아연을 40 % 이하로 첨가하여 주조성과 가공성을 양호하게 하고, 기계적 성질과 내식성을 향상시킨 합금이다.

② 청동 : 구리와 주석으로 이루어졌으며 강도가 크고 내마멸성, 주조성이 양호하다.

❹ 니켈과 니켈 합금

(1) 니켈

흰색을 띠며, 인성, 내식성이 우수한 금속으로 비중은 8.9이고, 용융점은 1455℃이다.

(2) 니켈 합금

가스터빈 기관의 구조 재료의 많은 부분을 차지하며, 기관의 성능을 향상시키기 위해서는 필수적인 합금이다.

① 인코넬 600 : 니켈에 크롬 15 %, 철 8 %를 첨가하여 내식성, 내산화성을 향상시킨 합금으로 성형성이 좋고 용접도 가능하다.

② 인코넬 718 : 니켈에 크롬, 몰리브덴을 첨가한 합금으로 700℃까지 고온강도가 양호하여 터빈디스크, 축 등에 사용한다.

③ 하스텔로이(hastelloy) : 몰리브덴을 16 % 정도 첨가하여 고온에서 내식성을 향상시킨 합금으로 가스터빈 기관 안내 깃으로 사용한다.

❺ 마그네슘과 마그네슘 합금

(1) 마그네슘

비중은 1.74 정도로 알루미늄의 $\frac{2}{3}$ 정도이며, 항공기에 쓰이는 금속 재료 중 가장 가볍다.

(2) 마그네슘 합금

전연성이 풍부하고 절삭성도 좋으나 내식성, 내열성, 내마멸성이 떨어지므로 항공기 구조재료로는 적당하지 않지만 장비품 등의 하우징에 사용된다. 이때 마그네슘 합금의 미세한 분말은 연소되기 쉬우므로 취급 시 주의해야 한다.

예상문제

1. 항공기의 재료로 사용되는 티탄 합금에 대한 설명으로 틀린 것은?

① 피로에 대한 저항이 강하다.
② 알루미늄 합금보다 내열성이 크다.
③ 비중은 약 4.5로 강보다 가볍다.
④ 항공기 주요 구조부의 골격 및 외피, 리벳 등의 재료로 사용된다.

해설 티탄 합금은 항공기 재료 중 비강도가 우수하여 가스터빈 기관 재료로 많이 사용된다.

2. 티타늄 합금의 특성에 대한 설명으로 틀린 것은?

① 티타늄의 비중은 4.54로서 강의 0.6배, 알루미늄의 1.6배 정도이다.
② 티타늄은 고온에서 산소, 질소, 수소 등과 친화력이 매우 크고 약간의 불순물의 혼합에도 경화되어 가공이 나빠진다.
③ 티타늄 합금은 알루미늄을 포함하고 있으며 고온강도 증가, 내산화성의 향상과 인성을 감소시키는 효과가 있다.
④ 티타늄 합금은 열전도 계수가 작아 열의 분산이 나쁘고, 가공을 할 경우 인화를 일으키기 쉽다.

3. 알루미늄 합금과 비교하여 티타늄 합금의 특성에 대한 설명으로 틀린 것은?

① 비중은 알루미늄의 1.6배이다.
② 알루미늄 합금보다 내열성이 크다.
③ 알루미늄 합금보다 강도비가 크다.
④ 알루미늄 합금보다 내식성이 불량하다.

4. 알루미늄 합금보다 비강도, 내식성이 좋으며 550℃까지 고온 성질이 우수하여 기관의 구조 부재로 사용되는 재질은?

① 청동합금
② Mg 합금

③ 인코넬(inconel)
④ Ti 합금

5. 구리의 성질로 틀린 것은?

① 전도성이 좋다.
② 가공하기 어렵다.
③ 열전도율이 높다.
④ 전기전도율이 크다.

6. 청동의 성분을 옳게 나타낸 것은?

① 구리+주석
② 구리+아연
③ 구리+망간
④ 구리+알루미늄

해설 • 청동=구리+주석
• 황동=구리+아연

7. 부식 발생 시 녹색 산화 피막이 생기는 금속 재료는?

① 철강 재료
② 마그네슘 합금
③ 구리 합금
④ 알루미늄 합금

8. 소성 가공은 어렵지만 인성 및 피로강도가 우수하고 고온 산화에 대한 저항성이 높아 항공기의 가스터빈 기관에 많이 사용되는 금속은 어느 것인가?

① 구리 합금
② 알루미늄 합금
③ 니켈 합금
④ 마그네슘 합금

9. 다음 중 가장 가벼운 금속 원소는?

① Mg
② Fe
③ Cr
④ He

10. 다음 중 항공기의 재료로 쓰이는 가장 가벼운 금속으로 전연성, 절삭성이 우수한 것은 어느 것인가?

① 알루미늄
② 티탄
③ 마그네슘
④ 니켈

정답 1. ④ 2. ③ 3. ④ 4. ④ 5. ② 6. ① 7. ③ 8. ③ 9. ① 10. ③

11. 마그네슘과 그 합금이 갖는 일반적인 성질로 가장 거리가 먼 내용은?

① 순수 마그네슘 가루는 공기 중에서 발화하기가 쉽다.

② 염분에 대하여 부식이 심하며 냉간 가공이 불가능하다.

③ 비강도가 매우 작으므로 경합금 재료로 적합하다.

④ 순수 마그네슘의 비중은 1.74 정도이며 실용 금속 중에서 가장 가볍다.

정답 ● 11. ③

3-4 금속 재료의 열처리 및 표면 경화법

(1) 철강 재료의 열처리

열처리란 금속 재료를 사용 목적에 따라 조직과 기계적 성질을 인위적으로 변화시키는 조작을 말한다.

① 일반 열처리

  ㈎ 담금질(quenching) : 재료의 강도와 경도를 증가시키는 처리로 강의 변태점보다 30~50℃ 정도 높은 온도로 가열하여 일정 시간 유지한 다음 물과 기름에 담금으로써 급랭이 되도록 하는 조작이다.

  ㈏ 뜨임(tempering) : 담금질한 재료는 인성이 좋지 않으므로 이를 해결하기 위해 적당한 온도로 재가열하여 재료 내부의 잔류응력을 제거하고 인성을 좋게 하여 구조용 강으로 사용한다. 일반적으로 500~600℃ 정도로 재가열하여 공기 중에서 냉각시킨다.

  ㈐ 풀림(annealing) : 철강 재료의 연화, 조직 개선 및 내부응력 제거를 위한 처리로, 일정 온도에서 어느 정도의 시간이 경과된 다음 노(furnace) 안에서 서서히 냉각시키는 방법이다.

  ㈑ 불림(normalizing) : 조직의 미세화, 주조와 가공에 의한 조직의 불균일 및 내부응력을 감소시키기 위한 조작으로 담금질의 가열온도보다 약간 높게 가열한 다음 공기 중에서 냉각하는 처리 방법이다.

② 항온 열처리 : 항온 변태를 이용하는 열처리를 말하며, 오스템퍼링, 마템퍼링, 마퀜칭 등이 있다.

(2) 철강 재료의 표면 경화법

① 고주파 담금질법(induction hardening) : 고주파 전류를 이용하여 표면을 경화시키는 방법

② 화염 담금질법(flame hardening) : 산소-아세틸렌 화염으로 표면만을 가열한 다음 급랭하여 표면층만 담금질하는 방법

③ 침탄법(carburizing) : 침탄제 속에서 가열하여 탄소를 표면에 침입시켜 표면을 경화하는 방법

④ 질화법(nitriding) : 암모니아 가스 중에서 500~550℃로 20~100시간 동안 가열하여 표면을 경화하는 방법

　• 질화용 강 : 질소와 친화력이 강한 알루미늄, 티탄, 바나듐, 망간을 함유하고 있는 강

⑤ 침탄 질화법(carbonitriding) : 시안화염을 주성분으로 한 염욕에 강을 가열한 후 담그면 침탄과 질화가 동시에 되도록 하는 표면 경화법

⑥ 금속 침투법(metallic cementation) : 강재를 가열하여 아연, 알루미늄, 크롬 등과 같은 피복 금속을 부착시키는 동시에 합금 피복층을 형성하여 내식성, 내열성, 내마모성을 향상시키는 방법

(3) 알루미늄 합금의 열처리

① 고용체화 처리 : 공정온도 부근으로 가열한 다음 급랭 처리하여 과포화 고용체로 만드는 것으로 강도, 경도를 증대시키기 위한 처리이다.

② 인공 시효 처리 : 고용체화 처리된 재료를 120~200℃ 정도로 가열하여 과포화 성분을 석출시키는 처리이다.

③ 풀림 처리 : 재질을 연하게 하는 처리

예상문제

1. 다음 중 금속 재료의 열처리 목적이 아닌 것은 어느 것인가?
① 기계적 성질 개선
② 내마멸성 및 내식성 향상
③ 충격저항 감소
④ 재료의 가공성 개선

2. 재료를 일정 시간 가열한 후에 물, 기름 등에서 급속히 냉각시키는 열처리로서 재료를 경화시켜서 강도를 증가시키는 열처리법은?
① 담금질(quenching)　② 뜨임(tempering)
③ 불림(normalizing)　④ 풀림(annealing)

3. 다음 중 항온 열처리에 해당하지 않는 것은 어느 것인가?
① 마템퍼링
② 마퀜칭
③ 오스템퍼링
④ 노멀라이징

해설 노멀라이징(normalizing : 불림), 담금질, 뜨임, 풀림 등은 일반 열처리에 해당한다.

4. 고주파 담금질법, 침탄법, 질화법, 금속 침투법들은 무엇을 하는 방법인가?
① 부식 방지 방법　② 표면 경화 방법
③ 비파괴검사 방법　④ 재료 시험 방법

5. 철강 재료의 표면 경화법이 아닌 것은?
① 침탄법
② 항온 열처리법
③ 질화법
④ 고주파 담금질법

6. 다음 중 금속 재료의 표면 경화 열처리법이 아닌 것은?
① 뜨임
② 침탄법
③ 화염 경화법
④ 질화법

7. 금속의 열처리법 중 표면 경화 열처리에 해당하지 않는 것은?
① 마퀜칭
② 침탄법
③ 질화법
④ 화염 경화법

정답 ━● **1.** ③　**2.** ①　**3.** ④　**4.** ②　**5.** ②　**6.** ①　**7.** ①

8. 금속의 표면 경화 방법 중 질화처리(nitriding)에 대한 설명으로 틀린 것은?

① 질화층은 경도가 우수하고, 내식성 및 내마멸성이 증가한다.

② 암모니아가스 중에서 500~550℃ 정도의 온도로 20~100 시간 정도 가열한다.

③ 철강 재료의 표면 경화(surface hardening)에 적용한다.

④ 질소와 친화력이 약한 알루미늄, 티타늄, 망간 등을 함유한 강은 질화처리법을 적용

하지 않는다.

9. 다음 중 강의 표면 경화에서 금속 제품의 표면에 다른 금속을 부착시키고, 동시에 합금 피복층을 형성시키는 표면 경화법은 어느 것인가?

① 금속 침투법

② 침탄 처리법

③ 질화법

④ 고주파 담금질법

정답 ● **8.** ④ **9.** ①

3-5 비금속 재료

비금속 재료로는 플라스틱, 섬유, 고무, 도료 등이 있다.

(1) 플라스틱(plastic)

① 열경화성 수지 : 한 번 열을 가하여 성형하면 다시 가열하더라도 연해지거나 용융되지 않는 성질을 지닌 수지로 페놀 수지, 폴리우레탄, 에폭시 수지 등이 있다.

  ㈎ 페놀 수지 : 베이클라이트(bakelite)로 널리 알려진 수지이며, 전기적·기계적 성질, 내열성, 내약품성이 우수하여 전기 계통의 각종 부품, 기계 부품 등에 사용된다.

  ㈏ 에폭시 수지 : 접착력이 매우 크고 성형 후 수축률이 작으며 내약품성이 우수하여 항공기 구조의 접착제나 도료 등으로 사용된다. 전파 투과성이 우수하여 항공기의 레이돔, 동체, 날개 등의 모재로도 사용된다.

  ㈐ 폴리우레탄 수지 : 내수성, 내유성, 내열성, 내약품성이 우수하여 항공기의 좌석, 열 배기 부분 등의 단열재로 사용된다.

② 열가소성 수지 : 열을 가하여 성형한 다음 다시 가열하면 연해지고 냉각하면 다시 굳어지는 성질을 지닌 수지로 폴리염화비닐, 폴리에틸렌, 나일론, 폴리메타크릴산메틸 등이 있다.

  ㈎ 폴리염화비닐(PVC) : 전기 절연성, 내약품성이 우수하지만 유기 용제에 녹기 쉽고, 열에 약하다. 전선의 피복재, 객실 내장재로 사용된다.

  ㈏ 폴리메타크릴산메틸(PMMA : 아크릴 수지) : 플렉시글라스(plexiglass)라고도 하며, 투명도가 가장 양호하고 가볍고 강인하여 항공기 창문, 객실 내부 장식품 등으로 사용된다.

(2) 고무

먼지나 수분, 공기가 들어오는 것을 방지하고, 액체, 가스 등의 누설을 방지하며, 진동과 소음을 방지하는 데 사용한다.

[합성 고무]

① 니트릴 고무(NBR) : 내연료성이 우수하여 가솔린과 접촉되는 부분에 널리 사용되며 사용 온도는 −55~120℃ 정도이다.

② 부틸 고무 : 가스 침투를 방지하고 기후에 대한 저항성이 우수하며, 내열 노화성, 내오존성이 좋다. 내약품성에도 강한 특성이 있어 호스, 패킹, 진공 실(seal) 등에 사용된다.

③ 플루오르 고무 : 실리콘 고무와 함께 초내열성, 내식성 고무로서 오일 실, 패킹, 내약품성 호스 등에 사용된다.

④ 실리콘 고무 : 내열성과 내한성이 우수하고 사용 온도 범위가 넓으며 기후에 대한 저항성과 전기 절연 특성이 우수하여 고온 장소의 전선 피복, 패킹, 개스킷, 방진 고무 등에 사용된다. 단점으로는 강도가 약하고, 가격이 비싸다.

(3) 도료

기체 내부, 외부 도장, 객실 내부 도장 등에 여러 종류의 도료가 사용되며 주로 합성 수지 도료가 많이 사용된다. 페놀 수지 도료, 알키드 수지 도료, 에폭시 수지 도료, 폴리우레탄 수지 도료 등이 있다.

(4) 접착제

합성 고무계 접착제와 합성 수지계 접착제가 있다.

(5) 캔버스재

항공기 보강막으로 사용되는 나일론, 유리 섬유로 직조한 강화재이며, 기후에 대한 저항성을 증가시키기 위해 고무를 표면에 접착하여 사용한다.

(6) 세라믹

무기질 비금속 재료로서 고온에서 내열성이 우수하고 성형 가공성도 양호하여 항공기 기관 부품이나 우주 왕복선 내열벽으로 이용된다. 인장과 충격에는 약하다.

예상문제

1. 다음 중 비금속 재료가 아닌 것은?
① 세라믹
② 폴리염화비닐
③ 마그네슘
④ 네오프렌 고무

2. 가열하여 성형한 후 다시 가열하면 연해지고 냉각하면 다시 본래의 상태대로 굳어지는 합성 수지는?
① 열가소성 수지   ② 열경화성 수지
③ 형상기억 수지   ④ 열 용융 수지

정답 ► **1.** ③ **2.** ①

3. 열경화성 수지에 해당하지 않는 것은?

① 페놀 수지

② 폴리염화비닐 수지

③ 폴리우레탄 수지

④ 에폭시 수지

4. 항공기 구조의 접착제나 도료 등으로 사용되고 전파 투과성도 우수하여 항공기의 레이돔, 동체 및 날개 등의 구조재용 복합재의 모재로도 사용되는 플라스틱 재료는?

① 페놀 수지   ② 에폭시 수지

③ 폴리염화비닐 수지   ④ 아크릴 수지

5. 다음 중 에폭시 수지에 대한 설명으로 틀린 것은?

① 대표적인 열가소성 수지이다.

② 성형 후 수축률이 적고 기계적 성질이 우수하다.

③ 구조재용 복합재료의 모재(matrix)로도 사용한다.

④ 전파 투과성이 우수해서 항공기의 레이돔에도 사용한다.

6. 전파 투과성, 내후성 및 높은 강도를 가지므로 레이돔, 동체 및 날개 등의 구조재용 복합재료의 모재 수지로 사용되며, 항공기 구조물용 접착제나 도료의 재료로도 사용되는 것은?

① 멜라민 수지   ② 실리콘 수지

③ 폴리염화비닐   ④ 에폭시 수지

7. 항공기에서 폴리염화비닐(PVC)의 사용처로 적당한 곳은?

① 전선 피복재   ② 기관 개스킷

③ 항공기 창문 유리   ④ 타이어용 튜브

8. 폴리메타크릴산메틸의 약칭으로 불리기도 하는데 투명도가 우수하고, 가볍고 강인하여

항공기 창문이나 객실 내부의 장식품 등에 사용되는 수지는?

① 아크릴 수지

② 페놀 수지

③ 에폭시 수지

④ 폴리염화비닐 수지

9. 플라스틱 가운데 투명도가 가장 높으며, 광학적 성질이 우수하여 항공기용 창문 유리로 사용되는 재료는?

① 폴리염화비닐(PVC)

② 에폭시 수지(epoxy resin)

③ 페놀 수지(phenol resin)

④ 폴리메타크릴산메틸(polymethyl methacrylate)

10. 전파 투과성, 내후성 및 높은 강도를 가지므로 레이돔, 동체 및 날개 등의 구조재용 복합 재료의 모재 수지로 사용되며, 항공기 구조물용 접착제나 도료의 재료로도 사용되는 열경화성 수지는?

① ABS 수지   ② 폴리비닐알코올

③ 셀룰로이드   ④ 에폭시 수지

11. 열가소성 수지로서 가공이 용이하고 기계적 성질이 뛰어나며 또한 열에 대해 안정하여 약 290℃ 정도의 온도에서 사용할 수 있는 장점을 지닌 모재 수지는?

① 에폭시 수지

② 폴리에테르에테르케톤 수지

③ 폴리아미드 수지

④ 불포화 폴리에스테르 수지

12. 열가소성 수지 중 유압 백업링(backup ring), 호스(hose), 패킹(packing), 전선피복(coating) 등이 사용되는 수지는?

① 아크릴 수지   ② 염화비닐 수지

③ 폴리에틸렌 수지   ④ 테플론(teflon)

정답   **3.** ②   **4.** ②   **5.** ①   **6.** ④   **7.** ①   **8.** ①   **9.** ④   **10.** ④   **11.** ②   **12.** ④

13. 항공기 재료 중 먼지나 수분 또는 공기가 들어오는 것을 방지하고, 누설을 방지하며, 소음 방지를 위해 쓰이는 재료는?

① 섬유　　　　　② 세라믹
③ 고무　　　　　④ 플라스틱

14. 항공기에서 각종 유체의 유지 및 누설을 막기 위해 사용되는 실(seal)로써 일반적으로 고무로 이루어진 것은?

① FRP　　　　　② 스펀지
③ O링　　　　　④ 윈드실드

15. 천연 고무의 단점을 개선하여 사용되는 합성 고무의 종류가 아닌 것은?

① 부틸　　　　　② 부나
③ 네오프렌　　　④ 폴리에틸렌

16. 항공기에서 비금속 재료가 쓰이는 곳이 아닌 것은?

① 안전결선　　　② 항공기 타이어
③ 전선 피복재　　④ 객실 창문 유리

17. 무기질 비금속 재료로 고온 특성은 우수하나 충격에 약하고 제조 공정이 까다롭지만 고온에서도 기계적 특성이 좋아 항공기 기관 부품에 사용되는 재료는?

① 섬유　　　　　② 합성고무
③ 세라믹　　　　④ 에폭시수지

18. 세라믹 코팅(ceramic coating)의 주된 목적은?

① 내한성　　　　② 내열성과 내마모성
③ 내충격성　　　④ 내열성과 내충격성

정답 ● **13.** ③　**14.** ③　**15.** ④　**16.** ①　**17.** ③　**18.** ②

3-6　복합 재료

두 가지 이상의 재료를 결합하여 각각의 재료보다 더 우수한 특성을 가지도록 만든 재료로서 다음과 같은 장점이 있다.
- 무게당 강도비가 높다. 알루미늄 합금에 비해 약 30 %의 인장, 압축강도가 증가하고, 무게를 약 20 % 정도 줄일 수 있다.
- 복잡한 형태나 공기역학적인 곡선 형태의 부품 제작이 쉽다.
- 유연성이 크고, 진동에 대한 내구성이 커서 피로강도가 증가한다.
- 전기화학 작용에 의한 부식을 최소화할 수 있다.
- 제작이 단순하고 비용이 절감된다.

(1) 강화재

① 유리 섬유(fiber glass) : 무기질 유리를 고온에서 용융, 방사하여 제조하며, 내열성, 내화학성이 우수하고 값이 저렴하여 가장 많이 사용되고 있다. 유리 섬유 형태는 밝은 흰색의 천으로 구분할 수 있다.

② 탄소 섬유(탄소 흑연 섬유) : 열팽창계수가 작기 때문에 사용 온도의 변동이 크더라도 치수 안정성이 우수하고, 강도와 견고성이 커서 항공기 1차 구조재 제작에 사용된다. 단점으로

취성이 있고, 가격이 비싸며 알루미늄과 직접 접촉하면 이질 금속 간의 부식이 발생한다. 검은색 천으로 식별이 가능하다.

③ 아라미드 섬유(aramid fiber : 케블라) : 가볍고, 인장강도가 크며 유연성이 좋아 높은 응력과 진동을 받는 항공기 부품 제작에 이상적인 재료이다. 노란색 천으로 식별이 가능하다.

④ 보론 섬유(boron fiber) : 뛰어난 압축강도와 경도를 가지며, 열팽창률이 크고, 금속과의 접착성이 좋지만, 취급이 어렵고 가격이 비싸다.

⑤ 세라믹 섬유(ceramic fiber) : 높은 온도가 요구되는 곳에 사용되며 1200℃ 고온에서도 거의 원래의 강도와 유연성을 유지한다. 우주 왕복선의 꼬리 부분, 항공기 방화벽 등 열 분산을 빠르게 하기 위해 사용된다.

(2) 모재(matrix)

① 유리 섬유 보강 플라스틱(FRP) : 항공기 1차 구조재에 필요한 충분한 강도를 가지지 못하고, 취성이 강해 유리 섬유와 함께 2차 구조재에 사용되었다.

② 섬유 보강 금속(FRM) : 가볍고 인장강도가 큰 것을 요구할 때는 알루미늄, 티탄, 마그네슘과 같은 저밀도 금속을 사용하고, 내열성을 요구할 때는 철이나 구리 금속을 사용한다.

③ 섬유 보강 세라믹(FRC) : 내열 합금도 견디지 못하는 1000℃ 이상의 높은 온도에 대한 내열성이 있어서 모재로는 산화물 계열인 알루미나, 지르코니아, 비산화물 계열인 탄화규소, 질화규소 등이 사용된다.

④ 탄소·탄소 복합 재료 : 내열성과 내마멸성이 우수하다. 항공기의 제동 디스크나 로켓 노즐 등에 사용된다.

(3) 혼합 복합 재료

공동의 모재에 2개 이상의 서로 다른 보강 섬유를 결합한 재료로 새로운 특성을 가지는 복합 재료를 얻을 수 있고 제조 비용도 낮출 수 있다.

① 인트라플라이 혼합재 : 두 가지 이상의 서로 다른 섬유를 혼합하여 한 겹의 천 소재를 구성한 복합 재료

② 인터플라이 혼합재 : 두 가지 이상의 서로 다른 복합 재료를 겹겹이 붙이는 형태

③ 선택적 배치 : 섬유를 큰 강도, 유연성, 비용 절감 등을 위하여 선택적으로 배치하는 방법

예상문제

1. 항공기에서 금속과 비교하여 복합 소재를 사용하는 이유가 아닌 것은?
① 무게당 강도비가 높다.
② 전기화학 작용에 의한 부식을 줄일 수 있다.
③ 유연성이 크고 진동이 작아 피로강도가 감

소된다.
④ 복잡한 형태나 공기역학적인 곡선 형태의 부품 제작이 쉽다.

2. 항공기에 복합소재 사용이 점차 확대되고 있

정답 •→ **1.** ③ **2.** ①

는 가장 주된 이유는?

① 가볍기 때문
② 오래 견디기 때문
③ 열에 강하기 때문
④ 가격이 저렴하기 때문

3. 무기질 유리를 고온에서 용융, 방사하여 제조하며, 밝은 흰색을 띠고, 값이 저렴하여 가장 많이 사용되는 강화 섬유는?

① 유리 섬유
② 탄소 섬유
③ 아라미드 섬유
④ 보론 섬유

4. 항공기 복합 재료로 많이 쓰이는 케블라(kevlar)는 어떤 강화 섬유에 속하는가?

① 유리 섬유
② 탄소 섬유
③ 아라미드 섬유
④ 보론 섬유

5. 높은 인장강도와 유연성을 가지고 있으며, 비중이 작기 때문에 높은 응력과 진동을 받는 항공기의 부품에 가장 이상적이고 노란색 천으로 구성된 강화 섬유는?

① 유리 섬유
② 탄소 섬유
③ 아라미드 섬유
④ 보론 섬유

6. 다음 중 복합 소재에 쓰이는 강화재가 아닌 것은?

① 유리 섬유
② FRM
③ 탄소 섬유
④ 세라믹 섬유

해설 복합 재료
 • 강화재 : 유리 섬유, 탄소 흑연 섬유, 아라미드 섬유, 보론 섬유, 세라믹 섬유
 • 모재 : 유리 섬유 보강 플라스틱(FRP), 섬유 보강 금속(FRM)

7. 강화재 중 탄소 섬유는 일반적으로 어떤 색깔인가?

① 흰색
② 노란색
③ 파란색
④ 검은색

8. 복합 재료를 제작할 때에 사용되는 섬유형 강화재가 아닌 것은?

① 유리 섬유
② 탄소 섬유
③ 보론 섬유
④ 고무 섬유

9. 다음 중 모재와 강화재로 이루어진 복합재에서 모재로 사용되는 것은?

① FRC
② 유리섬유
③ 아라미드 섬유
④ 탄소 섬유

10. 구조 재료 중 FRP에 대한 설명으로 틀린 것은?

① 진동에 대한 감쇠성이 적다.
② 경도 및 강성이 낮은 것에 비해 강도비가 크다.
③ 2차 구조나 1차 구조에 적층재나 샌드위치 구조재로 사용된다.
④ fiber reinforced plastic(섬유 강화 플라스틱)의 약어이다.

정답 ➡ **3.** ① **4.** ③ **5.** ③ **6.** ② **7.** ④ **8.** ④ **9.** ① **10.** ①

11. 다음 복합 소재 중 사용 온도 범위가 가장 넓은 것은?

① FRP

② FRM

③ FRC

④ C/C 복합재

해설 모재의 사용 온도 범위

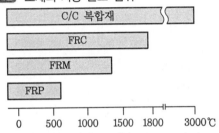

12. 다음 중 사용 온도 범위가 가장 높고, 내마멸성이 우수하여 항공기의 제동 디스크나 로켓 노즐에 사용되는 모재로 옳은 것은?

① FRP(유리 섬유 보강 플라스틱)

② FRM(유리 섬유 보강 금속)

③ FRC(유리 섬유 보강 세라믹)

④ C/C 복합재(탄소-탄소 복합 재료)

13. 두 가지 이상의 서로 다른 섬유를 수직 교차시켜 바둑판 모양으로 혼합하여 한 겹(ply)의 천 소재를 구성한 혼합 복합 재료를 무엇이라고 하는가?

① 인터플라이 혼합재

② 인트라플라이 혼합재

③ 선택적 배치 재료

④ 샌드위치 구조재

14. 두 겹 또는 그 이상의 보강재를 사용하여 서로 겹겹이 덧붙이는 형태로 각 겹(ply)은 서로 다른 재질이고, 한 방향 혹은 두 방향 형태의 직물이 사용된 혼합 복합 소재의 구조 부재는?

① 탄소 섬유(carbon fiber)

② 선택적 배치(selective placement)

③ 인터플라이 혼합재(interply hybrid)

④ 인트라플라이 혼합재(intraply hybrid)

CHAPTER 04 기체의 구조 강도

4-1 구조와 하중

(1) 구조 하중

① 구조에 작용하는 상태에 따른 분류

㈎ 면 하중(surface load) : 한 점 또는 한 면에 접하여 작용하는 하중

- 집중 하중 : 접촉면이 매우 작아 한 점에 작용하는 하중
- 분포 하중 : 면에 분포된 하중

㈏ 체적 하중(body load) : 중력, 자기력, 관성력과 같이 체적 전체에 작용하는 하중

② 작용하는 방법에 따른 분류

㈎ 정하중(static load) : 일정한 크기로 오랫동안 지속적으로 작용하는 하중

㈏ 동하중(dynamic load) : 시간에 따라 크기가 변화하면서 작용하는 하중으로 반복 하중, 교번 하중, 충격 하중이 이에 속한다.

(2) 구조 부재

① 구조 부재 : 하중이나 응력을 받을 수 있도록 고안된 항공기의 구조를 이루는 재료를 의미하며, 재료가 하중에 대하여 견딜 수 있는 정도를 강도(strength)라 한다.

② 구조 부재의 종류

㈎ 봉재(bar) : 길이가 너비와 두께에 비하여 긴 1차원 구조 부재

- 막대(axis rod) : 길이 방향으로만 힘이 전달되는 구조 부재
- 트러스 구조 : 순전히 막대로만 연결된 구조
- 기둥(column) : 봉재 중 비교적 긴 부재로서 길이 방향으로 압축을 받는 부재
- 보(beam) : 길이와 수직 방향으로 힘을 받음으로써 굽힘이 발생하는 부재

㈏ 판재(plate) : 가로와 세로의 길이가 높이, 즉 두께에 비해 상당히 큰 부재로서 2차원적으로 확장된 봉재

㈐ 셸(shell) : 구부러진 판재로 되어 있는 부재로, 동체, 둥근 천장, 압력용 탱크 등이 있다.

③ 구조 부재가 받은 하중 : 인장, 압축, 전단, 비틀림, 굽힘 하중

(3) 하중배수와 속도-하중배수(V-n) 선도

① 하중배수(n) : 현재의 하중이 기본 하중의 몇 배나 되는지를 말하며, 날개에 발생하는 양력이 기본 하중, 즉 수평 비행 시에 발생하는 양력의 몇 배가 되는지를 정하는 수치이다. 항공기 설계 제작 시 미리 결정한 제한 하중배수(설계 제한 하중배수 : n_1)를 초과하지 않도록 비행을 해야 한다.

  (가) 하중배수(n) $= \dfrac{L}{W}$

  (나) 급상승 시 하중배수(n) $= \dfrac{V^2}{V_S^2}$

  (다) 선회 비행 시 하중배수(n) $= \dfrac{1}{\cos\theta}$

  (라) 제한 하중(limit load) : 설계상 항공기가 감당할 수 있는 최대 하중으로 항공기의 종류, 비행 조건, 탑승자의 신체적 제한 조건에 의해서 결정된다.

  (마) 극한 하중(ultimate load) : 제한 하중에 안전계수를 곱한 값으로 안전계수는 1.5 정도로 정한다.

항공기의 제한 하중배수

종류	(+)	(−)
보통기(N)	3.8	1.5
실용기(U)	4.4	1.75
곡예기(A)	6.0	3.0
수송기(T)	2.5	1.0

② 속도-하중배수(V-n) 선도 : 속도(V)와 하중배수(n)를 직교 좌표축으로 하여 항공기의 속도에 대한 제한 하중배수를 나타내어, 항공기의 안전한 비행 범위를 정해 주는 도표이다. 항공기의 안전 운항을 담당하는 정부 기관에서 항공기 유형에 따라 정한다.

  (가) 설계 급강하 속도(V_D) : 속도-하중배수 선도에서 최대 속도를 나타내며, 구조 강도의 안정성과 조종면에서 안전을 보장하는 설계상의 최대 허용속도이다.

  (나) 설계 순항 속도(V_C) : 순항 성능이 가장 효율적으로 얻어지도록 정한 설계 속도

  (다) 설계 운용 속도(V_A) : 항공기가 어떤 속도로 수평 비행을 하다가 갑자기 조종간을 당겨서 최대 양력계수의 상태로 될 때 큰 날개에 작용하는 하중배수가 그 항공기의 설계 제한 하중배수(n_1)와 같게 되었을 때의 수평 속도이다.

$$V_A = \sqrt{n_1}\,V_S$$

  (라) 설계 돌풍 운용 속도(V_B) : 항공기가 어떤 수평속도로 비행을 하다가 지정된 속도의 수직 상승 돌풍을 받을 때 하중배수가 그 항공기의 설계 제한 하중배수(n_1)와 같게 되었을 때의 수평 비행 속도이다.

$$n = 1 \pm mV$$

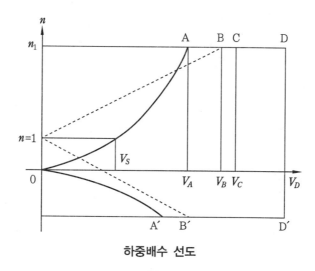

하중배수 선도

(4) 힘과 모멘트

① 힘(F) : 힘은 벡터량으로서 물체에 작용하여 그 물체의 형태와 운동 상태를 변형시키는 원인이다.

㉮ 힘의 세 가지 요소 : 크기, 방향, 작용점

㉯ 힘의 합성(R) : 서로 다른 선상의 두 힘은 평행사변형의 원리에 의해 하나의 힘으로 합성할 수 잇다.

$$R = \sqrt{F_1^2 + F_2^2 + 2F_1F_2\cos\theta}$$

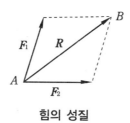

힘의 성질

② 모멘트(M) : 힘이 물체에 작용하면 이 힘에 의해 물체가 어떤 점이나 축에 대해 회전하려고 하는 힘의 능률을 말한다.

$$M = Fd = Fr\sin\theta$$

여기서, F : 힘, r : 거리, d : 수직거리

③ 짝힘(couple force) : 크기가 같고 방향이 반대인 두 힘이 서로 평행한 선상에 작용하는 경우 두 힘을 말한다.

$$M = Fd$$

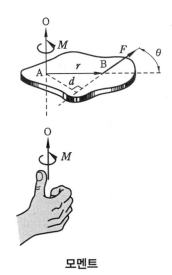

모멘트   짝힘

예상문제

1. 구조에 작용하는 면 하중(surface load)은 한 점 또는 한 면에 접하여 발생하는데, 접촉면이 극히 작아 한 점에 작용하는 하중을 무엇이라고 하는가?
① 제한 하중
② 집중 하중
③ 분포 하중
④ 체적 하중

2. 구조 부재에 작용하는 표면 하중(surface load) 중 면에 균일하게 분포하여 작용하는 하중을 무엇이라 하는가?
① 점 하중
② 체적 하중
③ 분포 하중
④ 집중 하중

3. 구조 전체에 작용하는 중력, 자기력 및 관성력과 같은 하중을 무엇이라 하는가?
① 면 하중
② 분포 하중
③ 집중 하중
④ 체적 하중

4. 항공기에 작용하는 하중 중 시간에 따라 크기가 변화하면서 작용하는 동하중이 아닌 것은 어느 것인가?
① 반복 하중
② 교번 하중
③ 충격 하중
④ 표면 하중

5. 시간에 따라 하중의 크기가 변화하면서 작용하며 구조에 진동을 일으키는 하중이 아닌 것은?
① 반복 하중
② 교번 하중
③ 정하중
④ 충격 하중

6. 항공기 부재의 재료가 하중에 대하여 견딜 수 있는 저항력을 무엇이라 하는가?
① 힘(force)
② 벡터(vector)
③ 강도(strength)
④ 표면 하중(surface load)

7. 다음 구조 부재에 대한 설명 중 가장 올바른 것은?

① 봉재는 길이가 너비와 두께에 비하여 짧은 1차원 구조 부재이다.

② 길이와 수직 방향으로 힘을 받음으로써 굽힘이 발생하는 부재는 보(beam)이다.

③ 봉재 중 비교적 긴 부재로서, 길이 방향으로 인장을 받는 부재는 기둥(column)이다.

④ 막대로만 연결된 구조를 모노코크 구조라 하며, 외피는 하중을 담당한다.

8. 다음 중 항공기 구조 부재에 작용하는 힘이 아닌 것은?

① 축 하중   ② 표면 장력

③ 전단력   ④ 비틀림 하중

9. 비행 중 날개의 상부와 하부에 작용하는 응력으로 가장 올바른 것은?

① 전단, 인장   ② 전단, 압축

③ 압축, 인장   ④ 압축, 굽힘

해설 비행 중 날개 끝이 위로 올라가게 되어 날개 윗면은 압축 하중을, 아랫면은 인장 하중을 받는다.

10. 하중배수에 대한 설명으로 옳은 것은?

① 추력을 비행기의 무게로 나눈 값이다.

② 양력을 비행기의 무게로 나눈 값이다.

③ 수평 비행 시의 양력을 화물 하중으로 나눈 값이다.

④ 기본 하중을 현재의 하중으로 나눈 값이다.

해설 하중배수 $=\dfrac{\text{양력}}{\text{비행기 무게}}$

11. 다음 중 제한 하중배수(limit load factor)가 가장 높은 유형의 항공기는?

① 보통기(N)   ② 실용기(U)

③ 곡예기(A)   ④ 수송기(T)

12. 감항성 기준 N 유형 항공기의 한계(제한)

하중배수로 가장 올바른 것은?

① 6.0 ~ −3.0   ② 4.4 ~ −1.76

③ 3.8 ~ −1.5   ④ 3.0 ~ −1.0

13. 제한 하중은 설계상 항공기가 감당할 수 있는 최대 하중으로 이것의 결정 요인이 아닌 것은?

① 안전계수

② 비행 조건

③ 항공기의 종류

④ 탑승자의 신체적 조건

14. 일반적으로 항공기 기체 구조의 설계에서 안전계수는 약 얼마 정도를 주는가?

① 1   ② 1.5   ③ 2   ④ 2.5

15. 한계 하중배수가 4.4인 실용기(U)의 전체 무게가 2000 kgf일 때 최대 설계 하중은 몇 kgf인가? (단, 안전계수는 1.50이다.)

① 3000   ② 6000

③ 10000   ④ 13200

해설 최대 설계 하중 = 안전계수 × 한계 하중
$$= 1.5 \times 4.4 \times 2000$$
$$= 13200 \text{ kgf}$$

여기서, 실용기(U) 한계 하중 = 4.4 × 2000
$$= 8800 \text{ kgf}$$

16. 하중배수 선도에 대한 설명 중 가장 관계가 먼 내용은?

① 항공기의 속도를 세로축에 두고 하중배수를 가로축으로 하여 그려진 선도이다.

② 구조 역학적으로 항공기의 안전한 비행 범위를 정하여 준다.

③ $V - n$ 선도라 한다.

④ $V - G$ 선도라 한다.

해설 하중배수 선도는 가로축(x축)을 항공기의 속도, 세로축(y축)을 하중배수로 하여 그린 선도이다.

정답 　 **8.** ②　**9.** ③　**10.** ②　**11.** ③　**12.** ③　**13.** ①　**14.** ②　**15.** ④　**16.** ①

17. 속도-하중배수 선도에서 구조 강도의 안정성과 조종면에서 안정성을 보장하는 설계상의 최대 허용속도는?
① 설계 운용 속도　　② 설계 돌풍 운용 속도
③ 설계 순항 속도　　④ 설계 급강하 속도

18. 그림과 같은 $V-n$ 선도에 대한 설명으로 틀린 것은?

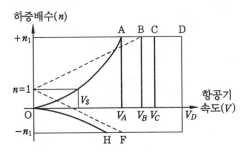

① V_A는 설계 운용 속도이다.
② V_B는 설계 급강하 속도이다.
③ OA와 OH 곡선은 양(+)과 음(−)의 최대 양력 계수로 비행할 때 비행기 속도에 대한 하중배수를 나타낸다.
④ AD와 HF의 직선은 설계상 주어지는 양(+)과 음(−)의 설계 제한 하중배수를 나타낸다.

19. 다음 그림과 같이 A 지점에 힘이 직각으로 3N과 4N이 작용한다면 합력 F는 얼마인가?

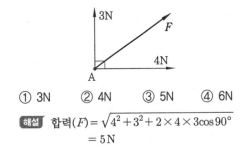

① 3N　　② 4N　　③ 5N　　④ 6N

[해설] 합력$(F) = \sqrt{4^2 + 3^2 + 2 \times 4 \times 3\cos 90°}$
　　　$= 5\,\mathrm{N}$

20. 힘과 모멘트에 대한 설명 중 가장 올바른 내용은?
① 모멘트는 외력에 대한 구조 내부에서 생기

는 힘이다.
② 평면 구조물의 평형방정식은 힘의 회전능률로서 길이와 힘의 곱으로 나타낸다.
③ 힘은 크기, 방향, 작용점을 가지며 벡터량이다.
④ 방향과 작용점만을 가지고 물리량은 스칼라량이라 한다.

21. 힘과 모멘트에서 짝힘에 대한 설명으로 가장 올바른 것은?
① 어떤 점이나 축에 대한 회전력을 말한다.
② 축에 모멘트가 작용하는 것을 말한다.
③ 크기가 같고 방향이 반대인 두 힘이 서로 평행한 선상에서 작용하는 힘을 말한다.
④ 축을 비틀려고 하는 힘을 총칭한다.

22. 그림과 같이 크기가 같고 방향이 반대인 두 힘(F)이 수직거리 d만큼 떨어져 작용할 때 짝힘에 의한 모멘트의 크기는?

① $\dfrac{dF}{2}$　　② F　　③ dF　　④ $2dF$

23. 그림과 같이 항공기 부재에 크기가 같고 방향이 반대인 50 N의 두 힘이 수직거리가 10 m만큼 떨어져 작용하고 있다면 이러한 짝힘(couple force)에 의한 모멘트는 몇 N·m인가?

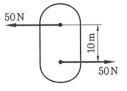

① 250　　② 500　　③ 2500　　④ 5000

[해설] 짝힘$(M) = d \times F = 10 \times 50 = 500\,\mathrm{N \cdot m}$

4-2 부재의 강도

■ 응력과 변형률

(1) 응력(stress)

물체에 외력을 작용하면 내부에서는 이에 저항하는 힘, 내력이 발생하는데 단위 면적당 내력의 크기를 응력이라 한다.

① 수직응력(σ) : 단면에 수직으로 작용하는 응력으로 인장응력과 압축응력이 있다.

$$\sigma = \frac{W}{A}$$

여기서, σ : 인장응력($\mathrm{Pa} = \mathrm{N/m^2}$), W : 인장력(N), A : 단면적($\mathrm{m^2}$)

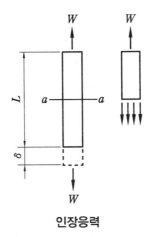

인장응력

② 전단응력(τ) : 두 판재가 인장력을 받을 때 그 사이 리벳의 단면에서는 전단력이 작용하는데, 이때 단위 면적당 작용하는 힘을 전단응력이라 한다.

$$\tau = \frac{V}{A}$$

여기서, τ : 전단응력($\mathrm{Pa} = \mathrm{N/m^2}$), V : 전단력(N), A : 단면적($\mathrm{m^2}$)

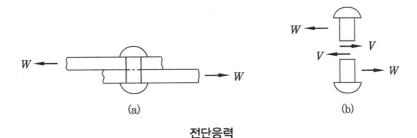

전단응력

(2) 변형률(strain)

늘어난 길이와 원래 길이와의 비로서 무차원이다. 인장력을 받는 부재에서는 인장 변형률이 생기고, 압축력을 받는 부재에서는 압축 변형률이 생긴다.

① 수직응력에 의한 변형률(ϵ)

$$\epsilon = \frac{\delta}{L}$$ 여기서, ϵ : 변형률, δ : 늘어난 길이, L : 원래 길이

② 전단응력에 의한 변형률(ϵ_s)

$$\epsilon_s = \frac{\delta_s}{L}$$ 여기서, ϵ_s : 전단 변형률, δ_s : 미끄러진 길이, L : 원래 길이

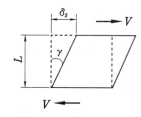

전단 변형률

(3) 푸아송의 비(Poisson's ratio : ν)

재료의 가로 변형률과 세로 변형률과의 비이다.

$$\nu = \frac{\text{가로변형률}}{\text{세로변형률}}$$

예상문제

1. 물체의 외력이 작용하면 내력이 발생하는데, 내력을 단위 면적당의 크기로 표시한 것은 무엇인가?

① 응력　　　　② 하중
③ 변형　　　　④ 탄성

2. 5×5 cm인 직사각형 단면을 가진 막대(bar)에 1000 N의 힘이 작용할 때, 단면에서의 응력(σ)은 몇 N/cm²인가?

① 2　　　　② 4
③ 20　　　　④ 40

해설 응력$(\sigma) = \frac{W}{A} = \frac{1000}{5 \times 5} = 40\,\text{N/cm}^2$

3. 4×4 in인 정사각형 단면봉에 2000 lb의 인장하중을 가한다면, 이 봉에 작용하는 응력은 몇 lb/in²인가?

① 62　　　　② 125
③ 250　　　　④ 500

해설 인장응력$(\sigma) = \frac{W}{A} = \frac{2000}{16} = 125\,\text{lb/in}^2$

4. 폭 3 cm, 너비 12 cm 직사각형 단면인 24 cm 길이의 사각봉에 288 kgf의 인장력이 작용할 때 인장응력은 약 몇 kgf/cm²인가?

① 0.33　　　　② 1
③ 4　　　　④ 8

정답 ● **1.** ①　**2.** ④　**3.** ②　**4.** ④

해설 응력$(\sigma)=\dfrac{W}{A}=\dfrac{288}{3\times12}=8\ \mathrm{kgf/cm^2}$

5. 한 변이 10 cm인 정사각형 단면을 가진 막대에 500 N의 힘이 단면의 수직으로 작용할 때 단면에서의 응력은 몇 N/cm²인가?

① 0.5 　② 5 　③ 25 　④ 50

해설 응력$(\sigma)=\dfrac{W}{A}=\dfrac{500}{10\times10}=5\ \mathrm{N/cm^2}$

6. 1000 kg의 하중이 작용하는 정사각 막대의 허용응력을 100 kg/cm²이라고 할 때, 이 하중에 견디기 위한 정사각형 한 변의 길이는 약 몇 cm인가?

① 1.16 　　② 2.16
③ 3.16 　　④ 4.16

해설 응력 $\sigma=\dfrac{W}{A}$에서

$$A=\dfrac{W}{\sigma}=\dfrac{1000}{100}=10\ \mathrm{cm^2}$$

정사각형은 가로, 세로의 길이가 같으므로 한 변의 길이는 $\sqrt{10}=3.16\ \mathrm{cm}$이다.

7. 지름 5 cm인 원형 단면봉에 1000 kgf의 인장 하중이 작용할 때 단면적에서의 인장응력은 약 몇 kgf/cm²인가?

① 25.5 　　② 40.2
③ 50.9 　　④ 61.6

해설 인장응력(σ)

$$=\dfrac{W}{A}=\dfrac{1000}{\dfrac{\pi\times5^2}{4}}=50.9\ \mathrm{kgf/cm^2}$$

원의 단면적$=\dfrac{1}{4}\pi d^2$

8. 지름 2 cm인 원형 단면봉에 3000 kgf의 인장 하중이 작용할 때 단면에서의 응력은 약 몇 kgf/cm²인가?

① 477 　　② 750

③ 955 　　④ 1910

해설 응력(σ)

$$=\dfrac{W}{A}=\dfrac{3000}{\dfrac{\pi\times2^2}{4}}=955\ \mathrm{kgf/cm^2}$$

9. 지름 0.5 in, 인장강도 3000 lb/in²의 알루미늄 봉은 약 몇 lb의 하중에 견딜 수 있는가?

① 589 　　　　② 1178
③ 2112 　　　④ 3141

해설 $\sigma=\dfrac{W}{A}$에서

$$W=\sigma A=3000\times\dfrac{1}{4}\pi\times0.5^2=589\ \mathrm{lb}$$

10. 400 lb/in²의 인장강도를 갖는 알루미늄 합금으로 제작된 단면적 1 in²의 환봉부재는 최대 몇 lb의 하중에 견딜 수 있는가?

① 100 　　　　② 314
③ 400 　　　　④ 1600

해설 $\sigma=\dfrac{W}{A}$에서

$$W=\sigma A=400\times\dfrac{1}{4}\pi\times1^2=314$$

11. 물체 내의 단면상에 단면에 따라 크기가 같고 방향이 반대인 1쌍의 힘이 작용하여 물체를 그 단면에서 절단하도록 하는 응력은?

① 허용응력 　　② 인장응력
③ 압축응력 　　④ 전단응력

12. 그림과 같이 고정시켜 놓은 가운데 봉을 양쪽으로 당겼을 때 봉에 발생하는 하중의 형태로 옳은 것은?

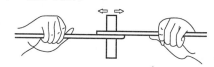

① 인장 　　　　② 압축

③ 전단   ④ 비틀림

13. 그림과 같이 양쪽에서 힘(P)이 작용할 때 볼트에 작용하는 주된 응력은?

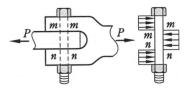

① 굽힘응력   ② 전단응력
③ 수직응력   ④ 인장응력

14. 인장력을 받는 봉에서 발생하는 변형률의 단위는?

① m   ② N/m
③ N/m^2 ④ 무차원

15. 그림과 같이 두 판재가 200 kgf의 인장력을 받을 때, 그 사이의 리벳의 단면에 작용하는 전단 응력의 크기는 몇 kgf/cm^{2}인가? (단, 리벳의 단면적은 2 cm^{2}이다.)

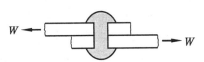

① 0.01   ② 100
③ 200   ④ 400

[해설] 전단응력(τ) $= \dfrac{V}{A} = \dfrac{200}{2}$
$$= 100 \text{ kgf/cm}^2$$

16. 그림과 같은 리벳 이음 단면에서 리벳 지름 5 mm, 두 판재의 인장력 100 kgf이면 리벳 단면에 발생하는 전단응력은 약 몇 kgf/mm^{2}인가?

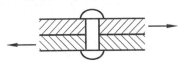

① 3.1   ② 4.0
③ 5.1   ④ 8.0

[해설] 전단응력(τ) $= \dfrac{V}{A}$
$$= \dfrac{100}{\dfrac{3.14 \times 5^2}{4}} = 5.1 \text{ kg/mm}^2$$

17. 인장시험을 받는 봉의 경우에 늘어난 길이를 δ, 원래의 길이를 L이라 했을 때 변형률을 옳게 나타낸 것은?

① $\dfrac{\delta}{L}$ ② $\dfrac{(L+\delta)}{L}$

③ $\dfrac{(L-\delta)}{L}$ ④ $\dfrac{\delta}{L} - 1$

18. 길이 10 cm의 금속재 봉이 인장력을 받아 11 cm가 되었다면, 이 봉의 변형률은?

① 1   ② $\dfrac{1}{10}$

③ $\dfrac{1}{11}$ ④ $\dfrac{10}{11}$

[해설] 변형률 $= \dfrac{\text{변형된 길이}}{\text{원래의 길이}} = \dfrac{11-10}{10}$
$$= \dfrac{1}{10}$$

19. 5 m로 제작된 항공기 날개보가 급유를 한 후 5.005 m가 되었다면 날개보의 변형률을 옳게 나타낸 것은?

① 인장 변형률이 0.001이다.
② 압축 변형률이 0.001이다.
③ 인장 변형률이 0.0050이다.
④ 압축 변형률이 0.0050이다.

[해설] 변형률 $= \dfrac{\text{변형된 길이} - \text{원래의 길이}}{\text{원래의 길이}}$
$$= \dfrac{5.005-5}{5} = 0.001$$

수치 값이 음($-$)의 값이 나오면 압축, 양($+$)의 값이 나오면 인장 변형률이다.

정답 13. ②   14. ④   15. ②   16. ③   17. ①   18. ②   19. ①

(4) 응력-변형률 선도

① 훅의 법칙(Hook's law) : 하중에 의한 재료 변형의 크기는 일정한 탄성 범위 내에서 가한 하중에 비례한다. 응력과 변형률과의 관계는 재료 시험을 통해 알 수 있으며, 보편적으로 인장 시험이 이용된다.

  ⑦ 응력과 변형률과의 관계

$$\sigma = E\epsilon$$

    여기서, σ : 응력, E : 비례상수(재료의 탄성계수 또는 영률), ϵ : 변형률

  ⑭ 전단응력과 전단 변형률과의 관계

$$\tau = G\gamma$$

    여기서, τ : 전단응력, G : 전단 탄성계수, γ : 전단 변형률

② 응력-변형률 곡선

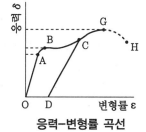

응력-변형률 곡선

  ⑦ OA 구간 : 점 A까지를 탄성 한계라 하며, 훅의 법칙이 이 범위에서만 성립한다. 응력이 제거되면 변형률도 제거되며, 원래의 상태로 돌아오게 되는데, 이를 탄성(elasticity)이라 한다.

  ⑭ B 지점(항복점) : 응력이 증가하지 않아도 저절로 변형되는 지점, 이때 응력을 항복응력(항복강도)이라 한다.

  ⑮ G 지점(극한강도, 인장강도) : 재료가 받을 수 있는 최대 응력

  ⑯ OD(잔류 변형) : C까지 하중을 가한 상태에서 가한 하중을 제거했을 때 재료에 영구 변형이 남게 되며, 그 재료에 영구 변형이 생기는 것을 소성(plasticity)이라 한다.

2 여러 가지 응력

(1) 봉의 단면에서 발생하는 응력(σ)

$$\sigma = \frac{W}{A} = \frac{4W}{\pi d^2}$$

  여기서, A : 단면적$\left(\frac{1}{4}\pi d^2\right)$, W : 하중(kg)

(2) 순수 전단 : 각 단면에 수직응력이 없이 전단응력만 생기는 경우

(3) 열응력(δ)

재료가 열을 받아도 늘어나지 못하게 양 끝이 구속되어 있다면 재료 내부에 응력이 발생하는데, 이때의 응력을 열응력이라 한다.

$$\delta = \alpha L_0 \Delta t$$

  여기서, δ : 늘어난 길이, α : 재료의 선팽창계수, L_0 : 원래의 길이, Δt : 온도 변화

• 열 변형률에 의한 훅의 법칙 : $\sigma = E\epsilon = E\alpha \Delta T$

예상문제

1. 재료의 기계적 성질에서 훅의 법칙(Hook's law)에 관하여 가장 올바르게 설명한 것은?
① 일정한 탄성 범위 내에서 대응하는 응력과 변형률이 서로 비례 관계에 있다.
② 재료의 탄성계수는 동일 재료에서도 다른 값을 가진다.
③ 일정한 탄성 범위 내에서 대응하는 응력과 변형률은 서로 반비례 관계에 있다.
④ 재료의 탄성계수는 영률(Young's modules) 과는 다르다.

2. 재료의 응력과 변형률의 관계를 재료 시험을 통하여 얻을 때, 가장 보편적으로 시행하는 재료 시험은?
① 전단 시험   ② 충격 시험
③ 인장 시험   ④ 압축 시험

3. [보기]는 무엇에 대한 설명인가?

┤ 보기 ├
재료에 하중이 가해지면 그 재료는 변형이 생기는데, 이 변형의 크기는 어느 범위 내에서는 가한 하중에 비례한다.

① 열변형 원리
② 훅의 법칙
③ 파스칼 원리
④ 관성의 법칙

4. 그림과 같은 응력 변형률 곡선에서 응력이 제거되면 변형률도 제거되어 원래의 상태로 돌아오는 영역은?

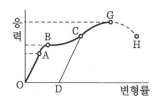

① O~A   ② A~B
③ B~C   ④ C~D

5. 응력이 제거되면 변형률도 제거되어 원래 상태로 회복이 가능한 한계응력을 나타내는 것은 어느 것인가?
① 항복점
② 인장강도
③ 파단점
④ 탄성 한계

6. 항복 강도(yield strength)에 대한 설명으로 가장 옳은 것은?
① 재료가 받을 수 있는 최대 응력을 말한다.
② 극한강도(ultimate strength)를 말한다.
③ 인장강도(tension strength)보다 크다.
④ 항복점의 응력을 말한다.

7. 응력이 증가하지 않아도 변형이 생기는 점은 어느 것인가?
① 항복점
② 비례 한도점
③ 탄성점
④ 최대 응력점

8. 그림과 같은 응력-변형률 곡선에서 극한응력을 나타낸 곳은?

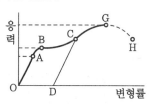

① A   ② B
③ G   ④ H

정답 ● 1. ①   2. ③   3. ②   4. ①   5. ④   6. ④   7. ①   8. ③

9. 그림과 같은 응력–변형률 곡선의 각 기호와 설명 또는 의미가 틀리게 짝지어진 것은?

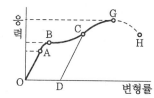

① B : 항복점
② BC : 비례한도
③ G : 극한강도
④ OA : 훅의 법칙 성립

해설 응력– 변형률 선도
  OA : 탄성 한계, 훅의 법칙 성립

B : 항복점
C : 항복점과 극한강도 사이의 임의의 점
G : 극한강도(인장강도)

10. 길이가 L이고 선팽창계수가 a인 구조재에 $t[°C]$만큼 온도를 증가시켰다면 온도의 변화에 의해 늘어난 부재의 길이를 구하는 식은 어느 것인가?

① $a \times L \times t$
② $a(L \times t)^2$
③ $a^2 \times L \times t$
④ $\dfrac{a \times L}{t}$

정답 ► **9.** ② **10.** ①

3 굽힘

하중이 구조물의 길이 방향에 수직으로 작용하게 될 때에 그 구조물에는 굽힘이 발생하고, 이 구조물이 봉재일 때에 그것을 보라고 한다.

(1) 보의 종류

① 단순보 : 한쪽 끝은 힌지 지지점, 다른 한쪽 끝은 롤러 지지점(a)
② 외팔보 : 한쪽 끝은 고정 지지점, 다른 한쪽 끝은 자유단(b)
③ 고정 지지보 : 한쪽 끝은 고정 지지점, 다른 한쪽 끝은 롤러 지지점(d)

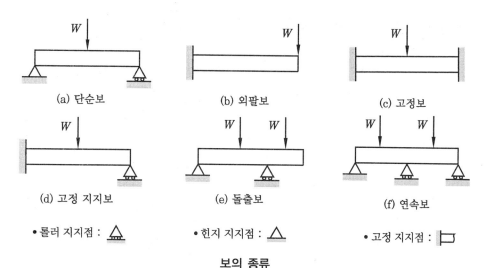

보의 종류

4 단면의 성질(A : 면적, I : 단면 2차 관성 모멘트, k : 회전 반지름, Z : 단면계수)

단면의 성질

단면 형상	A	I	k^2	Z
	bh	$\dfrac{bh^3}{12}$	$\dfrac{h^2}{12}$	$\dfrac{bh^2}{6}$
	$\dfrac{\pi d^2}{4}$	$\dfrac{\pi d^4}{64}$	$\dfrac{d^2}{16}$	$\dfrac{\pi d^3}{32}$
	$\dfrac{\pi}{4}(d_2^2 - d_1^2)$	$\dfrac{\pi}{64}(d_2^4 - d_1^4)$	$\dfrac{1}{16}(d_1^2 + d_2^3)$	$\dfrac{\pi}{32}\dfrac{d_2^4 - d_1^4}{d_2}$

예상문제

1. 한쪽 끝은 힌지 지지점이고, 다른 쪽은 롤러 지지점인 보는?

① 단순보 ② 외팔보
③ 고정보 ④ 고정 지지보

2. 다음 그림과 같은 보(beam)의 명칭은 무엇인가?

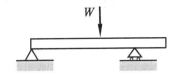

① 고정 지지보 ② 돌출보
③ 고정보 ④ 단순보

3. 한쪽 끝은 고정 지지점이고, 다른 쪽은 자유단인 경우 보의 종류는?

① 단순보 ② 외팔보
③ 고정보 ④ 고정 지지보

4. 한쪽 끝은 고정 지지점이고, 다른 쪽은 롤러 지지점인 보의 종류는?

① 단순보
② 외팔보
③ 고정보
④ 고정 지지보

5. 다음 중 고정 지지보를 나타낸 것은?

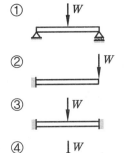

정답 　**1.** ① 　**2.** ④ 　**3.** ② 　**4.** ④ 　**5.** ④

6. 다음 그림과 같은 보(beam)의 명칭으로 옳은 것은?

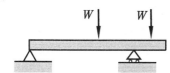

① 연속보   ② 외팔보
③ 단순보   ④ 돌출보

7. 다음 중 고정보를 나타낸 것은?

①

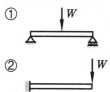

②

③

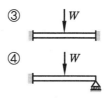

④

8. 보의 휨 응력을 계산 시 단면계수(Z)가 적용된다. 단면의 지름이 d인 원의 단면계수(Z) 값은?

① $\dfrac{\pi d^2}{6}$ ② $\dfrac{\pi d^3}{32}$ ③ $\dfrac{\pi}{32}\cdot\dfrac{3}{d}$ ④ $\dfrac{d^2}{32}$

정답 → **6.** ④   **7.** ③   **8.** ②

4-3   안전여유와 극한 하중

(1) 안전여유

$$\text{안전여유} = \frac{\text{허용 하중(허용 응력)}}{\text{실제 하중(실제 응력)}} - 1$$

① 허용 하중 : 구조 부재가 받을 수 있는 최대 하중
② 실제 하중 : 실제로 발생되는 최대 하중

(2) 설계 하중(design load : 극한 하중)

한계 하중(제한 하중)보다 큰 하중에서 견딜 수 있도록 설계한 하중으로 일반적으로 기체 구조 설계 시 안전계수는 1.5이다.

$$\text{설계 하중(극한 하중)} = \text{한계 하중} \times \text{안전계수}$$

참고   설계 하중을 고려해야 하는 이유

① 항공역학 및 구조역학 등의 이론적 계산에 많은 가정이 있기 때문
② 재료의 기계적 성질 등이 실제의 값과 약간의 차이가 있기 때문
③ 제작 가공 및 검사 방법 등에 따라 측정한 수치에는 오차가 발생하기 때문
④ 기체 구조에는 비상시, 돌풍 시에 예상보다 더 큰 하중이 발생할 가능성이 있기 때문

예상문제

1. 설계 하중 값을 옳게 나타낸 것은?

① 한계 하중+안전계수

② 한계 하중×안전계수

③ 종극 하중+안전계수

④ 종극 하중×안전계수

2. 항공기의 안전계수에 대한 식으로 옳은 것은?

① $\dfrac{제한\ 하중}{극한\ 하중}$ ② $\dfrac{극한\ 하중}{크리프\ 하중}$

③ $\dfrac{극한\ 하중}{제한\ 하중}$ ④ $\dfrac{크리프\ 하중}{극한\ 하중}$

[해설] 설계 하중(극한 하중)=한계 하중×안전계수

3. 설계 하중에 대한 설명으로 옳은 것은?

① 한계 하중이라고도 한다.

② 한계 하중보다 작은 값이다.

③ 한계 하중과 안전계수의 합이다.

④ 기체 구조 설계 시 안전계수는 주로 1.50이다.

4. 감항성 기준에 대한 설명으로 옳은 것은?

① 하중배수란 극한 하중과 제한 하중의 비이다.

② 종극 하중(극한 하중)에 안전계수를 곱한 것이 제한 하중이다.

③ 안전계수란 운용상태에서 예상되는 하중보다 큰 하중이 작용한다는 가능성에 대비하여 적용하는 설계계수이다.

④ 종극 하중배수는 항공기의 구조 강도면에서 최소 제한의 기준으로 한다.

5. 항공기 기체 강도 설계 시 설계 하중(design load)을 고려하는 이유가 아닌 것은?

① 재료의 기계적 성질 등이 실제의 값과 약간씩 차이가 있기 때문

② 제작 가공 및 검사 방법 등에 따라 측정한 수치에는 항상 오차가 있기 때문

③ 항공역학 및 구조역학 등의 이론적 계산에

서 많은 가정이 있기 때문

④ 항공기 기체의 강도는 한계 하중보다 좀 더 낮은 하중에서 견딜 수 있도록 설계되기 때문

6. 항공기를 설계할 때 기체의 강도는 한계 하중보다 좀 더 높은 하중에서 견딜 수 있도록 설계하는 이유를 설명한 것 중 틀린 것은?

① 항공역학 및 구조역학 등의 이론적 계산에서 많은 가정이 있기 때문에

② 재료의 기계적 성질 등이 실제의 값과 약간의 차이가 있기 때문에

③ 항공기는 비행 중 한계 하중보다 큰 하중을 받는 경우가 많기 때문에

④ 제작 가공 및 검사 방법 등에 따라 측정한 수치에 오차가 발생할 수 있기 때문에

7. 안전여유(margin of safety)를 구하는 식으로 옳은 것은?

① $\dfrac{허용\ 하중}{실제\ 하중}-1$ ② $\dfrac{실제\ 하중}{허용\ 하중}-1$

③ $\dfrac{허용\ 하중}{실제\ 하중}+1$ ④ $\dfrac{실제\ 하중}{허용\ 하중}+1$

8. 강(AISI 4340)으로 된 봉의 바깥지름이 1 cm 이다. 인장 하중 100 kg이 작용할 때 이 봉의 안전여유는 약 얼마인가? (단, 강의 항복강도(σ_y)는 14800 kg/cm² 이다.)

① 100   ② 105   ③ 110   ④ 115

[해설] 안전여유

실제 하중$=\dfrac{P}{\dfrac{\pi D^2}{4}}=\dfrac{4\times100}{3.14\times1^2}=127\,\text{kg/cm}^2$

허용 하중$=14800\,\text{kg/cm}^2$

안전여유$=\dfrac{허용\ 하중}{실제\ 하중}-1=\dfrac{14800}{127}-1$

         $=115$

정답 ● **1.** ②   **2.** ③   **3.** ④   **4.** ③   **5.** ④   **6.** ③   **7.** ①   **8.** ④

4-4 강도와 안정성

(1) 크리프와 피로

① 크리프(creep) : 일정한 응력을 받는 재료가 일정한 온도에서 시간이 경과함에 따라 하중이 일정하더라도 변형률이 변화하는 현상

② 크리프-파단 곡선

(개) 1단계(초기 단계) : 탄성 범위 내의 변형으로 하중을 제거하면 원래 상태로 돌아온다.

(내) 2단계 : 변형률이 직선으로 증가한다.

(대) 3단계 : 변형률이 급격히 증가하여 파단이 생긴다.

(래) 천이점 : 2단계와 3단계의 경계점이다.

(매) 크리프율 : 3단계 이전까지의 기울기이다.

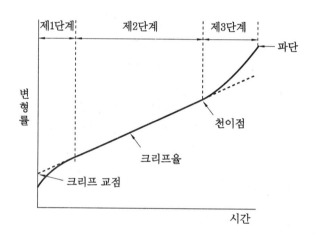

크리프-파단 곡선

③ 피로(fatigue) : 반복 하중에 의하여 재료의 저항력이 감소되는 현상

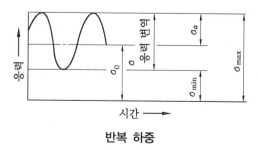

반복 하중

(개) 피로파괴 : 반복 하중을 받는 구조가 정하중에서 재료의 극한강도보다 훨씬 낮은 응력상태에서 파단되는 현상

⒝ 피로의 원인 : 재료 내부의 결함(crack)이 있을 때 그 주위에서 응력 집중이 발생하여 점차적으로 응력이 확산되어 파괴가 일어나기 때문

⒟ 사이클(cycle) : 최대 응력과 최소 응력이 한 번씩 나타나는 주기

⒣ 응력비(stress ratio) : 최대 응력과 최소 응력의 비

④ 응력-회전수(S-N 곡선) : 피로 시험에서 응력 진폭(피로 파괴를 발생하는 응력)과 반복횟수 사이의 관계를 나타내는 곡선

• 피로한도(fatigue limit : 피로강도) : 회전수가 증가함에 따라 곡선은 아래로 감소하다가 일정한 값이 되면 수평이 유지되는 응력 진폭

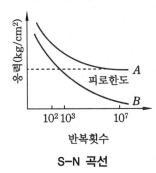

S-N 곡선

(2) 기둥의 좌굴

① 기둥(column) : 봉재 중 비교적 긴 부재로서 길이 방향으로 압축을 받는 부재

② 좌굴(buckling) : 축 압축력에 의해 굽힘이 되어 파괴되는 현상

③ 세장비 : 기둥의 길이(L)를 단면의 회전 반지름(k)으로 나눈 비

$$세장비(\lambda) = \frac{길이}{회전 반지름} = \frac{L}{k}$$

⒜ 짧은 기둥 : 세장비 30 이하

⒝ 중간 기둥 : 세장비 30~150

⒟ 긴 기둥 : 세장비 160 이상

예상문제

1. 일정한 응력을 받는 재료가 일정한 온도에서 시간이 경과함에 따라 하중이 일정하더라도 변형률이 변화하는 현상을 의미하는 것은 다음 중 어느 것인가?

① 피로　　　　② 크리프
③ 좌굴　　　　④ 피로한도

2. 항공기 재료의 피로(fatigue)파괴에 대한 설명으로 옳은 것은?

① 합금 성질을 변화시키려 하는 성질이다.
② 재료의 인성과 취성을 측정할 때 재료의 파괴시점을 측정하기 위한 시험법이다.
③ 시험편(test piece)을 일정한 온도로 유지하고 일정한 하중을 가할 때 시간에 따라 변화하는 현상이다.
④ 재료에 반복하여 하중이 작용하면 그 재료의 파괴응력보다 훨씬 낮은 응력으로 파괴되는 현상이다.

정답 ⊶ **1.** ②   **2.** ④

3. 어떤 재료에 종극 하중 이하의 하중이 계속적으로 반복 가해지게 되어 재료가 파괴되는 현상을 무엇이라 하는가?

① 응력　　　　　　② 피로
③ 부하　　　　　　④ 전단

4. 다음 중 피로파괴에 대한 설명으로 가장 올바른 것은?

① 극한 하중에 의하여 재료가 파괴되는 현상
② 항복 하중 이상인 하중에 의하여 재료가 파괴되는 현상
③ 반복 하중에 의하여 재료가 파괴되는 현상
④ 재료의 불균일에 의하여 재료가 파괴되는 현상

5. 구조 부재 파괴 중 반복 하중에 의한 구조 부재의 파괴는?

① 크리프　　　　　② 응력 집중
③ 피로파괴　　　　④ 집중 하중

6. 다음 그림은 어떤 반복 응력 상태를 나타낸 그래프인가?

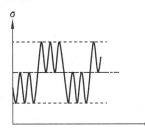

① 중복 반복 응력　　② 변동 응력
③ 단순 반복 응력　　④ 반복 변동 응력

> **해설** 단순한 반복 응력은 그 평균 응력과 응력 진폭 및 진동수로 규정되는데, 여러 종류의 반복 응력이 시간적으로 차례로 작용하는 경우를 중복 반복 응력이라고 한다.

7. 피로 시험에 사용되는 그래프로 응력의 반복 횟수와 그 진폭과의 관계를 나타낸 곡선은?

① 로그 곡선　　　　② S−N 곡선
③ 응력 곡선　　　　④ 하중배수 곡선

8. 피로 시험의 S−N 곡선에서 회전수가 증가함에 따라 곡선은 아래로 감소하다가 일정한 값이 되면 수평을 유지하는데 이것을 무엇이라 하는가?

① 피로한도　　　　② 피로파괴
③ 피로감쇄　　　　④ 피로균형

9. 다음 중 좌굴 현상이 가장 잘 발생할 수 있는 것은?

① 짧은 봉에 압축력이 작용할 때
② 긴 봉에 인장력이 작용할 때
③ 짧은 기둥에 인장력이 작용할 때
④ 긴 기둥에 압축력이 작용할 때

10. 기둥에서 축 압축력에 의하여 굽힘이 되어 파괴되는 현상을 무엇이라 하는가?

① 좌굴　　　　　　② 크리프
③ 피로　　　　　　④ 응력 집중

11. 세장비에 대한 설명 중 가장 올바른 것은?

① 세장비는 기둥의 길이를 기둥 단면의 회전 반지름으로 나눈 것이다.
② 세장비가 큰 봉은 인장강도에 의하여 파괴된다.
③ 세장비가 작은 기둥은 인장강도에 의하여 파괴된다.
④ 일반적으로 연강인 경우에 세장비가 90보다 크면 짧은 기둥이라고 한다.

12. 항공기 구조 부재 중 지름이 10 cm, 길이가 250 cm인 원형 기둥의 세장비는?

① 50　　② 75　　③ 100　　④ 125

> **해설** 세장비 $= \dfrac{\text{길이}}{\text{회전 반지름}} = \dfrac{250}{\dfrac{10}{4}} = 100$

여기서, 원기둥의 회전 반지름$(k) = \dfrac{d}{4}$이다.

13. 지름이 8 cm이고, 길이가 200 cm인 기둥의 세장비는? (단, 이 기둥의 한쪽 끝은 고정되어 있고, 다른 끝은 자유단이다.)

① 50　　② 100　　③ 150　　④ 200

해설 세장비 $= \dfrac{\text{길이}}{\text{회전 반지름}}$

$= \dfrac{\text{길이}}{\left(\dfrac{d}{4}\right)} = \dfrac{200}{\left(\dfrac{8}{4}\right)} = 100$

정답 ● **13.** ②

4-5 ▸ 구조 시험

(1) 구조 시험이 필요한 이유
① 설계 과정에서 사용한 공식과 실제 과정이 일치한다고 볼 수 없기 때문
② 설계 기준으로 선택한 재료의 기계적 성질, 즉 항복강도, 극한강도 등의 값이 실제로 사용된 재료의 값과 차이가 있기 때문
③ 모든 조건을 고려하여 설계할 수 없기 때문
④ 새로운 재료의 출현으로 현재까지 알려진 방법으로는 해결할 수 없는 많은 문제점들을 시험적인 방법 이외에는 해결할 수 없기 때문

(2) 정하중 시험
비행 중 가장 심한 하중, 즉 극한 하중의 조건에서 기체구조가 충분한 강도와 강성을 가지고 있는지를 측정하는 시험이다.
① 강성 시험 : 한계 하중보다 낮은 하중 상태에서 기체 각 부분의 강성을 측정하는 시험
② 한계 하중 시험 : 안전의 위험을 초래하는 잔류변형이 발생하는가를 확인하는 시험
③ 극한 하중 시험 : 파괴가 일어나지 않는지를 확인하는 시험
④ 파괴 시험 : 이론적으로 예측하기 어려운 자료를 얻는 시험으로 기체 구조가 안전계수에 의해 설계, 제작되었기 때문에 파괴 시험 하중은 대단히 높은 값을 가진다.

(3) 낙하 시험
실제의 착륙상태 또는 그 이상의 조건에서 착륙장치의 완충능력 및 하중 전달 구조물의 강도를 확인하기 위한 시험이다.
① 자유 낙하 시험
㈎ 고정날개 항공기의 경우 : 규정에 명시된 제한 하강률로 낙하할 때 착륙장치의 완충능력을 시험한다. 감항 유별이 N, U, A 유형의 항공기에서 자유 낙하 높이는 23~46.8 cm 범위에 있도록 한다.
㈏ 헬리콥터의 경우 : 낙하 높이로 규정하여 완충능력을 시험한다.
② 여유 에너지 흡수 낙하 시험 : 제한 하강률의 1.2배에 해당하는 하강률로 낙하할 때 착륙장

치의 에너지 흡수 능력의 여유가 얼마인가를 확인하는 시험으로 이 경우 구조의 일부가 항복점에 도달해도 좋으나 파괴가 일어나지 않아야 한다.

③ 작동 시험 : 착륙장치의 내림과 올림, 바퀴를 접어 들이는 작동을 확인하는 시험

(4) 피로 시험

① 부분 구조의 피로 시험 : 구조 부재의 모양, 결합 방식, 체결 요소의 선정 및 복잡한 구조부의 설계를 위한 피로강도를 설정하기 위한 시험

② 기체 구조 전체의 피로 시험 : 기체 구조의 안전수명을 결정하기 위한 것이 주목적이고 부수적으로 2차 구조 부재의 손상 여부를 검토하기 위해 시험한다.

(5) 지상 진동 시험

기체 구조는 정하중을 받을 때의 구조 강도에 안전할 뿐만 아니라 비행 중의 갑작스런 조작, 착륙 시의 충격, 돌풍 하중과 같은 동하중을 받게 되는 경우에도 구조 강도가 보장되어야 한다.

① 진폭 : 진동할 때 변위의 폭

② 사이클 : 진폭의 최댓값과 최솟값이 교대로 한 번씩 나타나는 구간

③ 주파수 : 매 초당 나타나는 사이클의 수

④ 고유 진동수 : 구조 재료와 같은 탄성 재료가 외부의 하중과는 상관없이 가지는 고유한 진동수

⑤ 공진(resonance) : 외부 하중의 진동수와 고유 진동수가 같아질 때 상당히 큰 변위가 발생하는 현상

예상문제

1. 항공기 기체의 구조 시험을 하는 이유로 가장 관계가 먼 것은?

① 설계상 요구 조건을 확인하기 위해서

② 신소재에 대해서는 이 시험 방법 외에 없으므로

③ 설계에 사용한 공식이 실제와 일치하기 때문에

④ 재료의 기계적 성질이 실제와 일치하지 않으므로

2. 다음 중 정하중 시험의 순서를 옳게 나열한 것은?

① 한계 하중 시험 → 극한 하중 시험 → 파괴 시험 → 강성 시험

② 강성 시험 → 한계 하중 시험 → 극한 하중 시험 → 파괴 시험

③ 한계 하중 시험 → 파괴 시험 → 강성 시험 → 극한 하중 시험

④ 파괴 시험 → 강성 시험 → 한계 하중 시험 → 극한 하중 시험

3. 비행 중 가장 심한 하중, 즉 극한 하중의 조건에서 기체의 구조에 대한 충분한 강도와 강성을 시험하는 것은?

① 피로 시험   ② 정하중 시험

③ 낙하 시험   ④ 지상 진동 시험

4. 항공기의 기체 구조 시험 중 강성 시험, 한

계 하중 시험, 극한 하중 시험, 파괴 시험 등
은 어느 시험에 속하는가?

① 풍동 시험　　　　② 환경 시험
③ 정하중 시험　　　④ 진동 시험

5. 다음 중 정하중 시험에 해당하지 않는 항공
기 구조 시험은?

① 강성 시험　　　　② 한계 하중 시험
③ 피로 시험　　　　④ 극한 하중 시험

6. 항공기의 기체 구조 시험 중 정하중 시험에
속하지 않는 시험은?

① 풍동 시험　　　　② 파괴 시험
③ 강성 시험　　　　④ 극한 하중 시험

7. 구조상의 최대 하중으로 기체의 영구 변형이
일어나더라도 파괴되지 않는 하중은?

① 한계 하중　　　　② 최고 하중
③ 극한 하중　　　　④ 돌풍 하중

8. 정하중 시험 중 이론적으로 예측하기 어려운
많은 자료를 얻을 수 있으며, 시험 하중이 대
단히 높은 값을 가지는 시험은?

① 강성 시험　　　　② 한계 하중 시험
③ 극한 하중 시험　　④ 파괴 시험

9. 다음 중 항공기 기체의 구조와 관련된 구조
시험으로 볼 수 없는 것은?

① 풍동 시험　　　　② 진동 시험
③ 피로 시험　　　　④ 낙하 시험

해설 구조 시험 : 정하중 시험, 낙하 시험, 피
로 시험, 지상 진동 시험

10. 실제의 착륙상태 또는 그 이상의 조건에서
착륙장치의 완충능력 및 하중 전달 구조물의
강도를 확인하기 위해 하는 시험은?

① 피로 시험　　　　② 정하중 시험

③ 낙하 시험　　　　④ 지상 진동 시험

11. 다음 중 착륙장치에 대한 시험이 아닌 것
은 어느 것인가?

① 자유 낙하 시험
② 여유 에너지 흡수 낙하 시험
③ 기체 구조 하중 전달 시험
④ 작동 시험

12. 기체 구조 전체에 대해 반복 하중을 가하
는 방법을 통하여 구조의 안전수명을 결정하
는 것이 주목적이며, 부수적으로 2차 구조의
손상 여부를 검토하기 위한 시험은?

① 낙하 시험　　　　② 정하중 시험
③ 피로 시험　　　　④ 지상 진동 시험

13. 단순 반복 응력, 변동 응력, 반복 변동 응
력, 중복 반복 응력 등에 의해 파괴되는 현상
을 측정하는 시험은?

① 정하중 시험　　　② 피로 시험
③ 지상 진동 시험　　④ 낙하 시험

14. 지상 진동 시험에 관계된 용어에 대한 설
명으로 틀린 것은?

① 진동할 때 변위의 폭을 진폭이라 한다.
② 구조 재료와 같은 탄성 재료는 외부의 하중
　과는 상관없이 고유한 진동수를 가지고 있다.
③ 진폭의 최댓값과 최솟값이 교대로 한 번씩
　나타나는 구간을 1사이클(cycle)이라 한다.
④ 외부 하중의 진동수가 고유 진동수보다 클
　때를 공진이라 한다.

15. 지상 진동 시험을 할 경우 외부 하중의 진
동수와 고유 진동수가 같게 되어 구조물에 큰
변위를 발생시키는 현상을 무엇이라 하는가?

① 공진 현상　　　　② 단주기 진동
③ 돌풍 하중　　　　④ 착륙 시의 충격

정답 → **5.** ③ **6.** ① **7.** ③ **8.** ④ **9.** ① **10.** ③ **11.** ③ **12.** ③ **13.** ② **14.** ④ **15.** ①

CHAPTER 05 도면 해독

5-1 도면의 기능과 종류

(1) 도면의 기능

① 도면 작성자의 의사 및 도면 관련 정보를 간단하면서도 신속하고, 정확하게 전달할 수 있도록 해준다.

② 정보를 매우 쉽게 보관할 수 있는 수단이 될 수 있으며 한 번 작성된 도면은 향후 재사용이나 수정을 통하여 새로운 설계의 기초 자료가 될 수 있다.

③ 머릿속에 잠재되어 있는 아이디어를 구체화시켜 주는 기능을 수행한다.

④ 항공기와 관련된 작업을 수행할 때 모든 작업 관련자에게 절대적인 지침이고 규칙이므로 도면을 작성할 때는 일정한 규칙이 있어야 한다.

(2) 도면의 종류

① 조립 도면(assembly drawing) : 상세도에 의해 제작된 2개 이상의 부품이 한 곳에 결합되어 조립체나 부분 조립체를 이루는 방법과 절차를 설명하는 도면으로 항공기 도면의 표제란에서 'ASSY'로 표기한다.

② 장착 도면(installation drawing) : 부품이나 조립체를 주 구조물이나 항공기에 장착하는 데 필요한 모든 정보를 포함하고 있는 도면으로 항공기 도면의 표제란에서 'INSTL'로 표기한다.

③ 설계 배치 도면 : 상세 부품들의 설계 배치를 위한 도면으로 제작 부품에 대한 치수와 관련된 정보는 물론이고, 인접 구조물, 부품 간의 여유 및 참고 정보 등을 포함하고 있어 생산도면의 기본이 될 수 있는 개략적인 배치 도면을 말한다.

④ 기준 배치 도면 : 항공기 부품의 기본 윤곽과 형상을 정의하는 종합적인 도면이다.

⑤ 실물 모형 도면 : 항공기 부품이나 기체를 제작하기 이전에 목재나 복합 재료와 같은 적절한 재료를 이용하여 실물 크기의 모형 부품을 제작할 수 있도록 상세한 정보를 포함하고 있는 도면이다.

⑥ 생산 도면 : 항공기 제작 과정 중에서 기계 가공, 주조, 단조, 압출, 관 굽힘 가공, 배선, 스탬프 가공 등의 성형 공정에 사용될 수 있는 도면이다.

⑦ 상세 도면 : 특정한 한 가지 부품에 대해서 그 부품을 제작하는 데 필요한 세부적인 정보를 상세하게 나타내는 도면이다.

⑧ 배선도 : 항공기에서 조종 계통, 전기 계통, 연료 계통, 오일 계통 및 유압 계통의 흐름을 묘사하는 데 많이 사용되는 도면으로 배관도와 같은 계통도 및 전기 배선도에 가장 많이 사용된다.

(3) 스케치 기법

① 스케치의 기능

㈎ 말로 표현할 수 없는 사물에 대한 생각을 시각적으로 보여준다.

㈏ 점, 선, 면, 문자로 이루어지는 시각적인 기호이다.

㈐ 어떤 아이디어에 대하여 점, 선, 면, 문자를 이용하여 내용을 표현할 수 있다.

㈑ 기호 언어를 사용하여 그려진 그림을 통한 상호간의 통신이다.

② 스케치의 형태

㈎ 거친 스케치(rough sketch) : 기구나 도구 사용 없이 맨손으로 종이 위에 그리는 이미지로 꾸불꾸불한 선으로 대략적으로 그린 스케치이다.

㈏ 정밀 스케치(refined sketch) : 스케치가 말끔하게 단장된 상태로 물체의 비율을 적절하게 묘사하고, 묘사선도 잘 보이도록 그리는 스케치이다.

(4) 스케치에 의한 항공기 결함 보고서

① 스케치 기법을 통한 항공기의 결함 발생 보고서를 작성하는 일반적인 방법

㈎ 항공기 모델, 등록 기호, 항공기 제작사, 총 비행시간, 총 비행 점검 주기 등 항공기 이력을 알 수 있는 참고 사항들을 기록한다.

㈏ 결함 발생 부위 근처에 이전에 어떤 형태의 유사한 수리가 수행되었는지 여부를 포함하여 작성한다.

㈐ 손상 부위의 위치 표시를 명확히 파악할 수 있도록 나타내야 한다.

㈑ 손상된 부품의 이름, 확인 가능한 경우 부품 번호, 손상 유형, 결함의 길이와 깊이, 결함의 방향 등과 같은 결함의 정도와 상태를 상세히 기록한다.

② 항공기의 방향 표시

보는 방향	표시 방법
기준선을 향해 쳐다본 경우	LOOKING INBD
기준선 쪽에서 밖으로 쳐다본 경우	LOOKING OUT
뒤에서 앞쪽을 쳐다본 경우	LOOKING FWD
앞에서 뒤쪽을 쳐다본 경우	LOOKING AFT
위에서 아래로 내려다 본 경우	LOOKING DOWN
아래에서 위로 쳐다본 경우	LOOKING UP

(5) 기체의 손상 유형

① 긁힘(scratch) : 날카로운 물체와 접촉되어 발생하는 결함으로 길이, 깊이를 가지며 단면적의 변화를 초래하는 선 모양의 자국

② 균열(crack) : 주로 구조물에 가해지는 과도한 응력 집중에 의해 재료에 부분적으로 또는 완전하게 불연속이 생기는 현상

③ 눌림(dent) : 표면이 눌려 원래의 외형으로부터 변형된 현상

④ 부식(corrosion) : 화학적 또는 전기화학적 반응에 의해 재료의 성질이 변화 또는 퇴화되는 현상

⑤ 골패임(gouge) : 비교적 날카로운 물체와 접촉되어 재료에 연속적인 골이 형성된 현상

⑥ 구김(crease) : 눌리거나 뒤로 접혀 손상 부위와 비손상 부위의 경계가 날카로우며, 선이나 이랑으로 확연히 구분되는 손상의 형태

⑦ 마모(abrasion) : 재료 표면에 외부 물체가 끌리거나 비벼지거나 긁혀져서 표면이 거칠고 불균일하게 된 현상

⑧ 찍힘(nick) : 항공기 구조물에서 재료의 표면이나 모서리가 외부 물체의 충격을 받아 소량의 재료가 떨어져 나갔거나 찍힌 현상

⑨ 미세 표면 균열(crazing) : 동체나 날개와 같은 판재의 표피 등에 나타나는 미세한 머리카락 모양의 표면 균열

⑩ 뒤틀림 또는 찢어짐(distorsion) : 비틀림이나 구부러짐과 같이 외형이 원래의 모양으로부터 영구 변형되는 현상

예상문제

1. 도면의 특징과 성격에 대한 설명으로 틀린 것은?

① 정보를 매우 쉽게 보관할 수 있는 수단이 된다.

② 아이디어(idea)를 구체화시키는 기능을 수행한다.

③ 도면의 작성자의 개성이 표출되도록 개별적인 규칙과 규범을 사용한다.

④ 작성자의 의사와 도면 관련 정보를 간단하고 신속하며 정확하게 전달한다.

[해설] 도면은 일정한 규칙에 따라 작성한다.

2. 항공기 도면의 표제란에 'ASSY'로 표시하며 조립체나 부분 조립체를 이루는 방법과 절차를 설명하는 도면은?

① 조립 도면   ② 상세 도면

③ 공정 도면   ④ 부품 도면

3. 다음 중 항공기의 여러 부품이 한 곳에 결합되어 조립체를 이루는 방법과 절차를 설명하는 도면은?

① 조립 도면   ② 상세 도면

③ 장착 도면   ④ 배선 도면

4. 항공기 도면 표제란에 "INSTL"로 표시하는 도면은?

① 배선도   ② 조립 도면

③ 장착 도면   ④ 상세 도면

5. 항공기 도면의 종류에 대한 설명으로 틀린 것은?

① 설계 배치 도면은 생산 도면의 기본이 될 수 있는 개략적인 배치 도면이다.

② 조립 도면은 2개 이상의 부품이 한 곳에 결합되어 부분 조립체를 이루는 방법과 절

정답 ▶ ● **1.** ③ **2.** ① **3.** ① **4.** ③ **5.** ③

차를 설명하는 도면이다.
③ 기준 배치 도면은 항공기 기본 방향을 알기 위해 기준선과 방위를 그려 놓은 도면이다.
④ 실물 모형 도면은 실물 크기의 모형을 제작할 수 있도록 상세한 정보를 포함하고 있는 도면이다.

6. 항공기 도면의 종류에 대한 설명으로 틀린 것은?
① 설계 배치 도면은 생산 도면의 기본이 될 수 있는 개략적인 배치 도면이다.
② 조립 도면은 조립체를 항공기에 장착하는 데 필요한 정보를 담고 있는 도면이다.
③ 기준 배치 도면은 항공기 부품의 기본 윤곽과 형상을 정의하는 종합적인 도면이다.
④ 실물 모형 도면은 실물 크기의 모형을 제작할 수 있도록 상세한 정보를 포함하고 있는 도면이다.

7. 다음 중 스케치에 대한 설명 중 틀린 것은 어느 것인가?
① 사물에 대한 생각을 시각적으로 보여준다.
② 정밀 도구를 주로 사용한다.
③ 아이디어의 내용을 쉽게 표현할 수 있다.
④ 도면 제작 기간을 단축시켜 준다.

8. 스케치를 이용한 항공기의 결함 보고서 작성 내용으로 틀린 것은?
① 항공기의 이력 사항을 기록한다.
② 손상 부위의 위치를 명확하게 표시한다.
③ 결함 발생 부위에 수행될 수리 형태를 기록한다.
④ 결함 발생 부위 근처에 이전에 유사한 수리가 수행되었는지 여부를 기록한다.

9. 결함 발생 보고서 작성 시 항공기 이력을 알 수 있도록 기록해야 할 내용이 아닌 것은?

① 등록 기호
② 항공기 모델
③ 비행시간
④ 항공기 구입가

10. 스케치에 의한 항공기 결함 발생 보고서를 작성하는 일반적인 방법에 대한 설명 중 틀린 것은?
① 결함의 정도와 상태를 상세히 기록한다.
② 손상 부위 위치 표시를 명확히 파악할 수 있도록 나타낸다.
③ 손상 부위 근처의 과거 수리 이력은 기록하지 않아도 무방하다.
④ 항공기 모델, 등록 기호, 항공기 제작회사 등을 기록한다.

11. 항공기 기체 결함 보고서를 작성하기 위해 손상 부위를 표시하려고 할 때 항공기 뒤에서 앞쪽을 보고 스케치했다면 도면에 표시할 내용은?
① LOOKING OUT
② LOOKING FWD
③ LOOKING AFT
④ LOOKING INBD

12. 항공기 스케치에 "LOOKING UP" 표기의 의미는?
① 항공기 기축선을 쳐다보고 스케치를 함.
② 항공기 기축선 쪽에서 밖으로 쳐다보고 스케치를 함.
③ 항공기 아래에서 위로 쳐다보고 스케치를 함.
④ 항공기 위에서 아래로 쳐다보고 스케치를 함.

13. 다음의 기체 결함 스케치 도면은 어느 방향을 기준으로 작성된 것인가?

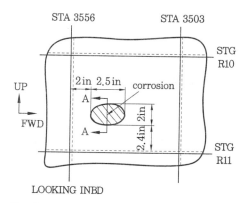

① 앞에서 뒤쪽을 쳐다본 경우
② 뒤에서 앞쪽으로 쳐다본 경우
③ 기축선을 향해 쳐다본 경우
④ 기축선 쪽에서 밖으로 쳐다본 경우

14. 금속 표면상의 손상 중 날카로운 물체와 접촉되어 발생하는 결함으로 길이, 깊이를 가지며 단면적의 변화를 초래한 선 모양의 자국을 무엇이라 하는가?

① 찍힘(nick)
② 긁힘(scratch)
③ 균열(crack)
④ 패임(pitting)

15. 다음 중 표면이 눌려 원래의 외형으로부터 변형된 현상으로 단면적의 변화는 없으며 손상 부위와 손상되지 않는 부위 사이와의 경계 모양이 완만한 형상을 이루고 있는 결함은 어느 것인가?

① 찍힘(nick)
② 눌림(dent)
③ 긁힘(scratch)
④ 구김(crease)

16. 화학적 또는 전기화학적 반응에 의해 재료의 성질이 변화 또는 퇴화하는 현상을 무엇이라 하는가?

① 균열(crack)
② 마모(abrasion)
③ 골패임(gouge)
④ 부식(corrosion)

17. 주로 구조물에 가해지는 과도한 응력의 집중에 의해 재료에 부분적으로 또는 완전하게 불연속이 생기는 현상을 무엇이라 하는가?

① 긁힘(scratch)
② 균열(crack)
③ 좌굴(buckling)
④ 찍힘(nick)

18. 그림에서 부식에 대한 손상의 깊이는 몇 in인가?

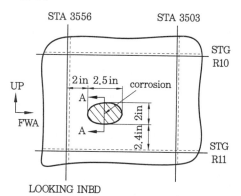

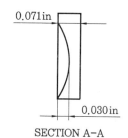

SECTION A-A

① 2.5
② 2.4
③ 0.071
④ 0.030

해설 손상 형태

• 손상은 표면에서 장축 2.5 in, 단축 방향의 폭이 2 in인 타원 형태를 형성하고 있다.
• 스트링어(STG) 10번과 11번 사이에 위치한다.
• 스트링어 11번으로부터 위쪽으로 2.4 in 떨어져 부식이 시작되어 있으며, STA 3556으로부터 앞쪽으로 2 in 떨어진 지점에서부터 부식이 시작되었다.
• 부식의 깊이는 0.030 in이며, 이 부분의 표피 두께는 0.071 in이다.

정답 ➡ **14.** ② **15.** ② **16.** ④ **17.** ② **18.** ④

19. 동체나 날개와 같은 판재의 표피 등에 나타나는 미세한 머리카락 모양의 표면 균열을 말하며, 균열이 성장하여 서로 합쳐지면 큰 파괴를 일으키는 원인이 될 수 있는 것은?

① 벌지(bulge)
② 크레이징(crazing)
③ 가우징(gouging)
④ 브리넬링(brinelling)

20. 다음 중 균열(crack)의 원인으로 가장 거리가 먼 것은?

① 피로에 의한 균열
② 과부하에 의한 균열
③ 도료에 의한 균열
④ 응력 부식에 의한 균열

21. 항공기의 손상 상태를 도시한 다음 도면에 대한 설명으로 옳은 것은?

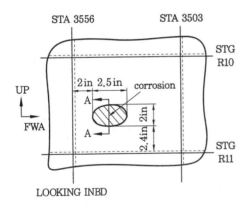

LOOKING INBD

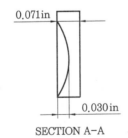

SECTION A-A

① 손상 부위의 깊이는 0.071 in이다.

② 손상 부위의 장축 길이는 2.5 in이다.

③ 손상 부위는 스테이션(STA) 10번과 11번 사이에 있다.

④ 스트링어(STG) 3556번과 3503번 사이에 부식이 생겼다.

22. 다음 도면에서 기체 손상 부분의 외피 두께는 얼마인가?

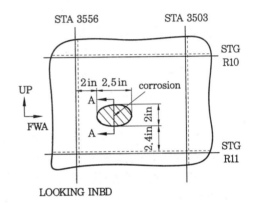

LOOKING INBD

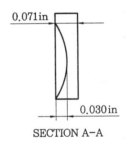

SECTION A-A

① 2.5 inch   ② 2.0 inch
③ 0.071 inch   ④ 0.030 inch

23. 항공기 손상 부위의 위치를 표시할 때 WL (water line)이 나타내는 것은?

① 항공기 날개의 위치를 나타낸다.
② 항공기 높이의 위치를 나타낸다.
③ 항공기 도움날개의 위치를 나타낸다.
④ 항공기의 좌우로 측정된 거리를 나타낸다.

해설 동체 수위선(BWL : body water line) : 기준으로 정한 특정 수평면으로부터의 높이

를 측정한 수직거리

24. 그림과 같은 도면에서 부식이 발생한 곳은?

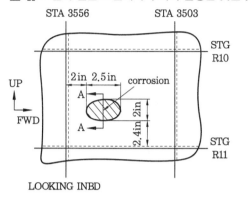

LOOKING INBD

① 리브(rib)와 근접한 부분

② 날개골(airfoil)과 근접한 부분

③ 세로대(longeron)와 근접한 부분

④ 스트링어(stringer)와 근접한 부분

해설 항공기의 손상 상태

- 손상은 표면에서 장축 2.5 in, 단축 방향의 폭이 2 in인 타원 형태를 형성하고 있다.
- 스트링어(STG) 10번과 11번 사이에 위치한다.
- 스트링어 11번으로부터 위쪽으로 2.4 in 떨어져 부식이 시작되어 있으며, STA 3556으로부터 앞쪽으로 2 in 떨어진 지점에서부터 부식이 시작되었다.

정답 •—• **24.** ④

5-2 도면 관련 문서와 읽기

📘 도면 관련 문서

(1) 배포 체계

항공기 도면과 더불어 발행되는 도면 관련 문서에는 적용 목록, 부품 목록, 기술 변경서 또는 도면 변경서 등이 있다.

(2) 적용 목록(application list)의 취급

① 적용 목록에는 부품 번호, 차상위 조립품(next higher assembly) 목록, 항공기 모델, 일련번호, 개정 부호 등이 기록된다.

② 적용 목록은 항공기 도면에 표기되어 있는 부품 번호별로 부품과 관련된 세부적인 사항 등에 관한 정보를 기록한 목록이다.

③ 적용 목록 번호는 관련 도면 번호 앞에 AL이라는 문자가 추가되어 부여된다.

④ 적용 목록과 부품 목록은 자동적으로 개정되어 항상 최신의 정보를 제공하도록 되어 있다.

(3) 부품 목록(parts list)의 취급

① 도면에 도해되어 있는 부분품을 제작하거나 조립 및 장착하는 데 사용되는 재료, 상세 부품 및 표준 문서 등을 명시한 것으로 도면에 직접 작성하기도 한다.

② 부품 목록 번호는 관련 도면 번호 앞에 PL이라는 문자가 추가되어 사용된다.

(4) 기술 변경서(engineering change notice : ECN)의 취급

기술 변경서는 도면, 적용 목록, 부품 목록 등이 개정되어야 할 필요성이 있을 때, 우선적으로 기술 변경서 또는 우선 도면 변경서(drawing change notice : DCN)라는 것을 발행하여 도면이 변경될 때까지 작업 현장에서 사용하도록 배포하는 데 사용하는 양식이다.

- 처리 부호(TC : transaction code) : A : 추가(add), C : 신규(create), D : 삭감(decrease), L : 제한(limit), R : 변경(revise)

② 도면 읽기

(1) 도면 형식

도면의 주요 4요소는 표제란(title block), 변경란(revision block), 일반 주석란(general notes), 도면(drawing) 작도 부분이다.

(2) 도면의 크기 및 구역

① 도면의 크기

(가) A 크기 도면 : $8\frac{1}{2} \times 11\,\text{in}$

(나) B 크기 도면 : $11 \times 17\,\text{in}$

(다) C 크기 도면 : $17 \times 22\,\text{in}$

(라) D 크기 도면 : $22 \times 34\,\text{in}$

(마) E 크기 도면 : $34 \times 44\,\text{in}$

(바) J 크기 도면 : $34 \times 88\,\text{in}$

② 도면 구역 : 도면의 가장자리에 가로 방향에서 오른쪽으로부터 숫자가 표기되고, 세로 방향으로는 아래로부터 A, B, C, D 순서로 문자를 사용한다.

(3) 도면 표제란 읽기

① 도면 이름 : 보통 두 부분으로 구성되며, 하이픈으로 구분하여 표기한다.

(가) 첫째 부분 : 도면의 기본 명칭을 나타내며, 기본 부품 명칭, 도면 형태, 수정 부분으로 구성된다.

(나) 둘째 부분 : 상세 식별이 가능하게 하는 부분으로 약자를 많이 사용한다.

② 도면 번호 : 도면에 부여되는 번호로써 기본 번호와 부품 번호로 구성된다.

③ 도면 쪽수 : 오른쪽 도면 번호 아랫부분에 전체 도면의 쪽수가 기입된다.

④ 도면 척도

척도	내용	척도	내용
$\frac{1}{1}$	실물 크기로 제도	$\frac{1}{2}$	실물 크기의 $\frac{1}{2}$ 배로 제도
$\frac{2}{1}$	실물 크기의 2배로 제도	$\frac{1}{4}$	실물 크기의 $\frac{1}{4}$ 배로 제도

⑤ 표준 공차 : 공차에 대한 기준을 기록한다. 선공차는 길이 단위로, 각공차는 각도 단위로 주어진다.

⑥ 표면 거칠기 : 도면에는 어떤 부품을 제작할 때 표면 거칠기에 대한 기준을 삼는 참고 목록이 제시되어 있다.

⑦ 리벳 장착 규정 : "~에 따라 리벳 장착(INSTALL RIVET PER~)"이라는 문구가 규격과 함게 표시되어 있다.

⑧ 부품 표시 : 부품 식별 방법을 규제하는 규격이나 표준을 나타내기 위하여 사용하며 보통 "~에 따라 부품 표시(MARK PARTS PER~)"라고 쓴다.

⑨ 구역 문자 : 도면상에 나타나는 단면도와 상세도 등에 부여되는 알파벳 문자를 말하며 "차기 구역문자(NEXT SECT. LETTER)"로 명시하여 다음에 사용될 문자를 나타낸다.

⑩ 관련 목록 : 부품 목록, 각 도면의 상태, 적용 정보 등이 수록되어 있는 위치를 AL, PL과 같이 문자로써 구분하여 나타낸다.

⑪ 리벳 및 파스너 코드 : E, J 크기 도면의 왼쪽 끝단에 표시되며 첫 행에 관련 문서 번호가 정의되어 있다.
- 파스너 코드 : 네 개 구역으로 분할하여 기본 코드, 파스너의 지름, 파스너 장착 방향, 머리에 인접한 판재의 상태와 그립의 길이를 나타낸다.

(4) 도면 변경란 읽기

도면에 기술적인 변경이나 오류로 인한 정정이 필요하게 될 경우가 발생하게 되는데, 이 경우에 기술 변경서 또는 우선 도면 변경서의 양식에 기록하고 변경 내용을 도면의 상단 오른쪽에 나타낸다.

(5) 일반 주석란 읽기

일반 주석란은 도면의 오른쪽 끝단의 변경란과 도면 표제란 사이에 위치하는 것이 일반적이다.

(6) 도면 내용 읽기

① 37 RVT EQ SP STAGGERED : 37개의 리벳이 똑같은 간격으로 좌우로 엇갈린 배열에 따라 장착되어야 함을 의미한다.

② 4 RVT EQ SP : 4개의 리벳이 같은 간격으로 장착되어야 함을 의미한다.

③ 리벳 및 파스너 코드

	AFH	05N
		02

AFH : 기본 부호

$05 : \dfrac{5}{32}$ in의 지름

N : 머리가 가까운 쪽(near side)으로 장착(F : 머리가 먼 쪽(far side)으로 장착)

$02 :$ 리벳의 그립이 $\dfrac{2}{16}$ in

④ 7 SEALANT APPLIED AS.38+0.25/-.00 R FILLET : 부품 번호 7은 밀봉재를 곡률 반지름 (R)이 0.38 in에 +공차가 0.25 이내, -공차는 허용되지 않도록 필릿(fillet) 작업을 나타낸다.

⑤ 16B1225-7, 16B1225-13 : 도면 번호 16B1225의 부품 번호 7, 도면번호 16B1225의 부품 번호 13을 참고할 것을 지시한다.

⑥ $\phi 0.3265 \pm 0.0015$: 치수 및 치수 공차를 표시한 것으로 지름 0.3265 in의 치수에 상·하한 허용 공차가 0.0015 in임을 나타낸다.

⑦ $\boxed{\oplus}$ $\boxed{\phi .0020}$ $\boxed{J}$ $\boxed{N}$ $\boxed{B}$: 기하 공차를 표시한 것으로 위치 공차에서 위치도의 공차가 지름 0.0020 in임을 나타내며, 데이텀의 우선순위가 J, N, B 순으로 적용됨을 표시한다.

⑧ $\boxed{//}$ $\boxed{.003}$ $\boxed{A}$: 자세 공차를 나타낸 것으로 평행도에 대한 공차가 0.003 in 이내임을 의미하며, 이때 데이텀의 기준은 A로 표시된 면이 된다.

⑨ $\boxed{12.6200}$: 기준 치수가 12.62 in임을 나타낸다.

예상문제

1. 항공기 제작 시 항공기 도면과 더불어 발행되는 도면 관련 문서가 아닌 것은?
① 적용 목록
② 부품 목록
③ 비행 목록
④ 기술 변경서

해설 도면 관련 문서에는 적용 목록 (application list), 부품 목록 (parts list), 기술 변경서 (ECN) 또는 도면 변경서 (DCN) 등이 있다.

2. 도면 관련 문서인 적용 목록에 기록되는 내용이 아닌 것은?
① 부품 번호
② 조립 도해 목록
③ 항공기 모델
④ 일련번호 및 개정 부호

3. 다음 중 적용 목록(application lst)에 대한 설명이 아닌 것은?
① 도면에 표기되어 있는 부품 번호별로 부품과 관련된 세부 사항에 관한 정보를 기록한 목록이다.
② 도면에 도해되어 있는 부분품의 제작, 조립, 장착에 적용되는 재료, 상세 부품, 표준 문서 등을 기록한 문서이다.
③ 적용 목록 번호는 관련 도면 번호 앞에 AL이라는 문자가 추가되어 부여된다.
④ 적용 목록은 항상 최신의 정보를 제공하도록 되어 있다.

4. 도면 관련 문서 중 그림과 같은 문서 영역의 일부를 갖는 것은?

JUN 14 1997		CONTRACT NO.		CAGEC 81755	① AL 16H1701		
DRAWING TITLE : ② PIPING INSTALLATION—HYD, LG, BRAKE AND STEERING		DWG TYPE :	DISTRIBUTION CODE : AS		SIZE A	③ SHEET 1 OF 27	
④ RELEASE DATE : 99-05-25	INTERPRETATION PER : 162001	⑤ AL ISSUE NO : 416	⑥ PL ISSUE NO : 410		⑦ AL/PL ISSUE DATE : 97-06-27		⑧ AL/PL REV LTR: NS
⑨ DRAWING SHEET STATUS	SH SZ RV SH SZ RV SH SZ RV SH SZ RV SH SZ RV SZ RV					⑩ OUTSTANDING DWG REVISIONS	
*** APPLICATION LIST ***							

① 적용 목록
② 기술 변경서
③ 부품 목록
④ 도면 변경서

해설 ① AL 16H1701 : AL이 적용 목록임을 알려준다. PL은 부품 목록이다.

5. 기술 변경서의 기록 내용 중 처리 부호(TC : transaction code)의 설명으로 옳은 것은 어느 것인가?

① A - 추가   ② C - 삭감
③ L - 연결   ④ R - 재사용

6. 항공기 도면 관련 문서 중에서 기술 변경서의 처리 부호(TC : transaction code)란의 'D'는 무엇을 의미하는가?

① 신규   ② 추가
③ 삭감   ④ 개정

7. 다음 중 도면의 주요 4요소와 관계가 없는 것은?

① 설계란
② 표제란
③ 변경란
④ 일반 주석란

8. 도면의 형식에서 영역을 구분했을 때 주요 4요소에 속하지 않는 것은?

① 하이픈(hyphen)
② 도면(drawing)
③ 표제란(title block)
④ 일반 주석란(general notes)

9. 미국표준규격(CS)에서 규정하는 항공기 도면 중 D 표준 도면의 크기(inch)를 옳게 나타낸 것은?

① 11×17
② 17×22
③ 22×34
④ 34×44

10. 도면의 척도 표시 중 "1 : 2"가 의미하는 것은?

① 축척 50 %
② 배척 50 %
③ 축척 20 %
④ 배척 20 %

11. 도면에서 도면 이름, 도면 번호, 쪽수, 척도 등을 기록하는 영역은?

① 도면(drawing)
② 표제란(title block)
③ 변경란(revision block)
④ 일반 주석란(general notes)

> **해설** 도면 표제란 : 도면 이름, 도면 번호, 도면의 쪽수, 도면 척도, 표준 공차, 표면 거칠기, 리벳 장착 규정, 부품 표시, 구역 문자, 관련 목록, 리벳 및 파스너 코드

12. 다음 중 도면에 기재되는 내용과 설명으로 옳은 것은?

① 도면에는 부품 목록을 기재할 수 없다.
② 도면 번호는 부품 목록에만 등록이 된다.
③ 모든 항공기 제작사는 동일한 방식으로 도면 번호를 부여한다.
④ 도면에 사용되는 적용성 부호는 사용되는 부품의 번호를 나타낸다.

13. 항공기 도면에서 다음의 표시는 어떤 공차의 종류인가?

//	.003	A

① 경사 공차
② 위치 공차
③ 자세 공차
④ 끼움 공차

14. 항공기 기체 수리 도면에 리벳과 관련된 다음과 같은 표기의 의미는?

5 RVT EQ SP

정답 ● 5. ① 6. ③ 7. ① 8. ① 9. ③ 10. ① 11. ② 12. ④ 13. ③ 14. ③

① 길이가 같은 5개 리벳이 장착된다.
② 리벳이 5인치의 간격으로 장착된다.
③ 5개의 리벳이 같은 간격으로 장착된다.
④ 연거리를 같게 하여 5개 리벳이 장착된다.

15. 다음과 같은 항공기용 도면의 이름을 부여
하는 방식에 대한 설명으로 옳은 것은 어느
것인가?

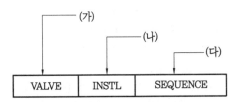

① (가)는 도면의 수정 부분을 의미한다.
② (나)는 도면의 형태를 의미한다.
③ (다)는 기본 부품 명칭을 의미한다.
④ 'INSTL'은 분해 도면을 의미한다.

> **해설** 장착 도면(installation drawing) : 부품이
> 나 조립체를 주 구조물이나 항공기에 장착하
> 는 데 필요한 모든 정보를 포함하고 있는 도
> 면으로 "INSTL"로 표기한다.

16. 다음 중 ATA 100에 의한 항공기 시스템
분류가 틀린 것은?

① ATA 21 – air conditioning
② ATA 29 – oxygen
③ ATA 30 – ice & rain protection
④ ATA 32 – landing gear

> **해설** ATA CHAPTER
> • ATA 21 : air conditioning
> • ATA 29 : hydraulic power
> • ATA 30 : ice and rain protection
> • ATA 32 : landing gear
> • ATA 33 : lights
> • ATA 35 : oxygen
> • ATA 71 : power plant

17. 다음 중 항공 기술 자료의 이용 편의를 위
하여 부여한 번호와 해당하는 계통이 틀리게
짝지어진 것은?

① ATA 21 – air conditioning
② ATA 29 – landing gear
③ ATA 33 – lights
④ ATA 71 – power plant

18. 다음 중 도면상 항공기의 위치를 표시하는
방법에 대한 설명으로 틀린 것은?

① LBL 20과 RBL 20의 거리차는 40 in이다.
② LBL 20은 BL 0을 기준으로 좌로 20 in 떨
어진 위치를 나타낸다.
③ STA 232는 datum line 기준으로 232 in
떨어진 곳을 뜻한다.
④ WL 110은 BL 0을 기준으로 높이의 위치를
표시하기 위하여 사용된다.

> **해설** 위치 표시
> • 동체 스테이션 : 기준선에서 측정하여 동체
> 의 전, 후방을 따라 위치한다.
> • 버턱 라인(buttock line : BL) : 동체 중심
> 선의 오른쪽이나 왼쪽으로 평행한 거리를
> 측정한 폭
> • 워터 라인(water line : WL) : 0에서부터
> 수직으로 측정한 높이

19. 도면에서 은선(hidden line)은?

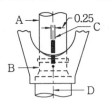

① A　　　　　　② B
③ C　　　　　　④ D

> **해설** 은선(숨은선) : 물체의 보이지 않는 부분
> 의 형상을 표시하는 선

5
PART

항공 장비

CHAPTER 01 전기 계통

1-1 전기 회로

■ 전기 회로와 옴의 법칙

(1) 전기 회로

① 전기 회로(circuit) : 전류가 흐르는 통로
② 전원(electric source) : 전지와 같은 전기의 공급원으로 기전력을 연속적으로 발생시켜 전류를 보낼 수 있는 장치
③ 부하(load) : 전열기, 전등, 전동기와 같이 전원으로부터 전류를 공급 받아 에너지를 소비하는 것

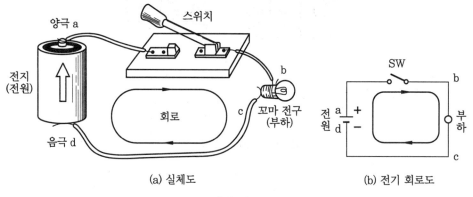

(a) 실체도   (b) 전기 회로도

전기 회로

(2) 기전력(전위차, 전압 : E)

두 지점의 전기적 에너지의 차이로 인해 전류를 흐르게 하는 힘을 말한다.

① 전압의 단위 : 볼트(volt, V)
② 전자 및 전류의 흐름
  ㈎ 전자의 흐름 : 음(−)에서 양(+)으로 흐른다.
  ㈏ 전류의 흐름 : 양(+)에서 음(−)으로 흐른다.

(3) 전류(current : I)

운동하는 전자의 흐름으로 단위 시간 동안 이동한 전하의 양(Q)을 말한다.

$$I = \frac{Q}{t}[A] \qquad \text{여기서, } I : \text{전류, } t : \text{시간, } Q : \text{전하량}$$

① 전류의 단위 : 암페어(ampere, A)

② 1암페어 : 1쿨롬(coulomb)에 해당하는 전자가 회로 내를 1초 동안에 흐를 때의 전류이다.

③ 1쿨롬(coulomb) : 6.28×10^{18}개에 해당하는 전자의 전하량

(4) 저항(resistance : R)

도체 내에서 전기의 흐름을 방해하는 성질을 저항이라 한다.

① 저항의 단위 : 옴(ohm, Ω)

② 도체의 저항에 영향을 주는 요소

 ㈎ 물질의 성질 : Cu나 Al선을 사용한다.

 ㈏ 도체의 길이(L)

 ㈐ 도체의 단면적(S)

 ㈑ 온도 : 일반적으로 온도가 증가하면 저항도 증가한다.

  • 탄소, 서미스터(thermistor) : 온도가 증가하면 저항이 감소한다.

  • 콘스탄탄(constantan), 망가닌(manganin) : 온도에 대해 저항의 변화가 없다.

③ 도선의 전기 저항(R) : 길이(L)에 비례하고 단면적(S)에 반비례한다.

$$R = \rho\frac{L}{S} \qquad \text{여기서, } \rho : \text{고유저항(비저항)}$$

 ㈎ 고유저항(ρ)의 단위 : ohm-cir·mil/ft

 ㈏ circular mil : 원형의 단면적을 표시하는 단위

(4) 옴의 법칙

어떤 회로에 흐르는 전류의 세기(I)는 전압(E)에 비례하고 저항(R)에 반비례한다.

$$I = \frac{E}{R}[A] \qquad \text{여기서, } I : \text{전류, } E : \text{전압, } R : \text{저항}$$

(5) 전력(electric power : P)

전기가 단위 시간에 할 수 있는 일을 말한다.

$$P = EI = I^2R = \frac{E^2}{R}[W]$$

• 전력의 단위 : W(와트), kW(킬로와트)

(6) 전력량

일정 시간 동안에 사용한 전기 에너지의 양을 전력량이라 하는데, 전력량은 전력과 시간의 곱으로 나타낸다.

전력량＝전력×시간

• 전력량의 단위 : Wh(와트시), kWh(킬로와트시)

(7) 전압 강하(voltage drop)

도체 속에 전류를 통했을 때, 그 저항에 의하여 전류의 방향으로 전위가 내려가는 일 또는 그 양끝의 전위차로 전압 강하는 IR [V]로서 옴의 법칙을 따른다.

(8) 저항의 접속

① 직렬 회로의 합성 저항(n개가 직렬로 연결되었을 때)

　(가) 저항 : $R = R_1 + R_2 + \cdots + R_n$

　(나) 전류 : $I = I_1 = I_2 = \cdots = I_n$

　(다) 전압 : $V = V_1 + V_2 + \cdots + V_n$

② 병렬 회로의 합성 저항(n개가 병렬로 연결되었을 때)

　(가) 전압 : $V = V_1 = V_2 = \cdots = V_n$

　(나) 전류 : $I = I_1 + I_2 + \cdots + I_n$

　(다) 저항 : $\dfrac{1}{R} = \dfrac{1}{R_1} + \dfrac{1}{R_2} + \cdots + \dfrac{1}{R_n}$

(9) 키르히호프의 법칙(Kirchhoff's law)

① 제1법칙 : 도선의 접속점에 흘러 들어오는 전류의 합은 흘러 나간 전류의 합과 같다.

$$I_1 + I_3 + I_5 = I_2 + I_4 + I_6$$

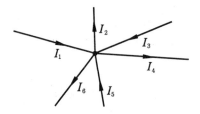

키르히호프의 제1법칙

② 제2법칙 : 어느 폐회로를 따라 특정한 방향으로 취한 전압 상승의 합은 0이다. 즉, 임의의 한 폐회로에서 각 부분의 전압의 합은 회로 전체의 전압과 같다.

$$E_1 + E_2 = I(R_1 + R_2)$$

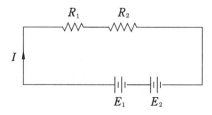

키르히호프의 제2법칙

예상문제

1. 어떤 전기 회로에 4초 동안 20 C의 전하가 이동하였다면, 전류는 몇 A인가?

① 80 ② 5 ③ 10 ④ 20

> **해설** $I = \dfrac{Q}{t} = \dfrac{20}{4} = 5\,A$

2. 다음 중 도체의 전기 저항에 영향을 끼치는 요소가 아닌 것은?

① 물질의 성질 ② 도체의 길이
③ 도체의 단면적 ④ 도체의 무게

3. 일반적으로 전선의 온도가 증가하면 전송하는 전류의 크기는 어떻게 되는가?

① 동일하다.
② 감소한다.
③ 증가한다.
④ 증가와 감소를 반복한다.

4. 10 Ω의 저항에 5 A의 전류가 흐를 때 전압 강하는 몇 V인가?

① 2 ② 20
③ 50 ④ 100

> **해설** $E = IR = 5 \times 10 = 50\,V$

5. 9 A의 전류가 흐르고 있는 4 Ω 저항의 양끝 사이의 전압은 몇 V인가?

① 12 ② 23 ③ 32 ④ 36

> **해설** 전압$(E) = IR = 9 \times 4 = 36\,Ω$

6. 어느 회로에 100 V의 전압을 가하니 5 A의 전류가 흘렀다면 이 회로의 소비 전력은 몇 W 인가?

① 20 ② 100
③ 250 ④ 500

> **해설** $P = EI = 100 \times 5 = 500\,W$

7. 항공기에 전선을 사용하기 위해 선택할 경우 우선적으로 고려해야 할 사항이 아닌 것은?

① 전선의 색
② 전선의 길이
③ 전선에 흐르는 전류량
④ 공급하려고 하는 전압

8. 30 V의 전압에 의하여 3 A의 전류가 흐르는 전기 회로에서 저항은 몇 Ω인가?

① 0.1 ② 3 ③ 10 ④ 33

> **해설** 저항$(R) = \dfrac{E}{I} = \dfrac{30}{3} = 10\,Ω$

9. 다음 중 옴의 법칙으로 옳지 않은 것은?

① $I = \dfrac{E}{R}$ ② $E = IR^2$
③ $R = \dfrac{E}{I}$ ④ $P = I^2 R$

10. 220 V – 60 W로 표시된 전구를 220 V의 전원에 연결하여 2시간 30분 동안 불을 켰을 때 소비된 전력량은 얼마인가?

① 138 Wh ② 150 Wh
③ 280 Wh ④ 506 Wh

> **해설** 전력량 = 전력×시간 = $60 \times 2.5 = 150\,Wh$

11. 다음 그림과 같이 저항 R_1, R_2, R_3를 직렬로 연결했을 때 합성 저항(R)의 값은?

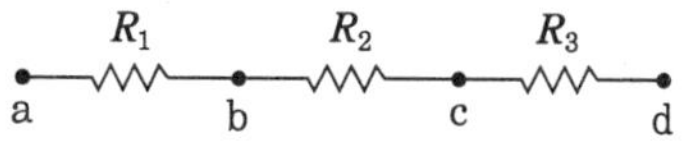

① $R = \dfrac{1}{R_1} + \dfrac{1}{R_2} + \dfrac{1}{R_3}$
② $R = R_1 + R_2 + R_3$
③ $\dfrac{1}{R} = \dfrac{1}{R_1} + \dfrac{1}{R_2} + \dfrac{1}{R_3}$

정답 1. ② 2. ④ 3. ② 4. ③ 5. ④ 6. ④ 7. ① 8. ③ 9. ② 10. ② 11. ②

④ $\dfrac{1}{R} = R_1 + R_2 + R_3$

12. 다음 그림과 같이 저항 R_1, R_2, R_3를 병렬로 연결했을 때 합성 저항(R)의 값은?

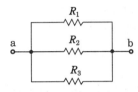

① $R = \dfrac{1}{R_1} + \dfrac{1}{R_2} + \dfrac{1}{R_3}$

② $R = R_1 + R_2 + R_3$

③ $\dfrac{1}{R} = \dfrac{1}{R_1} + \dfrac{1}{R_2} + \dfrac{1}{R_3}$

④ $\dfrac{1}{R} = R_1 + R_2 + R_3$

13. 그림과 같은 회로에서 합성 저항 값은 몇 Ω인가? (단, $R_1 = 6\,Ω$, $R_2 = 10\,Ω$, $R_3 = 15\,Ω$이다.)

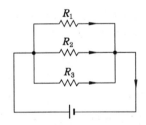

① $\dfrac{1}{3}$ ② $\dfrac{31}{3}$

③ 3 ④ 31

해설 병렬 접속의 합성 저항(R)

$$\dfrac{1}{R} = \dfrac{1}{R_1} + \dfrac{1}{R_2} + \dfrac{1}{R_3} = \dfrac{1}{6} + \dfrac{1}{10} + \dfrac{1}{15}$$

$$= \dfrac{5+3+2}{30} = \dfrac{10}{30} = \dfrac{1}{3}$$

∴ $R = 3\,Ω$

14. 그림과 같은 회로에서 모든 저항의 값이 10Ω이라면 총 합성 저항은 몇 Ω인가?

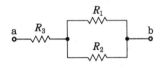

① 10 ② 15

③ 20 ④ 25

해설 • $R_3 = 10\,Ω$

• 병렬 접속(R_1, R_2)의 합성 저항값($R_{1,2}$)

$$\dfrac{1}{R_{1,2}} = \dfrac{1}{R_1} + \dfrac{1}{R_2}$$

$$= \dfrac{1}{10} + \dfrac{1}{10} = \dfrac{2}{10} = \dfrac{1}{5}$$

$R_{1,2} = 5\,Ω$

∴ 총 합성 저항

$= R_3 +$ 병렬 접속의 합성 저항값

$= 10 + 5 = 15\,Ω$

정답 **12.** ③ **13.** ③ **14.** ②

2 항공기용 전기 부품과 배선

(1) 도선

① 항공기의 배선 방식 : 양(+)의 선은 도선을 이용하고, 음(−)의 선은 항공기 기체 구조재를 이용하는 단선 계통 방식(single wire system)을 사용하여 항공기 무게를 줄여 준다.

② 도선의 규격 : BS(Brown & Sharp) 도선 규격

③ 항공기에 사용하는 배선 : 4/0번부터 49번까지 중 2/0(00번)부터 20번까지 짝수 도선만 사용한다.

④ 도선 단면적의 크기 단위 : cmil(circular mil)

㉫ 0.025인치 도선 : 625 cmil(25/1000인치에서 25를 제곱한 값)

⑤ 도선의 굵기 측정 : 와이어 게이지

⑥ 항공기에 도선을 배선할 때에는 굵기에 따른 도선 번호를 결정해야 하는데, 이때 도선 내로 흐르는 전류에 의한 줄열(Joule heat)과 도선의 저항에 의한 전압강하를 고려해야 한다.

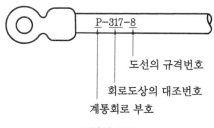

도선의 부호

(2) 연결장치

① 케이블 터미널 : 터미널에 전선을 접속시킬 때에는 전선의 재질과 터미널의 재질이 동일한 것을 사용하여 성질이 다른 금속 간에 발생할 수 있는 부식을 방지해야 한다.

② 스플라이스 : 터미널은 한쪽만 전선과 접속되는 반면 양쪽 모두 전선을 접속시키며, 바깥면에 플라스틱과 같은 전열물로 절연되어 있는 금속 튜브이다.

③ 커넥터 : 항공기 전기 회로나 장비 등을 쉽고 빠르게 장탈, 장착 및 정비하기 위하여 만들어진 것으로 플러그(plug)와 리셉터클(receptacle)로 구성된다.

- 취급 시 주의 사항 : 수분의 응결로 인해 커넥터 내부에 부식이 생길 수 있으므로 방수용 젤리로 코팅하거나, 특수한 방수 처리 커넥터를 사용해야 한다. 또한 커넥터를 사용하지 않을 때는 커넥터 구멍에 핀(pin)이나 플러그를 끼워 둔다.

(3) 회로 보호장치

① 퓨즈(fuse) : 규정 용량 이상으로 전류가 흐르면 녹아 끊어지도록 함으로써 회로에 흐르는 전류를 차단시킨다.

㉮ 재질 : 주석과 비스무트이다.

㉯ 항공기 내에는 규정된 수의 50 %에 해당하는 예비 퓨즈를 비치하여야 한다.

② 전류 제한기(current limiter) : 비교적 높은 전류를 짧은 시간 동안 허용할 수 있게 한 것으로 동력 회로와 같이 짧은 시간 내에 과전류가 흘러도 장비나 부품에 손상이 오지 않는 곳에 사용한다.

③ 회로 차단기(circuit breaker) : 회로 내에 규정 전류 이상의 전류가 흐를 때 회로를 열어 주어 전류의 흐름을 막는 장치로써 퓨즈 대신에 많이 사용되며, 스위치 역할까지 하는 것도 있다.

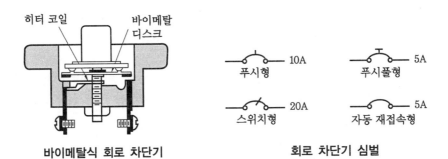

히터 코일   바이메탈 디스크

바이메탈식 회로 차단기

푸시형 10A   푸시풀형 5A
스위치형 20A   자동 재접속형 5A

회로 차단기 심벌

④ 열 보호장치(thermal protector) : 열 스위치(thermal switch)라고도 하는데, 전동기와 같이 과부하로 인하여 기기가 과열되면 자동으로 공급 전류가 끊어지도록 하는 스위치이다.

예상문제

1. 항공기 배선 방식 중 단선 방식(single wire system)의 장점은?
① 도선의 무게를 줄일 수 있다.
② 전기 소통이 원활하다.
③ 전기 누설이 적다.
④ 화재의 염려가 없다.
> **[해설]** 단선 방식(single wire system) : (−)선을 금속 부재로 사용하고, (+)선만 배선하는 방식으로 단자간 전기적 저항의 크기를 0.005Ω 이하로 규제한다.

2. 다음 중 항공기에 사용하는 배선에 대한 설명으로 옳지 않은 것은?
① BS 와이어 게이지를 사용한다.
② 2/0부터 20번까지 홀수 번만 사용한다.
③ 회로의 전압강하는 0.05 Ω까지만 허용한다.
④ 본딩 와이어의 전압강하는 0.03 Ω까지 허용한다.
> **[해설]** 항공기에 사용하는 배선 : 4/0번부터 49번까지 중 2/0(00번)부터 20번까지 짝수 도선만 사용한다.

3. 항공기에 사용하는 도선 규격은?

① AM 도선 규격
② AS 도선 규격
③ BS 도선 규격
④ DIN 도선 규격
> **[해설]** 항공기용 도선의 규격은 미국 도선 규격(AWG)으로 채택된 BS(Brown & Sharp) 도선 규격에 따른다.

4. 항공기에 사용하는 전선에 대한 설명으로 틀린 것은?
① 구리선은 저항률이 낮아 전기적 성질이 우수한 도체이다.
② 항공기에서 사용하는 전선은 폴리아미드(polyamide) 수지를 사용한 전선이다.
③ 영상 신호 또는 무선 신호를 전송하는 데 일반 전선을 사용한다.
④ 항공기에 사용하는 구리선은 산화 방지와 납땜을 쉽게 하기 위하여 아연, 은, 니켈 등을 입힌다.

5. 다음 중 도선 단면적의 크기를 나타내는 데 가장 편리한 단위는?
① cm   ② meter
③ cm^2 ④ cmil

정답 ● **1.** ① **2.** ② **3.** ③ **4.** ③ **5.** ④

6. 항공기 전기 계통에서 사용되는 부호 중 전원 계통의 부호는?

① M ② P
③ Q ④ R

> **해설** R : 무선 계통, S : 레이더와 무선 계통, W : 경고 계통, Q : 연료 및 오일 계통

7. 다음 중 항공기 전기 계통에서 레이더와 무선 계통의 기호는?

① Q ② S
③ R ④ W

8. 다음 중 항공기 전기 계통에서 식별 부호를 표시할 때 경고장치 계통은?

① E ② C
③ S ④ W

9. 다음 중 퓨즈(fuse)의 사용 목적은 어느 것인가?

① 역흐름을 방지한다.
② 과전류를 방지한다.
③ 정전기를 방지한다.
④ 고전압 흐름을 방지한다.

10. 회로 보호장치(circuit protection device) 중 비교적 높은 전류를 짧은 시간 동안 허용할 수 있게 하는 장치는?

① 리밋 스위치(limit switch)
② 전류 제한기(current limiter)
③ 회로 차단기(circuit breaker)
④ 열 보호장치(thermal protector)

11. 그림은 어떤 형의 회로 차단기인가?

① 푸시형(push breaker)

② 스위치형(switch breaker)
③ 푸시–풀형(push–pull breaker)
④ 자동 재접속형(automatic reset breaker)

12. 미리 설정된 정격값 이상의 전류가 흐르면 회로를 차단하는 것으로 재사용이 가능한 회로 보호장치는?

① 퓨즈(fuse)
② 릴레이(relay)
③ 회로 차단기(circuit breaker)
④ circular connector

13. 다음과 같은 특성을 갖는 회로 보호장치는 어느 것인가?

> • 규정 용량 이상의 전류가 흐를 때 회로를 차단시킨다.
> • 스위치 역할도 할 수 있다.
> • 계속 사용이 가능하다.

① 퓨즈
② 회로 차단기
③ 전류 제한기
④ 열 보호 장치

14. 다음 중 퓨즈(fuse)보다 회로 차단기(circuit breaker)가 우수한 점은 무엇인가?

① 외기 온도 변화에 의한 오차가 거의 없다.
② 중량의 경감차가 거의 없다.
③ 전기 제한에 있어서 정확한 작동을 한다.
④ 다시 작동시킬 수 있고, 재사용이 가능하다.

15. 회로 차단기는 다음 중 주로 어디에 위치하는가?

① 일반적으로 전원부에서 먼 곳에
② 일반적으로 전원부에서 가까운 곳에
③ 되도록 열을 받지 않는 곳에
④ 회로의 종류에 따라 적당한 곳에

정답 → **6.** ② **7.** ② **8.** ④ **9.** ② **10.** ② **11.** ① **12.** ③ **13.** ② **14.** ④ **15.** ②

3 전기 제어장치

(1) 스위치(switch)

전기 회로에 전류가 흐르게 하거나 멈추게 하며 전류의 방향을 바꾸는 데 사용한다.

① 종류

㉮ 토글 스위치(toggle switch) : 운동 부분이 공기 중에 노출되지 않도록 보호되어 있으며, 항공기에서 가장 많이 사용한다. 접속 방법에 따라 SPST, SPDT, DPST, DPDT가 있는데, S는 Single, P는 Pole, D는 Double, T는 Throw를 의미한다.

㉯ 푸시 버튼 스위치(push button switch) : 항공기 계기 패널에 사용한다.

㉰ 마이크로 스위치(micro switch) : 스위치를 한 번 누르면 회로를 구성하고, 다시 한 번 누르면 회로가 끊어진다. 착륙장치, 플랩 등을 작동시키는 전동기의 작동을 제한하는 데 널리 사용한다.

㉱ 회전 선택 스위치(rotary selector switch) : 스위치 손잡이를 돌리면 한 회로만 형성되고 다른 회로는 닫히게 하는 역할을 하며 여러 개의 스위치 역할을 한번에 담당할 수 있다.

㉲ 근접 스위치(proximity switch) : 승객의 출입문이나 화물칸의 문이 완전히 닫히지 않았을 때의 경고용 회로에 사용한다.

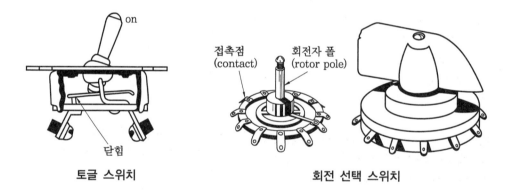

토글 스위치   **회전 선택 스위치**

(2) 계전기(relay)

조종석에 설치된 스위치에 의하여 먼 거리의 많은 전류가 흐르는 회로를 직접 개폐시키는 역할을 하는 일종의 선사기 스위치로써 큰 진류를 제어하기 위하여 전기장치와 가까운 전원 또는 버스 사이에 장착한다.

• 종류 : 고정 철심형 계전기, 운동 철심형 계전기

(3) 저항기(resistor)

항공기 전기 회로의 전압을 다양하게 하기 위하여 전류의 흐름을 제어하며, 회로 사이에 있는 저항기는 전기적인 에너지를 열로 전환시켜 전압을 감소시킨다.

① 고정식 저항기 : 작은 전류를 제어하는 데 사용한다.

② 조절식 및 가변 저항기 : 회로에 저항의 양을 변화시킬 필요가 있는 부분에 사용한다.

4 전기의 측정

(1) 직류 측정 계기

다르송발(D'Arsonval) 계기를 이용한다.

① 전류계(ammeter) : 전류의 세기를 측정하는 기구로 계기의 감도보다 큰 전류를 측정하려면 션트(shunt) 저항을 병렬로 연결하여 대부분의 전류를 흐르게 한다.

$$션트(shunt) \ 저항 = \frac{계기의 \ 감도(암페어) \times 계기의 \ 내부 \ 저항}{션트 \ 전류}$$

② 전압계(voltmeter) : 계기의 코일과 저항을 직렬로 연결하고 그 저항에 흐르는 전류를 측정하여 해당 전압을 지시하도록 한다.

$$전압계의 \ 강도 = \frac{R_m + R_A}{E} [\Omega/V]$$

여기서, R_m : 계기저항, R_A : 직렬저항

③ 저항계(ohmmeter) : 회로 또는 회로 구성 요소의 단선된 곳을 찾아내거나 저항값을 측정할 때 사용한다. 메거(megger) 옴미터는 전기장치의 절연상태를 검사한다.

④ 멀티미터(multimeter) : 전류, 전압, 저항을 하나의 계기로 측정할 수 있는 측정기기이다.

(2) 교류 측정계기

① 교류 전류계 : 유도성 션트(inductive shunt) 코일을 계자 코일과는 직렬로, 운동 코일과는 병렬로 연결하여 사용한다.

② 교류 전압계 : 측정할 회로에 병렬로 연결하여 사용하며 전압의 측정 범위를 보정하기 위하여 저항을 운동 코일 및 계자 코일에 직렬로 연결하여 사용한다.

③ 전력계(wattmeter) : 전류와 전압의 곱으로 나타나는 전력을 측정하기 위해 사용한다.

④ 주파수계 : 진동편형, 운동 코일형, 운동 디스크형, 공명 회로형 등이 있는데 항공기에는 진동편형을 많이 사용한다.

예상문제

1. 항공기에 가장 많이 사용되는 스위치는 어느 것인가?

① 푸시 버튼 스위치　　② 토글 스위치
③ 마이크로 스위치　　④ 회전 선택 스위치

2. 스위치에 의하여 먼 거리의 많은 전류가 흐르는 회로를 직접 개폐시키는 역할을 하는 일종의 전자기 스위치는?

① 계전기　　　　　　② 회전 선택 스위치
③ 토글 스위치　　　　④ 푸시 버튼 스위치

3. 항공기 전기 회로에 사용되는 스위치에 대한 설명 중 틀린 것은?

① 푸시 버튼 스위치는 접속 방식에 따라 SPUT, SPWT, DPUP, DPWT가 있다.
② 토글 스위치는 항공기에 가장 많이 사용되

정답 ◆ **1.** ②　**2.** ①　**3.** ①

는 스위치로서, 운동 부분이 공기 중에 노출되지 않도록 케이스에 보호되어 있다.
③ 회전 선택 스위치는 한 회로만 개방하고, 다른 회로는 동시에 닫히게 하는 역할을 한다.
④ 마이크로 스위치는 짧은 움직임으로 회로를 개폐시키는 것으로 착륙장치와 플랩 등을 작동시키는 전동기의 작동을 제한하는 스위치로 사용한다.

4. 전류계(ammeter)에 사용되는 션트(shunt) 저항은 다르송발(D'Arsonval) 계기와 어떻게 연결되는가?
① 직렬
② 병렬
③ 직렬과 병렬을 동시에
④ 션트(shunt) 저항은 필요 없다.

5. 분류기(shunt) 저항이 하는 가장 중요한 기능은?
① 축전지의 충전 전류를 제어한다.
② 계기를 보호하기 위한 퓨즈(fuse)이다.
③ 전류의 측정 범위를 넓히기 위하여 사용한다.
④ 전압의 측정 범위를 넓히기 위하여 사용한다.

> **해설** 션트(shunt) 저항 : 계기의 감도보다 큰 전류를 측정하려면 션트 저항을 병렬로 연결하여 대부분의 전류를 션트로 흐르게 하고, 전류계에는 감도보다 작은 전류가 흐르게 함으로써 전류계의 측정 범위를 확대시킨다.

6. 션트(shunt)에 대한 설명으로 가장 올바른 것은?
① 저항, 전압, 전류 등을 측정할 수 있는 측정기(meter)
② 축전기가 충전되는가를 알기 위한 암미터(ammeter)

③ 계기 보호용으로 삽입된 회로상의 퓨즈(fuse)
④ 전류계 외측에 대부분의 전류를 바이패스(bypass)시키는 저항체

7. 다음 중 션트 저항을 계산하는 계산식으로 맞는 것은?
① $\dfrac{계기의\ 감도(암페어)\times계기의\ 외부\ 전류}{션트\ 전류}$
② $\dfrac{계기의\ 감도(암페어)\times계기의\ 외부\ 저항}{션트\ 전류}$
③ $\dfrac{계기의\ 감도(암페어)\times계기의\ 내부\ 저항}{션트\ 전류}$
④ $\dfrac{션트\ 전류\times계기의\ 외부\ 저항}{계기의\ 감도(암페어)}$

8. 감도가 10 mA인 계기로 200 A를 측정할 수 있는 내부 저항이 5 Ω인 전류계를 만들 때 분류기(shunt)를 얼마로 해야 하는가?
① 0.00025 Ω   ② 0.025 Ω
③ 0.25 Ω   ④ 2.5 Ω

> **해설** 션트 저항
> $$= \dfrac{계기의\ 감도(암페어)\times계기의\ 내부\ 저항}{션트\ 전류}$$
> $$= \dfrac{0.01\times5}{200-0.01} = 0.00025\ \Omega$$

9. 전기 요소를 측정하는 기기로 암미터는 무엇을 측정하는가?
① 전위   ② 전류   ③ 저항   ④ 전압

10. 아날로그형 멀티미터(multimeter)에 사용되는 측정 계기는?
① 전류력형 계기
② 가동 코일형 계기
③ 정류형 계기
④ 가동 철편형 계기

1-2 직류 전력

■ 축전지(storage battery)

(1) 납산 축전지(lead-acid battery)

① 셀(cell)당 전압 : 충전 직후 1셀의 전압은 2.2 V이지만, 사용할 때는 전압 강하로 인해 2 V이다. 12 V 축전지는 6개의 셀(cell)을, 24 V 축전지는 12개의 셀(cell)을 직렬로 연결한다.

② 구조

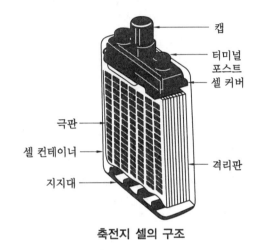

축전지 셀의 구조

⑺ 극판
- 과산화납(PbO_2)으로 된 양극판과 납(Pb)으로 된 음극판으로 되어 있으며, 전해액인 묽은 황산(H_2SO_4)속에 잠겨 있다.
- 음극판의 수가 양극판의 수보다 한 개 더 많다.

⑻ 격리판(separator) : 양극판과 음극판이 서로 접촉되어 전기적으로 단락되는 것을 방지하기 위해 극판 사이에 설치한다.

⑼ 터미널 포스트(terminal post) : 셀(cell)을 직렬로 연결할 때 사용하고, 중앙에는 캡(cap)이 있다.

- 캡(cap) : 전해액의 비중을 측정하고 증류수를 보충하거나 충전 시 발생하는 가스를 배출하는 배출구가 있다.
- 캡(cap) 속 납추(차폐 마개)의 역할 : 항공기의 자세가 흔들리거나 배면비행 시 납추가 가스 배출구를 막아 전해액의 누설을 방지한다.

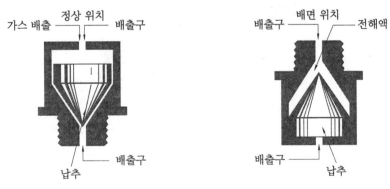

캡의 구조

⑽ 셀 커버 및 지지대

⑾ 셀 컨테이너

③ 납산 축전지의 특성

  ㈎ 축전지가 충전되면 비중은 높아진다.

  ㈏ 축전지의 충전, 방전상태는 전해액의 비중을 보고 알 수 있다.

    • 축전지의 비중 점검은 비중계(hydrometer)로 한다.

  ㈐ 축전지의 비중

    • 완전 충전 : 1.300

    • 고충전 상태 : 1.275~1.300

    • 중충전 상태 : 1.240~1.274

    • 저충전 상태 : 1.200~1.239

  ㈑ 전해액 보충 시 순수한 증류수만 보충한다.

  ㈒ 표면이 더러울 때는 마른 걸레로 닦아낸다.

  ㈓ 전해액을 황산과 증류수로 합성할 때에는 반드시 증류수에다 황산 용액을 조금씩 섞어야 한다.

  ㈔ 취급 시 직사광선을 피하고, 고온 다습한 곳에 설치하지 않아야 한다.

④ 용량 : 완전히 충전된 축전지가 가지는 총 전기량을 용량이라 하며, 축전지 용량은 Ah(ampere-hour)로 나타낸다. 항공기의 축전지에는 5시간 방전율을 적용하고 있다.

(2) 알칼리 축전지(alkaline battery)

항공기에 사용되는 알칼리 축전지는 니켈(Ni)-카드뮴(Cd) 축전지이다.

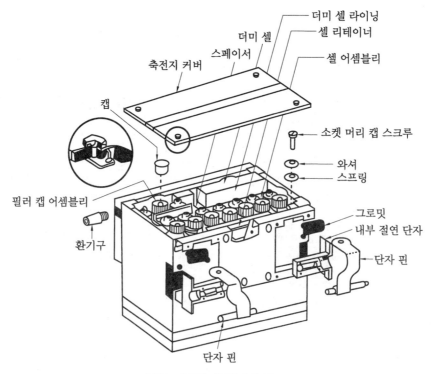

니켈-카드뮴 축전지의 구조

① 장점

㈎ 유지비가 적게 들고, 수명이 길며, 신뢰성이 높다.

㈏ 재충전 소요시간이 짧고, 큰 전류를 일시에 써도 무리가 없다.

② 구조

㈎ 셀(cell)당 전압 : 1.2~1.25 V(12 V는 10개의 셀(cell)을, 24 V는 19개의 셀(cell)을 직렬로 연결하여 사용한다.)

㈏ 극판 : 양극판 – 수산화니켈($Ni(OH)_3$), 음극판 – 금속 카드뮴(Cd)

㈐ 전해액 : 30 %의 묽은 수산화칼륨(KOH) 수용액이고 비중은 1.240~1.300이다.

③ 충전, 방전

㈎ 충·방전 시 전해액의 비중은 변하지 않는다.

㈏ 충전 시 전해액의 수면은 높아지고, 방전 시 전해액 수면은 낮아진다.

㈐ 충전, 방전상태 확인은 전압계(voltmeter)로 측정한다.

④ 취급 시 주의 사항

㈎ 납산 축전지와 화학적 특성이 반대이므로 저장, 정비는 분리된 곳에서 해야 하며, 공구와 장치들도 구분해서 사용한다.

㈏ 전해액은 부식성이 강하므로 피부나 옷에 묻지 않도록 하며, 취급 시 보안경, 고무 장갑, 앞치마 등을 착용해야 한다.

• 중화제 : 아세트산, 레몬 주스, 붕산염 용액

㈐ 완전 충전된 후 3~4시간이 지나기 전에 증류수를 첨가해서는 안 된다.

㈑ 충전을 할 때에는 각 셀을 단락시켜 전위를 0으로 평준화시키고 충전해야 한다.

㈒ 전해액을 만들 때에는 증류수에 수산화칼륨을 조금씩 떨어뜨려서 만든다.

㈓ 축전지를 세척 시에는 캡(cap)을 막아야 하며, 산 등의 화학용액을 사용해서는 안 된다.

㈔ 쏟아진 전해액은 파이버 브러시로 긁어내고, 젖은 걸레로 닦아낸다.

(3) 충전 방법

① 정전류 충전법 : 전류를 일정하게 유지하면서 충전하는 방법으로 충전시간을 미리 예측할 수 있으나, 지나치면 과충전 염려가 있다.

② 정전압 충전법 : 일정 전압으로 충전하는 방법으로 충전 완료 시기를 미리 예측할 수 없어, 일정 시간 간격으로 충전 상태를 확인하여 축전기가 과충전이 되지 않도록 주의해야 하며, 항공기에 많이 사용된다.

예상문제

1. 납산 축전기의 셀당 전압은 얼마 정도인가?

① 1.1 V   ② 2.2 V

③ 3.3 V   ④ 4.4 V

2. 축전지의 셀(cell)을 직렬로 연결하면 어떻게 되는가?

① 전압이 증가한다.

② 셀 저항이 증가한다.

③ 전압이 감소한다.

④ 전류가 증가한다.

3. 항공기에 장착하는 축전지를 1셀에 2 V짜리로 직렬 연결할 경우 24 V인 축전지의 셀은 몇 개가 되는가?

① 6   ② 12   ③ 24   ④ 48

4. 항공기에 많이 사용되는 납축전지의 전압과 셀의 수를 옳게 짝지은 것은?

① 12V–2개, 24V–4개

② 12V–4개, 24V–8개

③ 12V–6개, 24V–12개

④ 12V–12개, 24V–24개

5. 24 V 납산 축전지(lead acid battery)를 장착한 항공기가 비행 중 모선(main bus)에 걸리는 전압은 몇 V인가?

① 24   ② 26   ③ 28   ④ 30

해설 납산 축전지가 완전히 충전될 때 12개 셀의 전압은 26.4 V(12×2.2＝26.4 V)이지만, 충전하는 데 필요한 전압은 28 V이다. 내부 저항에 의하여 전압 강하가 일어나므로 더 높은 전압이 필요하게 된다.

6. 다음 중 납산 축전지의 양극판과 음극판이 옳게 짝지어진 것은 어느 것인가?

① 양극판 PbO_2, 음극판 Cu

② 양극판 Pb, 음극판 PbO_2

③ 양극판 $NiOH_3$, 음극판 Cd

④ 양극판 PbO_2, 음극판 Pb

7. 납축전지의 전해액으로는 다음 중 무엇을 사용하는가?

① 수산화칼슘   ② 수산화칼륨

③ 황산   ④ 질산

8. 다음 중 납산 축전지의 캡(cap)의 용도가 아닌 것은?

① 외부와 내부의 전선 연결

② 전해액의 보충, 비중 측정

③ 충전 시 발생되는 가스 배출

④ 배면비행 시 전해액의 누설 방지

9. 납산 축전지(lead acid battery)의 양극판과 음극판의 수에 대한 설명으로 옳은 것은?

① 같다.

② 양극판이 한 개 더 많다.

③ 양극판이 두 개 더 많다.

④ 음극판이 한 개 더 많다.

10. 납산 축전지에 관한 설명 중 틀린 것은?

① 충·방전 상태는 전해액의 비중으로 알 수 있다.

② 양극판으로 과산화납(PbO_2)을 사용한다.

③ 전해액으로 황산(H_2SO_4)을 사용한다.

④ 전해액으로 수산화칼륨(KOH) 용액을 사용한다.

11. 다음 중 납산 축전지에 대한 설명으로 옳은 것은?

① 12 V 축전지는 6개의 셀, 24 V 축전지는 12

개의 셀을 병렬로 연결하여 한 단위를 이룬다.

② 극판, 격리판, 터미널 포스트, 셀 커버와 지지대, 다공성 양극판, 카드뮴의 음극판으로 구성되어 있다.

③ 축전지의 용량은 활성 물질의 양과는 무관하기 때문에, 극판의 크기를 작게 하여 용량을 증가시킨다.

④ 납산 축전지를 취급할 때에는 직사광선에 노출되는 것을 피해야 하고, 고온 다습한 곳에 설치하지 않아야 한다.

12. 다음 납산 축전지에 대한 설명 중 틀린 것은 어느 것인가?

① 비중으로 충·방전 상태를 알 수 있다.

② 보관 시 직사광선을 피해야 한다.

③ 전해액은 황산에다 증류수를 섞는다.

③ 일일 점검 시 방전상태나 양극판의 변형상태를 점검해야 한다.

13. 납산 축전지의 전해액을 만들 때 어떤 식으로 만드는가?

① 묽은 황산에 증류수를 조금씩 섞는다.

② 묽은 황산과 증류수를 같이 섞는다.

③ 증류수에 묽은 황산을 조금씩 섞는다.

④ 어느 것을 먼저 해도 상관없다.

14. 다음 중 완전 충전된 납산 축전지의 전해액의 비중은 얼마인가?

① 1.170   ② 1.300

③ 1.370   ④ 1.470

15. 납축전지의 비중은 다음 중 어느 것으로 재는가?

① 전압계   ② 비중계

③ 전류계   ④ 저항계

해설 • 납축전지의 충·방전 상태 점검 : 비중계

(hydrometer)

• 니켈-카드뮴 축전지의 충·방전 상태 점검 : 전압계(voltmeter)

16. 납산 축전지에서 용량의 표시 기호는?

① Ah   ② Bh

③ Vh   ④ Fh

해설 축전지의 용량은 Ah(ampere-hour)로 나타낸다.

17. 다음 중 알칼리 축전지의 장점에 속하지 않는 것은?

① 전해액의 비중이 거의 변하지 않는다.

② 수명이 길고, 용량은 서서히 감소한다.

③ 사용 중 가스의 발생이 적으며, 증류수를 자주 보급하지 않아도 된다.

④ 내구성이 좋고, 어는점이 낮다.

18. 다음 Ni-Cd 축전지의 특성 중 옳은 것은 어느 것인가?

① 타 축전지에 비해 수명이 길다.

② 전해액의 부식성이 적어 안전하다.

③ 1셀(cell)의 전압은 납산 축전지보다 높다.

④ 과열 위험성이 없다.

19. Ni-Cd 축전지에 대한 설명 중 가장 올바른 것은?

① 전해액의 부식성이 적어 안전하다.

② 단위 Cell당 전압은 납산 축전지보다 높다.

③ 방전할 때는 음극판이 3수산화니켈이 된다.

④ 납산 축전지에 비해 수명이 길다.

20. 항공기에 사용되는 니켈-카드뮴 축전지의 일반적인 셀(cell)당 전압으로 가장 올바른 것은 어느 것인가?

① 1.2~1.25 V   ② 1.3~1.7 V

③ 1.7~2.0 V   ④ 2.0~2.25 V

정답 ◆ **12.** ③   **13.** ③   **14.** ②   **15.** ②   **16.** ①   **17.** ②   **18.** ①   **19.** ④   **20.** ①

21. 니켈-카드뮴 축전지에서 24 V 축전지는 몇 개의 셀(cell)을 직렬로 연결하는가?

① 12개 ② 15개 ③ 17개 ④ 19개

22. 니켈-카드뮴 축전지의 양극판, 음극판, 전해액이 옳게 나열된 것은?

① 양극판 $Ni(OH)_3$, 음극판 Cd, 전해액 H_2SO_4
② 양극판 PbO_2, 음극판 Pb, 전해액 H_2SO_4
③ 양극판 $Ni(OH)_3$, 음극판 Cd, 전해액 KOH
④ 양극판 PbO_2, 음극판 Cd, 전해액 H_2O

23. 다음 중 Ni-Cd 축전지의 전해액으로 많이 사용하는 것은?

① 수산화칼륨   ② 황산
③ 수산화칼슘   ④ 증류수

24. 다음 Ni-Cd 축전지의 특성 중 옳은 것은?

① 충·방전 시 비중이 변한다.
② 충·방전 시 비중이 거의 변하지 않는다.
③ 정전압 충전방법 이외의 충전방법은 불가능하다.
④ 방전 중 수소가스가 발생한다.

25. Ni-Cd 축전지가 방전상태에 이르면 전해액의 비중은 어떻게 되는가?

① 변화가 없다.
② 낮아진다.
③ 높아진다.
④ 높아지거나 추워지면 낮아진다.

26. 니켈-카드뮴 축전지가 방전 시에 전해액은 어떻게 되는가?

① 수분이 증발하지 않는 한 변화가 없다.
② 낮아진다.
③ 높아지거나 온도가 낮아지면 변하지 않는다.
④ 높아진다.

27. Ni-Cd 축전지에서 언제 물을 첨가하는가?

① 충전주기가 완료된 지 3~4시간 후에
② 충전주기가 시작되기 전에
③ 충전주기 동안에
④ 충전주기가 완료된 직후에

28. 항공기에 사용되는 니켈-카드뮴 축전지의 방전상태를 측정하는 장비로 가장 적합한 것은 어느 것인가?

① 저항계(ohmmeter)
② 전압계(voltmeter)
③ 와트미터(wattmeter)
④ 전류계(ammeter)

29. 다음 중 축전지(battery)를 떼어낼 때의 순서는?

① (+)선을 먼저 떼어낸다.
② (−)선을 먼저 떼어낸다.
③ (+), (−)선을 동시에 떼어낸다.
④ 어느 선을 먼저 떼어도 상관없다.

해설 • 축전지 장탈 시 : (−)선을 먼저, (+)선을 나중에
• 축전지 장착 시 : (+)선을 먼저, (−)선을 나중에

30. Ni-Cd 축전지의 취급방법과 가장 관계가 먼 것은?

① 전해액인 수산화칼륨은 부식성이 매우 크므로 취급 시 보안경, 고무장갑, 고무 앞치마 등을 착용한다.
② 수산화칼륨의 중화제로는 아세트산, 레몬 주스가 있다.
③ 전해액을 만들 때는 수산화칼륨에 물을 조금씩 떨어뜨려 섞어야 한다.
④ 완전히 충전된 후 3~4시간이 지나기 전에 물을 첨가해서는 안 된다.

② 직류 발전기

항공기에 사용되는 대부분의 전기는 발전기에서 공급하며, 발전기는 기관에 의해 구동된다. 직류 발전기의 출력전압은 축전지가 12 V인 항공기에서는 14 V, 축전지가 24 V인 항공기에서는 28 V이다.

자기가 발생한 기전력으로 계자 전류를 흐르게 하는 자기여자 발전기이며, 직권식, 분권식, 복권식 등이 있다.

(1) 전기 수요에 따른 분류

① M형 : 50 A   ② O형 : 100 A   ③ P형 : 200 A

④ R형 : 300 A   ⑤ A형 : 400 A

(2) 구조

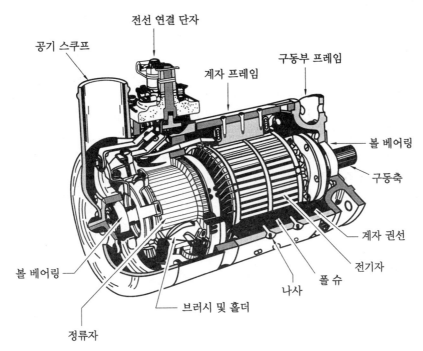

항공기형 24V 직류 발전기

① 계자 : 요크(yoke)라고 불리는 틀(frame)에 고정된 자극으로 계자 코일에 전류가 흐르면 전기자 코일에 기전력이 발생한다.

② 정류자 : 전기자 축 끝에 설치되어 있고 구리로 된 쐐기 모양의 편으로서 교류를 직류로 바꾸며, 브러시와 접촉하여 전류를 밖으로 흐르게 한다.

③ 보극(interpole) : 계자의 주극 사이에 설치하며, 보극의 극성은 회전방향으로 앞에 있는 주극의 극성과 같아야 한다. 보극의 세기는 전류자 전류에 비례하여 증감되므로 전기자 코일과 직렬로 연결해야 하고, 병렬 부분이 여러 개인 전기자 코일보다 굵어야 한다.

④ 브러시 : 고단위 탄소로 만들며 브러시 홀더(holder)로 지지되어 정류자면에 접촉되어 전기자에 발생한 전류를 외부로 보내는 역할을 한다.

⑤ 전기자 : 자기장 내에서 회전하는 코일을 포함한 회전체로 전기자 철심, 전기자 코일, 전기자 축으로 되어 있다.

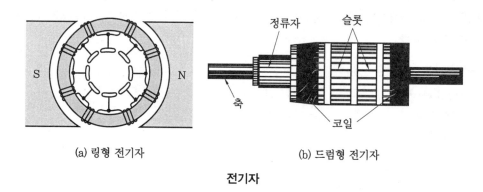

(a) 링형 전기자　　　　　(b) 드럼형 전기자

전기자

(3) 종류

① 직권형(series wound) 직류 발전기 : 전기자와 계자 코일이 서로 직렬로 연결된 형식으로 부하도 이들과 직렬로 연결된다. 부하 크기에 따라 출력전압이 변하기 때문에 전압 조절이 어려워 항공기의 발전기에는 사용하지 않는다.

② 분권형(shunt wound) 직류 발전기 : 전기자와 계자 코일이 서로 병렬로 연결된 형식으로 계자 코일은 부하와 병렬 관계 있다. 부하 전류는 출력전압에 영향을 끼치지 않는다.

③ 복권형(compound wound) 직류 발전기 : 직권형과 분권형을 동시에 가지는 직류 발전기로서 두 가지 장점을 살려 일반적으로 많이 사용된다.

(4) 발전기의 시험

전기자 시험과 계자 시험으로 나누어 회로의 단선과 단락을 시험한다.

① 전기자 시험 : 고전위 시험과 그라울러(growler) 시험

② 계자 시험 : 고전위 시험

(5) 직류 발전기의 보조 기기

① 전압 조절기(voltage regulator)

㈎ 발전기의 출력전압을 발전기의 회전속도, 부하의 크기 등에 관계없이 일정한 전압으로 유지하는 역할을 한다.

㈏ 진동형(vibrating type)과 카본 파일식(carbon file type) 전압 조절기 중 카본 파일식 전압 조절기가 많이 사용된다.

② 역전류 차단기(reverse current cutout relay) : 발전기의 출력전압이 낮을 때에 축전지로부터 발전기로 전류가 역류하는 것을 방지하고, 발전기 출력전압이 축전지 전압보다 높은 정상적인 상태에서는 회로를 형성시켜서 버스를 통하여 부하에 전류를 공급하는 동시에 축전지의 충전을 한다.

③ 과전압 방지장치(over voltage relay) : 출력전압이 과도하게 높아졌을 때 전기 기기와 회로를 보호하기 위한 장치이다.

④ 계자 제어장치(field control relay) : 계자 코일을 보호하기 위하여 전류를 차단시키는 장치이다.

예상문제

1. 그림과 같은 직류 발전기의 드럼형 전기자에서 ⓐ가 지시하는 것은?

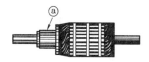

① 정류자　　　② 전기자 코어
③ 주권선　　　④ 전기자 코일

2. 발전기에서 브러시(brush)의 가장 중요한 기능은?

① 회전자의 윤활을 돕는다.
② 전기적 에너지를 뽑아낸다.
③ 계자권선에 전류를 공급한다.
④ self-inductance를 방지한다.

3. 기상 직류 발전기의 보극(interpole)에 대한 설명으로 틀린 것은?

① 부하와 직렬로 권선한다.
② 전기자 권선(armature winding)보다 굵은 도선을 사용한다.
③ 주극(main pole)과 극성을 다르게 하여 설치한다.
④ 계자의 주극 사이에 설치하여 자계가 편향(drift)되는 현상을 보상한다.

4. 발전기 전기자의 시험 중에서 절연 불량상태를 검사하는 방법은?

① 고전위 시험　　② 그롤러 시험
③ 분권 계자 시험　　④ 단선회로 시험

해설 발전기 전기자의 시험
　• 고전위 시험 : 절연 불량상태 검사 방법
　• 그라울러(growler) 시험 : 단락회로 시험

5. 비행 중 축전지(battery)의 과충전을 방지하는 것은?

① 전류 조정기
② 역전류 릴레이
③ 전압 조절기
④ 계자 코일의 수동 제어

6. 직류 발전기의 출력은 회전수(rpm)가 변할 때 무엇이 조절하는가?

① 전류 제한기　　② 역전류 차단장치
③ 전압 조절기　　④ 과전압 방지장치

7. 발전기의 출력 쪽과 버스 사이에 장착하여 발전기의 출력전압이 낮을 때 축전지로부터 발전기로 전류가 역류하는 것을 방지하는 장치는?

① 전압 조절기　　② 보극
③ 역전류 차단기　　④ 정속구동장치

8. 항공기용 전기 계통에 사용되는 역전류 차단기에 대한 설명으로 옳은 것은?

① 직류 발전기 계통에 필요하다.
② 교류 과전류를 차단하는 데 필요하다.
③ 발전기 전압이 모선 전압보다 높을 때 차단된다.
④ 축전지의 상태를 알려주기 위해 설치하는 차단기이다.

정답　1. ①　2. ②　3. ③　4. ①　5. ③　6. ③　7. ③　8. ①

1-3 교류 전력

■ 교류 전원

항공기가 대형화되고 정밀, 고급화됨에 따라 소비전력이 커지게 되어 소형기를 제외하고는 대부분 교류 전원방식을 사용하는데, 교류 전력은 3상, 115/200 V, 400 Hz이며, 비행 중에는 기관에 의해 구동되는 교류 발전기에 의해 전력을 공급한다.

(1) 교류 발생 원리

① 교류의 기전력(e)

$$e = E_m \sin\omega t$$

여기서, E_m : 유도 전압의 최댓값, ω : 코일의 각속도, t : 시간

② 교류의 실효값(E) : 최댓값(E_m)의 $0.707\left(\dfrac{1}{\sqrt{2}}\right)$배이다.

$$E = \frac{1}{\sqrt{2}} E_m = 0.707 E_m$$

$$I = \frac{1}{\sqrt{2}} I_m = 0.707 I_m$$

(2) 교류의 저항

① 교류 회로에 저항으로 작용하는 요소

(가) 저항(R) : 직류에서의 저항이다.

(나) 인덕턴스(L) : 코일의 자기장 변화를 말한다.

(다) 커패시턴스(C) : 콘덴서의 전기장 변화를 말한다.

② 리액턴스(reactance) : 90°의 위상차를 가지게 하는 교류 저항을 리액턴스라 하며 X로 표시하고 단위는 옴(Ω)이다.

(가) 유도성 리액턴스(X_L) : 인덕턴스로 인한 것으로 전류를 90° 지연시킨다.

$$X_L = 2\pi f L^{\angle 90°} = j2\pi f L$$

(나) 용량형 리액턴스 : 커패시턴스로 인한 것으로 전류를 90° 앞서게 한다.

$$X_C = \frac{1^{\angle 90°}}{2\pi f C} = -j\frac{1}{2\pi f C}$$

③ 임피던스(impedance) : 회로가 저항(R) 이외에 인덕턴스(L), 커패시턴스(C)를 포함할 때 이들의 합성성분을 임피던스라 하며 Z로 표시하고 단위는 옴(Ω)이다.

$$Z = \sqrt{R^2 + (X_L - X_C)^2}$$

$$\theta = \tan^{-1}\left(\frac{X_L - X_C}{R}\right)$$

(3) 3상 교류

① Y 결선

㉮ 선간 전압의 크기는 상전압의 $\sqrt{3}$ 배이고, 위상은 해당되는 상전압보다 30° 앞선다.

㉯ 선전류의 크기와 위상은 상전류와 같다.

② △ 결선

㉮ 선간 전압의 크기와 위상은 상전압과 같다.

㉯ 선전류의 크기는 상전류의 $\sqrt{3}$ 배이고, 위상은 상전류보다 30°만큼 뒤진다.

예상문제

1. 교류의 실효값은 얼마인가?

① 최댓값의 0.707배 ② 최댓값의 $\sqrt{2}$ 배

③ 최댓값의 $\left(\dfrac{2}{\pi}\right)$ 배 ④ 0.637배

2. 교류 회로에 저항으로 작용하는 요소 중 콘덴서의 전장 변화에 기인되며 용량 리액턴스를 나타내는 것은?

① 임피던스(impedance)

② 레지스턴스(resistance)

③ 인덕턴스(inductance)

④ 커패시턴스(capacitance)

3. 그림과 같이 15μF의 콘덴서 3개를 병렬 연결하였을 때 합성용량은 몇 μF인가?

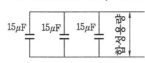

① 4.5 ② 15

③ 45 ④ 50

[해설] 합성용량(C)$= C_1 + C_2 + C_3$
$= 15 + 15 + 15 = 45\,\mu\mathrm{F}$

4. 교류 회로에 대한 설명으로 가장 옳은 것은? (단, ω : 각 주파수, C : 콘덴서, L : 인덕터이다.)

① 유도성 회로(inductive circuit)에서는 전류가 전압보다 위상이 90° 늦다.

② 용량성 회로(capacitive circuit)에서는 전류가 전압보다 위상이 90° 늦다.

③ $\dfrac{1}{\omega L}$은 유도 리액턴스(inductive reactance)라고 한다.

④ ωL을 용량 리액턴스(capacitive reactance)라고 한다.

[해설] 교류 회로

• 유도성 리액턴스 : 인덕턴스로 인한 저항으로 전류를 90° 지연시킨다.

• 용량성 리액턴스 : 커패시턴스로 인한 저항으로 전류를 90° 앞서게 한다.

5. 3상 교류 회로를 Y 결선할 때 선전류와 상전류의 크기의 관계를 옳게 설명한 것은?

① 선전류와 상전류는 같다.

② 선전류는 상전류의 $\sqrt{3}$ 배이다.

③ 상전류는 선전류의 $\sqrt{3}$ 배이다.

④ 선전류는 상전류의 3배이다.

6. Y결선한 3상 교류 회로에서 선전류와 상전류의 위상 관계로 옳은 것은?

① 선전류와 상전류의 위상은 같다.

② 선전류가 상전류보다 30° 앞선다.

③ 상전류가 선전류보다 30° 앞선다.

[정답] **1.** ① **2.** ④ **3.** ③ **4.** ① **5.** ① **6.** ①

④ 상전류가 선전류보다 60° 앞선다.

해설 3상 교류 : Y결선의 선간전압의 크기는 상전압의 $\sqrt{3}$ 배이고, 위상은 해당되는 상전압보다 30° 앞선다. 선전류의 크기와 위상은 상전류와 같다.

7. 대형 항공기에서 교류 전원을 쓰는 이유로 틀린 것은?

① 도선이 가늘어도 된다.
② 전압이 직류에 비해 낮다.
③ 많은 전력 수요 감당이 쉽다.
④ 전기 계통이 차지하는 무게가 가벼워진다.

해설 전력 수요가 많아지면 전압이나 전류를 높여야 하는데 전압을 높이기 어려운 직류를 사용하면 큰 전류가 필요하게 되고, 전기를 공급하는 도선의 굵기도 굵어져야 하므로 무게도 증가하게 된다. 따라서 항공기에서는 전압을 높이기 쉬운 교류를 사용하고, 직류는 비상전원으로 사용한다.

8. 항공기에서 3상 교류 발전기(A.C generator)를 사용할 때 장점이 아닌 것은?

① 효율이 우수하다.
② 정비 및 보수가 쉽다.
③ 무게가 무거워 진동이 적다.
④ 높은 전력의 수요를 감당하는 데 적합하다.

9. 항공기에 사용되는 교류의 주파수는 몇 Hz 인가?

① 60   ② 120
③ 200   ④ 400

해설 항공기에 사용하는 교류 전력은 3상, 115/220 V, 400 Hz이다.

정답 ● **7.** ② **8.** ③ **9.** ④

② 교류 발전기

플레밍의 오른손 법칙을 응용한 장치로서 전기자를 고정시키고 무게가 가벼운 계자를 회전시켜 전기를 발생시킨다.

(1) 단상 교류 발전기

① 교류 발전기의 주파수

$$f = \frac{P}{2} \times \frac{N}{60}$$

여기서, f : 주파수(Hz), P : 계자의 극수, N : 분당 회전수

(2) 3상 교류 발전기

단상에 비하여 효율이 우수하고 결선방식에 따라 전압, 전류에서 이득을 가지며 높은 전력의 수요를 감당하는 데 적합하여 항공기에 많이 사용된다.

① 구조

㉮ 전기자 : 3개 조의 코일과 마그네틱 코어로 구성되어 있으며, 코어는 와류 손실을 감소하기 위하여 얇은 연철판으로 되어 있어 요크(yoke)에 볼트로 고정되어 있다.

㉯ 계자 : 계자극과 코일, 코일에 보낼 직류를 발생하는 여자기의 전기자와 정류자, 계자 코일에 직류를 공급하는 슬립링으로 구성되어 있다.

② 자기 여자 교류 발전기 : 자신이 발전한 교류를 정류기로 정류하여 계자에 보내어 발전

한다.

③ 브러시리스 교류 발전기 : 브러시와 슬립링이 없이 여자 전류를 발생시켜 3상 교류 발전기의 회전계자를 여자시키며, 항공기에 많이 사용한다.

- 장점 : 브러시, 슬립링 또는 정류자가 없으므로 마멸되지 않아 정비 유지비가 적게 든다. 또 슬립링이나 정류자와 브러시 사이의 저항 및 전도율의 변화가 없어 출력파형이 불안정해질 염려가 없으며 브러시가 없어 아크(arc)가 발생하지 않고 고공 비행 시에도 우수한 기능을 발휘한다.

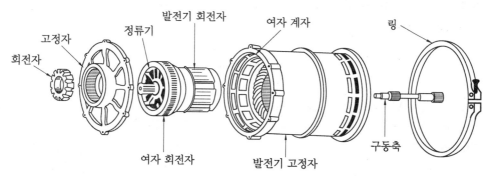

교류 발전기 분해

(3) 교류 발전기의 병렬 운전

교류 발전기를 2개 이상 운전해야 할 때에는 각 발전기의 부하를 동일하게 분담시킴으로써, 어느 한쪽 발전기에 무리가 생기는 것을 피해야 한다. 따라서, 교류 발전기를 병렬 운전시킬 때에는 먼저 각 발전기의 전압, 주파수, 위상 등이 서로 일치하는지를 확인하고 병렬 운전을 시켜야 한다.

❸ 교류 전압 조절기

(1) 목적

① 구동축의 회전수가 변하더라도 발전기의 출력전압을 항상 일정하게 유지하는 것이다.

② 부하가 급격하게 변하더라도 출력전압을 거의 일정하게 한다.

③ 여러 개의 발전기가 병렬 운전을 할 때에는 각 발전기가 부담하는 전류를 같게 한다.

(2) 종류

① 카본 파일형 전압 조절기 : 직류 발전기를 여자기로 이용하는 교류 발전기의 전압 조절에 이용된다.

② 자기 증폭기형 전압 조절기 : 부하의 크기에 관계없이 일정한 전압을 유지할 수 있고 규정 전압을 회복하는 데에도 0.1초 정도의 짧은 시간 이내에 회복되어 제트 항공기에 많이 사용된다.

③ 트랜지스터형 전압 조절기 : 교류 발전기의 계전 전류를 조절한다.

④ 인버터(inverter)

항공기 내에 교류 전원이 없을 때, 즉 교류 발전기가 고장 났을 때 직류만을 주전원으로 하는 항공기에서 축전기의 직류를 공급받아 교류로 변환시켜 최소한의 교류 장비를 작동시키기 위한 장치이다.

⑤ 정속 구동장치(CSD : constant speed drive)

기관의 회전수에 관계없이 항상 교류 발전기의 회전수를 일정하게 유지함으로써 출력 주파수를 일정하게 한다.

예상문제

1. 다음 중 교류 발전기의 주파수를 계산하는 공식으로 옳은 것은? (단, P : 극수, N : 회전수(rpm)이다.)

① $\dfrac{P \times N}{2 \times 60}$ 　　② $\dfrac{P \times N}{60}$

③ $\dfrac{P \times 60}{N}$ 　　④ $\dfrac{N}{60 \times P}$

2. 8극인 유도전동기에 60 Hz의 교류를 가할 때 동기속도는 몇 rpm인가?

① 900 　　② 1200

③ 1800 　　④ 3600

해설 $f = \dfrac{P \times N}{120}$ 에서

$N = \dfrac{120f}{P} = \dfrac{120 \times 60}{8} = 900\,\text{rpm}$

3. 8극의 교류 발전기가 115 V, 360 Hz의 교류를 발전하려면 회전자의 축은 분당 몇 회전(rpm)으로 구동시켜 주어야 하는가?

① 4000 　　② 5400

③ 5000 　　④ 6000

해설 $f = \dfrac{P \cdot N}{120}$ 에서

$N = \dfrac{120f}{P} = \dfrac{120 \times 360}{8} = 5400\,\text{rpm}$

4. 8극짜리 교류 발전기가 있다. 회전수가 900 rpm으로 회전할 때 주파수는?

① 400 cps 　　② 120 cps

③ 60 cps 　　④ 3600 cps

해설 $f = \dfrac{PN}{2 \times 60} = \dfrac{8 \times 900}{120} = 60\,\text{cps}$

5. 어떤 발전기의 주파수는 60 cycle이고, 1800 rpm일 때 극수는?

① 3 　　② 4

③ 6 　　④ 8

해설 $f = \dfrac{PN}{2 \times 60}$ 에서

$P = \dfrac{120f}{N} = \dfrac{120 \times 60}{1800} = 4$

6. 교류 발전기 출력 주파수는 무엇에 의해 결정되는가?

① 회전수와 자력

② 자력과 자극수

③ 회전속도와 자력

④ 회전속도 및 자극수

7. 항공기의 발전기에 있어서 정속 구동장치(CSD)의 주목적은 무엇인가?

① 일정한 전압을 유지하기 위하여
② 전류량을 유지하기 위하여
③ 전압을 감소하기 위하여
④ 일정한 주파수를 유지하기 위하여

8. 정속 구동장치의 회전수 조절은 발전기의 무엇을 조절하기 위한 것인가?
① 전압(voltage)
② 전류(current)
③ 위상(phase)
④ 주파수(frequency)

해설 정속 구동장치 : 기관의 회전수와 관계없이 일정한 출력 주파수를 발생할 수 있도록 하는 장치

9. 기관의 회전수와 관계없이 항상 일정한 회전수를 발전기축에 전달하는 장치는?
① 정속 구동장치(CSD)
② 전압 조절기(voltage regulator)
③ 감쇄 변압기(damping transformer)
④ 계자 제어장치(field control relay)

10. 병렬 운전하는 교류 발전기의 유효 출력은 무엇에 의해서 제어되는가?
① 발전기의 여자 전류
② 발전기의 출력 전압
③ 발전기의 출력 전류
④ 정속 구동장치(CSD)의 회전수

11. 직류에서 교류로 변환시키는 장비는?
① 정류기(rectifier)
② 인버터(inverter)
③ 컨버터(converter)
④ 축전지(battery)

해설 변환기
• 인버터 : 직류를 교류로 변환
• 정류기 : 교류를 직류로 변환

12. 직류 전력을 교류 전력으로 바꾸어 계기 계통에 전력을 공급하는 데 사용되는 기기는?
① 컨버터
② 인버터
③ 변압기
④ 전등기

13. 교류 발전기를 병렬 운전하기 위해 필요한 조건이 아닌 것은?
① 위상이 같아야 한다.
② 전압이 같아야 한다.
③ 용량이 같아야 한다.
④ 주파수가 같아야 한다.

14. 교류 발전기를 병렬 운전에 들어가기 전에 반드시 일치시켜야 할 확인사항에 들지 않는 것은?
① 전압(voltage)
② 주파수(frequency)
③ 토크(torque)
④ 위상(phase)

15. 발전기의 병렬 운전 조건으로 가장 올바른 것은?
① 전압, 주파수, 상이 같아야 한다.
② 전압, 주파수, 출력이 같아야 한다.
③ 전압, 주파수, 전류가 같아야 한다.
④ 전압, 전류, 상이 같아야 한다

16. 2대의 기관 구동 교류 발전기를 병렬 운전 시 버스 타이 차단기(bus tie breaker)를 열어 회로를 보호해야 하는 경우가 아닌 것은?
① 저전압 발생 시
② 차전류 발생 시
③ 외부 전류 공급 시
④ 불평형 전류 발생 시

해설 기관 구동 발전기의 보호회로
• 과전압 및 저전압 발생
• 차(differential)전류 발생
• 불평형 전류 발생

정답 **8.** ④ **9.** ① **10.** ④ **11.** ② **12.** ② **13.** ③ **14.** ③ **15.** ① **16.** ③

1-4 변압기, 변류기, 정류기

(1) 변압기(transformer)

전압의 전기적 에너지를 다른 전압의 전기적 에너지로 바꾸어 주는 장치로 전압을 올리거나 내려준다. 변압기는 전기적으로 직접 연결되어 있지 않은 2개의 코일과 그 코일이 감겨 있는 철심으로 구성된다.

- 변압비와 권수비

$$\frac{E_1}{E_2} = \frac{n_1}{n_2} = a$$

여기서, E_1 : 1차 전압, E_2 : 2차 전압, n_1 : 1차 권수, n_2 : 2차 권수, a : 권수비

(2) 변류기(current transformer)

변압기의 일종으로 큰 전류에서 일정한 비율의 작은 전류를 빼내어 계기나 계전기 등에 공급하기 위하여 사용되는 장치이다.

- 변류비 : 권수비의 역수로 정해진다.

$$\frac{I_1}{I_2} = \frac{n_2}{n_1}$$

여기서, I_1 : 1차 전류, I_2 : 2차 전류

(3) 정류기(rectifier)

교류 발전기만 있는 항공기에서 전류를 한쪽 방향으로만 흐르게 함으로써 교류를 직류로 바꾸는 장치이다.

1-5 전동기

(1) 직류 전동기

전기적인 에너지를 기계적인 에너지로 바꾸어 주는 장치로 기관의 시동, 조종면의 작동을 위한 서보모터, 다이너모터 및 인버터를 구동하는 데 사용한다.

① 직권 전동기 : 계자와 전기자가 직렬로 연결되며, 부하가 크고, 시동 토크가 크게 필요한 기관의 시동용 전동기, 착륙장치, 플랩 등을 움직이는 전동기로 사용한다.

② 분권 전동기 : 계자와 전기자가 병렬로 연결되며, 회전속도에 따라 계자 전류가 변하지 않는다. 선풍기, 원심 펌프, 전동기-발전기를 작동하는 데 사용한다.

③ 복권 전동기 : 직권계자와 분권계자를 모두 가지고 있다. 부하의 변화에 대한 회전속도의 변동이 작으므로 일정한 회전속도가 요구되는 인버터 등에 사용된다.

(2) 가역 전동기

회전방향을 필요에 따라 반대로도 할 수 있는 전동기로 전기자 극성 또는 계자 극성 중에서 어느 하나를 바꾸면 전동기의 회전방향이 반대로 되며, 전기자 극성, 계자 극성을 모두 바꾸면 회전방향은 변하지 않는다.

(3) 교류 전동기

직류 전동기보다 효율이 좋기 때문에 경제적인 운전을 할 수 있으며 직류에 비하여 작은 무게로 많은 동력을 얻을 수 있으므로 대형 제트 항공기에 많이 사용한다.

① 만능(universal) 전동기(교류 정류자 전동기) : 직류 전동기와 모양과 구조가 같고 교류와 직류를 겸용으로 사용할 수 있는 것을 말하며 진공청소기, 전기 드릴 등에 이용된다.

② 유도(induction) 전동기 : 교류에 대한 작동 특성이 좋기 때문에 시동이나 계자 여자가 있어 특별한 조치가 필요하지 않고, 부하 감당 범위가 넓어 대형 항공기에서 비교적 작은 부하의 작동기로 사용된다.

③ 동기(synchronous) 전동기 : 일정한 회전수가 필요한 장치에 사용되며, 항공기에서는 기관의 회전계(tachometer)에 이용한다.

예상문제

1. 변압기에 관한 설명으로 틀린 것은?
① 변압비는 권선비와 같다.
② 손실에는 동손과 철손이 있다.
③ 권선비가 1보다 크면 승압변압기이다.
④ 권선의 전압, 전류는 정격치를 넘어서 사용할 수 없다.

2. 다음 중 교류를 직류로 바꿔주는 장치는 무엇인가?
① 정류기　　　　② 인버터
③ 역전류 차단기　④ 과전압 방지장치

3. 항공기에서 일반적으로 전동기의 구동력을 이용하지 않는 것은?
① 추력의 발생
② 착륙장치의 작동
③ 기관의 시동
④ 플랩의 동작

4. 직권형 직류 전동기에 대한 설명으로 옳은 것은?
① 높은 기동력을 갖고 있다.
② 시동 시 계자에 전류가 적게 흐른다.
③ 무부하 상태에서 속도가 가장 낮다.
④ 일정한 속도가 필요한 곳에 적합하다.

5. 직권형 전동기의 특징이 아닌 것은 어느 것인가?
① 회전속도는 부하의 크기에 따라 변한다.
② 무부하에서는 회전속도가 빨라 위험하다.
③ 회전속도가 변해도 계자 전류는 일정하다.
④ 시동할 때에는 계자에 많은 전류가 흘러 토크가 크다.

해설 직권형 전동기 : 시동 시 시동 토크가 크고, 회전속도는 부하의 크기에 따라 변화하므로, 부하가 작으면 매우 빠르게, 부하가 크면 천천히 회전한다. 무부하에서는 속도가 빨라 위험하므로 무부하 운전은 피해야 한다.

정답 ● **1.** ② **2.** ① **3.** ① **4.** ① **5.** ③

6. 시동 전동기의 전원 극성을 반대로 했을 때의 회전 상태는?

① 역회전 한다.　　② 회전하지 않는다.
③ 변화가 없다.　　④ 속도가 빨라진다.

7. 다음 중 부하가 크고, 시동 토크 값이 크게 필요한 기관의 시동장치에 가장 많이 사용되는 것은?

① 직권형 전동기　　② 가역 전동기
③ 복권형 전동기　　④ 분권형 전동기

8. 직류 전동기는 그 종류에 따라 부하에 대한 토크 특성이 다른데, 정격 이상의 부하에서 토크가 크게 발생하여 왕복기관의 시동기에 가장 적합한 것은?

① 분권식(shunt wound)
② 복권식(compound wound)
③ 직권식(series wound)
④ 유도식(induction type)

9. 시동할 때 계자에도 많은 전류가 흘러 큰 토크를 얻을 수 있는 전동기는?

① 직권형　　　　② 분권형
③ 정류형　　　　④ 만능형

> **해설** 직권형 전동기 : 계자와 전기자가 직렬로 연결되며, 시동 시 계자에도 전류가 많이 흘러 시동 토크가 크다.

10. 계자와 전기자가 병렬로 연결되어 있는 직류 전동기는?

① 분권형　　　　② 직권형
③ 복권형　　　　④ 만능형

11. 시동기(starter)의 극성을 반대로 놓으면 어떻게 되겠는가?

① 회전방향에는 변화가 없다.
② 반대로 회전을 할 것이다.

③ 속도가 빨라진다.
④ 역회전을 하지 않는다.

12. 전동기에서 자장의 방향과 전류의 방향을 알고 있을 때 도체의 운동(힘) 방향을 알 수 있는 법칙은?

① 렌츠의 법칙
② 패러데이 법칙
③ 플레밍의 왼손 법칙
④ 플레밍의 오른손 법칙

> **해설** 플레밍의 법칙
> • 오른손 법칙 : 발전기의 원리, 자기장 속에서 도선이 움직일 때 유도기전력에 유도되는 전류의 방향을 나타낸다.
> • 왼손 법칙 : 전동기의 원리, 자기장 속에서 전류가 받는 힘의 방향을 나타낸다.

13. 교류 전동기에 대한 설명 중 가장 관계가 먼 것은?

① 자장 발생, 전기자 유도에 의한 회전력의 발생은 직류 전동기와 다르다.
② 교류 전동기는 자장의 방향과 크기가 시간에 따라 변한다.
③ 교류 전동기는 직류 전동기보다 효율이 크다.
④ 무게에 비해 많은 동력을 얻을 수 있다.

14. 다음 중 교류 전동기가 아닌 것은 어느 것인가?

① 가역 전동기　　② 유니버설 전동기
③ 유도 전동기　　④ 동기 전동기

15. 교류와 직류의 겸용이 가능하며, 인가되는 전류의 형식에 구애됨이 없이 항상 일정한 방향으로 구동될 수 있는 전동기는?

① 가역 전동기
② 유니버설 전동기
③ 유도 전동기
④ 동기 전동기

정답 ● **6.** ③ **7.** ① **8.** ③ **9.** ① **10.** ① **11.** ① **12.** ③ **13.** ③ **14.** ① **15.** ②

16. 교류 전동기 중에서 유도 전동기에 대한 설명으로 틀린 것은?

① 부하 감당 범위가 넓다.
② 교류에 대한 작동 특성이 좋다
③ 브러시와 정류자편이 필요 없다.
④ 직류 전원만을 사용할 수 있다.

17. 다음 중 교류 유도 전동기의 가장 큰 장점은 어느 것인가?

① 직류 전원도 사용할 수 있다.
② 다른 전동기보다 아주 작고 가볍다.
③ 높은 시동 토크(torque)를 갖고 있다.
④ 브러시(brush)나 정류자편이 필요 없다.

정답 **16.** ④ **17.** ④

1-6 조명장치

(1) 외부 조명 계통

착륙, 지상활주와 비행 중에 시계를 밝히거나 항공기의 위치를 알리고, 비행 중에 항공기 날개 등에 생길 수 있는 결빙 상태 등을 살필 수 있도록 하며, 충돌을 방지해야 한다.

충돌 방지등, 항법등, 지상활주등, 착륙등, 앞전등, 동체 조명등, 주날개 조명등, 꼬리날개 조명등이 있다.

① 착륙등 : 착륙등이 켜졌을 때 광선을 앞방향으로 비출 수 있도록 장착되어야 하며, 주로 야간 착륙을 할 때 조명하기 위해 사용된다. 착륙등의 계전기는 주착륙장치의 내림 한계 스위치(down limit switch)를 통하여 접지 위에 있으므로, 착륙장치가 올라갈 때에는 착륙등이 켜지지 않으며, 내려갈 때에는 계전기가 닫혀 28 V 교류를 공급받는다.

② 지상활주등 : 항공기가 야간에 지상에서 활주할 때 유도로를 비추기 위하여 사용한다.

③ 위치등(항법등) : 항공기의 진행방향과 위치를 표시하기 위한 등화로 항공기 주날개 끝과 동체 꼬리 맨 끝에 장착된다.

㈎ 왼쪽 날개 : 빨간색등   ㈏ 우측 날개 : 녹색등   ㈐ 동체 꼬리 : 흰색등

④ 충돌 방지등 : 충돌을 방지하기 위하여 다른 항공기의 주의를 끌 수 있도록 동체 상부나 수직 안정판 꼭대기에 적색등을 점멸하게 되어 있다.

(2) 내부 조명 계통

조종실이나 객실의 실내를 조명하고, 조종사가 계기의 상태를 파악하도록 하며, 그 밖에 항공기 내부에 필요한 부분에 조명을 한다. 계기등, 조종실 조명등, 객실 조명등, 화물실 조명등이 있다.

(3) 비상 조명 계통

비상시에 승무원이나 승객의 비상 탈출을 돕도록 하는 조명이다. 비상 출구등, 비상 탈출 보조등, 비상 구조등이 있다.

예상문제

1. 날개 및 날개 뿌리(wing root) 부분 또는 랜딩 기어에 장착되며 항공기축 방향을 조명하는 데 사용하는 등은?
① 착빙 감시등
② 선회등
③ 항공등
④ 착륙등

2. 항공기의 위치(position), 방향(direction) 그리고 고도(altitude)를 visual indication 해 주는 light는?
① 충돌 방지등(anti collision light)
② 항법등(navigation light)
③ 착륙등(landing light)
④ 비상등(emergency light)

3. 항공기의 항법등(navigation light)에 대한 설명 중 옳은 것은?
① 좌측 날개 끝 – 녹색등
② 우측 날개 끝 – 적색등
③ 꼬리날개 – 백색등
④ 충돌 방지 – 청색등

4. 항법등에서 우측 날개 끝에 있는 등은 어떤 색깔인가?
① 적색등   ② 녹색등
③ 흰색등   ④ 황색등

5. 다음의 항공기 외부등 중에서 충돌 방지등은 어느 것인가?
① 동체 아랫면 : 점멸 백색등
② 왼쪽 날개 끝 : 백색등
③ 꼬리 끝 : 붉은색등
④ 동체 상부 또는 수직 안정판 꼭대기 : 붉은 색등

6. 비상 조명 계통(emergency light system)에 대한 설명으로 가장 올바른 것은?
① 비행 시 비상 조명 스위치의 정상 위치는 on position이다.
② 비상 조명 계통은 비행 시(flight mode)에만 작동된다.
③ 비상 조명 스위치는 off, test, arm, on의 4 position toggle 스위치이다.
④ 항공기에 전기공급을 차단할 때는 비상 조명 스위치를 off에 선택해야 배터리(battery)의 방전을 방지할 수 있다.

7. 항공기 착륙장치가 완전하게 접혀 격납이 완료되었을 때 착륙장치 인디케이터(indicator)는 어떻게 지시하는가?
① 적색 지시램프가 들어온다.
② 녹색 지시램프가 들어온다.
③ 백색 지시램프가 들어온다.
④ 어떤 램프도 들어오지 않는다.

CHAPTER 02 계기 계통

2-1 항공계기 일반

(1) 항공계기의 특성

① 무게와 크기를 작게 하고, 내구성이 높아야 한다.

② 정확성을 확보하고, 외부 조건의 영향을 적게 받도록 한다.

③ 누설에 의한 오차를 없애고, 접촉 부분의 마찰력을 줄인다.

④ 온도 변화에 따른 오차를 작게 하고, 진동에 대해 보호되어야 한다.

⑤ 습도에 대한 방습 처리와 염분에 대한 방염 처리를 철저히 해야 한다.

⑥ 곰팡이에 대한 항균 처리를 해야 한다.

(2) 항공계기의 색표지

① 붉은색 방사선(red radiation) : 최대 및 최소 운용한계를 나타낸다. 2개의 붉은색 방사선 중 낮은 수치에 표시한 것은 해당 장비가 운전이나 운용될 수 있는 최솟값이며, 높은 수치에 해당하는 것은 초과 금지를 의미한다.

② 녹색 호선(green arc) : 안전 운용범위, 즉 계속 운전범위를 나타낸다.

③ 노란색 호선(yellow arc) : 안전 운용범위에서 초과 금지까지의 경계 또는 경고범위를 나타낸다.

④ 흰색 호선(white arc) : 대기 속도계에서 플랩 조작에 따른 항공기의 속도범위를 나타낸다.

⑤ 푸른색 호선(blue arc) : 기화기를 장비한 왕복기관에 관계되는 기관계기에 표시하는 것으로서, 연료공기 혼합비가 오토린(auto lean)일 때의 상용 안전 운전범위를 나타낸다.

⑥ 흰색 방사선(white radiation) : 유리가 미끄러졌는지를 확인하기 위하여 유리판과 계기의 케이스에 걸쳐 표시한다.

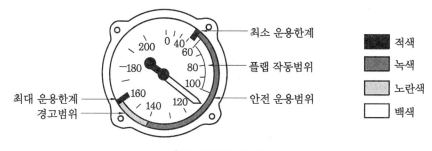

항공계기의 색표지

(3) 항공기 계기판

자기 영향을 받지 않도록 비자성 금속인 알루미늄 합금이 사용되며, 기체와 기관의 진동으로부터 보호하기 위해 고무로 된 완충 마운트를 사용한다. 또한 계기판의 지시 내용이 잘못 파악되지 않도록 무광택의 검은색 도장을 한다.

[계기의 종류]

① 비행계기(flight instrument) : 항공기 비행 상태를 알아내는 데 필요한 계기
   예 고도계, 속도계, 승강계, 선회 경사계 등

② 기관계기(engine instrument) : 항공기에 장착된 기관의 상태를 알아내는 데 필요한 계기
   예 기관 회전계, 연료 압력계, 윤활유 압력계, 실린더 온도계, 연료 유량계, 저압 압축기 회전계(N_1), 배기가스 온도계, 고압 압축기 회전계(N_2) 등

③ 항법계기(navigation instrument) : 항공기의 진로, 위치, 방위를 알아내는 데 필요한 계기
   예 자기 컴퍼스, 자동 방향 탐지기, 초단파 전방향 무선 표시기(VOR), 거리 측정 장치(DME), 관성 항법 장치(INS), 전파 고도계 등

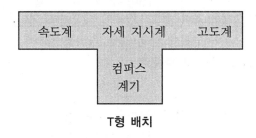

T형 배치

예상문제

1. 항공계기의 색 표시에서 붉은색 방사선에 대한 설명으로 옳은 것은?
   ① 대기 속도계에만 사용된다.
   ② 안전 운용범위를 나타낸다.
   ③ 안전 운용범위에서 초과 금지까지의 경고 범위를 나타낸다.
   ④ 높은 수치에 해당하는 것은 초과 금지를 나타낸다.

2. 다음 항공계기의 색표지에 대한 설명 중 틀린 것은?
   ① 녹색 호선은 안전 운용범위를 나타낸다.
   ② 흰색 호선은 기화기를 장착한 항공기에만

사용된다.
   ③ 붉은색 방사선은 최대 및 최소 운용한계를 나타낸다.
   ④ 노란색 호선은 안전 운용범위에서 초과 금지까지의 경계 및 경고범위를 나타낸다.

3. 속도계의 색표식 중에서 플랩(flap)을 조작하는 것과 가장 관계가 깊은 것은 다음 중 어느 것인가?
   ① 흰색 호선
   ② 노란색 호선
   ③ 녹색 호선
   ④ 붉은색 방사선

정답 ┅ **1.** ④ **2.** ② **3.** ①

4. 왕복기관에서 실린더 헤드 온도계, 회전계 및 흡입 압력계와 같은 기관계기에 표시하는 것으로 상용 안전운용 범위를 표시하는 계기의 색 표시는?
 ① 노란색 호선
 ② 초록색 호선
 ③ 푸른색 호선
 ④ 붉은색 호선

5. 다음 계기 중 청색 호선의 색표시를 할 수 있는 것은?
 ① 대기 속도계
 ② 기압식 고도계
 ③ 흡기 압력계
 ④ 산소 압력계

6. 다음 사용되는 계기 중 비행계기는?
 ① 산소 압력계
 ② 승강계
 ③ 연료 유량계
 ④ 거리 측정 장치

7. 항공기 계기를 비행계기, 기관계기, 항법계기로 분류하였을 경우 비행계기가 아닌 것은?
 ① 속도계   ② 고도계
 ③ 승강계   ④ 자석지시계

정답 **4.** ③ **5.** ③ **6.** ② **7.** ④

2-2   피토 정압 계기

▮ 피토 정압 계통

(1) 피토 정압관

 ① 정압공 : 정압을 수감한다.
 ② 피토공 : 전압을 수감한다.
 ③ 정압만 이용한 계기 : 고도계, 승강계
 ④ 정압과 전압을 이용한 계기 : 속도계, 마하계, 대기 속도계
 ⑤ 이 밖에 여압 계통, 자동 조종 계통, 비행 기록계 등과 연결된다.

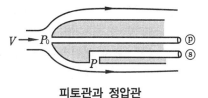

피토관과 정압관

▮ 고도계

일종의 아네로이드 기압계이다.

(1) 항공기의 고도 구분

 ① 진고도(true altitude) : 해면상에서부터의 고도
 ② 절대 고도(absolute altitude) : 항공기로부터 그 당시 지형까지의 고도
 ③ 기압 고도(pressure altitude) : 표준 대기압(29.92 inHg) 해면으로부터의 고도

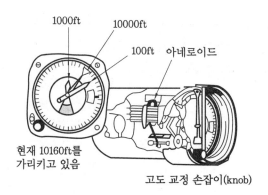

현재 10160ft를
가리키고 있음

고도 교정 손잡이(knob)

기압식 고도계

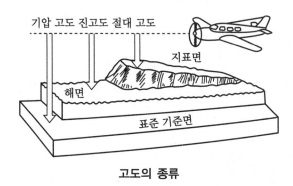

고도의 종류

(2) 고도계의 보정

① QNH 보정 : 활주로에서 고도계가 활주로 표고를 가리키도록 하는 보정이며 해면으로부터의 기압 고도, 즉 진고도를 지시한다. 14000 ft 미만의 고도에서 사용하는 것으로 일반적으로 고도계 보정은 이 보정을 말한다.

② QNE 보정 : 표준 대기압인 29.92 inHg를 맞추어 표준 기압면으로부터의 고도를 지시하게 하는 방법으로 이때 고도계가 지시하는 고도는 기압 고도이다. QNH를 통보할 지상국이 없는 해상 비행이나 14000 ft 이상의 높은 고도로 비행 시 사용한다.

③ QFE 보정 : 활주로 위에서 고도계가 0을 지시하도록 고도계의 기압 창구에 비행장의 기압을 보정하는 방식으로 이·착륙 훈련 등에 편리하다.

(3) 고도계의 오차

① 눈금 오차 : 일정한 온도에서 진동을 가하여 얻어낸 기계적 오차로 계기 특유의 오차이다. 일반적으로 고도계의 오차는 눈금 오차를 말하며, 수정할 수 있다.

② 탄성 오차 : 히스테리시스, 편위(drift), 잔류효과 등과 같이 일정한 온도에서 재료의 특성 때문에 생기는 탄성체 고유의 오차

③ 온도 오차 : 온도 변화에 따른 고도계를 구성하는 부분의 팽창, 수축, 공함과 그 밖의 탄성체의 탄성률의 변화 또는 대기온도 분포가 표준대기와 다르기 때문에 생기는 오차

④ 기계적 오차 : 계기 각 부분의 마찰, 기구의 불평형, 가속도와 진동 등에 의해 바늘이 일정하게 지시하지 못함으로써 생기는 오차로 수정이 가능하다.

예상문제

1. 피토공(pitot hole)에서 얻어지는 압력은 무엇인가?

① 정압　　　　　② 전압
③ 등압　　　　　④ 대기압

> **해설** 피토 튜브(pitot tube)
> • 피토공(pitot hole) : 전압을 측정한다.
> • 정압공 : 정압을 측정한다.

2. 다음 중 동압(dynamic pressure)과 정압(static pressure)을 이용하는 기본적인 계기는 어느 것인가?

① 동기전동기, 유압계
② EPR
③ 회전계, 방향 지시계
④ 속도계, 고도계

> **해설** 피토 – 정압 계통의 계기 : 속도계, 승강계, 고도계

3. 피토압(전압)과 정압과의 압력차를 이용한 계기는?

① 속도계　　　　② 고도계
③ 승강계　　　　④ 회전계

> **해설** • 속도계 : 전압과 정압의 차이인 동압을 이용하여 속도를 측정한다.
> • 고도계, 승강계 : 정압을 이용하여 측정을 한다.

4. 항공기의 승강계는 고도에 따른 무엇의 변화를 이용한 것인가?

① 동압　　　　　② 온도
③ 밀도　　　　　④ 대기압

5. 항공기로부터 그 당시의 지형까지의 고도를 무엇이라고 하는가?

① 진고도　　　　② 절대 고도
③ 기압 고도　　　④ 밀도 고도

6. 해발 500 ft인 비행장의 상공에 있는 비행기 진고도가 3000 ft라면 이 비행기의 절대 고도는 몇 ft 인가?

① 2500　　　　　② 3000
③ 3500　　　　　④ 4500

> **해설** 절대 고도 = 진고도 - 500
> = 3000 - 500 = 2500 ft

7. 14000 ft 미만의 고도에서 사용하는 것으로 활주로에서 고도계가 활주로의 표고를 지시하도록 만든 보정 방법은?

① QNH 보정　　　② QNE 보정
③ QFE 보정　　　④ QHN 보정

8. 다음 QNH 보정에 대한 설명으로 가장 올바른 것은?

① 활주로에서 고도계가 활주로 표고를 가리키도록 하는 보정
② 활주로 위에서 고도계가 0 ft를 지시하도록 고도계 기압 창구에 비행장의 기압을 맞추는 것
③ 표준 기압면으로부터의 고도를 지시하게 하는 것
④ 14000 ft 이상의 비행일 때 사용하기 위한 보정

9. 해면상으로부터 항공기까지의 고도로 가장 올바른 것은?

① 절대 고도　　　② 진고도
③ 밀도 고도　　　④ 기압 고도

10. 고도계의 보정 방법 중에서 진고도를 나타나게 하는 방식은?

① QNE　　　　　② QNH
③ QFE　　　　　④ 29.92에 set

정답 ► 1. ②　2. ④　3. ①　4. ④　5. ②　6. ①　7. ①　8. ①　9. ②　10. ②

11. 고도계 보정을 29.92 inHg로 하였다면 이 것은 무엇을 지시하는가?
① 착륙하였을 때 비행장의 표고를 지시한다.
② 착륙 시 지시가 필히 0을 가리킨다.
③ 기압 고도를 가리킨다.
④ 밀도 고도를 가리킨다.

12. 조종사가 고도계의 보정(setting)을 QNE 방식으로 보정하기 위하여 고도계의 기압 눈금판을 관제탑에서 불러주는 해면기압으로 맞춰 놓았을 경우 그 고도계가 나타내는 고도는 어느 것인가?
① 압력 고도   ② 진고도
③ 절대 고도   ④ 밀도 고도

13. 고도계 보정(setting) 29.92 inHg로 하고 14000 ft 이상의 고고도로 비행을 할 때의 고도계 보정(setting) 방법은?
① QNH 보정   ② QNE 보정
③ QFE 보정   ④ QFQ 보정

14. 다음 고도계의 보정 방법 중 QFE 보정이란 무엇인가?
① 활주로의 위에서 고도계가 0을 지시하도록 고도계의 기압 창구에 비행자의 기압을 보정하는 방식
② 활주로에서 고도계가 활주로 표고를 가리키도록 하는 방식
③ 29.92 inHg의 표준 기압면으로부터 고도를 지시하게 하는 방식
④ 14000 ft 이상의 높은 고도로 비행을 하기 위해 사용하는 방식

15. 다음 중 고도계에서 발생하는 오차의 종류가 아닌 것은?
① 기계적 오차   ② 온도 오차
③ 위도상의 오차   ④ 탄성 오차

16. 고도계 오차의 종류가 아닌 것은?
① 눈금 오차   ② 밀도 오차
③ 온도 오차   ④ 기계적 오차

17. 일정한 온도에서 진동을 가하여 기계적 오차를 뺀 계기 특유의 오차는?
① 눈금 오차   ② 지정 오차
③ 탄성 오차   ④ 온도 오차

18. 다음 중 고도계의 탄성 오차가 아닌 것은?
① 와동 오차
② 편위
③ 히스테리시스
④ 잔류효과

19. 고도계에서 발생하는 오차 중 히스테리시스(hysterisis), 편위(drift), 잔류효과(aftereffect) 등과 같이 일정한 온도에서 재료의 특성 때문에 생기는 탄성체 고유의 오차는?
① 눈금 오차   ② 온도 오차
③ 탄성 오차   ④ 압력 오차

20. 다음 중 기압식 고도계의 잔류효과(aftereffect)는 어느 것과 관계되는가?
① 상온 오차   ② 누설 오차
③ 탄성 오차   ④ 마찰 오차

21. 고도계의 오차 중 기계적 오차를 가장 올바르게 설명한 것은?
① 온도 변화에 의해서 탄성계수가 바뀔 때의 오차
② 재료의 피로 현상에 의한 오차
③ 장시간에 걸쳐서 동일한 압력을 가해두면 휘어짐이 조금씩 증가하는 크리프(creep) 현상에 의한 오차
④ 기구의 불평형, 계기 각 부분의 마찰 등에 의해 생긴 오차

정답 ➡ **11.** ③ **12.** ② **13.** ② **14.** ① **15.** ③ **16.** ② **17.** ① **18.** ① **19.** ③ **20.** ③ **21.** ④

3 속도계

비행기의 대기에 대한 속도를 지시하는 것으로, 피토압을 측정하여 베르누이 정리를 이용하여 속도로 환산하여 항공기의 속도를 지시한다. 즉, 전압과 정압의 차이인 동압을 이용하여 속도를 측정한다.

속도계

(1) 속도 수정

① 지시 대기속도(IAS) : 공함에 동압이 가해지고 동압은 유속의 제곱에 비례하므로 압력 눈금 대신에 환산된 속도 눈금으로 표시한 속도이다.

② 수정 대기속도(CAS) : 지시 대기속도에 피토관의 장착 위치 및 계기 자체에 의한 오차를 수정한 속도이다.

③ 등가 대기속도(EAS) : 수정 대기속도에 공기의 압축성 효과를 고려한 속도이다.

④ 진대기속도(TAS) : 등가 대기속도에 고도 변화에 따른 밀도를 보정한 속도이다.

4 마하계

항공기의 대기속도를 공기 중의 음속에 대한 배율로 표시한 계기로서 대기속도 대신에 그 고도에서의 마하수로 나타낸다.

5 승강계

비행 고도를 유지하고 예정된 고도의 변화를 정확하게 알기 위하여 사용되는 계기로서 상승률과 하강률을 나타낸다.

① 기능 : 정압을 이용하여 항공기의 수직방향으로 속도를 지시한다.

② 수직방향 속도 : ft/min으로 지시한다.

③ 지시에 대한 감도

  ⑺ 구멍이 작은 경우 : 감도는 높아지나 지시 지연시간이 길어진다.

  ⑻ 구멍이 큰 경우 : 지시 지연시간은 짧으나 감도가 낮아진다.

④ 승강계에서 중요한 부분은 다이어프램의 내외에 차압을 생기게 하는 모세관 및 오리피스로 구성된 공기 흐름 조절부이다. 이 부분의 저항이 크면 감도는 증가하고 계기 지시의

지연도 증가하며, 저항이 감소하면 지연이 짧아지고 감도는 감소한다.

승강계

6 피토 정압 계기의 정비

피토 정압 시험기(MB-1 tester)를 사용한다.

예상문제

1. 피토 정압 계기의 기본이 되는 원리는?
① 훅 정리   ② 파스칼 정리
③ 베르누이 정리   ④ 푸아송 정리

2. 속도계에서 속도를 측정하는 원리에 대한 설명으로 가장 옳은 것은?
① 고도에 따른 전류차를 이용한 것이다.
② 전압과 정압의 차를 이용한 것이다.
③ 전압만을 이용한 것이다.
④ 동압과 정압의 차를 이용한 것이다.

3. 피토 정압관(pitot-static tube)에서 측정되는 것은?
① 정압과 동압의 차   ② 정압
③ 동압   ④ 전압
해설 전압과 정압의 차이인 동압을 이용하여 속도를 측정한다.

4. 동압(dynamic pressure)에 의해서 작동되는 계기가 아닌 것은?
① 대기 속도계   ② 진대기 속도계

③ 승강계   ④ 마하계

5. 지시 대기속도(indicated air speed)에 피토 정압관의 장착 위치 오차를 수정한 것은?
① 진대기속도(true air speed)
② 장착 대기속도(install air speed)
③ 등가 대기속도(equivalent air speed)
④ 수정 대기속도(calibrated air speed)

6. 다음 속도계기 중 공기의 압축성 효과를 고려한 속도는?
① EAS   ② CAS   ③ IAS   ④ TAS

7. 다음 중 승강계의 눈금 단위를 옳게 나타낸 것은?
① ℃/h   ② h/inch
③ ft/min   ④ kg/s
해설 승강계 : 항공기가 수평비행을 할 때에는 눈금이 0을 지시한다. 상승 또는 하강에 의하여 고도가 변하는 경우에는 고도의 변화율을 ft/min 단위로 지시한다.

정답   **1.** ③   **2.** ②   **3.** ③   **4.** ③   **5.** ④   **6.** ①   **7.** ③

8. 다음 중 승강계에 대한 설명으로 옳은 것은 어느 것인가?

① 고도의 변화에 따른 동압의 변화를 이용한 것이다.

② 고도의 변화에 따른 대기압의 변화를 이용한 것이다.

③ 고도의 변화에 따른 동압과 정압의 차를 이용한 것이다.

④ 고도의 변화에 따른 정압과 동압의 합을 이용한 것이다.

9. 다음 중 승강계가 지시하는 단위는?

① m/s

② km/s

③ ft/min

④ ft/s

10. 승강계에 가해지는 공기의 온도차가 낮아지면 어떤 가능성이 나타날 수 있는가?

① 지시 지연시간은 짧아지고, 지시는 둔해진다.

② 지시 지연시간은 길어지고, 지시는 둔해진다.

③ 지시 지연시간은 길어지고, 지시는 예민해진다.

④ 지시 지연시간은 짧아지고, 지시는 예민해진다.

11. 승강계에서 모세관의 저항이 증가할 때 성능에 대한 설명으로 옳은 것은?

① 감도는 증가하고 계기 지시의 지연이 증가한다.

② 감도는 증가하고 계기 지시의 지연이 짧아진다.

③ 감도는 감소하고 계기 지시의 지연이 증가한다.

④ 감도는 감소하고 계기 지시의 지연이 짧아진다.

정답 **8.** ② **9.** ③ **10.** ① **11.** ①

2-3 압력계기

(1) 압력의 종류

① 절대압력 : 완전 진공을 기준으로 측정한 압력으로 inHg를 사용한다. 절대압력의 측정은 내부를 진공으로 한 아네로이드나 아네로이드식 벨로스를 이용하여 고도계, 객실고도계, 흡입압력계 등에 이용된다.

절대압력＝대기압±게이지 압력(＋ : 정압, － : 부압)

② 게이지 압력 : 대기압을 기준으로 하는 압력으로 psi 단위를 사용한다. 부르동관이나 벨로스를 사용하며, 윤활 유압력계, 작동유압계, 연료 압력계, 압축기 출구 압력계 등에 이용된다.

(2) 압력계기 일반

[압력 측정부]

① 부르동관(bourdon tube) : 속이 비어 있는 타원형의 단면을 가진 금속관으로, 둥글게 구부러져 있어 압력이 가해지면 관이 펴져 그 변위에 해당하는 만큼 바늘이 움직인다.

② 벨로스(bellows) : 탄성 재료를 압연 가공하여 만든 여러 개의 공함을 겹친 것으로 다른

것에 비하여 수감 변위가 크고 감도가 좋으므로 직접 작동하는 계기로서 적합하다.

③ 아네로이드(밀폐식 공함) : 내부가 진공이므로 외부 압력을 절대압력으로 측정하는 데 사용한다.

④ 다이어프램(개방식 공함) : 내부로 통하는 구멍 때문에 내·외측에 모두 압력을 받을 수 있어 차압을 측정하거나 게이지 압력을 측정한다.

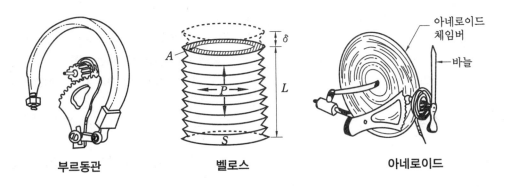

부르동관   벨로스   아네로이드

(3) 윤활유 압력계(oil pressure gauge)

윤활유 펌프에서 기관의 각 부분으로 공급되는 윤활유 압력을 지시하는 계기로 윤활유 공급 상태를 알 수 있다. 보통 부르동관이 사용되며 관의 바깥쪽은 대기압이, 안쪽에는 윤활유 압력이 작용하여 게이지(gauge) 압력으로 나타내며 지시 범위는 0~200 psi 정도이다. 윤활유 압력계는 기관 입구 쪽의 압력을 지시한다.

(4) 연료 압력계(fuel pressure gauge)

연료를 탱크로부터 기화기 또는 제트기의 경우에 연료 조정장치(FCU)까지 공급되는 연료의 압력을 측정하는 계기로 다이어프램 또는 2개의 벨로스로 구성되어 있다. 벨로스는 다이어프램보다 더 큰 범위를 지시할 수 있다.

(5) 흡입 압력계(manifold pressure gauge)

왕복기관에서 실린더로 공급되는 혼합가스의 압력을 절대압력으로 측정하는 계기로서 정속 프로펠러나 과급기를 갖춘 기관에서는 반드시 필요한 필수 계기이다. 낮은 고도에서는 초과 과급을 경고하고, 높은 고도를 비행할 때는 기관의 출력손실을 알린다. inHg 단위로 표시되며 매니폴드 압력계라고도 한다. 기관이 정지해 있는 경우에는 그 장소의 대기압을 지시한다.

(6) EPR 계기(engine pressure ratio indicator)

가스터빈 기관의 압축기 입구 압력(P_{t2})과 터빈 출구 압력(P_{t7})을 수감하여 그 압력비를 지시하는 계기로서 항공기의 이륙 시와 비행 중의 기관 추력을 좌우하는 요소이다. 왕복기관의 흡입 압력계와 비슷하지만 그 원리나 측정 방법은 다르다. 입구 압력과 출구 압력이 변화하면 브리지의 전기 용량이 변화하기 때문에 회로의 불평형이 생겨서 이 불평형에 의한 신호가 증폭기에 증폭되어 서보 모터를 회전시키고 서보 모터와 같은 축에는 오토신(autosyn) 변환기의 회전자가 결합되어 있으므로 전동기가 회전하면 회전자도 같이 회전하며, 오토신 지시계의 회전자 바늘은 오토신 변환기의 회전자에 동조되어 움직인다.

(7) 작동유 압력계

착륙장치, 플랩, 스포일러, 브레이크 등의 작동장치는 유압으로 되어 있는데 작동유의 압력을 지시하는 계기는 보통 부르동관(burdon tube)으로 구성되어 있다. 지시 범위는 1~1000 psi, 0~2000 psi, 0~4000 psi 정도이다.

(8) 제빙 압력계

항공기의 날개에 설치된 제빙장치에 공급되는 공기의 압력을 지시하는 계기로 부르동관으로 되어 있다. 게이지 압력을 psi 단위로 지시한다.

(9) 압력계기의 정비

데드 웨이트 시험기(dead weight tester)를 사용한다.

예상문제

1. 다음 중 절대압력에 대하여 가장 올바르게 설명한 것은?
① 압력이 측정되는 곳에 대기압을 0(zero) 압력으로 하여 측정된 압력이다.
② 완전 진공을 0(zero) 압력으로 하여 측정한 압력이다.
③ 대기압과 계기 압력의 곱이다.
④ 해면에서의 절대압력은 항상 0(zero)이다.

해설 절대압력 : 진공 상태를 기준으로 측정한 압력
절대압력＝대기압력±게이지 압력

2. 절대압력(absolute pressure)을 가장 올바르게 설명한 것은?
① 표준 대기 상태에서 해면상의 대기압을 기준값 0으로 하여 측정한 압력이다.
② 계기 압력(gauge pressure)에 대기압을 더한 값과 같다.
③ 계기 압력(gauge pressure)으로부터 대기압을 뺀 값과 같다.
④ 해당 고도에서의 대기압을 기준값 0으로 하여 측정한 압력이다.

3. 압력을 기계적 변위로 변환하는 것이 아닌 것은?
① 벨로스(bellows)
② 다이어프램(diaphram)
③ 부르동 튜브(burdon tube)
④ 차동 싱크로

4. 항공계기를 수감부, 확대부, 지시부로 나눌 경우 수감부로 사용되지 않는 것은?
① 벨로스(bellows)
② 다이어프램(diaphram)
③ 부르동관(burdon tube)
④ 피니언 기어

5. 다음 중 압력 측정에 쓰이지 않는 것은?
① 아네로이드(aneroid)
② 다이어프램(diaphram)
③ 벨로스(bellows)
④ 자이로(gyro)

6. 다음 중 외부 압력을 절대압력으로 측정하는 데 사용되는 것은?

정답 → **1.** ② **2.** ② **3.** ④ **4.** ④ **5.** ④ **6.** ①

① 아네로이드(aneroid)

② 다이어프램(diaphram)

③ 벨로스(bellows)

④ 부르동 튜브(bourdon tube)

7. 압력을 변위로 변환시키는 형식으로 다른 형식의 수감부보다 변위가 크고 감도가 좋은 압력계의 형식은?

① 공함   ② 벨로스

③ 부르동관   ④ 진공자

8. 다음 중 공함(pressure capsule)을 이용한 계기가 아닌 것은?

① 선회계   ② 고도계

③ 속도계   ④ 승강계

해설 • 선회계 : 자이로

• 고도계 : 아네로이드

• 속도계 : 다이어프램, 벨로스

• 승강계 : 아네로이드

9. 다음 중 윤활유 압력계에 대한 설명으로 틀린 것은?

① 일반적으로 부르동관으로 되어 있다.

② 고도가 높아지면 외기 압력을 사용한다.

③ 윤활유의 압력과 외기 압력과의 차인 게이지압을 나타낸다.

④ 일반적으로 압력계에서 사용하는 단위는 psi이다.

10. 다음 중 왕복기관에서 흡입 공기의 압력을 측정하는 계기로 정속 프로펠러와 과급기를 갖춘 기관에서 반드시 필요한 필수 계기는 어느 것인가?

① EPR 계기

② 윤활유 압력계

③ 연료 압력계

④ 매니폴드 압력계

11. EPR(engine pressure ratio) 계기에 대한 설명으로 틀린 것은?

① 오토신 변환기가 이용된다.

② 자이로신 변환기가 이용된다.

③ 왕복기관에서 매니폴드 압력계와 유사하다.

④ 기관에서 배출되는 연소가스의 전압과 유입되는 공기의 전압의 비를 나타낸다.

정답 •— **7.** ② **8.** ① **9.** ② **10.** ④ **11.** ②

2-4 온도계기

(1) 온도계기의 일반

① 증기압식(vapor pressure type) 온도계

㉮ 염화메틸과 같이 증발성이 강한 액체를 밀폐된 벌브(bulb)에 채우고, 온도 변화에 따른 압력을 부르동관을 이용하여 측정한 다음 그 때의 압력에 해당하는 온도로 계산하여 지시한다.

㉯ 소형 및 중형기의 윤활유 온도계 및 기화기의 흡입공기 온도계 등에 사용되며 지시 범위는 −40~140℃이다.

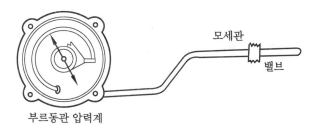

증기압식 온도계

② 바이메탈식(bi-metal type) 온도계

　㉮ 열팽창계수가 다른 2개의 이질금속(보통 황동과 철)을 서로 맞붙여 온도 변화와 휘
　　는 정도에 따라 온도를 측정한다.

　㉯ 경비행기의 외기 온도계로 사용하며, 지시 범위는 −60~50℃이다.

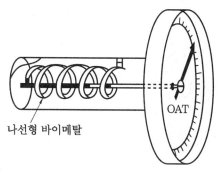

바이메탈식 온도계

③ 전기저항식 온도계 : 온도에 따른 전기저항의 변화로 인한 전류의 변화량을 휘트스톤 브리
　지와 같은 적절한 회로를 사용하여 측정하고 그에 상당하는 온도를 알 수 있는 온도계로
　외부 대기온도, 기화기의 공기온도, 윤활유 온도, 실린더의 헤드 온도의 측정에 사용된다.

④ 열전쌍식(thermocouple type) 온도계 : 두 종류의 금속을 조합해서 열기전력을 이용한 온
　도계기이다. 온도를 감지하는 수감부와 온도계와의 사이에 온도차에 따른 기전력에 의한
　전류를 측정함으로써 해당되는 온도를 지시하는 것이다. 사용 온도 범위는 −200~1300℃
　이다.

[열전쌍 재질]

　㉮ 철-콘스탄탄 : 800℃까지의 온도 측정에 사용되며, 왕복기관의 실린더 헤드 온도
　　(CHT) 측정에 사용된다.

　㉯ 구리-콘스탄탄 : 300℃까지의 온도 측정에 사용되며, 실린더 헤드 온도(CHT) 측정
　　에 사용된다.

　㉰ 크로멜-알루멜 : 1400℃까지의 온도 측정에 사용되며, 가스터빈 기관의 배기가스
　　온도(EGT) 측정에 사용된다.

열전쌍의 원리

(2) 윤활유 온도계

윤활유가 기관으로 들어가는 부분의 배관에 저항봉을 장착하여 이 저항봉에 따른 저항값에 의한 전류로서 윤활유의 온도를 측정한다.

(3) 배기가스 온도계(exhaust gas thermometer)

크로멜-알루멜 열전쌍씩 온도계을 이용하여 배기가스 온도를 측정하는데 8개가 서로 병렬로 접속되어 있다. 이 중 어느 것이 끊어지는 고장이 생기더라도 약간 적게 지시하지만 열전쌍 회로는 작동한다. 연소되어 배기되는 가스의 온도는 기관의 성능과 상태를 판단하기 위해 반드시 필요하다.

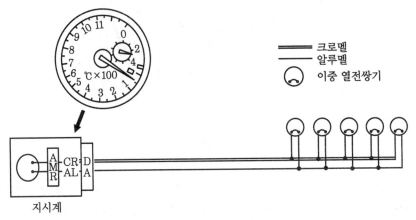

열전쌍식 배기가스 온도계의 구조

(4) 실린더 헤드 온도계(CHT)

왕복기관을 장착한 항공기의 실린더 중에서 가장 온도가 높은 실린더 헤드의 온도를 측정하며 열전쌍식 온도계가 사용된다.

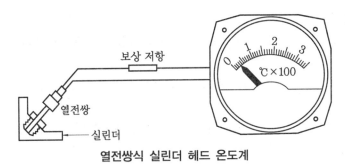

열전쌍식 실린더 헤드 온도계

예상문제

1. 다음 온도계의 종류 중 부르동 튜브(bourdon tube)가 사용되는 것은?
① 전기저항식
② 증기압력식
③ 바이메탈(bimetal)식
④ 열전쌍(thermo couple)식

2. 열팽창계수가 각각 다른 2개의 금속 조각을 서로 맞붙여 놓으면 온도 변화로 팽창에 차이가 생기는데 이때의 변위량으로 온도를 측정하는 것은?
① 전기저항식 온도계
② 증기압식 온도계
③ 바이메탈식 온도계
④ 열전쌍식 온도계

3. 2개의 이질 금속판을 맞붙여 온도 변화에 따라 휘는 변위 차이로 온도를 나타내는 방법은 어느 것인가?
① 서미스터(thermistor)식
② 열전쌍(thermo couple)식
③ 트랜스미터식
④ 바이메탈(bimetal)식

4. 다음 온도계기 중 실린더 헤드나 배기가스 온도 등과 같이 높은 온도를 정확하게 나타내는 데 사용되는 계기는?
① 증기압식 온도계
② 전기 저항식 온도계
③ 바이메탈식 온도계
④ 열전쌍식 온도계

5. 열전쌍(thermocouple)식 온도계에 적합한 재료는?
① 철-콘스탄탄

② 철-구리
③ 철-알루미늄
④ 철-코발트

6. 다음 열전쌍 중 측정온도 범위가 가장 높은 것은?
① 크로멜 - 알루멜
② 철 - 콘스탄탄
③ 구리 - 콘스탄탄
④ 크롬 - 니켈

해설 열전쌍의 재질 특성
• 크로멜-알루멜 사용 범위 : 70~1000℃
• 철-콘스탄탄 사용 범위 : -200~250℃
• 구리-콘스탄탄 사용 범위 : -200~250℃

7. 열전쌍(thermo-couple)의 특성을 이용한 계기는?
① 외기 온도계기
② 윤활 온도계기
③ 연료 온도계기
④ 배기가스 온도계기

8. 다음 중 온도의 증가에 따라 저항이 감소하는 성질을 갖고 있는 온도계의 재료는 어느 것인가?
① 망간
② 크로멜-알루멜
③ 서미스터(thermistor)
④ 서모커플(thermocouple)

9. 열전쌍식 실린더 헤드 온도계의 lead line을 풀어내면?
① 0을 지시한다.
② 기통두 온도를 그대로 지시한다.
③ 계기 주위의 온도를 지시한다.
④ 대기값보다 높은 값을 지시한다.

정답 1. ② 2. ③ 3. ④ 4. ④ 5. ① 6. ① 7. ④ 8. ③ 9. ③

2-5 자기계기

1 자기계기 일반

항공기가 정확하게 목적지를 향해 비행하기 위한 지구에 대한 항공기의 방위를 알기 위해 사용되는 계기로서 직독식과 원격 지시식이 있다.

(1) 자차(deviation)

자기계기의 주위에 있는 전기 기기 및 전선, 기체 구조재 내의 자성체 등의 영향과 자기계기의 제작 및 설치상의 잘못으로 인하여 생기는 지시 오차이다. 자기 보상장치로 어느 정도 수정이 가능하다.

(2) 편차(variation)

지구 자오선과 자기 자오선과의 오차를 말한다. 지구에 대한 항공기의 정확한 기수 방위를 찾는 데 사용한다.

(3) 방위 : 북쪽을 기준으로 시계방향으로 나타낸 각

① 나방위 : 나침반상의 북쪽을 기준으로 하여 시계방향으로 잰 각
② 자방위 : 지자기축의 북인 자북을 기준으로 하여 시계방향으로 잰 각
③ 진방위 : 지축의 북인 진북을 기준으로 하여 시계방향으로 잰 각

   진방위＝나방위＋자차＋편차

(4) 지자기의 3요소 : 편각, 복각, 수평분력

① 편각(declination) : 수평면 내에서 진북방향과 지구 자기 북극방향이 이루는 각도
② 복각(inclination) : 수평면과 자장의 방향이 이루는 각으로 적도에서는 수평(0도)이지만 극에 가까워질수록 수직으로 된다.
③ 수평분력(horizontal intensity) : 수평면 내에서 자장의 세기

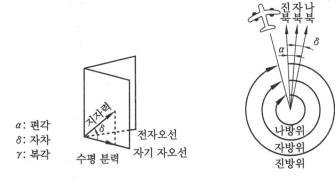

α : 편각
δ : 자차
γ : 복각

자기계기의 오차

② 자기 컴퍼스

컴퍼스 카드에 2개의 막대자석을 붙인 것을 사용하며, 지구 자기 자오선의 방향을 탐지한 다음 이것을 기준으로 기수 방위가 몇 도인지를 지시하는 계기이다.

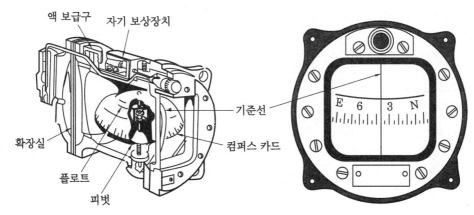

자기 컴퍼스의 구조

(1) 자기 컴퍼스의 오차

① 정적 오차 : 여러 종류의 철재를 사용함으로 인해 컴퍼스에 영향을 주어 생기는 오차를 말한다.

㉮ 붙이차(constant deviation) : 모든 자방위에서 일정한 크기로 나타나는 오차로 컴퍼스 제작상 오차 또는 장착 잘못에 의한 오차

㉯ 반원차(semicircular deviation) : 항공기에 사용되는 수평 철재 및 전류에 의해 생기는 오차

㉰ 사분원차(quadrant deviation) : 연철이 지자기에 감응되어 생기는 오차

② 동적 오차

㉮ 북선 오차(선회 오차) : 항공기가 선회 시 원심력 때문에 막대자석을 선회방향으로 기울어지게 하여 컴퍼스 카드를 더 많이 회전시키거나 부족하게 회전시키기 때문에 생기는 오차

㉯ 가속도 오차 : 지자기의 복각에 의하여 발생되는 것으로 항공기가 가·감속 비행을 할 때 발생한다.

㉰ 와동 오차 : 비행 중 난기류 또는 그 밖의 원인에 의하여 생기는 컴퍼스액의 와동으로 컴퍼스 카드가 불규칙적으로 움직이기 때문에 생기는 오차

(2) 자차 수정법

① 자차의 허용 : ±10℃ 이내이어야 한다.

② 자차 수정 시 주의 사항 : 수평 자세에 가깝게 하고 조종 계통은 중립 위치로 하며, 기관 및 그 밖의 전기 계통은 작동상태로 한다.

3 원격 지시 컴퍼스

수감부를 자기의 영향이 적은 날개 끝이나 꼬리 부분에 장착하고 지시부만 조종석에 둔다.

(1) 자이로 플럭스 게이트 컴퍼스

다른 것에 비하여 단점을 찾을 수 없으며 수감부인 플럭스 게이트의 수평안정을 자이로를 이용하여 얻는다. 항공기 기수 방위가 조금이라도 변하면 변한 만큼의 오차 전기신호가 발생하여 이 신호가 원격으로 항공기의 기수 방위를 지시하게

(2) 자이로신 컴퍼스

대형 항공기에 많이 사용되며 자기 탐지 능력과 방향 지시 자이로의 강직성이 합해진 것으로 자차가 거의 없고 동적 오차도 없다.

수감부인 플럭스 밸브(flux valve)의 수평안정을 진자식으로 하여 얻고, 자이로 회전축의 방향을 항상 자북으로 향하도록 함으로써 항공기 기수 방위를 지시한다.

(3) 마그네신 컴퍼스

왕복기관을 장착한 중형 항공기에 쓰였던 방식으로 지자기의 수감부는 날개 끝이나 꼬리 부분에 설치하고 지시부를 계기판에 설치한다. 된다.

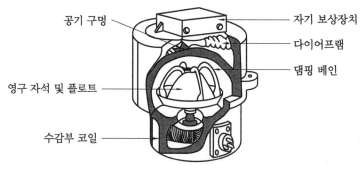

마그네신 컴퍼스의 구조

예상문제

1. 자기 컴퍼스 주위의 자성체 및 전기 기기의 영향으로 생기는 오차를 보정해 주는 작업은?

① 자이로 수정   ② 자차 수정
③ 나방위 수정   ④ 컴퍼스 수정

해설 자기계기 주위에 설치되어 있는 전기 기기, 그것에 연결된 전선, 기체 구조재 중 자성체의 영향, 그리고 자기계기의 제작과 설치상의 잘못으로 인하여 지시 오차가 발생하는데 이를 자차(deviation)라고 한다.

2. 지도상의 북쪽과 자기상의 북쪽과의 차이각을 무엇이라 하는가?

① 자차   ② 편차
③ 복각   ④ 반원차

정답 ► **1.** ② **2.** ②

3. 다음 중 편차(variation)에 대한 설명으로 옳은 것은 어느 것인가?

① 자기 자오선과 지구 자오선과의 차이각을 말한다.
② 진북과 진남을 잇는 선 사이의 차이각을 말한다.
③ 자기 자오선과 비행기와의 차이각을 말한다.
④ 나침반과 진 자오선과의 차이각을 말한다.

4. 다음 중 편차(variation)에 대한 설명으로 틀린 것은?

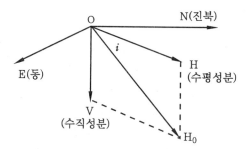

① 그림에서 편차는 NOH_0이다.
② 편차의 값은 지표면상의 각 지점마다 다르다.
③ 편차는 자기 자오선과 지구 자오선 사이의 오차각이다.
④ 편차가 생기는 원인은 지구의 자북과 지리상의 북극이 일치하지 않기 때문이다.

> **해설** 편차는 NOH이다.

5. 자기 컴퍼스가 위도에 따라 기울어지는 현상은 무엇 때문인가?

① 지자기의 편각
② 지자기의 복각
③ 지자기의 수평분력
④ 컴퍼스 자체의 북선 오차

6. 지자기 자력선의 방향과 수평선 간의 각을 말하며 적도 부근에서는 거의 0°이고 양극으로 갈수록 90°에 가까워지는 것을 무엇이라

하는가?

① 편각
② 복각
③ 수평분력
④ 수직분력

7. 지자기의 3요소가 아닌 것은?

① 자차
② 편각
③ 복각
④ 수평분력

> **해설** 지자기 3요소 : 편각, 복각, 수평분력

8. 다음 중 지자기의 3요소가 아닌 것은 어느 것인가?

① 복각(dip)
② 편차(variation)
③ 수직분력(vertical component)
④ 수평분력(horizontal component)

9. 자기 컴퍼스의 지시 오차가 아닌 것은 어느 것인가?

① 진동 오차
② 북선 오차
③ 동적 오차
④ 가속도 오차

> **해설** 자기 컴퍼스의 오차
> • 정적 오차 : 반원차, 사분원차, 불이차
> • 동적 오차 : 북선 오차, 가속도 오차, 와동 오차

10. 다음 중 자기 컴퍼스의 오차로 볼 수 없는 것은?

① 북선 오차
② 불이차
③ 와동 오차
④ 탄성 오차

11. 자기 컴퍼스의 정적 오차에 속하지 않는 것은?

① 반원차
② 사분원차
③ 불이차
④ 북선 오차

12. 자기계기에서 불이차의 발생 원인으로 가장 올바른 것은?

① 컴퍼스 중심선과 기축선이 서로 평행일 때
② magnetic bar의 축선과 컴퍼스 카드의 남북선이 서로 일치할 때
③ 피벗과 lubber's line을 연결한 선과 기축선이 서로 평행일 때
④ 컴퍼스 중심선과 기축선이 서로 평행하지 않을 때

해설 불이차 : 모든 자방위에서 일정한 크기로 나타나는 오차로서, 컴퍼스 자체의 제작상 오차 또는 장착 잘못에 의한 오차이다.

13. 항공기를 구성하는 철재 중에서 연철은 지자기가 감응되어 일시적으로 자기를 띠었다 잃었다 한다. 이 현상에 의해 생기는 오차는 무엇인가?
① 반원차
② 불이차
③ 사분원차
④ 와동 오차

14. 자기 컴퍼스 오차 중 동적 오차는 어느 것인가?
① 반원차
② 사분원차
③ 불이차
④ 북선 오차

15. 자기 컴퍼스의 오차에서 동적 오차에 해당하는 것은?
① 와동 오차
② 사분원차
③ 불이차
④ 반원차

16. 자기 컴퍼스의 동적 오차(dynamic error)가 아닌 것은?
① 북선 오차
② 눈금 오차
③ 가속도 오차
④ 와동 오차

17. 자기 컴퍼스의 오차 중 불이차의 원인이 될 수 있는 것은?
① 기내의 수직철재
② 기내의 수평철재
③ 기내의 전선이나 전기기기에 의한 불이자기
④ 컴퍼스의 중심선이 기축과 평행되지 않았을 때

18. 자이로신 컴퍼스의 컴퍼스 카드는 어떤 신호에 의해 구동되는가?
① 플럭스 밸브에서 전기신호를 받아 구동된다.
② 정침의의 신호를 받아 구동된다.
③ 수평의의 신호를 받아 구동된다.
④ 초단파 전방위 무선 표시장치(VOR)의 신호를 받아 구동한다.

19. 다음 중 원격 지시 컴퍼스에 속하지 않는 것은?
① 자이로신 컴퍼스
② 마그네신 컴퍼스
③ 스탠드바이 컴퍼스
④ 자이로 플럭스 게이트 컴퍼스

정답 ● **13.** ③ **14.** ④ **15.** ① **16.** ② **17.** ④ **18.** ① **19.** ③

2-6 자이로 계기

1 자이로 계기 일반

강직성과 섭동성을 적절히 이용하여 항공기의 기수 방위, 항공기의 분당 선회량, 항공기의 자세를 나타낸다.

(1) 자이로(자이로스코프)

회전하고 있는 회전자를 2개의 짐벌(gimbal)로 받치고 있는 장치를 자이로라고 한다.

① 자이로의 강직성(rigidity) : 자이로의 축이 항상 우주에 대하여 일정한 방향을 유지하려는 성질을 말한다. 자이로 회전자의 질량이 클수록, 자이로 회전자의 회전이 빠를수록 강하다.

- 자이로의 강직성을 이용한 계기 : 방향 자이로 지시계(정침의)

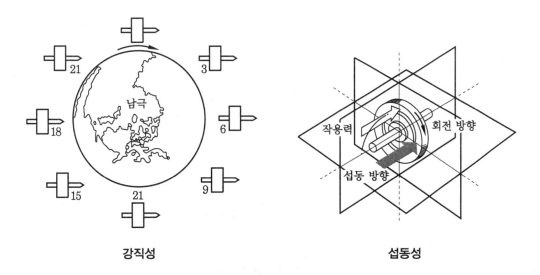

강직성   섭동성

② 자이로의 섭동성(세차성) : 외부에서 가해진 착력점으로부터 로터의 회전 방향으로 90° 회전한 점에 힘이 작용하여 축을 움직이게 하는 성질을 말한다.

㉮ 자이로의 섭동성만을 이용한 계기 : 선회계

㉯ 강직성과 섭동성을 이용한 계기 : 자이로 수평 지시계(인공 수평의)

(2) 편위(drift)

자이로는 지구의 중력에 관계없이 자세를 유지하기 때문에 지구의 자전에 의하여 각 변위가 생기는데, 이를 편위라 한다. 1시간에 15°씩 기울어진다.

(3) 자이로 회전자의 동력원

① 진공 계통 : 기관에 의해 구동되는 진공 펌프에 의해 진공압을 얻어 공기를 빨아들임에 의해서 자이로 회전자에 회전력을 준다. 소형기, 중형기에 사용된다.

② 공기압 계통 : 대기압보다 높은 압력으로 자이로의 회전자를 회전시킨다. 높은 고도에서 공기 밀도가 희박해지므로 공기압 계통이 진공 계통보다 효율적이다.

③ 전기 계통 : 자립 특성이 좋으며, 오차가 적고, 높은 고도에서도 효과적인 전기로 구동되어 많이 사용되고 있다.

2 선회 경사계

(1) 선회계

2축 자이로를 이용한 레이트(rate) 자이로로서 항공기의 분당 선회율을 나타낸다. 자이로의 섭동성만 이용한 계기이다.

[선회계의 지시방법]

① 2분계 : 1바늘 폭이 180°/min, 2바늘 폭이 360°/min의 선회 각속도를 뜻한다.

② 4분계 : 1바늘 폭이 90°/min, 2바늘 폭이 180°/min의 선회 각속도를 뜻한다.

(2) 경사계

정상 비행을 할 때 항공기의 경사도와 선회 비행을 할 때 선회의 정상 여부를 나타내는 계기이다. 구부러진 유리관 안에 케로신과 강철 볼(ball)을 넣은 것으로 케로신은 댐핑(damping) 역할을 하도록 충분한 점성이 있고, 유리관은 수평 위치에서 가장 낮은 지점이 중앙에 오도록 구부러져 있다.

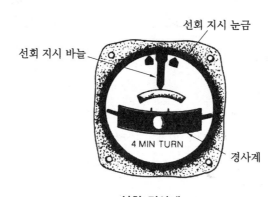

선회 경사계

① 정상 선회 : 원심력과 중력이 균형을 이루어 볼이 중앙에 있다.

② 내활 선회(slipping turn) : 볼이 선회계 바늘과 같은 방향으로 치우쳤을 때에는 항공기가 선회 방향의 안쪽으로 미끄러지는 상태이다.

③ 외활 선회(skidding turn) : 볼이 선회계 바늘과 반대 방향으로 치우쳤을 때에는 항공기가 원심력 때문에 선회 방향의 바깥쪽으로 밀리는 상태이다.

3 방향 자이로 지시계(정침의)

3축 자이로로서 강직성을 이용하여 항공기의 기수 방위와 선회 비행을 할 때에 정확한 선회 각을 지시하는 계기이다.

계기 내부의 마찰, 지구 자전의 영향을 받아 편위가 발생하여 오차가 생겨 자기 컴퍼스를 기준으로 15분마다 지시값을 수정해야 한다.

　공기 구동식 방향 자이로 지시계의 정상 작동 범위는 피치(pitch)와 경사(rolling)가 55°이고, 전기 구동식 방향 자이로 지시계의 정상 작동 범위는 85°이다.

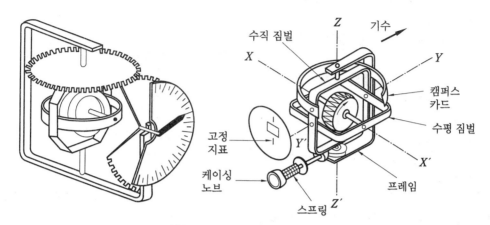

방향 자이로 지시계의 내부 구조

4 자이로 수평 지시계(인공 수평의)

　3축 자이로로서 항공기 기수 방향에 대하여 수직인 자이로 축을 가지고 있다. 강직성과 섭동성을 이용한 직립장치를 사용하여 자이로의 회전축이 언제나 지구 중심을 향하도록 함으로써 항공기의 지구 표면에 대한 자세, 즉 피치와 경사를 알 수 있게 하는 계기이다.

(1) 직립장치

　① 공기 구동식 자이로의 직립장치

　② 전기 구동식 자이로의 직립장치 : 볼식(ball type), 맴돌이 전류식(eddy current type), 진자식(pendulum type), 액체 스위치식(liquid switch type)

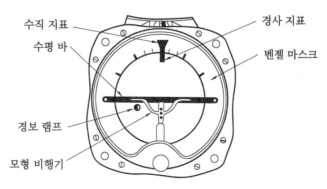

자이로 수평 지시계

예상문제

1. 다음 중 자이로(gyro)의 강직성에 대한 설명으로 옳은 것은?

① 외력을 가하지 않는 한 일정의 자세를 유지하려는 성질

② 외력을 가하면 그 힘의 방향으로 자세를 변하는 성질

③ 외력을 가하면 그 힘과 직각으로 자세를 변하는 성질

④ 외력을 가하면 그 힘과 반대 방향으로 자세를 변하는 성질

2. 자이로의 강직성에 대한 설명으로 가장 옳은 것은?

① 로터(rotor)의 회전속도가 큰 만큼 강하다.

② 로터(rotor)의 회전속도가 큰 만큼 약하다.

③ 로터(rotor)의 질량이 회전축에서 멀리 분포하고 있는 만큼 약하다.

④ 로터(rotor)의 질량이 회전축에서 가까이 분포하고 있는 만큼 강하다.

3. 다음 그림은 자이로의 섭동성을 나타낸 것이다. 자이로가 굵은 화살표 방향으로 회전하고 있을 때, F의 힘을 가하면 실제로 힘을 받는 부분은?

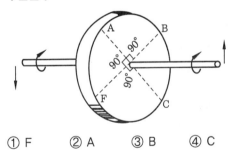

① F ② A ③ B ④ C

4. 회전하는 팽이가 약간 기울어져도 넘어지지 않고 윗부분이 선회하면서 계속 회전하는 현상을 무엇이라 하는가?

① 강직성   ② 직진성
③ 섭동성   ④ 회전성

5. 다음 중 자이로(gyro)를 이용하고 있는 계기가 아닌 것은?

① 자이로 수평 지시계

② 자기 컴퍼스

③ 방향 자이로 지시계

④ 선회 경사계

6. 다음 중 자이로(gyro)를 이용하는 계기는 어느 것인가?

① 데이신   ② 선회 경사계
③ 마그네신 컴퍼스 ④ 자기 컴퍼스

7. 다음 중 자이로의 섭동성을 이용한 계기는?

① 선회계

② 정침의(방향 자이로 지시계)

③ 인공 수평의(자이로 수평 지시계)

④ 레이트 자이로

8. 다음 중 자이로의 상·하축을 중심으로 하는 3축 자이로의 강직성과 섭동성을 이용하여 자이로 축을 항상 연직되도록 한 계기는?

① 선회계

② 정침의(방향 자이로 지시계)

③ 인공 수평의(자이로 수평 지시계)

④ 경사계

9. 자이로(gyro)에서 로터 축의 편위(drift)와 가장 관계가 먼 것은?

① 랜덤 편위

② 이동에 의한 편위

③ 가속도 오차 편위

④ 지구의 자전에 의한 편위

10. 다음 중 선회계를 작동시키는 데 사용되는 것은?

① 정격 자이로(rate gyro)

② 공간 자이로 space gyro)

③ 방향 자이로(direction gyro)

④ 수직 자이로(vertical gyro)

> **해설** 선회계 : 레이트(rate) 자이로의 일종으로 기축과 직각인 수평축이 있는 2축 자이로이다.

11. 다음 중 항공기의 선회율을 지시하는 자이로 계기는?

① 레이트(rate) 자이로

② 인티그럴(integral) 자이로

③ 버티컬(vertical) 자이로

④ 디렉셔널(directional) 자이로

12. 선회계의 지시방법에서 1바늘 폭이 90°/min의 선회 각속도를 뜻하고, 2바늘 폭이 180°/min의 선회 각속도를 뜻하는 지시방법은?

① 1분계   ② 2분계

③ 3분계   ④ 4분계

정답 → **10.** ①   **11.** ①   **12.** ④

2-7 원격 지시계기(자기 동기계기)

■ 원격 지시계기(싱크로 계기) 일반

항공기가 대형화, 고성능화되면서 여러 개의 기관을 장착함에 따라 계기의 수감부와 지시부 사이의 거리가 멀어지게 되므로, 수감부의 기계적인 각 변위 또는 직선적인 변위를 전기적인 신호로 바꾸어 멀리 떨어진 지시부에 같은 크기의 변위를 나타내는 지시계기이다. 셀신(selsyn)계기 또는 서보(servo)계기라 한다.

(1) 직류 셀신(D.C selsyn : Desyn)

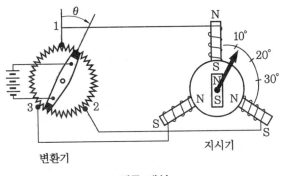

직류 데신

120° 간격으로 분할하여 감겨진 정밀 저항 코일로 되어 있는 전달기(transmitter)와 3상 결선의 코일로 감겨진 원형의 연철로 된 코어 안에 영구자석이 회전자가 들어 있는 지시계로 구

성되어 있다.

착륙장치나 플랩 등의 위치 지시계 또는 연료의 용량을 측정하는 액량 지시계로 사용되며, 12 V와 24 V용이 있어 비교적 폭넓은 입력 전압의 변화에도 오차가 발생하지 않는다.

(2) 교류 셀신

① 마그네신(magnesyn) : 회전자(rotor)는 강력한 영구자석으로, 고정자는 환상 코일로 링 형태의 철심 주위에 코일을 감은 것으로 120°로 세 부분으로 나누어져 있고, 26 V, 400 Hz의 교류 전원이 공급된다. 축의 마찰이 작고 소형 경량이므로 미소한 토크의 전달이 적합하다. 오토신보다 작고 가볍기는 하지만, 토크가 약하고 정밀도가 다소 떨어진다.

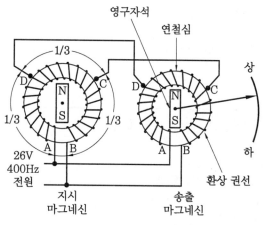

마그네신 원격 지시 계통 회로

② 오토신(autosyn) : 26 V, 400 Hz의 단상 교류 전원이 회전자(전자석)에 연결되고, 고정자는 3상으로서 델타 또는 Y결선이 되어 서로의 단자 사이를 도선으로 연결한다. 정밀도가 높으며, 대형기의 플랩 위치 지시계로서 연료 및 제트 기관의 기관 압력비를 지시하는 계기로 사용한다.

③ 서보 : 명령을 내리면 명령에 해당하는 변위만큼 작동하는 장치

예상문제

1. 항공기가 대형화, 다양화됨에 따라 지시부와 수감부 간의 거리가 멀어져 원격 지시계기의 일종으로 발전하게 된 것으로 직선 또는 각 변위를 수감하여 전기적인 양으로 변화한 다음 조종석에서 기계적인 변위로 재현시키는 계기는?

① 자기계기   ② 자이로 계기
③ 싱크로 계기   ④ 회전계기

2. 다음 중 원격 지시를 하지 않는 장치는?

① servo   ② DC synchro
③ synchro   ④ AC generator

3. 원격 지시계기(싱크로 계기)에 속하지 않는
것은?

① 오토신(autosyn)

② 자이로신(gyrosyn)

③ 직류 셀신(D.C selsyn)

④ 마그네신(magnesyn)

4. 다음 중 싱크로 계기에 속하지 않는 것은?

① 직류 셀신(D.C selsyn)

② 오토신(autosyn)

③ 동조계(synchro-scope)

④ 마그네신(magnesyn)

5. 다음의 내용은 원격 지시계기 중 무엇에 대
한 것인가?

> 120도 간격으로 분할하여 감겨진 정밀 저항
> 코일로 되어 있는 전달기와 3상 결선의 코일
> 로 감겨진 원형의 연철로 된 코어 안에 영구
> 자석의 회전자가 들어 있는 지시계로 구성되
> 어 있다.

① 서보(servo)

② 마그네신(magnesyn)

③ 오토신(autosyn)

④ 직류 데신(DC desyn)

6. 직류 셀신에 대한 설명으로 가장 관계가 먼
것은?

① 전원을 직류로 사용한다.

② 일종의 원격 지시계이다.

③ 지시부와 수감부로 구성된다.

④ 회전자(rotor)는 단상이고, 고정자(stator)
는 3상이다.

7. 싱크로 계기의 종류 중 마그네신(mag-
nesyn)에 대한 설명으로 가장 관계가 먼 것
은 어느 것인가?

① 오토신(autosyn)의 회전자를 영구자석으로
바꾼 것을 마그네신이라 한다.

② 교류 전압이 회전자(rotor)에 가해진다.

③ 오토신(autosyn)보다 작고 가볍다.

④ 오토신(autosyn)보다 토크가 약하고 정밀
도가 떨어진다.

> **해설** 마그네신에서 교류 전압은 고정자(stator)
> 에 가해진다.

정답 ● **3.** ② **4.** ③ **5.** ④ **6.** ④ **7.** ②

2-8 회전계기

(1) 회전계기 일반

기관축의 회전수를 지시하는 계기로 왕복기관에서 크랭크축의 회전수를 분당 회전수(rpm)
로 지시하고, 가스 터빈 기관에서는 압축기의 회전수를 최대 출력 회전수의 백분율(%)로 나타
낸다.

(2) 직접 구동 회전계(tachometer)

① 기계식 회전계(mechanical type tachometer : 원심력식 회전계) : 무게 추의 질량에 원심력
이 작용하기 때문에 기관의 회전수에 비례하여 지시각이 만들어진다.

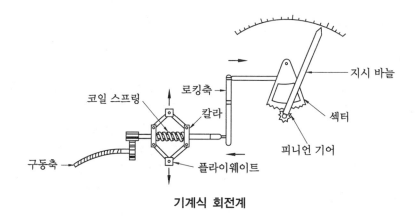

기계식 회전계

② 와전류식 회전계(eddy current type tachometer : 맴돌이 전류식 회전계) : 맴돌이 전류 효과
에 의해 회전 자기장과 같은 방향으로 회전하려는 토크를 받는다.

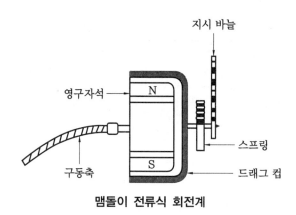

맴돌이 전류식 회전계

(3) 전기식 회전계(electrical tachometer)

기관과 지시하는 계기가 멀리 떨어져 있을 경우에 주로 사용하는 원격 지시 방식이다. 전기
식 회전계의 대표적인 것으로는 동기 로터식 회전계(synchronous rotor type tachometer)가
가장 많이 사용된다.

기관에 의해 구동되는 3상 교류 발전기를 이용한 것으로 기관의 회전수를 감지하는 회전계
발전기(tacho-generator)는 영구자석과 3상 권선으로 이루어졌으며, 기관의 회전속도를 전기
신호로 바꾸어 지시계기까지 보내고, 지시계기에서 전기 신호를 동기 전동기에 의해서 회전속
도로 표시하는 방식이다.

- 드래그 캡(drag cap) : 지시계기의 동기 전동기는 전기 신호에 의해서 360° 회전하기 때문
  에 지침이 일정한 각도로 지시되기 위하여 계기 내부에는 원통형 모양의 드래그 캡이 있
  다. 알루미늄과 같은 비자성체 도체로 만들며, 회전축으로 지지되고 스프링으로 제어된다.

(4) 전자식 회전계

기관의 구성품 중에 회전수를 셀 수 있는 부품을 통하여 기관의 회전속도를 구한다.

$$회전수(N_1) = \frac{1초간\ 측정한\ 블레이드수(S)}{블레이드수} \times 60$$

(5) 동기계(synchroscope)

쌍발 이상을 가지는 프로펠러로 추진력을 얻는 항공기는 일반적으로 마스터(master) 기관을 정해 놓고, 다른 기관을 슬레이브(slave) 기관이라 정해 놓는다. 동기계는 마스터 기관에 대한 슬레이브 기관의 회전속도가 빠르고, 느림을 표시해 주는 계기이다. 각 기관의 회전속도가 서로 동기됨으로써 프로펠러에 의한 진동과 소음이 감소될 수 있다.

① 고정자 및 회전자는 모두 3상 권선으로 되어 있고, 회전자 권선은 3개의 슬립 링을 통해 전원을 공급한다.

② 회전자와 회전자 권선은 각 발전기에서 생성된 3상 교류 전압에 의해서 같은 방향의 회전 자기장이 발생한다.

③ 기관의 회전속도가 같을 때에는 고정자와 회전 자기장은 같은 속도로 이동해 가므로, 고정자에는 회전력이 발생하지 않아 동조계 지시바늘은 정지해 있다.

예상문제

1. 다음 중 항공기 회전계에 대한 설명으로 틀린 것은?

① 기관의 회전속도를 알기 위한 계기이다.

② 정격속도에 대한 백분율로 나타내기도 한다.

③ 로터 블레이드의 회전속도를 알기 위한 계기이다.

④ 항공기가 방향전환을 할 때 경사각을 측정하여 회전을 돕는다.

2. 다음 중 항공기의 회전계기에 대한 설명으로 틀린 것은?

① 왕복기관에서는 크랭크축의 회전수를 rpm으로 지시한다.

② 기관의 분당 회전수를 지시하는 계기이다.

③ 가스 터빈 기관에서는 압축기의 회전수를 최대 회전수의 백분율(%)로 나타낸다.

④ 기관의 최적상태를 연료 대비 거리로 지시하는 계기이다.

3. 다음 중 항공기에 사용하는 전기식 회전계의 작동 원리에 대한 설명이 아닌 것은 어느 것인가?

① 직접 구동한다.

② 원격 지시 방식이다.

③ 회전하고 있는 부분의 돌출 부분을 센다.

④ 드래그 캡(drag cap)이라 부르는 회전속도를 지시한다.

4. 항공기에 사용되는 회전계(tachometer)를 측정하는 방법에 따라 분류할 때 이에 속하지 않는 것은?

① 전자식   ② 기계식

③ 전기식   ④ 진공압식

5. 전기식 회전계에 대한 설명으로 틀린 것은?

① 원격 지시 방식이다.

② 드래그 캡(drag cap)으로 회전속도를 지시한다.

③ 영구자석과 스테이터로 구성된 3상 교류 발전기로 구성된다.

④ 캠축을 구동하는 기어 근처에서 검출기로 회전속도를 구한다.

6. 팬 블레이드가 48개인 가스 터빈 기관에 전자식 회전계를 장착하였다. 1초 동안 지나간

블레이드 수가 96개라면 이 회전계가 지시하는 회전수는 몇 rpm인가?

① 48 　　　　② 96
③ 120 　　　　④ 2280

해설 $N_1 = \dfrac{S}{블레이드수} \times 60$

$\quad = \dfrac{96}{48} \times 60 = 120\,\text{rpm}$

여기서, S : 1초간 측정한 블레이드수

정답 ● **6.** ③

2-9　액량 및 유량계기

▌1▌ 액량계기

　항공기에 사용되는 액체의 양을 부피나 무게로 측정하여 지시하는 계기로 부피를 표시할 때는 갤런(gallon)으로 표시하고 무게로 나타낼 때는 파운드(pound)로 표시한다.

　부피는 고도나 온도에 따른 변화가 심하므로 무게 측정 단위로 표시하는 것이 유리하다.

(1) 직독식 액량계(sight gauge)

　사이트 글라스(sight glass)를 통해 액량을 읽는다.

(2) 부자식 액량계

　직류 전원에 의해 작동되는 데신(desyn)계기이다. 액면의 변화에 따라 부자(float)가 상하 운동을 하면 이에 따라 레버를 거쳐 계기의 바늘이 움직이도록 한다. 왕복기관에 많이 이용되며, 액면의 높이를 부피로 나타낸다.

　① 기계식 액량계 : 레버가 장착된 부자에 의해 기어가 회전되고, 그 축 앞에 붙은 자석에 의해 자기적으로 지시 바늘이 회전하여 액량을 표시한다.

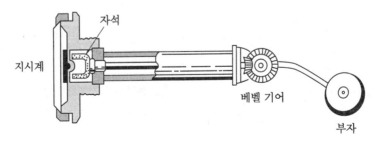

기계식 액량계

② 전기 저항식 액량계 : 부자의 높낮이에 따른 가변 저항값의 변화에 의한 전류량의 변화를 측정하여 액량으로 나타내는 액량계이다.

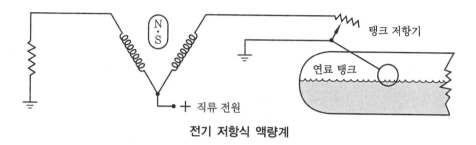

전기 저항식 액량계

(3) 전기 용량식(electric capacitance) 액량계

콘덴서를 이용한 액량계로서 비행고도와 온도에 따라 영향을 받지 않는 중량 지시식이 고공 비행에 유리하기 때문에 중량 단위로 측정, 지시하는 데 적합한 전기 용량식 액량계가 대형 및 고공 항공기에 사용되며, 전극판 사이의 유전체율을 이용하여 연료량을 지시하는 계기이다.

콘덴서가 전기를 저장할 수 있는 능력은 전극판의 면적, 전극판의 거리, 전극판 사이에 있는 유전체(절연물)에 의해 결정된다.

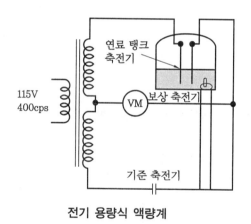

전기 용량식 액량계

(4) 액압식 액량계

탱크 밑바닥에 작용하는 액체의 압력을 측정하여 지시한다.

2 유량계기(flowmeter)

연료탱크에서 기관으로 흐르는 연료의 유량을 시간당 부피 단위(GPH) 또는 무게 단위(PPH)로 지시하는 계기이다. 오토신 또는 마그네신의 원리를 이용하여 원격으로 지시한다.

(1) 차압식 유량계(differential pressure type flowmeter)

오리피스 앞·뒷부분의 압력차를 측정함으로써 유량을 지시한다.

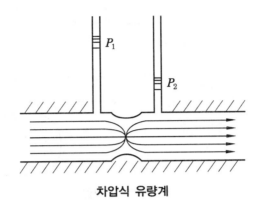

차압식 유량계

(2) 베인식 유량계(vane type flowmeter)

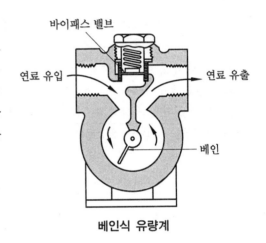

동압식으로 베인(vane)은 연료의 질량과 속도
에 비례하는 동압을 받아 회전하게 된다.

베인의 각 변위를 오토신의 변환기에 의하여
전기 신호로 바꾸어 지시계에 전달하여 유량을
지시한다. 베인 고장 시 바이패스가 열려 연료는
기관으로 보내진다.

베인식 유량계

(3) 동기 전동기식 유량계(synchronous motor flowmeter)

유량이 많은 제트 기관에 사용되는 유량계로 연료에 일정한 각속도를 주어 이때의 각 운동량
을 측정하여 무게 단위로 연료의 유량을 지시한다.

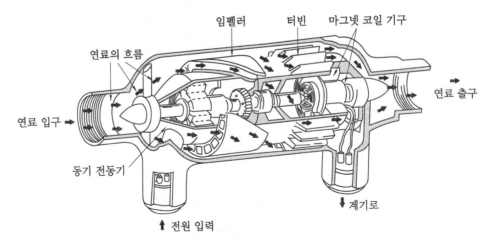

동기 전동기식 유량계

2-10 경고장치

(1) 기계적 경고장치

착륙장치가 안전 위치에 놓이지 않거나 승강구나 화물실의 문이 열려 있거나 하는 불완전 상태를 경고하는 장치로서 마이크로 스위치를 이용하여 전기 회로를 개폐함으로써 램프나 경적을 동작시킨다.

(2) 압력 경고장치

연료의 압력, 윤활유의 압력 또는 객실 압력 등의 압력값이 규정값 이하일 때 사용되는 경고 장치이다.

(3) 화재 경고장치

화재의 발생을 수감하여 전기 회로가 개폐되도록 하여 램프나 경적을 동작시키는 것으로서 열 스위치, 광전식, 열전쌍 및 서미스터(thermistor) 등이 사용된다.

예상문제

1. 액량계기의 형식과 가장 거리가 먼 것은?
① 직독식 액량계
② 부자식 액량계
③ 차압식 액량계
④ 전기 용량식 액량계

2. 직접 액면을 보면서 액량을 확인하는 방식으로 지상 정비 작업을 위해 장착되는 액량계기는 어느 것인가?
① 부자(float)식 액량계
② 액압(liquid pressure)식 액량계
③ 사이트 게이지(sight gauge)식 액량계
④ 전기 용량(electric capacitance)식 액량계

3. 다음 중 액면에 뜬 물체의 위치를 이용하여 액량을 측정하는 액량계의 형식은?
① 부자식(float type)
② 액압식(liquid pressure type)
③ 사이트 게이지식(sight gage type)
④ 전기 용량식(electric capacitance type)

4. 부자식 액량계(float type)에 대한 설명이 아닌 것은?
① 콘덴서(condenser)를 이용한다.
② 부자와 나선가이드를 이용할 수 있다.
③ 레버가 장착된 부자와 가변저항기를 이용할 수 있다.
④ 액면에 뜨는 부자의 위치로 액면 높이를 아는 방식이다.

5. 항공기에 사용되는 액량계기의 형식에 대한 설명 중 틀린 것은?
① 직독식 액량계는 사이트 글라스(sight glass)에 의해 액량을 읽는다.
② 플로트식 액량계에서는 플로트의 운동을 셀신 또는 전위차계 등을 이용하여 원격 지시하게 하는 것이 대부분이다.
③ 액압식 액량계는 오토신의 원리를 이용한 것이다.
④ 제트기에서는 전기 용량식 액량계가 사용된다.

정답 ► **1.** ③ **2.** ③ **3.** ① **4.** ① **5.** ②

6. 다음 중 정전 용량식 액량계에서 사용하는 주된 부품은?

① 부자(float)

② 콘덴서(condenser)

③ 저항(resistance)

④ 유리관(glass tube)

7. 항공기의 연료 유량 측정에 사용하고 있는 전기 용량식 액량계가 지시하는 단위는?

① MPH

② LPH

③ PPH

④ SPH

8. 다음 중 전기 용량식 액량계에 대한 설명으로 틀린 것은?

① 온도나 고도의 변화에 의한 지시 오차가 없다.

② 옥탄가 등 연료질의 변화에도 지시 오차가 없다.

③ 전기 용량식은 연료량을 감지하여 중량으로 나타내기에 적합하다.

④ 전극판 사이의 유전체율을 이용하여 연료량을 지시하는 계기이다.

9. 정전 용량식 액량계에서 사용되는 콘덴서의 용량과 가장 관계가 먼 것은?

① 극판의 넓이

② 극판 간의 거리

③ 중간 매개체의 유전율

④ 중간 매개체의 절연율

10. 연료 유량계의 종류가 아닌 것은?

① 차압식 유량계

② 베인식 유량계

③ 부자식 유량계

④ 동기 전동기식 유량계

11. 액량계기와 유량계기에 관한 설명 중 가장 올바른 것은?

① 액량계기는 연료탱크에서 기관으로 흐르는 연료의 유량을 지시한다.

② 액량계기는 대형기와 소형기에 차이 없이 대부분 직독식 계기이다.

③ 유량계기는 연료탱크에서 기관으로 흐르는 연료의 유량을 시간당 부피 또는 무게 단위로 나타낸다.

④ 유량계기는 연료탱크 내에 있는 연료량을 연료의 무게나 부피로 나타낸다.

12. 다음 중 면적식(vane type) 유량계에 대한 설명으로 틀린 것은?

① 베인은 연료의 질량과 속도에 비례하여 동압을 받아 회전한다.

② 연료의 유량이 많은 제트 기관에 사용되며 연료의 일정한 각속도를 준다.

③ 베인의 각 변위를 오토신의 변환기에 의해 전기 신호로 바꿈으로써 유량을 지시한다.

④ 베인이 고장 나서 움직이지 않을 때 바이패스 밸브가 열려 유량이 측정되지 않더라도 연료는 바로 기관으로 보내지도록 되어 있다.

13. 액체를 보내는 튜브 중간에 오리피스를 설치하여 오리피스의 상류와 하류 액체 흐름의 압력차를 지시하는 유량계는?

① 질량 유량계

② 차압식 유량계

③ 면적식 유량계

④ 부자식 유량계

CHAPTER 03 공기 및 유압 계통

3-1 공기압 계통 일반

① 공기압 계통의 특성

① 유압 계통에 이상이 있어 작동시키기가 불가능할 때 보조적인 수단으로 사용된다.

② 압력 전달 매체로서 공기를 사용하므로 어느 정도 누설이 있더라도 압력 전달에는 큰 영향을 주지 않는다.

③ 무게가 가볍고 사용한 공기를 대기 중으로 배출시키게 되므로 공기가 실린더로 되돌아오는 귀환관이 필요 없어 계통이 간단하다.

④ 대형 항공기의 공기압 계통에는 착륙장치의 비상 작동장치, 비상 브레이크 장치, 화물실 도어의 작동 계통 등이 있다.

② 공기압 계통의 구성

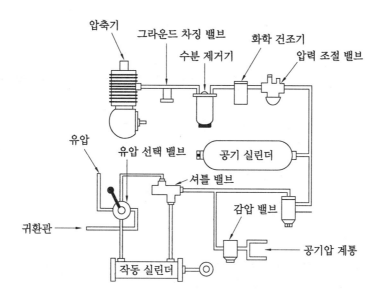

공기압 계통의 구성

(1) 공기 압축기(air compressor)

공기압을 발생시키기 위한 것으로 기관 구동식 압축기가 사용된다.

(2) 공기 저장통(air bottle)

공기압 계통에 필요한 압축공기를 저장하는 실린더이다.

- 스택 파이프(stack pipe) : 제거되지 않은 수분이나 윤활유가 계통으로 섞여 나가지 않도록 한다.

(3) 지상 충전 밸브(ground charging valve)

일종의 체크 밸브(check valve)로서 지상에서 항공기 기관이 작동하지 않고 있을 때 지상 작업 등을 위하여 계통에 공기를 공급하는 데 사용한다.

(4) 수분 제거기(moisture separator)

공기에 포함된 수분이나 오일을 제거하기 위한 장치이다.

① 공기 흡입구를 통하여 들어온 수분 및 오일 귀환장치의 벽 쪽으로 뚫려 있는 작은 구멍을 통하여 빠른 속도로 분사되기 때문에 공기는 수분 및 오일과 분리된다.

② 수분 및 오일이 제거된 상태의 건조 공기는 배플 속의 필터 스크린을 통하여 배출구로 나가게 되는데, 배플(baffle)은 수분이나 오일이 다시 공기와 혼합되는 것을 방지한다.

- 필터(filter) : 공기 내의 불순물을 제거한다.

(5) 화학 건조기(chemical drier)

수분 제거기로도 제거되지 않은 수분이나 오일을 화학적 탈수제로 완전히 제거시키는 장치이다.

(6) 압력 조절 밸브

공기 저장통의 공기 압력을 규정 범위로 유지시키는 역할을 한다.

① 공기 저장통 압력이 규정값 이내에 있을 때 : 압축공기가 체크 밸브를 통하여 공기 저장통으로 공급된다.

② 공기 저장통 압력이 규정값 이상일 때 : 벨로스 부분의 압력이 높아져서 볼 밸브(ball valve)를 밀어 올려, 대기 중으로 통하는 통로가 열리게 되고, 체크 밸브는 닫히게 되어 공기 저장통에는 일정한 압력이 유지된다.

③ 규정 압력 이상이 되었는데 볼 밸브가 열리지 않을 경우에는 릴리프 밸브(relief valve)가 작동하여 계통을 보호하게 된다.

(7) 감압 밸브(pressure reducing valve)

높은 압력의 공기가 흡입 플런저에 뚫려 있는 작은 공기 통로를 통과함으로써 공기의 압력이 낮아지게 하여 저장 계통에 공급되는 밸브이다.

(8) 셔틀 밸브(shuttle valve)

유압과 공기압을 필요에 따라 선택할 때 사용되는 밸브이다.

예상문제

1. 항공기 공기압 계통에 대한 내용으로 틀린 것은?

① 공기압 계통은 일반적으로 유압 계통의 고장 시에 대치되는 비상용이다.

② 공기압 계통은 유압 계통에 비해 구성이 간단하다.

③ 공기 저장탱크는 계통에서 귀환하는 공기의 저장용이다.

④ 계통에 오일 등의 오염물질이나 수분을 제거하기 위한 장치가 필요하다.

2. 항공용으로 사용되는 공기압 계통에 대한 설명으로 가장 관계가 먼 것은?

① 대형 항공기에는 주로 유압 계통에 대한 보조수단으로 사용한다.

② 소형 항공기에는 브레이크 장치, 플랩 작동장치 작동에 사용한다.

③ 공기압 누설 시 압력 전달에 큰 영향을 주기 때문에 누설 허용은 안 된다.

④ 공기압 사용 시 귀환관이 필요 없어 계통이 단순하다.

3. 공기압 계통이 유압 계통과 다른 점을 올바르게 설명한 것은?

① 공기압 계통은 압축성이므로 그대로의 힘을 손실 없이 전달한다.

② 공기압 계통은 비압축성이므로 그대로의 힘을 전달하지 못하고 손실된다.

③ 공기압 계통은 압축성이며, 귀환 라인(return line)이 요구되지 않는다.

④ 공기압 계통은 비압축성이며, 귀환 라인이 요구되지 않는다.

4. 공기압은 주로 언제 사용하는가?

① 공기압 계통은 사용되지 않는다.

② 유압 계통보다 높은 압력이 요구되는 곳에 사용한다.

③ 유압 계통이 고장이 생겼을 때 비상 계통으로 사용한다.

④ 유압 계통을 보조 계통으로, 공기압을 주 계통으로 사용한다.

5. 다음 중 공기 저장통에 있는 스택 파이프(stack pipe)의 역할은?

① 비상시에 작동유를 공급하는 역할을 한다.

② 작동유가 부족할 때 공급 통로 역할을 한다.

③ 저장통 안에 수분이나 윤활유가 계통으로 섞여 나가지 않도록 한다.

④ 공기 압력의 규정 범위를 유지시키는 역할을 한다.

6. 다음 중 공기압 계통에서 그라운드 차징 밸브(ground charging valve)의 용도는?

① 공기에 포함된 수분이나 오일을 제거하기 위한 밸브

② 공기 저장통의 공기 압력을 규정 범위로 유지시키는 밸브

③ 높은 압력의 공기를 낮은 압력의 공기로 낮추어 저장 계통으로 공급하는 밸브

④ 지상에서 항공기관이 작동하지 않을 때 공기를 공급하는 밸브

7. 공기 압력 계통에서 압축 공기가 한쪽 방향으로만 흘러가도록 하는 역할을 하는 밸브는?

① 체크 밸브　　② 릴리프 밸브
③ 레귤레이터 밸브　④ 실렉터 밸브

8. 다음 중 공기압 계통의 압력을 규정 범위로 유지시켜 주는 밸브는?

① 체크 밸브
② 압력 조절 밸브
③ 선택 밸브
④ 그라운드 차징밸브

9. 공·유압 계통에서 공압과 유압을 필요에 따라 선택할 때 사용되는 밸브는?
① 감압 밸브

② 셔틀(shuttle) 밸브
③ 유압관 분리 밸브
④ 선택 밸브

10. 유압장치와 공압장치를 비교할 때 공기압 장치에서 필요 없는 부품은?
① check valve   ② relief valve
③ reducing valve   ④ accumulator

정답 → **9.** ②   **10.** ④

3-2   유압 동력 계통 및 장치

■ 파스칼의 원리

밀폐된 용기 안에 채워져 있는 유체에 가해진 압력은 모든 방향으로 감소됨이 없이 동등하게 전달되고, 용기의 벽에 직각으로 작용된다.

(1) 기계적 이득

작은 힘으로 큰 힘을 얻는 것을 기계적 이득이라 한다.

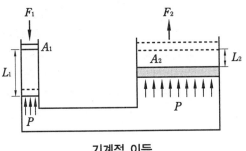

기계적 이득

① 작동부에 작용하는 힘

$$F_2 = \frac{A_2}{A_1}F_1 \qquad 여기서, \ \frac{A_2}{A_1} : 단면적의 \ 비$$

힘은 실린더의 단면적의 비에 비례하여 배력이 된다.

② 작동부의 운동거리

$$L_2 = \frac{A_1}{A_2}L_1$$

운동거리는 실린더의 단면적비에 반비례한다.

2 작동유의 구비 조건 및 종류

(1) 작동유의 구비 조건

① 점성이 낮고, 온도 변화에 따라 작동유의 성질 변화가 작아야 한다.

② 화학적 안정성이 높고 인화점이 높아야 한다.

③ 내화성을 가지고 끓는점이 높아야 한다.

④ 부식성이 낮고 부식을 방지할 수 있어야 한다.

(2) 작동유의 종류

① 식물성유 : 피마자 기름과 알코올 혼합물로 되어 있으며 파란색이다. 부식성이 있고, 산화성이 있어 현재는 사용하지 않는다. 식물성유에는 천연고무 실(seal)을 사용한다.

② 광물성유 : 원유로부터 만들며 붉은색이다. 사용 온도 범위는 −54~71℃이며, 착륙장치의 완충기에 사용된다. 광물성유에는 네오프렌 실을 사용한다.

③ 합성유 : 인산염과 에스테르의 혼합물로 자주색이다. 인화점이 높아 내화성이 크므로 대부분 항공기에 사용된다. 사용 온도 범위는 −54~115℃이다. 합성유에는 부틸 고무 또는 에틸렌-프로필렌 실을 사용한다.

예상문제

1. 유압의 전달에 관한 법칙으로서 일반적인 유압기기의 이론적 원리로 적용되는 것은?

① 파스칼의 원리
② 불확정성의 원리
③ 상대성의 원리
④ 작용반작용의 원리

2. 그림과 같이 유체가 채워진 기구에 단면적이 5 cm^2인 왼쪽에 50 kg, 단면적이 10 cm^2인 오른쪽에 100 kg의 힘을 가했을 때 유체에 가해지는 압력은 몇 kg/cm^2인가?

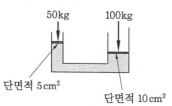

① 5   ② 10
③ 15   ④ 20

해설 파스칼의 원리 : 밀폐된 용기에 채워져 있는 유체에 가해진 압력은 모든 방향으로 감소됨이 없이 동등하게 전달되고, 용기의 벽에 직각으로 작용된다.

• 면적이 5 cm^2인 피스톤

$$압력 = \frac{힘}{면적} = \frac{50}{5} = 10 \text{kg/cm}^2$$

• 면적이 10 cm^2인 피스톤

$$압력 = \frac{힘}{면적} = \frac{100}{10} = 10 \text{kg/cm}^2$$

3. 2 in^2 면적의 피스톤과 10 in^2 면적을 가진 실린더가 서로 유체역학적으로 연결되어 있을 경우 전자에 10 psi의 압력을 인가할 때 후자의 압력은 몇 psi인가?

① 2   ② 5

정답 ● ● 1. ① 2. ② 3. ③

③ 10　　　　　　④ 50

4. 그림과 같이 단면적이 1 cm²인 피스톤이 연결된 브레이크 페달에 10 kg의 압력을 가하면 단면적이 10 cm²인 피스톤이 작동되는 타이어의 브레이크에는 몇 kg의 압력이 작용하는가?

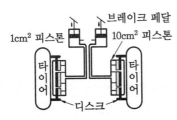

① 50　　　　　　② 100
③ 150　　　　　　④ 200

해설 $\dfrac{F_2}{F_1} = \dfrac{A_2}{A_1}$ 에서

$$F_2 = \dfrac{A_2}{A_1} F_1 = \dfrac{10}{1} \times 10 = 100 \text{ kg}$$

5. 항공기에서 열팽창이 작은 작동유를 사용해야 하는 주된 이유는?
① 고고도의 증발을 감소하기 위해서
② 작동유의 점도를 낮춰 동절기 사용을 가능하게 하기 위해서
③ 화재 가능성을 최소한 방지하기 위해서
④ 유압장치가 고온일 때 과대 압력 발생 방지를 위해서

6. 유압 계통의 작동유 온도가 높아질 경우에 발생되는 현상은?
① 작동유가 팽창한다.
② 작동유 압력이 감소한다.
③ 작동유의 밀도가 높아진다.
④ 작동유의 점도가 높아진다.

7. 유압 계통에서 열팽창이 적은 작동유를 필요

로 하는 1차적인 이유는?
① 고고도에서 증발 감소를 위해서
② 화재를 최소한 방지하기 위해서
③ 고온일 때 과대 압력 방지를 위해
④ 작동유의 순환 불능을 해소하기 위해

8. 작동유(hydraulic fluid) 구비 조건으로 가장 관계가 먼 것은?
① 점도가 높을 것
② 열전도율이 좋을 것
③ 화학적 안정성이 좋을 것
④ 부식성이 적을 것

9. 다음 작동유 중 주로 항공용으로 많이 사용하는 것은?
① 식물성유
② 동물성유
③ 광물성유
④ 합성유

10. 다음 중 합성유의 색깔은 어느 것인가?
① 붉은색　　　　　② 자주색
③ 노란색　　　　　④ 파란색

11. 작동유 중 광물성의 사용 온도 범위는?
① −54~71℃
② −54~115℃
③ −71~54℃
④ −115~54℃

12. 광물성 작동유(MIL-H-5606)를 사용하는 유압 계통에 장착할 수 있는 O링(ring)의 재질로 가장 적당한 것은?
① 부틸
② 천연고무
③ 테플론
④ 네오프렌 고무

정답 　4. ②　5. ④　6. ①　7. ③　8. ①　9. ④　10. ②　11. ①　12. ④

❸ 유압 동력 계통 및 장치

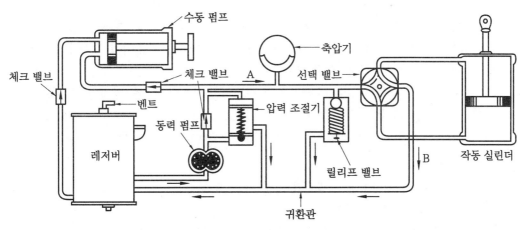

동력 펌프를 갖춘 유압 계통

(1) 레저버(reservoir)

① 레저버의 역할

㈎ 작동유를 펌프에 공급하고, 계통으로부터 귀환하는 작동유를 저장한다.

㈏ 공기 및 각종 불순물을 제거하는 장소 역할을 한다.

㈐ 계통 내에서 팽창에 의한 작동유의 증가량을 축적시키는 역할을 한다.

② 레저버의 용량 : 작동유의 온도가 38℃에서 필요로 하는 용량의 150 % 이상이거나, 축압기를 포함한 모든 계통이 필요로 하는 용량의 120 % 이상이어야 한다.

③ 저장탱크(reservoir)의 구조

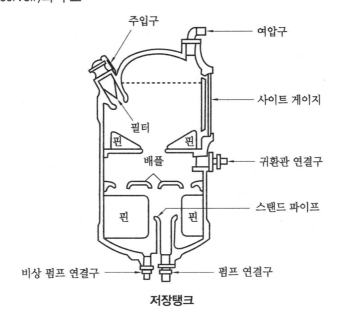

저장탱크

㉮ 여압 구멍 : 고공에서 거품 발생을 방지하고, 작동유가 펌프까지 확실하게 공급되도록 레저버 안을 여압시키는 연결구이다.

㉯ 배플(baffle)과 핀(pin) : 레저버 안에 있는 작동유가 심하게 흔들리거나 귀환되는 작동유에 의하여 소용돌이치는 불규칙한 동요로 작동유에 거품이 발생하거나 펌프 안에 공기가 유입되는 것을 방지한다.

㉰ 스탠드 파이프(stand pipe) : 주계통이 마비되었거나 주계통의 유압이 떨어졌을 때, 즉 비상시 작동유를 공급하는 통로이다.

㉱ 사이트 게이지(sight gauge) : 레저버 안의 작동유를 알 수 있다.

(2) 작동유 압력 펌프

① 수동 펌프(hand pump) : 동력 펌프가 고장 났을 때 비상용으로 사용하거나 유압 계통을 지상에서 점검할 때 사용한다.

㉮ 싱글 액팅(single acting)식 수동 펌프 : 1회 왕복에 1번씩 배출한다.

㉯ 더블 액팅(double acting)식 수동 펌프 : 1회 왕복에 2번씩 배출하며, 많이 사용된다.

② 동력 펌프 : 작동유에 압력을 가하는 장치로, 작동유에 의해 윤활과 냉각이 된다.

㉮ 형식에 의한 분류

- 기어(gear)형 펌프 : 2개의 기어가 맞물려 회전하는 것으로 1개의 기어는 기관의 구동부에, 다른 1개의 기어는 기어와 맞물려 회전한다. 1500 psi 이내의 압력에 사용한다.
- 베인(vane)형 펌프 : 원통형 케이싱 안에 편심된 로터가 들어 있으며, 로터에는 홈이 있고, 홈 속에 판 모양의 베인이 삽입되어 자유로이 출입하게 되어 있다.
- 제로터(gerotor)형 펌프 : 구동축에 의하여 안쪽 구동 기어가 시계방향으로 회전하면 바깥쪽 기어가 따라서 돌게 된다.
- 피스톤(piston)형·펌프 : 피스톤이 실린더 내에서 왕복운동을 하여 펌프 작용을 하고, 고속·고압의 유압장치에 적합하며 고정 체적형과 가변 체적형이 있다. 3000 psi 이상의 고압에 사용하며 대형 항공기에는 대부분 이 형식이 사용된다.

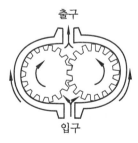

기어형 펌프

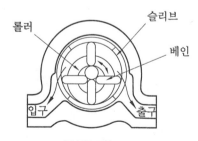

베인형 펌프

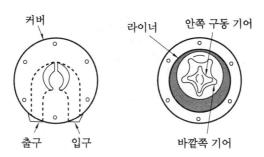

제로터형 펌프

(ᄂ) 방출량에 의한 분류
- 일정 용량 펌프 : 요구되는 압력에 관계없이 펌프의 회전수당 고정된 양의 작동유를 공급한다. 기어형, 제로터형, 베인형 펌프가 있다.
- 가변 용량 펌프 : 작동유의 방출을 변화시킴으로써 계통의 요구 압력에 펌프 배출 압력을 맞출 수 있다. 이 펌프는 보상 밸브에 의해 자동적으로 방출 압력을 조절한다. 피스톤형 펌프가 가변 용량 펌프로 현대 항공기에 일반적으로 사용되고 있다.

(ᄃ) 구동 방식에 의한 분류 : 기관 구동 펌프, 공기압 구동 펌프, 전기모터 펌프

(3) 축압기(accumulator)

고강도의 용기 내에 움직일 수 있는 분리벽이 있는 형태로 분리벽을 사이에 두고 상부에는 작동유가, 하부에는 공기 또는 질소 압력이 작용하며, 보통 공기압은 초기 계통 압력의 $\frac{1}{3}$ 가량을 충전시킨다.

① 축압기의 기능

(가) 가압된 작동유의 저장통으로 여러 개의 유압 기기가 동시에 사용될 때 동력 펌프를 도우며, 동력 펌프의 고장 시 제한된 유압 기기를 작동시킨다.

(나) 유압 계통의 서지(surge) 현상을 방지하고 유압 계통의 충격적인 압력을 흡수하며, 압력 조절기의 개폐 빈도를 줄여 준다.

② 축압기의 종류

(가) 다이어프램(diaphragm)형 축압기 : 펌프로부터 작동유의 공급이 없거나 작동유의 압력이 부족할 때 공기의 압력으로 다이어프램이 위로 운동을 하여 작동유를 계통으로 공급되게 함으로써 유압 기기가 작동되도록 한다.

(나) 블래더(bladder)형 축압기 : 1개의 금속제 둥근 통과 합성고무제의 블래더로 구성되어 있다.

(다) 피스톤(piston)형 축압기 : 공간을 적게 차지하고 구조가 튼튼해 현재의 항공기에 많이 사용된다.

다이어프램형 축압기

(4) 여과기(filter)

작동유 속에 섞인 금속 가루, 패킹, 실(seal) 부스러기, 모래 등과 같은 불순물 또는 변질된 물질을 여과하여 압력 펌프, 밸브의 손상을 방지한다. 쿠노형 여과기(cuno filter)와 미크론형 여과기(micron filter)가 있다.

- 바이패스 릴리프 밸브(bypass relief valve) : 여과기 엘리먼트(element)가 막힌 경우 엘리먼트를 거치지 않고 바이패스 릴리프 밸브를 통하여 작동유가 여과되지 못한 채로 압력 계통에 공급된다.

예상문제

1. 다음 중 레저버에 있는 스탠드 파이프(stand pipe)의 역할은?
① 환기 역할을 한다.
② 계통 내의 압력 유동을 감소시킨다.
③ 탱크의 거품이 생기는 것을 방지한다.
④ 비상시에 작동유의 예비 공급 역할을 한다.

2. 유압 계통에서 리저버(reservoir) 내의 배플(baffle)과 핀(fin)의 가장 중요한 역할은 어느 것인가?
① 작동유의 열을 식힌다.
② 펌프 안에 공기가 유입되는 것을 방지한다.
③ 리저버(reservoir) 안에 공기가 잘 가압되도록 한다.
④ 작동유의 온도 상승에 따른 가압 공기의 온도를 낮춘다.

3. 유압 계통에서 레저버(reservoir)에 있는 배플의 주된 목적은?
① 유면을 일정하게 한다.
② 유압유와 공기를 분리한다.
③ 과도한 유압유의 휘발성을 억제한다.
④ 과도한 거품 발생을 방지하고 와동을 방지한다.

4. 기본적인 유압 계통 중 수동 펌프(hand pump)에서 선택 밸브까지의 계통은?
① 공급 계통　　② 작동 계통
③ 비상 계통　　④ 귀환 계통

5. 왕복운동에 의해 3000 psi 이상의 고압을 얻을 수 있어 대형 항공기에 사용되는 유압 계통에서 동력 펌프는?

정답 ● ● **1.** ④　**2.** ②　**3.** ④　**4.** ③　**5.** ④

① 기어형 펌프
② 제로터형 펌프
③ 베인형 펌프
④ 피스톤형 펌프

6. 유압 계통에 쓰이는 유압 펌프의 형식 중 고속, 고압의 유압장치에 가장 적합한 펌프는 어느 것인가?

① 제로터형   ② 베인형
③ 피스톤형   ④ 기어형

7. 유압 펌프에서 일정 용량 펌프란?

① 1회전에 대한 이론 토출량이 일정
② 펌프의 회전수와 관계없이 일정량의 유압유 토출
③ 부하 압력 변동에 관계없이 일정 용량의 유량유 토출
④ 유압 실린더의 용량에 따라 일정량의 유압유 토출

8. 유압 계통에서 가변 용량식 펌프로 사용되는 것은?

① 기어식(gear type) 펌프
② 베인식(vane type) 펌프
③ 제로터식(gerotor type) 펌프
④ 피스톤식(piston type) 펌프

9. 유압 계통의 동력 펌프 중 가변 공급 펌프는 어느 것인가?

① 베인 펌프
② 제로터 펌프
③ 기어 펌프
④ 앵귤러 피스톤 펌프

10. 다음 중 가변 용량식 펌프의 장점은?

① 압력 조절기 및 축압기가 필요하다.
② 가변 용량식 펌프로 주로 사용하는 것은

기어 펌프이다.
③ 축압기를 가지고 있으므로 서지(surge) 효과를 감소시킬 수 있다.
④ 계통에 요구되는 압력에 따라 펌프의 회전수와 관계없이 적절한 양의 작동유를 계통에 공급한다.

11. 항공기 유압 계통에서 축압기의 사용 목적으로 틀린 것은?

① 비상용 압력원으로 사용하기 위하여
② 계통 작동 시 충격 완화 역할을 위하여
③ 펌프 출력 유압유의 맥동 방지를 위하여
④ 유압유 내에 있는 공기를 저장하기 위하여

12. 유압 계통에서 축압기(accumulator)의 기능이 아닌 것은?

① 가압된 작동유를 저장한다.
② 유압 계통의 서지(surge) 현상을 방지한다.
③ 계통에 사용된 유체를 저장과 배출한다.
④ 펌프 고장 시 작동유를 유압장치에 공급한다.

13. 다음 중 고유압 계통에 축압기를 두는 이유는?

① 예비 유압유를 저장 장소로 하기 위해서
② 레저버 내의 온도에 의한 팽창을 보완하기 위해서
③ 모든 고유압 계통에 적절한 유압을 유지하기 위해서
④ 고유압 계통의 유압을 조절하여 유관의 안전을 기하기 위하여

14. 압력식 축압기의 공기는 얼마 정도로 채우는가?

① 계통 내의 약 $\frac{1}{3}$ 정도로 채운다.
② 계내의 압력보다 큰 압력으로 채운다.

③ 계내의 압력과 같은 압력으로 채운다.

④ 계의 압력과는 무관하다.

15. 유압 계통 축압기(accumulator)의 공기실에 공기를 공급해야 하는 경우는?

① 계통에 압력이 없을 때

② 계통에 압력이 과다할 때

③ 계통의 장비를 장탈할 때

④ 계통의 화재와 같은 비상상황이 발생할 때

16. 유압 계통의 일부분을 떼어내려고 할 때 예비적으로 해야 할 중요한 사항은 다음 중 어느 것인가?

① 모든 밸브를 잠가야 한다.

② 축압기의 압력을 낮추어야 한다.

③ 계통 내에 있는 작동유를 빼내야 한다.

④ 릴리프 밸브의 압력을 낮게 조절하여야 한다.

17. 유압 계통의 계기가 극심하게 요동을 한다면 예상할 수 있는 고장 원인은?

① 압력 펌프가 완전히 고장이다.

② 축압기의 공기 압력이 불충분하다.

③ 모든 유압 계통을 분해, 수리를 해야 한다.

④ 계의 릴리프 밸브가 너무 높게 조절되어 있다.

18. 항공기 작동유 압력 계통에서 일반적으로 사용되는 축압기의 종류가 아닌 것은 어느 것인가?

① 피스톤형 축압기

② 블래더형 축압기

③ 스프링형 축압기

④ 다이어프램형 축압기

19. 유압 계통에 있는 여과기(filter)에서 여과기 내에 바이패스 릴리프 밸브(bypass relief valve)의 주목적은?

① 필터 엘리먼트(filter element) 내에 유압유 압력이 높아지면 귀환 라인으로 유압유를 보내기 위하여

② 필터 엘리먼트(filter element)가 막힐 경우 유압유를 계통에 공급하기 위하여

③ 유압유 공급 라인에 압력이 과도해지는 것으로부터 계통을 보호하기 위하여

④ 온도 증가에 따라 유압 계통의 압력이 증가하는 것을 막기 위하여

정답 **15.** ① **16.** ② **17.** ② **18.** ③ **19.** ②

3-3 압력 조절, 제한 및 제어장치

(1) 압력 조절기(pressure regulator)

불규칙한 배출 압력을 규정 범위로 조절하고, 계통에서 압력이 요구되지 않을 때에는 펌프에 부하가 걸리지 않도록 한다.

① 킥인(kick in) 상태 : 계통의 압력이 규정값보다 낮을 때 계통으로 작동유를 보내기 위하여 저장탱크 쪽 관에 연결된 바이패스 밸브가 닫히고 체크 밸브가 열리는 과정이다.

② 킥아웃(kick out) 상태 : 계통의 압력이 규정값보다 높을 때 펌프에서 배출되는 압력을 저장탱크로 되돌려 보내기 위해 바이패스 밸브가 열리고, 체크 밸브가 닫히는 과정이다.

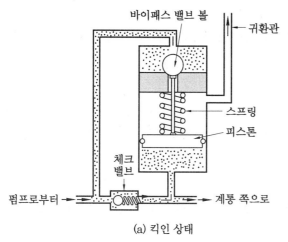

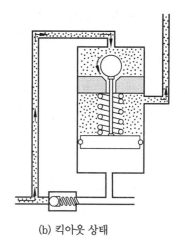

(a) 킥인 상태   (b) 킥아웃 상태

압력 조절기의 원리

(2) 릴리프 밸브(relief valve)

작동유에 의한 계통 내의 압력을 규정값 이하로 제한하는 데 사용되는 것으로 과도한 압력으로 인하여 계통 내의 관이나 부품이 파손될 수 있는 것을 방지한다.

① 계통 릴리프 밸브 : 압력 조절기의 고장 등으로 계통 내의 압력이 규정값 이상으로 되는 것을 방지하기 위한 밸브이다.

② 온도 릴리프 밸브 : 온도 증가에 따른 유압 계통의 압력 증가를 막는 역할을 한다.

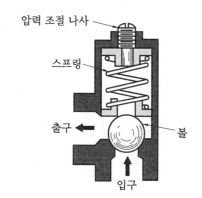

릴리프 밸브

(3) 프라이오리티 밸브(priority valve)

작동유 압력이 일정 압력 이하로 떨어지면 유로를 막아 작동유의 중요도에 따라 우선 필요한 계통만을 작동시키는 기능을 가진 밸브이다.

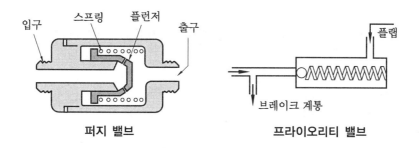

퍼지 밸브   **프라이오리티 밸브**

(4) 감압 밸브(pressure reducing valve)

계통의 압력보다 낮은 압력이 필요한 일부 계통에 설치하는데, 일부 계통의 압력을 요구 수준까지 낮추고, 이 계통에 갇힌 작동유의 열팽창에 의한 압력 증가를 막는다.

(5) 퍼지 밸브(purge valve)

비행 자세의 흔들림과 온도의 상승으로 인하여 펌프의 공급관과 펌프 출구 쪽에 생기는 공기를 저장탱크로 되돌아가게 하여 공기를 제거한다.

(6) 디부스터 밸브(debooster valve)

브레이크 작동을 신속하게 하는 밸브로서 브레이크를 작동할 때 일시적으로 작동유의 공급량을 증가시켜 신속히 제동되도록 하며, 브레이크를 풀 때에도 작동유의 귀환이 신속하게 이루어지도록 한다.

(7) 작동유 압력 기기

체크 밸브, 릴리프 밸브, 셔틀 밸브, 제한기 오리피스 등의 작동유 압력 기기의 기호는 다음과 같다.

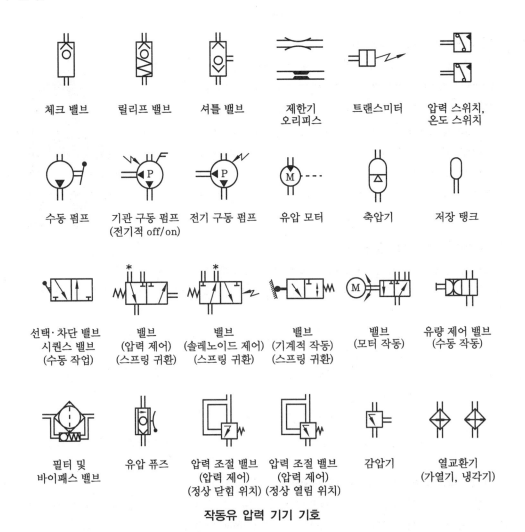

작동유 압력 기기 기호

예상문제

1. 다음 중 유압 계통계 내의 압력을 일정하게 유지시켜 주는 것은?

① 압력 펌프　　② 압력 조절기
③ 축압기　　　　④ 유량 조절기

2. 압력 조절기의 작동과 역할에 대한 설명으로 옳은 것은?

① 계통내 압력 유지를 위하여 유량을 조절한다.
② 계통내 압력 유지를 위하여 오일 온도를 조절한다.
③ 계통내 압력이 높을 때 압력을 작동유 탱크로 귀환시킨다.
④ 계통 내 압력 유지를 위하여 펌프의 회전 속도를 조절한다.

3. 유압 계통 압력 조절기가 킥아웃(kick out) 상태일 때 체크 밸브와 바이패스 밸브의 작동 상태를 옳게 설명한 것은?

① 바이패스 밸브와 체크 밸브 모두가 열리는 상태
② 바이패스 밸브와 체크 밸브 모두가 닫히는 상태
③ 바이패스 밸브는 열리고 체크 밸브는 닫히는 상태
④ 바이패스 밸브는 닫히고 체크 밸브는 열리는 상태

4. 다음 중 압력 조절기의 정상 압력에서 바이패스 밸브는 닫혀 있고, 펌프에서 배출되는 유압은 계통으로 직접 공급하는 상태는?

① kick out 상태
② kick in 상태
③ kick on 상태
④ kick under 상태

5. 유압 계통의 평형식 압력 조절기의 구성품이 아닌 것은?

① 피스톤　　　② 체크 밸브
③ 파일럿 스풀　④ 스프링

[해설] 평형식 압력 조절기 : 포핏, 피스톤, 압축 스프링, 체크 밸브 등으로 구성되며, 포핏과 피스톤 면적에 작용하는 힘과 스프링 장력과의 합에 의하여 압력을 조절한다.

6. 그림과 같은 유압 계통에서 압력을 조절하는 것은?

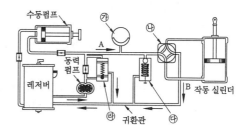

① ㉮　　② ㉯　　③ ㉰　　④ ㉱

[해설] ㉮ : 축압기, ㉯ : 선택 밸브, ㉰ : 릴리프 밸브, ㉱ : 압력 조절기

7. 다음 유압 계통에 사용되는 기기 기호의 의미는?

① 축압기
② 체크 밸브
③ 릴리프 밸브
④ 셔틀 밸브

8. 유압 계통에서 압력 조절 및 계통 고장으로 압력이 최대 한계값 이상으로 되는 것을 방지하는 밸브는?

① 감압 밸브
② 릴리프 밸브
③ 퍼지 밸브
④ 프라이오리티 밸브

9. 다음 릴리프 밸브 중 온도 증가에 따른 유압 계통의 압력 증가를 막는 역할을 하는 밸브는?

① 계통 릴리프 밸브
② 열 릴리프 밸브
③ 온도 릴리프 밸브
④ 압력 릴리프 밸브

10. 다음 중 퍼지 밸브(purge valve)에 대한 설명으로 옳은 것은?

① 펌프의 고장으로 작동유의 압력이 부족할 때 작동유 공급 순서를 정해준다.
② 낮은 압력으로 작동하는 계통에 압력을 낮추어 공급하는 역할을 한다.
③ 브레이크 작동을 신속하게 한다.
④ 작동유 내의 공기를 제거하는 역할을 한다.

해설 ①항은 프라이오리티 밸브, ②항은 감압 밸브, ③항은 디부스터 밸브에 대한 설명이다.

11. 다음 중 브레이크 디부스터(debooster)의 역할은?

① 브레이크 작동기의 압력을 높이기 위해서
② 파킹 브레이크를 작동할 경우에 동력 부스터의 압력을 낮추기 위해서
③ 동력 부스터 압력을 낮추고, 브레이크의 작동과 이완을 빠르게 하기 위해서
④ 브레이크 파열 시 오일 유출을 제한하기 위해서

12. 항공기 브레이크 계통에서 브레이크로 가는 압력을 감소시키고, 유압유의 흐름의 양을 증가시키는 역할과 관계되는 것은?

① 셔틀 밸브(shuttle valve)
② 디부스터 밸브(debooster valve)
③ 브레이크 제어 밸브(brake control valve)
④ 브레이크 조절 밸브(brake regulation valve)

13. 작동유 압력이 일정 압력 이하로 떨어지면 유로를 차단하는 기능을 갖는 것은?

① 축압기(accumulator)
② 릴리프 밸브(relief valve)
③ 퍼지 밸브(purge valve)
④ 프라이오리티 밸브(priority valve)

14. 다음 중 유압 계통에 유압이 부족할 때 계통의 순위를 정해주는 밸브는?

① 순서 밸브(sequence valve)
② 타이밍 밸브(timing valve)
③ 프라이오리티 밸브(priority valve)
④ 릴리프 밸브(relief valve)

정답 ● **9.** ③ **10.** ④ **11.** ③ **12.** ② **13.** ④ **14.** ③

3-4 흐름 방향 및 유량 제어장치

◼ 흐름 방향 제어장치

(1) 선택 밸브(selector valve)

작동 실린더의 운동 방향을 결정하는 밸브로서 회전형 선택 밸브의 위치에 따라 작동 실린더의 작동 방향이 바뀌게 된다.

① 작동 방식 : 전기식, 기계식
② 기계적으로 작동하는 밸브 : 회전형, 포핏형, 스풀형, 피스톤형, 플런저형

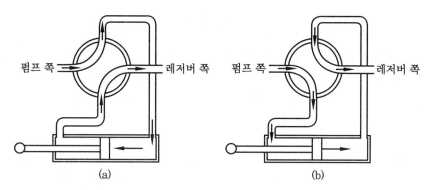

회전형 선택 밸브

(2) 오리피스(orifice)와 각종 체크 밸브(check valve)

① 오리피스(orifice) : 흐름 제한기(flow restrictor)라고도 하며 작동유의 흐름률을 제한한다.

② 체크 밸브(check valve) : 작동유의 흐름을 한쪽 방향으로만 흐르게 하고 반대 방향으로는 흐르지 못하게 하는 밸브이다.

③ 오리피스 체크 밸브 : 한쪽 방향으로는 정상적으로 흐르게 하고, 다른 방향으로는 흐름을 제한한다.

④ 미터링 체크 밸브 : 오리피스 체크 밸브와 기능은 같으나 유량을 조절할 수 있다. 작동유가 B에서 A로 흐를 때에는 볼을 밀치고 자유롭게 흐르지만, 흐름이 반대 방향일 때에는 미터링 핀에 의해 조금 열려진 통로를 통하여 제한된 양이 흐른다.

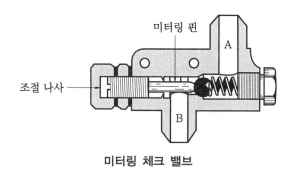

미터링 체크 밸브

⑤ 수동 체크 밸브 : 정상 시에는 체크 밸브 역할을 하지만, 필요시 양쪽 방향으로 작동유를 흐르도록 하는 밸브이다.

(3) 시퀀스 밸브(sequence valve)

착륙장치, 도어(door) 등과 같이 2개 이상의 작동기를 정해진 순서에 따라 작동되도록 유압을 공급하기 위한 밸브로서 타이밍 밸브라고도 한다.

(4) 셔틀 밸브(shuttle valve)

정상 유압 동력 계통에 고장이 생겼을 때 비상 계통을 사용할 수 있도록 해 주는 밸브이다.

예상문제

1. 유압 계통에 사용되는 선택 밸브 중 기계적으로 작동되는 선택 밸브가 아닌 것은?
① 회전형 선택 밸브
② 포핏형 선택 밸브
③ 스풀형 선택 밸브
④ 솔레노이드형 선택 밸브

2. 유압 계통에서 유압 작동 실린더의 움직임의 방향을 제어하는 밸브는?
① 체크 밸브
② 릴리프 밸브
③ 선택 밸브
④ 프라이오리티 밸브

3. 흐름 방향 제어장치 중에서 작동유의 흐름을 어느 한쪽으로만 통과하게 하는 밸브는?
① 체크 밸브(check valve)
② 퍼지 밸브(purge valve)
③ 릴리프 밸브(relief valve)
④ 셔틀 밸브(shuttle valve)

4. 유압 계통에서 체크 밸브(check valve)의 주목적은?
① 압력 조절   ② 역류 방지
③ 기포 방지   ④ 비상시 유입 차단

5. 작동유가 B에서 A로 흐를 때는 볼을 밀치고 자유롭게 흐르지만 흐름이 반대되면 조금 열려진 통로로 제한된 양이 흐르는 그림과 같은 밸브는?

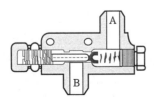

① 리듀서
② 유압관 분리 밸브
③ 유압 퓨즈
④ 미터링 체크 밸브

6. 다음의 유압 밸브 중 평상시에는 체크 밸브 역할을 하지만 필요시에는 그 기능이 해제가 되는 밸브는?
① 시퀀스 밸브
② 수동 체크 밸브
③ 오리피스 체크 밸브
④ 미터링 체크 밸브

7. 착륙장치, 도어(door) 등과 같이 2개 이상의 작동기를 정해진 순서에 따라 작동되도록 유압을 공급하기 위한 밸브는?
① 시퀀스 밸브(sequence valve)
② 체크 밸브(check valve)
③ 프라이오리티 밸브(priority valve)
④ 수동 체크 밸브

8. 작동 순서를 결정하는 밸브로서 착륙장치 도어를 열고 착륙장치를 내려가도록 해주는 데 사용되는 밸브는?
① 체크 밸브(check valve)
② 시퀀스 밸브(sequence valve)
③ 선택 밸브
④ 우선순위 밸브(priority valve)

9. 시퀀스 밸브(sequence valve)가 내장되어 있는 장치는?
① 착륙장치
② 조종장치
③ 브레이크 장치
④ 보조 동력장치

정답 ● 1. ④ 2. ③ 3. ① 4. ② 5. ④ 6. ② 7. ① 8. ② 9. ①

② 유량 제어장치

작동유의 과도한 흐름을 제한하여 흐름을 일정하게 하고 기기를 손상시킬 염려가 있을 때에는 흐름을 차단하는 장치이다.

(1) 흐름 평형기(flow equalizer)

2개의 작동기가 동일하게 움직이게 하기 위하여 작동기에 공급되거나 작동기로부터 귀환되는 작동유의 유량을 같게 하는 장치이다.

(2) 흐름 조절기(flow regulator, 흐름 제어 밸브)

계통의 압력 변화에 관계없이 작동유의 흐름을 일정하게 유지시키는 장치이다. 이 조절기는 유압 모터의 회전수를 일정하게 하거나 앞 착륙장치 스티어링, 카울 플랩, 윙 플랩 등을 일정한 속도로 작동하게 한다. 그리고 승강키, 방향키, 서보 실린더 등에 공급되는 작동유의 급격한 흐름의 변화를 방지하는 데 사용한다.

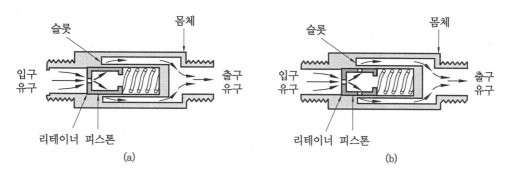

흐름 조절기의 작동

(3) 유압 퓨즈(hydraulic fuse)

유압 계통의 관이나 호스가 파손되거나 기기 내의 실(seal)에 손상이 생겼을 경우 과도한 누설을 방지하기 위한 장치로서 계통이 정상적일 때는 작동유를 흐르게 하지만 누설로 인하여 규정보다 많은 작동유가 통과할 때는 밸브가 흐름을 차단하기 때문에 작동유의 과도한 손실을 막는다.

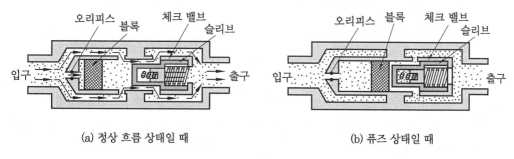

(a) 정상 흐름 상태일 때   (b) 퓨즈 상태일 때

유압 퓨즈

(4) 유압관 분리 밸브(hydraulic line disconnect valve)

유압 펌프 및 브레이크 등과 같은 유압 기기의 장탈 시 작동유가 누출되는 것을 최소화하기 위한 장치이다.

예상문제

1. 유량 제어장치인 흐름 평형기(flow equalizer)에서 작동유가 각 작동기에 공급될 때 유량 제어에 사용되지 않는 부품은?
① 결합 체크 밸브
② 미터링 그루브
③ 분리 체크 밸브
④ 자유부동 미터링 피스톤

2. 유량 제어장치 중 유압관 파손 시 작동유가 누설되는 것을 방지하기 위한 장치는 어느 것인가?
① 흐름 제한기(flow restrictor)
② 유압 퓨즈(hydraulic fuse)
③ 흐름 조절기(flow regulator)
④ 유압관 분리 밸브(disconnect valve)

3. 유압 계통에 사용되어 작동유의 과도한 누설을 방지하기 위한 그림과 같은 장치는 어느 것인가?

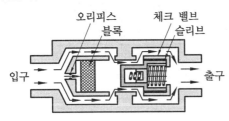

① 유압 퓨즈　　　② 흐름 조절기
③ 유압관 분리 밸브　④ 시퀀스 밸브

4. 유압 계통의 파이프 파손이나 기기의 실 (seal) 손상이 생겼을 때 작동유가 누설되는 것을 방지하기 위한 장치는?

① 체크 밸브
② 셔틀 밸브
③ 흐름 조절기
④ 유압 퓨즈

5. 다음 중 유압 퓨즈(hydraulic fuse)의 역할에 대한 설명으로 옳은 것은?
① 브레이크와 같은 유압 기기를 장탈할 때 작동유가 외부로 유출되는 것을 방지한다.
② 관이나 호스가 파손되어 작동유가 전부 빠져 나가는 것을 방지한다.
③ 한쪽 방향으로는 정상적으로 흐르게 하고, 다른 방향으로는 제한하여 흐르게 한다.
④ 2개 이상의 작동기를 같은 운동으로 움직이게 하여 흐름 양을 동일하게 한다.

6. 유압 계통에서 유압관 분리 밸브의 기능을 설명한 것으로 옳은 것은?
① 유압관 내에 있는 공기를 작동유와 분리할 때 사용되는 밸브이다.
② 유압 기기를 장탈할 때 작동유가 외부로 유출되는 것을 막아준다.
③ 유압관에 고압이 걸리면 자동으로 분리시켜 유압관을 보호한다.
④ 유압관이 터졌거나 기기의 실이 손상되어 작동유가 새는 것을 방지한다.

7. 유압 계통에 이용되는 라인 디스커넥터(line disconnector)의 역할로 옳은 것은?
① 유압 계통이 사용되지 않을 때 작동유를 한쪽으로 모은다.

② 유압 계통이 사용되지 않을 때 온도에 의한 팽창을 막는다.

③ 유압 계통이 사용되지 않을 때 작동유가 리저버로 배출되는 것을 막는다.

④ 유압 계통 배관을 분리했을 때 작동유가 관에서 배출되는 것을 방지한다.

8. 유압 라인을 잠시 분리시켰을 때 우선적으로 해야 할 일은?

① 입구를 물로 세척한다.

② 입구를 고온 세척 후 뚜껑을 씌운다.

③ 공기와 통하지 않도록 즉시 뚜껑을 씌운다.

④ 유압 오일을 일부 누설시켜 산화를 방지한다.

정답 ● 8. ③

3-5 유압 작동기 및 작동 계통

■ 유압 작동기

가압된 작동유를 받아 기계적인 운동으로 변환시키는 장치이다.

(1) 직선 운동 작동기

실린더와 피스톤으로 구성되며 실린더 안에서 피스톤이 직선으로 운동하는 작동기를 말한다.

① 단동형 작동기(single acting actuator) : 한쪽 방향으로는 작동유 압력에 의해 작동하고, 반대쪽 방향으로는 스프링의 힘 또는 중력에 의해 귀환되는 형식으로 브레이크 계통 등에 사용된다. 작동유의 흐름 방향은 세 길 선택 밸브에 의해 조작된다.

② 복동형 작동기(double acting actuator) : 피스톤의 양쪽에 모두 유압이 작동하여 네 길 선택 밸브의 방향에 따라 피스톤을 움직이게 하는 형식이다. 피스톤 양쪽 넓이가 서로 다른 언밸런스(unbalance)형과 피스톤 양쪽 넓이가 같은 밸런스(balance)형 작동기기 있다.

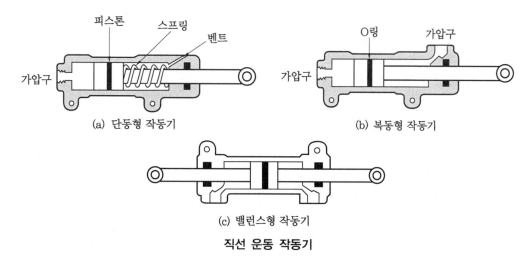

(a) 단동형 작동기 (b) 복동형 작동기

(c) 밸런스형 작동기

직선 운동 작동기

(2) 회전 운동 작동기

① 작동유 압력 모터

㈎ 구조는 일정 용량 피스톤형 펌프와 같지만, 그 기능은 펌프와 반대이다.

㈏ 작동유 압력 계통에서 작동유를 공급받아 회전축을 회전시킨다.

㈐ 같은 마력의 전기 모터에 비해 크기가 훨씬 작고, 시동, 정지, 역전, 변속 등이 간단하며 유량을 증가시킴으로써 쉽게 증속시킬 수 있다.

② 래크(rack)와 피니언(pinion) 작동기 : 피스톤의 직선 운동을 래크와 피니언에 의해 제한된 회전 운동으로 바꾸어 주는 작동기로 윈드실드 와이퍼(windshield wiper), 앞바퀴 조향 (steering)장치 계통에 사용된다.

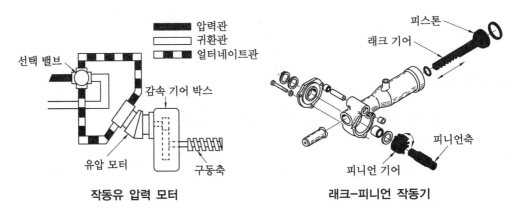

작동유 압력 모터 **래크-피니언 작동기**

② 작동 계통

(1) 착륙장치 계통

① 착륙장치의 올림 : 착륙장치 선택 밸브의 손잡이를 "UP" 위치에 놓으면 올림관(up line)에 작동유를 공급한다. → 다운 로크 실린더 작동하여 로크 훅(lock hook)이 풀린다. → 주 착륙장치, 앞 착륙장치 작동기가 작동하여 착륙장치가 올라간다.

② 착륙장치의 내림 : 착륙장치 선택 밸브의 손잡이를 "DOWN" 위치에 놓으면 유압유로가 내림관(down line)으로 연결된다. → 앞 착륙장치, 주 착륙장치의 업 로크(up lock) 실린더 가 작동하여 로크의 축이 풀린다. → 주 착륙장치의 도어(door) 작동 실린더가 작동하여 도어(door)가 열리고 시퀀스 밸브의 작동에 따라 앞 착륙장치가 내려간다.

(2) 브레이크 장치 계통

항공기가 지상에서 활주할 때 항공기 속도를 감소시키고 정지시키며, 지상에서 항공기 방향을 바꾸거나 주기와 계류 시 사용한다.

① 브레이크 계통

㈎ 독립식 브레이크 계통 : 브레이크 계통 자체에 레저버를 가지고 있는 형태로 소형 항공기에 주로 사용된다.

• 브레이크 페달을 밟으면 마스터 실린더에 압력이 가해진다. → 브레이크 작동기에

압력이 전달되어 바퀴를 제동시킨다.

• 브레이크 페달을 놓으면 마스터 실린더 안의 스프링에 의해 피스톤은 원래 위치로 되돌아온다.

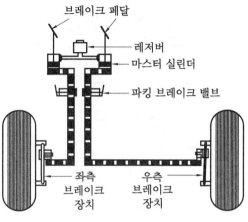

독립식 브레이크 계통

㈏ 동력 부스터 브레이크 계통 : 독립식 브레이크 계통을 사용하기에는 항공기의 착륙 속도가 빠르며, 비행기가 크고 무거워서 가벼운 항공기에 사용된다. 주계통의 압력은 브레이크 페달을 밟을 때 동력 부스터 마스터 실린더의 피스톤을 밀어준다.

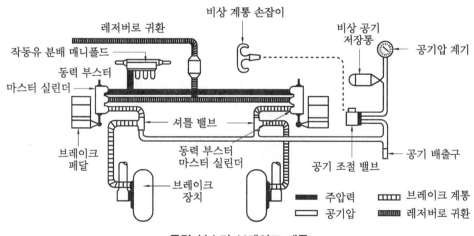

동력 부스터 브레이크 계통

㈐ 동력 브레이크 제어 계통 : 많은 양의 작동유가 요구되는 대형 항공기에 사용된다. 브레이크 제어 밸브는 브레이크 페달을 밟으면 밟은 만큼의 힘에 비례하여 주유압 계통으로부터 작동유가 브레이크 장치에 공급되도록 한다. 축압기는 주계통이 고장 났을 때를 대비하며, 셔틀 밸브는 비상시 주계통을 차단하고, 비상 계통을 연결하는 역할을 한다.

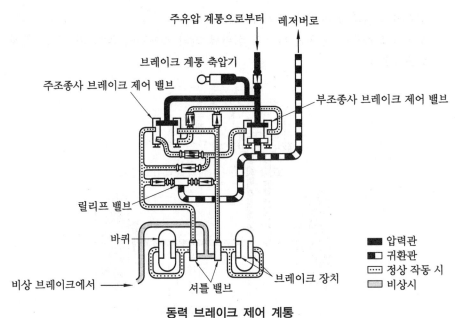

동력 브레이크 제어 계통

② 브레이크 장치

(가) 슈 브레이크(shoe brake) : 브레이크 페달을 밟으면 브레이크 작동 실린더에 작동유가 공급되어 한 쌍의 브레이크 슈(shoe)는 회전하는 브레이크 드럼에 밀착되어 마찰에 의해 제동된다.

• 귀환 스프링 : 브레이크 페달을 놓았을 때 작동 실린더가 제자리로 돌아가게 하여 제동력이 풀리게 한다.

• 블리드 밸브 : 작동유에 포함된 공기를 배출한다.

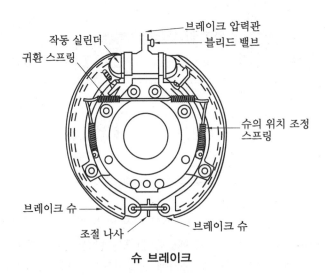

슈 브레이크

(나) 팽창 튜브 브레이크 : 소형 항공기에 사용된다. 페달의 작동에 의해 작동유가 팽창 튜브 안으로 들어오면 귀환 스프링의 힘을 이기면서 브레이크 블록을 밀게 되어 브레

이크 드럼과의 접촉으로 생기는 마찰력에 의해 제동을 하게 된다.

㈐ 단일 디스크 브레이크(single disk brake) : 브레이크 페달을 밟으면 피스톤이 움직여서 이동 라이닝을 회전하고 있는 브레이크 디스크에 밀착시켜 고정 라이닝과 함께 제동력을 준다.

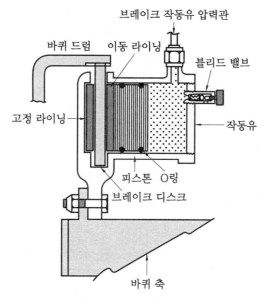

단일 디스크 브레이크

㈑ 멀티 디스크 브레이크 : 제동력이 큰 대형 항공기에 사용된다. 브레이크 페달을 밟으면 고정된 뒷고정판에 대하여 압력판을 브레이크 실린더의 피스톤이 가압하게 되므로, 2개의 판 사이에 번갈아 설치되어 있는 회전판과 고정판이 축 방향으로 서로 밀리면서 밀착되어 판들 간의 접촉 마찰력으로 바퀴에 제동력이 걸리게 된다.

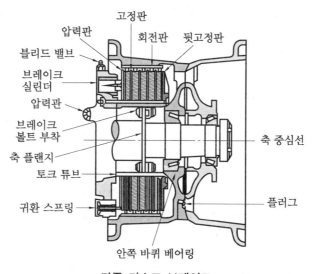

다중 디스크 브레이크

③ 앤티 스키드 계통 : 착륙 후 지상 활주 시 무리한 제동을 가하면 바퀴의 회전이 멈추면서 지면에 대하여 미끄럼이 발생하여 타이어가 심하게 한쪽 면만 닳거나 터지게 되는데, 이와 같은 미끄럼 현상을 방지하는 장치이다.

④ 앞 착륙장치 스티어링 계통 : 항공기의 지상 활주 중에 앞바퀴의 방향을 조정하는 계통으로 방향키 페달을 사용하여 방향을 조종한다. 방향키 페달은 항공기가 지상 활주를 할 때에는 앞 착륙장치 스티어링 계통을 작동할 수 있도록 되어 있다.

예상문제

1. 작동 실린더(actuating cylinder)에 대한 설명 중 가장 올바른 것은?
① 작동유압을 기계적 운동으로 변화시키는 장치
② 작동유의 흐름을 제어하는 장치
③ 운동 에너지와 안정된 정역학적 부하를 흡수하는 장치
④ 왕복운동을 회전운동으로 변화시키는 장치

2. 윈드실드 와이퍼(windshield wiper) 계통에서 변환기(converter)의 역할은?
① 전압을 조절한다.
② 작동속도를 조절한다.
③ 모터의 과속을 방지한다.
④ 회전운동을 왕복운동으로 바꾼다.

3. 항공기의 브레이크 계통에서 독립식 브레이크 계통에 대한 설명으로 틀린 것은?
① 소형 항공기에 주로 사용된다.
② 브레이크 페달을 놓으면 동력에 의해 피스톤이 회귀한다.
③ 마스터 실린더 내 작동유의 작동으로 브레이크가 작동된다.
④ 항공기의 유압 계통과 별개로 브레이크 계통 자체에 레저버를 갖는다.

4. 브레이크 종류 중 중형 이상의 항공기에 사용되며 여러 개의 회전판과 고정판을 사용하는 것은?
① 슈 브레이크(shoe brake)
② 다중 디스크 브레이크(multi disk brake)
③ 단일 디스크 브레이크(single disk brake)
④ 팽창 튜브 브레이크(expansion tube brake)

5. 브레이크 종류 중 제동력이 가장 크고 대부분 대형 항공기에 사용되는 브레이크는?
① 슈 브레이크
② 멀티 디스크 브레이크
③ 팽창 튜브 브레이크
④ 싱글 디스크 브레이크

6. 브레이크 계통에서 블리딩(bleeding)이란 무슨 작업을 뜻하는가?
① 계통 내의 공기만을 제거하는 작업이다.
② 브레이크 페달을 재조절하는 작업이다.
③ 브레이크 라인을 새것으로 바꾸는 작업이다.
④ 계통 내의 공기를 제거하기 위해 작동유를 빼내는 작업이다.
> **해설** 블리드 밸브(bleed valve)는 브레이크 유압 계통에 섞여 있는 공기를 뺄 때 사용한다.

7. 항공기의 앤티 스키드(anti-skid) 계통에 대한 설명으로 틀린 것은?
① 자동차의 ABS와 원리가 같다.
② 브레이크의 효율을 높여준다.

③ 브레이크의 작동과 이완을 반복한다.

④ 이륙 시 작동되어 이륙거리를 줄여준다.

8. 다음 중 anti skid 계통이란?

① 공기의 압축성과 작동유의 비압축성을 이용하여 착륙 시 충격을 흡수하는 장치이다.

② 항공기의 착륙 시 바퀴의 회전수를 적절히 유지시켜 타이어의 미끄럼을 방지하는 장치이다.

③ 완충 스트럿의 안쪽 실린더와 바깥쪽 실린더에 장착되어 착륙장치를 접어들일 때 행정을 제한하고, 스트럿의 축을 중심으로 안쪽 실린더가 회전하지 못하게 한다.

④ 바퀴가 전진함에 따라 항공기의 무게가 앞바퀴에 많이 걸리는 것을 뒷바퀴로 옮겨 앞바퀴가 같은 무게를 받도록 한다.

해설 ①항은 완충 스트럿, ②항은 앤티 스키드 장치, ③항은 토크 링크, ④항은 이퀄라이저 로드에 대한 설명이다.

9. 항공기에서 유압 계통을 사용하지 않는 것은 어느 것인가?

① 착륙장치를 올리고 내리는 장치

② 자이로 계기의 구동 및 제빙장치

③ 앞 착륙장치 스티어링의 작동장치

④ 활주 중 항공기의 브레이크 작동장치

CHAPTER 04 연료 계통

4-1 연료 탱크

(1) 연료 탱크의 종류

① 인티그럴 연료 탱크(integral fuel tank) : 날개의 내부 공간을 밀폐시켜 내부 그대로 연료 탱크로 사용되며, 보통 여러 개로 나누어져 있다. 오늘날 대형 항공기에 많이 사용하며, 무게가 가벼운 장점이 있다.

② 셀 탱크(cell tank) : 금속으로 된 연료 탱크를 날개보 사이의 공간에 내장하여 사용한다.

③ 블래더형 연료 탱크 : 강화된 가요성 물질이나 고무주머니 형태의 탱크로 구식 군용기에 많이 사용된다.

(2) 연료 탱크의 조건

① 압력식 연료 계통의 승압 펌프(booster pump)는 연료 탱크의 가장 낮은 곳에 위치하며 기관 시동 시, 이륙, 착륙, 고고도에서 사용할 수 있도록 되어 있고, 기관 구동 펌프가 고장났을 때 연료를 공급한다.

② 연료 탱크는 작동 중 가해지는 하중에 결함 없이 견디어야 하며 탱크의 통기 구멍은 탱크에 대기압이 작용하도록 한다. 섬프 및 드레인 밸브는 탱크 밑바닥에 모인 침전물, 물을 모이게 하고 배출하는 기능을 한다.

(3) 연료 계통

① 연료 : 항공 가솔린과 제트 연료가 있으며 운전 조건, 대기온도, 압력 변화 등에 의해 항공기 특유의 특성이 요구된다.

② 대부분 주날개에 연료 탱크가 있으며, 일부 항공기는 꼬리날개에도 있다.

③ 연료 보급 : 지상에서 항공기에 급속장치를 접속하고, 연료에 압력을 가하여 각 탱크로 분배한다.

④ 연료 공급 : 탱크에서 기관까지 배관으로 되어 있으며, 탱크 내 승압 펌프에 의해 연료가 압송된다.

⑤ 긴급하게 착륙을 시도할 때는 착륙 중량을 맞추기 위해 항공기에 탑재되어 있는 연료를 사출 노즐을 통하여 방출할 수 있도록 되어 있다.

⑥ 연료 탱크 벤트(vent) 계통은 연료 탱크 내부와 외부의 압력차가 생겨 탱크의 팽창이나

찌그러짐을 막아 날개 부분에 불필요한 힘이 발생하지 않도록 한다.

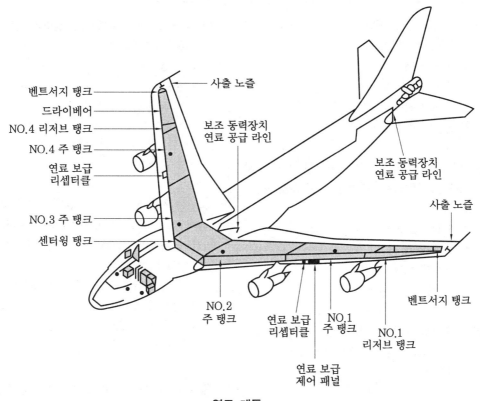

연료 계통

4-2 공급·이송장치

(1) 연료 공급 방식

① 중력식 연료 계통

    (개) 높은 날개의 소형 기관에 사용하고 연료 탱크가 가장 높은 곳에 위치하여 중력에 의
    해 연료를 공급한다.

    (내) 연료 공급은 이륙 시 실제 소모량의 150 % 이상 공급이 가능해야 한다.

    (대) 연료 탱크, 연료 라인, 연료 여과기, 연료 차단 밸브, 프라이밍, 연료량 계기 등으로
    구성된다.

② 압력식 연료 계통 : 대부분의 항공기에 사용하고, 연료 펌프에 의해 연료 탱크로부터 기화
기로 압송한다. 이륙 시 실제 소모량의 125 % 이상 공급이 가능해야 한다.

예상문제

1. 인티그럴 연료 탱크(integral fuel tank)의 가장 중요한 이점은?
① 누설이 적다.
② 무게가 가볍다.
③ 화재의 위험이 적다.
④ 용량이 감소한다.

2. 날개보와 외피에 의해 만들어진 공간 그 자체를 연료 탱크로 사용하는 것은 다음 중 어느 것인가?
① 인티그럴 연료 탱크
② 셀형 연료 탱크
③ 금속제 탱크
④ 공간형 연료 탱크

3. 보통 연료 탱크로는 날개를 사용하는데 합성 고무 제품을 내장하는 형태의 연료 탱크는 어느 것인가?
① 인티그럴 연료 탱크
② 블래더형 연료 탱크
③ 금속제 탱크
④ 공간형 연료 탱크

4. 항공기 내부 연료 탱크는 얼마의 시험압력을 사용하여 시험하는가?
① 10.0 psi ② 8.5 psi
③ 5.0 psi ④ 3.5 psi

해설 연료 탱크 시험 : 연료 탱크는 어떠한 결함 및 누설 없이 3.5 psi 시험압력에 견디어야 하며, 이 시험 시 절대로 초과압력을 가해서는 안 된다.

5. 왕복기관에서 연료 승압 펌프(booster pump)는 다음 중 어떤 기능을 수행하는가?
① 항공기의 평형을 돕기 위하여 연료를 다른 탱크에 옮긴다.
② 어떤 탱크에서나 기관에 연료를 선택한다.
③ 연료의 압력을 조절한다.
④ 연료 탱크로부터 기관 구동 펌프까지 연료를 정압으로 공급한다.

6. 중력식 연료 공급장치에서 연료 유량비는 기관의 이륙 연료 소모의 몇 %인가?
① 100 % ② 125 %
③ 150 % ④ 200 %

정답 ► **1.** ② **2.** ① **3.** ② **4.** ④ **5.** ④ **6.** ③

CHAPTER

05 유틸리티 계통

5-1 객실 여압 계통

1 객실 여압의 필요성

(1) 대기와 산소

① 인간이 외부의 도움 없이 신체적 장애를 받지 않고 정상적인 활동이 가능한 고도는 2400 m (8000 ft)이다.

② 산소 결핍증(anoxia) : 4575 m(15000 ft) 이상 고도에서 산소 부족으로 인해 졸음이 오고 머리가 아프며, 입술과 손톱이 파랗게 되고 시력과 판단력이 흐려지며 맥박 증가와 호흡 곤란이 일어나는 현상이다.

(2) 객실 여압과 비행 고도

① 비행 고도(flight altitude) : 실제 비행하는 고도

② 객실 고도(cabin altitude) : 객실 안의 기압에 해당하는 고도

③ 차압(differential pressure) : 비행 고도와 객실 고도의 차이로 인해 기체 외부와 내부에 생기는 압력차를 말하며, 비행기 구조가 견딜 수 있는 차압은 설계할 때 정해진다.

④ 비여압 범위(unpressurization range) : 비행 고도 0~2440 m 범위로 여압을 하지 않아도 되는 범위

⑤ 등기압 범위(isobaric range) : 객실 고도를 2440 m로 계속 일정하게 유지할 수 있는 범위

2 객실 여압 계통

객실 안의 압력을 높이기 위해 압축된 공기를 계속해서 공급하며, 객실 내의 압력은 기체 밖으로 배출시킬 공기의 양을 조절함으로써 조절된다.

(1) 여압공기의 공급

① 왕복기관 항공기의 여압공기의 공급 : 과급기(supercharger) 또는 터보 과급기(turbo supercharger)로부터 객실 여압에 필요한 공기를 받는다.

② 가스터빈 기관의 여압공기의 공급 : 기관 압축기에서 가압된 블리드 공기(bleed air)를 사용한다. 또는 어떤 항공기는 공기의 오염 문제 때문에 별도의 압축기를 사용하며, 루트식

압축기, 원심력식 압축기가 사용된다.

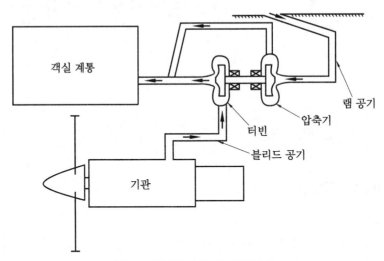

블리드 공기를 이용한 여압장치

(2) 객실 여압 조절

객실 여압 계통은 기본적으로 3개의 지시계가 요구된다.

① 객실 고도계 : 실제의 객실 고도를 지시한다. 항공기가 지상에 있을 때를 제외하고는 객실 고도는 항공기 고도보다 항상 낮다.

② 객실 상승계 : 상승 비행 시 또는 하강 비행 시 객실 고도의 변화율을 지시한다. 정상적인 상승률은 500 ft/분이며, 하강률은 300 ft/분이다.

③ 차압 지시계 : 객실 내부의 압력과 항공기 외부의 압력 차이를 자동 또는 수동으로 지시한다.

❸ 객실 여압 계통의 작동

(1) 객실 압력 조절장치

① 아웃 플로 밸브(out flow valve) : 일종의 방출 밸브(discharge valve)로서 고도에 관계없이 계속 공급되는 압축공기를 동체 옆이나 꼬리 부분 또는 날개의 필릿(fillet)을 통하여 외부로 배출시킴으로써 객실 안의 압력을 원하는 압력으로 유지하도록 하는 밸브이다.

　㉮ 아웃 플로 밸브의 개폐 조절은 직접 공기압에 의해 작동되거나, 공기압에 따라 제어되는 전동기의 구동에 의해 작동된다.

　㉯ 착륙 시 마이크로 스위치에 의하여 지상에서 완전히 열리도록 하여 출입문을 열 때 기압 차이에 의한 사고가 발생하지 않도록 한다.

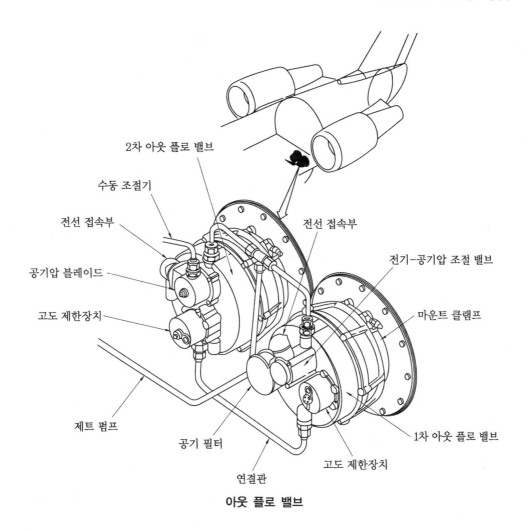

아웃 플로 밸브

② 객실 압력 조절기(cabin pressure regulator) : 규정된 객실 고도의 기압이 되도록 아웃 플
  로 밸브의 위치를 지정하고, 자동적으로 등기압 범위에 있어서의 설정값을 조절해 주며
  차압 영역에서는 미리 설정한 차압이 유지되도록 한다.
③ 객실 압력 안전 밸브
  ㈎ 객실 압력 릴리프 밸브(cabin pressure relief valve) : 아웃 플로 밸브가 고장이거
     나, 다른 원인에 의해 객실의 차압이 규정값 이상이 되면 작동하여 기체의 팽창에 의
     한 파손을 방지하기 위한 장치이다.
  ㈏ 부압 릴리프 밸브(negative pressure relief valve) : 진공 밸브라고도 하며, 기체
     밖의 대기압이 객실 안의 기압보다 높은 경우에는 대기의 공기가 객실로 자유롭게 들
     어오도록 하는 밸브이다.
  ㈐ 덤프 밸브(dump valve) : 조종석 스위치를 램 공기 위치에 놓으면 솔레노이드 밸브
     가 열려서 객실 공기를 대기로 배출시키도록 하는 밸브이다.

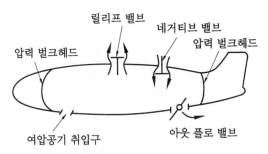

여압 장치 원리도

예상문제

1. 일반적으로 인간이 외부의 도움 없이 신체적인 장애를 받지 않고 정상적인 활동이 보장되도록 제한하는 항공기 기내 최고 고도는 어느 것인가?
① 약 2400 mm(8000 ft)
② 약 10600 mm(35000 ft)
③ 약 3900 mm(13000 ft)
④ 약 11800 mm(39000 ft)

2. 다음 중 객실 안의 기압에 해당되는 기압 고도를 무엇이라고 하는가?
① 비행 고도
② 밀도 고도
③ 객실 고도
④ 차압 고도

3. 항공기의 최대 허용 객실 차압이 결정되는 데 가장 중요한 요소는?
① 비행기 구조
② 승객 수
③ 산소통 용량
④ 비행 고도

4. 고공비행하는 비행기에서 지상에서와 같은 상태로 압력과 온도가 유지되어야 하는 요구 조건을 충족시키는 공간을 무엇이라 하는가?

① 점검실
② 화물실
③ 연료탱크실
④ 여압실

5. 대형 항공기에서 객실 여압장치를 설비하는 데 고려되어야 할 내용과 거리가 먼 것은 어느 것인가?
① 항공기 내부와 외부의 압력차
② 항공기 최대 운동속도
③ 항공기의 기체 구조 자재의 선택과 제작
④ 최대 운용 고도에서 일정한 객실 고도를 유지

6. 다음 중 항공기 객실 여압과 직접 관련되지 않은 것은?
① 항공기 기체 구조 강도
② 항공기 착륙 안전 고도
③ 항공기 운용 고도
④ 항공기 객실 여압 고도

7. 항공기가 여압 중 객실 고도계 파이프에 약간의 누출이 있을 때 객실 고도계는 어떻게 되는가?
① 실제 항공기 고도보다 낮게 지시
② 실제 항공기 고도보다 높게 지시
③ 실제 항공기 고도와 같게 지시
④ 객실 고도와 같게 지시

정답 ➡ **1.** ① **2.** ③ **3.** ① **4.** ④ **5.** ② **6.** ② **7.** ①

8. 객실 압력을 조절하는 것으로 동체의 옆이나 꼬리 부분을 통하여 공기를 외부로 배출시키는 역할을 하는 것은?

① 객실 압력 조절기
② 객실 압력 안전 밸브
③ 덤프 밸브(dump valve)
④ 아웃 플로 밸브(out flow valve)

9. 객실 내의 공기를 일정한 압력이 되도록 외부로 공기를 내보내는 장치는?

① out flow valve
② safety valve
③ dump valve
④ air condition valve

10. 객실 여압 계통의 아웃 플로 밸브(out flow valve)의 가장 기본적인 기능은?

① 객실의 온도 조절
② 객실의 균형 조절
③ 객실의 습도 조절
④ 객실의 압력 조절

11. 객실 차압을 조절하기 위한 방법으로 가장 올바른 것은?

① 객실 내의 공기를 배출
② 밸브로 가는 압력을 조절
③ 공급원의 공기압을 조절
④ 객실 내의 공기를 공급

12. 항공기 객실 여압(cabin pressurization) 계통에서 압력 릴리프 밸브(pressure relief valve)는 언제 열리는가?

① 객실 압력이 외부 압력보다 일정한 차압을 초과할 경우
② 객실 압력이 외부 압력보다 일정한 차압을 초과하지 못할 경우
③ 객실 압력을 외부로부터 흡인할 경우

④ 객실 압력을 외부 공기로 여압을 할 경우

13. 객실 여압 및 공기 조화 계통을 구성하는 기기 중 객실 압력 조절기(cabin pressure regulator)는 어떤 신호를 받아 작동하는가?

① 블리드 공기압력, 바깥 공기온도, 객실 고도 변화율
② 기압계 압력, 객실 고도, 객실 고도 변화율
③ 블리드 공기의 양, 객실 고도, 객실 고도 변화율
④ 바깥 공기온도, 객실 고도, 객실 압력

14. 대기압이 객실 내의 기압보다 높을 경우에 대기의 공기가 객실로 자유롭게 들어오도록 되어 있는 객실 압력 안전 밸브는?

① 덤프 밸브
② 아웃 플로 밸브
③ 객실 압력 릴리프 밸브
④ 부압 릴리프 밸브

15. 객실 여압 계통에서 주된 목적이 과도한 객실 압력을 제거하기 위한 안전장치가 아닌 것은?

① 압력 릴리프 밸브
② 덤프 밸브
③ 부압 릴리프 밸브
④ 아웃 플로 밸브

16. 강하비행 시 객실 내의 압력이 낮아서 외기의 높은 압력을 받아들일 때 사용되는 밸브는 어느 것인가?

① 덤프 밸브(dump valve)
② 부압 릴리프 밸브(negative pressure relief valve)
③ 아웃 플로 밸브(out flow valve)
④ 객실 압력 릴리프 밸브(cabin pressure relief valve)

정답 ▸— **8.** ④ **9.** ① **10.** ④ **11.** ① **12.** ① **13.** ② **14.** ④ **15.** ④ **16.** ②

5-2 공기 조화 계통

❶ 공기 조화 계통

항공기 내부의 공기를 쾌적한 상태의 온도로 조절하는 계통으로 가열기(heater)나 냉각기 (cooler)를 사용하여 기내의 온도를 21~27℃로 만든다.

(1) 난방 계통(가열 계통)

여압공기는 압축기에 압축될 때 이미 가열되어 있어 추가로 가열할 필요는 없지만 온도를 좀 더 높일 필요가 있을 경우에는 연소 가열기(combustion heater)나 전열기(electric heater) 및 배기가스를 이용한 열교환기(heat exchanger) 등을 사용하거나 압축공기를 재순환시켜 더욱 가열되도록 한다.

① 소형 항공기 : 기관의 배기관을 히터 머프(heater muff) 안으로 통과시켜 주위로 지나가는 램 공기(ram air)가 가열되도록 한다.

② 대형 항공기 : 별도로 연소 가열기를 설치하여 램 공기를 가열시킨다.

  ㈎ 솔레노이드 밸브 : 온도가 규정값 이상에 도달하게 되면 가열기에 공급되는 연료를 차단시킨다.

  ㈏ 공기 릴리프 밸브(차압 조절기) : 연소 가열기로 들어오는 공기 압력을 조절한다.

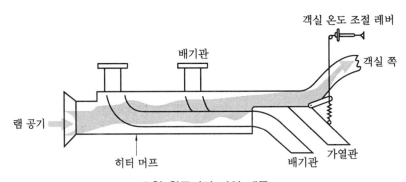

소형 항공기의 가열 계통

(2) 냉방 계통(냉각 계통)

① 공기 순환 냉각방식(air cycle cooling) : 공기를 매체로 하기 때문에 안정성이 높고 구조가 단순하며, 고장이 적고 경제적이어서 널리 사용된다.

  ㈎ 1차, 2차 열교환기

    • 1차 열교환기 : 기관 블리드 공기가 1차 열교환기를 거치게 하여 외부 공기 온도 정도로 냉각한다.

    • 2차 열교환기 : 1차 열교환기와 공기 순환 압축기를 거친 뜨거운 기관 블리드 공기를 다시 한 번 냉각시켜 준다.

㈏ 터빈 바이패스 밸브 : 공기 순환장치의 출구가 막혀 얼어 버리는 것을 방지한다. 아주 찬 공기가 들어와도 공기 순환장치의 주위에 따뜻한 블리드 공기를 불어넣어 약 2℃를 유지시킨다.

㈐ 차단 밸브 : 계통에 공기 흐름을 차단하거나 공기 조화 계통을 작동하는 데 필요한 공기의 흐름을 조절하며, 팩(pack) 밸브라고도 한다.

㈑ 수분 분리기 : 객실로 들어가는 공기의 수분을 제거한다.

㈒ 램 공기 흡입 및 배기 도어 : 열교환기 주위를 지나는 램 공기의 양을 조절하기 위해 순차적으로 작동한다. 도어(door)를 통과하는 공기의 양에 따라 열교환기에 의해 추출된 열의 양도 조절된다.

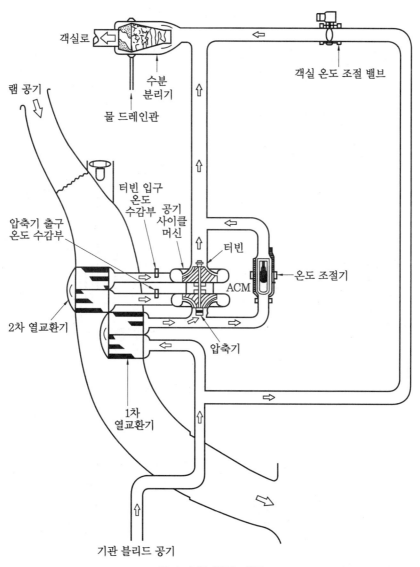

공기 순환 냉각 계통

② 증기 순환 냉각방식(vapor cycle cooling) : 대형기는 냉각 성능이 강력하고 기관이 작동하지 않더라도 사용이 가능하다. 작동 원리는 에어컨이나 냉장고와 비슷하다.

(가) 리시버(receiver) 건조기(건조 저장기) : 냉매의 건조와 여과를 담당하는 일종의 저장 용기(reservoir) 역할을 하며, 위에는 유리로 된 점검 구멍이 있다.

(나) 응축기(condenser) : 압축기를 통과한 고온, 고압의 가스가 응축기를 통과하면서 열을 빼앗아 냉각시킨다.

(다) 냉각제 : 프레온(freon) 가스가 일반적으로 사용된다.

(라) 팽창 밸브 : 액체 냉각제의 압력을 낮추어 냉각제의 온도를 더욱 낮게 해 준다.

(마) 증발기(evaporator) : 공기 조화 계통에서 공기를 냉각시키는 장치로 구리 튜브로 되어 있다.

(바) 압축기 : 냉각제가 계통을 거쳐 순환되도록 한다.

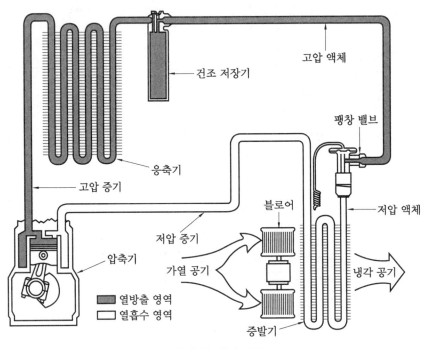

증기 순환 냉각 계통

예상문제

1. 다음 중 공기조화 계통의 주된 기능이 아닌 것은?
① 가열공기의 공급　② 객실 내의 환기
③ 냉각공기의 공급　④ 출입구의 개폐 기능

2. 공기 냉각 계통에서 공기 순환 냉각 계통의 구성품으로만 짝지은 것은?
① 응축기, 압축기　② 터빈, 압축기
③ 연소 가열기, 압축기　④ 증발기, 응축기

3. 기본적인 공기 냉각 계통의 구성으로 가장 옳은 것은?
① 압축기, 열교환기, 터빈, 수분 분리기
② 히터, 냉각기, 압축기, 수분 분리기
③ 바깥 공기, 압축기, 기관 블리드 공기
④ 열교환기, 이베이퍼레이터, 수분 분리기

4. 공기 순환 냉각 방식(air cycle cooling system)에서 터빈(turbine : 팽창 터빈)의 주 역할은?
① 압축기(compressor)에서 압축된 공기가 터빈에서 팽창압력, 온도가 낮아지게 한다.
② 터빈에서 공기를 고압, 고온으로 만들어 압축기(compressor)에 보낸다.
③ 냉각팬(cooling fan)을 동작시킨다.
④ 열교환기(heat exchanger)용 냉각공기를 끌어들이는 팬(fan)을 동작시킨다.

5. 공기 사이클 머신(ACM : air cycle machine)의 작동 중 압력과 온도가 떨어지도록 하는 역할을 하는 곳은?
① 팽창 밸브
② 팽창 터빈
③ 열교환기
④ 압축기

6. 공기 사이클 머신(ACM : air cycle machine)에서 수분 분리기의 역할에 대한 설명으로 가장 올바른 것은?
① 공기와 수분을 분리한다.
② 공기의 습도를 조절한다.
③ 팽창 터빈 앞에 장착되어 있다.
④ 수분을 객실 내에 공급한다.

7. 증기 순환 냉각(vapor cycle machine) 계통의 장치가 아닌 것은?
① 수분 분리기   ② 응축장치

③ 리시버 건조기   ④ 팽창 밸브

해설 증기 순환 냉각 계통의 구성 : 응축기, 건조 저장기, 팽창 밸브, 압축기, 증발기

8. 일반적인 증기 순환 계통에서 응축기로 들어오는 공기는 어느 부품으로부터 들어오는 공기인가?
① 압축기   ② 열교환기
③ 증발기   ④ 팽창 밸브

9. 에어컨 계통에서 콘덴서의 냉각공기는 어디로부터 공급받는가?
① 기관 압축기   ② 배기가스
③ 바깥공기   ④ 객실공기

10. 증기 순환식 공기 조화 계통에서 액체 냉각제의 압력을 낮추어 냉각제의 온도를 더욱 낮게 하는 역할의 구성품은?
① 응축장치
② 압축기
③ 팽창 밸브
④ 리시버 건조기

11. 증기 순환 냉각 계통(vapor cycle cooling system)에서 콘덴서(condenser)의 기능에 대한 설명 중 올바른 것은?
① centrifugal type과 piston type이 있다.
② 고온, 고압의 가스를 프레온 가스를 통해 냉각시킨다.
③ 냉각제가 부족하지 않게 계통에 공급한다.
④ 냉각제가 증기화되는 것을 막는다.

12. 대형 항공기 공기 조화 계통에서 기관으로부터 블리드(bleed)된 뜨거운 공기를 냉각시키기 위하여 통과시키는 곳은?
① 연료 탱크   ② 물 탱크
③ 기관 오일 탱크   ④ 열교환기

정답   3. ①   4. ①   5. ②   6. ①   7. ①   8. ①   9. ③   10. ③   11. ②   12. ④

| **5-3** | 제빙, 방빙 및 제우 계통 |

■ 결빙의 위치 및 영향

(1) 결빙의 위치 : 날개의 앞전, 공기 흡입구, 윈드실드, 피토관, 프로펠러 등

(2) 결빙의 영향

① 양력은 감소되고, 항력은 증가하며, 진동이 발생하고, 지시 계통에 이상이 생긴다.
② 조종면 불균형이 생기고, 조종면이 얼어붙어 작동되지 않는다.
③ 무선 수신이 곤란하게 되고, 기관의 성능이 저하된다.

② 방빙 계통(anti-icing system)

결빙의 우려가 있는 항공기의 부분에 화학물질이나 가열공기 및 전열기를 사용하여 결빙을 미리 방지하는 계통이다.

(1) 열적 방빙 계통

① 공기식 방빙 계통 : 날개 앞전, 기관 나셀과 같이 방빙이 필요한 부분에 덕트를 설치하고 가열된 공기를 통과시켜 온도를 높여 줌으로써 얼음이 어는 것을 막는 장치이다.

  ㈎ 연소 가열기를 이용한 방법 : 연료를 연소시킨 열로 램(ram) 공기나 송풍기로부터 공급되는 공기를 가열하여 날개와 꼬리날개를 방빙하는 방법이다.

  ㈏ 기관 압축공기를 이용한 방법 : 기관 압축기로부터 얻은 고온의 블리드 공기를 이용하여 방빙, 제빙을 한다.

  ㈐ 배기 가열기를 이용한 방법 : 날개 및 꼬리날개의 앞전에 왕복기관의 오그멘터 (augmentor)라는 기관 배기 가열기로부터 가열된 공기를 이용하는 방식이다.

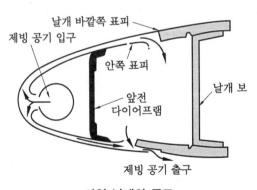

가열 날개의 구조

② 전기식 방빙 계통 : 표면이 얼지 않게 직접 전기 가열기로 얼음 형성을 방지하며, 피토관, 전 공기온도 감지기, 받음각 감지기, 기관압력 감지기, 기관온도 감지기, 얼음 감지기, 조

종실 윈도, 물 공급라인, 오물 배출구 등에 방빙을 한다.

⑺ 윈드실드와 윈도의 방빙 : 조종실의 시계를 확보하기 위하여 착빙, 결빙, 이슬 맺힘, 안개를 방지한다.

- 방빙 방법 : 전기 열, 화학식 방빙, 가열공기 이용
- 윈드실드는 다층 구조로 되어 있고 중심 부분에는 비닐층이 있으며 전도성 금속 산화 피막에 전류를 흐르게 하여 30~40℃로 유지한다. 비닐층은 충격을 흡수하고, 파손될 경우 유리의 분산을 막는 역할을 한다.

⑷ 프로펠러의 방빙 : 프로펠러 앞전의 방빙에는 화학식과 전기식 방법이 있다.

- 전기식 방법 : 블레이드 앞전 부분에 가열기의 전열선을 붙이고, 슬립링(slip ring)을 통하여 블레이드에 전력을 공급한다.

⑸ 감기지의 방빙 : 각종 계기류, 경고장치, 조종 계통, 기관 조절용 감지기, 또는 수감부에 착빙되거나 결빙되어 기능을 상실하는 부분에 사용한다.

⑹ 배출구의 방빙 : 물을 공중에서 배출할 때 항공기 외부에 수분이 접촉되지 않도록 하며, 전기식으로 가열하여 항공기 외부 온도의 저하에 의한 배출구의 막힘을 방지한다.

(2) 화학적 방빙 계통

결빙의 우려가 있는 부분에 이소프로필 알코올이나 에틸렌글리콜과 알코올을 섞은 용액을 분사함으로써 어는점을 낮게 하여 결빙을 방지한다. 프로펠러 깃, 윈드실드, 기화기의 방빙에 사용된다.

[프로펠러의 방빙]

① 방빙액 : 이소프로필 알코올 또는 메틸 알코올

② 프로펠러의 회전 부분에는 결빙 방지제 고리관(slinger ring)을 장착하고, 각 블레이드 앞전에 흐르게 한다.

③ 블레이드 앞전에 홈이 있는 슈(shoe)를 붙이고, 방빙액이 이것을 따라 흘러 방빙되게 한다.

④ 알코올은 탱크에서 펌프를 이용하여 공급되며, 원심력이나 공기의 흐름을 이용해 균등하게 분배한다.

예상문제

1. 비행 중인 항공기에서 결빙을 고려하지 않아도 되는 곳은?

① 안테나　　　② 날개의 뒷전
③ 피토관　　　④ 공기 흡입구

해설 결빙은 날개의 앞전, 공기 흡입구, 윈드실드, 피토관, 프로펠러 등과 같이 노출되는 부분에 발생한다.

2. 다음 중 일반적으로 방빙 및 제빙 계통이 설치되지 않는 곳은?

① 기화기　　　② 윈드실드
③ 뒷전 플랩　　④ 날개 앞전

정답 ► **1.** ②　**2.** ③

3. 항공기에서 방빙장치가 설치되지 않은 곳은?
① 꼬리날개의 앞부분
② 기관 전방 카울링
③ 주날개 앞부분
④ 동체 앞부분

4. 다음 중 항공기의 결빙으로 발생되는 현상이 아닌 것은?
① 항력 증가　　② 양력 증가
③ 기관 성능 저하　④ 진동 발생

5. 항공기에서 방빙 계통에 이용되는 가열 공기를 얻는 방법이 아닌 것은?
① 열교환기를 이용한다.
② 연소 가열기를 이용한다.
③ 압축기의 블리드 공기를 이용한다.
④ 가스 터빈의 배기가스를 직접 이용한다.

6. 윈드실드 패널(windshield panel)의 외측판 안쪽면에 붙어 있는 금속 산화 피막의 기능에 대한 설명으로 옳은 것은?
① 윈드실드의 방빙 및 서리 제거를 위한 것이다.
② 윈드실드 패널이 여압 압력에 견디도록 해주는 보강막이다.
③ 비행 중 새 등의 충돌로부터 윈드실드를 보호하기 위한 것이다.
④ 동체와 윈드실드 사이의 틈새로 여압공기가 새는 것을 방지하기 위한 것이다.

[해설] 윈드실드 패널의 금속 산화 피막 : 전기를 통하게 하여 윈드실드의 방빙, 서리 제거를 할 수 있다.

7. 일반적으로 전기식 방빙이 사용되지 않는 곳은 어느 것인가?
① 얼음 감지기　　② 피토관
③ 조종실 윈도　　④ 날개 앞전

8. 대형 제트 항공기에서 결빙을 억제하기 위한 방법 중 틀린 것은?
① 전열선을 사용한다.
② 뜨거운 공기를 사용한다.
③ 부츠의 팽창과 수축을 사용한다.
④ 습기를 제거하기 위하여 진공장치를 사용한다.

9. 다음 중 전기적인 방빙을 사용하는 부분이 아닌 것은?
① 정압공
② 피토 튜브(pitot tube)
③ 코어 카울링(core cowling)
④ 프로펠러

10. 방빙 및 제빙장치 제거 방법으로 잘못 기술된 것은?
① 실속 경고 탐지기(angle of attack sensor) – 공기
② 조종날개 – 공기, 열
③ 화장실 – 전열
④ 윈드실드, 윈도(window) – 전열, 고온 공기

11. 다음 중 화학적 방빙(anti-icing) 방법을 주로 사용하는 곳은?
① 프로펠러　　② 화장실
③ 피토 튜브　　④ 실속 경고 탐지기

12. 지상에 있는 항공기의 기체 표면이 이미 결빙해 있을 때 분사해 주는 제빙액으로 적합한 것은?
① 질소　　　　② MIL-H-5026
③ 4염화탄소　④ 에틸렌글리콜

13. 다음 중 화학적 방빙 계통에서 쓰이는 액체는?
① 알코올　② 가솔린　③ 아세톤　④ 경유

정답 ● 3. ④ 4. ② 5. ④ 6. ① 7. ④ 8. ④ 9. ③ 10. ① 11. ① 12. ④ 13. ①

3 제빙 계통(de-icing system)

항공기의 기체 부위에 얼어 있는 얼음을 제거하는 계통으로, 공기식 제빙 계통과 화학식 제빙 계통이 있다.

(1) 공기식 제빙 계통

날개나 조종면 앞전에 팽창 및 수축될 수 있는 고무 부츠(boots)를 부착시키고 가압된 공기와 진공 상태의 공기를 교대로 가하여 결빙된 얼음을 부츠의 팽창과 수축 작용에 의해 제거하는 장치이다.

① 제빙 부츠의 구조

(개) 구성 : 부드럽고 탄력성 있는 고무나 고무를 입힌 직물과 튜브 모양의 공기실

(내) 합성 고무 : 정전기를 표면에서 방전시킬 수 있고, 정전기가 축적되어도 부츠 아래에 있는 금속 외피를 통해 방전시킨다.

(대) 제빙 부츠의 수명을 연장시키기 위한 정비

- 제빙 부츠 위에서 연료 호스를 끌지 않는다.
- 가솔린, 오일, 그리스, 오염, 그 밖에 부츠의 고무를 열화시킬 수 있는 물이나 액체는 접촉하지 않는다.
- 부츠 위에 공구를 놓지 않는다.
- 부츠에 흠집이나 열화가 확인된 경우, 가능한 빨리 수리하거나 표면을 다시 코팅한다.
- 부츠를 저장하는 경우 천이나 종이로 덮어 둔다.
- 제빙 부츠의 세척 시 세제를 사용하는데, 그리스나 오일은 나프타 등으로 씻어내고, 세제를 사용하여 세척한다.

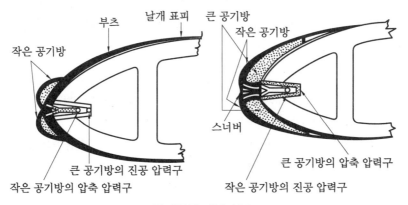

공기압식 제빙 부츠

② 제빙 부츠의 작동 : 얼음이 형성되면 왕복기관은 기관 구동 펌프(진공 펌프), 가스터빈 기관은 기관 압축기의 압축공기를 이용하여 셀(cell)의 팽창, 수축을 반복하면서 얼음을 깬다. 팽창 순서는 제빙 부츠 가까이에 부착되어 있는 분배 밸브 또는 솔레노이드로 작동되는 밸브로 조절된다.

③ 제빙 계통의 구성 부품
    ㈎ 제빙장치 공기 펌프 : 날개나 꼬리날개의 제빙 부츠를 팽창시키기 위한 공기를 공급하는 부품으로 4개의 베인(vane)을 갖는 로터리 펌프이다.
    ㈏ 안전 밸브 : 공기 펌프의 높은 회전에 따른 과도한 공기를 배출시키는 장치이다.
    ㈐ 오일 분리기 : 공기 펌프는 내부가 윤활되기 때문에 압축된 공기에서 오일을 분리시킬 필요가 있으며 대부분의 윤활유는 오일 분리기에서 약 75 %의 오일이 분리된다.
    ㈑ 콤비네이션 유닛 : 압력 매니폴드에 들어가기 전에 오일 분리기로 제거할 수 없는 여분의 오일을 제거하고, 계통 내의 공기 압력 조절 및 방향 조정을 하며, 제빙장치를 사용하지 않을 때는 대기로 공기를 방출하여 펌프 하중을 덜어준다.
    ㈒ 흡입 압력 조절 밸브 : 자동으로 제빙장치의 흡입을 유지시키기 위한 밸브로서 각 기관 나셀 내부에 장착되어있다.
    ㈓ 전자 타이머 : 제빙장치를 작동시키는 순서와 시간 간격을 조절하며, 분배 밸브의 작동 순서를 결정한다.
    ㈔ 솔레노이드 분배 밸브 : 비행 중에 제빙 부츠를 날개의 앞전에 밀착시키도록 흡입 압력을 항상 가압하고 있는 밸브로서 제빙 부츠 부근에 장착되어 있다.

(2) 화학식 제빙 계통

알코올을 사용하여 빙점을 낮추어 제빙을 한다. 에틸린글리콜이나 프로필렌글리콜 또는 이 혼합액을 사용하여 부착해 있는 얼음, 눈 등을 액체 상태로 흘러 내려 보내는 방법이다.

■4 제우 계통(rain removal system)

비오는 중에 항공기가 이·착륙을 하거나 비행장에 접근할 때 조종사의 시야를 양호한 상태로 유지하기 위한 장치이다. 방빙액이나 레인 리펠런트를 확산시켜 주고, 세정액과 함께 윈도 와이퍼에도 사용된다.

(1) 물방을 제거장치

① 윈드실드 와이퍼(windshield wiper) : 와이퍼 블레이드를 적절한 압력으로 누르면서 움직이게 하여 물방울을 기계적으로 제거한다.
    ㈎ 전기식 : 전기 모터에 의한 방식으로 회전속도의 조절로 작동속도를 제어한다.
    ㈏ 유압식 : 작동유 유압 계통에 의해 구동되며, 밸브에 의해 작동액의 양을 조절하여 속도를 제어한다.
② 레인 리펠런트(rain repellent)
    ㈎ 윈드실드에 표면 장력이 작은 화학 액체를 분사하여 피막을 만들어 물방울을 구형 형상인 채로 공기 흐름 속으로 날아가 버리게 한다.
    ㈏ 시야가 전혀 보이지 않는 심한 비가 내릴 때, 와이퍼와 함께 사용하면 효과가 좋다.
    ㈐ 강우량이 적거나 건조한 유리 표면에 사용해서는 안 되며, 레인 리펠런트가 유리에 달라붙으면 중성 세제로 세척해야 한다.

③ 공기 커튼 장치 : 제트 기관의 압축공기나 기관 시동용 압축기의 블리드 공기를 이용하여 윈드실드에 공기 커튼을 만들어 부착한 물방울 등을 날려 보내거나, 건조시켜 부착을 막는 방법이다.

(2) 윈도 와셔(window washer)

윈드실드에 세척액을 분사하고, 와이퍼를 사용하여 오염물질을 제거한다.

예상문제

1. 항공기의 제빙장치에 사용되는 화학물질은 어느 것인가?
① 가성소다
② 알코올
③ 솔벤트
④ 벤젠

2. 제빙 부츠에 묻어 있는 윤활유, 연료, 그리스 등을 제거하는 방법은?
① 솔벤트로 제거한다.
② 마른 걸레로 닦아낸다.
③ 시너(thinner)로 제거한다.
④ 비눗물이나 물을 사용하여 제거한다.

3. 공기압식 제빙 계통에서 제빙 부츠의 팽창 순서를 조절하는 것은?
① 분배 밸브
② 부츠 구조
③ 진공 펌프
④ 흡입 밸브

4. 일반적인 공기식 제빙(de-icing) 계통에서 솔레노이드 밸브의 역할은?
① 부츠(boots)로 물이 공급되도록 한다.
② 장착 위치에 부츠(boots)를 고정시킨다.
③ 부츠(boots) 내의 수분이 배출되도록 한다.
④ 타이머에 따라 분배 밸브(distribution valve)를 작동시킨다.

5. 제빙 부츠 취급 시 주의해야 할 사항으로 틀린 것은?
① 가솔린, 오일, 그리스, 오염, 그 밖에 부츠의 고무를 열화시킬 수 있는 물이나 액체는 접촉시키지 않는다.
② 부츠 위에 공구나 정비에 필요한 공구를 놓지 않는다.
③ 부츠를 저장하는 경우 천이나 종이로 덮어 둔다.
④ 부츠에 흠집이나 열화가 확인되면 표면을 절대로 코팅해서는 안 된다.

6. 제빙 부츠를 취급할 때에 주의해야 할 사항으로 옳지 않은 것은?
① 부츠 위에서 연료 호스(hose)를 끌지 않는다.
② 부츠 위에 공구나 정비에 필요한 공구를 놓지 않는다.
③ 부츠를 저장하는 경우 그리스나 오일로 깨끗하게 닦은 다음 기름종이로 덮어 둔다.
④ 부츠에 흠집이나 열화가 확인되면 가능한 빨리 수리하거나 표면을 다시 코팅한다.

7. 제빙 부츠의 이물질을 제거할 때 우선 사용하는 세척제는?
① 비눗물
② 부동액
③ 테레빈
④ 중성 솔벤트

정답 ► **1.** ② **2.** ④ **3.** ① **4.** ④ **5.** ④ **6.** ③ **7.** ①

8. 제빙장치에서 압력 매니폴드에 들어가기 전에 오일 분리기로 제거할 수 없는 여분의 오일을 제거하는 장치는?

① 안전 밸브(safety valve)

② 콤비네이션 유닛(combination unit)

③ 흡입 압력 조절 밸브(suction regulation valve)

④ 솔레노이드 분배 밸브(solenoid distributor valve)

9. 윈드실드의 제우장치로서 가장 거리가 먼 방법은?

① 화학물질을 분사하는 방법

② 윈도 와이퍼를 사용하는 방법

③ 공기로 불어내는 방법

④ 전열기를 사용하는 방법

10. 빗방울을 제거하는 목적으로 사용되는 계통이 아닌 것은?

① 윈드실드 와이퍼(windshield wiper)

② 에어 커튼(air curtain)

③ 방빙 부츠(anti-icing boots)

④ 레인 리펠런트(rain repellent)

정답 • **8.** ② **9.** ④ **10.** ③

5-4 화재 감지 및 소화 계통

◼ 화재 탐지 계통 일반

화재란 가연성 물질, 산소, 열의 3요소가 합쳐져서 일어나는 화학반응으로 가연성 물질이 상당한 속도로 산화하는 현상을 말한다. 화재 탐지 계통은 화재 탐지기와 화재 경고장치로 구성된다.

(1) 화재 경고장치

화재가 탐지되면 조종실 내에 음향 경고를 울리고, 적색 경고등이 켜지도록 한다.

① 음향 경고 : 청각에 의한 경고이며, 승무원은 이것을 인지하여 즉시 음향을 멈추게 할 수 있다. 경고장치는 화재가 진압되지 않으면 다시 음향을 발생시켜 긴급을 요하는 화재에 대처하는 승무원의 행동을 재촉한다.

② 적색 경고 표시등 : 화재 장소를 지시하고, 화재 상태가 계속될 때는 계속해서 켜지며, 화재가 소화되면 꺼진다.

(2) 화재 탐지기

① 화재 및 과열 탐지기 : 기관, 보조 동력장치

② 연기 탐지기 : 화물실, 화장실, 전기·전자(electrical & electronic) 장비실

③ 과열 탐지기 : 랜딩 기어 휠 웰(wheel well), 날개 앞전, 전기·전자 장비실

2 소화 계통 일반

(1) 소화 용기

① 고정식 소화기 : 이산화탄소 가스와 프레온 소화제가 사용된다.
② 휴대용 소화기 : 물, 이산화탄소 가스, 분말 소화제가 사용된다.

(2) 소화 용기 및 노즐의 위치

일반적으로 기관과 보조 동력장치, 화물실, 화장실에 위치해 있다.

(3) 소화제의 구비 조건

① 소량으로 높은 소화 능력을 가져야 한다.
② 장기간 안정되고, 저장이 쉬워야 한다.
③ 항공기의 기체 구조물들을 부식시키지 말아야 한다.
④ 충분한 방출 압력이 있어야 한다.

예상문제

1. 불이 지속적으로 탈 수 있는 조건을 만들어 주는 화재의 3요소가 아닌 것은?

① 빛   ② 산소
③ 열   ④ 연료

해설 화재의 3요소 : 산소, 가연물, 열

2. 다음 중 경고를 지시하는 장치의 방식이 다른 경우는?

① 객실 여압이 안전 한계에 있는지 여부의 경고
② 플랩이 항공기의 속도에 비하여 적절한 위치에 있는지 여부의 경고
③ 착륙장치가 비행에 지장 없이 확실하게 올라가고 내려갔는지 여부의 경고
④ 항공기의 문이 이륙 전이나 비행 중에 안전하게 닫혀 있는지 여부의 경고

3. 다음 중 화재 탐지기로 사용하는 것이 아닌 것은?

① 온도 상승률 탐지기
② 연기 탐지기
③ 이산화탄소 탐지기
④ 과열 탐지기

4. 화재 탐지기에 요구되는 기능과 성능에 대한 설명으로 가장 관계가 먼 것은?

① 화재가 발생되지 않는 경우에는 작동이나 경고를 발하지 않을 것
② 화재가 계속 진행하고 있을 때는 연속적으로 작동할 것
③ 정비나 취급이 복잡하더라도 중량이 가볍고 장착이 용이할 것
④ 화재가 꺼진 후에는 정확하게 지시가 제거될 것

5. 항공기용 소화제가 갖추어야 할 조건이 아닌 것은?

① 장기간 안정되고 저장이 쉬워야 한다.
② 소량으로 높은 소화능력을 가져야 한다.
③ 안전을 위하여 방출압력이 없어야 한다.
④ 항공기의 기체 구조물들을 부식시키지 말아야 한다.

정답 ━● **1.** ① **2.** ① **3.** ③ **4.** ③ **5.** ③

6. 다음 중 항공기용 소화제의 구비 조건으로 가장 거리가 먼 것은?

① 높은 소화능력보다는 일단 무게가 가벼워야 한다.

② 장기간 안정되고 저장이 쉬워야 한다.

③ 항공기의 기체 구조물을 부식시키지 않아야 한다.

④ 충분한 방출 압력이 있어야 한다.

7. 화재 경고장치를 주요 3개 부분 회로로 나눌 때 속하지 않는 것은?

① 탐지 회로　　　　② 경고 회로

③ 시험(test) 회로　④ 분석 회로

해설 화재 탐지 및 경고장치는 항공기가 운항할 때 사용되며, 고장을 예방하기 위하여 조종실에서 항상 기능 시험을 할 수 있어야 한다.

정답 ●─● 6. ① 7. ④

3 화재 탐지기의 종류

(1) 유닛식 탐지기(unit type detector)

특정한 온도 이상에서 두 접점 사이에 있는 물질이 열로 인하여 녹게 되면, 두 접점이 접촉하여 회로를 구성시켜 경고 표시등 및 경고음을 들어오게 한다.

(2) 저항루프식(resistance loop type) 화재 탐지기

전기 저항이 온도에 의해 변화하는 세라믹이나, 일정 온도에 달하면 급격하게 전기 저항이 떨어지는 융점이 낮은 소금(eutectic salt)을 이용하여 온도 상승을 전기적으로 탐지하는 장치이다.

(3) 열스위치식(thermal switch type) 화재 탐지기

스위치 부분이 가열되면 바이메탈(bimetal)이 작동하여 접점이 붙게 되고, 열 스위치는 특정한 온도에서 전기적 회로를 구성시켜 주는 열 탐지기로, 온도가 설정값 이상으로 상승하면 열 스위치가 닫히고, 화재나 과열 상태를 지시한다.

(4) 열전쌍식(thermocouple type) 화재 탐지기

온도의 급격한 상승에 의하여 화재를 탐지하는 장치로 서로 다른 금속이 서로 접합해 있으며, 두 금속 사이에 특정한 온도가 되면 열에 의한 기전력이 발생을 하여 화재나 과열 상태를 지시한다.

(5) 가스식 화재 탐지기

분리된 엘리먼트(element)가 들어 있는 스테인리스 강관으로 구성되어 있으며, 정해진 온도에서 작동될 수 있도록 가스가 들어 있고 밀봉되어 있다.

(6) 연기 탐지기

① 광전기식 연기 탐지기 : 광전지(photo cell)는 빛을 받으면 전압이 발생하는데 화재 시 발생하는 연기로 인한 반사광으로 화재를 탐지하는 장치이다. 공기 중에 연기가 10 % 정도 존재할 경우 광전기 셀(photo cell)은 전류를 발생한다.

② 시각 연기 탐지기 : 실질적으로 화재 시 나타난 연기를 시각으로 확인하는 것으로서, 관을 화재가 예상되는 곳에 설치하여 차압이나 벤투리 압력으로 공기를 유입시켜 연기의 존재 여부를 지시한다.

③ 일산화탄소 탐지기 : 객실과 조종실의 일산화탄소 가스의 존재 여부를 검사하는 시험에 널리 쓰인다. 리셉터클(receptacle)식 일산화탄소 탐지기에는 튜브 안에 노란 실리카 겔 (silica gel)이 들어 있어, 일산화탄소가 튜브에 유입되면 노란 실리카 겔이 점차 어두운 초록색으로 변한다.

예상문제

1. 화재 경보장치 중 화재가 발생했을 경우 연기로 인한 반사광으로 화재를 탐지하는 것은?
① 열전쌍식 ② 열스위치식
③ 광전지식 ④ 저항루프형

2. 빛을 받으면 전압이 발생하는 것을 이용하여 항공기에서 연기 경고장치의 화재 탐지 수감부로 많이 쓰이는 것은?
① 광전지 ② 열전쌍
③ 열스위치 ④ 루프

3. 연기 감지기(smoke detector)에 대한 설명으로 가장 올바른 것은?
① 연기 감지기에 의해 연기가 감지되면 자동으로 소화장치가 작동되어 화재를 진압한다.
② 현대 항공기에는 연기 입자에 의한 빛의 굴절을 이용한 광전지(photo electric) 방식의 감지기가 주로 사용된다.
③ 연기 감지기는 주로 기관, APU(auxiliary power unit) 등에 화재 감지를 위해 장착된다.
④ 연기 감지기는 공기를 감지기 내로 끌어들이기 위한 별도의 장치가 필요 없다.

4. 연기 감지기(smoke detector)에서 공기 내의 빛의 투과량을 측정하는 데 사용되는 것은?
① 일렉트로 메커니컬(electro mechanical) 장치

② 포토 셀(photo cell)
③ 젖빛 유리
④ 전자적인 측정 장비

5. 다음 중 화재 경고장치에 이용되는 서미스터 (thermistor)의 온도가 증가할 때 변화를 옳게 설명한 것은?
① 정격전압을 증대시킨다.
② 정격전압을 감소시킨다.
③ 정격전류를 증대시킨다.
④ 정격전류를 감소시킨다.

6. 온도 상승을 전기적으로 탐지하는 방식으로 단선이나 단락을 분별하고, 불량 부분을 분리하는 기능을 가지는 신뢰성 높은 화재 감지기는 어느 것인가?
① 열전쌍식 화재 경고장치
② 광전지식 화재 경고장치
③ 열스위치식 화재 경고장치
④ 저항루프형 화재 경고장치

7. 다음의 화재 탐지장치 중 온도 상승을 바이메탈(bimetal)로 탐지하며, 일명 스폿형(spot type)이라고 부르는 것은?
① 열스위치(thermal switch)형 화재 탐지기
② 열전쌍(thermocouple)형 화재 탐지기
③ 저항루프형 화재 탐지기

정답 ● 1. ③ 2. ① 3. ② 4. ② 5. ③ 6. ④ 7. ①

④ 광전자형 화재 탐지기

8. 열팽창률이 높은 스테인리스 케이스 안에 열팽창률이 낮은 니켈-철의 합금편 2개를 마주보게 휘어 장착한 것으로써 열에 의해 케이스가 합금편보다 많이 팽창하여 두 합금편이 접

촉되면서 화재를 알려주는 화재 탐지장치는 어느 것인가?

① 용량형(capacitance type)
② 서멀스위치형(thermal switch type)
③ 서모커플형(thermo couple type)
④ 저항루프형(resistance loop type)

정답 ● 8. ②

4 화재 및 소화제

(1) 화재의 등급 구분

① A급 화재(일반 화재) : 종이, 나무, 의류, 가구, 실내 장식품 등 가연성물질에서 발생되는 화재
② B급 화재(기름 화재) : 연료, 그리스, 솔벤트, 페인트와 같은 가연성 석유제품에 의한 화재
③ C급 화재(전기 화재) : 전기가 원인이 되어 발생하는 화재
④ D급 화재(금속 화재) : 마그네슘, 분말 금속, 두랄루민과 같은 금속물질에서 발생되는 화재

(2) 소화제

① 물 : A급 화재에만 사용되고, B급, C급에는 사용이 금지된다.
② 이산화탄소(CO_2) : B급, C급 화재에 유효하다. D급 화재에는 효과가 없다.
③ 프레온가스 : 할로겐 소화제의 일종으로 B급, C급 화재에 유효하다. 화학적으로 안정되고, 인체에는 거의 무해하나 오존층 파괴의 우려가 있다.
④ 분말 소화제 : 분말 소화제는 이산화탄소나트륨이고, 상온에서는 안정되어 있지만 가열되면 분해하여 이산화탄소를 발생한다. B급, C급, D급 화재에 유효하다.
⑤ 질소 : 소화능력이 특히 뛰어나며, 이산화탄소와 비슷하고, 독성이 작다. 중량이 무겁기 때문에 밀폐된 장소에서 사용하면 위험성이 있다. 질소를 액체 상태로 저장하는 경우 −160℃로 유지해야 한다.
⑥ 사염화탄소 : 소화능력은 좋지만 독성이 있어 현재는 거의 사용하지 않는다.

(3) 휴대용 소화기

조종실에는 1개가 있어야 하고, T류 항공기 객실에는 승객 정원수에 따라 달라진다.
• 승객 정원수 6인 이하 : 0   • 승객 정원수 7~30인 : 1개
• 승객 정원수 31~40인 : 2개   • 승객 정원수 61인 이상 : 3개

① 물 소화기 : 손잡이(handle) 내에 이산화탄소통이 들어 있어 핸들을 시계방향으로 돌리면 이산화탄소가 방출되면서 물이 가압하며, 물의 분사시간은 30~40초이다.
② 이산화탄소 소화기 : 조종실과 객실에 설치되어 있으며, 일반 화재, 전기 화재, 기름 화재에 사용된다.

③ 분말 소화기 : 분말을 이산화탄소나 질소가스로 가압, 봉입되어 있다가 이들 가스에 의하여 분사된다. 일반 화재, 기름 화재, 전기 화재에 유효하지만, 조종실에서 사용하게 되면 시계를 방해하고, 주변기기의 전기접점에 비전도성의 분말이 부착될 가능성이 있기 때문에 사용해서는 안 된다.

④ 프레온 소화기 : 프레온가스로 소화하는 것으로 A급, B급, C급 화재에 유효하고 소화능력도 강하며, 인체에 무해하다.

(4) 소화제의 분사

헬리콥터를 포함한 T류의 항공기에는 1개의 기관에 소화제를 2회 이상 방출할 수 있는 장치가 요구되고 있다.

예상문제

1. 다음 중 A급 화재에 해당되지 않는 것은?

① 의류에 의한 화재
② 페인트에 의한 화재
③ 종이에 의한 화재
④ 실내 가구에 의한 화재

2. 전기가 원인이 되어 전기 계통에서 발생하는 화재의 등급은?

① A급 화재   ② B급 화재
③ C급 화재   ④ D급 화재

3. 마그네슘, 분말 금속, 두랄루민과 같은 금속 물질에서 발생되는 화재의 등급은 무엇인가?

① A급 화재
② B급 화재
③ C급 화재
④ D급 화재

4. 다음 중 조종실에서 사용할 수 없는 소화기는 어느 것인가?

① CO_2 소화기
② 질소 소화기
③ 청정 소화기
④ 분말 소화기

5. 이산화탄소 소화제 및 용기에 대한 설명으로 틀린 것은?

① 이산화탄소의 화학식은 CO_2이다.
② 압력의 상승을 위하여 가압용 질소가스를 봉입한다.
③ 밀폐된 장소에서 이산화탄소 소화제 사용은 위험하다.
④ 이산화탄소의 용적을 작게 하기 위하여 저압의 기체 상태로 가압하여 압력용기에 넣는다.

해설 이산화탄소 소화제 : 인체에 독성이 없지만 공기의 1.5배 무게이고, 사람이 이산화탄소 중에 있으면 저산소중에 걸려 의식장애를 일으키므로 밀폐된 장소에서 사용은 위험하다. 이산화탄소의 용적을 작게 하기 위하여 액화해서 고압 용기에 넣는다.

6. 소화기로 사용되는 질소에 대한 설명으로 틀린 것은?

① 중량이 비교적 무겁다.
② 불활성가스로 독성이 낮다.
③ 밀폐된 장소에 사용하면 위험성이 있다.
④ 질소를 액화하여 저장하는데 -30℃만 유지하면 되기 때문에 모든 항공기에서 사용한다.

정답 ▸ **1.** ②   **2.** ③   **3.** ④   **4.** ④   **5.** ④   **6.** ④

CHAPTER

06 보조 장비 및 비상 장비

6-1 보조 동력장치(auxiliary power unit : APU)

(1) 보조 동력장치(APU)

항공기에 압축공기와 전기 동력을 공급하기 위해 보조로 사용되는 가스터빈 기관이다.

① 지상에서 보조 동력장치를 작동시키려 할 때는 압축공기와 전원을 공급하는 별도의 지상 장비는 필요하지 않으며, 비행 중에도 보조 동력장치는 압축공기를 공급할 수 있도록 설계되어 있다.

② 구성 : 압축기, 연소실, 터빈 및 부속장치

③ 장착 위치 : 동체 후방 부분

④ 시동 : 전기적인 시동 전동기에 의해 시동한다.

⑤ 원리 : 압축기에서 외부 공기를 가압하여 연소실로 보내며, 항공기에 요구되는 압축공기는 압축기과 연소실 사이에 있는 압축 작동 밸브(pneumatic air control valve)에 의하여 필요한 압축공기를 각 계통으로 보낸다. 연소실에서는 압축기를 통과한 공기에 연료를 분사시켜 연소시키므로 공기가 팽창되어 배기속도를 증가시킨다. 터빈은 배기 분사 유체로부터 에너지를 얻어 압축기를 회전시키고, 감속 기어를 통해 발전기와 냉각팬을 구동시킬 수 있는 축동력을 발생시킨다.

⑥ 보조 동력장치의 공기 유입 문 : 보조 동력장치가 작동하지 않을 때는 닫혀 있고, 지상에서 작동 시에는 45° 열리고, 비행 중에 작동할 경우에는 15° 열리도록 되어 있다.

⑦ 보조 동력장치의 지지 : 보조 동력장치 마운트는 보조 동력장치를 항공기 기체에 장착하는 부분으로서, 항공기 동체에 진동이 전달되지 않도록 한다. 앞 마운트, 뒤 마운트, 충격 마운트로 구성된다.

   (가) 앞 마운트 : 보조 동력장치를 항공기의 수직 방화벽에 장착하기 위하여 보조 동력장치의 앞쪽에 설치한다.

   (나) 뒤 마운트 : 항공기의 위쪽 방향의 기체 구조에 부착하며, 수직 지지 튜브(vertical support tube), 가로대, 충격 마운트, 콘 볼트 지지 블록(cone bolt support block), 연결기구로 구성된다.

   (다) 충격 마운트 : 보조 동력장치의 진동이 동체에 전달되는 것을 방지하는 것으로, 충격 마운트의 탄성 재질이 콘 볼트(cone bolt)에 접합되어 하우징에 둘러싸여 있다.

⑧ 보조 동력장치의 조절

  ㉮ 압축공기 작동 밸브(load control valve)의 조절 : 보조 동력장치의 압축공기 작동 밸브를 최대로 유지하면서 배기가스의 온도를 조절하는 것이다. 배기가스 온도는 배기가스 온도계를 사용하여 조절하는데, 최대로 640℃에 설정된다.

  ㉯ 서지 블리드 밸브(surge bleed valve)의 조절 : 압축공기 작동 밸브가 열린 상태에서 압축공기 계통의 요구에 따라 정해진 한계값을 설정하는 것인데, 서지 블리드 밸브는 설정한 한계값이 이하일 때 열리고, 이상에서는 닫히기 시작한다. 설정한 값은 공기 유량 감지기(air flow sensor)에서 감지된 공기 유량에 의하여 제한된다. 이 조절은 보조 동력장치를 100 % 회전수로 작동시킨 상태에서 압축공기 작동 밸브를 닫고, 공기 유량 감지기의 전압과 정압과의 차압을 측정하여 수행한다.

예상문제

1. 다음 중 항공기의 보조 동력장치를 일컫는 용어는?

  ① FOD   ② TBO

  ③ APU   ④ EGT

2. 보조 동력장치(APU)의 영문을 옳게 나타낸 것은?

  ① assistance power unit

  ② auxiliary power unit

  ③ accessory power unit

  ④ accumulator power unit

3. 항공기 보조 동력장치(APU)가 장착된 목적은 무엇인가?

  ① 추진력을 얻기 위하여

  ② 전력과 공기압을 얻기 위하여

  ③ 항공기 속도를 높이기 위하여

  ④ 결빙과 화재를 방지하기 위하여

4. APU에서 항공기 시스템과 장비에 공급하는 것이 아닌 것은?

  ① 직류 전류   ② 교류 전류

  ③ 기관 오일   ④ 압축공기

5. 항공기에서 APU가 주로 장착되는 부분은 어느 것인가?

  ① 날개 하부

  ② 동체 전방부

  ③ 동체 후방부

  ④ 조종실 내부

  해설 보조 전원 : 주전원이나 외부 전원을 사용할 수 없을 경우에는 보조 동력장치에서 전원을 공급받는데, 보통 동체 맨 뒤쪽에 설치되어 있다.

6. 대형 항공기의 탑재용 APU에 대한 설명으로 옳은 것은?

  ① 주기관 고장 시 비상 신호를 발생시키는 장치이다.

  ② 주기관 고장 시 필요한 추력을 얻기 위한 장치이다.

  ③ 주기관 고장 시 필요한 교류 전원과 블리드 공기를 얻기 위한 장치이다.

  ④ 주기관에 연료 부족 시 추가 연료를 공급하기 위한 장치이다.

7. APU가 자동 정지된 경우 그 원인으로 볼 수 없는 것은?

① 오일의 냉각
② APU의 화재 발생
③ 시동 시 EGT 한계치 초과
④ 배터리 계통의 전압 저하

8. 다음 중 APU 조종 패널에 없는 계기는 어느 것인가?
① % RPM 계기
② APU 연료량 계기

③ APU 오일량 계기
④ 배기가스 온도(EGT) 계기

9. 조종실에 설치되어 있는 APU 컨트롤 패널에 부착된 계기가 아닌 것은?
① 고도계
② % rpm 계기
③ EGT 계기
④ 오일량 계기

정답 8. ② 9. ①

6-2 지상 장비

(1) 시동 지원 장비

항공기를 시동할 때 전기 또는 압축공기를 항공기에 공급하는 장비로서, 지상 발전기와 지상 공기압축기를 말한다.

① 지상 발전기 : 항공기에 교류나 직류 전원을 공급하는 장비로서 발전기의 구동 형식에 따라 전동기 구동 발전기와 기관 구동 발전기가 있다.

② 지상 공기압축기

㉮ 가스터빈 압축기(gas turbine compressor : GTC) : 내부에 압축기 계통과 터빈 계통을 갖추고 있어 다량의 저압 공기를 배출시킬 수 있기 때문에, 항공기 가스터빈 기관의 시동 계통에 압축공기를 공급한다.

㉯ 가스터빈 발전기 압축기 : 다량의 저압 공기를 항공기에 공급할 뿐만 아니라, 가스터빈에 의해 교류 발전기도 함께 회전하므로 120/208 V, 400 Hz인 3상 교류를 항공기에 공급한다.

(2) 지상 보조 지원 장비

항공기를 지상에서 점검하거나 정비하는 데 지원해 주는 장비이다.

① 유압 시험대 : 항공기 기관을 시동하지 않고, 유압 계통을 작동, 점검하거나 유압 부품의 기능을 점검하기 위하여 항공기의 유압 계통에 작동유압을 공급해 주고, 작동유를 배출시킬 뿐만 아니라, 작동유를 여과시킨다.

② 조명 장비 : 야간에 항공기에 관련된 작업을 할 때 자체 동력으로 사용되는 장비이다.

③ 가열 장비 : 기온이 낮은 조건에서 항공기를 취급할 때 열원으로 사용되는 장비로서, 특정한 부품의 예열이나 건조 및 정비 작업 시에 방한용으로 활용되는 장비이다.

예상문제

1. 시동 지원 장비에서 항공기 시스템과 장비에 공급하는 것으로 맞지 않는 것은?

① 직류 전원   ② 교류 전원

③ 비상 산소   ④ 압축공기

2. 지상에서 항공기를 시동할 경우에 지상 발전기로부터 전원을 공급받는 가장 큰 이유는?

① 빠른 시동을 위하여

② 기관의 부하 감소를 위하여

③ 축전지 전력의 보유를 위하여

④ 연료를 안정화시키기 위하여

3. 지상에서 항공기에 장착된 제너레이터가 가동되지 않을 때 항공기 전기 계통의 작동을 위해 항공기에 AC power를 공급하는 장비는?

① heater

② HT–LIFT car

③ GPU(ground power unit)

④ GTC(gas turbine compressor)

해설 지상 동력장치(ground power unit : GPU) : 전동기 발전기와 압축기가 내장된 항공기 지상 지원 장비로 기관이 작동하지 않을 때 이를 작동시키기 위한 전원과 압축공기를 공급하기 위해서 항공기에 연결된다.

4. GPU에서 항공기에 공급하는 교류전력의 주파수는?

① 60 Hz   ② 200 Hz

③ 400 Hz   ④ 600 Hz

5. 다음 중 지상 지원 장비를 시동 지원 장비와 지상 보조 지원 장비로 구분할 때 지상 보조 지원 장비가 아닌 것은?

① 지상 발전기   ② 조명 장비

③ 유압 시험대   ④ 가열 장비

정답   **1.** ③   **2.** ③   **3.** ③   **4.** ③   **5.** ①

6-3   비상 장비

(1) 긴급 탈출 장치

승무원과 승객이 법으로 정해진 90초 이내에 신속히 탈출할 수 있도록 탈출용 미끄럼대와 탈출용 로프를 갖추고 있어야 한다.

① 탈출용 미끄럼대 : 승객을 안전하고 신속하게 탈출시키기 위해 개실 출입문마다 1개씩 장착되어 있으며, 압축 프레온가스에 의해 10초 내에 팽창되어 미끄럼대가 되며 구명보트 역할도 겸하는 추세이다.

② 탈출 로프 : 탈출구 근처에 비치해야 하고, 승무원과 승객이 비상 탈출구를 통하여 지상으로 내려올 수 있는 충분한 길이이어야 한다.

(2) 구명조끼

소형의 이산화탄소 병 2개에 의해 조끼를 팽창시키는 일반용과 병 1개에 의해 팽창시키는 유아용이 있으며, 일반용의 경우 1개의 공기실로도 충분한 부력을 가진다.

(3) 구명보트

항공기가 바다나 호수에 착륙했을 때 객실로부터 탈출한 승객을 구출하기 위한 보트로서 주로 25인승이 사용되고 있는데, 현재 민간 항공기에서는 비상 탈출 미끄럼대를 구명보트로 사용하고 있다.

(4) 비상 신호용 장비

항공기로부터 탈출한 후 조난당한 위치를 알려주기 위한 것으로 연기, 불꽃 신호 장비, 비상 위치 지시용 무선 표지 설비 등이 있다.

(5) 비상 송신기

항공기의 조난 위치를 알리고자 구난 전파를 발신하는 장치로서 지정된 주파수로 약 48시간 동안 계속 구조 신호를 보낼 수 있게 되어 있으며, 바다에 뜰 수 있다.

(6) 산소 공급장치

객실 압력이 낮아지면 승객의 머리 위에 있는 산소 마스크가 떨어져 승객들이 산소를 흡입할 수 있도록 한다.

(7) 기타 비상 장비

손전등, 보호 안경, 손도끼, 화상 연고, 구급함 등이 있다.

예상문제

1. 다음 중 여객기용 비상 장비 및 장치에 속하지 않는 것은?
① 낙하산
② 비상 신호용 장비
③ 산소 공급장치
④ 비상 탈출 미끄럼대

해설 비상 장비 : 비상 탈출 미끄럼대, 구명보트, 비상 신호용 장비, 소화기, 산소 공급장치

2. 다음 중 항공기에 비치된 비상 장비에 속하지 않는 것은?
① 손도끼
② 방수 손전등
③ 구급약품
④ 세계지도

3. 일반적으로 항공기 내에 비치되는 비상 장비가 아닌 것은?

① 구명조끼
② GTC
③ 구명보트
④ 탈출용 미끄럼대

4. 일반적인 팽창식 구명조끼에 채워지는 가스의 종류는?
① 산소
② 질소
③ 이산화탄소
④ 프레온가스

5. 비상 위치 지시용 무선 표지 설비는 조난 신호를 몇 시간 동안 지속적으로 발신하도록 되어 있는가?
① 12시간
② 24시간
③ 48시간
④ 96시간

해설 비상 위치 지시용 무선 표지 설비 : 축전지를 전원으로 사용하는 송신기로 조난 신호를 48시간 동안 지속적으로 발신한다.

정답 → **1.** ① **2.** ④ **3.** ② **4.** ③ **5.** ③

CBT 대비 실전문제

- 항공기관정비기능사
- 항공기체정비기능사
- 항공장비정비기능사

1. 프로펠러 항공기 추력이 3000 kgf 이고, 360 km/h 비행 속도로 정상수평비행 시 이 항공기 제동마력은 몇 HP인가? (단, 프로펠러 효율은 0.8이다.)

① 3000 ② 4000

③ 5000 ④ 6000

해설 이용마력과 제동마력

$$P_a = \frac{TV}{75} = \frac{3000 \times \left(\frac{360}{3.6}\right)}{75} = 4000\text{HP}$$

$P_a = \eta \times BHP$ 에서

$$BHP = \frac{P_a}{\eta} = \frac{4000}{0.8} = 5000\text{HP}$$

2. 비행기의 종극속도(terminal velocity)는 어느 비행 상태에서 주로 나타날 수 있는가?

① 급강하 시 ② 이륙 시

③ 수평비행 시 ④ 착륙 시

해설 종극속도 : 비행기가 급강하할 때 더 이상 속도가 증가하지 않고 일정 속도로 유지되는 속도

3. 날개의 시위 길이가 3 m, 공기의 흐름 속도가 360 km/h, 공기의 동점성계수가 0.15 cm²/s일 때, 레이놀즈 수는 얼마인가?

① 2×10^9 ② 2×10^8

③ 2×10^7 ④ 2×10^6

해설 $Re = \frac{VL}{\nu} = \frac{10000 \times 300}{0.15} = 2 \times 10^7$

여기서, $L = 3\text{m} = 300\text{cm}$

$V = 360\text{km/h}$

$= \left(\frac{360}{3.6}\right)\text{m/s} = 100\text{m/s} = 10000\text{cm/s}$

4. 플랩의 변위에 따른 양력계수의 변화량을 나타내는 값은?

① 상승계수 ② 날개 효율계수

③ 항력계수 ④ 조종면 효율계수

5. 다음 중 가로방향 불안정에 대한 설명으로 틀린 것은?

① 가로진동과 방향진동이 결합되어 발생한다.

② 가로방향 불안정은 더치 롤(dutch roll)이라 한다.

③ 동적으로는 안정이지만 진동하는 성질 때문에 문제가 된다.

④ 정적방향 안정보다 쳐든각 효과가 작을 때 일어난다.

해설 가로방향 불안정(dutch roll) : 정적 방향 안정보다 쳐든각 효과가 클 때 일어난다.

6. 프로펠러 회전수(rpm)가 n일 때, 프로펠러가 1회전하는 데 소요되는 시간(s)을 나타낸 식으로 옳은 것은?

① $\dfrac{60}{n}$ ② $\dfrac{n}{60}$

③ $\dfrac{60}{2\pi n}$ ④ $\dfrac{2\pi n}{60}$

정답 ● 1. ③ 2. ① 3. ③ 4. ④ 5. ④ 6. ①

7. 구름의 생성, 비, 눈, 안개 등의 기상현상이 일어나는 대기권은?

① 성층권   ② 대류권

③ 중간권   ④ 극외권

8. 유체관의 입구 단면적은 $8\,cm^2$, 출구 단면적은 $16\,cm^2$이며, 이때 관의 입구 속도가 $10\,m/s$인 경우 출구에서의 속도는 몇 m/s인가? (단, 유체는 비압축성 유체이다.)

① 2   ② 5

③ 8   ④ 10

해설 $A_1 V_1 = A_2 V_2$에서

$$V_2 = \left(\frac{A_1}{A_2}\right) V_1 = \left(\frac{8}{16}\right) \times 10 = 5\,m/s$$

9. 다음 중 활공각이 90°로 무동력 급강하 (diving) 비행 시 비행기의 속도는 어떻게 되는가?

① 계속적으로 속도가 증가한다.

② 점차로 속도가 증가하다가 다시 속도가 줄어든다.

③ 점차로 속도가 증가하다가 일정한 속도로 하강한다.

④ 비행기의 무게에 따라 속도가 증가할 수도 있고 감소할 수도 있다.

10. 비행 중 날개 전체에 생기는 항력을 옳게 나타낸 것은?

① 형상항력 + 마찰항력 + 유도항력

② 압력항력 + 마찰항력 + 형상항력

③ 압력항력 + 마찰항력 + 유도항력

④ 형상항력 + 압력항력 + 유해항력

해설 항력
- 형상항력 = 압력항력 + 마찰항력
- 유해항력 : 유도항력을 제외한 모든 항력
- 날개 전체에 생기는 항력 = 형상항력 + 유도항력 = 압력항력 + 마찰항력 + 유도항력

11. 평균 캠버선에 대한 설명으로 옳은 것은?

① 날개골 앞부분의 끝

② 날개골 뒷부분의 끝

③ 앞전과 뒷전을 연결하는 직선

④ 날개 두께의 2등분점을 연결한 선

12. 충격파의 강도는 충격파 전·후 어떤 것의 차를 표현한 것인가?

① 온도   ② 압력

③ 속도   ④ 밀도

해설 충격파의 앞쪽과 뒤쪽의 압력차가 충격파의 강도를 나타낸다.

13. 비행기의 동적 세로 안정에서 받음각이 거의 일정하며 주기가 매우 길고 조종사가 쉽게 느끼지 못하는 운동은?

① 장주기 운동   ② 단주기 운동

③ 플래핑 운동   ④ 승강키 자유운동

해설 장주기 운동 : 진동 주기가 20초에서 100초 사이이다.

14. 헬리콥터에서 회전날개가 최대 양력계수를 발생시키는 받음각보다 큰 값으로 회전 시 회전날개 안쪽 25 % 정도의 영역을 무엇이라 하는가?

① 실속 영역   ② 와류 영역

③ 항력 영역   ④ 양력 영역

15. 다음 중 유도항력이 가장 작은 날개의 모양은?

① 직사각형 날개   ② 타원형 날개

③ 테이퍼형 날개   ④ 앞젖힘형 날개

16. 외부 전원 공급장치에서 항공기에 공급되는 교류전원은?

① 115/200 V, 400 Hz, 단상

② 110/220 V, 600 Hz, 단상

정답 **7.** ②   **8.** ②   **9.** ③   **10.** ③   **11.** ④   **12.** ②   **13.** ①   **14.** ①   **15.** ②   **16.** ③

③ 115/200 V, 400 Hz, 3상

④ 110/220 V, 60 Hz, 3상

해설 외부 전원장치 : 고정식과 이동식이 있는데, 고정식은 교류 전동기가 발전기를 구동시켜 발전(직류 28 V 또는 교류 115/220 V, 400 Hz, 3ψ)하는 방식이며, 이동식은 경항공기 시동에 사용되는 배터리 카트와 가솔린 기관 또는 디젤 기관이 발전기를 구동시켜 발전하는 방식이다.

17. 판재의 가장자리에서 첫 번째 리벳 중심까지의 거리를 무엇이라 하는가?

① 끝거리

② 리벳간격

③ 열간격

④ 가공거리

18. 다음 중 항공기의 감항성을 유지하기 위한 행위에 해당하는 것은?

① 항공기 제작

② 항공기 개발

③ 항공기 시험

④ 항공기 정비

19. 불이 지속적으로 탈 수 있는 조건을 만들어 주는 화재의 3요소가 아닌 것은?

① 빛

② 산소

③ 열

④ 연료

해설 화재의 3요소 : 산소, 가연물, 열

20. 다음 중 안전관리의 목적으로 틀린 것은 어느 것인가?

① 산업재해예방

② 재산의 보호

③ 사회적 신뢰도 향상

④ 책임자 규명

21. 최소 측정값이 1/1000 in인 버니어 캘리퍼스로 측정한 그림과 같은 측정값은 몇 in인가?

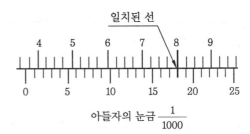

① 0.366

② 0.367

③ 0.368

④ 0.369

해설 측정값 = 0.350 + 0.018 = 0.368 in

22. 영상을 통해 보여지는 주물, 단조, 용접부품 등의 내부 균열을 탐지하는 데 특히 효과적인 비파괴검사 방법은?

① X-Ray 검사

② 초음파탐상검사

③ 자분탐상검사

④ 액체침투탐상검사

23. 항공기를 활주로나 유도로 상에서 견인할 때 유도선을 따라 견인하게 되는데, 이때 유도선(taxing line)은 일반적으로 어떤 색인가?

① 검정색

② 녹색

③ 황색

④ 흰색

24. 항공기의 예방 정비 개념을 기본으로 하여 정비시간의 한계 및 폐기시간의 한계를 정해서 실시하는 정비방식은?

① 상태 정비

② 시한성 정비

③ 벤치 정비

④ 신뢰성 정비

25. 다음 중 ( ) 안에 들어갈 알맞은 용어는 어느 것인가?

"The front edge of the wing is called the ( )."

① cord

② leading edge

③ camber

④ trailing edge

정답 17. ① 18. ④ 19. ① 20. ④ 21. ③ 22. ① 23. ③ 24. ② 25. ②

해설 앞전(leading edge) : 날개골 앞부분의 끝을 말하며, 앞전의 모양은 둥근 원호나 뾰족한 쐐기 모양을 하고 있다.

26. 볼트의 호칭기호가 "AN3 – 6"일 때 볼트의 지름과 길이로 옳은 것은?

① 지름은 $\frac{4}{8}$ in, 길이는 $\frac{6}{16}$ in 이다.

② 지름은 $\frac{3}{16}$ in, 길이는 $\frac{6}{8}$ in 이다.

③ 지름은 $\frac{6}{8}$ in, 길이는 $\frac{3}{16}$ in 이다.

④ 지름은 $\frac{6}{16}$ in, 길이는 $\frac{4}{8}$ in 이다.

27. 강관 구조부재의 수리 방법에 대한 설명으로 틀린 것은?

① 균열이 존재하면 정비 드릴로 뚫어 균열의 진행을 차단한다.

② 덧붙임하는 관의 부재는 손상된 강판과 동일한 재질과 두께를 가진 것을 선택한다.

③ 스카프 수리방식은 손상의 끝에서부터 양쪽으로 강관 지름의 1.5배 만큼의 치수를 가지는 크기의 관을 덧붙임하는 방법이다.

④ 강관의 우그러진 깊이가 지름의 $\frac{1}{10}$ 이상이고, 범위가 강관 원주의 $\frac{1}{4}$ 이상의 경우에는 패치 수리를 한다.

해설 강관의 우그러진 부분의 깊이가 지름의 $\frac{1}{10}$ 이내이며, 범위가 강관 원주의 $\frac{1}{4}$ 이내인 경우에는 패치 수리를 할 수 있다.

28. 물림 턱에 로크 장치가 있어 로크되면 바이스처럼 잡아 주게 되어 부러진 스터드 등을 떼어낼 때 사용하는 그림과 같은 공구의 명칭은 무엇인가?

① 커넥터 플라이어

② 바이스 그립 플라이어

③ 롱 노즈 플라이어

④ 콤비네이션 플라이어

29. 항공기의 배관 재료 중 내식성이 우수하고 내열성이 강하며 인장강도가 높고 두께가 얇아 항공기의 무게를 줄일 수 있어 많이 사용되는 것은?

① 주철관

② 알루미늄 튜브

③ 경질염화비닐 튜브

④ 스테인리스 강관

30. 다음 문장에서 밑줄 친 부분에 해당하는 내용으로 옳은 것은?

"The primary flight control surfaces, located on the wings and empennage, are aileron, elevators, and rudder."

① 날개(주익)   ② 보조날개

③ 꼬리날개(미익)   ④ 도움날개

31. 항공기 견인 시 준수해야 할 안전사항으로 옳은 것은?

① 야간 견인 시 전방등 외의 조명은 소등한다.

② 견인 차량과 항공기의 연결 상태를 확인한다.

③ 안전사고 예방을 위해 견인차에 2인 이상 탑승한다.

④ 공항 내 교통상황을 고려하여 견인 시 최대한 빠른 속도로 이동한다.

해설 항공기의 견인 : 항공기를 견인하기 위해서는 유자격자는 항공기를 끌기 전에 조종석에 앉아 급하게 제동장치를 조작하여야 할 때를 대비하여야 한다. 견인속도는 무리가 없어야 하며, 항공기를 정지시킬 때는 견인차에 의해 정지될 수 있도록 한다.

32. 두께 1 mm 와 2 mm 의 판재를 리베팅 작업할 때 리벳의 지름(D)은 몇 mm로 하는가?

① 1   ② 2
③ 3   ④ 6

해설 두꺼운 판재의 3배 정도가 적당하다.
$D = 3T$

33. 측정기기의 구조에 따른 분류에 의해 아메스형과 칼마형으로 분류되는 측정기기는?

① 실린더 게이지
② 두께 게이지
③ 버니어 캘리퍼스
④ 텔레스코핑 게이지

해설 실린더 게이지 : 다이얼 게이지를 이용한 측정기기로서 그 구조에 따라 아메스형과 칼마형 실린더 게이지가 있다.

34. 다음 중 피로균열 등과 같이 표면결함 및 표면 바로 밑의 결함을 발견하는 데 효과적이며 높은 숙련도를 지닌 검사원이 필요 없고, 강자성체에만 적용될 수 있는 비파괴검사 방법은?

① 자분탐상검사   ② 형광침투검사
③ 염색침투검사   ④ 와전류탐상검사

35. 항공기 세척에 사용하는 솔벤트 세제 중의 하나로 페인트칠을 하기 직전에 표면을 세척하는 데 사용되며, 80°F에서 인화하므로 아크릴과 고무제품을 세척할 때는 주의해서 사용해야 하는 세제는?

① 케로신

② 에멀션 세제
③ 지방족 나프타
④ 건식 세척 솔벤트

36. bendix에서 제작한 마그네토 "DF18RN"이라는 기호가 표시되어 있다면 이에 대한 설명으로 옳은 것은?

① 시계방향으로 회전하게 설계된 18실린더 기관에 사용되는 복식 플랜지 부착형 마그네토이다.
② 시계방향으로 회전하게 설계된 18실린더 기관에 사용되는 단식 플랜지 부착형 마그네토이다.
③ 시계 반대방향으로 회전하게 설계된 18실린더 기관에 사용되는 복식 플랜지 부착형 마그네토이다.
④ 시계 반대방향으로 회전하게 설계된 18실린더 기관에 사용되는 단식 플랜지 부착형 마그네토이다.

해설 DF18RN : 밴딕스제이며, 시계방향(R)으로 회전하게 설계된 18실린더 기관에 사용되는 복식 플랜지(DF) 장착 마그네토이다.

37. 가스 터빈 기관에서 기관이 정지할 때 매니폴드나 연료 노즐에 남아 있는 연료를 외부로 방출하는 역할을 하는 장치는?

① dump valve   ② FCU
③ fuel nozzle   ④ fuel heater

38. 항공용 왕복기관에서 냉각핀의 방열량 변화에 직접적으로 영향을 미치는 것이 아닌 것은 어느 것인가?

① 실린더의 크기   ② 공기유량
③ 냉각핀의 재질   ④ 냉각핀의 모양

39. 항공기 왕복기관의 실린더 재료가 갖추어야 할 조건으로 틀린 것은?

① 제작이 용이하고 값이 싸야 한다.

② 중량을 줄이기 위하여 가벼워야 한다.

③ 냉각을 좋게 하기 위하여 열전도가 낮아야 한다.

④ 작동 중의 내압에 견딜 수 있는 강성을 가져야 한다.

40. 가스터빈기관에서 역추력 장치에 대한 설명으로 틀린 것은?

① 역추력 장치의 사용 절차는 착지 후 아이들 속도에서 역추력 모드를 사용한다.

② 상업용 항공기에서 역추력 장치의 구동방법은 주로 전기식 모터 형식이 사용되고 있다.

③ 역추력 장치는 비상 착륙시나 이륙포기 시에 제동 거리를 짧게 한다.

④ 캐스케이드 리버서(cascade reverser)와 클램셸 리버서(clamshell reverser) 등이 많이 사용된다.

해설 역추력 장치 : 역추력 장치를 작동하기 위한 동력은 기관 브리드 공기를 이용하는 공기 압식과 유압을 이용하는 유압식, 기관의 회전 동력을 직접 이용하는 기계식이 있다.

41. 왕복기관의 윤활유 분광시험 결과 구리 금속 입자가 많이 나오는 경우 예상되는 결함 부분은?

① 마스터 로드 실

② 피스톤 링

③ 크랭크축 베어링

④ 부싱 및 밸브 가이드

42. 터보제트기관의 특징으로 옳은 것은?

① 소음이 작다.

② 주로 헬리콥터 기관에 이용된다.

③ 비행 속도가 느릴수록 기관의 효율이 좋다.

④ 배기가스 분출로 인한 반작용으로 추진한다.

43. 다음 중 가장 간단한 가스터빈기관의 점화장치는?

① 직류 유도형 점화장치

② 교류 유도형 점화장치

③ 교류 유도형 반대극성 점화장치

④ 직류 유도형 반대극성 점화장치

해설 교류 유도형 점화장치 : 가장 간단한 점화 장치로서 115 V, 400 Hz의 교류를 전원으로 사용한다.

44. 다음 중 두 값의 관계가 틀린 것은?

① $1 W = 1 J/s^2$ ② $1 N = 1 kg \cdot m/s^2$

③ $1 J = 1 N \cdot m$ ④ $1 Pa = 1 N/m^2$

45. 왕복기관에서 "시동불능"의 고장 원인이 아닌 것은?

① 기화기 고장

② 점화 스위치의 고장

③ 시동기 스위치 고장

④ 점화 플러그의 간극 상태 불량

46. 내부에너지가 30 kcal인 정지상태의 물체에 열을 가했더니 내부에너지가 40 kcal로 증가하고, 외부에 대해 854 kg·m의 일을 했다면 외부에서 공급된 열량은 몇 kcal인가?

① 12 ② 20

③ 30 ④ 40

해설 $Q = (U_2 - U_1) + \dfrac{1}{J} W$

$= (40 - 30) + \dfrac{1}{427} \times 854 = 12 \text{ kcal}$

47. 다음 중 내연기관에 속하지 않는 것은 어느 것인가?

① 왕복기관 ② 회전기관

③ 증기터빈기관 ④ 가스터빈기관

48. 가스터빈기관에서 연료 노즐에 대한 설명으로 틀린 것은?

① 1차 연료는 아이들 회전 속도 이상이 되면 더 이상 분사되지 않는다.

② 2차 연료는 고속회전 작동 시 비교적 좁은 각도로 멀리 분사된다.

③ 연료 노즐에 압축 공기를 공급하는 것은 연료가 더욱 미세하게 분사되는 것을 도와준다.

④ 1차 연료는 시동할 때 이그나이터에 가깝게 넓은 각도로 연료를 분무하여 점화를 쉽게 한다.

49. 가스터빈기관에서 일반적으로 사용되는 터빈 깃의 형식은?

① 접선 – 반동형　　② 오목 – 반동형

③ 충동 – 반동형　　④ 블록 – 충동형

해설 실제 터빈 깃 : 회전자 깃을 비틀어 주어 깃 뿌리 부분에서는 충동 터빈으로 하고, 깃 끝으로 갈수록 반동 터빈이 되도록 제작함으로써 토크를 일정하게 한다.

50. 가스터빈기관의 원심식(centrifugal type) 압축기의 주요 구성품으로만 나열된 것은?

① 로터, 스테이터, 디퓨저

② 로터, 스테이터, 매니폴드

③ 임펠러, 디퓨저, 매니폴드

④ 임펠러, 스테이터, 디퓨저

51. 다음 중 왕복기관의 성능 향상에 가장 큰 영향을 미치는 것은?

① 점화장치

② 커넥팅 로드

③ 크랭크축

④ 실린더의 압축비

해설 압축비 : 열효율에 직접 영향을 끼치는 중요한 요소이다.

52. 다음 중 가스터빈기관의 디퓨저 부분(diffuser section)에 대한 설명으로 옳은 것은?

① 압력을 감소시키고 속도를 높인다.

② 디퓨저 내의 압력을 균일하게 한다.

③ 위치에너지를 운동에너지로 바꾼다.

④ 속도에너지를 압력에너지로 바꾸어 연소실로 보낸다.

해설 디퓨저 : 속도를 감소시키고, 압력을 증가시킨다. 즉, 속도에너지를 압력에너지로 바꾸어 준다.

53. 추력 비연료 소비율(TSFC)의 단위로 옳은 것은?

① kg/h　　　　　② kg/kg·h

③ kg/s^2　　　　④ kg·kg/s

해설 추력 비연료 소모율(TSFC) : $1N(kg \cdot m/s^2)$ 추력을 발생하기 위해 1시간 동안 기관이 소비하는 연료의 중량을 말한다. 단위는 kg/N·h, kg/kg·h 또는 lb/lb·h이다.

54. 항공기 제트 기관에서 1차 연소 영역의 공기연료비로 가장 적합한 것은?

① 2 ~ 6 : 1

② 8 ~ 12 : 1

③ 14 ~ 18 : 1

④ 20 ~ 24 : 1

해설 1차 연소 영역 : 연소실에 들어오는 공기 연료비는 60 ~ 130 : 1 정도로 공급되기 때문에 공기의 양이 너무 많아 연소가 불가능하다. 따라서 1차 연소 영역에서의 연소에 직접 필요한 최적 공기 연료비인 8 ~ 18 : 1이 되도록 공기의 양을 제한하며, 연료의 연소에 필요한 이론적 공기연료비는 약 15 : 1이다.

55. 비행 중인 프로펠러에 작용하는 하중이 아닌 것은?

① 압축하중　　　　② 굽힘하중

③ 비틀림하중　　　④ 인장하중

56. 다음 중 일반적으로 항공용 왕복기관 (reciprocating engine)에서 사용하지 않는 냉각장치는?

① 냉각 핀　　　　② 배플
③ 물 재킷　　　　④ 카울 플랩

57. 출력 정격에 관한 설명 중 아이들(idle) 출력에 대한 설명으로 옳은 것은?

① 항공기 상승 시 사용되는 최대 출력이다.
② 시간제한 없이 사용할 수 있는 최대 출력이다.
③ 기관이 이륙 시 발생할 수 있는 최대 출력이다.
④ 지상이나 비행 중 기관이 자립 회전할 수 있는 최저 회전 상태이다.

58. 연료의 옥탄값은 다음 중 무엇을 나타내는 수치인가?

① 연료의 소모량
② 노크의 가능성
③ 연료의 비등점
④ 연료의 최대 토크값

59. 항공기용 왕복기관에서 크랭크축의 변형이나 비틀림 진동을 막아주는 역할을 하는 것은 어느 것인가?

① 카운터 웨이트
② 다이내믹 댐퍼
③ 스테이틱 밸런스
④ 밸런스 웨이트

60. 다음 중 플로트식 기화기가 장착된 왕복기관 항공기가 비행 중 기관의 작동이 불규칙하게 변하는 현상의 주된 원인은?

① 저속장치가 열려 있어서
② 플로트실의 연료 유면의 높이가 변화되어서
③ 에어블리드에 의해 연료에 공기가 섞여 분사되어서
④ 이코노마이저 장치가 순항 출력 이상에서 연료를 공급해서

항공기관정비기능사 [제2회]

1. 고도 1000 m에서 공기의 밀도가 0.1 kgf·s² /m⁴이고, 비행기의 속도가 1018 km/h일 때, 압력을 측정하는 비행기의 피토관 입구에 적용하는 동압은 약 몇 kgf·s²/m⁴ 인가?

① 1557
② 2000
③ 2578
④ 3998

해설 동압 $(q) = \frac{1}{2}\rho V^2$

$= \frac{1}{2} \times 0.1 \times \left(\frac{1018}{3.6}\right)^2$

$= 3998 \text{ kgf}\cdot\text{s}^2/\text{m}^4$

2. 무게가 W인 활공기 또는 기관이 정지된 비행기가 일정한 속도(V)와 활공각 θ로 활공 비행을 하고 있을 때의 양력(L)과 항력(D) 방향으로 힘을 옳게 나타낸 것은?

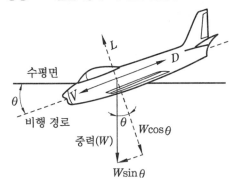

① $L = W\sin\theta,\ D = W\cos\theta$
② $L = W\cos\theta,\ D = W\sin\theta$
③ $L = W\sin\theta,\ D = W\sin\theta$
④ $L = \dfrac{W}{\cos\theta},\ D = \dfrac{W}{\sin\theta}$

해설 활공 시 양항력
• 양력이 작용하는 방향으로의 합력
    $L = W\cos\theta$
• 활공기가 진행하는 방향으로 작용하는 합력
    $D = W\sin\theta$

3. 비압축성 흐름에서의 형상항력, 압력항력 및 마찰항력의 관계를 옳게 나타낸 것은?

① 형상항력 = 압력항력 + 마찰항력
② 형상항력 = 압력항력 - 마찰항력
③ 형상항력 = 마찰항력 - 압력항력
④ 형상항력 = $\dfrac{압력항력 + 마찰항력}{2}$

해설 항력
• 형상항력 = 마찰항력 + 압력항력
• 날개에 작용하는 항력 = 형상항력 + 유도항력

4. 대기권에서 전리층이 존재하며 전파를 흡수, 반사하는 작용을 하여 통신에 영향을 끼치는 층은?

① 열권
② 성층권
③ 대류권
④ 중간권

해설 열권 : 중간권보다 높은 고도를 말하며 태양이 방출하는 자외선에 의하여 대기가 전리되는 전리층이 존재하는데 전파를 흡수·반사하는 작용을 하여 통신에 영향을 끼친다.

5. 다음 중 항공기의 상승률에 대한 설명으로 옳은 것은?

① 중량이 적을수록 상승률은 감소한다.
② 이용마력이 클수록 상승률은 감소한다.
③ 필요마력이 클수록 상승률은 감소한다.
④ 프로펠러의 효율이 클수록 상승률은 감소한다.

해설 상승률(R.C)

$= \dfrac{75(이용마력 - 필요마력)}{W}$

상승률은 여유마력이 클수록, 즉 이용마력이 필요마력보다 클수록 좋다.

6. 프로펠러에서 유효피치를 가장 옳게 설명한 것은?

① 비행기가 최저속도에서 프로펠러가 1초간 전진한 거리

② 비행기가 최고속도에서 프로펠러가 1초간 전진한 거리

③ 공기 중에서 프로펠러가 1회전할 때 실제로 전진한 거리

④ 공기를 강체로 가정하고 프로펠러가 1회전할 때 이론적으로 전진한 거리

> **해설** 유효피치(effective pitch) : 프로펠러가 공기 중에서 1회전할 때에 항공기가 실제로 전진한 거리를 말하며, 계산식은 $V \times \dfrac{60}{n}$ 이다.

7. 공기에 압력을 가하면 공기의 체적이 감소되고, 체적에 반비례하는 밀도는 증가되는 성질의 관계식을 무엇이라 하는가?

① 운동방정식

② 상태방정식

③ 연속방정식

④ 파스칼방정식

> **해설** 상태방정식 $Pv = RT$

8. 대형 제트기에서 착륙 시 스포일러를 사용하는 가장 큰 이유는?

① 항력을 증가시키기 위하여

② 저항을 감소시키기 위하여

③ 버핏(buffit) 현상을 방지하기 위하여

④ 비행기의 착륙 무게를 가볍게 하기 위하여

> **해설** 스포일러(spoiler) : 항공기가 활주할 때 브레이크 작용을 보조해 주는 지상 스포일러와 비행 중 도움날개의 조작에 따라 작동되어 항공기의 세로 조종을 보조해 주는 공중 스포일러가 있다.

9. 항공기 동안정성 중 세로면에서의 진동에 따라 나타나는 현상은?

① 더치 롤 – 나선운동

② 단주기 운동 – 롤 운동

③ 장주기 운동 – 나선 운동

④ 단주기 운동 – 장주기 운동

> **해설** 동적 세로 안정
> • 장주기 운동 : 진동주기가 대개 20초에서 100초 사이이다.
> • 단주기 운동 : 키놀이 진동이며, 진동주기가 0.5초에서 5초 사이이다.
> • 승강키 자유운동 : 승강키를 자유롭게 하였을 때 발생되는 아주 짧은 주기의 진동이다.

10. 다음 중 항공기의 부 조종면은?

① 플랩(flap)

② 승강키(elevator)

③ 방향키(rudder)

④ 도움날개(aileron)

> **해설** 조종면
> • 1차 조종면(주 조종면) : 방향키, 도움날개, 승강키
> • 2차 조종면(부 조종면) : 플랩, 탭

11. 비교적 두꺼운 날개를 사용한 비행기가 천음속 영역에서 비행할 때 발생하는 가로불안정의 특별한 현상은?

① 커플링(coupling)

② 더치 롤(dutch roll)

③ 디프 스톨(deep stall)

④ 날개 드롭(wing drop)

> **해설** 비행기의 가로불안정 현상
> • 날개 드롭(wing drop) : 비행기가 수평비행이나 급강하 상태로 속도를 증가시켜 천음속 영역에 도달하게 되면 한쪽 날개가 충격 실속을 일으켜 옆놀이를 일으키는 현상
> • 옆놀이 커플링 : 한 축에 교란이 생길 경우 다른 축에도 교란이 생기는 현상으로, 이를 방지하기 위해 배지느러미를 사용한다.

항공기관정비기능사

12. 2개의 주회전날개를 비행방향에 대하여 앞뒤로 배열시킨 것으로서 대형 헬리콥터에 적합하며, 회전날개의 회전방향은 서로 반대인 헬리콥터는?

① 병렬식 회전날개 헬리콥터
② 직렬식 회전날개 헬리콥터
③ 병렬 교차식 회전날개 헬리콥터
④ 동축 역회전식 회전날개 헬리콥터

> **해설** 헬리콥터의 종류
> • 단일 회전날개 헬리콥터 : 주회전날개와 꼬리 회전날개로 구성된다.
> • 동축 역회전식 회전날개 헬리콥터 : 동일한 축 위에 2개의 주회전날개를 위, 아래로 겹쳐 반대 방향으로 회전한다.
> • 병렬식 회전날개 헬리콥터 : 비행방향에 대해 옆으로 두 개의 회전날개를 배치한다.
> • 직렬식 회전날개 헬리콥터 : 2개의 주회전날개를 비행방향에 대해 앞, 뒤로 배열하여 대형화에 적합하다.
> • 제트 반동 회전날개 헬리콥터 : 회전날개 깃 끝에 램제트 기관을 장착한다.

13. 날개 단면의 받음각이 0°인 경우, 양력계수가 0이 되지 않는 날개 단면은?

① 무양력 날개 단면
② 영양력 날개 단면
③ 대칭 날개 단면
④ 비대칭 날개 단면

> **해설** 비대칭 날개 단면 : 클라크 Y형 날개의 경우 −5.3°에서 양력이 0이 된다. 받음각이 0°가 되더라도 비대칭 날개에 있어서는 양력이 발생하게 된다.

14. 헬리콥터 비행 시 역풍지역이 가장 커지게 되는 비행상태는?

① 정지 비행
② 상승 가속 비행
③ 자동회전 비행
④ 전진 가속 비행

> **해설** 전진속도가 커지면 역풍지역이 커지게 되고, 회전날개는 양력을 발생하지 못하게 되므로 전진속도에 한계가 생긴다.

15. 600 m 상공에서 글라이더가 수평활공거리 6000 m만큼 활공하였다면 이때 양항비는 얼마인가?

① 0.06
② 6
③ 10
④ 100

> **해설** 양항비 $= \dfrac{\text{수평활공거리}}{\text{활공고도}} = \dfrac{6000}{600} = 10$

16. 알루미늄 합금의 방식 처리 방법 중 화학적 피막 처리 방법으로 가장 옳은 것은?

① 알로다인 처리
② 프라이머
③ 알칼리 착색법
④ 침탄 처리

> **해설** 알로다인 처리 : 화학적 피막 처리의 하나로, 알루미늄 합금의 표면에 0.00001∼0.00005 in의 크로메이트 처리를 하여 내식성과 도장작업의 접착 효과를 증진시키는 방식 처리 작업이다.

17. 그림과 같은 항공기 유도 수신호의 의미로 옳은 것은?

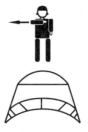

① 도착
② 정면 전진
③ 촉 괴기
④ 기관 정지

18. 항공기의 주요 부품 등의 검출이 곤란한 구멍 안쪽의 균열, 시험편 속의 불순물, 도금

두께 등을 검사하는 데 가장 많이 사용되는 비파괴검사 방법은?

① 방사선검사 　　② 자분탐상검사
③ 와전류검사 　　④ 침투탐상검사

해설 와전류검사 : 변화하는 자기장 내에 도체를 놓았을 때 도체 표면에 발생하는 와전류를 이용하는 검사로서, 시험편에 유기되는 와전류는 불순물의 선별, 열처리 상태, 치수, 변화, 흠의 유무, 도금 두께의 계측 등을 할 수 있다.

19. 직류 전기회로 측정에 관한 설명으로 옳은 것은?

① 배율기는 전압계와 직렬로 접속시킨다.
② 전류계는 부하 및 전원과 병렬로 접속시킨다.
③ 전압 측정은 작은 범위에서 시작해서 큰 범위로 높여 가면서 측정한다.
④ 계기를 회로에 연결할 때는 단자를 느슨하게 죄어 접속 저항이 최대가 되도록 한다.

해설 전기의 측정
• 전류계 : 션트 저항을 병렬로 연결한다.
• 배율기 : 전압의 측정 범위를 넓히기 위해 전압계에 직렬로 달아주는 저항을 배율기 저항이라 한다.

20. 다음 중 항공기 기체의 개조작업 사항이 아닌 것은?

① 날개 형태의 변경
② 중량 및 중심 한계 변경
③ 기관이나 장비의 기능 변경
④ 기체 내부 일부 부품의 분해

21. 두께 0.2 cm의 판을 굽힘 반지름 24.8 cm, 90°로 굽히려고 할 때 세트백(set back)은 몇 cm인가?

① 24.8 　　② 25.0
③ 25.2 　　④ 25.8

해설 세트백$(SB) = K(R + T)$
$$= 1(24.8 + 0.2) = 25.0 \text{ cm}$$
(90°인 경우 $K = 1$이다.)

22. 항공기 배관 계통 중 알루미늄합금 튜브의 이중 플레어링을 적용하기에 가장 적당한 곳은?

① 튜브 연결 부위의 길이가 짧은 곳
② 배관 계통에 열이 많이 발생하는 곳
③ 심한 진동을 받거나 압력이 높은 곳
④ 튜브의 꺾어진 곳이 많고 복잡한 곳

해설 이중 플레어 방식 : $\frac{1}{8} \sim \frac{3}{8}$ in까지의 5052 O와 6061T 알루미늄합금 튜브에 적용되며 심한 진동을 받는 부위나 계통의 흐름 압력이 높은 곳에 사용된다.

23. 다음과 같은 리벳의 규격에 대한 설명으로 옳은 것은?

MS 20470 D 6-16

① 접시머리 리벳이다.
② 특수 표면 처리되어 있다.
③ 리벳의 지름은 $\frac{6}{16}$ 인치이다.
④ 리벳의 길이는 $\frac{16}{16}$ 인치이다.

해설 MS 20470 : 리벳 머리의 형태
D : 리벳의 재질 기호
6 : 리벳의 지름$\left(\frac{6}{32} \text{ in}\right)$
16 : 리벳의 길이$\left(\frac{16}{16} \text{ in}\right)$

24. 온 컨디션(on condition) 정비방식에 대한 설명으로 옳은 것은?

① 부품의 신뢰도가 일정한 품질 수준 이하로 떨어질 때 적절한 대책 조치가 취해진다.

② 고장을 일으키더라도 안전성에 직접 문제가 없는 일반적인 부품에 적용된다.

③ 상태의 불량을 판정하기 용이한 기체 구조 및 각 계통의 장비품에 적용된다.

④ 감항성에 영향을 주는 부품을 분해하여 고장 상태를 발견할 수 있다.

> [해설] 온 컨디션(on condition) : 정기적인 점검과 시험을 실시하며 상태의 불량을 판정하기 용이한 기체 구조 및 각 계통의 장비품에 적용된다.

25. 다음 중 인화성 액체에 의한 화재의 종류는 어느 것인가?

① A급 화재　　　　② B급 화재
③ C급 화재　　　　④ D급 화재

> [해설] 화재 : A급(일반 화재), B급(인화성 화재), C급(전기로 인한 화재), D급(금속에 의한 화재)이 있다.

26. 작업 대상물의 모서리를 가공하는 데 사용되는 (A)와 같은 공구의 명칭은?

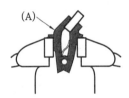

(A)

① 평행 클램프　　　② 앵글
③ 샤핑 바이스　　　④ 클램프 바

27. 다음 중 안전에 관한 색의 설명으로 틀린 것은?

① 노란색은 경고 또는 주의를 의미한다.

② 보호구의 착용을 지시할 때에는 초록과 하양을 사용한다.

③ 위험장소를 나타내는 안전표시는 노랑과 검정의 조합으로 한다.

④ 금지표지의 바탕은 하양, 기본 모형은 빨강을 사용한다.

> [해설] 안전 색채
> • 붉은색 안전 색채 : 위험물 또는 위험상태 표시
> • 노란색 안전 색채 : 충돌, 추락, 전복 및 이에 유사한 사고 위험이 있는 장비 및 시설물에 표시, 검은색과 노란색을 교대로 칠하여 표시

28. 밑줄 친 부분이 의미하는 단어는?

> The take off is the movement of the aircraft from it's starting position on the runway to the point where the climb is established.

① 이륙　　　　　② 착륙
③ 순항　　　　　④ 급강하

29. 지상에서 객실 여압 장치를 갖추고 있는 항공기에 냉·난방 공기를 공급할 때 항공기의 출입구를 열어 놓거나 cabin pressurization panel의 outflow valve를 열어 놓는 이유는 무엇인가?

① 동체 파손을 방지하기 위해

② 객실 잔여 냉·난방 공기를 배출하기 위해

③ 객실 여압 조절 장치의 기능을 점검하기 위해

④ 객실 냉·난방 공기 공급 온도를 맞추기 위해

30. 유압 계통에서 튜브의 크기로 무엇을 표기하는가?

① 튜브의 내경(ID)과 두께

② 튜브의 외경(OD)과 두께

③ 튜브의 내경(ID)과 외경(OD)

④ 튜브의 외경(OD)과 피팅의 크기

> [해설] 튜브의 호칭 치수는 외경(분수)×두께(소수)로 표시하고, 호스는 내경으로 나타낸다.

31. 주로 구조물에 가해지는 과도한 응력의 집중에 의해 재료에 부분적으로 또는 완전하게 불연속이 생기는 현상을 무엇이라 하는가?

① 긁힘(scratch) ② 균열(crack)
③ 좌굴(buckling) ④ 찍힘(nick)

해설 기체 손상의 유형
- 긁힘(scratch) : 날카로운 물체와 접촉되어 발생하는 결함으로 길이, 깊이를 가지며 단면적의 변화를 초래하는 선 모양의 긁힘 현상
- 찍힘(nick) : 재료의 표면이나 모서리가 외부 물체의 충격을 받아 소량의 재료가 떨어져 나갔거나 찍힌 현상
- 좌굴(buckling) : 구조부재가 외력을 받을 때 그 외력이 증가하면 갑자기 평행상태가 바뀌어 다른 변형상태로 옮기는 현상

32. 다음 (   ) 안에 알맞은 것은?

(   ) should never deflect the alignment of a cable more than 3°.

① fairlead ② pully
③ stopper ④ hinge

해설 페어리드(fairlead) : 조종 케이블의 작동 중 최소의 마찰력으로 케이블과 접촉하여 직선운동을 하며 3° 이내의 범위에서 방향을 유도한다.

33. 토크 렌치의 사용 방법에 대한 설명으로 틀린 것은?

① 적정 토크 범위에 해당하는 토크 렌치만 사용한다.
② 사용하던 토크 렌치를 다른 토크 렌치와 교환해서 사용하지 않는다.
③ 정기적으로 교정되는 측정기이므로 사용 시 유효한 것인지 확인한 후 사용한다.
④ 사용 중 떨어뜨리면 외관의 오물만 제거하는 등 최대한 빨리 다시 사용한다.

34. 다음 중 작업공간이 좁거나 버킹 바를 사용할 수 없는 곳에 사용되는 블라인드 리벳(blind rivet)의 종류가 아닌 것은?

① 리브 너트
② 체리 리벳
③ 폭발 리벳
④ 솔리드 섕크 리벳

해설 리벳
- 블라인드 리벳 : 체리 리벳, 폭발 리벳, 리브 너트
- 솔리드 섕크 리벳 : 둥근머리, 접시머리, 납작머리, 브래지어머리, 유니버설머리 리벳

35. 중력식 연료 보급법과 비교하여 압력식 연료 보급법의 특징으로 틀린 것은?

① 주유시간이 절약된다.
② 연료 오염 가능성이 적다.
③ 항공기 접지가 불필요하다.
④ 항공기 표피 손상 가능성이 적다.

해설 항공기 연료 보급 시 차량을 지상 접지점에 접지시켜 연료 보급 시 발생할 수 있는 정전기를 방지시켜야 하며, 격납고와 같이 밀폐된 장소에서는 연료가 기화되면서 폭발할 수 있기 때문에 연료를 보급해서는 안 된다.

36. 항공용 기관에서 내부에 기계적 기구를 갖지 않고 디퓨저, 밸브망, 연소실 및 분사노즐로 구성된 기관은?

① 램 제트 기관
② 펄스 제트 기관
③ 로켓 기관
④ 프롭 팬 기관

해설 가스 터빈 기관
- 램 제트 기관 : 흡입구, 연소실, 분사노즐
- 펄스 제트 기관 : 흡입구, 밸브망, 연소실, 분사노즐
- 로켓 기관 : 공기를 흡입하지 않고 기관 내부에 연료와 산화제를 함께 갖추고 있는 기관

37. 왕복 기관에서 냉각 공기의 유량을 조절함으로써 기관의 냉각 효과를 조절하는 장치는 무엇인가 ?

① 카울 플랩   ② 배플
③ 피스톤링   ④ 커프

해설 카울 플랩 : 기관을 덮어 씌운 카울링 뒷부분에 전체 또는 부분적으로 열고 닫을 수 있는 플랩장치를 하여 실린더 온도에 따라 실린더 주위의 공기흐름량을 조절하여 냉각 효과를 조절한다.

38. 터보 제트 기관에서 연료를 1차, 2차 연료로 분류시키는 장치는 ?

① FCU   ② 연료 노즐
③ P&D 밸브   ④ 연료 필터

해설 여압 및 드레인 밸브(P&D 밸브) : 연료 흐름을 1차와 2차로 분리시키고, 기관이 정지되어 있을 때 매니폴드나 연료 노즐에 남아 있는 연료를 외부로 방출하며 연료 압력이 일정 압력 이상이 될 때까지 연료 흐름을 차단한다.

39. 다음 중 마그네토에서 중립 위치와 접촉점 (breaker point)이 열리는 위치 사이의 크랭크축 회전 각도를 부르는 명칭은 ?

① A – GAP   ② D – GAP
③ E – GAP   ④ F – GAP

40. 복식형(duplex type)의 연료 노즐에서 1차와 2차 연료의 흐름을 분리하는 것은 어느 것인가 ?

① 연료 여과기
② 주연료 펌프
③ 연료 차단 밸브
④ 연료 흐름 분할기

해설 복식 연료 노즐 : 시동 시에는 1차 연료만 흐르고, 완속 회전 속도 이상에서 흐름 분할기의 밸브가 열려 2차 연료가 분사된다.

41. 기관이 최대 출력 또는 그 근처에서 작동될 때 수동 혼합 조종장치의 위치는 ?

① 희박(lean) 위치
② 최대 농후(full rich) 위치
③ 외기 온도에 따라 위치 변화
④ 외기 습도에 따라 위치 변화

42. 다음 중 열역학 제2법칙에 대한 설명으로 옳은 것은 ?

① 온도계의 원리를 규정한 것이다.
② 에너지의 변화량을 규정한 것이다.
③ 열은 스스로 저온에서 고온으로 이동할 수 있다는 법칙이다.
④ 열과 일의 변환에 일정한 방향이 있다는 것을 설명한 것이다.

해설 열역학 제1법칙은 에너지 보존 법칙으로 열과 일은 서로 변환될 수 있다는 것이고, 열역학 제2법칙은 열과 일의 변환에는 어떠한 방향이 있다는 것이다.

43. 기관의 출력 중 시간 제한 없이 작동할 수 있는 최대 출력으로 이륙 추력의 90 % 정도에 해당하는 출력의 명칭은 ?

① 순항 출력
② 최대 상승 출력
③ 아이들 출력
④ 최대 연속 출력

해설 정격 마력 : 기관을 보통 30분 정도 또는 계속해서 연속작동을 해도 아무 무리가 없는 최대 마력으로, 사용 시간 제한 없이 장시간 연속작동을 보증할 수 있는 마력이며 연속 최대 마력이라 한다.

44. 18기통 2열 성형기관에서 점화장치를 복식 저압 점화장치로 사용하였다면 장착되는 변압기는 몇 개인가 ?

① 18   ② 36
③ 54   ④ 72

해설 저압 점화계통 : 마그네토는 1차 코일에서 낮은 전압을 발생시켜 저전압 상태로 배전기 회전자를 통해 각 실린더마다 설치된 변압기에 보내진다. 따라서 복식 점화계통의 18기통 2열 성형기관에는 총 36개의 변압기가 있다.

45. 4행정 기관의 밸브 개폐 시기가 다음과 같을 때 밸브 오버랩은 몇 도인가?

- 흡입 밸브 열림(IO) 20° BTC
- 흡입 밸브 닫힘(IC) 50° ABC
- 배기 밸브 열림(EO) 60° BBC
- 배기 밸브 닫힘(EC) 10° ATC

① 30° ② 60°
③ 180° ④ 240°

해설 밸브 오버랩 = IO + EC = 20° + 10° = 30°

46. 축류형 터빈에서 터빈의 반동도를 옳게 나타낸 것은?

① $\dfrac{\text{로터 깃에 의한 팽창}}{\text{단의 팽창}} \times 100$

② $\dfrac{\text{단의 팽창}}{\text{로터 깃에 의한 팽창}} \times 100$

③ $\dfrac{\text{스테이터 깃에 의한 팽창}}{\text{단의 팽창}} \times 100$

④ $\dfrac{\text{단의 팽창}}{\text{스테이터 깃에 의한 팽창}} \times 100$

해설 반동도 : 터빈 1단의 팽창 중 회전자 깃이 담당하는 몫을 터빈의 반동도라 한다.

47. 가스 터빈 기관은 연소실 내에서 화염이 지연되거나 공기의 흐름 속도가 클수록 연소실의 길이가 길어져야 하는데 그 이유로 옳은 것은?

① 연소 화염이 터빈까지 들어가지 않게 하기 위해
② 연소가 시작되는 곳에서 연소 화염 확산을 빠르게 하기 위해
③ 공기와 연료의 혼합을 촉진시켜 신속한 연소가 이루어지게 하기 위해
④ 터빈에 작용하는 연소가스 흐름을 균일하게 하기 위해

48. 결핍 시동인 헝 스타트(hung start)에 대한 설명으로 옳은 것은?

① 오일 압력이 늦게 상승한다.
② 배기가스의 온도가 계속 낮아진다.
③ 시동 시 EGT가 규정치 이상 상승한다.
④ 시동 시 아이들(idle) RPM까지 증가하지 않는다.

해설 결핍 시동 : 시동 시 기관의 회전수가 완속 회전수까지 증가하지 않고 이보다 늦은 회전수에 머물러 있는 현상으로, 시동 시에 공급되는 동력이 충분하지 않기 때문이다.

49. 가스 터빈 기관의 점화장치에서 유도형 점화장치가 아닌 것은?

① 직류 유도형
② 반대 직류 유도형
③ 교류 유도형
④ 교류 유도형 반대 극성

50. 다음 중 공기와 연료를 적당한 비율의 혼합가스로 만들어 주는 장치는?

① 과급기 ② 매니폴드
③ 기화기 ④ 공기 덕트

51. 플로트식 기화기에서 스로틀 밸브(throttle valve)가 설치되는 위치는?

① 벤투리와 초크 밸브 다음에
② 초크 밸브와 연료 노즐 사이에
③ 연료 분사 노즐과 벤투리 다음에
④ 연료 분사 노즐과 벤투리 사이에

52. 터빈 입구의 압력이 7, 터빈 출구의 압력이 3, 로터 입구의 압력이 4인 가스 터빈 기관에서 축류형 터빈의 반동도는? (단, 공기의 비열비는 1.4이다.)

① 20 %   ② 25 %
③ 30 %   ④ 35 %

해설 반동도 $= \dfrac{P_2 - P_3}{P_1 - P_3} \times 100$

$= \dfrac{4-3}{7-3} \times 100 = 25\%$

여기서, 터빈 입구 압력 $P_1 = 7$
터빈 출구 압력 $P_3 = 3$
로터 입구 압력 $P_2 = 4$

53. 가스 터빈 기관의 공기 흡입 도관으로 초음속의 공기가 흡입될 때 도관의 단면적과 공기 속도와의 관계를 옳게 설명한 것은?

① 속도는 단면적 감소에 따라 감소하고, 단면적 증가에 따라 증가한다.
② 속도는 단면적 감소에 따라 증가하고, 단면적 증가에 따라 감소한다.
③ 속도는 단면적 감소에 따라 감소 후에 증가하고 단면적의 증가에 따라 감소한다.
④ 초음속의 공기가 흡입 도관을 흐를 경우 단면적과 공기 속도와의 관계가 없다.

해설 초음속 흐름과 아음속 흐름
• 초음속 흐름에서 단면적이 좁아지면 속도가 감소한다.
• 아음속 흐름에서 단면적이 좁아지면 속도가 증가한다.

54. 항공기 왕복기관의 실린더 압축시험에서 시험을 할 실린더의 피스톤 위치로 옳은 것은 어느 것인가?

① 압축행정 하사점 전
② 압축행정 하사점
③ 압축행정 상사점 전
④ 압축행정 상사점

해설 실린더 압축시험은 압축가스가 새어 나가지 않아야 하므로 흡기, 배기 밸브가 모두 닫혀 있는 압축 상사점에서 진행한다.

55. 프로펠러 깃 버트(butt)와 인접한 부분을 말하며, 강도를 주기 위해 두껍게 되어 있고 허브 배럴에 꼭 박게 되어 있는 부분의 명칭은 어느 것인가?

① 프로펠러 팁(tip)
② 프로펠러 허브(hub)
③ 프로펠러 섕크(shank)
④ 프로펠러 허브 보어(hub bore)

해설 깃 섕크(blade shank) : 프로펠러 깃의 뿌리 부분으로 허브에 연결되며, 추력이 발생하지 않는다.

56. 항공용 왕복기관 연료 계통의 구성 중에서 기관을 시동할 때 실린더 안에 직접 연료를 분사시켜 주는 장치는?

① 프라이머
② 연료 선택 밸브
③ 주연료 펌프
④ 비상 연료 펌프

해설 프라이머 : 기관 시동 시 흡입 밸브 입구나 실린더 안에 연료탱크로부터 프라이머 펌프를 통하여 직접 연료를 분사시켜 농후한 혼합가스를 만들어 줌으로써 시동을 쉽게 하는 장치

57. 다음 중 가스 터빈 기관에서 연료-오일 냉각기(fuel-oil cooler)의 기능으로 옳은 것은 어느 것인가?

① 연료와 오일을 모두 냉각시킨다.
② 오일과 연료를 혼합하여 사용한다.
③ 오일을 냉각시키고 연료는 뜨겁게 한다.
④ 연료를 냉각시키고 오일은 뜨겁게 한다.

해설 연료-오일 냉각기 : 윤활유가 가지고 있는 열을 연료에 전달시켜 윤활유를 냉각시키는 동시에 연료를 가열한다.

58. 브레이턴 사이클의 열효율을 구하는 식은? (단, r_p : 압력비, k : 비열비이다.)

① $1 - \left(\dfrac{1}{r_p}\right)^{\frac{k-1}{k}}$

② $1 - \left(\dfrac{1}{r_p}\right)^{\frac{k}{k-1}}$

③ $\dfrac{1}{(1-r_p)^{\frac{k-1}{k}}}$

④ $\dfrac{1}{(1-r_p)^{\frac{k}{k-1}}}$

59. 항공기 왕복기관이 저속, 저출력으로 작동할 때 가장 농후한 혼합비를 사용하는 이유로 옳은 것은?

① 배기가스의 배출이 원활하지 못해 실린더 온도가 높기 때문에

② 배기가스의 배출이 많아 혼합가스가 누설되기 때문에

③ 실린더 온도 영향으로 연료의 기화가 너무 잘 되기 때문에

④ 실린더 온도 영향으로 연료의 기화가 잘 안 되기 때문에

60. 가스 터빈 기관의 추력에 영향을 미치는 요인 중 대기온도와 대기압력에 대한 설명으로 옳은 것은?

① 대기온도가 증가하면 추력은 증가하고, 대기압력이 증가하면 추력은 감소한다.

② 대기온도가 증가하면 추력은 감소하고, 대기압력이 증가하면 추력은 증가한다.

③ 대기온도가 증가하면 추력은 증가하고, 대기압력이 증가하면 추력이 증가한다.

④ 대기온도가 증가하면 추력은 감소하고, 대기압력이 증가하면 추력이 감소한다.

해설 추력에 영향을 끼치는 요소
- 공기 밀도 : 대기온도가 증가하면 추력은 감소하고, 대기압이 증가하면 밀도가 증가하여 추력은 증가한다.
- 비행속도 : 비행속도의 증가에 따라 추력은 어느 정도까지 감소하다 증가한다.
- 비행고도 : 고도가 높아지면 공기밀도가 낮아져 추력은 감소한다.

항공기관정비기능사

항공기관정비기능사   **[제3회]**

1. 비행기의 착륙거리를 짧게 하기 위한 조건으로 가장 거리가 먼 것은?

① 접지속도를 크게 한다.
② 착륙 시 무게를 가볍게 한다.
③ 착륙 활주 중 양력을 작게 한다.
④ 착륙 활주 중 항력을 크게 한다.

> **해설** 착륙거리를 짧게 하기 위한 조건 : 착륙 시 무게를 가볍게, 접지속도를 작게, 활주 중 항력을 크게 한다.

2. 가로축은 비행기 주날개 방향의 축을 가리키며 Y축이라 하는데, 이 축에 관한 모멘트를 무엇이라 하는가?

① 선회 모멘트   ② 키놀이 모멘트
③ 빗놀이 모멘트   ④ 옆놀이 모멘트

> **해설** • X축에 관한 모멘트 : 롤링 모멘트
> • Y축에 관한 모멘트 : 키놀이 모멘트
> • Z축에 관한 모멘트 : 빗놀이 모멘트

3. 비행기의 날개 끝 실속(tip stall)을 방지하기 위한 방법으로 틀린 것은?

① 날개의 테이퍼 비를 크게 한다.
② 날개 끝 받음각이 날개뿌리 받음각보다 작아지도록 기하학적 비틀림을 준다.
③ 날개 끝 부분의 날개 앞전 안쪽에 슬롯을 설치한다.
④ 날개 끝에 캠버나 두께비가 큰 날개골을 사용한다.

> **해설** 테이퍼가 클수록 날개 끝 실속이 잘 일어난다.

4. 평균 캠버선으로부터 시위선까지의 거리가 가장 먼 곳을 무엇이라 하는가?

① 캠버   ② 최대 캠버
③ 두께   ④ 평균 시위

5. 정적 안정과 동적 안정에 대한 설명으로 옳은 것은?

① 동적 안정이 양(+)이면 정적 안정은 반드시 양(+)이다.
② 정적 안정이 음(−)이면 동적 안정은 반드시 양(+)이다.
③ 정적 안정이 양(+)이면 동적 안정은 반드시 양(+)이다.
④ 동적 안정이 음(−)이면 정적 안정은 반드시 음(−)이다.

6. 비행기의 속도가 200 km/h이며 상승각이 6°라면 상승률은 약 몇 m/s인가?

① 5.8   ② 18.7
③ 20.9   ④ 60.2

> **해설** $R.C = V \sin\theta = \left(\dfrac{200}{3.6}\right)\sin 6° = 5.8\,\text{m/s}$

7. 비행기가 항력을 이기고 앞으로 움직이기 위한 동력은? (단, T : 추력, V : 비행기 속도이다.)

① $\dfrac{T}{V}$ ② $\dfrac{V}{T}$

③ TV ④ $\dfrac{TV}{2}$

8. 압력의 변화에 관계없이 밀도가 일정한 유체를 무엇이라 하는가?

① 항밀도 유체
② 점성 유체
③ 비점성 유체
④ 비압축성 유체

정답 ➤ ● **1.** ①   **2.** ②   **3.** ①   **4.** ②   **5.** ①   **6.** ①   **7.** ③   **8.** ④

9. 그림과 같은 유체 흐름에서 A_1 지점의 단면적은 32 m² 이고 A_2 지점의 단면적은 8 m² 이다. 이때 A_1 지점의 속도가 10 m/s일 때 A_2 지점의 속도는 몇 m/s인가? (단, 각 지점의 유체 밀도는 같다.)

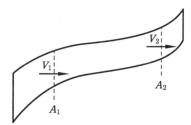

① 8 ② 10
③ 32 ④ 40

해설 연속의 법칙

$A_1 V_1 = A_2 V_2$ 에서

$$V_2 = \left(\frac{A_1}{A_2}\right) V_1 = \left(\frac{32}{8}\right) \times 10 = 40 \text{ m/s}$$

10. 날개의 뒷전에 출발 와류가 생기게 되면 앞전 주위에도 이것과 크기가 같고 방향은 반대인 와류가 생기는데, 이것을 무엇이라 하는가?

① 말굽형 와류 ② 속박 와류
③ 날개 끝 와류 ④ 유도 와류

해설 날개 주위의 순환

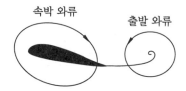

속박 와류 출발 와류

11. 비행기의 동적 가로 안정의 특성과 가장 관계가 먼 것은?

① 방향 불안정 ② 더치 롤
③ 세로 불안정 ④ 나선 불안정

해설 동적 가로 안정 : 방향 불안정, 나선 불안정, 가로방향 불안정이 있다.

12. 다음 중 기하학적으로 날개의 가로 안정에 가장 중요한 영향을 미치는 요소는 어느 것인가?

① 가로세로비 ② 상반각
③ 수평안정판 ④ 승강키

해설 기하학적으로 날개의 쳐든각(상반각) 효과는 가로안정에 있어서 가장 중요한 요소이다. 쳐든각을 가지는 날개는 옆미끄럼에 대한 안정한 옆놀이 모멘트를 발생시킨다.

13. 다음 ( ) 안에 알맞은 말을 순서대로 나열한 것은?

> "초음속 흐름은 통로의 면적이 좁아지면 속도는 ( )하고 압력은 ( )한다. 그리고 통로의 면적이 변화하지 않으면 속도는 ( )"

① 증가 – 감소 – 감소한다.
② 감소 – 증가 – 증가한다.
③ 감소 – 증가 – 변화하지 않는다.
④ 증가 – 감소 – 변화하지 않는다.

해설 아음속 흐름에서는 통로의 면적이 좁아지면 속도는 증가하고 압력은 감소하지만, 초음속 흐름에서는 아음속 흐름과 정반대의 현상이 생긴다.

14. 헬리콥터에서 페더링(feathering) 운동은 1차적으로 어떤 각을 변화시키는가?

① 원추각 ② 코닝각
③ 받음각 ④ 피치각

15. 다음 중 회전익 항공기에서 자동회전(autorotation)이란 어느 것인가?

① 꼬리 회전날개에 의해 항공기의 방향조종을 하는 것이다.
② 주회전날개의 반작용 토크에 의해 항공기 기체가 자동적으로 회전하려는 경향이다.
③ 회전날개 축에 토크가 작용하지 않는 상태

에서도 일정한 회전수를 유지하는 것이다.
④ 전진하는 깃(blade)과 후퇴하는 깃의 양력
차이에 의하여 항공기 자세에 불균형이 생
기는 것이다.

16. 한쪽 방향으로만 움직이고 반대쪽 방향은
로크(lock)되며 오프셋 박스 렌치를 사용하는
것보다 작업속도가 빠른 공구의 명칭은?
① 로크 렌치
② 소켓 렌치
③ 조절 렌치
④ 래치팅 박스 – 엔드 렌치

17. 다음 중 자분탐상검사의 특징이 아닌 것
은 어느 것인가?
① 강자성체에 적용된다.
② 자동화 검사가 가능하다.
③ 표면 결함 탐지에 사용된다.
④ 검사원의 높은 숙련도가 필요 없다.

> **해설** 자분탐상검사의 특징
> • 표면 결함 및 표면 바로 밑 결함을 발견하
>   기 쉽다.
> • 검사 비용이 비교적 싸다.
> • 검사원의 높은 숙련이 필요 없다.
> • 강자성체에만 적용된다.

18. 정밀 공차 볼트의 식별을 용이하게 하기
위하여 볼트 머리에 표시하는 기호는?
① 삼각형   ② 일자형
③ 원형   ④ 사각형

19. 금속 표면을 도장 작업하기 전에 적절한
전처리 작업을 하여 금속 표면과 도료의 마감
칠(top coats) 사이의 접착성을 높이기 위한
도료는?
① 아크릴 래커   ② 프라이머
③ 합성 에나멜   ④ 폴리우레탄

20. 좁은 공간의 작업 시 굴곡이 필요한 경우
에 스피드 핸들, 소켓 또는 익스텐션 바와 함
께 사용하는 그림과 같은 공구는?

① 익스텐션 댐퍼
② 어댑터
③ 유니버설 조인트
④ 크로 풋

21. 유리섬유와 수지를 반복해서 겹쳐 놓고 가
열장치나 오토클레이브 안에 그것을 넣고 열
과 압력으로 경화시켜 복합소재를 제작하는
방법은?
① 유리섬유 적층방식
② 압축 주형방식
③ 필라멘트 권선방식
④ 습식 적층방식

22. 다음 중 녹색의 안전색채 표시를 해야 하
는 공항 시설물과 각종 장비는?
① 보일러
② 전원 스위치
③ 응급 처치 장비
④ 소화기 및 화재경보장치

23. 특수 고정 부품 중 정비와 검사를 목적으
로 쉽고 신속하게 점검창을 장·탈착할 수 있
도록 만들어진 부품은?
① 조 볼트
② 블라인드 리벳
③ 테이퍼 로크
④ 턴 로크 패스너

24. 다음 ( ) 안에 알맞은 내용은?

> "Aspect ratio of a wing is defined as the ratio of the ( )."

① wing span to the wing root
② wing span to the wing span
③ wing span to the mean chord
④ length of the chord to the wing span

해설 가로세로비(aspect ratio) = $\dfrac{\text{wing span}}{\text{mean chord}}$

$= \dfrac{b}{C_m}$

25. 항공기 정비 용어 중 MEL의 의미로 옳은 것은?

① 기관 고장 항목(missing engine list)
② 장비 고장 항목(missing equipment list)
③ 최소 점검 기관 목록(minimum engine list)
④ 최소 구비 장비 목록(minimum equipment list)

26. 다음 중 항공기의 지상 취급 작업에 속하지 않는 것은?

① 견인 작업
② 세척 작업
③ 계류 작업
④ 지상 유도 작업

27. 그림과 같은 종류의 너트 명칭은?

① 캐슬 너트
② 평 너트
③ 체크 너트
④ 캐슬 전단 너트

28. 밑줄 친 부분을 의미하는 단어는?

> "An aircraft will stall anytime its critical <u>angle of attack</u> is exceeded."

① 받음각
② 실속각
③ 스핀각
④ 공격각

29. 항공기 정비와 관련된 용어를 설명한 것으로 옳은 것은?

① 사용시간 한계를 정해 놓은 것을 하드 타임이라 한다.
② 항공기 기관이 작동하면서부터 멈출 때까지의 총시간을 항공기의 비행시간이라 한다.
③ 항공기의 부품 또는 구성품이 목적한 기능을 상실하는 것을 결함이라 한다.
④ 항공기의 구성품 또는 부품 고장으로 계통이 비정상적으로 작동하는 상태를 기능 불량이라 한다.

해설 정비 관련 용어
- 하드 타임(hard-time) : 사용시간 한계를 정한 것으로, 정기적으로 분해, 수리 또는 폐기할 수 있는 구성품이나 부품 등에 적용한다.
- 비행시간 : 항공기가 이륙할 때부터 착륙할 때까지의 경과시간을 말하며 사용시간이라고도 한다.
- 결함(squawks) : 항공기의 구성품 또는 부품의 고장으로 계통이 비정상적으로 작동하는 상태이다.
- 기능 불량(malfunction) : 항공기의 부품 또는 구성품이 목적한 기능을 상실하는 것을 말한다.

30. 측정물의 평면 상태 검사, 원통 진원 검사 등에 이용되는 측정기기는?

① 높이게이지
② 마이크로미터
③ 깊이게이지
④ 다이얼게이지

정답 24. ③   25. ④   26. ②   27. ③   28. ①   29. ①   30. ④

31. 주변의 산소 농도를 묽게 하는 효과로 화재의 전반에 걸쳐 사용할 수 있으며 화재 진압 후 2차 피해가 우려될 때 사용할 수 있는 소화기는?
① 할론 소화기
② CO₂ 소화기
③ 포말 소화기
④ CBM 소화기

32. 항공기 급유 시 3점 접지를 해야 하는 주된 이유는?
① 연료와 급유관과의 마찰에 의한 열 방지
② 연료와 급유관과의 제한 범위 이탈 방지
③ 연료와 급유관과의 상대운동 진동 방지
④ 연료와 급유관과의 마찰에 의한 정전기 방지

33. 다음 중에서 부품의 불연속을 찾아내는 방법으로서 고주파 음속 파장을 사용하는 비파괴검사는?
① 자기탐상검사
② 초음파탐상검사
③ 형광침투탐상검사
④ 와전류탐상검사

34. 고압가스 취급 시 주의할 사항 중 틀린 것은 어느 것인가?
① 충전용기는 직사광선을 받지 않도록 조치한다.
② 충전용기와 잔가스용기는 구분 없이 같이 보관한다.
③ 비어 있는 용기라도 충격을 받지 않도록 주의한다.
④ 용기 보관 장소에는 작업에 필요한 물건 외에는 두지 않는다.

35. 길이가 10 inch인 토크 렌치와 길이가 2 inch인 어댑터를 직선으로 연결하여 볼트를 252 in−lbs로 조이려고 한다면 토크 렌치에 지시되어야 할 토크 값은 몇 in−lbs인가?

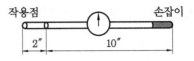

작용점   손잡이

2"   10"

① 150
② 180
③ 210
④ 220

해설 $R = \dfrac{L \cdot T}{L+E} = \dfrac{10 \times 252}{10+2} = 210$ in−lbs

36. 축류식 압축기의 실속 방지 구조가 아닌 것은?
① 슈라우드
② 가변 안내 깃
③ 가변 고정자 깃
④ 블리드 밸브

해설 압축기 실속을 방지하기 위해서는 가변 안내 깃, 다축식 구조, 가변 고정자 깃 및 블리드 밸브 등을 장치한다.

37. 세계 최초로 민간 항공용 운송기에 장착하여 운항한 가스 터빈 기관은?
① 터보 프롭 기관
② 터보 팬 기관
③ 터보 샤프트 기관
④ 터보 제트 기관

해설 가스 터빈 기관이 민간 항공 분야에 최초로 도입된 것은 터보 프롭 기관으로, 1948년 영국에서 최초로 터보 프롭 여객기의 시험 비행에 성공하였다.

38. 다음 중 항공용 윤활유의 점도 측정에 사용하는 것은?
① CFR 점도계
② 맴돌이 점도계
③ 레이드 증기 점도계
④ 세이볼트 유니버설 점도계

39. 항공기용 왕복 기관의 공기 덕트 구성품이 아닌 것은?
① 공기 여과기

② 다이내믹 댐퍼
③ 기화기 공기 히터
④ 알터네이트 공기 밸브

해설 다이내믹 댐퍼는 왕복기관의 크랭크 축에 사용되는 부품이다.

40. 가스 터빈 기관 애뉼러형 연소실의 구성 요소가 아닌 것은?
① 연소실 라이너
② 이그나이터
③ 바깥쪽 케이스
④ 화염 전파관

해설 애뉼러형 연소실의 구성 : 연소실 바깥쪽 케이스, 연소실 라이너, 연소실 안쪽 케이스, 연료 노즐, 이그나이터

41. 항공기가 강하 또는 착륙(let down or landing) 시 수동 혼합 조종 장치의 위치는?
① 희박(lean) 위치
② 최대 농후(full rich) 위치
③ 외기 온도에 따라 수동 혼합 조종 장치의 위치를 변화시킨다.
④ 외기 습도에 따라 수동 혼합 조종 장치의 위치를 변화시킨다.

42. 왕복기관에서 발생하는 비정상 작동이 아닌 것은?
① 디토네이션(detonation)
② 조기 점화(pre−ignition)
③ 후기 연소(after firing)
④ 엔진 스톨(engine stall)

43. 다음 중 열기관의 이론 열효율을 구하는 식으로 옳은 것은?
① 공급 압력 ÷ 유효 압력
② 유효한 체적 ÷ 공급된 일
③ 유효한 일 ÷ 공급된 열량
④ 유효한 압력 ÷ 공급된 압력

44. 가스 터빈 기관의 교류 점화 계통에 사용되는 전원의 주파수(Hz)로 옳은 것은?
① 300
② 400
③ 500
④ 600

해설 115 V, 400 Hz의 교류 전원을 사용한다.

45. 실린더의 안지름이 15.0 cm, 행정거리가 0.155 m, 실린더 수가 4개인 기관의 총 행정 체적은 약 몇 cm^3인가?
① 730
② 2737
③ 10956
④ 16426

해설 총 행정체적
$$KAL = 4 \times \left(\frac{\pi \times 15^2}{4} \right) \times 15.5$$
$$= 10956\,cm^3$$

46. 다음 중 가스 터빈 기관의 연료 계통에 관련된 용어가 아닌 것은?
① PLA(power lever angle)
② FMU(fuel metering unit)
③ TCC(turbine case cooling)
④ FADEC(fuel authority data electronic control)

47. 가스 터빈 기관에서 배기가스 소음을 줄이는 방법으로 틀린 것은?
① 배기가스의 상대 속도를 줄여준다.
② 배기가스가 대기와 혼합되는 면적을 넓게 한다.
③ 배기 소음의 고주파수를 저주파수로 바꿔 준다.
④ 다 로브(multi lobed)형의 배기관을 장착한다.

해설 배기 소음 중의 저주파음을 고주파음으로 변환시킴으로써 소음 감소 효과를 얻도록 한 것이 배기 소음 감소 장치이다.

48. 항공기 연료 조절 장치에서 수감하는 기관의 주요 작동 변수가 아닌 것은?

① 기관 회전수
② 연료 유량
③ 압축기 출구 압력
④ 압축기 입구 온도

해설 연료 조절 장치의 수감 부분 : 기관의 회전수, 압축기 출구 압력, 압축기 입구 온도, 동력 레버 위치

49. 다음 중 반동도가 "0"이며 가스의 팽창은 터빈 스테이터에서만 이루어지고 로터 깃에서는 팽창이 이루어지지 않는 축류 터빈 로터는 어느 것인가?

① 반동 터빈
② 충동 터빈
③ 반동-충동 터빈
④ 레이디얼 플로 터빈

50. "에너지는 여러 가지 형태로 변환이 가능하나, 절대적인 양은 일정하다."라는 내용은 어떤 법칙을 설명하고 있는가?

① 뉴턴의 제1법칙
② 열역학 제0법칙
③ 열역학 제1법칙
④ 열역학 제2법칙

해설 열역학 제1법칙은 에너지 보존 법칙이라고도 하며, 에너지는 여러 가지 형태로 변환이 가능하나 절대적인 양은 일정하다는 것이다.

51. 다음 중 후기 연소기의 구성에 포함되지 않는 것은?

① 배기 노즐
② 화염 유지기
③ 연료 분무 막대
④ 예열 플러그

해설 후기 연소기 : 후기 연소기 라이너, 연료 분무대, 불꽃 홀더, 가변 면적 노즐

52. 왕복기관의 냉각에 주로 사용되는 공랭식 기관의 구조에 해당하지 않는 것은 다음 중 어느 것인가?

① 배플   ② 카울 플랩
③ 냉각 핀   ④ 공기 덕트

53. 그림과 같은 고정 피치 프로펠러에서 (A)의 명칭은?

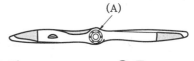

① 팁   ② 목
③ 허브   ④ 깃

54. 가스 터빈 기관의 터빈 깃에 직각으로 머리카락 모양의 형태로 균열이 나타날 때 이 결함의 원인으로 가장 옳은 것은?

① 과부식   ② 과하중
③ 과냉각   ④ 열응력

55. 왕복 기관 점화 계통에 사용되는 승압 코일(booster coil)의 목적은?

① 2차 코일에 맥류를 공급한다.
② 기관 시동 시 고압의 불꽃을 발생한다.
③ 회전자석 마그네토의 1차 코일에 맥류를 공급한다.
④ 브레이커 포인트에 고압 불꽃을 발생하게 한다.

해설 부스터 코일(booster coil) : 마그네토가 고전압을 발생시킬 수 있는 회전속도에 이를 때까지 점화플러그에 점화불꽃을 일으키게 하는 역할을 한다.

56. 터보 제트 기관에서 저발열량이 12000 kcal/kg인 연료를 1초 동안 0.13 kg씩 소모한다고 할 때 추력 비연료 소비율(TSFC)은 약 몇 kg/kg·h 인가?(단, 진추력은 6000 kg, 비행속도는 200 m/s이다.)

① 0.08　　　　　② 0.16
③ 0.20　　　　　④ 0.76

해설 $TSFC = \dfrac{W_f \times 3600}{F_n}$

$= \dfrac{0.13 \times 3600}{6000} = 0.078 \, kg/kg \cdot h$

57. 항공용 왕복 기관에서 과급기를 사용하는 주된 목적은?

① 출력 증대
② 냉각 효율 향상
③ 연료 소비량 감소
④ 기관 구조의 단순화

해설 과급기 : 일종의 압축기로 흡입가스를 압축시켜 많은 양의 혼합가스 또는 공기를 실린더로 밀어 넣어 큰 출력을 내도록 하는 장치

58. 밸브 개폐 시기를 나타내는 용어 및 약자에서 "상사점 후"를 나타내는 것은?

① ATC　　　　　② BTC
③ ABC　　　　　④ BBC

해설 밸브 개폐 시기
- 상사점 전 : BTC (before top dead center)
- 상사점 후 : ATC (after top dead center)
- 하사점 전 : BBC (before bottom dead center)
- 하사점 후 : ABC (after before bottom dead center)

59. 왕복 기관과 비교한 가스 터빈 기관의 특성이 아닌 것은?

① 연료 소모량이 많고 소음이 심하다.
② 회전수에 제한을 받기 때문에 큰 출력을 내기가 어렵다.
③ 왕복 부분이 없어 기관의 진동이 적다.
④ 비행속도가 커질수록 효율이 높아져 초음속 비행도 가능하다.

해설 가스 터빈 기관은 높은 회전수를 얻을 수 있기 때문에 작은 크기로 큰 출력을 낼 수 있다.

60. 브레이턴 사이클(Brayton cycle)에 대한 설명으로 옳은 것은?

① 2개의 단열과정과 2개의 정압과정으로 이루어진다.
② 2개의 단열과정과 2개의 정적과정으로 이루어진다.
③ 2개의 정압과정과 2개의 정적과정으로 이루어진다.
④ 2개의 등온과정과 2개의 정적과정으로 이루어진다.

해설 브레이턴 사이클 : 단열압축과정, 정압연소과정, 단열팽창과정, 정압방열과정

항공기관정비기능사 **[제4회]**

1. 비압축성 유체의 연속방정식을 옳게 나타낸 것은?(단, A_1은 흐름의 입구면적, V_1은 흐름의 입구속도, A_2는 흐름의 출구면적, V_2는 흐름의 출구속도이다.)

① $A_1 \times V_1 = A_2 \times V_2$
② $A_1 \times V_2 = A_2 \times V_1$
③ $A_1 \times V_1^2 = A_2 \times V_2^2$
④ $A_1 \times V_2^2 = A_2 \times V_1^2$

해설 연속방정식
(1) 압축성 유체의 연속방정식
$$\rho_1 A_1 V_1 = \rho_2 A_1 V_2$$
(2) 비압축성 유체의 연속방정식
$$A_1 V_1 = A_2 V_2$$

2. 헬리콥터에서 주회전날개에 의해 발생하는 토크를 상쇄시키는 기능을 하는 것은 어느 것인가?

① 허브
② 꼬리 회전날개
③ 수평 안정판
④ 수직 꼬리날개

해설 꼬리 회전날개 : 주회전날개의 회전에 의해 발생되는 토크(torque)를 상쇄하고, 방향을 조종한다.

3. 비행기의 안정성을 향상시키기 위한 방법으로 틀린 것은?

① 꼬리날개 효율이 클수록 안정성에 좋다.
② 꼬리날개 면적을 크게 할수록 안정성에 좋다.
③ 날개가 항공기 무게중심보다 높은 위치에 있을 때가 안정성이 좋다.
④ 항공기 무게중심이 날개의 공기역학적 중심보다 뒤에 위치하는 것이 안정성에 좋다.

해설 비행기의 세로 안정성 : 무게중심이 날개

의 공기역학적 중심보다 앞에 위치할수록 안정성이 좋아진다.

4. 날개의 앞전 반지름을 크게 하는 것과 같은 효과를 내거나, 날개 앞전에서 흐름의 떨어짐을 지연시키는 것이 아닌 것은?

① 파울러 플랩(fowler flap)
② 크루거 플랩(krueger flap)
③ 슬롯과 슬랫(slot and slat)
④ 드루프 앞전(drooped leading edge)

해설 • 앞전 플랩 : 슬롯과 슬랫, 크루거 플랩, 드루프 앞전
• 뒷전 플랩 : 단순 플랩, 스플릿 플랩, 슬롯 플랩, 파울러 플랩

5. 다음 중 오토자이로가 할 수 있는 비행은?

① 수직착륙
② 정지비행
③ 수직이륙
④ 선회비행

해설 오토자이로는 헬리콥터처럼 공중에서 정지비행을 할 수는 없지만 비행기보다 훨씬 짧은 이·착륙거리와 작은 실속속도를 갖는다.

6. 정상 수평선회하는 비행기의 경사각이 45°일 때 하중배수는 얼마인가?

① 1
② $\sqrt{2}$
③ $\sqrt{3}$
④ 2

해설 선회 시 하중배수
$$n = \frac{1}{\cos\phi} = \frac{1}{\cos 45°} = \frac{1}{\frac{1}{\sqrt{2}}} = \sqrt{2}$$

7. 날개골(airfoil)의 모양을 결정하는 요소가 아닌 것은?

① 두께
② 받음각
③ 캠버
④ 시위선

해설 날개골의 공기역학적 특성은 날개골의

정답 1. ① 2. ② 3. ④ 4. ① 5. ④ 6. ② 7. ②

모양에 따라 달라지며 날개골의 두께, 캠버, 시위 그리고 앞전 반지름 등에 의해 결정된다.

8. 프로펠러 깃의 시위선과 깃의 회전면이 이루는 각을 무엇이라고 하는가?

① 깃각   ② 유입각
③ 받음각   ④ 피치각

해설 깃각은 비행기 날개의 붙임각과 같은 것으로, 회전면과 깃의 시위선이 이루는 각을 말한다.

9. 트림탭(trim tab)에 대한 설명으로 가장 옳은 것은?

① 스프링을 설치하여 탭의 작용을 배가시키도록 한 장치이다.
② 조종석의 조종 장치와 직접 연결되어, 탭만 작동시켜서 조종면이 움직이도록 설계된 것으로서 주로 대형 비행기에 사용된다.
③ 조종면이 움직이는 방향과 반대방향으로 움직이도록 기계적으로 연결되어 있으며, 탭이 위쪽으로 올라가면 탭에 작용하는 공기력 때문에 조종면이 반대방향으로 움직여서 내려오게 된다.
④ 조종면의 힌지 모멘트를 감소시켜서 조종사의 조종력을 0으로 조정해 주는 역할을 하며, 조종석에서 그 위치를 조절할 수 있도록 되어 있다.

10. 날개의 공기역학적 중심이 비행기 무게중심 앞의 $0.2\bar{c}$에 있으며, 공기역학적 중심 주위의 키놀이 모멘트계수가 -0.015이다. 만일 양력계수가 0.3이라면 무게중심 주위의 모멘트계수는 약 얼마인가? (단, 공기역학적 중심과 무게중심은 같은 수평선상에 놓여 있다.)

① 0.015   ② -0.015
③ 0.045   ④ -0.045

해설 $C_{Mac} = -0.015$, $a = 0.2\bar{c}$, $b = 0$,
$C_L = 0.3$이므로

$$C_{Mc\cdot g\,wing} = C_{Mac} + C_L\frac{a}{c} - C_D\frac{b}{c}$$
$$= -0.015 + 0.3(0.2) = 0.045$$

11. 비행기가 공기 중을 수평 등속도로 비행할 때 등속도 비행에 관한 비행기에 작용하는 힘의 관계가 옳은 것은?

① 추력＝항력   ② 추력＞항력
③ 양력＜중력   ④ 양력＞중력

해설 등속도 수평비행 조건
양력＝중력, 추력＝항력

12. 초음속 흐름에서 통로가 일정 단면적을 유지하다가 급격히 좁아질 때 흐름의 압력, 밀도, 속도의 변화로 옳은 것은?

① 압력과 밀도는 감소하고 속도는 증가한다.
② 압력은 감소하고 밀도와 속도는 증가한다.
③ 압력과 밀도는 증가하고 속도는 감소한다.
④ 압력은 증가하고 밀도와 속도는 감소한다.

해설 • 초음속 흐름에서는 아음속 흐름과 정반대의 현상이 발생한다.
• 아음속에서는 단면적이 좁아지면 속도가 빨라지고, 압력은 낮아진다.
• 초음속에서는 단면적이 좁아지면 속도는 감소하고, 압력, 밀도는 증가한다.

13. 다음 ( )에 알맞은 용어들이 순서대로 나열된 것은?

> "레이놀즈수가 증가하면 유체 흐름은 ( )에서 ( )로 전환되는데 이 현상을 ( )라 하며, 이 현상이 일어나는 때의 레이놀즈수를 ( ) 레이놀즈수라 한다."

① 난류－층류－박리－임계
② 층류－난류－천이－임계
③ 층류－난류－임계－박리
④ 난류－층류－천이－임계

정답 • 8. ①   9. ④   10. ③   11. ①   12. ③   13. ②

해설 층류 흐름이 난류 흐름으로 변환되는 과정의 사이에 천이 현상이 존재하며, 이러한 천이 현상이 발생되는 레이놀즈수를 임계 레이놀즈수라 한다.

14. 날개 끝 실속을 방지하기 위해 날개 끝의 붙임각을 날개 뿌리의 붙임각보다 작거나 크게 한 것을 무엇이라 하는가?
① 쳐든각   ② 뒤젖힘각
③ 기하학적 비틀림   ④ 테이퍼비

15. 비행기가 정지상태로부터 등가속도 20 m/s²로 20초 동안 지상활주를 하였다면 이 비행기의 지상활주거리는 몇 km인가?
① 2   ② 3.5
③ 4   ④ 4.5

해설 지상활주거리
$$S = \frac{1}{2}at^2 = \frac{1}{2} \times 20 \times 20^2 = 4000\,\text{m} = 4\,\text{km}$$

16. 안전에 직접 관련된 설비 및 구급용 치료설비 등을 쉽게 알아보기 위하여 칠하는 안전색채는 무엇인가?
① 청색   ② 황색
③ 녹색   ④ 오렌지색

17. 다음 중 단순한 치수검사를 위한 검사방법으로 효율적인 검사법은?
① 와류검사법   ② 몰입검사법
③ 비교검사법   ④ 침투측정법

18. 항공기의 장비품이나 부품이 정상적으로 작동하지 못할 경우 자료수집, 모니터링, 자료분석의 절차를 통하여 원인을 파악하고 조치를 취하는 정비관리방식은?
① 예방 정비관리
② 특별 정비관리
③ 신뢰성 정비관리
④ 사후 정비관리

19. 다음 영문의 내용을 옳게 번역한 것은?

> " A lead is a wire connecting a spark plug to a magneto."

① 점화 플러그는 마그네토에 포함된다.
② 처음 작동의 연결은 축전지와 마그네토 플러그에 연결된 도선에 의한다.
③ 마그네토는 점화 플러그에 의해 작동된다.
④ 도선은 점화 플러그와 마그네토를 연결하는 선이다.

20. 다음 중 항공기 잭 작업에 대한 설명이 아닌 것은?
① 정해진 위치에 잭 패드를 부착하고 잭을 설치한다.
② 항공기를 들어올린 후 안전 고정 장치를 설치한다.
③ 로프나 체인의 고정 위치는 운전자를 중심으로 설치한다.
④ 단단하고 평평한 장소에서 최대 허용풍속 이하에서 잭을 설치한다.

21. 원형통 물체(대구경 튜브, filter bowl 등)의 표면에 손상을 입히지 않고 장탈착할 수 있는 공구는?
① 스트랩 렌치(strap wrench)
② 캐논 플라이어(cannon plier)
③ 오픈 엔드 렌치(open end wrench)
④ 어저스터블 렌치(adjustable wrench)

해설 벨트 렌치(스트랩 렌치)

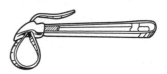

22. 초음파검사에 대한 설명으로 틀린 것은?

① 고주파 음속 파장을 이용한다.

② 검사 부위의 페인트는 음파를 흡수하므로 검사 전 제거해야 한다.

③ 결함의 종류 판단에 고도의 숙련이 필요하다.

④ 검사 대상 재료의 조직이 미세하면 검사 가능 두께는 작아진다.

> **해설** 초음파검사의 특징 : 소모품이 거의 없어 검사비가 싸고, 균열과 같이 평면적인 검사에 적합하며, 판독이 객관적이고, 검사 대상물의 한쪽 면만 노출되어도 검사가 가능하다.

23. 단단히 조여 있는 너트나 볼트를 풀 때 지렛대 역할을 하는 그림과 같은 공구의 명칭은 어느 것인가?

① 래칫 핸들

② 브레이커 바

③ 슬라이딩 T 핸들

④ 익스텐션 바

24. 알루미늄 합금의 표면에 생긴 부식을 제거하기 위하여 철솔(wire brush)이나 철천(steel wool)을 사용하면 안 되는 가장 큰 이유는?

① 표면이 거칠어지기 때문

② 알루미늄 금속까지 제거되기 때문

③ 부식 제거 후 세척작업을 방해하기 때문

④ 철분이 표면에 남아 전해부식을 일으키기 때문

25. 버니어캘리퍼스로 측정한 결과 어미자와 아들자의 눈금이 그림과 같이 화살표로 표시된 곳에서 일치하였다면 측정값은 몇 mm인

가? (단, 최소 측정값이 $\frac{1}{20}$ mm이다.)

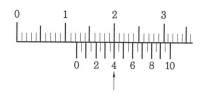

① 12.4　② 12.8　③ 14.0　④ 18.0

> **해설** 어미자 + 아들자 = 12 + 0.4 = 12.4 mm

26. 볼트 머리나 너트 쪽에 부착시켜 체결 하중 분산, 그립 길이 조정, 풀림을 방지하는 목적으로 사용하는 것은?

① 핀

② 와셔

③ 턴버클

④ 캐슬 전단 너트

27. 항공기의 지상 보조장비에 대한 설명으로 틀린 것은?

① 윤활유 탱크의 윤활유 보급 장비는 수동식과 진공식이 있다.

② GPU는 항공기에 전기적인 동력을 공급하여 주는 장비이다.

③ 항공기의 지상 전력 공급 장비는 교류 400 Hz, 3상이다.

④ GTC는 다량의 저압공기를 배출하여 항공기 가스 터빈 기관의 시동 계통에 압축공기를 공급하는 장비이다.

28. 다음 중 항공기 정비 방식이 아닌 것은?

① 하드 타임

② 리딩 컨디션

③ 온 컨디션

④ 컨디션 모니터링

29. 볼트의 부품기호가 AN3DD5A로 표시되어 있다면 AN3가 의미하는 것은?

① 볼트 길이가 3/8 in

② 볼트 지름이 3/8 in

③ 볼트 길이가 3/16 in

항공기관정비기능사

④ 볼트 지름이 3/16 in

해설 AN3DD5A
AN : AN 표준기호
3 : 볼트 지름(3/16 inch)
DD : 재질 기호(알루미늄 합금 2024)
5 : 볼트 길이(5/8 inch)
A : 축에 구멍이 없는 것

30. 리벳 제거를 위한 그림의 각 과정을 순서
대로 나열한 것은?

① ㉠ → ㉢ → ㉣ → ㉡
② ㉢ → ㉠ → ㉣ → ㉡
③ ㉠ → ㉣ → ㉢ → ㉡
④ ㉢ → ㉣ → ㉠ → ㉡

해설 리벳의 제거 : 줄 작업 → 센터펀치 작업
→ 드릴 작업 → 따내기 작업 → 빼내기 작업

31. 나사산에 기름이나 그리스가 묻어있을 경
우 정상적인 규정 토크로 작업을 한다면 볼트
의 조임 상태는 어떠한가?

① 정밀 토크   ② 과다 토크
③ 과소 토크   ④ 드라이 토크

32. 항공기 급유 및 배유 시 안전사항에 대한
설명으로 옳은 것은?

① 작업장 주변에서 담배를 피우거나 인화성
물질을 취급해서는 안 된다.
② 사전에 안전조치를 취하더라도 승객 대기
중 급유해서는 안 된다.
③ 자동제어 시스템이 설치된 항공기에 한하
여 감시요원 배치를 생략할 수 있다.

④ 3점 접지 시 안전조치 후 항공기와 연료차
의 연결은 생략할 수 있지만 각각에 대한
지면과의 연결은 생략할 수 없다.

33. CO_2 소화기와 CBM 소화기의 단점을 보완
하여 개발된 소화기는?

① 포말 소화기   ② 분말 소화기
③ 할론 소화기   ④ 중탄 소화기

해설 할론 소화기 : 할론 가스를 소화 약품으로
사용하는 것으로, 일반 화재 및 유류, 화학 약
품, 전기, 가스 등 화재 전반에 걸쳐 다양하게
사용된다.

34. 항공기에 관한 영문 용어가 한글과 옳게
짝지어진 것은?

① airframe – 원동기
② unit – 단위 구성품
③ structure – 장비품
④ power plant – 기체 구조

해설 정비 관련 용어 : 결함 – squawks, 기능
불량 – malfunction, 기체 구조 – structure,
구성품 – component, 부품 – part, 분해 점검
– disassembly check, 원동기 – powerplant,
기체 – airframe, 단위 구성품 – unit

35. 다음 중 항공기 구조물 균열(crack)의 원
인으로 가장 거리가 먼 것은?

① 도료에 의한 균열
② 피로에 의한 균열
③ 과부하에 의한 균열
④ 응력 부식에 의한 균열

36. 금속제 프로펠러의 허브나 버트(butt) 부
분에 주어지는 정보가 아닌 것은?

① 사용시간   ② 생산 증명번호
③ 일련번호   ④ 형식 증명번호

정답 → **30.** ④   **31.** ②   **32.** ①   **33.** ③   **34.** ②   **35.** ①   **36.** ①

37. 왕복기관이 순항(cruises) 출력에서 작동될 때 수동혼합기 조종 장치의 위치는?

① 희박(lean) 위치

② 외기 습도에 따라 변화

③ 외기 온도에 따라 변화

④ 최대 농후(full rich) 위치

해설 이륙 시, 상승 시에는 농후 혼합 위치, 순항 시에는 희박 혼합 위치를 사용한다.

38. 가스 터빈 기관의 연료 중 JP-5와 비슷하며 어는점이 약간 높은 연료는?

① JP-6, 제트 B형

② 제트 A형, 제트 B형

③ 제트 A형, 제트 A-1형

④ 제트 A-1형, 제트 B형

해설 가스 터빈 연료

• 제트 A형 및 A-1형 : 민간 항공기용 연료로서 JP-5와 비슷하지만 어는점이 약간 높다.

• 제트 B형 : JP-4와 비슷하나 어는점이 약간 높다.

39. 가스 터빈 기관의 윤활유 펌프로 사용되지 않는 펌프는?

① 기어형   ② 베인형

③ 제로터형   ④ 스크루형

40. 항공기 기관의 윤활유 소기펌프(scavenge pump)가 압력펌프(pressure pump)보다 용량이 큰 이유는?

① 소기펌프가 파괴되기 쉬우므로

② 압력펌프보다 압력이 높으므로

③ 압력펌프보다 압력이 낮으므로

④ 공기가 혼합되어 체적이 증가하고 윤활유가 고온이 되어 팽창하므로

41. 대향형 왕복기관 실린더 헤드의 원통형 연소실과 비교하여 반구형 연소실의 장점이 아닌 것은?

① 화염의 전파가 좋아 연소효율이 높다.

② 동일 용적에 대해 표면적을 최소로 하기 때문에 냉각 손실이 적다.

③ 흡·배기 밸브의 지름을 크게 하므로 체적효율이 증가한다.

④ 실린더 헤드의 제작이 쉽고 밸브 작동기구가 간단하다.

42. 다음 중 왕복기관에 사용되는 지시계기가 아닌 것은?

① 회전(rpm)계

② 윤활유량(oil quantity)계

③ 윤활유 온도(oil temperature)계

④ 실린더 헤드 온도(cylinder head temperature)계

43. 항공기 기관 중 바이패스 공기(bypass air)에 의해 추력의 일부를 얻는 기관은?

① 터보 제트 기관   ② 터보 팬 기관

③ 터보 프롭 기관   ④ 팸 제트 기관

해설 터보 팬 기관 : 흡입구에서 흡입된 공기는 팬으로 보내지며, 팬은 이 공기를 압축시킨다. 팬의 중심부를 통과한 공기는 압축기로 보내지며, 팬을 통과한 공기는 기관 외부로 흘러 추력으로 이용되는데 이 공기를 바이패스 공기라 한다.

44. 공랭식 왕복기관의 각 구성품에 대한 설명으로 옳은 것은?

① 라이너(liner)는 냉각공기의 흐름 방향을 유도한다.

② 카울 플랩(cowl flap)은 냉각공기가 넓게 흐르도록 유도한다.

③ 냉각 핀(cooling fin)의 재질은 실린더 헤드와 같은 재질로 제작한다.

④ 배플(baffle)은 기관으로 유입되는 냉각공

기의 흐름량을 조절한다.

> **해설** 공랭식 왕복기관의 냉각계통은 냉각 핀, 배플, 카울 플랩 등으로 구성된다. 냉각 핀은 실린더와 같은 재질로 만들어지고, 배플은 실린더 주위에 설치된 금속판이며, 카울 플랩은 카울링에 부착되어 실린더 온도에 따라 열고 닫을 수 있도록 되어 있다.

45. 구조가 간단하고 길이가 짧으며 연소 효율이 좋으나 정비하는 데 불편한 결점이 있는 가스 터빈 기관의 연소실은?
  ① 캔형   ② 애뉼러형
  ③ 역류형   ④ 캔 – 애뉼러형

> **해설** 애뉼러 연소실 : 연소실 구조가 간단하고, 길이가 짧으며, 연소실 전면 면적이 좁다. 연소가 안정되므로 연소 정지 현상이 거의 없고, 출구 온도 분포가 균일하며, 연소 효율이 좋으나 정비가 불편하다.

46. 항공기에 장착한 왕복기관이 고도의 변화에 따라 벨로스(bellows)의 수축과 팽창으로 혼합비가 자동으로 조정되는 장치는?
  ① 가속 혼합비 조정장치
  ② 자동 혼합비 조정장치
  ③ 초크 혼합비 조정장치
  ④ 이코노마이저 혼합비 조정장치

> **해설** 자동 혼합비 조정장치 : 고도가 높아지고 낮아짐에 따라 기압의 변화로 수축, 팽창 작용을 하는 벨로스를 이용하여 밸브가 자동적으로 열리고 닫히도록 되어 있다.

47. 지시마력 $iHP = \dfrac{PLANK}{75 \times 2 \times 60}$ 에서 P에 대한 설명으로 옳은 것은?(단, L : 행정길이, A : 피스톤 면적, N : 실린더의 분당 출력 행정 수, K : 실린더 수이다.)
  ① 평균 지시마력이며 kg·m/s로 표시한다.
  ② 평균 지시마력이며 kgi·m/s로 표시한다.
  ③ 지시평균 유효압력이며 kgf/cm²로 표시

한다.
  ④ 지시평균 유효압력이며 kg/m·s²로 표시한다.

> **해설** P : 지시평균 유효압력(kgf/cm²)
> L : 행정거리(m)
> A : 실린더 단면의 넓이(cm²)
> N : 기관의 회전수(rpm)

48. 가스 터빈 기관 축류식 압축기의 1단당 압력비가 1.4이고, 압축기가 4단으로 되어 있다면 전체 압력비는 약 얼마인가?
  ① 2.8   ② 3.8
  ③ 5.6   ④ 6.6

> **해설** 압력비 $\gamma = (\gamma_s)^n = (1.4)^4 = 3.8$

49. 변압기의 1차 코일에 감은 수가 100회, 2차 코일에 감은 수가 300회인 변압기의 1차 코일에 100 V 전압을 가할 시 2차 코일에 유기되는 전압은 몇 볼트(V)인가?
  ① 100   ② 200
  ③ 300   ④ 400

> **해설** 변압기 $\dfrac{n_1}{n_2} = \dfrac{E_1}{E_2}$ 에서
> $E_2 = \dfrac{n_2}{n_1} E_1 = \dfrac{300}{100} \times 100 = 300\,\mathrm{V}$

50. 항공기 터보 프롭 기관에서 프로펠러의 진동이 가스 발생부로 직접 전달되지 않으며, 기관을 정지하지 않고도 프로펠러를 정지시킬 수 있는 이유는?
  ① 감속기가 장착되었기 때문
  ② 프로펠러 구동 샤프트가 단축 샤프트로 연결되었기 때문
  ③ 프리 터빈이 장착되어서 로터 브레이크를 사용하기 때문
  ④ 타기관과 비교하여 프로펠러의 최고 회전 속도가 낮기 때문

정답 ● 45. ② 46. ② 47. ③ 48. ② 49. ③ 50. ③

해설 터보 프롭 기관의 특징
- 시동이 용이하고, 프로펠러 회전속도를 낮게 유지할 수 있으며, 프로펠러 등에서 발생하는 진동이 기관 내부로 전달되지 않는다.
- 로터 제동장치(rotor brake)를 사용하면 기관을 정지하지 않고도 프로펠러를 정지시킬 수 있다.

51. 항공기 왕복기관의 마그네토를 형식별로 분류하는 방법으로 틀린 것은?
① 저압과 고압 마그네토
② 단식과 복식 마그네토
③ 회전 자석과 유도자 로터 마그네토
④ 스플라인과 테이퍼 장착 마그네토

52. 터빈 기관의 성능에 관한 설명으로 옳은 것은?
① 전효율은 추진효율과 열효율의 합이다.
② 대기온도가 낮을 때 진추력이 감소한다.
③ 총추력은 net thrust 로서 진추력과 램항력의 차를 말한다.
④ 기관 추력에 영향을 끼치는 요소는 주변온도, 고도, 비행속도, 기관 회전수 등이 있다.

해설 가스 터빈 기관의 성능
① 전효율은 열효율과 추진효율의 곱이다.
② 대기온도가 낮으면 공기 밀도가 증가하여 추력이 증가한다.
③ 총추력은 공기 및 연료의 유입 운동량을 고려하지 않았을 때의 추력, 즉 항공기가 정지되어 있을 때의 추력이다.
④ 추력에 영향을 주는 요소로는 공기 밀도, 비행속도, 비행고도 등이 있다.

53. 단위 질량을 단위 온도로 올리는 데 필요한 열량을 무엇이라 하는가?
① 밀도
② 비열
③ 엔탈피
④ 엔트로피

해설 비열 : 1 kg의 물질의 온도를 1℃ 높이는 데 필요한 열량을 말한다.

54. 다음 중 원심식 압축기의 구성품을 옳게 나열한 것은?
① 흡입구, 디퓨저, 노즐
② 임펠러, 노즐, 매니폴드
③ 임펠러, 로터, 스테이터
④ 임펠러, 디퓨저, 매니폴드

55. 가스 터빈 기관을 장착한 항공기에 역추력 장치를 설치하는 주된 이유는?
① 상승 출력을 최대로 하기 위하여
② 하강 비행 안정성을 도모하기 위하여
③ 착륙 시 착륙거리를 짧게 하기 위하여
④ 이륙 시 최단시간 내에 기관의 정격속도에 도달하기 위해서

해설 역추력 장치 : 배기가스를 비행기의 앞쪽 방향으로 분사시킴으로써 항공기에 제동력을 주는 장치로서 착륙 후 비행기의 제동에 사용된다.

56. 다음 설명 중 정적과정(constant volume process)의 특징으로 틀린 것은?
① 열을 가하면 압력이 증가한다.
② 열을 가하면 체적이 증가한다.
③ 열을 가하면 온도가 증가한다.
④ 압력을 증가시키면 온도가 증가한다.

해설 정적과정 : 체적이 일정하게 유지되는 과정으로 압력과 온도는 변화하지만 부피의 변화는 없다.

57. 항공기 왕복기관에 부착되어 있는 딥스틱(dipstick)의 용도는?
① 윤활유 양 측정
② 윤활유 온도 측정
③ 윤활유 점도 측정
④ 윤활유 압력 측정

58. 바람 방향이 기수를 기준으로 뒤쪽에서 불어올 경우 가스 터빈 기관의 시동 및 작동 시에 발생되는 현상 및 조치사항으로 틀린 것은 어느 것인가?

① 아이들 출력 이상의 비교적 낮은 출력 범위에서 기관의 배기가스 온도가 비정상적으로 높게 되는 경우가 있다.

② 높은 기관 출력 범위에서는 압축기 실속이 발생될 수 있다.

③ 가스 터빈 기관 시동 및 작동 중 배기가스가 한계온도를 초과된 경우 추력 레버를 아이들 위치로 내리고 정상 절차에 따라 기관을 정지시킨다.

④ 가스 터빈 기관 시동 및 작동 중 압축기 실속이 발생하면 즉시 기관을 정지시킨다.

[해설] 기관 조절(engine trimming) : 비행기는 바람에 대하여 정면으로 향하게 하고, 제작회사에서 규정한 방법에 따라 수행한다.

59. 가스 터빈 기관의 주연료 펌프는 항상 기관이 필요로 하는 연료보다 더 많은 양을 공급하는데 연료 조정장치에서 연소실에 필요한 만큼의 연료를 계량한 후 여분의 연료를 어떻게 하는가?

① 연료펌프 입구로 보낸다.

② 바이패스 밸브를 통해 밖으로 배출한다.

③ 연료 매니폴드를 통해 연료탱크로 보낸다.

④ 차압 조절 밸브를 통해 연료 매니폴드 입구로 보낸다.

[해설] 주연료 펌프 : 연료 조정장치에서 사용하고 남은 연료는 바이패스 연료 입구를 통해 기어펌프 입구로 보내진다.

60. 항공기용 왕복기관의 밸브 개폐시기에서 밸브 오버랩에 관한 설명으로 틀린 것은?

① 연료소비를 감소시킬 수 있다.

② 배기행정 말에서 흡입행정 초기에 발생한다.

③ 조정이 잘못될 경우 역화(back fire) 현상을 일으킬 수도 있다.

④ 충진밀도의 증가, 체적효율 증가, 출력 증가의 효과가 있다.

[해설] 밸브 오버랩 : 흡입밸브는 상사점 전에 미리 열리고 하사점을 지난 후에 닫히도록 하고, 배기밸브는 하사점 전에 미리 열리고 상사점을 지난 후에 닫히도록 한다. 저속으로 작동 시에는 연소되지 않은 혼합가스의 배출 손실이나 역화를 일으킬 염려가 있다.

항공기관정비기능사 [제5회]

1. 날개골의 받음각이 크게 증가하여 흐름의 떨어짐 현상이 발생하면 양력과 항력의 변화는?

① 양력과 항력 모두 증가한다.
② 양력과 항력 보두 감소한다.
③ 양력은 증가하고 항력은 감소한다.
④ 양력은 감소하고 항력은 증가한다.

[해설] 날개골이 실속각을 넘어 가게 되면 공기 흐름의 떨어짐으로 인해 양력이 급격히 감소를 하고, 항력이 급격히 증가를 하는 현상이 발생한다.

2. 헬리콥터에서 코닝은 주 회전날개의 어떤 힘의 합성력으로 발생하는가?

① 양력과 항력
② 양력과 원심력
③ 회전력과 원심력
④ 회전력과 항력

[해설] 코닝각 : 회전면과 원추의 모서리가 이루는 각을 코닝각이라고 하며 원심력과 양력의 합에 의해 결정된다.

3. 다음 중 항공기의 평형상태에 대한 설명으로 가장 옳은 것은?

① 모든 힘의 합이 0인 상태
② 모든 모멘트의 합이 0인 상태
③ 모든 힘의 합이 0이고, 모멘트의 합은 1인 상태
④ 모든 힘의 합은 0이고, 모멘트의 합도 0인 상태

[해설] 비행기에 작용하는 모든 힘의 합이 0이며, 키놀이, 빗놀이, 옆놀이 모멘트의 합이 0인 경우를 평형이 되었다고 한다.

4. 비행기가 수평비행이나 급강하로 속도가 증가하여 천음속 영역에 도달하게 되면 한쪽 날개가 충격 실속을 일으켜서 갑자기 양력을 상실하여 급격한 옆놀이를 일으키는 현상은?

① 피치 업(pitch up)
② 턱 언더(tuck under)
③ 디프 스톨(deep stall)
④ 날개 드롭(wing drop)

5. 표준대기에서 약 10000 m 상공의 대기 온도는 약 몇 ℃인가?

① −50
② −40
③ −30
④ −20

[해설]
$$T = T_0 - 0.0065h$$
$$= 15 - 0.0065 \times 10000 = -50℃$$

6. 항력 D [kgf]인 비행기가 정상 수평 비행을 할 때 속도 V [m/s]를 내기 위한 필요마력을 구하는 식은? (단, T는 이용추력(kgf)이다.)

① $\dfrac{TV}{75}$
② $\dfrac{DV}{75}$
③ $75T \cdot V$
④ $75D \cdot V$

[해설] 필요마력 $= \dfrac{DV}{75}$, 이용마력 $= \dfrac{TV}{75}$

7. 날개의 시위 길이가 4 m, 공기의 흐름속도가 720 km/h, 공기의 동점성계수가 0.2 cm²/s일 때 레이놀즈수는 약 얼마인가?

① 2×10^6
② 4×10^6
③ 2×10^7
④ 4×10^7

[해설] $R_e = \dfrac{VL}{\nu} = \dfrac{20000 \times 400}{0.2} = 4 \times 10^7$

여기서, $V = 720$ km/h $= \left(\dfrac{720}{3.6}\right)$ m/s
$$= 200 \text{ m/s} = 20000 \text{ cm/s},$$
$L = 4$ m $= 400$ cm이다.

정답 ➡ **1.** ④ **2.** ② **3.** ④ **4.** ④ **5.** ① **6.** ② **7.** ④

8. 비행기가 가속도 없이 등속 수평 비행할 경우 하중배수는 얼마인가?

① 0　　② 0.5　　③ 1.0　　④ 1.5

> **해설** 등속 수평 비행이란 $W=L$인 상태이므로, 하중배수 $=\dfrac{L}{W}=1$이다.

9. 헬리콥터 조종장치 페달은 주회전날개가 회전함으로써 발생되는 토크를 상쇄하기 위하여 꼬리 회전날개의 무엇을 조절하는가?

① 코드　　② 피치　　③ 캠버　　④ 두께

> **해설** 헬리콥터의 방향 조종 : 단일 회전날개의 경우 꼬리 회전날개의 피치각을 조절하여 방향을 조종하고, 회전날개가 두 개인 회전익 항공기의 경우에는 한쪽 회전날개의 피치를 조절하여 방향을 조종한다.

10. 수직축을 중심으로 빗놀이(yawing) 모멘트를 발생시키기 위해 필요한 조종면은?

① 방향키(rudder)　　② 승강키(elevator)
③ 도움날개(aileron)　　④ 스포일러(spoiler)

11. 항공기가 선회각 60°로 정상 수평 선회비행 시 하중배수는? (단, cos60°는 0.50이다.)

① 1　　② 1.5　　③ 2　　④ 2.5

> **해설** 선회 시 하중배수 $=\dfrac{1}{\cos\theta}=\dfrac{1}{\cos 60°}$
> $$=\dfrac{1}{0.5}=2$$

12. 다음 중 직사각형 비행기 날개의 가로세로비(aspect ratio)를 옳게 표현한 것은? (단, S : 날개면적, b : 날개길이, c : 시위이다.)

① $\dfrac{b}{S}$　　② $\dfrac{bc}{S}$　　③ $\dfrac{b^2}{S}$　　④ $\dfrac{c}{S}$

> **해설** 가로세로비 $=\dfrac{날개길이}{시위길이}$
> $$=\dfrac{b}{c}=\dfrac{b\times b}{c\times b}=\dfrac{b^2}{S}$$

13. 항공기 날개의 단면형상을 나타낸 NACA 24120에 대한 설명으로 옳은 것은?

① 최대 두께가 시위의 10 %이다.
② 평균 캠버선의 뒤쪽 반이 곡선이다.
③ 마지막 두 자리 숫자가 의미하는 것은 4자 계열의 것과 다르다.
④ 첫째자리 숫자와 셋째자리 숫자가 의미하는 것은 4자 계열의 것과 같다.

> **해설** NACA 24120
> 2 : 최대 캠버의 크기가 시위의 2 %이다
> 4 : 최대 캠버의 위치가 시위의 20 %이다
> 1 : 평균 캠버선의 뒤쪽 반이 곡선이다.
> 20 : 최대 두께가 시위의 20 %이다.

14. 일반적인 경비행기의 아음속 순항비행에서는 발생되지 않는 항력은?

① 유도 항력　　② 압력 항력
③ 조파 항력　　④ 마찰 항력

> **해설** 조파 항력 : 충격파에 의한 항력을 조파 항력이라 부르며, 초음속 유동이 존재하게 되면 발생되는 항력이다.

15. 그림같이 각각의 1회전당 이동거리를 갖는 (a), (b) 두 프로펠러를 비교한 설명으로 옳은 것은?

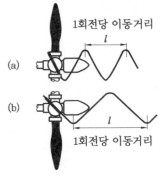

① (a) 프로펠러의 피치각이 (b) 프로펠러보다 작다.
② (a) 프로펠러의 피치각이 (b) 프로펠러보다

크다.

③ 거리와 상관없이 (a) 프로펠러가 (b) 프로펠러보다 회전속도가 항상 빠르다.

④ 동일한 회전속도로 구동하는 데 있어 (a) 프로펠러에 더 많은 동력이 요구된다.

[해설] 프로펠러가 1회전하였을 때 전진한 거리를 피치라 한다. 피치각이 작다면 1회전했을 때의 거리가 작다.

16. 강관 구조 부재의 수리 방식이 아닌 것은?

① 적층 구조재 수리 방식
② 피시 마우스 수리 방식
③ 안쪽 슬리브 보강 방식
④ 바깥쪽 슬리브 보강 방식

[해설] 강관 구조 부재란 철 파이프와 같은 구조 부재를 말한다. 이를 수리하는 방식으로, 피시 마우스 수리 방식, 안쪽 슬리브 보강 방식, 바깥 슬리브 보강 방식이 있으며, 적층 구조재 수리 방식이란 겹겹이 쌓아 올리는 샌드위치 구조 등을 말한다.

17. 육안검사 시 사용되는 보어스코프 중 거꾸로 비추어 뒤쪽을 볼 수 있는 것은?

① retro spective borescope
② direct-vision borescope
③ right angle borescope
④ foroblique borescope

[해설] 보어스코프의 종류

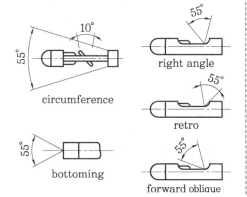

circumference

right angle

retro

bottoming

forward oblique

18. 기체 판금작업에서 두께가 0.06 in인 금속판재를 굽힘 반지름 0.135 in로 하여 90°로 굽힐 때 세트백은 몇 in인가?

① 0.017
② 0.051
③ 0.125
④ 0.195

[해설] 세트백$(SB) = K(R+T)$
$$= (0.135 + 0.06) = 0.195\,\text{in}$$
(90°에서 굽힘상수 $K=1$이다.)

19. 수세성 형광침투검사에서 기름 성분의 침투제를 물로 세척할 수 있게 해주는 것은?

① 유화제
② 현상제
③ 염색제
④ 자화제

[해설] 유화제란 계면활성제 등을 말하며, 이는 물과 기름같이 서로 섞이지 않고 함께 두었을 때 층이 분리되는 두 액체가 마치 섞여 있는 것처럼 만들어 준다. 하지만 완전히 섞이는 것은 아니다. 섞인 것과 비슷한 기능을 하게 만드는 것이기 때문에 이 상태를 따로 에멀션이라고 한다.

20. 항공기 견인 시 지켜야 할 안전사항으로 틀린 것은?

① 견인할 부근에 장애물이 없는지 확인한다.
② 견인 차량과 항공기와의 연결상태 및 안전장치를 확인한다.
③ 견인차에는 운전자 외에 어떤 사람도 탑승해서는 안 된다.
④ 규정 속도를 초과해서는 안 되고 야간에는 필요한 조명장치를 해야 한다.

21. 안전결선 작업방법에 대한 설명으로 틀린 것은?

① 안전결선에 사용된 와이어는 다시 사용해서는 안 된다.
② 안전결선의 끝부분은 1~2회 정도 꼬아 끝을 대각선 방향으로 절단한다.

③ 3개 이상의 부품이 폐쇄된 기하학적인 형상일 때는 단선식 결선법을 사용한다.

④ 안전결선을 신속하게 하기 위해서는 안전결선용 플라이어 또는 와이어 트위스터를 사용한다.

해설 안전결선 시 매듭 부분은 3~4회 꼬임이 되도록 한다.

22. 금속표면이 공기 중의 산소와 직접 반응을 일으켜 생기는 부식은?

① 입자간 부식 ② 표면 부식

③ 응력 부식 ④ 찰과 부식

해설 표면 부식 : 제품 전체의 표면에서 발생하여 부식 생성물인 침전물을 보이고, 홈이 나타나는 부식이다.

23. 다음 물음에 옳은 것은?

> "How come to the flight if the control stick is moved to right"

① nose up

② bank to the left

③ nose down

④ bank to the right

해설 조종간을 우측으로 움직이면 비행기는 우측으로 경사가 지며, 조종간을 당기면 기수는 위로 올라간다.

24. 항공기 구조 부분 손상 수리 시 기본적으로 고려해야 할 사항으로 가장 거리가 먼 것은 어느 것인가?

① 본래의 윤곽 유지

② 도색의 보호

③ 본래의 강도 유지

④ 부식에 대한 보호

해설 수리의 기본 원칙 : 본래의 윤곽 유지, 본래의 강도 유지, 부식에 대한 보호, 최소 중량 유지

25. 다음 중 노란색 안전 색채의 의미로 옳은 것은?

① 위험물 위험상태 표시

② 작업절차, 안전지시 준수

③ 응급처치장비, 액체산소장비 표시

④ 인체에 직접 위험은 없으나, 주의하지 않으면 사고의 위험 표시

해설 노란색 안전 색채 : 충돌, 추락, 전복 및 이에 유사한 사고의 위험이 있는 장비 및 시설물에 표시한다.

26. 마이크로 스톱 카운터 싱크(micro stop counter sink)의 용도로 옳은 것은?

① 리벳의 구멍을 늘리는 데 사용

② 리벳이나 스크루를 절단하는 데 사용

③ 리벳의 구멍 언저리를 원추 모양으로 절삭하는 데 사용

④ 리베팅하고 밖으로 튀어나온 부분을 연마하는 데 사용

해설 접시자리파기 드릴(micro stop counter sink)은 접시머리 리벳을 사용하기 위해 판재에 접시머리 형태를 만드는 공구이다.

27. 다음 중 항공기 형식승인이 면제되지 않는 기술표준품은?

① 감항증명을 받은 항공기에 포함되어 있는 기술표준품

② 형식증명을 받은 항공기에 포함되어 있는 기술표준품

③ 형식증명승인을 받은 항공기에 포함되어 있는 기술표준품

④ 시험 또는 연구, 개발 목적으로 설계·제작을 하지 않는 기술표준품

28. 사고 예방 대책의 기본 원리 5단계 중 제2단계인 "사실의 발견"에서의 조치사항이 아닌 것은?

① 기술 개선   ② 작업공정 분석

③ 자료 수집   ④ 점검·조사 실시

해설 사고 예방 대책의 기본 원리(사고 방지 원리) 5단계
- 1단계 : 안전 관리 조직
- 2단계 : 사실의 발견(위험에 처한 사실의 파악과 이를 실천하는 전문 지식과 능력의 확보 단계로서 각종 사고기록 검토, 작업방법 분석, 안전점검 및 안전진단, 안전회의, 여론조사, 근로자의 건의사항을 통하여 사실을 파악한다.)
- 3단계 : 분석 평가
- 4단계 : 시정방법의 선정
- 5단계 : 시정책의 적용

29. 래칫 핸들(ratchet handle)에 대한 설명으로 옳은 것은?

① 정확한 코트로 볼트나 너트를 조이도록 토크 값을 지시한다.

② 볼트나 너트를 조이거나 풀 때 연장공구의 장착을 유용하게 한다.

③ 볼트나 너트를 조이거나 풀 때 한쪽 방향으로만 움직이도록 한다.

④ 원통 모양의 물건을 표면에 손상을 주지 않고 돌리기 위해 사용한다.

해설 래칫 핸들(ratchet handle) : 너트나 볼트를 풀 때, 한쪽 방향으로만 로크(lock)가 걸리고, 또 조일 때에는 반대방향으로 로크가 걸리게 되어 있다.

30. 항공기 계통 및 장비품에 대하여 작동상태, 유량, 온도, 압력 및 각도 등이 허용 한계값 이내에 있는지 확인하는 점검은?

① 기능 점검   ② 작동 점검

③ 육안 점검   ④ 특수 상세 점검

31. 다음 중 항공기의 지상취급에 해당하지 않는 것은?

① 바퀴에 촉을 괴는 일

② 착륙장치에 안전핀을 꽂는 일

③ 항공기를 이동시키기 위하여 견인하는 일

④ 항공기의 수요에 따른 운항 노선을 결정하는 일

해설 항공기 지상 취급 : 항공기의 운항이나 정비의 목적으로 항공기를 지상에서 다루는 제반 작업을 말하는데 항공기 지상 유도, 견인 작업, 계류 작업, 잭 작업 등이 있다.

32. 최소 측정값 $\frac{1}{100}$ mm인 마이크로미터로 측정한 그림과 같은 결과의 측정값은 몇 mm인가?

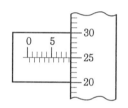

① 5.25   ② 6.75

③ 8.75   ④ 9.00

해설 최소 측정값이 $\frac{1}{100}$ mm인 마이크로미터 측정값 $= 8.5 + 0.25 = 8.75$ mm

33. 밑줄 친 부분이 의미하는 것은?

> "Falling object can cause injury to personnel."

① 부품을 선별하는 것

② 부품을 교체하는 것

③ 부품을 떨어뜨리는 것

④ 수리장비를 취급하는 것

34. 토크 값의 적용 방법에 관한 설명으로 옳은 것은?

① 일반적으로 볼트 쪽에서 적용한다.

② 연장공구를 사용 시 토크 값의 조절은 필요하지 않다.

③ 너트 쪽에서 토크 값을 적용할 상황에는 토크 값을 기준보다 작게 해야 한다.
④ 동일한 부위라도 항공기 제작회사별로 다르게 적용된다.

해설 제작회사별로 제작 방식이 다르기 때문에 꼭 매뉴얼을 확인해야 한다.

35. C급 화재에 사용되는 소화 방법으로 가장 부적합한 것은?

① CO_2 소화기　　　② 물
③ 분말 소화기　　　④ CBM 소화기

해설 C급 화재인 전기화재에서 물을 사용하면 감전의 위험이 있다.

36. 다음 중 가스터빈기관에서 실질적으로 가장 높은 압력이 나타나는 곳은?

① 압축기 출구　　　② 터빈 입구
③ 연소기 출구　　　④ 배기노즐 입구

해설 가스터빈기관에서 압력이 가장 높은 곳은 압축기 출구(연소실 입구)이다.

37. 가스터빈기관의 연료조종장치 (FCU)에서 수감 부분이 수감하는 주요 부분에 해당하지 않는 것은?

① 압축기 입구 온도
② 기관의 회전수(RPM)
③ 배기가스 온도
④ 압축기 출구 압력

38. 다음과 같은 가스터빈기관의 터빈부 조립 작업 중 가장 먼저 해야 하는 작업은?

① 동적 평형 점검
② 터빈축에 터빈 깃 조립
③ 터빈 케이스에 터빈 조립
④ 터빈 깃과 슈라우드와의 간격 측정

해설 터빈의 가장 내부 부품인 터빈 깃을 조립하고 나머지를 조립해야 한다.

39. 공랭식 기관에서 냉각핀의 재질과 같아야 하는 것은?

① 밸브　　　　　② 커넥팅 로드
③ 실린더　　　　④ 크랭크 케이스

해설 실린더 헤드 부분에는 실린더 냉각을 위해 냉각핀이 부착되어 있으며, 실린더와 같은 재질로 제작이 되어야 열팽창 시 다르게 팽창하지 않는다.

40. 기관 부품에 윤활이 적절하게 될 수 있도록 윤활유의 최대압력을 제한하고 조절하는 윤활 계통 장치는?

① 윤활유 냉각기
② 윤활유 여과기
③ 윤활유 압력 게이지
④ 윤활유 압력 릴리프 밸브

해설 릴리프 밸브(relief valve) : 기관 안쪽으로 들어가는 윤활유의 압력이 과도하게 높을 때 윤활유를 펌프 입구로 되돌려 보내어 일정한 압력을 유지시켜 주는 기능을 한다.

41. 가스터빈기관의 연소실이 갖추어야 할 조건으로 틀린 것은?

① 가능한 큰 크기
② 안전되고 효율적인 연소
③ 양호한 고공 재시동 특성
④ 작동 범위 내의 최소 압력 손실

42. 크랭크 축의 주요 부품이 아닌 것은?

① 주 저널　　　　② 크랭크 핀
③ 크랭크 로드　　④ 크랭크 암

해설 크랭크 축은 주 저널(main journal), 크랭크 핀(pin), 크랭크 암(arm)의 세 가지로 구성된다.

43. 터빈 깃 내부를 중공으로 하여 이곳을 냉각공기를 통과시켜 터빈 깃을 냉각하는 가장 단순한 방법은?

정답 ● **35.** ② **36.** ① **37.** ③ **38.** ② **39.** ③ **40.** ④ **41.** ① **42.** ③ **43.** ①

① 대류 냉각　② 충돌 냉각
③ 표면 냉각　④ 증발 냉각

44. 항공기용 마그네토 몸체에 "DF14RN"이라는 기호가 부착되어 있다면 이 마그네토에 대한 설명으로 다음 중 옳은 것은?

① 시계방향으로 회전하게 설계된 14실린더 기관에 사용을 위한 복식 플랜지 장착 마그네토이다.
② 반시계방향으로 회전하게 설계된 14실린더 기관에 사용을 위한 단식 플랜지 장착 마그네토이다.
③ 시계방향으로 회전하게 설계된 14실린더 기관에 사용을 위한 단식 베이스 장착 마그네토이다.
④ 반시계방향으로 회전하게 설계된 14실린더 기관에 사용을 위한 복식 베이스 장착 마그네토이다.

해설 DF14RN : 벤딕스(N)제이며 시계방향(R)으로 회전하게 설계된 14실린더 엔진(14)에 사용을 위한 복식(D) 플랜지(F) 장착 마그네토이다.
D : 복식(double type) 마그네토
F : 플랜지(flange) 장착 마그네토
14 : 14실린더 엔진
R : 시계방향
N : 벤딕스(Bendix)사 제품

45. 열역학과 관련된 단위에 대한 설명으로 옳은 것은?

① 단위 시간당 행해진 일을 동력이라고 한다.
② 15℃ 물 1g의 온도를 1℃ 높이는 데 필요한 에너지의 양은 1 kcal이다.
③ 1N의 힘이 그 힘의 방향으로 물체를 1 m 움직이게 할 때 일은 1 W이다.
④ 단위 질량의 물질을 단위 온도 상승시키는 데 필요한 에너지를 완전가스라고 한다.

해설 ② 15℃ 물 1g의 온도를 1℃ 높이는 데

필요한 에너지의 양은 1cal이다.
③ 1N의 힘이 그 힘의 방향으로 물체를 1 m 움직이게 할 때 일은 1 J이다.
④ 단위 질량의 물질을 1℃ 상승시키는 데 필요한 에너지를 비열이라 한다.

46. 속도 360 km/h로 비행하는 항공기에 장착된 터보제트기관이 196 kgf/s인 중량 유량의 공기를 흡입하여 200 m/s의 속도로 배기시킬 경우 총추력은 몇 kgf인가?

① 1000　② 2000
③ 4000　④ 6000

해설 총추력$(F_g) = \dfrac{W_a}{g} V_j$
$= \dfrac{196}{9.8} \times 200 = 4000\,kgf$

47. 겨울철 왕복기관의 예열 시 권장 사항으로 틀린 것은?

① 좋은 상태의 가열기만 사용하며 작동 중 가열기에 재급유를 하지 않는다.
② 캔버스 기관 덮개, 연료 라인, 유압 라인, 오일 라인, 기관 기화기의 순서로 직접 가열한다.
③ 가능하면 항공기를 가열된 격납고에 보관하여 예열한다.
④ 가열과정 중에는 반드시 소화기를 비치한다.

해설 기관 예열 시 주의 사항 : 캔버스 기관 덮개, 연료 라인, 유압 라인 등과 같은 항공기의 가열 부분에는 뜨거운 공기가 직접 송풍되지 않도록 가열 배관을 한다.

48. 연료계통의 증기폐색 현상을 방지하는 방법이 아닌 것은?

① 부스터 펌프를 장착한다.
② 베이퍼 세퍼레이터를 장착한다.
③ 휘발성이 높은 연료를 사용한다.
④ 연료 튜브를 열원에서 멀리하고 급격한 휨

정답 **44.** ①　**45.** ①　**46.** ③　**47.** ②　**48.** ③

을 피한다.

> **해설** 증기폐색이란 연료관에서 연료가 뜨거운 온도로 기화되어 거품이 생겨 연료관을 막아버려 연료 이송이 용이하지 않은 현상이다. 휘발성이 높은 연료를 사용하면 증기폐색이 더욱 잘 일어나게 된다.

49. 그림과 같은 $P-V$ 선도에서 나타난 사이클이 한 일은 몇 J인가?

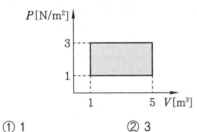

　① 1　　　　　　　② 3
　③ 8　　　　　　　④ 15

> **해설** 그래프에서 한 일 $=4\times2=8$ J

50. 기관 기동 시 과열 시동(hot start)은 어떤 값이 규정된 한계값을 초과하는 현상인가?

　① 윤활유 압력
　② 배기가스 온도
　③ 기관 회전수
　④ 엔진 압력비

> **해설** 과열 시동(hot start) : 시동할 때 배기가스의 온도가 규정된 한계값 이상으로 증가하는 현상

51. 다음 중 항공 기관 윤활유의 기능이 아닌 것은?

　① 냉각 작용
　② 밀봉 작용
　③ 세정 작용
　④ 부식 작용

> **해설** 윤활유의 작용 : 윤활 작용, 기밀 작용, 냉각 작용, 청결 작용, 방청 작용, 소음 방지 작용

52. 다음 중 과급기(supercharger)에서 디퓨저(diffuser)의 기능은 어느 것인가?

　① 온도를 상승시킨다.
　② 압축된 공기에 와류를 준다.
　③ 속도에너지를 열에너지로 바꾼다.
　④ 속도에너지의 일부를 압력에너지로 변환한다.

53. 다음 중 가스터빈기관의 작동에 대한 설명으로 틀린 것은?

　① 원칙적으로 기관 작동 시 항공기의 기수는 바람에 대하여 정면으로 향해야 한다.
　② 기관 작동 중 압축기 실속이 발생되었다면 추력 레버를 최대한 천천히 아이들 위치로 내려야 한다.
　③ 배기가스는 높은 속도와 온도 및 유독성을 가지고 있으므로 주의해야 한다.
　④ 기관 모터링(motoring) 수행 시 시동기의 보호를 위하여 규정된 시동기 냉각시간을 반드시 지켜야 한다.

54. 가스터빈기관의 오일 계통에 대한 설명으로 옳은 것은?

　① 오일 탱크의 용량은 팽창에 비하여 약 50 % 또는 2갤런의 여유 공간을 확보해야 한다.
　② 오일 섬프 안의 압력이 너무 높을 때는 섬프 벤트 체크 밸브(sump vent check valve)가 열려 대기가 섬프(sump)로 유입된다.
　③ 오일 냉각기가 열교환 방식(fuel-oil cooler)인 경우 내부에 파손이 생겼을 때 오일양이 급격히 증가하고 점도가 낮아진다.
　④ 콜드 타입(cold type) 오일 탱크는 오일 냉각기가 펌프 출구에 위치하고, 공기의 분리성이 좋다.

> **해설** 오일 냉각기는 차가운 연료와 뜨거운 오일의 열을 맞교환하여 연료를 뜨겁게 만들어

기화가 잘되게 하고, 오일을 식혀주어 다시 윤활 작용을 하도록 하는 장치이다. 이것이 파손된다면 연료와 오일이 섞이게 된다.

55. 가스터빈기관에서 원심형 압축기의 단점에 해당하는 것은?

① 회전속도 범위가 좁다.

② 무게가 무겁고 시동 출력이 높다.

③ 축류형 압축기와 비교해 제작이 어렵고 가격이 비싸다.

④ 동일 추력에 대하여 전면 면적을 많이 차지한다.

> 해설 원심력식 압축기는 단당 압력비가 높고, 제작이 쉬우며, 구조가 튼튼하고, 값이 싼 장점을 가지고 있으나 압축기 입구와 출구의 압력비가 낮고, 효율이 낮으며, 많은 양의 공기를 처리할 수 없고, 추력에 비해 기관의 전면 면적이 넓기 때문에 항력이 큰 단점을 가지고 있다.

56. 완속(idle) 상태에서 과도하게 농후한 혼합비의 원인이 아닌 것은?

① 연료 압력이 너무 높다.

② 연료 여과기(fuel filter)가 막혔다.

③ 완속 혼합비 조절이 정확하게 맞지 않았다.

④ 프라이머 라인(primer line)이 개방(open)되어 있다.

> 해설 연료 여과기가 막히면 연료 공급이 원활하지 않아 희박한 혼합비가 된다.

57. 흡입 밸브가 열리는 시기를 상사점 전 10~25°로 하는 주된 이유는?

① 배기가스가 안으로 들어오는 배출 관성을 이용하여 출력 효과를 높이기 위하여

② 배기가스가 밖으로 나가는 배출 관성을 이용하여 혼합비를 낮추기 위하여

③ 배기가스가 밖으로 나가는 배출 관성을 이용하여 배기 효과를 높이기 위하여

④ 배기가스가 밖으로 나가는 배출 관성을 이용하여 흡입 효과를 높이기 위하여

58. 다음 중 왕복엔진 공기흡입계통에서 혼합가스를 각 실린더에 일정하게 분배, 운반하는 통로 역할을 하는 것은?

① 과급기　　　　② 매니폴드

③ 기화기　　　　④ 공기스크루

59. 다음 중 고정 피치 목재 프로펠러의 구조에서 찾을 수 없는 것은?

① 목　　　　② 깃

③ 팁　　　　④ 니들

60. [보기]에서 설명하는 엔진은?

┤보기├
- 팬을 지나는 공기유량과 압축기를 지나는 공기유량이 비슷한 엔진
- 풀 팬 덕트 기관에서 주로 사용

① 저 바이패스 엔진　　② 중 바이패스 엔진

③ 고 바이패스 엔진　　④ 동축 바이패스 엔진

항공기관정비기능사 [**제6회**]

1. 유체의 흐름이 층류에서 난류로 변화하는데 관계되는 요소로 가장 거리가 먼 것은?

① 유체의 속도
② 유체의 양
③ 유체의 점성
④ 물체의 형상

2. 다음 중 항력(drag)에 대한 설명으로 가장 관계가 먼 내용은?

① 형상항력은 물체의 모양에 따라 달라진다.
② 유해항력이 클수록 비행성능이 좋아진다.
③ 압력항력과 점성항력을 합쳐서 형상항력이라 한다.
④ 양력에 관계하지 않고 비행을 방해하는 모든 항력을 통틀어 유해항력이라 한다.

3. 다음 중 비행기 실속(stall)의 종류가 아닌 것은?

① 부분실속(partial stall)
② 정상실속(normal stall)
③ 완전실속(complete stall)
④ 연속실속(continous stall)

4. 다음 중 비행기의 세로안정을 좋게 하기 위한 방법으로 가장 관계가 먼 내용은?

① 꼬리날개 효율이 커지도록 한다.
② 날개가 무게중심보다 높은 위치에 있도록 한다.
③ 무게중심이 날개의 공기역학적 중심보다 뒤에 위치하도록 한다.
④ 무게중심과 공기역학적 중심과의 수직거리 값이 (+)의 값이 되도록 한다.

해설 세로안정성을 좋게 하는 방법
• 무게중심이 공기역학적 중심보다 앞에 위치할수록 좋다.
• 무게중심과 공기역학적 중심과의 수직거리 값이 (+)값이 될수록 안정성이 좋다.
• 꼬리날개 부피가 클수록 안정성이 좋다.
• 꼬리날개 효율이 클수록 안정성이 좋다.

5. 헬리콥터에서 균형(trim)의 의미를 가장 올바르게 설명한 것은?

① 직교하는 2개의 축에 대하여 힘의 합이 "0"이 되는 것
② 직교하는 2개의 축에 대하여 힘과 모멘트의 합이 각각 "1"이 되는 것
③ 직교하는 3개의 축에 대하여 힘과 모멘트의 합이 각각 "0"이 되는 것
④ 직교하는 3개의 축에 대하여 모든 방향의 힘의 합이 "1"이 되는 것

6. 정압과 동압에 대한 설명 중 가장 관계가 먼 내용은?

① 이상 유체의 정상 흐름에서 정압과 동압의 합은 전압이며 일정하다.
② 동압은 유체의 운동에너지가 압력으로 변환된 것이다.
③ 동압의 크기는 속도에 반비례한다.
④ 동압과 정압의 단위는 같다.

해설 동압(q) : 공기 밀도(ρ)에 비례하고, 속도의 제곱(V^2)에 비례한다.

$$q = \frac{1}{2}\rho V^2$$

7. 프로펠러에서 유효 피치를 가장 올바르게 설명한 것은?

① 비행기가 최저속도에서 프로펠러가 1초간 전진한 거리
② 비행기가 최고속도에서 프로펠러가 1초간 전진한 거리

③ 공기 중에서 프로펠러가 1회전할 때 실제로 전진한 거리

④ 공기를 강체로 가정하고 프로펠러를 1회전할 때 이론적으로 전진한 거리

해설 프로펠러 피치

• 유효 피치(effective pitch) : 공기 중에서 프로펠러가 1회전할 때에 실제로 전진한 거리로서 항공기의 진행거리이다. 프로펠러가 1회전하는 데 비행기가 실제로 전진하는 거리인 유효 피치는 $V \times \dfrac{60}{n}$이다.

• 기하학적 피치(geometric pitch) : 프로펠러 깃을 한 바퀴 회전시켰을 때 앞으로 전진할 수 있는 이론적인 거리

8. 대기 중의 건조공기 성분에서 질소, 산소, 아르곤, 이산화탄소 이외의 기체를 모두 합쳐서 전체에서 차지하는 부피비로 산정한다면 그 값으로 올바른 것은?

① 0.01 % 이하

② 1~2 % 정도

③ 4~5 % 정도

④ 7~8 % 정도

해설 대기 중의 공기 조성 분포

• 질소 : 78.09 %

• 산소 : 20.93 %

• 아르곤(Ar) : 0.9 %

• 이산화탄소 : 0.03 %

9. 다음 중 조종간과 승강키가 연결장치에 의해 연결되었을 때 조종력(F_e)을 산출하기 위한 식은? (단, K : 조종계통의 기계적 장치에 의한 이득, H_e : 승강키 힌지 모멘트)

① $F_e = H_e / K$

② $F_e = K^2 / H_e$

③ $F_e = K^2 \times H_e$

④ $F_e = K \times H_e$

10. 비행기가 정적 중립(static neutral)인 상태일 때 가장 올바르게 설명한 것은?

① 받음각이 변화된 후 원래의 평형상태로 돌아간다.

② 조종에 대해 과도하게 민감하며, 교란을 받게 되면 평형상태로 되돌아오지 않는다.

③ 비행기의 자세와 속도를 변화시켜 평형을 유지시킨다.

④ 반대 방향으로의 조종력이 작용되면 원래의 평형상태로 되돌아간다.

해설 정적 중립 : 교란된 물체가 원래의 평형상태로 되돌아오지도 않고, 교란을 받은 방향으로도 이동하지 않는 경우

11. 다음 중 양력(L)을 가장 올바르게 표현한 것은? (단, C_L : 양력계수, ρ : 공기 밀도, S : 날개의 면적, V : 비행기의 속도)

① $L = \dfrac{1}{2} C_L^2 \rho V^2 S$

② $L = \dfrac{1}{2} C_L^2 \rho V S^2$

③ $L = \dfrac{1}{2} C_L \rho V^2 S$

④ $L = \dfrac{1}{2} C_L \rho V S^2$

12. 해면에서의 대기온도가 15℃일 때 그 지역의 해면고도 2000 m에서의 대기온도는 약 몇 ℃인가?

① 2   ② 4

③ 13   ④ 15

해설 $T = T_0 - 0.0065h$
$= 15 - 0.0065 \times 2000 = 2 \, ℃$

13. 다음 중 이륙 활주 거리를 짧게 하기 위한 조건으로 가장 관계가 먼 내용은?

① 기관의 추력이 크면 이륙 성능이 좋아진다.

② 비행기의 무게가 가벼우면 이륙 거리는 짧다.

③ 맞바람을 받으면서 이륙하면 이륙 성능이 좋다.

④ 고항력장치를 사용하면 이륙 거리를 단축시킬 수 있다.

14. 비행기의 중량이 2500 kg, 날개의 면적이 80 m², 지상에서의 실속속도가 180 km/h이다. 이 비행기의 최대 양력계수는? (단, 공기 밀도는 $\frac{1}{8}$ kg·s²/m⁴이다.)

① 0.2   ② 0.4
③ 0.6   ④ 0.8

해설 최대 양력계수(C_{Lmax})

$$C_{Lmax} = \frac{2W}{\rho V^2 S} = \frac{2 \times 2500}{\frac{1}{8} \times \left(\frac{180}{3.6}\right)^2 \times 80} = 0.2$$

15. 다음 중 헬리콥터 회전날개의 원판하중(disk loading)을 가장 올바르게 설명한 것은?

① 회전날개 깃(blade) 전체의 무게를 회전날개에 의해 만들어지는 회전면의 면적으로 나눈 값이다.

② 헬리콥터 전체의 무게를 회전날개에 의해 만들어지는 회전면의 면적으로 나눈 값이다.

③ 회전날개에 의해 만들어지는 회전면의 면적을 헬리콥터 전체의 무게로 나눈 값이다.

④ 헬리콥터 전체의 무게를 회전날개에 깃의 수로 나눈 값이다.

해설 원판하중(회전면 하중, DL : disk loading) : 헬리콥터 전체 무게를 헬리콥터 회전날개에 의해 만들어지는 회전면의 면적으로 나눈 값

16. 항공기 기체에 대한 오버홀(over haul)이라고 볼 수 있는 점검은?

① A 점검   ② B 점검
③ C 점검   ④ D 점검

17. 해머와 같은 목적으로 사용되며, 타격 부위에 변형을 주지 않아야 할 가벼운 작업에 사용되는 공구는 어느 것인가?

① 탭(tap)   ② 맬릿(mallet)
③ 텅(tung)   ④ 스패너(spanner)

18. 다음 중 두께 게이지와 용도가 비슷한 게이지는?

① R 게이지

② 피치 게이지(pitch gage)

③ 필러 게이지(feeler gage)

④ 나이프 게이지

19. 토크 렌치 암(arm)의 길이가 5인치인 토크 렌치에 0.5인치의 토크 어댑터를 연결하여 토크의 값이 25 in-lbs 되게 볼트를 조였다면 볼트에 실제로 가해지는 토크의 값은 몇 in-lbs인가?

① 25.5   ② 26.5
③ 27.5   ④ 28.5

해설 실제 죔 토크 값(TA)

$$TA = \frac{TW \times (L+A)}{L} = \frac{25(5+0.5)}{5}$$
$$= 27.5 \text{ in-lbs}$$

20. Al합금 리벳(rivet) 중 노란색은 무엇을 뜻하는가?

① 크롬산아연으로 보호도장을 한 것이다.

② 양극처리를 한 것이다.

③ 금속도료를 도장한 것이다.

④ 리벳 취급 시의 안전 사항을 표시한 것이다.

21. 블라스트 세척 작업에 대한 설명 중 가장 올바른 것은?

① 정확한 치수가 필요한 부품에는 적용해서는 안 된다.

② 작업방법은 증기, 건식, 습식 3가지가 주로 이용된다.

③ 습식 블라스트 세척에서 슬러리 탱크는 사용되지 않는다.

④ 건식 블라스트 세척에 사용되는 연마제로는 물에 잘 희석되는 화공 약품을 사용한다.

해설 블라스트 세척

(1) 종류 : 건식 블라스트 세척, 습식 블라스트 세척

(2) 왕복기관의 실린더 냉각핀, 가스터빈기관의 고열 부분과 같이 치수에 영향을 주지 않는 부품에 높은 공기 압력으로 연마제를 뿌려서 그 충격으로 부품에 붙어있는 오염된 물질을 제거한다.

(3) 습식 블라스트 세척기의 슬러리 조성 : 슬러리(slurry)란 물과 연마제가 혼합되어 있는 상태를 말한다.
• 슬러리 탱크에 37.85 L의 물과 22.68 kg의 연마제를 넣고 혼합한다.
• 슬러리에 녹 및 응고 방지제를 필요한 양만큼 넣고 혼합한다.
• 세척하기 전에 슬러리 조종이 잘 되도록 5분 이상 충분히 혼합시킨다.

(4) 블라스트 세척에 사용되는 연마제
• 유기질 연마제 : 곡식알, 살구씨 및 복숭아씨의 껍질, 호두 껍데기, 쌀겨 등
• 무기질 연마제 : 산화알루미늄(aluminium oxide), 노배큘라이트(novaculite), 가넷(garnet−gemstone), 유리알(glass beads) 및 모래

22. 염색침투검사(dye penetrant inspection)로는 재료의 무엇을 점검하는가?
① 자화　　　　② 비자화
③ 표면균열　　④ 내부균열

23. 항공용 산소를 취급할 때 고압 산소통의 경우에는 표면에 어떤 색이 칠해져 있는가?
① 노란색　　　② 연한 녹색

③ 빨간색　　　④ 연한 청색

24. 다음 중 헬리콥터의 지상 취급에 속하지 않는 것은?
① 도색 작업　　② 견인 작업
③ 계류 작업　　④ 잭 작업

해설 지상 취급 : 항공기 운항을 준비하거나 정비 및 보존을 목적으로 항공기를 지상에서 다루는 작업이다. 지상 유도, 견인 작업, 계류 작업, 잭 작업 등이 있다.

25. 밑줄 친 부분의 영문 내용으로 가장 올바른 것은?

" The expansion space above the fuel in the tank shifts according to attitude changes of the airplane."

① 연료　　　　② 윤활유
③ 유압유　　　④ 공기압

26. 다음 영문이 요구하는 장치는?

"How are changes in direction of a control cable accomplished ?"

① pulleys　　　② bellcranks
③ fairleads　　④ turnbuckle

해설 조종계통
① 풀리(pulley) : 케이블을 유도하고, 케이블 방향을 바꾸는 데 사용한다.
② 벨크랭크(bellcrank) : 로드(rod)와 케이블의 운동방향을 전환한다.
③ 페어리드(fairlead) : 케이블을 3도 이내의 범위에서 방향을 유도한다.
④ 턴버클(turnbuckle) : 케이블의 장력을 조절한다.

27. 와전류 검사의 특성에 대한 설명 중 가장 관계가 먼 내용은?
① 검사의 자동화가 가능하다.

② 비전도성 물체에는 적용할 수 없다.

③ 표면결함에 대한 검출감도가 좋다.

④ 표면 아래의 깊은 위치에 있는 결함의 검출을 쉽게 할 수 있다.

> **해설** 와전류(eddy current) 검사 : 변화하는 자기장 내에 도체를 놓으면 도체 표면에 발생하는 와전류를 이용한 검사 방법
> - 검사결과가 직접 전기적 출력으로 얻어지므로 자동화 검사가 가능하다.
> - 검사속도가 빠르고 검사비용이 싸다.
> - 표면 및 표면 부근의 결함을 검출하는 데 적합하다.

28. 불안전한 행위로 발생되는 사고와 가장 거리가 먼 것은?

① 물리적 위험 상태

② 피로한 상태

③ 작업자의 능력 부족

④ 불안전한 습관

29. 다음 중 A급 화재에 속하지 않는 것은 어느 것인가?

① 유류 화재

② 종이 화재

③ 가구 화재

④ 직물 화재

30. 항공기 및 관련 장비와 부품에 적용되는 정비 방식으로 가장 관계가 먼 것은?

① 시한성 정비

② 상태 정비

③ 감항성 정비

④ 신뢰성 정비

31. 다음의 정비기술도서 중에서 비행 교범과 가장 관계 깊은 것은?

① 정비기술정보

② 부품기술정보

③ 작동기술정보

④ 수리기술정보

> **해설** 기술정보
> - 작동기술정보 : 비행 교범, 작동 교범
> - 부품기술정보 : 도해 부품 목록(IPC), 구매 부품 목록, 가격 목록

32. 안전결선 작업방법에 대한 설명 중 가장 관계가 먼 내용은?

① 3개 이상의 부품이 기하학적으로 밀착되어 있을 때에는 단선식 결선법을 사용하는 것이 좋다.

② 안전결선의 끝 부분은 1~2회 정도 꼬아 끝을 대각선 방향으로 절단한다.

③ 안전결선을 신속하게 하기 위해서는 안전결선용 플라이어 또는 와이어 트위스터를 사용한다.

④ 안전결선에 사용된 와이어는 다시 사용해서는 안 된다.

33. 기체 판금 작업 시 리벳의 배치에 대한 설명 중 가장 관계가 먼 내용은?

① 리벳의 횡단 피치는 열과 열 사이의 거리이다.

② 리벳의 피치란 같은 리벳 열에서 인접한 리벳 중심 간의 거리이다.

③ 리벳의 끝거리는 판재의 모서리에서 가장 먼 곳에 배열된 리벳 중심까지의 거리이다.

④ 리벳의 열이란 판재의 인장력을 받는 방향에 대하여 직각방향으로 배열된 리벳 집합이다.

34. 정밀 측정기기의 경우 규정된 기간 내에 정기적으로 공인기관에서 검·교정을 받아야 한다. 검·교정을 영문으로 옮기면?

① maintenance　　② check

③ calibration　　④ repair

35. 육각머리 볼트 중에서 섕크(shank)에 구멍이 나 있는 볼트나 아이 볼트(eye bolt), 스터드(stud) 볼트 등과 함께 사용되는 큰 인장하중에 잘 견디며 코터 핀(cotter pin) 작업 시 사용되는 너트는?

① 체크 너트
② 캐슬전단 너트
③ 캐슬 너트
④ 나비 너트

36. 왕복기관의 실린더에서 발생되는 마력으로 가장 올바른 것은?

① 축 마력
② 지시 마력
③ 제동 마력
④ 추력 마력

37. 왕복기관에서 직접 연료분사장치의 구성요소가 아닌 것은?

① 분사 노즐
② 프라이머
③ 주 조정장치
④ 연료분사펌프

38. 항공기용 왕복기관의 점화시기에 대한 설명으로 가장 올바른 것은?

① 전기적 에너지에 의하여 점화되는 기관의 점화는 압축 상사점 후에 이루어져야 한다.
② 실린더 안의 최고압력은 상사점 전 10도 근처에서 나타나도록 점화시기를 정한다.
③ 외부 점화시기 조정은 기관의 점화진각에서 크랭크축과 캠축의 각도를 일치시키는 것이다.
④ 내부 점화시기 조정은 마그네토의 E 갭 위치와 브레이커 포인트가 떨어지는 순간을 맞추는 것이다.

39. 피스톤 링의 홈과 홈 사이를 무엇이라 하는가?

① 링(ring)
② 랜드(land)
③ 그루브(groove)
④ 페이스(face)

40. 가변피치 프로펠러 중 저피치와 고피치 사이에서 무한한 피치각을 취하는 프로펠러는 어느 것인가?

① 2단 가변피치 프로펠러
② 완전 페더링 프로펠러
③ 정속 프로펠러
④ 역피치 프로펠러

41. 왕복기관의 윤활계통에서 릴리프 밸브(relief valve)의 역할로 가장 올바른 것은 어느 것인가?

① 윤활유가 불필요하게 기관 내부로 스며들어가는 것을 방지한다.
② 기관의 내부로 들어가는 윤활유의 압력이 높을 때 윤활유를 펌프입구로 되돌려 준다.
③ 윤활유 여과기가 막혔을 때 윤활유가 여과기를 거치지 않고 직접 기관의 내부로 공급되게 한다.
④ 윤활유 온도가 높을 때는 윤활유를 냉각기로 보내고 낮을 때는 직접 윤활유 탱크로 가도록 한다.

42. 가스터빈기관의 연료-오일 냉각기(fuel-oil cooler)에서 일어나는 현상으로 가장 올바른 것은?

① 연료는 가열되고 오일은 냉각된다.
② 연료는 냉각되고 오일은 가열된다.
③ 연료와 오일이 모두 가열된다.
④ 연료와 오일이 모두 냉각된다.

정답 ► **35.** ③ **36.** ② **37.** ② **38.** ④ **39.** ② **40.** ③ **41.** ② **42.** ①

43. 가스터빈기관의 물분사장치(water injection system)에서 알코올의 주기능은 무엇인가?
① 공기의 밀도를 증가시키기 위하여
② 연소가스의 온도를 감소시키기 위하여
③ 공기의 부피를 증가시키기 위하여
④ 물이 어는 것을 방지하기 위하여

44. 가스터빈기관에서 윤활유의 구비조건으로 틀린 것은?
① 인화점이 높을 것
② 기화성이 낮을 것
③ 점도지수가 낮을 것
④ 산화안전성이 높을 것

> **해설** 윤활유 구비 조건
> (1) 점성과 유동점이 어느 정도 낮아야 한다.
> (2) 점도지수(온도 변화에 따른 점도의 변화 정도)는 높아야 한다.
> (3) 공기와 분리성이 좋아야 한다.
> (4) 산화안정성 및 열적 안정성이 높아야 한다.
> (5) 기화성이 낮아야 한다.

45. 다음 중 가스터빈기관의 연료 노즐(fuel nozzle)로 가장 올바른 것은?
① 분사식과 분무식
② 분무식과 증발식
③ 분사식과 연소식
④ 연소식과 증발식

> **해설** 연료 노즐
> • 분무식 : 단식 노즐과 복식 노즐
> • 증발식

46. CFR(cooperative fuel research) 기관으로 측정하는 것은 무엇인가?
① 윤활유의 유동성을 측정
② 윤활유의 내한성을 측정
③ 가솔린의 증기압력을 측정
④ 가솔린의 앤티노크성을 측정

> **해설** CFR 기관 : 연료의 앤티노크성을 측정하는 장치로 액랭식, 단일 실린더 4행정 기관이며 압축비 변경 손잡이를 위 아래로 움직이는 데 따라 연소실 체적이 변경되어 압축비를 단계적으로 바꿔가면서 시험할 수 있는 기관이다.

47. 왕복기관에서 하이드롤릭 로크(hydraulic lock : 유압폐쇄)는 어떤 곳에서 가장 많이 걸리는가?
① 대향형 엔진의 우측 실린더
② 대향형 엔진의 좌측 실린더
③ 성형 엔진의 상부 실린더
④ 성형 엔진의 하부 실린더

48. 다음 중 가스터빈기관에서 블리드 밸브(bleed valve)의 주된 역할은 무엇인가?
① 분사연료의 유입을 조절한다.
② 윤활계통의 압력을 조절한다.
③ 압축기의 실속을 방지한다.
④ 램(ram) 압력을 조절한다.

49. 다음 중 기관 압력비를 가장 올바르게 나타낸 것은?
① 연소실 입구와 터빈 출구의 전압의 비
② 압축기 입구의 전압과 출구의 전압의 비
③ 압축기 입구의 전압과 터빈 출구의 전압의 비
④ 압축기 입구의 전압과 연소실 출구의 전압의 비

50. 가스터빈기관의 추력에 영향을 미치는 요인 중 대기온도와 대기압력에 대한 설명으로 가장 올바른 것은?
① 대기온도가 증가하면 추력은 증가하고, 대기압이 증가하면 추력은 감소한다.
② 대기온도가 증가하면 추력은 감소하고, 대기압이 증가하면 추력은 증가한다.

정답 ● 43. ④ 44. ③ 45. ② 46. ④ 47. ④ 48. ③ 49. ③ 50. ②

③ 대기온도가 증가하면 추력은 증가하고, 대기압이 증가하면 밀도가 증가되어 추력이 증가한다.

④ 대기온도가 증가하면 추력은 감소하고, 대기압이 증가하면 밀도는 감소하여 추력이 감소한다.

해설 추력에 영향을 끼치는 요소
- 공기 밀도의 영향 : 대기의 온도가 증가하면 추력은 감소하게 되고, 대기압이 증가하면 밀도가 증가하여 추력은 증가한다.
- 비행 속도의 영향 : 비행 속도의 증가에 따라 진추력은 어느 정도까지는 감소하다가 다시 증가를 한다.
- 비행 고도의 영향 : 고도 증가에 따라 추력은 감소를 한다.

51. 기관 시동 시 과열시동(hot start)에 대한 설명으로 가장 올바른 것은?

① 시동 중 윤활유 압력이 규정된 한계 값을 초과하는 현상

② 시동 중 EGT가 규정된 한계 값을 초과하는 현상

③ 시동 중 RPM이 규정된 한계 값을 초과하는 현상

④ 엔진 압력비가 규정된 한계 값을 초과하는 현상

52. 왕복기관에서 크랭크축의 변형이나 비틀림 진동을 줄여 주기 위해서 설치되는 것은?

① 크랭크 암(crank arm)

② 주 저널(main journal)

③ 평형추(counter weight)

④ 다이내믹 댐퍼(dynamic damper)

53. 제동 열효율(brake thermal efficiency : η_o)을 가장 옳게 표현한 것은?

① $\eta_o = \dfrac{\text{단위 시간당 기관이 소비한 연료의 발열량}}{\text{제동마력}}$

② $\eta_o = \dfrac{\text{제동마력}}{\text{단위 시간당 기관이 소비한 연료의 발열량}}$

③ $\eta_o = \dfrac{\text{제동마력}}{\text{기관이 1마력을 내는 데 소비한 총 연료량}}$

④ $\eta_o = \dfrac{\text{기관이 1마력을 내는 데 소비한 총 연료량}}{\text{제동마력}}$

54. 다음 중 헬리콥터에서 주로 사용되는 가스터빈기관은?

① 터보 샤프트 기관

② 터보 프롭 기관

③ 터보 제트 기관

④ 터보 팬 기관

55. 열역학에서 사용되는 용어에 대한 다음 설명 중 틀린 것은?

① 비열은 1기압 상태에서 1g의 물을 273℃ 높이는 데 필요한 열량이다.

② 압력은 단위 면적에 작용하는 힘의 수직 분력이다.

③ 물질의 비체적은 단위 질량당 체적이다

④ 밀도는 단위 체적당의 질량이다.

해설 열역학적 기초
① 비열 : 1 kg의 물질의 온도를 1℃ 높이는 데 필요한 열량을 말한다.
(단위 : kcal/kg · ℃)
② 압력 : 단위 면적에 수직으로 작용하는 힘의 크기를 말한다.
(단위 : kgf/cm², bar, mmHg)
③ 물질의 비체적 : 단위 질량당 체적
(단위 : m³/kg)
④ 밀도 : 단위 체적당 질량
(단위 : kg/m³)

56. 터빈 깃 안쪽에 공기통로를 만들고, 터빈 깃의 표면에 냉각면을 형성하게 하는 냉각방법은?

① 증발 냉각

② 공기막 냉각

③ 충돌 냉각

④ 대류 냉각

57. 속도 720 km/h로 비행하는 항공기에 장착된 터보 제트 기관이 196 kg/s인 중량 유량의 공기를 흡입하여 300 m/s의 속도로 배기시킨다. 이때 진추력(kg)은?

① 2000   ② 3000

③ 5000   ④ 6000

해설 진추력$(F_n) = \dfrac{W_a}{g}(V_J - V_a)$

$= \dfrac{196}{9.8}\left\{300 - \left(\dfrac{720}{3.6}\right)\right\}$

$= 2000 \text{ kg}$

58. 실린더 안지름이 15.0 cm, 행정거리가 0.155 m, 실린더 수가 4개인 기관의 총 행정 체적(cm²)은?

① 730   ② 2737

③ 10951   ④ 16426

해설 총 행정체적(KAL)

$= 4 \times \left(\dfrac{\pi \times 15^2}{4}\right) \times 15.5 = 10951 \text{ cm}^3$

59. 구조가 간단하고 길이가 짧으며 연소 효율이 좋으나, 정비하는 데 불편한 결점이 있는 가스터빈기관의 연소실은?

① 캔형

② 역류형

③ 애뉼러형

④ 캔－애뉼러형

60. 브레이턴 사이클(brayton cycle)은 어떤 과정으로 구성되어 있는가?

① 2개의 등온과정과 2개의 정적과정

② 2개의 등온과정과 2개의 정압과정

③ 2개의 단열과정과 2개의 정적과정

④ 2개의 단열과정과 2개의 정압과정

해설 브레이턴 사이클 : 단열압축－정압수열－단열팽창－정압방열

실전문제 항공기체정비기능사

항공기체정비기능사 [제1회]

1. 75 m/s로 비행하는 비행기의 항력이 1000 kgf라면 이때 비행기의 필요마력은 다음 중 몇 kgf인가?

① 530
② 660
③ 725
④ 1000

해설 필요마력(P_r)

$$= \frac{DV}{75} = \frac{1000 \times 75}{75} = 1000 \, \text{kgf}$$

2. 대기 중 음속의 크기와 가장 밀접한 요소는 어느 것인가?

① 대기의 온도
② 대기의 비열비
③ 대기의 밀도
④ 대기의 기체상수

해설 음속은 절대온도의 제곱근에 비례한다.

3. 동체 가까이에 있는 날개의 앞전에 실속 스트립과 같은 장치를 부착하여 받음각이 커서 실속하게 될 때, 날개 뿌리 부분부터 흐름의 떨어짐이 생기도록 하는 장치로서 날개 끝부분의 실속이 늦어지게 하여 도움 날개가 충분한 기능을 발휘할 수 있도록 하는 장치는?

① 앞전 장치
② 실속 방지 장치
③ 커플링 장치
④ 실속 트리거 장치

4. 다음 중 양력(L)을 옳게 표현한 것은 어느 것인가? (단, 양력계수 : C_L, 공기 밀도 : ρ, 날개의 면적 : S, 비행기의 속도 : V이다.)

① $L = \dfrac{1}{2} C_L{}^2 \rho V^2 S$

② $L = \dfrac{1}{2} C_L{}^2 \rho V S^2$

③ $L = \dfrac{1}{2} C_L \rho V^2 S$

④ $L = \dfrac{1}{2} C_L \rho V S^2$

5. 다음 중 테이퍼 비(taper ratio)에 대한 식으로 옳은 것은? (단, C_r : 날개 뿌리 시위, C_t : 날개 끝 시위이다.)

① $\dfrac{C_r}{C_t}$

② $1 - \left(\dfrac{C_t}{C_r}\right)^2$

③ $\dfrac{C_t}{C_r}$

④ $1 - \left(\dfrac{C_r}{C_t}\right)^2$

해설 테이퍼 비 : 날개 뿌리 시위와 날개 끝 시위와의 비

6. 비행기의 이·착륙 성능에서 거리의 관계를 가장 옳게 표현한 것은?

① 지상활주거리 = 이륙거리×상승거리
② 이륙거리 = 지상활주거리 + 상승거리
③ 상승거리 = 지상활주거리 + 이륙거리
④ 이륙거리 = 지상활주거리 − 상승거리

7. 헬리콥터의 무게가 950 kgf, 회전날개의 반지름이 3 m일 때 원판 하중은 약 몇 kgf/m²인가?

① 33.6
② 35.2
③ 37.4
④ 39.1

정답 ► **1.** ④ **2.** ① **3.** ④ **4.** ③ **5.** ③ **6.** ② **7.** ①

해설 원판하중$(D.L) = \dfrac{W}{\pi r^2} = \dfrac{950}{3.14 \times 3^2}$
$$= 33.6 \, \text{kgf/m}^2$$

8. 관의 입구 지름이 10 cm이고, 출구 지름이 20 cm이다. 이 관의 출구에서의 흐름 속도가 40 cm/s일 때 입구에서의 흐름 속도는 약 몇 cm/s인가? (단, 유체는 비압축성 유체이다.)

① 20   ② 40   ③ 80   ④ 160

해설 연속의 법칙

$A_1 V_1 = A_2 V_2$에서

$V_1 = \left(\dfrac{A_2}{A_1}\right) V_2 = \left(\dfrac{d_2{}^2}{d_1{}^2}\right) V_2$

$= \left(\dfrac{20^2}{10^2}\right) \times 40 = 160 \, \text{cm/s}$

여기서, 원의 면적$(A) = \dfrac{\pi d^2}{4}$이다.

9. 다음 중 비행기의 하중배수를 식으로 옳게 나타낸 것은?

① $\dfrac{\text{비행기 무게}}{\text{비행기에 작용하는 힘}}$

② $\dfrac{\text{비행기에 작용하는 항력}}{\text{비행기 무게}}$

③ $\dfrac{\text{비행기 무게}}{\text{비행기에 작용하는 항력}}$

④ $\dfrac{\text{비행기에 작용하는 힘}}{\text{비행기 무게}}$

10. 헬리콥터에서 로터의 회전 시 회전면과 원추 모서리 사이에 이루는 각을 의미하는 것은 어느 것인가?

① 받음각   ② 피치각
③ 코닝각   ④ 쳐든각

11. 날개골의 공기력 중심(aerodynamic center)에서 받음각에 대한 공기력 모멘트계수의 변화율은?

① 정(+)의 값을 갖는다.
② 거의 변하지 않는다.
③ 부(−)의 값을 갖는다.
④ 무한대의 값을 갖는다.

해설 공기력 중심 : 받음각이 변하더라도 모멘트값이 변하지 않는 점

12. 대류권에서 고도가 높아지면 공기의 밀도와 온도, 압력은 어떻게 변하는가?

① 밀도, 온도, 압력이 모두 감소한다.
② 밀도는 증가하고 온도와 압력은 감소한다.
③ 밀도와 압력은 증가하고 온도는 감소한다.
④ 밀도와 온도는 감소하고 압력은 증가한다.

13. 비행기의 조종성과 정적 안정성에 대한 설명으로 옳은 것은?

① 조종성과 안정성은 상호 보완 관계이다.
② 조종성과 안정성은 서로 상반 관계이다.
③ 비행기 설계 시 조종성을 위해서는 안정성은 무시해도 좋다.
④ 비행기 설계 시 안정성을 위해서는 조종성은 무시해도 좋다.

해설 비행기의 안정성이 커지면 조종성이 나빠진다. 비행기 설계 시 안정성과 조종성 사이의 적절한 조화를 유지하는 것이 필요하다.

14. 다음 중 항공기 방향 안정성에 가장 중요한 역할을 하는 장치는?

① 수평 안정판   ② 플랩
③ 수직 안정판   ④ 스포일러

15. 프로펠러 깃 뿌리로부터 깃 끝까지 프로펠러 깃의 기하학적 피치를 균일하게 하기 위한 조치로 가장 옳은 것은?

① 깃각을 변화시킨다.
② 빗김각을 변화시킨다.
③ 유입각을 변화시킨다.

정답 ➤ **8.** ④ **9.** ④ **10.** ③ **11.** ② **12.** ① **13.** ② **14.** ③ **15.** ①

④ 받음각을 변화시킨다.

16. 다음 중 버니어 캘리퍼스에 관한 설명으로 틀린 것은?

① 일반적으로 용도에 따라 M₁, M₂, CB, CM 등이 있다.

② 일반적으로 아들자는 슬라이더에 눈금이 표시되어 있다.

③ 호칭치수는 미터식인 경우 일반적으로 150, 200, 300, 600, 1000 mm의 크기로 구분한다.

④ 일정한 측정력 이상의 힘이 작용하면 공회전하도록 래칫 스톱 기능을 가지고 있다.

17. 항공기의 연료 보급에 대한 설명으로 옳은 것은?

① 항공기에서 배유 시 접지하지 않는다.

② 연료의 납성분 때문에 피부에 닿지 않도록 한다.

③ 안전을 고려하여 폐쇄된 장소에서 연료를 보급한다.

④ 항공기, 연료차 그리고 작업자 상호간에 접지시킨다.

> **해설** 연료 보급 : 안전한 장소에서 행하고, 절대로 폐쇄된 장소에서 하지 않는다. 또, 주위에 화재 위험성을 미리 제거하여 항공기에 연료 보급 시 일어 날 수 있는 폭발이나 화재를 대비한다. 항공기, 연료차 그리고 지면을 3점 접지하고 연료를 보급한다.

18. 성능허용한계, 마멸한계 및 부식한계 등을 가지는 장비나 부품에 활용하며 일정 주기별로 감항성을 판단하여 교환을 결정하는 정비 방식은?

① 오버홀   ② 시한성 정비

③ 상태 정비   ④ 신뢰성 정비

19. 최소 측정값이 1/1000 mm인 마이크로미터의 그림이 지시하는 측정값은 몇 mm인가?

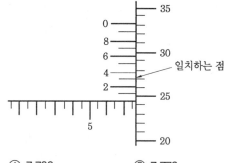

① 7.793   ② 7.773

③ 7.743   ④ 7.713

> **해설** 측정값 $= 7.5 + 0.24 + 0.003$
> $= 7.743 \text{ mm}$

20. 코일에 교류 전류를 흘러 전자유도를 이용하여 전류의 분포 변화를 관찰함으로써 결함을 발견하는 비파괴검사법은?

① 침투탐상검사

② 방사선투과검사

③ 자분탐상검사

④ 와전류탐상검사

21. 모든 부품들이 장탈되거나 분해된 후 세척하지 않은 상태에서 가장 먼저 하는 검사는?

① 육안검사   ② 파괴검사

③ 분해검사   ④ 치수검사

22. 두께가 0.064 in 이하인 판재 성형 시 균열을 방지하기 위해 릴리프 홀(relief hole)을 뚫을 때 홀 지름의 기준은 몇 in인가?

① $\frac{1}{8}$ ② $\frac{1}{4}$ ③ $\frac{1}{2}$ ④ 1

> **해설** 릴리프 홀의 크기는 판재 두께에 따라 다르지만 $\frac{1}{8}$ in 이상이어야 한다.

정답 ● 16. ④   17. ②   18. ③   19. ③   20. ④   21. ①   22. ①

23. 항공기 방식작업의 하나로 전해액에 담겨진 금속을 양극으로 하여 전류를 통한 다음 양극에서 발생하는 산소에 의하여 알루미늄과 같은 금속 표면에 산화 피막을 형성하는 부식 처리 방식은?

① 양극 산화 처리 　　② 알로다인 처리
③ 인산염 피막 처리 　　④ 알클래드 처리

24. Mg 분말, Al 분말 등 공기 중에 비산한 금속분진에 의해 발생하는 화재로서 물을 사용하면 안 되며 건조사, 팽창 진주암 등을 사용한 질식소화 방법이 유효한 화재는?

① A급 화재 　　　　② B급 화재
③ C급 화재 　　　　④ D급 화재

해설 D급 화재는 금속분말에 의한 화재이다.

25. 지상 점검 시 작업자가 지켜야 할 사항으로 틀린 것은?

① 작업 시에는 규정보다 작업자의 능력에 따라 작업을 수행해야 한다.
② 작업장의 상태를 청결히 하고 정리·정돈하여 사고의 잠재 요인을 제거하도록 한다.
③ 작업 시 보호장구가 필요할 때에는 반드시 보호장구를 착용해야 한다.
④ 보다 안전하고 능률적인 작업 수행을 위하여 모든 작업자들은 서로 협조하고 조언해야 한다.

26. 다음 중 와셔의 역할로 틀린 것은?

① 볼트의 길이가 짧을 때 사용한다.
② 진동을 흡수하고, 너트가 풀리는 것을 방지한다.
③ 볼트나 스크루의 그립 길이를 조절 가능하도록 한다.
④ 볼트와 너트에 의한 작용력을 고르게 분산되도록 한다.

27. 케이블 주위에 구리로 된 8(팔)자형 관 모양의 슬리브를 둘러 압착하는 방법을 이용하여 케이블의 단자를 연결하는 방법은?

① 랩 솔더 이음 방법
② 5단 엮기 이음 방법
③ 스웨이징 단자 방법
④ 니코프레스 처리 방법

28. AN21~AN36으로 분류되고 머리 형태가 둥글고 스크루 드라이버를 사용하도록 머리에 홈이 파여 있는 모양의 볼트는?

① 아이 볼트 　　　　② 클레비스 볼트
③ 육각 볼트 　　　　④ 인터널 렌칭 볼트

29. 물림 턱의 벌림에 따라 손잡이를 잡을 수 있는 정도를 조절하는 그림과 같은 공구의 명칭은?

① 스냅 링 플라이어
② 슬립 조인트 플라이어
③ 워터 펌프 플라이어
④ 라운드 노즈 플라이어

30. 항공기 견인작업(towing)에 대한 설명이 아닌 것은?

① 견인속도는 5 MPH를 초과해서는 안 된다.
② 항공기 견인 시 잭 포인트를 정확히 지정해야 한다.
③ 견인봉은 견인차량으로부터 일단 분리하여 항공기에 장착한 다음, 다시 견인봉을 견인차량에 연결한다.
④ 항공기의 유도선(taxing line)을 따라 견인할 때에는 감독자의 판단에 따라 주변 감시자를 배치하지 않아도 무방하다.

31. 정비와 관련된 다음 설명에서 (   ) 안에 알맞은 목적은?

"항공법을 기준으로 항공회사가 정비작업에 관하여 (   ) 및 효과적인 정비작업의 수행을 목적으로 설정된 기술적인 규칙과 기준을 정비규정이라 한다."

① 생산성 향상　　② 기술 향상
③ 안전성 확보　　④ 인력 확보

32. 다음 (   ) 안에 알맞은 용어는 어느 것인가?

"The purpose of wing (   ) is to reduce stalling speed."

① drag　　　　　② tails
③ slats　　　　　④ thrust

해설 슬랫 : 날개 앞전의 약간 안쪽 밑면에서 윗면으로 틈을 만들어 큰 받음각일 때 밑면의 흐름을 윗면으로 유도하여 흐름의 떨어짐을 지연시킨다.

33. 다음 영문의 밑줄 친 부분이 의미하는 것은 무엇인가?

"Starting and operating an aircraft reciprocating engine is not difficult if the proper procedures are used."

① 성형 기관　　　② 대향형 기관
③ 왕복 기관　　　④ 공랭식 기관

34. 관제탑에서 지시하는 신호의 종류 중 활주로 유도로 상에 있는 인원 및 차량은 사주를 경계한 후 즉시 본 장소를 떠나라는 의미의 신호는?

① 녹색등　　　　② 점멸 녹색등
③ 흰색등　　　　④ 점멸 적색등

35. 다음 중 공구 사용 시 주의사항으로 틀린 것은?

① 부품에 알맞은 공구를 선택 사용한다.
② 간단한 공구는 사용 전에 교육을 생략한다.
③ 작업이 완료된 후에는 녹 방지를 위하여 손질한다.
④ 금속칩이 발생하는 작업을 할 때에는 보안경을 쓴다.

36. 항공기 조종계통에 사용되는 케이블의 인장력을 조절하는 장치는?

① 버스 드럼(bus drum)
② 풀리(pulley)
③ 조종 로드(control rod)
④ 턴버클(turnbuckle)

37. 반고정형 회전날개를 가진 헬리콥터와 관계없는 것은?

① 부분 관절형 회전날개이다.
② 허브에 항력 힌지를 갖고 있다.
③ 시소형 회전 날개가 여기에 속한다.
④ 대부분 2개의 깃을 가진 회전날개에서 사용한다.

해설 반고정형 회전날개 : 부분 관절형 회전날개로서 허브에 플래핑 힌지와 페더링 힌지는 가지고 있으나 항력 힌지는 없다. 실용화된 반고정형 회전날개는 시소형 회전날개가 있고, 2개의 회전날개는 대부분 이 형식을 사용한다.

38. 그림의 동체 구조 형식 명칭은?

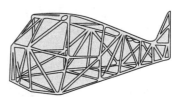

① 응력외피형
② 트러스형
③ 모노코크형
④ 세미모노코크형

39. 다음 중 허니콤 샌드위치 구조(honeycomb sandwitch structure)의 장점이 아닌 것은 어느 것인가?
① 단열효과가 좋다.
② 집중하중에 강하다.
③ 표면이 평평하며 요철이 없다.
④ 두께 방향의 균일한 압력 발생 시 충격 흡수가 우수하다.

40. 다음 중 도면에 기재되는 내용과 설명으로 옳은 것은?
① 도면에는 부품 목록을 기재할 수 없다.
② 도면 번호는 부품 목록에만 등록이 된다.
③ 모든 항공기 제작사는 동일한 방식으로 도면번호를 부여한다.
④ 도면에 사용되는 적용성 부호는 사용되는 부품의 번호를 나타낸다.

41. 항공기 날개에 기관을 장착하기 위해 필요한 구조물은?
① 방화벽   ② 카울링
③ 파일론   ④ 벌크헤드

42. 헬리콥터에서 조종계통을 정해진 위치에 놓고 고정기구를 사용하여 고정시킨 다음 조종면을 기준선에 맞추고 분도기 등을 이용하여 고정면과 조종면 사이의 변위각을 측정하는 작업은?
① 정적 리깅   ② 기능 점검
③ 궤도 점검   ④ 수직평판 조정

43. 알루미늄－구리－마그네슘계 합금으로 일명 "초두랄루민"이라 하고 파괴에 대한 저항성이 우수하며, 피로강도도 양호하여 인장하중에 크게 작용하는 대형 항공기 날개 밑면의 외피나 동체의 외피로 사용되는 것은?
① 2014   ② 2024
③ 7075   ④ 7179

44. 정상 수평비행 중 날개의 상부와 하부에 작용하는 응력을 순서대로 나열한 것은?
① 전단, 인장   ② 전단, 압축
③ 압축, 인장   ④ 굽힘, 압축
> **해설** 정상 수평비행 시 날개는 양력이 발생하여 상면에는 압축응력이, 하면에는 인장응력이 작용한다.

45. 다음 중 정하중 시험의 순서를 옳게 나열한 것은?
① 한계하중시험 → 극한하중시험 → 파괴시험 → 강성시험
② 강성시험 → 한계하중시험 → 극한하중시험 → 파괴시험
③ 한계하중시험 → 파괴시험 → 강성시험 → 극한하중시험
④ 파괴시험 → 강성시험 → 한계하중시험 → 극한하중시험

46. 합금강의 분류에서 SAE 1025에 대한 설명으로 옳은 것은?
① 탄소강을 나타낸다.
② 니켈강을 나타낸다.
③ 합금원소는 크롬이다.
④ 탄소의 함유량은 5 %이다.
> **해설** SAE 1025
> 1 : 탄소강
> 0 : 5대 기본 원소 이외의 합금원소가 없음
> 25 : 탄소 0.025 % 함유

47. 항공기의 위치를 표시하는 방식 중 "특정 수평면으로부터 수직으로 높이를 측정한 거리"를 무엇이라 하는가?

① 버턱선(buttock line)
② 동체 위치선(body station)
③ 동체 수위선(body water line)
④ 날개 위치선(wing body station)

48. 다음 중 실런트(sealant)에 대한 설명으로 틀린 것은?

① 사용 시 접착의 밀착성을 위해 따뜻하게 보관한다.
② 작업하는 부분에 낡은 실런트가 있어 제거할 때는 제거제를 사용하여 깨끗이 제거한다.
③ 기체 표면의 홈을 메워 공기 흐름의 혼란을 감소시킬 목적으로 사용된다.
④ 성분적으로 티오콜계와 실리콘계의 합성고무로 나뉜다.

49. 다음 중 저탄소강의 탄소 함유량은?

① 0.1~0.3 %   ② 0.3~0.5 %
③ 0.6~1.2 %   ④ 1.2 % 이상

해설 탄소강의 분류
• 저탄소강 : 탄소를 0.1~0.3 % 함유한 강
• 중탄소강 : 탄소를 0.3~0.6 % 함유한 강
• 고탄소강 : 탄소를 0.6~1.2 % 함유한 강

50. 헬리콥터의 지상취급에 대한 설명으로 틀린 것은?

① 풍속이 20 knot 이상이면 헬리콥터의 계류 작업을 실시한다.
② 헬리콥터의 연료 보급 시 3점 접지를 반드시 실시한다.
③ 헬리콥터 견인 작업 시 견인속도는 5 km/h를 초과하지 않는다.

④ 헬리콥터의 잭 작업 시 풍속이 24 km/h 이상이면 작업을 금지한다.

51. 플라스틱 가운데 투명도가 가장 높으며, 광학적 성질이 우수하여 항공기용 창문유리로 사용되는 재료는?

① 폴리염화비닐(PVC)
② 에폭시수지(epoxy resin)
③ 페놀수지(phenolic resin)
④ 폴리메타크릴산메틸(polymethyl methacrylate)

해설 아크릴 수지 : 폴리메타크릴산메틸의 약칭으로 불리기도 하는데 투명도가 우수하고, 가볍고 강인하여 항공기 창문유리나 객실 내부의 장식품 등에 사용된다.

52. 한 변이 10 cm인 정사각형 단면을 가진 막대에 500 N의 힘이 단면의 수직으로 작용할 때 단면에서의 응력은 몇 N/cm^2인가?

① 0.5   ② 5
③ 25   ④ 50

해설 응력$(\sigma) = \dfrac{W}{A} = \dfrac{500}{10 \times 10} = 5 \, N/cm^2$

53. 접개들이(retractable) 착륙장치에서 착륙장치를 항공기에 연결해주는 장치는?

① 트러니언(trunnion)
② 옆 버팀대(side strut)
③ 완충 버팀대(shock strut)
④ 시미 댐퍼(shimmy damper)

54. 그림과 같은 보(beam)의 명칭으로 옳은 것은?

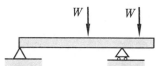

① 연속보   ② 외팔보
③ 단순보   ④ 돌출보

55. AA규격에 대한 설명으로 옳은 것은?
① 미국 철강협회의 규격으로 알루미늄 규격이다.
② 미국 알루미늄협회의 규격으로 알루미늄합금용의 규격이다.
③ 미국 재료시험협회의 규격으로 마그네슘합금에 많이 쓰인다.
④ SAE의 항공부가 민간항공기 재료에 대해 정한 규격으로 티타늄합금, 내열합금에 많이 쓰인다.

56. 헬리콥터 주회전 날개의 피치각이 주어진 상태에서 회전 시 발생하는 코닝의 크기를 결정하는 요소는?
① 날개의 총무게
② 날개의 수와 넓이
③ 헬리콥터의 항력
④ 날개의 양력과 회전수

57. 헬리콥터의 고정형 회전날개에 대한 설명으로 틀린 것은?
① 페더링 힌지만 있는 형식이다.
② 관절형 회전날개에 비해 허브의 구조가 간단하다.
③ 양력의 불균형 문제로 인해 오토자이로나 초기의 헬리콥터에만 사용되었다.
④ 최근 제작되는 대부분의 헬리콥터에서 사용되는 회전날개 형식이다.

해설 고정형 회전날개 : 페더링 힌지만 있는 형식으로 회전날개에서 발생하는 양력의 불균형 문제를 해결하지 못함으로써 오토자이로나 초기의 헬리콥터에서 사용되었으나 실용적인 것은 아니었다.

58. 지름이 8 cm이고, 길이가 200 cm인 기둥의 세장비는? (단, 이 기둥의 한쪽 끝은 고정되어 있고, 다른 끝은 자유단이다.)
① 50
② 100
③ 150
④ 200

해설 세장비 $= \dfrac{\text{길이}}{\text{회전반지름}}$

$= \dfrac{\text{길이}}{\left(\dfrac{d}{4}\right)} = \dfrac{200}{\left(\dfrac{8}{4}\right)} = 100$

59. 비행 중 항공기의 자세를 조종하기도 하며 착륙 활주 중에는 활주 거리를 짧게 하는 브레이크 역할을 하는 날개에 부착된 장치는?
① 플랩
② 도움날개
③ 슬롯
④ 스포일러

60. 시간에 따라 하중의 크기가 변화하면서 작용하며 구조에 진동을 일으키는 하중이 아닌 것은?
① 반복하중
② 교번하중
③ 정하중
④ 충격하중

해설 동하중 : 시간에 따라 크기가 변화하면서 작용하는 하중으로 반복하중, 교번하중, 충격하중이 있다.

항공기체정비기능사 [제2회]

1. 비행기가 평형상태에서 벗어난 뒤에 다시 평형상태로 돌아가려는 초기의 경향을 가장 옳게 설명한 것은?

① 정적 안정성이 있다 (양(+)의 정적 안정).
② 동적 안정성이 있다 (양(+)의 동적 안정).
③ 정적으로 불안정하다 (음(−)의 정적 안정).
④ 동적으로 불안정하다 (음(−)의 동적 안정).

해설 정적 안정과 동적 안정
• 정적 안정(양(+)의 정적 안정) : 어떤 물체가 평형상태에서 벗어난 뒤에 다시 평형상태로 되돌아가려는 경향
• 동적 안정(양(+)의 동적 안정) : 어떤 물체가 평형상태에서 이탈된 후, 시간이 지남에 따라 운동의 진폭이 감소되는 것

2. 헬리콥터가 전진비행을 할 때 회전날개 깃에 발생하는 양력 분포의 불균형을 해결할 수 있는 방법으로 가장 옳은 것은?

① 전진하는 깃과 후퇴하는 깃의 받음각을 동시에 증가시킨다.
② 전진하는 깃과 후퇴하는 깃의 받음각을 동시에 감소시킨다.
③ 전진하는 깃의 받음각은 증가시키고 뒤로 후퇴하는 깃의 받음각은 감소시킨다.
④ 전진하는 깃의 받음각은 감소시키고 뒤로 후퇴하는 깃의 받음각은 증가시킨다.

해설 양력 불평형 : 회전날개에서 서로 다른 상대풍의 속도가 깃에 작용하므로 회전면에서 발생하는 깃에 의한 양력은 오른쪽은 올라가고, 왼쪽은 내려가는 좌우 불균형이 일어난다. 이와 같은 양력 분포의 불균형은 전진하는 깃과 후퇴하는 깃의 받음각을 바꾸어 줌으로써 상대속도의 차이에 의한 힘의 불균형을 상쇄시켜, 양력 분포의 균형을 유지한다.

3. 다음 중 동압과 정압에 대한 설명으로 옳은 것은?

① 동압과 정압을 이용하여 항공기의 비행 속도를 계산할 수 있다.
② 동압을 이용하여 객실 고도를 계산할 수 있다.
③ 동압을 이용하여 절대 고도를 계산할 수 있다.
④ 동압과 정압을 이용하여 항공기의 절대 고도를 계산할 수 있다.

4. 활공기가 고도 2400 m 상공에서 활공을 하여 수평활공거리 36 km를 비행하였다면, 이때 양항비는 얼마인가?

① $\dfrac{1}{5}$ ② 10
③ $\dfrac{1}{15}$ ④ 15

해설 양항비 $= \dfrac{활공거리}{활공고도} = \dfrac{36000}{2400} = 15$

5. 입구의 지름이 10 cm이고, 출구의 지름이 20 cm 인 원형관에 액체가 흐르고 있다. 지름 20 cm 되는 단면적에서의 속도가 2.4 m/s일 때 지름 10 cm 되는 단면적에서의 속도는 약 몇 m/s인가?

① 4.8 ② 9.6
③ 14.4 ④ 19.2

해설 연속의 법칙 $A_1 V_1 = A_2 V_2$에서

$$V_1 = \left(\dfrac{A_2}{A_1}\right) V_2 = \left(\dfrac{d_2}{d_1}\right)^2 V_2$$

$$= \left(\dfrac{20}{10}\right)^2 \times 2.4 = 9.6 \text{ m/s}$$

정답 **1.** ① **2.** ④ **3.** ① **4.** ④ **5.** ②

항공기체정비기능사

6. 공기의 밀도 단위가 kgf·s²/m⁴으로 주어질 때 kgf 단위의 의미는?
① 질량　　　　② 중량
③ 비중　　　　④ 비중량

7. 다음 중 버핏(buffet) 현상을 가장 옳게 설명한 것은?
① 이륙 시 나타나는 비틀림 현상
② 착륙 시 활주로 중앙선을 벗어나려는 현상
③ 실속속도로 접근 시 비행기 뒷부분의 떨림 현상
④ 비행 중 비행기의 앞부분에서 나타나는 떨림 현상

해설 버핏(buffet) : 흐름이 날개에서 떨어지면서 발생되는 후류가 날개나 꼬리날개를 진동시켜 발생되는 현상으로 실속이 일어나는 징조이다.

8. 수평비행을 하던 비행기가 연직 상방향으로 관성력을 받을 때 비행기의 하중배수를 옳게 나타낸 식은?

① $\dfrac{\text{비행기 무게}}{\text{관성력}}$

② $1+\dfrac{\text{관성력}}{\text{비행기 무게}}$

③ $1+\dfrac{\text{비행기 무게}}{\text{관성력}}$

④ $\dfrac{\text{비행기 무게}}{\text{비행기 무게}-\text{관성력}}$

해설 관성력 작용 시 하중배수 : 수평비행 시 하중배수는 1이다. 관성력이 추가로 작용하게 되면 하중배수는 $1+\dfrac{\text{관성력}}{\text{비행기 무게}}$ 이다.

9. 그림과 같은 받음각에 따른 양력계수(C_L)의 변화를 나타낸 그래프에서 (가)와 (나)에 대한 용어로 옳은 것은?

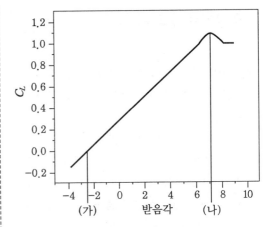

① (가) 영양력 받음각, (나) 실속각
② (가) 최소 항력 받음각, (나) 실속각
③ (가) 유도각, (나) 영양력 받음각
④ (가) 실속각, (나) 영양력 받음각

10. 비중량에 대한 설명으로 옳은 것은 어느 것인가?
① 단위 체적당 중량
② 단위 질량당 중량
③ 단위 길이당 최소중량
④ 단위 면적당 작용하는 최소중량

해설 비중량 : 물질의 단위 부피당(체적당) 중량으로 나타낸 값
$$\gamma=\rho g$$

11. 프로펠러 깃의 압력중심의 기본적인 위치를 나타낸 것으로 옳은 것은?
① 깃 끝 부근
② 깃 뿌리 부근
③ 깃의 뒷전 부근
④ 깃의 앞전 부근

12. 수직 꼬리날개와 동체 상부에 장착하여 방향 안정성을 증가시키기 위한 것은?
① 실속 스트립
② 슬롯

③ 볼텍스 발생장치

④ 도살 핀

해설 도살 핀(dorsal fin) : 수직 꼬리날개가 실속하는 큰 옆미끄럼각에서도 방향 안정을 유지하는 강력한 효과가 있다.

13. 프로펠러 항공기 기관의 제동마력이 260 PS 이고, 프로펠러 효율이 0.8일 때 이 비행기의 이용마력은 몇 PS인가?

① 108　　　　② 208

③ 308　　　　④ 408

해설 이용마력 $= \eta \times bHP$
$= 0.8 \times 260 = 208$ PS

14. 고속형 날개에서 항력 발산 마하수를 넘어서면 어떤 항력이 급증하는가?

① 현상 항력　　② 압력 항력

③ 조파 항력　　④ 표면 마찰 항력

해설 날개면상에 초음속 흐름이 형성되면 충격파가 발생하게 되고, 조파 항력이 생긴다.

15. 회전익 항공기에서 회전축에 연결된 회전날개 깃이 하나의 수평축에 대해 위 아래로 움직이는 운동은?

① 스핀 운동

② 리드–래그 운동

③ 플래핑 운동

④ 자동 회전 운동

해설 회전익 항공기의 운동

• 리드–래그 운동 : 회전날개의 깃이 앞서고, 뒤로 처지는 현상에서 오는 운동

• 플래핑 운동 : 회전날개의 양력 불균형으로 인해 회전날개가 위 아래로 움직이는 운동

16. 표면이 눌려 원래의 외형으로부터 변형된 현상으로 단면적의 변화는 없으며 손상 부위와 손상되지 않는 부위 사이와의 경계 모양이 완만한 형상을 이루고 있는 결함은?

① 찍힘(nick)　　② 눌림(dent)

③ 긁힘(scratch)　④ 구김(crease)

17. 볼트와 너트로 체결하는 작업 시 안전 및 유의사항에 대한 설명으로 틀린 것은?

① 렌치를 사용할 때에는 당기는 방향으로 힘을 가한다.

② 익스텐션 바를 사용 시 손으로 바를 잡아 고정하고 작업한다.

③ 볼트와 너트를 조일 때에는 해체할 때보다 한 단계 작은 치수의 렌치를 사용한다.

④ 볼트나 너트를 조일 때는 일정 부분 손으로 조인 후 렌치를 사용하여 마무리한다.

18. 다음 중 항공기의 지상취급에 해당되지 않은 작업은?

① 잭 작업

② 계류 작업

③ 견인 작업

④ 계획된 액세서리 교환 작업

19. 화학적 또는 전기화학적 반응에 의해 재료의 성질이 변화 또는 퇴화하는 현상을 무엇이라 하는가?

① 균열(crack)

② 마모(abrasion)

③ 골패임(gouge)

④ 부식(corrosion)

20. 휴대용 소화기 중 조종실이나 객실에 설치되어 일반화재, 전기화재 및 기름화재에 사용되는 소화기는?

① 분말 소화기

② 물 소화기

③ 포말 소화기

④ 이산화탄소 소화기

정답 ● **13.** ② **14.** ③ **15.** ③ **16.** ② **17.** ③ **18.** ④ **19.** ④ **20.** ④

21. 다음 중 밑줄 친 부분의 영문 내용으로 옳은 것은?

> "The expansion space above <u>the fuel</u> in the tank shifts according to attitude changes of the airplane."

① 연료   ② 윤활유
③ 유압유   ④ 공기압

22. 다음 중 ( ) 안에 들어갈 알맞은 용어는 어느 것인가?

> " The elevators control the aircraft about its (　　) axis"

① vertical   ② lateral
③ longitudinal   ④ horizontal

해설 승강키(elevator) : 가로축을 중심으로 한 비행기의 운동을 조종하는 데 사용한다.

23. 항공기용 기계요소 및 재료에 대한 규격 중 군(military)에 관련된 규격이 아닌 것은?

① AN   ② MIL
③ ASA   ④ MS

해설 금속재료 규격
- AN 규격 : Air Force－Navy
- MIL 규격 : Military Specification
- MS 규격 : Military Standard
- ASA 규격 : American Standards Association

24. 비파괴 검사법 중 피폭안전에 철저한 관리가 요구되는 검사법은?

① 침투탐상검사
② 와전류검사
③ 자분탐상검사
④ 방사선투과검사

25. 수직공간이 제한된 곳에 사용되는 스크루 드라이버의 명칭으로 옳은 것은?

① 리드 스크루 드라이버
② 래칫 스크루 드라이버
③ 오프셋 스크루 드라이버
④ 프린스 스크루 드라이버

26. 보통 나무, 종이, 직물 및 잡종 폐기물 등과 같은 가연성 물질에 일어나는 화재는?

① A급   ② B급
③ C급   ④ D급

27. 좁은 장소에서 작업할 때 굴곡이 필요할 경우 래칫 핸들, 스피드 핸들, 소켓 또는 익스텐션바와 함께 사용되는 그림과 같은 것은?

① 어댑터
② 유니버설 조인트
③ 벨트 렌치
④ 콤비네이션 렌치

28. 「MS20426 AD 4－4」 리벳을 사용한 리벳 작업 시 최소 끝거리는 몇 인치인가?

① 5/16   ② 3/8
③ 1/4   ④ 7/32

해설 최소 끝거리(연거리) : 판재의 가장자리에서 첫 번째 리벳 구멍 중심까지의 거리로서 리벳 지름의 2 ～ 4배가 적당하며 일반 리벳은 최소 $2D$, 접시머리는 $2.5D$이다.
MS20426 AD 4－4는 접시머리 리벳이며, 리벳 지름은 $\dfrac{4}{32}$ inch이다.
접시머리 리벳 끝거리
$$= 2.5D = 2.5 \times \frac{4}{32}$$
$$= \frac{25}{10} \times \frac{4}{32} = \frac{5}{16} \text{ inch}$$

29. 다음 중 성형점에서 굴곡접선까지의 거리를 나타낸 명칭은?

① 중립선
② 세트백
③ 굴곡허용량
④ 사이트라인

30. 다음 중 항공기의 접지에 대한 설명으로 옳은 것은?

① 정전기의 축적을 막는다.
② 전기 저항을 증가시킨다.
③ 전기 전압을 증가시킨다.
④ 번개의 위험을 벗어나기 위한 작업이다.

31. 다음 중 신뢰성 정비 방식이 채택될 수 있는 여건으로 가장 거리가 먼 것은?

① 정비인력의 증가
② 항공기 설계 개념의 진보
③ 항공기 기자재의 품질수준 향상
④ 비파괴 검사방법 등에 의한 검사법 발전

32. 게이지 블록(gauge blocks)에 대한 설명으로 틀린 것은?

① 사용하기 전에 마른 걸레나 솔벤트로 방청제 등의 이물질을 닦아낸다.
② 사용 시 손가락 끝으로 잡아 접촉면적을 되도록 작게 한다.
③ 이론상 측정력은 접촉 면적에 비례하여 증가되어야 하며, 실제로는 표준이 되는 측정력을 사용하는 것이 좋다.
④ 측정할 때 정밀도는 온도와는 관련이 없고, 링클링(wringkling) 작업과 가장 관련이 깊다.

해설 블록 게이지를 사용하여 측정할 때는 온도의 변화에 따라 큰 영향을 받으므로 이 점에 특히 주의해야 한다.

33. 다음 중 헬리콥터의 지상 정비지원은 어떤 정비에 해당되는가?

① 공장 정비
② 벤치 체크
③ 운항 정비
④ 시한성 정비

34. 2개 이상의 굽힘이 교차하는 부분의 안쪽 굽힘 접선 교점에 발생하는 응력집중에 의한 균열을 방지하기 위해 뚫는 구멍은?

① 스톱 홀
② 릴리프 홀
③ 리머 홀
④ 파일럿 홀

35. 운항 정비 기간에 발생한 항공기 정비 불량 상태의 수리와 운항 저해의 가능성이 많은 각 계통의 예방정비 및 감항성을 확인하는 것을 목적으로 하는 정비작업은?

① 중간 점검(transit check)
② 기본 점검(line maintenance)
③ 정시 점검(schedule maintenance)
④ 비행 전후 점검(pre/post flight check)

36. 다음 중 수평꼬리날개에 대한 설명으로 틀린 것은?

① 수평안정판 내부를 연료탱크로 사용하면 진동 감소와 피로에 대한 저항성이 커진다.
② 수평안정판은 세로안정성을 담당하고 세로 조종은 승강키로 한다.
③ 수평안정판의 면적이 증가하면 표면저항이 증가하여 세로안정성이 감소한다.
④ 대형 여객기에서는 항속거리 증가를 위해 수평안정판 내부를 연료탱크로 사용하기도 한다.

37. 다음 중 하중 배수에 대한 설명으로 옳은 것은?

① 추력을 비행기의 무게로 나눈 값이다.
② 양력을 비행기의 무게로 나눈 값이다.

③ 수평 비행시의 양력을 화물하중으로 나눈 값이다.

④ 기본 하중을 현재의 하중으로 나눈 값이다.

해설 하중배수$= \dfrac{\text{양력}}{\text{비행기 무게}}$

38. 특수강 SAE 2330에 대한 설명으로 옳은 것은?

① 탄소강을 나타낸다.

② 크롬 - 바나듐강이다.

③ 니켈의 함유량이 23 %이다.

④ 탄소의 함유량이 0.30 %이다.

해설 SAE 2330 : 니켈을 3 % 함유한 강으로 탄소의 함유량이 0.30 %이다.

39. 랜딩 기어 계통에서 트라이 사이클 기어 배열의 장점이 아닌 것은?

① 항공기의 지상 전복(ground looping)을 방지한다.

② 이륙, 착륙 중에 테일 휠의 진동을 막는다.

③ 이륙이나 착륙 중 조종사에게 좋은 시야를 제공한다.

④ 빠른 착륙속도에서 강한 브레이크를 사용할 수 있다.

40. 열가소성 수지 중 유압 백업링(backup ring), 호스(hose), 패킹(packing), 전선피복(coating) 등에 사용되는 수지는?

① 아크릴수지

② 테플론

③ 염화비닐수지

④ 폴리에틸렌수지

41. 기관 마운트를 선택하기 전에 고려하지 않아도 되는 것은?

① 기관의 제조기간

② 기관의 형식 및 특성

③ 기관 마운트의 장착 위치

④ 기관 마운트의 장착 방향

42. 폭 3 cm, 너비 12 cm 직사각형 단면인 24 cm 길이의 사각봉에 288 kgf의 인장력이 작용할 때 인장응력은 약 몇 kgf/cm²인가?

① 0.33

② 1

③ 4

④ 8

해설 인장응력$(\sigma) = \dfrac{W}{A} = \dfrac{288}{3 \times 12} = 8\ \text{kgf/cm}^2$

43. 항공기 위치 표시방법 중 기수 또는 기수로부터 일정한 거리에 위치한 상상의 수직면을 기준으로 하는 방법은?

① 버턱선(BL)

② 날개 위치선(WS)

③ 동체 위치선(FS)

④ 동체 수위선(BWL)

44. 다음 중 ATA 100에 의한 항공기 시스템 분류가 틀린 것은?

① ATA 21 - air conditioning

② ATA 29 - oxygen

③ ATA 30 - ice & rain protection

④ ATA 32 - landing gear

해설 ATA 29 - 유압동력(hydraulic power)

45. 다음 중 고정 지지보를 나타낸 것은 어느 것인가?

46. 다음 중 주회전날개 트랜스미션의 역할이 아닌 것은?
① 시동기와 연결
② 유압 펌프나 발전기 구동
③ 오토로테이션 시 기관과의 연결을 차단
④ 기관의 출력을 감소시켜 회전날개에 전달

47. 다음 중 샌드위치 구조에 대한 설명으로 틀린 것은?
① 트러스 구조에서 외피로 쓰인다.
② 무게를 감소시키는 장점이 있다.
③ 국부적인 휨 응력이나 피로에 강하다.
④ 보강재를 끼워넣기 어려운 부분이나 객실 바닥면에 사용된다.

48. 테일 로터가 장착된 호버링 헬리콥터의 방향 조종 방법은?
① 주 로터의 rpm 변경
② 테일 로터 디스크 방향 조작
③ 테일 로터의 피치 조작
④ 주 로터 디스크 방향 조작

49. 복합소재를 제작할 때 사용되는 섬유형 강화재가 아닌 것은?
① 고무섬유
② 유리섬유
③ 탄소섬유
④ 보론섬유

50. 헬리콥터의 스키드 기어형 착륙장치에 대한 설명으로 틀린 것은?
① 정비가 쉽다.
② 구조가 간단하다.
③ 지상 활주에 사용된다.
④ 소형 헬리콥터에 주로 사용된다.

51. 항공기 기체 수리 도면에 리벳과 관련된 다음과 같은 표기의 의미는?

5 RVT EQ SP

① 길이가 같은 5개 리벳이 장착된다.
② 리벳이 5인치의 간격으로 장착된다.
③ 5개의 리벳이 같은 간격으로 장착된다.
④ 연거리를 같게 하여 5개 리벳이 장착된다.

해설 도면 내용 읽기
• 5 RVT EQ SP : 5개의 리벳이 같은 간격으로 장착되어야 함을 의미한다.
• 37 RVT EQ SP STAGGERED : 37개의 리벳을 똑같은 간격으로 좌우로 엇갈린 배열에 장착한다.

52. 인장력을 받는 봉에서 발생하는 변형률의 단위는?
① m   ② N/m
③ N/m^2 ④ 무차원

53. 다음 중 헬리콥터의 꼬리부분에 해당하지 않는 것은?
① 핀(fin)
② 테일붐
③ 연료 및 오일탱크
④ 파일론

54. 금속의 표면 강화 방법 중 질화 처리(nitriding)에 대한 설명으로 틀린 것은?
① 질화층은 경도가 우수하고, 내식성 및 내마멸성이 증가한다.
② 암모니아가스 중에서 500~550℃ 정도의 온도로 20~100 시간 정도 가열한다.
③ 철강재료의 표면 강화(surface hardening)에 적용한다.
④ 질소와 친화력이 약한 알루미늄, 티타늄, 망간 등을 함유한 강은 질화 처리법을 적용하지 않는다.

55. 구리의 성질로 틀린 것은?

① 전도성이 좋다.

② 가공하기 어렵다.

③ 열전도율이 높다.

④ 전기전도율이 크다.

56. 다음 중 대형 항공기에 주로 사용되는 뒷전 플랩은?

① 슬롯 플랩

② 스플릿 플랩

③ 단순 플랩

④ 크루거 플랩

[해설] 슬롯 플랩 : 플랩을 내렸을 때에 플랩의 앞에 틈이 생겨 이를 통하여 날개 밑면의 흐름을 윗면으로 올려 뒷전 부분에서 흐름의 떨어짐을 방지하여 플랩을 큰 각도로 내릴 수 있다.

57. 헬리콥터의 테일붐에 있는 구조로 회전날개에서 발생하는 토크를 상쇄시키는 데 기여하며 위쪽과 아래쪽의 대칭 구조를 갖고 있는 것은?

① 힌지(hinge)

② 수직 핀(vertical fin)

③ 스키드 기어(skid gear)

④ 회전날개 보호대(tail rotor guard)

[해설] 수직 핀 : 테일붐에 볼트로 장착되며 테일붐 아래쪽 수직 핀의 날개 리브 형태는 대칭형으로, 위쪽 수직 핀은 비대칭형으로 되어 있어 전진 비행 중에 발생하는 토크를 줄어들게 하여 꼬리 회전날개의 부하를 덜어준다.

58. 강도를 중시하여 만들어진 고강도 알루미늄 합금이 아닌 것은?

① 2218   ② 2024

③ 2017   ④ 2014

[해설] • 고강도 알루미늄 합금 : 2014, 2017, 2024, 7075

• 내열 알루미늄 합금 : 2218, 2618

59. 항공기용으로 가장 흔한 저압 타이어에 다음과 같이 표시되어 있다면 옳은 설명은?

> "7.00 × 6, 4 ply"

① 타이어 안지름이 7.00 in이다.

② 타이어 너비가 7.00 in이다.

③ 타이어 바깥지름이 6.00 in이다.

④ 타이어 너비가 6.00 in이다.

[해설] 7.00 × 6, 4 ply : 타이어 너비가 7인치이고, 안지름이 6인치 그리고 코어 보디의 층이 4겹으로 이루어졌다.

60. 응력이 제거되면 변형률도 제거되어 원래 상태로 회복이 가능한 한계응력을 나타내는 것은?

① 항복점

② 인장강도

③ 파단점

④ 탄성한계

항공기체정비기능사   [제3회]

1. 항력이 D[kgf]인 비행기가 속도 V[m/s]로 등속수평비행을 하기 위한 필요마력(PS)을 구하는 식은?

① $\dfrac{DV}{75}$ 　　　　② $\dfrac{75}{DV}$

③ $\dfrac{75D}{V}$ 　　　　④ $\dfrac{75V}{D}$

2. 날개 길이가 10 m, 평균 시위 길이가 1.8 m인 항공기 날개의 가로세로비(aspect ratio)는 약 얼마인가?

① 0.18 　② 2.8 　③ 5.6 　④ 18.0

> **해설** 가로세로비(AR)$=\dfrac{b}{C_m}=\dfrac{10}{1.8}=5.56$

3. 레이놀즈 수에 영향을 미치는 요소가 아닌 것은?

① 유체의 밀도 　　② 유체의 압력
③ 유체의 흐름속도 　④ 유체의 점성

> **해설** 레이놀즈 수$=\dfrac{\rho VL}{\mu}$

4. 조종간과 승강키가 기계적으로 연결되었을 경우 조종력과 승강키 힌지 모멘트에 관한 관계식으로 다음 중 옳은 것은? (단, F_e : 조종력, H_e : 승강키 힌지 모멘트, K : 조종계통의 기계적 장치에 의한 이득이다.)

① $F_e=\dfrac{K}{H_e}$ 　　　② $F_e=K-H_e$

③ $F_e=\dfrac{K^2}{H_e}$ 　　　④ $F_e=K-H_e$

5. 헬리콥터에서 균형(trim)을 이루었다는 의미를 가장 옳게 설명한 것은?

① 직교하는 2개의 축에 대하여 힘의 합이 "0"이 되는 것
② 직교하는 2개의 축에 대하여 힘과 모멘트의 합이 각각 "1"이 되는 것
③ 직교하는 3개의 축에 대하여 힘과 모멘트의 합이 각각 "0"이 되는 것
④ 직교하는 3개의 축에 대하여 모든 방향의 힘의 합이 "1"이 되는 것

> **해설** 직교하는 X, Y, Z 축에 대해 키놀이, 옆놀이, 빗놀이 모멘트의 합이 0인 경우를 평형이 되었다고 한다.

6. 다음 중 비행기의 가로 안정에 가장 큰 영향을 미치는 것은?

① 동체의 모양
② 날개의 쳐든각
③ 기관의 장착위치
④ 플랩(flap)의 장착위치

> **해설** 기하학적으로 날개의 쳐든각 효과는 가로 안정에 있어서 가장 중요한 요소이다.

7. 이용마력과 필요마력이 같아져 상승률이 "0"이 되는 고도를 무엇이라 하는가?

① 운용 상승한계 　　② 실용 상승한계
③ 실제 상승한계 　　④ 절대 상승한계

> **해설** 상승률이 0인 고도를 절대 상승한계, 상승률이 0.5 m/s인 고도를 실용 상승한계, 상승률이 2.5 m/s인 고도를 운용 상승한계라 한다.

8. 항공기 중량이 5000 kg일 때 2G의 하중계수(load factor)가 가해지면 항공기에 미치는 전체 하중은 몇 kg인가?

① 2500 　　　　② 5000
③ 7500 　　　　④ 10000

정답 ● 　**1.** ① 　**2.** ③ 　**3.** ② 　**4.** ④ 　**5.** ③ 　**6.** ② 　**7.** ④ 　**8.** ④

해설 2G가 작용할 때 항공기에 미치는 하중
$$= 2 \times 5000 = 10000\,kg$$

9. 유관의 입구 지름이 20 cm이고 출구의 지름이 40 cm일 때 입구에서의 유체 속도가 4 m/s이면 출구에서의 유체 속도는 약 몇 m/s인가?

① 1 ② 2
③ 4 ④ 16

해설 연속의 법칙
$A_1 V_1 = A_2 V_2$ 에서
$$V_2 = \left(\frac{A_1}{A_2}\right) V_1 = \frac{d_1{}^2}{d_2{}^2} \times V_1$$
$$= \left(\frac{0.2^2}{0.4^2}\right) \times 4 = 1\,m/s$$

10. 헬리콥터의 기관이 정지하여 자동회전을 할 때 회전날개의 회전수는 어떻게 변화되는가?

① 지속적으로 감소한다.
② 지속적으로 증가한다.
③ 일정 높이까지는 감소되면서 하강하고 그 후 일정하게 증가한다.
④ 일정 높이까지는 감소되면서 하강하고 그 후 일정 속도를 유지한다.

해설 헬리콥터의 기관이 정지하여 프로펠러가 자동회전의 원리를 통해 하강하면서 회전날개의 회전수가 감소하기 시작하여 일정한 상태에서 더 이상 회전수가 감소하지 않고 일정한 하강률이 되어 안전하게 착륙하게 된다.

11. 다음 중 프로펠러 깃의 시위방향의 압력중심(CP) 위치에 의해 주로 발생되는 모멘트로 가장 옳은 것은?

① 공기력에 의한 굽힘 모멘트
② 공기력에 의한 비틀림 모멘트
③ 회전력에 의한 굽힘 모멘트
④ 회전력에 의한 비틀림 모멘트

해설 공기력에 의한 비틀림 모멘트는 깃이 회전할 때에 풍압중심이 깃의 앞전 쪽에 있게 되므로 깃의 피치를 크게 하려는 방향으로 작용한다.

12. 수평 꼬리날개에 부착된 조종면을 무엇이라 하는가?

① 승강키 ② 플랩
③ 방향키 ④ 도움날개

해설 수평 꼬리날개의 구성 : 수평안정판, 승강키

13. 날개면상에 초음속 흐름이 형성되면 충격파가 발생하게 되는데, 이때 충격파 전·후면에서의 압력, 밀도, 속도의 관계로 옳은 것은 어느 것인가?

① 충격파 앞의 압력과 속도는 충격파 뒤보다 크다.
② 충격파 앞의 압력과 밀도는 충격파 뒤보다 작다.
③ 충격파 앞의 밀도와 속도는 충격파 뒤보다 작다.
④ 충격파 앞의 압력, 밀도 및 속도는 충격파 뒤보다 크다.

해설 초음속 흐름 : 충격파가 발생하면 압력은 급격히 증가하게 되고, 밀도, 온도 역시 불연속적으로 증가한다.

14. 비행기가 정상 선회를 할 때 비행기에 작용하는 원심력과 구심력의 관계에 대하여 옳게 설명한 것은?

① 두 힘은 크기가 같고 방향도 같다.
② 두 힘은 크기가 다르고 방향이 같다.
③ 두 힘은 크기가 같고 방향이 반대이다.
④ 두 힘은 크기가 다르고 방향이 반대이다.

해설 정상 선회 : 원심력과 방향이 반대이고, 크기가 같은 구심력이 서로 균형을 이루면서 원운동을 한다.

15. 국제민간항공기구(ICAO)에서 정하는 국제 표준대기에 대한 설명으로 옳은 것은?

① 항공기의 설계, 운용에 기준이 되는 대기 상태로서 지역 및 고도에 관계없이 압력이 750 mmHg, 온도가 15℃인 상태를 말한다.

② 항공기의 비행에 가장 이상적인 대기 상태로서 압력이 750 mmHg, 온도가 15℃인 상태를 말한다.

③ 항공기의 설계, 운용에 기준이 되는 대기 상태로서 같은 고도에 대한 표준 압력, 밀도, 온도 등은 항상 같다.

④ 해면상의 대기 상태를 말하며 항공기의 설계 및 운용의 기준이 된다.

16. 안내 및 구급용 치료 설비 등을 나타내는 표지의 색은?

① 녹색　　　　② 적색
③ 청색　　　　④ 황색

해설 안전 색채 표지
• 붉은색 : 위험물 또는 위험상태
• 노란색 : 충돌, 추락, 전복 및 이에 유사한 사고의 위험이 있는 장비 및 시설물
• 녹색 : 안전에 직접 관련된 설비 및 구급용 치료 설비
• 파란색 : 장비 및 기기의 수리, 조절, 검사 중
• 오렌지색 : 기계 또는 전기설비의 위험 위치

17. 정밀 측정기기의 경우 규정된 기간 내에 정기적으로 공인기관에서 검·교정을 받아야 하는데, 이때 '검·교정'을 의미하는 것은?

① check　　　　② calibration
③ repair　　　　④ maintenance

18. 오픈 엔드 렌치로 작업할 수 없는 좁은 장소의 작업에 사용되며, 적절한 핸들과 익스텐션 바와 함께 사용하는 그림과 같은 공구의 명칭은?

① 크로풋
② 디프 소켓
③ 어댑터
④ 알렌 렌치

19. 한쪽 물림 턱은 고정되어 있고 다른 쪽 턱은 손잡이에 설치된 나사형 스크루를 조작하여 렌치의 개구부 크기를 조절하는 렌치는?

① 박스 렌치(box wrench)
② 래칫 렌치(ratchet wrench)
③ 콤비네이션 렌치(combination wrench)
④ 어저스터블 렌치(adjustable wrench)

어저스터블 렌치

20. 부식 환경에서 금속에 가해지는 반복 응력에 의한 부식이며, 반복 응력이 작용하는 부분의 움푹 파인 곳의 바닥에서부터 시작되는 부식은?

① 점 부식　　　　② 피로 부식
③ 입자간 부식　　　　④ 찰과 부식

21. 항공기 견인(towing) 시 주의해야 할 사항으로 옳은 것은?

① 항공기를 견인할 때에는 규정속도를 초과해서는 안 된다.

② 견인차에는 견인 감독자가 함께 탑승하여 항공기를 견인해야 한다.

③ 항공사 직원이라면 누구나 견인 차량을 운전할 수 있다.

④ 지상감시자는 항공기 동체의 전방에 위치하여 견인이 끝날 때까지 감시해야 한다.

해설 항공기 견인 : 견인속도는 무리가 없어야 하며 항공기를 정지시킬 때는 견인차에 의해서 정지될 수 있도록 해야 한다.

항공기체정비기능사

22. 세라믹, 플라스틱, 고무로 된 항공기 재료를 검사할 때 가장 적절한 비파괴검사는?

① 자분탐상검사
② 색조침투탐상검사
③ 와전류탐상검사
④ 자기탐상검사

해설 침투탐상검사 : 금속, 비금속 표면 결함 검사에 적용되고, 검사 비용이 적게 든다.

23. 항공기 또는 그와 관련된 대상의 상태와 기능이 정상인지 확인하는 정비 행위는?

① 수리   ② 점검
③ 개조   ④ 오버홀

24. 일반적인 구조 부재용으로 열처리를 하지 않은 상태에서 보편적으로 사용하는 리벳은?

① 1100 리벳 (A)
② 모넬 리벳 (M)
③ 2117 - T 리벳 (AD)
④ 2024 - T 리벳 (DD)

해설 2117 - T 리벳 : 항공기에 가장 많이 사용되며 열처리가 필요 없이 냉간 상태에서 그대로 사용된다.

25. 항공기의 비상 취급 및 안전에 관한 설명으로 틀린 것은?

① 항공기 가스 터빈 기관의 지상 작동 시 흡 · 배기 지역의 접근을 피한다.
② 공항에는 항공기, 건물 등의 화재 발생에 대비하여 공항 소방대를 운영하고 있다.
③ 항공기 급유 시 일정 거리 이내에서 인화성 물질을 취급해서는 안 된다.
④ 산소로 이루어진 고압가스는 가연성 물질이 아니기 때문에 화재 및 폭발로부터 안전하다.

해설 액체 산소 취급 시 인체에 노출되지 않도록 장갑, 앞치마, 고무장화 등을 착용하고, 취급 시 그리스나 오일 등에 혼합되면 폭발하므로 주의해야 한다.

26. 다음 중 코인 태핑 검사에 대한 설명으로 틀린 것은?

① 동전으로 두드려 소리로 결함을 찾는 검사이다.
② 허니콤 구조 검사를 하는 가장 간단한 검사이다.
③ 숙련된 기술이 필요 없으며 정밀한 장비가 필요하다.
④ 허니콤 구조에서는 스킨 분리 (skin delamination) 결함을 점검할 수 있다.

27. 다음 중 항공 기체의 수명을 연장하는 가장 쉬우면서도 적극적인 방법은?

① 오버홀
② 수리
③ 세척 및 방부처리
④ 점검

28. 항공기 급유 작업 중 기름 유출로 화재가 발생하였을 때 사용해서는 안되는 소화기는 어느 것인가?

① CO_2 소화기   ② 건조사
③ 포말 소화기   ④ 일반 물 소화기

29. 다음 중 감항성에 대한 설명으로 가장 옳은 것은?

① 쉽게 장·탈착할 수 있는 종합적인 부품 정비
② 항공기에 발생되는 고장 요인을 미리 발견하는 것
③ 항공기가 운항 중에 고장 없이 그 기능을 정확하고 안전하게 발휘할 수 있는 능력
④ 제한 시간에 도달되면 항공 기재의 상태와 관계없이 점검과 검사를 수행하는 것

30. 비어 있는 공간으로 압력을 가해서 실링 (sealing)하는 방법을 무엇이라 하는가?

① 필릿(fillet) 실링
② 페잉(faying) 실링
③ 인젝션(injection) 실링
④ 프리코트(precoat) 실링

31. 항공기 세척제로 사용되는 메틸에틸케톤 에 대한 설명이 아닌 것은?

① 휘발성이 강하다.
② MEK라고도 한다.
③ 금속 세척제로도 이용된다.
④ 세척된 표면상에 식별할 수 있는 막을 남 긴다.

> **해설** 메틸에틸케톤(MEK) : 금속 표면에 사용 하는 솔벤트 세척제로서 좁은 면적의 페인트 를 벗기는 약품으로 극히 제한적으로 사용되 며 휘발성이 대단히 강한 세척제이다. 호흡 시 인체에 해로우므로 보호장구를 착용해야 한다.

32. 아르곤이나 헬륨가스 안에서 전극와이어 를 일정한 속도로 토치에 공급하여 와이어와 모재 사이에 아크를 발생시키고 나심선을 스 프레이 상태로 용융하여 용접을 하는 방법 은 어느 것인가?

① 아크 용접
② 가스 용접
③ 서브머지드 아크 용접
④ 불활성가스 금속 아크 용접

33. 밑줄 친 부분의 의미로 옳은 것은?

> The trim tabs are controllable from the cockpit and the pilot uses them to trim the aircraft to the flight <u>attitude</u> desired.

① 고도
② 자세
③ 방향
④ 위치

34. 볼트와 너트를 체결 시 토크 값을 정하는 요소가 아닌 것은?

① 토크 렌치의 길이
② 볼트, 너트의 재질
③ 볼트, 너트 나사의 형식
④ 볼트, 너트의 인장력, 전단력

35. 마이크로미터의 구성품 중 아들자의 눈금 이 새겨진 회전 원통으로서 측정면의 이동을 가능하게 해 주는 구성품은?

① 심블
② 클램프
③ 배럴
④ 앤빌과 스핀들

36. 지상진동시험을 할 경우 외부 하중의 진동 수와 고유진동수가 같게 되어 구조물에 큰 변 위를 발생시키는 현상은?

① 공진
② 돌풍 하중
③ 파단
④ 단주기 진동

> **해설** 구조 재료와 같은 탄성 재료는 외부의 하 중과는 상관없이 고유진동수를 가지고 있는 데, 외부 하중의 진동수와 고유진동수가 같아 지게 될 때는 상당히 큰 변위가 발생하며, 이 를 공진(resonnance)이라 한다.

37. 항공기 손상 부위의 위치를 표시할 때 WL (water line)이 나타내는 것은?

① 항공기 날개의 위치를 나타낸다.
② 항공기 높이의 위치를 나타낸다.
③ 항공기 도움날개의 위치를 나타낸다.
④ 항공기의 좌우로 측정된 거리를 나타낸다.

> **해설** 동체 수위선(BWL : body water line) : 기준으로 정한 특정 수평면으로부터의 높이 를 측정한 수직거리

38. 주철에 대한 설명으로 가장 옳은 것은?

① 전연성이 매우 크다.
② 담금질성이 우수하다.

정답 → **30.** ③ **31.** ④ **32.** ④ **33.** ② **34.** ① **35.** ① **36.** ① **37.** ② **38.** ③

③ 단조, 압연, 인발에 부적합하다.

④ 주조 후 자연시효 현상이 일어나지 않는다.

해설 주철 : 용융온도가 낮고 유동성이 좋기 때문에 복잡한 형상이라도 주조하기 쉽고, 값이 싸지만, 메짐성이 있고 단련이 되지 않는 결점이 있다.

39. 항공기의 영 연료무게(zero fuel weight)란 무엇인가?

① 항공기의 총무게에서 자기무게를 뺀 중량

② 항공기의 자기무게에서 연료무게를 뺀 무게

③ 항공기의 총무게에서 사용 불능의 연료무게를 뺀 항공기의 중량

④ 항공기의 총무게에서 연료무게를 뺀 항공기의 중량

해설 영 연료무게 : 연료를 제외하고 적재된 항공기의 최대 무게로서 화물, 승객, 승무원의 무게 등을 포함한다.

40. 항공기가 지상 활주 중 지면과 타이어 사이의 마찰에 의하여 착륙장치의 바퀴 선회축 좌우 방향으로 진동이 발생하는데 이 진동을 무엇이라고 하는가?

① 저주파 진동   ② 댐퍼(damper)

③ 고주파 진동   ④ 시미(shimmy)

41. 굽힘이나 변형이 거의 일어나지 않고 부서지는 금속의 성질을 무엇이라 하는가?

① 연성(ductility)

② 취성(brittleness)

③ 인성(toughness)

④ 전성(malleability)

해설 금속의 성질

① 연성 : 뽑힘성

② 취성 : 깨지거나 부서지는 성질

③ 인성 : 질긴 성질

④ 전성 : 퍼짐성

42. 재료의 응력과 변형률의 관계를 재료 시험을 통하여 얻을 때, 가장 보편적으로 시행하는 재료 시험은?

① 전단시험   ② 충격시험

③ 인장시험   ④ 압축시험

43. 그림과 같은 응력 – 변형률 곡선의 각 기호와 설명 또는 의미가 틀리게 짝지어진 것은 어느 것인가?

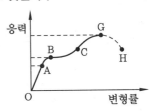

① B : 항복점

② BC : 비례한도

③ G : 극한강도

④ OA : 훅의 법칙 성립

해설 응력 – 변형률 선도

OA : 탄성한계, 훅의 법칙 성립

B : 항복점

C : 항복점과 극한강도 사이의 임의의 점

G : 극한강도(인장강도)

44. 조종용 케이블에서 와이어나 스트랜드가 굽어져 영구 변형되어 있는 상태를 무엇이라 하는가?

① 버드 케이지(bird cage)

② 킹크 케이블(kink cable)

③ 와이어 절단(broken wire)

④ 와이어 부식(corrosion wire)

해설 케이블

• 킹크 케이블(kink cable) : 와이어나 스트랜드가 굽어져 영구 변형되어 있는 상태를 말한다. 이 종류의 손상은 강도상, 조직상에도 유해하므로 교환한다.

• 버드 케이지(bird cage) : 비틀림 또는 꼬기가 새장처럼 부푼 상태를 말한다.

45. 기체 구조에 부착되는 벌집구조부 알루미늄 코어의 손상 시 대체용으로 주로 쓰이는 벌집구조부 코어의 재질은?

① 마그네슘강   ② 티타늄강
③ 스테인리스강   ④ 유리섬유

46. 다음 중 헬리콥터 회전날개 깃의 피치를 변화시키는 것과 가장 관계 깊은 것은 어느 것인가?

① 페더링 힌지   ② 댐퍼
③ 플래핑 힌지   ④ 항력 힌지

47. 도면에서 도면 이름, 도면 번호, 쪽수, 척도 등을 기록하는 영역은?

① 도면(drawing)
② 표제란(title block)
③ 변경란(revision block)
④ 일반 주석란(general notes)

[해설] 표제란 : 도면 이름, 도면 번호, 도면의 쪽수, 도면 척도, 표준 공차, 표면 거칠기, 리벳 장착 규정, 부품 표시, 구역 문자, 관련 목록, 리벳 및 파스너 코드

48. 헬리콥터에서 수직 핀(vertical fin)에 대한 설명으로 틀린 것은?

① 수직 핀은 전진비행 시 수평을 유지시킨다.
② 테일붐 위쪽에 있는 핀은 회전날개에서 발생하는 토크를 상쇄시키는 데 기여한다.
③ 테일붐 위쪽에 있는 핀은 아래쪽의 수직 핀과 날개골의 형태가 비대칭 구조로 되어 있다.
④ 착륙 시 꼬리 회전날개가 손상되는 것을 방지하기 위해 수직 핀 아래쪽에 꼬리 회전날개 보호대가 설치되어 있다.

49. 헬리콥터의 동력 구동축에 고장이 생기면 고주파수의 진동이 발생하게 되는 원인이 아닌 것은?

① 평형 스트립의 결함
② 구동축의 불량한 평형상태
③ 구동축의 장착상태의 불량
④ 구동축 및 구동축 커플링의 손상

50. 황이 많이 함유된 탄소강의 적열 메짐(red shortness)을 방지하기 위하여 증가시켜야 하는 것은?

① 인   ② 망간
③ 실리콘   ④ 마그네슘

[해설] 망간은 황과 화합하여 황화망간을 만드는데, 적열 메짐의 원인이 되는 황화철의 생성을 방해하여 적열 메짐을 방지한다.

51. 헬리콥터의 운동 중 동시 피치 레버로 조종하는 운동은?

① 수직방향운동   ② 전진운동
③ 방향조종운동   ④ 좌우운동

[해설] 헬리콥터의 조종
• 동시 피치 레버 : 상승, 하강 조종
• 컬렉티브 피치 레버 : 전진, 후진, 횡진 조종
• 페달 : 방향 조종

52. 다음 중 소성 가공법이 아닌 것은 어느 것인가?

① 단조   ② 압출
③ 용접   ④ 인발

[해설] 소성 가공 : 재료에 외력을 가하면서 여러 형태로 가공하는 것을 말한다. 단조, 압연, 인발, 압출, 전조, 프레스 가공 등이 있다.

53. 항공기에 가해지는 모든 하중을 스킨(skin)이 담당하는 구조 형식은?

① monocoque type

② pratt truss type
③ warren truss type
④ semi-monocoque type

54. 안전 여유를 구하는 식으로 옳은 것은?
① 허용하중×실제하중
② 허용하중+실제하중
③ $\dfrac{허용하중}{실제하중}-1$
④ $\dfrac{실제하중}{허용하중}-1$

55. 날개에 엔진을 장착하는 경우 가장 큰 장점은?
① 날개의 파일론을 동체에 설치하므로 날개의 무게를 감소시킨다.
② 날개의 공기역학적 성능을 감소시키지 않고 항공기의 비행성능을 개선시킨다.
③ 날개의 날개보를 동체에 설치하지 않으므로 항공기 무게를 감소시킨다.
④ 날개의 날개보에 파일론을 설치하므로 항공기 무게를 감소시킨다.

[해설] 날개에 기관을 장착하는 경우 가장 큰 단점은 날개의 공기역학적 성능을 저하시키는 것이고, 장점은 날개의 날개보에 파일론을 설치하게 되므로 부수적인 구조물을 설치할 필요가 없어 무게를 감소시킬 수 있다.

56. 트러스형 날개의 구성품이 아닌 것은?
① 리브　　　　② 날개보
③ 응력외피　　④ 보강선

57. 동체 앞뒤에 배치되며 방화벽 또는 압력벽으로 사용되기도 하며, 날개나 착륙장치 등의 장착 부위로도 사용되는 것은?
① 외피
② 프레임

③ 스트링어
④ 벌크 헤드

58. 헬리콥터의 스키드 기어형 착륙장치에서 스키드 슈(skid shoe)의 주된 사용 목적은?
① 회전날개의 진동을 줄이기 위해
② 스키드의 부식과 손상의 방지를 위해
③ 스키드가 지상에 정확히 닿게 하기 위해
④ 휠을 스키드에 장착할 수 있게 하기 위해

[해설] 스키드 기어형 착륙장치 : 앞 가로대, 뒤 가로대, 스키드, 스키드 슈, 바퀴로 구성되고, 스키드 슈는 스키드 아래 부분에 볼트와 와셔로 고정되어 있으며, 스키드의 부식과 손상을 방지한다.

59. 페일 세이프 구조로 많은 수의 부재로 되어 있으며, 각각의 부재는 하중을 분담하도록 설계되어 있는 그림과 같은 구조는?

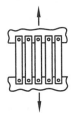

① 이중구조(double structure)
② 대치구조(back-up structure)
③ 다경로 하중 구조(redundant structure)
④ 하중 경감 구조(load dropping structure)

60. 금속침투법, 담금질법, 침탄법, 질화법 등은 무엇을 하는 방법인가?
① 부식 방지　　　② 재료 시험
③ 비파괴 검사　　④ 표면 경화

[해설] 표면 경화 : 철강의 표면층만을 굳게 하여 내부에 인성을 남겨 두는 처리법으로 표면의 내마모성, 내피로성을 좋게 하기 위해 쓰는 방법이다.

항공기체정비기능사 [제4회]

1. 다음 중 대기가 안정하여 구름이 없고, 기온이 낮으며, 공기가 희박하여 제트기의 순항고도로 적합한 곳은?

① 열권과 극외권의 경계면 부근
② 중간권과 열권의 경계면 부근
③ 성층권과 중간권의 경계면 부근
④ 대류권과 성층권의 경계면 부근

> **해설** 대류권계면 : 대류권과 성층권의 경계면으로, 대기가 안정되어 구름이 없고 기온이 낮으며 공기가 희박하여 제트기의 순항고도로 적합하다.

2. 다음 중 평판 주위를 일정한 속도로 흐를 때 레이놀즈수가 가장 큰 유체는?

① 공기
② 순수한 물
③ 정제된 윤활유
④ 순수한 벌꿀

3. 다음 중 프로펠러 깃의 피치각(pitch angle)과 동일한 각은?

① 깃각
② 유입각
③ 받음각
④ 붙임각

> **해설** 피치각(유입각) : 비행속도와 깃의 회전선속도를 합한 합성속도와 회전면이 이루는 각을 말한다.

4. 날개에 발생하는 유도항력을 줄이기 위한 장치는?

① 플랩(flap)
② 슬롯(slot)
③ 윙렛(winglet)
④ 슬랫(slat)

> **해설** 윙렛 : 비행기 날개 끝에 유도항력을 줄이기 위한 장치

5. 비행기의 정적 가로안정성을 향상시키는 방법으로 가장 좋은 방법은?

① 꼬리날개를 작게 한다.
② 동체를 원형으로 만든다.
③ 날개의 모양을 원형으로 한다.
④ 양쪽 주날개에 상반각을 준다.

> **해설** 날개는 비행기의 가로안정에서 가장 중요한 요소이며, 기하학적으로 날개의 쳐든각 효과는 가로안정에 있어서 가장 중요한 영향을 미친다.

6. 그래프상에 수평비행이 가능한 최소 속도를 나타낸 점은?

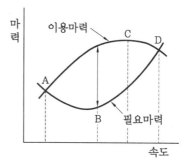

① A
② B
③ C
④ D

> **해설** 이용마력과 필요마력이 같은 지점이 수평비행이 가능한 속도이다.
> A : 수평최소속도
> B : 상승률이 최고인 지점
> D : 수평최대속도

7. A, B, C 3대의 비행기가 각각 1000 m, 5000 m, 10000 m의 고도에서 동일한 속도로 비행할 때 각 비행기의 마하계가 지시하는 마하수의 크기를 비교한 것으로 옳은 것은?

① A < B < C
② A > B > C
③ A > C > B
④ A = B = C

> **해설** 음속은 고도가 증가할수록 온도가 낮아지게 되므로 작아지게 된다. 따라서 고도가 높을수록 마하수는 증가하게 된다.
> $$마하수 = \frac{속도}{음속}$$

8. 비행기의 실속속도를 작게 하기 위한 방법으로 옳은 것은?

① 하중을 크게 한다.
② 날개면적을 크게 한다.
③ 공기의 밀도를 작게 한다.
④ 최대항력계수를 크게 한다.

해설 실속속도(V_S) $= \sqrt{\dfrac{2W}{\rho C_{Lmax} S}}$

9. 수직 꼬리날개가 실속하는 큰 옆미끄럼각에서도 방향 안정을 유지하는 효과를 얻을 수 있도록 설치한 것은?

① 도살핀   ② 슬랫
③ 스트립   ④ 슬롯

10. 항공기가 200 m/s로 비행할 때 항력이 3500 kgf라면 필요마력은 약 몇 HP인가? (단, 1 HP는 75 kgf · m/s이다.)

① 1313   ② 2625
③ 5250   ④ 9333

해설 필요마력

$P_r = \dfrac{DV}{75} = \dfrac{3500 \times 200}{75} = 9333\,\text{HP}$

11. NACA 2415 날개골에서 최대두께는 시위의 몇 %인가?

① 1   ② 2
③ 4   ④ 15

해설 NACA 2415
  2 : 최대캠버의 크기가 시위의 2 %이다.
  4 : 최대캠버의 위치가 앞전에서부터 시위의 40 % 뒤에 있다.
  15 : 최대두께가 시위의 15 %이다.

12. 주회전날개(main rotor)가 회전함에 따라 발생되는 반작용 토크를 상쇄하기 위하여 꼬리 회전날개(tail rotor)가 필요한 헬리콥터는?

① 직렬식 헬리콥터
② 병렬식 헬리콥터
③ 단일 회전날개 헬리콥터
④ 동축 역회전식 헬리콥터

해설 단일 회전날개 헬리콥터 : 주회전날개와 꼬리 회전날개로 구성되며, 주회전날개에서 발생하는 토크를 꼬리 회전날개가 상쇄시키고, 헬리콥터의 방향을 조종한다.

13. 회전날개의 축에 토크가 작용하지 않은 상태에서도 일정한 회전수를 유지하게 되는 것은 어느 것인가?

① 정지비행 (hovering)
② 조파항력 (wave drag)
③ 자동회전 (auto rotation)
④ 지면효과 (ground effect)

14. 비행기의 상승한계의 종류를 고도가 낮은 것에서부터 높은 순서로 나열한 것은?

① 운용 상승한계 → 절대 상승한계 → 실용 상승한계
② 운용 상승한계 → 실용 상승한계 → 절대 상승 한계
③ 절대 상승한계 → 운용 상승한계 → 실용 상승한계
④ 절대 상승한계 → 실용 상승한계 → 운용 상승한계

해설 상승률이 0인 고도를 절대 상승한계라고 하며 이 고도는 비행기가 상승할 수 있는 최대의 고도이다. 실용 상승한계는 절대 상승한계의 80~90 %가 되며 상승률이 0.5 m/s이다. 운용 상승한계는 상승률이 2.5 m/s이다.

15. 다음 중 항공기의 주날개에 부착되는 주 (1차) 조종면은?

① 탭   ② 방향키
③ 도움날개   ④ 승강키

해설 비행기의 주날개에는 도움날개, 수평 꼬

리 날개에는 승강키, 수직 꼬리날개에는 방향키가 부착되어 있는데, 이 세 가지를 비행기의 조종에 필요한 주 조종면(1차 조종면)이라 한다.

16. 정비작업에 사용하는 래치팅 박스 엔드 렌치의 특성을 설명한 것으로 옳은 것은?

① 볼트나 너트를 푸는 경우에만 유용하다.

② 볼트나 너트를 조이는 경우에만 유용하다.

③ 한쪽 방향으로만 움직이고 반대쪽 방향은 잠겨 있게 되어 있다.

④ 볼트나 너트를 정확한 토크로 풀거나 조일 수 있다.

해설 래치팅 박스 엔드 렌치 : 한쪽 방향으로만 움직이고, 반대쪽 방향으로는 잠겨 있다. 오프셋(offset) 박스 렌치를 사용하는 것보다 작업속도가 훨씬 빠르다.

17. 수리순환품목에 대한 최고 단계의 정비방식인 오버홀 절차로 옳은 것은?

① 분해 → 검사 → 세척 → 교환, 수리 → 기능시험 → 조립

② 분해 → 세척 → 검사 → 교환, 수리 → 조립 → 기능시험

③ 세척 → 분해 → 검사 → 교환, 수리 → 기능시험 → 조립

④ 세척 → 분해 → 검사 → 교환, 수리 → 조립 → 기능시험

18. 그림과 같은 항공기 유도 수신호가 의미하는 것은?

① 서행

② 촉 괴기

③ 기관 감속

④ 긴급 정지

19. 기체 판금 작업 시 두께가 0.2 cm인 판재를 굽힘반지름 40 cm로 하여 60°로 굽힐 때 굽힘여유는 약 몇 cm로 하는가?

① 32   ② 38

③ 42   ④ 48

해설 굽힘여유$(BA) = \dfrac{\theta}{360} 2\pi \left(R + \dfrac{T}{2}\right)$

$= \dfrac{60}{360} \times 2 \times 3.14 \times \left(40 + \dfrac{0.2}{2}\right) = 42 \, cm$

20. 실린더 게이지 측정작업 시 안전 및 유의사항으로 틀린 것은?

① 실린더 중심선의 손잡이 부분을 평행하게 유지해야 한다.

② 측정기구를 사용할 때는 무리한 힘을 주어서는 안 된다.

③ 측정자를 실린더 게이지에 고정시킬 때 느슨하게 죄어 측정자의 파손을 방지한다.

④ 측정하고자 하는 실린더의 안지름 크기를 대략적으로 파악하여 이에 적정한 측정자를 선택해야 한다.

해설 측정자를 실린더 게이지에 고정시킬 때에는 움직이지 않게 단단히 조여야 한다.

21. 항공기에 장착된 상태로 계통 및 구성품이 규정된 지시대로 정상 기능을 발휘하고, 허용한계값 내에 있는가를 점검하는 것을 무엇이라고 하는가?

① 오버홀(overhaul)

② 트림 점검(trim check)

③ 벤치 체크(bench check)

④ 기능 점검(function check)

해설 기능 점검 : 항공기의 계통 및 구성품의 작동이나 각종 작동유, 윤활유, 연료 등의 흐름 상태, 온도, 압력 등이 규정된 값을 지시하여 정상 기능을 발휘하고 허용한계값 내에 있는가를 결정하기 위한 세부 검사로서 항공기에 부착된 상태에서 수행하는 정비작업이다.

22. 항공기에 사용되는 솔벤트 세제의 종류가 아닌 것은?

① 지방족 나프타   ② 수·유화 세제
③ 방향족 나프타   ④ 메틸에틸케톤

해설 솔벤트 세제 : 건식 세척 솔벤트, 지방족 나프타와 방향족 나프타, 안전 솔벤트, 메틸에틸케톤, 케로신 등이 있다.

23. X선이나 감마선 등과 같은 방사선이 공간이나 물체를 투과하는 성질을 이용한 비파괴검사는?

① 와전류탐상검사   ② 초음파탐상검사
③ 방사선투과검사   ④ 자분탐상검사

해설 방사선투과검사에 사용되는 방사선의 종류에는 X선, 감마선, 중성자선 등이 있으며, 항공기 기체 검사에 가장 많이 사용되는 것은 X선이다.

24. 다음 질문에서 요구하는 장치는?

> "How are changes in direction of a control cable accomplished?"

① pulley   ② bell crank
③ fairlead   ④ turnbuckle

해설 풀리(pulley) : 케이블을 유도하고, 케이블 방향을 바꾸는 데 사용한다.

25. 항공기의 지상안전에 대한 설명에 해당하지 않는 것은?

① 겨울철에 지상에서 항공기를 취급할 경우 사고 방지에 유의하는 것
② 항공기 정비작업 시 발생할 수 있는 위험에 대비하여 사고를 방지하고 예방하는 것
③ 항공기를 운항할 때 조종에 관계되는 사고를 방지하고 예방하는 것
④ 지상에서 고압가스를 취급할 경우 사고 방지에 유의하는 것

26. 너트나 볼트 헤드까지 닿을 수 있는 거리가 굴곡이 있는 장소에 사용되는 그림과 같은 공구의 명칭은?

① 알렌 렌치
② 익스텐션 바
③ 래칫 핸들
④ 플렉시블 소켓

27. 다음 중 항공기 비행시간을 설명한 것으로 옳은 것은?

① 항공기가 비행을 목적으로 활주로에서 바퀴가 떨어진 순간부터 착륙할 때까지
② 항공기가 비행을 목적으로 램프에서 자력으로 움직이기 시작한 순간부터 착륙할 때까지
③ 항공기가 비행을 목적으로 램프에서 움직이기 시작한 순간부터 착륙하여 시동이 꺼질 때까지
④ 항공기가 비행을 목적으로 램프에서 자력으로 움직이기 시작한 순간부터 착륙하여 정지할 때까지

해설 비행시간 : 항공기가 이륙을 위하여 활주를 시작하거나 지상 한 지점의 정지 상태에서 공중으로 이륙한 순간부터 시작하여 항공기가 착륙한 후 엔진을 정지할 때까지의 시간 (단, 착륙 후 지상 활주 시간이 5분 초과 시는 착륙 시간부터 5분까지를 비행시간에 포함한다.)

28. 항공기의 수리 순환 부품에 초록색 표찰이 붙어 있다면 무엇을 의미하는가?

① 수리 요구 부품
② 폐기품
③ 사용 가능 부품
④ 오버홀

해설 ① 수리 요구 부품 : 초록색 표찰
② 폐기 부품 : 빨간색 표찰
③ 사용 가능 부품 : 노란색 표찰

29. 항공기가 강풍에 의해 파손되는 것을 방지하기 위해 항공기를 고정시키는 작업은?

① mooring
② jacking
③ servicing
④ parking

해설 계류 (mooring) : 항공기를 강풍으로부터 보호받을 수 있는 격납고나 적당한 피난처에 계류시키거나, 강풍 지역 밖으로 이동시키는 것을 말한다.

30. 항공기 도장(painting)의 주된 목적은?

① 열전도 차단
② 정전기 발생 방지
③ 재료의 강도 증가
④ 부식 방지 및 외관 장식

31. 다음과 같은 부품 번호를 갖는 스크루에 대한 설명으로 옳은 것은?

" NAS 514 P 428 8 "

① 길이는 4/16 in이다.
② 길이는 2/16 in이다.
③ 커팅 둥근머리 스크루이다.
④ 100도 평머리 나사 합금강 스크루이다.

해설 NAS 514 P 428 8
NAS : 규격명
514 : 스크루의 종류(100° 평머리 합금강 스크루)
P : 머리의 홈(필립스)
428 : 축지름(4/16인치)
1인치당 나사산의 수가 28
8 : 나사 길이(8/16인치)

32. 양극산화처리를 하기 전에 수행하여야 할 전처리 작업이 아닌 것은?

① 스트링어 작업
② 래크 작업
③ 사전 세척 작업
④ 마스크 작업

해설 양극산화처리의 전처리 작업 : 사전 세척 작업(precleaning), 마스크 작업(masking), 래크 작업(racking)

33. 포말 소화기의 소화방법은?

① 억제 소화방법
② 질식 소화방법
③ 빙결 소화방법
④ 희석 소화방법

해설 포말 소화기 : 액체 상태의 화학 약제를 사용하는 소화기로 본체를 거꾸로 뒤집은 다음에 흔들어서 황산알루미늄 용액과 이산화탄소를 함께 혼합하여 거품 형태로 분사시켜 질식 작용으로 화재를 진압한다.

34. 토크 렌치에 사용자가 원하는 토크값을 미리 지정(setting)시킨 후 볼트를 조이면 정해진 토크 값에서 소리가 나는 방식의 토크 렌치는?

① 토션 바형(torsion bar type)
② 리지드 프레임형(rigid frame type)
③ 디플렉팅－빔형(deflecting－beam type)
④ 오디블 인디케이팅형(audible indicating type)

35. 금속을 두드려 발생되는 음향으로 결함을 검사하는 방법은?

① 가압법
② 타진법
③ 침지법
④ 초음파법

36. 다음 중 미국 철강협회 철강재료에 대한 규격은?

① AA 규격
② AISI 규격
③ AMS 규격
④ ASTM 규격

해설 AISI : American Iron Steel Institute (미국 철강협회)

37. 청동의 성분을 옳게 나타낸 것은?

① 구리＋주석
② 구리＋아연
③ 구리＋망간
④ 구리＋알루미늄

해설 청동＝구리＋주석, 황동＝구리＋아연

38. 그림과 같은 리벳이음 단면에서 리벳 지름 5 mm, 두 판재의 인장력 100 kgf이면 리벳 단면에 발생하는 전단응력은 약 몇 kgf/mm² 인가?

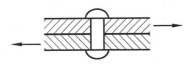

① 3.1　　② 4.0　　③ 5.1　　④ 8.0

해설 전단응력 $\tau = \dfrac{V}{A}$

$$= \dfrac{100}{\dfrac{3.14 \times 5^2}{4}} = 5.1 \,\text{kg/mm}^2$$

39. 항공기 동체의 세미모노코크 구조를 구성하는 부재가 아닌 것은?

① 벌크헤드　　② 리브
③ 스트링어와 세로대　　④ 외피

해설 동체의 세미모노코크 구조 : 벌크헤드, 스트링어, 세로대, 프레임

40. 그림은 페일 세이프(fail safe) 구조의 어떤 방식인가?

① 더블
② 리던던트
③ 백업
④ 로드 드로핑

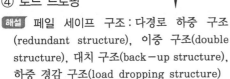

해설 페일 세이프 구조 : 다경로 하중 구조 (redundant structure), 이중 구조(double structure), 대치 구조(back-up structure), 하중 경감 구조(load dropping structure)

41. 재료의 인성과 취성을 측정하기 위해서 실시하는 동적 시험법은?

① 인장시험　　② 충격시험
③ 전단시험　　④ 경도시험

해설 충격시험(impact test) : 금속재료시험의 하나로, 소정의 시험기를 보통 1회의 충격에

의해 파괴시켜, 시험편이 흡수한 에너지의 대소에 따라 재료의 인성(취성)을 판정하는 시험

42. 인장시험을 받는 봉의 경우에 늘어난 길이를 δ, 원래의 길이를 L이라 했을 때 변형률을 옳게 나타낸 것은?

① $\dfrac{\delta}{L}$　　　　② $\dfrac{(L+\delta)}{L}$

③ $\dfrac{(L-\delta)}{L}$　　　　④ $\dfrac{\delta}{L} - 1$

43. 헬리콥터 조종 기구의 정비 순서가 옳게 나열된 것은?

① 기능 점검 → 수리 → 정적 리그 작업
② 정적 리그 작업 → 기능 점검 → 수리
③ 수리 → 기능 점검 → 정적 리그 작업
④ 수리 → 정적 리그 작업 → 기능 점검

44. 항공기 위치 표시 방법 중 동체 중심선을 기준으로 오른쪽과 왼쪽으로 평행한 너비 간격으로 나타나는 선은?

① 동체 위치선　　② 버턱선
③ 동체 수위선　　④ 스테이션선

해설 버턱선(buttock line) : 동체 버턱선(BBL)과 날개 버턱선(WBL)이 있으며, 동체 중심선을 기준으로 오른쪽과 왼쪽으로 평행한 너비를 나타내는 선이다.

45. 지름 2 in의 원형 단면 봉에 4000 lbf의 인장하중이 작용하면 봉에 발생하는 응력은 약 몇 lbf/in²인가?

① 318　　　　② 1274
③ 2000　　　　④ 2546

해설 $\sigma = \dfrac{W}{A} = \dfrac{4000}{\dfrac{3.14 \times 2^2}{4}} = 1274 \,\text{lbf/in}^2$

정답 ● **38.** ③　**39.** ②　**40.** ③　**41.** ②　**42.** ①　**43.** ④　**44.** ②　**45.** ②

46. 항공기 도면 표제란에 "INSTL"로 표시하는 도면은?

① 배선도 ② 조립도 ③ 장착도 ④ 상세도

해설 "INSTL"은 Installation의 약자로 장착 도면임을 의미하며 "ASSY"는 Assembly의 약자로서 조립 도면임을 나타낸다.

47. 다음 중 복합소재 경화 과정에서 표면에 압력을 가하는 목적으로 틀린 것은?

① 여분의 수지 제거
② 적층판을 서로 분리
③ 적층판 사이의 공기 제거
④ 경화 과정에서 패치 등의 이동 방지

48. 수평등속비행 중인 항공기의 날개 상부에 작용하는 응력은?

① 압축응력   ② 전단응력
③ 비틀림응력   ④ 인장응력

해설 수평등속비행 중에 날개에는 양력이 발생하고 있어 아랫면은 인장응력이, 윗면에는 압축응력이 작용한다.

49. 헬리콥터 조종장치 중에서 주로터의 모든 깃의 피치각을 동시에 증가 또는 감소시켜 양력을 증감시키는 조종장치는?

① 방향 조종 페달
② 트림 액추에이터
③ 콜렉티브 피치 조종 레버
④ 사이클릭 피치 조종 레버

해설 수직 조종 : 헬리콥터는 양력 증감에 의해 수직 조종이 가능하며, 양력의 증감은 동시 피치 레버(collective pitch control lever)로 조절한다. 동시 피치 레버는 주회전날개의 모든 깃의 피치각을 동시에 변화시켜 양력을 증감시킨다.

50. 항공기의 수직 꼬리날개의 구성품이 아닌 것은?

① 승강키   ② 도살핀
③ 방향키   ④ 수직안정판

해설 꼬리날개
• 수평 꼬리날개의 구성품 : 수평안정판, 승강타, 탭
• 수직 꼬리날개의 구성품 : 수직안정판, 방향타, 탭, 도살핀

51. 항공기 구조 강도의 안정성과 조종면에서 안전을 보장하는 설계상의 최대허용속도는 어느 것인가?

① 설계운용속도   ② 실속속도
③ 설계순항속도   ④ 설계급강하속도

해설 설계급강하속도 : 속도-하중배수 선도에서 최대속도를 나타내며, 구조 강도의 안정성과 조종성에서 안전을 보장하는 설계상의 최대허용속도이다.

52. 다음 중 항공기에서 방향키 페달의 기능이 아닌 것은?

① 빗놀이 운동
② 비행 시 방향 조종
③ 지상에서 방향 조종
④ 수직안정판 조종

해설 방향키 페달 : 항공기의 빗놀이 운동은 방향키를 사용하고, 방향키 조종은 페달로 한다.

53. 순철, 탄소강, 주철을 분류하는 기준이 되는 것은?

① 산소의 함유량   ② 열처리의 횟수
③ 탄소의 함유량   ④ 불순물의 함유량

해설 철강 재료의 분류 : 철강 재료는 탄소 함유량에 따라 분류하는데, 탄소 함유량이 0.025 % 이하인 것은 순철, 0.2 % 이하인 것은 강, 2.0 % 이상인 것은 주철이라 한다.

54. 다음 중 헬리콥터에 발생하는 종진동과 가장 관계 깊은 것은?

① 깃의 궤도   ② 회전면
③ 깃의 평형   ④ 리드래그

해설 헬리콥터의 종진동 깃의 궤도와 관계가 있고, 횡진동은 깃의 평형이 맞지 않을 때 발생한다.

55. 착륙 장치의 완충 스트럿에 압축공기를 공급할 때 공기 대신 공급할 수 있는 것은?

① 에틸렌   ② 수소
③ 아세틸렌가스   ④ 질소

해설 완충 스트럿에 공급하는 압축공기는 건조공기 또는 질소를 사용한다.

56. 다음 중 나셀(nacelle)의 구성품이 아닌 것은?

① 카울링   ② 외피
③ 방화벽   ④ 연료탱크

해설 나셀(nacelle) : 기체에 장착된 기관을 둘러싼 부분으로 외피, 카울링, 구조 부재, 방화벽, 기관 마운트로 구성된다.

57. 헬리콥터의 착륙장치에 대한 설명으로 틀린 것은?

① 휠형 착륙장치는 자신의 동력으로 지상활주가 가능하다.
② 스키드형의 착륙장치는 구조가 간단하고, 정비가 용이하다.
③ 스키드형은 접개들이식 장치를 갖고 있어 이·착륙이 용이하다.
④ 휠형 착륙장치는 지상에서 취급이 어려운 대형 헬리콥터에 주로 사용된다.

해설 스키드 기어형 착륙장치는 구조가 간단하고, 정비가 용이하여 소형 헬리콥터에 주로 사용되고 있으나 지상운전과 취급에는 불편하며, 접개들이식 장치를 사용하지 않는다.

58. 날개구조물 자체를 연료탱크로 하는 탱크 내에 방지판(baffle plate)을 두는 가장 큰 목

적은?

① 내부구조의 보강을 위해서
② 연료가 팽창하는 것을 방지하기 위해서
③ 연료가 출렁이는 것을 방지하기 위해서
④ 연료 보급 시 연료가 넘치는 것을 방지하기 위해서

59. 헬리콥터의 동력 구동축에 대한 설명으로 관계가 먼 것은?

① 구동축의 양끝은 스플라인으로 되어 있거나 스플라인으로 된 유연성 커플링이 장착되어 있다.
② 진동을 감소시키기 위해 동적인 평형이 이루어지도록 되어 있다.
③ 동력 구동축은 기관 구동축, 주회전날개 구동축 및 꼬리 회전날개 구동축으로 구성되어 있다.
④ 지지베어링에 의해서 진동이 발생할 수 있으므로 회전을 고려한 베어링의 편심을 이뤄야 한다.

60. 다음 중 에폭시 수지에 대한 설명으로 틀린 것은?

① 대표적인 열가소성 수지이다.
② 성형 후 수축률이 적고 기계적 성질이 우수하다.
③ 구조재용 복합재료의 모재(matrix)로도 사용된다.
④ 전파 투과성이 우수해서 항공기의 레이돔에 사용된다.

해설 에폭시 수지 : 대표적인 열경화성 수지로 접착력이 매우 크고 성형 후 수축률이 작으며 내약품성이 우수한 것이 특징이다. 항공기 구조의 접착제나 도료 등으로 사용되고, 전파 투과성도 우수하여 항공기의 레이돔, 동체, 날개 등의 구조재용 복합재료의 모재로도 사용된다.

항공기체정비기능사   [제5회]

1. 다음 중 조종면에 사용하는 앞전 밸런스 (leading edge balance)에 대한 설명으로 옳은 것은?

① 조종면의 앞전을 짧게 하는 것이며, 비행기 전체의 정안정을 얻는 데 주목적이 있다.

② 조종면의 앞전을 길게 하는 것이며, 비행기 전체의 동안정을 얻는 데 주목적이 있다.

③ 조종면의 앞전을 짧게 하는 것이며, 항공기 속도를 증가시키는 데 주목적이 있다.

④ 조종면의 앞전을 길게 하는 것이며, 조종력을 경감시키는 데 주목적이 있다.

> **해설** 앞전 밸런스(leading edge balance) : 조종면의 힌지 중심에서 앞쪽을 길게 한 것으로 그 부분에 작용하는 공기력이 힌지 모멘트를 감소시키는 방향으로 작용하여 조종력을 감소시킨다.

2. 비행기의 제동유효마력이 70 HP이고 프로펠러의 효율이 0.8일 때 이 비행기의 이용마력은 몇 HP인가?

① 28   ② 56
③ 70   ④ 87.5

> **해설** 이용마력$(HP_a) = \eta \times bHP$
> $= 0.8 \times 70 = 56\,HP$

3. 비행기의 3축 운동과 관계된 조종면을 옳게 연결한 것은?

① 키놀이(pitch) – 승강키(elevator)

② 옆놀이(roll) – 방향키(rudder)

③ 빗놀이(yaw) – 승강키(elevator)

④ 옆놀이(roll) – 승강키(elevator)

> **해설** 항공기의 3축 운동
> • 키놀이(pitching) – 승강키(elevator)
> • 옆놀이(rolling) – 도움날개(aileron)
> • 빗놀이(yawing) – 방향키(rudder)

4. 속도 V 로 비행하고 있는 프로펠러 항공기에서 프로펠러 추진 효율이 가장 좋은 이론적인 조건은? (단, u는 프로펠러에 의해 단위시간에 작용을 받은 공기가 얻은 속도이다.)

① $V > u$ ② $V = u$
③ $V < u$ ④ $V = u = 1$

5. 비행기의 동체 길이가 16 m, 직사각형 날개의 길이가 20 m, 시위의 길이가 2 m일 때, 이 비행기 날개의 가로세로비는 얼마인가?

① 1.2   ② 5
③ 8   ④ 10

> **해설** 가로세로비$(A.R) = \dfrac{b}{C} = \dfrac{b^2}{S} = \dfrac{20}{2} = 10$
> C : 시위 길이, b : 날개 길이, S : 날개 면적

6. 받음각과 양력과의 관계에서 날개의 받음각이 일정 수준을 지나면 양력이 감소하고 항력이 증가하는 현상은?

① 경계층   ② 실속
③ 내리흐름   ④ 와류

> **해설** 실속(stall) : 받음각이 일정 수준을 지나면 양력계수는 최대가 되고, 이때 각도를 실속각이라 하며, 이 실속각을 지나면 양력계수는 급격히 감소하는데 이를 실속이라 한다.

7. 공기 중에서 면적이 $8\,m^2$인 물체가 50 kgf 항력을 받으며 일정한 속도 10 m/s로 떨어지고 있을 때 물체가 갖는 항력계수는 얼마인가? (단, 공기의 밀도는 $0.1\,kgf \cdot s^2/m^4$이다.)

① 1.0   ② 1.15
③ 1.25   ④ 1.75

> **해설** 항력계수$(C_D) = \dfrac{2D}{\rho V^2 S}$

정답 •→ • **1.** ④ **2.** ② **3.** ① **4.** ① **5.** ④ **6.** ② **7.** ③

$$= \frac{2 \times 50}{0.1 \times 10^2 \times 8} = \frac{100}{80} = 1.25$$

ρ : 공기 밀도, V : 속도, S : 면적, D : 항력

8. 유체흐름의 천이 현상이 발생되는 현상을 결정하는 것은?

① 임계 마하수   ② 항력계수

③ 임계 레이놀즈수   ④ 양력계수

> **해설** 임계 레이놀즈수 : 층류가 난류로 변하는 현상을 천이라 하며, 천이가 일어나는 레이놀즈수를 임계 레이놀즈수라고 한다.

9. 대류권계면 부근에서 최대 100 km/h 정도로 부는 서풍으로 항공기 순항에 이용되는 것은 어느 것인가?

① 계절풍   ② 제트기류

③ 엘니뇨   ④ 높새바람

> **해설** 대류권계면 : 대류권과 성층권의 경계면으로 대기가 안정되어 구름이 없고, 기온이 낮으며, 공기가 희박하여 제트기의 순항고도로 적합하다.

10. 초음속 공기의 흐름에서 통로가 좁아질 때 일어나는 현상을 옳게 설명한 것은?

① 압력과 속도가 동시에 증가한다.

② 압력과 속도가 동시에 감소한다.

③ 속도는 감소하고 압력은 증가한다.

④ 속도는 증가하고 압력은 감소한다.

> **해설** 초음속 공기 흐름은 압축성을 고려해야 하기 때문에 아음속의 공기 흐름과는 정반대로 공기 흐름 통로가 좁아지면 속도는 감소하고 압력은 증가한다.

11. 그림과 같이 상승비행 중인 항공기의 진행 방향에 대한 힘의 평형식과 항공기의 날개 양력 방향으로 작용하는 힘의 평형식을 옳게 나열한 것은?

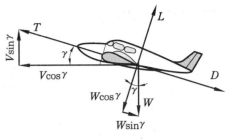

① $T = W\cos\gamma + D,\ L = W\cos\gamma$

② $T = W\sin\gamma + D,\ L = W\sin\gamma$

③ $T = W\cos\gamma + D,\ L = W\sin\gamma$

④ $T = W\sin\gamma + D,\ L = W\cos\gamma$

> **해설** 힘의 평형
> - 추력이 작용하는 방향으로의 힘의 평형
> $T = D + W\sin\gamma$
> - 양력이 작용하는 방향으로의 힘의 평형
> $L = W\cos\gamma$
>   여기서, T : 추력, D : 항력, L : 양력

12. 다음 중 착륙거리에 속하지 않는 것은?

① 회전거리   ② 공중거리

③ 제동거리   ④ 자유활주거리

13. 헬리콥터에서 리드-래그 힌지 감쇠기를 설치하는 가장 큰 이유는?

① 돌풍에 의한 영향을 감소시키기 위해

② 기하학적인 불평형을 감소하기 위해

③ 회전면 내에 발생하는 진동을 감소시키기 위해

④ 뿌리 부분에 발생하는 굽힘력을 감소시키기 위해

> **해설** 리드-래그 힌지 감쇠기(damper) : 리드-래그 운동이 과도하게 일어나는 것을 막기 위한 장치

14. 헬리콥터에서 후퇴하는 깃의 성능을 좋게 하기 위한 방법으로 가장 옳은 것은?

① 캠버가 없어야 한다.

② 작은 받음각을 가져야 한다.

③ 깃이 얇고 캠버가 작아야 한다.

④ 깃이 두껍고 캠버가 커야 한다.

해설 전진하는 깃은 작은 받음각에서 큰 항력 발산 마하수를 가지도록 깃이 얇아야 하고, 캠버가 없어야 한다. 비행, 후퇴하는 깃에서는 적당한 마하수에서 큰 실속 받음각을 가져야 하며, 이것은 물리적으로 깃이 두껍고 캠버가 커야 함을 의미한다.

15. 항공기의 주날개를 상반각으로 하는 주된 목적은?

① 가로 안정성을 증가시키기 위한 것이다.

② 세로 안정성을 증가시키기 위한 것이다.

③ 배기가스의 온도를 높이기 위한 것이다.

④ 배기가스의 온도를 낮추기 위한 것이다.

해설 날개 상반각 효과 : 가로 안정에 있어서 가장 중요한 요소로 옆미끄럼에 의한 옆놀이에 정적인 안정을 주게 된다.

16. 형광침투검사에 대한 [보기]의 작업을 순서대로 나열한 것은?

┤ 보기 ├
| ㉠ 침투 | ㉡ 현상 | ㉢ 검사 | ㉣ 세척 |
| ㉤ 사전처리 | ㉥ 유화처리 | ㉦ 건조 | |

① ㉤㉥㉣㉦㉠㉡㉢

② ㉤㉣㉦㉥㉠㉡㉢

③ ㉤㉠㉣㉦㉥㉡㉢

④ ㉤㉠㉥㉣㉦㉡㉢

해설 침투탐상검사 절차 : 사전 처리 → 침투 처리 → 유화 처리 → 세정 처리 → 현상 처리 → 검사

17. 다음 중 작업 감독자의 책임이 아닌 것은 어느 것인가?

① 작업자의 작업 상태 점검

② 시설, 장비 및 환경의 투자

③ 각종 재해에 대한 예방조치

④ 작업 절차, 장비와 기기의 취급에 대한 교육 실시

18. 강관 구조의 용접에 대한 설명으로 틀린 것은?

① 티(T) 접합과 클러스터 접합 등이 있다.

② 용접 시 임시로 같은 간격으로 가접 후 용접을 실시한다.

③ 가접 후 연속적으로 용접을 해야 뒤틀림을 방지할 수 있다.

④ 접합부의 보강 방법으로는 강관 사이에 평판 보강 방법과 보강 재료를 씌우는 방법 등이 있다.

19. 항공기 주기(parking) 시 항공기의 날개 조종 장치는 어디에 위치시켜야 하는가?

① 중립

② 위(full up)

③ 아래(full down)

④ 스포일러는 위(up), 플랩은 아래(down)

20. 오디블 인디케이팅(audible indicating) 토크 렌치에 대한 설명으로 옳은 것은?

① 규정된 토크 값에서 불빛이 발생한다.

② 토크가 걸리면 레버가 휘어져 지시 바늘이 토크 값을 지시한다.

③ 다이얼 타입이라고도 하며, 토크가 걸리면 다이얼에 토크 값이 지시된다.

④ 클릭 타입이라고도 하며, 다이얼이 보이지 않는 장소에 사용한다.

해설 오디블 인디케이팅 토크 렌치 : 다이얼이 지시하는 토크 값을 볼 수 없는 장소의 볼트, 너트를 조일 때 사용한다.

정답 ➤ **15.** ① **16.** ④ **17.** ② **18.** ③ **19.** ① **20.** ④

21. 다음 중 정비 문서에 대한 설명으로 틀린 것은?

① 작업이 완료되면 작업자는 날인을 한다.

② 기록과 수행이 완료된 모든 정비 문서는 공장 자체에서 모두 폐기한다.

③ 정비 문서의 종류로는 작업지시서, 점검카드, 작업시트, 점검표 등이 있다.

④ 확인 및 점검 내용을 명확히 기록하고 수치 값은 실측값을 기록한다.

22. 다음 문장이 뜻하는 계기로 옳은 것은?

> "An instrument that measures and indicates height in feet."

① altimeter

② air speed indicator

③ turn and slip indicator

④ vertical velocity indicator

[해설] altimeter : 고도계

23. 그림과 같은 항공기 표준 유도 신호의 의미는?

① 후진

② 속도 감소

③ 촉 장착

④ 기관 정지

24. 시각 점검(visual check)에 대한 설명으로 옳은 것은?

① 특수 장비를 사용하여 상태를 점검하는 것이다.

② 여러 방법을 조합하여 상태를 점검하는 것이다.

③ 상태를 점검하는 것으로서 보조 장비를 사용하여 점검하는 것을 말한다.

④ 상태를 점검하는 것으로서 보조 장비를 사용하지 않고 다만 육안으로 점검하는 것이다.

25. 다음 중 항공기의 정시 점검(scheduled maintenance)에 해당하는 것은?

① 중간 점검

② A 점검

③ 주간 점검

④ 비행 전·후 점검

[해설] 정시 점검 : 운행 정비 기간에 발생한 항공기 정비 불량 상태의 수리 및 운항 저해의 가능성이 많은 각 계통의 예방정비 및 감항성의 확인을 목적으로 하며, 항공기의 비행시간을 기준으로 A, B, C, D 내부구조검사(ISI) 등으로 구분한다.

26. 판재의 두께 0.5 in, 판재의 굽힘반지름 1.6 in일 때 90°를 구부린다면 생기는 세트백은 몇 in인가?

① 0.8

② 1.5

③ 2.1

④ 3.2

[해설] $SB = K(R+T)$

K : 굽힘상수 (90°로 구부렸을 때 1)

R : 굽힘반지름

T : 판재의 두께

∴ $SB = 1 \times (1.6 + 0.5) = 2.1$ in

27. 다음 중 히드라진 취급에 관한 사항으로 틀린 것은?

① 유자격자가 취급해야 하고, 반드시 보호 장구를 착용해야 한다.

② 히드라진이 누설되었을 경우 불필요한 인원의 출입을 제한한다.

③ 히드라진이 항공기 기체에 묻었을 경우 즉시 마른 헝겊으로 닦아낸다.

④ 히드라진을 취급하다 부주의로 피부에 묻으면 즉시 물로 깨끗이 씻고, 의사의 진찰을 받아야 한다.

해설 히드라진 : 발연성이 높아 로켓의 연료로 사용되며, F-16 전투기의 EPU(Emergency Power Unit)의 연료로도 사용된다.

28. 튜브 벤딩 시 성형선(mold line)이란 무엇인가?
① 벤딩한 재료의 평균 중심선
② 벤딩 축을 중심으로 한 벤딩 반지름
③ 벤딩한 재료의 바깥쪽에서 연장한 직선
④ 재료의 안쪽선과 벤딩 축을 중심으로 한 원과의 접선

29. 밑줄 친 부분을 의미하는 용어는?

> "An aluminum <u>alloy</u> bolts are marked with two raised dashes."

① 합금　　　　② 부식
③ 강도　　　　④ 응력

30. CO_2 소화기에 대한 설명으로 틀린 것은?
① 단거리의 B, C급 화재의 소화에 사용된다.
② 취급 시 인체에 닿게 되면 동상에 걸릴 우려가 있다.
③ 진화 원리는 CO_2 가스가 공기보다 무거워 열원을 차단해 진화를 한다.
④ 가스가 대기 중으로 배출 팽창될 때 90℃ 정도의 높은 온도이므로 주의해야 한다.

31. 최소 측정값이 1/1000 in인 버니어 캘리퍼스의 그림과 같은 측정값은 몇 in인가?

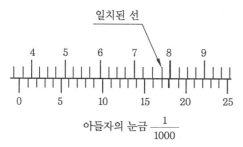

① 0.366　　　　② 0.367
③ 0.368　　　　④ 0.369
해설 측정값 = 0.35 + 0.017 = 0.367

32. 리벳 종류 중 2017, 2024 리벳을 열처리 후 냉장 보관하는 주된 이유는?
① 부식 방지
② 시효 경화 지연
③ 강도 강화
④ 강도 변화 방지
해설 냉동 리벳(icebox rivet) : 리벳을 열처리하여 연화시킨 다음, 저온 상태의 아이스박스에 보관하면 리벳의 시효 경화를 지연시켜 연화 상태가 유지되므로 필요할 때마다 꺼내서 사용하면 편리하다.

33. 항공기 구조 부재 수리 작업에서 1열 패치 작업 시 플러시 머리 리벳의 끝거리는 얼마인가?
① 리벳 지름의 2~4배
② 리벳 길이의 2~4배
③ 리벳 지름의 2.5~4배
④ 리벳 길이의 2.5~4배
해설 연거리 : 판재의 가장자리에서 첫 번째 리벳 구멍 중심까지의 거리로서 리벳 지름의 2~4배(플러시 머리는 2.5~4배)가 적당하다.

34. 오일 필터(oil filter), 연료 필터(fuel filter) 등의 원통 모양의 물건을 장탈착할 때 표면에 손상을 주지 않도록 사용되는 공구는?
① 스트랩 렌치(strap wrench)
② 커넥터 플라이어(connector pliers)
③ 어저스터블 렌치(adjustable wrench)
④ 인터로킹 조인트 플라이어(interlocking joint pliers)

정답 **28.** ③　**29.** ①　**30.** ④　**31.** ②　**32.** ②　**33.** ③　**34.** ①

35. 항공기 조종계통 케이블에 설치된 턴버클 작업에 사용되지 않는 것은?

① 딤플링　　　　　② 배럴
③ 케이블 아이　　　④ 포크

해설 턴버클(turn buckle)은 조종 케이블의 장력을 조절하는 부품으로서 턴버클 배럴(barrel)과 턴버클 단자(terminal end : 아이 단자, 포크 단자, 스터드 단자, 볼 섕크 단자)로 구성된다.

36. 다음 중 미국알루미늄협회에서 사용하는 규격 표시는?

① AISI 규격　　　　② SAE 규격
③ AA 규격　　　　　④ MIL 규격

해설 • SAE : 미국자동차공학규격
• AA : 미국알루미늄협회규격
• AISI : 미국철강협회규격
• MIL : 미육군표준규격
• ASTM : 미국재료시험협회규격

37. 항공기 도면의 표제란에 "ASSY"로 표시되는 도면의 종류는?

① 생산 도면　　　　② 조립 도면
③ 장착 도면　　　　④ 상세 도면

해설 조립 도면에는 "ASSY"로 표기하고, 장착 도면에는 "INSTL"로 표기한다.

38. 꼬리날개에 대한 설명으로 옳은 것은 어느 것인가?

① 꼬리날개는 큰 하중을 담당하지 않으므로 리브와 스킨으로만 구성되어 있다.
② 도살핀은 방향안정성 증가가 목적이지만 가로안정성 증가에도 도움을 준다.
③ T형 꼬리날개는 날개 후류의 영향을 받아서 성능이 좋아지고 무게 경감에 도움을 준다.
④ 수평안정판이 동체와 이루는 붙임각은 down-wash를 고려하여 수평보다 조금 아랫방향으로 되어 있다.

39. 항공기에서 2차 조종계통에 속하는 조종면은?

① 방향키(rudder)　　　② 슬랫(slat)
③ 승강키(elevator)　　④ 도움날개(aileron)

해설 1차 조종계통 : 도움날개(aileron), 방향키(rudder), 승강키(elevator)

40. 항공기 날개 등에 사용되는 허니콤 구조부의 검사 방법으로 부적합한 것은?

① 초음파검사　　　② 코인검사
③ 자분탐상검사　　④ 육안검사

해설 자분탐상검사 : 강자성체의 표면 또는 표면 바로 아래에 존재하는 불연속부를 검출하기 위해 시험체를 자화시키고, 그 표면 위에 자분을 적용하여 자속이 누설되는 곳을 검출하여 불연속부 여부 및 위치를 찾아내는 비파괴 검사 방법이다.

41. 헬리콥터 조종장치의 작동과 조종면의 작동이 일치하도록 조절하는 작업을 무엇이라 하는가?

① 리그 작업　　　② 기능 점검
③ 수리 작업　　　④ 구조 작업

42. 기술변경서의 기록 내용 중 처리 부호(TC : transaction code)의 설명으로 옳은 것은?

① A-추가　　　② C-삭감
③ L-연결　　　④ R-재사용

43. SAE 4130에서 "30"에 대한 설명으로 옳은 것은?

① C를 30 % 포함한다.
② C를 0.3 % 포함한다.
③ Ni를 30 % 포함한다.
④ Ni를 0.3 % 포함한다.

해설 SAE 4130
• 4 : 강의 종류로서 몰리브덴강

정답 ● 35. ①　36. ③　37. ②　38. ②　39. ②　40. ③　41. ①　42. ①　43. ②

• 1 : 합금의 주성분을 백분율로 표시
• 30 : 탄소의 함유량(0.3%)

44. 항공기 부재의 재료가 하중에 대하여 견딜
수 있는 저항력을 무엇이라 하는가?

① 힘(force)
② 벡터(vector)
③ 강도(strength)
④ 표면하중(surface load)

45. 금속을 가열하여 그 표면에 다른 종류의
금속을 피복시키는 동시에 확산에 의하여 합
금 피복층을 얻는 표면 경화법은 다음 중 어
느 것인가?

① 질화법
② 침탄처리법
③ 금속침투법
④ 고주파 담금질법

46. 지름 0.5 in, 인장강도 3000 lb/in²의 알루
미늄 봉은 약 몇 lb의 하중에 견딜 수 있는
가?

① 589   ② 1178
③ 2112   ④ 3141

해설 인장응력 = $\dfrac{힘}{단면적}$

힘 = 인장응력 × 단면적

$= 3000 \times \dfrac{\pi \times 0.5^2}{4} = 589\text{lb}$

47. 프리휠 클러치(freewheel clutch)라고도
하며, 헬리콥터에서 기관 브레이크의 역할을
방지하기 위한 클러치는?

① 드라이브 클러치(drive clutch)
② 스파이더 클러치(spider clutch)
③ 원심 클러치(centrifugal clutch)
④ 오버러닝 클러치(over running clutch)

48. 그림과 같은 $V-n$ 선도에 대한 설명으
로 틀린 것은?

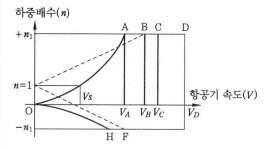

① V_A는 설계운용속도이다.
② V_B는 설계급강하속도이다.
③ OA와 OH 곡선은 양(+)과 음(−)의 최대 양
력계수로 비행할 때 비행기 속도에 대한 하
중배수를 나타낸다.
④ AD와 HF의 직선은 설계상 주어지는 양
(+)과 음(−)의 설계제한 하중배수를 나타
낸다.

해설 설계순항속도(V_C) : 비행성능과 연료 소
비율 등을 고려하여 결정되는 경제적인 속도
이며, 구조 역학적인 문제와는 관계가 없다.

49. 항공기의 총 모멘트가 M이고 총 무게가
W일 때 이 항공기의 무게중심 위치를 구하
는 식은?

① MW ② $M+W$
③ $\dfrac{M}{W}$ ④ $\dfrac{W}{M}$

해설 무게중심 = $\dfrac{모멘트(M)}{무게(W)}$

50. 헬리콥터 동력 전달장치 중 기관 동력 전
달 방향을 바꾸는 데 사용하는 기어는 어느
것인가?

① 베벨 기어   ② 랙 기어
③ 스퍼 기어   ④ 헬리컬 기어

51. 다음 그림은 어떤 반복 응력 상태를 나타
낸 그래프인가?

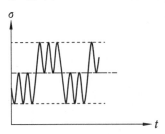

① 중복 반복 응력
② 변동 응력
③ 단순 반복 응력
④ 반복 변동 응력

〔해설〕 중복 반복 응력 : 단순한 반복 응력은 그
평균 응력과 응력 진폭 및 진동수로 규정되는
데, 여러 종류의 반복 응력이 시간적으로 차
례로 작용하는 경우를 중복 반복 응력이라고
한다.

52. 항공기의 지상 활주 시 조향장치에 대한
설명으로 틀린 것은?

① 소형 항공기는 방향키 페달을 사용한다.
② 조향장치는 앞바퀴를 회전시켜 원하는 방
향으로 이동하는 장치이다.
③ 대형 항공기는 유압식이 사용되며 킬러라
는 조향핸들을 사용한다.
④ 소형 항공기는 방향키 페달을 이용하며 이
때 방향키는 움직이지 않는다.

〔해설〕 뒷바퀴형 착륙장치의 방향 제어는 뒤 착
륙장치에 의하여 이루어지는데 방향키와 연
동되어 작동될 수 있다.

53. 날개 뒷전(trailing)에 장착되어 있는 플랩
(flap)의 역할로 틀린 것은?

① 양력을 증가시킨다.
② 날개의 형상을 변경한다.
③ 날개의 면적을 증가시킨다.
④ 캠버(chamber)를 감소시킨다.

〔해설〕 플랩(flap) : 날개 뒷전 부근을 밑으로 구
부려서 캠버를 크게 하고, 어떤 플랩은 날개
면적도 크게 함으로써 최대양력도 증가시킨다.

54. 항공기 복합재료로 많이 쓰이는 케블라
(kevlar)는 어떤 강화 섬유에 속하는가?

① 유리 섬유
② 탄소 섬유
③ 아라미드 섬유
④ 보론 섬유

〔해설〕 케블라 : 미국 듀폰 사에서 생산하는 아라
미드 섬유의 등록상표로서 가볍고 인장강도
가 크며, 유연성이 크다. 높은 응력과 진동을
받는 항공기 부품 제작에 이상적인 재료이다.

55. 열경화성 수지에 해당되지 않는 것은 어느
것인가?

① 페놀 수지
② 폴리우레탄 수지
③ 에폭시 수지
④ 폴리염화비닐 수지

〔해설〕 폴리염화비닐(PVC) : 열가소성 플라스틱
의 하나로 강하고, 색을 내기 쉽고, 단단하거
나 유연하고, 잘 마모되지 않는다. 열에는 약
하다.

56. 헬리콥터의 저주파수 진동에 대한 설명으
로 틀린 것은?

① 1:1 진동이라 한다.
② 주로 꼬리 회전날개의 회전속도가 빠를 때
발생한다.
③ 가장 보편적인 진동으로 쉽게 느낄 수 있다.
④ 주회전날개 1회전당 한 번 일어나는 진동
이다.

〔해설〕 저주파수 진동 : 주회전날개 1회전당 한
번 일어나는 진동으로 1 : 1 진동이라 하며,
이는 가장 보편적인 것으로 쉽게 느낄 수 있
고, 깃의 개수에 따라 기체에 전달되는 진동
의 빈도수도 달라진다.

57. 다른 종류의 헬리콥터와 비교하여 노타(NOTAR) 헬리콥터의 장점이 아닌 것은 어느 것인가?

① 정비나 유지가 쉽다.
② 무게를 감소시킬 수 있다.
③ 조종이 용이하고, 소음이 적다.
④ 외부와 주 회전날개의 충돌 가능성이 없다.

해설 노타(NOTOR ; tail rotorless) 장점
① 조종이 용이하여 조종사의 작업부담이 줄어든다.
② 꼬리회전날개가 부딪칠 위험요소가 줄어들어 기동성이 향상된다.
③ 꼬리회전날개 및 구동축, 기어박스가 필요하지 않으므로 무게를 감소시킬 수 있고, 정비나 유지하기가 쉽다.

58. 착륙 시 브레이크 효율을 높이기 위하여 미끄럼이 일어나는 현상을 방지시켜 주는 것은 어느 것인가?

① 오토 브레이크
② 조향장치
③ 팽창 브레이크
④ 앤티 스키드

해설 앤티 스키드 장치 : 브레이크 작동 시 각 바퀴마다 지상과의 마찰력이 다를 때 한쪽 바퀴의 지나친 마모를 방지하기 위하여 각 바퀴의 마찰력을 균등히 조절하는 장치이다.

59. ALCOA 규격 10 S의 주합금 원소는 어느 것인가?

① 구리(Cu)
② 망간(Mn)
③ 순수 알루미늄
④ 규소(Si)

해설 알코아(ALCOA) 규격
2S : 상업용 순수 알루미늄
3S~9S : 망간
10S~29S : 구리
30S~49S : 규소
50S~69S : 마그네슘
70S~79S : 아연

60. 항공기의 기관 마운트에 대한 설명으로 옳은 것은?

① 착륙장치의 일부분이다.
② 착륙장치의 충격을 흡수하여 전달한다.
③ 기관을 보호하고 있는 모든 기체 구조물을 말한다.
④ 기관에서 발생한 추력을 기체에 전달하는 역할을 한다.

해설 엔진 마운트는 기체나 날개 등에 엔진을 고정하기 위한 구조물을 말한다. 이 구조물에 기관을 고정하는 볼트와 접촉면은 방진재로 감싸져 기관의 진동이 기체로 전달되는 것을 줄여준다.

항공기체정비기능사 [**제6회**]

1. 압력을 표시하는 단위에 속하지 않는 것은?

① N/m^2

② mmHg

③ mmAq

④ $lb-in$

> **해설** 압력의 단위 : N/m^2, mmHg, mmAq, bar, psi, atm, kgf/cm^2, Pa 등이 있다.
>
> $$1\,Pa = \frac{1}{9.8}mmAq$$

2. 유관의 입구지름이 20 cm이고 출구의 지름이 40 cm이다. 이때 입구에서의 유체 속도가 4 m/s이면 출구에서의 유체 속도는 약 몇 m/s인가?

① 1

② 2

③ 4

④ 16

> **해설** 연속의 법칙
>
> $A_1V_1 = A_2V_2$에서,
>
> $$V_2 = \left(\frac{A_1}{A_2}\right)V_1 = \left(\frac{d_1^2}{d_2^2}\right)V_1$$
>
> $$= \left(\frac{0.2^2}{0.4^2}\right) \times 4 = 1\ m/s$$

3. 비행기가 정상선회를 하기 위해서는 어떻게 하여야 하는가?

① 원심력과 구심력은 크기가 같고 방향도 같아야 한다.

② 원심력과 구심력은 크기가 같고 방향이 반대이어야 한다.

③ 원심력과 구심력은 크기가 다르고 방향이 같아야 한다.

④ 원심력과 구심력은 크기가 다르고 방향이 반대이어야 한다.

4. 비행기가 공기 중을 수평 등속도 비행할 때 비행기에 작용하는 힘이 아닌 것은?

① 추력

② 항력

③ 중력

④ 가속력

> **해설** 수평 등속도 비행
>
> $T = D,\ L = W$

5. 비행기의 수직축에 대해서 기수를 오른쪽으로 회전시키는 모멘트가 양(+)의 빗놀이 모멘트이다. 이 빗놀이 모멘트(N)를 식의 계수형으로 나타낸 것은?(단, q : 동압, S : 날개면적, b : 날개길이, C_N : 빗놀이 모멘트 계수이다.)

① $N = \dfrac{C_N \times q \times b}{S}$

② $N = C_N \times q \times S \times b$

③ $N = \dfrac{q \times S \times b}{C_N}$

④ $N = \dfrac{C_N}{q \times S \times b}$

6. 다음 ( ) 안에 알맞은 내용은?

> "비행기의 동적 세로 안정이란 외부 영향을 받은 비행기의 시간에 따른 ( ) 변위에 관한 것이다."

① 속도

② 하중

③ 진폭

④ 양력

7. 헬리콥터의 지면효과가 있을 때 일어나는 현상으로 틀린 것은?

① 양력의 크기가 증가한다.

② 항력의 크기가 증가한다.

③ 회전날개 깃의 받음각이 증가하게 된다.

④ 같은 기관의 출력으로 많은 무게를 지탱할 수 있다.

정답 ➤ **1.** ④ **2.** ① **3.** ② **4.** ④ **5.** ② **6.** ③ **7.** ②

8. 다음 중 마하수에 대한 설명으로 가장 올바른 것은?

① 비행속도가 일정하면 마하수는 온도가 높을수록 비례하여 커진다.

② 비행속도가 일정하면 고도에 관계없이 마하수도 일정하다.

③ 마하수의 단위는 m/s이다.

④ 마하수는 음속에 반비례한다.

해설 마하수 $= \dfrac{\text{물체의 속도}}{\text{음속}} = \dfrac{V}{\sqrt{\gamma g R T}}$

9. $V-n$ 선도에 대한 설명으로 가장 올바른 것은?

① 항공기 속도에 대한 양력과 항력의 관계를 표시한다.

② 받음각의 변화에 따른 양력의 증가 또는 감소를 나타낸다.

③ 비행속도와 하중배수와의 관계로서 항공기의 안전비행 한계를 표시한다.

④ 표준 대기상태에서 고도에 따른 압력, 밀도, 온도 등의 변화를 보여 준다.

10. 무게가 3000 kg, 날개면적 20 m²인 비행기가 해발고도에서 양력계수 0.96인 상태로 등속 수평비행을 할 때 비행기의 최소속도를 구하면 약 얼마인가? (단, 공기의 밀도 $\rho =$ 0.123 kg·s²/m⁴)

① 90 km/h ② 180 km/h
③ 250 km/h ④ 360 km/h

해설 실속속도(V_s)
$$= \sqrt{\frac{2W}{\rho\,C_{L\max}S}} = \sqrt{\frac{2 \times 3000}{0.123 \times 0.96 \times 20}}$$
$$= 50 \text{ m/s} = 180 \text{km/h}$$

11. 프로펠러 깃각(blade angle)을 가장 올바르게 설명한 것은?

① 프로펠러의 허브와 캠버선이 이루는 각

② 프로펠러의 허브와 시위선이 이루는 각

③ 프로펠러의 회전면과 시위선이 이루는 각

④ 프로펠러의 회전면과 캠버선이 이루는 각

12. 비행기가 수평비행이나 급강하로 속도가 증가하여 천음속영역에 도달하게 되면 한쪽 날개가 충격 실속을 일으켜서 갑자기 양력을 상실하여 급격한 옆놀이를 일으키는 현상을 무엇이라 하는가?

① 턱 언더(tuck under)

② 날개 드롭(wing drop)

③ 피치 업(pitch up)

④ 디프 실속(deep stall)

13. 2개의 주회전날개가 서로 반대 방향으로 회전하므로 각각의 회전날개에서 발생하는 토크가 상쇄되어 조종성이 좋은 회전날개 헬리콥터는?

① 단일 회전날개 헬리콥터

② 직렬식 회전날개 헬리콥터

③ 병렬식 회전날개 헬리콥터

④ 동축 역회전식 회전날개 헬리콥터

14. 다음 중 대기권에서 전리층이 존재하는 곳은 어느 것인가?

① 중간권 ② 열권
③ 극외권 ④ 성층권

15. 다음 중 비행기 날개에서 압력중심(center of pressure)에 대한 설명으로 가장 관계가 먼 것은?

① 압력이 작용하는 합력점을 압력중심이라 한다.

② 받음각이 클수록 압력중심은 앞으로 이동한다.

③ 비행기가 급강하할 때 압력중심은 전방으로 이동한다.

④ 압력중심의 이동과 비행기의 안정성과는 밀접한 관계가 있다.

16. 항공기 정비 관련 용어 중 "오버홀 시간간격"을 가장 올바르게 표현한 것은?

① TRP　　　　② MPL
③ TBO　　　　④ FOD

해설 용어 해설
　① TRP(time regulated parts) : 시한성 품목
　② MPL(missing part list) : 부족 허용 부품목록
　③ TBO(time between overhaul) : 오버홀 시간간격
　④ FOD(foreign object damage) : 외부 물체에 의한 손상

17. 장비나 부품 중에서 시한성 정비방식에 의하지 않고 정기적인 육안검사나 측정 및 기능시험 등의 수단에 의해 장비나 부품의 감항성이 유지되고 있는지를 확인하는 정비방식은 무엇인가?

① 신뢰성정비
② 상태정비
③ 작동점검
④ 기능점검

18. 다음 문장의 (　) 안에 해당되지 않는 것은 어느 것인가?

"Some secondary controls are (　　　)."

① flap
② ailerons
③ spoilers
④ leading edge device(slats)

해설 부 조종면(2차 조종면) : 도움날개, 승강타, 방향타를 뺀 나머지 조종면을 말한다.

19. 높이 게이지 측정작업에 대한 안전 및 유의사항으로 가장 관계가 먼 것은?

① 측정대는 깨끗한 일반 작업대 위에 놓고 측정작업을 한다.
② 스크라이버(scriber)를 필요 이상으로 길게 내밀지 않도록 해야 한다.
③ 높이 게이지의 눈금을 읽는 눈의 높이는 눈금선과 수평 방향이어야 한다.
④ 오프셋 스크라이버를 끼우고 사용할 때는 게이지 베이스면에 닿을 수 있어, 조심스럽게 측정작업을 해야 한다.

해설 측정대는 평면도가 좋은 정밀 정반을 사용하고, 정반 위에는 이물질이 없도록 깨끗이 닦아야 한다.

20. 다이 페네트란트(dye penetrant) 검사의 절차에 해당되지 않는 것은?

① 전처리
② 침투
③ 현상
④ 현미경 투시

해설 침투탐상검사 : 전처리 – 침투처리 – 세정처리 – 현상처리 – 관찰

21. 금속을 두드려서 나오는 음향으로 결함을 검사하는 방법은?

① 타진법　　　② 가압법
③ 침지법　　　④ 초음파법

22. 귀 보호 장구 중 저음에서부터 고음까지 차음할 수 있는 귀마개는 몇 종인가?

① 제0종　　　② 제1종
③ 제2종　　　④ 제3종

해설 귀마개
•1종 귀마개 : 저음에서 고음까지 차단
•2종 귀마개 : 고음만 차단

23. 다음 중 밑줄 친 부분이 의미하는 올바른 용어는?

> "Top speed and cruising speed would be reduced because of the increased drag."

① 최고속도　　　　② 상승속도
③ 순항속도　　　　④ 경제속도

24. 항공기의 정비 관련 용어에 대한 설명 중 틀린 것은?

① 수리(repair) : 고장이나 파손된 상태를 본래의 상태로 회복시키는 것이다.
② 분해점검(disassembly check) : 구성품이 지침서에 명시된 허용 한계값 이내인지를 확인하기 위해서 분해, 검사 및 점검하는 것이다.
③ 구성품(component) : 특정 형태를 유지하고 있어 단독으로 떼어 내거나 또는 부착이 가능하지만 분해하면 본래 기능이 상실된다.
④ 결함(squawks) : 항공기의 구성품 또는 부품 고장으로 계통이 비정상적으로 작동하는 상태이다.

25. 래칫 핸들(rachet handle)에 대한 설명으로 가장 올바른 것은?

① 원통 모양의 물건을 표면에 손상을 주지 않고 돌리기 위해 사용한다.
② 협소한 공간에서 단단하게 조여져 있는 볼트나 너트를 풀 때 사용한다.
③ 단단하게 조여져 있는 볼트나 너트를 풀거나 더욱 조이는 데 사용한다.
④ 협소한 공간에서 매우 유용하고, 풀거나 조일 때 한쪽 방향으로만 작용하며, 단단하게 조여져 있는 볼트나 너트에는 사용하지 않는다.

26. 발생되는 사고가 불안전한 상태에 해당되지 않는 것은?

① 물리적 위험상태
② 정돈 불량
③ 건물상태의 불안전
④ 주위집중 산만

27. 최신형 항공기 조종 계통의 비상작동을 위한 동력 공급원으로 이용하는 것은?

① 수소　　　　　　② 산소
③ 히드라진　　　　④ 할로겐

28. 복선식 안전결선 작업에서 고정 작업을 해야 할 부품이 4~6 in의 넓은 간격으로 떨어져 있을 때, 연속적으로 고정할 수 있는 부품의 수는 최대 몇 개로 제한되어 있는가?

① 2개　　　　　　② 3개
③ 4개　　　　　　④ 5개

29. 금속 표면이 국부적을 깊게 침식되어 콩알만한 작은 점을 만드는 부식은?

① fatigue corrosion(피로 부식)
② pitting corrosion(공식 부식)
③ stress corrosion(응력 부식)
④ galvanic corrosion(이질 금속간 부식)

30. 항공기 관(tube)의 연결 계통에서 잦은 분리가 필요한 부분에 사용되는 연결 방식은 어느 것인가?

① 플레어관 접합 방식
② 비드에 의한 연결 방식
③ 스웨이징 접합기구 방식
④ 플레어리스 접합기구 방식

해설 • 플레어관 접합(flared tube fitting) 방식 : 보통 지름이 20 mm 이하인 관에 사용된다.

정답 ● ➤ **23.** ③　**24.** ③　**25.** ④　**26.** ④　**27.** ③　**28.** ②　**29.** ②　**30.** ③

• 스웨이징 접합기구 방식 : 항공기의 연결
계통에서 잦은 분리가 필요한 부분에 사
용된다.

31. 다음 중 평와셔의 사용 역할이 아닌 것은?
① 볼트, 너트의 풀림을 방지한다.
② 부품의 조이는 힘을 분산시켜, 평균화
한다.
③ 볼트나 스크루의 그립(grip) 길이를 조절하
는 데 사용한다.
④ 구조물과 장착 부품을 충격과 부식으로부
터 보호한다.

32. 다음 중 항공기의 세척에 사용되는 안전
솔벤트(safety solvent)는?
① 메틸클로로포름(methyl chloroform)
② 방향족 나프타(aromatic naphtha)
③ 메틸에틸케톤(methyl ethyl ketone)
④ 케로신(kerosine)

> 해설 3염화에탄(메틸클로로포름)은 안전 솔벤
> 트로서 일반 세척제와 그리스 세척제로 사용
> 된다.

33. 다음 중 6각 구멍을 가진 볼트를 풀거나
조일 때 사용하는 공구는?
① adjustable wrench
② allen wrench
③ barrel
④ thimble

34. C급 화재에 사용되는 소화 방법으로 가장
거리가 먼 것은?
① CO₂ 소화기　　② CBM 소화기
③ 분말 소화기　　④ 물

35. 항공기를 견인할 때 견인차의 최대 속도는
얼마로 제한하는가?

① 시속 8 km　　② 시속 16 km
③ 시속 24 km　　④ 시속 32 km

> 해설 견인차의 최대 속도
> 시속 5마일(5 MPH)＝시속 8 km(8 km/h)

36. 여압식 동체에서 공기압력을 유지하기 위
한 격벽판으로 사용되기도 하고, 동체가 비틀
림에 의해 변형되는 것을 막아주는 동체의 부
재는?
① 프레임(frame)
② 스트링어(stringer)
③ 세로대(longeron)
④ 벌크헤드(bulkhead)

37. 회전날개 항공기의 조종 계통으로 가장 거
리가 먼 것은?
① 리트리팅(retreating control) 조종 계통
② 사이클릭 피치 조종(cyclic pitch control)
계통
③ 컬렉티브 피치 조종(collective pitch con-
trol) 계통
④ 방향 조종(directional control) 계통

38. 케블라(kevlar)라 불리우는 섬유형 강화재
는 어느 것인가?
① 아라미드 섬유　　② 알루미나 섬유
③ 보론 섬유　　　　④ 탄소 섬유

39. 운항 자기무게에 속하는 것은?
① 유압 계통의 작동유 무게
② 연료 계통의 사용 가능한 연료의 무게
③ 승객의 무게
④ 화물의 무게

> 해설 운항 자기무게 : 기본 자기무게, 운항에
> 필요한 승무원, 장비품, 식료품을 포함한 무
> 게로서 승객, 화물, 연료 및 윤활유는 포함하
> 지 않는 무게

정답 ● 31. ①　32. ①　33. ②　34. ④　35. ①　36. ④　37. ①　38. ①　39. ①

40. 케이블 조종 계통 정비에 대한 설명 중 가장 관계가 먼 내용은?

① 케이블 손상의 주원인은 풀리나 페어리드 및 케이블 드럼과의 접촉에 의한 것이다.

② 케이블 손상은 헝겊을 케이블에 감고 길이 방향으로 움직여 보아 알 수 있다.

③ 부식된 케이블은 브러시로 부식을 제거한 후 솔벤트 등으로 깨끗이 세척한다.

④ 케이블의 장력 점검은 조종 계통이 완전히 조절된 상태에서 케이블이 제한된 장력범위 내에 있는가를 검토하는 작업이다.

해설 쉽게 닦아 낼 수 있는 녹이나 먼지는 마른 헝겊으로 닦아낸다. 케이블 표면에 칠해져 있는 오래된 방부제나 오일로 인한 오물 등은 깨끗한 헝겊에 솔벤트나 케로신을 묻혀 닦아 낸다.

41. 다음은 헬리콥터의 주회전날개 궤도 점검 시 스트로보스코프를 사용할 때의 각종 장비와 장착부분을 짝지어 놓은 것이다. 가장 올바르게 표시된 것은?

① 회전날개 끝과 차단장치

② 회전경사판과 반사표적

③ 회전날개 깃 선단과 점검용 깃발

④ 고정경사판과 자기발생장치

42. 일반적으로 항공기 타이어의 원료로 사용하는 고무는?

① 불소고무(fluoroelastmer rubber)

② 합성고무(synthetic rubber)

③ 부틸고무(butyl rubber)

④ 천연고무(natural rubber)

43. 알루미늄 합금 중 2017의 설명으로 가장 올바른 것은?

① 파괴 인성이 좋고 피로 특성에도 우수하므로 인장하중이 큰 날개 밑면의 외피(skin)나 동체의 스킨에 사용된다.

② 연질 리벳으로 많이 사용된다.

③ 초두랄루민이라 불리며 소형 항공기 날개의 스킨 등에 사용된다.

④ 두랄루민으로 불리며 오직 리벳으로만 사용된다.

44. 합금강의 분류에서 SAE 1025에 대한 설명으로 옳은 것은?

① 탄소강을 나타낸다.

② 니켈강을 나타낸다.

③ 합금원소는 크롬이다.

④ 탄소의 함유량은 5 %이다.

45. 다음 세장비에 대한 설명 중 가장 올바른 것은?

① 세장비는 기둥의 길이를 기둥 단면의 회전 반지름으로 나눈 것이다.

② 세장비가 큰 봉은 인장강도에 의하여 파괴된다.

③ 세장비가 작은 기둥은 인장강도에 의하여 파괴된다.

④ 일반적으로 연강인 경우에 세장비가 90보다 크면 짧은 기둥이라고 한다.

해설 세장비(slenderness ratio) : 기둥의 길이 (L)를 최소 단면 회전 반지름(k)으로 나눈 비로서 기둥의 만곡되는 정도를 비교한다.

46. 헬리콥터의 스키드 기어형 착륙장치에서 스키드 슈(skid shoe)의 사용 목적을 가장 올바르게 표현한 것은?

① 휠을 스키드에 장착할 수 있게 하기 위해

② 회전날개의 진동을 줄이기 위해

③ 스키드가 지상에 정확히 닿게 하기 위해

④ 스키드의 부식과 손상의 방지를 위해

47. 항공기 출입문 중 동체 외벽의 안으로 여는 형식은?

① 플러그(plug)형

② 티(T)형

③ 팽창(expand)형

④ 밀폐(seal)형

48. 헬리콥터의 동체 구조 형식 중 트러스형 구조에 대한 설명으로 옳지 않은 것은?

① 일반적으로 강관을 삼각 형태로 용접하여 만든다.

② 중량에 비해 비교적 높은 강도를 가지고 있다.

③ 세미모노코크 동체 구조 형식에 비해 유효 공간이 크다.

④ 모노코크 동체 구조 형식에 비해 정비가 쉽다.

49. 다음 중 항온 열처리에 해당하지 않는 것은 어느 것인가?

① 마템퍼링

② 마퀜칭

③ 오스템퍼링

④ 노멀라이징

> 해설 노멀라이징(normalizing : 불림), 담금질, 뜨임, 풀림 등은 일반 열처리에 해당한다.

50. 헬리콥터가 전진 비행을 할 때 수평 안정 판이 하는 역할로 가장 올바른 것은?

① 전진 비행 시 수평안정판의 공기력이 위로 작용하여 수평을 유지시킨다.

② 전진 비행 시 수평 안정판의 공기력이 아래로 작용하여 수평을 유지시킨다.

③ 주회전날개의 수평을 유지시킨다.

④ 꼬리 회전날개가 손상되는 것을 방지한다.

51. 구조상의 최대하중으로 기체의 영구변형이 일어나더라도 파괴되지 않는 하중은?

① 한계하중

② 최고하중

③ 극한하중

④ 돌풍하중

52. 항공기에 작용하는 하중 중 시간에 따라 크기가 변화하면서 작용하는 동하중이 아닌 것은?

① 반복하중

② 교번하중

③ 충격하중

④ 표면하중

53. 단일 회전날개 헬리콥터에서 연료탱크는 대부분 어느 곳에 위치하는가?

① 테일 붐(tail boom)

② 파일론(pylon)

③ 동체(fuselage)

④ 날개(wing)

54. 대형 항공기에서 일반적으로 사용되는 브레이크 형식으로 가장 올바른 것은?

① 팽창튜브 브레이크

② 싱글 디스크 브레이크

③ 멀티 디스크 브레이크

④ 세그먼트 로터 브레이크

55. 힘과 모멘트에 대한 설명 중 가장 올바른 내용은?

① 모멘트는 외력에 대한 구조 내부에서 생기는 힘이다.

② 평면 구조물의 평형방정식은 힘의 회전능률로서 길이와 힘의 곱으로 나타낸다.

정답 47. ① 48. ③ 49. ④ 50. ② 51. ③ 52. ④ 53. ③ 54. ③ 55. ③

③ 힘은 크기, 방향, 작용점을 가지며 벡터량이다.

④ 방향과 작용점만을 가진 물리량을 스칼라량이라 한다.

56. 다음 중 도면의 주요 4요소와 관계가 없는 것은?

① 설계란

② 표제란

③ 변경란

④ 일반 주석란

> 해설 도면의 주요 4요소
> • 표제란(title block)
> • 변경란(revision block)
> • 일반 주석란(general notes)
> • 도면(drawing) 작도 부분

57. 일정한 응력을 받는 재료가 일정한 온도에서 시간이 경과함에 따라 하중이 일정하더라도 변형률이 변화하는 현상은?

① 항복

② 소성

③ 크리프

④ 피로

58. 다음 중 항공기 구조의 특정 위치를 쉽게 알 수 있도록 항공기상 위치를 표시하는 방법이 아닌 것은?

① 동체 위치선

② 동체 수위선

③ 날개 위치선

④ 날개 수위선

59. 날개의 구조 부재 중 날개골 모양을 하고 있으며, 날개 외피에 작용하는 하중을 날개보에 전달하는 역할을 하는 것은?

① 앞전

② 리브

③ 스트링어

④ 스포일러

60. 항공기 재료에 쓰이는 금속 중 가장 가벼운 금속으로 장비품의 하우징 등에 사용되는 재료는?

① 알루미늄

② 마그네슘

③ 티탄

④ 니켈

1. 비행기가 평형상태에서 벗어난 뒤에 다시 평형상태로 돌아가려는 초기의 경향을 가장 옳게 설명한 것은?

① 정적 안정성이 있다 (양(+)의 정적 안정).
② 동적 안정성이 있다 (양(+)의 동적 안정).
③ 정적으로 불안정하다 (음(−)의 정적 안정).
④ 동적으로 불안정하다 (음(−)의 동적 안정).

> **해설** 정적 안정과 동적 안정
> • 정적 안정(양(+)의 정적 안정) : 어떤 물체가 평형상태에서 벗어난 뒤에 다시 평형상태로 되돌아가려는 경향
> • 동적 안정(양(+)의 동적 안정) : 어떤 물체가 평형상태에서 이탈된 후, 시간이 지남에 따라 운동의 진폭이 감소되는 것

2. 헬리콥터가 전진비행을 할 때 회전날개 깃에 발생하는 양력 분포의 불균형을 해결할 수 있는 방법으로 가장 옳은 것은?

① 전진하는 깃과 후퇴하는 깃의 받음각을 동시에 증가시킨다.
② 전진하는 깃과 후퇴하는 깃의 받음각을 동시에 감소시킨다.
③ 전진하는 깃의 받음각은 증가시키고 뒤로 후퇴하는 깃의 받음각은 감소시킨다.
④ 전진하는 깃의 받음각은 감소시키고 뒤로 후퇴하는 깃의 받음각은 증가시킨다.

> **해설** 양력 불평형 : 회전날개에서 서로 다른 상대풍의 속도가 깃에 작용하므로 회전면에서 발생하는 깃에 의한 양력은 오른쪽은 올라가고, 왼쪽은 내려가는 좌우 불균형이 일

어난다. 이와 같은 양력 분포의 불균형은 전진하는 깃과 후퇴하는 깃의 받음각을 바꾸어 줌으로써 상대속도의 차이에 의한 힘의 불균형을 상쇄시켜, 양력 분포의 균형을 유지한다.

3. 다음 중 동압과 정압에 대한 설명으로 옳은 것은?

① 동압과 정압을 이용하여 항공기의 비행 속도를 계산할 수 있다.
② 동압을 이용하여 객실 고도를 계산할 수 있다.
③ 동압을 이용하여 절대 고도를 계산할 수 있다.
④ 동압과 정압을 이용하여 항공기의 절대 고도를 계산할 수 있다.

4. 활공기가 고도 2400 m 상공에서 활공을 하여 수평활공거리 36 km를 비행하였다면, 이때 양항비는 얼마인가?

① $\dfrac{1}{5}$ ② 10   ③ $\dfrac{1}{15}$ ④ 15

> **해설** 양항비 $= \dfrac{활공거리}{활공고도} = \dfrac{36000}{2400} = 15$

5. 입구의 지름이 10 cm이고, 출구의 지름이 20 cm 인 원형관에 액체가 흐르고 있다. 지름 20 cm 되는 단면적에서의 속도가 2.4 m/s일 때 지름 10 cm 되는 단면적에서의 속도는 약 몇 m/s인가?

① 4.8　　　　　② 9.6

③ 14.4　　　　④ 19.2

해설 연속의 법칙 $A_1 V_1 = A_2 V_2$에서

$$V_1 = \left(\frac{A_2}{A_1}\right) V_2 = \left(\frac{d_2}{d_1}\right)^2 V_2$$

$$= \left(\frac{20}{10}\right)^2 \times 2.4 = 9.6 \, \text{m/s}$$

6. 공기의 밀도 단위가 kgf·s²/m⁴으로 주어질 때 kgf 단위의 의미는?

① 질량　　　　　② 중량

③ 비중　　　　　④ 비중량

7. 다음 중 버핏(buffet) 현상을 가장 옳게 설명한 것은?

① 이륙 시 나타나는 비틀림 현상

② 착륙 시 활주로 중앙선을 벗어나려는 현상

③ 실속속도로 접근 시 비행기 뒷부분의 떨림 현상

④ 비행 중 비행기의 앞부분에서 나타나는 떨림 현상

해설 버핏(buffet) : 흐름이 날개에서 떨어지면서 발생되는 후류가 날개나 꼬리날개를 진동시켜 발생되는 현상으로 실속이 일어나는 징조이다.

8. 수평비행을 하던 비행기가 연직 상방향으로 관성력을 받을 때 비행기의 하중배수를 옳게 나타낸 식은?

① $\dfrac{\text{비행기 무게}}{\text{관성력}}$

② $1 + \dfrac{\text{관성력}}{\text{비행기 무게}}$

③ $1 + \dfrac{\text{비행기 무게}}{\text{관성력}}$

④ $\dfrac{\text{비행기 무게}}{\text{비행기 무게} - \text{관성력}}$

해설 관성력 작용 시 하중배수 : 수평비행 시 하중배수는 1이다. 관성력이 추가로 작용하게 되면 하중배수는 $1 + \dfrac{\text{관성력}}{\text{비행기 무게}}$이다.

9. 그림과 같은 받음각에 따른 양력계수(C_L)의 변화를 나타낸 그래프에서 (가)와 (나)에 대한 용어로 옳은 것은?

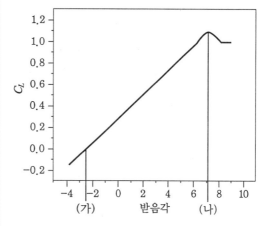

① (가) 영양력 받음각, (나) 실속각

② (가) 최소 항력 받음각, (나) 실속각

③ (가) 유도각, (나) 영양력 받음각

④ (가) 실속각, (나) 영양력 받음각

10. 비중량에 대한 설명으로 옳은 것은 어느 것인가?

① 단위 체적당 중량

② 단위 질량당 중량

③ 단위 길이당 최소중량

④ 단위 면적당 작용하는 최소중량

해설 비중량 : 물질의 단위 부피당(체적당) 중량으로 나타낸 값

$$\gamma = \rho g$$

11. 프로펠러 깃의 압력중심의 기본적인 위치를 나타낸 것으로 옳은 것은?

① 깃 끝 부근　　　② 깃 뿌리 부근

항공장비정비기능사

③ 깃의 뒷전 부근　　④ 깃의 앞전 부근

12. 수직 꼬리날개와 동체 상부에 장착하여 방향 안정성을 증가시키기 위한 것은?

① 실속 스트립　　　② 슬롯
③ 볼텍스 발생장치　④ 도살 핀

[해설] 도살 핀(dorsal fin) : 수직 꼬리날개가 실속하는 큰 옆미끄럼각에서도 방향 안정을 유지하는 강력한 효과가 있다.

13. 프로펠러 항공기 기관의 제동마력이 260 PS 이고, 프로펠러 효율이 0.8일 때 이 비행기의 이용마력은 몇 PS인가?

① 108　　　　　　② 208
③ 308　　　　　　④ 408

[해설] 이용마력 $= \eta \times bHP$
$= 0.8 \times 260 = 208$ PS

14. 고속형 날개에서 항력 발산 마하수를 넘어서면 어떤 항력이 급증하는가?

① 현상 항력　　　　② 압력 항력
③ 조파 항력　　　　④ 표면 마찰 항력

[해설] 날개면상에 초음속 흐름이 형성되면 충격파가 발생하게 되고, 조파 항력이 생긴다.

15. 회전익 항공기에서 회전축에 연결된 회전날개 깃이 하나의 수평축에 대해 위 아래로 움직이는 운동은?

① 스핀 운동
② 리드 – 래그 운동
③ 플래핑 운동
④ 자동 회전 운동

[해설] 회전익 항공기의 운동
• 리드 – 래그 운동 : 회전날개의 깃이 앞서고, 뒤로 처지는 현상에서 오는 운동
• 플래핑 운동 : 회전날개의 양력 불균형으로 인해 회전날개가 위 아래로 움직이는 운동

16. 표면이 눌려 원래의 외형으로부터 변형된 현상으로 단면적의 변화는 없으며 손상 부위와 손상되지 않는 부위 사이와의 경계 모양이 완만한 형상을 이루고 있는 결함은?

① 찍힘(nick)　　　② 눌림(dent)
③ 긁힘(scratch)　　④ 구김(crease)

17. 볼트와 너트로 체결하는 작업 시 안전 및 유의사항에 대한 설명으로 틀린 것은?

① 렌치를 사용할 때에는 당기는 방향으로 힘을 가한다.
② 익스텐션 바를 사용 시 손으로 바를 잡아 고정하고 작업한다.
③ 볼트와 너트를 조일 때에는 해체할 때보다 한 단계 작은 치수의 렌치를 사용한다.
④ 볼트나 너트를 조일 때는 일정 부분 손으로 조인 후 렌치를 사용하여 마무리한다.

18. 다음 중 항공기의 지상취급에 해당되지 않은 작업은?

① 잭 작업
② 계류 작업
③ 견인 작업
④ 계획된 액세서리 교환 작업

19. 화학적 또는 전기화학적 반응에 의해 재료의 성질이 변화 또는 퇴화하는 현상을 무엇이라 하는가?

① 균열(crack)　　　② 마모(abrasion)
③ 골패임(gouge)　　④ 부식(corrosion)

20. 휴대용 소화기 중 조종실이나 객실에 설치되어 일반화재, 전기화재 및 기름화재에 사용되는 소화기는?

① 분말 소화기
② 물 소화기

정답 ● **12.** ④　**13.** ②　**14.** ③　**15.** ③　**16.** ②　**17.** ③　**18.** ④　**19.** ④　**20.** ④

③ 포말 소화기

④ 이산화탄소 소화기

21. 다음 중 밑줄 친 부분의 영문 내용으로 옳은 것은?

> "The expansion space above <u>the fuel</u> in the tank shifts according to attitude changes of the airplane."

① 연료 ② 윤활유

③ 유압유 ④ 공기압

22. 다음 중 ( ) 안에 들어갈 알맞은 용어는 어느 것인가?

> "The elevators control the aircraft about its ( ) axis"

① vertical ② lateral

③ longitudinal ④ horizontal

[해설] 승강키(elevator) : 가로축을 중심으로 한 비행기의 운동을 조종하는 데 사용한다.

23. 항공기용 기계요소 및 재료에 대한 규격 중 군(military)에 관련된 규격이 아닌 것은?

① AN ② MIL

③ ASA ④ MS

[해설] 금속재료 규격
 • AN 규격 : Air Force-Navy
 • MIL 규격 : Military Specification
 • MS 규격 : Military Standard
 • ASA 규격 : American Standards Association

24. 비파괴 검사법 중 피폭안전에 철저한 관리가 요구되는 검사법은?

① 침투탐상검사

② 와전류검사

③ 자분탐상검사

④ 방사선투과검사

25. 수직공간이 제한된 곳에 사용되는 스크루 드라이버의 명칭으로 옳은 것은?

① 리드 스크루 드라이버

② 래칫 스크루 드라이버

③ 오프셋 스크루 드라이버

④ 프린스 스크루 드라이버

26. 보통 나무, 종이, 직물 및 잡종 폐기물 등과 같은 가연성 물질에 일어나는 화재는?

① A급 ② B급

③ C급 ④ D급

27. 좁은 장소에서 작업할 때 굴곡이 필요할 경우 래칫 핸들, 스피드 핸들, 소켓 또는 익스텐션바와 함께 사용되는 그림과 같은 것은?

① 어댑터 ② 유니버설 조인트

③ 벨트 렌치 ④ 콤비네이션 렌치

28. 「MS20426 AD 4-4」 리벳을 사용한 리벳 작업 시 최소 끝거리는 몇 인치인가?

① 5/16 ② 3/8

③ 1/4 ④ 7/32

[해설] 최소 끝거리(연거리) : 판재의 가장자리에서 첫 번째 리벳 구멍 중심까지의 거리로서 리벳 지름의 2~4배가 적당하며 일반 리벳은 최소 $2D$, 접시머리는 $2.5D$이다.

MS20426 AD 4-4는 접시머리 리벳이며, 리벳 지름은 $\dfrac{4}{32}$ inch이다.

접시머리 리벳 끝거리

$$=2.5D=2.5\times\frac{4}{32}$$

$$=\frac{25}{10}\times\frac{4}{32}=\frac{5}{16}\text{ inch}$$

29. 다음 중 성형점에서 굴곡접선까지의 거리를 나타낸 명칭은?
① 중립선
② 세트백
③ 굴곡허용량
④ 사이트라인

30. 다음 중 항공기의 접지에 대한 설명으로 옳은 것은?
① 정전기의 축적을 막는다.
② 전기 저항을 증가시킨다.
③ 전기 전압을 증가시킨다.
④ 번개의 위험을 벗어나기 위한 작업이다.

31. 다음 중 신뢰성 정비 방식이 채택될 수 있는 여건으로 가장 거리가 먼 것은?
① 정비인력의 증가
② 항공기 설계 개념의 진보
③ 항공기 기자재의 품질수준 향상
④ 비파괴 검사방법 등에 의한 검사법 발전

32. 게이지 블록(gauge blocks)에 대한 설명으로 틀린 것은?
① 사용하기 전에 마른 걸레나 솔벤트로 방청제 등의 이물질을 닦아낸다.
② 사용 시 손가락 끝으로 잡아 접촉면적을 되도록 작게 한다.
③ 이론상 측정력은 접촉 면적에 비례하여 증가되어야 하며, 실제로는 표준이 되는 측정력을 사용하는 것이 좋다.
④ 측정할 때 정밀도는 온도와는 관련이 없고, 링클링(wringkling) 작업과 가장 관련이 깊다.

해설 블록 게이지를 사용하여 측정할 때는 온도의 변화에 따라 큰 영향을 받으므로 이 점에 특히 주의해야 한다.

33. 다음 중 헬리콥터의 지상 정비지원은 어떤 정비에 해당되는가?
① 공장 정비
② 벤치 체크
③ 운항 정비
④ 시한성 정비

34. 2개 이상의 굽힘이 교차하는 부분의 안쪽 굽힘 접선 교점에 발생하는 응력집중에 의한 균열을 방지하기 위해 뚫는 구멍은?
① 스톱 홀
② 릴리프 홀
③ 리머 홀
④ 파일럿 홀

35. 운항 정비 기간에 발생한 항공기 정비 불량 상태의 수리와 운항 저해의 가능성이 많은 각 계통의 예방정비 및 감항성을 확인하는 것을 목적으로 하는 정비작업은?
① 중간 점검(transit check)
② 기본 점검(line maintenance)
③ 정시 점검(schedule maintenance)
④ 비행 전후 점검(pre/post flight check)

36. 항공계기를 수감부, 확대부, 지시부로 나눌 경우 수감부로 사용되지 않는 것은?
① 벨로스
② 다이어프램
③ 부르동관
④ 피니언 기어

해설 수감부 : 압력을 직접 수감하여 기계적인 변위로 변화시킬 수 있는 장치로 다이어프램, 벨로스, 부르동관 등이 있다.

37. 대형 항공기의 탑재용 APU에 대한 설명으로 옳은 것은?
① 주기관 고장 시 비상신호를 발생시키는 장치이다.
② 주기관 고장 시 필요한 추력을 얻기 위한 장치이다.
③ 주기관 고장 시 필요한 교류 전원과 블리드 공기를 얻기 위한 장치이다.

정답 ● 29. ② 30. ① 31. ① 32. ④ 33. ③ 34. ② 35. ③ 36. ④ 37. ③

④ 주기관에 연료 부족 시 추가 연료를 공급하기 위한 장치이다.

해설 보조 동력장치(APU) : 항공기에 압축공기, 전력 등을 공급하기 위해 추진용 기관과는 별도로 장비된 동력 공급장치

38. 다음 중 산소 식별 테이프에 대한 설명으로 옳은 것은?

① 청색 바탕에 검은색 사각형 모양
② 흰색 바탕에 검은색 사각형 모양
③ 녹색 바탕에 검은색 별표 모양
④ 회색 바탕에 검은색 별표 모양

39. 유압 피스톤의 홈 부분에 O−링을 끼울때 백업 링을 사용하는 주된 목적은?

① O−링에서 더러워진 부착물을 떨어지게하기 위해
② O−링이 틈새에서 밀려나오는 것을 방지하기 위해
③ 처음의 O−링이 파손된 경우 예비 역할을하기 위해
④ O−링의 장착 및 분해 시 편의를 돕기 위해

40. 다음 중 지자기의 3요소가 아닌 것은 어느것인가?

① 자차   ② 편각
③ 복각   ④ 수평분력

해설 지자기 3요소 : 편각, 복각, 수평분력

41. 항공기에서 3상 교류 발전기(A.C generator)를 사용할 때 장점이 아닌 것은?

① 효율이 우수하다.
② 정비 및 보수가 쉽다.
③ 무게가 무거워 진동이 적다.
④ 높은 전력의 수요를 감당하는 데 적합하다.

42. 스위치에 의하여 먼 거리의 많은 전류가흐르는 회로를 직접 개폐시키는 역할을 하는일종의 전자기 스위치는?

① 계전기   ② 회전 선택 스위치
③ 토글 스위치   ④ 푸시버튼 스위치

43. 유압 계통에서 축압기(accumlator)의 기능이 아닌 것은?

① 가압된 작동유를 저장한다.
② 유압 계통의 서지 현상을 방지한다.
③ 계통에 사용된 유체를 저장과 배출한다.
④ 펌프 고장 시 작동유를 유압장치에 공급한다.

해설 축압기 : 작동유를 저장하는 저장통으로여러 개의 유압기기가 동시에 사용될 때 동력펌프를 돕고, 동력펌프가 고장났을 때에는 저장되었던 작동유를 유압기기에 공급하며, 서지(surge) 현상을 방지한다.

44. 다음과 같은 [특성]을 갖는 회로 보호장치는 어느 것인가?

┨ 특성 ┠
• 규정 용량 이상의 전류가 흐를 때 회로를 차단시킨다.
• 스위치 역할도 할 수 있다.
• 계속 사용이 가능하다.

① 퓨즈   ② 회로 차단기
③ 전류 제한기   ④ 열 보호장치

해설 퓨즈는 일단 녹아 끊어지면 예비품으로교환해야 하지만, 회로 차단기는 수동이나 자동으로 다시 접속시켜 사용한다.

45. 일반적으로 전기식 방빙이 사용되지 않는곳은?

① 얼음 감지기   ② 피토관
③ 조종실 윈도   ④ 리딩에지

해설 전기식 방빙 : 피토관, 전 공기 온도 감지기, 받음각 감지기, 기관 압력 감지기, 기관 온

도 감지기, 얼음 감지기, 조종실 윈도(window), 물 공급라인, 오물 배출구에 방빙을 한다.

46. 유량제어장치인 흐름 평형기(flow equalizer)에서 작동유가 각 작동기에 공급될 때 유량제어에 사용되지 않는 부품은?

① 결합 체크 밸브
② 미터링 그루브
③ 분리 체크 밸브
④ 자유부동 미터링 피스톤

47. $2 \, in^2$ 면적의 피스톤과 $10 \, in^2$ 면적을 가진 실린더가 서로 유체역학적으로 연결되어 있을 경우 전자에 10 psi의 압력을 인가할 때 후자의 압력은 몇 psi인가?

① 2　　　② 5　　　③ 10　　　④ 50

해설 파스칼의 원리 : 밀폐된 용기에 채워져 있는 유체에 가해진 압력은 모든 방향으로 감소됨이 없이 동등하게 전달되고, 용기의 벽에 직각으로 작용된다.

48. 항공기에 사용하는 전기식 회전계의 작동 원리에 대한 설명이 아닌 것은?

① 직접 구동한다.
② 원격 지시 방식이다.
③ 회전하고 있는 부분의 돌출 부분을 센다.
④ 드래그 캡(drag cap)이라 부르는 회전속도를 지시한다.

49. 승강계에서 모세관의 저항이 증가할 때 성능에 대한 설명으로 옳은 것은?

① 감도는 증가하고 계기 지시의 지연이 증가한다.
② 감도는 증가하고 계기 지시의 지연이 짧아진다.
③ 감도는 감소하고 계기 지시의 지연이 증가한다.

④ 감도는 감소하고 계기 지시의 지연이 짧아진다.

해설 승강계의 원리 : 승강계에서 중요한 부분은 다이어프램의 내외에 차압을 생기게 하는 모세관 및 오리피스로 구성된 공기 흐름 조절부인데 공기 흐름 조절부의 저항이 크면 감도는 증가하고, 계기 지시의 지연도 증가한다.

50. 싱크로 발신기와 싱크로 수신기의 각도 차이가 0도일 때 회전 방향은?

① 회전하지 않는다.
② 반대 방향으로 회전한다.
③ 같은 방향으로 회전한다.
④ 정회전과 역회전을 반복 회전한다.

51. 항공기에 전선을 사용하기 위해 선택할 경우 우선적으로 고려해야 할 사항이 아닌 것은 어느 것인가?

① 전선의 색
② 전선의 길이
③ 전선에 흐르는 전류량
④ 공급하려고 하는 전압

52. 액체를 보내는 튜브 중간에 오리피스를 설치하여 오리피스의 상류와 하류 액체 흐름의 압력차를 지시하는 유량계는?

① 질량 유량계　　　② 차압식 유량계
③ 면적식 유량계　　　④ 부자식 유량계

53. 다음 중 여객기용 비상 장비 및 장치에 속하지 않는 것은?

① 낙하산
② 비상신호용 장비
③ 산소 공급장치
④ 비상탈출 미끄럼대

해설 비상 장비 : 비상탈출 미끄럼대, 구명보트, 비상신호용 장비, 소화기, 산소 공급장치

54. 대기압이 객실 내의 기압보다 높을 경우에 대기의 공기가 객실로 자유롭게 들어오도록 되어 있는 객실 압력 안전 밸브는?

① 덤프 밸브   ② 아웃 플로 밸브

③ 압력 릴리프 밸브   ④ 부압 릴리프 밸브

해설 객실 여압 안전 밸브

- 압력 릴리프 밸브 : 객실 압력이 미리 설정된 대기압과의 차압을 넘는 경우에 항공기 기체 손상을 예방한다.
- 부압 릴리프 밸브 : 대기압이 객실 압력보다 더 높게 되면 열리게 된다.
- 덤프 밸브 : 항공기가 지상에 착륙 시 모든 객실 압력을 제거하기 위해 사용된다.

55. 30 V의 전압에 의하여 3 A의 전류가 흐르는 전기 회로에서 저항은 몇 Ω인가?

① 0.1   ② 3

③ 10   ④ 33

해설 저항$(R) = \dfrac{E}{I} = \dfrac{30}{3} = 10 \, \Omega$

56. 다음 중 동압(pitot pressure)과 정압 (static pressure)을 이용하는 기본적인 계기는 어느 것인가?

① 동기전동기, 유압계

② E.P.R

③ 회전계, 방향지시계

④ 속도계, 고도계

해설 피토 – 정압 계통의 계기 : 속도계, 승강계, 고도계

57. 열전쌍(thermo – couple)의 특성을 이용한 계기는?

① 외기 온도계기

② 윤활 온도계기

③ 연료 온도계기

④ 배기가스 온도계기

해설 열전쌍 온도계 : 열전대에 의하여 일어나는 기전력이 온도차에 비례하는 성질을 이용한다. 사용 온도 범위는 $-200 \sim 1300\,\mathrm{℃}$이며, 왕복기관의 온도, 가스터빈 기관의 배기가스 온도를 측정하는 데 사용한다.

58. 비상 위치 지시용 무선 표지 설비는 조난 신호를 몇 시간 동안 지속적으로 발신하도록 되어 있는가?

① 12시간   ② 24시간

③ 48시간   ④ 96시간

해설 비상 위치 지시용 무선 표지 설비 : 축전지를 전원으로 사용하는 송신기로 조난 신호를 48시간 동안 지속적으로 발신한다.

59. 이산화탄소 소화제 및 용기에 대한 설명으로 틀린 것은?

① 이산화탄소의 화학식은 CO_2이다.

② 압력의 상승을 위하여 가압용 질소가스를 봉입한다.

③ 밀폐된 장소에서 이산화탄소 소화제 사용은 위험하다.

④ 이산화탄소의 용적을 작게 하기 위하여 저압의 기체 상태로 가압하여 압력용기에 넣는다.

해설 이산화탄소 소화제 : 인체에 독성이 없지만 공기의 1.5배 무게이고, 사람이 이산화탄소 중에 있으면 저산소증에 걸려 의식장애를 일으키므로 밀폐된 장소에서 사용은 위험하다. 이산화탄소는 용적을 작게 하기 위하여 액화해서 고압용기에 넣는다.

60. 브레이크 종류 중 중형 이상의 항공기에 사용되며 여러 개의 회전판과 고정판을 사용하는 것은?

① 슈 브레이크(shoe brake)

② 다중 디스크 브레이크(multi disk brake)

③ 단일 디스크 브레이크(single disk brake)

④ 팽창 튜브 브레이크(expansion tube brake)

항공장비정비기능사 [제2회]

1. 항력이 D[kgf]인 비행기가 속도 V[m/s]로 등속수평비행을 하기 위한 필요마력(PS)을 구하는 식은?

① $\dfrac{DV}{75}$ ② $\dfrac{75}{DV}$

③ $\dfrac{75D}{V}$ ④ $\dfrac{75V}{D}$

2. 날개 길이가 10 m, 평균 시위 길이가 1.8 m인 항공기 날개의 가로세로비(aspect ratio)는 약 얼마인가?

① 0.18 ② 2.8 ③ 5.6 ④ 18.0

해설 가로세로비(AR)$=\dfrac{b}{C_m}=\dfrac{10}{1.8}=5.56$

3. 레이놀즈 수에 영향을 미치는 요소가 아닌 것은?

① 유체의 밀도 ② 유체의 압력
③ 유체의 흐름속도 ④ 유체의 점성

해설 레이놀즈 수$=\dfrac{\rho VL}{\mu}$

4. 조종간과 승강키가 기계적으로 연결되었을 경우 조종력과 승강키 힌지 모멘트에 관한 관계식으로 다음 중 옳은 것은? (단, F_e : 조종력, H_e : 승강키 힌지 모멘트, K : 조종계통의 기계적 장치에 의한 이득이다.)

① $F_e=\dfrac{K}{H_e}$ ② $F_e=K-H_e$

③ $F_e=\dfrac{K^2}{H_e}$ ④ $F_e=K-H_e$

5. 헬리콥터에서 균형(trim)을 이루었다는 의미를 가장 옳게 설명한 것은?

① 직교하는 2개의 축에 대하여 힘의 합이 "0"이 되는 것
② 직교하는 2개의 축에 대하여 힘과 모멘트의 합이 각각 "1"이 되는 것
③ 직교하는 3개의 축에 대하여 힘과 모멘트의 합이 각각 "0"이 되는 것
④ 직교하는 3개의 축에 대하여 모든 방향의 힘의 합이 "1"이 되는 것

해설 직교하는 X, Y, Z 축에 대해 키놀이, 옆놀이, 빗놀이 모멘트의 합이 0인 경우를 평형이 되었다고 한다.

6. 다음 중 비행기의 가로 안정에 가장 큰 영향을 미치는 것은?

① 동체의 모양
② 날개의 쳐든각
③ 기관의 장착위치
④ 플랩(flap)의 장착위치

해설 기하학적으로 날개의 쳐든각 효과는 가로 안정에 있어서 가장 중요한 요소이다.

7. 이용마력과 필요마력이 같아져 상승률이 "0"이 되는 고도를 무엇이라 하는가?

① 운용 상승한계 ② 실용 상승한계
③ 실제 상승한계 ④ 절대 상승한계

해설 상승률이 0인 고도를 절대 상승한계, 상승률이 0.5 m/s인 고도를 실용 상승한계, 상승률이 2.5 m/s인 고도를 운용 상승한계라 한다.

8. 항공기 중량이 5000 kg일 때 2G의 하중계수(load factor)가 가해지면 항공기에 미치는 전체 하중은 몇 kg인가?

① 2500 ② 5000
③ 7500 ④ 10000

정답 1. ① 2. ③ 3. ② 4. ④ 5. ③ 6. ② 7. ④ 8. ④

해설 2G가 작용할 때 항공기에 미치는 하중
= 2 × 5000 = 10000 kg

9. 유관의 입구 지름이 20 cm이고 출구의 지름이 40 cm일 때 입구에서의 유체 속도가 4 m/s이면 출구에서의 유체 속도는 약 몇 m/s인가?

① 1
② 2
③ 4
④ 16

해설 연속의 법칙
$A_1 V_1 = A_2 V_2$ 에서

$$V_2 = \left(\frac{A_1}{A_2}\right) V_1 = \frac{d_1^2}{d_2^2} \times V_1$$
$$= \left(\frac{0.2^2}{0.4^2}\right) \times 4 = 1\,\mathrm{m/s}$$

10. 헬리콥터의 기관이 정지하여 자동회전을 할 때 회전날개의 회전수는 어떻게 변화되는가?

① 지속적으로 감소한다.
② 지속적으로 증가한다.
③ 일정 높이까지는 감소되면서 하강하고 그 후 일정하게 증가한다.
④ 일정 높이까지는 감소되면서 하강하고 그 후 일정 속도를 유지한다.

해설 헬리콥터의 기관이 정지하여 프로펠러가 자동회전의 원리를 통해 하강하면서 회전날개의 회전수가 감소하기 시작하여 일정한 상태에서 더 이상 회전수가 감소하지 않고 일정한 하강률이 되어 안전하게 착륙하게 된다.

11. 다음 중 프로펠러 깃의 시위방향의 압력중심(CP) 위치에 의해 주로 발생되는 모멘트로 가장 옳은 것은?

① 공기력에 의한 굽힘 모멘트
② 공기력에 의한 비틀림 모멘트
③ 회전력에 의한 굽힘 모멘트
④ 회전력에 의한 비틀림 모멘트

해설 공기력에 의한 비틀림 모멘트는 깃이 회전할 때에 풍압중심이 깃의 앞전 쪽에 있게 되므로 깃의 피치를 크게 하려는 방향으로 작용한다.

12. 수평 꼬리날개에 부착된 조종면을 무엇이라 하는가?

① 승강키
② 플랩
③ 방향키
④ 도움날개

해설 수평 꼬리날개의 구성 : 수평안정판, 승강키

13. 날개면상에 초음속 흐름이 형성되면 충격파가 발생하게 되는데, 이때 충격파 전·후면에서의 압력, 밀도, 속도의 관계로 옳은 것은 어느 것인가?

① 충격파 앞의 압력과 속도는 충격파 뒤보다 크다.
② 충격파 앞의 압력과 밀도는 충격파 뒤보다 작다.
③ 충격파 앞의 밀도와 속도는 충격파 뒤보다 작다.
④ 충격파 앞의 압력, 밀도 및 속도는 충격파 뒤보다 크다.

해설 초음속 흐름 : 충격파가 발생하면 압력은 급격히 증가하게 되고, 밀도, 온도 역시 불연속적으로 증가한다.

14. 비행기가 정상 선회를 할 때 비행기에 작용하는 원심력과 구심력의 관계에 대하여 옳게 설명한 것은?

① 두 힘은 크기가 같고 방향도 같다.
② 두 힘은 크기가 다르고 방향이 같다.
③ 두 힘은 크기가 같고 방향이 반대이다.
④ 두 힘은 크기가 다르고 방향이 반대이다.

해설 정상 선회 : 원심력과 방향이 반대이고, 크기가 같은 구심력이 서로 균형을 이루면서 원운동을 한다.

15. 국제민간항공기구(ICAO)에서 정하는 국제 표준대기에 대한 설명으로 옳은 것은?

① 항공기의 설계, 운용에 기준이 되는 대기 상태로서 지역 및 고도에 관계없이 압력이 750 mmHg, 온도가 15℃인 상태를 말한다.

② 항공기의 비행에 가장 이상적인 대기 상태로서 압력이 750 mmHg, 온도가 15℃인 상태를 말한다.

③ 항공기의 설계, 운용에 기준이 되는 대기 상태로서 같은 고도에 대한 표준 압력, 밀도, 온도 등은 항상 같다.

④ 해면상의 대기 상태를 말하며 항공기의 설계 및 운용의 기준이 된다.

16. 안내 및 구급용 치료 설비 등을 나타내는 표지의 색은?

① 녹색　　　　　② 적색
③ 청색　　　　　④ 황색

해설 안전 색채 표지
- 붉은색 : 위험물 또는 위험상태
- 노란색 : 충돌, 추락, 전복 및 이에 유사한 사고의 위험이 있는 장비 및 시설물
- 녹색 : 안전에 직접 관련된 설비 및 구급용 치료 설비
- 파란색 : 장비 및 기기의 수리, 조절, 검사 중
- 오렌지색 : 기계 또는 전기설비의 위험 위치

17. 정밀 측정기기의 경우 규정된 기간 내에 정기적으로 공인기관에서 검·교정을 받아야 하는데, 이때 '검·교정'을 의미하는 것은?

① check　　　　　② calibration
③ repair　　　　　④ maintenance

18. 오픈 엔드 렌치로 작업할 수 없는 좁은 장소의 작업에 사용되며, 적절한 핸들과 익스텐션 바와 함께 사용하는 그림과 같은 공구의 명칭은?

① 크로풋
② 디프 소켓
③ 어댑터
④ 알렌 렌치

19. 한쪽 물림 턱은 고정되어 있고 다른 쪽 턱은 손잡이에 설치된 나사형 스크루를 조작하여 렌치의 개구부 크기를 조절하는 렌치는?

① 박스 렌치(box wrench)
② 래칫 렌치(ratchet wrench)
③ 콤비네이션 렌치(combination wrench)
④ 어저스터블 렌치(adjustable wrench)

해설
어저스터블 렌치

20. 부식 환경에서 금속에 가해지는 반복 응력에 의한 부식이며, 반복 응력이 작용하는 부분의 움푹 파인 곳의 바닥에서부터 시작되는 부식은?

① 점 부식　　　　　② 피로 부식
③ 입자간 부식　　　　　④ 찰과 부식

21. 항공기 견인(towing) 시 주의해야 할 사항으로 옳은 것은?

① 항공기를 견인할 때에는 규정속도를 초과해서는 안 된다.

② 견인차에는 견인 감독자가 함께 탑승하여 항공기를 견인해야 한다.

③ 항공사 직원이라면 누구나 견인 차량을 운전할 수 있다.

④ 지상감시자는 항공기 동체의 전방에 위치하여 견인이 끝날 때까지 감시해야 한다.

해설 항공기 견인 : 견인속도는 무리가 없어야 하며 항공기를 정지시킬 때는 견인차에 의해서 정지될 수 있도록 해야 한다.

22. 세라믹, 플라스틱, 고무로 된 항공기 재료를 검사할 때 가장 적절한 비파괴검사는?
① 자분탐상검사
② 색조침투탐상검사
③ 와전류탐상검사
④ 자기탐상검사

해설 침투탐상검사 : 금속, 비금속 표면 결함 검사에 적용되고, 검사 비용이 적게 든다.

23. 항공기 또는 그와 관련된 대상의 상태와 기능이 정상인지 확인하는 정비 행위는?
① 수리   ② 점검
③ 개조   ④ 오버홀

24. 일반적인 구조 부재용으로 열처리를 하지 않은 상태에서 보편적으로 사용하는 리벳은?
① 1100 리벳 (A)
② 모넬 리벳 (M)
③ 2117 – T 리벳 (AD)
④ 2024 – T 리벳 (DD)

해설 2117 – T 리벳 : 항공기에 가장 많이 사용되며 열처리가 필요 없이 냉간 상태에서 그대로 사용된다.

25. 항공기의 비상 취급 및 안전에 관한 설명으로 틀린 것은?
① 항공기 가스 터빈 기관의 지상 작동 시 흡·배기 지역의 접근을 피한다.
② 공항에는 항공기, 건물 등의 화재 발생에 대비하여 공항 소방대를 운영하고 있다.
③ 항공기 급유 시 일정 거리 이내에서 인화성 물질을 취급해서는 안 된다.
④ 산소로 이루어진 고압가스는 가연성 물질이 아니기 때문에 화재 및 폭발로부터 안전하다.

해설 액체 산소 취급 시 인체에 노출되지 않도록 장갑, 앞치마, 고무장화 등을 착용하고,

취급 시 그리스나 오일 등에 혼합되면 폭발하므로 주의해야 한다.

26. 다음 중 코인 태핑 검사에 대한 설명으로 틀린 것은?
① 동전으로 두드려 소리로 결함을 찾는 검사이다.
② 허니콤 구조 검사를 하는 가장 간단한 검사이다.
③ 숙련된 기술이 필요 없으며 정밀한 장비가 필요하다.
④ 허니콤 구조에서는 스킨 분리 (skin delamination) 결함을 점검할 수 있다.

27. 다음 중 항공 기체의 수명을 연장하는 가장 쉬우면서도 적극적인 방법은?
① 오버홀
② 수리
③ 세척 및 방부처리
④ 점검

28. 항공기 급유 작업 중 기름 유출로 화재가 발생하였을 때 사용해서는 안되는 소화기는 어느 것인가?
① CO_2 소화기   ② 건조사
③ 포말 소화기   ④ 일반 물 소화기

29. 다음 중 감항성에 대한 설명으로 가장 옳은 것은?
① 쉽게 장·탈착할 수 있는 종합적인 부품 정비
② 항공기에 발생되는 고장 요인을 미리 발견하는 것
③ 항공기가 운항 중에 고장 없이 그 기능을 정확하고 안전하게 발휘할 수 있는 능력
④ 제한 시간에 도달되면 항공 기재의 상태와 관계없이 점검과 검사를 수행하는 것

정답 ► **22.** ② **23.** ② **24.** ③ **25.** ④ **26.** ③ **27.** ③ **28.** ④ **29.** ③

30. 비어 있는 공간으로 압력을 가해서 실링(sealing)하는 방법을 무엇이라 하는가?
① 필릿(fillet) 실링
② 페잉(faying) 실링
③ 인젝션(injection) 실링
④ 프리코트(precoat) 실링

31. 항공기 세척제로 사용되는 메틸에틸케톤에 대한 설명이 아닌 것은?
① 휘발성이 강하다.
② MEK라고도 한다.
③ 금속 세척제로도 이용된다.
④ 세척된 표면상에 식별할 수 있는 막을 남긴다.

> **해설** 메틸에틸케톤(MEK) : 금속 표면에 사용하는 솔벤트 세척제로서 좁은 면적의 페인트를 벗기는 약품으로 극히 제한적으로 사용되며 휘발성이 대단히 강한 세척제이다. 호흡시 인체에 해로우므로 보호장구를 착용해야한다.

32. 아르곤이나 헬륨가스 안에서 전극와이어를 일정한 속도로 토치에 공급하여 와이어와 모재 사이에 아크를 발생시키고 나심선을 스프레이 상태로 용융하여 용접을 하는 방법은 어느 것인가?
① 아크 용접
② 가스 용접
③ 서브머지드 아크 용접
④ 불활성가스 금속 아크 용접

33. 밑줄 친 부분의 의미로 옳은 것은?

> The trim tabs are controllable from the cockpit and the pilot uses them to trim the aircraft to the flight <u>attitude</u> desired.

① 고도　　　　② 자세
③ 방향　　　　④ 위치

34. 볼트와 너트를 체결 시 토크 값을 정하는 요소가 아닌 것은?
① 토크 렌치의 길이
② 볼트, 너트의 재질
③ 볼트, 너트 나사의 형식
④ 볼트, 너트의 인장력, 전단력

35. 마이크로미터의 구성품 중 아들자의 눈금이 새겨진 회전 원통으로서 측정면의 이동을 가능하게 해 주는 구성품은?
① 심블　　　　② 클램프
③ 배럴　　　　④ 앤빌과 스핀들

36. 다음 중 경고를 지시하는 장치의 장식이 다른 경우는?
① 객실 여압이 안전 한계에 있는지 여부의 경고
② 플랩이 항공기의 속도에 비하여 적절한 위치에 있는지 여부의 경고
③ 착륙장치가 비행에 지장 없이 확실하게 올라가고 내려갔는지 여부의 경고
④ 항공기의 문이 이륙 전이나 비행 중에 안전하게 닫혀 있는지 여부의 경고

37. 비행 중인 항공기에서 결빙을 고려하지 않아도 되는 곳은?
① 안테나　　　　② 날개의 뒷전
③ 피토관　　　　④ 공기 흡입구

> **해설** 결빙은 날개의 앞전, 공기 흡입구, 윈드실드, 피토관, 프로펠러 등과 같이 노출되는 부분에 발생한다.

38. 유압계통에 쓰이는 유압펌프의 형식 중 고속, 고압의 유압장치에 가장 적합한 펌프는?
① 지로터형　　　　② 베인형
③ 피스톤형　　　　④ 기어형

해설 피스톤형 펌프 : 피스톤이 실린더 내에서 왕복운동을 하여 펌프 작용을 하며, 고속, 고압의 유압장치에 적합하다.

39. 항공기의 회전계기에 대한 설명으로 틀린 것은?

① 왕복 기관에서는 크랭크축의 회전수를 rpm으로 지시한다.

② 기관의 분당 회전수를 지시하는 계기이다.

③ 가스 터빈 기관에서는 압축기의 회전수를 최대회전수의 백분율(%)로 나타낸다.

④ 기관의 최적상태를 연료대비 거리로 지시하는 계기이다.

40. 고공비행하는 비행기에서 지상에서와 같은 상태로 압력과 온도가 유지되어야 하는 요구조건을 충족시키는 공간을 무엇이라 하는가?

① 점검실   ② 화물실

③ 연료탱크실   ④ 여압실

41. 직접 액면을 보면서 액량을 확인하는 방식으로 지상 정비작업을 위해 장착되는 액량계기는?

① 부자(float)식 액량계

② 액압(liquid pressure)식 액량계

③ 사이트 게이지(sight gauge)식 액량계

④ 전기용량(electric capacitance)식 액량계

해설 직독식(sight gauge) 액량계 : sight glass를 통하여 액량을 읽는다.

42. 항공기에 사용되는 교류의 주파수는 몇 Hz인가?

① 60   ② 120   ③ 200   ④ 400

해설 항공기에 사용하는 교류 전력은 3상 115/220 V, 400 Hz이다.

43. 자기 컴퍼스의 동적 오차(dynamic error)

가 아닌 것은?

① 북선 오차   ② 눈금 오차

③ 가속도 오차   ④ 와동 오차

해설 동적 오차
- 북선 오차(선회 오차)
- 가속도 오차(동서 오차)
- 와동 오차 : 항공기의 불규칙한 움직임으로 생기는 오차

44. 윈드실드 패널(windshield panel)의 외측판 안쪽면에 붙어 있는 금속 산화 피막의 기능에 대한 설명으로 옳은 것은?

① 윈드실드의 방빙 및 서리 제거를 위한 것이다.

② 윈드실드 패널이 여압 압력에 견디도록 해주는 보강막이다.

③ 비행 중 새 등의 충돌로부터 윈드실드를 보호하기 위한 것이다.

④ 동체와 윈드실드 사이의 틈새로 여압 공기가 새는 것을 방지하기 위한 것이다.

해설 윈드실드 패널의 금속 산화 피막 : 전기를 통하게 하여 윈드실드의 방빙, 서리 제거를 할 수 있다.

45. 다음 중 항공기에서 APU가 주로 장착되는 부분은?

① 날개 하부   ② 동체 전방부

③ 동체 후방부   ④ 조종실 내부

해설 보조 전원 : 주전원이나 외부 전원을 사용할 수 없을 경우에는 보조 동력장치에서 전원을 공급받는데, 보통 동체 맨 뒤쪽에 설치되어 있다.

46. 14000 ft 미만의 고도에서 사용하는 것으로 활주로에서 고도계가 활주로의 표고를 지시하도록 만든 보정 방법은?

① QNH 보정   ② QNE 보정

③ QFE 보정   ④ QHN 보정

해설 고도계 보정

① QNH 보정 : 14000 ft 미만의 고도에서 사용하는 것으로 고도계가 활주로 표고를 가리키도록 하는 보정

② QNE 보정 : 표준 대기압인 29.92 inHg 를 맞추어 표준 기압면으로부터 고도를 지시하는 방법

③ QFE 보정 : 활주로 위에서 고도가 0을 가리키도록 보정하는 방법

47. 항공기에서 사용되는 브러시(brush)가 없는 교류 발전기(A.C generator)에 대한 설명으로 틀린 것은?

① 브러시와 슬립링 간의 저항 및 전도율의 변화가 없어도 출력 파형은 변화한다.

② 슬립링과 정류자가 없기 때문에 브러시가 마멸되지 않아 정비 유지비가 적게 든다.

③ 브러시가 없으므로 아크(arc)가 발생하지 않기 때문에 고공비행 시 우수한 기능을 발휘할 수 있다.

④ 브러시와 슬립링이 없으므로 이에 따른 마찰 현상이 없다.

해설 3상 브러시리스 교류 발전기 : 슬립링 또는 정류자가 없어 마멸되지 않기 때문에 정비 유지비가 적게 들며, 슬립링이나 정류자와 브러시 사이에 저항 및 전도율의 변화가 없으므로 출력 파형이 불안정해질 염려가 없다. 브러시가 없어 아크가 발생하지 않으며, 고공비행 시 우수한 기능을 발휘한다.

48. 싱크로 장치에서 댐퍼(damper)의 1차적인 목적은?

① 과열 방지　　② 진동 방지
③ 습기 제거　　④ 180° 반대방향 지시

49. 다음 중 공기압 계통의 압력을 규정 범위로 유지시켜 주는 밸브는?

① 체크 밸브
② 압력 조절 밸브

③ 선택 밸브
④ 그라운드 차징 밸브

해설 압력 조절 밸브(pressure control valve) : 회로의 압력을 일정하게 유지하거나 최고의 압력을 제어하는 등 작동유 압력회로의 안전 또는 기기를 보호한다.

50. 유압계통 축압기(accumulator)의 공기실에 공기를 공급해야 하는 경우는?

① 계통에 압력이 없을 때
② 계통에 압력이 과다할 때
③ 계통의 장비를 장탈할 때
④ 계통의 화재와 같은 비상상황이 발생할 때

51. 열전쌍(thermocouple)식 온도계에 적합한 재료는?

① 철-콘스탄탄　　② 철-구리
③ 철-알루미늄　　④ 철-코발트

해설 열전쌍 온도계에 사용되는 금속 : 크로멜-알루멜, 철-콘스탄탄, 구리-콘스탄탄

52. 2대의 기관 구동 교류 발전기를 병렬 운전 시 버스 타이 차단기를 열어 회로를 보호해야 하는 경우가 아닌 것은?

① 저전압 발생 시
② 차전류 발생 시
③ 외부 전류 공급 시
④ 불평형 전류 발생 시

53. 다음 중 항공기에 비치된 비상장비에 속하지 않는 것은?

① 손도끼　　② 방수 손전등
③ 구급약품　　④ 세계지도

54. 항공기에 사용하는 전선에 대한 설명으로 틀린 것은?

① 구리선은 저항률이 낮아 전기적 성질이 우

수한 도체이다.

② 항공기에서 사용하는 전선은 폴리아미드 (polyamide) 수지를 사용한 전선이다.

③ 영상 신호 또는 무선 신호를 전송하는 데 일반 전선을 사용한다.

④ 항공기에 사용하는 구리선은 산화 방지와 납땜을 쉽게 하기 위하여 아연, 은, 니켈 등 을 입힌다.

55. 8극의 교류 발전기가 115 V, 360 Hz의 교류를 발전하려면 회전자의 축은 분당 몇 회전 (rpm)으로 구동시켜 주어야 하는가?

① 4000   ② 5400

③ 5000   ④ 6000

[해설] $f = \dfrac{P \cdot N}{120}$ 에서

$N = \dfrac{120f}{P} = \dfrac{120 \times 360}{8} = 5400 \text{ rpm}$

56. 회전하는 팽이가 약간 기울어져도 넘어지지 않고 윗부분이 선회하면서 계속 회전하는 현상을 무엇이라 하는가?

① 강직성   ② 직진성

③ 섭동성   ④ 회전성

[해설] 자이로의 강직성 : 자이로에 외력이 가해지지 않으면 회전자의 축방향이 우주 공간에 대하여 계속 일정 방향으로 유지하려는 성질

57. 그림과 같이 유체가 채워진 기구에 단면적이 5 cm²인 왼쪽에 50 kg, 단면적이 10 cm²인 오른쪽에 100 kg의 힘을 가했을 때 유체에 가해지는 압력은 몇 kg/cm²인가?

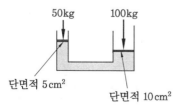

① 5   ② 10   ③ 15   ④ 20

[해설] 파스칼의 원리 : 밀폐된 용기에 채워져 있는 유체에 가해진 압력은 모든 방향으로 동일하다.

• 면적이 5 cm²인 피스톤

압력 = $\dfrac{\text{힘}}{\text{면적}} = \dfrac{50}{5} = 10 \text{kg/cm}^2$

• 면적이 10 cm²인 피스톤

압력 = $\dfrac{\text{힘}}{\text{면적}} = \dfrac{100}{10} = 10 \text{kg/cm}^2$

58. 계자와 전기자가 병렬로 연결되어 있는 직류 전동기는?

① 분권형   ② 직권형

③ 복권형   ④ 만능형

[해설] 직류 전동기

• 직권형 전동기 : 계자와 전기자가 직렬로 연결되어 있다.

• 분권형 전동기 : 계자와 전기자가 병렬로 연결되어 있다.

• 복권형 전동기 : 직권계자와 분권계자를 모두 가지고 있다.

59. 작동유가 B에서 A로 흐를 때는 볼을 밀치고 자유롭게 흐르지만 흐름이 반대되면 조금 열려진 통로로 제한된 양이 흐르는 그림과 같은 밸브는?

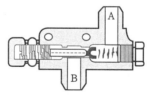

① 리듀서   ② 유압관 분리 밸브

③ 유압 퓨즈   ④ 미터링 체크 밸브

60. 화재 경고장치를 주요 3개 부분 회로로 나눌 때 속하지 않는 것은?

① 탐지 회로   ② 경고 회로

③ 시험(test) 회로   ④ 분석 회로

항공장비정비기능사 [제3회]

1. 다음 중 조종면에 사용하는 앞전 밸런스 (leading edge balance)에 대한 설명으로 옳은 것은?

① 조종면의 앞전을 짧게 하는 것이며, 비행기 전체의 정안정을 얻는 데 주목적이 있다.

② 조종면의 앞전을 길게 하는 것이며, 비행기 전체의 동안정을 얻는 데 주목적이 있다.

③ 조종면의 앞전을 짧게 하는 것이며, 항공기 속도를 증가시키는 데 주목적이 있다.

④ 조종면의 앞전을 길게 하는 것이며, 조종력을 경감시키는 데 주목적이 있다.

해설 앞전 밸런스(leading edge balance) : 조종면의 힌지 중심에서 앞쪽을 길게 한 것으로 그 부분에 작용하는 공기력이 힌지 모멘트를 감소시키는 방향으로 작용하여 조종력을 감소시킨다.

2. 비행기의 제동유효마력이 70 HP이고 프로펠러의 효율이 0.8일 때 이 비행기의 이용마력은 몇 HP인가?

① 28 ② 56
③ 70 ④ 87.5

해설 이용마력$(HP_a) = \eta \times bHP$
$= 0.8 \times 70 = 56\,HP$

3. 비행기의 3축 운동과 관계된 조종면을 옳게 연결한 것은?

① 키놀이(pitch) – 승강키(elevator)
② 옆놀이(roll) – 방향키(rudder)
③ 빗놀이(yaw) – 승강키(elevator)
④ 옆놀이(roll) – 승강키(elevator)

해설 항공기의 3축 운동
• 키놀이(pitching) – 승강키(elevator)
• 옆놀이(rolling) – 도움날개(aileron)
• 빗놀이(yawing) – 방향키(rudder)

4. 속도 V로 비행하고 있는 프로펠러 항공기에서 프로펠러 추진 효율이 가장 좋은 이론적인 조건은? (단, u는 프로펠러에 의해 단위 시간에 작용을 받은 공기가 얻은 속도이다.)

① $V > u$ ② $V = u$
③ $V < u$ ④ $V = u = 1$

5. 비행기의 동체 길이가 16 m, 직사각형 날개의 길이가 20 m, 시위의 길이가 2 m일 때, 이 비행기 날개의 가로세로비는 얼마인가?

① 1.2 ② 5 ③ 8 ④ 10

해설 가로세로비$(A.R) = \dfrac{b}{C} = \dfrac{b^2}{S} = \dfrac{20}{2} = 10$
C : 시위 길이, b : 날개 길이, S : 날개 면적

6. 받음각과 양력과의 관계에서 날개의 받음각이 일정 수준을 지나면 양력이 감소하고 항력이 증가하는 현상은?

① 경계층 ② 실속
③ 내리흐름 ④ 와류

해설 실속(stall) : 받음각이 일정 수준을 지나면 양력계수는 최대가 되고, 이때 각도를 실속각이라 하며, 이 실속각을 지나면 양력계수는 급격히 감소하는데 이를 실속이라 한다.

7. 공기 중에서 면적이 8 m²인 물체가 50 kgf 항력을 받으며 일정한 속도 10 m/s로 떨어지고 있을 때 물체가 갖는 항력계수는 얼마인가? (단, 공기의 밀도는 0.1 kgf·s²/m⁴이다.)

① 1.0 ② 1.15 ③ 1.25 ④ 1.75

해설 항력계수$(C_D) = \dfrac{2D}{\rho V^2 S}$
$= \dfrac{2 \times 50}{0.1 \times 10^2 \times 8} = \dfrac{100}{80} = 1.25$
ρ : 공기 밀도, V : 속도, S : 면적, D : 항력

정답 1. ④ 2. ② 3. ① 4. ① 5. ④ 6. ② 7. ③

8. 유체흐름의 천이 현상이 발생되는 현상을 결정하는 것은?

① 임계 마하수

② 항력계수

③ 임계 레이놀즈수

④ 양력계수

> **해설** 임계 레이놀즈수 : 층류가 난류로 변하는 현상을 천이라 하며, 천이가 일어나는 레이놀즈수를 임계 레이놀즈수라고 한다.

9. 대류권계면 부근에서 최대 100 km/h 정도로 부는 서풍으로 항공기 순항에 이용되는 것은 어느 것인가?

① 계절풍

② 제트기류

③ 엘니뇨

④ 높새바람

> **해설** 대류권계면 : 대류권과 성층권의 경계면으로 대기가 안정되어 구름이 없고, 기온이 낮으며, 공기가 희박하여 제트기의 순항고도로 적합하다.

10. 초음속 공기의 흐름에서 통로가 좁아질 때 일어나는 현상을 옳게 설명한 것은?

① 압력과 속도가 동시에 증가한다.

② 압력과 속도가 동시에 감소한다.

③ 속도는 감소하고 압력은 증가한다.

④ 속도는 증가하고 압력은 감소한다.

> **해설** 초음속 공기 흐름은 압축성을 고려해야 하기 때문에 아음속의 공기 흐름과는 정반대로 공기 흐름 통로가 좁아지면 속도는 감소하고 압력은 증가한다.

11. 그림과 같이 상승비행 중인 항공기의 진행 방향에 대한 힘의 평형식과 항공기의 날개 양력 방향으로 작용하는 힘의 평형식을 옳게 나열한 것은?

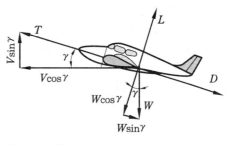

① $T = W\cos\gamma + D$, $L = W\cos\gamma$

② $T = W\sin\gamma + D$, $L = W\sin\gamma$

③ $T = W\cos\gamma + D$, $L = W\sin\gamma$

④ $T = W\sin\gamma + D$, $L = W\cos\gamma$

> **해설** 힘의 평형
> • 추력이 작용하는 방향으로의 힘의 평형
> $T = D + W\sin\gamma$
> • 양력이 작용하는 방향으로의 힘의 평형
> $L = W\cos\gamma$
> 여기서, T : 추력, D : 항력, L : 양력

12. 다음 중 착륙거리에 속하지 않는 것은?

① 회전거리   ② 공중거리

③ 제동거리   ④ 자유활주거리

13. 헬리콥터에서 리드-래그 힌지 감쇠기를 설치하는 가장 큰 이유는?

① 돌풍에 의한 영향을 감소시키기 위해

② 기하학적인 불평형을 감소하기 위해

③ 회전면 내에 발생하는 진동을 감소시키기 위해

④ 뿌리 부분에 발생하는 굽힘력을 감소시키기 위해

> **해설** 리드-래그 힌지 감쇠기(damper) : 리드-래그 운동이 과도하게 일어나는 것을 막기 위한 장치

14. 헬리콥터에서 후퇴하는 깃의 성능을 좋게 하기 위한 방법으로 가장 옳은 것은?

① 캠버가 없어야 한다.

② 작은 받음각을 가져야 한다.

③ 깃이 얇고 캠버가 작아야 한다.

④ 깃이 두껍고 캠버가 커야 한다.

해설 전진하는 깃은 작은 받음각에서 큰 항력 발산 마하수를 가지도록 깃이 얇아야 하고, 캠버가 없어야 한다. 비행, 후퇴하는 깃에서 는 적당한 마하수에서 큰 실속 받음각을 가져 야 하며, 이것은 물리적으로 깃이 두껍고 캠 버가 커야 함을 의미한다.

15. 항공기의 주날개를 상반각으로 하는 주된 목적은?

① 가로 안정성을 증가시키기 위한 것이다.

② 세로 안정성을 증가시키기 위한 것이다.

③ 배기가스의 온도를 높이기 위한 것이다.

④ 배기가스의 온도를 낮추기 위한 것이다.

해설 날개 상반각 효과 : 가로 안정에 있어서 가장 중요한 요소로 옆미끄럼에 의한 옆놀이 에 정적인 안정을 주게 된다.

16. 형광침투검사에 대한 [보기]의 작업을 순 서대로 나열한 것은?

```
┤ 보기 ├
㉠ 침투    ㉡ 현상    ㉢ 검사    ㉣ 세척
㉤ 사전처리    ㉥ 유화처리    ㉦ 건조
```

① ㉤㉥㉣㉦㉠㉡㉢

② ㉤㉣㉦㉥㉠㉡㉢

③ ㉤㉠㉣㉦㉥㉡㉢

④ ㉤㉠㉥㉣㉦㉡㉢

해설 침투탐상검사 절차 : 사전 처리→침투 처리 →유화 처리→세정 처리→현상 처리→검사

17. 다음 중 작업 감독자의 책임이 아닌 것 은 어느 것인가?

① 작업자의 작업 상태 점검

② 시설, 장비 및 환경의 투자

③ 각종 재해에 대한 예방조치

④ 작업 절차, 장비와 기기의 취급에 대한 교 육 실시

18. 강관 구조의 용접에 대한 설명으로 틀린 것은?

① 티(T) 접합과 클러스터 접합 등이 있다.

② 용접 시 임시로 같은 간격으로 가접 후 용 접을 실시한다.

③ 가접 후 연속적으로 용접을 해야 뒤틀림을 방지할 수 있다.

④ 접합부의 보강 방법으로는 강관 사이에 평 판 보강 방법과 보강 재료를 씌우는 방법 등이 있다.

19. 항공기 주기(parking) 시 항공기의 날개 조종 장치는 어디에 위치시켜야 하는가?

① 중립

② 위(full up)

③ 아래(full down)

④ 스포일러는 위(up), 플랩은 아래(down)

20. 오디블 인디케이팅(audible indicating) 토크 렌치에 대한 설명으로 옳은 것은?

① 규정된 토크 값에서 불빛이 발생한다.

② 토크가 걸리면 레버가 휘어져 지시 바늘이 토크 값을 지시한다.

③ 다이얼 타입이라고도 하며, 토크가 걸리면 다이얼에 토크 값이 지시된다.

④ 클릭 타입이라고도 하며, 다이얼이 보이지 않는 장소에 사용한다.

해설 오디블 인디케이팅 토크 렌치 : 다이얼이 지시하는 토크 값을 볼 수 없는 장소의 볼트, 너트를 조일 때 사용한다.

21. 다음 중 정비 문서에 대한 설명으로 틀린 것은?

① 작업이 완료되면 작업자는 날인을 한다.

② 기록과 수행이 완료된 모든 정비 문서는 공장 자체에서 모두 폐기한다.

정답 ◆ **15.** ① **16.** ④ **17.** ② **18.** ③ **19.** ① **20.** ④ **21.** ②

③ 정비 문서의 종류로는 작업지시서, 점검카드, 작업시트, 점검표 등이 있다.

④ 확인 및 점검 내용을 명확히 기록하고 수치 값은 실측값을 기록한다.

22. 다음 문장이 뜻하는 계기로 옳은 것은?

> "An instrument that measures and indicates height in feet."

① altimeter
② air speed indicator
③ turn and slip indicator
④ vertical velocity indicator

해설 altimeter : 고도계

23. 그림과 같은 항공기 표준 유도 신호의 의미는?

① 후진   ② 속도 감소
③ 촉 장착   ④ 기관 정지

24. 시각 점검(visual check)에 대한 설명으로 옳은 것은?

① 특수 장비를 사용하여 상태를 점검하는 것이다.

② 여러 방법을 조합하여 상태를 점검하는 것이다.

③ 상태를 점검하는 것으로서 보조 장비를 사용하여 점검하는 것을 말한다.

④ 상태를 점검하는 것으로서 보조 장비를 사용하지 않고 다만 육안으로 점검하는 것이다.

25. 다음 중 항공기의 정시 점검(scheduled maintenance)에 해당하는 것은?

① 중간 점검   ② A 점검
③ 주간 점검   ④ 비행 전·후 점검

해설 정시 점검 : 운행 정비 기간에 발생한 항공기 정비 불량 상태의 수리 및 운항 저해의 가능성이 많은 각 계통의 예방정비 및 감항성의 확인을 목적으로 하며, 항공기의 비행시간을 기준으로 A, B, C, D 내부구조검사(ISI) 등으로 구분한다.

26. 판재의 두께 0.5 in, 판재의 굽힘반지름 1.6 in일 때 90°를 구부린다면 생기는 세트백은 몇 in인가?

① 0.8   ② 1.5   ③ 2.1   ④ 3.2

해설 $SB = K(R+T)$
K : 굽힘상수(90°로 구부렸을 때 1)
R : 굽힘반지름
T : 판재의 두께
$\therefore SB = 1 \times (1.6 + 0.5) = 2.1\,\text{in}$

27. 다음 중 히드라진 취급에 관한 사항으로 틀린 것은?

① 유자격자가 취급해야 하고, 반드시 보호 장구를 착용해야 한다.

② 히드라진이 누설되었을 경우 불필요한 인원의 출입을 제한한다.

③ 히드라진이 항공기 기체에 묻었을 경우 즉시 마른 헝겊으로 닦아낸다.

④ 히드라진을 취급하다 부주의로 피부에 묻으면 즉시 물로 깨끗이 씻고, 의사의 진찰을 받아야 한다.

해설 히드라진 : 발연성이 높아 로켓의 연료로 사용되며, F-16 전투기의 EPU(Emergency Power Unit)의 연료로도 사용된다.

28. 튜브 벤딩 시 성형선(mold line)이란 무엇인가?

① 벤딩한 재료의 평균 중심선
② 벤딩 축을 중심으로 한 벤딩 반지름

③ 벤딩한 재료의 바깥쪽에서 연장한 직선

④ 재료의 안쪽선과 벤딩 축을 중심으로 한 원과의 접선

29. 밑줄 친 부분을 의미하는 용어는?

> "An aluminum alloy bolts are marked with two raised dashes."

① 합금   ② 부식
③ 강도   ④ 응력

30. CO₂ 소화기에 대한 설명으로 틀린 것은?

① 단거리의 B, C급 화재의 소화에 사용된다.

② 취급 시 인체에 닿게 되면 동상에 걸릴 우려가 있다.

③ 진화 원리는 CO_2 가스가 공기보다 무거워 열원을 차단해 진화를 한다.

④ 가스가 대기 중으로 배출 팽창될 때 90℃ 정도의 높은 온도이므로 주의해야 한다.

31. 최소 측정값이 1/1000 in인 버니어 캘리퍼스의 그림과 같은 측정값은 몇 in인가?

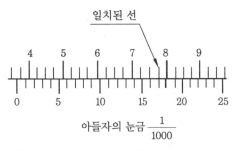

아들자의 눈금 $\frac{1}{1000}$

① 0.366   ② 0.367
③ 0.368   ④ 0.369

해설 측정값=0.35+0.017=0.367

32. 리벳 종류 중 2017, 2024 리벳을 열처리 후 냉장 보관하는 주된 이유는?

① 부식 방지   ② 시효 경화 지연
③ 강도 강화   ④ 강도 변화 방지

해설 냉동 리벳(icebox rivet) : 리벳을 열처리하여 연화시킨 다음, 저온 상태의 아이스박스에 보관하면 리벳의 시효 경화를 지연시켜 연화 상태가 유지되므로 필요할 때마다 꺼내서 사용하면 편리하다.

33. 항공기 구조 부재 수리 작업에서 1열 패치 작업 시 플러시 머리 리벳의 끝거리는 얼마인가?

① 리벳 지름의 2~4배
② 리벳 길이의 2~4배
③ 리벳 지름의 2.5~4배
④ 리벳 길이의 2.5~4배

해설 연거리 : 판재의 가장자리에서 첫 번째 리벳 구멍 중심까지의 거리로서 리벳 지름의 2~4배(플러시 머리는 2.5~4배)가 적당하다.

34. 오일 필터(oil filter), 연료 필터(fuel filter) 등의 원통 모양의 물건을 장탈착할 때 표면에 손상을 주지 않도록 사용되는 공구는?

① 스트랩 렌치(strap wrench)
② 커넥터 플라이어(connector pliers)
③ 어저스터블 렌치(adjustable wrench)
④ 인터로킹 조인트 플라이어(interlocking joint pliers)

35. 항공기 조종계통 케이블에 설치된 턴버클 작업에 사용되지 않는 것은?

① 딤플링   ② 배럴
③ 케이블 아이   ④ 포크

해설 턴버클(turn buckle)은 조종 케이블의 장력을 조절하는 부품으로서 턴버클 배럴(barrel)과 턴버클 단자(terminal end : 아이 단자, 포크 단자, 스터드 단자, 볼 섕크 단자)로 구성된다.

36. 다음의 유압 밸브 중 평상시에는 체크 밸브 역할을 하지만 필요시에는 그 기능이 해제

가 되는 밸브는?

① 시퀀스 밸브　　② 수동 체크 밸브
③ 오리피스 체크 밸브　④ 미터링 체크 밸브

해설 수동 체크 밸브 : 정상 시에는 체크 밸브의 역할을 하지만, 필요할 때에는 수동으로 핸들을 조작하여 양쪽 방향으로 작동유가 흐르도록 하는 밸브이다.

37. 다음 중 항공기에서 유압계통을 사용하지 않는 것은?

① 착륙장치를 올리고 내리는 장치
② 자이로 계기의 구동 및 제빙장치
③ 앞 착륙장치 스티어링의 작동장치
④ 활주 중 항공기의 브레이크 작동장치

38. 시동할 때 계자에도 많은 전류가 흘러 큰 토크를 얻을 수 있는 전동기는?

① 직권형　　　② 분권형
③ 정류형　　　④ 만능형

해설 직권형 전동기 : 계자와 전기자가 직렬로 연결되며, 시동 시 계자에도 전류가 많이 흘러 시동 토크가 크다.

39. APU 내에서 항공기 시스템과 장비에 공급하는 것이 아닌 것은?

① 직류전류　　② 교류전력
③ 압축공기　　④ 엔진오일

40. 아날로그형 멀티미터(multimeter)에 사용되는 측정계기는?

① 전류력형 계기　② 가동 코일형 계기
③ 정류형 계기　　④ 가동 철편형 계기

41. 지상에서 항공기에 장착된 제너레이터가 가동되지 않을 때 항공기 전기계통의 작동을 위해 항공기에 AC power를 공급하는 장비는 어느 것인가?

① heater
② HT－LIFT car
③ GPU(ground power unit)
④ GTC(gas turbine compressor)

42. 시퀀스 밸브(sequence valve)가 내장되어 있는 장치는?

① 착륙 장치　　② 조종장치
③ 브레이크 장치　④ 보조 동력장치

해설 시퀀스 밸브 : 2개 이상의 작동유 압력 작동기 또는 모터를 정해진 순서에 따라 작동하도록 작동유의 흐름 순서를 정하는 밸브

43. 항공기 기관의 회전축의 회전을 지시하는 것은?

① EPR 계기　　② EGT 계기
③ tachometer　　④ synchro scope

해설 회전계(tachometer) : 회전체의 회전수를 지시하는 계기로서, 항공기에서는 주로 기관축의 회전수를 측정하는 데 사용된다.

44. 여압장치가 있는 항공기가 제작 순항고도로 비행할 때 객실고도는 대략 얼마인가?

① 해수면　　　② 5000 ft
③ 8000 ft　　　④ 20000 ft

45. 왕복기관에서 실린더 헤드 온도계, 회전계 및 흡입 압력계와 같은 기관 계기에 표시하는 것으로 상용 안전운용 범위를 표시하는 계기의 색 표시는?

① 노란색 호선　② 초록색 호선
③ 푸른색 호선　④ 붉은색 호선

46. 공기냉각계통에서 공기순환냉각계통의 구성품으로만 짝지어진 것은?

① 응축기, 압축기　② 터빈, 압축기
③ 연소가열기, 압축기　④ 증발기, 응축기

47. 다음 중 선회계를 작동시키는 데 사용되는 것은?

① 정격 자이로(rate gyro)
② 공간 자이로(space gyro)
③ 방향 자이로(direction gyro)
④ 수직 자이로(vertical gyro)

> **해설** 선회계 : 레이트(rate) 자이로의 일종으로 기축과 직각인 수평축이 있는 2축 자이로이다.

48. 전기용량식 연료량계에 대한 설명으로 틀린 것은?

① 온도나 고도 변화에 의한 지시오차가 없다.
② 옥탄가 등 연료질의 변화에도 지시오차가 없다.
③ 전기 용량식은 연료량을 감지하여 중량으로 나타내기에 적합하다.
④ 전극판 사이의 유전체율을 이용하여 연료량을 지시하는 계기이다.

49. 다음 중 윤활유 압력계에 대한 설명으로 틀린 것은?

① 일반적으로 부르동관으로 되어 있다.
② 고도가 높아지면 외기압력을 사용한다.
③ 윤활유의 압력과 외기 압력과의 차인 게이지압을 나타낸다.
④ 일반적으로 압력계에서 사용하는 단위는 psi이다.

> **해설** 윤활유 압력계 : 보통 부르동관을 사용하며, 관의 바깥쪽에는 대기압이, 안쪽에는 윤활유 압력이 작용하여 게이지 압력으로 나타낸다. 압력계의 지시범위는 0~200psi이다.

50. 정속 구동장치의 회전수 조절은 발전기의 무엇을 조절하기 위한 것인가?

① 전압(voltage)
② 전류(current)
③ 위상(phase)
④ 주파수(frequency)

> **해설** 정속 구동장치 : 기관의 회전수와 관계없이 일정한 출력 주파수를 발생할 수 있도록 하는 장치

51. 항공기에서 열팽창이 적은 작동유를 사용해야 하는 주된 이유는?

① 고고도의 증발을 감소하기 위해서
② 작동유의 점도를 낮춰 동절기 사용을 가능하게 하기 위해서
③ 화재 가능성을 최소한 방지하기 위해서
④ 유압장치가 고온일 때 과대 압력 발생 방지를 위해서

52. 유압계통에 사용되어 작동유의 과도한 누설을 방지하기 위한 그림과 같은 장치는 어느 것인가?

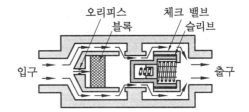

① 유압 퓨즈
② 흐름 조절기
③ 유압관 분리 밸브
④ 시퀀스 밸브

> **해설** 유압 퓨즈 : 유압계통, 관 또는 호스가 파손되거나 기기 내의 실(seal)에 손상이 생겼을 때 과도한 누설을 방지하기 위한 장치

53. 싱크로(syncro)로 작동되는 지시계의 전원이 차단되면 나타나는 현상은?

① 정상적으로 작동된다.
② 프래그(frag)가 제거된다.
③ 지시바늘(indicator)이 영(zero) 위치로 간다.
④ 지시바늘이 최후 위치(last position)에 위치한다.

54. 8극인 유도전동기에 60Hz의 교류를 가할 때 동기속도는 몇 rpm인가?

① 900　　　　　② 1200
③ 1800　　　　④ 3600

해설 $f = \dfrac{P \times N}{120}$ 에서

$$N = \dfrac{120f}{P} = \dfrac{120 \times 60}{8} = 900\,\mathrm{rpm}$$

55. 제빙부츠에 묻어 있는 윤활유, 연료, 그리스 등을 제거하는 방법은?

① 솔벤트로 제거한다.
② 마른 걸레로 닦아낸다.
③ 시너(thinner)로 제거한다.
④ 비눗물이나 물을 사용하여 제거한다.

56. 항공기가 여압 중 객실고도계 파이프에 약간의 누출이 있을 때 객실고도계는?

① 실제 항공기 고도보다 낮게 지시
② 실제 항공기 고도보다 높게 지시
③ 실제 항공기 고도와 같게 지시
④ 객실고도와 같게 지시

57. 그림과 같은 회로에서 A와 B점 사이에 흐르는 전류값은 몇 A인가?

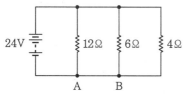

① 4　　　　　② 6
③ 10　　　　　④ 12

해설

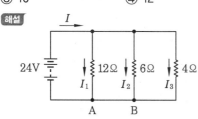

전류분배기 회로이므로

$$I_1 : I_2 : I_3 = \dfrac{1}{12} : \dfrac{1}{6} : \dfrac{1}{4}$$
$$= \dfrac{1}{12} : \dfrac{2}{12} : \dfrac{3}{12}$$
$$= 1 : 2 : 3$$

병렬 연결이므로

$$\dfrac{1}{R_{total}} = \dfrac{1}{12} + \dfrac{1}{6} + \dfrac{1}{4} = \dfrac{1}{12} + \dfrac{2}{12} + \dfrac{3}{12}$$
$$= \dfrac{6}{12} = \dfrac{1}{2}$$
$$\therefore R_{total} = 2\,\Omega$$
$$I = \dfrac{V}{R_{total}} = \dfrac{24}{2} = 12\,\mathrm{A}$$
$$\therefore I_1 = 2\,\mathrm{A} \quad I_2 = 4\,\mathrm{A} \quad I_3 = 6\,\mathrm{A}$$

점 A에 흐르는 전류는
$$I_2 + I_3 = 4 + 6 = 10\,\mathrm{A}$$

58. 피토(전)압과 정압과의 압력차를 이용한 계기는?

① 속도계　　　　② 고도계
③ 승강계　　　　④ 회전계

해설 • 속도계 : 전압과 정압의 차이인 동압을 이용하여 속도를 측정한다.
• 고도계, 승강계 : 정압을 이용하여 측정을 한다.

59. 화재경고장치에 이용되는 서미스터(thermistor)의 온도가 증가할 때 변화를 옳게 설명한 것은?

① 정격전압을 증대시킨다.
② 정격전압을 감소시킨다.
③ 정격전류를 증대시킨다.
④ 정격전류를 감소시킨다.

60. 1인용 구명보트가 작동할 때 구명보트에 채워지는 가스는?

① 산소　　　　　② 암모니아
③ 질소　　　　　④ 이산화탄소

항공장비정비기능사 [제4회]

1. 베르누이의 정리에 따른 압력에 대한 설명으로 옳은 것은?

① 전압이 일정하다.
② 정압이 일정하다.
③ 동압이 일정하다.
④ 정압과 동압의 합이 일정하다.

해설 동압＋정압＝전압(일정)

2. 날개면적이 80 m^2이고 날개뿌리 시위가 5 m, 평균공력 시위가 4 m인 테이퍼 날개에서의 가로세로비는 얼마인가?

① 4
② 5
③ 16
④ 20

해설 가로세로비＝$\dfrac{b}{c}=\dfrac{b^2}{S}=\dfrac{S}{c^2}=\dfrac{80}{4^2}$
$=5$

3. 다음 중 비행기의 정적 세로안정을 좋게 하기 위한 설명으로 틀린 것은?

① 꼬리날개 효율이 클수록 좋아진다.
② 꼬리날개 면적을 작게 할 때 좋아진다.
③ 날개가 무게중심보다 높은 위치에 있을 때 좋아진다.
④ 무게중심이 날개의 공기역학적 중심보다 앞에 위치할수록 좋아진다.

4. 수평비행하는 비행기가 받음각이 일정한 상태에서 고도가 높아지면 일반적으로 속도와 필요마력은 각각 어떻게 되는가?

① 속도와 필요마력 모두 감소
② 속도와 필요마력 모두 증가
③ 속도는 증가, 필요마력은 감소
④ 속도는 감소, 필요마력은 증가

해설 고도의 영향 : 해발고도와 임의고도에 있어서 동일한 받음각으로 비행하는 비행기에 대해 $\rho_0 > \rho$인 임의고도에서 속도와 필요마력은 밀도비 $\left(\dfrac{\rho_0}{\rho}\right)$의 제곱근에 비례하여 증가한다.

5. 단발 프로펠러 비행기의 프로펠러 회전방향이 항공기 뒤쪽에서 보아 시계방향으로 회전한다. 이 비행기가 상승하려 할 때, 프로펠러의 자이로모멘트에 의해 비행기는 어느 쪽으로 회전하려는 특성을 갖는가?

① 위쪽
② 아래쪽
③ 오른쪽
④ 왼쪽

해설 프로펠러 후류의 영향 : 프로펠러가 오른쪽으로 회전하는 단발 비행기에서는 기류가 수직 꼬리날개의 왼쪽 부분에 닿고 그 때문에 비행기의 기수는 오른쪽으로 흔들린다.

6. 무게가 5000 kgf인 비행기가 경사각 30°로 정상선회를 할 때, 이 비행기의 원심력은 약 몇 kgf인가?

① 1886
② 2887
③ 3887
④ 4887

해설 원심력(C.F)＝$W\tan\theta = 5000\tan30°$
$= 2887\,\mathrm{kgf}$

7. 헬리콥터의 한 종류로 회전날개를 비행방향을 기준으로 좌우에 배치한 형태이며 가로안정이 가장 좋은 것은?

① 단일 회전날개 헬리콥터
② 동측 회전날개 헬리콥터
③ 병렬식 회전날개 헬리콥터
④ 직렬식 회전날개 헬리콥터

정답 ◆ 1. ① 2. ② 3. ② 4. ② 5. ③ 6. ② 7. ③

8. 다음 중 최대 양력계수를 크게 하기 위한 장치가 아닌 것은?

① 슬롯(slot)

② 크루거 플랩(kruger flap)

③ 에어 스포일러(air spoiler)

④ 드루프 플랩(drooped flap)

9. 다음 중 동일한 높이의 고도에서 대기 밀도에 대한 설명으로 가장 옳은 것은?

① 대기압과 온도가 낮을수록 커진다.

② 대기압과 온도가 높을수록 커진다.

③ 대기압이 낮을수록, 온도가 높을수록 커진다.

④ 대기압이 높을수록, 온도가 낮을수록 커진다.

10. 비행기가 정상 수평비행 상태에서 받음각을 증가시킬 때 비행기의 속도에 대한 설명으로 옳은 것은? (단, 받음각은 실속각의 범위 내에서 증가시키는 것으로 한다.)

① 양력이 증가하므로 속도는 증가한다.

② 양력계수가 증가하고 속도는 감소한다.

③ 속도는 받음각의 증가 여부에 관계없이 일정하게 유지된다.

④ 받음각이 실속각 이내에서 증가하면 속도는 감소하지 않는다.

11. 헬리콥터 회전익의 피치각을 가장 옳게 나타낸 것은?

① 상대풍과 회전면이 이루는 각도

② 익형의 시위선과 상대풍이 이루는 각도

③ 회전깃 시위선과 상대풍이 이루는 각도

④ 회전깃 시위선과 기준면이 이루는 각도

12. 주날개 및 기체 일부에서 발생한 와류에 의해 날개에 이상 진동이 발생하는 현상은?

① 시미(shimmy)

② 더치롤(dutch roll)

③ 턱언더(tuck under)

④ 버피팅(buffeting)

13. 비행기의 실속속도를 구하는 식으로 옳은 것은? (단, W : 항공기 무게, ρ : 공기의 밀도, S : 날개의 면적, C_{Lmax} : 최대양력계수이다.)

① $\sqrt{\dfrac{2W}{\rho S C_{Lmax}}}$ ② $\dfrac{2W}{\rho S C_{Lmax}}$

③ $\sqrt{\dfrac{W}{\rho S C_{Lmax}}}$ ④ $\dfrac{W}{\rho S C_{Lmax}}$

14. 날개의 시위 길이가 5 m, 공기의 흐름 속도가 360 km/h, 공기의 밀도는 1.21 kg/m³, 점성계수가 18.1×10^{-6} N·s/m²일 때 레이놀즈수는 약 얼마인가?

① 2×10^{7} ② 2×10^{9}

③ 3×10^{7} ④ 3×10^{9}

해설 레이놀즈수 $= \dfrac{VL}{\nu} = \dfrac{VL}{\dfrac{\mu}{\rho}}$

$$= \dfrac{\left(\dfrac{360}{3.6}\right) \times 5}{\dfrac{18.1 \times 10^{-6}}{1.21}} = 3 \times 10^{7}$$

15. 비행기의 안정성 및 조종성의 관계에 대한 설명으로 틀린 것은?

① 안정성이 클수록 조종성은 증가된다.

② 안정성과 조종성은 서로 상반되는 성질을 나타낸다.

③ 안정성과 조종성 사이에는 적절한 조화를 유지하는 것이 필요하다.

④ 안정성이 작아지면 조종성은 증가되나, 평형을 유지시키기 위해 조종사에게 계속적인 주의를 요한다.

항공장비정비기능사

> **해설** 안정성과 조종성 : 비행기의 안정성과 조종성은 반비례를 한다.

16. 튜브 벤딩 시 성형선(mold line)이란 무엇인가?
① 벤딩한 재료의 평균 중심선
② 벤딩 축을 중심으로 한 벤딩 반지름
③ 벤딩한 재료의 바깥쪽에서 연장한 직선
④ 재료의 안쪽선과 벤딩 축을 중심으로 한 원과의 접선

17. 공구의 물림턱에 로크장치(잠금장치)가 되어 있어 부러진 스터드나 꼭 끼인 핀 등을 빼낼 때에 사용이 유용한 공구는?
① 콤비네이션 플라이어
② 바이스 그립 플라이어
③ 커넥터 플라이어
④ 워터펌프 플라이어

18. 최소 측정값이 1/1000 mm인 마이크로미터의 아래 그림이 지시하는 측정값은 몇 mm인가?

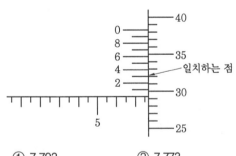

① 7.793
② 7.773
③ 7.753
④ 7.733

> **해설** $\dfrac{1}{1000}$ mm 마이크로미터 눈금 읽기
> 눈금값 = 7.5 + 0.29 + 0.003 = 7.793 mm

19. 정비 지원 업무의 조직 중 기술 관리 업무의 조직에 대하여 설명한 것은?

① 정비의 품질을 유지, 관리하는 조직이다.
② 기술 자료의 관리와 정비 규정의 작성 등을 담당하는 조직이다.
③ 정비 작업 통제 및 항공기 운용 업무를 담당하는 조직이다.
④ 정비 인력과 정비 지원 장비 등을 운용하는 조직이다.

20. 충돌, 추락, 전복 및 이와 유사한 사고의 위험이 있는 장비 및 시설물에 표시하는 색채는 어느 것인가?
① 빨간색
② 파란색
③ 노란색
④ 주황색

21. 포말 소화기는 다음 중 어떤 소화 방법에 해당하는가?
① 억제 소화 방법
② 질식 소화 방법
③ 빙결 소화 방법
④ 희석 소화 방법

22. 다음 영문의 내용을 옳게 번역한 것은 어느 것인가?

> A lead is a wire connecting a spark plug to a magneto.

① 점화 플러그는 마그네토에 포함된다.
② 마그네토는 점화 플러그에 의해 작동된다.
③ 도선은 점화 플러그와 마그네토를 연결하는 선이다.
④ 처음 작동의 연결은 축전지와 마그네토 플러그에 연결된 도선에 의한다.

23. 다음 중 작업 감독자의 책임이 아닌 것은 어느 것인가?
① 작업자의 작업상태 점검
② 시설, 장비 및 환경의 투자

③ 각종 재해에 대한 예방조치

④ 작업 절차, 장비와 기기의 취급에 대한 교육 실시

24. 복선식 안전결선 작업에서 고정 작업을 해야 할 부품이 4～6 in의 넓은 간격으로 떨어져 있을 때, 연속적으로 고정할 수 있는 부품의 수는 최대 몇 개로 제한되어 있는가?

① 2 　　　　　　② 3

③ 4 　　　　　　④ 5

25. 항공기 견인 차량으로 항공기 견인 시 제한속도는?

① 최대 5 km/h이다.

② 최대 8 km/h이다.

③ 최대 10 km/h이다.

④ 최대 15 km/h이다.

26. 황목, 중목, 세목으로 나누는 줄(file)의 분류 방법의 기준은?

① 줄눈의 크기

② 줄의 길이

③ 단면의 모양

④ 줄날의 방식

[해설] 줄(file) : 줄눈의 크기에 따라 황목, 중목, 세목, 유목으로 분류하고 단면 형상에 따라 평줄, 각줄, 삼각줄, 반원줄, 원줄, 타원줄, 부채꼴 등이 있다.

27. 다음 중 신뢰성 정비 방식이 채택될 수 있는 여건으로 가장 거리가 먼 것은?

① 정비 인력의 증가

② 항공기 설계 개념의 진보

③ 항공기 기자재의 품질 수준 향상

④ 비파괴 검사 방법 등에 의한 검사법 발전

28. AN 21 ～ AN 36으로 분류되고, 머리 형태가 둥글고 스크루 드라이버를 사용하도록 머리에 홈이 파여 있는 모양의 볼트는?

① 아이 볼트

② 클레비스 볼트

③ 육각 볼트

④ 인터널 렌칭 볼트

29. 항공기의 알칼리 세척법에 대한 설명이 아닌 것은?

① 독성이 없다.

② 인화성이 없다.

③ 추운 날씨에 적합하다.

④ 페인트를 칠한 표면이 변색되지 않는다.

30. 다음 중 육안검사로 발견할 수 없는 결함은 어느 것인가?

① 찍힘(nick)

② 응력(stress)

③ 부식(corrosion)

④ 소손(burning)

31. 재질에 관계없이 모든 부품에 적용할 수 있으며, 특히 표면 결함 검사가 용이한 검사 방법은?

① 자분탐상검사

② 형광침투탐상검사

③ 초음파탐상검사

④ 방사성 동위원소 검사

32. 알루미늄 합금의 부식을 방지하는 표면 처리 방법이 아닌 것은?

① 양극 처리

② 쇼트 피닝 처리

③ 알로다인 처리

④ 인산염 피막 처리

정답 ◀━━━● 24. ② 25. ② 26. ① 27. ① 28. ② 29. ③ 30. ② 31. ② 32. ②

항공장비정비기능사

33. 한쪽 또는 양쪽이 평평한 면의 금속으로 이루어져 판재를 고르게 펼 때 사용할 수 있는 해머는?

① 클로(claw) 해머
② 맬릿(mallet) 해머
③ 보디(body) 해머
④ 볼핀(ball peen) 해머

34. '감항성은 항공기가 비행에 적합한 안전성 및 신뢰성이 있는지의 여부를 말하는 것이다.'에서 밑줄 친 감항성을 영어로 옳게 표시한 것은?

① maintenance   ② comfortability
③ inspection   ④ airworthiness

35. 정비 작업 중 기체의 개조에 해당하지 않는 것은?

① 날개 형태의 변경
② 윤활유 및 연료 변경
③ 중량 및 중심 한계의 변경
④ 항공기 표피 및 조종 능력의 변경

36. 발전기의 출력 쪽과 버스 사이에 장착하여 발전기의 출력전압이 낮을 때 축전지로부터 발전기로 전류가 역류하는 것을 방지하는 장치는?

① 전압 조절기   ② 보극
③ 역전류 차단기   ④ 정속 구동장치

37. 다음의 내용은 원격 지시계기 중 무엇에 대한 것인가?

> 120도 간격으로 분할하여 감겨진 정밀 저항코일로 되어 있는 전달기와 3상 결선의 코일로 감겨진 원형의 연철로 된 코어 안에 영구자석의 회전자가 들어 있는 지시계로 구성되어 있다.

① 서보(servo)
② 마그네신(magnesyn)
③ 오토신(autosyn)
④ 직류데신(DC desyn)

[해설] 원격 지시계기
① 서보 : 명령을 내리면 명령에 해당하는 변위만큼 작동하는 장치이다.
② 마그네신 : 오토신과 가장 큰 차이점은 오토신이 회전자로 전자석을 사용하는 대신 마그네신은 회전자로 강력한 영구자석을 사용한다.
③ 오토신 : 26 V, 400 Hz의 단상 교류 전원이 회전자에 연결되고, 고정자는 3상으로서 Δ 또는 Y 결선이 되어 서로의 단자 사이를 도선으로 연결한다.
④ 직류데신 : 120° 간격으로 분할하여 감겨진 정밀 저항코일로 되어 있는 전달기와 3상 결선의 코일로 감겨진 원형의 연철로 된 코어 안에 영구자석의 회전자가 들어 있는 지시계로 구성된다.

38. 다음 중 자이로의 섭동성을 이용한 계기는 어느 것인가?

① 선회계
② 정침의
③ 수평의
④ 레이트 자이로

39. 항공기 공기압 계통에 대한 내용으로 틀린 것은?

① 공기압 계통은 일반적으로 유압 계통의 고장 시에 대치되는 비상용이다.
② 공기압 계통은 유압 계통에 비해 구성이 간단하다.
③ 공기 저장탱크는 계통에서 귀환하는 공기의 저장용이다.
④ 계통에 오일 등의 오염물질이나 수분을 제거하기 위한 장치가 필요하다.

정답 ● **33.** ③ **34.** ④ **35.** ② **36.** ③ **37.** ④ **38.** ① **39.** ③

40. 왕복운동에 의해 3000 psi 이상의 고압을 얻을 수 있어 대형 항공기에 사용되는 유압 계통에서 동력펌프는?

① 기어형 펌프
② 지로터형 펌프
③ 베인형 펌프
④ 피스톤형 펌프

41. 공기 냉각 계통에서 공기 순환 냉각 계통의 구성품으로만 짝지어진 것은?

① 응축기, 압축기
② 터빈, 압축기
③ 연소가열기, 압축기
④ 증발기, 응축기

42. 항공기 보조 동력장치(APU)가 장착된 목적은?

① 추진력을 얻기 위하여
② 전력과 공압을 얻기 위하여
③ 항공기 속도를 높이기 위하여
④ 결빙과 화재를 방지하기 위하여

43. 다음 중 경고를 지시하는 장치의 방식이 다른 경우는?

① 객실 여압이 안전 한계에 있는지의 여부 경고
② 플랩이 항공기의 속도에 비하여 적절한 위치에 있는지의 여부 경고
③ 착륙장치가 비행에 지장 없이 확실하게 올라가고 내려갔는지의 여부 경고
④ 항공기의 문이 이륙 전이나 비행 중에 안전하게 닫혀 있는지의 여부 경고

44. 브레이크 종류 중 제동력이 가장 크고 대부분 대형 항공기에 사용되는 브레이크는?

① 슈 브레이크

② 멀티 디스크 브레이크
③ 팽창 튜브 브레이크
④ 싱글 디스크 브레이크

45. 기상 직류 발전기의 보극(interpole)에 대한 설명으로 틀린 것은?

① 부하와 직렬로 권선한다.
② 전기자 권선(armature winding)보다 굵은 도선을 사용한다.
③ 주극(main pole)과 극성을 다르게 하여 설치한다.
④ 계자의 주극 사이에 설치하여 자계가 편향(drift)되는 현상을 보상한다.

46. 교류회로에 대한 설명으로 가장 옳은 것은? (단, ω : 각 주파수, C : 콘덴서, L : 인덕터이다.)

① 유도성 회로(inductive circuit)에서는 전류가 전압보다 위상이 90° 늦다.
② 용량성 회로(capacitive circuit)에서는 전류가 전압보다 위상이 90° 늦다.
③ $\dfrac{1}{\omega L}$ 은 유도 리액턴스(inductive reactance)라고 한다.
④ ωL 를 용량 리액턴스(capacitive reactance)라고 한다.

해설 교류회로
• 유도성 리액턴스 : 인덕턴스로 인한 저항으로 전류를 90° 지연시킨다.
• 용량성 리액턴스 : 커패시턴스로 인한 저항으로 전류를 90° 앞서게 한다.

47. 고도계에서 발생하는 오차 중 히스테리시스(hysterisis), 편위(drift), 잔류효과(aftereffect) 등과 같이 일정한 온도에서 재료의 특성 때문에 생기는 탄성체 고유의 오차는 무엇인가?

① 눈금 오차   ② 온도 오차
③ 탄성 오차   ④ 압력 오차

48. 유압 계통에 사용되는 선택 밸브 중 기계적으로 작동되는 선택 밸브가 아닌 것은?

① 회전형 선택 밸브
② 포핏형 선택 밸브
③ 스풀형 선택 밸브
④ 솔레노이드형 선택 밸브

49. 그림과 같은 회로에서 합성 저항값은 몇 Ω인가? (단, $R_1 = 6\,\Omega$, $R_2 = 10\,\Omega$, $R_3 = 15\,\Omega$이다.)

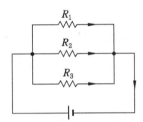

① $\dfrac{1}{3}$ ② $\dfrac{31}{3}$

③ 3   ④ 31

[해설] 병렬 접속

$$\text{합성 저항}(R) = \cfrac{1}{\dfrac{1}{R_1} + \dfrac{1}{R_2} + \dfrac{1}{R_3}}$$

$$= \cfrac{1}{\dfrac{1}{6} + \dfrac{1}{10} + \dfrac{1}{15}} = 3\,\Omega$$

50. 다음 중 면적식(vane type) 유량계에 대한 설명으로 틀린 것은?

① 베인은 연료의 질량과 속도에 비례하여 동압을 받아 회전한다.
② 연료의 유량이 많은 제트기관에 사용되며 연료의 일정한 각속도를 준다.
③ 베인의 각 변위를 오토신의 변환기에 의해 전기신호로 바꿈으로써 유량을 지시한다.

④ 베인이 고장나서 움직이지 않을 시 바이패스 밸브가 열려 유량이 측정되지 않더라도 연료는 바로 기관으로 보내지도록 되어 있다.

51. 압력을 변위로 변환시키는 형식으로 다른 형식의 수감부보다 변위가 크고 감도가 좋은 압력계의 형식은?

① 공함   ② 벨로스
③ 부르동관   ④ 진공자

52. 객실 압력을 조절하는 것으로 동체의 옆이나 꼬리부분을 통하여 공기를 외부로 배출시키는 역할을 하는 것은?

① 객실 압력 조절기
② 객실 압력 안전 밸브
③ 덤프 밸브(dump valve)
④ 아웃 플로 밸브(out-flow valve)

53. GPU에서 항공기에 공급하는 교류전력의 주파수는?

① 60   ② 200
③ 400   ④ 600

54. 직권형 직류 전동기에 대한 설명으로 옳은 것은?

① 높은 기동력을 갖고 있다.
② 시동 시 계자에 전류가 적게 흐른다.
③ 무부하 상태에서 속도가 가장 낮다.
④ 일정한 속도가 필요한 곳에 적합하다.

[해설] 직권형 직류 전동기 : 계자와 전기자가 직렬로 연결된다. 시동할 때에 계자에도 전류가 흘러 시동 토크가 크다. 회전속도는 부하의 크기에 따라 변화하므로 부하가 작으면 매우 빠르게 부하가 크면 천천히 회전한다. 부하가 크고 시동 토크가 크게 필요한 기관의 시동용 전동기, 착륙장치, 플랩 등을 움직이는 전동기로 사용한다.

55. 공기 압력 계통에서 압축 공기가 한쪽 방향으로만 흘러가도록 하는 역할을 하는 밸브는 어느 것인가?

① 체크 밸브
② 릴리프 밸브
③ 레귤레이터 밸브
④ 실렉터 밸브

56. 다음 중 피토 정압 계기의 기본이 되는 원리는?

① 훅 정리
② 파스칼 정리
③ 베르누이 정리
④ 푸아송 정리

57. 항공기의 결빙으로 발생되는 현상이 아닌 것은?

① 항력 증가
② 양력 증가
③ 기관 성능 저하
④ 진동 발생

58. 마그네슘, 분말 금속, 두랄루민과 같은 금속 물질에서 발생되는 화재의 등급은 어느 것인가?

① A급 화재
② B급 화재
③ C급 화재
④ D급 화재

59. 항공기에 사용되는 회전계(tachometer)를 측정하는 방법에 따라 분류할 때 이에 속하지 않는 것은?

① 전자식
② 기계식
③ 전기식
④ 진공압식

해설 회전계 : 기관의 회전속도를 지시하는 것으로서, 왕복기관에서는 크랭크 축의 회전수를 분당 회전수(RPM)으로 지시하고, 가스터빈 기관에서는 압축기의 회전수를 최대 회전수의 백분율(%)로 나타낸다. 회전계의 종류에는 직접 구동 방식인 기계식 회전계와 맴돌이 전류식 회전계가 있고, 전기식, 전자식이 있다.

60. 운항하는 항공기의 비상장비로만 짝지은 것이 아닌 것은?

① 안전벨트, 손전등
② 구명조끼, 구급약품
③ 손도끼, 구명보트
④ AM 라디오, 망원경

1. 날개의 공기역학적 중심이 비행기의 무게중심 앞의 $0.2c$ 에 있으며, 공기역학적 중심 주위의 키놀이 모멘트 계수가 -0.015 이다. 만일 양력계수 C_L 이 0.3 인 경우 무게중심 주위의 모멘트 계수는 약 얼마인가? (단, 공기역학적중심과 무게중심은 같은 수평선 상에 놓여 있다.)

① 0.015   ② −0.015
③ 0.045   ④ −0.045

해설 $a = 0.2c$, $b = 0$, $C_L = 0.3$,
$C_{Mac} = -0.015$ 이므로

$$C_{Mc.gwing} = C_{Mac} + C_L \frac{a}{c} - C_D \frac{b}{c}$$
$$= -0.015 + 0.3(0.2)$$
$$= 0.045$$

2. 프로펠러 깃의 받음각(α)과 깃각(β) 및 피치각(ϕ)의 관계를 옳게 나타낸 것은 어느 것인가?

① $\alpha = \phi - \beta$ ② $\alpha = \beta - \phi$
③ $\alpha = 2\phi - \beta$ ④ $\alpha = 2\beta - \phi$

해설 받음각(α) = 깃각(β) − 피치각(ϕ)

3. 헬리콥터 주회전날개의 운동과 가장 거리가 먼 내용은?

① 플래핑 운동   ② 리드−래그 운동
③ 버핏 운동   ④ 페더링 운동

4. 대류권에서 고도가 높아지면 공기 밀도와 온도, 압력은 어떻게 변하는가?

① 밀도와 온도는 감소하고 압력은 증가한다.
② 밀도는 증가하고 온도와 압력은 감소한다.
③ 밀도와 압력은 증가하고 온도는 감소한다.
④ 밀도, 온도, 압력이 모두 감소한다.

5. 비행기의 착륙거리를 짧게 하기 위한 조건으로 가장 거리가 먼 것은?

① 착륙 시 무게를 가볍게 한다.
② 접지속도를 크게 한다.
③ 착륙 중 양력을 작게 한다.
④ 착륙 중 항력을 크게 한다.

6. 날개의 양력계수(C_L)가 0.5, 날개면적(S)이 $10 \, m^2$ 인 비행기가 밀도(ρ) $0.1 \, kgf \cdot s^2/m^4$ 인 공기 중을 $50 \, m/s$ 로 비행하고 있다. 이때 날개에 발생하는 양력은 약 몇 kgf 인가?

① 425   ② 527   ③ 625   ④ 728

해설 양력(L) $= \frac{1}{2}\rho V^2 C_L S$
$$= \frac{1}{2} \times 0.1 \times 50^2 \times 0.5 \times 10$$
$$= 625 \, kgf$$

7. 헬리콥터의 무게가 950 kgf, 회전날개의 반지름이 3 m 일 때 원판 하중은 약 몇 kgf/m² 인가?

① 33.6   ② 35.2
③ 37.4   ④ 39.1

해설 원판하중 $= \dfrac{W}{\pi r^2}$
$$= \frac{950}{3.14 \times 3^2} = 33.6 \, kgf/m^2$$

8. 방향키만 조작하거나 옆미끄럼 운동을 하였을 때 빗놀이와 동시에 옆놀이 운동이 생기는 현상은?

① 관성 커플링(inertia coupling)
② 날개 드롭(wing drop)
③ 슈퍼 실속(super stall)
④ 공력 커플링(aerodynamic coupling)

해설 **관성과 공력 커플링**
- 관성 커플링 : 비행기가 고속으로 비행할 때 공기역학적인 힘과 관성력이 상호 영향을 준 결과로 만들어진 자연스런 현상
- 공력 커플링 : 방향키만 조작을 하거나 옆 미끄럼 운동을 하였을 때 빗놀이와 동시에 옆놀이 운동이 생기는 현상

9. 어떤 물체가 평형상태로부터 벗어난 뒤에 다시 평형상태로 되돌아가려는 경향을 의미하는 것은?

① 가로안정　　　② 세로안정
③ 정적안정　　　④ 동적안정

10. 비행기가 공기 중을 수평 등속도로 비행할 때 비행기에 작용하는 힘이 아닌 것은?

① 추력　　　② 분력
③ 항력　　　④ 양력

해설 **등속 수평비행시 작용하는 힘**
T(추력)$= D$(항력), L(양력)$= W$(중력)

11. 날개골의 받음각이 증가하여 흐름의 떨어짐 현상이 발생하면 양력과 항력의 변화로 가장 옳은 것은?

① 양력과 항력 모두 증가한다.
② 양력과 항력 모두 감소한다.
③ 양력은 증가하고 항력은 감소한다.
④ 양력은 감소하고 항력은 증가한다.

12. NACA 651－215 날개골에서 설계 양력계수(design lift coefficient)는 얼마인가?

① 0.1　　　② 0.2
③ 0.5　　　④ 0.6

해설 **6자형 날개골**
NACA 651－215
6 : 6자 계열 날개골
5 : 받음각이 0°일 때 최소 압력이 시위의 50 %에 생긴다.

1 : 항력버킷(drag bucket)의 폭이 설계 양력계수를 중심으로 해서 ±0.1이다.
2 : 설계 양력계수가 0.2이다.
15 : 최대 두께가 시위의 15 %이다.

13. 다음 중 베르누이 정리의 가정(假定)을 옳게 나타낸 것은?

① 점성 및 압축성 유동
② 비점성 및 압축성 유동
③ 점성 및 비압축성 유동
④ 비점성 및 비압축성 유동

14. 비행기 조종날개 중 스포일러(spoiler)의 주된 기능은?

① 플랩을 보조하는 기능
② 도움날개를 보조하는 기능
③ 승강타를 보조하는 기능
④ 방향타를 보조하는 기능

15. 다음 중 활공각이 90°로 무동력 급강하(diving) 비행 시 비행기의 속도는 어떻게 되는가?

① 점차로 속도가 증가하다가 일정한 속도로 하강한다.
② 계속적으로 속도가 증가한다.
③ 점차로 속도가 증가하다가 다시 속도가 줄어든다.
④ 비행기의 무게에 따라 속도가 증가할 수도 있고 감소할 수도 있다.

16. 다음 중 오픈 엔드 렌치의 사용법에 대하여 가장 옳게 설명된 것은?

① 볼트나 너트의 머리에는 한 사이즈 더 큰 렌치를 선택하여 작업한다.
② 가볍게 돌아가는 볼트와 너트에서는 오픈 엔드 렌치가 박스 렌치보다 작업속도가 느리다.

정답 ● **9.** ③　**10.** ②　**11.** ④　**12.** ②　**13.** ④　**14.** ②　**15.** ①　**16.** ④

③ 너트를 처음 푸는 작업이나 마무리 죄기에 사용한다.

④ 렌치를 밀어내야만 할 때에는 렌치를 손으로 감아 잡지 말고 손을 벌린 채 손바닥으로 밀도록 한다.

17. 파커라이징 또는 본더라이징이라고도 하는 화학적 피막 처리 방법의 하나로 철강, 아연도금 및 알루미늄 제품 등에 적용하여 내식성을 향상시키는 피막 처리 방법은?

① 양극 산화 처리 ② 알로다인 처리
③ 인산염 피막 처리 ④ 알클래드 처리

18. 다음 육안검사 시 사용되는 보어스코프 중 거꾸로 비추어 뒤쪽을 볼 수 있는 것은?

① direct-vision borescope
② right angle borescope
③ retro spective borescope
④ foroblique borescope

19. 다음 중 중간 정도의 저항치를 간단하고 신속하게 직독할 수 있는 측정기는?

① 볼트미터(voltmeter)
② 와트미터(wattmeter)
③ 암페어미터(amperemeter)
④ 옴미터(ohmmeter)

20. 다음 중 노란색 안전색채의 의미를 가장 옳게 나타낸 것은?

① 위험물 위험상태 표시
② 작업절차, 안전지시 준수
③ 응급처치장비, 액체산소장비 표시
④ 인체에 직접 위험은 없으나, 주의하지 않으면 사고의 위험 표시

21. 안전사고 방지의 수립 5단계 중 제1단계는 무엇인가?

① 계획 ② 사실 발견
③ 분석 ④ 시정 방법의 선정

22. 하루 중에 최종 비행을 마치고 수행하는 점검으로서 내·외부 세척, 탑재물 하역 등을 하는 것에 해당되는 것은?

① 비행 후 점검 ② 비행 전 점검
③ 비행 기지 점검 ④ 비행 점검

23. 응력 외피가 손상을 받으면 상실된 강도의 크기를 결정하고 그 강도를 회복할 수 있도록 패치(patch)를 설계한다. 이때 판재의 가장 자리에서 첫 번째 리벳까지의 거리를 리벳 끝 거리라고 하는데 리벳 끝거리로 옳은 것은?

① 사용 리벳 지름의 1.5배로 한다.
② 사용 리벳 지름의 2.5배로 한다.
③ 사용 리벳 지름의 4배로 한다.
④ 사용 리벳 지름의 6배로 한다.

24. 항공정비도서에서 기술 자료의 구성은 이용 편의를 위해 다음과 같이 번호를 부여한다. 밑줄 친 '34'가 의미하는 것은?

12 - <u>34</u> - 56

① unit ② sub-system
③ system ④ page

해설 자료를 위한 번호 부여
12 : 장(system)
34 : 섹션(sub-system)
56 : 서브젝트(unit)

25. 다음 문장에서 설명하고 있는 법칙은?

A body at rest remains at rest and a body in motion continues to move at constant velocity unless acted upon by unbalanced external force.

① 관성의 법칙

② 질량, 가속도의 법칙
③ 작용, 반작용의 법칙
④ 만유인력의 법칙

26. 밑줄 친 부분이 의미하는 올바른 단어는?

> The <u>take off</u> is the movement of the aircraft from it's starting position on the runway to the point where the climb is established.

① 이륙　　　　② 착륙
③ 순환　　　　④ 급강하

27. 다음 중 작업공간이 좁거나 버킹 바를 사용할 수 없는 곳에 사용되는 블라인드 리벳 (blind rivet)의 종류가 아닌 것은?

① 체리 리벳(cherry rivet)
② 솔리드 섕크 리벳(solid shank rivet)
③ 폭발 리벳(explosive rivet)
④ 리브너트(rivnuts)

28. 강풍 상태에서 항공기를 주기장에 계류시킬 경우 계류 절차로서 옳지 않은 것은?

① 항공기를 바람 방향으로 주기시킨다.
② 모든 바퀴에는 굄목(촉)을 끼운다.
③ 항공기를 계류 밧줄이나 케이블을 이용하여 앵커 말뚝에 고정시킨다.
④ 화재 위험에 대비하여 항공기 연료 탱크의 연료를 완전히 비운다.

해설 강풍 상태에서의 계류
• 가능하면 항공기를 바람 방향으로 주기시킨다.
• 모든 바퀴에 굄목을 끼운다.
• 항공기를 계류 밧줄이나 케이블을 이용하여 앵커 말뚝에 고정시킨다.
• 항공기의 모든 문, 창문을 닫고, 기관 흡입구, 배기구, 동압, 정압 계통의 튜브나 구멍은 외부 물질이 들어가지 못하도록 덮개로 덮는다.
• 항공기 연료 탱크에 연료를 채우고, 물탱크에 물을 채워서 항공기 무게를 증가시킨다.

29. 너트의 윗부분이 파이버로 된 칼라(collar)를 가지고 있어, 이 칼라가 볼트를 고정하며 120℃ 이내까지가 실용 범위인 너트는?

① 캐슬 너트　　② 나비 너트
③ 체크 너트　　④ 파이버 너트

30. 리벳작업 시 판재가 너무 얇아 카운터싱크 (countersink)를 할 수 없을 경우 적용하는 방법은?

① 본딩(bonding)
② 챔퍼링(chamfering)
③ 드릴링(drilling)
④ 딤플링(dimpling)

31. 플라스틱 재질의 방풍창을 세척할 때 가장 적당한 것은?

① 비눗물　　　　② 가솔린
③ 알코올　　　　④ 사염화탄소

32. 오디블 인디케이팅 토크 렌치에 대한 설명으로 옳은 것은?

① 규정된 토크 값에서 불빛이 일어난다.
② 토크가 걸리면 레버가 휘어져 지시바늘이 토크 값을 지시한다.
③ 클릭(click) 타입이라고도 하며, 다이얼이 보이지 않는 장소에 사용한다.
④ 다이얼 타입이라고도 하며, 토크가 걸리면 다이얼에 토크 값이 지시된다.

33. 다음 자분탐상검사에 대한 설명 중 틀린 것은?

① 결함깊이를 측정하려면 90° 각도의 자력선을 유도한다.
② 자계의 방향은 일반적으로 오른손법칙을

따른다.
③ 탈자방법에는 직류탈자와 교류탈자가 있다.
④ 건식 자분은 일반적으로 거친 표면에 사용된다.

34. 다음 중 항공기의 감항성을 유지하기 위한 행위에 해당하는 것은?

① 항공기 제작 ② 항공기 개발
③ 항공기 정비 ④ 항공기 시험

35. 다음 중 항공기용 소화제의 구비 조건으로 가장 거리가 먼 것은?

① 높은 소화능력보다는 일단 무게가 가벼워야 한다.
② 장기간 안정되고 저장이 쉬워야 한다.
③ 항공기의 기체 구조물을 부식시키지 않아야 한다.
④ 충분한 방출 압력이 있어야 한다.

36. 항공기의 연료 유량 측정에 사용하고 있는 전기 용량식 액량계가 지시하는 단위는?

① MPH ② LPH
③ PPH ④ SPH

해설 전기 용량식 액량계 : 고공비행을 하는 제트 항공기에 사용되는 것으로서 연료의 양을 무게(PPH : pound per hour)로 나타낸다.

37. QNH 보정에 대한 설명으로 가장 올바른 것은?

① 활주로에서 고도계가 활주로 표고를 가리키도록 하는 보정
② 활주로 위에서 고도계가 0 ft를 지시하도록 고도계 기압 창구에 비행장의 기압을 맞추는 것
③ 표준 기압면으로부터의 고도를 지시하게 하는 것
④ 14000 ft 이상의 비행일 때 사용하기 위한 보정

해설 고도계 보정
• QNH 보정 : 활주로에서 고도계가 활주로 표고를 가리키도록 하는 보정으로 해면으로부터의 기압고도이다.
• QNE 보정 : 표준 대기압인 29.92 inHg를 맞추어 표준 기압면으로부터 고도를 지시하게 하는 방법
• QFE 보정 : 활주로 위에서 고도계가 0을 지시하도록 고도계의 기압 창구에 비행장의 기압을 맞추는 방식

38. 보조 동력 장치(APU)의 영문을 옳게 나타낸 것은?

① asistance power unit
② auxiliary power unit
③ accessory power unit
④ accumulator power unit

해설 보조 동력 장치(APU : auxiliary power unit) : 항공기에 압축공기와 전기 동력을 공급하기 위하여 보조로 사용되는 가스터빈기관

39. 고도계의 오차 중 기계적 오차를 가장 올바르게 설명한 것은?

① 온도 변화에 의해서 탄성계수가 바뀔 때의 오차
② 재료의 피로 현상에 의한 오차
③ 장시간에 걸쳐서 동일한 압력을 가해두면 휘어짐이 조금씩 증가하는 크리프(creep) 현상에 의한 오차
④ 기구의 불평형, 계기 각 부분의 마찰 등에 의해 생긴 오차

해설 고도계 오차
• 눈금 오차 : 일정한 온도에서 진동을 가하여 얻어낸 기계적 오차는 계기 특유의 오차이다. 고도계의 오차는 눈금 오차를 말한다.
• 온도 오차 : 온도 변화에 따른 고도계를 구성하는 부분의 팽창, 수축, 공함과 그

밖의 탄성체의 탄성률 변화, 그리고 대기의 온도 분포가 표준대기와 다르기 때문에 생기는 오차

- 탄성 오차 : 히스테리시스, 편위, 잔류효과와 같이 일정한 온도에서 재료의 특성 때문에 생기는 탄성체 고유의 오차
- 기계적 오차 : 계기 각 부분의 마찰, 기구의 불평형, 가속도와 진동 등에 의하여 바늘이 일정하게 지시하지 못함으로써 생기는 오차

40. 피토 공(pitot hole)에서 얻어지는 압력은 무엇인가?

① 정압   ② 전압
③ 등압   ④ 대기압

> **해설** 피토 튜브(pitot tube)
> - 피토 공 (pitot hole) : 전압을 측정한다.
> - 정압 공 : 정압을 측정한다.

41. 속도계에서 속도를 측정하는 원리에 대한 설명으로 가장 옳은 것은?

① 고도에 따른 전류차를 이용한 것이다.
② 전압과 정압의 차를 이용한 것이다.
③ 전압만을 이용한 것이다.
④ 동압과 정압의 차를 이용한 것이다.

42. 기본적인 유압계통 중 핸드펌프에서 선택 밸브까지의 계통은?

① 공급계통   ② 작동계통
③ 비상계통   ④ 귀환계통

43. 발전기의 출력 쪽과 버스 사이에 장착하여 발전기의 출력 전압이 낮을 때 축전지로부터 발전기로 전류가 역류하는 것을 방지하는 장치는?

① 역전류 차단기
② 보극
③ 전압 조절기
④ 정속 구동장치

44. 유압계통의 평형식 압력 조절기의 구성품이 아닌 것은?

① 피스톤   ② 체크 밸브
③ 파일럿 스풀   ④ 스프링

> **해설** 평형식 압력 조절기 : 포핏, 피스톤, 압축 스프링, 체크 밸브 등으로 구성되며 항공기에 많이 사용된다. 포핏과 피스톤 면적에 작용하는 힘과 스프링 장력과의 합에 의하여 압력을 조절한다.

45. 다음 중 승강계의 눈금 단위를 옳게 나타낸 것은?

① ℃/hr   ② hr/inch
③ ft/min   ④ kg/s

> **해설** 승강계 : 항공기가 수평비행을 할 때에는 눈금이 0을 지시한다. 상승 또는 하강에 의하여 고도가 변하는 경우에는 고도의 변화율을 ft/min 단위로 지시한다.

46. 객실 내의 공기를 일정한 압력이 되도록 외부로 공기를 내보내는 장치는?

① out flow valve
② safety valve
③ dump valve
④ air condition valve

> **해설** 아웃 플로 밸브(out flow valve) : 고도에 관계없이 계속 공급되는 압축된 공기를 동체의 옆이나 꼬리부분 또는 날개의 필릿(fillet)을 통하여 외부로 배출시킴으로써 객실의 압력을 원하는 압력으로 유지되도록 하는 밸브이다.

47. 흐름방향 제어장치 중에서 작동유의 흐름을 어느 한쪽으로만 통과하게 하는 밸브는?

① 체크 밸브(check valve)
② 퍼지 밸브(purge valve)
③ 릴리프 밸브(relief valve)
④ 셔틀 밸브(shuttle valve)

48. 자기컴퍼스 주위의 자성체 및 전기기기의 영향으로 생기는 오차를 보정해 주는 작업은?

① 자이로 수정
② 컴퍼스 수정
③ 나방위 수정
④ 자차 수정

해설 자차(deviation) : 자기 계기 주위에 설치되어 있는 전기기기, 그것에 연결된 전선, 기체 구조재 중 자성체의 영향, 그리고 자기 계기의 제작과 설치상의 잘못으로 인하여 발생하는 지시 오차

49. 전기요소를 측정하는 기기로 암미터는 무엇을 측정하는가?

① 전위
② 전류
③ 저항
④ 전압

50. 3상 교류회로를 Y 결선할 때 선전류와 상전류의 크기의 관계를 옳게 설명한 것은?

① 선전류와 상전류는 같다.
② 선전류는 상전류의 $\sqrt{3}$ 배이다.
③ 상전류는 선전류의 $\sqrt{3}$ 배이다.
④ 선전류는 상전류의 3배이다.

해설 3상 교류의 Y 결선 특징
• 선간 전압의 크기는 상전압의 $\sqrt{3}$ 배이고 위상은 해당하는 상전압보다 30° 앞선다.
• 선전류의 크기와 위상은 상전류와 같다.

51. 일정한 온도에서 진동을 가하여 기계적 오차를 뺀 계기 특유의 오차는?

① 눈금 오차
② 지정 오차
③ 탄성 오차
④ 온도 오차

52. 2개의 이질 금속판을 맞붙여 온도 변화에 따라 휘는 변위 차이로 온도를 나타내는 방법은?

① 서미스터식
② 서모커플식
③ 트랜스미터식
④ 바이메탈식

53. 항공기로부터 그 당시의 지형까지의 고도를 무엇이라고 하는가?

① 진고도
② 절대고도
③ 기압고도
④ 밀도고도

54. 직류전력을 교류전력으로 바꾸어 계기계통에 전력을 공급하는 데 사용되는 기기는 어느 것인가?

① 컨버터
② 인버터
③ 변압기
④ 전등기

55. 다음 중 화학적 방빙 계통에서 쓰이는 액체는?

① 알코올
② 가솔린
③ 아세톤
④ 경유

해설 화학적 방빙 계통 : 결빙의 우려가 있는 부분에 이소프로필(isopropyl) 알코올이나 에틸렌글리콜(ethyleneglycol)과 알코올을 섞은 용액을 분사, 어는점을 낮게 하여 결빙을 방지한다. 프로펠러 깃, 윈드 실드 또는 기화기의 방빙에 사용하며, 때로는 주날개와 꼬리날개의 방빙에 사용하기도 한다.

56. 분류기(shunt) 저항이 하는 가장 중요한 기능은?

① 축전지의 충전전류를 제어한다.
② 계기를 보호하기 위한 퓨즈(fuse)이다.
③ 전류의 측정 범위를 넓히기 위하여 사용한다.
④ 전압의 측정 범위를 넓히기 위하여 사용한다.

해설 션트(shunt) 저항 : 계기의 감도보다 큰 전류를 측정하려면 션트 저항을 병렬로 연결하여 대부분의 전류를 션트로 흐르게 하고, 전류계에는 감도보다 작은 전류가 흐르게 함으로써 전류계의 측정 범위를 확대시킨다.

정답 ◄━● 48. ④ 49. ② 50. ① 51. ① 52. ④ 53. ② 54. ② 55. ① 56. ③

57. 빛을 받으면 전압이 발생하는 것을 이용하여 항공기에서 연기경고장치의 화재 탐지 수감부로 많이 쓰이는 것은?

① 광전지
② 열전쌍
③ 열스위치
④ 루프

58. 압축공기에 의한 제빙계통의 구성 요소가 아닌 것은?

① 가압 – 진공 펌프
② 가압 – 진공 릴리프 밸브
③ 윈드실드
④ 사이클 타이머

59. 여압계통의 차압(differential pressure)은 다음 중 어느 것에 가장 큰 제한을 받는가?

① 사람의 인내심
② 기체 강도
③ 가압장치의 능력
④ 항공기 항속거리

60. 공기압 계통에서 그라운드 차징 밸브의 용도는?

① 공기에 포함된 수분이나 오일을 제거하기 위한 밸브
② 공기 저장통의 공기압력을 규정 범위로 유지시키는 밸브
③ 높은 압력의 공기를 낮은 압력의 공기로 낮추어 저장 계통으로 공급하는 밸브
④ 지상에서 항공 기관이 작동하지 않을 때 공기를 공급하는 밸브

항공장비정비기능사 **[제6회]**

1. 그림과 같은 항공기 날개의 형태는?

① 오지형
② 테이퍼형
③ 삼각형
④ 뒤젖힘형

2. 다음 중 꼬리날개의 수직 안정판에 부착되는 조종면은?

① 승강키
② 도움날개
③ 방향키
④ 스포일러

3. 수평 등속도로 비행하는 항공기에 작용하는 공기력에 대한 설명으로 옳은 것은?

① 추력(T)이 항력(D)보다 크다.
② 추력(T)과 항력(D)은 같다.
③ 양력(L)이 비행기의 무게(W)보다 크다.
④ 양력(L)이 비행기의 무게(W)보다 작다.

해설 힘의 평형
• $T > D$이면 가속도 전진 비행
• $T = D$이면 등속도 전진 비행
• $T < D$이면 감속도 전진 비행

4. 헬리콥터 비행 시 역풍지역이 가장 커지게 되는 비행 상태는?

① 정지 비행
② 상승 가속 비행
③ 자동회전 비행
④ 전진 가속 비행

해설 전진속도가 커지게 되면 역풍지역이 커지게 되고, 이 부분의 회전날개는 양력을 발생하지 못하게 되므로 전진속도에 한계가 생긴다.

5. A, B, C 3대의 비행기가 각각 10000 m, 5000 m, 1000 m 의 고도에서 동일한 속도로 비행하고 있다. 각 비행기의 마하계가 지시하는 마하수의 크기를 비교한 것으로 옳은 것

은 어느 것인가?

① A < B < C
② A > B > C
③ A > C > B
④ A = B = C

해설 마하수

음속(C)$= \sqrt{\gamma RT}$

음속은 절대온도(T)의 제곱근에 비례를 한다. 고도가 높아질수록 온도는 낮아지게 되므로 음속도 작아지게 된다. 따라서, 비행속도가 동일하다면 고도가 증가할수록 마하수는 증가를 하게 된다.
• 10000 m에서의 음속=299.4 m/s
• 1000 m에서의 음속=336.4 m/s

6. 비행기 날개의 양력에 관한 설명으로 틀린 것은?

① 양력은 날개 면적(S)에 비례한다.
② 양력은 유체의 밀도(ρ)에 비례한다.
③ 양력은 날개의 무게(W)에 비례한다.
④ 양력은 비행기 속도(V) 제곱에 비례한다.

해설 양력(L)$= \dfrac{1}{2}\rho V^2 C_L S$

7. 항공기 날개에 쳐든각을 주는 주된 목적은 무엇인가?

① 선회 성능을 좋게 하기 위해서
② 날개저항을 작게 하기 위해서
③ 날개 끝 실속을 방지하기 위해서
④ 옆놀이의 안정성 향상을 위해서

8. 프로펠러에서 프로펠러의 회전면과 특정 깃의 시위선이 이루는 각을 무엇이라 하는가?

① 생크
② 스크루각
③ 깃각
④ 피치각

해설 각
• 깃각 : 회전날개의 회전면과 깃의 시위선이 이루는 각

• 피치각(유입각) : 비행속도와 깃의 회전 선속도 합인 합성속도와 회전면이 이루는 각

9. 다음 중 대기권에서 전리층이 존재하는 곳은 어느 것인가?

① 열권   ② 중간권

③ 극외권   ④ 성층권

해설 열권 : 태양이 방출하는 자외선에 의하여 대기가 전리되어 자유 전자의 밀도가 커지는 전리층이 있다.

10. 무게가 2000 kgf 인 항공기가 30°로 선회하는 경우 이 항공기에 발생하는 양력은 약 몇 kgf 인가?

① 1214   ② 1723

③ 2000   ④ 2309

해설 선회 시 양력

$L\cos\theta = W$ 에서

$$L = \frac{W}{\cos\theta} = \frac{2000}{\cos 30°} = 2309\,\mathrm{kgf}$$

11. 왕복기관을 이용한 프로펠러 비행기의 이용마력(P_a)을 옳게 나타낸 것은?

① $P_a = \dfrac{\text{항력}\times\text{비행기속도}}{\text{제동마력}}$

② $P_a = \text{제동마력}\times\text{프로펠러 효율}$

③ $P_a = \dfrac{\text{항력}\times\text{비행기속도}}{75}$

④ $P_a = \dfrac{\text{비행기속도}\times\text{이용추력}}{\text{프로펠러 효율}}$

해설 이용마력 $= \dfrac{TV}{75} = \eta \times bHP$

12. 헬리콥터에서 주회전날개의 피치를 동시에 크게 하거나 적게 해서 수직으로 상승·하강시키는 조종장치는?

① 꼬리날개

② 동시 피치 제어간

③ 방향 페달

④ 주기적 피치 제어간

13. 날개의 뒷전에 출발 와류가 생기게 되면 앞전 주위에도 이것과 크기가 같고 방향인 와류가 생기는데 이것을 무엇이라 하는가?

① 속박 와류

② 말굽형 와류

③ 유도 와류

④ 날개 끝 와류

14. 비행기가 정적세로안정(static longitudinal stability)을 갖는 경우는 어느 것인가?

① 받음각의 변화에 의해 발생한 키놀이 모멘트가 비행기를 원래의 평형된 받음각 상태로 돌려보낼 때

② 도움날개의 변화에 의해 발생한 키놀이 모멘트가 비행기를 원래의 평형된 받음각보다 커지는 상태가 될 때

③ 받음각의 변화에 의해 발생한 옆놀이 모멘트가 비행기를 원래의 평형된 받음각보다 커지는 상태가 될 때

④ 받음각의 변화에 의해 발생한 옆놀이 모멘트가 비행기를 원래의 평형된 받음각 상태가 될 때

15. 어떤 유체관의 입구 단면적은 8 cm², 출구 단면적은 16 cm²이며, 이때 관의 입구속도가 10 m/s 인 경우 출구에서의 속도는 몇 m/s 인가? (단, 유체는 비압축성 유체이다.)

① 2   ② 5

③ 8   ④ 10

해설 연속의 법칙

$A_1 V_1 = A_2 V_2$ 에서

$$V_2 = \left(\frac{A_1}{A_2}\right) V_1 = \left(\frac{8}{16}\right) \times 10 = 5\,\mathrm{m/s}$$

정답 **9.** ①   **10.** ④   **11.** ②   **12.** ②   **13.** ①   **14.** ①   **15.** ②

항공장비정비기능사

16. 리벳작업에 사용되는 공구를 설명한 것으로 옳은 것은?
① C-클램프는 리벳 섕크 끝을 받치는 공구이다.
② 딤플링(dimpling)은 접합할 금속판을 미리 고정하는 공구이다.
③ 시트 파스너(sheet fastener)는 판재의 구멍 주위를 움푹 파는 공구이다.
④ 버킹바(bucking bar)는 리벳의 벅테일을 만들 때 리벳 섕크 끝을 받치는 공구이다.

17. 다음 (　) 안에 알맞은 것은?

> The purpose of wing (　) is to reduce stalling speed.

① drag
② thrust
③ tails
④ slats

18. 너트나 볼트를 이용한 고정작업을 할 때 유의사항으로 틀린 것은?
① 치수에 맞는 공구를 사용하여 머리 부분이 손상이 되지 않게 한다.
② 적당히 조인 후 토크 렌치를 사용하여 규정 토크값으로 조인다.
③ 토크 렌치를 사용할 때 특별한 지시가 없는 한 나사선에 절삭유를 사용해서는 안 된다.
④ 규정 토크값으로 조인 볼트를 안전 결선이나 고정핀을 끼울 때 항상 약간 더 조인 후 결선작업을 한다.

19. 다음 중 정비 지원 업무가 아닌 것은?
① 품질 관리 업무
② 인력 관리 업무
③ 정비 관리 업무
④ 자재 관리 업무

20. 그림과 같은 항공기 표준 유도 신호의 의미는 무엇인가?

① 후진
② 기관 정지
③ 촉 장착
④ 속도 감소

21. Which term means 0.001 A?
① 1μA
② 1 mA
③ 1 kA
④ 1 nA

> 해설　1 밀리암페어는 1 암페어의 1000 분의 1로 기호는 mA 이다.

22. 압축기 깃에 발생하는 손상으로 국부적으로 색깔이 변했거나 심한 경우 재료가 떨어져 나간 형태로 과열에 의해 손상되는 상태는?
① 마손(burr)
② 구부러짐(bow)
③ 균열(crack)
④ 소손(burning)

> 해설　깃의 손상
> • 마손(burr) : 끝이 닳아서 꺼칠꺼칠한 형태로 회전할 때 연마나 절삭에 의해 생긴 결함
> • 균열(crack) : 부분적으로 갈라진 형태로 심한 충격이나 과부하 또는 과열이나 재료의 결함 등으로 생긴 손상 형태

23. 다음 중 항공기 정비에 해당되지 않는 것은 어느 것인가?
① 항공기 제작
② 항공기 개조
③ 항공기 세척
④ 항공기 연료 보급

24. 그림은 리벳 건(rivet gun)의 구조를 나타낸 것이다. A에 해당되는 명칭은?

방아쇠
스프링
A

① 조절기　　　　② 리벳 세트
③ 피스톤　　　　④ 스로틀 밸브

25. 그림은 최소 측정값 1/100 mm 인 마이크로미터로 측정한 결과를 나타낸 것이다. 측정값은 몇 mm 인가?

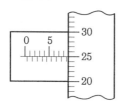

① 6.25　　　　　② 6.75
③ 8.75　　　　　④ 9.00

해설 측정값 = 8 + 0.5 + 0.25 = 8.75 mm

26. 관제탑에서 지시하는 신호의 종류 중 활주로 유도로 상에 있는 인원 및 차량은 사주를 경계한 후 즉시 본 장소를 떠나라는 의미의 신호는?

① 녹색등　　　　② 점멸 녹색등
③ 흰색등　　　　④ 점멸 적색등

27. 다음 중 정비 문서에 대한 설명으로 틀린 것은?

① 기록과 수행이 완료된 모든 정비 문서는 공장 자체에서 모두 폐기한다.
② 정비 문서의 종류로는 작업지시서, 점검카드작업시트, 점검표 등이 있다.
③ 확인 및 점검 내용을 명확히 기록하고 수치값은 실측값을 기록한다.
④ 작업이 완료되면 작업자는 날인을 한다.

28. 다음 중 잠금 장치를 이용하여 볼트나 너트를 공구와 분리하지 않고 더욱 빠르게 풀고 조이기 위해 만들어진 공구는?

① 박스 렌치
② 오픈 엔드 렌치
③ 조합 렌치
④ 래칫(rachet) 핸들 렌치

29. 다음 중 항공기 외부 세척 작업의 종류가 아닌 것은?

① 습식 세척　　　② 건식 세척
③ 광택 작업　　　④ 블라스트 세척

30. 볼트의 호칭 기호가 'AN 3 − 6'일 때 지름과 길이로 옳은 것은?

① 지름은 $\frac{4}{8}$ in, 길이는 $\frac{6}{16}$ in이다.

② 지름은 $\frac{3}{16}$ in, 길이는 $\frac{6}{8}$ in이다.

③ 지름은 $\frac{6}{8}$ in, 길이는 $\frac{3}{16}$ in이다.

④ 지름은 $\frac{6}{16}$ in, 길이는 $\frac{4}{8}$ in이다.

해설 볼트의 식별 : AN $x-y$
AN : 미공군과 해군의 표준 규격 기호
x : 볼트의 지름 표시($\frac{x}{16}$ in)
y : 볼트의 길이 표시($\frac{y}{8}$ in)

31. 다음 중 전기화재 또는 유류화재에 가장 부적당한 소화기는?

① 분말 소화기
② 이산화탄소 소화기
③ 물 소화기
④ 브롬클로로메탄 소화기

32. 금속을 두드려서 나오는 음향으로 결함을 검사하는 방법은?

① 가압법　　　　② 타진법
③ 침지법　　　　④ 초음파법

정답 ● **25.** ③　**26.** ④　**27.** ①　**28.** ④　**29.** ④　**30.** ②　**31.** ③　**32.** ②

33. 비행장에 설치된 시설물, 장비 및 각종 기기 등에 색채를 이용하여 작업자로 하여금 사고를 미연에 방지할 수 있도록 하는데 청색 안전색채가 의미하는 것은?

① 방사능 유출 위험이 있는 것을 의미한다.
② 수리 및 조절 검사 중인 장비를 의미한다.
③ 기계 또는 전기 설비의 위험 위치를 의미한다.
④ 충돌, 추락, 전복 등의 위험 장비를 의미한다.

34. 항공기 방식작업의 하나로 전해액에 담겨진 금속을 양극으로 하여 전류를 통한 다음 양극에서 발생하는 산소에 의하여 알루미늄과 같은 금속 표면에 산화 피막을 형성하는 부식 처리 방식은?

① 양극 산화 처리(anodizing)
② 알로다인 처리(alodining)
③ 인산염 피막 처리
④ 알클래드 처리

해설 방식 처리
• 알로다인 처리 : 양극 산화 처리와 다르게 화학적으로 알루미늄 합금의 표면에 0.00001 ~0.00005 in 의 크로메이트 처리(chromate treatment)를 하여 내식성과 도장작업의 접착 효과를 증진시키기 위한 부식 방지 처리 작업
• 인산염 피막 처리 : 철강, 아연도금제품 및 알루미늄 부품 등의 희석된 인산염 용액에 처리하여 내식성을 지니는 피막을 형성하는 기술

35. 캐슬 너트, 핀과 같이 풀림 방지를 할 필요가 있는 부품을 고정할 때 사용하는 것은?

① 피팅(fitting)
② 파스너(fastener)
③ 코터 핀(cotter pin)
④ 실(seal)

36. 항공기에서 일반적으로 전동기의 구동력을 이용하지 않는 것은?

① 추력의 발생
② 착륙장치의 작동
③ 기관의 시동
④ 플랩의 동작

37. 다음 중 객실 안의 기압에 해당되는 기압 고도를 무엇이라고 하는가?

① 비행고도
② 밀도고도
③ 객실고도
④ 차압고도

38. 다음 중 일반적으로 방빙 및 제빙 계통이 설치되지 않는 곳은?

① 기화기
② 윈드실드
③ 뒷전 플랩
④ 날개 앞전

39. 작동순서를 결정하는 밸브로서 착륙장치 도어를 열고 착륙장치를 내려가도록 해주는데 사용되는 밸브는?

① 체크 밸브(check valve)
② 시퀀스 밸브(sequence valve)
③ 선택 밸브
④ 우선 순위 밸브(priority valve)

해설 시퀀스 밸브 : 2개 이상의 작동유 압력 작동기 또는 모터를 정해진 순서에 따라 작동되도록 작동유의 흐름 순서를 정하는 밸브

40. 항공기 계기를 비행계기, 기관계기, 항법 계기로 분류하였을 경우 비행계기가 아닌 것은 어느 것인가?

① 속도계   ② 고도계
③ 승강계   ④ 자석지시계

정답 33. ②   34. ①   35. ③   36. ①   37. ③   38. ③   39. ②   40. ④

41. 자이로(gyro)에서 로터 축의 편위(drift)와 가장 관계가 먼 것은?

① 랜덤 편위
② 이동에 의한 편위
③ 가속도 오차 편위
④ 지구의 자전에 의한 편위

42. 교류회로에 저항으로 작용하는 요소 중 콘덴서의 전장 변화에 기인되며 용량 리액턴스를 나타내는 것은?

① 임피던스(impedance)
② 레지스턴스(resistance)
③ 인덕턴스(inductance)
④ 커패시턴스(capacitance)

43. 그림은 어떤 형의 회로차단기인가?

① 푸시형(push breaker)
② 스위치형(switch breaker)
③ 푸시-풀형(push-pull breaker)
④ 자동 재접속형(automatic reset breaker)

44. 다음 중 왕복기관에서 흡입 공기의 압력을 측정하는 계기로 정속 프로펠러와 과급기를 갖춘 기관에서 반드시 필요한 필수 계기는?

① EPR 계기
② 윤활유 압력계
③ 연료 압력계
④ 매니폴드 압력계

45. 유압계통 압력조절기가 킥 아웃(kick out) 상태일 때 체크 밸브와 바이패스 밸브의 작동 상태를 옳게 설명한 것은?

① 바이패스 밸브와 체크 밸브 모두가 열리는 상태

② 바이패스 밸브와 체크 밸브 모두가 닫히는 상태
③ 바이패스 밸브는 열리고 체크 밸브는 닫히는 상태
④ 바이패스 밸브는 닫히고 체크 밸브는 열리는 상태

46. 다음 중 액면에 뜬 물체의 위치를 이용하여 액량을 측정하는 액량계의 형식은?

① 부자식(float type)
② 액압식(liquid pressure type)
③ 사이트 게이지식(sight gage type)
④ 전기 용량식(electric capacitance type)

47. 유압의 전달에 관한 법칙으로서 일반적인 유압기기의 이론적 원리로 적용되는 것은?

① 파스칼의 원리
② 불확정성의 원리
③ 상대성의 원리
④ 작용반작용의 원리

48. 해발 500 ft 인 비행장의 상공에 있는 비행기 진고도가 3000 ft 라면 이 비행기의 절대고도는 몇 ft 인가?

① 2500   ② 3000
③ 3500   ④ 4500

[해설] 절대고도 : 항공기로부터 그 당시 지형까지의 고도
절대고도 = 진고도 − 500
= 3000 − 500 = 2500 ft

49. 싱크로 발신기 또는 싱크로 수신기에서 EZ(electrical zero)에 대한 설명으로 틀린 것은 어느 것인가?

① 회전자와 고정자의 상대적 위치에 관한 것이다.

② 싱크로로 각도를 송신할 때 기준이 되는 위치이다.

③ 싱크로로 각도를 수신할 때 기준이 되는 위치이다.

④ 고정자 단자 사이의 전압이 115 V 로 된다.

50. 유압계통에서 유압관 분리 밸브의 기능을 설명한 것으로 옳은 것은?

① 유압관 내에 있는 공기를 작동유와 분리할 때 사용되는 밸브이다.

② 유압 기기를 장탈할 때 작동유가 외부로 유출되는 것을 막아준다.

③ 유압관에 고압이 걸리면 자동으로 분리시켜 유압관을 보호한다.

④ 유압관이 터졌거나 기기의 실이 손상되어 작동유가 새는 것을 방지한다.

해설 유압관 분리 밸브(disconnect valve) : 유압펌프나 브레이크와 같은 유압 기기를 장탈할 때 작동유가 외부로 유출되는 것을 방지한다.

51. 항공기 작동유 압력 계통에서 일반적으로 사용되는 축압기의 종류가 아닌 것은?

① 피스톤형 축압기

② 블래더형 축압기

③ 스프링형 축압기

④ 다이어프램형 축압기

52. 다음 중 납산 축전지에 대한 설명으로 옳은 것은?

① 12 V 축전지는 6개의 셀, 24 V 축전지는 12개의 셀을 병렬로 연결하여 한 단위를 이룬다.

② 극판, 격리판, 터미널 포스트, 셀 커버와 지지대, 다공성 양극판, 카드뮴의 음극판으로 구성되어 있다.

③ 축전지의 용량은 활성 물질의 양과는 무관

하기 때문에, 극판의 크기를 작게 하여 용량을 증가시킨다.

④ 납산 축전지를 취급할 때에는 직사광선에 노출되는 것을 피해야 하고, 고온 다습한 곳에 설치하지 않아야 한다.

53. 그림과 같이 15μF의 콘덴서 3개를 병렬 연결하였을 때 합성용량은 몇 μF 인가?

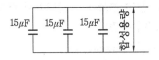

① 4.5

② 15

③ 45

④ 50

해설 합성용량$(C) = C_1 + C_2 + C_3$
$= 15 + 15 + 15 = 45 \mu F$

54. 다음 중 A급 화재에 해당되지 않는 것은?

① 의류에 의한 화재

② 페인트에 의한 화재

③ 종이에 의한 화재

④ 실내 가구에 의한 화재

해설 A 급 화재 : 종이, 나무, 의류, 가구, 실내 장식품 등 보통의 가연성 물질에서 발생되는 화재

55. 다음 중 공기 조화 계통의 주된 기능이 아닌 것은?

① 가열공기의 공급

② 객실 내의 환기

③ 냉각공기의 공급

④ 출입구의 개폐 기능

56. 조종실에 설치되어 있는 APU 컨트롤 패널에 부착된 계기가 아닌 것은?

① 고도계

② % rpm 계기

③ EGT 계기

④ 오일량 계기

57. 연기·불꽃 신호용 장비는 주간과 야간 사용 구분을 위하여 각각 어떤 색으로 표시하는가?

① 적황색과 붉은색
② 붉은색과 흰색
③ 푸른색과 적황색
④ 푸른색과 흰색

해설 연기·불꽃 신호 장비 : 주간에는 연기로, 야간에는 불꽃을 이용하여 구명보트의 위치를 구조대에 알리는 장비이다. 주간에는 적황색, 야간에는 붉은색으로 표시한다.

58. 지상에서 항공기를 시동할 경우에 지상발전기로부터 전원을 공급받는 가장 큰 이유는 무엇인가?

① 빠른 시동을 위하여
② 엔진의 부하 감소를 위하여
③ 축전지 전력의 보유를 위하여
④ 연료를 안정화시키기 위하여

59. 화재 경보 장치 중 화재가 발생했을 경우 연기로 인한 반사광으로 화재를 탐지하는 것은 어느 것인가?

① 열전쌍식
② 열스위치식
③ 광전지식
④ 저항루프형

60. 팬 블레이드가 48개인 가스터빈기관에 전자식 회전계를 장착하였다. 1초 동안 지나간 블레이드수가 96개라면 이 회전계가 지시하는 회전수는 몇 rpm인가?

① 48
② 96
③ 120
④ 2280

해설 $N_1 = \dfrac{\text{1초간 측정한 블레이드수}(S)}{\text{블레이드수}} \times 60$

$= \dfrac{96}{48} \times 60 = 120 \text{ rpm}$

김진우

- 한국 항공대학교 항공기계공학과 (졸)
- 한국 항공대학교 항공산업대학원 (졸)
- 직업훈련 전문교사 자격증 소지
- 항공정비사 면허증 소지
- 항공산업기사 자격증 소지
- 초경량비행장치 조종사 자격증 소지
- 패러글라이딩 수석지도자 자격증 소지 (전국 패러글라이딩 연합회)
- 패러글라이딩 지도강사 자격증 소지 (한국활공협회)

〈저서〉 항공산업기사 필기, 항공정비기능사 필기, 항공정비기능사 실기
　　　　항공정비사 시리즈 (항공역학, 항공기관, 항공기 장비, 항공기 기체)

항공정비기능사 필기

1993년 6월 15일　1판　1쇄
2007년 1월 25일 10판　1쇄
2019년 3월 15일 11판 11쇄
2019년 8월 10일 12판　1쇄
2023년 1월 10일 13판　1쇄

저　자 : 김진우
펴낸이 : 이정일

펴낸곳 : 도서출판 **일진사**
　　　　www.iljinsa.com

(우) 04317 서울시 용산구 효창원로 64길 6
전화 : 704-1616 / 팩스 : 715-3536
등록 : 제1979-000009호 (1979.4.2)

값 38,000 원

ISBN : 978-89-429-1753-2

김진우

- 한국 항공대학교 항공기계공학과 (졸)
- 한국 항공대학교 항공산업대학원 (졸)
- 직업훈련 전문교사 자격증 소지
- 항공정비사 면허증 소지
- 항공산업기사 자격증 소지
- 초경량비행장치 조종사 자격증 소지
- 패러글라이딩 수석지도자 자격증 소지 (전국 패러글라이딩 연합회)
- 패러글라이딩 지도강사 자격증 소지 (한국활공협회)

〈저서〉 항공산업기사 필기, 항공정비기능사 필기, 항공정비기능사 실기
　　　 항공정비사 시리즈 (항공역학, 항공기관, 항공기 장비, 항공기 기체)

항공정비기능사 필기

1993년 6월 15일　1판　1쇄
2007년 1월 25일　10판　1쇄
2019년 3월 15일　11판 11쇄
2019년 8월 10일　12판　1쇄
2023년 1월 10일　13판　1쇄

저　　자 : 김진우
펴낸이 : 이정일

펴낸곳 : 도서출판 **일진사**
　　　　www.iljinsa.com

(우) 04317 서울시 용산구 효창원로 64길 6
전화 : 704-1616 / 팩스 : 715-3536
등록 : 제1979-000009호 (1979.4.2)

값 38,000 원

ISBN : 978-89-429-1753-2